"十三五"国家重点图书出版规划项目

中国种子植物
多样性名录与保护利用

Seed Plants of China: Checklist, Uses and Conservation Status

覃海宁 主编

Editor-in-chief: QIN Haining

河北出版传媒集团
河北科学技术出版社
·石家庄·

目 录

刺鳞草科 CENTROLEPIDACEAE ……………… 645	柿科 EBENACEAE ……………………………… 785
扁距木科 CENTROPLACACEAE ……………… 645	胡颓子科 ELAEAGNACEAE …………………… 789
金鱼藻科 CERATOPHYLLACEAE ……………… 645	杜英科 ELAEOCARPACEAE …………………… 795
连香树科 CERCIDIPHYLLACEAE ……………… 645	沟繁缕科 ELATINACEAE ……………………… 799
金粟兰科 CHLORANTHACEAE ………………… 645	杜鹃花科 ERICACEAE ………………………… 800
星叶草科 CIRCAEASTERACEAE ……………… 647	谷精草科 ERIOCAULACEAE …………………… 866
半日花科 CISTACEAE ………………………… 647	古柯科 ERYTHROXYLACEAE ………………… 869
白花菜科 CLEOMACEAE ……………………… 647	南鼠刺科 ESCALLONIACEAE ………………… 869
桤叶树科 CLETHRACEAE ……………………… 648	杜仲科 EUCOMMIACEAE ……………………… 869
藤黄科 CLUSIACEAE …………………………… 648	大戟科 EUPHORBIACEAE ……………………… 869
秋水仙科 COLCHICACEAE …………………… 650	领春木科 EUPTELEACEAE …………………… 889
使君子科 COMBRETACEAE …………………… 651	豆科 FABACEAE ………………………………… 889
鸭跖草科 COMMELINACEAE ………………… 653	壳斗科 FAGACEAE ……………………………… 1033
牛栓藤科 CONNARACEAE …………………… 658	须叶藤科 FLAGELLARIACEAE ……………… 1055
旋花科 CONVOLVULACEAE …………………… 659	瓣鳞花科 FRANKENIACEAE ………………… 1055
马桑科 CORIARIACEAE ………………………… 670	丝缨花科 GARRYACEAE ……………………… 1055
山茱萸科 CORNACEAE ………………………… 671	钩吻科 GELSEMIACEAE ……………………… 1056
白玉簪科 CORSIACEAE ………………………… 676	龙胆科 GENTIANACEAE ……………………… 1056
闭鞘姜科 COSTACEAE ………………………… 676	牻牛儿苗科 GERANIACEAE …………………… 1087
景天科 CRASSULACEAE ……………………… 677	苦苣苔科 GESNERIACEAE …………………… 1092
隐翼科 CRYPTERONIACEAE ………………… 694	针晶粟草科 GISEKIACEAE …………………… 1131
葫芦科 CUCURBITACEAE ……………………… 694	草海桐科 GOODENIACEAE …………………… 1132
丝粉藻科 CYMODOCEACEAE ………………… 708	茶藨子科 GROSSULARIACEAE ……………… 1132
锁阳科 CYNOMORIACEAE …………………… 708	小二仙草科 HALORAGACEAE ………………… 1138
莎草科 CYPERACEAE ………………………… 708	金缕梅科 HAMAMELIDACEAE ……………… 1139
交让木科（虎皮楠科）DAPHNIPHYLLACEAE … 776	青荚叶科 HELWINGIACEAE ………………… 1143
岩梅科 DIAPENSIACEAE ……………………… 776	莲叶桐科 HERNANDIACEAE ………………… 1144
毒鼠子科 DICHAPETALACEAE ……………… 777	绣球花科 HYDRANGEACEAE ………………… 1145
五桠果科 DILLENIACEAE ……………………… 777	水鳖科 HYDROCHARITACEAE ……………… 1156
薯蓣科 DIOSCOREACEAE ……………………… 778	田基麻科 HYDROLEACEAE …………………… 1159
十齿花科 DIPENTODONTACEAE …………… 783	金丝桃科 HYPERICACEAE …………………… 1159
龙脑香科 DIPTEROCARPACEAE …………… 783	仙茅科 HYPOXIDACEAE ……………………… 1165
茅膏菜科 DROSERACEAE …………………… 784	茶茱萸科 ICACINACEAE ……………………… 1166

鸢尾科 IRIDACEAE ……………………… 1167
鼠刺科 ITEACEAE ……………………… 1172
鸢尾蒜科 IXIOLIRIACEAE ……………… 1174
黏木科 IXONANTHACEAE ……………… 1174
胡桃科 JUGLANDACEAE ……………… 1174
灯心草科 JUNCACEAE ………………… 1176
水麦冬科 JUNCAGINACEAE …………… 1184
唇形科 LAMIACEAE …………………… 1184

刺鳞草科 CENTROLEPIDACEAE
（1 属：1 种）

刺鳞草属 Centrolepis Labill.

刺鳞草
Centrolepis banksii (R. Br.) Roem. et Schult.
- 习　　性：一年生草本
- 海　　拔：海平面至 100 m
- 国内分布：海南
- 国外分布：澳大利亚、柬埔寨、马来西亚、泰国、越南
- 濒危等级：NT

扁距木科 CENTROPLACACEAE
（1 属：1 种）

膝柄木属 Bhesa Buch. -Ham. ex Arn.

膝柄木
Bhesa robusta (Roxb.) Ding Hou
- 习　　性：落叶乔木
- 海　　拔：约 100 m
- 国内分布：广西
- 国外分布：柬埔寨、老挝、马来西亚、孟加拉国、缅甸、尼泊尔、泰国、印度、印度尼西亚、越南
- 濒危等级：CR D1
- 国家保护：Ⅰ级

金鱼藻科 CERATOPHYLLACEAE
（1 属：3 种）

金鱼藻属 Ceratophyllum L.

金鱼藻
Ceratophyllum demersum L.
- 习　　性：多年生草本
- 海　　拔：0 ~ 4200 m
- 国内分布：安徽、福建、广东、广西、贵州、河北、河南、黑龙江、湖北、湖南、吉林、江苏、内蒙古、宁夏、山东、山西、陕西、四川、台湾、西藏、新疆、云南
- 国外分布：世界广布
- 濒危等级：LC
- 资源利用：药用（中草药）；动物饲料（饲料）；环境利用（观赏）

粗糙金鱼藻
Ceratophyllum muricatum (Kuzen.) Les
- 习　　性：多年生水生草本
- 国内分布：福建、河北、黑龙江、湖北、吉林、江苏、辽宁、内蒙古、宁夏、台湾、云南
- 国外分布：俄罗斯、哈萨克斯坦
- 濒危等级：DD

五刺金鱼藻
Ceratophyllum platyacanthum (Kom.) Les
- 习　　性：多年生水生草本
- 海　　拔：约 70 m
- 国内分布：安徽、广西、河北、黑龙江、湖北、吉林、辽宁、内蒙古、宁夏、山东、台湾、浙江
- 国外分布：朝鲜半岛、俄罗斯、日本
- 濒危等级：LC

连香树科 CERCIDIPHYLLACEAE
（1 属：1 种）

连香树属 Cercidiphyllum Sieb. et Zucc.

连香树
Cercidiphyllum japonicum Siebold et Zucc.
- 习　　性：乔木
- 海　　拔：600 ~ 2700 m
- 国内分布：安徽、甘肃、贵州、河南、湖北、湖南、江西、山西、陕西、四川、云南、浙江
- 国外分布：日本
- 濒危等级：LC
- 国家保护：Ⅱ级
- 资源利用：原料（单宁，树脂）；环境利用（观赏）

金粟兰科 CHLORANTHACEAE
（3 属：21 种）

金粟兰属 Chloranthus Sw.

狭叶金粟兰
Chloranthus angustifolius Oliv.
- 习　　性：多年生草本
- 海　　拔：700 ~ 1200 m
- 分　　布：重庆、贵州、湖北
- 濒危等级：LC

安徽金粟兰
Chloranthus anhuiensis K. F. Wu
- 习　　性：多年生草本
- 海　　拔：500 ~ 700 m
- 分　　布：安徽
- 濒危等级：LC

鱼子兰
Chloranthus erectus (Buch. -Ham.) Verdc.
- 习　　性：亚灌木
- 海　　拔：100 ~ 2000 m
- 国内分布：广西、贵州、四川、云南
- 国外分布：不丹、菲律宾、柬埔寨、老挝、马来西亚、缅甸、尼泊尔、泰国、印度、印度、印度尼西亚、越南

濒危等级：LC

丝穗金粟兰
Chloranthus fortunei (A. Gray) Solms
习　　性：多年生草本
海　　拔：200～300 m
国内分布：安徽、广东、广西、贵州、海南、湖北、湖南、江苏、江西、山东、台湾、浙江
国外分布：印度
濒危等级：LC
资源利用：药用（中草药）

宽叶金粟兰
Chloranthus henryi Hemsl.

宽叶金粟兰（原变种）
Chloranthus henryi var. **henryi**
习　　性：多年生草本
海　　拔：800～1900 m
分　　布：安徽、福建、甘肃、广东、广西、贵州、海南、湖北、湖南、陕西、四川、浙江
濒危等级：LC
资源利用：药用（中草药）

湖北金粟兰
Chloranthus henryi var. **hupehensis** (Pamp.) K. F. Wu
习　　性：多年生草本
海　　拔：800～2000 m
分　　布：甘肃、湖北、陕西
濒危等级：LC
资源利用：药用（中草药）

全缘金粟兰
Chloranthus holostegius (Hand. -Mazz.) S. J. Pei et Shan

全缘金粟兰（原变种）
Chloranthus holostegius var. **holostegius**
习　　性：多年生草本
海　　拔：700～2800 m
分　　布：广西、贵州、四川、云南
濒危等级：LC
资源利用：药用（中草药）

石棉金粟兰
Chloranthus holostegius var. **shimianensis** K. F. Wu
习　　性：多年生草本
海　　拔：约1100 m
分　　布：四川
濒危等级：LC

毛脉金粟兰
Chloranthus holostegius var. **trichoneurus** K. F. Wu
习　　性：多年生草本
海　　拔：1100～1600 m
分　　布：贵州、云南
濒危等级：LC

银线草
Chloranthus japonicus Siebold
习　　性：多年生草本
海　　拔：100～2300 m
分　　布：甘肃、河北、吉林、辽宁、内蒙古、山东、山西、陕西
国外分布：朝鲜、俄罗斯、日本
濒危等级：LC
资源利用：药用（中草药）；原料（精油）

多穗金粟兰
Chloranthus multistachys S. J. Pei
习　　性：多年生草本
海　　拔：400～1700 m
分　　布：安徽、福建、甘肃、广东、广西、贵州、海南、河南、湖北、湖南、江苏、江西、陕西、四川
濒危等级：LC
资源利用：药用（中草药）

台湾金粟兰
Chloranthus oldhamii Solms
习　　性：多年生草本
海　　拔：200～1000 m
分　　布：台湾
濒危等级：LC

及己
Chloranthus serratus (Thunb.) Roem. et Schult.

及己（原变种）
Chloranthus serratus var. **serratus**
习　　性：多年生草本
海　　拔：100～1800 m
国内分布：安徽、福建、广东、广西、贵州、海南、湖北、湖南、江苏、江西、四川、台湾、云南
国外分布：俄罗斯、日本
濒危等级：LC
资源利用：药用（中草药）

台湾及己
Chloranthus serratus var. **taiwanensis** K. F. Wu
习　　性：多年生草本
分　　布：台湾
濒危等级：DD

四川金粟兰
Chloranthus sessilifolius K. F. Wu

四川金粟兰（原变种）
Chloranthus sessilifolius var. **sessilifolius**
习　　性：多年生草本
海　　拔：1000～1200 m
分　　布：福建、广东、广西、贵州、江西、四川
濒危等级：LC
资源利用：药用（中草药）

华南金粟兰
Chloranthus sessilifolius var. **austrosinensis** K. F. Wu
习　　性：多年生草本
海　　拔：600～1200 m
分　　布：福建、广东、广西、贵州、江西
濒危等级：LC

金粟兰
Chloranthus spicatus (Thunb.) Makino
习　　性：亚灌木
海　　拔：200~1000 m
国内分布：福建、广东、贵州、四川、云南
国外分布：广泛栽培
濒危等级：LC
资源利用：药用（中草药）；原料（精油）；环境利用（观赏）

天目金粟兰
Chloranthus tianmushanensis K. F. Wu
习　　性：多年生草本
海　　拔：约1100 m
分　　布：浙江
濒危等级：LC

雪香兰属 Hedyosmum Sw.

雪香兰
Hedyosmum orientale Merr. et Chun
习　　性：草本或亚灌木
海　　拔：约500 m
国内分布：广东、海南
国外分布：印度尼西亚、越南
濒危等级：VU B2ab (ii, iii)

草珊瑚属 Sarcandra Gardner

草珊瑚
Sarcandra glabra (Thunb.) Nakai

草珊瑚（原亚种）
Sarcandra glabra subsp. **glabra**
习　　性：亚灌木
海　　拔：海平面至2000 m
国内分布：安徽、福建、广东、广西、贵州、海南、湖北、湖南、江西、四川、台湾、云南、浙江
国外分布：朝鲜、菲律宾、柬埔寨、老挝、马来西亚、日本、斯里兰卡、泰国、印度、越南
濒危等级：LC
资源利用：药用（中草药）；环境利用（观赏）

海南草珊瑚
Sarcandra glabra subsp. **brachystachys** (Blume) Verdc.
习　　性：亚灌木
海　　拔：400~1600 m
国内分布：广东、广西、海南、云南
国外分布：老挝、泰国、越南
濒危等级：LC
资源利用：药用（中草药）

星叶草科 CIRCAEASTERACEAE
（1属：1种）

星叶草属 Circaeaster Maxim.

星叶草
Circaeaster agrestis Maxim.
习　　性：一年生草本
海　　拔：2100~5000 m
国内分布：甘肃、青海、陕西、四川、西藏、新疆、云南
国外分布：不丹、尼泊尔、印度
濒危等级：LC

半日花科 CISTACEAE
（1属：2种）

半日花属 Helianthemum Mill.

鄂尔多斯半日花
Helianthemum ordosicum Y. Z. Zhao, Zong Y. Zhu et R. Cao
习　　性：灌木
海　　拔：1100~1400 m
分　　布：内蒙古
濒危等级：LC

半日花
Helianthemum songaricum Schrenk ex Fisch. et C. A. Mey.
习　　性：灌木
海　　拔：1000~1400 m
国内分布：甘肃、新疆
国外分布：哈萨克斯坦
濒危等级：EN A2c；B1ab (i, iii)；C1
国家保护：Ⅱ级
资源利用：环境利用（观赏）

白花菜科 CLEOMACEAE
（5属：6种）

黄花草属 Arivela Rafin.

黄花草
Arivela viscosa (L.) Raf.

黄花草（原变种）
Arivela viscosa var. **viscosa**
习　　性：一年生草本
海　　拔：海平面至300 m
国内分布：安徽、福建、广东、广西、海南、湖北、湖南、江西、台湾、云南、浙江
国外分布：澳大利亚、巴基斯坦、不丹、柬埔寨、老挝、马来西亚、尼泊尔、日本、斯里兰卡、泰国、印度、印度尼西亚、越南
濒危等级：LC
资源利用：药用（中草药）

无毛黄花草
Arivela viscosa var. **deglabrata** (Backer) M. L. Zhang et G. C. Tucker
习　　性：一年生草本
海　　拔：海平面至300 m
国内分布：福建、广东、江西、浙江
国外分布：马来西亚、印度尼西亚、越南

濒危等级：LC

白花菜属 Cleome L.

皱子白花菜
Cleome rutidosperma DC.
习　　性：一年生草本
国内分布：引种并归化于安徽、广东、广西、海南、台湾、云南
国外分布：原产热带非洲；归化于亚洲和热带美洲及澳大利亚

西洋白花菜属 Cleoserrata Iltis

西洋白花菜
Cleoserrata speciosa(Raf.)Iltis
习　　性：一年生草本
国内分布：云南、台湾、广东引种并有逸生
国外分布：原产墨西哥和中美洲

羊角菜属 Gynandropsis DC.

羊角菜
Gynandropsis gynandra(L.)Briq.
习　　性：一年生草本
海　　拔：海平面至 800 m
国内分布：安徽、重庆、福建、广东、广西、贵州、海南、河北、河南、湖北、湖南、江苏、江西、山东、台湾、云南、浙江
国外分布：不丹、马来西亚、尼泊尔、斯里兰卡、泰国、印度、印度尼西亚、越南
濒危等级：LC

醉蝶花属 Tarenaya Raf.

醉蝶花
Tarenaya hassleriana(Chodat)Iltis
习　　性：一年生草本
国内分布：新疆；北京、江苏、陕西、云南栽培
国外分布：原产南美洲；热带和暖温带地区广泛栽培

桤叶树科 CLETHRACEAE

（1 属：8 种）

桤叶树属 Clethra L.

髭脉桤叶树
Clethra barbinervis Siebold et Zucc.
习　　性：灌木或小乔木
海　　拔：800~1800 m
国内分布：安徽、福建、湖北、湖南、江西、山东、浙江
国外分布：朝鲜、日本
濒危等级：LC

单毛桤叶树
Clethra bodinieri H. Lév.
习　　性：灌木

海　　拔：200~1700 m
分　　布：福建、广东、广西、贵州、海南、湖南、云南
濒危等级：LC

云南桤叶树
Clethra delavayi Franch.
习　　性：灌木或小乔木
海　　拔：300~4000 m
国内分布：重庆、福建、广东、广西、贵州、湖北、湖南、江西、四川、西藏、云南、浙江
国外分布：不丹、缅甸、印度、越南
濒危等级：LC

华南桤叶树
Clethra fabri Hance
习　　性：灌木或小乔木
海　　拔：300~2000 m
国内分布：广东、广西、贵州、海南、湖南、云南
国外分布：越南
濒危等级：LC

城口桤叶树
Clethra fargesii Franch.
习　　性：灌木或小乔木
海　　拔：700~2100 m
分　　布：贵州、湖北、湖南、江西、四川
濒危等级：EN A2c；B1ab（i，iii）；C1

贵州桤叶树
Clethra kaipoensis H. Lév.
习　　性：灌木或小乔木
海　　拔：200~2100 m
分　　布：福建、广东、广西、贵州、湖北、湖南、江西
濒危等级：LC

白背桤叶树
Clethra petelotii Dop et Troch.-Marquis
习　　性：灌木或小乔木
海　　拔：400~1200 m
国内分布：云南
国外分布：越南
濒危等级：DD

湖南桤叶树
Clethra sleumeriana Hao
习　　性：落叶灌木或小乔木
海　　拔：1000~1700 m
分　　布：贵州、湖南
濒危等级：LC

藤黄科 CLUSIACEAE

（1 属：22 种）

藤黄属 Garcinia L.

大苞藤黄
Garcinia bracteata C. Y. Wu ex Y. H. Li

藤黄科 CLUSIACEAE

习　　性：乔木
海　　拔：400~1800 m
分　　布：广西、云南
濒危等级：LC

云树
Garcinia cowa Roxb.
习　　性：乔木
海　　拔：100~1300 m
国内分布：云南
国外分布：柬埔寨、老挝、马来西亚、孟加拉国、印度、越南
濒危等级：LC
资源利用：食品（水果）

红萼藤黄
Garcinia erythrosepala Y. H. Li
习　　性：乔木
海　　拔：300~400 m
分　　布：云南
濒危等级：DD

山木瓜
Garcinia esculenta Y. H. Li
习　　性：乔木
海　　拔：900~1700 m
分　　布：云南
濒危等级：LC
资源利用：食品（水果）

广西藤黄
Garcinia kwangsiensis Merr. ex F. N. Wei
习　　性：乔木
海　　拔：约600 m
分　　布：广西
濒危等级：VU B1ab (i, iii)

长裂藤黄
Garcinia lancilimba C. Y. Wu ex Y. H. Li
习　　性：乔木
海　　拔：600~1800 m
分　　布：云南
濒危等级：VU A2c

兰屿福木
Garcinia linii C. E. Chang
习　　性：乔木
分　　布：台湾
濒危等级：NT EN B1+2b

莽吉柿
Garcinia mangostana L.
习　　性：乔木
国内分布：福建、广东、海南、台湾、云南栽培
国外分布：原产印度尼西亚；广泛栽培于热带非洲和热带亚洲
资源利用：食品（水果）

木竹子
Garcinia multiflora Champ. ex Benth.
习　　性：乔木
海　　拔：100~1900 m
国内分布：福建、广东、广西、贵州、海南、湖南、江西、台湾、云南
国外分布：越南
濒危等级：LC
资源利用：药用（中草药）；原料（木材，工业用油）

怒江藤黄
Garcinia nujiangensis C. Y. Wu et Y. H. Li
习　　性：乔木
海　　拔：800~1700 m
分　　布：西藏、云南
濒危等级：LC

岭南山竹子
Garcinia oblongifolia Champ. ex Benth.
习　　性：灌木或小乔木
海　　拔：200~1200 m
分　　布：广东、广西、海南
濒危等级：LC
资源利用：原料（单宁，木材）；食品（水果）

单花山竹子
Garcinia oligantha Merr.
习　　性：灌木
海　　拔：200~1200 m
国内分布：广东、海南
国外分布：越南
濒危等级：LC

金丝李
Garcinia paucinervis Chun ex F. C. How
习　　性：乔木
海　　拔：300~800 m
分　　布：广西、云南
濒危等级：VU A2abcd; B1ab (i, iii); C1
国家保护：Ⅱ级
资源利用：原料（木材）

大果藤黄
Garcinia pedunculata Roxb. ex Buch. -Ham.
习　　性：乔木
海　　拔：200~1500 m
国内分布：西藏、云南
国外分布：孟加拉国、印度
濒危等级：LC
资源利用：原料（树脂）；食品（水果）

钦州藤黄
Garcinia qinzhouensis Y. X. Liang et Z. M. Wu
习　　性：灌木或小乔木
分　　布：广西
濒危等级：DD

越南藤黄
Garcinia schefferi Pierre
习　　性：乔木
国内分布：广东
国外分布：越南

濒危等级：LC

菲岛福木
Garcinia subelliptica Merr.
习　　性：乔木
海　　拔：海平面至 100 m
国内分布：台湾
国外分布：菲律宾、日本、斯里兰卡、印度尼西亚
濒危等级：EN B2ab (ii, v)

尖叶藤黄
Garcinia subfalcata Y. H. Li et F. N. Wei
习　　性：乔木
海　　拔：500～600 m
分　　布：广西
濒危等级：DD
资源利用：食品（水果）

双籽藤黄
Garcinia tetralata C. Y. Wu ex Y. H. Li
习　　性：乔木
海　　拔：800～1000 m
分　　布：云南
濒危等级：VU A2c；B1ab (iii)
国家保护：Ⅱ级

大叶藤黄
Garcinia xanthochymus Hook. f. ex T. Anderson
习　　性：乔木
海　　拔：100～1400 m
国内分布：广东、广西、云南
国外分布：不丹、柬埔寨、老挝、孟加拉国、缅甸、尼泊尔、日本、泰国、印度、越南
濒危等级：LC
资源利用：药用（中草药）；原料（树脂）；食品（水果）

版纳藤黄
Garcinia xishuanbannaensis Y. H. Li
习　　性：乔木
海　　拔：约 600 m
分　　布：云南
濒危等级：VU A2c；D1

云南藤黄
Garcinia yunnanensis H. H. Hu
习　　性：乔木
海　　拔：1300～1600 m
分　　布：云南
濒危等级：LC
资源利用：原料（木材）；食品（水果）

秋水仙科 COLCHICACEAE
（3属：16种）

万寿竹属 Disporum Salisb. ex D. Don

尖被万寿竹
Disporum acuminatissimum W. L. Sha
习　　性：多年生草本
分　　布：广西
濒危等级：DD

短蕊万寿竹
Disporum bodinieri (H. Lév. et Vaniot) F. T. Wang et Tang
习　　性：多年生草本
海　　拔：1200～3000 m
分　　布：贵州、湖南、四川、云南
濒危等级：LC
资源利用：药用（中草药）

距花万寿竹
Disporum calcaratum D. Don
习　　性：多年生草本
海　　拔：1200～2400 m
国内分布：云南
国外分布：不丹、缅甸、尼泊尔、泰国、印度、越南
濒危等级：DD
资源利用：药用（中草药）

万寿竹
Disporum cantoniense (Lour.) Merr.
习　　性：多年生草本
海　　拔：700～3000 m
国内分布：安徽、福建、广东、广西、贵州、湖北、湖南、陕西、四川、台湾、西藏、云南
国外分布：不丹、老挝、缅甸、尼泊尔、泰国、印度、越南
濒危等级：LC
资源利用：药用（中草药）；环境利用（观赏）

海南万寿竹
Disporum hainanense Merr.
习　　性：多年生草本
海　　拔：500～1000 m
分　　布：海南
濒危等级：LC

台湾万寿竹
Disporum kawakamii Hayata
习　　性：多年生草本
海　　拔：300～1700 m
分　　布：台湾
濒危等级：LC

长蕊万寿竹
Disporum longistylum (H. Lév. et Vaniot) H. Hara
习　　性：多年生草本
海　　拔：400～1800 m
分　　布：甘肃、贵州、湖北、陕西、四川、西藏、云南
濒危等级：LC

大花万寿竹
Disporum megalanthum F. T. Wang et Tang
习　　性：多年生草本
海　　拔：1600～2500 m
分　　布：甘肃、湖北、陕西、四川
濒危等级：LC

南投万寿竹
Disporum nantouense S. S. Ying
习　　性：多年生草本

海　　拔：1200~2700 m
分　　布：台湾
濒危等级：DD

山万寿竹
Disporum shimadae Hayata
习　　性：多年生草本
海　　拔：500~1100 m
分　　布：台湾
濒危等级：LC

山东万寿竹
Disporum smilacinum A. Gray
习　　性：多年生草本
海　　拔：海平面至1600 m
国内分布：山东
国外分布：朝鲜、俄罗斯、日本
濒危等级：LC

横脉万寿竹
Disporum trabeculatum Gagnep.
习　　性：多年生草本
海　　拔：900~2000 m
国内分布：广东、贵州、云南
国外分布：越南
濒危等级：LC

少花万寿竹
Disporum uniflorum Baker ex S. Moore
习　　性：多年生草本
海　　拔：100~2500 m
国内分布：安徽、河北、湖北、江苏、江西、辽宁、山东、陕西、四川
国外分布：朝鲜
濒危等级：LC

宝珠草
Disporum viridescens (Maxim.) Nakai
习　　性：多年生草本
海　　拔：海平面至600 m
国内分布：黑龙江、吉林、辽宁
国外分布：朝鲜、俄罗斯、日本
濒危等级：LC

嘉兰属 Gloriosa L.

嘉兰
Gloriosa superba L.
习　　性：攀援植物
海　　拔：900~1300 m
国内分布：云南
国外分布：印度、缅甸、斯里兰卡、老挝、柬埔寨、越南、泰国、印度尼西亚；热带南部非洲
濒危等级：LC
资源利用：环境利用（观赏）

山慈姑属 Iphigenia Kunth

山慈姑
Iphigenia indica Kunth
习　　性：多年生草本
海　　拔：海平面至2100 m
国内分布：海南、云南
国外分布：澳大利亚、菲律宾、柬埔寨、缅甸、尼泊尔、斯里兰卡、泰国、印度、印度尼西亚、越南
濒危等级：VU A2acd+3cd；B1ab（ii，iii，v）
资源利用：药用（中草药）；环境利用（观赏）

使君子科 COMBRETACEAE
（6属：24种）

榆绿木属 Anogeissus (DC.) Wall. ex Guill. et al.

榆绿木
Anogeissus acuminata (Roxb. ex DC.) Guill. et al.
习　　性：乔木
海　　拔：海平面至700 m
国内分布：云南
国外分布：柬埔寨、老挝、孟加拉国、缅甸、泰国、印度、越南
濒危等级：VU A2acd+3cd；B1ab（i，iii，v）

风车子属 Combretum Loefl.

风车子
Combretum alfredii Hance
习　　性：藤本
海　　拔：海平面至800 m
分　　布：广东、广西、湖南、江西
濒危等级：LC
资源利用：药用（中草药）

西南风车子
Combretum griffithii Van Heurck et Müll. Arg.

西南风车子（原变种）
Combretum griffithii var. **griffithii**
习　　性：木质藤本
海　　拔：500~2000 m
国内分布：云南
国外分布：不丹、老挝、马来西亚、孟加拉国、缅甸、泰国、印度、越南
濒危等级：LC

云南风车子
Combretum griffithii var. **yunnanense** (Exell) Turland et C. Chen
习　　性：木质藤本
海　　拔：500~2000 m
国内分布：云南
国外分布：缅甸、泰国
濒危等级：LC

阔叶风车子
Combretum latifolium Blume
习　　性：藤本
海　　拔：500~1000 m
国内分布：云南

国外分布：巴布亚新几内亚、菲律宾、柬埔寨、老挝、巴布亚马来西亚、孟加拉国、缅甸、斯里兰卡、泰国、印度、印度尼西亚、越南

濒危等级：LC

长毛风车子
Combretum pilosum Roxb.
习　　性：藤本或乔木
海　　拔：100～800 m
国内分布：海南、云南
国外分布：柬埔寨、老挝、孟加拉国、缅甸、泰国、印度、越南
濒危等级：LC

盾鳞风车子
Combretum punctatum Blume

盾鳞风车子（原变种）
Combretum punctatum var. **punctatum**
习　　性：木质藤本
海　　拔：500～1500 m
国内分布：云南
国外分布：菲律宾、马来西亚、泰国、印度尼西亚、越南
濒危等级：LC

水密花
Combretum punctatum var. **squamosum** (Roxb. ex G. Don) M. G. Gangopadhyay et Chatraba
习　　性：木质藤本
海　　拔：500～1500 m
国内分布：广东、广西、海南、云南
国外分布：不丹、菲律宾、马来西亚、孟加拉国、缅甸、尼泊尔、泰国、印度、印度尼西亚、越南
濒危等级：LC

榄形风车子
Combretum sundaicum Miq.
习　　性：木质藤本
海　　拔：300～600 m
国内分布：广西、海南、云南
国外分布：马来西亚、泰国、新加坡、印度尼西亚、越南
濒危等级：LC

石风车子
Combretum wallichii DC.
习　　性：木质藤本
海　　拔：500～3200 m
国内分布：广东、广西、贵州、四川、云南
国外分布：不丹、孟加拉国、缅甸、尼泊尔、印度、越南
濒危等级：LC

萼翅藤属 Getonia Roxb.

萼翅藤
Getonia floribunda Roxb.
习　　性：藤本
海　　拔：300～600 m
国内分布：云南
国外分布：柬埔寨、老挝、马来西亚、孟加拉国、缅甸、泰国、新加坡、印度、越南

濒危等级：VU D1＋2
国家保护：Ⅰ级
资源利用：药用（中草药）

榄李属 Lumnitzera Willd.

红榄李
Lumnitzera littorea (Jack) Voigt
习　　性：乔木
海　　拔：海平面至580 m
国内分布：海南
国外分布：澳大利亚、巴布亚新几内亚、菲律宾、柬埔寨、马来西亚、斯里兰卡、泰国、新加坡、印度、印度尼西亚、越南
濒危等级：CR D1
国家保护：Ⅰ级

榄李
Lumnitzera racemosa Willd.
习　　性：灌木或小乔木
国内分布：广东、广西、海南、台湾
国外分布：澳大利亚、巴布亚新几内亚、朝鲜、菲律宾、柬埔寨、马来西亚、孟加拉国、日本、斯里兰卡、泰国、新加坡、印度、印度尼西亚、越南
濒危等级：LC
资源利用：原料（单宁，树脂）

使君子属 Quisqualis L.

小花使君子
Quisqualis conferta (Jack) Exell
习　　性：木质藤本
海　　拔：400～1100 m
国内分布：云南
国外分布：柬埔寨、马来西亚、泰国、印度尼西亚、越南
濒危等级：VU B1ab (i, ii, iii, v)

使君子
Quisqualis indica L.
习　　性：藤本
海　　拔：1500 m 以下
国内分布：福建、广东、广西、贵州、海南、湖南、江西、四川、台湾、云南、浙江
国外分布：巴布亚新几内亚、巴基斯坦、菲律宾、柬埔寨、老挝、马来西亚、孟加拉国、缅甸、尼泊尔、斯里兰卡、泰国、新加坡、印度、印度尼西亚、越南
濒危等级：LC
资源利用：环境利用（观赏）；药用（中草药）

榄仁树属 Terminalia L.

毗黎勒
Terminalia bellirica (Gaertn.) Roxb.
习　　性：落叶乔木
海　　拔：500～1400 m
国内分布：云南
国外分布：澳大利亚、不丹、柬埔寨、老挝、马来西亚、孟加拉国、缅甸、尼泊尔、斯里兰卡、泰国、印度、印度尼西亚、越南

濒危等级：EN A1c
资源利用：药用（中草药）；原料（单宁，染料，木材）；食品（水果）

榄仁树
Terminalia catappa L.
习　　性：乔木
国内分布：广东、海南、台湾、云南
国外分布：澳大利亚、巴布亚新几内亚、菲律宾、柬埔寨、马来西亚、孟加拉国、缅甸、泰国、印度、印度尼西亚、越南
濒危等级：LC
资源利用：药用（中草药）；原料（单宁，染料，木材）；食品（油脂）

诃子
Terminalia chebula Retz.

诃子（原变种）
Terminalia chebula var. **chebula**
习　　性：乔木
海　　拔：500～1800 m
国内分布：云南；福建、广东、广西、台湾栽培
国外分布：不丹、柬埔寨、老挝、马来西亚、孟加拉国、缅甸、尼泊尔、斯里兰卡、泰国、印度、越南
濒危等级：DD
资源利用：药用（中草药）；原料（单宁，木材）；环境利用（观赏）

微毛诃子
Terminalia chebula var. **tomentella**（Kurz.）C. B. Clarke
习　　性：乔木
海　　拔：500～1100 m
国内分布：云南
国外分布：缅甸
濒危等级：LC

滇榄仁
Terminalia franchetii Gagnep.

滇榄仁（原变种）
Terminalia franchetii var. **franchetii**
习　　性：灌木或乔木
海　　拔：1000～3700 m
国内分布：广西、四川、西藏、云南
国外分布：泰国
濒危等级：NT A3c；B1ab（i，iii）；C1
资源利用：原料（单宁，树脂）

错枝榄仁
Terminalia franchetii var. **intricata**（Hand.-Mazz.）Turland et C. Chen
习　　性：灌木或乔木
海　　拔：1900～3400 m
分　　布：四川、西藏、云南
濒危等级：NT D

千果榄仁
Terminalia myriocarpa Van Heurck et Müll. Arg.
国家保护：Ⅱ级

千果榄仁（原变种）
Terminalia myriocarpa var. **myriocarpa**
习　　性：常绿乔木
海　　拔：600～2500 m
国内分布：广东、广西、西藏、云南
国外分布：不丹、老挝、马来西亚、孟加拉国、缅甸、尼泊尔、泰国、印度、印度尼西亚、越南
濒危等级：NT
资源利用：原料（木材）

硬毛千果榄仁
Terminalia myriocarpa var. **hirsuta** Craib
习　　性：常绿乔木
海　　拔：1000～2100 m
国内分布：云南
国外分布：泰国
濒危等级：NT A3

海南榄仁
Terminalia nigrovenulosa Pierre
习　　性：灌木或小乔木
海　　拔：海平面至500 m
国内分布：海南
国外分布：柬埔寨、老挝、马来西亚、缅甸、泰国、越南
濒危等级：LC

鸭跖草科 COMMELINACEAE
（15属：60种）

穿鞘花属 Amischotolype Hassk.

穿鞘花
Amischotolype hispida（A. Rich.）D. Y. Hong
习　　性：多年生草本
海　　拔：海平面至2100 m
国内分布：福建、广东、广西、贵州、海南、台湾、西藏、云南
国外分布：巴布亚新几内亚、菲律宾、柬埔寨、老挝、马来西亚、日本、泰国、印度尼西亚、越南
濒危等级：LC

尖果穿鞘花
Amischotolype hookeri（Hassk.）H. Hara
习　　性：多年生草本
海　　拔：海平面至1200 m
国内分布：西藏、云南
国外分布：不丹、老挝、孟加拉国、缅甸、尼泊尔、印度、越南
濒危等级：NT C1
资源利用：动物饲料（饲料）

假紫万年青属 Belosynapsis Hassk.

假紫万年青
Belosynapsis ciliata（Blume）R. S. Rao
习　　性：多年生草本
海　　拔：海平面至2300 m

国内分布：广东、广西、海南、台湾、云南
国外分布：巴布亚新几内亚、菲律宾、老挝、马来西亚、日本、泰国、印度、印度尼西亚、越南
濒危等级：LC

洋竹草属 Callisia Loefl.

洋竹草
Callisia repens L.
习　　性：多年生草本
国内分布：香港归化
国外分布：原产美洲

鸭跖草属 Commelina L.

耳苞鸭跖草
Commelina auriculata Blume
习　　性：多年生草本
国内分布：福建、广东、台湾
国外分布：日本、印度尼西亚
濒危等级：LC

饭包草
Commelina benghalensis L.
习　　性：多年生草本
海　　拔：海平面至2300 m
国内分布：安徽、福建、广东、广西、贵州、海南、河北、河南、湖北、湖南、江苏、江西、山东、陕西、四川、台湾、云南、浙江
国外分布：亚洲热带和亚热带地区、非洲
濒危等级：LC

鸭跖草
Commelina communis L.
习　　性：一年生草本
海　　拔：500~2300 m
国内分布：除海南、青海、新疆外，各省均有分布
国外分布：朝鲜、俄罗斯、柬埔寨、老挝、马来西亚、日本、泰国、越南
濒危等级：LC
资源利用：药用（中草药）

节节草
Commelina diffusa Burm. f.
习　　性：一年生草本
海　　拔：海平面至2100 m
国内分布：广东、广西、贵州、海南、西藏、云南
国外分布：热带和亚热带地区
濒危等级：LC
资源利用：药用（中草药）

地地藕
Commelina maculata Edgew.
习　　性：多年生草本
海　　拔：海平面至2900 m
国内分布：贵州、四川、西藏、云南
国外分布：不丹、缅甸、印度
濒危等级：LC

大苞鸭跖草
Commelina paludosa Blume
习　　性：多年生草本
海　　拔：海平面至2800 m
国内分布：福建、广东、广西、贵州、湖南、江西、四川、台湾、西藏、云南
国外分布：不丹、柬埔寨、老挝、马来西亚、缅甸、尼泊尔、泰国、印度、印度尼西亚、越南
濒危等级：LC
资源利用：药用（中草药）

大叶鸭跖草
Commelina suffruticosa Blume
习　　性：多年生草本
海　　拔：约1000 m
国内分布：云南
国外分布：孟加拉国、泰国、印度、印度尼西亚
濒危等级：LC

波缘鸭跖草
Commelina undulata R. Br.
习　　性：多年生草本
海　　拔：800~1200 m
国内分布：澳门、广东、四川、台湾、云南
国外分布：菲律宾、印度、印度尼西亚
濒危等级：LC

蓝耳草属 Cyanotis D. Don

蛛丝毛蓝耳草
Cyanotis arachnoidea C. B. Clarke
习　　性：多年生草本
海　　拔：海平面至2700 m
国内分布：福建、广东、广西、贵州、海南、江西、台湾、云南
国外分布：老挝、缅甸、斯里兰卡、泰国、印度、越南
濒危等级：LC
资源利用：药用（中草药）

鞘苞花
Cyanotis axillaris(L.) D. Don ex Sweet
习　　性：一年生草本
国内分布：广东、海南、香港
国外分布：菲律宾、柬埔寨、老挝、马来西亚、缅甸、斯里兰卡、泰国、印度、印度尼西亚、越南
濒危等级：LC

四孔草
Cyanotis cristata(L.) D. Don
习　　性：一年生草本
海　　拔：海平面至2000 m
国内分布：广东、广西、贵州、海南、云南
国外分布：不丹、菲律宾、柬埔寨、老挝、马来西亚、缅甸、斯里兰卡、泰国、印度、印度尼西亚、越南
濒危等级：LC
资源利用：药用（中草药）

沙地蓝耳草
Cyanotis loureiroana(Schult. et Schult. f.) Merr.
习　　性：一年生草本

国内分布：广东、海南
国外分布：越南
濒危等级：LC

蓝耳草
Cyanotis vaga (Lour.) Roem. et Schult.
- 习　　性：多年生草本
- 海　　拔：海平面至 3300 m
- 国内分布：广东、贵州、海南、四川、台湾、西藏、云南
- 国外分布：不丹、老挝、缅甸、尼泊尔、泰国、印度、越南
- 濒危等级：LC

网籽草属 Dictyospermum Wight

网籽草
Dictyospermum conspicuum (Blume) Hassk.
- 习　　性：多年生草本
- 海　　拔：海平面至 1200 m
- 国内分布：海南、云南
- 国外分布：老挝、马来西亚、缅甸、泰国、印度、印度尼西亚、越南
- 濒危等级：LC

聚花草属 Floscopa Lour.

聚花草
Floscopa scandens Lour.
- 习　　性：多年生草本
- 海　　拔：海平面至 1700 m
- 国内分布：福建、广东、广西、海南、湖南、江西、四川、西藏、云南、浙江
- 国外分布：不丹、老挝、缅甸、泰国、印度、越南
- 濒危等级：LC
- 资源利用：药用（中草药）

云南聚花草
Floscopa yunnanensis D. Y. Hong
- 习　　性：多年生草本
- 海　　拔：约 800 m
- 分　　布：云南
- 濒危等级：NT C1

水竹叶属 Murdannia Royle

大苞水竹叶
Murdannia bracteata (C. B. Clarke) J. K. Morton ex D. Y. Hong
- 习　　性：多年生草本
- 海　　拔：500 ~ 900 m
- 国内分布：广东、广西、海南、云南
- 国外分布：老挝、泰国、越南
- 濒危等级：LC
- 资源利用：药用（中草药）

橙花水竹叶
Murdannia citrina D. Fang
- 习　　性：多年生草本
- 分　　布：广西
- 濒危等级：NT C1

紫背水竹叶
Murdannia divergens (C. B. Clarke) G. Brückn.
- 习　　性：多年生草本
- 海　　拔：1500 ~ 3400 m
- 国内分布：广西、四川、云南
- 国外分布：不丹、缅甸、印度
- 濒危等级：LC

葶花水竹叶
Murdannia edulis (Stokes) Faden
- 习　　性：多年生草本
- 海　　拔：海平面至 1000 m
- 国内分布：广东、广西、海南、台湾
- 国外分布：巴布亚新几内亚、菲律宾、马来西亚、缅甸、尼泊尔、泰国、印度、印度尼西亚、越南
- 濒危等级：LC

根茎水竹叶
Murdannia hookeri (C. B. Clarke) G. Brückn.
- 习　　性：多年生草本
- 海　　拔：海平面至 2800 m
- 国内分布：福建、广东、广西、贵州、湖南、四川、云南
- 国外分布：印度
- 濒危等级：LC

宽叶水竹叶
Murdannia japonica (Thunb.) Faden
- 习　　性：多年生草本
- 海　　拔：1400 ~ 2000 m
- 国内分布：云南
- 国外分布：不丹、老挝、马来西亚、缅甸、日本、泰国、印度、印度尼西亚
- 濒危等级：LC

狭叶水竹叶
Murdannia kainantensis (Masam.) D. Y. Hong
- 习　　性：多年生草本
- 分　　布：福建、广东、广西、海南
- 濒危等级：DD

疣草
Murdannia keisak (Hassk.) Hand. -Mazz.
- 习　　性：多年生草本
- 海　　拔：350 ~ 1400 m
- 国内分布：福建、吉林、江西、辽宁、浙江
- 国外分布：朝鲜、日本
- 濒危等级：DD

牛轭草
Murdannia loriformis (Hassk.) R. S. Rao et Kammathy
- 习　　性：多年生草本
- 海　　拔：100 ~ 1430 m
- 国内分布：安徽、福建、广东、广西、贵州、海南、湖南、江西、四川、台湾、西藏、云南、浙江
- 国外分布：巴布亚新几内亚、菲律宾、日本、斯里兰卡、泰国、印度、印度尼西亚、越南
- 濒危等级：LC

大果水竹叶
Murdannia macrocarpa D. Y. Hong

习　　性：多年生草本
海　　拔：海平面至 1600 m
分　　布：广东、云南
濒危等级：DD

少叶水竹叶
Murdannia medica(Lour.) D. Y. Hong
习　　性：多年生草本
国内分布：广东、海南
国外分布：柬埔寨、泰国、越南
濒危等级：LC

裸花水竹叶
Murdannia nudiflora(L.) Brenan
习　　性：一年生草本
海　　拔：0~1500 m
国内分布：安徽、福建、广东、广西、河南、湖南、江苏、江西、山东、四川、云南
国外分布：巴布亚新几内亚、不丹、菲律宾、柬埔寨、老挝、马来西亚、缅甸、日本、斯里兰卡、印度、印度尼西亚
濒危等级：LC
资源利用：药用（中草药）

细竹蒿草
Murdannia simplex(Vahl) Brenan
习　　性：多年生草本
海　　拔：海平面至 2700 m
国内分布：广东、广西、贵州、海南、四川、云南
国外分布：老挝、马来西亚、缅甸、泰国、印度、印度尼西亚、越南
濒危等级：LC

腺毛水竹叶
Murdannia spectabilis(Kurz) Faden
习　　性：多年生草本
海　　拔：海平面至 1600 m
国内分布：广东、海南、云南
国外分布：菲律宾、柬埔寨、老挝、缅甸、泰国、越南
濒危等级：LC

矮水竹叶
Murdannia spirata(L.) G. Brückn.
习　　性：多年生草本
海　　拔：海平面至 1000 m
国内分布：福建、广东、海南、台湾、云南
国外分布：不丹、菲律宾、老挝、马来西亚、缅甸、斯里兰卡、印度、印度尼西亚、越南
濒危等级：LC

树头花
Murdannia stenothyrsa(Diels) Hand.-Mazz.
习　　性：多年生草本
海　　拔：1700~2700 m
分　　布：四川、云南
濒危等级：LC

水竹叶
Murdannia triquetra(Wall. ex C. B. Clarke) G. Brückn.
习　　性：多年生草本
海　　拔：海平面至 1600 m
国内分布：安徽、福建、广东、广西、贵州、海南、河南、湖北、湖南、江苏、江西、陕西、四川、台湾、云南、浙江
国外分布：老挝、缅甸、泰国、印度、越南
濒危等级：LC
资源利用：动物饲料（饲料）；食品（蔬菜）

波缘水竹叶
Murdannia undulata D. Y. Hong
习　　性：多年生草本
分　　布：云南
濒危等级：CR A2c；B1ab（i，iii）；C1

细柄水竹叶
Murdannia vaginata(L.) G. Brückn.
习　　性：多年生草本
国内分布：广东、广西、海南、江苏
国外分布：菲律宾、斯里兰卡、泰国、印度、越南
濒危等级：LC

云南水竹叶
Murdannia yunnanensis D. Y. Hong
习　　性：多年生草本
海　　拔：约 800 m
分　　布：云南
濒危等级：NT C1

杜若属 Pollia Thunb.

大杜若
Pollia hasskarlii R. S. Rao
习　　性：多年生草本
海　　拔：海平面至 1700 m
国内分布：广东、广西、贵州、四川、西藏、云南
国外分布：不丹、老挝、缅甸、泰国、印度、越南
濒危等级：LC

杜若
Pollia japonica Thunb.
习　　性：多年生草本
海　　拔：海平面至 1200 m
国内分布：安徽、福建、广东、广西、贵州、湖北、湖南、江西、四川、台湾、浙江
国外分布：朝鲜、日本
濒危等级：LC
资源利用：药用（中草药）

大苞杜若
Pollia macrobracteata D. Y. Hong
习　　性：多年生草本
分　　布：广西
濒危等级：NT C1

小杜若
Pollia miranda(H. Lév.) H. Hara
习　　性：多年生草本
海　　拔：海平面至 1600 m
国内分布：广西、贵州、四川、台湾、云南
国外分布：日本

濒危等级：LC
资源利用：药用（中草药）

长花枝杜若
Pollia secundiflora (Blume) Bakh. f.
习　　性：多年生草本
海　　拔：500~1600 m
国内分布：广西、贵州、海南、湖南、香港、云南
国外分布：老挝、马来西亚、缅甸、泰国、印度、印度尼西亚、越南
濒危等级：LC

长柄杜若
Pollia siamensis (Craib) Faden ex D. Y. Hong
习　　性：多年生草本
海　　拔：海平面至1200 m
国内分布：广西、海南、云南
国外分布：巴布亚新几内亚、菲律宾、老挝、泰国、印度尼西亚、越南
濒危等级：LC

伞花杜若
Pollia subumbellata C. B. Clarke
习　　性：多年生草本
海　　拔：海平面至1400 m
国内分布：广西、云南
国外分布：不丹、印度
濒危等级：LC

密花杜若
Pollia thyrsiflora (Blume) Endl. ex Hassk.
习　　性：多年生草本
海　　拔：约650 m
国内分布：海南、云南
国外分布：菲律宾、老挝、马来西亚、泰国、印度、印度尼西亚、越南
濒危等级：LC

孔药花属 Porandra D. Y. Hong

小叶孔药花
Porandra microphylla Y. Wan
习　　性：多年生攀援草本
分　　布：广西
濒危等级：NT C1

孔药花
Porandra ramosa D. Y. Hong
习　　性：多年生攀援草本
海　　拔：400~2400 m
分　　布：广西、贵州、云南
濒危等级：LC

攀援孔药花
Porandra scandens D. Y. Hong
习　　性：多年生攀援草本
海　　拔：600~1100 m
国内分布：云南
国外分布：老挝、泰国、越南

濒危等级：NT

钩毛子草属 Rhopalephora Hassk.

钩毛子草
Rhopalephora scaberrima (Blume) Faden
习　　性：多年生草本
海　　拔：800~2100 m
国内分布：广东、广西、贵州、海南、台湾、西藏、云南
国外分布：不丹、菲律宾、老挝、马来西亚、缅甸、斯里兰卡、泰国、印度、印度尼西亚、越南
濒危等级：LC

竹叶吉祥草属 Spatholirion Ridl.

矩叶吉祥草
Spatholirion elegans (Cherfils) C. Y. Wu
习　　性：灌木或多年生草本
海　　拔：400~1200 m
国内分布：云南
国外分布：越南
濒危等级：NT C1

竹叶吉祥草
Spatholirion longifolium (Gagnep.) Dunn
习　　性：多年生草本
海　　拔：海平面至2700 m
国内分布：福建、广东、广西、贵州、湖北、湖南、江西、四川、云南
国外分布：越南
濒危等级：LC
资源利用：药用（中草药）

竹叶子属 Streptolirion Edgew.

竹叶子
Streptolirion volubile Edgew.

竹叶子（原亚种）
Streptolirion volubile subsp. **volubile**
习　　性：多年生攀援草本
国内分布：甘肃、广西、贵州、河北、河南、湖北、湖南、辽宁、山西、陕西、四川、西藏、云南、浙江
国外分布：不丹、朝鲜、老挝、缅甸、日本、泰国、印度、越南
濒危等级：LC

红毛竹叶子
Streptolirion volubile subsp. **khasianum** (C. B. Clarke) D. Y. Hong
习　　性：多年生草本
海　　拔：1000~3000 m
国内分布：贵州、西藏、云南
国外分布：不丹、印度、越南
濒危等级：LC

紫露草属 Tradescantia L.

紫背万年青
Tradescantia spathacea Sw.

习　　性：多年生草本
国内分布：广泛栽培于中国南方；香港归化
国外分布：原产加勒比海地区、中美洲

吊竹梅
Tradescantia zebrina Bosse
习　　性：多年生草本
国内分布：广泛栽培于中国南方；福建、台湾、广西、香港等地归化
国外分布：原产热带美洲

三瓣果属 Tricarpelema J. K. Morton

三瓣果
Tricarpelema chinense D. Y. Hong
习　　性：多年生草本
海　　拔：约 1500 m
分　　布：四川
濒危等级：NT C1

西藏三瓣果
Tricarpelema xizangense D. Y. Hong
习　　性：多年生草本
海　　拔：约 1800 m
分　　布：西藏
濒危等级：NT C1

牛栓藤科 CONNARACEAE
(6 属：9 种)

栗豆藤属 Agelaea Sol. ex Planch.

栗豆藤
Agelaea trinervis (Llanos) Merr.
习　　性：藤本或攀援灌木
国内分布：海南
国外分布：菲律宾、柬埔寨、老挝、马来西亚、泰国、印度尼西亚、越南
濒危等级：EN A2c
资源利用：药用（中草药）

螫毛果属 Cnestis Juss.

螫毛果
Cnestis palala (Lour.) Merr.
习　　性：藤本
海　　拔：200 ~ 300 m
国内分布：海南
国外分布：老挝、马来西亚、缅甸、泰国、印度尼西亚、越南
濒危等级：LC

牛栓藤属 Connarus L.

牛栓藤
Connarus paniculatus Roxb.
习　　性：藤本或匍匐灌木
海　　拔：100 ~ 1000 m
国内分布：海南
国外分布：柬埔寨、老挝、马来西亚、泰国、印度、越南
濒危等级：LC

云南牛栓藤
Connarus yunnanensis G. Schellenb.
习　　性：攀援灌木
国内分布：广西、云南
国外分布：缅甸
濒危等级：LC

单叶豆属 Ellipanthus Hook. f.

单叶豆
Ellipanthus glabrifolius Merr.
习　　性：匍匐灌木
分　　布：海南
濒危等级：EN B1ab (i, iii)
资源利用：原料（单宁，木材）

红叶藤属 Rourea Aubl.

长尾红叶藤
Rourea caudata Planch.
习　　性：藤本或攀援灌木
海　　拔：800 m 以下
国内分布：广东、广西、云南
国外分布：印度
濒危等级：LC

小叶红叶藤
Rourea microphylla (Hook. et Arn.) Planch.
习　　性：藤本或攀援灌木
海　　拔：100 ~ 600 m
国内分布：福建、广东、广西、云南
国外分布：斯里兰卡、印度、印度尼西亚、越南
濒危等级：LC
资源利用：药用（中草药）；原料（单宁）

红叶藤
Rourea minor (Gaertn.) Leenh.
习　　性：藤本或攀援灌木
海　　拔：800 m 以下
国内分布：广东、台湾、云南
国外分布：澳大利亚、柬埔寨、老挝、斯里兰卡、泰国、印度、越南
濒危等级：LC

朱果藤属 Roureopsis Planch.

朱果藤
Roureopsis emarginata (Jack) Merr.
习　　性：木质藤本或匍匐灌木
海　　拔：300 ~ 1200 m
国内分布：广西、云南
国外分布：老挝、马来西亚、缅甸、泰国、印度尼西亚
濒危等级：LC

旋花科 CONVOLVULACEAE
（20 属：160 种）

银背藤属 Argyreia Lour.

白鹤藤
Argyreia acuta Lour.
- 习　　性：攀援灌木
- 海　　拔：0~200 m
- 国内分布：广东、广西、海南、香港
- 国外分布：老挝、越南
- 濒危等级：NT A3c；B1ab（i, iii）
- 资源利用：药用（中草药）

保山银背藤
Argyreia baoshanensis S. H. Huang
- 习　　性：匍匐草本
- 海　　拔：约 1000 m
- 分　　布：云南
- 濒危等级：LC

头花银背藤
Argyreia capitiformis（Poir.）Oostst.
- 习　　性：攀援灌木
- 海　　拔：100~2200 m
- 国内分布：广西、贵州、海南、香港、云南
- 国外分布：柬埔寨、老挝、马来西亚、缅甸、泰国、印度、印度尼西亚、越南
- 濒危等级：LC

车里银背藤
Argyreia cheliensis C. Y. Wu
- 习　　性：攀援灌木
- 海　　拔：约 900 m
- 分　　布：云南
- 濒危等级：VU A3c；B1ab（i, iii）

毛头银背藤
Argyreia eriocephala C. Y. Wu
- 习　　性：攀援灌木
- 海　　拔：约 1300 m
- 分　　布：云南
- 濒危等级：LC

台湾银背藤
Argyreia formosana Ishigami ex T. Yamazaki
- 习　　性：木质藤本
- 分　　布：台湾
- 濒危等级：VU D1

黄伞白鹤藤
Argyreia fulvocymosa C. Y. Wu

黄伞白鹤藤（原变种）
Argyreia fulvocymosa var. **fulvocymosa**
- 习　　性：攀援灌木
- 海　　拔：700~900 m
- 分　　布：广西、云南
- 濒危等级：LC

少花黄伞白鹤藤
Argyreia fulvocymosa var. **pauciflora** C. Y. Wu
- 习　　性：攀援灌木
- 海　　拔：约 1000 m
- 分　　布：云南
- 濒危等级：DD

黄背藤
Argyreia fulvovillosa C. Y. Wu et S. H. Huang
- 习　　性：木质藤本
- 海　　拔：900~1000 m
- 分　　布：云南
- 濒危等级：DD

长叶银背藤
Argyreia henryi（Craib）Craib

长叶银背藤（原变种）
Argyreia henryi var. **henryi**
- 习　　性：攀援灌木
- 海　　拔：约 1000 m
- 国内分布：云南
- 国外分布：泰国
- 濒危等级：LC

金背长叶藤
Argyreia henryi var. **hypochrysa** C. Y. Wu
- 习　　性：攀援灌木
- 海　　拔：700~900 m
- 分　　布：云南
- 濒危等级：DD

线叶银背藤
Argyreia lineariloba C. Y. Wu
- 习　　性：攀援灌木
- 海　　拔：约 1300 m
- 分　　布：云南
- 濒危等级：DD

麻栗坡银背藤
Argyreia marlipoensis C. Y. Wu et S. H. Huang
- 习　　性：木质藤本
- 海　　拔：约 1100 m
- 分　　布：云南
- 濒危等级：DD

叶苞银背藤
Argyreia mastersii（Prain）Raizada
- 习　　性：攀援灌木
- 海　　拔：800~1800 m
- 国内分布：云南
- 国外分布：缅甸、泰国、印度
- 濒危等级：LC

思茅银背藤
Argyreia maymyo（W. W. Sm.）Raizada
- 习　　性：木质藤本

海　　拔：1500~1800 m
国内分布：云南
国外分布：缅甸
濒危等级：DD

银背藤
Argyreia mollis (Burm. f.) Choisy
习　　性：木质藤本
海　　拔：300~1800 m
国内分布：海南、香港
国外分布：柬埔寨、老挝、马来西亚、缅甸、泰国、印度、印度尼西亚、越南
濒危等级：LC

勐腊银背藤
Argyreia monglaensis C. Y. Wu et S. H. Huang
习　　性：木质藤本
分　　布：云南
濒危等级：LC

单籽银背藤
Argyreia monosperma C. Y. Wu
习　　性：攀援灌木
海　　拔：1000~1800 m
分　　布：云南
濒危等级：LC

聚花白鹤藤
Argyreia osyrensis (Roth) Choisy

聚花白鹤藤（原变种）
Argyreia osyrensis var. **osyrensis**
习　　性：攀援灌木
国内分布：海南
国外分布：柬埔寨、老挝、马来西亚、孟加拉国、缅甸、斯里兰卡、泰国、印度、印度尼西亚、越南
濒危等级：LC

灰毛白鹤藤
Argyreia osyrensis var. **cinerea** Hand.-Mazz.
习　　性：攀援灌木
海　　拔：200~1600 m
国内分布：广西、云南
国外分布：缅甸、泰国
濒危等级：LC

东京银背藤
Argyreia pierreana Bois
习　　性：木质藤本
海　　拔：500~1400 m
国内分布：广西、贵州、云南
国外分布：老挝、越南
濒危等级：LC
资源利用：药用（中草药）

亮叶银背藤
Argyreia splendens (Hornem.) Sweet
习　　性：攀援灌木
海　　拔：1000~4000 m
国内分布：云南
国外分布：缅甸、泰国、印度
濒危等级：VU D2

细毛银背藤
Argyreia strigillosa C. Y. Wu
习　　性：攀援灌木
海　　拔：1100~1600 m
分　　布：云南
濒危等级：LC

黄毛银背藤
Argyreia velutina C. Y. Wu
习　　性：攀援灌木
海　　拔：1000~1600 m
分　　布：云南
濒危等级：LC

大叶银背藤
Argyreia wallichii Choisy
习　　性：木质藤本
海　　拔：800~1500 m
国内分布：贵州、四川、云南
国外分布：不丹、缅甸、泰国、印度
濒危等级：LC
资源利用：药用（中草药）

苞叶藤属 Blinkworthia Choisy

苞叶藤
Blinkworthia convolvuloides Prain
习　　性：攀援小灌木
海　　拔：400~2500 m
国内分布：广西、云南
国外分布：缅甸
濒危等级：LC

打碗花属 Calystegia R. Br.

打碗花
Calystegia hederacea Wall.
习　　性：一年生草本
海　　拔：100~3500 m
国内分布：安徽、福建、甘肃、广东、广西、贵州、海南、河北、河南、黑龙江、湖北、湖南、吉林、江苏、江西、辽宁、内蒙古、宁夏、青海、山东、山西、陕西、上海、四川、台湾、天津、香港、新疆、云南、浙江
国外分布：阿富汗、巴基斯坦、朝鲜、俄罗斯、马来西亚、蒙古、缅甸、尼泊尔、日本、塔吉克斯坦、印度
濒危等级：LC
资源利用：药用（中草药）；食品（淀粉）

藤长苗
Calystegia pellita (Ledeb.) G. Don

藤长苗（原亚种）
Calystegia pellita subsp. **pellita**
习　　性：多年生草本

国内分布：黑龙江、内蒙古、天津
国外分布：俄罗斯、蒙古
濒危等级：LC

长叶藤长苗
Calystegia pellita subsp. **longifolia** Brummitt
习　　性：多年生草本
国内分布：安徽、河北、吉林、江苏、辽宁、山东
国外分布：朝鲜
濒危等级：LC

直立藤长苗
Calystegia pellita subsp. **stricta** Brummitt
习　　性：多年生草本
国内分布：吉林
国外分布：朝鲜、俄罗斯
濒危等级：LC

柔毛打碗花
Calystegia pubescens Lindl.
习　　性：草本
海　　拔：约70 m
国内分布：北京、河北、黑龙江、湖北、吉林、江苏、辽宁、山东、上海、浙江
国外分布：日本、朝鲜；欧洲、北美洲归化
濒危等级：LC

欧旋花
Calystegia sepium Brummitt
习　　性：多年生草本
国内分布：安徽、北京、黑龙江、吉林、辽宁、天津
国外分布：朝鲜、俄罗斯、日本
濒危等级：LC

鼓子花
Calystegia silvatica Brummitt
习　　性：攀援草本
海　　拔：100~2600 m
分　　布：安徽、广西、贵州、湖北、湖南、江苏、江西、四川、云南、浙江
濒危等级：LC

肾叶打碗花
Calystegia soldanella（L.）R. Br.
习　　性：多年生草本
海　　拔：约100 m
国内分布：福建、河北、江苏、辽宁、山东、台湾、天津、浙江
国外分布：澳大利亚、朝鲜、俄罗斯、日本
濒危等级：LC
资源利用：药用（中草药）

旋花属 Convolvulus L.

银灰旋花
Convolvulus ammannii Desr.
习　　性：多年生草本
海　　拔：1200~3400 m
国内分布：甘肃、河北、河南、黑龙江、吉林、辽宁、内蒙古、宁夏、青海、山西、陕西、四川、西藏、新疆
国外分布：朝鲜、俄罗斯、哈萨克斯坦、吉尔吉斯斯坦、蒙古、土库曼斯坦、乌兹别克斯坦
濒危等级：LC

田旋花
Convolvulus arvensis L.
习　　性：多年生草本
海　　拔：600~4500 m
国内分布：安徽、重庆、北京、甘肃、广西、贵州、河北、河南、黑龙江、湖北、湖南、吉林、江苏、辽宁、内蒙古、宁夏、青海、山东、山西、陕西、上海、四川、天津、西藏、新疆
国外分布：澳大利亚
濒危等级：LC
资源利用：药用（中草药）

中华旋花
Convolvulus chinensis Ker Gawl.
习　　性：一年生或多年生草本
国内分布：东北、华北、西北
国外分布：俄罗斯、哈萨克斯坦、蒙古
濒危等级：LC

灌木旋花
Convolvulus fruticosus Pall.
习　　性：灌木
海　　拔：1400~2000 m
国内分布：新疆
国外分布：阿富汗、巴基斯坦、俄罗斯、哈萨克斯坦、吉尔吉斯斯坦、蒙古、塔吉克斯坦、土库曼斯坦、乌兹别克斯坦、伊朗
濒危等级：LC

鹰爪柴
Convolvulus gortschakovii Schrenk
习　　性：亚灌木或灌木
海　　拔：400~2000 m
国内分布：甘肃、内蒙古、宁夏、山西、新疆
国外分布：俄罗斯、哈萨克斯坦、吉尔吉斯斯坦、蒙古、塔吉克斯坦、乌兹别克斯坦
濒危等级：LC

线叶旋花
Convolvulus lineatus L.
习　　性：多年生草本
海　　拔：300~1300 m
国内分布：新疆
国外分布：阿富汗、巴基斯坦、俄罗斯、哈萨克斯坦、吉尔吉斯斯坦、蒙古、塔吉克斯坦、土库曼斯坦、乌克兰、亚美尼亚、伊朗
濒危等级：LC

直立旋花
Convolvulus pseudocantabricus Schrenk
习　　性：多年生草本
国内分布：新疆
国外分布：阿富汗、巴基斯坦、哈萨克斯坦、吉尔吉斯斯坦、塔吉克斯坦、土库曼斯坦、乌兹别克斯坦
濒危等级：LC

小刺旋花
Convolvulus spinifer Popov.
- 习　　性：一年生或多年生草本
- 国内分布：新疆
- 国外分布：哈萨克斯坦、吉尔吉斯斯坦
- 濒危等级：LC

草坡旋花
Convolvulus steppicola Hand.-Mazz.
- 习　　性：多年生草本
- 海　　拔：约1600 m
- 分　　布：云南
- 濒危等级：LC

刺旋花
Convolvulus tragacanthoides Turcz.
- 习　　性：匍匐灌木
- 海　　拔：700~2500 m
- 国内分布：甘肃、河北、内蒙古、宁夏、山西、四川、新疆
- 国外分布：俄罗斯、哈萨克斯坦、吉尔吉斯斯坦、蒙古、塔吉克斯坦、土库曼斯坦、乌兹别克斯坦
- 濒危等级：LC

黄河旋花
Convolvulus xanthopotamicus J. R. I. Wood et R. W. Scotalnd
- 习　　性：一年生或多年生草本
- 分　　布：河南、陕西
- 濒危等级：LC

菟丝子属 Cuscuta L.

杯花菟丝子
Cuscuta approximata Bab.
- 习　　性：寄生草本
- 国内分布：新疆
- 国外分布：非洲、欧洲、亚洲西南部
- 濒危等级：LC

南方菟丝子
Cuscuta australis R. Br.
- 习　　性：一年生寄生草本
- 海　　拔：100~2000 m
- 国内分布：安徽、重庆、澳门、福建、甘肃、广东、广西、贵州、海南、河北、河南、黑龙江、湖北、湖南、吉林、江苏、江西、辽宁、内蒙古、宁夏、青海、山东、山西、陕西、台湾、香港、新疆、云南、浙江
- 国外分布：澳大利亚
- 濒危等级：LC
- 资源利用：药用（中草药）

原野菟丝子
Cuscuta campestris Yunck.
- 习　　性：寄生草本
- 国内分布：福建、广东、台湾、香港、新疆
- 国外分布：美洲；亚洲、非洲、大洋洲、欧洲、太平洋群岛归化
- 濒危等级：LC

菟丝子
Cuscuta chinensis Lam.
- 习　　性：一年生寄生草本
- 海　　拔：200~3000 m
- 国内分布：安徽、重庆、福建、甘肃、广东、广西、贵州、海南、河北、河南、黑龙江、湖北、湖南、吉林、江苏、江西、辽宁、内蒙古、宁夏、青海、山东、山西、陕西、四川、台湾、天津、香港、新疆、云南、浙江
- 国外分布：阿富汗、澳大利亚、朝鲜、俄罗斯、哈萨克斯坦、蒙古、日本、斯里兰卡、印度尼西亚
- 濒危等级：LC
- 资源利用：药用（中草药）

亚麻菟丝子
Cuscuta epilinum Weihe
- 习　　性：寄生草本
- 国内分布：黑龙江、新疆
- 国外分布：原产欧洲

欧洲菟丝子
Cuscuta europaea L.
- 习　　性：一年生寄生草本
- 海　　拔：800~3100 m
- 国内分布：甘肃、黑龙江、内蒙古、青海、山西、陕西、四川、西藏、新疆、云南
- 国外分布：克什米尔地区、日本
- 濒危等级：LC

高大菟丝子
Cuscuta gigantea Griff.
- 习　　性：寄生草本
- 海　　拔：约3400 m
- 国内分布：西藏
- 国外分布：阿富汗、塔吉克斯坦
- 濒危等级：LC

金灯藤
Cuscuta japonica Choisy

金灯藤（原变种）
Cuscuta japonica var. **japonica**
- 习　　性：寄生草本
- 国内分布：安徽、重庆、北京、福建、甘肃、广东、广西、贵州、海南、河北、河南、黑龙江、湖北、湖南、吉林、江苏、江西、辽宁、内蒙古、宁夏、青海、山东、陕西、四川、台湾、天津、香港、新疆、云南、浙江
- 国外分布：朝鲜、俄罗斯、日本、越南
- 濒危等级：LC
- 资源利用：药用（中草药）

台湾菟丝子
Cuscuta japonica var. **formosana** (Hayata) Yunck.
- 习　　性：寄生草本
- 分　　布：台湾
- 濒危等级：LC

啤酒花菟丝子
Cuscuta lupuliformis Krock.
- 习　　性：寄生草本
- 海　　拔：700~1500 m
- 国内分布：北京、甘肃、贵州、河北、黑龙江、吉林、辽

宁、内蒙古、山东、山西、陕西、新疆
国外分布：蒙古
濒危等级：LC

大鳞菟丝子
Cuscuta macrolepis R. C. Fang et S. H. Huang
习　　性：寄生草本
海　　拔：2600～2700 m
分　　布：西藏
濒危等级：DD

单柱菟丝子
Cuscuta monogyna Vahl
习　　性：寄生草本
海　　拔：700～1800 m
国内分布：新疆
国外分布：俄罗斯、蒙古
濒危等级：LC

大花菟丝子
Cuscuta reflexa Roxb.

大花菟丝子（原变种）
Cuscuta reflexa var. **reflexa**
习　　性：寄生草本
海　　拔：900～2800 m
国内分布：湖南、四川、西藏、香港、云南
国外分布：阿富汗、巴基斯坦、马来西亚、缅甸、尼泊尔、斯里兰卡、泰国、印度、印度尼西亚
濒危等级：LC
资源利用：药用（中草药）

短柱头菟丝子
Cuscuta reflexa var. **anguina**（Edgew.）C. B. Clarke
习　　性：寄生草本
国内分布：云南
国外分布：缅甸、印度
濒危等级：LC

马蹄金属 Dichondra J. R. Forst. et G. Forst.

马蹄金
Dichondra micrantha Urb.
习　　性：多年生草本
海　　拔：1300～2000 m
国内分布：安徽、澳门、福建、广东、广西、贵州、海南、湖北、湖南、江苏、江西、青海、四川、台湾、西藏、香港、云南、浙江
国外分布：朝鲜、日本、泰国
濒危等级：LC

飞蛾藤属 Dinetus Buch.-Ham. ex Sweet.

白飞蛾藤
Dinetus decorus（W. W. Sm.）Staples
习　　性：多年生草本
海　　拔：1300～3500 m
国内分布：四川、云南
国外分布：缅甸、印度
濒危等级：LC

蒙自飞蛾藤
Dinetus dinetoides（C. K. Schneid.）Staples
习　　性：多年生草本
海　　拔：1200～2200 m
国内分布：四川、云南
国外分布：缅甸、印度
濒危等级：LC

三列飞蛾藤
Dinetus duclouxii（Gagnep. et Courch.）Staples
习　　性：多年生草本
海　　拔：100～4000 m
分　　布：湖北、四川、云南
濒危等级：NT B1ab（i, iii）

藏飞蛾藤
Dinetus grandiflorus（Wall.）Staples
习　　性：多年生草本
海　　拔：1700～2600 m
国内分布：西藏
国外分布：不丹、尼泊尔、印度
濒危等级：NT B1ab（i, iii）

飞蛾藤
Dinetus racemosus（Wall.）Buch.-Ham. ex Sweet
习　　性：一年生草本
海　　拔：100～3200 m
国内分布：安徽、福建、甘肃、广东、广西、贵州、海南、河南、湖北、湖南、江苏、江西、陕西、四川、西藏、云南、浙江
国外分布：巴基斯坦、不丹、东帝汶、菲律宾、老挝、缅甸、尼泊尔、泰国、印度、印度尼西亚、越南
濒危等级：LC
资源利用：药用（中草药）

毛果飞蛾藤
Dinetus truncatus（Kurz）Staples
习　　性：一年生草本
海　　拔：700～2500 m
国内分布：安徽、广东、广西、江西、云南
国外分布：缅甸、泰国
濒危等级：LC

丁公藤属 Erycibe Roxb.

九来龙
Erycibe elliptilimba Merr. et Chun
习　　性：攀援灌木
海　　拔：0～600 m
国内分布：广东、海南
国外分布：柬埔寨、老挝、泰国、越南
濒危等级：LC

锈毛丁公藤
Erycibe expansa Wall. ex G. Don
习　　性：藤本
海　　拔：1000～1200 m
国内分布：云南
国外分布：马来西亚、缅甸、泰国、印度
濒危等级：LC

毛叶丁公藤
Erycibe hainanensis Merr.
　　习　　性：攀援灌木
　　海　　拔：200~1100 m
　　国内分布：广东、广西、海南
　　国外分布：越南
　　濒危等级：LC

台湾丁公藤
Erycibe henryi Prain
　　习　　性：攀援灌木
　　海　　拔：0~300 m
　　国内分布：台湾
　　国外分布：日本
　　濒危等级：LC

多花丁公藤
Erycibe myriantha Merr.
　　习　　性：攀援灌木
　　海　　拔：400~600 m
　　分　　布：广东、海南
　　濒危等级：LC

丁公藤
Erycibe obtusifolia Benth.
　　习　　性：木质藤本
　　海　　拔：100~1200 m
　　国内分布：广东、广西、海南、香港
　　国外分布：越南
　　濒危等级：VU B1ab（iii）
　　资源利用：药用（中草药）

疏花丁公藤
Erycibe oligantha Merr. et Chun
　　习　　性：攀援灌木
　　海　　拔：400~500 m
　　分　　布：海南
　　濒危等级：LC

光叶丁公藤
Erycibe schmidtii Craib
　　习　　性：攀援灌木
　　海　　拔：300~1200 m
　　国内分布：云南
　　国外分布：泰国、印度、越南
　　濒危等级：LC
　　资源利用：药用（中草药）

瑶山丁公藤
Erycibe sinii F. C. How
　　习　　性：攀援灌木
　　分　　布：广西
　　濒危等级：LC

锥序丁公藤
Erycibe subspicata Wall. ex G. Don
　　习　　性：攀援灌木
　　海　　拔：300~1300 m
　　国内分布：广西、云南
　　国外分布：柬埔寨、老挝、缅甸、泰国、印度、越南
　　濒危等级：LC

土丁桂属 Evolvulus L.

土丁桂
Evolvulus alsinoides(L.)L.

土丁桂（原变种）
Evolvulus alsinoides var. **alsinoides**
　　习　　性：多年生草本
　　海　　拔：800~1800 m
　　国内分布：安徽、澳门、福建、广东、广西、贵州、海南、湖北、湖南、江苏、江西、青海、四川、台湾、香港、云南、浙江
　　国外分布：巴基斯坦、东帝汶、菲律宾、柬埔寨、老挝、马来西亚、孟加拉国、缅甸、尼泊尔、日本、泰国、印度、印度尼西亚、越南
　　濒危等级：LC
　　资源利用：药用（中草药）

银丝草
Evolvulus alsinoides var. **decumbens**（R. Br.）Ooststr.
　　习　　性：多年生草本
　　海　　拔：100~1800 m
　　国内分布：福建、广东、广西、海南、湖北、湖南、江西、台湾、香港、云南
　　国外分布：澳大利亚、巴布亚新几内亚、东帝汶、马来西亚、泰国、印度尼西亚、越南
　　濒危等级：LC

圆叶土丁桂
Evolvulus alsinoides var. **rotundifolius** Hayata ex Ooststr.
　　习　　性：多年生草本
　　海　　拔：100 m 以下
　　国内分布：台湾
　　国外分布：菲律宾、日本
　　濒危等级：LC

短梗土丁桂
Evolvulus nummularius(L.)L.
　　习　　性：多年生草本
　　国内分布：云南逸生
　　国外分布：原产美洲；马来西亚和印度归化

猪菜藤属 Hewittia Wight et Arn.

猪菜藤
Hewittia malabarica(L.)Suresh
　　习　　性：多年生草本
　　海　　拔：0~600 m
　　国内分布：广东、广西、海南、台湾、香港、云南
　　国外分布：巴布亚新几内亚、东帝汶、菲律宾、柬埔寨、老挝、马来西亚、缅甸、斯里兰卡、泰国、印度、印度尼西亚、越南
　　濒危等级：LC

番薯属 Ipomoea L.

夜花薯藤
Ipomoea aculeata(Zoll.)Hallier f. ex Ooststr.

习　　性：多年生草本
海　　拔：0～1200 m
国内分布：海南
国外分布：东帝汶、菲律宾、马来西亚、缅甸、泰国、印度尼西亚
濒危等级：LC

月光花
Ipomoea alba L.
习　　性：一年生或多年生草本
国内分布：福建、广东、广西、海南、湖南、江苏、江西、山西、陕西、上海、四川、天津、香港、云南、浙江栽培或逸生
国外分布：巴布亚新几内亚、东帝汶、菲律宾、马来西亚、缅甸、尼泊尔、日本、斯里兰卡、泰国、印度尼西亚及太平洋群岛；原产热带美洲

蕹菜
Ipomoea aquatica Forssk.
习　　性：一年生草本
国内分布：澳门、福建、广东、广西、海南、湖北、湖南、江苏、四川、台湾、天津、香港、云南、浙江栽培
国外分布：巴布亚新几内亚、巴基斯坦、东帝汶、菲律宾、柬埔寨、老挝、马来西亚、孟加拉国、缅甸、尼泊尔、斯里兰卡、泰国、印度、印度尼西亚、越南；亚洲、太平洋诸岛。原产非洲和南美洲
资源利用：药用（中草药）；动物饲料（饲料）；食品（蔬菜）；环境利用（观赏）

番薯
Ipomoea batatas（L.）Lam.
习　　性：一年生草本
国内分布：澳门、北京、重庆、福建、广东、广西、贵州、海南、河北、河南、黑龙江、湖北、湖南、江苏、江西、辽宁、山东、山西、陕西、四川、台湾、天津、香港、云南栽培
国外分布：巴布亚新几内亚、巴基斯坦、东帝汶、菲律宾、老挝、马来西亚、尼泊尔、日本、斯里兰卡、泰国、印度尼西亚、越南；原产南美洲，现非洲、太平洋群岛及澳大利亚广为栽培
资源利用：原料（酒精，纤维）；基因源（高产）；动物饲料（饲料）；食品（粮食，淀粉，蔬菜）

毛牵牛
Ipomoea biflora（L.）Pers.
习　　性：一年生草本
海　　拔：200～1800 m
国内分布：福建、广东、广西、贵州、湖南、江西、台湾、香港、云南
国外分布：澳大利亚、东帝汶、缅甸、日本、印度、印度尼西亚、越南
濒危等级：LC

五爪金龙
Ipomoea cairica（L.）Sweet

五爪金龙（原变种）
Ipomoea cairica var. **cairica**
习　　性：多年生草本
国内分布：澳门、福建、广东、广西、贵州、海南、江苏、台湾、香港、云南
国外分布：巴布亚新几内亚、巴基斯坦、东帝汶、菲律宾、马来西亚、缅甸、尼泊尔、日本、斯里兰卡、泰国、印度、印度尼西亚、越南
濒危等级：LC
资源利用：环境利用（观赏）；药用（中草药）

纤细五爪金龙
Ipomoea cairica var. **gracillima**（Collett et Hemsl.）C. Y. Wu
习　　性：多年生草本
海　　拔：1700～2000 m
国内分布：云南
国外分布：缅甸
濒危等级：LC

树牵牛
Ipomoea carnea（Mart. ex Choisy）D. F. Austin
习　　性：灌木
国内分布：广西、海南、台湾、香港
国外分布：巴布亚新几内亚、巴基斯坦、柬埔寨、缅甸、尼泊尔、日本、斯里兰卡、泰国、印度、印度尼西亚
濒危等级：LC

峨眉薯
Ipomoea emeiensis Z. Y. Zhu
习　　性：一年生缠绕藤本
分　　布：四川
濒危等级：LC

毛果薯
Ipomoea eriocarpa R. Br.
习　　性：一年生草本
海　　拔：500～1100 m
国内分布：四川、台湾、云南
国外分布：澳大利亚、巴布亚新几内亚、巴基斯坦、东帝汶、菲律宾、柬埔寨、克什米尔地区、老挝、马达加斯加、马来西亚、缅甸、尼泊尔、斯里兰卡、泰国、印度、印度尼西亚、越南
濒危等级：LC

齿萼薯
Ipomoea fimbriosepala Choisy
习　　性：草质藤本
国内分布：福建、广东、香港、浙江
国外分布：新几内亚岛、太平洋群岛；非洲、美洲
濒危等级：LC

橙红茑萝
Ipomoea hederifolia L. Syst. Nat.
习　　性：一年生缠绕草本
分　　布：安徽、北京、福建、河北、河南、吉林、江苏、辽宁、山东、山西、陕西、上海、四川、天津、云南、浙江有栽培，偶逸生
国外分布：原产美洲；马来西亚、东帝汶归化

粗毛薯藤
Ipomoea hirtifolia R. C. Fang et S. H. Huang
习　　性：草质藤本

海　　拔：约 2100 m
分　　布：西藏
濒危等级：LC

假厚藤
Ipomoea imperati (Vahl) Griseb.
习　　性：多年生草本
海　　拔：0~100 m
国内分布：福建、广东、广西、海南、台湾、香港
国外分布：澳大利亚、菲律宾、马来西亚、日本、斯里兰卡、泰国、印度尼西亚、越南
濒危等级：LC

变色牵牛
Ipomoea indica (Burm.) Merr.
习　　性：草质藤本
国内分布：澳门、广东、海南、台湾、香港、云南
国外分布：巴布亚新几内亚、巴基斯坦、菲律宾、马来西亚、缅甸、日本、斯里兰卡、印度尼西亚及太平洋群岛；原产南美洲，遍布全球热带地区

瘤梗甘薯
Ipomoea lacunosa L.
习　　性：一年生缠绕草本
国内分布：福建、湖南、山东、浙江归化
国外分布：原产北美洲

南沙薯藤
Ipomoea littoralis (L.) Blume
习　　性：多年生草本
海　　拔：0~100 m
国内分布：海南、台湾
国外分布：澳大利亚、巴布亚新几内亚、菲律宾、柬埔寨、马来西亚、缅甸、日本、斯里兰卡、泰国、印度、印度尼西亚、越南
濒危等级：LC

毛茎薯
Ipomoea marginata (Desr.) Verdc.
习　　性：多年生草本
国内分布：海南、台湾
国外分布：澳大利亚、巴布亚新几内亚、巴基斯坦、老挝、马来西亚、缅甸、斯里兰卡、泰国、印度、印度尼西亚、越南
濒危等级：LC

七爪龙
Ipomoea mauritiana Jacq.
习　　性：多年生草本
海　　拔：0~1100 m
国内分布：澳门、广东、广西、海南、台湾、香港、云南
国外分布：巴布亚新几内亚、东帝汶、菲律宾、柬埔寨、老挝、马来西亚、缅甸、日本、斯里兰卡、泰国、印度尼西亚、越南
濒危等级：LC

牵牛
Ipomoea nil (L.) Roth
习　　性：一年生草本
海　　拔：0~1600 m
国内分布：大部分省区栽培或逸生
国外分布：原产南美洲；现在几乎环热带分布
资源利用：环境利用（观赏）

小心叶薯
Ipomoea obscura (L.) Ker Gawl.
习　　性：草质藤本
海　　拔：0~1600 m
国内分布：澳门、广东、海南、台湾、香港、云南
国外分布：澳大利亚、巴布亚新几内亚、巴基斯坦、菲律宾、斐济、柬埔寨、老挝、马来西亚、缅甸、斯里兰卡、泰国、印度、印度尼西亚、越南
濒危等级：LC

厚藤
Ipomoea pes-caprae (L.) R. Br.
习　　性：多年生草本
海　　拔：0~100 m
国内分布：澳门、福建、广东、广西、海南、台湾、香港、浙江
国外分布：澳大利亚、巴布亚新几内亚、巴基斯坦、东帝汶、菲律宾、柬埔寨、马来西亚、缅甸、日本、斯里兰卡、泰国、印度尼西亚、越南
濒危等级：LC
资源利用：药用（中草药）；动物饲料（饲料）

虎掌藤
Ipomoea pes-tigridis L.
习　　性：一年生草本
海　　拔：0~400 m
国内分布：广东、广西、海南、台湾、云南
国外分布：澳大利亚、巴布亚新几内亚、巴基斯坦、东帝汶、菲律宾、柬埔寨、克什米尔地区、马来西亚、缅甸、尼泊尔、斯里兰卡、泰国、印度尼西亚、越南
濒危等级：LC

帽苞薯藤
Ipomoea pileata Roxb.
习　　性：一年生草本
海　　拔：100~1000 m
国内分布：广东、广西、海南、香港、云南
国外分布：菲律宾、柬埔寨、老挝、马来西亚、斯里兰卡、泰国、印度、印度尼西亚、越南
濒危等级：LC

羽叶薯
Ipomoea polymorpha Roem. et Schult.
习　　性：一年生草本
海　　拔：100 m 以下
国内分布：海南、台湾
国外分布：澳大利亚、巴布亚新几内亚、东帝汶、菲律宾、柬埔寨、老挝、马来西亚、日本、印度、印度尼西亚、越南
濒危等级：LC

圆叶牵牛
Ipomoea purpurea (L.) Roth
习　　性：一年生草本
国内分布：安徽、澳门、北京、重庆、福建、甘肃、广东、

广西、贵州、海南、河北、河南、黑龙江、湖北、湖南、江苏、江西、辽宁、内蒙古、青海、山东、山西、陕西、上海、四川、天津、香港、新疆、云南、浙江栽培或逸生

国外分布：巴基斯坦、东帝汶、菲律宾、尼泊尔、斯里兰卡、印度尼西亚；原产北美洲、南美洲

资源利用：环境利用（观赏）

茑萝
Ipomoea quamoclit L.

习　　性：一年生缠绕草本

国内分布：安徽、澳门、重庆、福建、广东、广西、黑龙江、湖北、湖南、陕西、上海、四川、台湾、天津、香港、浙江栽培

国外分布：原产热带美洲，全球温带及热带地区广布

资源利用：环境利用（观赏）

刺毛月光花
Ipomoea setosa Ker Gawl.

习　　性：一年生草本

海　　拔：1000~1300 m

国内分布：广东、云南

国外分布：原产北美洲、南美洲

白大花千斤藤
Ipomoea soluta C. Y. Wu

习　　性：攀援亚灌木

分　　布：云南

濒危等级：LC

海南薯
Ipomoea sumatrana (Miq.) Ooststr.

习　　性：木质藤本

海　　拔：100~900 m

国内分布：广西、海南、台湾、云南

国外分布：东帝汶、老挝、马来西亚、缅甸、泰国、印度尼西亚

濒危等级：LC

三裂叶薯
Ipomoea triloba L.

习　　性：一年生草本

海　　拔：0~800 m

国内分布：安徽、澳门、福建、广东、广西、湖南、江苏、辽宁、陕西、上海、台湾、香港、云南、浙江

国外分布：巴布亚新几内亚、菲律宾、马来西亚、日本、斯里兰卡、泰国、印度尼西亚、越南；北美洲、太平洋诸岛。原产北美西印度群岛，现为环热带杂草

濒危等级：LC

丁香茄
Ipomoea turbinata Lag.

习　　性：一年生草本

海　　拔：600~1200 m

国内分布：河南、湖南、湖北、云南栽培

国外分布：巴基斯坦、菲律宾、克什米尔地区、缅甸、尼泊尔、日本、斯里兰卡、印度尼西亚、越南

濒危等级：LC

管花薯
Ipomoea violacea L.

习　　性：多年生草本

海　　拔：海平面至100 m

国内分布：广东、海南、台湾

国外分布：澳大利亚、巴布亚新几内亚、东帝汶、菲律宾、马来西亚、日本、斯里兰卡、泰国、印度尼西亚

濒危等级：LC

大萼山土瓜
Ipomoea wangii C. Y. Wu

习　　性：攀援草本

海　　拔：约900 m

分　　布：云南

濒危等级：LC

小牵牛属 Jacquemontia Choisy

小牵牛
Jacquemontia paniculata (Burm. f.) Hallier f.

小牵牛（原变种）
Jacquemontia paniculata var. **paniculata**

习　　性：地生草本

海　　拔：0~600 m

国内分布：澳门、广东、广西、海南、台湾、香港、云南

国外分布：澳大利亚、巴布亚新几内亚、东帝汶、菲律宾、柬埔寨、老挝、马来西亚、缅甸、斯里兰卡、泰国、印度、印度尼西亚、越南

濒危等级：LC

披针叶小牵牛
Jacquemontia paniculata var. **lanceolata** S. H. Huang

习　　性：地生草本

分　　布：海南

濒危等级：LC

苞片小牵牛
Jacquemontia tamnifolia (L.) Griseb.

习　　性：藤本

国内分布：广东、广西、上海、台湾归化

国外分布：原产西印度群岛

鳞蕊藤属 Lepistemon Blume

鳞蕊藤
Lepistemon binectariferum (Wall.) Kuntze

鳞蕊藤（原变种）
Lepistemon binectariferum var. **binectariferum**

习　　性：草质藤本

国内分布：海南

国外分布：柬埔寨、老挝、马来西亚、缅甸、泰国、印度、印度尼西亚、越南

濒危等级：LC

毛果鳞蕊藤
Lepistemon binectariferum var. **trichocarpum** (Gagnep.) Ooststr.

习　　性：草质藤本

国内分布：海南、台湾

国外分布：菲律宾、日本、印度尼西亚

濒危等级：LC

裂叶鳞蕊藤
Lepistemon lobatum Pilg.
 习 性：草质藤本
 海 拔：500～800 m
 国内分布：福建、广东、广西、海南、江西、浙江
 国外分布：越南
 濒危等级：LC

鱼黄草属 Merremia Dennst. ex Endl.

铜钟藤
Merremia bimbim(Gagnep.)Ooststr.
 习 性：草本
 国内分布：云南
 国外分布：越南
 濒危等级：DD

金钟藤
Merremia boisiana(Gagnep.)Ooststr.

金钟藤（原变种）
Merremia boisiana var. **boisiana**
 习 性：缠绕木本
 海 拔：100～700 m
 国内分布：广东、广西、贵州、海南、云南
 国外分布：老挝、马来西亚、印度尼西亚、越南
 濒危等级：LC

黄毛金钟藤
Merremia boisiana var. **fulvopilosa**(Gagnep.)Ooststr.
 习 性：缠绕木本
 海 拔：500～1300 m
 国内分布：广西、云南
 国外分布：印度尼西亚、越南
 濒危等级：LC

美花鱼黄草
Merremia caloxantha(Diels)Staples et R. C. Fang
 习 性：多年生草本
 海 拔：约 1400 m
 分 布：云南
 濒危等级：LC

丘陵鱼黄草
Merremia collina S. Y. Liu
 习 性：多年生缠绕草本
 海 拔：约 100 m
 分 布：广西
 濒危等级：DD

心叶山土瓜
Merremia cordata C. Y. Wu et R. C. Fang
 习 性：草质藤本
 海 拔：1400～1800 m
 分 布：四川、云南
 濒危等级：LC

多裂鱼黄草
Merremia dissecta(Jacq.)Hallier f.
 习 性：缠绕草本
 国内分布：澳门、广东、台湾、香港
 国外分布：澳大利亚、巴基斯坦、缅甸、斯里兰卡、泰国、印度、印度尼西亚；非洲。原产北美洲、南美洲

肾叶山猪菜
Merremia emarginata(Burm. f.)Hallier f.
 习 性：多年生草本
 海 拔：0～200 m
 国内分布：广东、海南
 国外分布：东帝汶、菲律宾、马来西亚、缅甸、尼泊尔、斯里兰卡、泰国、印度、印度尼西亚
 濒危等级：LC

金花鱼黄草
Merremia gemella(Burm. f.)Hallier f.
 习 性：草质藤本
 海 拔：0～200 m
 国内分布：台湾
 国外分布：澳大利亚、巴布亚新几内亚、东帝汶、菲律宾、柬埔寨、老挝、马来西亚、缅甸、斯里兰卡、泰国、印度尼西亚、越南

海南山猪菜
Merremia hainanensis H. S. Kiu
 习 性：草质藤本
 分 布：海南
 濒危等级：LC

篱栏网
Merremia hederacea(Burm. f.)Hallier f.
 习 性：缠绕或匍匐草本
 海 拔：100～800 m
 国内分布：澳门、福建、广东、广西、海南、江西、台湾、香港、云南
 国外分布：澳大利亚、巴布亚新几内亚、巴基斯坦、东帝汶、菲律宾、柬埔寨、老挝、马来西亚、孟加拉国、缅甸、尼泊尔、日本、斯里兰卡、泰国、印度、印度尼西亚、越南
 濒危等级：LC
 资源利用：药用（中草药）

毛山猪菜
Merremia hirta(L.)Merr.
 习 性：缠绕或平卧草本
 海 拔：0～1000 m
 国内分布：广东、广西、台湾、香港、云南
 国外分布：澳大利亚、菲律宾、老挝、马来西亚、缅甸、泰国、印度、印度尼西亚、越南
 濒危等级：LC

山土瓜
Merremia hungaiensis(Lingelsh. et Borza)R. C. Fang

山土瓜（原变种）
Merremia hungaiensis var. **hungaiensis**
 习 性：多年生草本
 海 拔：1200～3200 m
 分 布：贵州、四川、云南
 濒危等级：LC

旋花科 CONVOLVULACEAE

线叶山土瓜
Merremia hungaiensis var. **linifolia**(C. C. Huang)R. C. Fang
- 习　　性：多年生草本
- 海　　拔：1200~2500 m
- 分　　布：四川、云南
- 濒危等级：LC
- 资源利用：药用（中草药）；食品（淀粉、蔬菜）

长梗山土瓜
Merremia longipedunculata(C. Y. Wu et H. W. Li)R. C. Fang
- 习　　性：攀援草本
- 海　　拔：500~1000 m
- 国内分布：广西、贵州、云南
- 国外分布：印度、越南
- 濒危等级：LC

指叶山猪菜
Merremia quinata(R. Br.)Ooststr.
- 习　　性：草质藤本
- 海　　拔：约1900 m
- 国内分布：广西、海南、台湾、香港、云南
- 国外分布：澳大利亚、巴布亚新几内亚、东帝汶、菲律宾、缅甸、泰国、印度尼西亚
- 濒危等级：LC

北鱼黄草
Merremia sibirica(L.)Hallier f.

北鱼黄草（原变种）
Merremia sibirica var. **sibirica**
- 习　　性：草质藤本
- 海　　拔：600~2800 m
- 国内分布：安徽、甘肃、广西、贵州、河北、湖南、吉林、江苏、山东、山西、陕西、四川、天津、香港、云南、浙江
- 国外分布：俄罗斯、蒙古
- 濒危等级：LC

九华北鱼黄草
Merremia sibirica var. **jiuhuaensis** B. A. Shen et X. L. Liu
- 习　　性：草质藤本
- 海　　拔：800~1000 m
- 分　　布：安徽
- 濒危等级：DD

大籽鱼黄草
Merremia sibirica var. **macrosperma** C. C. Huang
- 习　　性：草质藤本
- 海　　拔：2000~2800 m
- 分　　布：四川、云南
- 濒危等级：LC

毛籽鱼黄草
Merremia sibirica var. **trichosperma** C. C. Huang
- 习　　性：草质藤本
- 海　　拔：600~2800 m
- 分　　布：河北、吉林、辽宁、山西、陕西、四川、云南
- 濒危等级：LC

囊毛鱼黄草
Merremia sibirica var. **vesiculosa** C. Y. Wu
- 习　　性：草质藤本
- 海　　拔：2400~2900 m
- 分　　布：四川、云南
- 濒危等级：LC

红花姬旋花
Merremia similis Elmer
- 习　　性：多年生攀援草本
- 国内分布：台湾
- 国外分布：菲律宾
- 濒危等级：CR D

块茎鱼黄草
Merremia tuberosa(L.)Rendle
- 习　　性：草本
- 国内分布：福建、广东、广西、海南、台湾、香港、云南
- 国外分布：原产热带美洲；热带地区归化

山猪菜
Merremia umbellata(Hallier f.)Ooststr.
- 习　　性：草质藤本
- 海　　拔：0~1600 m
- 国内分布：广东、广西、海南、四川、台湾、香港、云南
- 国外分布：澳大利亚、巴布亚新几内亚、东帝汶、菲律宾、柬埔寨、老挝、马来西亚、孟加拉国、缅甸、尼泊尔、斯里兰卡、泰国、印度尼西亚、越南
- 濒危等级：LC
- 资源利用：药用（中草药）

疣萼鱼黄草
Merremia verruculosa S. Y. Liu
- 习　　性：草质藤本
- 海　　拔：约100 m
- 分　　布：广西
- 濒危等级：DD

掌叶鱼黄草
Merremia vitifolia(Burm. f.)Hallier f.
- 习　　性：草质藤本
- 海　　拔：100~1600 m
- 国内分布：广东、广西、海南、云南
- 国外分布：东帝汶、老挝、马来西亚、缅甸、尼泊尔、斯里兰卡、泰国、印度、印度尼西亚、越南
- 濒危等级：LC

蓝花土瓜
Merremia yunnanensis(Courchet et Gagnep.)R. C. Fang

蓝花土瓜（原变种）
Merremia yunnanensis var. **yunnanensis**
- 习　　性：多年生草本
- 海　　拔：1400~3000 m
- 分　　布：四川、云南
- 濒危等级：LC

近无毛蓝花土瓜
Merremia yunnanensis var. **glabrescens**(C. Y. Wu)R. C. Fang
- 习　　性：多年生草本
- 海　　拔：1800~2300 m
- 分　　布：云南
- 濒危等级：LC

红花土瓜
Merremia yunnanensis var. **pallescens**(C. Y. Wu) R. C. Fang
- 习　　性：多年生草本
- 海　　拔：1800～2600 m
- 分　　布：四川、云南
- 濒危等级：LC

盾苞藤属 Neuropeltis Wall.

盾苞藤
Neuropeltis racemosa Wall.
- 习　　性：缠绕藤本
- 海　　拔：400～1100 m
- 国内分布：海南、云南
- 国外分布：马来西亚、缅甸、泰国、印度尼西亚
- 濒危等级：LC

盒果藤属 Operculina S. Manso

盒果藤
Operculina turpethum(L.)Silva Manso
- 习　　性：多年生草本
- 海　　拔：0～500 m
- 国内分布：澳门、广东、广西、海南、台湾、香港、云南
- 国外分布：澳大利亚、巴布亚新几内亚、巴基斯坦、菲律宾、柬埔寨、老挝、马来西亚、孟加拉国、缅甸、尼泊尔、日本、斯里兰卡、泰国、印度、印度尼西亚、越南
- 濒危等级：LC
- 资源利用：药用（中草药）

白花叶属 Poranopsis Roberty

搭棚藤
Poranopsis discifera(C. K. Schneid.)Staples
- 习　　性：攀援藤本
- 海　　拔：300～1800 m
- 国内分布：四川、云南
- 国外分布：老挝、缅甸、泰国、印度、越南
- 濒危等级：LC

圆锥白花叶
Poranopsis paniculata(Roxb.)Roberty
- 习　　性：攀援藤本
- 海　　拔：0～2000 m
- 国内分布：西藏、云南
- 国外分布：巴基斯坦、不丹、缅甸、尼泊尔、印度
- 濒危等级：LC

白花叶
Poranopsis sinensis(Hand.-Mazz.)Staples
- 习　　性：攀援藤本
- 海　　拔：300～2000 m
- 分　　布：四川、云南
- 濒危等级：NT B1ab（i, iii）

腺叶藤属 Stictocardia Hallier f.

腺叶藤
Stictocardia tiliifolia(Desr.)Hallier f.
- 习　　性：木质大藤本
- 海　　拔：100 m 以下
- 国内分布：海南、台湾
- 国外分布：澳大利亚、菲律宾、马来西亚、孟加拉国、缅甸、日本、斯里兰卡、泰国、印度、印度尼西亚、越南
- 濒危等级：LC

三翅藤属 Tridynamia Gagnep.

大花三翅藤
Tridynamia megalantha(Merr.)Staples
- 习　　性：藤本
- 海　　拔：0～900 m
- 国内分布：广东、广西、海南、云南
- 国外分布：老挝、马来西亚、缅甸、泰国、印度、越南
- 濒危等级：LC

大果三翅藤
Tridynamia sinensis(Hemsl.)Staples

大果三翅藤（原变种）
Tridynamia sinensis var. **sinensis**
- 习　　性：藤本
- 海　　拔：100～2500 m
- 国内分布：广东、广西、贵州、湖南
- 国外分布：越南
- 濒危等级：LC

近无毛三翅藤
Tridynamia sinensis var. **delavayi**(Gagnep. et Courchet)Staples
- 习　　性：藤本
- 海　　拔：400～2200 m
- 分　　布：甘肃、广西、贵州、湖北、湖南、陕西、四川、云南
- 濒危等级：LC

地旋花属 Xenostegia D. F. Austin et Staples

地旋花
Xenostegia tridentata(L.)D. F. Austin et Staples
- 习　　性：多年生草本
- 海　　拔：0～300 m
- 国内分布：澳门、广东、广西、海南、台湾、香港、云南
- 国外分布：澳大利亚、巴布亚新几内亚、东帝汶、菲律宾、柬埔寨、老挝、马来西亚、孟加拉国、缅甸、斯里兰卡、泰国、印度、印度尼西亚、越南
- 濒危等级：LC

马桑科 CORIARIACEAE
（1属：3种）

马桑属 Coriaria L.

台湾马桑
Coriaria intermedia Matsum.
- 习　　性：灌木
- 海　　拔：2500 m 以下
- 国内分布：台湾

国外分布：菲律宾
濒危等级：LC

马桑
Coriaria nepalensis Wall.
- 习　　性：灌木
- 海　　拔：200 ~ 3200 m
- 国内分布：甘肃、广西、贵州、河南、湖北、湖南、江苏、陕西、四川、西藏、香港、云南
- 国外分布：巴基斯坦、不丹、克什米尔地区、缅甸、尼泊尔、印度
- 濒危等级：LC
- 资源利用：药用（中草药）；原料（酒精，单宁，工业用油）；农药

草马桑
Coriaria terminalis Hemsl.
- 习　　性：亚灌木状草本
- 海　　拔：1800 ~ 3700 m
- 国内分布：四川、西藏、云南
- 国外分布：不丹、尼泊尔、印度
- 濒危等级：LC

山茱萸科 CORNACEAE
（8属：74种）

八角枫属 Alangium Lam.

高山八角枫
Alangium alpinum(C. B. Clarke) W. W. Sm. et Cave
- 习　　性：落叶乔木
- 海　　拔：1800 ~ 3000 m
- 国内分布：西藏、云南
- 国外分布：不丹、缅甸、尼泊尔、印度
- 濒危等级：LC

髯毛八角枫
Alangium barbatum Baill. ex Kuntze
- 习　　性：灌木或乔木
- 海　　拔：1000 m 以下
- 国内分布：广东、广西、云南
- 国外分布：老挝、缅甸、泰国、印度、越南
- 濒危等级：LC

八角枫
Alangium chinense(Lour.) Harms

八角枫（原亚种）
Alangium chinense subsp. **chinense**
- 习　　性：灌木或小乔木
- 国内分布：安徽、重庆、福建、甘肃、广东、广西、贵州、河南、湖北、湖南、江苏、江西、山西、四川、台湾、西藏、云南、浙江
- 国外分布：不丹、东非、东南亚、尼泊尔、印度
- 濒危等级：LC
- 资源利用：药用（中草药）；原料（纤维，木材）；环境利用（观赏）

稀花八角枫
Alangium chinense subsp. **pauciflorum** W. P. Fang
- 习　　性：灌木或小乔木
- 海　　拔：1100 ~ 2500 m
- 分　　布：甘肃、贵州、河南、湖北、湖南、陕西、四川、云南
- 濒危等级：LC

伏毛八角枫
Alangium chinense subsp. **strigosum** W. P. Fang
- 习　　性：灌木或小乔木
- 海　　拔：900 ~ 1200 m
- 分　　布：安徽、重庆、贵州、湖北、湖南、江苏、江西、山西、四川、云南
- 濒危等级：LC

深裂八角枫
Alangium chinense subsp. **triangulare**(Wangerin) W. P. Fang
- 习　　性：灌木或小乔木
- 海　　拔：1000 ~ 2500 m
- 分　　布：安徽、甘肃、贵州、湖北、湖南、陕西、四川、云南
- 濒危等级：LC

小花八角枫
Alangium faberi Oliv.

小花八角枫（原变种）
Alangium faberi var. **faberi**
- 习　　性：落叶灌木
- 分　　布：广东、广西、贵州、湖北、湖南、四川
- 濒危等级：LC

长果八角枫
Alangium faberi var. **dolichocarpum** Z. Y. Li
- 习　　性：落叶灌木
- 海　　拔：约 1200 m
- 分　　布：西藏
- 濒危等级：EN B1ab（i, iii）

异叶八角枫
Alangium faberi var. **heterophyllum** Y. C. Yang
- 习　　性：落叶灌木
- 分　　布：贵州、四川、云南
- 濒危等级：LC

小叶八角枫
Alangium faberi var. **perforatum**(H. Lév.) Rehder
- 习　　性：落叶灌木
- 海　　拔：1250 m
- 分　　布：贵州、云南
- 濒危等级：LC

阔叶八角枫
Alangium faberi var. **platyphyllum** Chun et F. C. How
- 习　　性：落叶灌木
- 海　　拔：400 m 以下
- 分　　布：广东、广西
- 濒危等级：LC
- 资源利用：药用（中草药）

毛八角枫
Alangium kurzii Craib

毛八角枫（原变种）
Alangium kurzii var. **kurzii**
- 习　　性：灌木或小乔木
- 海　　拔：600~1600 m
- 国内分布：安徽、福建、广东、广西、贵州、海南、河南、湖南、江苏、江西、山西、云南、浙江
- 国外分布：朝鲜、菲律宾、老挝、马来西亚、缅甸、日本、泰国、印度尼西亚、越南
- 濒危等级：LC

云山八角枫
Alangium kurzii var. **handelii** (Schnarf) W. P. Fang
- 习　　性：灌木或小乔木
- 海　　拔：1000 m 以下
- 国内分布：安徽、福建、广东、广西、贵州、河南、湖北、湖南、江西、浙江
- 国外分布：朝鲜
- 濒危等级：LC

广西八角枫
Alangium kwangsiense Melch.
- 习　　性：灌木
- 海　　拔：700 m 以下
- 分　　布：广东、广西
- 濒危等级：LC

三裂瓜木
Alangium platanifolium (Miq.) Ohwi
- 习　　性：落叶灌木或乔木
- 海　　拔：2000 m 以下
- 国内分布：甘肃、贵州、河北、河南、湖北、吉林、江西、辽宁、山东、山西、陕西、四川、台湾、云南、浙江
- 国外分布：朝鲜、日本
- 濒危等级：LC

日本八角枫
Alangium premnifolium Ohwi
- 习　　性：落叶乔木
- 海　　拔：500~1500 m
- 国内分布：安徽、广东、广西、湖南、江苏、江西、浙江
- 国外分布：马来西亚、缅甸、日本、印度、印度尼西亚、越南
- 濒危等级：LC

青川八角枫
Alangium qingchuanense M. Y. He
- 习　　性：落叶乔木
- 海　　拔：约 2300 m
- 分　　布：四川
- 濒危等级：LC

土坛树
Alangium salviifolium (L. f.) Wangerin
- 习　　性：灌木或乔木
- 海　　拔：1200 m 以下
- 国内分布：广东、广西、海南
- 国外分布：菲律宾、柬埔寨、老挝、马来西亚、尼泊尔、斯里兰卡、泰国、印度、印度尼西亚、越南
- 濒危等级：LC
- 资源利用：原料（木材，工业用油）

云南八角枫
Alangium yunnanense C. Y. Wu ex W. P. Fang et al.
- 习　　性：灌木或小乔木
- 海　　拔：约 1400 m
- 分　　布：云南
- 濒危等级：EN B2ab (i, ii, iv)

喜树属 Camptotheca Decne.

喜树
Camptotheca acuminata Decne.
- 习　　性：落叶乔木
- 海　　拔：1000 m 以下
- 分　　布：福建、广东、广西、贵州、湖北、湖南、江苏、江西、四川、云南、浙江
- 濒危等级：LC
- 资源利用：环境利用（观赏）；药用（中草药）

洛氏喜树
Camptotheca lowreyana S. Y. Li
- 习　　性：落叶乔木
- 分　　布：福建、广东、广西、湖南、江西、四川
- 濒危等级：DD

山茱萸属 Cornus L.

红瑞木
Cornus alba L.
- 习　　性：落叶灌木
- 海　　拔：600~2700 m
- 国内分布：甘肃、海南、河北、黑龙江、吉林、江苏、江西、辽宁、内蒙古、青海、山东、陕西
- 国外分布：朝鲜、俄罗斯、蒙古
- 濒危等级：LC
- 资源利用：环境利用（观赏）

华南梾木
Cornus austrosinensis W. P. Fang et W. K. Hu
- 习　　性：灌木或小乔木
- 海　　拔：约 2500 m
- 分　　布：广东、广西、贵州、湖南
- 濒危等级：LC

沙梾
Cornus bretschneideri L. Henry

沙梾（原变种）
Cornus bretschneideri var. **bretschneideri**
- 习　　性：灌木或小乔木
- 海　　拔：600~2300 m
- 分　　布：甘肃、河北、河南、湖北、辽宁、内蒙古、宁夏、青海、山西、陕西、四川

濒危等级：LC

卷毛沙梾
Cornus bretschneideri var. **crispa** W. P. Fang et W. K. Hu
- 习　　性：灌木或小乔木
- 海　　拔：600~1800 m
- 分　　布：甘肃、河北、黑龙江、吉林、辽宁、内蒙古、山西、陕西
- 濒危等级：LC

草茱萸
Cornus canadensis L.
- 习　　性：灌木或多年生草本
- 海　　拔：约1200 m
- 国内分布：吉林
- 国外分布：朝鲜、俄罗斯、美国、缅甸、日本
- 濒危等级：CR A3c；B1ab（i，iii）

头状四照花
Cornus capitata Wall.
- 习　　性：灌木或小乔木
- 海　　拔：1000~3200 m
- 国内分布：贵州、四川、西藏、云南
- 国外分布：不丹、缅甸、尼泊尔、印度
- 濒危等级：LC
- 资源利用：药用（中草药）

川鄂山茱萸
Cornus chinensis Wanger
- 习　　性：乔木
- 海　　拔：700~3500 m
- 国内分布：甘肃、广东、贵州、河南、湖北、陕西、四川、西藏、云南、浙江
- 国外分布：缅甸
- 濒危等级：LC

灯台树
Cornus controversa Hemsl.
- 习　　性：乔木
- 海　　拔：200~2600 m
- 国内分布：安徽、福建、甘肃、广东、广西、贵州、海南、河北、河南、湖北、湖南、江苏、江西、辽宁、山东、山西、四川、台湾、西藏、云南、浙江
- 国外分布：不丹、朝鲜、缅甸、尼泊尔、日本、印度
- 濒危等级：LC
- 资源利用：原料（香料，工业用油，单宁，树脂）；环境利用（观赏）

朝鲜梾木
Cornus coreana Wangerin
- 习　　性：落叶乔木
- 海　　拔：海平面至300 m
- 国内分布：辽宁
- 国外分布：朝鲜
- 濒危等级：EN A3c；B1ab（i，iii）

尖叶四照花
Cornus elliptica（Pojark.）Q. Y. Xiang et Bofford
- 习　　性：灌木或小乔木
- 海　　拔：300~2200 m
- 分　　布：福建、广东、广西、贵州、湖北、湖南、江西、四川
- 濒危等级：LC
- 资源利用：食品（水果）

红椋子
Cornus hemsleyi C. K. Schneid. et Wangerin
- 习　　性：灌木或小乔木
- 海　　拔：1000~4000 m
- 分　　布：甘肃、贵州、河北、河南、湖北、青海、山西、陕西、四川、西藏、云南
- 濒危等级：LC
- 资源利用：原料（香料，工业用油）

香港四照花
Cornus hongkongensis Hemsl.

香港四照花（原亚种）
Cornus hongkongensis subsp. **hongkongensis**
- 习　　性：灌木或小乔木
- 海　　拔：200~2500 m
- 国内分布：广东、广西、贵州、湖南
- 国外分布：老挝、越南
- 濒危等级：LC
- 资源利用：原料（木材）；食品（水果）

秀丽四照花
Cornus hongkongensis subsp. **elegans**（W. P. Fang et Y. T. Hsieh）Q. Y. Xiang
- 习　　性：灌木或小乔木
- 海　　拔：200~1200 m
- 分　　布：福建、江西、浙江
- 濒危等级：LC

褐毛四照花
Cornus hongkongensis subsp. **ferruginea**（Y. C. Wu）Q. Y. Xiang
- 习　　性：灌木或小乔木
- 海　　拔：200~1100 m
- 分　　布：广东、广西、贵州、湖南、江西
- 濒危等级：LC
- 资源利用：食品（水果）

大型四照花
Cornus hongkongensis subsp. **gigantea**（Hand.-Mazz.）Q. Y. Xiang
- 习　　性：灌木或小乔木
- 海　　拔：700~1700 m
- 国内分布：贵州、四川、云南
- 国外分布：越南
- 濒危等级：LC

黑毛四照花
Cornus hongkongensis subsp. **melanotricha**（Pojark.）Q. Y. Xiang
- 习　　性：灌木或小乔木
- 海　　拔：400~1800 m
- 分　　布：贵州、湖南、四川、云南
- 濒危等级：LC

东京四照花
Cornus hongkongensis subsp. **tonkinensis**（W. P. Fang）Q. Y. Xiang
- 习　　性：灌木或小乔木
- 海　　拔：1100~2500 m

国内分布：广西、云南
国外分布：越南
濒危等级：LC

川陕梾木
Cornus koehneana Wangerin
习　　性：乔木
海　　拔：1700~2200 m
分　　布：甘肃、山西、陕西、四川
濒危等级：LC

四照花
Cornus kousa (Osborn) Q. Y. Xiang
习　　性：乔木或灌木
海　　拔：400~2200 m
分　　布：安徽、福建、甘肃、贵州、河南、湖北、湖南、江苏、江西、内蒙古、山西、陕西、四川、台湾、云南、浙江
濒危等级：LC
资源利用：食品（水果）

梾木
Cornus macrophylla Wall.

梾木（原变种）
Cornus macrophylla var. **macrophylla**
习　　性：乔木
海　　拔：海平面至 3600 m
国内分布：安徽、福建、甘肃、广东、广西、贵州、海南、湖北、湖南、江苏、江西、宁夏、山东、陕西、四川、台湾、浙江
国外分布：阿富汗、巴基斯坦、不丹、克什米尔地区、缅甸、尼泊尔、印度
濒危等级：LC
资源利用：药用（中草药）；原料（单宁，树脂）

密毛梾木
Cornus macrophylla var. **stracheyi** C. B. Clarke
习　　性：乔木
海　　拔：1700~3400 m
国内分布：西藏、云南
国外分布：尼泊尔、印度
濒危等级：LC

多脉四照花
Cornus multinervosa (Pojark.) Q. Y. Xiang
习　　性：落叶乔木
海　　拔：900~2700 m
分　　布：四川、云南
濒危等级：LC

长圆叶梾木
Cornus oblonga Wallich

长圆叶梾木（原变种）
Cornus oblonga var. **oblonga**
习　　性：常绿乔木
海　　拔：800~3700 m
国内分布：贵州、湖北、四川、西藏、云南
国外分布：巴基斯坦、不丹、克什米尔地区、缅甸、尼泊尔、斯里兰卡、泰国、印度、印度、越南
濒危等级：LC
资源利用：药用（中草药）；原料（工业用油，精油）

无毛长圆叶梾木
Cornus oblonga var. **glabrescens** W. P. Fang et W. K. Hu
习　　性：常绿乔木
海　　拔：1500~3400 m
分　　布：西藏、云南
濒危等级：LC

毛叶梾木
Cornus oblonga var. **griffithii** C. B. Clarke
习　　性：常绿乔木
海　　拔：800~3000 m
国内分布：贵州、湖北、四川、西藏、云南
国外分布：不丹、印度
濒危等级：LC

山茱萸
Cornus officinalis Sieb. et Zucc.
习　　性：灌木或小乔木
海　　拔：400~2100 m
国内分布：安徽、甘肃、河南、湖南、江苏、江西、山东、山西、陕西、浙江
国外分布：朝鲜、日本
濒危等级：NT D
资源利用：药用（中草药）；环境利用（观赏）

樟叶梾木
Cornus oligophlebia Merr.
习　　性：乔木
海　　拔：1200~1500 m
国内分布：云南
国外分布：不丹、缅甸、泰国、印度、越南
濒危等级：DD

乳突梾木
Cornus papillosa W. P. Fang et W. K. Hu
习　　性：乔木
海　　拔：约 3000 m
分　　布：四川、云南
濒危等级：LC

小花梾木
Cornus parviflora S. S. Chien
习　　性：灌木或小乔木
海　　拔：300~2500 m
分　　布：广西、贵州
濒危等级：LC

小梾木
Cornus quinquenervis Franch.
习　　性：灌木
海　　拔：海平面至 2500 m
分　　布：福建、甘肃、广东、广西、贵州、湖北、湖南、江苏、陕西、四川、云南
濒危等级：LC
资源利用：药用（中草药）；原料（木材）

康定梾木
Cornus schindleri Wangerin

康定梾木（原亚种）
Cornus schindleri subsp. **schindleri**
习　　性：灌木或小乔木
海　　拔：1100~3200 m
分　　布：贵州、四川、西藏、云南
濒危等级：LC

灰叶梾木
Cornus schindleri subsp. **poliophylla**（C. K. Schneid. et Wangerin）Q. Y. Xiang
习　　性：灌木或小乔木
海　　拔：1300~3100 m
分　　布：甘肃、河南、湖北、陕西、四川、西藏
濒危等级：LC

卷毛梾木
Cornus ulotricha C. K. Schneid. et Wangerin
习　　性：乔木
海　　拔：800~2700 m
分　　布：甘肃、贵州、河南、湖北、陕西、四川、西藏、云南
濒危等级：LC

毛梾
Cornus walteri Wangerin
习　　性：乔木
海　　拔：300~3000 m
分　　布：安徽、福建、广东、广西、贵州、海南、河北、河南、湖北、湖南、江苏、江西、辽宁、宁夏、山东、山西、陕西、四川、云南、浙江
濒危等级：LC
资源利用：原料（木材，单宁，树脂）；动物饲料（饲料）；环境利用（水土保持，绿化）

光皮梾木
Cornus wilsoniana Wangerin
习　　性：乔木
海　　拔：100~1100 m
分　　布：福建、甘肃、广东、广西、贵州、河南、湖北、湖南、江西、陕西、四川、浙江
濒危等级：LC
资源利用：原料（木材）；动物饲料（饲料）；环境利用（绿化，观赏）；食品（油脂）

珙桐属 Davidia Baill.

珙桐
Davidia involucrata Baill.
国家保护：Ⅰ级

珙桐（原变种）
Davidia involucrata var. **involucrata**
习　　性：乔木
海　　拔：1100~2600 m
分　　布：贵州、湖北、湖南、四川、云南
濒危等级：LC

光叶珙桐
Davidia involucrata var. **vilmoriniana**（Dode）Wangerin
习　　性：乔木
海　　拔：1500~2000 m
分　　布：贵州、湖北、四川
濒危等级：DD

马蹄参属 Diplopanax Hand.-Mazz.

马蹄参
Diplopanax stachyanthus Hand.-Mazz.
习　　性：常绿乔木
海　　拔：1300~1900 m
国内分布：广东、广西、贵州、湖南、云南
国外分布：越南
濒危等级：NT A2c

单室茱萸属 Mastixia Blume

长尾单室茱萸
Mastixia caudatilimba C. Y. Wu ex Soong
习　　性：常绿乔木
海　　拔：1400~1600 m
分　　布：云南
濒危等级：EN A2c；B1ab（i，iii）

卫矛叶单室茱萸
Mastixia euonymoides Prain
习　　性：常绿乔木
国内分布：云南
国外分布：缅甸、泰国、印度
濒危等级：DD

五蕊单室茱萸
Mastixia pentandra Blume

单室茱萸
Mastixia pentandra subsp. **cambodiana**（Pierre）K. M. Matthew
习　　性：乔木
海　　拔：300~900 m
国内分布：海南
国外分布：柬埔寨、越南
濒危等级：LC

云南单室茱萸
Mastixia pentandra subsp. **chinensis**（Merr.）K. M. Matthew
习　　性：乔木
海　　拔：1300~1400 m
国内分布：云南
国外分布：马来西亚、缅甸、泰国、印度、越南
濒危等级：LC

毛叶单室茱萸
Mastixia trichophylla W. P. Fang
习　　性：常绿乔木
海　　拔：约700 m
分　　布：广西
濒危等级：EN B1ab（i，iii，iv）

蓝果树属 Nyssa L.

华南蓝果树
Nyssa javanica（Blume）Wangerin
习　　性：落叶乔木

海　　拔：100~2500 m
国内分布：广东、广西、海南、云南
国外分布：不丹、老挝、马来西亚、缅甸、印度、印度尼西亚、越南
濒危等级：NT A2c

薄叶蓝果树
Nyssa leptophylla W. P. Fang et T. P. Chen
习　　性：乔木
海　　拔：约 1000 m
分　　布：湖南
濒危等级：DD

上思蓝果树
Nyssa shangszeensis W. P. Fang et Soong
习　　性：常绿乔木
海　　拔：约 300 m
分　　布：广西
濒危等级：CR B1ab (i, iii)

瑞丽蓝果树
Nyssa shweliensis (W. W. Sm.) Airy Shaw
习　　性：乔木
海　　拔：1700~2700 m
国内分布：云南
国外分布：越南
濒危等级：CR B1ab (i, iii)

蓝果树
Nyssa sinensis Oliver
习　　性：乔木
海　　拔：300~1700 m
国内分布：安徽、福建、广东、广西、贵州、湖北、湖南、江苏、江西、四川、云南、浙江
国外分布：越南
濒危等级：LC
资源利用：环境利用（观赏）

文山蓝果树
Nyssa wenshanensis W. P. Fang et Soong
习　　性：乔木
海　　拔：约 1900 m
分　　布：云南
濒危等级：DD

云南蓝果树
Nyssa yunnanensis W. Q. Yin ex H. N. Qin et Phengklai
习　　性：乔木
海　　拔：500~1100 m
分　　布：云南
濒危等级：CR D1
国家保护：I 级

鞘柄木属 Toricellia DC.

角叶鞘柄木
Toricellia angulata Oliv.
习　　性：灌木或乔木
海　　拔：900~2000 m
分　　布：甘肃、广西、贵州、湖北、湖南、陕西、四川、西藏、云南
濒危等级：LC

鞘柄木
Toricellia tiliifolia DC.
习　　性：落叶小乔木
海　　拔：1600~2600 m
国内分布：西藏、云南
国外分布：不丹、尼泊尔、印度
濒危等级：LC

白玉簪科 CORSIACEAE
（1 属：1 种）

白玉簪属 Corsiopsis D. X. Zhang

白玉簪
Corsiopsis chinensis D. X. Zhang, R. M. K. Saunders et C. M. Hu
习　　性：多年生草本
海　　拔：100~700 m
分　　布：广东
濒危等级：EX

闭鞘姜科 COSTACEAE
（1 属：5 种）

闭鞘姜属 Costus L.

莴笋花
Costus lacerus Gagnep.
习　　性：多年生草本
海　　拔：1100~2200 m
国内分布：广西、西藏、云南
国外分布：不丹、泰国、印度
濒危等级：LC

长圆闭鞘姜
Costus oblongus S. Q. Tong
习　　性：多年生草本
海　　拔：约 1200 m
分　　布：西藏、云南
濒危等级：LC

闭鞘姜
Costus speciosus (J. König) Sm.
习　　性：多年生草本
海　　拔：海平面至 1700 m
国内分布：广东、广西、台湾、云南
国外分布：澳大利亚、不丹、菲律宾、柬埔寨、老挝、马来西亚、缅甸、尼泊尔、斯里兰卡、泰国、印度、印度尼西亚、越南
濒危等级：LC
资源利用：药用（中草药）

光叶闭鞘姜
Costus tonkinensis Gagnep.

习　　性：多年生草本
海　　拔：约 1000 m
国内分布：广东、广西、云南
国外分布：越南
濒危等级：LC
资源利用：药用（中草药）

绿苞闭鞘姜
Costus viridis S. Q. Tong
习　　性：多年生草本
海　　拔：约 1000 m
分　　布：云南
濒危等级：DD

景天科 CRASSULACEAE
（13 属：264 种）

落地生根属 Bryophyllum Salisb.

落地生根
Bryophyllum pinnatum(L. f.) Oken
习　　性：多年生草本
海　　拔：200 ~ 2200 m
国内分布：福建、广东、广西、台湾、云南逸生
国外分布：原产非洲
资源利用：药用（中草药）；环境利用（观赏）

八宝属 Hylotelephium Ohba

狭穗八宝
Hylotelephium angustum(Maxim.) H. Ohba
习　　性：多年生草本
海　　拔：1400 ~ 3500 m
分　　布：甘肃、湖北、宁夏、青海、山西、陕西、四川、云南
濒危等级：LC

川鄂八宝
Hylotelephium bonnafousii(Raym. -Hamet) H. Ohba
习　　性：多年生草本
分　　布：湖北、四川
濒危等级：CR D

八宝
Hylotelephium erythrostictum(Miq.) H. Ohba
习　　性：多年生草本
海　　拔：400 ~ 1800 m
国内分布：安徽、贵州、河北、河南、吉林、江苏、辽宁、山东、山西、陕西、四川、云南、浙江
国外分布：朝鲜、俄罗斯、日本
濒危等级：LC
资源利用：药用（中草药）；环境利用（观赏）

圆叶八宝
Hylotelephium ewersii(Ledeb.) H. Ohba
习　　性：多年生草本
海　　拔：1800 ~ 2500 m
国内分布：内蒙古、西藏、新疆

国外分布：阿富汗、巴基斯坦、俄罗斯、哈萨克斯坦、吉尔吉斯斯坦、蒙古、塔吉克斯坦、印度
濒危等级：LC

紫花八宝
Hylotelephium mingjinianum(S. H. Fu) H. Ohba
习　　性：多年生草本
海　　拔：约 700 m
分　　布：安徽、广西、湖北、湖南、浙江
濒危等级：NT B1ab（i, iii）
资源利用：药用（中草药）

承德八宝
Hylotelephium mongolicum(Franch.) S. H. Fu
习　　性：多年生草本
海　　拔：约 900 m
分　　布：河北
濒危等级：NT B1ab（i, iii）

白八宝
Hylotelephium pallescens(Freyn) H. Ohba
习　　性：多年生草本
海　　拔：1000 m 以下
国内分布：河北、黑龙江、吉林、辽宁、内蒙古、山西
国外分布：朝鲜、俄罗斯、蒙古、日本
濒危等级：LC

圆扇八宝
Hylotelephium sieboldii(Sweet ex Hook.) H. Ohba
习　　性：多年生草本
分　　布：湖北
濒危等级：NT B1ab（i, iii）；D

长药八宝
Hylotelephium spectabile(Boreau) H. Ohba
习　　性：多年生草本
海　　拔：约 700 m
国内分布：安徽、河北、河南、黑龙江、吉林、辽宁、山东、陕西
国外分布：朝鲜
濒危等级：LC

头状八宝
Hylotelephium subcapitatum(Hayata) H. Ohba
习　　性：多年生草本
海　　拔：3000 ~ 3900 m
分　　布：台湾
濒危等级：LC

华北八宝
Hylotelephium tatarinowii(Maxim.) H. Ohba
习　　性：多年生草本
海　　拔：1000 ~ 3000 m
国内分布：河北、内蒙古、陕西
国外分布：蒙古
濒危等级：LC

紫八宝
Hylotelephium telephium(L.) H. Ohba
习　　性：多年生草本
海　　拔：400 ~ 1600 m

国内分布：黑龙江、吉林、辽宁、新疆
国外分布：俄罗斯、哈萨克斯坦、日本
濒危等级：LC

轮叶八宝
Hylotelephium verticillatum (L.) H. Ohba
习　　性：多年生草本
海　　拔：900~2900 m
国内分布：安徽、甘肃、河南、湖北、吉林、辽宁、山东、山西、陕西、四川、浙江
国外分布：朝鲜、俄罗斯、日本
濒危等级：LC
资源利用：药用（中草药）

珠芽八宝
Hylotelephium viviparum (Maxim.) H. Ohba
习　　性：多年生草本
海　　拔：约 900 m
国内分布：吉林、辽宁
国外分布：朝鲜、俄罗斯
濒危等级：LC

伽蓝菜属 Kalanchoe Adans.

伽蓝菜
Kalanchoe ceratophylla Haw.
习　　性：多年生草本
国内分布：福建、广东、广西、台湾、云南
国外分布：东南亚、印度
濒危等级：LC
资源利用：药用（中草药）

台南伽蓝菜
Kalanchoe garambiensis Kudô
习　　性：草本
分　　布：台湾
濒危等级：VU B2ab (ii, v); D2

匙叶伽蓝菜
Kalanchoe integra (Medik.) Kuntze
习　　性：多年生草本
国内分布：福建、广东、台湾、西藏、云南
国外分布：不丹、菲律宾、柬埔寨、克什米尔地区、老挝、马来西亚、尼泊尔、泰国、印度、印度尼西亚、越南
濒危等级：LC

越南伽蓝菜
Kalanchoe spathulata (Gagnep.) H. Ohba
习　　性：多年生草本
国内分布：云南
国外分布：老挝、越南
濒危等级：LC

台东伽蓝菜
Kalanchoe tashiroi Yamam.
习　　性：灌木
分　　布：台湾

濒危等级：DD

孔岩草属 Kungia K. T. Fu

孔岩草
Kungia aliciae (Raym.-Hamet) K. T. Fu

孔岩草（原变种）
Kungia aliciae var. **aliciae**
习　　性：多年生草本
海　　拔：2000~2500 m
分　　布：甘肃、四川
濒危等级：LC

对叶孔岩草
Kungia aliciae var. **komarovii** (Raym.-Hamet) K. T. Fu
习　　性：多年生草本
海　　拔：1300~1700 m
分　　布：四川
濒危等级：LC

弯毛孔岩草
Kungia schoenlandii (Raym.-Hamet) K. T. Fu

弯毛孔岩草（原变种）
Kungia schoenlandii var. **schoenlandii**
习　　性：多年生草本
海　　拔：3000~3100 m
分　　布：四川
濒危等级：LC

狭穗孔岩草
Kungia schoenlandii var. **stenostachya** (Fröd.) K. T. Fu
习　　性：多年生草本
海　　拔：700~2700 m
分　　布：甘肃、陕西
濒危等级：LC

岷江景天属 Ohbaea V. V. Byalt et I. V. Sokolova

岷江景天
Ohbaea balfourii (Raym.-Hamet) Byalt et I. V. Sokolova
习　　性：多年生草本
海　　拔：2700~4000 m
分　　布：四川、云南
濒危等级：LC

瓦松属 Orostachys Fisch.

狼爪瓦松
Orostachys cartilaginea Boriss.
习　　性：二年生草本
国内分布：黑龙江、吉林、辽宁、内蒙古、山东
国外分布：俄罗斯
濒危等级：LC

塔花瓦松
Orostachys chanetii (H. Lév.) A. Berger
习　　性：二年生草本
海　　拔：400~1700 m
分　　布：甘肃、河北、山西、四川

濒危等级：LC

瓦松
Orostachys fimbriata (Turcz.) A. Berger
- 习　　性：二年生草本
- 海　　拔：约 1600 m
- 国内分布：安徽、甘肃、河北、河南、黑龙江、湖北、江苏、辽宁、内蒙古、宁夏、青海、山东、山西、陕西、浙江
- 国外分布：朝鲜、俄罗斯、蒙古
- 濒危等级：LC
- 资源利用：药用（中草药）

晚红瓦松
Orostachys japonica A. Berger
- 习　　性：二年生草本
- 国内分布：安徽、黑龙江、江苏、山东、浙江
- 国外分布：朝鲜、俄罗斯、日本
- 濒危等级：LC

钝叶瓦松
Orostachys malacophylla (Pall.) Fisch.
- 习　　性：二年生草本
- 海　　拔：1200~1800 m
- 国内分布：河北、黑龙江、吉林、辽宁、内蒙古
- 国外分布：朝鲜、俄罗斯、蒙古、日本
- 濒危等级：LC

黄花瓦松
Orostachys spinosa (L.) Sweet
- 习　　性：二年生草本
- 海　　拔：600~2900 m
- 国内分布：甘肃、黑龙江、吉林、辽宁、内蒙古、西藏、新疆
- 国外分布：朝鲜、俄罗斯、蒙古
- 濒危等级：LC

小苞瓦松
Orostachys thyrsiflora Fisch.
- 习　　性：二年生草本
- 海　　拔：1000~2100 m
- 国内分布：甘肃、西藏、新疆
- 国外分布：俄罗斯、哈萨克斯坦、蒙古
- 濒危等级：LC

费菜属 Phedimus Raf.

费菜
Phedimus aizoon (L.) 't Hart
- 习　　性：多年生草本
- 海　　拔：1000~3100 m
- 国内分布：安徽、甘肃、河北、河南、黑龙江、湖北、吉林、江苏、江西、辽宁、内蒙古、宁夏、青海、山东、山西、陕西、四川、浙江
- 国外分布：朝鲜、俄罗斯、蒙古、日本
- 濒危等级：LC
- 资源利用：药用（中草药）

多花费菜
Phedimus floriferus (Praeger) 't Hart
- 习　　性：多年生草本
- 海　　拔：1000 m 以下
- 分　　布：山东
- 濒危等级：LC

杂交费菜
Phedimus hybridus (L.) 't Hart
- 习　　性：多年生草本
- 海　　拔：1400~2500 m
- 国内分布：新疆
- 国外分布：俄罗斯、蒙古
- 濒危等级：LC

堪察加费菜
Phedimus kamtschaticus (Fisch.) 't Hart
- 习　　性：多年生草本
- 海　　拔：600~1800 m
- 国内分布：河北、黑龙江、吉林、辽宁、内蒙古
- 国外分布：朝鲜、俄罗斯、日本
- 濒危等级：LC

吉林费菜
Phedimus middendorffianus (Maxim.) 't Hart
- 习　　性：多年生草本
- 海　　拔：300~1000 m
- 国内分布：吉林、辽宁
- 国外分布：朝鲜、俄罗斯、日本
- 濒危等级：LC

齿叶费菜
Phedimus odontophyllus (Fröd.) 't Hart
- 习　　性：多年生草本
- 海　　拔：300~1300 m
- 国内分布：湖北、四川
- 国外分布：尼泊尔
- 濒危等级：VU D1

灰毛费菜
Phedimus selskianus (Regel et Maack) 't Hart
- 习　　性：多年生草本
- 国内分布：黑龙江、吉林、辽宁
- 国外分布：朝鲜、俄罗斯
- 濒危等级：LC

合景天属 Pseudosedum (Boiss.) A. Berger

合景天
Pseudosedum lievenii (Ledeb.) A. Berger
- 习　　性：多年生草本
- 海　　拔：1000~1900 m
- 国内分布：新疆
- 国外分布：俄罗斯、哈萨克斯坦、蒙古
- 濒危等级：NT B1ab (i, iii); D1

红景天属 Rhodiola L.

西川红景天
Rhodiola alsia (Fröd.) S. H. Fu

西川红景天（原亚种）
Rhodiola alsia subsp. **alsia**
- 习　　性：多年生草本

海　　拔：3400～4800 m
分　　布：四川、西藏、云南
濒危等级：LC

河口红景天
Rhodiola alsia subsp. **kawaguchii** H. Ohba
习　　性：多年生草本
海　　拔：4400～4600 m
分　　布：西藏
濒危等级：LC

互生红景天
Rhodiola alterna S. H. Fu
习　　性：多年生草本
海　　拔：3800～4600 m
分　　布：西藏
濒危等级：CR C1

长白红景天
Rhodiola angusta Nakai
习　　性：多年生草本
海　　拔：1700～2600 m
国内分布：黑龙江、吉林
国外分布：朝鲜、俄罗斯
濒危等级：NT B1ab（i, iii）；D
国家保护：Ⅱ级

柴胡红景天
Rhodiola atsaensis（Fröd.）H. Ohba
习　　性：多年生草本
海　　拔：4500～4900 m
国内分布：四川、西藏
国外分布：印度
濒危等级：LC

德钦红景天
Rhodiola atuntsuensis（Praeger）S. H. Fu
习　　性：多年生草本
海　　拔：3100～5000 m
国内分布：四川、西藏、云南
国外分布：缅甸
濒危等级：EN B1ab（i, iii）；D

紫胡红景天
Rhodiola bupleuroides（Wall. ex Hook. f. et Thomson）S. H. Fu
习　　性：多年生草本
海　　拔：2400～5700 m
国内分布：四川、西藏、云南
国外分布：不丹、缅甸、尼泊尔、印度
濒危等级：LC

美花红景天
Rhodiola calliantha（H. Ohba）H. Ohba
习　　性：多年生草本
海　　拔：约3600 m
国内分布：西藏
国外分布：尼泊尔
濒危等级：EN D

菊叶红景天
Rhodiola chrysanthemifolia（H. Lév.）S. H. Fu
习　　性：多年生草本
海　　拔：3200～4200 m
分　　布：四川、云南
濒危等级：LC

圆丛红景天
Rhodiola coccinea（Royle）Boriss.

圆丛红景天（原亚种）
Rhodiola coccinea subsp. **coccinea**
习　　性：多年生草本
海　　拔：2600～4900 m
国内分布：甘肃、青海、四川、西藏、新疆
国外分布：阿富汗、不丹、克什米尔地区、尼泊尔、印度
濒危等级：LC

粗糙红景天
Rhodiola coccinea subsp. **scabrida**（Franch.）H. Ohba
习　　性：多年生草本
海　　拔：2200～5300 m
国内分布：四川、西藏、云南
国外分布：印度
濒危等级：LC

大花红景天
Rhodiola crenulata（Hook. f. et Thomson）H. Ohba
习　　性：多年生草本
海　　拔：2800～5600 m
国内分布：青海、四川、西藏、云南
国外分布：不丹、尼泊尔、印度
濒危等级：EN B1ab（iii）
国家保护：Ⅱ级

根出红景天
Rhodiola cretinii（Raym.-Hamet）H. Ohba

根出红景天（原亚种）
Rhodiola cretinii subsp. **cretinii**
习　　性：多年生草本
海　　拔：3700～4100 m
国内分布：西藏
国外分布：不丹、尼泊尔、印度
濒危等级：DD

高山红景天
Rhodiola cretinii subsp. **sinoalpina**（Fröd.）H. Ohba
习　　性：多年生草本
海　　拔：4300～4400 m
分　　布：云南
濒危等级：LC

异色红景天
Rhodiola discolor（Franch.）S. H. Fu
习　　性：多年生草本
海　　拔：2800～4300 m
国内分布：四川、西藏、云南
国外分布：尼泊尔、印度
濒危等级：NT D2

小丛红景天
Rhodiola dumulosa（Franch.）S. H. Fu

习　　性：多年生草本
海　　拔：1600～4100 m
国内分布：甘肃、河北、湖北、吉林、内蒙古、青海、山西、陕西、四川、云南
国外分布：不丹、缅甸
濒危等级：LC
资源利用：药用（中草药）

长鞭红景天
Rhodiola fastigiata(Hook. f. et Thomson)S. H. Fu
习　　性：多年生草本
海　　拔：3500～5400 m
国内分布：四川、西藏、云南
国外分布：不丹、克什米尔地区、尼泊尔、印度
濒危等级：VU B1ab（ii）
国家保护：Ⅱ级

长圆红景天
Rhodiola forrestii(Raym. -Hamet)S. H. Fu
习　　性：多年生草本
海　　拔：2900～4000 m
分　　布：四川、云南
濒危等级：NT B1ab（i，iii）；D1

甘南红景天
Rhodiola gannanica K. T. Fu
习　　性：多年生草本
海　　拔：3500～3900 m
分　　布：甘肃
濒危等级：EN D

长鳞红景天
Rhodiola gelida Schrenk. ,Fischer et C. A. Meyer
习　　性：多年生草本
海　　拔：2800～4200 m
国内分布：新疆
国外分布：俄罗斯、蒙古、塔吉克斯坦
濒危等级：LC

小株红景天
Rhodiola handelii H. Ohba
习　　性：多年生草本
海　　拔：4150～4300 m
分　　布：四川
濒危等级：DD

异齿红景天
Rhodiola heterodonta(Hook. f. et Thomson)Boriss.
习　　性：多年生草本
海　　拔：2800～4700 m
国内分布：西藏、新疆
国外分布：阿富汗、巴基斯坦、蒙古、塔吉克斯坦、印度
濒危等级：LC

喜马红景天
Rhodiola himalensis(D. Don)S. H. Fu
濒危等级：EN B2ab（ii）
国家保护：Ⅱ级

喜马红景天（原亚种）
Rhodiola himalensis subsp. **himalensis**

习　　性：多年生草本
海　　拔：3700～4200 m
国内分布：四川、西藏、云南
国外分布：不丹、尼泊尔、印度
濒危等级：LC

洮河红景天
Rhodiola himalensis subsp. **taohoensis**(S. H. Fu)H. Ohba
习　　性：多年生草本
海　　拔：2600～3800 m
分　　布：甘肃、青海
濒危等级：EN B1ab（i，iii）

背药红景天
Rhodiola hobsonii(Prain ex Raym. -Hamet)S. H. Fu
习　　性：多年生草本
海　　拔：2600～4100 m
国内分布：西藏
国外分布：不丹、印度
濒危等级：EN D

矮生红景天
Rhodiola humilis(Hook. f. et Thomson)S. H. Fu
习　　性：多年生草本
海　　拔：3900～4500 m
国内分布：青海、西藏
国外分布：尼泊尔、印度
濒危等级：VU B1ab（i，iii）

准噶尔红景天
Rhodiola junggarica C. Y. Yang et N. R. Cui
习　　性：多年生草本
海　　拔：2500～2700 m
分　　布：新疆
濒危等级：DD

甘肃红景天
Rhodiola kansuensis(Fröd.)S. H. Fu
习　　性：多年生草本
海　　拔：2300～3200 m
分　　布：甘肃
濒危等级：CR B1ab（i，iii）；C1；D

喀什红景天
Rhodiola kashgarica Boriss.
习　　性：多年生草本
海　　拔：2600～3200 m
国内分布：新疆
国外分布：哈萨克斯坦
濒危等级：CR C1

狭叶红景天
Rhodiola kirilowii(Regel)Maxim.
习　　性：多年生草本
海　　拔：2000～5600 m
国内分布：甘肃、河北、青海、山西、陕西、四川、西藏、新疆、云南
国外分布：哈萨克斯坦、缅甸
濒危等级：LC
资源利用：药用（中草药）

昆明红景天
Rhodiola liciae(Raym. -Hamet) S. H. Fu
习　　性：多年生草本
海　　拔：约 2400 m
分　　布：云南
濒危等级：EN B1ab（i, iii）; C1; D

黄萼红景天
Rhodiola litwinowii Boriss.
习　　性：多年生草本
海　　拔：3200 m 以下
国内分布：新疆
国外分布：蒙古、乌兹别克斯坦
濒危等级：DD

大果红景天
Rhodiola macrocarpa(Praeger) S. H. Fu
习　　性：多年生草本
海　　拔：2900 ~ 4300 m
国内分布：甘肃、青海、陕西、四川、西藏、云南
国外分布：缅甸
濒危等级：LC

优秀红景天
Rhodiola nobilis(Franch.) S. H. Fu
习　　性：多年生草本
海　　拔：3700 ~ 4500 m
国内分布：西藏、云南
国外分布：缅甸
濒危等级：VU A2c

卵萼红景天
Rhodiola ovatisepala(Raym. -Hamet) S. H. Fu

卵萼红景天（原变种）
Rhodiola ovatisepala var. **ovatisepala**
习　　性：多年生草本
海　　拔：2700 ~ 4200 m
国内分布：西藏、云南
国外分布：不丹、缅甸、尼泊尔、印度
濒危等级：LC

线萼红景天
Rhodiola ovatisepala var. **chingii** S. H. Fu
习　　性：多年生草本
海　　拔：3000 ~ 3900 m
分　　布：西藏、云南
濒危等级：LC

帕米红景天
Rhodiola pamiroalaica Boriss.
习　　性：多年生草本
海　　拔：2400 ~ 2800 m
国内分布：新疆
国外分布：塔吉克斯坦
濒危等级：LC

羽裂红景天
Rhodiola pinnatifida Boriss.
习　　性：多年生草本
海　　拔：2200 m
国内分布：新疆
国外分布：俄罗斯、蒙古
濒危等级：DD

四轮红景天
Rhodiola prainii(Raym. -Hamet) H. Ohba
习　　性：多年生草本
海　　拔：2200 ~ 4300 m
国内分布：西藏
国外分布：尼泊尔、印度
濒危等级：EN B1ab（i, iii）; C1

报春红景天
Rhodiola primuloides(Franch.) S. H. Fu

报春红景天（原亚种）
Rhodiola primuloides subsp. **primuloides**
习　　性：多年生草本
海　　拔：2500 ~ 4400 m
分　　布：青海、四川、云南
濒危等级：DD

工布红景天
Rhodiola primuloides subsp. **kongboensis** H. Ohba
习　　性：多年生草本
海　　拔：约 2500 m
分　　布：西藏
濒危等级：DD

紫绿红景天
Rhodiola purpureoviridis(Praeger) S. H. Fu

紫绿红景天（原亚种）
Rhodiola purpureoviridis subsp. **purpureoviridis**
习　　性：多年生草本
海　　拔：2500 ~ 4100 m
分　　布：四川、云南
濒危等级：LC

帕里红景天
Rhodiola purpureoviridis subsp. **phariensis**(H. Ohba) H. Ohba
习　　性：多年生草本
分　　布：西藏
濒危等级：DD

四裂红景天
Rhodiola quadrifida(Pall.) Schrenk
习　　性：多年生草本
海　　拔：2300 ~ 3700 m
国内分布：新疆
国外分布：俄罗斯、哈萨克斯坦、蒙古
濒危等级：NT
国家保护：Ⅱ级

直茎红景天
Rhodiola recticaulis Boriss.
习　　性：多年生草本
海　　拔：3800 ~ 4600 m
国内分布：新疆
国外分布：哈萨克斯坦
濒危等级：DD

红景天
Rhodiola rosea L.
    濒危等级：VU D2
    国家保护：Ⅱ级

红景天（原变种）
Rhodiola rosea var. **rosea**
    习　　性：多年生草本
    海　　拔：1800～2700 m
    国内分布：河北、吉林、山西、新疆
    国外分布：朝鲜、俄罗斯、哈萨克斯坦、韩国、蒙古、日本
    濒危等级：VU B1ab（iii）

小叶红景天
Rhodiola rosea var. **microphylla**（Fröd.）S. H. Fu
    习　　性：多年生草本
    分　　布：甘肃
    濒危等级：LC

库页红景天
Rhodiola sachalinensis Boriss.
    习　　性：多年生草本
    海　　拔：1600～2500 m
    国内分布：黑龙江、吉林
    国外分布：朝鲜、俄罗斯、日本
    濒危等级：VU B1ab（i，iii）；D1
    国家保护：Ⅱ级
    资源利用：药用（中草药）

圣地红景天
Rhodiola sacra（Prain ex Raym. -Hamet）S. H. Fu
    濒危等级：EN B2ab（ii，iii）
    国家保护：Ⅱ级

圣地红景天（原变种）
Rhodiola sacra var. **sacra**
    习　　性：多年生草本
    海　　拔：2700～4600 m
    国内分布：西藏
    国外分布：尼泊尔
    濒危等级：VU D1

长毛圣地红景天
Rhodiola sacra var. **tsuiana**（S. H. Fu）S. H. Fu
    习　　性：多年生草本
    海　　拔：3600～5000 m
    分　　布：青海、西藏
    濒危等级：EN B2ab（ii，iii）

柱花红景天
Rhodiola semenovii（Regel et Herder）Boriss.
    习　　性：多年生草本
    海　　拔：1800～2900 m
    国内分布：新疆
    国外分布：哈萨克斯坦
    濒危等级：DD

齿叶红景天
Rhodiola serrata H. Ohba
    习　　性：多年生草本
    海　　拔：3300～3800 m

    国内分布：西藏
    国外分布：印度
    濒危等级：LC

六叶红景天
Rhodiola sexifolia S. H. Fu
    习　　性：多年生草本
    海　　拔：3500～4100 m
    分　　布：西藏
    濒危等级：EN B1ab（i，iii）；C1；D

小杯红景天
Rhodiola sherriffii H. Ohba
    习　　性：多年生草本
    海　　拔：4000～5000 m
    国内分布：西藏
    国外分布：不丹、印度
    濒危等级：EN D

裂叶红景天
Rhodiola sinuata（Royle ex Edgew.）S. H. Fu
    习　　性：多年生草本
    海　　拔：3200～4300 m
    国内分布：西藏、云南
    国外分布：巴基斯坦、尼泊尔、印度
    濒危等级：LC

异鳞红景天
Rhodiola smithii（Raym. -Hamet）S. H. Fu
    习　　性：多年生草本
    海　　拔：4000～5000 m
    国内分布：西藏
    国外分布：印度
    濒危等级：VU D1

托花红景天
Rhodiola stapfii（Raym. -Hamet）S. H. Fu
    习　　性：多年生草本
    海　　拔：2900～5000 m
    国内分布：西藏
    国外分布：不丹、印度
    濒危等级：LC

兴安红景天
Rhodiola stephanii（Cham.）Trautv. et C. A. Mey.
    习　　性：多年生草本
    国内分布：内蒙古
    国外分布：俄罗斯
    濒危等级：NT B1ab（i，iii）；C1；D

对叶红景天
Rhodiola subopposita（Maxim.）Jacobsen
    习　　性：多年生草本
    海　　拔：3800～4100 m
    分　　布：甘肃、青海
    濒危等级：DD

唐古红景天
Rhodiola tangutica（Maxim.）S. H. Fu
    习　　性：多年生草本
    海　　拔：2100～4700 m

分　　布：甘肃、青海、四川
濒危等级：VU B1ab（i, iii）；D1
国家保护：Ⅱ级
资源利用：药用（中草药）

西藏红景天
Rhodiola tibetica(Hook. f. et Thomson) S. H. Fu
习　　性：多年生草本
海　　拔：4100～5400 m
国内分布：西藏
国外分布：阿富汗、巴基斯坦、印度
濒危等级：EN D

巴塘红景天
Rhodiola tieghemii(Raym. -Hamet) S. H. Fu
习　　性：多年生草本
分　　布：四川、西藏
濒危等级：NT B1ab（i, iii）；D1

粗茎红景天
Rhodiola wallichiana(Hook.) S. H. Fu
国家保护：Ⅱ级

粗茎红景天（原变种）
Rhodiola wallichiana var. **wallichiana**
习　　性：多年生草本
海　　拔：2500～3800 m
国内分布：西藏、云南
国外分布：不丹、马来西亚、尼泊尔、印度
濒危等级：VU A2cd；B1ab（i, iii, v）

大株粗茎红景天
Rhodiola wallichiana var. **cholaensis**(Praeger) S. H. Fu
习　　性：多年生草本
海　　拔：3500 m
国内分布：四川、云南
国外分布：印度
濒危等级：LC

汶川红景天
Rhodiola wenchuanensis Tao Li et Hao Zhang
习　　性：多年生草本
分　　布：四川
濒危等级：LC

云南红景天
Rhodiola yunnanensis(Franch.) S. H. Fu
习　　性：多年生草本
海　　拔：1000～4000 m
分　　布：甘肃、贵州、河南、湖北、陕西、四川、西藏、云南
濒危等级：NT A2ce；B1ab（i, iii）
国家保护：Ⅱ级
资源利用：药用（中草药）

瓦莲属 Rosularia(DC.) Stapf

长叶瓦莲
Rosularia alpestris(Kar. et Kir.) Boriss.
习　　性：多年生草本
海　　拔：1500～5000 m
国内分布：西藏、新疆
国外分布：俄罗斯
濒危等级：LC

卵叶瓦莲
Rosularia platyphylla(Schrenk) A. Berger
习　　性：多年生草本
海　　拔：2200～2800 m
国内分布：新疆
国外分布：哈萨克斯坦、吉尔吉斯斯坦
濒危等级：LC

景天属 Sedum L.

星果佛甲草
Sedum actinocarpum Yamam.
习　　性：草本
海　　拔：300～2500 m
分　　布：台湾
濒危等级：LC

白花景天
Sedum albertii Regel
习　　性：一年生或多年生草本
国内分布：新疆
国外分布：俄罗斯、哈萨克斯坦、吉尔吉斯斯坦、塔吉克斯坦、乌兹别克斯坦
濒危等级：LC

东南景天
Sedum alfredii Hance
习　　性：多年生草本
海　　拔：2000～3000 m
国内分布：安徽、福建、广东、广西、贵州、湖北、湖南、江苏、江西、四川、台湾、浙江
国外分布：朝鲜、日本
濒危等级：LC

对叶景天
Sedum baileyi Praeger
习　　性：多年生草本
海　　拔：约 900 m
分　　布：广东、广西、湖南、江西
濒危等级：LC

离瓣景天
Sedum barbeyi Raym. -Hamet
习　　性：多年生草本
海　　拔：800～2400 m
分　　布：河南、湖北、陕西
濒危等级：LC

短尖景天
Sedum beauverdii Raym. -Hamet
习　　性：多年生草本
海　　拔：3000～4000 m
分　　布：四川、云南
濒危等级：LC

长丝景天
Sedum bergeri Raym. -Hamet

习　　性：多年生草本
海　　拔：3000~3500 m
分　　布：云南
濒危等级：LC

叶景天
Sedum blepharophyllum Fröd.
习　　性：二年生草本
海　　拔：3200~3800 m
分　　布：四川
濒危等级：LC

城口景天
Sedum bonnieri Raym. -Hamet
习　　性：多年生草本
海　　拔：500~1400 m
分　　布：陕西、四川
濒危等级：LC

珠芽景天
Sedum bulbiferum Makino
习　　性：多年生草本
海　　拔：海平面至1000 m
国内分布：安徽、福建、广东、湖南、江苏、江西、四川、台湾、浙江
国外分布：日本
濒危等级：LC
资源利用：药用（中草药）

隐匿景天
Sedum celatum Fröd.
习　　性：二年生草本
海　　拔：2900~4200 m
分　　布：甘肃、青海
濒危等级：LC

镰座景天
Sedum celiae Raym. -Hamet
习　　性：多年生草本
海　　拔：2600~3000 m
分　　布：四川、云南
濒危等级：EN B1ab（i, iii）; D

轮叶景天
Sedum chauveaudii Raym. -Hamet
习　　性：多年生草本
海　　拔：1700~3800 m
国内分布：贵州、四川、云南
国外分布：尼泊尔
濒危等级：LC

景东景天
Sedum chingtungense K. T. Fu
习　　性：一年生草本
海　　拔：约2100 m
分　　布：云南
濒危等级：LC

楚雄景天
Sedum chuhsingense K. T. Fu
习　　性：多年生草本

分　　布：云南
濒危等级：DD

合果景天
Sedum concarpum Fröd.
习　　性：多年生草本
海　　拔：2800~3400 m
分　　布：湖北、云南
濒危等级：CR C1

单花景天
Sedum correptum Fröd.
习　　性：多年生草本
海　　拔：4100~4300 m
国内分布：四川、云南
国外分布：不丹
濒危等级：DD

啮瓣景天
Sedum daigremontianum Raym. -Hamet

啮瓣景天（原变种）
Sedum daigremontianum var. **daigremontianum**
习　　性：一年生草本
海　　拔：2300~4000 m
分　　布：四川
濒危等级：LC

大萼啮瓣景天
Sedum daigremontianum var. **macrosepalum** Fröd.
习　　性：一年生草本
海　　拔：1900~3000 m
分　　布：甘肃、四川
濒危等级：LC

双萼景天
Sedum didymocalyx Fröd.
习　　性：一年生草本
海　　拔：4400~4700 m
分　　布：四川
濒危等级：LC

乳瓣景天
Sedum dielsii Raym. -Hamet
习　　性：多年生草本
海　　拔：700~1900 m
分　　布：甘肃、湖北、四川
濒危等级：VU A2c; B1ab（i, iii）

二型叶景天
Sedum dimorphophyllum K. T. Fu et G. Y. Rao
习　　性：多年生草本
海　　拔：2800~2900 m
分　　布：四川
濒危等级：CR B1ab（i, iii）; C1; D

东至景天
Sedum dongzhiense D. Q. Wang et Y. L. Shi
习　　性：多年生草本
海　　拔：约230 m
分　　布：安徽

濒危等级：CR B1ab (i, iii); C1; D

大叶火焰草
Sedum drymarioides Hance

大叶火焰草（原变种）
Sedum drymarioides var. **drymarioides**
习　　性：一年生草本
海　　拔：约 900 m
国内分布：安徽、福建、广东、广西、河南、湖北、湖南、江西、台湾、浙江
国外分布：日本
濒危等级：LC

虎耳草状景天
Sedum drymarioides var. **saxifragiforme** X. F. Jin et H. W. Zhang
习　　性：一年生草本
分　　布：浙江
濒危等级：LC

藓茎景天
Sedum dugueyi Raym.-Hamet
习　　性：多年生草本
海　　拔：2000～3600 m
分　　布：四川、云南
濒危等级：LC

卡卡景天
Sedum ecalcaratum H. J. Wang et P. S. Hsu
习　　性：一年生或多年生草本
分　　布：浙江
濒危等级：LC

细叶景天
Sedum elatinoides Franch.
习　　性：一年生草本
海　　拔：400～3400 m
国内分布：甘肃、湖北、山西、陕西、四川、云南
国外分布：缅甸
濒危等级：LC
资源利用：药用（中草药）

凹叶景天
Sedum emarginatum Migo
习　　性：多年生草本
海　　拔：600～1800 m
分　　布：安徽、甘肃、湖北、湖南、江苏、江西、陕西、四川、云南、浙江
濒危等级：LC
资源利用：药用（中草药）

粗壮景天
Sedum engleri Raym.-Hamet
习　　性：多年生草本
海　　拔：1900～3600 m
分　　布：湖北、四川、云南
濒危等级：LC

大炮山景天
Sedum erici-magnusii Fröd.

大炮山景天（原亚种）
Sedum erici-magnusii subsp. **erici-magnusii**
习　　性：一年生草本
海　　拔：3800～4900 m
分　　布：四川、西藏
濒危等级：LC

祁连山景天
Sedum erici-magnusii subsp. **chilianense** K. T. Fu
习　　性：一年生草本
分　　布：甘肃
濒危等级：LC

红籽佛甲草
Sedum erythrospermum Hayata
习　　性：一年生草本
海　　拔：2000～3500 m
分　　布：台湾
濒危等级：LC

梵净山景天
Sedum fanjingshanensis C. D. Yang et X. Y. Wang
习　　性：一年生或多年生草本
分　　布：贵州
濒危等级：LC

折多景天
Sedum feddei Raym.-Hamet
习　　性：一年生草本
分　　布：四川
濒危等级：LC

尖叶景天
Sedum fedtschenkoi Raym.-Hamet
习　　性：一年生草本
海　　拔：3300～4800 m
分　　布：青海、四川、西藏
濒危等级：LC

小山飘风
Sedum filipes Hemsl.
习　　性：一年生或多年生草本
海　　拔：800～2000 m
国内分布：河南、湖北、江苏、陕西、四川、云南、浙江
国外分布：不丹、缅甸、尼泊尔、印度
濒危等级：LC

小景天
Sedum fischeri Raym.-Hamet
习　　性：一年生草本
海　　拔：3600～5600 m
国内分布：青海、西藏
国外分布：不丹、印度
濒危等级：LC

台湾佛甲草
Sedum formosanum N. E. Br.
习　　性：多年生草本
海　　拔：约 500 m
国内分布：台湾
国外分布：菲律宾、日本
濒危等级：LC

川滇景天
Sedum forrestii Raym.-Hamet
- 习　　性：二年生草本
- 海　　拔：3300~4300 m
- 分　　布：云南
- 濒危等级：LC

细叶山景天
Sedum franchetii Grande
- 习　　性：一年生草本
- 海　　拔：2800~4100 m
- 分　　布：云南
- 濒危等级：EN B1ab（i，iii）；D

宽叶景天
Sedum fui G. D. Rowley

宽叶景天（原变种）
Sedum fui var. **fui**
- 习　　性：一年生草本
- 海　　拔：3700~3800 m
- 分　　布：四川、云南
- 濒危等级：LC

长萼宽叶景天
Sedum fui var. **longisepalum**
- 习　　性：一年生草本
- 海　　拔：约 3500 m
- 分　　布：云南
- 濒危等级：LC

锡金景天
Sedum gagei Raym.-Hamet
- 习　　性：多年生草本
- 海　　拔：5000 m 以下
- 国内分布：西藏
- 国外分布：不丹、尼泊尔、印度
- 濒危等级：LC

柔毛景天
Sedum giajae Raym.-Hamet
- 习　　性：多年生草本
- 海　　拔：2600~3000 m
- 分　　布：四川
- 濒危等级：CR B1ab（i，iii）；C1；D

道孚景天
Sedum glaebosum Fröd.
- 习　　性：多年生草本
- 海　　拔：3500~5000 m
- 分　　布：青海、四川、西藏
- 濒危等级：LC

禾叶景天
Sedum grammophyllum Fröd.
- 习　　性：一年生或多年生草本
- 分　　布：广东、广西
- 濒危等级：LC

本州景天
Sedum hakonense Makino
- 习　　性：多年生草本
- 海　　拔：1600~1700 m
- 国内分布：广东
- 国外分布：日本
- 濒危等级：CR B1ab（i，iii）；C1；D

杭州景天
Sedum hangzhouense K. T. Fu et G. Y. Rao
- 习　　性：一年生草本
- 分　　布：浙江
- 濒危等级：LC

巴塘景天
Sedum heckelii Raym.-Hamet
- 习　　性：多年生草本
- 海　　拔：3500~4200 m
- 分　　布：四川、西藏
- 濒危等级：LC

横断山景天
Sedum hengduanense K. T. Fu
- 习　　性：多年生草本
- 海　　拔：2100~2900 m
- 分　　布：四川、西藏、云南
- 濒危等级：LC

山岭景天
Sedum henrici-robertii Raym.-Hamet
- 习　　性：一年生草本
- 海　　拔：3800~5000 m
- 国内分布：青海、西藏
- 国外分布：不丹、尼泊尔、印度
- 濒危等级：LC

贺氏景天
Sedum hoi X. F. Jin et B. Y. Ding
- 习　　性：一年生或多年生草本
- 分　　布：浙江
- 濒危等级：LC

合瓣景天
Sedum holopetalum Fröd.
- 习　　性：一年生或多年生草本
- 分　　布：四川
- 濒危等级：LC

九华山景天
Sedum jiuhuashanense P. S. Hsu et H. J. Wang
- 习　　性：一年生或多年生草本
- 分　　布：安徽
- 濒危等级：LC

九龙山景天
Sedum jiulungshanense Y. C. Ho
- 习　　性：多年生草本
- 海　　拔：800~900 m
- 分　　布：浙江
- 濒危等级：NT B1ab（i，iii）；C1；D

江南景天
Sedum kiangnanense D. Q. Wang et Z. F. Wu

习　　性：多年生草本
海　　拔：200~800 m
分　　布：安徽
濒危等级：LC

坤俊景天
Sedum kuntsunianum X. F. Jin et al.
习　　性：一年生或多年生草本
海　　拔：约 800 m
分　　布：浙江
濒危等级：LC

潜茎景天
Sedum latentibulbosum K. T. Fu et G. Y. Rao
习　　性：多年生草本
海　　拔：800~900 m
分　　布：江西
濒危等级：CR B1ab（i, iii）；C1；D

钝萼景天
Sedum leblancae Raym. -Hamet
习　　性：二年生草本
海　　拔：1500~3500 m
分　　布：四川、云南
濒危等级：LC

薄叶景天
Sedum leptophyllum Fröd.
习　　性：多年生草本
海　　拔：1300 m
分　　布：安徽、湖北、湖南、浙江
濒危等级：LC

白果景天
Sedum leucocarpum Franch.
习　　性：多年生草本
海　　拔：1600~2800 m
分　　布：四川、云南
濒危等级：LC
资源利用：药用（中草药）

佛甲草
Sedum lineare Thunb.
习　　性：多年生草本
海　　拔：300~2000 m
国内分布：安徽、福建、甘肃、广东、贵州、河南、湖北、湖南、江苏、江西、陕西、四川、云南、浙江
国外分布：日本
濒危等级：LC
资源利用：药用（中草药）；环境利用（观赏）

长珠柄景天
Sedum longifuniculatum K. T. Fu
习　　性：一年生草本
海　　拔：约 4200 m
分　　布：四川
濒危等级：LC

浪岩景天
Sedum longyanense K. T. Fu
习　　性：多年生草本

分　　布：西藏
濒危等级：LC

禄劝景天
Sedum luchuanicum K. T. Fu
习　　性：一年生草本
海　　拔：约 4400 m
分　　布：云南
濒危等级：CR B1ab（i, iii）；C1；D

龙泉景天
Sedum lungtsuanense S. H. Fu
习　　性：一年生草本
海　　拔：约 700 m
分　　布：福建、浙江
濒危等级：LC

康定景天
Sedum lutzii Raym. -Hamet

康定景天（原变种）
Sedum lutzii var. **lutzii**
习　　性：一年生草本
海　　拔：约 4400 m
分　　布：四川
濒危等级：LC

黄绿景天
Sedum lutzii var. **viridiflavum** K. T. Fu
习　　性：一年生草本
海　　拔：4200~4300 m
分　　布：四川
濒危等级：LC

大花景天
Sedum magniflorum K. T. Fu
习　　性：一年生草本
海　　拔：约 3800 m
分　　布：云南
濒危等级：LC

山飘风
Sedum majus(Hemsl.) Migo
习　　性：一年生或多年生草本
海　　拔：1000~4300 m
国内分布：湖北、陕西、四川、西藏、云南
国外分布：不丹、尼泊尔、印度
濒危等级：LC
资源利用：药用（中草药）

圆叶景天
Sedum makinoi Maxim.
习　　性：多年生草本
国内分布：安徽、浙江
国外分布：日本
濒危等级：LC

小萼佛甲草
Sedum microsepalum Hayata
习　　性：多年生草本
海　　拔：1700~3000 m

分　　布：台湾
濒危等级：VU D1

玉山佛甲草
Sedum morrisonense Hayata
习　　性：多年生草本
海　　拔：2500～3900 m
分　　布：台湾
濒危等级：LC

多茎景天
Sedum multicaule Wall. ex Lindl.

多茎景天（原亚种）
Sedum multicaule subsp. **multicaule**
习　　性：多年生草本
海　　拔：1300～3500 m
国内分布：甘肃、陕西、四川、西藏、云南
国外分布：巴基斯坦、不丹、马来西亚、尼泊尔、印度
濒危等级：LC
资源利用：药用（中草药）

皱茎景天
Sedum multicaule subsp. **rugosum** K. T. Fu
习　　性：多年生草本
海　　拔：2200～2300 m
分　　布：西藏、云南
濒危等级：LC

木雅景天
Sedum muyaicum K. T. Fu
习　　性：多年生草本
分　　布：四川
濒危等级：LC

金佛山景天
Sedum nanchuanense K. T. Fu et G. Y. Rao
习　　性：多年生草本
海　　拔：约1200 m
分　　布：四川
濒危等级：LC

能高佛甲草
Sedum nokoense Yamam.
习　　性：多年生草本
海　　拔：2500～3900 m
分　　布：台湾
濒危等级：EN B2ab (iii); C2a (i)

距萼景天
Sedum nothodugueyi K. T. Fu
习　　性：多年生草本
海　　拔：约2300 m
分　　布：四川
濒危等级：LC

铲瓣景天
Sedum obtrullatum K. T. Fu
习　　性：二年生草本
海　　拔：2400～3300 m
分　　布：西藏、云南
濒危等级：EN B1ab (i, iii); D

钝瓣景天
Sedum obtusipetalum Franch.
习　　性：二年生草本
海　　拔：2000～3700 m
国内分布：四川、西藏、云南
国外分布：尼泊尔
濒危等级：LC

少果景天
Sedum oligocarpum Fröd.
习　　性：一年生草本
海　　拔：4400～4600 m
分　　布：四川
濒危等级：LC

大苞景天
Sedum oligospermum Maire
习　　性：一年生草本
海　　拔：1100～2800 m
国内分布：甘肃、河南、湖北、湖南、陕西、四川、云南
国外分布：缅甸
濒危等级：LC

爪瓣景天
Sedum onychopetalum Fröd.
习　　性：多年生草本
海　　拔：约200 m
分　　布：安徽、江苏、浙江
濒危等级：LC

山景天
Sedum oreades (Decne.) Raym.-Hamet
习　　性：一年生草本
海　　拔：3000～4500 m
国内分布：西藏、云南
国外分布：巴基斯坦、不丹、缅甸、印度
濒危等级：LC

寒地景天
Sedum pagetodes Fröd.
习　　性：一年生草本
海　　拔：3700～4600 m
分　　布：青海、四川
濒危等级：EN B1ab (i, iii); D

秦岭景天
Sedum pampaninii Raym.-Hamet
习　　性：多年生草本
海　　拔：1000～2500 m
分　　布：河南、陕西、四川、云南
濒危等级：LC

尖萼佛甲草
Sedum parvisepalum Yamam.
习　　性：多年生草本
海　　拔：1800～3000 m
分　　布：台湾
濒危等级：DD

甘肃景天
Sedum perrotii Raym. -Hamet
 习 性：一年生草本
 海 拔：4000~4300 m
 分 布：甘肃、青海、四川
 濒危等级：LC

叶花景天
Sedum phyllanthum H. Lév. et Vaniot
 习 性：多年生草本
 海 拔：400~800 m
 分 布：贵州、河南、陕西
 濒危等级：LC

碧罗山景天
Sedum piloshanense Fröd.
 习 性：一年生或多年生草本
 分 布：四川、云南
 濒危等级：LC

平叶景天
Sedum planifolium K. T. Fu
 习 性：多年生草本
 海 拔：1000~1600 m
 分 布：甘肃、陕西
 濒危等级：LC

宽萼景天
Sedum platysepalum Franch.
 习 性：一年生或二年生草本
 海 拔：3200~4000 m
 分 布：四川、云南
 濒危等级：LC

伴矿景天
Sedum plumbizincicola X. H. Guo et S. B. Zhou ex L. H. Wu
 习 性：一年生或多年生草本
 海 拔：约 200 m
 分 布：浙江
 濒危等级：LC

藓状景天
Sedum polytrichoides Hemsl.
 习 性：多年生草本
 海 拔：约 1000 m
 国内分布：安徽、河南、黑龙江、吉林、江西、辽宁、山东、陕西、浙江
 国外分布：朝鲜、日本
 濒危等级：LC

绿瓣景天
Sedum prasinopetalum Fröd.
 习 性：一年生草本
 海 拔：4100~4500 m
 分 布：青海、四川
 濒危等级：LC

牧山景天
Sedum pratoalpinum Fröd.
 习 性：一年生草本
 海 拔：4300~4600 m
 分 布：青海、四川
 濒危等级：LC

高原景天
Sedum przewalskii Maxim.
 习 性：一年生草本
 海 拔：2400~5400 m
 国内分布：甘肃、青海、四川、西藏、云南
 国外分布：尼泊尔
 濒危等级：LC

裂鳞景天
Sedum purdomii W. W. Sm.
 习 性：一年生草本
 海 拔：3700~4000 m
 分 布：甘肃
 濒危等级：CR B1ab (i, iii)；C1；D

糠秕景天
Sedum ramentaceum K. T. Fu
 习 性：二年生草本
 海 拔：约 4500 m
 分 布：四川
 濒危等级：CR B1ab (i, iii)；C1；D

膨果景天
Sedum raymondii Fröd.
 习 性：一年生草本
 海 拔：3200~4300 m
 分 布：云南
 濒危等级：LC

阔叶景天
Sedum roborowskii Maxim.
 习 性：二年生草本
 海 拔：2200~4500 m
 国内分布：甘肃、宁夏、青海、西藏
 国外分布：尼泊尔
 濒危等级：LC

南川景天
Sedum rosthornianum Diels
 习 性：多年生草本
 海 拔：约 1500 m
 分 布：四川
 濒危等级：LC

箭瓣景天
Sedum sagittipetalum Fröd.
 习 性：多年生草本
 海 拔：4300~4500 m
 分 布：四川
 濒危等级：CR B1ab (i, iii)；C1；D

垂盆草
Sedum sarmentosum Bunge
 习 性：多年生草本
 海 拔：1600 m 以下
 国内分布：安徽、福建、甘肃、贵州、河北、河南、湖北、湖南、吉林、江苏、江西、辽宁、山东、山西、陕西、四川、浙江
 国外分布：朝鲜、日本、泰国

濒危等级：LC
资源利用：药用（中草药）；环境利用（观赏）

石啶佛甲草
Sedum sekiteiense Yamam.
 习 性：草本
 分 布：台湾
 濒危等级：VU D1

月座景天
Sedum semilunatum K. T. Fu
 习 性：一年生草本
 分 布：云南
 濒危等级：LC

西藏景天
Sedum shigatsense Fröd.
 习 性：一年生或多年生草本
 分 布：西藏
 濒危等级：LC

石台景天
Sedum shitaiense Y. Zheng et D. C. Zhang
 习 性：一年生或多年生草本
 分 布：安徽
 濒危等级：LC

冰川景天
Sedum sinoglaciale K. T. Fu
 习 性：一年生草本
 海 拔：3000 ~ 4700 m
 分 布：云南
 濒危等级：EN D

邓川景天
Sedum somenii Raym. -Hamet
 习 性：一年生草本
 海 拔：2500 m 以下
 分 布：云南
 濒危等级：CR B1ab（i, iii）；C1；D

繁缕叶景天
Sedum stellariifolium Franch.
 习 性：一年生或二年生草本
 海 拔：400 ~ 3400 m
 分 布：甘肃、贵州、河北、河南、湖北、湖南、辽宁、山东、山西、陕西、四川、台湾、云南
 濒危等级：LC

刺毛景天
Sedum stimulosum K. T. Fu
 习 性：二年生草本
 海 拔：1500 ~ 2600 m
 分 布：四川
 濒危等级：CR B1ab（i, iii）；C1；D

细小景天
Sedum subtile Miq.
 习 性：多年生草本
 海 拔：1000 ~ 1500 m
 国内分布：江苏、江西、山西

国外分布：越南
濒危等级：LC

方腺景天
Sedum susanneae Raym. -Hamet

方腺景天（原变种）
Sedum susanneae var. **susanneae**
 习 性：二年生草本
 海 拔：2100 ~ 3800 m
 国内分布：四川
 国外分布：缅甸
 濒危等级：LC

大萼方腺景天
Sedum susanneae var. **macrosepalum** K. T. Fu
 习 性：二年生草本
 海 拔：3200 ~ 3500 m
 分 布：西藏
 濒危等级：LC

四芒景天
Sedum tetractinum Fröd.
 习 性：一年生或多年生草本
 海 拔：500 ~ 1000 m
 分 布：安徽、广东、贵州、江西
 濒危等级：LC

天目山景天
Sedum tianmushanense Y. C. Ho et F. Chai
 习 性：多年生草本
 海 拔：约 1000 m
 分 布：浙江
 濒危等级：LC

土佐景天
Sedum tosaense Makino
 习 性：多年生草本
 国内分布：浙江
 国外分布：日本
 濒危等级：LC

三芒景天
Sedum triactina A. Berger

三芒景天（原亚种）
Sedum triactina subsp. **triactina**
 习 性：草本
 海 拔：2200 ~ 3600 m
 国内分布：四川、西藏、云南
 国外分布：不丹、尼泊尔、印度
 濒危等级：LC

小三芒景天
Sedum triactina subsp. **leptum** Fröd.
 习 性：草本
 海 拔：3200 ~ 3700 m
 分 布：四川
 濒危等级：LC

毛籽景天
Sedum trichospermum K. T. Fu

习　　性：一年生草本
海　　拔：4000~4600 m
分　　布：四川
濒危等级：LC

镘瓣景天
Sedum trullipetalum Hook. f. et Thomson

镘瓣景天（原变种）
Sedum trullipetalum var. **trullipetalum**
习　　性：多年生草本
海　　拔：2700~4400 m
国内分布：四川、西藏、云南
国外分布：尼泊尔、印度
濒危等级：NT D

缘毛景天
Sedum trullipetalum var. **ciliatum** Fröd.
习　　性：多年生草本
海　　拔：约4300 m
分　　布：四川、西藏
濒危等级：LC

安龙景天
Sedum tsiangii Fröd.

安龙景天（原变种）
Sedum tsiangii var. **tsiangii**
习　　性：一年生草本
海　　拔：400~2700 m
分　　布：贵州、云南
濒危等级：LC

珠节景天
Sedum tsiangii var. **torquatum**(Fröd.) K. T. Fu
习　　性：一年生草本
海　　拔：约2600 m
分　　布：云南
濒危等级：LC

青海景天
Sedum tsinghaicum K. T. Fu
习　　性：一年生草本
海　　拔：3800~4100 m
分　　布：青海
濒危等级：CR B1ab（i，iii）；C1；D

错那景天
Sedum tsonanum K. T. Fu
习　　性：多年生草本
海　　拔：2900~3500 m
分　　布：西藏
濒危等级：CR B1ab（i，iii）；C1；D

甘南景天
Sedum ulricae Fröd.
习　　性：一年生草本
海　　拔：3000~4500 m
分　　布：甘肃、青海、西藏
濒危等级：LC

疏花佛甲草
Sedum uniflorum Hook. et Arn.

疏花佛甲草（原变种）
Sedum uniflorum var. **uniflorum**
习　　性：多年生草本
海　　拔：1300~2400 m
国内分布：台湾
国外分布：日本
濒危等级：LC

日本景天
Sedum uniflorum var. **japonicum**(Siebold ex Miq.) H. Ohba
习　　性：多年生草本
海　　拔：海平面至1000 m
国内分布：安徽、广东、湖南、江西、台湾、浙江
国外分布：日本
濒危等级：LC

德钦景天
Sedum wangii S. H. Fu
习　　性：一年生草本
海　　拔：约3000 m
分　　布：云南
濒危等级：CR B1ab（i，iii）；C1；D

汶川景天
Sedum wenchuanense S. H. Fu
习　　性：多年生草本
海　　拔：1300~2400 m
分　　布：四川
濒危等级：EN D

兴山景天
Sedum wilsonii Fröd.
习　　性：一年生草本
海　　拔：1400 m
分　　布：湖北
濒危等级：CR B1ab（i，iii）；C1；D

长萼景天
Sedum woronowii Raym. -Hamet
习　　性：一年生草本
海　　拔：2000~2100 m
分　　布：云南
濒危等级：CR B1ab（i，iii）；C1；D

短蕊景天
Sedum yvesii Raym. -Hamet
习　　性：多年生草本
海　　拔：1000~1300 m
分　　布：贵州、湖北、四川、台湾
濒危等级：LC

石莲属 Sinocrassula A. Berger

长萼石莲
Sinocrassula ambigua(Praeger) A. Berger

习　　性：多年生草本
海　　拔：2000~3000 m
分　　布：四川、云南
濒危等级：LC

密叶石莲
Sinocrassula densirosulata(Praeger) A. Berger
　　习　　性：草本
　　分　　布：四川、云南
　　濒危等级：LC
　　资源利用：环境利用（观赏）

异形叶石莲
Sinocrassula diversifolia H. Chuang
　　习　　性：多年生草本
　　海　　拔：2500~2700 m
　　分　　布：云南
　　濒危等级：LC

石莲
Sinocrassula indica(Decne.) A. Berger

石莲（原变种）
Sinocrassula indica var. **indica**
　　习　　性：二年生草本
　　海　　拔：1200~3300 m
　　国内分布：甘肃、广西、贵州、湖北、湖南、陕西、四川、西藏、云南
　　国外分布：巴基斯坦、不丹、尼泊尔、印度
　　濒危等级：LC
　　资源利用：药用（中草药）；环境利用（观赏）

圆叶石莲
Sinocrassula indica var. **forrestii**(Raym.-Hamet) S. H. Fu
　　习　　性：二年生草本
　　海　　拔：1000~3000 m
　　分　　布：云南
　　濒危等级：LC

黄花石莲
Sinocrassula indica var. **luteorubra**(Praeger) S. H. Fu
　　习　　性：二年生草本
　　海　　拔：700~3700 m
　　分　　布：四川、云南
　　濒危等级：LC

钝叶石莲
Sinocrassula indica var. **obtusifolia**(Fröd.) S. H. Fu
　　习　　性：二年生草本
　　海　　拔：2300~2500 m
　　分　　布：四川、云南
　　濒危等级：LC

锯叶石莲
Sinocrassula indica var. **serrata**(Raym.-Hamet) S. H. Fu
　　习　　性：二年生草本
　　海　　拔：3700~4000 m
　　分　　布：四川
　　濒危等级：LC

绿花石莲
Sinocrassula indica var. **viridiflora** K. T. Fu
　　习　　性：二年生草本
　　海　　拔：500~1200 m
　　分　　布：河南、陕西、四川
　　濒危等级：VU B1ab（i, iii, v）

长柱石莲
Sinocrassula longistyla(Praeger) S. H. Fu
　　习　　性：一年生或二年生草本
　　海　　拔：1300~1600 m
　　分　　布：四川
　　濒危等级：CR C1；D

宝兴石莲
Sinocrassula paoshingensis(S. H. Fu) H. Ohba, S. Akiyama et S. K. Wu

宝兴石莲（原变种）
Sinocrassula paoshingensis var. **paoshingensis**
　　习　　性：多年生草本
　　海　　拔：约3100 m
　　分　　布：四川、云南
　　濒危等级：LC

刺叶宝兴石莲
Sinocrassula paoshingensis var. **spinulosa**(S. H. Fu) H. Ohba, S. Akiyama et S. K. Wu
　　习　　性：多年生草本
　　海　　拔：约3100 m
　　分　　布：西藏
　　濒危等级：LC

德钦石莲
Sinocrassula techinensis(S. H. Fu) S. H. Fu
　　习　　性：草本
　　海　　拔：约2700 m
　　分　　布：云南
　　濒危等级：CR B1ab（i, iii）；C1；D

云南石莲
Sinocrassula yunnanensis(Franch.) A. Berger
　　习　　性：草本
　　海　　拔：2500~2700 m
　　分　　布：云南
　　濒危等级：CR B1ab（i, iii）；C1；D
　　资源利用：环境利用（观赏）

东爪草属 Tillaea L.

云南东爪草
Tillaea alata Viv.
　　习　　性：一年生小草本
　　海　　拔：约2700 m
　　国内分布：云南
　　国外分布：巴基斯坦、印度
　　濒危等级：LC

东爪草
Tillaea aquatica L.

习　　性：一年生草本
海　　拔：100～200 m
国内分布：黑龙江、内蒙古
国外分布：朝鲜、俄罗斯、蒙古、日本
濒危等级：LC

丽江东爪草
Tillaea likiangensis H. Chuang
习　　性：一年生草本
海　　拔：约 2700 m
分　　布：云南
濒危等级：DD

承德东爪草
Tillaea mongolica (Franch.) S. H. Fu
习　　性：一年生草本
分　　布：河北
濒危等级：DD

五蕊东爪草
Tillaea schimperi (C. A. Mey.) M. G. Gilbert, H. Ohba et K. T. Fu
习　　性：一年生小草本
海　　拔：3000～4800 m
国内分布：西藏
国外分布：巴基斯坦、不丹、克什米尔地区、尼泊尔、印度
濒危等级：LC

隐翼科 CRYPTERONIACEAE
（1属：1种）

隐翼属 Crypteronia Blume

隐翼木
Crypteronia paniculata Blume
习　　性：乔木
海　　拔：300～1300 m
国内分布：云南
国外分布：菲律宾、柬埔寨、老挝、马来西亚、孟加拉国、缅甸、泰国、印度、印度尼西亚、越南
濒危等级：EN A2c；B1ab (i, iii)；C1

葫芦科 CUCURBITACEAE
（34属：203种）

盒子草属 Actinostemma Griff.

盒子草
Actinostemma tenerum Griff.

盒子草（原变种）
Actinostemma tenerum var. **tenerum**
习　　性：草本
国内分布：安徽、福建、广西、河北、河南、湖南、江苏、江西、辽宁、山东、四川、台湾、西藏、云南、浙江
国外分布：朝鲜、日本、印度
濒危等级：LC
资源利用：药用（中草药）；原料（工业用油）；动物饲料（饲料）

云南盒子草
Actinostemma tenerum var. **yunnanensis** A. M. Lu et Zhi Y. Zhang
习　　性：草本
分　　布：云南
濒危等级：VU A2c

冬瓜属 Benincasa Savi

冬瓜
Benincasa hispida (Thunb.) Cogn.

冬瓜（原变种）
Benincasa hispida var. **hispida**
习　　性：一年生匍匐草本
国内分布：全国常见栽培
国外分布：全世界广泛栽培
资源利用：药用（中草药）；食品（蔬菜）

节瓜
Benincasa hispida var. **chieh-qua** F. C. How
习　　性：一年生匍匐草本
分　　布：广东、广西有栽培
资源利用：食品（蔬菜）

三裂瓜属 Biswarea Cogn.

三裂瓜
Biswarea tonglensis (C. B. Clarke) Cogn.
习　　性：草质缠绕藤本
海　　拔：约 2450 m
国内分布：云南
国外分布：缅甸、印度
濒危等级：EN D

假贝母属 Bolbostemma Franquet

刺儿瓜
Bolbostemma biglandulosum (Hemsl.) Franquet

刺儿瓜（原变种）
Bolbostemma biglandulosum var. **biglandulosum**
习　　性：攀援草本
海　　拔：1300～1400 m
分　　布：贵州、云南
濒危等级：NT

波裂叶刺儿瓜
Bolbostemma biglandulosum var. **sinuatolobulatum** C. Y. Wu
习　　性：攀援草本
海　　拔：约 1000 m
分　　布：云南
濒危等级：NT

假贝母
Bolbostemma paniculatum (Maxim.) Franquet

习　　性：攀援草本
海　　拔：100~1600 m
分　　布：甘肃、河北、河南、湖南、山东、山西、陕西、四川
濒危等级：LC
资源利用：药用（中草药）

西瓜属 Citrullus Schrad.

西瓜
Citrullus lanatus(Thunb.) Matsum. et Nakai
习　　性：一年生缠绕藤本
国内分布：我国广泛栽培
国外分布：原产非洲南部；现全世界温带地区栽培
资源利用：药用（中草药）；食品（水果）

红瓜属 Coccinia Wight et Arn.

红瓜
Coccinia grandis(L.) Voigt
习　　性：攀援草本
海　　拔：100~1100 m
国内分布：广东、广西、云南
国外分布：非洲、热带亚洲
濒危等级：LC

甜瓜属 Cucumis L.

小马泡
Cucumis bisexualis A. M. Lu et G. C. Wang ex A. M. Lu et Zhi Y. Zhang
习　　性：一年生草本
分　　布：安徽、河南、江苏、山东
濒危等级：DD

野黄瓜
Cucumis hystrix Chakrav.
习　　性：攀援草本
海　　拔：800~1500 m
国内分布：云南
国外分布：缅甸、印度
濒危等级：LC
国家保护：Ⅱ级

甜瓜
Cucumis melo L.

甜瓜（原变种）
Cucumis melo var. **melo**
习　　性：一年生草本
国内分布：全国广泛栽培
国外分布：原产旧大陆；广泛栽培于全世界的热带和温带地区
濒危等级：LC
资源利用：药用（中草药）

马泡瓜
Cucumis melo var. **agrestis** Naudin
习　　性：一年生草本
海　　拔：1500~2050 m
国内分布：我国南北各地
国外分布：朝鲜
资源利用：环境利用（观赏）

菜瓜
Cucumis melo var. **conomon**(Thunb.) Makino
习　　性：一年生草本
国内分布：我国普遍栽培
国外分布：原产旧大陆；新大陆热带地区引进；东亚及东南亚广泛栽培
濒危等级：LC
资源利用：食品（蔬菜）

黄瓜
Cucumis sativus L.

黄瓜（原变种）
Cucumis sativus var. **sativus**
习　　性：攀援或匍匐草本
国内分布：我国各地栽培
国外分布：温带和热带地区广泛栽培
濒危等级：LC
资源利用：药用（中草药）；食品（蔬菜）

西南野黄瓜
Cucumis sativus var. **hardwickii**(Royle) Alef.
习　　性：攀援或匍匐草本
海　　拔：700~2000 m
国内分布：广西、贵州、云南
国外分布：缅甸、尼泊尔、泰国、印度
濒危等级：LC

西双版纳野黄瓜
Cucumis sativus var. **xishuangbannaensis** Qi L Yuan
习　　性：攀援草本
分　　布：云南
濒危等级：CR D
国家保护：Ⅱ级

南瓜属 Cucurbita L.

笋瓜
Cucurbita maxima Duchesne ex Lam.
习　　性：一年生草本
国内分布：广泛栽培
国外分布：原产南美洲；热带和温带地区栽培
资源利用：食品（蔬菜）

南瓜
Cucurbita moschata(Duchesne ex Lam.) Duchesne ex Poir.
习　　性：一年生蔓生草本
国内分布：全国广泛栽培
国外分布：原产中美洲；世界广泛栽培
资源利用：药用（中草药）；食品（粮食，水果，淀粉）；原料（精油）

西葫芦
Cucurbita pepo L.
习　　性：一年生蔓生草本
国内分布：南北普遍栽培
国外分布：欧洲

资源利用：食品（蔬菜）

辣子瓜属 Cyclanthera Schrad.

小雀瓜
Cyclanthera pedata (L.) Schrad.
- 习　　性：一年生攀援草本
- 国内分布：西藏、云南
- 国外分布：北美洲、南美洲
- 资源利用：食品（蔬菜，水果）

毒瓜属 Diplocyclos (Endl.) T. Post et Kuntze

毒瓜
Diplocyclos palmatus (L.) C. Jeffrey
- 习　　性：草本
- 海　　拔：约1000 m
- 国内分布：广东、广西、台湾
- 国外分布：澳大利亚、马来西亚、印度、越南
- 濒危等级：LC

喷瓜属 Ecballium A. Rich.

喷瓜
Ecballium elaterium (L.) A. Rich.
- 习　　性：蔓生草本
- 国内分布：江苏、陕西、新疆
- 国外分布：原产亚洲西南部和地中海地区

三棱瓜属 Edgaria C. B. Clarke

三棱瓜
Edgaria darjeelingensis C. B. Clarke
- 习　　性：攀援草本
- 海　　拔：约1700 m
- 国内分布：西藏
- 国外分布：不丹、尼泊尔、印度
- 濒危等级：VU A2c

锥形果属 Gomphogyne Griff.

锥形果
Gomphogyne cissiformis Griff.

锥形果（原变种）
Gomphogyne cissiformis var. **cissiformis**
- 习　　性：草质藤本
- 海　　拔：2100~2800 m
- 国内分布：云南
- 国外分布：不丹、尼泊尔、印度
- 濒危等级：LC

毛锥形果
Gomphogyne cissiformis var. **villosa** Cogn.
- 习　　性：草质藤本
- 海　　拔：约2300 m
- 国内分布：云南
- 国外分布：尼泊尔、印度
- 濒危等级：LC

金瓜属 Gymnopetalum Arn.

金瓜
Gymnopetalum chinense (Lour.) Merr.
- 习　　性：草质藤本
- 海　　拔：400~900 m
- 国内分布：广西、海南、云南
- 国外分布：马来西亚、印度、越南
- 濒危等级：VU A2c

凤瓜
Gymnopetalum integrifolium (Roxb.) Kurz
- 习　　性：一年生草本
- 海　　拔：400~800 m
- 国内分布：广东、广西、贵州、云南
- 国外分布：马来西亚、印度、印度尼西亚、越南
- 濒危等级：LC

绞股蓝属 Gynostemma Blume

聚果绞股蓝
Gynostemma aggregatum C. Y. Wu et S. K. Chen
- 习　　性：多年生草本
- 海　　拔：2300~2700 m
- 分　　布：云南
- 濒危等级：VU B2ab（ii）

缅甸绞股蓝
Gynostemma burmanicum King ex Chakrav.

缅甸绞股蓝（原变种）
Gynostemma burmanicum var. **burmanicum**
- 习　　性：多年生草本
- 海　　拔：800~1200 m
- 国内分布：云南
- 国外分布：缅甸、泰国
- 濒危等级：LC

大果绞股蓝
Gynostemma burmanicum var. **molle** C. Y. Wu ex C. Y. Wu et S. K. Chen
- 习　　性：多年生草本
- 海　　拔：600~1300 m
- 分　　布：云南
- 濒危等级：LC

心籽绞股蓝
Gynostemma cardiospermum Cogn. ex Oliv.
- 习　　性：攀援草本
- 海　　拔：1400~2300 m
- 分　　布：湖北、陕西、四川
- 濒危等级：EN D

翅茎绞股蓝
Gynostemma caulopterum S. Z. He
- 习　　性：多年生草本
- 海　　拔：400~700 m
- 分　　布：贵州
- 濒危等级：LC

扁果绞股蓝
Gynostemma compressum X. X. Chen et D. R. Liang
- 习　　性：多年生草本

海　　拔：400 m 以下
分　　布：广西
濒危等级：NT B1ab（i，iii）

广西绞股蓝
Gynostemma guangxiense X. X. Chen et D. H. Qin
习　　性：多年生草本
分　　布：广西
濒危等级：NT B1ab（i，iii）+2ab（i，iii）

疏花绞股蓝
Gynostemma laxiflorum C. Y. Wu et S. K. Chen
习　　性：多年生草本
海　　拔：300 m 以下
分　　布：安徽
濒危等级：CR D

长梗绞股蓝
Gynostemma longipes C. Y. Wu ex C. Y. Wu et S. K. Chen
习　　性：草质藤本
海　　拔：1400~3200 m
分　　布：广西、贵州、陕西、四川、云南
濒危等级：LC

小籽绞股蓝
Gynostemma microspermum C. Y. Wu et S. K. Chen
习　　性：草质藤本
海　　拔：800~1400 m
分　　布：云南
濒危等级：VU D1

白脉绞股蓝
Gynostemma pallidinerve Z. Zhang
习　　性：多年生草本
海　　拔：800~1000 m
分　　布：安徽
濒危等级：DD

五柱绞股蓝
Gynostemma pentagynum Z. P. Wang
习　　性：多年生草本
海　　拔：400~500 m
分　　布：湖南
濒危等级：CR B1ab（i，ii，iii）；D

绞股蓝
Gynostemma pentaphyllum（Thunb.）Makino
濒危等级：LC

绞股蓝（原变种）
Gynostemma pentaphyllum var. **pentaphyllum**
习　　性：多年生草本
海　　拔：300~3200 m
国内分布：安徽、福建、广东、广西、贵州、海南、河南、湖北、湖南、江苏、江西、山东、陕西、四川、台湾、云南、浙江
国外分布：巴布亚新几内亚、朝鲜、老挝、马来西亚、孟加拉国、缅甸、尼泊尔、日本、斯里兰卡、印度、印度尼西亚、越南
濒危等级：LC
资源利用：药用（中草药）

毛果绞股蓝
Gynostemma pentaphyllum var. **dasycarpum** C. Y. Wu ex C. Y. Wu et S. K. Chen
习　　性：多年生草本
海　　拔：1400~1700 m
国内分布：云南
国外分布：缅甸、印度尼西亚、泰国
濒危等级：LC

单叶绞股蓝
Gynostemma simplicifolium Blume
习　　性：草质藤本
海　　拔：1300~1400 m
国内分布：海南、云南
国外分布：菲律宾、马来西亚、缅甸、印度尼西亚
濒危等级：LC

喙果绞股蓝
Gynostemma yixingense（Z. P. Wang et Q. Z. Xie）C. Y. Wu et S. K. Chen

喙果绞股蓝（原变种）
Gynostemma yixingense var. **yixingense**
习　　性：多年生攀援草本
海　　拔：100 m 以下
分　　布：安徽、江苏、浙江
濒危等级：LC

毛果喙果藤
Gynostemma yixingense var. **trichocarpum** J. N. Ding
习　　性：多年生攀援草本
分　　布：安徽
濒危等级：LC

雪胆属 Hemsleya Cogn. ex Forbes et Hemsl.

曲莲
Hemsleya amabilis Diels
习　　性：多年生攀援草本
海　　拔：1800~3000 m
分　　布：广西、云南
濒危等级：VU A2c
资源利用：药用（中草药）

肉花雪胆
Hemsleya carnosiflora C. Y. Wu et C. L. Chen
习　　性：多年生攀援草本
海　　拔：1800~1900 m
分　　布：云南
濒危等级：LC

征镒雪胆
Hemsleya chengyihana D. Z. Li
习　　性：多年生匍匐草本
分　　布：云南
濒危等级：LC

雪胆
Hemsleya chinensis Cogn. ex F. B. Forbes et Hemsl.

雪胆（原变种）
Hemsleya chinensis var. **chinensis**

习　　性：多年生匍匐草本
海　　拔：400~2800 m
分　　布：贵州、湖北、四川、云南
濒危等级：LC
资源利用：食品添加剂（糖和非糖甜味剂）

长毛雪胆
Hemsleya chinensis var. **longevillosa**(C. Y. Wu et Z. L. Chen)D. Z. Li
习　　性：多年生匍匐草本
海　　拔：1900~2100 m
分　　布：云南
濒危等级：LC

宁南雪胆
Hemsleya chinensis var. **ningnanensis** L. D. Shen et W. J. Chang
习　　性：多年生匍匐草本
海　　拔：约2000 m
分　　布：四川、云南
濒危等级：DD

毛雪胆
Hemsleya chinensis var. **polytricha** Kuang et A. M. Lu
习　　性：多年生匍匐草本
海　　拔：1300~1500 m
分　　布：湖北
濒危等级：LC

滇南雪胆
Hemsleya cissiformis C. Y. Wu ex C. Y. Wu et C. L. Chen
习　　性：多年生匍匐草本
海　　拔：约800 m
分　　布：云南
濒危等级：LC

短柄雪胆
Hemsleya delavayi(Gagnep.)C. Jeffrey ex C. Y. Wu et C. L. Chen

短柄雪胆（原变种）
Hemsleya delavayi var. **delavayi**
习　　性：多年生匍匐草本
海　　拔：1800~2000 m
分　　布：四川、云南
濒危等级：LC

雅砻雪胆
Hemsleya delavayi var. **yalungensis**(Hand.-Mazz.)C. Y. Wu et C. L. Chen
习　　性：多年生匍匐草本
海　　拔：1600~2200 m
分　　布：四川
濒危等级：LC

翼蛇莲
Hemsleya dipterygia Kuang et A. M. Lu
习　　性：多年生攀援草本
海　　拔：100~1500 m
国内分布：广西、贵州、云南
国外分布：越南
濒危等级：LC

长果雪胆
Hemsleya dolichocarpa W. J. Chang
习　　性：多年生攀援草本
海　　拔：1400~1800 m
分　　布：四川
濒危等级：LC

独龙江雪胆
Hemsleya dulongjiangensis C. Y. Wu ex C. Y. Wu et C. L. Chen
习　　性：多年生攀援草本
海　　拔：1400~2700 m
分　　布：云南
濒危等级：VU B1ab（i, iii）

椭圆果雪胆
Hemsleya ellipsoidea L. D. Shen et W. J. Chang
习　　性：多年生攀援草本
海　　拔：约2000 m
分　　布：四川
濒危等级：VU A2c；B1ab（i, iii, v）

峨眉雪胆
Hemsleya emeiensis L. D. Shen et W. J. Chang
习　　性：多年生攀援草本
海　　拔：1800~2000 m
分　　布：四川
濒危等级：LC

十一叶雪胆
Hemsleya endecaphylla C. Y. Wu ex C. Y. Wu et C. L. Chen
习　　性：多年生攀援草本
海　　拔：约2400 m
分　　布：云南
濒危等级：LC

巨花雪胆
Hemsleya gigantha W. J. Chang
习　　性：多年生攀援草本
海　　拔：约2000 m
分　　布：四川
濒危等级：LC

马铜铃
Hemsleya graciliflora(Harms)Cogn.
习　　性：多年生攀援草本
海　　拔：500~2400 m
国内分布：广东、广西、湖北、江西、四川、浙江
国外分布：越南
濒危等级：VU A2c
资源利用：药用（中草药）

大花雪胆
Hemsleya grandiflora C. Y. Wu ex C. Y. Wu et C. L. Chen
习　　性：攀援草本
海　　拔：约2300 m
分　　布：云南
濒危等级：EN D

昆明雪胆
Hemsleya kunmingensis H. T. Li et D. Z. Li
习　　性：多年生攀援草本

海　　拔：约 2300 m
分　　布：云南
濒危等级：DD

丽江雪胆
Hemsleya lijiangensis A. M. Lu ex C. Y. Wu et C. L. Chen
　　习　　性：多年生攀援草本
　　海　　拔：2000~3000 m
　　分　　布：云南
　　濒危等级：VU A2c

大果雪胆
Hemsleya macrocarpa C. Y. Wu ex C. Y. Wu et C. L. Chen
　　习　　性：多年生攀援草本
　　海　　拔：1000~2300 m
　　分　　布：云南
　　濒危等级：LC

罗锅底
Hemsleya macrosperma C. Y. Wu ex C. Y. Wu et C. L. Chen

罗锅底（原变种）
Hemsleya macrosperma var. **macrosperma**
　　习　　性：多年生攀援草本
　　海　　拔：1800~3200 m
　　分　　布：四川、云南
　　濒危等级：LC
　　资源利用：环境利用（观赏）

长果罗锅底
Hemsleya macrosperma var. **oblongicarpa** C. Y. Wu et C. L. Chen
　　习　　性：多年生攀援草本
　　海　　拔：1900~2000 m
　　分　　布：四川、云南
　　濒危等级：LC

大序雪胆
Hemsleya megathyrsa C. Y. Wu ex C. Y. Wu et C. L. Chen

大序雪胆（原变种）
Hemsleya megathyrsa var. **megathyrsa**
　　习　　性：多年生匍匐草本
　　海　　拔：2200 m
　　分　　布：云南
　　濒危等级：NT B1ab（i, iii, v）; D

大花大序雪胆
Hemsleya megathyrsa var. **major** C. Y. Wu et C. L. Chen
　　习　　性：多年生匍匐草本
　　海　　拔：2000~2270 m
　　分　　布：云南
　　濒危等级：NT B1ab（i, iii, v）; D

帽果雪胆
Hemsleya mitrata C. Y. Wu et C. L. Chen
　　习　　性：多年生攀援草本
　　海　　拔：2400~2700 m
　　分　　布：云南
　　濒危等级：LC

藤三七雪胆
Hemsleya panacis-scandens C. Y. Wu et C. L. Chen

藤三七雪胆（原变种）
Hemsleya panacis-scandens var. **panacis-scandens**
　　习　　性：多年生攀援草本
　　海　　拔：1700~2400 m
　　分　　布：云南
　　濒危等级：LC

屏边藤三七雪胆
Hemsleya panacis-scandens var. **pingbianensis** C. Y. Wu et C. L. Chen
　　习　　性：多年生攀援草本
　　海　　拔：约 1700 m
　　分　　布：云南
　　濒危等级：LC

盘龙七
Hemsleya panlongqi A. M. Lu et W. J. Chang
　　习　　性：多年生攀援草本
　　海　　拔：约 1800 m
　　分　　布：四川
　　濒危等级：VU A2c

彭县雪胆
Hemsleya pengxianensis W. J. Chang

彭县雪胆（原变种）
Hemsleya pengxianensis var. **pengxianensis**
　　习　　性：多年生攀援草本
　　海　　拔：700~2100 m
　　分　　布：重庆、四川
　　濒危等级：LC

古蔺雪胆
Hemsleya pengxianensis var. **gulinensis** L. D. Shen et W. J. Chang
　　习　　性：多年生攀援草本
　　海　　拔：1500~2000 m
　　分　　布：四川
　　濒危等级：LC

金佛山雪胆
Hemsleya pengxianensis var. **jinfushanensis** L. D. Shen et W. J. Chang
　　习　　性：多年生攀援草本
　　海　　拔：约 2000 m
　　分　　布：四川
　　濒危等级：NT
　　资源利用：药用（中草药）

筠连雪胆
Hemsleya pengxianensis var. **junlianensis** L. D. Shen et W. J. Chang
　　习　　性：多年生攀援草本
　　海　　拔：约 1500 m
　　分　　布：四川
　　濒危等级：LC

多果雪胆
Hemsleya pengxianensis var. **polycarpa** L. D. Shen et W. J. Chang
　　习　　性：多年生匍匐草本
　　海　　拔：1500~2000 m
　　分　　布：四川

濒危等级：LC

蛇莲
Hemsleya sphaerocarpa Kuang et A. M. Lu
习　　性：多年生匍匐草本
海　　拔：400～2400 m
分　　布：广西、贵州、湖南、云南
濒危等级：LC

陀罗果雪胆
Hemsleya turbinata C. Y. Wu ex C. Y. Wu et C. L. Chen
习　　性：多年生匍匐草本
海　　拔：1600～2400 m
分　　布：云南
濒危等级：LC

母猪雪胆
Hemsleya villosipetala C. Y. Wu et C. L. Chen
习　　性：多年生攀援草本
海　　拔：1400～2850 m
分　　布：贵州、四川、云南
濒危等级：NT D

文山雪胆
Hemsleya wenshanensis A. M. Lu ex C. Y. Wu et C. L. Chen
习　　性：多年生草本
海　　拔：1800～2300 m
分　　布：云南
濒危等级：LC

浙江雪胆
Hemsleya zhejiangensis C. Z. Zheng
习　　性：多年生匍匐草本
海　　拔：800～1000 m
分　　布：浙江
濒危等级：NT D

波棱瓜属 Herpetospermum Wall. ex Hook. f.

冠盖波棱瓜
Herpetospermum operculatum K. Pradheep et al.
习　　性：一年生攀援草本
海　　拔：约 1500 m
国内分布：西藏、云南
国外分布：缅甸、印度
濒危等级：LC

波棱瓜
Herpetospermum pedunculosum (Ser.) C. B. Clarke
习　　性：一年生攀援草本
海　　拔：2300～2500 m
国内分布：西藏、云南
国外分布：尼泊尔、印度
濒危等级：LC

油渣果属 Hodgsonia Hook. f. et Thomson

油渣果
Hodgsonia heteroclita (Roxb.) Hook. f. et Thomson
习　　性：木质藤本
海　　拔：300～1500 m
国内分布：广西、西藏、云南
国外分布：不丹、柬埔寨、老挝、马来西亚、缅甸、泰国、印度、越南
濒危等级：NT A2c
资源利用：食品（油脂）

藏瓜属 Indofevillea Chatterjee

藏瓜
Indofevillea khasiana Chatterjee
习　　性：木质藤本
海　　拔：约 900 m
国内分布：西藏
国外分布：印度
濒危等级：LC

葫芦属 Lagenaria Ser.

葫芦
Lagenaria siceraria (Molina) Standl.

葫芦（原变种）
Lagenaria siceraria var. **siceraria**
习　　性：一年生草本
分　　布：各地有栽培
资源利用：药用（中草药）；食品（蔬菜）

瓠瓜
Lagenaria siceraria var. **depressa** (Ser.) H. Hara
习　　性：一年生草本
分　　布：各地有栽培

瓠子
Lagenaria siceraria var. **hispida** (Thunb.) H. Hara
习　　性：一年生草本
分　　布：各地有栽培
资源利用：食品（蔬菜）

小葫芦
Lagenaria siceraria var. **microcarpa** (Naudin) H. Hara
习　　性：一年生草本
分　　布：各地有栽培
资源利用：药用（中草药）；原料（工业用油）；环境利用（观赏）

丝瓜属 Luffa Mill.

广东丝瓜
Luffa acutangula (L.) Roxb.
习　　性：一年生草质藤本
国内分布：我国南部多栽培
国外分布：热带地区有栽培
资源利用：药用（中草药）；原料（纤维）

丝瓜
Luffa aegyptiaca Mill.
习　　性：一年生草质藤本
国内分布：我国广泛栽培

国外分布：世界热带和温带地区栽培
资源利用：药用（中草药）

番马㼎儿属 Melothria L.

美洲马㼎儿
Melothria pendula L.
- 习　　性：攀援草本
- 国内分布：台湾归化
- 国外分布：原产美洲

苦瓜属 Momordica L.

苦瓜
Momordica charantia L.
- 习　　性：一年生草本
- 国内分布：广泛栽培
- 国外分布：泛热带；温带和热带地区栽培
- 资源利用：药用（中草药）；食品（蔬菜）；环境利用（观赏）

木鳖子
Momordica cochinchinensis（Lour.）Spreng.
- 习　　性：藤本
- 海　　拔：400~1100 m
- 国内分布：安徽、福建、广东、广西、贵州、湖南、江苏、江西、四川、台湾、西藏、云南、浙江
- 国外分布：马来西亚、孟加拉国、缅甸、印度
- 濒危等级：LC
- 资源利用：药用（中草药）；环境利用（观赏）

云南木鳖
Momordica dioica Roxb. ex Willd.
- 习　　性：草质藤本
- 海　　拔：1400~2500 m
- 国内分布：云南
- 国外分布：马来西亚、孟加拉国、缅甸、印度
- 濒危等级：LC

凹萼木鳖
Momordica subangulata Blume
- 习　　性：攀援草本
- 海　　拔：800~2500 m
- 国内分布：广东、广西、贵州、云南
- 国外分布：老挝、马来西亚、孟加拉国、缅甸、泰国、印度、印度尼西亚、越南
- 濒危等级：LC

帽儿瓜属 Mukia Arn.

爪哇帽儿瓜
Mukia javanica（Miq.）C. Jeffrey
- 习　　性：攀援草本
- 海　　拔：500~1200 m
- 国内分布：广东、广西、台湾、云南
- 国外分布：菲律宾、泰国、印度、印度尼西亚、越南
- 濒危等级：LC

帽儿瓜
Mukia maderaspatana（L.）M. J. Roem.
- 习　　性：一年生平卧或攀援草本
- 海　　拔：400~1700 m
- 国内分布：广东、广西、贵州、台湾、云南
- 国外分布：澳大利亚
- 濒危等级：LC

棒锤瓜属 Neoalsomitra Hutch.

藏棒锤瓜
Neoalsomitra clavigera（Wall.）Hutch.
- 习　　性：攀援藤本
- 海　　拔：约900 m
- 国内分布：西藏
- 国外分布：马来西亚、孟加拉国、缅甸、印度
- 濒危等级：LC

厚叶棒锤瓜
Neoalsomitra sarcophylla（Wall.）Hutch.
- 习　　性：藤本
- 国内分布：广西
- 国外分布：菲律宾、柬埔寨、老挝、马来西亚、缅甸、泰国、印度尼西亚、越南
- 濒危等级：LC

裂瓜属 Schizopepon Maxim.

新裂瓜
Schizopepon bicirrhosa（C. B. Clarke）C. Jeffrey
- 习　　性：攀援草本
- 海　　拔：2700~2800 m
- 国内分布：西藏
- 国外分布：缅甸、印度
- 濒危等级：NT D

喙裂瓜
Schizopepon bomiensis A. M. Lu et Zhi Y. Zhang
- 习　　性：攀援草本
- 海　　拔：2200~2600 m
- 分　　布：西藏
- 濒危等级：LC

裂瓜
Schizopepon bryoniifolius Maxim.
- 习　　性：一年生草本
- 海　　拔：500~1500 m
- 国内分布：河北、黑龙江、吉林、辽宁
- 国外分布：朝鲜、俄罗斯、日本
- 濒危等级：LC

湖北裂瓜
Schizopepon dioicus Cogn. ex Oliv.

湖北裂瓜（原变种）
Schizopepon dioicus var. **dioicus**
- 习　　性：一年生草本
- 海　　拔：1000~2400 m
- 分　　布：湖北、湖南、陕西、四川
- 濒危等级：LC

毛蕊裂瓜
Schizopepon dioicus var. **trichogynus** Hand.-Mazz.

习　　性：攀援草本
分　　布：贵州、湖北
濒危等级：LC

四川裂瓜
Schizopepon dioicus var. wilsonii (Gagnep.) A. M. Lu et Zhi Y. Zhang
习　　性：攀援草本
海　　拔：1500~2400 m
分　　布：贵州、四川
濒危等级：LC

长柄裂瓜
Schizopepon longipes Gagnep.
习　　性：攀援草本
海　　拔：2000~3000 m
分　　布：四川
濒危等级：LC

大花裂瓜
Schizopepon macranthus Hand.-Mazz.
习　　性：一年生草本
海　　拔：2300~3000 m
分　　布：四川、云南
濒危等级：NT D

峨眉裂瓜
Schizopepon monoicus A. M. Lu et Zhi Y. Zhang
习　　性：草本
海　　拔：约1600 m
分　　布：四川
濒危等级：EN A2c；D

西藏裂瓜
Schizopepon xizangensis A. M. Lu et Zhi Y. Zhang
习　　性：草本
海　　拔：约2100 m
分　　布：西藏
濒危等级：LC

佛手瓜属 Sechium P. Browne

佛手瓜
Sechium edule (Jacq.) Sw.
习　　性：草质藤本
国内分布：中国南方普遍栽培
国外分布：原产墨西哥；世界温暖地区栽培
资源利用：食品（蔬菜）；环境利用（观赏）

白兼果属 Sinobaijiania C. Jeffrey et W. J. de Wilde

白兼果
Sinobaijiania decipiens C. Jeffrey et W. J. de Wilde
习　　性：多年生草本
海　　拔：约1450 m
分　　布：广东、海南、西藏、云南
濒危等级：NT

台湾白兼果
Sinobaijiania taiwaniana (Hayata) C. Jeffrey et W. J. de Wilde
习　　性：多年生草本
分　　布：台湾
濒危等级：LC

云南白兼果
Sinobaijiania yunnanensis (A. M. Lu et Zhi Y. Zhang) C. Jeffrey et W. J. de Wilde
习　　性：多年生草本
海　　拔：1000~1800 m
分　　布：云南
濒危等级：DD

罗汉果属 Siraitia Merr.

罗汉果
Siraitia grosvenorii (Swingle) C. Jeffrey ex A. M. Lu et Zhi Y. Zhang
习　　性：多年生草本
海　　拔：400~1400 m
分　　布：广东、广西、贵州、湖南、江西
濒危等级：NT A2c
资源利用：药用（中草药）；环境利用（观赏）；食品添加剂（糖和非糖甜味剂）

翅子罗汉果
Siraitia siamensis (Craib) C. Jeffrey ex S. Q. Zhong et D. Fang
习　　性：草质攀援藤本
海　　拔：300~700 m
国内分布：广西、云南
国外分布：马来西亚、泰国、印度尼西亚、越南
濒危等级：VU A2c

锡金罗汉果
Siraitia sikkimensis (Chakrab.) C. Jeffrey ex A. M. Lu et J. Q. Li
习　　性：草质攀援藤本
国内分布：云南
国外分布：印度
濒危等级：VU B1ab（i，iii，v）

茅瓜属 Solena Lour.

茅瓜
Solena heterophylla Lour.

茅瓜（原亚种）
Solena heterophylla subsp. heterophylla
习　　性：多年生草本
海　　拔：600~2600 m
国内分布：福建、广东、广西、贵州、江西、四川、台湾、西藏、云南
国外分布：阿富汗、马来西亚、缅甸、尼泊尔、泰国、印度、印度尼西亚、越南
濒危等级：LC
资源利用：药用（中草药）

西藏茅瓜
Solena heterophylla subsp. napaulensis (Ser.) W. J. de Wilde et Duyfjes
习　　性：多年生草本
海　　拔：2000~2300 m
国内分布：西藏、云南

国外分布：缅甸、尼泊尔、印度
濒危等级：LC

赤瓟属 Thladiantha Bunge

头花赤瓟
Thladiantha capitata Cogn.
习　　性：草质藤本
海　　拔：1000~2700 m
分　　布：四川
濒危等级：LC

灰赤瓟
Thladiantha cinerascens C. Y. Wu ex A. M. Lu et Z. Y. Zhang
习　　性：草质藤本
海　　拔：2400~3200 m
分　　布：云南
濒危等级：DD

大苞赤瓟
Thladiantha cordifolia (Blume) Cogn.
习　　性：草质藤本
海　　拔：800~2600 m
国内分布：广东、广西、西藏、云南
国外分布：老挝、缅甸、尼泊尔、泰国、印度、印度尼西亚、越南
濒危等级：LC

川赤瓟
Thladiantha davidii Franch.
习　　性：攀援草本
海　　拔：1100~2100 m
分　　布：贵州、四川
濒危等级：LC

齿叶赤瓟
Thladiantha dentata Cogn.
习　　性：攀援草本
海　　拔：500~2000 m
分　　布：贵州、湖北、湖南、四川
濒危等级：LC

山西赤瓟
Thladiantha dimorphantha Hand.-Mazz.
习　　性：草质藤本
海　　拔：1800~2400 m
分　　布：山西、陕西
濒危等级：DD

赤瓟
Thladiantha dubia Bunge
习　　性：攀援草本
海　　拔：300~1800 m
国内分布：甘肃、河北、黑龙江、吉林、辽宁、宁夏、山东、山西、陕西
国外分布：朝鲜、日本
濒危等级：LC
资源利用：药用（中草药）

球果赤瓟
Thladiantha globicarpa A. M. Lu et Zhi Y. Zhang
习　　性：草质藤本
海　　拔：200~1200 m
分　　布：广东、广西、贵州、湖南、云南
濒危等级：LC

大萼赤瓟
Thladiantha grandisepala A. M. Lu et Zhi Y. Zhang
习　　性：草质藤本
海　　拔：2100~2400 m
分　　布：云南
濒危等级：LC

皱果赤瓟
Thladiantha henryi Hemsl.

皱果赤瓟（原变种）
Thladiantha henryi var. **henryi**
习　　性：草质藤本
海　　拔：1150~2000 m
分　　布：湖北、湖南、陕西、四川
濒危等级：LC

喙赤瓟
Thladiantha henryi var. **verrucosa** (Cogn.) A. M. Lu et Zhi Y. Zhang
习　　性：草质藤本
海　　拔：1100~1800 m
分　　布：湖南、四川
濒危等级：LC

异叶赤瓟
Thladiantha hookeri C. B. Clarke
习　　性：草质藤本
海　　拔：1200~1800 m
国内分布：云南
国外分布：不丹、老挝、缅甸、泰国、印度、越南
濒危等级：LC
资源利用：药用（中草药）

丽江赤瓟
Thladiantha lijiangensis A. M. Lu et Zhi Y. Zhang

丽江赤瓟（原变种）
Thladiantha lijiangensis var. **lijiangensis**
习　　性：攀援草本
海　　拔：2200~2900 m
分　　布：云南
濒危等级：LC

木里赤瓟
Thladiantha lijiangensis var. **latisepala** A. M. Lu et Zhi Y. Zhang
习　　性：攀援草本
分　　布：四川
濒危等级：LC

长萼赤瓟
Thladiantha longisepala C. Y. Wu ex Lu et Zhi Y. Zhang
习　　性：攀援草本
海　　拔：2400~3500 m
分　　布：云南
濒危等级：LC

斑赤瓟
Thladiantha maculata Cogn.
习　　性：攀援草本
海　　拔：500~1800 m
分　　布：河南、湖北
濒危等级：LC

墨脱赤瓟
Thladiantha medogensis A. M. Lu et J. Q. Li
习　　性：攀援草本
海　　拔：1800 m
分　　布：西藏
濒危等级：NT B1ab（i，iii，v）；D

山地赤瓟
Thladiantha montana Cogn.
习　　性：攀援草本
海　　拔：800~3200 m
分　　布：云南
濒危等级：NT B1b（i，iii）

南赤瓟
Thladiantha nudiflora Hemsl.

南赤瓟（原变种）
Thladiantha nudiflora var. **nudiflora**
习　　性：多年生攀援草本
海　　拔：900~1700 m
国内分布：安徽、福建、甘肃、广东、广西、贵州、河南、湖北、湖南、江苏、江西、陕西、四川、台湾、浙江
国外分布：菲律宾
濒危等级：LC

西固赤瓟
Thladiantha nudiflora var. **bracteata** A. M. Lu et Zhi Y. Zhang
习　　性：多年生攀援草本
分　　布：甘肃
濒危等级：LC

绵赤瓟
Thladiantha nudiflora var. **macrocarpa** Z. Zhang
习　　性：多年生攀援草本
海　　拔：500~700 m
分　　布：安徽
濒危等级：LC

大果赤瓟
Thladiantha nudiflora var. **membranacea** Z. Zhang
习　　性：多年生攀援草本
海　　拔：约100 m
分　　布：安徽、江苏、江西、四川、浙江
濒危等级：LC

掌叶赤瓟
Thladiantha palmatipartita A. M. Lu et C. Jeffrey
习　　性：攀援草本
海　　拔：约3000 m
分　　布：云南
濒危等级：DD

台湾赤瓟
Thladiantha punctata Hayata
习　　性：攀援草本
海　　拔：600~900 m
分　　布：安徽、福建、江西、台湾、浙江
濒危等级：LC

云南赤瓟
Thladiantha pustulata（H. Lév.）C. Jeffrey ex A. M. Lu et Zhi Y. Zhang

云南赤瓟（原变种）
Thladiantha pustulata var. **pustulata**
习　　性：攀援草本
海　　拔：1500~2600 m
分　　布：贵州、云南
濒危等级：LC

金佛山赤瓟
Thladiantha pustulata var. **jingfushanensis** A. M. Lu et J. Q. Li
习　　性：攀援草本
海　　拔：1100~1800 m
分　　布：重庆、四川
濒危等级：DD

短柄赤瓟
Thladiantha sessilifolia Hand.-Mazz.

短柄赤瓟（原变种）
Thladiantha sessilifolia var. **sessilifolia**
习　　性：草质藤本
海　　拔：1800~2300 m
分　　布：四川
濒危等级：LC
资源利用：药用（中草药）

沧源赤瓟
Thladiantha sessilifolia var. **longipes** A. M. Lu et Zhi Y. Zhang
习　　性：草质藤本
海　　拔：约1000 m
分　　布：云南
濒危等级：LC

刚毛赤瓟
Thladiantha setispina A. M. Lu et Zhi Y. Zhang
习　　性：攀援草本
海　　拔：约3000 m
分　　布：四川、西藏
濒危等级：LC

茸毛赤瓟
Thladiantha tomentosa（A. M. Lu et Zhi Y. Zhang）W. Jiang et H. Wang
习　　性：草质藤本
海　　拔：200~660 m
分　　布：广西、云南
濒危等级：LC

长毛赤瓟
Thladiantha villosula Cogn.

长毛赤瓟（原变种）
Thladiantha villosula var. **villosula**
- 习　　性：草质藤本
- 海　　拔：2000~2800 m
- 分　　布：甘肃、贵州、河南、湖北、陕西、四川
- 濒危等级：LC

黑子赤瓟
Thladiantha villosula var. **nigrita** A. M. Lu et Zhi Y. Zhang
- 习　　性：草质藤本
- 海　　拔：2200~2700 m
- 分　　布：四川、云南
- 濒危等级：LC

栝楼属 Trichosanthes L.

蛇瓜
Trichosanthes anguina L.
- 习　　性：一年生缠绕藤本
- 国内分布：中国栽培
- 国外分布：热带地区栽培
- 资源利用：食品（水果）

短序栝楼
Trichosanthes baviensis Gagnep.
- 习　　性：多年生攀援草本
- 海　　拔：600~1500 m
- 国内分布：广西、贵州、云南
- 国外分布：越南
- 濒危等级：LC

心叶栝楼
Trichosanthes cordata Roxb.
- 习　　性：多年生攀援草本
- 海　　拔：约 1000 m
- 国内分布：西藏
- 国外分布：老挝、马来西亚、缅甸、新加坡、印度
- 濒危等级：LC

瓜叶栝楼
Trichosanthes cucumerina L.
- 习　　性：一年生草本
- 海　　拔：400~1600 m
- 国内分布：广西、云南
- 国外分布：澳大利亚、巴基斯坦、马来西亚、孟加拉国、缅甸、尼泊尔、斯里兰卡、印度
- 濒危等级：LC
- 资源利用：药用（中草药）

王瓜
Trichosanthes cucumeroides(Ser.)Maxim.

王瓜（原变种）
Trichosanthes cucumeroides var. **cucumeroides**
- 习　　性：多年生攀援草本
- 海　　拔：200~1700 m
- 国内分布：广东、广西、江西、四川、台湾、浙江
- 国外分布：日本、印度
- 濒危等级：LC
- 资源利用：药用（中草药）

波叶栝楼
Trichosanthes cucumeroides var. **dicoelosperma**(C. B. Clarke)S. K. Chen
- 习　　性：多年生攀援草本
- 海　　拔：600~1200 m
- 国内分布：广西、西藏
- 国外分布：印度
- 濒危等级：LC

海南栝楼
Trichosanthes cucumeroides var. **hainanensis**(Hayata)S. K. Chen
- 习　　性：多年生攀援草本
- 分　　布：广东、广西
- 濒危等级：LC

狭果师古草
Trichosanthes cucumeroides var. **stenocarpa** Honda
- 习　　性：多年生攀援草本
- 海　　拔：600~1700 m
- 国内分布：台湾
- 国外分布：日本
- 濒危等级：LC

大方油栝楼
Trichosanthes dafangensis N. G. Ye et S. J. Li
- 习　　性：多年生攀援草本
- 海　　拔：1000~1800 m
- 分　　布：贵州
- 濒危等级：LC

糙点栝楼
Trichosanthes dunniana H. Lév.
- 习　　性：多年生攀援草本
- 海　　拔：900~1900 m
- 分　　布：广西、贵州、四川、云南
- 濒危等级：LC

裂苞栝楼
Trichosanthes fissibracteata C. Y. Wu ex C. Y. Cheng et C. H. Yueh
- 习　　性：多年生攀援草本
- 海　　拔：1100~1500 m
- 分　　布：广西、云南
- 濒危等级：LC

芋叶栝楼
Trichosanthes homophylla Hayata
- 习　　性：多年生攀援草本
- 分　　布：台湾
- 濒危等级：LC

湘桂栝楼
Trichosanthes hylonoma Hand.-Mazz.
- 习　　性：多年生攀援草本
- 海　　拔：800~1000 m
- 分　　布：广西、贵州、湖南
- 濒危等级：NT C2b

井冈栝楼
Trichosanthes jinggangshanica C. H. Yueh
- 习　　性：多年生攀援草本
- 海　　拔：700~1500 m

分　　布：江西
濒危等级：LC
资源利用：药用（中草药）

长果栝楼
Trichosanthes kerrii Craib
习　　性：攀援草本
海　　拔：700～1900 m
国内分布：广西、云南
国外分布：泰国、印度
濒危等级：VU A2c；D1

栝楼
Trichosanthes kirilowii Maxim.
习　　性：多年生攀援草本
海　　拔：200～1800 m
国内分布：甘肃、贵州、辽宁、陕西、四川、云南
国外分布：朝鲜、老挝、日本、越南
濒危等级：LC
资源利用：药用（中草药）；环境利用（观赏）；食品（淀粉）

长萼栝楼
Trichosanthes laceribractea Hayata
习　　性：多年生攀援草本
海　　拔：200～1100 m
分　　布：广西、湖北、江西、山东、四川、台湾
濒危等级：LC

马干铃栝楼
Trichosanthes lepiniana（Naudin）Cogn.
习　　性：草质藤本
海　　拔：700～1200 m
国内分布：西藏、云南
国外分布：印度
濒危等级：LC

绵阳栝楼
Trichosanthes mianyangensis C. H. Yueh et R. G. Liao
习　　性：攀援草本
海　　拔：约1000 m
分　　布：湖北、四川
濒危等级：VU A2c；D1

那坡栝楼
Trichosanthes napoensis D. X. Nong et L. Q. Huang
习　　性：木质藤本
海　　拔：约1000 m
分　　布：广西
濒危等级：VU B1ab（i，iii，iv）

卵叶栝楼
Trichosanthes ovata Cogn.
习　　性：攀援藤本
海　　拔：1000 m
国内分布：云南
国外分布：印度
濒危等级：DD

趾叶栝楼
Trichosanthes pedata Merr. et Chun
习　　性：草质藤本
海　　拔：200～1500 m
国内分布：广东、广西、海南、湖南、江西、云南
国外分布：越南
濒危等级：LC

全缘栝楼
Trichosanthes pilosa Lour.
习　　性：多年生攀援草本
海　　拔：700～2500 m
国内分布：广东、广西、贵州、云南
国外分布：尼泊尔、日本、泰国、印度、印度尼西亚、越南
濒危等级：LC

五角栝楼
Trichosanthes quinquangulata A. Gray
习　　性：攀援草本
海　　拔：500～900 m
国内分布：台湾、云南
国外分布：巴布亚新几内亚、菲律宾、马来西亚、缅甸、泰国、印度尼西亚、越南
濒危等级：LC

木基栝楼
Trichosanthes quinquefolia C. Y. Wu ex C. Y. Cheng et C. H. Yueh
习　　性：草质藤本
海　　拔：900～1400 m
分　　布：云南
濒危等级：LC

两广栝楼
Trichosanthes reticulinervis C. Y. Wu ex S. K. Chen
习　　性：攀援藤本
海　　拔：200～400 m
分　　布：广东、广西
濒危等级：LC

中华栝楼
Trichosanthes rosthornii Harms

中华栝楼（原变种）
Trichosanthes rosthornii var. **rosthornii**
习　　性：多年生攀援草本
海　　拔：400～1900 m
分　　布：贵州、四川、云南
濒危等级：LC
资源利用：药用（中草药）

黄山栝楼
Trichosanthes rosthornii var. **huangshanensis** S. K. Chen
习　　性：多年生攀援草本
分　　布：安徽
濒危等级：LC

多卷须栝楼
Trichosanthes rosthornii var. **multicirrata**（C. Y. Cheng et C. H. Yueh）S. K. Chen
习　　性：多年生攀援草本
海　　拔：600～1500 m
分　　布：广东、广西、贵州、四川
濒危等级：LC
资源利用：药用（中草药）

糙籽栝楼
Trichosanthes rosthornii var. **scabrella** (C. H. Yueh et D. F. Gao) S. K. Chen
- 习　　性：多年生攀援草本
- 海　　拔：400~1850 m
- 分　　布：四川
- 濒危等级：LC

红花栝楼
Trichosanthes rubriflos Thorel ex Cayla
- 习　　性：草质缠绕藤本
- 海　　拔：100~1600 m
- 国内分布：广东、广西、贵州、西藏、云南
- 国外分布：柬埔寨、老挝、缅甸、泰国、印度、越南
- 濒危等级：LC

皱籽栝楼
Trichosanthes rugatisemina C. Y. Cheng et C. H. Yueh
- 习　　性：多年生攀援草本
- 分　　布：云南
- 濒危等级：VU D1+2

丝毛栝楼
Trichosanthes sericeifolia C. Y. Cheng et C. H. Yueh
- 习　　性：多年生攀援草本
- 海　　拔：700~1500 m
- 分　　布：广西、贵州、云南
- 濒危等级：LC

菝葜叶栝楼
Trichosanthes smilacifolia C. Y. Wu ex C. H. Yueh et C. Y. Cheng
- 习　　性：攀援草本
- 海　　拔：600~1500 m
- 分　　布：西藏、云南
- 濒危等级：VU A2c

粉花栝楼
Trichosanthes subrosea C. Y. Cheng et C. H. Yueh
- 习　　性：攀援藤本
- 海　　拔：约1700 m
- 分　　布：广西、云南
- 濒危等级：LC

方籽栝楼
Trichosanthes tetragonosperma C. Y. Cheng et C. H. Yueh
- 习　　性：攀援草本
- 海　　拔：1300~1600 m
- 分　　布：云南
- 濒危等级：CR B1ab (i, iii); D

杏籽栝楼
Trichosanthes trichocarpa C. Y. Wu ex C. Y. Cheng et C. H. Yueh
- 习　　性：多年生攀援草本
- 海　　拔：2100~2400 m
- 分　　布：云南
- 濒危等级：LC

三尖栝楼
Trichosanthes tricuspidata Lour.
- 习　　性：攀援藤本
- 海　　拔：约900 m
- 国内分布：贵州
- 国外分布：马来西亚、尼泊尔、泰国、印度尼西亚、越南
- 濒危等级：LC

大子栝楼
Trichosanthes truncata C. B. Clarke
- 习　　性：攀援草本
- 海　　拔：300~1000 m
- 国内分布：广东、广西、云南
- 国外分布：不丹、孟加拉国、泰国、印度、越南
- 濒危等级：EN B1ab (i, iii); C1

薄叶栝楼
Trichosanthes wallichiana (Ser.) Wight
- 习　　性：攀援草本
- 海　　拔：900~2200 m
- 国内分布：西藏、云南
- 国外分布：不丹、尼泊尔、印度
- 濒危等级：VU A2c

翅子瓜属 Zanonia L.

翅子瓜
Zanonia indica L.

翅子瓜（原变种）
Zanonia indica var. **indica**
- 习　　性：木质藤本
- 海　　拔：约300 m
- 国内分布：广西
- 国外分布：菲律宾、柬埔寨、老挝、马来西亚、缅甸、斯里兰卡、泰国、印度、印度尼西亚、越南
- 濒危等级：LC

滇南翅子瓜
Zanonia indica var. **pubescens** Cogn.
- 习　　性：木质藤本
- 海　　拔：约800 m
- 国内分布：云南
- 国外分布：印度
- 濒危等级：LC

马㼎儿属 Zehneria Endl.

钮子瓜
Zehneria bodinieri (H. Lév.) W. J. de Wilde et Duyfjes
- 习　　性：攀援草本
- 海　　拔：500~1000 m
- 国内分布：福建、广东、广西、贵州、海南、江西、四川、云南
- 国外分布：老挝、缅甸、斯里兰卡、泰国、印度、印度尼西亚、越南
- 濒危等级：LC

马㼎儿
Zehneria japonica (Thunb.) H. Y. Liu
- 习　　性：攀援草本
- 海　　拔：500~1600 m
- 国内分布：安徽、福建、广东、广西、贵州、湖北、湖南、江苏、江西、四川、云南、浙江

国外分布：朝鲜、菲律宾、日本、印度、印度尼西亚、越南
濒危等级：LC

云南马㼎儿
Zehneria marginata (Blume) Keraudren
习　　性：一年生攀援草本
海　　拔：600~800 m
国内分布：云南
国外分布：菲律宾、柬埔寨、老挝、缅甸、泰国、印度尼西亚、越南
濒危等级：LC

台湾马㼎儿
Zehneria mucronata (Blume) Miq.
习　　性：草质藤本
海　　拔：800~1400 m
国内分布：广东、台湾、云南
国外分布：亚洲热带
濒危等级：LC

锤果马㼎儿
Zehneria wallichii (C. B. Clarke) C. Jeffrey
习　　性：攀援草本
海　　拔：800~1000 m
国内分布：云南
国外分布：缅甸、泰国、印度
濒危等级：NT

丝粉藻科 CYMODOCEACEAE
（4 属：5 种）

丝粉藻属 Cymodocea K. D. Koenig

丝粉藻
Cymodocea rotundata Asch. et Schweinf.
习　　性：多年生沉水草本
国内分布：海南
国外分布：澳大利亚、菲律宾、马来西亚、缅甸、泰国、印度、印度尼西亚、越南
濒危等级：VU A2c；B1ab（i, iii, v）

二药藻属 Halodule Endl.

羽叶二药藻
Halodule pinifolia (Miki) Hartog
习　　性：沉水草本
国内分布：海南、台湾
国外分布：澳大利亚、菲律宾、马来西亚、缅甸、日本、斯里兰卡、印度、印度尼西亚、越南
濒危等级：LC

二药藻
Halodule uninervis (Forssk.) Asch.
习　　性：沉水草本
国内分布：海南、台湾
国外分布：澳大利亚、菲律宾、马来西亚、缅甸、日本、斯里兰卡、泰国、印度、印度尼西亚、越南
濒危等级：LC

针叶藻属 Syringodium Kützing

针叶藻
Syringodium isoetifolium (Asch.) Dandy
习　　性：多年生草本（海草）
国内分布：广东、广西、海南
国外分布：澳大利亚、菲律宾、马来西亚、缅甸、斯里兰卡、印度、印度尼西亚、越南
濒危等级：EN A2c+3c

全楔草属 Thalassodendron Hartog

全楔草
Thalassodendron ciliatum (Forssk.) Hartog
习　　性：多年生草本（海草）
国内分布：广东、海南
国外分布：澳大利亚、菲律宾、马来西亚、缅甸、泰国、印度、印度尼西亚、越南
濒危等级：EN A1a

锁阳科 CYNOMORIACEAE
（1 属：1 种）

锁阳属 Cynomorium L.

锁阳
Cynomorium songaricum Rupr.
习　　性：多年生草本
海　　拔：500~700 m
国内分布：甘肃、内蒙古、宁夏、青海、陕西、新疆
国外分布：阿富汗、蒙古、伊朗
濒危等级：VU A2c；B1ab（i, iii）；C1
国家保护：Ⅱ级
资源利用：药用（中草药）；原料（单宁）；动物饲料（饲料）；食品（淀粉）

莎草科 CYPERACEAE
（33 属：980 种）

星穗莎属 Actinoschoenus Benth.

星穗莎
Actinoschoenus thouarsii (Kunth) Benth.
习　　性：多年生草本
海　　拔：200~300 m
国内分布：广东、海南
国外分布：菲律宾、柬埔寨、马达加斯加、斯里兰卡、泰国、印度、印度尼西亚、越南；马来半岛
濒危等级：DD

云南星穗莎
Actinoschoenus yunnanensis (C. B. Clarke) Y. C. Tang
习　　性：多年生草本

海　　拔：1200~1300 m
国内分布：云南
国外分布：泰国、印度、越南
濒危等级：LC

大蔍草属 Actinoscirpus (Ohwi) R. W. Haines et Lye

大蔍草
Actinoscirpus grossus (L. f.) Goetgh. et D. A. Simpson
习　　性：多年生草本
海　　拔：100~900 m
国内分布：广东、广西、海南、台湾、云南
国外分布：澳大利亚、巴布亚新几内亚、巴基斯坦、菲律宾、柬埔寨、老挝、马来西亚、缅甸、尼泊尔、日本、斯里兰卡、泰国、印度、印度尼西亚、越南
濒危等级：LC

扁穗莞属 Blysmus Panz. ex Schult.

扁穗莞
Blysmus compressus (L.) Panz. ex Link
习　　性：多年生草本
海　　拔：500~5000 m
国内分布：青海、山西、西藏、新疆
国外分布：阿富汗、巴基斯坦、不丹、俄罗斯、哈萨克斯坦、吉尔吉斯斯坦、克什米尔地区、尼泊尔、塔吉克斯坦、土库曼斯坦、乌兹别克斯坦、印度
濒危等级：LC

内蒙古扁穗莞
Blysmus rufus (Huds.) Link
习　　性：多年生草本
海　　拔：500~5200 m
国内分布：黑龙江、吉林、辽宁、内蒙古、宁夏、青海、新疆
国外分布：巴基斯坦、俄罗斯、哈萨克斯坦、吉尔吉斯斯坦、克什米尔地区、蒙古、塔吉克斯坦、乌兹别克斯坦
濒危等级：LC

华扁穗莞
Blysmus sinocompressus Tang et F. T. Wang

华扁穗莞（原变种）
Blysmus sinocompressus var. **sinocompressus**
习　　性：多年生草本
海　　拔：500~4800 m
国内分布：甘肃、河北、辽宁、内蒙古、宁夏、青海、陕西、四川、西藏、新疆、云南
国外分布：蒙古
濒危等级：LC

节秆扁穗莞
Blysmus sinocompressus var. **nodosus** Tang et F. T. Wang
习　　性：多年生草本
海　　拔：约2700 m
分　　布：河北、内蒙古、山西、陕西
濒危等级：LC

细叶扁穗莞
Blysmus sinocompressus var. **tenuifolius** Tang et F. T. Wang
习　　性：多年生草本
海　　拔：约2200 m
分　　布：甘肃、山西、四川
濒危等级：LC

海三棱蔍草属 Bolboschoenoplectus Tatanov

海三棱蔍草
Bolboschoenoplectus mariqueter (Tang et F. T. Wang) Tatanov
习　　性：多年生草本
分　　布：北京、江苏、山西、上海、浙江
濒危等级：NT B1ab (i, ii, iii)
资源利用：原料（编织）

荆三棱属 Bolboschoenus (Asch.) Palla

球穗三棱草
Bolboschoenus affinis (Roth) Drobow
习　　性：多年生草本
海　　拔：1000~2900 m
国内分布：甘肃、内蒙古、宁夏、青海、新疆
国外分布：阿富汗、巴基斯坦、俄罗斯、哈萨克斯坦、柬埔寨、老挝、蒙古、日本、泰国、土库曼斯坦、乌兹别克斯坦、印度、越南
濒危等级：LC

海滨三棱草
Bolboschoenus maritimus (L.) Palla
习　　性：多年生草本
国内分布：台湾、新疆
国外分布：阿富汗、巴基斯坦、俄罗斯、哈萨克斯坦、吉尔吉斯斯坦、日本、土库曼斯坦、乌兹别克斯坦、印度
濒危等级：LC

扁秆荆三棱
Bolboschoenus planiculmis (F. Schmidt) T. V. Egorova
习　　性：多年生草本
海　　拔：海平面至2900 m
国内分布：安徽、甘肃、河北、河南、黑龙江、湖北、吉林、江苏、辽宁、内蒙古、宁夏、青海、山东、山西、陕西、台湾、新疆、云南、浙江
国外分布：巴布亚新几内亚、朝鲜、俄罗斯、菲律宾、哈萨克斯坦、吉尔吉斯斯坦、蒙古、日本、塔吉克斯坦、印度
濒危等级：LC

荆三棱
Bolboschoenus yagara (Ohwi) Y. C. Yang et M. Zhan
习　　性：多年生草本
海　　拔：海平面至200 m
国内分布：安徽、贵州、河北、河南、黑龙江、湖北、湖南、吉林、江苏、辽宁、内蒙古、山东、新疆、云南、浙江
国外分布：朝鲜、俄罗斯、哈萨克斯坦、日本、印度、越南
濒危等级：LC

资源利用：药用（中草药）；原料（酒精）；动物饲料（饲料）

球柱草属 Bulbostylis Kunth

球柱草
Bulbostylis barbata (Rottb.) C. B. Clarke
习　　性：一年生草本
海　　拔：100～2000 m
国内分布：安徽、福建、广东、广西、海南、河北、河南、湖北、湖南、江苏、江西、辽宁、内蒙古、山东、台湾、浙江
国外分布：澳大利亚、巴布亚新几内亚、巴基斯坦、不丹、朝鲜、菲律宾、柬埔寨、克什米尔地区、老挝、尼泊尔、日本、斯里兰卡、泰国、印度、印度尼西亚、越南
濒危等级：LC

丝叶球柱草
Bulbostylis densa (Wall.) Hand. -Mazz.
习　　性：一年生草本
海　　拔：100～3200 m
国内分布：安徽、重庆、福建、广东、广西、贵州、河北、河南、黑龙江、湖北、湖南、江苏、江西、辽宁、山东、四川、台湾、西藏、云南、浙江
国外分布：澳大利亚、巴布亚新几内亚、不丹、俄罗斯、菲律宾、克什米尔地区、孟加拉国、缅甸、尼泊尔、日本、斯里兰卡、泰国、印度、印度尼西亚、越南
濒危等级：LC

毛鳞球柱草
Bulbostylis puberula Kunth
习　　性：一年生草本
国内分布：福建、广东、海南
国外分布：柬埔寨、老挝、马达加斯加、马来西亚、缅甸、斯里兰卡、泰国、印度、印度尼西亚、越南
濒危等级：LC

薹草属 Carex L.

广东薹草
Carex adrienii E. G. Camus
习　　性：多年生草本
海　　拔：500～1200 m
国内分布：福建、广东、广西、湖南、四川、云南
国外分布：老挝、越南
濒危等级：LC

等高薹草
Carex aequialta Kük.
习　　性：多年生草本
国内分布：安徽、江苏
国外分布：日本
濒危等级：LC

团穗薹草
Carex agglomerata C. B. Clarke
习　　性：多年生草本
海　　拔：1200～3200 m
分　　布：甘肃、青海、陕西、四川
濒危等级：LC

葱岭薹草
Carex alajica Litv.
习　　性：多年生草本
海　　拔：2000～3500 m
分　　布：新疆
濒危等级：LC

矮生嵩草
Carex alatauensis S. R. Zhang
习　　性：多年生草本
海　　拔：2500～4400 m
国内分布：宁夏、青海、西藏、新疆
国外分布：阿富汗、巴基斯坦、哈萨克斯坦、吉尔吉斯斯坦、蒙古、尼泊尔、塔吉克斯坦、乌兹别克斯坦、印度
濒危等级：LC

白鳞薹草
Carex alba Scop.
习　　性：多年生草本
海　　拔：1600～2500 m
国内分布：新疆
国外分布：俄罗斯
濒危等级：NT C1

葱状薹草
Carex alliiformis C. B. Clarke
习　　性：多年生草本
国内分布：贵州、湖北、湖南、四川、台湾
国外分布：日本、越南
濒危等级：LC

禾状薹草
Carex alopecuroides D. Don ex Tilloch et Taylor
习　　性：多年生草本
海　　拔：400～2700 m
国内分布：湖北、湖南、四川、台湾、云南、浙江
国外分布：巴布亚新几内亚、不丹、菲律宾、尼泊尔、日本、印度、印度尼西亚
濒危等级：LC

高秆薹草
Carex alta Boott
习　　性：多年生草本
海　　拔：1500～2500 m
国内分布：广西、贵州、四川、西藏、云南
国外分布：印度、印度尼西亚、越南
濒危等级：LC

阿尔泰薹草
Carex altaica (Gorodkov) V. I. Krecz.
习　　性：多年生草本
海　　拔：2000～2600 m
国内分布：新疆
国外分布：俄罗斯
濒危等级：LC

球穗薹草
Carex amgunensis F. Schmidt
　　习　　性：多年生草本
　　海　　拔：约 2000 m
　　国内分布：河北、黑龙江
　　国外分布：俄罗斯、蒙古
　　濒危等级：LC

圆穗薹草
Carex angarae Steud.
　　习　　性：多年生草本
　　海　　拔：600~700 m
　　国内分布：黑龙江、吉林、内蒙古
　　国外分布：俄罗斯、蒙古北部
　　濒危等级：LC

狭果囊薹草
Carex angustiutricula F. T. Wang et Tang ex L. K. Dai
　　习　　性：多年生草本
　　海　　拔：约 1600 m
　　分　　布：四川
　　濒危等级：LC

安宁薹草
Carex anningensis F. T. Wang et Tang ex P. C. Li
　　习　　性：多年生草本
　　分　　布：云南
　　濒危等级：NT C1

中甸薹草
Carex anomoea Hand. -Mazz.
　　习　　性：多年生草本
　　海　　拔：约 2700 m
　　国内分布：云南
　　国外分布：不丹、尼泊尔、印度
　　濒危等级：LC

亚美薹草
Carex aperta Boott
　　习　　性：多年生草本
　　海　　拔：约 200 m
　　国内分布：黑龙江
　　国外分布：俄罗斯
　　濒危等级：DD

匿鳞薹草
Carex aphanolepis Franch. et Sav.
　　习　　性：多年生草本
　　国内分布：安徽、江苏、陕西、四川
　　国外分布：朝鲜、日本
　　濒危等级：LC

灰脉薹草
Carex appendiculata(Trautv.) Kük.

灰脉薹草（原变种）
Carex appendiculata var. **appendiculata**
　　习　　性：多年生草本
　　海　　拔：约 600 m
　　国内分布：黑龙江、吉林、内蒙古
　　国外分布：朝鲜、俄罗斯
　　濒危等级：LC

小囊灰脉薹草
Carex appendiculata var. **sacculiformis** Y. L. Chang et Y. L. Yang
　　习　　性：多年生草本
　　分　　布：吉林、内蒙古
　　濒危等级：LC

北疆薹草
Carex arcatica Meinsh.
　　习　　性：多年生草本
　　海　　拔：100~3300 m
　　国内分布：甘肃、宁夏、青海、新疆
　　国外分布：俄罗斯
　　濒危等级：LC

额尔古纳薹草
Carex argunensis Turcz. ex Ledeb.
　　习　　性：多年生草本
　　海　　拔：约 500 m
　　国内分布：黑龙江
　　国外分布：俄罗斯、蒙古
　　濒危等级：DD

阿齐薹草
Carex argyi H. Lév. et Vaniot
　　习　　性：多年生草本
　　海　　拔：约 800 m
　　分　　布：安徽、湖北、江苏、浙江
　　濒危等级：LC

干生薹草
Carex aridula V. I. Krecz.
　　习　　性：多年生草本
　　海　　拔：2000~3900 m
　　分　　布：甘肃、内蒙古、青海、四川、西藏
　　濒危等级：LC

阿里山薹草
Carex arisanensis Hayata

阿里山薹草（原亚种）
Carex arisanensis subsp. **arisanensis**
　　习　　性：多年生草本
　　海　　拔：900~1100 m
　　国内分布：福建、广西、湖南、台湾
　　国外分布：日本
　　濒危等级：LC

瑞安薹草
Carex arisanensis subsp. **ruianensis** Hong Wang, C. Song et X. F. Jin
　　习　　性：多年生草本
　　海　　拔：500 m 以下
　　分　　布：浙江
　　濒危等级：DD

芒苞薹草
Carex aristata Hand. -Mazz.

习　　性：多年生草本
分　　布：云南
濒危等级：LC

芒鳞薹草
Carex aristatisquamata Tang et F. T. Wang ex L. K. Dai
习　　性：多年生草本
海　　拔：3500~3800 m
分　　布：四川
濒危等级：NT C1

具芒薹草
Carex aristulifera P. C. Li
习　　性：多年生草本
海　　拔：3200~3500 m
分　　布：云南
濒危等级：LC

麻根薹草
Carex arnellii Christ
习　　性：多年生草本
海　　拔：200~1700 m
国内分布：河北、黑龙江、吉林、内蒙古
国外分布：朝鲜、俄罗斯、蒙古、日本
濒危等级：LC

宜昌薹草
Carex ascotreta C. B. Clarke ex Franch.
习　　性：多年生草本
海　　拔：100~1100 m
国内分布：贵州、湖北、湖南、陕西、四川、台湾
国外分布：朝鲜、日本
濒危等级：LC

粗糙囊薹草
Carex asperifructus Kük.
习　　性：多年生草本
海　　拔：2100~3700 m
分　　布：青海、山西
濒危等级：LC

黑穗薹草
Carex atrata L.

黑穗薹草（原亚种）
Carex atrata subsp. **atrata**
习　　性：多年生草本
国内分布：吉林、台湾
国外分布：不丹、朝鲜、俄罗斯、日本、印度
濒危等级：DD

大桥薹草
Carex atrata subsp. **aterrima**(Hoppe)S. Y. Liang
习　　性：多年生草本
国内分布：新疆
国外分布：俄罗斯、蒙古
濒危等级：LC

长匍匐茎薹草
Carex atrata subsp. **longistolonifera**(Kük.)S. Y. Liang
习　　性：多年生草本
国内分布：四川
濒危等级：DD

尖鳞薹草
Carex atrata subsp. **pullata**(Boott)Kük.
习　　性：多年生草本
海　　拔：3000~4800 m
国内分布：四川、台湾、西藏、云南
国外分布：尼泊尔、印度
濒危等级：LC

黑褐穗薹草
Carex atrofusca(Boott)T. Koyama
习　　性：多年生草本
海　　拔：2000~5200 m
国内分布：甘肃、青海、四川、西藏、新疆、云南
国外分布：阿富汗、不丹、克什米尔地区、尼泊尔、印度
濒危等级：LC

类黑褐穗薹草
Carex atrofuscoides K. T. Ku
习　　性：多年生草本
海　　拔：1000~4700 m
分　　布：青海、陕西、四川、西藏
濒危等级：LC

短鳞薹草
Carex augustinowiczii Meinsh. ex Korsh.
习　　性：多年生草本
国内分布：河北、黑龙江、吉林、辽宁
国外分布：俄罗斯、日本
濒危等级：LC

西南薹草
Carex austro-occidentalis F. T. Wang et Tang ex Y. C. Tang
习　　性：多年生草本
海　　拔：约2400 m
分　　布：四川
濒危等级：NT C1

华南薹草
Carex austrosinensis Tang et F. T. Wang ex S. Yun Liang
习　　性：多年生草本
海　　拔：约1100 m
分　　布：广东
濒危等级：NT B1ab（i, iii）

浙南薹草
Carex austrozhejiangensis C. Z. Zheng et X. F. Jin
习　　性：多年生草本
海　　拔：约600 m
分　　布：浙江
濒危等级：LC

秋生薹草
Carex autumnalis Ohwi
习　　性：多年生草本
海　　拔：约1000 m

国内分布：福建、浙江
国外分布：日本
濒危等级：LC

浆果薹草
Carex baccans Nees
习　　性：多年生草本
海　　拔：200~2700 m
国内分布：福建、广东、广西、贵州、海南、四川、台湾、云南
国外分布：柬埔寨、老挝、马来西亚、尼泊尔、泰国、印度、越南
濒危等级：LC
资源利用：药用（中草药）

白马薹草
Carex baimaensis S. W. Su
习　　性：多年生草本
海　　拔：约 1000 m
分　　布：安徽
濒危等级：NT A2c

百坡山薹草
Carex baiposhanensis P. C. Li
习　　性：多年生草本
海　　拔：约 900 m
分　　布：四川
濒危等级：NT C1

巴马薹草
Carex bamaensis X. F. Jin et W. Jie Chen
习　　性：多年生草本
海　　拔：约 330 m
分　　布：广西
濒危等级：LC

宝华山薹草
Carex baohuashanica Tang et F. T. Wang ex L. K. Dai
习　　性：多年生草本
分　　布：江苏
濒危等级：NT B1ab（i, iii）

基花薹草
Carex basiflora C. B. Clarke
习　　性：多年生草本
海　　拔：约 900 m
分　　布：甘肃、湖北、陕西、四川
濒危等级：LC

小星穗薹草
Carex basilata Ohwi
习　　性：多年生草本
海　　拔：约 1700 m
国内分布：吉林
国外分布：朝鲜、俄罗斯、日本
濒危等级：LC

东亚薹草
Carex benkei Tak. Shimizu
习　　性：多年生草本
国内分布：安徽
国外分布：日本
濒危等级：LC

不丹薹草
Carex bhutanensis S. R. Zhang
习　　性：多年生草本
海　　拔：3300~5600 m
国内分布：西藏
国外分布：不丹、尼泊尔、印度
濒危等级：LC

碧江薹草
Carex bijiangensis S. Yun Liang et S. R. Zhang
习　　性：多年生草本
海　　拔：约 4000 m
分　　布：西藏、云南
濒危等级：LC

台湾薹草
Carex bilateralis Hayata
习　　性：多年生草本
海　　拔：1800~2000 m
分　　布：台湾
濒危等级：LC

二蕊嵩草
Carex bistaminata(W. Z. Di et M. J. Zhong) S. R. Zhang
习　　性：多年生草本
海　　拔：2100~4500 m
分　　布：甘肃、内蒙古、宁夏、青海、四川、西藏、新疆
濒危等级：LC

白里薹草
Carex blinii H. Lév. et Vaniot.
习　　性：多年生草本
海　　拔：300~700 m
国内分布：安徽、福建、广西、贵州、江苏、上海、台湾
国外分布：泰国、越南
濒危等级：DD

滨海薹草
Carex bodinieri Franch.
习　　性：多年生草本
海　　拔：海平面至 1200 m
国内分布：安徽、福建、广东、湖南、江苏、浙江
国外分布：日本
濒危等级：LC

莎薹草
Carex bohemica Schreb.
习　　性：多年生草本
海　　拔：400~700 m
国内分布：黑龙江、吉林、内蒙古
国外分布：朝鲜北部、俄罗斯、日本
濒危等级：LC

囊状嵩草
Carex bonatiana(Kük.) Ivanova

习　　性：多年生草本
海　　拔：2600~4300 m
国内分布：青海、四川、西藏、云南
国外分布：不丹、尼泊尔、印度
濒危等级：LC

北兴安薹草
Carex borealihinganica Y. L. Chang et Y. L. Yang
习　　性：多年生草本
海　　拔：约 200 m
分　　布：黑龙江
濒危等级：NT C1

卷柱头薹草
Carex bostrychostigma Maxim.
习　　性：多年生草本
海　　拔：200~1000 m
国内分布：吉林、辽宁、陕西、浙江
国外分布：朝鲜、俄罗斯、日本
濒危等级：LC

垂穗薹草
Carex brachyathera Ohwi
习　　性：多年生草本
分　　布：台湾
濒危等级：LC

短芒薹草
Carex breviaristata K. T. Fu
习　　性：多年生草本
海　　拔：400~1800 m
分　　布：安徽、甘肃、湖南、陕西、浙江
濒危等级：LC

青绿薹草
Carex breviculmis R. Br.

青绿薹草（原变种）
Carex breviculmis var. **breviculmis**
习　　性：多年生草本
海　　拔：400~2300 m
国内分布：安徽、福建、甘肃、广东、贵州、河北、河南、黑龙江、湖北、湖南、吉林、江苏、江西、辽宁、山东、山西、陕西、四川、台湾、云南、浙江
国外分布：朝鲜、俄罗斯、缅甸、日本、印度
濒危等级：LC

纤维青绿薹草
Carex breviculmis var. **fibrillosa**（Franch. et Sav.）Kük. ex Matsum. et Hayata
习　　性：多年生草本
国内分布：安徽、甘肃、陕西、台湾、浙江
国外分布：朝鲜、日本
濒危等级：DD

短尖薹草
Carex brevicuspis C. B. Clarke
习　　性：多年生草本
海　　拔：500~700 m
分　　布：安徽、福建、湖南、江西、台湾、云南、浙江
濒危等级：LC

短葶薹草
Carex breviscapa C. B. Clarke
习　　性：多年生草本
海　　拔：400~1000 m
国内分布：福建、海南、台湾
国外分布：澳大利亚、菲律宾、马来西亚、缅甸、日本、斯里兰卡、泰国、印度尼西亚、越南
濒危等级：LC

亚澳薹草
Carex brownii Tuckerm.
习　　性：多年生草本
海　　拔：400~1700 m
国内分布：安徽、甘肃、河南、江苏、江西、山西、四川、台湾、浙江
国外分布：澳大利亚、朝鲜、日本、印度尼西亚
濒危等级：LC

褐果薹草
Carex brunnea Thunb.
习　　性：多年生草本
海　　拔：200~1800 m
国内分布：安徽、福建、甘肃、广东、广西、贵州、湖北、湖南、江苏、江西、陕西、四川、台湾、西藏、云南、浙江
国外分布：澳大利亚、朝鲜、菲律宾、尼泊尔、日本、印度、越南
濒危等级：LC

普兰嵩草
Carex burangensis（Y. C. Yang）S. R. Zhang
习　　性：多年生草本
海　　拔：约 5000 m
分　　布：西藏
濒危等级：NT C1

伯特薹草
Carex burttii Noltie
习　　性：多年生草本
海　　拔：约 2300 m
国内分布：西藏
国外分布：不丹、印度
濒危等级：DD

丛生薹草
Carex caespititia Nees
习　　性：多年生草本
海　　拔：2000~3200 m
国内分布：四川、西藏、云南
国外分布：尼泊尔
濒危等级：LC

丛薹草
Carex caespitosa L.
习　　性：多年生草本

海　　拔：200~3500 m
分　　布：黑龙江、吉林
濒危等级：LC

灰岩生薹草
Carex calcicola Tang et F. T. Wang
习　　性：多年生草本
海　　拔：800~900 m
分　　布：广西、贵州
濒危等级：NT C1

羊须草
Carex callitrichos V. I. Krecz.

羊须草（原变种）
Carex callitrichos var. **callitrichos**
习　　性：多年生草本
海　　拔：800~1000 m
国内分布：黑龙江
国外分布：朝鲜、俄罗斯、日本
濒危等级：LC
资源利用：环境利用（观赏）；原料（纤维）

矮丛薹草
Carex callitrichos var. **nana**(H. Lév. et Vaniot)Ohwi
习　　性：多年生草本
海　　拔：1000 m 以下
国内分布：河北、黑龙江、吉林、辽宁、内蒙古
国外分布：朝鲜、俄罗斯、日本
濒危等级：LC

白山薹草
Carex canescens L.
习　　性：多年生草本
海　　拔：900~1100 m
国内分布：黑龙江、吉林、内蒙古、新疆
国外分布：北美洲、南美洲、欧洲、温带亚洲
濒危等级：LC

戟叶薹草
Carex canina Dunn
习　　性：多年生草本
分　　布：福建、湖南、香港、浙江
濒危等级：LC

发秆薹草
Carex capillacea Boott
习　　性：多年生草本
海　　拔：200~3600 m
国内分布：安徽、福建、江西、台湾、西藏、云南、浙江
国外分布：菲律宾、缅甸、日本、泰国、印度尼西亚
濒危等级：EN D

细秆薹草
Carex capillaris L.
习　　性：多年生草本
海　　拔：1000~3300 m
国内分布：甘肃、吉林、辽宁、内蒙古、青海、山西、陕西
国外分布：朝鲜、俄罗斯、日本
濒危等级：LC

丝秆薹草
Carex capilliculmis S. R. Zhang
习　　性：多年生草本
海　　拔：1100~4300 m
分　　布：甘肃、青海、陕西、四川、云南
濒危等级：LC

线叶嵩草
Carex capillifolia(Decne.)S. R. Zhang
习　　性：多年生草本
海　　拔：2000~4800 m
国内分布：甘肃、青海、四川、西藏、新疆
国外分布：阿富汗、巴基斯坦、不丹、哈萨克斯坦、吉尔吉斯斯坦、克什米尔地区、蒙古、尼泊尔、塔吉克斯坦、印度
濒危等级：LC

丝叶薹草
Carex capilliformis Franch.
习　　性：多年生草本
海　　拔：2000~3600 m
分　　布：陕西、四川
濒危等级：LC

弓喙薹草
Carex capricornis Meinsh. et Maxim.
习　　性：多年生草本
海　　拔：约 500 m
国内分布：黑龙江、吉林、江苏、辽宁
国外分布：朝鲜、俄罗斯、日本
濒危等级：LC

藏东薹草
Carex cardiolepis Nees
习　　性：多年生草本
海　　拔：3000~4300 m
国内分布：青海、四川、西藏、云南
国外分布：阿富汗、克什米尔地区、尼泊尔、印度
濒危等级：LC

高加索薹草
Carex caucasica Steven

高加索薹草（原亚种）
Carex caucasica subsp. **caucasica**
习　　性：多年生草本
国内分布：新疆
国外分布：欧洲、亚洲西南部、中亚
濒危等级：LC

大井扁果薹草
Carex caucasica subsp. **jisaburo-ohwiana**(T. Koyama)T. Koyama
习　　性：多年生草本
分　　布：台湾
濒危等级：LC

尾穗薹草
Carex caudispicata F. T. Wang et Tang ex P. C. Li

尾穗薹草（原变种）
Carex caudispicata var. **caudispicata**
习　　性：多年生草本
海　　拔：1200~2800 m
分　　布：云南
濒危等级：LC

长囊尾穗薹草
Carex caudispicata var. **longiutriculata** X. F. Jin
习　　性：多年生草本
分　　布：云南
濒危等级：LC

尾穗嵩草
Carex cercostachys Franch.
习　　性：多年生草本
海　　拔：3600~5000 m
国内分布：四川、西藏、云南
国外分布：不丹、尼泊尔、印度
濒危等级：LC

陈氏薹草
Carex cheniana Tang et F. T. Wang ex S. Yun Liang
习　　性：多年生草本
分　　布：福建、湖南、江西、浙江
濒危等级：LC

中华薹草
Carex chinensis Retz.

中华薹草（原变种）
Carex chinensis var. **chinensis**
习　　性：多年生草本
海　　拔：200~1700 m
分　　布：福建、广东、贵州、湖南、江西、山西、陕西、四川、云南、浙江
濒危等级：LC

龙奇薹草
Carex chinensis var. **longkiensis**(Franch.)Kük.
习　　性：多年生草本
分　　布：云南
濒危等级：DD

兴安薹草
Carex chinganensis Litw.
习　　性：多年生草本
海　　拔：300~700 m
国内分布：黑龙江、吉林、内蒙古
国外分布：俄罗斯
濒危等级：LC

启无薹草
Carex chiwuana F. T. Wang et Tang ex P. C. Li
习　　性：多年生草本
海　　拔：2800~4500 m
分　　布：云南
濒危等级：NT C1

绿头薹草
Carex chlorocephalula F. T. Wang et Tang ex P. C. Li
习　　性：多年生草本
海　　拔：2200~3000 m
分　　布：云南
濒危等级：LC

绿穗薹草
Carex chlorostachys Steven

绿穗薹草（原变种）
Carex chlorostachys var. **chlorostachys**
习　　性：多年生草本
海　　拔：1100~3200 m
国内分布：甘肃、河北、内蒙古、青海、山西、四川、西藏、新疆
国外分布：朝鲜、俄罗斯、日本
濒危等级：LC

无喙绿穗薹草
Carex chlorostachys var. **conferta** Tang et F. T. Wang ex L. K. Dai
习　　性：多年生草本
海　　拔：约2000 m
分　　布：青海
濒危等级：LC

黄花薹草
Carex chrysolepis Franch. et Sav.
习　　性：多年生草本
国内分布：台湾
国外分布：日本
濒危等级：LC

曲氏薹草
Carex chui Nelmes
习　　性：多年生草本
海　　拔：约2500 m
分　　布：四川
濒危等级：NT C1

仲氏薹草
Carex chungii C. P. Wang

仲氏薹草（原变种）
Carex chungii var. **chungii**
习　　性：多年生草本
分　　布：安徽、河南、湖南、江苏、陕西、四川、浙江
濒危等级：LC

坚硬薹草
Carex chungii var. **rigida** Y. C. Tang et S. Yun Liang
习　　性：多年生草本
分　　布：福建、湖南
濒危等级：LC

毛缘宽叶薹草
Carex ciliatomarginata Nakai
习　　性：多年生草本
国内分布：安徽、江苏、辽宁、浙江
国外分布：朝鲜、日本

灰化薹草
Carex cinerascens Kük.
习　　性：多年生草本
海　　拔：500 m以下

国内分布：安徽、黑龙江、湖北、湖南、吉林、江苏、辽宁、内蒙古、陕西
国外分布：日本
濒危等级：LC

线形嵩草
Carex clavispica S. R. Zhang
习　　性：多年生草本
海　　拔：3600~4600 m
国内分布：四川、西藏、云南
国外分布：不丹、尼泊尔、印度
濒危等级：LC

细长喙薹草
Carex commixta Steud.
习　　性：多年生草本
海　　拔：600~1300 m
国内分布：海南
国外分布：马来西亚、缅甸、泰国、印度尼西亚、越南
濒危等级：LC

复序薹草
Carex composita Boott
习　　性：多年生草本
海　　拔：1300~2500 m
国内分布：贵州、云南
国外分布：不丹、印度
濒危等级：LC

密花薹草
Carex confertiflora Boott
习　　性：多年生草本
海　　拔：1800~2700 m
国内分布：贵州、湖北、云南
国外分布：日本
濒危等级：LC

高原嵩草
Carex coninux（F. T. Wang et Tang）S. R. Zhang
习　　性：多年生草本
海　　拔：3100~5300 m
国内分布：甘肃、河北、内蒙古、青海、山西、四川、西藏、新疆
国外分布：阿富汗、巴基斯坦、克什米尔地区、尼泊尔、塔吉克斯坦、印度
濒危等级：LC

连续薹草
Carex continua C. B. Clarke
习　　性：多年生草本
海　　拔：约1100 m
国内分布：云南
国外分布：菲律宾、老挝、马来西亚、缅甸、泰国、印度、印度尼西亚、越南
濒危等级：LC

扁囊薹草
Carex coriophora Fisch. et C. A. Mey. ex Kunth

扁囊薹草（原亚种）
Carex coriophora subsp. **coriophora**
习　　性：多年生草本
海　　拔：700~3500 m
国内分布：甘肃、河北、黑龙江、内蒙古、青海、山西
国外分布：俄罗斯、蒙古
濒危等级：LC

浪淘殿薹草
Carex coriophora subsp. **langtaodianensis** S. Yun Liang
习　　性：多年生草本
海　　拔：约3000 m
分　　布：甘肃
濒危等级：LC

隐穗柄薹草
Carex courtallensis Nees ex Boott
习　　性：多年生草本
海　　拔：1300~2800 m
国内分布：云南
国外分布：老挝、尼泊尔、印度、越南
濒危等级：LC

鹤果薹草
Carex cranaocarpa Nelmes
习　　性：多年生草本
海　　拔：1500~3000 m
分　　布：河北、内蒙古、陕西
濒危等级：LC

缘毛薹草
Carex craspedotricha Nelmes
习　　性：多年生草本
海　　拔：约300 m
国内分布：福建、广东、河南、湖南、江西、浙江
国外分布：泰国
濒危等级：LC

密生薹草
Carex crebra V. I. Krecz.
习　　性：多年生草本
海　　拔：1700~3900 m
分　　布：甘肃、青海、四川、西藏、云南
濒危等级：LC

燕子薹草
Carex cremostachys Franch.
习　　性：多年生草本
海　　拔：3000~3300 m
分　　布：四川、云南
濒危等级：LC

十字薹草
Carex cruciata Wahlenb.
习　　性：多年生草本
海　　拔：300~2500 m
国内分布：福建、广东、广西、贵州、海南、湖北、江西、四川、台湾、西藏、云南、浙江
国外分布：不丹、马达加斯加、尼泊尔、日本、泰国、印度、印度尼西亚、越南
濒危等级：LC

狭囊薹草
Carex cruenta Nees
习　　性：多年生草本
海　　拔：3000~5600 m
国内分布：四川、西藏
国外分布：巴基斯坦、克什米尔地区、尼泊尔、印度
濒危等级：LC

隐穗薹草
Carex cryptostachys Brongn.
习　　性：多年生草本
海　　拔：100~1200 m
国内分布：福建、广东、广西、海南、台湾
国外分布：澳大利亚、菲律宾、马来西亚、泰国、印度尼西亚、越南
濒危等级：LC

库地薹草
Carex curaica Kunth
习　　性：多年生草本
海　　拔：1900~2500 m
国内分布：新疆
国外分布：俄罗斯、蒙古北部
濒危等级：NT C1

短梗嵩草
Carex curticeps C. B. Clarke
习　　性：多年生草本
海　　拔：2700~4100 m
国内分布：西藏
国外分布：不丹、尼泊尔、印度
濒危等级：DD

柱穗薹草
Carex cylindrostachys Franch.
习　　性：多年生草本
海　　拔：1900~3400 m
分　　布：四川、云南
濒危等级：LC

大别薹
Carex dabieensis S. W. Su
习　　性：多年生草本
分　　布：安徽
濒危等级：LC

针薹草
Carex dahurica Kük.
习　　性：多年生草本
海　　拔：约1000 m
国内分布：吉林
国外分布：俄罗斯
濒危等级：DD

带岭薹草
Carex dailingensis Y. L. Chou
习　　性：多年生草本
海　　拔：约1100 m
分　　布：黑龙江

濒危等级：NT C1

大苗山薹草
Carex damiaoshanensis X. F. Jin et C. Z. Zheng
习　　性：多年生草本
海　　拔：400~1700 m
分　　布：广西
濒危等级：NT C1

大盘山薹草
Carex dapanshanica X. F. Jin, Y. J. Zhao et Zi L. Chen
习　　性：多年生草本
分　　布：浙江
濒危等级：LC

大通薹草
Carex datongensis S. W. Su
习　　性：多年生草本
分　　布：安徽
濒危等级：LC

无喙囊薹草
Carex davidii Franch.

无喙囊薹草（原变种）
Carex davidii var. **davidii**
习　　性：多年生草本
海　　拔：400~1200 m
分　　布：安徽、甘肃、湖北、陕西、四川、浙江
濒危等级：LC

疏花无喙囊薹草
Carex davidii var. **dissitiflora** Pamp.
习　　性：多年生草本
分　　布：湖北
濒危等级：LC

大新薹草
Carex daxinensis X. F. Jin et Y. Y. Zhou
习　　性：多年生草本
海　　拔：约200 m
分　　布：广西
濒危等级：LC

大庸薹草
Carex dayuongensis Z. P. Wang
习　　性：多年生草本
海　　拔：约300 m
分　　布：湖南
濒危等级：DD

赤箭嵩草
Carex deasyi (C. B. Clarke) O. Yano et S. R. Zhang
习　　性：多年生草本
海　　拔：2500~5800 m
国内分布：甘肃、青海、四川、西藏、新疆、云南
国外分布：阿富汗、巴基斯坦、不丹、俄罗斯、哈萨克斯坦、吉尔吉斯斯坦、克什米尔地区、蒙古、尼泊尔、塔吉克斯坦、乌兹别克斯坦、印度
濒危等级：LC

落鳞薹草
Carex deciduisquama F. T. Wang et Tang ex P. C. Li
- 习　　性：多年生草本
- 海　　拔：2300~2500 m
- 分　　布：云南
- 濒危等级：LC

年佳薹草
Carex delavayi Franch.
- 习　　性：多年生草本
- 海　　拔：1800~3700 m
- 分　　布：四川、云南
- 濒危等级：LC

密丛薹草
Carex densicaespitosa L. K. Dai
- 习　　性：多年生草本
- 海　　拔：约1500 m
- 分　　布：广西
- 濒危等级：NT C1

流苏薹草
Carex densifimbriata Tang et F. T. Wang

流苏薹草（原变种）
Carex densifimbriata var. **densifimbriata**
- 习　　性：多年生草本
- 海　　拔：300~1400 m
- 分　　布：广西、贵州、湖南
- 濒危等级：LC

粗毛流苏薹草
Carex densifimbriata var. **hirsuta** P. C. Li
- 习　　性：多年生草本
- 分　　布：贵州、湖南
- 濒危等级：DD

金华薹草
Carex densipilosa C. Z. Zheng et X. F. Jin
- 习　　性：多年生草本
- 分　　布：浙江
- 濒危等级：LC

德钦薹草
Carex deqinensis L. K. Dai
- 习　　性：多年生草本
- 海　　拔：2900~3300 m
- 分　　布：云南
- 濒危等级：LC

圆锥薹草
Carex diandra Schrank
- 习　　性：多年生草本
- 国内分布：内蒙古
- 国外分布：俄罗斯
- 濒危等级：DD

吊罗山薹草
Carex diaoluoshanica H. B. Yang, G. D. Liu et Qing L. Wang
- 习　　性：多年生草本
- 海　　拔：800~900 m
- 分　　布：海南
- 濒危等级：LC

小穗薹草
Carex dichroa Freyn
- 习　　性：多年生草本
- 海　　拔：2000~3000 m
- 国内分布：内蒙古
- 国外分布：俄罗斯、蒙古
- 濒危等级：LC

朝鲜薹草
Carex dickinsii Franch. et Sav.
- 习　　性：多年生草本
- 海　　拔：约1100 m
- 国内分布：福建、浙江
- 国外分布：朝鲜、日本
- 濒危等级：DD

丽江薹草
Carex dielsiana Kük.
- 习　　性：多年生草本
- 海　　拔：1900~3800 m
- 分　　布：四川、云南
- 濒危等级：LC

二形鳞薹草
Carex dimorpholepis Steud.
- 习　　性：多年生草本
- 海　　拔：200~1300 m
- 国内分布：安徽、甘肃、广东、河南、湖北、江苏、江西、辽宁、山东、陕西、四川、浙江
- 国外分布：朝鲜、缅甸、尼泊尔、日本、斯里兰卡、泰国、印度、越南
- 濒危等级：LC

秦岭薹草
Carex diplodon Nelmes
- 习　　性：多年生草本
- 分　　布：甘肃、陕西
- 濒危等级：LC

皱果薹草
Carex dispalata Boott ex A. Gray
- 习　　性：多年生草本
- 海　　拔：500~2900 m
- 国内分布：安徽、河北、吉林、江苏、辽宁、内蒙古、山西、陕西、浙江
- 国外分布：朝鲜、日本
- 濒危等级：LC

二籽薹草
Carex disperma Dewey
- 习　　性：多年生草本
- 海　　拔：约700 m
- 国内分布：黑龙江、吉林、内蒙古
- 国外分布：俄罗斯
- 濒危等级：LC

景洪薹草
Carex doisutepensis T. Koyama
　　习　　性：多年生草本
　　海　　拔：2700~3100 m
　　国内分布：云南
　　国外分布：泰国
　　濒危等级：NT C1

长穗薹草
Carex dolichostachya Hayata

长穗薹草（原亚种）
Carex dolichostachya subsp. **dolichostachya**
　　习　　性：多年生草本
　　海　　拔：800~1600 m
　　国内分布：安徽、陕西、四川、台湾、浙江
　　国外分布：菲律宾、日本
　　濒危等级：LC

阿里山宿柱薹
Carex dolichostachya subsp. **trichosperma**(Ohwi)T. Koyama
　　习　　性：多年生草本
　　分　　布：台湾
　　濒危等级：LC

签草
Carex doniana Spreng.
　　习　　性：多年生草本
　　海　　拔：500~3000 m
　　国内分布：福建、广东、广西、湖北、江苏、陕西、四川、台湾、云南、浙江
　　国外分布：朝鲜、菲律宾、尼泊尔、日本
　　濒危等级：LC

镰喙薹草
Carex drepanorhyncha Franch.
　　习　　性：多年生草本
　　海　　拔：2000~4200 m
　　分　　布：四川、云南
　　濒危等级：LC

野笠薹草
Carex drymophila Turcz. ex Steud.

野笠薹草（原变种）
Carex drymophila var. **drymophila**
　　习　　性：多年生草本
　　国内分布：黑龙江、吉林、内蒙古
　　国外分布：朝鲜、俄罗斯、蒙古
　　濒危等级：LC
　　资源利用：动物饲料（饲料）

毛果野笠薹草
Carex drymophila var. **abbreviata**(Kük.)Ohwi
　　习　　性：多年生草本
　　国内分布：黑龙江、吉林、内蒙古
　　国外分布：朝鲜、俄罗斯、日本
　　濒危等级：LC

寸草
Carex duriuscula C. A. Mey.

寸草（原亚种）
Carex duriuscula subsp. **duriuscula**
　　习　　性：多年生草本
　　海　　拔：200~700 m
　　国内分布：甘肃、黑龙江、吉林、辽宁、内蒙古
　　国外分布：朝鲜、俄罗斯、哈萨克斯坦、蒙古、新几内亚；北美洲
　　濒危等级：LC

白颖薹草
Carex duriuscula subsp. **rigescens**(Franch.)S. Y. Liang et Y. C. Tang
　　习　　性：多年生草本
　　国内分布：甘肃、河北、河南、吉林、辽宁、内蒙古、宁夏、青海、山东、山西、陕西
　　国外分布：俄罗斯
　　濒危等级：LC

细叶薹草
Carex duriuscula subsp. **stenophylloides**(V. I. Krecz.)S. Yun Liang et Y. C. Tang
　　习　　性：多年生草本
　　国内分布：甘肃、内蒙古、陕西、西藏、新疆
　　国外分布：阿富汗、巴基斯坦、朝鲜、哈萨克斯坦、吉尔吉斯斯坦、蒙古、塔吉克斯坦、土库曼斯坦、乌兹别克斯坦
　　濒危等级：LC

雷波薹草
Carex duthiei C. B. Clarke
　　习　　性：多年生草本
　　海　　拔：2700~3600 m
　　国内分布：四川、云南
　　国外分布：不丹、印度
　　濒危等级：LC

三阳薹草
Carex duvaliana Franch. et Sav.
　　习　　性：多年生草本
　　海　　拔：600~1700 m
　　国内分布：安徽、浙江
　　国外分布：日本
　　濒危等级：LC

无芒薹草
Carex earistata F. T. Wang et Y. L. Chang ex S. Yun Liang
　　习　　性：多年生草本
　　海　　拔：约2000 m
　　分　　布：甘肃
　　濒危等级：NT C1

类稗薹草
Carex echinochloiformis Y. L. Chang ex Y. C. Yang
　　习　　性：多年生草本
　　海　　拔：约2500 m
　　分　　布：西藏、云南
　　濒危等级：LC

蟋蟀薹草
Carex eleusinoides Turcz. ex Kunth.

蟋蟀薹草（原变种）
Carex eleusinoides var. **eleusinoides**
　　习　　性：多年生草本
　　海　　拔：1700~2500 m
　　国内分布：吉林
　　国外分布：朝鲜、俄罗斯、蒙古、日本
　　濒危等级：LC

亚高山蟋蟀薹草
Carex eleusinoides var. **subalpina** Y. L. Chou
　　习　　性：多年生草本
　　分　　布：吉林
　　濒危等级：LC

显异薹草
Carex eminens Nees
　　习　　性：多年生草本
　　海　　拔：300~2000 m
　　国内分布：湖南、四川、西藏
　　国外分布：不丹、克什米尔地区、尼泊尔、印度
　　濒危等级：LC

无脉薹草
Carex enervis C. A. Mey.
　　习　　性：多年生草本
　　海　　拔：2500~4500 m
　　国内分布：甘肃、黑龙江、吉林、内蒙古、青海、山西、四川、西藏、新疆、云南
　　国外分布：俄罗斯、蒙古
　　濒危等级：LC

箭叶薹草
Carex ensifolia Turcz. ex Ledeb.
　　习　　性：多年生草本
　　海　　拔：2000~3500 m
　　国内分布：甘肃、宁夏、青海、西藏、新疆
　　国外分布：俄罗斯、蒙古
　　濒危等级：LC

二峨薹草
Carex ereica Tang et F. T. Wang ex L. K. Dai
　　习　　性：多年生草本
　　分　　布：四川
　　濒危等级：LC

离穗薹草
Carex eremopyroides V. I. Krecz.
　　习　　性：多年生草本
　　海　　拔：约700 m
　　国内分布：黑龙江、吉林、内蒙古
　　国外分布：俄罗斯、蒙古
　　濒危等级：LC

毛叶薹草
Carex eriophylla（Kük.）Kom.
　　习　　性：多年生草本
　　国内分布：黑龙江、吉林
　　国外分布：朝鲜、俄罗斯
　　濒危等级：LC

红鞘薹草
Carex erythrobasis H. Lév. et Vaniot
　　习　　性：多年生草本
　　海　　拔：200~800 m
　　国内分布：吉林
　　国外分布：朝鲜、俄罗斯
　　濒危等级：LC

三脉嵩草
Carex esenbeckii Kunth
　　习　　性：多年生草本
　　海　　拔：2800~4900 m
　　国内分布：四川、西藏、云南
　　国外分布：不丹、缅甸、尼泊尔、印度
　　濒危等级：LC

贵州薹草
Carex esquiroliana H. Lév.
　　习　　性：多年生草本
　　海　　拔：300~500 m
　　国内分布：广西、贵州
　　国外分布：越南
　　濒危等级：DD

植夫薹草
Carex fangiana Y. Y. Zhou et X. F. Jin
　　习　　性：多年生草本
　　海　　拔：约1800 m
　　分　　布：四川

川东薹草
Carex fargesii Franch.
　　习　　性：多年生草本
　　海　　拔：900~2300 m
　　分　　布：贵州、湖北、湖南、四川
　　濒危等级：LC

簇穗薹草
Carex fastigiata Franch.
　　习　　性：多年生草本
　　海　　拔：2500~3600 m
　　国内分布：四川、云南
　　国外分布：不丹、尼泊尔
　　濒危等级：LC

南亚薹草
Carex fedia Nees
　　习　　性：多年生草本
　　海　　拔：400~3400 m
　　国内分布：云南
　　国外分布：阿富汗、巴基斯坦、缅甸、尼泊尔、泰国、印度、越南
　　濒危等级：LC

蕨状薹草
Carex filicina Nees
　　习　　性：多年生草本
　　海　　拔：1200~2800 m
　　国内分布：福建、广东、广西、贵州、海南、湖北、江西、

国外分布：菲律宾、马来西亚、缅甸、尼泊尔、斯里兰卡、泰国、印度、印度尼西亚、越南
分布：四川、台湾、西藏、云南、浙江
濒危等级：LC

丝梗薹草
Carex filipedunculata S. W. Su
习　　性：多年生草本
分　　布：安徽
濒危等级：NT B1ab（i, iii）

线柄薹草
Carex filipes Franch. et Sav.

线柄薹草（原变种）
Carex filipes var. **filipes**
习　　性：多年生草本
海　　拔：1500～2200 m
国内分布：安徽、福建、贵州、湖北、江苏、浙江
国外分布：朝鲜、日本
濒危等级：LC

少囊薹草
Carex filipes var. **oligostachys**（Meinsh. ex Maxim.）Kük.
习　　性：多年生草本
海　　拔：1300～1400 m
国内分布：河北、黑龙江、辽宁
国外分布：朝鲜、俄罗斯
濒危等级：LC

蕨状嵩草
Carex filispica S. R. Zhang
习　　性：多年生草本
海　　拔：2000～4000 m
国内分布：四川、西藏、云南
国外分布：不丹、尼泊尔、印度
濒危等级：LC

亮绿薹草
Carex finitima Boott

亮绿薹草（原变种）
Carex finitima var. **finitima**
习　　性：多年生草本
海　　拔：2100～2600 m
国内分布：甘肃、四川、台湾、云南
国外分布：巴布亚新几内亚、印度、印度尼西亚
濒危等级：LC

短叶亮绿薹草
Carex finitima var. **attenuata** C. B. Clarke
习　　性：多年生草本
海　　拔：2000～3000 m
国内分布：云南
国外分布：不丹、尼泊尔、印度
濒危等级：LC

柄果嵩草
Carex fissiglumis（C. B. Clarke）S. R. Zhang et O. Yano
习　　性：多年生草本
海　　拔：3200～4300 m
国内分布：西藏、云南
国外分布：不丹、尼泊尔、印度
濒危等级：LC

溪生薹草
Carex fluviatilis Boott
习　　性：多年生草本
海　　拔：1300～3200 m
国内分布：贵州、四川、西藏、云南
国外分布：缅甸、印度
濒危等级：LC

福建薹草
Carex fokienensis Dunn
习　　性：多年生草本
分　　布：福建、贵州、浙江
濒危等级：LC

穿孔薹草
Carex foraminata C. B. Clarke
习　　性：多年生草本
海　　拔：300～800 m
分　　布：安徽、福建、贵州、江西、浙江
濒危等级：LC

拟穿孔薹草
Carex foraminatiformis Y. C. Tang et S. Yun Liang
习　　性：多年生草本
海　　拔：600～800 m
分　　布：贵州、四川
濒危等级：LC

溪水薹草
Carex forficula Franch. et Sav.
习　　性：多年生草本
海　　拔：700～900 m
国内分布：安徽、河北、吉林、辽宁、陕西
国外分布：朝鲜、俄罗斯、日本
濒危等级：LC

刺喙薹草
Carex forrestii Kük.
习　　性：多年生草本
海　　拔：2000～3200 m
分　　布：西藏、云南
濒危等级：LC

茶色薹草
Carex fulvorubescens Hayata

茶色薹草（原亚种）
Carex fulvorubescens subsp. **fulvorubescens**
习　　性：多年生草本
分　　布：台湾
濒危等级：LC

长梗扁果薹草
Carex fulvorubescens subsp. **longistipes**（Hayata）T. Koyama
习　　性：多年生草本
分　　布：台湾

濒危等级：LC

根茎嵩草
Carex gammiei (C. B. Clarke) S. R. Zhang et O. Yano
习　　性：多年生草本
海　　拔：3700~4400 m
国内分布：西藏
国外分布：不丹、尼泊尔、印度
濒危等级：LC

亲族薹草
Carex gentilis Franch.

亲族薹草（原变种）
Carex gentilis var. **gentilis**
习　　性：多年生草本
海　　拔：约1500 m
分　　布：江西、四川、云南
濒危等级：LC

宽叶亲族薹草
Carex gentilis var. **intermedia** Tang et F. T. Wang ex Y. C. Yang
习　　性：多年生草本
海　　拔：1300~2000 m
分　　布：重庆、贵州、陕西、西藏、云南
濒危等级：LC

大果亲族薹草
Carex gentilis var. **macrocarpa** Tang et F. T. Wang ex L. K. Dai
习　　性：多年生草本
海　　拔：1300~1800 m
分　　布：重庆
濒危等级：LC

短喙亲族薹草
Carex gentilis var. **nakaharae** (Hayata) T. Koyama
习　　性：多年生草本
海　　拔：约2200 m
分　　布：台湾
濒危等级：LC

穹隆薹草
Carex gibba Wahlenb.
习　　性：多年生草本
海　　拔：200~1300 m
国内分布：安徽、福建、甘肃、广东、广西、贵州、河南、湖北、湖南、江苏、江西、辽宁、山西、陕西、四川、浙江
国外分布：朝鲜、日本
濒危等级：LC

涝峪薹草
Carex giraldiana Kük.
习　　性：多年生草本
海　　拔：约1200 m
分　　布：河北、陕西
濒危等级：LC

辽东薹草
Carex glabrescens (Kük.) Ohwi
习　　性：多年生草本
海　　拔：约700 m
国内分布：辽宁
国外分布：朝鲜、日本
濒危等级：LC

米柱薹草
Carex glauciformis Meinsh.
习　　性：多年生草本
国内分布：黑龙江、吉林、辽宁、内蒙古
国外分布：朝鲜、俄罗斯
濒危等级：LC

球柱薹草
Carex globistylosa P. C. Li
习　　性：多年生草本
海　　拔：4300~4400 m
分　　布：四川
濒危等级：NT C1

玉簪薹草
Carex globularis L.
习　　性：多年生草本
海　　拔：200~750 m
国内分布：黑龙江、吉林、内蒙古
国外分布：朝鲜、俄罗斯、日本
濒危等级：LC
资源利用：动物饲料（牧草）

长梗薹草
Carex glossostigma Hand.-Mazz.
习　　性：多年生草本
海　　拔：800~1500 m
分　　布：安徽、福建、广东、广西、湖南、江西、浙江
濒危等级：LC

长芒薹草
Carex gmelinii Hook. et Arn.
习　　性：多年生草本
海　　拔：约700 m
国内分布：吉林
国外分布：朝鲜、俄罗斯、日本
濒危等级：DD

高黎贡山薹草
Carex goligongshanensis P. C. Li
习　　性：多年生草本
海　　拔：3000~3600 m
分　　布：云南
濒危等级：DD

贡嘎薹草
Carex gonggaensis P. C. Li
习　　性：多年生草本
海　　拔：2000~3400 m
分　　布：四川
濒危等级：NT C1

贡山薹草
Carex gongshanensis Tang et F. T. Wang ex Y. C. Yang
习　　性：多年生草本

海　　拔：约 2500 m
分　　布：西藏、云南
濒危等级：NT C1

叉齿薹草
Carex gotoi Ohwi
习　　性：多年生草本
海　　拔：1000~1300 m
国内分布：甘肃、河北、黑龙江、吉林、辽宁、内蒙古、陕西
国外分布：朝鲜北部、俄罗斯、蒙古
濒危等级：LC

异型菱果薹
Carex grallatoria (Franch.) Kük. ex Matsum.
习　　性：多年生草本
国内分布：台湾
国外分布：日本
濒危等级：VU D1

禾秆薹草
Carex graminiculmis T. Koyama
习　　性：多年生草本
分　　布：山西
濒危等级：VU A2c; B1ab (i, iii)

大舌薹草
Carex grandiligulata Kük.
习　　性：多年生草本
海　　拔：1600~1800 m
分　　布：河北、陕西、四川
濒危等级：LC

异株薹草
Carex gynocrates Wormskj. ex Drejer
习　　性：多年生草本
海　　拔：约 900 m
国内分布：吉林
国外分布：俄罗斯、日本
濒危等级：LC

红嘴薹草
Carex haematostoma Nees
习　　性：多年生草本
海　　拔：2000~3700 m
国内分布：青海、四川、西藏、云南
国外分布：不丹、尼泊尔、印度
濒危等级：LC

点叶薹草
Carex hancockiana Maxim.
习　　性：多年生草本
海　　拔：400~2700 m
国内分布：甘肃、河北、吉林、内蒙古、青海、山西、陕西、新疆
国外分布：朝鲜、俄罗斯、蒙古
濒危等级：LC

双脉囊薹草
Carex handelii Kük.
习　　性：多年生草本

海　　拔：2500~3100 m
分　　布：四川、云南
濒危等级：LC

密穗薹草
Carex handel-Mazzettii (Ivanova) S. R. Zhang
习　　性：多年生草本
海　　拔：3200~4000 m
分　　布：四川、云南
濒危等级：DD

长囊薹草
Carex harlandii Boott
习　　性：多年生草本
海　　拔：600~1200 m
国内分布：安徽、福建、广东、广西、海南、湖北、江西、浙江
国外分布：缅甸、泰国、印度尼西亚、越南
濒危等级：LC

哈氏薹草
Carex harrysmithii Kük.
习　　性：多年生草本
海　　拔：约 2500 m
分　　布：四川
濒危等级：LC

长叶薹草
Carex hattoriana Nakai ex Tuyama
习　　性：多年生草本
国内分布：台湾
国外分布：日本
濒危等级：LC

疏果薹草
Carex hebecarpa C. A. Mey.
习　　性：多年生草本
海　　拔：400~900 m
国内分布：福建、广东、湖南、台湾
国外分布：不丹、尼泊尔、印度
濒危等级：LC

和林格尔薹草
Carex helingeeriensis L. Q. Zhao et Jie Yang
习　　性：多年生草本
海　　拔：约 1600 m
分　　布：内蒙古
濒危等级：LC

藏南薹草
Carex hemineuros T. Koyama
习　　性：多年生草本
海　　拔：2700~3100 m
国内分布：西藏
国外分布：尼泊尔
濒危等级：LC

亨氏薹草
Carex henryi (C. B. Clarke) T. Koyama
习　　性：多年生草本
海　　拔：500~3000 m

国内分布：安徽、甘肃、贵州、河南、湖北、陕西、四川、云南、浙江
国外分布：尼泊尔
濒危等级：LC

和硕薹草
Carex heshuonensis S. Yun Liang
- 习　　性：多年生草本
- 海　　拔：2000~2800 m
- 分　　布：新疆
- 濒危等级：NT C1

异鳞薹草
Carex heterolepis Bunge
- 习　　性：多年生草本
- 海　　拔：500~1900 m
- 国内分布：河北、黑龙江、湖北、吉林、江西、辽宁、内蒙古、山东、山西、陕西
- 国外分布：朝鲜、日本
- 濒危等级：LC

异穗薹草
Carex heterostachya Bunge
- 习　　性：多年生草本
- 海　　拔：300~1000 m
- 国内分布：河北、河南、黑龙江、吉林、辽宁、山东、山西、陕西
- 国外分布：朝鲜北部
- 濒危等级：LC
- 资源利用：环境利用（观赏）

长安薹草
Carex heudesii H. Lév. et Vaniot
- 习　　性：多年生草本
- 海　　拔：1100~2000 m
- 分　　布：甘肃、湖北、陕西、四川
- 濒危等级：LC

贺州薹草
Carex hezhouensis H. Wang et S. N. Wang
- 习　　性：多年生草本
- 海　　拔：约500 m
- 分　　布：广西
- 濒危等级：VU D2

流石薹草
Carex hirtelloides (Kük.) F. T. Wang et Tang ex P. C. Li
- 习　　性：多年生草本
- 海　　拔：3000~4900 m
- 分　　布：四川、云南
- 濒危等级：LC

密毛薹草
Carex hirticaulis P. C. Li
- 习　　性：多年生草本
- 海　　拔：约3200 m
- 分　　布：云南
- 濒危等级：DD

糙毛薹草
Carex hirtiutriculata L. K. Dai
- 习　　性：多年生草本
- 海　　拔：约2300 m
- 分　　布：云南
- 濒危等级：NT C1

匍茎嵩草
Carex hohxilensis (R. F. Huang) S. R. Zhang
- 习　　性：多年生草本
- 海　　拔：3100~4900 m
- 分　　布：甘肃、青海、西藏
- 濒危等级：LC

红原薹草
Carex hongyuanensis Y. C. Tang et S. Yun Liang
- 习　　性：多年生草本
- 海　　拔：约3600 m
- 分　　布：四川
- 濒危等级：NT C1

凤凰薹草
Carex hoozanensis Hayata
- 习　　性：多年生草本
- 国内分布：福建、台湾
- 国外分布：越南
- 濒危等级：LC

黄山薹草
Carex huangshanica X. F. Jin et W. J. Chen
- 习　　性：多年生草本
- 分　　布：安徽
- 濒危等级：LC

华山薹草
Carex huashanica Tang et F. T. Wang ex L. K. Dai
- 习　　性：多年生草本
- 海　　拔：约1800 m
- 分　　布：陕西
- 濒危等级：NT B1ab（i, iii）

禾叶嵩草
Carex hughii S. R. Zhang
- 习　　性：多年生草本
- 海　　拔：3100~4700 m
- 国内分布：甘肃、青海、陕西、四川、西藏、云南
- 国外分布：尼泊尔
- 濒危等级：LC

湿薹草
Carex humida Y. L. Chang et Y. L. Yang
- 习　　性：多年生草本
- 海　　拔：100~700 m
- 分　　布：黑龙江、吉林、内蒙古
- 濒危等级：LC

低矮薹草
Carex humilis Leyss.

低矮薹草（原变种）
Carex humilis var. **humilis**
- 习　　性：多年生草本
- 海　　拔：100~1000 m
- 国内分布：安徽、辽宁

国外分布：俄罗斯、日本
濒危等级：LC

雏田薹草
Carex humilis var. **scirrobasis** (Kitag.) Y. L. Chang et Y. L. Yang
习　　性：多年生草本
海　　拔：100~1000 m
分　　布：河北、辽宁、山西
濒危等级：LC

火炉山薹草
Carex huolushanensis P. C. Li
习　　性：多年生草本
海　　拔：3900~4000 m
分　　布：四川
濒危等级：NT C1

睫背薹草
Carex hypoblephara Ohwi et T. S. Liu
习　　性：多年生草本
分　　布：江西
濒危等级：DD

绿囊薹草
Carex hypochlora Freyn
习　　性：多年生草本
海　　拔：400~500 m
国内分布：黑龙江、吉林、辽宁
国外分布：朝鲜、俄罗斯
濒危等级：DD

马菅
Carex idzuroei Franch. et Sav.
习　　性：多年生草本
国内分布：福建、江苏、浙江
国外分布：日本
濒危等级：LC

毛囊薹草
Carex inanis Kunth
习　　性：多年生草本
海　　拔：2300~3500 m
国内分布：西藏、云南
国外分布：不丹、克什米尔地区、尼泊尔、印度
濒危等级：LC

长穗刻鳞薹草
Carex incisa S. W. Su
习　　性：多年生草本
分　　布：安徽
濒危等级：LC

印度薹草
Carex indica L.
习　　性：多年生草本
海　　拔：800~900 m
国内分布：广西、贵州
国外分布：澳大利亚、巴布亚新几内亚、菲律宾、柬埔寨、老挝、马来西亚、孟加拉国、缅甸、斯里兰卡、泰国、印度、印度尼西亚、越南
濒危等级：LC

印度型薹草
Carex indiciformis F. T. Wang et Tang ex P. C. Li
习　　性：多年生草本
海　　拔：400~1000 m
分　　布：广西、贵州、海南、云南
濒危等级：LC

隐匿薹草
Carex infossa C. P. Wang

隐匿薹草（原变种）
Carex infossa var. **infossa**
习　　性：多年生草本
分　　布：安徽、江苏
濒危等级：LC

显穗薹草
Carex infossa var. **extensa** S. W. Su
习　　性：多年生草本
分　　布：安徽
濒危等级：DD

秆叶薹草
Carex insignis Boott
习　　性：多年生草本
海　　拔：1500~1800 m
国内分布：西藏、云南
国外分布：不丹、尼泊尔、印度、越南
濒危等级：LC

狭穗薹草
Carex ischnostachya Steud.
习　　性：多年生草本
海　　拔：300~1000 m
国内分布：福建、贵州、湖南、江苏、江西、四川、浙江
国外分布：朝鲜、日本
濒危等级：LC

无穗柄薹草
Carex ivanoviae T. V. Egorova
习　　性：多年生草本
海　　拔：4000~5300 m
分　　布：青海、西藏
濒危等级：LC

鸭绿薹草
Carex jaluensis Kom.
习　　性：多年生草本
海　　拔：400~1500 m
国内分布：河北、吉林、辽宁
国外分布：朝鲜、俄罗斯
濒危等级：LC

日本薹草
Carex japonica Thunb.
习　　性：多年生草本
海　　拔：1200~2000 m
国内分布：河北、河南、湖北、江苏、辽宁、内蒙古、山西、陕西、四川、云南
国外分布：朝鲜、日本
濒危等级：LC

尖峰岭薹草
Carex jianfengensis H. B. Yang, Xiao X. Li et G. D. Liu
　　习　　性：多年生草本
　　海　　拔：700? ~ 900 m
　　分　　布：海南
　　濒危等级：LC

胶东薹草
Carex jiaodongensis Y. M. Zhang et X. D. Chen
　　习　　性：多年生草本
　　分　　布：山东
　　濒危等级：DD

金佛山薹草
Carex jinfoshanensis Tang et F. T. Wang ex S. Yun Liang
　　习　　性：多年生草本
　　海　　拔：约1200 m
　　分　　布：重庆
　　濒危等级：LC

九华薹草
Carex jiuhuaensis S. W. Su
　　习　　性：多年生草本
　　分　　布：安徽
　　濒危等级：LC

季庄薹草
Carex jizhuangensis S. Yun Liang
　　习　　性：多年生草本
　　分　　布：广东
　　濒危等级：NT B1ab (i, iii)

镰叶嵩草
Carex kangdingensis S. R. Zhang
　　习　　性：多年生草本
　　海　　拔：2800 ~ 4000 m
　　分　　布：甘肃、四川
　　濒危等级：DD

甘肃薹草
Carex kansuensis Nelmes
　　习　　性：多年生草本
　　海　　拔：3400 ~ 4600 m
　　分　　布：甘肃、青海、陕西、四川、西藏、云南
　　濒危等级：LC

高氏薹草
Carex kaoi Tang et F. T. Wang ex S. Yun Liang
　　习　　性：多年生草本
　　分　　布：广东
　　濒危等级：NT C1

卡郎薹草
Carex karlongensis Kük.
　　习　　性：多年生草本
　　海　　拔：3000 ~ 4000 m
　　分　　布：四川
　　濒危等级：LC

小粒薹草
Carex karoi Freyn
　　习　　性：多年生草本
　　海　　拔：700 ~ 2900 m
　　国内分布：河北、辽宁、内蒙古、山西
　　国外分布：俄罗斯、蒙古
　　濒危等级：LC

江苏薹草
Carex kiangsuensis Kük.
　　习　　性：多年生草本
　　分　　布：安徽、江苏、山东
　　濒危等级：LC

褐柄薹草
Carex kiotensis Franch. et Sav.
　　习　　性：多年生草本
　　国内分布：台湾
　　国外分布：日本
　　濒危等级：LC

显脉薹草
Carex kirganica Kom.
　　习　　性：多年生草本
　　海　　拔：700 m 以下
　　国内分布：黑龙江、内蒙古
　　国外分布：朝鲜、俄罗斯
　　濒危等级：LC

吉林薹草
Carex kirinensis F. T. Wang et Y. L. Chang
　　习　　性：多年生草本
　　海　　拔：约500 m
　　分　　布：黑龙江、吉林
　　濒危等级：NT C1

筛草
Carex kobomugi Ohwi
　　习　　性：多年生草本
　　海　　拔：约200 m
　　国内分布：安徽、河北、黑龙江、江苏、辽宁、青海、山东、台湾、浙江
　　国外分布：朝鲜、俄罗斯、日本
　　濒危等级：LC

喜马拉雅嵩草
Carex kokanica (Regel) S. R. Zhang
　　习　　性：多年生草本
　　海　　拔：700 ~ 5200 m
　　国内分布：甘肃、青海、四川、西藏、新疆、云南
　　国外分布：阿富汗、巴基斯坦、不丹、吉尔吉斯斯坦、克什米尔地区、尼泊尔、塔吉克斯坦、印度
　　濒危等级：LC

黄囊薹草
Carex korshinskii Kom.
　　习　　性：多年生草本
　　海　　拔：700 ~ 1300 m
　　国内分布：甘肃、黑龙江、辽宁、内蒙古、陕西、新疆
　　国外分布：朝鲜、俄罗斯、蒙古
　　濒危等级：LC

古陈薹草
Carex kuchunensis Tang et F. T. Wang ex S. Yun Liang
习　　性：多年生草本
海　　拔：约 900 m
分　　布：广西
濒危等级：LC

棕叶薹草
Carex kucyniakii Raymond
习　　性：多年生草本
海　　拔：约 1300 m
国内分布：云南
国外分布：越南
濒危等级：LC

昆仑薹草
Carex kunlunsanensis N. R. Cui
习　　性：多年生草本
海　　拔：4000~4300 m
分　　布：新疆
濒危等级：DD

广西薹草
Carex kwangsiensis F. T. Wang et Tang ex P. C. Li
习　　性：多年生草本
分　　布：广西
濒危等级：LC

光头山薹草
Carex kwangtoushanica K. T. Fu
习　　性：多年生草本
海　　拔：约 2700 m
分　　布：陕西
濒危等级：NT C1

二裂薹草
Carex lachenalii Schkuhr
习　　性：多年生草本
海　　拔：约 2600 m
国内分布：吉林
国外分布：朝鲜、俄罗斯、日本
濒危等级：DD

明亮薹草
Carex laeta Boott
习　　性：多年生草本
海　　拔：2000~4300 m
国内分布：四川、西藏、云南
国外分布：不丹、尼泊尔、印度
濒危等级：LC

假尖嘴薹草
Carex laevissima Nakai
习　　性：多年生草本
海　　拔：500~1800 m
国内分布：黑龙江、吉林、辽宁、内蒙古
国外分布：俄罗斯
濒危等级：LC

澜沧薹草
Carex lancangensis S. Yun Liang
习　　性：多年生草本
海　　拔：约 2000 m
分　　布：云南
濒危等级：NT C1

大披针薹草
Carex lanceolata Boott

大披针薹草（原变种）
Carex lanceolata var. **lanceolata**
习　　性：多年生草本
海　　拔：100~2300 m
国内分布：安徽、甘肃、贵州、河北、河南、黑龙江、吉林、江苏、江西、辽宁、内蒙古、山东、山西、陕西、四川、云南、浙江
国外分布：朝鲜、俄罗斯、蒙古、日本
濒危等级：LC
资源利用：动物饲料（饲料）

少花大披针薹草
Carex lanceolata var. **laxa** Ohwi
习　　性：多年生草本
海　　拔：300~2200 m
国内分布：吉林、内蒙古
国外分布：俄罗斯、日本
濒危等级：DD

亚柄薹草
Carex lanceolata var. **subpediformis** Kük.
习　　性：多年生草本
海　　拔：300~2200 m
国内分布：甘肃、河北、湖北、辽宁、内蒙古、宁夏、山西、陕西、四川
国外分布：俄罗斯、日本
濒危等级：LC

披针薹草
Carex lancifolia C. B. Clarke
习　　性：多年生草本
海　　拔：1500~2700 m
分　　布：湖北、陕西
濒危等级：LC

披针鳞薹草
Carex lancisquamata L. K. Dai
习　　性：多年生草本
海　　拔：约 2600 m
分　　布：云南
濒危等级：NT C1

落叶松薹草
Carex laricetorum Y. L. Chou
习　　性：多年生草本
海　　拔：约 1300 m
分　　布：吉林
濒危等级：DD

毛薹草
Carex lasiocarpa Ehrh.
- 习　　性：多年生草本
- 海　　拔：约 500 m
- 国内分布：黑龙江、内蒙古
- 国外分布：朝鲜、俄罗斯、蒙古
- 濒危等级：LC

弯喙薹草
Carex laticeps C. B. Clarke ex Franch.
- 习　　性：多年生草本
- 海　　拔：约 500 m
- 国内分布：安徽、福建、湖北、湖南、江苏、江西、浙江
- 国外分布：朝鲜、日本
- 濒危等级：LC

宽鳞薹草
Carex latisquamea Kom.
- 习　　性：多年生草本
- 海　　拔：约 500 m
- 国内分布：黑龙江、吉林、辽宁
- 国外分布：朝鲜、俄罗斯、日本
- 濒危等级：LC

稀花薹草
Carex laxa Wahlenb.
- 习　　性：多年生草本
- 海　　拔：1000 m
- 国内分布：黑龙江、辽宁、内蒙古
- 国外分布：俄罗斯、日本
- 濒危等级：LC

棒穗薹草
Carex ledebouriana C. A. Mey. et Trev.
- 习　　性：多年生草本
- 海　　拔：约 2400 m
- 国内分布：西藏、新疆
- 国外分布：俄罗斯、蒙古北部
- 濒危等级：LC

膨囊薹草
Carex lehmannii Drejer
- 习　　性：多年生草本
- 海　　拔：2800 ~ 4100 m
- 国内分布：甘肃、河南、湖北、青海、山西、陕西、四川、西藏、云南
- 国外分布：不丹、朝鲜、尼泊尔、日本、印度
- 濒危等级：LC

尖嘴薹草
Carex leiorhyncha C. A. Mey.
- 习　　性：多年生草本
- 海　　拔：400 ~ 1000 m
- 国内分布：河北、黑龙江、山西
- 国外分布：朝鲜、俄罗斯
- 濒危等级：LC

截形嵩草
Carex lepidochlamys(F. T. Wang et Tang ex P. C. Li)S. R. Zhang
- 习　　性：多年生草本
- 海　　拔：3000 ~ 4800 m
- 分　　布：甘肃、青海、四川、西藏、云南
- 濒危等级：DD

卵形薹草
Carex leporina L.
- 习　　性：多年生草本
- 海　　拔：约 1400 m
- 国内分布：新疆
- 国外分布：俄罗斯
- 濒危等级：LC

宁远嵩草
Carex liangshanensis S. R. Zhang
- 习　　性：多年生草本
- 海　　拔：约 2700 m
- 分　　布：四川
- 濒危等级：NT C1

香港薹草
Carex ligata Boott ex Benth.
- 习　　性：多年生草本
- 海　　拔：600 ~ 1800 m
- 分　　布：安徽、福建、广东
- 濒危等级：LC

舌叶薹草
Carex ligulata Nees

舌叶薹草（原变种）
Carex ligulata var. **ligulata**
- 习　　性：多年生草本
- 海　　拔：600 ~ 2000 m
- 国内分布：福建、贵州、河南、湖北、湖南、江苏、山西、陕西、四川、台湾、云南、浙江
- 国外分布：尼泊尔、日本、斯里兰卡、印度
- 濒危等级：LC

光囊薹草
Carex ligulata var. **glabriutriculata** Q. S. Wang
- 习　　性：多年生草本
- 分　　布：湖北
- 濒危等级：LC

湿生薹草
Carex limosa L.
- 习　　性：多年生草本
- 海　　拔：约 700 m
- 国内分布：黑龙江、辽宁
- 国外分布：朝鲜、俄罗斯、蒙古、日本
- 濒危等级：LC

小果囊薹草
Carex limprichtiana Kük.
- 习　　性：多年生草本
- 海　　拔：3500 m
- 分　　布：四川
- 濒危等级：DD

林氏薹草
Carex lingii F. T. Wang et Tang
  习 性：多年生草本
  分 布：福建、浙江
  濒危等级：LC

刘氏薹草
Carex liouana F. T. Wang et Tang
  习 性：多年生草本
  海 拔：300~1100 m
  分 布：福建、广东、广西、湖南、江西
  濒危等级：DD

二柱薹草
Carex lithophila Turcz.
  习 性：多年生草本
  海 拔：100~1700 m
  分 布：甘肃、河北、黑龙江、吉林、辽宁、内蒙古、山东、山西、陕西、新疆
  国外分布：朝鲜、俄罗斯、蒙古、日本
  濒危等级：LC

坚喙薹草
Carex litorhyncha Franch.
  习 性：多年生草本
  分 布：云南
  濒危等级：NT C1

康藏嵩草
Carex littledalei(C. B. Clarke)S. R. Zhang
  习 性：多年生草本
  海 拔：4300~5300 m
  分 布：青海、四川、西藏
  濒危等级：LC

台中薹草
Carex liui T. Koyama et T. I. Chuang
  习 性：多年生草本
  海 拔：约2900 m
  分 布：台湾、浙江
  濒危等级：LC

间穗薹草
Carex loliacea L.
  习 性：多年生草本
  海 拔：200~750 m
  国内分布：黑龙江
  国外分布：朝鲜、俄罗斯、哈萨克斯坦、蒙古北部、日本
  濒危等级：LC

聚穗薹草
Carex longicolla Tang et F. T. Wang
  习 性：多年生草本
  分 布：广东
  濒危等级：LC

长穗柄薹草
Carex longipes D. Don ex Tilloch et Taylor
长穗柄薹草（原变种）
Carex longipes var. **longipes**
  习 性：多年生草本
  海 拔：1200~1300 m
  国内分布：湖北、四川、云南
  国外分布：不丹、克什米尔地区、尼泊尔、印度、印度尼西亚
  濒危等级：LC

短穗柄薹草
Carex longipes var. **sessilis** Tang et F. T. Wang ex L. K. Dai
  习 性：多年生草本
  海 拔：约2600 m
  分 布：云南
  濒危等级：LC

长叶柄薹草
Carex longipetiolata Q. L. Wang, H. B. Yang et Y. F. Deng
  习 性：多年生草本
  海 拔：约500 m
  分 布：海南

长嘴薹草
Carex longirostrata C. A. Mey.
  习 性：多年生草本
  国内分布：安徽、河北、河南、黑龙江、吉林、辽宁、山西、浙江
  国外分布：朝鲜、俄罗斯、日本
  濒危等级：LC

长密花穗薹草
Carex longispiculata Y. C. Yang
  习 性：多年生草本
  海 拔：1000~2800 m
  分 布：甘肃、四川
  濒危等级：LC

龙盘拉薹草
Carex longpanlaensis S. Yun Liang
  习 性：多年生草本
  海 拔：约3000 m
  分 布：云南
  濒危等级：NT C1

龙胜薹草
Carex longshengensis Y. C. Tang et S. Yun Liang
  习 性：多年生草本
  分 布：广西
  濒危等级：NT C1

城口薹草
Carex luctuosa Franch.
  习 性：多年生草本
  海 拔：1000~2600 m
  分 布：甘肃、陕西、四川
  濒危等级：LC

芦山薹草
Carex lushanensis Kük.
  习 性：多年生草本
  海 拔：1700 m

分　　布：四川
濒危等级：NT C1

卵果薹草
Carex maackii Maxim.
习　　性：多年生草本
海　　拔：约 500 m
国内分布：安徽、河南、黑龙江、吉林、江苏、辽宁、浙江
国外分布：朝鲜、俄罗斯、日本
濒危等级：LC

丝叶薹草
Carex macroprophylla (Y. C. Yang) S. R. Zhang
习　　性：多年生草本
海　　拔：1700~2900 m
国内分布：甘肃、河北、内蒙古、青海、山西
国外分布：俄罗斯、蒙古
濒危等级：LC

大雄薹草
Carex macrosandra (Franch.) V. I. Krecz.
习　　性：多年生草本
海　　拔：700~1000 m
分　　布：湖北、四川
濒危等级：LC

斑点果薹草
Carex maculata Boott
习　　性：多年生草本
海　　拔：400~1300 m
国内分布：福建、广东、湖南、江苏、江西、四川、台湾、浙江
国外分布：斯里兰卡、印度、印度尼西亚
濒危等级：LC

大果囊薹草
Carex magnoutriculata Tang et F. T. Wang ex L. K. Dai
习　　性：多年生草本
海　　拔：1400~2600 m
分　　布：四川、云南
濒危等级：LC

牧野薹草
Carex makinoensis Franch.
习　　性：多年生草本
国内分布：台湾
国外分布：日本
濒危等级：LC

马库薹草
Carex makuensis P. C. Li
习　　性：多年生草本
海　　拔：约 1400 m
分　　布：云南
濒危等级：NT C1

弯柄薹草
Carex manca Boott ex Benth.

弯柄薹草（原亚种）
Carex manca subsp. manca
习　　性：多年生草本
分　　布：广东、湖北
濒危等级：LC

梦佳薹草
Carex manca subsp. takasagoana (Akiyama) T. Koyama
习　　性：多年生草本
分　　布：福建、台湾
濒危等级：LC

短叶薹草
Carex manca subsp. wichurai (Boeckeler) S. Y. Liang
习　　性：多年生草本
分　　布：澳门
濒危等级：DD

鄂西薹草
Carex manciformis C. B. Clarke ex Franch.
习　　性：多年生草本
海　　拔：约 1600 m
分　　布：贵州、湖北、四川
濒危等级：LC

帽儿山薹草
Carex maorshanica Y. L. Chou
习　　性：多年生草本
分　　布：黑龙江
濒危等级：NT C1

玛曲薹草
Carex maquensis Y. C. Yang
习　　性：多年生草本
海　　拔：约 3500 m
分　　布：甘肃
濒危等级：LC

套鞘薹草
Carex maubertiana Boott
习　　性：多年生草本
海　　拔：400~1000 m
国内分布：福建、湖北、四川、云南、浙江
国外分布：尼泊尔、印度、越南
濒危等级：LC

乳突薹草
Carex maximowiczii Miq.
习　　性：多年生草本
海　　拔：300~800 m
国内分布：辽宁、山东
国外分布：朝鲜、日本
濒危等级：LC
资源利用：原料（纤维）

眉县薹草
Carex meihsienica K. T. Fu
习　　性：多年生草本
海　　拔：1000~1400 m

分　　布：陕西
濒危等级：LC

黑花薹草
Carex melanantha C. A. Mey.
习　　性：多年生草本
海　　拔：2500~4500 m
国内分布：新疆
国外分布：阿富汗、俄罗斯、蒙古、尼泊尔
濒危等级：LC

尤尔都斯薹草
Carex melananthiformis Litv.
习　　性：多年生草本
海　　拔：100~2100 m
国内分布：新疆
国外分布：俄罗斯、蒙古北部
濒危等级：LC

黑鳞薹草
Carex melanocephala Turcz.
习　　性：多年生草本
海　　拔：1800~2400 m
国内分布：新疆
国外分布：俄罗斯、蒙古北部
濒危等级：LC

凹脉薹草
Carex melanostachya M. Bieb. ex Willd.
习　　性：多年生草本
海　　拔：约 1300 m
国内分布：新疆
国外分布：俄罗斯
濒危等级：LC

扭喙薹草
Carex melinacra Franch.

扭喙薹草（原变种）
Carex melinacra var. **melinacra**
习　　性：多年生草本
海　　拔：2000~3500 m
分　　布：四川、云南
濒危等级：NT C1

昌宁薹草
Carex melinacra var. **changningensis** S. Yun Liang
习　　性：多年生草本
海　　拔：2000~3000 m
分　　布：云南
濒危等级：LC

锈果薹草
Carex metallica H. Lév. et Vaniot
习　　性：多年生草本
海　　拔：500~700 m
国内分布：福建、台湾、浙江
国外分布：朝鲜、日本
濒危等级：LC

乌拉草
Carex meyeriana Kunth
习　　性：多年生草本
海　　拔：约 3460 m
国内分布：黑龙江、吉林、辽宁、内蒙古、四川
国外分布：朝鲜、俄罗斯、蒙古、日本
濒危等级：LC
资源利用：原料（纤维）

滑茎薹草
Carex micrantha Kük.
习　　性：多年生草本
海　　拔：400~500 m
国内分布：黑龙江
国外分布：朝鲜
濒危等级：NT C1

尖苞薹草
Carex microglochin Wahlenb.
习　　性：多年生草本
海　　拔：3400~5100 m
国内分布：青海、四川、西藏、新疆
国外分布：不丹、俄罗斯、克什米尔地区、蒙古、尼泊尔、印度
濒危等级：LC

高鞘薹草
Carex middendorffii F. Schmidt
习　　性：多年生草本
国内分布：黑龙江
国外分布：俄罗斯、日本
濒危等级：DD

陇南薹草
Carex minxianensis S. Yun Liang
习　　性：多年生草本
海　　拔：约 3000 m
分　　布：甘肃
濒危等级：NT C1

岷县薹草
Carex minxianica Y. C. Yang
习　　性：多年生草本
海　　拔：3000 m
分　　布：甘肃
濒危等级：DD

灰帽薹草
Carex mitrata Franch.

灰帽薹草（原变种）
Carex mitrata var. **mitrata**
习　　性：多年生草本
国内分布：安徽、江苏、浙江
国外分布：朝鲜、日本
濒危等级：DD

具芒灰帽薹草
Carex mitrata var. **aristata** Ohwi

习　　性：多年生草本
海　　拔：约1600 m
国内分布：安徽、湖北、江苏、四川、台湾、浙江
国外分布：日本
濒危等级：DD

毛棚薹草
Carex miyabei S. W. Su
习　　性：多年生草本
分　　布：安徽
濒危等级：LC

柔果薹草
Carex mollicula Boott
习　　性：多年生草本
国内分布：广东、台湾、浙江
国外分布：朝鲜、日本
濒危等级：LC

柄薹草
Carex mollissima Christ
习　　性：多年生草本
海　　拔：600~700 m
国内分布：黑龙江、内蒙古
国外分布：朝鲜、俄罗斯
濒危等级：LC

窄叶薹草
Carex montis-everestii Kük.
习　　性：多年生草本
海　　拔：4000~5500 m
国内分布：西藏
国外分布：尼泊尔、印度
濒危等级：LC

五台山薹草
Carex montis-wutaii T. Koyama
习　　性：多年生草本
海　　拔：约4670 m
分　　布：山西
濒危等级：NT B1ab（i, iii）

青藏薹草
Carex moorcroftii Falc. ex Boott
习　　性：多年生草本
海　　拔：3400~5700 m
国内分布：青海、四川、西藏
国外分布：印度
濒危等级：LC

森氏薹草
Carex morii Hayata
习　　性：多年生草本
海　　拔：500~1000 m
分　　布：台湾
濒危等级：LC

滇西薹草
Carex mosoynensis Franch.
习　　性：多年生草本
海　　拔：约1600 m
分　　布：四川、云南
濒危等级：LC

墨脱薹草
Carex motuoensis Y. C. Yang
习　　性：多年生草本
海　　拔：4000 m
分　　布：西藏
濒危等级：LC

宝兴薹草
Carex moupinensis Franch.
习　　性：多年生草本
海　　拔：1000~1300 m
分　　布：贵州、湖北、四川、云南
濒危等级：LC

类短尖薹草
Carex mucronatiformis F. T. Wang et Tang ex S. Yun Liang
习　　性：多年生草本
海　　拔：2000~3900 m
分　　布：甘肃、青海
濒危等级：LC

木里薹草
Carex muliensis Hand.-Mazz.
习　　性：多年生草本
海　　拔：3000~4600 m
分　　布：四川
濒危等级：LC

秀丽薹草
Carex munda Boott
习　　性：多年生草本
海　　拔：3500~3900 m
国内分布：西藏
国外分布：不丹、尼泊尔、印度
濒危等级：LC

嵩草
Carex myosuroides Vill.
习　　性：多年生草本
海　　拔：1500~4500 m
国内分布：河北、吉林、内蒙古、山西、新疆
国外分布：朝鲜、俄罗斯、哈萨克斯坦、蒙古、日本
濒危等级：LC

鼠尾薹草
Carex myosurus Nees
习　　性：多年生草本
海　　拔：1200~2000 m
国内分布：西藏、云南
国外分布：缅甸、尼泊尔、印度、越南
濒危等级：LC

日南薹草
Carex nachiana Ohwi

习　　性：多年生草本
国内分布：江苏、台湾、浙江
国外分布：日本
濒危等级：LC

钝鳞薹草
Carex nakaoana T. Koyama
习　　性：多年生草本
海　　拔：4000~5000 m
国内分布：西藏
国外分布：尼泊尔、印度
濒危等级：NT C1

南川薹草
Carex nanchuanensis Chü ex S. Y. Liang
习　　性：多年生草本
海　　拔：2000~2100 m
分　　布：重庆
濒危等级：NT B1ab（i，iii）

尼泊尔嵩草
Carex neesii S. R. Zhang
习　　性：多年生草本
海　　拔：3600~4600 m
国内分布：四川、西藏、云南
国外分布：巴基斯坦、不丹、克什米尔地区、尼泊尔、印度
濒危等级：LC

条穗薹草
Carex nemostachys Steud.
习　　性：多年生草本
海　　拔：300~1600 m
国内分布：安徽、福建、广东、贵州、湖北、湖南、江苏、江西、云南、浙江
国外分布：柬埔寨、孟加拉国、缅甸、日本、泰国、印度、越南
濒危等级：LC

双柱薹草
Carex neodigyna P. C. Li
习　　性：多年生草本
海　　拔：3900~4100 m
分　　布：四川
濒危等级：NT C1

新多穗薹草
Carex neopolycephala Tang et F. T. Wang ex L. K. Dai

新多穗薹草（原变种）
Carex neopolycephala var. **neopolycephala**
习　　性：多年生草本
海　　拔：约2700 m
分　　布：云南
濒危等级：DD

简序薹草
Carex neopolycephala var. **simplex** Tang et F. T. Wang ex L. K. Dai
习　　性：多年生草本
海　　拔：1300~2700 m
分　　布：云南
濒危等级：LC

截嘴薹草
Carex nervata Franch. et Sav.
习　　性：多年生草本
海　　拔：100~900 m
国内分布：黑龙江、吉林、内蒙古
国外分布：朝鲜、俄罗斯、日本
濒危等级：LC

翼果薹草
Carex neurocarpa Maxim.
习　　性：多年生草本
海　　拔：100~1700 m
国内分布：安徽、甘肃、河北、河南、黑龙江、吉林、江苏、辽宁、内蒙古、山东、山西、陕西
国外分布：朝鲜、俄罗斯、日本
濒危等级：LC

亮果薹草
Carex nitidiutriculata L. K. Dai
习　　性：多年生草本
海　　拔：2000~2300 m
分　　布：云南
濒危等级：LC

喜马拉雅薹草
Carex nivalis Boott
习　　性：多年生草本
海　　拔：3000~5200 m
国内分布：四川、西藏、云南
国外分布：阿富汗、吉尔吉斯斯坦、克什米尔地区、尼泊尔、乌兹别克斯坦、印度
濒危等级：LC

假长嘴薹草
Carex nodaeana A. I. Baranov et Skvortsov
习　　性：多年生草本
海　　拔：1800~2300 m
国内分布：吉林
国外分布：朝鲜
濒危等级：NT

阔鳞嵩草
Carex noltiei S. R. Zhang
习　　性：多年生草本
海　　拔：3300~4800 m
国内分布：西藏
国外分布：不丹
濒危等级：LC

云雾薹草
Carex nubigena D. Don ex Tilloch et Taylor

云雾薹草（原亚种）
Carex nubigena subsp. **nubigena**
习　　性：多年生草本
海　　拔：1100~3700 m

国内分布：甘肃、贵州、宁夏、陕西、西藏、云南
国外分布：阿富汗、巴基斯坦、尼泊尔、斯里兰卡、印度、印度尼西亚、越南
濒危等级：LC

褐红脉薹草
Carex nubigena subsp. **albata** (Boott ex Franch. et Sav.) T. Koyama
习　　性：多年生草本
海　　拔：约 1900 m
国内分布：重庆、湖北
国外分布：俄罗斯、日本
濒危等级：LC

聚生穗序薹草
Carex nubigena subsp. **pseudoarenicola** (Hayata) T. Koyama
习　　性：多年生草本
国内分布：台湾
国外分布：菲律宾、马来西亚
濒危等级：LC

大花嵩草
Carex nudicarpa (Y. C. Yang) S. R. Zhang
习　　性：多年生草本
海　　拔：2500~4800 m
国内分布：甘肃、青海、四川、西藏、新疆
国外分布：尼泊尔
濒危等级：LC

矩圆薹草
Carex oblanceolata T. Koyama
习　　性：多年生草本
分　　布：广东
濒危等级：DD

斜果薹草
Carex obliquicarpa X. F. Jin, C. Z. Zheng et B. Y. Ding
习　　性：多年生草本
海　　拔：800~900 m
分　　布：广西
濒危等级：LC

斜口薹草
Carex obliquitruncata Y. C. Tang et S. Yun Liang
习　　性：多年生草本
海　　拔：3000~4000 m
分　　布：云南
濒危等级：DD

倒卵鳞薹草
Carex obovatosquamata F. T. Wang et Y. L. Chang ex P. C. Li
习　　性：多年生草本
海　　拔：3400~4300 m
分　　布：西藏、云南
濒危等级：NT C1

刺囊薹草
Carex obscura C. B. Clarke
习　　性：多年生草本
海　　拔：2700~4100 m
国内分布：四川、西藏、云南
国外分布：不丹、克什米尔地区、尼泊尔、印度
濒危等级：LC

褐紫鳞薹草
Carex obscuriceps Kük.
习　　性：多年生草本
海　　拔：约 3500 m
国内分布：四川、云南
国外分布：不丹、印度
濒危等级：LC

北薹草
Carex obtusata Lilj.
习　　性：多年生草本
海　　拔：约 2500 m
国内分布：黑龙江、吉林、新疆
国外分布：俄罗斯、哈萨克斯坦、蒙古
濒危等级：LC

肿喙薹草
Carex oedorrhampha Nelmes
习　　性：多年生草本
海　　拔：700~2000 m
国内分布：广东、湖南、云南
国外分布：不丹、泰国、印度、印度尼西亚、越南
濒危等级：LC

雷湖薹草
Carex okamotoi Ohwi
习　　性：多年生草本
国内分布：安徽
国外分布：朝鲜
濒危等级：LC

少穗薹草
Carex oligostachya Nees
习　　性：多年生草本
海　　拔：900~1200 m
国内分布：广西、贵州
国外分布：巴布亚新几内亚、菲律宾、马来西亚、缅甸、印度、印度尼西亚、越南
濒危等级：LC

榄绿果薹草
Carex olivacea Boott
习　　性：多年生草本
海　　拔：1200~3000 m
国内分布：四川、云南、浙江
国外分布：不丹、印度
濒危等级：LC

峨眉薹草
Carex omeiensis Tang
习　　性：多年生草本
海　　拔：约 1800 m
分　　布：湖北、湖南、陕西、四川
濒危等级：LC

星穗薹草
Carex omiana Franch. et Sav.
习　　性：多年生草本
海　　拔：约 500 m
国内分布：辽宁
国外分布：日本
濒危等级：NT B1ab（i, iii）

针叶薹草
Carex onoei Franch. ex Sav.
习　　性：多年生草本
海　　拔：500~1600 m
国内分布：甘肃、河北、黑龙江、吉林、辽宁、陕西、浙江
国外分布：朝鲜、俄罗斯、日本
濒危等级：LC

圆坚果薹草
Carex orbicularinucis L. K. Dai
习　　性：多年生草本
海　　拔：1700~1900 m
分　　布：四川、云南
濒危等级：LC

圆囊薹草
Carex orbicularis Boott
习　　性：多年生草本
海　　拔：2000~5000 m
国内分布：甘肃、青海、西藏、新疆
国外分布：阿富汗、巴基斯坦、俄罗斯、克什米尔地区、尼泊尔、印度
濒危等级：LC

直穗薹草
Carex orthostachys C. A. Mey.

直穗薹草（原变种）
Carex orthostachys var. **orthostachys**
习　　性：多年生草本
海　　拔：500~700 m
国内分布：河北、黑龙江、吉林、辽宁、内蒙古、新疆
国外分布：俄罗斯、蒙古
濒危等级：LC

疑直穗薹草
Carex orthostachys var. **spuria** Y. L. Chang et Y. L. Yang
习　　性：多年生草本
分　　布：黑龙江
濒危等级：LC

直蕊薹草
Carex orthostemon Hayata
习　　性：多年生草本
分　　布：台湾
濒危等级：LC

鹞落薹草
Carex otaruensis Franch.
习　　性：多年生草本
国内分布：安徽

国外分布：日本
濒危等级：LC

捷克薹草
Carex otrubae Podp.
习　　性：多年生草本
海　　拔：约 1800 m
国内分布：新疆
国外分布：俄罗斯
濒危等级：LC

卵穗薹草
Carex ovatispiculata F. T. Wang et Y. L. Chang ex S. Yun Liang
习　　性：多年生草本
海　　拔：1700~3500 m
分　　布：湖南、陕西、四川、西藏、云南
濒危等级：LC

尖叶薹草
Carex oxyphylla Franch.
习　　性：多年生草本
海　　拔：1300~3000 m
国内分布：四川、台湾、西藏、云南、浙江
国外分布：朝鲜南部、日本中西部
濒危等级：LC

肋脉薹草
Carex pachyneura Kitag.
习　　性：多年生草本
海　　拔：约 1500 m
分　　布：吉林、内蒙古
濒危等级：LC

疣囊薹草
Carex pallida C. A. Mey.

疣囊薹草（原变种）
Carex pallida var. **pallida**
习　　性：多年生草本
国内分布：黑龙江、吉林、辽宁、内蒙古
国外分布：朝鲜、俄罗斯、日本
濒危等级：LC

狭叶疣囊薹草
Carex pallida var. **angustifolia** Y. L. Chang
习　　性：多年生草本
分　　布：内蒙古
濒危等级：LC

帕米尔薹草
Carex pamirensis C. B. Clarke
习　　性：多年生草本
海　　拔：2400~3700 m
国内分布：甘肃、四川、新疆
国外分布：阿富汗、俄罗斯、哈萨克斯坦、印度
濒危等级：LC

近陈氏薹草
Carex paracheniana X. F. Jin, D. A. Simpson et C. Z. Zheng
习　　性：多年生草本

海　　拔：约 800 m
分　　布：广西
濒危等级：LC

陇县薹草
Carex paracuraica F. T. Wang et Y. L. Chang ex S. Yun Liang
习　　性：多年生草本
海　　拔：约 1900 m
分　　布：陕西
濒危等级：NT C1

近根穗薹草
Carex pararadicalis X. F. Jin et J. M. Cen
习　　性：多年生草本
分　　布：云南
濒危等级：LC

小薹草
Carex parva Nees
习　　性：多年生草本
海　　拔：2300~4400 m
国内分布：甘肃、青海、陕西、西藏、云南
国外分布：不丹、尼泊尔、印度
濒危等级：DD

高山嵩草
Carex parvula O. Yano
习　　性：多年生草本
海　　拔：3100~5600 m
国内分布：甘肃、河北、内蒙古、青海、山西、四川、西藏、新疆、云南
国外分布：巴基斯坦、不丹、克什米尔地区、缅甸、尼泊尔、印度
濒危等级：LC

短苞薹草
Carex paxii Kük.
习　　性：多年生草本
海　　拔：100~500m
国内分布：江苏、江西
国外分布：日本、韩国
濒危等级：LC

柄状薹草
Carex pediformis C. A. Mey.

柄状薹草（原变种）
Carex pediformis var. **pediformis**
习　　性：多年生草本
海　　拔：500~2000 m
国内分布：甘肃、河北、黑龙江、吉林、内蒙古、山西、陕西、新疆
国外分布：俄罗斯、蒙古
濒危等级：LC
资源利用：动物饲料（牧草）

柞薹草
Carex pediformis var. **pedunculata** Maxim.
习　　性：多年生草本

海　　拔：500~600 m
国内分布：黑龙江、吉林、内蒙古
国外分布：朝鲜、俄罗斯
濒危等级：LC

膨囊嵩草
Carex peichuniana S. R. Zhang
习　　性：多年生草本
海　　拔：3600~4600 m
国内分布：西藏、云南
国外分布：不丹
濒危等级：LC

白头山薹草
Carex peiktusani Kom.
习　　性：多年生草本
海　　拔：1000~1700 m
国内分布：河北、黑龙江、辽宁、山东、山西
国外分布：朝鲜、俄罗斯
濒危等级：LC

扇叶薹草
Carex peliosanthifolia F. T. Wang et Tang ex P. C. Li
习　　性：多年生草本
分　　布：广西
濒危等级：NT C1

彭氏薹草
Carex pengii X. F. Jin et C. Z. Zheng
习　　性：多年生草本
分　　布：广西
濒危等级：LC

霹雳薹草
Carex perakensis C. B. Clarke
习　　性：多年生草本
海　　拔：700~1800 m
国内分布：福建、广东、广西、贵州、海南、四川、台湾、云南
国外分布：马来西亚、泰国、印度尼西亚、越南
濒危等级：LC

纤细薹草
Carex pergracilis Nelmes
习　　性：多年生草本
海　　拔：1800~2500 m
分　　布：四川、云南
濒危等级：LC

镜子薹草
Carex phacota Spreng.
习　　性：多年生草本
海　　拔：400~1500 m
国内分布：安徽、福建、广东、广西、贵州、海南、湖南、江苏、江西、山东、四川、台湾、云南、浙江
国外分布：马来西亚、缅甸、尼泊尔、日本、斯里兰卡、泰国、印度、印度尼西亚、越南
濒危等级：LC

硕果薹草
Carex phaenocarpa Franch.
习　　性：多年生草本
分　　布：云南
濒危等级：LC

朝芳薹草
Carex phoenicis Dunn
习　　性：多年生草本
海　　拔：700~1400 m
分　　布：广东、浙江
濒危等级：LC

密苞叶薹草
Carex phyllocephala T. Koyama
习　　性：多年生草本
海　　拔：500~1000 m
国内分布：福建、广东、广西
国外分布：日本
濒危等级：LC

囊果薹草
Carex physodes M. Bieb.
习　　性：多年生草本
海　　拔：约600 m
国内分布：新疆
国外分布：阿富汗、俄罗斯
濒危等级：LC

毛缘薹草
Carex pilosa Scop.

毛缘薹草（原变种）
Carex pilosa var. **pilosa**
习　　性：多年生草本
国内分布：黑龙江、辽宁
国外分布：朝鲜、日本
濒危等级：LC

刺毛缘薹草
Carex pilosa var. **auriculata**(Franch.)Kük.
习　　性：多年生草本
国内分布：黑龙江、辽宁
国外分布：俄罗斯、日本
濒危等级：LC

豌豆形薹草
Carex pisiformis Boott
习　　性：多年生草本
海　　拔：400~1400 m
国内分布：安徽、河北、辽宁、山东
国外分布：日本
濒危等级：DD

扁秆薹草
Carex planiculmis Kom.
习　　性：多年生草本
海　　拔：1100~1900 m
国内分布：河北、黑龙江、吉林、辽宁、陕西
国外分布：朝鲜、俄罗斯、日本
濒危等级：LC

扁茎薹草
Carex planiscapa Chun et F. C. How
习　　性：多年生草本
海　　拔：1600~2800 m
分　　布：海南
濒危等级：NT C1

双辽薹草
Carex platysperma Y. L. Chang et Y. L. Yang

双辽薹草（原变种）
Carex platysperma var. **platysperma**
习　　性：多年生草本
分　　布：吉林
濒危等级：NT B1ab（i，iii）

松花江薹草
Carex platysperma var. **sungareensis** Y. L. Chang et Y. L. Yang
习　　性：多年生草本
分　　布：黑龙江
濒危等级：DD

硬毛薹草
Carex plectobasis V. I. Krecz.
习　　性：多年生草本
海　　拔：3000~4300 m
国内分布：四川、西藏、云南
国外分布：阿富汗、克什米尔地区、尼泊尔
濒危等级：LC

杯鳞薹草
Carex poculisquama Kük.
习　　性：多年生草本
分　　布：安徽、江苏、浙江
濒危等级：LC

简单多头薹草
Carex polycephala Kük.
习　　性：多年生草本
海　　拔：2500~2700 m
分　　布：云南
濒危等级：LC

多雄薹草
Carex polymascula P. C. Li
习　　性：多年生草本
海　　拔：3700~4200 m
分　　布：四川
濒危等级：LC

类白穗薹草
Carex polyschoenoides K. T. Fu
习　　性：多年生草本
海　　拔：900~1900 m
分　　布：安徽、甘肃、陕西
濒危等级：LC

波密薹草
Carex pomiensis Y. C. Yang
习　　性：多年生草本
海　　拔：2100~2800 m
分　　布：西藏
濒危等级：DD

沙生薹草
Carex praeclara Nelmes
习　　性：多年生草本
海　　拔：4800~5400 m
国内分布：西藏、云南
国外分布：印度
濒危等级：LC

帚状薹草
Carex praelonga C. B. Clarke
习　　性：多年生草本
海　　拔：2000~3200 m
国内分布：云南
国外分布：印度
濒危等级：LC

锡金嵩草
Carex prainii Kük.
习　　性：多年生草本
国内分布：西藏
国外分布：不丹、尼泊尔、印度
濒危等级：DD

俯秆薹草
Carex procumbens H. B. Yang, Xiao X. Li et G. D. Liu
习　　性：多年生草本
分　　布：海南
濒危等级：DD

延长薹草
Carex prolongata Kük.
习　　性：多年生草本
海　　拔：约3600 m
分　　布：云南
濒危等级：NT C1

粉被薹草
Carex pruinosa Boott
习　　性：多年生草本
海　　拔：100~2500 m
国内分布：安徽、福建、广东、广西、贵州、河南、湖南、江苏、江西、山东、四川、云南、浙江
国外分布：不丹、泰国、印度、印度尼西亚
濒危等级：LC

红棕薹草
Carex przewalskii T. V. Egorova
习　　性：多年生草本
海　　拔：2000~4500 m
分　　布：甘肃、青海、四川、云南
濒危等级：LC

漂筏薹草
Carex pseudocuraica F. Schmidt
习　　性：多年生草本
国内分布：黑龙江、吉林、内蒙古
国外分布：朝鲜、俄罗斯、日本
濒危等级：LC

似莎薹草
Carex pseudocyperus L.
习　　性：多年生草本
海　　拔：约1300 m
国内分布：甘肃
国外分布：俄罗斯、日本
濒危等级：NT C1

似皱果薹草
Carex pseudodispalata K. T. Fu
习　　性：多年生草本
海　　拔：约700 m
分　　布：陕西
濒危等级：NT

无味薹草
Carex pseudofoetida Kük.
习　　性：多年生草本
海　　拔：3700~5200 m
国内分布：青海、西藏
国外分布：阿富汗、不丹、俄罗斯、克什米尔地区、蒙古、尼泊尔、印度
濒危等级：LC

黑麦嵩草
Carex pseudogammiei S. R. Zhang
习　　性：多年生草本
海　　拔：3200~3400 m
分　　布：四川、西藏、云南
濒危等级：LC

似矮薹草
Carex pseudohumilis F. T. Wang et Y. L. Chang ex P. C. Li
习　　性：多年生草本
海　　拔：约3000 m
分　　布：云南
濒危等级：NT C1

东北喙果薹草
Carex pseudohypochlora Y. L. Chang et Y. L. Yang

东北喙果薹草（原变型）
Carex pseudohypochlora f. **pseudohypochlora**
习　　性：多年生草本
分　　布：辽宁
濒危等级：LC

小齿喙果薹草
Carex pseudohypochlora f. **denticulata** Y. L. Chang et Y. L. Yang
习　　性：多年生草本
分　　布：黑龙江
濒危等级：LC

弥勒山薹草
Carex pseudolaticeps Tang et F. T. Wang ex S. Yun Liang
习　性：多年生草本
分　布：广西、香港
濒危等级：LC

疏穗嵩草
Carex pseudolaxa (C. B. Clarke) O. Yano et S. R. Zhang
习　性：多年生草本
海　拔：2200~3700 m
国内分布：西藏
国外分布：阿富汗、巴基斯坦、克什米尔地区、尼泊尔、塔吉克斯坦、印度
濒危等级：NT C1

似舌叶薹草
Carex pseudoligulata L. K. Dai
习　性：多年生草本
海　拔：400~800 m
分　布：湖南、云南
濒危等级：LC

拟灰帽薹草
Carex pseudomitrata X. F. Jin et J. M. Cen
习　性：多年生草本
分　布：云南
濒危等级：LC

假头序薹草
Carex pseudophyllocephala L. K. Dai
习　性：多年生草本
分　布：湖南
濒危等级：LC

高山薹草
Carex pseudosupina Y. C. Tang ex L. K. Dai
习　性：多年生草本
海　拔：约3700 m
分　布：四川
濒危等级：NT C1

拟三穗薹草
Carex pseudotristachya X. F. Jin et C. Z. Zheng
习　性：多年生草本
海　拔：约1200 m
分　布：广东、浙江
濒危等级：LC

甘肃嵩草
Carex pseuduncinoides (Noltie) O. Yano et S. R. Zhang
习　性：多年生草本
海　拔：3000~4700 m
国内分布：甘肃、青海、陕西、四川、西藏、云南
国外分布：不丹、尼泊尔
濒危等级：LC

黄绿薹草
Carex psychrophila Nees
习　性：多年生草本
海　拔：3000~3700 m
国内分布：四川
国外分布：巴基斯坦、克什米尔地区、尼泊尔、印度
濒危等级：DD

翅茎薹草
Carex pterocaulos Nelmes
习　性：多年生草本
海　拔：约1200 m
国内分布：云南
国外分布：缅甸
濒危等级：NT

矮生薹草
Carex pumila Thunb.
习　性：多年生草本
国内分布：福建、河北、江苏、辽宁、山东、台湾、浙江
国外分布：朝鲜北部、俄罗斯、日本
濒危等级：LC

紫鳞薹草
Carex purpureosquamata L. K. Dai
习　性：多年生草本
海　拔：约3200 m
分　布：云南
濒危等级：NT C1

太鲁阁薹草
Carex purpureotincta Ohwi
习　性：多年生草本
国内分布：台湾
国外分布：日本
濒危等级：VU D1+2

紫红鞘薹草
Carex purpureovagina F. T. Wang et Y. C. Chang ex S. Yun Liang
习　性：多年生草本
海　拔：1000~1700 m
分　布：广西
濒危等级：NT C1

紫鞘薹草
Carex purpureovaginalis Q. S. Wang
习　性：多年生草本
分　布：湖北
濒危等级：LC

密穗薹草
Carex pycnostachya Kar. et Kir.
习　性：多年生草本
海　拔：约1800 m
国内分布：新疆
国外分布：俄罗斯、蒙古
濒危等级：DD

青海薹草
Carex qinghaiensis Y. C. Yang
习　性：多年生草本
海　拔：3000~3400 m
分　布：青海
濒危等级：NT

清凉峰薹草
Carex qingliangensis D. M. Weng, H. W. Zhang et S. F. Xu
习　　性：多年生草本
海　　拔：500~1300 m
分　　布：浙江
濒危等级：LC

青阳薹草
Carex qingyangensis S. W. Su et S. M. Xu
习　　性：多年生草本
分　　布：安徽
濒危等级：NT B1ab（i, iii）

齐云薹草
Carex qiyunensis S. W. Su et S. M. Xu
习　　性：多年生草本
分　　布：安徽
濒危等级：LC

四花薹草
Carex quadriflora（Kük.）Ohwi
习　　性：多年生草本
海　　拔：800~1400 m
国内分布：河北、黑龙江、辽宁
国外分布：朝鲜、俄罗斯
濒危等级：LC

锥囊薹草
Carex raddei Kük.
习　　性：多年生草本
海　　拔：约200 m
国内分布：河北、黑龙江、吉林、江苏、辽宁、内蒙古
国外分布：朝鲜、俄罗斯
濒危等级：LC

根穗薹草
Carex radicalis Boott
习　　性：多年生草本
国内分布：四川、云南
国外分布：印度
濒危等级：DD

根花薹草
Carex radiciflora Dunn
习　　性：多年生草本
海　　拔：600~1200 m
分　　布：福建、广东、广西、湖南、云南
濒危等级：LC

细根茎薹草
Carex radicina C. P. Wang
习　　性：多年生草本
分　　布：江苏
濒危等级：NT B1ab（i, iii）；C1

红头薹草
Carex rafflesiana Boott
习　　性：多年生草本
海　　拔：500~600 m
国内分布：台湾
国外分布：澳大利亚、菲律宾、马来西亚、泰国、印度尼西亚
濒危等级：NT

松叶薹草
Carex rara Boott
习　　性：多年生草本
海　　拔：1000~3300 m
国内分布：安徽、广东、黑龙江、湖南、吉林、江苏、江西、辽宁、四川、西藏、云南、浙江
国外分布：不丹、朝鲜、尼泊尔、日本、印度
濒危等级：LC

垂果薹草
Carex recurvisaccus T. Koyama
习　　性：多年生草本
海　　拔：约1300 m
分　　布：广东、云南
濒危等级：NT C1

瘦果薹草
Carex regeliana Kük. ex Litv.
习　　性：多年生草本
海　　拔：1400~4300 m
分　　布：新疆
濒危等级：LC

远穗薹草
Carex remotistachya Y. Y. Zhou et X. F. Jin
习　　性：多年生草本
海　　拔：约450 m
分　　布：浙江
濒危等级：LC

丝引薹草
Carex remotiuscula Wahlenb.
习　　性：多年生草本
海　　拔：900~3700 m
国内分布：安徽、甘肃、河北、河南、黑龙江、吉林、辽宁、山西、陕西、四川、云南
国外分布：朝鲜、俄罗斯、日本
濒危等级：LC

走茎薹草
Carex reptabunda（Trautv.）V. I. Krecz.
习　　性：多年生草本
海　　拔：500~1350 m
国内分布：黑龙江、吉林、辽宁、内蒙古、陕西
国外分布：俄罗斯、蒙古
濒危等级：DD

反折果薹草
Carex retrofracta Kük.
习　　性：多年生草本
分　　布：浙江
濒危等级：LC

根足薹草
Carex rhizopoda Maxim.

习　　性：多年生草本
国内分布：安徽
国外分布：日本
濒危等级：LC

喙果薹草
Carex rhynchachaenium C. B. Clarke
习　　性：多年生草本
国内分布：台湾
国外分布：菲律宾、越南
濒危等级：LC

长颈薹草
Carex rhynchophora Franch.
习　　性：多年生草本
海　　拔：600~1800 m
分　　布：安徽、重庆、贵州、江苏、浙江
濒危等级：LC

大穗薹草
Carex rhynchophysa C. A. Mey.
习　　性：多年生草本
海　　拔：200~700 m
国内分布：黑龙江、吉林、新疆
国外分布：朝鲜、俄罗斯、蒙古、日本
濒危等级：LC
资源利用：动物饲料（牧草）

日东薹草
Carex ridongensis P. C. Li
习　　性：多年生草本
海　　拔：3000~4000 m
分　　布：西藏
濒危等级：NT C1

泽生薹草
Carex riparia Curtis
习　　性：多年生草本
海　　拔：1400~2000 m
国内分布：新疆
国外分布：俄罗斯
濒危等级：LC

溪畔薹草
Carex rivulorum Dunn
习　　性：多年生草本
分　　布：福建、浙江
濒危等级：LC

书带薹草
Carex rochebrunii Franch. et Sav.

书带薹草（原亚种）
Carex rochebrunii subsp. **rochebrunii**
习　　性：多年生草本
国内分布：安徽、河南、江苏、浙江
国外分布：不丹、尼泊尔、日本、斯里兰卡、印度、印度尼西亚
濒危等级：LC

高山穗序薹草
Carex rochebrunii subsp. **remotispicula** (Hayata) T. Koyama
习　　性：多年生草本
分　　布：甘肃、广西、贵州、湖北、湖南、山西、陕西、四川、台湾
濒危等级：LC

匍匐薹草
Carex rochebrunii subsp. **reptans** (Franch.) S. Y. Liang et Y. C. Tang
习　　性：多年生草本
海　　拔：1600~3700 m
分　　布：甘肃、湖北、陕西、四川、云南
濒危等级：LC

灰株薹草
Carex rostrata Stokes
习　　性：多年生草本
海　　拔：约2400 m
国内分布：黑龙江、吉林、内蒙古
国外分布：朝鲜、俄罗斯、蒙古
濒危等级：LC

点囊薹草
Carex rubrobrunnea C. B. Clarke

点囊薹草（原变种）
Carex rubrobrunnea var. **rubrobrunnea**
习　　性：多年生草本
海　　拔：2000~3900 m
国内分布：广东、西藏、云南
国外分布：不丹、缅甸、尼泊尔、印度、越南
濒危等级：LC

短苞点囊薹草
Carex rubrobrunnea var. **brevibracteata** T. Koyama
习　　性：多年生草本
海　　拔：约1500 m
分　　布：江西、四川
濒危等级：LC

大理薹草
Carex rubrobrunnea var. **taliensis** (Franch.) Kük.
习　　性：多年生草本
海　　拔：1000~2800 m
分　　布：安徽、甘肃、广东、广西、湖北、江西、陕西、四川、西藏、云南、浙江
濒危等级：LC

横纹薹草
Carex rugata Ohwi
习　　性：多年生草本
国内分布：安徽、福建、江西
国外分布：日本
濒危等级：LC

粗脉薹草
Carex rugulosa Kük.
习　　性：多年生草本
海　　拔：400~1100 m

国内分布：河北、黑龙江、吉林、内蒙古
国外分布：俄罗斯、日本北部
濒危等级：LC

沙地薹草
Carex sabulosa Turcz. ex Kunth
习　　性：多年生草本
国内分布：新疆
国外分布：俄罗斯、蒙古
濒危等级：LC

美丽薹草
Carex sadoensis Franch.
习　　性：多年生草本
国内分布：安徽
国外分布：俄罗斯、日本
濒危等级：LC

萨嘎薹草
Carex sagaensis Y. C. Yang
习　　性：多年生草本
海　　拔：约 5000 m
分　　布：西藏
濒危等级：NT C1

桑加巴薹草
Carex sanjappae Bhaumik et M. K. Pathak
习　　性：多年生草本
分　　布：西藏
濒危等级：LC

粗壮嵩草
Carex sargentiana(Hemsl.)S. R. Zhang
习　　性：多年生草本
海　　拔：2900 ~ 5200 m
分　　布：甘肃、青海、西藏、新疆
濒危等级：LC

藏北薹草
Carex satakeana T. Koyama
习　　性：多年生草本
海　　拔：3700 ~ 4800 m
分　　布：西藏
濒危等级：NT C1

砂地薹草
Carex satsumensis Franch. et Sav.
习　　性：多年生草本
国内分布：台湾
国外分布：菲律宾、日本、越南
濒危等级：LC

岩生薹草
Carex saxicola Tang et F. T. Wang
习　　性：多年生草本
海　　拔：900 ~ 1100 m
分　　布：广西、海南、湖南
濒危等级：NT B1ab（i，iii）

糙叶薹草
Carex scabrifolia Steud.
习　　性：多年生草本
海　　拔：约 100 m
国内分布：福建、河北、江苏、辽宁、山东、台湾、浙江
国外分布：朝鲜北部、俄罗斯、日本
濒危等级：LC

糙喙薹草
Carex scabrirostris Kük.
习　　性：多年生草本
海　　拔：3000 ~ 4600 m
分　　布：甘肃、青海、陕西、四川、西藏
濒危等级：LC

粗糙薹草
Carex scabrisacca Ohwi et T. S. Liu
习　　性：多年生草本
分　　布：江西
濒危等级：LC

花葶薹草
Carex scaposa C. B. Clarke

花葶薹草（原变种）
Carex scaposa var. **scaposa**
习　　性：多年生草本
海　　拔：400 ~ 1500 m
国内分布：福建、广东、广西、贵州、湖南、江西、四川、云南、浙江
国外分布：越南
濒危等级：LC

长雄薹草
Carex scaposa var. **dolicostachya** F. T. Wang et Tang
习　　性：多年生草本
海　　拔：约 800 m
分　　布：广东、广西
濒危等级：LC

糙叶花葶薹草
Carex scaposa var. **hirsuta** P. C. Li
习　　性：多年生草本
海　　拔：200 ~ 700 m
分　　布：广东、湖南、江西、四川
濒危等级：LC

小长茎薹草
Carex schlagintweitiana Boeckeler

小长茎薹草（原亚种）
Carex schlagintweitiana subsp. **schlagintweitiana**
习　　性：多年生草本
国内分布：西藏、云南
国外分布：巴基斯坦、克什米尔地区、印度
濒危等级：LC

畸囊薹草
Carex schlagintweitiana subsp. **deformis** Noltie
习　　性：多年生草本
国内分布：西藏、云南
国外分布：不丹、尼泊尔
濒危等级：LC

瘤囊薹草
Carex schmidtii Meinsh.
　　习　　性：多年生草本
　　海　　拔：100~900 m
　　国内分布：黑龙江、吉林、内蒙古
　　国外分布：朝鲜、俄罗斯、蒙古、日本
　　濒危等级：LC

川滇薹草
Carex schneideri Nelmes
　　习　　性：多年生草本
　　海　　拔：2900~4100 m
　　分　　布：四川、西藏、云南
　　濒危等级：LC

硬果薹草
Carex sclerocarpa Franch.
　　习　　性：多年生草本
　　海　　拔：900~1700 m
　　分　　布：安徽、湖南、四川
　　濒危等级：LC

蜈蚣薹草
Carex scolopendriformis F. T. Wang et Tang ex P. C. Li
　　习　　性：多年生草本
　　海　　拔：1000~3500 m
　　分　　布：湖南、四川、云南
　　濒危等级：LC

崖壁薹草
Carex scopulus X. F. Jin et W. Jie Chen
　　习　　性：多年生草本
　　海　　拔：约750 m
　　分　　布：浙江
　　濒危等级：LC

沟叶薹草
Carex sedakowii C. A. Mey. ex Meinsh.
　　习　　性：多年生草本
　　海　　拔：600~3200 m
　　国内分布：黑龙江、吉林、辽宁、内蒙古
　　国外分布：朝鲜、俄罗斯、蒙古、日本
　　濒危等级：LC

仙台薹草
Carex sendaica Franch.

仙台薹草（原变种）
Carex sendaica var. **sendaica**
　　习　　性：多年生草本
　　海　　拔：100~1900 m
　　国内分布：贵州、湖北、江苏、江西、陕西、四川、浙江
　　国外分布：日本
　　濒危等级：LC

多穗仙台薹草
Carex sendaica var. **pseudosendaica** T. Koyama
　　习　　性：多年生草本
　　海　　拔：1000~1700 m
　　国内分布：贵州、河南、湖南、江苏、四川
　　国外分布：日本
　　濒危等级：LC

紫喙薹草
Carex serreana Hand. -Mazz.
　　习　　性：多年生草本
　　海　　拔：1900~4500 m
　　分　　布：甘肃、河北、青海、山西
　　濒危等级：LC

长茎薹草
Carex setigera D. Don
　　习　　性：多年生草本
　　海　　拔：2300~4100 m
　　国内分布：西藏、云南
　　国外分布：不丹、尼泊尔、印度
　　濒危等级：LC

刺毛薹草
Carex setosa Boott

刺毛薹草（原变种）
Carex setosa var. **setosa**
　　习　　性：多年生草本
　　海　　拔：1400~3700 m
　　国内分布：甘肃、贵州、湖南、青海、四川、西藏、云南
　　国外分布：克什米尔地区
　　濒危等级：LC

沔县刺毛薹草
Carex setosa var. **mianxianica** S. Yun Liang
　　习　　性：多年生草本
　　分　　布：陕西
　　濒危等级：LC

锈点刺毛薹草
Carex setosa var. **punctata** S. Yun Liang
　　习　　性：多年生草本
　　分　　布：广西、四川
　　濒危等级：LC

四川嵩草
Carex setschwanensis (Hand. -Mazz.) S. R. Zhang
　　习　　性：多年生草本
　　海　　拔：2300~4300 m
　　国内分布：甘肃、青海、四川、西藏、云南
　　国外分布：不丹
　　濒危等级：LC

陕西薹草
Carex shaanxiensis F. T. Wang et Tang ex P. C. Li
　　习　　性：多年生草本
　　海　　拔：2800~3200 m
　　分　　布：甘肃、陕西
　　濒危等级：VU A2c；B1ab（i, iii）；C1

山丹薹草
Carex shandanica Y. C. Yang
　　习　　性：多年生草本
　　海　　拔：约3100 m
　　分　　布：甘肃
　　濒危等级：NT C1

商城薹草
Carex shangchengensis S. Yun Liang
- 习　　性：多年生草本
- 海　　拔：约 600 m
- 分　　布：安徽、河南
- 濒危等级：NT B1ab（i，iii）

上杭薹草
Carex shanghangensis S. Yun Liang
- 习　　性：多年生草本
- 海　　拔：约 600 m
- 分　　布：福建
- 濒危等级：NT C1

双柏薹草
Carex shuangbaiensis L. K. Dai
- 习　　性：多年生草本
- 海　　拔：约 2000 m
- 分　　布：云南
- 濒危等级：NT C1

舒城薹草
Carex shuchengensis S. W. Su et Q. Zhang
- 习　　性：多年生草本
- 分　　布：安徽
- 濒危等级：VU B1ab（i，iii）

西畴薹草
Carex sichouensis P. C. Li
- 习　　性：多年生草本
- 海　　拔：700~1700 m
- 分　　布：云南
- 濒危等级：NT C1

宽叶薹草
Carex siderosticta Hance
- 习　　性：多年生草本
- 海　　拔：1000~2000 m
- 国内分布：安徽、河北、黑龙江、吉林、江西、辽宁、山东、山西、陕西、浙江
- 国外分布：朝鲜、俄罗斯、日本
- 濒危等级：LC
- 资源利用：环境利用（观赏）

相仿薹草
Carex simulans C. B. Clarke
- 习　　性：多年生草本
- 海　　拔：700~1700 m
- 分　　布：湖北、四川、浙江
- 濒危等级：LC

华芒鳞薹草
Carex sinoaristata Tang et F. T. Wang ex L. K. Dai
- 习　　性：多年生草本
- 分　　布：重庆
- 濒危等级：LC

华疏花薹草
Carex sinodissitiflora Tang et F. T. Wang ex L. K. Dai
- 习　　性：多年生草本
- 海　　拔：约 1900 m
- 分　　布：云南
- 濒危等级：NT B1ab（i，iii）

冻原薹草
Carex siroumensis Koidz.
- 习　　性：多年生草本
- 海　　拔：2000~2400 m
- 国内分布：吉林
- 国外分布：朝鲜、日本
- 濒危等级：LC

伴生薹草
Carex sociata Boott
- 习　　性：多年生草本
- 国内分布：台湾
- 国外分布：日本
- 濒危等级：LC

准噶尔薹草
Carex songorica Kar. et Kir.
- 习　　性：多年生草本
- 海　　拔：100~3000 m
- 国内分布：新疆
- 国外分布：阿富汗、俄罗斯、蒙古西北部、印度
- 濒危等级：LC

澳门薹草
Carex spachiana Boott
- 习　　性：多年生草本
- 分　　布：广东
- 濒危等级：VU B1ab（i，iii）

翠丽薹草
Carex speciosa Kunth

翠丽薹草（原亚种）
Carex speciosa subsp. **speciosa**
- 习　　性：多年生草本
- 海　　拔：1000~3400 m
- 国内分布：广西、四川、云南
- 国外分布：不丹、柬埔寨、老挝、尼泊尔、泰国、印度、印度尼西亚、越南
- 濒危等级：LC

长囊翠丽薹草
Carex speciosa subsp. **varmae** Bhaumik et M. K. Pathak
- 习　　性：多年生草本
- 国内分布：西藏
- 国外分布：印度
- 濒危等级：LC

夏河嵩草
Carex squamiformis（Y. C. Yang）S. R. Zhang
- 习　　性：多年生草本
- 海　　拔：2900~3600 m
- 分　　布：甘肃、青海
- 濒危等级：LC

细果薹草
Carex stenocarpa Turcz. et V. I. Krecz.
- 习　　性：多年生草本

海　　拔：900～4200 m
国内分布：甘肃、新疆
国外分布：俄罗斯
濒危等级：LC

海绵基薹草
Carex stipata Muhl. ex Willd.
习　　性：多年生草本
海　　拔：700～1700 m
国内分布：湖北、吉林
国外分布：朝鲜、俄罗斯、日本
濒危等级：NT C1

柄果薹草
Carex stipitinux C. B. Clarke ex Franch.
习　　性：多年生草本
海　　拔：200～1500 m
分　　布：安徽、甘肃、广西、贵州、湖北、湖南、江西、陕西、四川、浙江
濒危等级：LC

柄囊薹草
Carex stipitiutriculata P. C. Li
习　　性：多年生草本
海　　拔：约3600 m
分　　布：云南
濒危等级：NT C1

草黄薹草
Carex stramentitia Boott ex Boeckeler
习　　性：多年生草本
海　　拔：100～1000 m
国内分布：广西、贵州、云南
国外分布：不丹、缅甸、尼泊尔、泰国、印度、印度尼西亚、越南
濒危等级：LC

近头状薹草
Carex subcapitata X. F. Jin, C. Z. Zheng et B. Y. Ding
习　　性：多年生草本
分　　布：浙江
濒危等级：LC

武义薹草
Carex subcernua Ohwi
习　　性：多年生草本
国内分布：浙江
国外分布：日本
濒危等级：LC

小苞叶薹草
Carex subebracteata (Kük.) Ohwi
习　　性：多年生草本
海　　拔：约700 m
国内分布：黑龙江、内蒙古
国外分布：朝鲜、俄罗斯、日本
濒危等级：LC

近蕨薹草
Carex subfilicinoides Kük.
习　　性：多年生草本
海　　拔：1200～2900 m
分　　布：湖北、四川、云南
濒危等级：LC

似柔果薹草
Carex submollicula Tang et F. T. Wang ex L. K. Dai
习　　性：多年生草本
分　　布：福建、广东、江西、浙江
濒危等级：LC

类霹雳薹草
Carex subperakensis L. K. Ling et Y. Z. Huang
习　　性：多年生草本
海　　拔：约900 m
分　　布：福建
濒危等级：NT B1ab (i, iii)

似矮生薹草
Carex subpumila Tang et F. T. Wang ex L. K. Dai
习　　性：多年生草本
分　　布：福建、河北
濒危等级：LC

似横果薹草
Carex subtransversa C. B. Clarke
习　　性：多年生草本
海　　拔：1300～2500 m
国内分布：台湾、浙江
国外分布：菲律宾、日本
濒危等级：NT

肿胀果薹草
Carex subtumida (Kük.) Ohwi
习　　性：多年生草本
海　　拔：800～1000 m
分　　布：安徽、江苏、江西、浙江
濒危等级：LC

四川薹草
Carex sutchuensis Franch.
习　　性：多年生草本
分　　布：四川
濒危等级：NT B1ab (i, iii)

太湖薹草
Carex taihuensis S. W. Su et S. M. Xu
习　　性：多年生草本
分　　布：安徽
濒危等级：LC

南疆薹草
Carex taldycola Meinsh.
习　　性：多年生草本
海　　拔：2000～2600 m
分　　布：新疆
濒危等级：LC

唐进薹草
Carex tangiana Ohwi
习　　性：多年生草本
海　　拔：500～1000 m

分　　布：甘肃、河北、河南、黑龙江、吉林、辽宁、山西、陕西
濒危等级：LC

河北薹草
Carex tangii Kük.
习　　性：多年生草本
海　　拔：1600~1700 m
分　　布：河北
濒危等级：VU B1ab（i，iii）；C1

唐古拉薹草
Carex tangulashanensis Y. C. Yang
习　　性：多年生草本
海　　拔：4000~4800 m
分　　布：青海、西藏
濒危等级：LC

大坪子薹草
Carex tapinzensis Franch.
习　　性：多年生草本
海　　拔：1800~3800 m
分　　布：四川、西藏、云南
濒危等级：LC

长麟薹草
Carex tarunensis Franch.
习　　性：多年生草本
海　　拔：1400~1500 m
国内分布：吉林
国外分布：日本
濒危等级：LC

打箭薹草
Carex tatsiensis(Franch.)Kük.
习　　性：多年生草本
海　　拔：3000~4000 m
分　　布：甘肃、青海、四川
濒危等级：LC

长柱头薹草
Carex teinogyna Boott
习　　性：多年生草本
海　　拔：500~2000 m
国内分布：安徽、广东、广西、湖南、江西、云南、浙江
国外分布：朝鲜、缅甸、日本、印度、越南
濒危等级：LC

芒尖鳞薹草
Carex tenebrosa Boott
习　　性：多年生草本
分　　布：香港
濒危等级：LC

细花薹草
Carex tenuiflora Wahlenb.
习　　性：多年生草本
海　　拔：约900 m
国内分布：吉林、内蒙古
国外分布：朝鲜、俄罗斯、蒙古、日本
濒危等级：NT C1

细形薹草
Carex tenuiformis H. Lév. et Vaniot
习　　性：多年生草本
海　　拔：200~700 m
国内分布：黑龙江、内蒙古
国外分布：朝鲜、俄罗斯、日本
濒危等级：DD

细序薹草
Carex tenuipaniculata P. C. Li
习　　性：多年生草本
海　　拔：约2100 m
分　　布：云南
濒危等级：DD

细喙薹草
Carex tenuirostrata X. F. Jin, S. H. Jin et D. F. Wu
习　　性：多年生草本
分　　布：浙江

细穗薹草
Carex tenuispicula Tang ex S. Yun Liang
习　　性：多年生草本
海　　拔：400 m
分　　布：福建、广东、湖南
濒危等级：LC

糙芒薹草
Carex teres Boott
习　　性：多年生草本
海　　拔：约3100 m
国内分布：西藏
国外分布：不丹、尼泊尔、印度
濒危等级：NT C1

藏薹草
Carex thibetica Franch.

藏薹草（原变种）
Carex thibetica var. **thibetica**
习　　性：多年生草本
海　　拔：800~2000 m
分　　布：重庆、广西、贵州、河南、湖北、湖南、陕西、四川、云南、浙江
濒危等级：LC

少花藏薹草
Carex thibetica var. **pauciflora** Tang et F. T. Wang ex S. Yun Liang
习　　性：多年生草本
海　　拔：约2200 m
分　　布：云南
濒危等级：LC

高节薹草
Carex thomsonii Boott
习　　性：多年生草本
海　　拔：200~1700 m
国内分布：广西、贵州、四川、云南
国外分布：不丹、缅甸、尼泊尔、泰国、印度、越南
濒危等级：LC

陌上菅
Carex thunbergii Steud.
习　　性：多年生草本
海　　拔：500～3900 m
国内分布：黑龙江、辽宁
国外分布：日本
濒危等级：LC

天目山薹草
Carex tianmushanica C. Z. Zheng et X. F. Jin
习　　性：多年生草本
海　　拔：1000～1500 m
分　　布：浙江
濒危等级：NT D

西藏嵩草
Carex tibetikobresia S. R. Zhang
习　　性：多年生草本
海　　拔：2500～4600 m
国内分布：甘肃、青海、四川、西藏、新疆
国外分布：不丹
濒危等级：LC

廷农薹草
Carex tingnungii X. F. Jin
习　　性：多年生草本
分　　布：青海
濒危等级：LC

多枝薹草
Carex tosaensis Akiyama
习　　性：多年生草本
国内分布：安徽
国外分布：日本
濒危等级：LC

横果薹草
Carex transversa Boott
习　　性：多年生草本
海　　拔：500～800 m
国内分布：安徽、福建、广东、湖南、江苏、江西、浙江
国外分布：朝鲜、日本
濒危等级：LC

三头薹草
Carex tricephala Boeckeler
习　　性：多年生草本
海　　拔：700～1100 m
国内分布：云南
国外分布：柬埔寨、老挝、缅甸、泰国、印度尼西亚、越南
濒危等级：LC

三穗薹草
Carex tristachya Thunb.

三穗薹草（原变种）
Carex tristachya var. **tristachya**
习　　性：多年生草本
海　　拔：600 m
国内分布：安徽、海南、湖南、江苏、浙江
国外分布：朝鲜、日本
濒危等级：LC

合鳞薹草
Carex tristachya var. **pocilliformis**(Boott)Kük.
习　　性：多年生草本
海　　拔：300～1100 m
国内分布：安徽、福建、广东、广西、湖南、江苏、江西、四川、台湾、浙江
国外分布：朝鲜、日本
濒危等级：LC

菊芳薹草
Carex trongii K. K. Nguyen
习　　性：多年生草本
国内分布：广西
国外分布：越南
濒危等级：LC

截鳞薹草
Carex truncatigluma C. B. Clarke
濒危等级：LC

截鳞薹草（原亚种）
Carex truncatigluma subsp. **truncatigluma**
习　　性：多年生草本
国内分布：安徽、福建、广东、广西、贵州、海南、湖南、江西、四川、台湾、云南、浙江
国外分布：菲律宾、马来西亚、越南
濒危等级：LC

华阳薹草
Carex truncatigluma subsp. **huayangensis** S. W. Su
习　　性：多年生草本
分　　布：安徽
濒危等级：LC

希陶薹草
Carex tsaiana F. T. Wang et Tang ex P. C. Li
习　　性：多年生草本
海　　拔：1100～1600 m
分　　布：云南
濒危等级：NT C1

三念薹草
Carex tsiangii F. T. Wang et Tang
习　　性：多年生草本
分　　布：广东
濒危等级：LC

线茎薹草
Carex tsoi Merr. et Chun
习　　性：多年生草本
海　　拔：500～800 m
分　　布：海南
濒危等级：LC

图们薹草
Carex tuminensis Kom.
习　　性：多年生草本
海　　拔：1000～1800 m
国内分布：黑龙江、吉林
国外分布：朝鲜、俄罗斯

濒危等级：LC

东方薹草
Carex tungfangensis L. K. Dai et S. M. Huang
- 习　　性：多年生草本
- 海　　拔：900~1400 m
- 分　　布：海南
- 濒危等级：LC

玉龙嵩草
Carex tunicata (Hand.-Mazz.) S. R. Zhang
- 习　　性：多年生草本
- 海　　拔：3300~4300 m
- 分　　布：云南
- 濒危等级：DD

新疆薹草
Carex turkestanica Regel
- 习　　性：多年生草本
- 海　　拔：1000~2600 m
- 国内分布：甘肃、新疆
- 国外分布：阿富汗、巴基斯坦、俄罗斯、哈萨克斯坦、吉尔吉斯斯坦、塔吉克斯坦、乌兹别克斯坦
- 濒危等级：LC

大针薹草
Carex uda Maxim.
- 习　　性：多年生草本
- 海　　拔：约500 m
- 国内分布：黑龙江、吉林
- 国外分布：朝鲜、俄罗斯、日本
- 濒危等级：LC

卷叶薹草
Carex ulobasis V. I. Krecz.
- 习　　性：多年生草本
- 海　　拔：约500 m
- 国内分布：黑龙江、内蒙古
- 国外分布：朝鲜、俄罗斯
- 濒危等级：LC

钩状嵩草
Carex uncinioides Boott
- 习　　性：多年生草本
- 海　　拔：2900~4900 m
- 国内分布：四川、西藏、云南
- 国外分布：不丹、缅甸、尼泊尔、印度
- 濒危等级：LC

单性薹草
Carex unisexualis C. B. Clarke
- 习　　性：多年生草本
- 海　　拔：1100~1900 m
- 国内分布：安徽、湖北、湖南、江苏、江西、云南、浙江
- 国外分布：日本
- 濒危等级：LC

扁果薹草
Carex urelytra Ohwi
- 习　　性：多年生草本
- 分　　布：台湾
- 濒危等级：LC

乌苏里薹草
Carex ussuriensis Kom.
- 习　　性：多年生草本
- 海　　拔：700~3500 m
- 国内分布：黑龙江、吉林、内蒙古、陕西
- 国外分布：朝鲜、俄罗斯、日本
- 濒危等级：LC

少花薹草
Carex vaginata Tansch

少花薹草（原变种）
Carex vaginata var. **vaginata**
- 习　　性：多年生草本
- 国内分布：黑龙江、辽宁
- 国外分布：朝鲜、俄罗斯、日本
- 濒危等级：LC

大少花薹草
Carex vaginata var. **petersii** (C. A. Mey. ex F. Schmidt) Akiyama
- 习　　性：多年生草本
- 国内分布：黑龙江、吉林、辽宁、内蒙古
- 国外分布：俄罗斯、蒙古
- 濒危等级：LC

发秆嵩草
Carex vaginosa (C. B. Clarke) S. R. Zhang
- 习　　性：多年生草本
- 海　　拔：4000~4800 m
- 国内分布：西藏、云南
- 国外分布：尼泊尔、印度
- 濒危等级：LC

鳞苞薹草
Carex vanheurckii Müll. Arg.
- 习　　性：多年生草本
- 海　　拔：约1200 m
- 国内分布：黑龙江、吉林、辽宁、内蒙古
- 国外分布：朝鲜北部、俄罗斯、蒙古、日本
- 濒危等级：LC

胀囊薹草
Carex vesicaria L.
- 习　　性：多年生草本
- 海　　拔：100~2000 m
- 国内分布：黑龙江、吉林、辽宁、内蒙古
- 国外分布：朝鲜、俄罗斯、蒙古、日本
- 濒危等级：LC
- 资源利用：动物饲料（牧草）

褐黄鳞薹草
Carex vesicata Meinsh.
- 习　　性：多年生草本
- 海　　拔：约600 m
- 国内分布：吉林、辽宁、内蒙古

国外分布：俄罗斯、蒙古、日本北部
濒危等级：LC

短轴薹草
Carex vidua Boott ex C. B. Clarke
习　　性：多年生草本
海　　拔：3000~5100 m
国内分布：甘肃、青海、陕西、四川、西藏、云南
国外分布：不丹、尼泊尔、印度
濒危等级：LC

绿边薹草
Carex viridimarginata Kük.
习　　性：多年生草本
海　　拔：约 2500 m
分　　布：山西
濒危等级：LC

狐狸薹草
Carex vulpina L.
习　　性：多年生草本
海　　拔：约 1200 m
国内分布：新疆
国外分布：俄罗斯
濒危等级：NT C1

健壮薹草
Carex wahuensis (Franch. et Sav.) T. Koyama
习　　性：多年生草本
国内分布：山东、台湾、香港、浙江
国外分布：朝鲜、日本
濒危等级：LC

瓦屋薹草
Carex wawuensis Chü ex S. Yun Liang
习　　性：多年生草本
分　　布：四川
濒危等级：LC

文山薹草
Carex wenshanensis L. K. Dai
习　　性：多年生草本
海　　拔：约 2400 m
分　　布：云南
濒危等级：NT C1

沙坪薹草
Carex wui Chü ex L. K. Dai
习　　性：多年生草本
海　　拔：1900~2900 m
分　　布：贵州、四川
濒危等级：LC

武都薹草
Carex wutuensis K. T. Fu
习　　性：多年生草本
海　　拔：约 2400 m
分　　布：甘肃
濒危等级：NT C1

武夷山薹草
Carex wuyishanensis S. Yun Liang
习　　性：多年生草本
海　　拔：约 1000 m
分　　布：福建
濒危等级：NT C1

湘西薹草
Carex xiangxiensis Z. P. Wang
习　　性：多年生草本
海　　拔：约 300 m
分　　布：湖南
濒危等级：LC

稗薹草
Carex xiphium Kom.
习　　性：多年生草本
海　　拔：500~1000 m
国内分布：吉林
国外分布：朝鲜、俄罗斯
濒危等级：LC

亚东薹草
Carex yadongensis (Y. C. Yang) S. R. Zhang
习　　性：多年生草本
海　　拔：4800~5100 m
分　　布：西藏
濒危等级：NT C1

雅江薹草
Carex yajiangensis Tang et F. T. Wang ex S. Yun Liang
习　　性：多年生草本
分　　布：四川
濒危等级：NT C1

山林薹草
Carex yamatsutana Ohwi
习　　性：多年生草本
海　　拔：1000 m 以下
国内分布：黑龙江、吉林、辽宁、内蒙古
国外分布：俄罗斯
濒危等级：LC

雁荡山薹草
Carex yandangshanica C. Z. Zheng et X. F. Jin
习　　性：多年生草本
分　　布：浙江
濒危等级：LC

纤细薹草
Carex yangii (S. R. Zhang) S. R. Zhang
习　　性：多年生草本
海　　拔：3600~4400 m
分　　布：四川
濒危等级：LC

阳朔薹草
Carex yangshuoensis Tang et F. T. Wang ex S. Yun Liang
习　　性：多年生草本
分　　布：广西

濒危等级：NT C1

永安薹草
Carex yonganensis L. K. Dai et Y. Z. Huang
习　　性：多年生草本
分　　布：福建
濒危等级：LC

丫蕊薹草
Carex ypsilandrifolia F. T. Wang et Tang
习　　性：多年生草本
海　　拔：700~1700 m
分　　布：福建、广东、湖南、江西
濒危等级：LC

岳西薹草
Carex yuexiensis S. W. Su et S. M. Xu
习　　性：多年生草本
分　　布：安徽
濒危等级：NT C1

玉龙薹草
Carex yulungshanensis P. C. Li
习　　性：多年生草本
海　　拔：3900~4300 m
分　　布：云南
濒危等级：NT C1

云岭薹草
Carex yunlingensis P. C. Li
习　　性：多年生草本
海　　拔：约 3400 m
分　　布：云南
濒危等级：NT C1

云南薹草
Carex yunnanensis Franch.
习　　性：多年生草本
海　　拔：1500~3000 m
分　　布：四川、云南
濒危等级：LC

云亿薹草
Carex yunyiana X. F. Jin et C. Z. Zheng
习　　性：多年生草本
海　　拔：约 1000 m
分　　布：浙江
濒危等级：NT D

泽库薹草
Carex zekogensis Y. C. Yang
习　　性：多年生草本
海　　拔：约 3200 m
分　　布：青海
濒危等级：NT C1

浙江薹草
Carex zhejiangensis X. F. Jin, Y. J. Zhao
习　　性：多年生草本
分　　布：浙江
濒危等级：LC

镇康薹草
Carex zhenkangensis F. T. Wang et Tang ex S. Yun Liang
习　　性：多年生草本
海　　拔：3000~3600 m
分　　布：广西、云南
濒危等级：LC

中海薹草
Carex zhonghaiensis S. Yun Liang
习　　性：多年生草本
海　　拔：约 2400 m
分　　布：新疆
濒危等级：NT C1

菰叶薹草
Carex zizaniifolia Raymond
习　　性：多年生草本
分　　布：云南
濒危等级：LC

遵义薹草
Carex zunyiensis Tang et F. T. Wang
习　　性：多年生草本
海　　拔：200~1400 m
分　　布：安徽、广东、广西、贵州、四川、浙江
濒危等级：LC

克拉莎属 Cladium P. Browne

华克拉莎
Cladium jamacence (Nees) T. Koyama
习　　性：多年生草本
国内分布：广东、广西、海南、台湾、西藏、云南、浙江
国外分布：朝鲜、尼泊尔、日本、印度、越南
濒危等级：LC

翅鳞莎属 Courtoisina Soják

翅鳞莎
Courtoisina cyperoides (Roxb.) Soják
习　　性：一年生草本
海　　拔：1000~1800 m
国内分布：西藏、云南
国外分布：不丹、老挝、马达加斯加、缅甸、尼泊尔、泰国、印度、越南
濒危等级：LC

莎草属 Cyperus L.

野生风车草
Cyperus alternifolius L.
习　　性：多年生草本
国内分布：台湾栽培
国外分布：原产马达加斯加
资源利用：环境利用（观赏）

阿穆尔莎草
Cyperus amuricus Maxim.

习　　性：一年生草本
海　　拔：100~2500 m
国内分布：安徽、重庆、福建、广西、贵州、河北、河南、湖北、湖南、吉林、江苏、江西、辽宁、山东、山西、陕西、台湾、西藏、云南、浙江
国外分布：朝鲜、俄罗斯、日本
濒危等级：DD

刺鳞莎草
Cyperus babakan Steud.
习　　性：多年生草本
海　　拔：300 m 以下
国内分布：海南、西藏
国外分布：巴布亚新几内亚、菲律宾、老挝、马来西亚、泰国、印度、印度尼西亚、越南
濒危等级：LC

长板栗莎草
Cyperus castaneus Willd.
习　　性：一年生草本
海　　拔：300 m 以下
国内分布：广东、广西、贵州、湖南
国外分布：澳大利亚、不丹、马来西亚、缅甸、尼泊尔、斯里兰卡、泰国、印度、印度尼西亚、越南
濒危等级：LC

少花穗莎草
Cyperus cephalotes Vahl
习　　性：多年生草本
海　　拔：1800 m
国内分布：福建
国外分布：澳大利亚、巴布亚新几内亚、缅甸、斯里兰卡、泰国、印度、印度尼西亚、越南
濒危等级：DD

密穗砖子苗
Cyperus compactus Retz.
习　　性：多年生草本
海　　拔：海平面至 1000 m
国内分布：福建、广东、广西、贵州、海南、台湾、西藏、云南
国外分布：澳大利亚、巴布亚新几内亚、巴基斯坦、菲律宾、柬埔寨、老挝、马达加斯加、马来西亚、缅甸、斯里兰卡、泰国、印度、印度尼西亚、越南
濒危等级：LC

扁穗莎草
Cyperus compressus L.
习　　性：一年生草本
海　　拔：海平面至 1600 m
国内分布：安徽、重庆、福建、甘肃、广东、广西、贵州、海南、河北、河南、湖北、湖南、江苏、江西、辽宁、山东、山西、四川、台湾、西藏、云南、浙江
国外分布：阿富汗、澳大利亚、巴布亚新几内亚、巴基斯坦、不丹、菲律宾、克什米尔地区、老挝、马达加斯加、孟加拉国、缅甸、尼泊尔、日本、斯里兰卡、泰国、印度、印度尼西亚、越南
濒危等级：LC

长尖莎草
Cyperus cuspidatus Kunth
习　　性：一年生草本
海　　拔：海平面至 2000 m
国内分布：安徽、福建、甘肃、广东、广西、海南、江苏、江西、山东、四川、台湾、西藏、云南、浙江
国外分布：澳大利亚、巴基斯坦、不丹、菲律宾、克什米尔地区、老挝、马达加斯加、马来西亚、孟加拉国、尼泊尔、斯里兰卡、泰国、印度、印度尼西亚、越南
濒危等级：LC

莎状砖子苗
Cyperus cyperinus（Retz.）Valck. Sur.
习　　性：多年生草本
海　　拔：海平面至 1800 m
国内分布：福建、广东、广西、海南、湖南、江西、四川、台湾、西藏、云南、浙江
国外分布：澳大利亚、巴布亚新几内亚、不丹、菲律宾、马来西亚、孟加拉国、缅甸、尼泊尔、日本、斯里兰卡、泰国、印度、印度尼西亚、越南
濒危等级：LC

砖子苗
Cyperus cyperoides（L.）Kuntze
习　　性：多年生草本
海　　拔：100~3200 m
国内分布：安徽、重庆、福建、甘肃、广东、广西、贵州、海南、河南、湖北、湖南、江苏、江西、陕西、四川、台湾、西藏、云南、浙江
国外分布：澳大利亚、巴布亚新几内亚、巴基斯坦、不丹、朝鲜、菲律宾、克什米尔地区、老挝、马达加斯加、马来西亚、缅甸、尼泊尔、日本、斯里兰卡、泰国、印度、印度尼西亚、越南
濒危等级：LC

异型莎草
Cyperus difformis L.
习　　性：一年生草本
海　　拔：100~2000 m
国内分布：安徽、重庆、福建、甘肃、广东、广西、贵州、海南、河北、河南、黑龙江、湖北、湖南、吉林、江苏、江西、辽宁、内蒙古、宁夏、山东、山西、陕西、四川、台湾、新疆、云南、浙江
国外分布：阿富汗、澳大利亚、巴布亚新几内亚、巴基斯坦、不丹、朝鲜、俄罗斯、菲律宾、哈萨克斯坦、吉尔吉斯斯坦、克什米尔地区、马达加斯加、马来西亚、孟加拉国、缅甸、尼泊尔、日本、斯里兰卡、塔吉克斯坦、泰国、乌兹别克斯坦、印度、印度尼西亚、越南
濒危等级：LC

多脉莎草
Cyperus diffusus Vahl

多脉莎草（原变种）
Cyperus diffusus var. **diffusus**
习　　性：多年生草本

海　　拔：100~1700 m
国内分布：广东、广西、海南、台湾、西藏、云南
国外分布：澳大利亚、不丹、菲律宾、柬埔寨、老挝、马来西亚、缅甸、尼泊尔、斯里兰卡、泰国、印度、印度尼西亚、越南
濒危等级：LC

宽叶多脉莎草
Cyperus diffusus var. **latifolius** L. K. Dai
习　　性：多年生草本
分　　布：广东
濒危等级：LC

长小穗莎草
Cyperus digitatus Roxb.
习　　性：多年生草本
海　　拔：海平面至1800 m
国内分布：广西、海南、台湾、西藏、香港、云南
国外分布：澳大利亚、巴布亚新几内亚、巴基斯坦、菲律宾、老挝、马来西亚、孟加拉国、缅甸、尼泊尔、斯里兰卡、泰国、印度、印度尼西亚、越南
濒危等级：LC

疏穗莎草
Cyperus distans L. f.
习　　性：多年生草本
海　　拔：海平面至1800 m
国内分布：广东、广西、海南、台湾、云南
国外分布：澳大利亚、巴布亚新几内亚、不丹、菲律宾、柬埔寨、克什米尔地区、老挝、马达加斯加、缅甸、尼泊尔、日本、斯里兰卡、泰国、印度、印度尼西亚、越南
濒危等级：LC

鳞茎砖子苗
Cyperus dubius Rottb.
习　　性：多年生草本
国内分布：海南
国外分布：菲律宾、老挝、马达加斯加、马来西亚、缅甸、斯里兰卡、泰国、印度、印度尼西亚、越南
濒危等级：DD

云南莎草
Cyperus duclouxii E. G. Camus
习　　性：多年生草本
海　　拔：1100~2600 m
分　　布：贵州、四川、云南
濒危等级：LC

黄翅莎草
Cyperus elatus L.
习　　性：多年生草本
海　　拔：海平面至1500 m
国内分布：海南、云南
国外分布：巴布亚新几内亚、菲律宾、老挝、马来西亚、孟加拉国、泰国、印度、印度尼西亚、越南
濒危等级：LC

穆穗莎草
Cyperus eleusinoides Kunth
习　　性：多年生草本
海　　拔：200~2500 m
国内分布：福建、广东、广西、台湾、云南
国外分布：澳大利亚、巴布亚新几内亚、巴基斯坦、菲律宾、柬埔寨、克什米尔地区、老挝、缅甸、尼泊尔、日本、斯里兰卡、泰国、印度、印度尼西亚、越南
濒危等级：LC

密穗莎草
Cyperus eragrostis Lam.
习　　性：多年生草本
国内分布：台湾归化
国外分布：原产美洲、太平洋岛屿

油莎草
Cyperus esculentus Boeckeler
习　　性：多年生草本
国内分布：黑龙江、辽宁、新疆、云南、广西栽培；山东、台湾等省归化
国外分布：原产地中海地区

高秆莎草
Cyperus exaltatus Retz.

高秆莎草（原变种）
Cyperus exaltatus var. **exaltatus**
习　　性：多年生草本
海　　拔：海平面至1100 m
国内分布：安徽、福建、广东、贵州、海南、湖北、吉林、江苏、山东、台湾、浙江
国外分布：澳大利亚、巴布亚新几内亚、巴基斯坦、朝鲜、克什米尔地区、马来西亚、孟加拉国、缅甸、尼泊尔、日本、斯里兰卡、泰国、印度、印度尼西亚、越南
濒危等级：LC

海南高秆莎草
Cyperus exaltatus var. **hainanensis** L. K. Dai
习　　性：多年生草本
分　　布：海南
濒危等级：LC

长穗高秆莎草
Cyperus exaltatus var. **megalanthus** Kük.
习　　性：多年生草本
海　　拔：约100 m
分　　布：安徽、福建、江苏、浙江
濒危等级：LC

广东高秆莎草
Cyperus exaltatus var. **tenuispicatus** L. K. Dai
习　　性：多年生草本
分　　布：广东
濒危等级：LC

褐穗莎草
Cyperus fuscus L.
习　　性：一年生草本
海　　拔：100~2000 m
国内分布：安徽、甘肃、河北、河南、黑龙江、江苏、辽

宁、内蒙古、宁夏、山东、山西、陕西、四川、新疆、云南

国外分布：阿富汗、巴基斯坦、俄罗斯、哈萨克斯坦、吉尔吉斯斯坦、克什米尔地区、老挝、蒙古、塔吉克斯坦、泰国、土库曼斯坦、乌兹别克斯坦、印度、越南

濒危等级：LC

头状穗莎草
Cyperus glomeratus L.

习　　性：一年生草本

海　　拔：100~1300 m

国内分布：安徽、甘肃、河北、河南、黑龙江、湖北、吉林、江苏、辽宁、内蒙古、宁夏、山东、山西、陕西、浙江

国外分布：朝鲜、俄罗斯、哈萨克斯坦、克什米尔地区、日本、塔吉克斯坦、乌兹别克斯坦

濒危等级：LC

海南砖子苗
Cyperus hainanensis (Chun et F. C. How) G. C. Tucker

习　　性：多年生草本

分　　布：海南

濒危等级：DD

畦畔莎草
Cyperus haspan L.

习　　性：多年生草本

海　　拔：海平面至1600 m

国内分布：安徽、福建、广东、广西、海南、河南、湖北、湖南、江苏、江西、台湾、西藏、云南、浙江

国外分布：澳大利亚、巴布亚新几内亚、巴基斯坦、不丹、朝鲜、菲律宾、柬埔寨、克什米尔地区、老挝、马达加斯加、马来西亚、缅甸、尼泊尔、日本、斯里兰卡、泰国、印度、印度尼西亚、越南

濒危等级：LC

山东白鳞莎草
Cyperus hilgendorfianus Boeckeler

习　　性：一年生草本

海　　拔：约100 m

国内分布：黑龙江、山东

国外分布：日本

濒危等级：DD

迭穗莎草
Cyperus imbricatus Retz.

习　　性：多年生草本

海　　拔：100~1400 m

国内分布：广东、广西、海南、台湾

国外分布：阿富汗、巴布亚新几内亚、菲律宾、老挝、马达加斯加、马来西亚、孟加拉国、缅甸、尼泊尔、日本、泰国、印度、越南

濒危等级：LC

风车草
Cyperus involucratus Rottb.

习　　性：多年生草本

国内分布：全国各地栽培；广东、湖南、台湾、浙江归化

国外分布：原产非洲东部和亚洲西南；世界各地广为栽培

碎米莎草
Cyperus iria L.

习　　性：一年生草本

海　　拔：100~2000 m

国内分布：安徽、重庆、福建、甘肃、广东、广西、贵州、海南、河北、河南、黑龙江、湖北、湖南、吉林、江苏、江西、辽宁、山东、山西、陕西、四川、台湾、西藏、新疆、云南、浙江

国外分布：阿富汗、澳大利亚、巴布亚新几内亚、巴基斯坦、不丹、朝鲜、菲律宾、克什米尔地区、老挝、马达加斯加、马来西亚、孟加拉国、缅甸、尼泊尔、日本、斯里兰卡、泰国、土库曼斯坦、乌兹别克斯坦、印度、印度尼西亚、越南

濒危等级：LC

资源利用：药用（中草药）

羽状穗砖子苗
Cyperus javanicus Houtt.

习　　性：多年生草本

海　　拔：约100 m

国内分布：广东、海南、台湾

国外分布：澳大利亚、巴布亚新几内亚、菲律宾、柬埔寨、马达加斯加、马来西亚、缅甸、日本、斯里兰卡、泰国、印度、印度尼西亚、越南

濒危等级：LC

沼生水莎草
Cyperus limosus Maxim.

习　　性：一年生草本

国内分布：黑龙江

国外分布：俄罗斯、越南

濒危等级：DD

线状穗莎草
Cyperus linearispiculatus L. K. Dai

习　　性：多年生草本

分　　布：云南

濒危等级：DD

茳芏
Cyperus malaccensis Lam.

茳芏（原亚种）
Cyperus malaccensis subsp. **malaccensis**

习　　性：多年生草本

海　　拔：100 m以下

国内分布：海南、台湾

国外分布：澳大利亚、巴布亚新几内亚、巴基斯坦、菲律宾、马来西亚、缅甸、尼泊尔、日本、斯里兰卡、泰国、印度、印度尼西亚、越南

濒危等级：LC

短叶茳芏
Cyperus malaccensis subsp. **monophyllus** (Vahl) T. Koyama

习　　性：多年生草本

海　　拔：海平面至700 m

国内分布：福建、广东、广西、海南、江苏、江西、四川、台湾、浙江

国外分布：日本、印度尼西亚、越南

濒危等级：LC

旋鳞莎草
Cyperus michelianus (L.) Link
习　　性：一年生草本
海　　拔：海平面至 300 m
国内分布：安徽、福建、广东、广西、河北、河南、黑龙江、湖北、湖南、吉林、江苏、江西、辽宁、山东、西藏、新疆、云南、浙江
国外分布：澳大利亚、巴布亚新几内亚、巴基斯坦、朝鲜、俄罗斯、菲律宾、哈萨克斯坦、克什米尔地区、老挝、缅甸、尼泊尔、日本、泰国、印度、越南
濒危等级：LC

具芒碎米莎草
Cyperus microiria Steud.
习　　性：一年生草本
海　　拔：海平面至 3800 m
国内分布：安徽、重庆、福建、甘肃、广东、广西、贵州、河北、河南、湖北、湖南、吉林、江苏、江西、辽宁、内蒙古、山东、山西、陕西、四川、云南、浙江
国外分布：朝鲜、日本、泰国、印度、越南
濒危等级：LC

疏鳞莎草
Cyperus mitis Steudel
习　　性：多年生草本
海　　拔：700~800 m
国内分布：云南
国外分布：马达加斯加、缅甸、斯里兰卡、泰国、印度
濒危等级：DD

单子砖子苗
Cyperus monospermus (S. M. Huang) G. C. Tucker
习　　性：多年生草本
分　　布：海南
濒危等级：DD

汾河莎草
Cyperus nanellus Tang et F. T. Wang
习　　性：一年生草本
海　　拔：800~1500 m
分　　布：山西
濒危等级：DD

黑穗莎草
Cyperus nigrofuscus L. K. Dai
习　　性：一年生草本
海　　拔：1500~3000 m
分　　布：四川、云南
濒危等级：LC

白鳞莎草
Cyperus nipponicus Franch. et Sav.
习　　性：一年生草本
海　　拔：100~1000 m
国内分布：安徽、河北、河南、湖北、湖南、江苏、江西、辽宁、山东、山西、浙江
国外分布：朝鲜、俄罗斯、日本
濒危等级：LC

南莎草
Cyperus niveus Retz.
习　　性：多年生草本
海　　拔：500~2100 m
国内分布：四川、西藏、云南
国外分布：阿富汗、巴基斯坦、不丹、克什米尔地区、缅甸、尼泊尔、泰国、印度、越南
濒危等级：LC

垂穗莎草
Cyperus nutans Vahl
习　　性：多年生草本
海　　拔：100~1600 m
国内分布：广东、广西、贵州、海南、湖南、四川、台湾、云南
国外分布：澳大利亚、巴布亚新几内亚、不丹、老挝、马来西亚、尼泊尔、斯里兰卡、泰国、印度、印度尼西亚、越南
濒危等级：LC

断节莎
Cyperus odoratus L.
习　　性：一年生或多年生草本
海　　拔：海平面至 700 m
国内分布：山东、台湾、浙江
国外分布：澳大利亚、巴布亚新几内亚、朝鲜、菲律宾、马达加斯加、马来西亚、缅甸、日本、泰国、越南
濒危等级：LC

三轮草
Cyperus orthostachyus Franch. et Sav.

三轮草（原变种）
Cyperus orthostachyus var. **orthostachyus**
习　　性：一年生草本
海　　拔：300~1500 m
国内分布：安徽、重庆、福建、贵州、河北、河南、黑龙江、湖北、湖南、吉林、江苏、江西、辽宁、内蒙古、山东、陕西、浙江
国外分布：朝鲜、俄罗斯、日本、越南
濒危等级：LC

长苞三轮草
Cyperus orthostachyus var. **longibracteatus** L. K. Dai
习　　性：一年生草本
分　　布：黑龙江、辽宁
濒危等级：LC

红翅莎草
Cyperus pangorei Rottb.
习　　性：多年生草本
海　　拔：海平面至 400 m
国内分布：海南、湖南、四川
国外分布：巴基斯坦、缅甸、尼泊尔、斯里兰卡、印度
濒危等级：LC

花穗水莎草
Cyperus pannonicus Jacq.
习　　性：多年生草本

海　　拔：100~1300 m
国内分布：甘肃、河北、河南、黑龙江、吉林、内蒙古、宁夏、山西、陕西、新疆
国外分布：俄罗斯、哈萨克斯坦、吉尔吉斯斯坦、蒙古、土库曼斯坦、乌兹别克斯坦
濒危等级：LC

毛轴莎草
Cyperus pilosus Vahl
习　　性：多年生草本
海　　拔：海平面至2100 m
国内分布：安徽、重庆、福建、广东、广西、贵州、海南、湖北、湖南、江苏、江西、山西、四川、台湾、西藏、云南、浙江
国外分布：澳大利亚、巴布亚新几内亚、不丹、菲律宾、马来西亚、孟加拉国、缅甸、尼泊尔、日本、斯里兰卡、泰国、印度、印度尼西亚、越南
濒危等级：LC

宽柱莎草
Cyperus platystylis R. Br.
习　　性：多年生草本
海　　拔：500 m以下
国内分布：台湾、西藏
国外分布：澳大利亚、巴布亚新几内亚、马来西亚、孟加拉国、缅甸、尼泊尔、斯里兰卡、泰国、印度、印度尼西亚、越南
濒危等级：LC

拟毛轴莎草
Cyperus procerus Rottb.
习　　性：多年生草本
海　　拔：100 m以下
国内分布：广东、海南、台湾
国外分布：澳大利亚、菲律宾、柬埔寨、老挝、马达加斯加、马来西亚、孟加拉国、尼泊尔、斯里兰卡、泰国、印度、印度尼西亚、越南
濒危等级：LC

矮莎草
Cyperus pygmaeus Rottb.
习　　性：一年生草本
海　　拔：约100 m
国内分布：安徽、广东、广西、海南、河南、湖北、台湾、浙江
国外分布：阿富汗、巴布亚新几内亚、巴基斯坦、朝鲜、菲律宾、克什米尔地区、老挝、缅甸、日本、斯里兰卡、泰国、印度、印度尼西亚、越南
濒危等级：LC

辐射穗砖子苗
Cyperus radians Nees et C. A. Mey. ex Kunth
习　　性：多年生草本
海　　拔：海平面至100 m
国内分布：福建、广东、海南、山东、台湾、浙江
国外分布：马来西亚、缅甸、斯里兰卡、泰国、印度尼西亚、越南

香附子
Cyperus rotundus L.
习　　性：多年生草本
海　　拔：海平面至2100 m
国内分布：安徽、重庆、福建、甘肃、广东、广西、贵州、海南、河北、河南、湖北、湖南、江苏、江西、辽宁、山东、山西、陕西、四川、台湾、西藏、云南、浙江
国外分布：阿富汗、澳大利亚、巴布亚新几内亚、巴基斯坦、不丹、朝鲜、菲律宾、哈萨克斯坦、吉尔吉斯斯坦、马达加斯加、马来西亚、缅甸、尼泊尔、日本、斯里兰卡、塔吉克斯坦、泰国、乌兹别克斯坦、印度、印度尼西亚、越南
濒危等级：LC
资源利用：药用（中草药）

水莎草
Cyperus serotinus Rottb.

水莎草（原变种）
Cyperus serotinus var. **serotinus**
习　　性：多年生草本
海　　拔：400~2500 m
国内分布：安徽、重庆、福建、甘肃、广东、广西、贵州、河北、河南、黑龙江、湖北、湖南、吉林、江苏、江西、辽宁、内蒙古、宁夏、山东、山西、陕西、台湾、新疆、云南、浙江
国外分布：阿富汗、巴基斯坦、朝鲜、俄罗斯、哈萨克斯坦、吉尔吉斯斯坦、克什米尔地区、日本、土库曼斯坦、乌兹别克斯坦、印度、越南
濒危等级：LC

头状水莎草
Cyperus serotinus var. **capitatus**(D. Z. Ma)S. R. Zhang et H. Y. Bi
习　　性：多年生草本
分　　布：宁夏
濒危等级：LC

广东水莎草
Cyperus serotinus var. **inundatus** Kük.
习　　性：多年生草本
海　　拔：100 m以下
国内分布：福建、广东
国外分布：印度
濒危等级：DD

思茅莎草
Cyperus simaoensis Y. Y. Qian
习　　性：多年生草本
海　　拔：约1200 m
分　　布：云南
濒危等级：NT C1

具芒鳞砖子苗
Cyperus squarrosus L.
习　　性：一年生草本
海　　拔：1200~4000 m
国内分布：四川、西藏、云南
国外分布：阿富汗、澳大利亚、巴基斯坦、不丹、克什米尔地区、马达加斯加、孟加拉国、缅甸、斯里兰卡、泰国、印度、印度尼西亚、越南
濒危等级：LC

粗根茎莎草
Cyperus stoloniferus Retz.
- 习　　性：多年生草本
- 国内分布：福建、广东、海南、台湾
- 国外分布：澳大利亚、巴布亚新几内亚、巴基斯坦、菲律宾、柬埔寨、老挝、马达加斯加、马来西亚、缅甸、日本、斯里兰卡、泰国、印度、印度尼西亚、越南
- 濒危等级：LC

苏里南莎草
Cyperus surinamensis Rottb.
- 习　　性：一年生或多年生草本
- 国内分布：广东、台湾归化
- 国外分布：原产加勒比地区；美洲

四川莎草
Cyperus szechuanensis T. Koyama
- 习　　性：多年生草本
- 分　　布：四川
- 濒危等级：LC

四棱穗莎草
Cyperus tenuiculmis Boeckeler
- 习　　性：多年生草本
- 海　　拔：200~1600 m
- 国内分布：福建、广东、广西、海南、四川、台湾、云南、浙江
- 国外分布：澳大利亚、巴布亚新几内亚、不丹、菲律宾、柬埔寨、老挝、马来西亚、缅甸、尼泊尔、日本南部、斯里兰卡、泰国、印度、印度尼西亚、越南
- 濒危等级：LC

窄穗莎草
Cyperus tenuispica Steud.
- 习　　性：一年生草本
- 海　　拔：100~500 m
- 国内分布：安徽、广东、广西、贵州、海南、湖南、江苏、江西、四川、台湾、西藏、浙江
- 国外分布：澳大利亚、巴基斯坦、不丹、朝鲜、菲律宾、克什米尔地区、老挝、马来西亚、缅甸、尼泊尔、日本南部、斯里兰卡、塔吉克斯坦、泰国、乌兹别克斯坦、印度、印度尼西亚、越南
- 濒危等级：LC

三翅秆砖子苗
Cyperus trialatus (Boeckeler) J. Kern
- 习　　性：多年生草本
- 海　　拔：100~500 m
- 国内分布：广东、海南
- 国外分布：马来西亚、泰国、印度尼西亚、越南
- 濒危等级：DD

假香附子
Cyperus tuberosus Rottb.
- 习　　性：多年生草本
- 海　　拔：1700 m 以下
- 国内分布：四川、台湾、云南
- 国外分布：马来西亚、日本、斯里兰卡、印度
- 濒危等级：LC

裂颖茅属 Diplacrum R. Br.

裂颖茅
Diplacrum caricinum R. Br.
- 习　　性：一年生草本
- 海　　拔：100~800 m
- 国内分布：福建、广东、广西、海南、江苏、台湾、浙江
- 国外分布：澳大利亚、菲律宾、柬埔寨、老挝、马来西亚、孟加拉国、缅甸、日本、斯里兰卡、泰国、印度、印度尼西亚、越南
- 濒危等级：DD

网果裂颖茅
Diplacrum reticulatum Holttum
- 习　　性：一年生草本
- 国内分布：海南
- 国外分布：孟加拉国、马来西亚、缅甸、泰国、新加坡
- 濒危等级：NT

荸荠属 Eleocharis R. Br.

短刚毛荸荠
Eleocharis abnorma Y. D. Chen
- 习　　性：多年生草本
- 海　　拔：约3300 m
- 分　　布：青海
- 濒危等级：LC

锐棱荸荠
Eleocharis acutangula (Roxb.) Schult.
- 习　　性：多年生草本
- 海　　拔：500~1800 m
- 国内分布：福建、广西、海南、台湾、香港
- 国外分布：澳大利亚、巴布亚新几内亚、菲律宾、柬埔寨、老挝、马达加斯加、马来西亚、缅甸、尼泊尔、日本、斯里兰卡、泰国、印度、印度尼西亚、越南
- 濒危等级：DD

银鳞荸荠
Eleocharis argyrolepis Kierulff ex Bunge
- 习　　性：多年生草本
- 海　　拔：500~1000 m
- 国内分布：新疆
- 国外分布：巴基斯坦、俄罗斯、吉尔吉斯斯坦、塔吉克斯坦、土库曼斯坦、乌兹别克斯坦
- 濒危等级：LC

紫果蔺
Eleocharis atropurpurea (Retz.) J. Presl et C. Presl
- 习　　性：一年生草本
- 海　　拔：200~1400 m
- 国内分布：安徽、广东、广西、贵州、海南、湖南、江苏、山东、四川、台湾、云南
- 国外分布：澳大利亚、巴布亚新几内亚、巴基斯坦、不丹、菲律宾、马达加斯加、尼泊尔、日本、印度、印度尼西亚、越南
- 濒危等级：DD

渐尖穗荸荠
Eleocharis attenuata (Franch. et Sav.) Palla

渐尖穗荸荠（原变种）
Eleocharis attenuata var. **attenuata**
- 习　　性：多年生草本
- 海　　拔：100~600 m
- 国内分布：安徽、福建、广西、河南、湖北、江苏、陕西、四川
- 国外分布：巴布亚新几内亚、俄罗斯、韩国、日本、越南
- 濒危等级：LC

无根状茎荸荠
Eleocharis attenuata var. **erhizomatosa** Tang et F. T. Wang
- 习　　性：多年生草本
- 海　　拔：300~500 m
- 分　　布：福建、广西、湖南、浙江
- 濒危等级：LC

密花荸荠
Eleocharis congesta D. Don
- 习　　性：多年生草本
- 海　　拔：1300~1400 m
- 国内分布：云南
- 国外分布：巴基斯坦、不丹、菲律宾、克什米尔地区、马来西亚、缅甸、尼泊尔、日本、斯里兰卡、泰国、印度、印度尼西亚、越南
- 濒危等级：LC

荸荠
Eleocharis dulcis (Burm. f.) Trin. ex Hensch.
- 习　　性：多年生草本
- 海　　拔：海平面至1500 m
- 国内分布：福建、广东、广西、海南、湖北、湖南、江苏、台湾
- 国外分布：澳大利亚、巴布亚新几内亚、菲律宾、马来西亚、缅甸、尼泊尔、泰国、印度尼西亚、越南；东亚、南亚、热带非洲
- 濒危等级：LC
- 资源利用：药用（中草药）；食品（淀粉，蔬菜）

耳海荸荠
Eleocharis erhaiensis Y. D. Chen
- 习　　性：多年生草本
- 海　　拔：3200~3300 m
- 分　　布：青海
- 濒危等级：NT C1

扁基荸荠
Eleocharis fennica Palla ex Kneuck. et G. Zinserl.

扁基荸荠（原变种）
Eleocharis fennica var. **fennica**
- 习　　性：多年生草本
- 海　　拔：海平面至3100 m
- 国内分布：黑龙江
- 国外分布：俄罗斯、哈萨克斯坦、蒙古
- 濒危等级：LC

具刚毛扁基荸荠
Eleocharis fennica var. **sareptana** (G. Zinserl.) G. Zinserl.
- 习　　性：多年生草本
- 海　　拔：约3300 m
- 国内分布：青海、新疆
- 国外分布：俄罗斯、哈萨克斯坦、蒙古
- 濒危等级：LC

黑籽荸荠
Eleocharis geniculata (L.) Roem. et Schult.
- 习　　性：一年生草本
- 国内分布：福建、广东、海南、台湾
- 国外分布：阿富汗、巴基斯坦、菲律宾、马达加斯加、马来西亚、孟加拉国、缅甸、日本、斯里兰卡、泰国、印度、印度尼西亚
- 濒危等级：LC

大基荸荠
Eleocharis kamtschatica (C. A. Mey.) Kom.
- 习　　性：多年生草本
- 国内分布：河北、黑龙江、吉林、辽宁、四川
- 国外分布：朝鲜、俄罗斯、日本
- 濒危等级：LC

刘氏荸荠
Eleocharis liouana Tang et F. T. Wang
- 习　　性：多年生草本
- 海　　拔：约1900 m
- 分　　布：云南
- 濒危等级：LC

细秆荸荠
Eleocharis maximowiczii G. Zinserl.
- 习　　性：多年生草本
- 海　　拔：约200 m
- 国内分布：黑龙江
- 国外分布：俄罗斯
- 濒危等级：DD

江南荸荠
Eleocharis migoana Ohwi et T. Koyama
- 习　　性：多年生草本
- 分　　布：安徽、江苏、江西、浙江
- 濒危等级：DD

槽秆荸荠
Eleocharis mitracarpa Steud.
- 习　　性：多年生草本
- 海　　拔：500~2000 m
- 国内分布：贵州、河北、内蒙古、山东、山西、云南
- 国外分布：阿富汗、巴基斯坦、哈萨克斯坦、吉尔吉斯斯坦、克什米尔地区、塔吉克斯坦、乌兹别克斯坦
- 濒危等级：LC

假马蹄
Eleocharis ochrostachys Steud.
- 习　　性：多年生草本
- 国内分布：广东、海南、台湾
- 国外分布：菲律宾、柬埔寨、老挝、马来西亚、缅甸、日本、斯里兰卡、泰国、印度、印度尼西亚、越南
- 濒危等级：LC

卵穗荸荠
Eleocharis ovata (Roth) Roem. et Schult.

习　　性：一年生草本
海　　拔：100～3600 m
国内分布：河北、黑龙江、吉林、辽宁、内蒙古、宁夏、青海、云南
国外分布：俄罗斯、哈萨克斯坦、日本
濒危等级：LC

沼泽荸荠
Eleocharis palustris(L.) Roem. et Schult.
习　　性：多年生草本
海　　拔：100～4000 m
国内分布：甘肃、河北、黑龙江、吉林、内蒙古、宁夏、青海、陕西、新疆
国外分布：阿富汗、俄罗斯、哈萨克斯坦、蒙古、尼泊尔、日本
濒危等级：LC

矮秆荸荠
Eleocharis parvula(Roem. et Schult.) Link ex Bluff, Nees et Schauer
习　　性：多年生草本
国内分布：海南
国外分布：俄罗斯、哈萨克斯坦、马来西亚西部、日本、乌兹别克斯坦、印度尼西亚、越南
濒危等级：DD

透明鳞荸荠
Eleocharis pellucida J. Presl et C. Presl

透明鳞荸荠（原变种）
Eleocharis pellucida var. **pellucida**
习　　性：一年生或多年生草本
海　　拔：300～1000 m
国内分布：安徽、福建、广东、广西、贵州、海南、河南、湖北、湖南、江苏、江西、辽宁、山西、陕西、四川、云南、浙江
国外分布：朝鲜、俄罗斯、菲律宾、马来西亚、缅甸、日本、斯里兰卡、印度、印度尼西亚
濒危等级：LC

稻田荸荠
Eleocharis pellucida var. **japonica**(Miq.) Tang et F. T. Wang
习　　性：一年生或多年生草本
海　　拔：200～1700 m
国内分布：安徽、福建、贵州、河南、湖北、湖南、江苏、江西、四川、云南、浙江
国外分布：朝鲜、日本、泰国
濒危等级：LC

血红穗荸荠
Eleocharis pellucida var. **sanguinolenta** Tang et F. T. Wang
习　　性：一年生或多年生草本
分　　布：贵州
濒危等级：LC

海绵基荸荠
Eleocharis pellucida var. **spongiosa** Tang et F. T. Wang
习　　性：一年生或多年生草本
海　　拔：200～300 m
分　　布：江西
濒危等级：LC

本兆荸荠
Eleocharis penchaoi Y. D. Chen
习　　性：多年生草本
海　　拔：约3300 m
分　　布：青海
濒危等级：LC

菲律宾荸荠
Eleocharis philippinensis Svenson
习　　性：多年生草本
国内分布：广东、海南
国外分布：澳大利亚、巴布亚新几内亚、菲律宾、马来西亚、泰国、印度、印度尼西亚、越南
濒危等级：DD

青海荸荠
Eleocharis qinghaiensis Y. D. Chen
习　　性：多年生草本
海　　拔：约3300 m
分　　布：青海
濒危等级：LC

少花荸荠
Eleocharis quinqueflora(Hartm.) O. Schwarz
习　　性：多年生草本
海　　拔：800～4700 m
国内分布：甘肃、内蒙古、山西、西藏、新疆
国外分布：阿富汗、巴基斯坦、俄罗斯、哈萨克斯坦、吉尔吉斯斯坦、蒙古、尼泊尔、塔吉克斯坦、乌兹别克斯坦、印度
濒危等级：LC

贝壳叶荸荠
Eleocharis retroflexa(Poir.) Urban
习　　性：一年生草本
国内分布：福建、广东、海南、云南
国外分布：澳大利亚、巴布亚新几内亚、菲律宾、柬埔寨、马来西亚、缅甸、尼泊尔、日本、斯里兰卡、泰国、印度、印度尼西亚、越南
濒危等级：LC

短刚毛针蔺
Eleocharis setulosa P. C. Li
习　　性：多年生草本
海　　拔：3100～3200 m
分　　布：云南
濒危等级：NT C1

螺旋鳞荸荠
Eleocharis spiralis(Rottb.) Roem. et Schult.
习　　性：多年生草本
国内分布：广东、海南
国外分布：澳大利亚、巴布亚新几内亚、菲律宾、柬埔寨、马达加斯加、马来西亚、孟加拉国、缅甸、斯里兰卡、泰国、印度、印度尼西亚、越南
濒危等级：LC

龙师草
Eleocharis tetraquetra Nees
习　　性：多年生草本

海　　拔：100~1900 m

国内分布：安徽、福建、广东、广西、贵州、海南、河南、黑龙江、湖南、江苏、江西、辽宁、四川、台湾、云南、浙江

国外分布：阿富汗、澳大利亚、巴布亚新几内亚、巴基斯坦、不丹、俄罗斯、菲律宾、尼泊尔、日本、斯里兰卡、泰国、印度、印度尼西亚、越南

濒危等级：DD

三面秆荸荠
Eleocharis trilateralis Tang et F. T. Wang

习　　性：多年生草本

海　　拔：1800~3300 m

分　　布：云南

濒危等级：NT C1

单鳞苞荸荠
Eleocharis uniglumis (Link) Schult.

习　　性：多年生草本

海　　拔：100~3300 m

国内分布：甘肃、河北、内蒙古、青海、山西、陕西、新疆、云南

国外分布：阿富汗、巴基斯坦、俄罗斯、哈萨克斯坦、吉尔吉斯斯坦、蒙古、乌兹别克斯坦、印度

濒危等级：LC

乌苏里荸荠
Eleocharis ussuriensis G. Zinserl.

习　　性：多年生草本

海　　拔：100~1800 m

国内分布：河北、黑龙江、吉林、辽宁、内蒙古、山西

国外分布：朝鲜、俄罗斯、日本

濒危等级：LC

具刚毛荸荠
Eleocharis valleculosa Ohwi

习　　性：多年生草本

海　　拔：100~4300 m

国内分布：安徽、甘肃、贵州、河北、河南、黑龙江、湖北、湖南、吉林、辽宁、内蒙古、宁夏、青海、山东、山西、陕西、四川、西藏、新疆、云南

国外分布：朝鲜、日本

濒危等级：LC

羽毛荸荠
Eleocharis wichurae Boeckeler

习　　性：多年生草本

海　　拔：900~1700 m

国内分布：安徽、甘肃、河北、河南、黑龙江、湖北、吉林、江苏、辽宁、内蒙古、山东、陕西、浙江

国外分布：朝鲜、俄罗斯、日本

濒危等级：LC

牛毛毡
Eleocharis yokoscensis (Franch. et Sav.) Tang et F. T. Wang

习　　性：多年生草本

海　　拔：300~3000 m

国内分布：安徽、福建、广东、广西、贵州、河北、河南、黑龙江、湖北、湖南、吉林、江苏、江西、辽宁、山东、山西、陕西、四川、台湾、新疆、云南、浙江

国外分布：朝鲜、俄罗斯、菲律宾、蒙古、缅甸、日本、印度、印度尼西亚、越南

濒危等级：LC

云南荸荠
Eleocharis yunnanensis Svenson

习　　性：多年生草本

海　　拔：1800~3300 m

分　　布：云南

濒危等级：LC

羊胡子草属 Eriophorum L.

东方羊胡子草
Eriophorum angustifolium Honck.

习　　性：多年生草本

海　　拔：100~800 m

国内分布：黑龙江、吉林、辽宁、内蒙古、四川

国外分布：朝鲜、俄罗斯、哈萨克斯坦、蒙古、日本

濒危等级：LC

丛毛羊胡子草
Eriophorum comosum (Wall.) Nees

习　　性：多年生草本

海　　拔：500~2800 m

国内分布：重庆、甘肃、广西、贵州、湖北、湖南、四川、西藏、云南

国外分布：阿富汗、巴基斯坦、不丹、克什米尔地区、孟加拉国、缅甸、尼泊尔、印度、印度尼西亚、越南

濒危等级：LC

资源利用：原料（纤维）

细秆羊胡子草
Eriophorum gracile W. D. J. Koch ex Roth

习　　性：多年生草本

海　　拔：100~2200 m

国内分布：黑龙江、吉林、辽宁、内蒙古、四川、新疆、云南、浙江

国外分布：朝鲜、俄罗斯、哈萨克斯坦、日本

濒危等级：LC

红毛羊胡子草
Eriophorum russeolum Fr.

习　　性：多年生草本

海　　拔：100 m 以下

国内分布：黑龙江、吉林、内蒙古

国外分布：朝鲜、俄罗斯、蒙古、日本

濒危等级：LC

羊胡子草
Eriophorum scheuchzeri Hoppe

习　　性：多年生草本

海　　拔：2200~3000 m

国内分布：新疆

国外分布：巴基斯坦、俄罗斯、哈萨克斯坦、吉尔吉斯斯坦、克什米尔地区、蒙古

濒危等级：LC

中间羊胡子草
Eriophorum transiens Raymond
- 习　　性：多年生草本
- 分　　布：贵州
- 濒危等级：LC

白毛羊胡子草
Eriophorum vaginatum L.
- 习　　性：多年生草本
- 海　　拔：1700～1800 m
- 国内分布：黑龙江、吉林、辽宁、内蒙古
- 国外分布：朝鲜、俄罗斯、哈萨克斯坦、蒙古、日本
- 濒危等级：LC

飘拂草属 Fimbristylis Vahl

披针穗飘拂草
Fimbristylis acuminata Vahl
- 习　　性：一年生或多年生草本
- 国内分布：福建、广东、海南
- 国外分布：澳大利亚、巴布亚新几内亚、菲律宾、老挝、马来西亚、日本、斯里兰卡、泰国、印度、印度尼西亚、越南
- 濒危等级：LC

夏飘拂草
Fimbristylis aestivalis(Retz.)Vahl
- 习　　性：一年生草本
- 海　　拔：400～2200 m
- 国内分布：安徽、重庆、福建、广东、广西、贵州、海南、黑龙江、湖北、湖南、江西、陕西、四川、台湾、云南、浙江
- 国外分布：澳大利亚、巴布亚新几内亚、不丹、俄罗斯、菲律宾、老挝、尼泊尔、日本、斯里兰卡、泰国、印度、印度尼西亚、越南
- 濒危等级：LC

无叶飘拂草
Fimbristylis aphylla Steud.
- 习　　性：多年生草本
- 海　　拔：400～2400 m
- 国内分布：云南
- 国外分布：菲律宾、斯里兰卡、泰国、印度、印度尼西亚、越南
- 濒危等级：LC

秋飘拂草
Fimbristylis autumnalis(L.)Roem. et Schult.
- 习　　性：一年生草本
- 海　　拔：600 m 以下
- 国内分布：江西、辽宁、台湾
- 国外分布：日本
- 濒危等级：LC

复序飘拂草
Fimbristylis bisumbellata(Forssk.)Bubani
- 习　　性：一年生草本
- 海　　拔：100～1500 m
- 国内分布：安徽、广东、广西、贵州、河北、河南、湖北、湖南、江苏、山东、山西、陕西、四川、台湾、新疆、云南、浙江
- 国外分布：阿富汗、澳大利亚、巴基斯坦、菲律宾、老挝、缅甸、尼泊尔、日本、斯里兰卡、泰国、土库曼斯坦、印度、印度尼西亚、越南
- 濒危等级：LC

澄迈飘拂草
Fimbristylis chingmaiensis S. M. Huang
- 习　　性：一年生草本
- 分　　布：福建、海南
- 濒危等级：NT A2c；B1ab（i, iii）

腺鳞飘拂草
Fimbristylis cinnamometorum(Vahl)Kunth
- 习　　性：多年生草本
- 海　　拔：1300 m 以下
- 国内分布：海南
- 国外分布：澳大利亚、巴布亚新几内亚、菲律宾、缅甸、斯里兰卡、泰国、印度、印度尼西亚、越南
- 濒危等级：NT

扁鞘飘拂草
Fimbristylis complanata(Retz.)Link

扁鞘飘拂草（原变种）
Fimbristylis complanata var. **complanata**
- 习　　性：多年生草本
- 海　　拔：500～3000 m
- 国内分布：安徽、福建、广东、广西、贵州、海南、河南、湖北、湖南、江苏、江西、山东、四川、台湾、西藏、云南、浙江
- 国外分布：澳大利亚、巴布亚新几内亚、巴基斯坦、不丹、朝鲜、菲律宾、马来西亚、尼泊尔、日本、斯里兰卡、泰国、印度、印度尼西亚、越南
- 濒危等级：LC

矮扁鞘飘拂草
Fimbristylis complanata var. **exalata**(T. Koyama)Y. C. Tang ex S. R. Zhang, S. Yun Liang et T. Koyama
- 习　　性：多年生草本
- 海　　拔：100～800 m
- 国内分布：安徽、福建、广东、广西、贵州、湖北、湖南、江苏、江西、山东、台湾、浙江
- 国外分布：朝鲜、日本
- 濒危等级：LC

黑果飘拂草
Fimbristylis cymosa R. Br.

黑果飘拂草（原变种）
Fimbristylis cymosa var. **cymosa**
- 习　　性：多年生草本
- 海　　拔：海平面至400 m
- 国内分布：福建、广东、广西、海南、台湾、浙江
- 国外分布：澳大利亚、日本、印度尼西亚
- 濒危等级：LC

佛焰苞飘拂草
Fimbristylis cymosa var. **spathacea**(Roth)T. Koyama
习　　性：多年生草本
海　　拔：海平面至 400 m
国内分布：台湾；南沙群岛
国外分布：老挝、马来西亚、日本、斯里兰卡、泰国、印度、越南
濒危等级：LC

两歧飘拂草
Fimbristylis dichotoma(L.)Vahl

两歧飘拂草（原亚种）
Fimbristylis dichotoma subsp. **dichotoma**
习　　性：一年生或多年生草本
海　　拔：海平面至 2100 m
国内分布：安徽、重庆、福建、甘肃、广东、广西、贵州、海南、河北、河南、湖北、湖南、江苏、江西、辽宁、内蒙古、山东、山西、陕西、四川、台湾、西藏、新疆、云南、浙江
国外分布：阿富汗、澳大利亚、巴布亚新几内亚、巴基斯坦、朝鲜、菲律宾、吉尔吉斯斯坦、马达加斯加、马来西亚、尼泊尔、日本、斯里兰卡、泰国、乌兹别克斯坦、印度、印度尼西亚、越南
濒危等级：LC

绒毛飘拂草
Fimbristylis dichotoma subsp. **podocarpa**(Nees)T. Koyama
习　　性：一年生或多年生草本
海　　拔：100~2100 m
国内分布：广东、广西、海南、江西、台湾、云南
国外分布：澳大利亚、巴布亚新几内亚、不丹、菲律宾、尼泊尔、斯里兰卡、泰国、印度、印度尼西亚、越南
濒危等级：NT

拟二叶飘拂草
Fimbristylis diphylloides Makino

拟二叶飘拂草（原变种）
Fimbristylis diphylloides var. **diphylloides**
习　　性：一年生或多年生草本
海　　拔：100~2100 m
国内分布：安徽、重庆、福建、广东、广西、贵州、河南、湖北、湖南、江苏、江西、山东、四川、浙江
国外分布：朝鲜、日本
濒危等级：LC

黄鳞二叶飘拂草
Fimbristylis diphylloides var. **straminea** Tang et F. T. Wang
习　　性：一年生或多年生草本
分　　布：江西
濒危等级：LC

起绒飘拂草
Fimbristylis dipsacea(Rottb.)Benth.

起绒飘拂草（原变种）
Fimbristylis dipsacea var. **dipsacea**
习　　性：一年生草本
海　　拔：100 m 以下
国内分布：广东、广西、湖南、云南
国外分布：澳大利亚、巴布亚新几内亚、菲律宾、老挝、缅甸、斯里兰卡、泰国、印度、印度尼西亚、越南
濒危等级：LC

疣果飘拂草
Fimbristylis dipsacea var. **verrucifera**(Maxim.)T. Koyama
习　　性：一年生草本
国内分布：安徽、黑龙江、湖南、浙江
国外分布：朝鲜、俄罗斯、日本
濒危等级：LC

红鳞飘拂草
Fimbristylis disticha Boeckeler
习　　性：一年生草本
国内分布：福建、广东、广西
国外分布：柬埔寨、老挝、缅甸、泰国、印度尼西亚、越南
濒危等级：LC

类扁鞘飘拂草
Fimbristylis dura(Zoll. et Moritzi)Merr.
习　　性：多年生草本
国内分布：海南
国外分布：马来西亚、泰国、印度、印度尼西亚、越南
濒危等级：LC

知风飘拂草
Fimbristylis eragrostis(Nees)Hance
习　　性：多年生草本
海　　拔：海平面至 1100 m
国内分布：福建、广东、广西、海南、江西、台湾
国外分布：澳大利亚、巴布亚新几内亚、老挝、马来西亚、斯里兰卡、泰国、印度、印度尼西亚、越南
濒危等级：LC

矮飘拂草
Fimbristylis fimbristyloides(F. Muell.)Druce
习　　性：一年生草本
国内分布：广东、广西、云南、浙江
国外分布：澳大利亚、巴布亚新几内亚、不丹、朝鲜、马来西亚、缅甸、尼泊尔、日本、泰国、印度、印度尼西亚、越南
濒危等级：DD

暗褐飘拂草
Fimbristylis fusca(Nees)C. B. Clarke
习　　性：多年生草本
海　　拔：100~2000 m
国内分布：安徽、福建、广东、广西、贵州、海南、湖南、台湾、云南、浙江
国外分布：澳大利亚、巴布亚新几内亚、菲律宾、马来西亚、缅甸、尼泊尔、日本、泰国、印度、越南
濒危等级：LC

纤细飘拂草
Fimbristylis gracilenta Hance

习　　性：一年生草本
国内分布：广东
国外分布：泰国、印度尼西亚、越南
濒危等级：NT C1

宜昌飘拂草
Fimbristylis henryi C. B. Clarke
习　　性：一年生草本
海　　拔：100~2000 m
分　　布：安徽、广东、广西、贵州、河南、湖北、湖南、江苏、江西、陕西、四川、云南、浙江
濒危等级：LC

金色飘拂草
Fimbristylis hookeriana Boeckeler
习　　性：一年生或多年生草本
海　　拔：约1000 m
国内分布：福建、广东、湖南、江苏、江西、浙江
国外分布：菲律宾、老挝、泰国、印度、越南
濒危等级：LC

硬穗飘拂草
Fimbristylis insignis Thwaites
习　　性：多年生草本
国内分布：广东、海南
国外分布：澳大利亚、巴布亚新几内亚、菲律宾、老挝、马来西亚、斯里兰卡、泰国、印度尼西亚、越南
濒危等级：LC

广东飘拂草
Fimbristylis kwantungensis C. B. Clarke
习　　性：多年生草本
分　　布：广东
濒危等级：DD

细茎飘拂草
Fimbristylis leptoclada Benth.
习　　性：多年生草本
国内分布：福建、广东
国外分布：巴布亚新几内亚、菲律宾、马来西亚、日本、斯里兰卡、泰国、印度尼西亚、越南
濒危等级：LC

水虱草
Fimbristylis littoralis Gaudich.

水虱草（原变种）
Fimbristylis littoralis var. **littoralis**
习　　性：一年生或多年生草本
海　　拔：100~2000 m
国内分布：安徽、重庆、福建、甘肃、广东、广西、贵州、海南、河北、河南、湖北、湖南、江苏、江西、青海、山东、陕西、四川、台湾、云南、浙江
国外分布：阿富汗、澳大利亚、巴布亚新几内亚、巴基斯坦、不丹、朝鲜、菲律宾、马达加斯加、马来西亚、尼泊尔、日本、斯里兰卡、印度、印度尼西亚、越南
濒危等级：LC

小泉氏飘拂草
Fimbristylis littoralis var. **koidzumiana** (Ohwi) T. Koyama
习　　性：一年生或多年生草本
国内分布：台湾
国外分布：日本、越南
濒危等级：LC

长穗飘拂草
Fimbristylis longispica Steud.
习　　性：多年生草本
海　　拔：海平面至600 m
国内分布：福建、广东、广西、江苏、辽宁、山东、陕西、云南、浙江
国外分布：朝鲜、缅甸、日本
濒危等级：LC

长柄果飘拂草
Fimbristylis longistipitata Tang et F. T. Wang
习　　性：多年生草本
海　　拔：海平面至600 m
分　　布：广东、海南
濒危等级：LC

台北飘拂草
Fimbristylis microcarya F. Muell.
习　　性：一年生草本
国内分布：台湾
国外分布：澳大利亚、巴布亚新几内亚、菲律宾、克什米尔地区、印度、印度尼西亚、越南
濒危等级：NT

南宁飘拂草
Fimbristylis nanningensis Tang et F. T. Wang
习　　性：一年生草本
分　　布：广西
濒危等级：NT B1ab（i, iii）

褐鳞飘拂草
Fimbristylis nigrobrunnea Thwaites
习　　性：多年生草本
海　　拔：100~2500 m
国内分布：广东、广西、海南、云南
国外分布：柬埔寨、斯里兰卡、印度
濒危等级：LC

垂穗飘拂草
Fimbristylis nutans (Retz.) Vahl
习　　性：一年生或多年生草本
国内分布：福建、广东、广西、海南、湖南、台湾
国外分布：澳大利亚、巴布亚新几内亚、马来西亚、缅甸、日本、斯里兰卡、泰国、印度、印度尼西亚、越南
濒危等级：LC

独穗飘拂草
Fimbristylis ovata (Burm. f.) J. Kern
习　　性：多年生草本
海　　拔：100~1400 m
国内分布：福建、广东、广西、贵州、海南、湖南、四川、

台湾、云南、浙江

国外分布：巴布亚新几内亚、巴基斯坦、不丹、朝鲜、菲律宾、老挝、马来西亚、日本、斯里兰卡、泰国、印度、印度尼西亚、越南

濒危等级：LC

海南飘拂草
Fimbristylis pauciflora R. Br.

习　　性：多年生草本

国内分布：海南

国外分布：澳大利亚、巴布亚新几内亚、马来西亚、缅甸、日本、泰国、印度、印度尼西亚、越南

濒危等级：LC

东南飘拂草
Fimbristylis pierotii Miq.

习　　性：多年生草本

海　　拔：海平面至3000 m

国内分布：安徽、福建、河南、江苏、山东、云南、浙江

国外分布：朝鲜、菲律宾、克什米尔地区、尼泊尔、日本

濒危等级：LC

细叶飘拂草
Fimbristylis polytrichoides (Retz.) Vahl

习　　性：一年生或多年生草本

国内分布：福建、广东、海南、台湾

国外分布：澳大利亚、巴布亚新几内亚、菲律宾、马达加斯加、马来西亚、孟加拉国、缅甸、斯里兰卡、泰国、印度、印度尼西亚、越南

濒危等级：LC

砂生飘拂草
Fimbristylis psammocola Tang et F. T. Wang

习　　性：多年生草本

海　　拔：500~600 m

分　　布：云南

濒危等级：DD

五棱秆飘拂草
Fimbristylis quinquangularis (Vahl) Kunth

习　　性：一年生或多年生草本

海　　拔：800~2100 m

国内分布：安徽、福建、广东、广西、贵州、海南、湖南、江西、四川、台湾、西藏、云南、浙江

国外分布：阿富汗、澳大利亚、巴布亚新几内亚、巴基斯坦、菲律宾、哈萨克斯坦、马达加斯加、尼泊尔、斯里兰卡、泰国、乌兹别克斯坦、印度、印度尼西亚、越南

濒危等级：LC

结壮飘拂草
Fimbristylis rigidula Nees

习　　性：多年生草本

海　　拔：300~2600 m

国内分布：安徽、广东、广西、贵州、河南、湖北、湖南、江苏、江西、四川、云南、浙江

国外分布：巴基斯坦、菲律宾、克什米尔地区、孟加拉国、缅甸、尼泊尔、泰国、印度、越南

濒危等级：LC

芒苞飘拂草
Fimbristylis salbundia (Nees) Kunth

习　　性：多年生草本

海　　拔：1700~1800 m

国内分布：云南

国外分布：巴布亚新几内亚、菲律宾、马来西亚、缅甸、斯里兰卡、泰国、印度、印度尼西亚、越南

濒危等级：LC

少穗飘拂草
Fimbristylis schoenoides (Retz.) Vahl

习　　性：多年生草本

海　　拔：300~800 m

国内分布：福建、广东、广西、海南、江西、台湾、云南、浙江

国外分布：澳大利亚、巴基斯坦、不丹、菲律宾、老挝、马来西亚、孟加拉国、尼泊尔、斯里兰卡、泰国、印度、印度尼西亚、越南

濒危等级：LC

绢毛飘拂草
Fimbristylis sericea R. Br.

习　　性：多年生草本

海　　拔：海平面至400 m

国内分布：福建、广东、广西、海南、江苏、台湾、浙江

国外分布：澳大利亚、朝鲜、马来西亚、日本、泰国、印度、印度尼西亚、越南

濒危等级：LC

白穗飘拂草
Fimbristylis shimadana Ohwi

习　　性：一年生或多年生草本

海　　拔：100~200 m

分　　布：台湾

濒危等级：LC

锈鳞飘拂草
Fimbristylis sieboldii Miq. ex Franch. et Sav.

锈鳞飘拂草（原变种）
Fimbristylis sieboldii var. **sieboldii**

习　　性：多年生草本

国内分布：安徽、福建、广东、海南、江苏、山东、台湾、浙江

国外分布：朝鲜、日本

濒危等级：LC

安平飘拂草
Fimbristylis sieboldii var. **anpinensis** (Hayata) T. Koyama

习　　性：多年生草本

国内分布：台湾

国外分布：日本

濒危等级：DD

思茅飘拂草
Fimbristylis simaoensis Y. Y. Qian

习　　性：一年生或多年生草本

海　　拔：约 1300 m
分　　布：云南
濒危等级：NT C1

畦畔飘拂草
Fimbristylis squarrosa Vahl

畦畔飘拂草（原变种）
Fimbristylis squarrosa var. **squarrosa**
- 习　　性：一年生草本
- 海　　拔：100 ~ 2200 m
- 国内分布：安徽、福建、广东、广西、贵州、海南、河北、河南、黑龙江、江苏、山东、台湾、西藏、云南、浙江
- 国外分布：澳大利亚、朝鲜、菲律宾、老挝、缅甸、尼泊尔、日本、印度、印度尼西亚
- 濒危等级：LC

短尖飘拂草
Fimbristylis squarrosa var. **esquarrosa** Makino
- 习　　性：一年生草本
- 国内分布：福建、海南、河北、黑龙江、江苏、山东、台湾、云南
- 国外分布：澳大利亚、朝鲜、菲律宾、老挝、日本、泰国、印度尼西亚、越南
- 濒危等级：LC

烟台飘拂草
Fimbristylis stauntonii Debeaux et Franch.
- 习　　性：一年生草本
- 海　　拔：海平面至 700 m
- 国内分布：安徽、甘肃、河北、河南、湖北、湖南、江苏、辽宁、山东、陕西、四川、浙江
- 国外分布：朝鲜、日本
- 濒危等级：LC

匍匐茎飘拂草
Fimbristylis stolonifera C. B. Clarke
- 习　　性：多年生草本
- 海　　拔：约 1000 m
- 国内分布：重庆、广东、广西、贵州、河北、云南、浙江
- 国外分布：不丹、尼泊尔、印度
- 濒危等级：LC

双穗飘拂草
Fimbristylis subbispicata Nees et Meyen
- 习　　性：一年生草本
- 海　　拔：海平面至 1200 m
- 国内分布：安徽、福建、广东、广西、贵州、海南、河北、河南、湖南、江苏、辽宁、山东、山西、陕西、台湾、浙江
- 国外分布：朝鲜、日本、越南
- 濒危等级：LC

知本飘拂草
Fimbristylis subinclinata T. Koyama
- 习　　性：多年生草本
- 分　　布：台湾
- 濒危等级：LC

台南飘拂草
Fimbristylis tainanensis Ohwi
- 习　　性：多年生草本
- 分　　布：台湾
- 濒危等级：DD

四棱飘拂草
Fimbristylis tetragona R. Br.
- 习　　性：一年生或多年生草本
- 海　　拔：100 ~ 200 m
- 国内分布：福建、广东、广西、海南、台湾
- 国外分布：澳大利亚、巴布亚新几内亚、菲律宾、马来西亚、缅甸、尼泊尔、斯里兰卡、泰国、印度、印度尼西亚、越南
- 濒危等级：LC

西南飘拂草
Fimbristylis thomsonii Boeckeler
- 习　　性：多年生草本
- 海　　拔：100 ~ 3100 m
- 国内分布：广东、广西、海南、云南
- 国外分布：菲律宾、老挝、马来西亚、缅甸、日本、泰国、印度、印度尼西亚、越南
- 濒危等级：LC

三穗飘拂草
Fimbristylis tristachya R. Br.
- 习　　性：多年生草本
- 国内分布：广东、海南
- 国外分布：澳大利亚、巴布亚新几内亚、菲律宾、马来西亚、孟加拉国、泰国、印度、印度尼西亚、越南
- 濒危等级：DD

伞形飘拂草
Fimbristylis umbellaris (Lam.) Vahl
- 习　　性：多年生草本
- 海　　拔：100 ~ 800 m
- 国内分布：广东、广西、海南、四川、台湾、云南
- 国外分布：巴布亚新几内亚、菲律宾、老挝、马来西亚、缅甸、尼泊尔、日本、斯里兰卡、泰国、印度、印度尼西亚、越南
- 濒危等级：LC

芙兰草属 Fuirena Rottb.

毛芙兰草
Fuirena ciliaris (L.) Roxb.
- 习　　性：一年生草本
- 海　　拔：海平面至 200 m
- 国内分布：福建、广东、广西、海南、河北、江苏、山东、台湾、云南
- 国外分布：澳大利亚、巴布亚新几内亚、朝鲜、菲律宾、柬埔寨、老挝、马来西亚、孟加拉国、缅甸、尼泊尔、日本、斯里兰卡、泰国、印度、印度尼西亚、越南
- 濒危等级：LC

黔芙兰草
Fuirena rhizomatifera Tang et F. T. Wang
- 习　　性：多年生草本

海　　拔：约 800 m
分　　布：广西、贵州
濒危等级：LC

芙兰草
Fuirena umbellata Rottb.
习　　性：多年生草本
海　　拔：海平面至 1000 m
国内分布：福建、广东、广西、海南、台湾、西藏、云南
国外分布：澳大利亚、巴布亚新几内亚、菲律宾、柬埔寨、老挝、孟加拉国、日本、斯里兰卡、泰国、印度、印度尼西亚、越南
濒危等级：LC

黑莎草属 Gahnia J. R. Forst. et G. Forst.

散穗黑莎草
Gahnia baniensis Benl
习　　性：多年生草本
海　　拔：800~1500 m
国内分布：福建、广东、广西、海南
国外分布：澳大利亚、马来西亚、日本、印度尼西亚、越南
濒危等级：LC

爪哇黑莎草
Gahnia javanica Zoll. et Moritzi
习　　性：多年生草本
海　　拔：2000~2100 m
国内分布：云南
国外分布：巴布亚新几内亚、菲律宾、马来西亚、印度尼西亚、越南
濒危等级：DD C1

黑莎草
Gahnia tristis Nees
习　　性：多年生草本
海　　拔：100~3000 m
国内分布：福建、广东、广西、贵州、海南、湖南、江苏、江西、台湾、浙江
国外分布：马来西亚、日本、泰国、印度、印度尼西亚、越南
濒危等级：LC
资源利用：原料（木材，工业用油）；食品（油脂）

割鸡芒属 Hypolytrum Pers.

海南割鸡芒
Hypolytrum hainanense (Merr.) Tang et F. T. Wang
习　　性：多年生草本
海　　拔：100~300 m
国内分布：海南、香港
国外分布：越南
濒危等级：VU B2ac (ii, iii)

割鸡芒
Hypolytrum nemorum (Vahl) Spreng.
习　　性：多年生草本
海　　拔：100~1200 m
国内分布：福建、广东、广西、海南、台湾、云南
国外分布：澳大利亚、巴布亚新几内亚、不丹、菲律宾、柬埔寨、老挝、马来西亚、缅甸、斯里兰卡、泰国、印度、印度尼西亚、越南
濒危等级：LC

少穗割鸡芒
Hypolytrum paucistrobiliferum Tang et F. T. Wang
习　　性：多年生草本
海　　拔：约 100 m
分　　布：海南
濒危等级：NT C1

树仁割鸡芒
Hypolytrum shurenii D. A. Simpson et G. C. Tucker
习　　性：多年生草本
分　　布：海南
濒危等级：DD

细莞属 Isolepis R. Br.

细莞
Isolepis setacea (L.) R. Br.
习　　性：一年生草本
海　　拔：1800~4600 m
国内分布：甘肃、江西、宁夏、青海、陕西、四川、西藏、新疆、云南
国外分布：阿富汗、澳大利亚、巴基斯坦、不丹、俄罗斯、哈萨克斯坦、吉尔吉斯斯坦、克什米尔地区、缅甸、尼泊尔、塔吉克斯坦、泰国、乌兹别克斯坦、印度
濒危等级：LC

水蜈蚣属 Kyllinga Rottb.

短叶水蜈蚣
Kyllinga brevifolia Rottb.

短叶水蜈蚣（原变种）
Kyllinga brevifolia var. **brevifolia**
习　　性：多年生草本
海　　拔：100~2800 m
国内分布：安徽、重庆、福建、甘肃、广东、广西、贵州、海南、河北、河南、黑龙江、湖北、湖南、吉林、江苏、江西、辽宁、山东、山西、陕西、四川、台湾、西藏、云南、浙江
国外分布：阿富汗、澳大利亚、巴布亚新几内亚、巴基斯坦、不丹、朝鲜、菲律宾、老挝、马达加斯加、马来西亚、孟加拉国、缅甸、尼泊尔、日本、斯里兰卡、泰国、印度、印度尼西亚、越南
濒危等级：LC
资源利用：药用（中草药）

无刺鳞水蜈蚣
Kyllinga brevifolia var. **leiolepis** (Franch. et Sav.) H. Hara
习　　性：多年生草本
海　　拔：海平面至 1200 m
国内分布：安徽、福建、甘肃、河北、河南、湖北、吉林、江苏、辽宁、山东、山西、陕西、云南、浙江
国外分布：朝鲜、俄罗斯、尼泊尔、日本
濒危等级：LC

小星穗水蜈蚣
Kyllinga brevifolia var. **stellulata**(Valck. Sur.)Tang et F. T. Wang
- 习　　性：多年生草本
- 海　　拔：1900~2700 m
- 国内分布：云南
- 国外分布：巴布亚新几内亚、菲律宾、印度、印度尼西亚
- 濒危等级：LC

云南短叶水蜈蚣
Kyllinga brevifolia var. **yunnanensis** E. G. Camus
- 习　　性：多年生草本
- 分　　布：云南
- 濒危等级：DD

三头水蜈蚣
Kyllinga bulbosa P. Beauv.
- 习　　性：多年生草本
- 国内分布：广东、海南
- 国外分布：巴基斯坦、孟加拉国、马来西亚、缅甸、斯里兰卡、泰国、印度、越南
- 濒危等级：LC

圆筒穗水蜈蚣
Kyllinga cylindrica Nees
- 习　　性：多年生草本
- 海　　拔：海平面至 2000 m
- 国内分布：福建、广东、贵州、江西、台湾、云南
- 国外分布：巴布亚新几内亚、不丹、菲律宾、马达加斯加、尼泊尔、日本、斯里兰卡、泰国、印度、印度尼西亚、越南
- 濒危等级：LC

黑籽水蜈蚣
Kyllinga melanosperma Nees
- 习　　性：多年生草本
- 海　　拔：100~1000 m
- 国内分布：广东、广西、海南、云南
- 国外分布：澳大利亚、巴布亚新几内亚、菲律宾、马达加斯加、马来西亚、斯里兰卡、泰国、印度、印度尼西亚、越南
- 濒危等级：LC

单穗水蜈蚣
Kyllinga nemoralis(J. R. Forst. et G. Forst.) Dandy ex Hatch. et Dalziel
- 习　　性：多年生草本
- 海　　拔：100~1400 m
- 国内分布：广东、广西、海南、湖南、台湾、云南
- 国外分布：澳大利亚、巴布亚新几内亚、巴基斯坦、不丹、菲律宾、柬埔寨、克什米尔地区、老挝、马达加斯加、马来西亚、缅甸、尼泊尔、日本、斯里兰卡、泰国、印度、印度尼西亚、越南
- 濒危等级：LC

水蜈蚣
Kyllinga polyphylla Kunth
- 习　　性：多年生草本
- 国内分布：台湾、香港归化
- 国外分布：原产马达加斯加、印度洋群岛；热带非洲

冠鳞水蜈蚣
Kyllinga squamulata Vahl
- 习　　性：一年生草本
- 海　　拔：2300~3000 m
- 国内分布：四川、云南
- 国外分布：澳大利亚、巴基斯坦、不丹、马达加斯加、尼泊尔、印度、越南
- 濒危等级：LC

鳞籽莎属 Lepidosperma Labill.

鳞籽莎
Lepidosperma chinense Nees et Meyen ex Kunth
- 习　　性：多年生草本
- 海　　拔：800~1500 m
- 国内分布：福建、广东、广西、海南、湖南、浙江
- 国外分布：巴布亚新几内亚、马来西亚、印度尼西亚、越南
- 濒危等级：LC

石龙刍属 Lepironia Rich.

石龙刍
Lepironia articulata(Retz.)Domin
- 习　　性：多年生草本
- 海　　拔：100~200 m
- 国内分布：广东、海南、台湾
- 国外分布：澳大利亚、巴布亚新几内亚、柬埔寨、老挝、马达加斯加、马来西亚、日本、斯里兰卡、泰国、印度、印度尼西亚、越南
- 濒危等级：LC

湖瓜草属 Lipocarpha R. Br.

华湖瓜草
Lipocarpha chinensis(Osbeck)Kern
- 习　　性：多年生草本
- 海　　拔：100~2100 m
- 国内分布：福建、广东、广西、贵州、海南、湖南、江西、山东、台湾、西藏、云南、浙江
- 国外分布：澳大利亚、巴布亚新几内亚、不丹、朝鲜、菲律宾、柬埔寨、克什米尔地区、老挝、马达加斯加、马来西亚、缅甸、尼泊尔、日本、斯里兰卡、泰国、印度、印度尼西亚、越南
- 濒危等级：LC

湖瓜草
Lipocarpha microcephala(R. Br.) Kunth
- 习　　性：一年生草本
- 海　　拔：400~2100 m
- 国内分布：安徽、福建、广东、广西、贵州、海南、河北、河南、湖北、湖南、江苏、江西、辽宁、山东、四川、台湾、云南、浙江
- 国外分布：澳大利亚、巴布亚新几内亚、朝鲜、菲律宾、柬埔寨、老挝、马来西亚、缅甸、日本、泰国、印度、印度尼西亚、越南
- 濒危等级：LC

毛毡湖瓜草
Lipocarpha squarrosa(L.)Goetgh.
- 习　　性：一年生草本

国内分布：广东、海南、浙江
国外分布：巴基斯坦、柬埔寨、克什米尔地区、马来西亚、缅甸、尼泊尔、斯里兰卡、印度、印度尼西亚、越南
濒危等级：LC

细秆湖瓜草
Lipocarpha tenera Boeckeler
习　　性：一年生草本
海　　拔：1800～1900 m
国内分布：广西、海南、云南
国外分布：越南
濒危等级：LC

剑叶莎属 Machaerina Vahl

剑叶莎
Machaerina ensigera (Hance) T. Koyama
习　　性：多年生草本
分　　布：香港
濒危等级：LC

多花剑叶莎
Machaerina myriantha (Chun et F. C. How) Y. C. Tang
习　　性：多年生草本
海　　拔：900～2800 m
分　　布：海南
濒危等级：LC

圆叶剑叶莎
Machaerina rubiginosa (Sol. ex G. Forst.) T. Koyama
习　　性：多年生草本
海　　拔：1800 m 以下
国内分布：香港、云南
国外分布：澳大利亚、巴布亚新几内亚、菲律宾、马来西亚、孟加拉国、日本、斯里兰卡、印度、印度尼西亚、越南
濒危等级：LC

擂鼓簕属 Mapania Aubl.

华擂鼓簕
Mapania silhetensis C. B. Clarke
习　　性：多年生草本
海　　拔：600～700 m
国内分布：广东、广西
国外分布：孟加拉国、印度、越南
濒危等级：DD

露兜树叶野长蒲
Mapania sumatrana (F. Muell.) D. A. Simpson
习　　性：多年生草本
海　　拔：约 1100 m
国内分布：湖南、云南
国外分布：澳大利亚、巴布亚新几内亚、马来西亚、印度尼西亚
濒危等级：LC

单穗擂鼓簕
Mapania wallichii C. B. Clarke
习　　性：多年生草本
海　　拔：约 500 m
国内分布：福建、广东、广西、海南
国外分布：马来西亚、印度尼西亚
濒危等级：LC

扁莎属 Pycreus P. Beauv.

黑鳞扁莎
Pycreus delavayi C. B. Clarke
习　　性：多年生草本
海　　拔：2000～3000 m
分　　布：云南
濒危等级：NT C1

宽穗扁莎
Pycreus diaphanus (Schrad. et Schult.) S. S. Hooper et T. Koyama
习　　性：一年生草本
海　　拔：600～1800 m
国内分布：贵州、海南、江西、西藏、云南
国外分布：不丹、朝鲜、俄罗斯、菲律宾、柬埔寨、克什米尔地区、孟加拉国、尼泊尔、日本、泰国、印度、印度尼西亚、越南
濒危等级：LC

球穗扁莎
Pycreus flavidus (Retz.) T. Koyama

球穗扁莎（原变种）
Pycreus flavidus var. flavidus
习　　性：多年生草本
海　　拔：100～3400 m
国内分布：安徽、重庆、福建、甘肃、广东、广西、贵州、海南、河北、河南、黑龙江、湖北、湖南、吉林、江苏、江西、辽宁、内蒙古、宁夏、山东、山西、陕西、四川、台湾、西藏、新疆、云南、浙江
国外分布：阿富汗、澳大利亚、巴布亚新几内亚、巴基斯坦、不丹、朝鲜、俄罗斯、菲律宾、哈萨克斯坦、柬埔寨、克什米尔地区、老挝、马达加斯加、马来西亚、孟加拉国、缅甸、尼泊尔、日本、斯里兰卡、塔吉克斯坦、泰国、土库曼斯坦、乌兹别克斯坦、印度、印度尼西亚、越南
濒危等级：LC

矮球穗扁莎
Pycreus flavidus var. minimus (Kük.) L. K. Dai
习　　性：多年生草本
海　　拔：约 800 m
分　　布：山西
濒危等级：LC

小球穗扁莎
Pycreus flavidus var. nilagiricus (Hoschst. ex Steud.) C. Y. Wu ex Karthik.
习　　性：多年生草本
海　　拔：100～3000 m
国内分布：福建、甘肃、广东、贵州、河北、河南、黑龙江、湖北、吉林、江苏、辽宁、青海、山东、山西、陕西、四川、新疆、云南、浙江

国外分布：朝鲜、俄罗斯、菲律宾、哈萨克斯坦、马达加斯加、马来西亚、缅甸、日本、斯里兰卡、乌兹别克斯坦、印度、越南

濒危等级：LC

直球穗扁莎
Pycreus flavidus var. **strictus**(Roxb.)C. Y. Wu ex Karthik.
- 习　　性：多年生草本
- 海　　拔：200~1400 m
- 国内分布：安徽、福建、甘肃、广东、广西、贵州、河北、河南、湖北、江苏、江西、辽宁、山东、山西、陕西、四川、台湾、云南、浙江
- 国外分布：阿富汗、澳大利亚、不丹、克什米尔地区、马达加斯加、尼泊尔、日本、印度
- 濒危等级：LC

丽江扁莎
Pycreus lijiangensis L. K. Dai
- 习　　性：多年生草本
- 海　　拔：2000~3000 m
- 分　　布：四川、云南
- 濒危等级：LC

多枝扁莎
Pycreus polystachyos(Rottb.)P. Beauv.
- 习　　性：一年生或多年生草本
- 海　　拔：海平面至300 m
- 国内分布：福建、广东、广西、海南、江苏、辽宁、台湾、浙江
- 国外分布：巴基斯坦、朝鲜、俄罗斯、菲律宾、柬埔寨、老挝、马达加斯加、马来西亚、缅甸、日本、斯里兰卡、泰国、印度、印度尼西亚、越南
- 濒危等级：LC

拟宽穗扁莎
Pycreus pseudolatespicatus L. K. Dai
- 习　　性：一年生草本
- 海　　拔：1500~2100 m
- 分　　布：贵州、四川
- 濒危等级：LC

矮扁莎
Pycreus pumilus(L.)Nees
- 习　　性：一年生草本
- 海　　拔：100~500 m
- 国内分布：福建、广东、广西、海南、湖南、江西、台湾
- 国外分布：澳大利亚、巴布亚新几内亚、巴基斯坦、不丹、菲律宾、克什米尔地区、马达加斯加、马来西亚、孟加拉国、缅甸、尼泊尔、斯里兰卡、泰国、印度、印度尼西亚、越南
- 濒危等级：LC

红鳞扁莎
Pycreus sanguinolentus(Vahl)Nees ex C. B. Clarke
- 习　　性：一年生草本
- 海　　拔：100~3400 m
- 国内分布：安徽、重庆、福建、甘肃、广东、广西、贵州、海南、河北、河南、黑龙江、湖北、湖南、吉林、江苏、江西、辽宁、内蒙古、宁夏、青海、山东、山西、陕西、四川、台湾、西藏、新疆、云南、浙江
- 国外分布：澳大利亚、巴布亚新几内亚、巴基斯坦、不丹、朝鲜、俄罗斯、菲律宾、哈萨克斯坦、吉尔吉斯斯坦、克什米尔地区、马来西亚、缅甸、尼泊尔、日本、斯里兰卡、塔吉克斯坦、泰国、土库曼斯坦、乌兹别克斯坦、印度、印度尼西亚、越南
- 濒危等级：LC

东北扁莎
Pycreus setiformis(Korsh.)Nakai
- 习　　性：一年生草本
- 海　　拔：约700 m
- 国内分布：黑龙江、吉林、辽宁、内蒙古
- 国外分布：朝鲜、俄罗斯、日本
- 濒危等级：LC

槽果扁莎
Pycreus sulcinux(C. B. Clarke)C. B. Clarke
- 习　　性：一年生草本
- 海　　拔：100~500 m
- 国内分布：广东、广西、海南、台湾、西藏、云南
- 国外分布：澳大利亚、巴布亚新几内亚、不丹、菲律宾、柬埔寨、马来西亚、孟加拉国、缅甸、泰国、印度、印度尼西亚、越南
- 濒危等级：LC

禾状扁莎
Pycreus unioloides(R. Br.)Urb.
- 习　　性：多年生草本
- 海　　拔：200~2200 m
- 国内分布：广东、台湾、云南、浙江
- 国外分布：澳大利亚、巴布亚新几内亚、不丹、菲律宾、柬埔寨、马达加斯加、缅甸、尼泊尔、日本、泰国、印度、印度尼西亚、越南
- 濒危等级：LC

海滨莎属 Remirea Aubl.

海滨莎
Remirea maritima Aubl.
- 习　　性：多年生草本
- 国内分布：广东、海南、台湾
- 国外分布：澳大利亚、巴布亚新几内亚、菲律宾、马达加斯加、马来西亚、缅甸、日本、斯里兰卡、泰国、印度、印度尼西亚、越南
- 濒危等级：LC

刺子莞属 Rhynchospora Vahl

白鳞刺子莞
Rhynchospora alba(L.)Vahl
- 习　　性：多年生草本
- 海　　拔：约900 m
- 国内分布：吉林、台湾
- 国外分布：朝鲜、俄罗斯、哈萨克斯坦、加勒比地区、日本
- 濒危等级：NT A2c；D

华刺子莞
Rhynchospora chinensis Nees et Meyen ex Nees
- 习　　性：多年生草本

海　　拔：100~1400 m
国内分布：安徽、福建、广东、广西、海南、湖北、江苏、江西、山东、台湾
国外分布：马达加斯加、缅甸、日本、斯里兰卡、泰国、越南
濒危等级：LC

伞房刺子莞
Rhynchospora corymbosa (L.) Britton
习　　性：多年生草本
海　　拔：100~900 m
国内分布：广东、广西、海南、湖南、台湾、云南
国外分布：澳大利亚、巴布亚新几内亚、菲律宾、马达加斯加、马来西亚、孟加拉国、缅甸、斯里兰卡、泰国、印度、印度尼西亚、越南
濒危等级：LC

细叶刺子莞
Rhynchospora faberi C. B. Clarke
习　　性：多年生草本
海　　拔：约 400 m
国内分布：福建、广东、广西、湖南、江苏、江西、山东、浙江
国外分布：朝鲜、俄罗斯、日本
濒危等级：LC

柔弱刺子莞
Rhynchospora gracillima Thwaites
习　　性：一年生或多年生草本
海　　拔：900~1000 m
国内分布：福建、香港
国外分布：澳大利亚、巴布亚新几内亚、马达加斯加、斯里兰卡、泰国、印度、印度尼西亚
濒危等级：LC

日本刺子莞
Rhynchospora malasica C. B. Clarke
习　　性：多年生草本
国内分布：广东、台湾
国外分布：朝鲜、马来西亚、日本、印度尼西亚
濒危等级：LC

刺子莞
Rhynchospora rubra (Lour.) Makino
习　　性：一年生或多年生草本
海　　拔：100~1400 m
国内分布：安徽、福建、广东、广西、贵州、海南、湖北、湖南、江苏、江西、台湾、云南、浙江
国外分布：澳大利亚、巴布亚新几内亚、朝鲜、菲律宾、老挝、马达加斯加、马来西亚、尼泊尔、日本、斯里兰卡、泰国、印度、印度尼西亚、越南
濒危等级：LC

类缘刺子莞
Rhynchospora submarginata Kük.
习　　性：一年生草本
海　　拔：约 1800 m
国内分布：海南
国外分布：澳大利亚、巴布亚新几内亚、马来西亚、泰国、印度、印度尼西亚、越南
濒危等级：LC

水葱属 Schoenoplectus (Reich.) Palla

中间水葱
Schoenoplectus × intermedius S. R. Zhang et H. Y. Bi
习　　性：多年生草本
分　　布：云南

节苞水葱
Schoenoplectus articulatus (L.) Palla
习　　性：一年生或多年生草本
国内分布：海南
国外分布：澳大利亚、巴布亚新几内亚、菲律宾、马达加斯加、尼泊尔、斯里兰卡、泰国、印度、印度尼西亚、越南
濒危等级：DD

陈谋水葱
Schoenoplectus chen-moui (Tang et F. T. Wang) Hayasaka
习　　性：一年生或多年生草本
海　　拔：约 1800 m
分　　布：云南
濒危等级：DD

曲氏水葱
Schoenoplectus chuanus (Tang et F. T. Wang) S. Yun Liang et S. R. Zhang
习　　性：一年生草本
分　　布：江苏
濒危等级：EN B1ab (i, iii)

佛海水葱
Schoenoplectus clemensii (Kük.) G. C. Tucker
习　　性：一年生或多年生草本
海　　拔：约 1600 m
国内分布：云南
国外分布：巴布亚新几内亚、越南
濒危等级：DD

剑苞水葱
Schoenoplectus ehrenbergii (Boeckeler) Sojak
习　　性：一年生或多年生草本
国内分布：甘肃、河北、宁夏、山东、新疆
国外分布：俄罗斯、哈萨克斯坦
濒危等级：LC

褐红鳞水葱
Schoenoplectus fuscorubens (T. Koyama) T. Koyama
习　　性：一年生或多年生草本
海　　拔：2000~2700 m
国内分布：贵州、西藏
国外分布：不丹、尼泊尔
濒危等级：DD

细秆萤蔺
Schoenoplectus hotarui (Ohwi) T. Koyama
习　　性：一年生草本
海　　拔：约 1200 m

国内分布：吉林、辽宁
国外分布：朝鲜、俄罗斯、缅甸、日本
濒危等级：LC

荆门水葱
Schoenoplectus jingmenensis (Tang et F. T. Wang) S. Yun Liang et S. R. Zhang
习　　性：一年生草本
分　　布：湖北
濒危等级：VU B1ab（i, iii）

萤蔺
Schoenoplectus juncoides (Roxb.) Palla
习　　性：一年生或多年生草本
海　　拔：800~2000 m
国内分布：安徽、重庆、福建、甘肃、广东、广西、贵州、海南、河北、河南、湖北、湖南、江苏、江西、山东、山西、陕西、四川、台湾、西藏、新疆、云南、浙江
国外分布：澳大利亚、巴布亚新几内亚、巴基斯坦、不丹、朝鲜、菲律宾、克什米尔地区、马达加斯加、马来西亚、尼泊尔、日本、斯里兰卡、塔吉克斯坦、泰国、乌兹别克斯坦、印度、印度尼西亚
濒危等级：LC

吉林水葱
Schoenoplectus komarovii (Roshev.) Soják
习　　性：一年生或多年生草本
海　　拔：海平面至100 m
国内分布：黑龙江、吉林、辽宁、内蒙古
国外分布：朝鲜、俄罗斯、日本
濒危等级：LC

沼生水葱
Schoenoplectus lacustris (L.) Palla
习　　性：一年生或多年生草本
海　　拔：约1000 m
国内分布：新疆
国外分布：阿富汗、巴基斯坦、俄罗斯、哈萨克斯坦、吉尔吉斯斯坦、克什米尔地区、蒙古、塔吉克斯坦、土库曼斯坦、乌兹别克斯坦、印度
濒危等级：LC

细匍匐茎水葱
Schoenoplectus lineolatus (Franch. et Sav.) T. Koyama
习　　性：一年生或多年生草本
国内分布：广东、台湾、浙江
国外分布：俄罗斯、日本
濒危等级：LC

羽状刚毛水葱
Schoenoplectus litoralis (Schrad.) Palla
习　　性：一年生或多年生草本
海　　拔：约600 m
国内分布：甘肃、宁夏、青海、山西、四川、新疆
国外分布：阿富汗、澳大利亚、巴布亚新几内亚、巴基斯坦、菲律宾、哈萨克斯坦、吉尔吉斯斯坦、马达加斯加、蒙古西部、塔吉克斯坦、泰国、土库曼斯坦、乌兹别克斯坦、印度、印度尼西亚、越南
濒危等级：LC

单穗水葱
Schoenoplectus monocephalus (J. Q. He) S. Yun Liang et S. R. Zhang
习　　性：一年生草本
海　　拔：约40 m
分　　布：安徽
濒危等级：VU B1ab（iii）

水毛花
Schoenoplectus mucronatus (Miq.) T. Koyama
习　　性：一年生或多年生草本
海　　拔：100~2700 m
国内分布：安徽、福建、广东、广西、贵州、海南、河南、黑龙江、湖北、湖南、江苏、江西、山东、山西、陕西、四川、台湾、西藏、云南、浙江
国外分布：朝鲜、马达加斯加、马来西亚、日本、斯里兰卡、印度、印度尼西亚
濒危等级：LC

滇水葱
Schoenoplectus schoofii (Beetle) Sojak
习　　性：一年生或多年生草本
海　　拔：约2300 m
分　　布：江苏、云南
濒危等级：DD

钻苞水葱
Schoenoplectus subulatus (Vahl) Lye
习　　性：一年生或多年生草本
国内分布：海南
国外分布：马来西亚、日本、斯里兰卡、泰国、印度尼西亚
濒危等级：LC

仰卧秆水葱
Schoenoplectus supinus (L.) Palla

多皱纹果仰卧秆水葱
Schoenoplectus supinus subsp. **densicorrugatus** (Tang et F. T. Wang) S. Yun Liang et S. R. Zhang
习　　性：一年生或多年生草本
海　　拔：600~2300 m
分　　布：新疆
濒危等级：DD

稻田仰卧秆水葱
Schoenoplectus supinus subsp. **lateriflorus** (J. F. Gmel.) Sojak
习　　性：一年生或多年生草本
海　　拔：约1000 m
国内分布：安徽、广东、广西、海南、江苏、台湾、新疆、云南
国外分布：阿富汗、澳大利亚、巴基斯坦、俄罗斯、菲律宾、哈萨克斯坦、马来西亚、缅甸、尼泊尔、斯里兰卡、泰国、乌兹别克斯坦、印度、印度尼西亚、越南；非洲
濒危等级：LC

水葱

Schoenoplectus tabernaemontani(C. C. Gmel.) Palla
- 习　　性：一年生或多年生草本
- 海　　拔：海平面至 3200 m
- 国内分布：甘肃、广东、贵州、河北、黑龙江、湖北、湖南、吉林、江苏、辽宁、内蒙古、宁夏、青海、山东、山西、陕西、四川、台湾、西藏、新疆、云南、浙江
- 国外分布：阿富汗、澳大利亚、巴布亚新几内亚、巴基斯坦、朝鲜、俄罗斯、菲律宾、哈萨克斯坦、吉尔吉斯斯坦、克什米尔地区、缅甸、尼泊尔、日本、塔吉克斯坦、土库曼斯坦、乌兹别克斯坦、印度、越南
- 濒危等级：LC
- 资源利用：原料（木材）；环境利用（观赏）

五棱水葱

Schoenoplectus trapezoideus(Koidz.) Hayasaka. et H. Ohashi
- 习　　性：一年生或多年生草本
- 海　　拔：200 ~ 1000 m
- 国内分布：福建、广西、河北、吉林、山东
- 国外分布：日本
- 濒危等级：LC

三棱水葱

Schoenoplectus triqueter(L.) Palla
- 习　　性：一年生或多年生草本
- 海　　拔：100 ~ 2300 m
- 国内分布：安徽、重庆、福建、甘肃、广东、广西、河北、河南、黑龙江、湖北、湖南、吉林、江苏、辽宁、内蒙古、宁夏、青海、山东、山西、陕西、四川、台湾、西藏、新疆、云南、浙江
- 国外分布：阿富汗、巴基斯坦、朝鲜、俄罗斯、哈萨克斯坦、吉尔吉斯斯坦、日本、塔吉克斯坦、乌兹别克斯坦、印度
- 濒危等级：LC

猪毛草

Schoenoplectus wallichii(Nees) T. Koyama
- 习　　性：一年生或多年生草本
- 海　　拔：800 ~ 1300 m
- 国内分布：安徽、福建、广东、广西、贵州、湖北、湖南、江苏、江西、台湾、云南、浙江
- 国外分布：朝鲜、菲律宾、马来西亚、缅甸、日本、印度、越南
- 濒危等级：LC

赤箭莎属 Schoenus L.

矮赤箭莎

Schoenus apogon Roem. et Schult.
- 习　　性：一年生或多年生草本
- 国内分布：台湾
- 国外分布：澳大利亚、日本、越南
- 濒危等级：DD

长穗赤箭莎

Schoenus calostachyus(R. Br.) Poir.
- 习　　性：多年生草本
- 海　　拔：约 600 m
- 国内分布：广东、广西、海南
- 国外分布：澳大利亚、巴布亚新几内亚、马来西亚、日本、泰国、印度尼西亚、越南
- 濒危等级：LC

赤箭莎

Schoenus falcatus R. Br.
- 习　　性：多年生草本
- 海　　拔：约 400 m
- 国内分布：广东、广西、贵州、台湾
- 国外分布：澳大利亚、巴布亚新几内亚、马来西亚、日本、泰国、印度尼西亚、越南
- 濒危等级：LC

无刚毛赤箭莎

Schoenus nudifructus C. Chen
- 习　　性：多年生草本
- 海　　拔：1800 ~ 1900 m
- 分　　布：云南
- 濒危等级：LC

藨草属 Scirpus L.

陈氏藨草

Scirpus chunianus Tang et F. T. Wang
- 习　　性：多年生草本
- 海　　拔：300 ~ 600 m
- 分　　布：广东、广西、海南、湖南
- 濒危等级：LC

细枝藨草

Scirpus filipes C. B. Clarke

细枝藨草（原变种）

Scirpus filipes var. **filipes**
- 习　　性：多年生草本
- 海　　拔：300 ~ 2400 m
- 分　　布：福建、广东、广西
- 濒危等级：LC
- 资源利用：原料（纤维）

少花细枝藨草

Scirpus filipes var. **paucispiculatus** Tang et F. T. Wang
- 习　　性：多年生草本
- 分　　布：福建
- 濒危等级：LC

海南藨草

Scirpus hainanensis S. M. Huang
- 习　　性：多年生草本
- 分　　布：福建、海南、江苏、香港
- 濒危等级：DD

华东藨草

Scirpus karuisawensis Makino
- 习　　性：多年生草本
- 海　　拔：600 ~ 1200 m

国内分布：安徽、贵州、河南、黑龙江、湖北、湖南、吉林、江苏、辽宁、山东、陕西、云南、浙江

国外分布：朝鲜、日本

濒危等级：LC

庐山藨草
Scirpus lushanensis Ohwi

习　　性：多年生草本

海　　拔：300~2800 m

国内分布：安徽、重庆、福建、广东、广西、贵州、河南、湖北、湖南、吉林、江苏、江西、辽宁、山东、陕西、四川、西藏、云南、浙江

国外分布：朝鲜、俄罗斯、日本、泰国、印度、印度尼西亚、越南

濒危等级：LC

佛焰苞藨草
Scirpus maximowiczii C. B. Clarke

习　　性：多年生草本

海　　拔：1800~2400 m

国内分布：吉林

国外分布：朝鲜、俄罗斯、日本

濒危等级：VU A2c

东方藨草
Scirpus orientalis Ohwi

习　　性：多年生草本

海　　拔：400~2700 m

国内分布：甘肃、河北、黑龙江、吉林、辽宁、内蒙古、山东、山西、陕西、新疆

国外分布：朝鲜、俄罗斯、蒙古、日本

濒危等级：LC

高山藨草
Scirpus paniculatocorymbosus Kük.

习　　性：多年生草本

海　　拔：2000~2800 m

分　　布：四川

濒危等级：NT C1

单穗藨草
Scirpus radicans Schkuhr

习　　性：多年生草本

海　　拔：400~900 m

国内分布：黑龙江、吉林、辽宁、内蒙古

国外分布：朝鲜、俄罗斯、哈萨克斯坦、蒙古、日本

濒危等级：LC

资源利用：原料（纤维）

百球藨草
Scirpus rosthornii Diels

习　　性：多年生草本

海　　拔：300~2600 m

国内分布：安徽、重庆、福建、甘肃、广东、广西、贵州、河南、湖北、湖南、江西、山东、陕西、四川、西藏、云南、浙江

国外分布：尼泊尔、日本

濒危等级：LC

百穗藨草
Scirpus ternatanus Reinw. ex Miq.

习　　性：多年生草本

海　　拔：300~1800 m

国内分布：安徽、福建、广东、广西、海南、湖北、湖南、江西、山东、四川、台湾、西藏、云南

国外分布：巴布亚新几内亚、不丹、菲律宾、缅甸、日本、泰国、印度、印度尼西亚、越南

濒危等级：LC

球穗藨草
Scirpus wichurae Boeckeler

习　　性：多年生草本

海　　拔：1800~2500 m

国内分布：贵州、辽宁、青海、山东、云南

国外分布：不丹、朝鲜、孟加拉国、日本、泰国、印度、印度尼西亚

濒危等级：DD

珍珠茅属 Scleria P. J. Bergius

二花珍珠茅
Scleria biflora Roxb.

习　　性：一年生草本

海　　拔：600~1800 m

国内分布：福建、广东、广西、海南、江苏、台湾、云南

国外分布：菲律宾、克什米尔地区、马来西亚、缅甸、尼泊尔、日本、斯里兰卡、泰国、印度、印度尼西亚、越南

濒危等级：LC

华珍珠茅
Scleria ciliaris Nees

习　　性：多年生草本

海　　拔：100~900 m

国内分布：广东、海南

国外分布：澳大利亚、巴布亚新几内亚、菲律宾、柬埔寨、老挝、马来西亚、缅甸、泰国、印度尼西亚、越南

濒危等级：LC

伞房珍珠茅
Scleria corymbosa Roxb.

习　　性：多年生草本

海　　拔：海平面至100 m

国内分布：广东、海南

国外分布：巴布亚新几内亚、菲律宾、柬埔寨、老挝、马来西亚、缅甸、斯里兰卡、泰国、印度、印度尼西亚

濒危等级：LC

独龙珍珠茅
Scleria dulungensis P. C. Li

习　　性：一年生或多年生草本

海　　拔：1300~1400 m

分　　布：云南

濒危等级：DD

圆秆珍珠茅
Scleria harlandii Hance

习　　性：多年生草本
海　　拔：400 m 以下
国内分布：福建、广东、广西、海南、云南
国外分布：越南
濒危等级：LC

黑鳞珍珠茅
Scleria hookeriana Boeckeler
习　　性：多年生草本
海　　拔：1400～2200 m
国内分布：重庆、福建、广东、广西、贵州、湖北、湖南、江西、四川、云南、浙江
国外分布：印度、越南
濒危等级：LC

江城珍珠茅
Scleria jiangchengensis Y. Y. Qian
习　　性：多年生草本
海　　拔：1000～1100 m
分　　布：云南
濒危等级：LC

疏松珍珠茅
Scleria laxa R. Br.
习　　性：一年生草本
国内分布：福建、广东、海南
国外分布：巴布亚新几内亚、菲律宾
濒危等级：DD

毛果珍珠茅
Scleria levis Retz
习　　性：多年生草本
海　　拔：海平面至1500 m
国内分布：安徽、福建、广东、广西、贵州、海南、湖北、湖南、江苏、江西、四川、台湾、西藏、云南、浙江
国外分布：澳大利亚、巴布亚新几内亚、菲律宾、柬埔寨、老挝、马来西亚、孟加拉国、缅甸、尼泊尔、日本、斯里兰卡、泰国、印度、印度尼西亚、越南
濒危等级：LC

石果珍珠茅
Scleria lithosperma(L.)Sw.

石果珍珠茅（原亚种）
Scleria lithosperma subsp. **lithosperma**
习　　性：多年生草本
海　　拔：100～1000 m
国内分布：广东、海南、台湾、云南
国外分布：澳大利亚、巴布亚新几内亚、菲律宾、马来西亚、缅甸、斯里兰卡、泰国、印度、印度尼西亚、越南
濒危等级：LC

线叶珍珠茅
Scleria lithosperma subsp. **linearis**(Benth.)T. Koyama
习　　性：多年生草本
国内分布：海南
国外分布：澳大利亚、巴布亚新几内亚、菲律宾、马来西亚、斯里兰卡、泰国、印度、印度尼西亚、越南
濒危等级：DD

柄果珍珠茅
Scleria neesii Kunth
习　　性：多年生草本
国内分布：海南
国外分布：老挝、斯里兰卡、泰国、印度、越南；马来半岛
濒危等级：LC

角架珍珠茅
Scleria novae-hollandiae Boeckeler
习　　性：一年生草本
国内分布：福建、广东、江苏
国外分布：澳大利亚、巴布亚新几内亚、菲律宾、印度尼西亚、越南
濒危等级：LC

扁果珍珠茅
Scleria oblata S. T. Blake
习　　性：多年生草本
海　　拔：700 m 以下
国内分布：广东
国外分布：菲律宾、马来西亚、孟加拉国、缅甸、斯里兰卡、泰国、印度、印度尼西亚、越南
濒危等级：DD

小型珍珠茅
Scleria parvula Steud.
习　　性：一年生草本
海　　拔：700～2700 m
国内分布：福建、广东、贵州、湖南、江苏、江西、山东、四川、西藏、云南、浙江
国外分布：巴布亚新几内亚、不丹、朝鲜、菲律宾、柬埔寨、老挝、尼泊尔、日本、斯里兰卡、泰国、印度、越南
濒危等级：LC

纤秆珍珠茅
Scleria pergracilis(Nees)Kunth
习　　性：一年生草本
海　　拔：1200～4000 m
国内分布：广东、广西、江苏、西藏、云南
国外分布：巴布亚新几内亚、朝鲜、菲律宾、柬埔寨、克什米尔地区、老挝、孟加拉国、缅甸、尼泊尔、斯里兰卡、泰国、印度、印度尼西亚、越南
濒危等级：LC

稻形珍珠茅
Scleria poiformis Retz
习　　性：多年生草本
国内分布：海南
国外分布：澳大利亚、巴布亚新几内亚、菲律宾、柬埔寨、老挝、马达加斯加、马来西亚、斯里兰卡、泰国、印度、印度尼西亚、越南
濒危等级：DD

细根茎珍珠茅
Scleria psilorrhiza C. B. Clarke
习　　性：多年生草本

海　　拔：约 200 m
国内分布：云南
国外分布：澳大利亚、巴布亚新几内亚、菲律宾、柬埔寨、泰国、印度、印度尼西亚
濒危等级：LC

紫花珍珠茅
Scleria purpurascens Steud.
习　　性：多年生草本
海　　拔：1000 m 以下
国内分布：广东、海南
国外分布：菲律宾、马来西亚、缅甸、泰国、印度、印度尼西亚、越南
濒危等级：LC

光果珍珠茅
Scleria radula Hance
习　　性：多年生草本
海　　拔：100~800 m
分　　布：广东、广西、海南、台湾、香港、云南
濒危等级：LC

垂序珍珠茅
Scleria rugosa R. Br.
习　　性：一年生草本
海　　拔：600~700 m
国内分布：福建、广东、海南、江苏、台湾、云南
国外分布：澳大利亚、巴布亚新几内亚、朝鲜半岛南部、菲律宾、马来西亚、缅甸、日本、斯里兰卡、泰国、印度、印度尼西亚、越南
濒危等级：LC

轮叶珍珠茅
Scleria scrobiculata Nees et Meyen
习　　性：多年生草本
海　　拔：100~300 m
国内分布：广东、台湾
国外分布：澳大利亚、巴布亚新几内亚、菲律宾、马来西亚、泰国、印度尼西亚、越南
濒危等级：LC

印尼珍珠茅
Scleria sumatrensis Retz.
习　　性：多年生草本
国内分布：海南、台湾
国外分布：澳大利亚、菲律宾、柬埔寨、老挝、马来西亚、缅甸、斯里兰卡、泰国、印度、印度尼西亚、越南
濒危等级：NT B1ab（i, iii）

高秆珍珠茅
Scleria terrestris（L.）Fassett
习　　性：多年生草本
海　　拔：海平面至 2000 m
国内分布：重庆、福建、广东、广西、海南、湖南、江苏、江西、四川、台湾、西藏、云南、浙江
国外分布：澳大利亚、巴布亚新几内亚、菲律宾、克什米尔地区、老挝、马来西亚、缅甸、尼泊尔、日本、斯里兰卡、泰国、印度、印度尼西亚、越南
濒危等级：LC

越南珍珠茅
Scleria tonkinensis C. B. Clarke
习　　性：多年生草本
海　　拔：100 m 以下
国内分布：广东、广西、海南
国外分布：柬埔寨、泰国、越南
濒危等级：LC

针蔺属 Trichophorum Pers.

鳞苞针蔺
Trichophorum alpinum（L.）Pers.
习　　性：多年生草本
国内分布：吉林
国外分布：朝鲜、俄罗斯、日本
濒危等级：LC

双柱头针蔺
Trichophorum distigmaticum（Kük.）T. V. Egorova
习　　性：多年生草本
海　　拔：2000~4600 m
国内分布：甘肃、宁夏、青海、陕西、四川、西藏、云南
国外分布：澳大利亚
濒危等级：LC

三棱针蔺
Trichophorum mattfeldianum（Kük.）S. Yun Liang
习　　性：多年生草本
海　　拔：约 900 m
国内分布：安徽、福建、广东、广西、贵州、河南、湖北、山西、浙江
国外分布：越南
濒危等级：LC

矮针蔺
Trichophorum pumilum（Vahl）Schinz et Thell.
习　　性：多年生草本
海　　拔：500~4700 m
国内分布：甘肃、河北、内蒙古、宁夏、四川、西藏、新疆
国外分布：阿富汗、巴基斯坦、俄罗斯、哈萨克斯坦、吉尔吉斯斯坦、克什米尔地区、蒙古、尼泊尔、塔吉克斯坦、乌兹别克斯坦
濒危等级：LC

太行山针蔺
Trichophorum schansiense Hand.-Mazz.
习　　性：多年生草本
海　　拔：700 m 以下
分　　布：北京、河南、山西
濒危等级：LC

玉山针蔺
Trichophorum subcapitatum（Thwaites et Hook.）D. A. Simpson
习　　性：多年生草本
海　　拔：600~2300 m
国内分布：安徽、重庆、福建、广东、广西、贵州、湖北、湖南、江西、台湾、浙江
国外分布：巴布亚新几内亚、菲律宾、马来西亚、日本、斯里兰卡、泰国、印度、印度尼西亚、越南

濒危等级：LC

三肋莎属 Tricostularia Nees ex Lehm.

三肋果莎
Tricostularia undulata (Thwaites) J. Kern
- 习　　性：多年生草本
- 国内分布：海南
- 国外分布：澳大利亚、巴布亚新几内亚、马来西亚、斯里兰卡、泰国、印度、印度尼西亚、越南
- 濒危等级：DD

交让木科（虎皮楠科）DAPHNIPHYLLACEAE
（1 属：11 种）

虎皮楠属 Daphniphyllum Blume

狭叶虎皮楠
Daphniphyllum angustifolium Hutch.
- 习　　性：灌木或小乔木
- 海　　拔：1500 ~ 2300 m
- 分　　布：湖北、四川
- 濒危等级：LC

牛耳枫
Daphniphyllum calycinum Benth.
- 习　　性：灌木
- 海　　拔：100 ~ 700 m
- 国内分布：福建、广东、广西、湖南、江西
- 国外分布：日本、越南
- 濒危等级：LC
- 资源利用：药用（中草药）；原料（工业用油）

纸叶虎皮楠
Daphniphyllum chartaceum K. Rosenthal
- 习　　性：乔木
- 海　　拔：1200 ~ 2100 m
- 国内分布：西藏、云南
- 国外分布：巴基斯坦、不丹、缅甸、尼泊尔、印度、越南
- 濒危等级：LC

西藏虎皮楠
Daphniphyllum himalense (Benth.) Müll. Arg.
- 习　　性：乔木
- 海　　拔：1200 ~ 2500 m
- 国内分布：西藏、云南
- 国外分布：不丹、缅甸、印度
- 濒危等级：LC

长序虎皮楠
Daphniphyllum longeracemosum K. Rosenthal
- 习　　性：乔木
- 海　　拔：100 ~ 1800 m
- 国内分布：广西、云南
- 国外分布：越南
- 濒危等级：LC

交让木
Daphniphyllum macropodum Miq.
- 习　　性：灌木或小乔木
- 海　　拔：600 ~ 1900 m
- 国内分布：安徽、福建、广东、广西、贵州、湖北、湖南、江西、四川、台湾、云南、浙江
- 国外分布：朝鲜、日本
- 濒危等级：LC
- 资源利用：药用（中草药）

大叶虎皮楠
Daphniphyllum majus Müll. Arg.
- 习　　性：灌木或乔木
- 海　　拔：1100 ~ 1500 m
- 国内分布：云南
- 国外分布：缅甸、泰国、印度、越南
- 濒危等级：LC

虎皮楠
Daphniphyllum oldhamii (Hemsl.) K. Rosenthal
- 习　　性：灌木或小乔木
- 海　　拔：100 ~ 1400 m
- 国内分布：福建、广东、湖北、湖南、江西、四川、台湾、浙江
- 国外分布：朝鲜、日本
- 濒危等级：LC
- 资源利用：原料（香料，工业用油）；环境利用（观赏，绿化）

显脉虎皮楠
Daphniphyllum paxianum K. Rosenthal
- 习　　性：灌木或小乔木
- 海　　拔：400 ~ 2300 m
- 分　　布：广西、贵州、海南、四川、云南
- 濒危等级：LC

盾叶虎皮楠
Daphniphyllum peltatum Yan Liu et T. Meng
- 习　　性：灌木或小乔木
- 海　　拔：1000 ~ 1100 m
- 分　　布：广西
- 濒危等级：CR C2a (i)；D

假轮叶虎皮楠
Daphniphyllum subverticillatum Merr.
- 习　　性：灌木
- 海　　拔：400 ~ 700 m
- 分　　布：广东
- 濒危等级：LC

岩梅科 DIAPENSIACEAE
（3 属：6 种）

岩匙属 Berneuxia Decne.

岩匙
Berneuxia thibetica Decne.
- 习　　性：多年生草本

海　　拔：1700~3500 m
　　分　　布：贵州、四川、西藏、云南
　　濒危等级：LC
　　资源利用：药用（中草药）

岩梅属 Diapensia L.

喜马拉雅岩梅
Diapensia himalaica Hook. f. et Thomson
　　习　　性：灌木
　　海　　拔：3200~5000 m
　　国内分布：西藏、云南
　　国外分布：不丹、缅甸、印度
　　濒危等级：LC

红花岩梅
Diapensia purpurea Diels
　　习　　性：灌木
　　海　　拔：2600~4500 m
　　国内分布：四川、西藏、云南
　　国外分布：缅甸
　　濒危等级：LC

西藏岩梅
Diapensia wardii W. E. Evans
　　习　　性：灌木
　　海　　拔：3200~3400 m
　　分　　布：西藏
　　濒危等级：EN A2c；C1

岩扇属 Shortia Torr. et A. Gray

台湾岩扇
Shortia rotundifolia(Maxim.) Makino
　　习　　性：多年生草本
　　海　　拔：1000~3000 m
　　国内分布：台湾
　　国外分布：日本
　　濒危等级：DD

华岩扇
Shortia sinensis Hemsl.
　　习　　性：多年生草本
　　海　　拔：1000~2000 m
　　分　　布：云南
　　濒危等级：LC

毒鼠子科 DICHAPETALACEAE
（1属：2种）

毒鼠子属 Dichapetalum Du Petit-Thouars

毒鼠子
Dichapetalum gelonioides(Roxb.) Engl.
　　习　　性：灌木或小乔木
　　海　　拔：约1500 m
　　国内分布：广东、海南、云南
　　国外分布：菲律宾、马来西亚、缅甸、斯里兰卡、泰国、印度、印度尼西亚、越南
　　濒危等级：LC

海南毒鼠子
Dichapetalum longipetalum(Turcz.) Engl.
　　习　　性：攀援灌木或藤本
　　海　　拔：约500 m
　　国内分布：广东、广西、海南
　　国外分布：柬埔寨、马来西亚、缅甸、泰国、越南
　　濒危等级：LC

五桠果科 DILLENIACEAE
（2属：6种）

五桠果属 Dillenia L.

五桠果
Dillenia indica L.
　　习　　性：常绿乔木
　　海　　拔：100~900 m
　　国内分布：广西、云南
　　国外分布：不丹、菲律宾、老挝、马来西亚、缅甸、尼泊尔、斯里兰卡、泰国、印度、印度尼西亚、越南
　　濒危等级：EN A2c
　　资源利用：食品（水果）；环境利用（观赏）

小花五桠果
Dillenia pentagyna Roxb.
　　习　　性：落叶乔木
　　海　　拔：400 m以下
　　国内分布：海南、云南
　　国外分布：不丹、马来西亚、缅甸、尼泊尔、泰国、印度、印度尼西亚、越南
　　濒危等级：DD
　　资源利用：药用（中草药）；原料（木材）；食品（水果）

大花五桠果
Dillenia turbinata Finet et Gagnep.
　　习　　性：常绿乔木
　　海　　拔：700~1000 m
　　国内分布：广西、海南、云南
　　国外分布：越南
　　濒危等级：NT

锡叶藤属 Tetracera L.

锡叶藤
Tetracera sarmentosa(L.) Vahl
　　习　　性：常绿木质藤本
　　国内分布：广东、广西、海南、云南
　　国外分布：马来西亚、缅甸、斯里兰卡、泰国、印度、印度尼西亚
　　濒危等级：LC

毛果锡叶藤
Tetracera scandens(L.) Merr.
　　习　　性：攀援木质藤本
　　海　　拔：100~600 m

国内分布：云南

国外分布：菲律宾、马来西亚、缅甸、泰国、印度、印度尼西亚、越南

濒危等级：LC

勐腊锡叶藤
Tetracera xui H. Zhu et H. Wang
习　　性：攀援木质大藤本
海　　拔：约 800 m
分　　布：云南
濒危等级：LC

薯蓣科 DIOSCOREACEAE
（3 属：69 种）

薯蓣属 Dioscorea L.

参薯
Dioscorea alata L.
习　　性：缠绕草质藤本
海　　拔：200~1800 m
分　　布：福建、广东、广西、贵州、湖北、湖南、江西、四川、台湾、西藏、云南、浙江等地栽培
资源利用：药用（中草药）；食品（蔬菜，淀粉）；环境利用（观赏）

蜀葵叶薯蓣
Dioscorea althaeoides R. Knuth
习　　性：缠绕草质藤本
海　　拔：1400~3200 m
国内分布：贵州、四川、西藏、云南
国外分布：泰国
濒危等级：VU B1ab（v）
资源利用：药用（中草药）

丽叶薯蓣
Dioscorea aspersa Prain et Burkill
习　　性：缠绕草质藤本
海　　拔：1600~2100 m
分　　布：贵州、云南
濒危等级：EN A3c；B2ab（v）

板砖薯蓣
Dioscorea banzhuana C. Pei et C. T. Ting
习　　性：缠绕草质藤本
海　　拔：1400~1500 m
分　　布：云南
濒危等级：CR A3c

大青薯
Dioscorea benthamii Prain et Burkill
习　　性：缠绕草质藤本
海　　拔：300~900 m
分　　布：福建、广东、广西、台湾
濒危等级：DD
资源利用：食品（淀粉）

尖头果薯蓣
Dioscorea bicolor Prain et Burkill
习　　性：缠绕草质藤本
海　　拔：1600~2100 m
分　　布：四川、云南
濒危等级：EN A2c；B1ab（v）

异叶薯蓣
Dioscorea biformifolia C. Pei et C. T. Ting
习　　性：缠绕草质藤本
海　　拔：600~1800 m
分　　布：云南
濒危等级：CR A2c+3c

独龙薯蓣
Dioscorea birmanica Prain et Burkill
习　　性：草质藤本
海　　拔：约 400 m
国内分布：云南
国外分布：缅甸、泰国
濒危等级：CR A2c

黄独
Dioscorea bulbifera L.

黄独（原变种）
Dioscorea bulbifera var. **bulbifera**
习　　性：缠绕草质藤本
海　　拔：海平面至 2300 m
国内分布：安徽、福建、甘肃、广东、广西、贵州、海南、河南、湖北、湖南、江苏、江西、陕西、四川、台湾、西藏、云南、浙江
国外分布：不丹、朝鲜、柬埔寨、缅甸、日本、泰国、印度、越南
濒危等级：LC
资源利用：药用（中草药）；食品（淀粉）；食品添加剂（糖和非糖甜味剂）

白金山药
Dioscorea bulbifera var. **albotuberosa** Y. F. Zhou, Z. L. Xu et Y. Y. Hang
习　　性：缠绕草质藤本
分　　布：云南
濒危等级：LC

山葛薯
Dioscorea chingii Prain et Burkill
习　　性：缠绕草质藤本
海　　拔：1200~1800 m
国内分布：广西、云南
国外分布：越南
濒危等级：EN B1ab（v）

薯莨
Dioscorea cirrhosa Lour.

薯莨（原变种）
Dioscorea cirrhosa var. **cirrhosa**
习　　性：草质藤本

海　　拔：300~1500 m
国内分布：福建、广东、广西、贵州、海南、湖南、江西、四川、台湾、西藏、云南、浙江
国外分布：泰国、越南
濒危等级：LC
资源利用：药用（中草药）；原料（单宁，精油，树脂）；食品（淀粉）

异块茎薯蓣
Dioscorea cirrhosa var. **cylindrica** C. T. Ting et M. C. Chang
习　　性：草质藤本
海　　拔：海平面至500 m
分　　布：海南
濒危等级：NT B1ab（iii）

叉蕊薯蓣
Dioscorea collettii Hook. f.

叉蕊薯蓣（原变种）
Dioscorea collettii var. **collettii**
习　　性：缠绕草质藤本
海　　拔：1500~3200 m
国内分布：安徽、福建、广东、广西、贵州、河南、湖北、湖南、江西、四川、台湾、云南、浙江
国外分布：老挝、缅甸、泰国、印度、越南
濒危等级：LC
资源利用：药用（中草药）

粉背薯蓣
Dioscorea collettii var. **hypoglauca**（Palib.）C. Pei et C. T. Ting
习　　性：缠绕草质藤本
海　　拔：200~1300 m
分　　布：安徽、福建、广东、广西、河南、湖北、湖南、江西、台湾、浙江
濒危等级：LC

吕宋薯蓣
Dioscorea cumingii Prain et Burkill
习　　性：草质藤本
海　　拔：1000~1300 m
国内分布：台湾
国外分布：菲律宾、印度尼西亚
濒危等级：VU D1+2

多毛叶薯蓣
Dioscorea decipiens Hook. f.

多毛叶薯蓣（原变种）
Dioscorea decipiens var. **decipiens**
习　　性：草质藤本
海　　拔：500~2200 m
国内分布：云南
国外分布：老挝、缅甸、泰国
濒危等级：VU A2c

滇薯
Dioscorea decipiens var. **glabrescens** C. T. Ting et M. C. Zhang
习　　性：草质藤本
海　　拔：1100~1500 m
分　　布：云南
濒危等级：VU A2c

高山薯蓣
Dioscorea delavayi Franch.
习　　性：草质藤本
海　　拔：2000~3000 m
分　　布：贵州、四川、云南
濒危等级：VU A2c

三角叶薯蓣
Dioscorea deltoidea Wall. ex Griseb.
习　　性：缠绕草质藤本
海　　拔：2000~3100 m
国内分布：四川、西藏、云南
国外分布：不丹、缅甸、尼泊尔、泰国、印度、越南
濒危等级：CR A2c；D
资源利用：药用（中草药）

甘薯
Dioscorea esculenta（Lour.）Burkill

甘薯（原变种）
Dioscorea esculenta var. **esculenta**
习　　性：缠绕草质藤本
国内分布：广西、海南有栽培
国外分布：原产巴布亚新几内亚、马来西亚、泰国、印度
资源利用：食品（蔬菜）

有刺甘薯
Dioscorea esculenta var. **spinosa**（Roxb. ex Prain et Burkill）R. Knuth
习　　性：缠绕草质藤本
国内分布：广西、海南有栽培
国外分布：原产巴布亚新几内亚、马来西亚、泰国、印度
资源利用：食品（蔬菜）

七叶薯蓣
Dioscorea esquirolii Prain et Burkill
习　　性：缠绕草质藤本
海　　拔：600~1500 m
分　　布：广西、贵州、云南
濒危等级：CR A2c
资源利用：药用（中草药）

无翅参薯
Dioscorea exalata C. T. Ting et M. C. Chang
习　　性：缠绕草质藤本
海　　拔：1000~2400 m
国内分布：广东、广西、贵州、四川、云南
国外分布：泰国、越南
濒危等级：LC

山薯
Dioscorea fordii Prain et Burkill
习　　性：缠绕草质藤本
海　　拔：海平面至1200 m
分　　布：福建、广东、广西、湖南、香港、浙江
濒危等级：LC

福州薯蓣
Dioscorea futschauensis Uline ex R. Knuth
习　　性：缠绕草质藤本
海　　拔：海平面至700 m
分　　布：福建、广东、广西、湖南、浙江

濒危等级：NT B1ab（i, iii）
　　资源利用：药用（中草药）

宽果薯蓣
Dioscorea garrettii Prain et Burkill
　　习　　性：草质藤本
　　海　　拔：1300～1400 m
　　国内分布：云南
　　国外分布：泰国
　　濒危等级：CR A2c

光叶薯蓣
Dioscorea glabra Roxb.
　　习　　性：缠绕草质藤本
　　海　　拔：200～1500 m
　　国内分布：广西、云南
　　国外分布：不丹、柬埔寨、老挝、马来西亚、缅甸、泰国、印度、印度尼西亚、越南
　　濒危等级：VU A2c
　　资源利用：药用（中草药）

纤细薯蓣
Dioscorea gracillima Miq.
　　习　　性：缠绕草质藤本
　　海　　拔：200～2200 m
　　国内分布：安徽、福建、湖北、湖南、江西、浙江
　　国外分布：日本
　　濒危等级：NT B1ab（i, iii）
　　资源利用：药用（中草药）

黏山药
Dioscorea hemsleyi Prain et Burkill
　　习　　性：缠绕草质藤本
　　海　　拔：1000～3000 m
　　国内分布：广西、贵州、四川、云南
　　国外分布：柬埔寨、老挝、缅甸、越南
　　濒危等级：NT B1ab（iii）
　　资源利用：食品（淀粉）

白薯莨
Dioscorea hispida Dennst.
　　习　　性：缠绕草质藤本
　　海　　拔：海平面至1500 m
　　国内分布：福建、广东、广西、西藏、云南
　　国外分布：不丹、泰国、印度、印度尼西亚
　　濒危等级：NT B1ab（i, iii）
　　资源利用：药用（中草药）；食品（淀粉）

日本薯蓣
Dioscorea japonica Thunb.

日本薯蓣（原变种）
Dioscorea japonica var. **japonica**
　　习　　性：缠绕草质藤本
　　海　　拔：100～1200 m
　　国内分布：安徽、福建、广东、广西、贵州、湖北、湖南、江苏、江西、四川、台湾、浙江
　　国外分布：朝鲜、日本
　　濒危等级：LC
　　资源利用：药用（中草药）；食品（蔬菜，淀粉）

细叶日本薯蓣
Dioscorea japonica var. **oldhamii** Uline ex R. Knuth
　　习　　性：缠绕草质藤本
　　分　　布：广东、广西、台湾
　　濒危等级：DD

毛藤日本薯蓣
Dioscorea japonica var. **pilifera** C. T. Ting et M. C. Chang
　　习　　性：缠绕草质藤本
　　海　　拔：300～1100 m
　　分　　布：安徽、福建、广西、贵州、湖北、湖南、江苏、江西、浙江
　　濒危等级：DD

毛芋头薯蓣
Dioscorea kamoonensis Kunth
　　习　　性：缠绕草质藤本
　　海　　拔：500～2900 m
　　国内分布：福建、广东、广西、贵州、湖北、湖南、江西、四川、西藏、云南、浙江
　　国外分布：不丹、印度、越南
　　濒危等级：LC

柳叶薯蓣
Dioscorea linearicordata Prain et Burkill
　　习　　性：草质藤本
　　海　　拔：400～800 m
　　分　　布：广东、广西、湖南
　　濒危等级：EN B1ab（iii, v）

柔毛薯蓣
Dioscorea martini Prain et Burkill
　　习　　性：缠绕草质藤本
　　海　　拔：700～2400 m
　　分　　布：贵州、四川、云南
　　濒危等级：CR A2c

黑珠芽薯蓣
Dioscorea melanophyma Prain et Burkill
　　习　　性：缠绕草质藤本
　　海　　拔：1300～2500 m
　　国内分布：贵州、四川、西藏、云南
　　国外分布：尼泊尔
　　濒危等级：NT B1ab（iii）
　　资源利用：药用（中草药）

石山薯蓣
Dioscorea menglaensis H. Li
　　习　　性：草质藤本
　　海　　拔：900～1500 m
　　分　　布：云南
　　濒危等级：EN B1ab（iii, v）

穿龙薯蓣
Dioscorea nipponica Makino

穿龙薯蓣（原亚种）
Dioscorea nipponica subsp. **nipponica**
　　习　　性：缠绕草质藤本
　　海　　拔：100～1800 m
　　国内分布：安徽、甘肃、贵州、河北、河南、黑龙江、湖北、

吉林、江西、辽宁、内蒙古、宁夏、青海、山东、山西、陕西、四川、浙江
国外分布：朝鲜、俄罗斯、日本
濒危等级：LC
资源利用：药用（中草药）；食品（淀粉）

柴黄姜
Dioscorea nipponica subsp. **rosthornii** (Prain et Burkill) C. T. Ting
习　性：缠绕草质藤本
海　拔：1000～1800 m
分　布：甘肃、贵州、湖北、陕西
濒危等级：LC

光亮薯蓣
Dioscorea nitens Prain et Burkill
习　性：缠绕草质藤本
海　拔：1100～2600 m
分　布：云南
濒危等级：VU B1ab（v）

黄山药
Dioscorea panthaica Prain et Burkill
习　性：缠绕草质藤本
海　拔：1000～3500 m
国内分布：贵州、湖北、湖南、四川、云南
国外分布：泰国
濒危等级：EN B1ab（iii, v）
资源利用：药用（中草药）

五叶薯蓣
Dioscorea pentaphylla L.
习　性：缠绕草质藤本
海　拔：500～1500 m
国内分布：福建、广东、广西、湖南、江西、台湾、西藏
国外分布：澳大利亚、巴布亚新几内亚、菲律宾、老挝、马来西亚、缅甸、尼泊尔、日本、印度、印度尼西亚
濒危等级：LC
资源利用：食品（淀粉）

褐苞薯蓣
Dioscorea persimilis Prain et Burkill

褐苞薯蓣（原变种）
Dioscorea persimilis var. **persimilis**
习　性：缠绕草质藤本
海　拔：100～2000 m
国内分布：福建、广东、广西、贵州、湖南、云南
国外分布：越南
濒危等级：EN A2c；D

毛褐苞薯蓣
Dioscorea persimilis var. **pubescens** C. T. Ting et M. C. Chang
习　性：缠绕草质藤本
海　拔：500～1000 m
分　布：广西、云南
濒危等级：EN B1ab（i, ii）

吊罗薯蓣
Dioscorea poilanei Prain et Burkill
习　性：缠绕草质藤本
海　拔：海平面至200 m
国内分布：海南
国外分布：柬埔寨、老挝、马来西亚、泰国、越南
濒危等级：RE

薯蓣
Dioscorea polystachya Turcz.
习　性：草质藤本
海　拔：100～2500 m
国内分布：福建、甘肃、广东、广西、贵州、河北、河南、湖北、湖南、吉林、江苏、江西、辽宁、山东、陕西、四川、台湾、云南、浙江
国外分布：朝鲜、日本
濒危等级：LC
资源利用：药用（中草药）；食品（蔬菜）

小花刺薯蓣
Dioscorea scortechinii var. **parviflora** Prain et Burkill
习　性：草质藤本
海　拔：200～1300 m
国内分布：海南、云南
国外分布：泰国、印度尼西亚、越南
濒危等级：CR A2c

马肠薯蓣
Dioscorea simulans Prain et Burkill
习　性：缠绕草质藤本
海　拔：约600 m
分　布：广东、广西、湖南
濒危等级：VU A2c+3c

小花盾叶薯蓣
Dioscorea sinoparviflora C. T. Ting, M. G. Gilbert et Turland
习　性：草质藤本
海　拔：400～2000 m
分　布：云南
濒危等级：EN A2c
资源利用：药用（中草药）

绵草薢
Dioscorea spongiosa J. Q. Xi, M. Mizuno et W. L. Zhao
习　性：草质藤本
海　拔：400～800 m
分　布：福建、广东、广西、湖北、湖南、江西、浙江
濒危等级：LC
资源利用：药用（中草药）

毛胶薯蓣
Dioscorea subcalva Prain et Burkill

毛胶薯蓣（原变种）
Dioscorea subcalva var. **subcalva**
习　性：缠绕草质藤本
海　拔：700～2600 m
分　布：广西、贵州、湖南、四川、云南
濒危等级：EN A2c；B1ab（iii, v）
资源利用：药用（中草药）；食品（淀粉）

略毛薯蓣
Dioscorea subcalva var. **submollis** (R. Knuth) C. T. Ting et P. P. Ling
习　性：缠绕草质藤本

海　　拔：1800～2500 m
分　　布：贵州、云南
濒危等级：EN A2c

卷须状薯蓣
Dioscorea tentaculigera Prain et Burkill
习　　性：缠绕草质藤本
海　　拔：1300～1500 m
国内分布：云南
国外分布：缅甸、泰国
濒危等级：EN A2C

细柄薯蓣
Dioscorea tenuipes Franch. et Sav.
习　　性：缠绕草质藤本
海　　拔：800～1100 m
国内分布：安徽、福建、广东、湖南、江西、浙江
国外分布：日本
濒危等级：VU A2c

山萆薢
Dioscorea tokoro Makino
习　　性：缠绕草质藤本
海　　拔：海平面至1000 m
国内分布：安徽、福建、贵州、河南、湖北、湖南、江苏、江西、四川、浙江
国外分布：日本
濒危等级：LC
资源利用：药用（中草药）

毡毛薯蓣
Dioscorea velutipes Prain et Burkill
习　　性：缠绕草质藤本
海　　拔：500～2400 m
国内分布：贵州、云南
国外分布：缅甸、泰国
濒危等级：VU B1ab（i，iii）

盈江薯蓣
Dioscorea wallichii Hook. f.
习　　性：缠绕草质藤本
海　　拔：900～1300 m
国内分布：云南
国外分布：马来西亚、孟加拉国、缅甸、泰国、印度
濒危等级：CR A2c+3c

藏刺薯蓣
Dioscorea xizangensis C. T. Ting
习　　性：草质藤本
海　　拔：约1200 m
分　　布：西藏
濒危等级：CR A2c

云南薯蓣
Dioscorea yunnanensis Prain et Burkill
习　　性：缠绕草质藤本
海　　拔：1000～2800 m
分　　布：贵州、云南
濒危等级：LC

盾叶薯蓣
Dioscorea zingiberensis C. H. Wright
习　　性：缠绕草质藤本
海　　拔：100～1800 m
分　　布：甘肃、河南、湖北、湖南、陕西、四川
濒危等级：LC
资源利用：药用（中草药）

裂果薯属 Schizocapsa Hance

广西裂果薯
Schizocapsa guangxiensis P. P. Ling et C. T. Ting
习　　性：多年生草本
海　　拔：约200 m
分　　布：广西
濒危等级：CR B1ab（ii）；D

裂果薯
Schizocapsa plantaginea Hance
习　　性：多年生草本
海　　拔：200～600 m
国内分布：广东、广西、贵州、湖南、江西、云南
国外分布：老挝、泰国、越南
濒危等级：DD
资源利用：药用（中草药）

蒟蒻薯属 Tacca J. R. Forst. et G. Forst.

白柄箭根薯
Tacca ampliplacenta L. Zhang et Q. J. Li
习　　性：多年生草本
海　　拔：900 m
分　　布：云南
濒危等级：VU A2c

箭根薯
Tacca chantrieri André
习　　性：多年生草本
海　　拔：200～1300 m
国内分布：广东、广西、贵州、海南、湖南、西藏、云南
国外分布：柬埔寨、老挝、马来西亚、孟加拉国、缅甸、斯里兰卡、泰国、印度、越南
濒危等级：NT B1ab（iii）
资源利用：药用（中草药）；环境利用（观赏）

丝须蒟蒻薯
Tacca integrifolia Ker Gawl.
习　　性：多年生草本
海　　拔：800～900 m
国内分布：西藏
国外分布：巴基斯坦、不丹、柬埔寨、老挝、马来西亚西部、孟加拉国、缅甸、斯里兰卡、泰国、印度、印度尼西亚、越南
濒危等级：LC

蒟蒻薯
Tacca leontopetaloides(L.) Kuntze
习　　性：多年生草本
海　　拔：约1100 m

国内分布：台湾
国外分布：澳大利亚
濒危等级：CR B1ab（iii，v）

扇苞蒟蒻薯
Tacca subflabellata P. P. Ling et C. T. Ting
习　　性：多年生草本
海　　拔：100~200 m
分　　布：云南
濒危等级：CR B1ab（iii，v）

十齿花科 DIPENTODONTACEAE
（2属：3种）

十齿花属 Dipentodon Dunn

十齿花
Dipentodon sinicus Dunn
习　　性：灌木或乔木
海　　拔：900~3200 m
国内分布：广西、贵州、西藏、云南
国外分布：缅甸、印度
濒危等级：LC

核子木属 Perrottetia Kunth

台湾核子木
Perrottetia arisanensis Hayata
习　　性：灌木或乔木
海　　拔：400~2500 m
分　　布：台湾、云南
濒危等级：LC

核子木
Perrottetia racemosa（Oliv.）Loes.
习　　性：灌木
海　　拔：500~2900 m
分　　布：重庆、广西、贵州、湖北、湖南、四川、云南
濒危等级：LC

龙脑香科 DIPTEROCARPACEAE
（5属：15种）

龙脑香属 Dipterocarpus C. F. Gaertn.

纤细龙脑香
Dipterocarpus gracilis Blume
习　　性：乔木
海　　拔：200~800 m
国内分布：云南
国外分布：老挝、缅甸、泰国、印度、越南
濒危等级：EN A2c；B1ab（ii，iii）；D

东京龙脑香
Dipterocarpus retusus Blume
国家保护：I级

东京龙脑香（原变种）
Dipterocarpus retusus var. **retusus**
习　　性：乔木
海　　拔：1000 m以下
国内分布：西藏、云南
国外分布：老挝、马来西亚、缅甸、泰国、印度、印度尼西亚、越南
濒危等级：EN A2c；B1ab（ii，iii）；D

多毛东京龙脑香
Dipterocarpus retusus var. **macrocarpus**（Vesque）P. S. Ashton
习　　性：乔木
海　　拔：1000 m以下
国内分布：西藏、云南
国外分布：老挝、马来西亚、缅甸、泰国、印度、印度尼西亚、越南
濒危等级：VU A2c+3c

羯布罗香
Dipterocarpus turbinatus C. F. Gaertn.
习　　性：乔木
国内分布：云南栽培
国外分布：原产柬埔寨、孟加拉国、缅甸、泰国、印度
资源利用：药用（中草药）；原料（木材，工业用油）

坡垒属 Hopea Roxb.

狭叶坡垒
Hopea chinensis（Merr.）Hand.-Mazz.
习　　性：乔木
海　　拔：300~600 m
国内分布：广西、云南
国外分布：越南
濒危等级：VU A2c+3c
国家保护：II级
资源利用：原料（木材）

坡垒
Hopea hainanensis Merr. et Chun
习　　性：乔木
海　　拔：约700 m
国内分布：海南
国外分布：越南
濒危等级：NT
国家保护：I级
资源利用：原料（木材）

河内坡垒
Hopea hongayensis Tardieu
习　　性：乔木
海　　拔：300~600 m
国内分布：云南
国外分布：越南

铁凌
Hopea reticulata Tardieu
习　　性：乔木

海　　拔：约 400 m
国内分布：海南
国外分布：越南
濒危等级：CR B1ab (i, iii); C1
国家保护：II 级
资源利用：原料（木材）

西藏坡垒
Hopea shingkeng (Dunn) Bor
习　　性：常绿乔木
海　　拔：300~600 m
分　　布：西藏
濒危等级：EN D
国家保护：II 级

柳安属 Parashorea Kurz.

望天树
Parashorea chinensis H. Wang
习　　性：常绿乔木
海　　拔：300~1100 m
国内分布：广西、云南
国外分布：越南
濒危等级：EN A2c; C1
国家保护：I 级
资源利用：原料（木材）

娑罗双属 Shorea Roxb. ex C. F. Gaertn.

云南娑罗双
Shorea assamica Dyer
习　　性：常绿乔木
海　　拔：1000 m 以下
国内分布：西藏、云南
国外分布：菲律宾、马来西亚、缅甸、泰国、印度、印度尼西亚
濒危等级：EN B2ab (iii); C2a (ii); D
国家保护：I 级

娑罗双
Shorea robusta C. F. Gaertn.
习　　性：乔木
海　　拔：800 m 以下
国内分布：西藏
国外分布：不丹、尼泊尔、印度
濒危等级：NT B1b (i, iii)

青梅属 Vatica L.

广西青梅
Vatica guangxiensis S. L. Mo
习　　性：乔木
海　　拔：800~1000 m
国内分布：广西、云南
国外分布：越南
濒危等级：CR B2ab (iii); C2a (i); D1
国家保护：I 级
资源利用：原料（木材）

西藏青梅
Vatica lanceifolia (Roxb.) Blume
习　　性：常绿乔木
海　　拔：900 m 以下
国内分布：西藏
国外分布：不丹、缅甸、印度
濒危等级：EN A2c; D

青梅
Vatica mangachapoi Blanco
习　　性：乔木
海　　拔：700 m 以下
国内分布：广东、海南
国外分布：菲律宾、马来西亚、泰国、印度尼西亚、越南
濒危等级：NT
国家保护：II 级
资源利用：原料（木材）

茅膏菜科 DROSERACEAE
（2 属：7 种）

貉藻属 Aldrovanda L.

貉藻
Aldrovanda vesiculosa L.
习　　性：浮水草本
国内分布：黑龙江、内蒙古
国外分布：朝鲜、马来西亚、日本
濒危等级：EN A2cde; B2ab (iii, iv. v)
国家保护：I 级

茅膏菜属 Drosera L.

锦地罗
Drosera burmannii Vahl
习　　性：一年生或二年生草本
海　　拔：海平面至 1500 m
国内分布：福建、广东、广西、海南、台湾、云南
国外分布：澳大利亚、菲律宾、柬埔寨、老挝、马来西亚、缅甸、泰国、印度、越南
濒危等级：LC
资源利用：药用（中草药）

长叶茅膏菜
Drosera indica L.
习　　性：一年生草本
海　　拔：海平面至 600 m
国内分布：福建、广东、广西、海南、台湾
国外分布：澳大利亚
濒危等级：LC

长柱茅膏菜
Drosera oblanceolata Y. Z. Ruan
习　　性：多年生草本
海　　拔：300~700 m
分　　布：广东、广西

濒危等级：LC

茅膏菜
Drosera peltata Willd.
- 习　　性：多年生草本
- 海　　拔：海平面至 3700 m
- 分　　布：贵州、四川、西藏、云南
- 濒危等级：LC
- 资源利用：药用（中草药）

圆叶茅膏菜
Drosera rotundifolia L.
- 习　　性：多年生草本
- 海　　拔：海平面至 1500 m
- 分　　布：福建、广东、湖南、江西、浙江
- 濒危等级：LC
- 资源利用：药用（中草药）

匙叶茅膏菜
Drosera spatulata Labill.
- 习　　性：多年生草本
- 海　　拔：约 800 m
- 国内分布：福建、广东、广西、台湾
- 国外分布：澳大利亚、菲律宾、马来西亚、日本、印度尼西亚
- 濒危等级：LC

柿科 EBENACEAE
（1 属：67 种）

柿树属 Diospyros L.

异萼柿
Diospyros anisocalyx C. Y. Wu
- 习　　性：乔木
- 海　　拔：500 ~ 1000 m
- 分　　布：云南
- 濒危等级：EN A2c；B1ab（i, iii）；C1

瓶兰花
Diospyros armata Hemsl.
- 习　　性：乔木
- 海　　拔：约 300 m
- 分　　布：湖北、四川
- 濒危等级：DD
- 资源利用：环境利用（观赏）

大理柿
Diospyros balfouriana Diels
- 习　　性：灌木或小乔木
- 海　　拔：约 2000 m
- 分　　布：云南
- 濒危等级：LC

美脉柿
Diospyros caloneura C. Y. Wu
- 习　　性：乔木
- 海　　拔：1800 ~ 1900 m
- 分　　布：云南
- 濒危等级：LC

乌柿
Diospyros cathayensis Steward
- 习　　性：乔木
- 海　　拔：600 ~ 1500 m
- 分　　布：安徽、福建、广西、贵州、湖北、湖南、四川、云南
- 濒危等级：LC
- 资源利用：环境利用（观赏）

崖柿
Diospyros chunii F. P. Metcalf et L. Chen
- 习　　性：灌木或小乔木
- 分　　布：海南
- 濒危等级：LC

五蒂柿
Diospyros corallina Chun et L. Chen
- 习　　性：乔木
- 海　　拔：约 150 m
- 分　　布：海南
- 濒危等级：VU A2c

光叶柿
Diospyros dilversilimba Merr. et Chun
- 习　　性：灌木或乔木
- 分　　布：广东、海南
- 濒危等级：LC

岩柿
Diospyros dumetorum W. W. Sm.
- 习　　性：乔木
- 海　　拔：700 ~ 2700 m
- 国内分布：贵州、四川、云南
- 国外分布：泰国
- 濒危等级：LC
- 资源利用：原料（木材）

红枝柿
Diospyros ehretioides Wall. ex A. DC.
- 习　　性：乔木
- 海　　拔：海平面至 5000 m
- 国内分布：海南
- 国外分布：柬埔寨、缅甸、泰国、印度
- 濒危等级：LC

乌材
Diospyros eriantha Champion ex Bentham
- 习　　性：灌木或小乔木
- 海　　拔：0 ~ 500 m
- 国内分布：广东、广西、海南、台湾
- 国外分布：老挝、马来西亚、日本、印度尼西亚、越南
- 濒危等级：LC
- 资源利用：原料（木材）

贵阳柿
Diospyros esquirolii H. Lév.
- 习　　性：乔木
- 分　　布：贵州

濒危等级：LC

梵净山柿
Diospyros fanjingshanica S. K. Lee
习　　性：灌木或小乔木
海　　拔：约 500 m
分　　布：贵州
濒危等级：DD

老君柿
Diospyros fengii C. Y. Wu
习　　性：乔木
海　　拔：1300 ~ 1500 m
分　　布：云南
濒危等级：LC

象牙树
Diospyros ferrea(Willd.) Bakh.
习　　性：常绿乔木
海　　拔：0 ~ 500 m
国内分布：台湾
国外分布：柬埔寨、老挝、马来西亚、日本、泰国、印度
濒危等级：VU A4d；C1D1
资源利用：原料（木材）

腾冲柿
Diospyros forrestii J. Anthony
习　　性：乔木
海　　拔：1800 ~ 2700 m
分　　布：云南
濒危等级：LC

海南柿
Diospyros hainanensis Merr.
习　　性：乔木
海　　拔：0 ~ 800 m
分　　布：海南
濒危等级：LC
资源利用：原料（木材）

黑毛柿
Diospyros hasseltii Zoll.
习　　性：灌木或小乔木
海　　拔：1000 m
国内分布：云南
国外分布：柬埔寨、老挝、马来西亚、泰国、印度尼西亚、越南
濒危等级：EN B1ab（i, iii）；C1

六花柿
Diospyros hexamera C. Y. Wu
习　　性：乔木
海　　拔：约 300 m
分　　布：云南
濒危等级：LC

琼南柿
Diospyros howii Merr. et Chun
习　　性：乔木
海　　拔：约 120 m
分　　布：海南、云南
濒危等级：DD

囊萼柿
Diospyros inflata Merr. et Chun
习　　性：乔木
分　　布：海南
濒危等级：EN B1ab（i, iii）；C1

山柿
Diospyros japonica Siebold et Zucc.
习　　性：乔木
海　　拔：600 ~ 1300 m
国内分布：安徽、福建、广东、广西、贵州、湖南、江西、四川、云南、浙江
国外分布：日本
濒危等级：LC

柿
Diospyros kaki Thunb.

柿（原变种）
Diospyros kaki var. **kaki**
习　　性：乔木
海　　拔：100 ~ 2400 m
分　　布：安徽、福建、甘肃、广东、广西、贵州、海南、河南、湖北、湖南、江苏、江西、山东、山西、四川、台湾、云南、浙江
国外分布：日本
濒危等级：LC
资源利用：药用（中草药）；原料（木材）；环境利用（砧木，绿化，观赏）；食品（淀粉）

大花柿
Diospyros kaki var. **macrantha** Hand.-Mazz.
习　　性：乔木
分　　布：湖南
濒危等级：LC

野柿
Diospyros kaki var. **silvestris** Makino
习　　性：乔木
海　　拔：0 ~ 1600 m
分　　布：福建、湖北、江苏、江西、四川、云南
濒危等级：LC
资源利用：原料（单宁，木材）；环境利用（砧木）；食品（水果）

傣柿
Diospyros kerrii Craib
习　　性：乔木
海　　拔：900 ~ 1600 m
国内分布：云南
国外分布：泰国
濒危等级：LC

景东君迁子
Diospyros kintungensis C. Y. Wu
习　　性：乔木
海　　拔：约 1500 m
分　　布：云南
濒危等级：LC

柿科 EBENACEAE

兰屿柿
Diospyros kotoensis T. Yamaz.
- 习　　性：乔木
- 海　　拔：0～500 m
- 分　　布：台湾
- 濒危等级：EN B1ab（iii）

树刚柿
Diospyros Leei Yan Liu, S. Shi et Y. S. Huang
- 习　　性：乔木或灌木
- 海　　拔：175～240 m
- 分　　布：广西
- 濒危等级：EN B1ab（i, iii）; D
- 资源利用：原料（木材）

长苞柿
Diospyros longibracteata Lecomte
- 习　　性：乔木
- 海　　拔：0～800 m
- 国内分布：海南
- 国外分布：老挝、越南
- 濒危等级：LC
- 资源利用：原料（木材）

龙胜柿
Diospyros longshengensis S. K. Lee
- 习　　性：灌木
- 海　　拔：约 700 m
- 分　　布：广西
- 濒危等级：VU A2c

君迁子
Diospyros lotus L.

君迁子（原变种）
Diospyros lotus var. **lotus**
- 习　　性：落叶乔木
- 海　　拔：500～2500 m
- 国内分布：安徽、甘肃、贵州、河北、河南、湖北、湖南、江苏、江西、辽宁、山东、山西、陕西、四川、西藏、云南、浙江
- 国外分布：亚洲西南部、亚洲西部、欧洲南部、地中海地区
- 濒危等级：LC
- 资源利用：环境利用（观赏）；食品（淀粉）

多毛君迁子
Diospyros lotus var. **mollissima** C. Y. Wu
- 习　　性：落叶乔木
- 海　　拔：1000～2500 m
- 分　　布：甘肃、陕西、四川
- 濒危等级：LC

琼岛柿
Diospyros maclurei Merr.
- 习　　性：乔木
- 海　　拔：0～800 m
- 分　　布：海南
- 濒危等级：LC
- 资源利用：原料（木材）

海边柿
Diospyros maritima Blume
- 习　　性：常绿小乔木
- 国内分布：台湾、云南
- 国外分布：巴布亚新几内亚、菲律宾、柬埔寨、老挝、日本、印度尼西亚、越南
- 濒危等级：LC
- 资源利用：药用（中草药）；原料（木材）

圆萼柿
Diospyros metcalfii Chun et L. Chen
- 习　　性：乔木
- 分　　布：广西、海南
- 濒危等级：LC

苗山柿
Diospyros miaoshanica S. K. Lee
- 习　　性：灌木或小乔木
- 海　　拔：约 900 m
- 分　　布：广西、湖南
- 濒危等级：LC

罗浮柿
Diospyros morrisiana Hance
- 习　　性：灌木或乔木
- 海　　拔：0（100）～1000（1400）m
- 国内分布：福建、广东、广西、贵州、四川、台湾、云南、浙江
- 国外分布：日本、越南
- 濒危等级：LC
- 资源利用：药用（中草药）；原料（木材）

黑皮柿
Diospyros nigricortex C. Y. Wu
- 习　　性：乔木
- 海　　拔：500～1800 m
- 分　　布：云南
- 濒危等级：VU A2acd

黑柿
Diospyros nitida Merr.
- 习　　性：乔木
- 海　　拔：0～400 m
- 国内分布：海南
- 国外分布：菲律宾、越南
- 濒危等级：LC
- 资源利用：原料（木材）

红柿
Diospyros oldhamii Maximowicz
- 习　　性：落叶乔木
- 海　　拔：约 1000 m
- 国内分布：台湾
- 国外分布：日本
- 濒危等级：LC

油柿
Diospyros oleifera Cheng
- 习　　性：乔木
- 海　　拔：100～1000 m
- 分　　布：安徽、福建、广东、广西、湖南、江西、浙江
- 濒危等级：LC

资源利用：药用（中草药）；环境利用（砧木，观赏）；食品（水果）

榄果柿
Diospyros oliviformis Mian
习　　性：乔木
海　　拔：1000~1100 m
分　　布：海南
濒危等级：LC

异色柿
Diospyros philippensis (Desr.) Gürke
习　　性：常绿乔木
海　　拔：0~200 m
国内分布：台湾；广东栽培
国外分布：菲律宾、印度尼西亚
濒危等级：DD
资源利用：原料（木材）；食品（水果）

保亭柿
Diospyros potingensis Merr. et Chun
习　　性：乔木
国内分布：广西、海南
国外分布：越南
濒危等级：LC
资源利用：食品（水果）

点叶柿
Diospyros punctilimba C. Y. Wu
习　　性：乔木
海　　拔：300~1100 m
分　　布：云南
濒危等级：LC

网脉柿
Diospyros reticulinervis C. Y. Wu

网脉柿（原变种）
Diospyros reticulinervis var. **reticulinervis**
习　　性：乔木
海　　拔：约1100 m
分　　布：云南
濒危等级：VU A2c；D1

无毛网脉柿
Diospyros reticulinervis var. **glabrescens** C. Y. Wu
习　　性：乔木
海　　拔：1600 m
分　　布：云南
濒危等级：LC

老鸦柿
Diospyros rhombifolia Hemsl.
习　　性：落叶小乔木
海　　拔：300~800 m
分　　布：安徽、福建、江苏、江西、浙江
濒危等级：LC
资源利用：环境利用（砧木，观赏）

青茶柿
Diospyros rubra Lecomte
习　　性：乔木
国内分布：海南
国外分布：柬埔寨、泰国、越南
濒危等级：LC
资源利用：原料（木材）

石山柿
Diospyros saxatilis S. K. Lee
习　　性：灌木或小乔木
海　　拔：200~900 m
国内分布：广西、贵州
国外分布：越南
濒危等级：LC

石生柿
Diospyros saxicola Chang ex Miau
习　　性：灌木
分　　布：广东
濒危等级：LC

西畴君迁子
Diospyros sichourensis C. Y. Wu
习　　性：乔木
海　　拔：800~1700 m
分　　布：云南
濒危等级：LC

山榄叶柿
Diospyros siderophylla H. L. Li
习　　性：乔木
海　　拔：400~500 m
分　　布：广西
濒危等级：LC
资源利用：药用（中草药）；农药；原料（材用）

毛柿
Diospyros strigosa Hemsl.
习　　性：灌木或小乔木
分　　布：广东、海南
濒危等级：DD

信宜柿
Diospyros sunyiensis Chun et L. Chen
习　　性：灌木或小乔木
分　　布：广东、广西
濒危等级：LC

过布柿
Diospyros susarticulata Lecomte
习　　性：乔木
国内分布：海南
国外分布：老挝、越南
濒危等级：LC

川柿
Diospyros sutchuensis Yang
习　　性：乔木
海　　拔：约1300 m
分　　布：四川
濒危等级：CR A3c；B1ab (i, iii, v)；C1；D
国家保护：Ⅱ级

延平柿
Diospyros tsangii Merr.
- 习　　性：灌木或小乔木
- 海　　拔：500~1100 m
- 分　　布：福建、广东、江西
- 濒危等级：LC

岭南柿
Diospyros tutcheri Dunn
- 习　　性：乔木
- 海　　拔：500~1200 m
- 分　　布：广东、广西、湖南
- 濒危等级：LC

单子柿
Diospyros unisemina C. Y. Wu
- 习　　性：乔木
- 海　　拔：1000~1700 m
- 分　　布：云南
- 濒危等级：DD

小果柿
Diospyros vaccinioides Lindl.
- 习　　性：灌木
- 海　　拔：海平面至300 m
- 分　　布：广东、广西、海南
- 濒危等级：EN A2c；B1ab（i，ii，iii，v）；C1

湘桂柿
Diospyros xiangguiensis S. K. Lee
- 习　　性：灌木或小乔木
- 海　　拔：300~500 m
- 分　　布：广西、湖南
- 濒危等级：LC

版纳柿
Diospyros xishuangbannaensis C. Y. Wu et H. Chu
- 习　　性：乔木
- 分　　布：云南
- 濒危等级：DD

云南柿
Diospyros yunnanensis Rehder et E. H. Wilson
- 习　　性：乔木
- 海　　拔：700~1600 m
- 分　　布：云南
- 濒危等级：LC

浙江光叶柿
Diospyros zhejiangensis Z. H. Chen et P. L. Chiu
- 习　　性：灌木或小乔木
- 分　　布：浙江
- 濒危等级：DD

贞丰柿
Diospyros zhenfengensis S. K. Lee
- 习　　性：乔木
- 分　　布：贵州
- 濒危等级：DD

胡颓子科 ELAEAGNACEAE
（2属：90种）

胡颓子属 Elaeagnus L.

狭叶木半夏
Elaeagnus angustata（Rehder）C. Y. Chang

狭叶木半夏（原变种）
Elaeagnus angustata var. **angustata**
- 习　　性：灌木
- 海　　拔：2100~3100 m
- 分　　布：四川
- 濒危等级：NT D1

嵩明木半夏
Elaeagnus angustata var. **songmingensis** W. K. Hu et H. F. Chow ex C. Y. Chang
- 习　　性：灌木
- 海　　拔：2400~3000 m
- 分　　布：云南
- 濒危等级：NT A3C；D1

沙枣
Elaeagnus angustifolia L.

沙枣（原变种）
Elaeagnus angustifolia var. **angustifolia**
- 习　　性：灌木或小乔木
- 海　　拔：300~1500 m
- 国内分布：甘肃、河北、河南、辽宁、内蒙古、山西、陕西、新疆
- 国外分布：阿富汗、巴基斯坦、俄罗斯、哈萨克斯坦、蒙古、塔吉克斯坦、土库曼斯坦、乌兹别克斯坦、印度
- 濒危等级：LC
- 资源利用：药用（中草药）；原料（木材，精油）；基因源（抗风沙）；动物饲料（饲料）；环境利用（水土保持）；食品（淀粉，水果）

东方沙枣
Elaeagnus angustifolia var. **orientalis**（L.）Kuntze
- 习　　性：灌木或小乔木
- 海　　拔：300~1500 m
- 国内分布：甘肃、宁夏、新疆
- 国外分布：阿富汗、巴基斯坦、俄罗斯、土耳其、伊朗
- 濒危等级：LC

佘山羊奶子
Elaeagnus argyi H. Lév.
- 习　　性：灌木
- 海　　拔：100~300 m
- 分　　布：安徽、湖北、湖南、江苏、江西、浙江
- 濒危等级：LC
- 资源利用：环境利用（观赏）

竹生羊奶子
Elaeagnus bambusetorum Hand.-Mazz.

习　　性：灌木
海　　拔：约 1800 m
分　　布：云南
濒危等级：LC

长叶胡颓子
Elaeagnus bockii Diels

长叶胡颓子（原变种）
Elaeagnus bockii var. **bockii**
习　　性：灌木
海　　拔：600～2100 m
分　　布：甘肃、贵州、湖北、陕西、四川
濒危等级：LC
资源利用：食品（水果）

木里胡颓子
Elaeagnus bockii var. **muliensis** C. Y. Chang
习　　性：灌木
海　　拔：1800～2900 m
分　　布：四川
濒危等级：LC

石山胡颓子
Elaeagnus calcarea Z. R. Xu
习　　性：灌木
海　　拔：800～900 m
分　　布：贵州
濒危等级：NT D

樟叶胡颓子
Elaeagnus cinnamomifolia W. K. Hu et H. F. Chow ex C. Y. Chang
习　　性：常绿攀援灌木
海　　拔：400～600 m
分　　布：广西
濒危等级：VU A3c

密花胡颓子
Elaeagnus conferta Roxb.

密花胡颓子（原变种）
Elaeagnus conferta var. **conferta**
习　　性：灌木
海　　拔：海平面至 1500 m
国内分布：广西、云南
国外分布：不丹、老挝、马来西亚、孟加拉国、缅甸、尼泊尔、印度、印度尼西亚、越南
濒危等级：LC

勐海胡颓子
Elaeagnus conferta var. **menghaiensis** W. K. Hu et H. F. Chow
习　　性：灌木
海　　拔：1400～2100 m
分　　布：云南
濒危等级：NT B2ab（iii）；D

毛木半夏
Elaeagnus courtoisii Belval
习　　性：灌木
海　　拔：300～1100 m
分　　布：安徽、湖北、江西、浙江
濒危等级：LC

四川胡颓子
Elaeagnus davidii Franch.
习　　性：落叶灌木
分　　布：四川
濒危等级：DD

长柄胡颓子
Elaeagnus delavayi Lecomte
习　　性：常绿灌木
海　　拔：1300～3100 m
分　　布：云南
濒危等级：LC

巴东胡颓子
Elaeagnus difficilis Servett.

巴东胡颓子（原变种）
Elaeagnus difficilis var. **difficilis**
习　　性：灌木
海　　拔：600～1800 m
分　　布：广东、广西、贵州、湖北、湖南、江西、四川
濒危等级：LC

短柱胡颓子
Elaeagnus difficilis var. **brevistyla** W. K. Hu et H. F. Chow
习　　性：灌木
海　　拔：1600～1800 m
分　　布：重庆
濒危等级：LC

台湾胡颓子
Elaeagnus formosana Nakai
习　　性：常绿灌木
海　　拔：2000 m 以下
分　　布：台湾
濒危等级：LC
资源利用：环境利用（观赏）

膝柱胡颓子
Elaeagnus geniculata D. Fang
习　　性：灌木
分　　布：广西
濒危等级：DD

蔓胡颓子
Elaeagnus glabra Thunb.
习　　性：灌木
海　　拔：约 2200 m
分　　布：安徽、福建、广东、广西、贵州、湖北、湖南、江苏、江西、四川、台湾、浙江
国外分布：朝鲜、日本
濒危等级：LC
资源利用：原料（纤维）；食品（水果）

角花胡颓子
Elaeagnus gonyanthes Benth.
习　　性：常绿攀援灌木
海　　拔：1000 m 以下
国内分布：广东、广西、湖南、云南

国外分布：中南半岛
濒危等级：LC
资源利用：药用（中草药）；食品（水果）

慈恩胡颓子
Elaeagnus gradifolia Hayata
- 习　　性：灌木
- 海　　拔：700~2000 m
- 分　　布：台湾
- 濒危等级：LC

钟花胡颓子
Elaeagnus griffithii Servettaz

钟花胡颓子（原变种）
Elaeagnus griffithii var. **griffithii**
- 习　　性：灌木
- 海　　拔：1600~2800 m
- 国内分布：云南
- 国外分布：孟加拉国
- 濒危等级：LC

那坡胡颓子
Elaeagnus griffithii var. **multiflora** C. Y. Chang
- 习　　性：灌木
- 海　　拔：200~1000 m
- 分　　布：广西
- 濒危等级：DD

少花胡颓子
Elaeagnus griffithii var. **pauciflora** C. Y. Chang
- 习　　性：灌木
- 海　　拔：1300~1600 m
- 分　　布：广西、云南
- 濒危等级：LC

多毛羊奶子
Elaeagnus grijsii Hance
- 习　　性：灌木
- 海　　拔：600~800 m
- 分　　布：福建
- 濒危等级：LC

贵州羊奶子
Elaeagnus guizhouensis C. Y. Chang
- 习　　性：灌木
- 海　　拔：400~600 m
- 分　　布：贵州
- 濒危等级：LC

宜昌胡颓子
Elaeagnus henryi Warb. ex Diels
- 习　　性：常绿灌木
- 海　　拔：500~2700 m
- 分　　布：广东、贵州、湖北、湖南、云南
- 濒危等级：LC
- 资源利用：药用（中草药）；食品（水果）；环境利用（观赏）

异叶胡颓子
Elaeagnus heterophylla D. Fang et D. R. Liang
- 习　　性：灌木
- 分　　布：广西
- 濒危等级：LC

湖南胡颓子
Elaeagnus hunanensis C. J. Qi et Q. Z. Lin
- 习　　性：常绿直立灌木
- 分　　布：湖南
- 濒危等级：LC

江西羊奶子
Elaeagnus jiangxiensis C. Y. Chang
- 习　　性：灌木
- 分　　布：江西
- 濒危等级：LC

景东羊奶子
Elaeagnus jingdonensis C. Y. Chang
- 习　　性：灌木
- 海　　拔：2200~2300 m
- 分　　布：云南
- 濒危等级：LC

披针叶胡颓子
Elaeagnus lanceolata Warb.
- 习　　性：灌木
- 海　　拔：300~2900 m
- 分　　布：甘肃、广西、贵州、湖北、陕西、四川、云南
- 濒危等级：LC
- 资源利用：药用（中草药）；环境利用（观赏）

兰坪胡颓子
Elaeagnus lanpingensis C. Y. Chang
- 习　　性：灌木或小乔木
- 海　　拔：2300 m
- 分　　布：云南
- 濒危等级：LC

荔波胡颓子
Elaeagnus lipoensis Z. R. Xu
- 习　　性：落叶小乔木
- 分　　布：贵州
- 濒危等级：LC

柳州胡颓子
Elaeagnus liuzhouensis C. Y. Chang
- 习　　性：常绿灌木
- 分　　布：广西
- 濒危等级：DD

长裂胡颓子
Elaeagnus longiloba C. Y. Chang
- 习　　性：常绿灌木
- 分　　布：贵州
- 濒危等级：LC

鸡柏紫藤
Elaeagnus loureiroi Champ. ex Benth.
- 习　　性：常绿直立或蔓状灌木
- 海　　拔：500~2100 m
- 分　　布：广东、广西、江西、云南
- 濒危等级：LC

罗香胡颓子
Elaeagnus luoxiangensis C. Y. Chang
 习 性：常绿直立或蔓状灌木
 分 布：广西
 濒危等级：LC

潞西胡颓子
Elaeagnus luxiensis C. Y. Chang
 习 性：常绿灌木
 海 拔：1000~1800 m
 分 布：云南
 濒危等级：LC

大花胡颓子
Elaeagnus macrantha Rehder
 习 性：常绿灌木
 海 拔：700~1800 m
 分 布：云南
 濒危等级：LC

大叶胡颓子
Elaeagnus macrophylla Thunb.
 习 性：常绿灌木
 海 拔：约 150 m
 国内分布：江苏、山东、台湾、浙江
 国外分布：朝鲜、日本
 濒危等级：DD

银果牛奶子
Elaeagnus magna(Servett.)Rehder

银果牛奶子（原变种）
Elaeagnus magna var. **magna**
 习 性：灌木
 海 拔：100~1200 m
 分 布：广东、广西、贵州、湖北、湖南、江西、四川
 濒危等级：LC

南川牛奶子
Elaeagnus magna var. **nanchuanensis**(C. Y. Chang)M. Sun et Q. Lin
 习 性：灌木
 海 拔：700~1600 m
 分 布：重庆、贵州、四川
 濒危等级：LC

巫山牛奶子
Elaeagnus magna var. **wushanensis**(C. Y. Chang)M. Sun et Q. Lin
 习 性：灌木
 海 拔：1400~2300 m
 分 布：重庆、湖北、陕西、四川
 濒危等级：LC

小花羊奶子
Elaeagnus micrantha C. Y. Chang
 习 性：灌木
 海 拔：2400~2500 m
 分 布：云南
 濒危等级：LC

翅果油树
Elaeagnus mollis Diels
 习 性：灌木或小乔木
 海 拔：700~1300 m
 分 布：山西、陕西
 濒危等级：LC
 国家保护：Ⅱ级
 资源利用：药用（中草药）；原料（木材，工业用油）；环境利用（水土保持）；食品（油脂）

木半夏
Elaeagnus multiflora Thunb.

木半夏（原变种）
Elaeagnus multiflora var. **multiflora**
 习 性：灌木或小乔木
 海 拔：1800 m 以下
 国内分布：安徽、福建、贵州、河北、江西、山东、山西、四川、浙江
 国外分布：日本
 濒危等级：LC
 资源利用：药用（中草药）；食品（水果）

倒果木半夏
Elaeagnus multiflora var. **obovoidea** C. Y. Chang
 习 性：灌木或小乔木
 海 拔：海平面至 200 m
 分 布：安徽、河南、湖北、江苏、江西、浙江
 濒危等级：LC

长萼木半夏
Elaeagnus multiflora var. **siphonantha**(Nakai)C. Y. Chang
 习 性：灌木或小乔木
 海 拔：100~600 m
 国内分布：广东
 国外分布：朝鲜、日本
 濒危等级：LC

细枝木半夏
Elaeagnus multiflora var. **tenuipes** C. Y. Chang
 习 性：灌木或小乔木
 海 拔：1800 m
 分 布：四川
 濒危等级：DD
 资源利用：药用（中草药）；动物饲料（饲料）；食品（水果）

弄化胡颓子
Elaeagnus obovatifolia D. Fang
 习 性：灌木
 海 拔：约 1000 m
 分 布：广西
 濒危等级：EN B1ab（ii，iii）

钝叶胡颓子
Elaeagnus obtusa C. Y. Chang
 习 性：灌木
 分 布：湖南
 濒危等级：LC

胡颓子科 ELAEAGNACEAE

福建胡颓子
Elaeagnus oldhamii Maxim.
习　　性：灌木或小乔木
海　　拔：500 m 以下
分　　布：福建、广东、台湾
濒危等级：LC

卵叶胡颓子
Elaeagnus ovata Servettaz
习　　性：灌木
分　　布：上海
濒危等级：DD

尖果沙枣
Elaeagnus oxycarpa Schltdl.
习　　性：乔木
海　　拔：400~700 m
国内分布：甘肃、新疆
国外分布：俄罗斯
濒危等级：LC

白花胡颓子
Elaeagnus pallidiflora C. Y. Chang
习　　性：常绿灌木
海　　拔：2000~2200 m
分　　布：云南
濒危等级：LC

毛柱胡颓子
Elaeagnus pilostyla C. Y. Chang
习　　性：常绿灌木
海　　拔：1900~2100 m
分　　布：重庆、云南
濒危等级：LC

平南胡颓子
Elaeagnus pingnanensis C. Y. Chang
习　　性：攀援灌木
海　　拔：约 500 m
分　　布：广西
濒危等级：DD

卷柱胡颓子
Elaeagnus retrostyla C. Y. Chang
习　　性：常绿灌木
海　　拔：1400~1500 m
分　　布：贵州
濒危等级：LC

攀缘胡颓子
Elaeagnus sarmentosa Rehder
习　　性：常绿攀援灌木
海　　拔：1100~1900 m
分　　布：广西、云南
濒危等级：NT A2c

小胡颓子
Elaeagnus schlechtendalii Servettaz
习　　性：常绿灌木
国内分布：广西
国外分布：印度
濒危等级：DD

之形柱胡颓子
Elaeagnus s-stylata Z. R. Xu
习　　性：常绿蔓状灌木
分　　布：贵州
濒危等级：LC

星毛羊奶子
Elaeagnus stellipila Rehder
习　　性：灌木
海　　拔：500~1200 m
分　　布：贵州、湖北、湖南、江西、四川、云南
濒危等级：LC
资源利用：药用（中草药）

大理胡颓子
Elaeagnus taliensis C. Y. Chang
习　　性：灌木
海　　拔：1500 m
分　　布：云南
濒危等级：LC

太鲁阁胡颓子
Elaeagnus tarokoensis S. Y. Lu et Yuen P. Yang
习　　性：灌木
海　　拔：300~900 m
分　　布：台湾
濒危等级：VU D1+2

阿里胡颓子
Elaeagnus thunbergii Servettaz
习　　性：常绿灌木
海　　拔：3000 m 以下
分　　布：台湾
濒危等级：LC

越南胡颓子
Elaeagnus tonkinensis Servettaz
习　　性：常绿灌木
海　　拔：1900~2600 m
国内分布：云南
国外分布：越南
濒危等级：LC

菲律宾胡颓子
Elaeagnus triflora Roxb.
习　　性：灌木
国内分布：台湾
国外分布：澳大利亚、巴布亚新几内亚、菲律宾、马来西亚、印度尼西亚
濒危等级：NT

管花胡颓子
Elaeagnus tubiflora C. Y. Chang
习　　性：常绿灌木
海　　拔：1600~2000 m

分　　布：云南
濒危等级：LC

香港胡颓子
Elaeagnus tutcheri Dunn
　　习　　性：常绿灌木
　　海　　拔：约 500 m
　　分　　布：香港
　　濒危等级：LC

绿叶胡颓子
Elaeagnus viridis Servettaz
　　习　　性：灌木
　　海　　拔：500~1200 m
　　分　　布：湖北、山西
　　濒危等级：LC

文山胡颓子
Elaeagnus wenshanensis C. Y. Chang
　　习　　性：常绿灌木
　　海　　拔：1600~2000 m
　　分　　布：重庆、四川、云南
　　濒危等级：LC

西畴胡颓子
Elaeagnus xichouensis C. Y. Chang
　　习　　性：灌木
　　海　　拔：1400~1900 m
　　分　　布：云南
　　濒危等级：LC

兴文胡颓子
Elaeagnus xingwenensis C. Y. Chang
　　习　　性：灌木
　　海　　拔：1200 m
　　分　　布：四川
　　濒危等级：LC

西藏胡颓子
Elaeagnus xizangensis C. Y. Chang
　　习　　性：灌木
　　海　　拔：约 2400 m
　　分　　布：西藏
　　濒危等级：DD

云南胡颓子
Elaeagnus yunnanensis Servettaz
　　习　　性：灌木
　　海　　拔：1500~2300 m
　　分　　布：云南
　　濒危等级：DD

沙棘属 Hippophaë L.

棱果沙棘
Hippophaë goniocarpa Y. S. Lian, X. L. Chen et K. Sun ex Swenson et Bartish
　　习　　性：灌木或小乔木
　　海　　拔：2500~3500 m
　　分　　布：青海、四川
　　濒危等级：LC

江孜沙棘
Hippophaë gyantsensis (Rousi) Y. S. Lian
　　习　　性：灌木或小乔木
　　海　　拔：3500~5000 m
　　分　　布：西藏
　　濒危等级：LC

理塘沙棘
Hippophaë litangensis Y. S. Lian et X. L. Chen ex Swenson et Bartish
　　习　　性：灌木或小乔木
　　海　　拔：约 3700 m
　　分　　布：四川
　　濒危等级：DD

肋果沙棘
Hippophaë neurocarpa S. W. Liu et T. N. He

肋果沙棘（原亚种）
Hippophaë neurocarpa subsp. **neurocarpa**
　　习　　性：灌木或小乔木
　　分　　布：青海、四川、西藏
　　濒危等级：LC

密毛肋果沙棘
Hippophaë neurocarpa subsp. **stellatopilosa** Y. S. Lian et al. ex Swenson et Bartish
　　习　　性：灌木或小乔木
　　海　　拔：3400~4400 m
　　分　　布：四川、西藏
　　濒危等级：LC

沙棘
Hippophaë rhamnoides L.

蒙古沙棘
Hippophaë rhamnoides subsp. **mongolica** Rousi
　　习　　性：灌木或乔木
　　海　　拔：1800~2100 m
　　国内分布：新疆
　　国外分布：俄罗斯、蒙古
　　濒危等级：LC

中国沙棘
Hippophaë rhamnoides subsp. **sinensis** Rousi
　　习　　性：灌木或乔木
　　海　　拔：800~3600 m
　　分　　布：甘肃、河北、内蒙古、青海、山西、陕西、四川
　　濒危等级：LC

中亚沙棘
Hippophaë rhamnoides subsp. **turkestanica** Rousi
　　习　　性：灌木或乔木
　　海　　拔：600~4200 m
　　国内分布：西藏、新疆
　　国外分布：阿富汗、巴基斯坦、俄罗斯、哈萨克斯坦、吉尔吉斯斯坦、克什米尔地区、蒙古、塔吉克斯坦、土库曼斯坦、乌兹别克斯坦、印度
　　濒危等级：LC

卧龙沙棘
Hippophaë rhamnoides subsp. **wolongensis** Y. S. Lian, K. Sun et X. L. Chen
　　习　　性：灌木或乔木
　　海　　拔：1600~2000 m

分　　布：四川
濒危等级：LC

云南沙棘
Hippophaë rhamnoides subsp. **yunnanensis** Rousi
习　　性：灌木或乔木
海　　拔：2200~3700 m
分　　布：四川、西藏、云南
濒危等级：LC

柳叶沙棘
Hippophaë salicifolia D. Don
习　　性：灌木或小乔木
海　　拔：2800~3500 m
国内分布：西藏
国外分布：不丹、尼泊尔、印度
濒危等级：LC

西藏沙棘
Hippophaë thibetana Schltdl.
习　　性：灌木
海　　拔：3600~4700 m
国内分布：甘肃、青海、西藏
国外分布：不丹、尼泊尔、印度
濒危等级：NT B2ab（iii）
资源利用：动物饲料（饲料）；食品（水果）

杜英科 ELAEOCARPACEAE
（2属：64种）

杜英属 Elaeocarpus L.

狭叶杜英
Elaeocarpus angustifolius Blume
习　　性：乔木
海　　拔：400~1300 m
国内分布：广西、海南、云南
国外分布：澳大利亚、柬埔寨、马来西亚、缅甸、尼泊尔、泰国、印度、印度尼西亚
濒危等级：LC

腺叶杜英
Elaeocarpus argenteus Merr.
习　　性：常绿乔木
海　　拔：1200~1700 m
国内分布：台湾
国外分布：菲律宾
濒危等级：LC

金毛杜英
Elaeocarpus auricomus C. Y. Wu ex H. T. Chang
习　　性：乔木
海　　拔：1100~1500 m
国内分布：海南、云南
国外分布：越南
濒危等级：VU A2bcde

滇南杜英
Elaeocarpus austroyunnanensis Hu
习　　性：乔木
海　　拔：400~1400 m
分　　布：云南
濒危等级：VU A2c

少花杜英
Elaeocarpus bachmaensis Gagnep.
习　　性：乔木
海　　拔：300~500 m
国内分布：广西、云南
国外分布：越南
濒危等级：LC

大叶杜英
Elaeocarpus balansae DC.
习　　性：乔木
海　　拔：100~1100 m
国内分布：云南
国外分布：柬埔寨、马来西亚、缅甸、印度、越南
濒危等级：LC

滇藏杜英
Elaeocarpus braceanus Watt ex C. B. Clarke
习　　性：乔木
海　　拔：800~3000 m
国内分布：西藏、云南
国外分布：缅甸、泰国、印度
濒危等级：LC

短穗杜英
Elaeocarpus brachystachyus H. T. Chang

短穗杜英（原变种）
Elaeocarpus brachystachyus var. **brachystachyus**
习　　性：乔木
海　　拔：1300~2300 m
分　　布：云南
濒危等级：EN B1ab（ii, iii）

贡山杜英
Elaeocarpus brachystachyus var. **fengii** C. Chen et Y. Tang
习　　性：乔木
海　　拔：1400~2300 m
分　　布：云南
濒危等级：NT

华杜英
Elaeocarpus chinensis（Gardner et Champ.）Hook. f. ex Benth.
习　　性：常绿乔木
海　　拔：300~900 m
国内分布：福建、广东、广西、贵州、江西、浙江
国外分布：越南
濒危等级：LC
资源利用：环境利用（观赏）；原料（单宁，树脂）

缘瓣杜英
Elaeocarpus decanclrus Merr.

习　　性：乔木
海　　拔：1200~2100 m
国内分布：云南
国外分布：老挝
濒危等级：LC

杜英
Elaeocarpus decipiens Hemsl.

杜英（原变种）
Elaeocarpus decipiens var. **decipiens**
习　　性：常绿乔木
海　　拔：400~2400 m
国内分布：福建、广东、广西、贵州、湖南、江西、台湾、云南、浙江
国外分布：日本、越南
濒危等级：LC

兰屿杜英
Elaeocarpus decipiens var. **changii** Y. Tang
习　　性：常绿乔木
分　　布：台湾
濒危等级：LC

滇西杜英
Elaeocarpus dianxiensis Y. Tang et H. Li
习　　性：乔木
分　　布：云南
濒危等级：LC

显脉杜英
Elaeocarpus dubius Aug. DC.
习　　性：常绿乔木
海　　拔：600~700 m
国内分布：广东、广西、贵州、海南、云南
国外分布：越南
濒危等级：LC

冬桃
Elaeocarpus duclouxii Gagnep.

冬桃（原变种）
Elaeocarpus duclouxii var. **duclouxii**
习　　性：常绿乔木
海　　拔：700~1000 m
分　　布：广东、广西、贵州、湖北、湖南、江西、四川、云南
濒危等级：LC

富宁杜英
Elaeocarpus duclouxii var. **funingensis** Y. C. Hsu et Y. Tang
习　　性：常绿乔木
海　　拔：约700 m
分　　布：云南
濒危等级：LC

高黎贡杜英
Elaeocarpus gaoligongshanensis Y. Tang et Z. L. Dao
习　　性：乔木
分　　布：云南
濒危等级：LC

秃瓣杜英
Elaeocarpus glabripetalus Merr.

秃瓣杜英（原变种）
Elaeocarpus glabripetalus var. **glabripetalus**
习　　性：乔木
海　　拔：400~1500 m
分　　布：安徽、福建、广东、广西、贵州、湖南、江西、云南、浙江
濒危等级：LC

棱枝杜英
Elaeocarpus glabripetalus var. **alatus**(Kunth) H. T. Chang
习　　性：乔木
海　　拔：300~500 m
分　　布：广西、贵州、湖北、云南
濒危等级：NT B1b（i，iii）

大果秃瓣杜英
Elaeocarpus glabripetalus var. **grandifructus** Y. Tang
习　　性：乔木
海　　拔：400~800 m
分　　布：广西
濒危等级：DD

秃蕊杜英
Elaeocarpus gymnogynus H. T. Chang
习　　性：乔木
海　　拔：300~900 m
国内分布：广东、广西
国外分布：越南
濒危等级：NT B1ab（i，iii）

水石榕
Elaeocarpus hainanensis Oliv.

水石榕（原变种）
Elaeocarpus hainanensis var. **hainanensis**
习　　性：灌木或小乔木
海　　拔：200~500 m
国内分布：广东、广西、海南、云南
国外分布：缅甸、泰国、越南
濒危等级：LC

短叶水石榕
Elaeocarpus hainanensis var. **brachyphyllus** Merr.
习　　性：灌木或小乔木
分　　布：海南
濒危等级：LC

肿柄杜英
Elaeocarpus harmandii Pierre
习　　性：乔木
海　　拔：1500~1800 m
国内分布：云南
国外分布：越南
濒危等级：CR B1ab（i，iii，v）；D

球果杜英
Elaeocarpus hayatae Kaneh. et Sasaki
习　　性：常绿乔木
分　　布：台湾
濒危等级：DD

锈毛杜英
Elaeocarpus howii Merr. et Chun
习　　性：常绿乔木
海　　拔：1100~2200 m
分　　布：广东、海南、云南
濒危等级：NT B1ab（ii，iii）

日本杜英
Elaeocarpus japonicus Siebold et Zucc.

日本杜英（原变种）
Elaeocarpus japonicus var. **japonicus**
习　　性：乔木
海　　拔：400~2300 m
国内分布：安徽、福建、广东、广西、贵州、海南、湖北、湖南、江苏、江西、四川、台湾、云南、浙江
国外分布：日本、越南
濒危等级：LC
资源利用：原料（木材）

澜沧杜英
Elaeocarpus japonicus var. **lantsangensis**（Hu）H. T. Chang
习　　性：乔木
海　　拔：1400~2800 m
分　　布：福建、贵州、湖南、云南
濒危等级：LC

云南杜英
Elaeocarpus japonicus var. **yunnanensis** C. Chen et Y. Tang
习　　性：乔木
海　　拔：1200~1700 m
分　　布：云南
濒危等级：LC

多沟杜英
Elaeocarpus lacunosus Wall. ex Kurz
习　　性：乔木
海　　拔：1400~2600 m
国内分布：云南
国外分布：柬埔寨、老挝、马来西亚、缅甸、泰国、印度、印度尼西亚、越南
濒危等级：LC

披针叶杜英
Elaeocarpus lanceifolius Roxb.
习　　性：乔木
海　　拔：2300~2600 m
国内分布：云南
国外分布：不丹、柬埔寨、老挝、马来西亚、尼泊尔、泰国、印度、越南
濒危等级：LC

老挝杜英
Elaeocarpus laoticus Gagnep.
习　　性：乔木
海　　拔：1300~1500 m
国内分布：云南
国外分布：老挝
濒危等级：VU A2c

小花杜英
Elaeocarpus limitaneioides Y. Tang
习　　性：乔木
海　　拔：约600 m
分　　布：广东
濒危等级：NT B1b（i，iii）

灰毛杜英
Elaeocarpus limitaneus Hand. -Mazz.
习　　性：常绿乔木
海　　拔：1000~1700 m
国内分布：福建、广东、广西、海南、云南
国外分布：越南
濒危等级：LC

龙陵杜英
Elaeocarpus longlingensis Y. C. Hsu et Y. Tang
习　　性：乔木
海　　拔：约2400 m
分　　布：云南
濒危等级：NT Bab（i，iii）

繁花杜英
Elaeocarpus multiflorus（Turcz.）Fern. -Vill.
习　　性：常绿乔木
国内分布：台湾
国外分布：菲律宾、日本、印度尼西亚
濒危等级：VU B2ab（ii，v）；D1

绢毛杜英
Elaeocarpus nitentifolius Merr. et Chun
习　　性：乔木
海　　拔：约1400 m
国内分布：福建、广东、广西、海南、云南
国外分布：越南
濒危等级：VU A2c；B1ab（iii）
资源利用：环境利用（观赏）

长圆叶杜英
Elaeocarpus oblongilimbus H. T. Chang
习　　性：乔木
海　　拔：700~800 m
分　　布：云南
濒危等级：EN D

长柄杜英
Elaeocarpus petiolatus（Jack）Wall. ex Stued.
习　　性：乔木
海　　拔：海平面至1300 m
国内分布：广东、广西、海南、云南
国外分布：柬埔寨、老挝、马来西亚、缅甸、泰国、印度、印度尼西亚、越南
濒危等级：LC

滇越杜英
Elaeocarpus poilanei Gagnep.

习　　性：乔木
海　　拔：500~1300 m
国内分布：广东、广西、海南、云南
国外分布：越南
濒危等级：NT A2c；D1

假樱叶杜英
Elaeocarpus prunifolioides Hu
习　　性：乔木
海　　拔：600~1700 m
分　　布：云南
濒危等级：LC

毛果杜英
Elaeocarpus rugosus Roxb.
习　　性：乔木
海　　拔：500~800 m
国内分布：海南、云南
国外分布：马来西亚、缅甸、泰国、印度
濒危等级：VU D1+2

锡兰榄
Elaeocarpus serratus L.
习　　性：常绿乔木
国内分布：广东、海南、台湾、云南栽培
国外分布：原产斯里兰卡、印度

大果杜英
Elaeocarpus sikkimensis Masters
习　　性：乔木
海　　拔：1500~2100 m
国内分布：云南
国外分布：不丹、印度
濒危等级：LC

圆果杜英
Elaeocarpus sphaericus(Gaertn.)K. Schum.
习　　性：乔木
海　　拔：400~1300 m
国内分布：广西、海南、云南
国外分布：马来西亚、印度尼西亚；中南半岛
濒危等级：LC

阔叶杜英
Elaeocarpus sphaerocarpus H. T. Chang
习　　性：乔木
海　　拔：600~1700 m
分　　布：云南
濒危等级：VU A2c

屏边杜英
Elaeocarpus subpetiolatus H. T. Chang
习　　性：乔木
海　　拔：约1400 m
分　　布：云南
濒危等级：CR B1ab（iii）

山杜英
Elaeocarpus sylvestris(Lour.)Poir.
习　　性：乔木
海　　拔：300~2000 m
分　　布：福建、广东、广西、贵州、海南、湖南、江西、四川、云南、浙江
濒危等级：LC
资源利用：环境利用（观赏）；原料（单宁，树脂）

滇印杜英
Elaeocarpus varunua Buch. -Ham.
习　　性：乔木
海　　拔：300~1400 m
国内分布：广东、广西、西藏、云南
国外分布：马来西亚、尼泊尔、印度、越南
濒危等级：LC

猴欢喜属 Sloanea L.

樟叶猴欢喜
Sloanea changii Coode
习　　性：常绿乔木
海　　拔：1000~1600 m
分　　布：广西、云南
濒危等级：NT D1

百色猴欢喜
Sloanea chingiana Hu
习　　性：常绿乔木
海　　拔：600~1100 m
分　　布：广西
濒危等级：NT A2C；D1

心叶猴欢喜
Sloanea cordifolia K. M. Feng ex H. T. Chang
习　　性：乔木
海　　拔：1400~1600 m
分　　布：云南
濒危等级：EN A2c；B1ab（iii）；D

膜叶猴欢喜
Sloanea dasycarpa(Benth.)Hemsl.
习　　性：常绿乔木
海　　拔：1400~2100 m
国内分布：福建、海南、台湾、西藏、云南
国外分布：不丹、缅甸、印度、越南
濒危等级：LC

海南猴欢喜
Sloanea hainanensis Merr. et Chun
习　　性：乔木
海　　拔：300~500 m
分　　布：海南
濒危等级：NT A2c

仿栗
Sloanea hemsleyana(T. Ito)Rehder et E. H. Wilson
习　　性：乔木
海　　拔：1100~1400 m
国内分布：广西、贵州、湖北、湖南、四川、云南
国外分布：越南
濒危等级：LC

全叶猴欢喜
Sloanea integrifolia Chun et F. C. How

习　　性：乔木
国内分布：广东、广西、海南
国外分布：越南
濒危等级：EN A2c；B1ab（iii）；D

薄果猴欢喜
Sloanea leptocarpa Diels
习　　性：常绿乔木
海　　拔：700～1000 m
分　　布：福建、广东、广西、贵州、湖南、四川、云南
濒危等级：LC

滇越猴欢喜
Sloanea mollis Gagnep.
习　　性：乔木
海　　拔：1200～1400 m
国内分布：广西、云南
国外分布：越南
濒危等级：LC

斜脉猴欢喜
Sloanea sigun（Blume）K. Schumann
习　　性：乔木
海　　拔：约800 m
国内分布：云南
国外分布：柬埔寨、马来西亚、缅甸、泰国、印度、印度尼西亚
濒危等级：EN D

猴欢喜
Sloanea sinensis（Hance）Hemsl.
习　　性：乔木
海　　拔：700～1000 m
国内分布：福建、广东、广西、贵州、海南、湖南、江西、浙江
国外分布：柬埔寨、老挝、缅甸、泰国、越南
濒危等级：LC

苹婆猴欢喜
Sloanea sterculiacea（Benth.）Rehder et E. H. Wilson
习　　性：乔木
海　　拔：1400～2500 m
国内分布：西藏、云南
国外分布：不丹、缅甸、尼泊尔、印度
濒危等级：VU B1ab（ii，iii）

绒毛猴欢喜
Sloanea tomentosa（Benth.）Rehder et E. H. Wilson
习　　性：常绿乔木
海　　拔：1000～1600 m
国内分布：云南
国外分布：不丹、缅甸、尼泊尔、泰国、印度
濒危等级：LC

西畴猴欢喜
Sloanea xichouensis K. M. Feng
习　　性：乔木
海　　拔：约1300 m
分　　布：云南
濒危等级：NT B1ab（i，iii）

沟繁缕科 ELATINACEAE
（2属：6种）

田繁缕属 Bergia L.

田繁缕
Bergia ammannioides Roxb. ex Roth
习　　性：一年生草本
海　　拔：1200～1700 m
国内分布：广东、广西、海南、湖南、台湾、云南
国外分布：澳大利亚、老挝、尼泊尔、泰国、印度尼西亚、越南
濒危等级：LC

大叶田繁缕
Bergia capensis L.
习　　性：一年生草本
国内分布：广东
国外分布：俄罗斯、马来西亚、斯里兰卡、泰国、印度
濒危等级：LC

倍蕊田繁缕
Bergia serrata Blanco
习　　性：多年生草本或亚灌木
国内分布：广东、广西、海南、台湾
国外分布：菲律宾
濒危等级：LC

沟繁缕属 Elatine L.

长梗沟繁缕
Elatine ambigua Wight
习　　性：一年生草本
海　　拔：约1950 m
国内分布：云南、台湾
国外分布：澳大利亚、不丹、马来西亚、印度、印度尼西亚、越南
濒危等级：NT

马蹄沟繁缕
Elatine hydropiper L.
习　　性：一年生草本
海　　拔：200～300 m
国内分布：黑龙江、吉林、辽宁
国外分布：俄罗斯
濒危等级：LC

三蕊沟繁缕
Elatine triandra Schkuhr
习　　性：一年生草本
海　　拔：约100 m
国内分布：广东、黑龙江、吉林、台湾
国外分布：澳大利亚、菲律宾、马来西亚、尼泊尔、日本、印度、印度尼西亚
濒危等级：LC

杜鹃花科 ERICACEAE
（23 属：1014 种）

树萝卜属 Agapetes G. Don

阿波树萝卜
Agapetes aborensis Airy Shaw
习　　性：灌木
海　　拔：400~700 m
分　　布：西藏
濒危等级：LC

棱枝树萝卜
Agapetes angulata (Griff.) Hook. f.
习　　性：灌木
海　　拔：700~1500 m
国内分布：西藏、云南
国外分布：缅甸、印度
濒危等级：NT

锈毛树萝卜
Agapetes anonyma Airy Shaw
习　　性：灌木
海　　拔：2100~2700 m
分　　布：西藏
濒危等级：DD

纤细短柄树萝卜
Agapetes brachypoda Airy Shaw
习　　性：灌木
海　　拔：约 2400 m
分　　布：云南
濒危等级：NT

环萼树萝卜
Agapetes brandisiana W. E. Evans
习　　性：灌木
海　　拔：1500~1800 m
国内分布：云南
国外分布：缅甸
濒危等级：NT D2
资源利用：药用（中草药）

缅甸树萝卜
Agapetes burmanica W. E. Evans
习　　性：灌木
海　　拔：700~1500 m
国内分布：西藏、云南
国外分布：缅甸
濒危等级：LC

黄杨叶树萝卜
Agapetes buxifolia Nutt. ex Hook. f.
习　　性：灌木
海　　拔：600~900 m
国内分布：西藏
国外分布：印度
濒危等级：DD

茶叶树萝卜
Agapetes camelliifolia S. H. Huang
习　　性：灌木
海　　拔：约 2200 m
分　　布：西藏
濒危等级：DD

纤毛叶树萝卜
Agapetes ciliata S. H. Huang
习　　性：灌木
海　　拔：1600~2200 m
分　　布：西藏
濒危等级：NT C1

异色树萝卜
Agapetes discolor C. B. Clarke
习　　性：灌木
海　　拔：1200~1500 m
国内分布：西藏
国外分布：印度
濒危等级：DD

尖叶树萝卜
Agapetes epacridea Airy Shaw
习　　性：灌木
海　　拔：1800~2100 m
国内分布：西藏
国外分布：缅甸
濒危等级：NT B1ab (i, iii)

黄花树萝卜
Agapetes flava (Hook. f.) Sleum.
习　　性：灌木
海　　拔：1200~1500 m
国内分布：西藏
国外分布：印度
濒危等级：LC

伞花树萝卜
Agapetes forrestii W. E. Evans
习　　性：灌木或乔木
海　　拔：1800~2700 m
国内分布：西藏、云南
国外分布：缅甸
濒危等级：DD

细花树萝卜
Agapetes graciliflora R. C. Fang
习　　性：灌木
海　　拔：约 900 m
国内分布：西藏
国外分布：缅甸
濒危等级：DD

尾叶树萝卜
Agapetes griffithii C. B. Clarke
习　　性：攀援灌木
海　　拔：1000~2100 m
国内分布：西藏

国外分布：印度
濒危等级：LC

广西树萝卜
Agapetes guangxiensis D. Fang
习　　性：灌木
海　　拔：约 900 m
分　　布：广西
濒危等级：CR B1ab（i, iii）

透明边树萝卜
Agapetes hyalocheilos Airy Shaw
习　　性：灌木
海　　拔：约 1000 m
国内分布：西藏
国外分布：缅甸
濒危等级：DD

皱叶树萝卜
Agapetes incurvata（Griff.）Sleum.
习　　性：灌木
海　　拔：1200～2400 m
国内分布：西藏
国外分布：不丹、尼泊尔、印度
濒危等级：LC

沧源树萝卜
Agapetes inopinata Airy Shaw
习　　性：灌木
海　　拔：约 1600 m
国内分布：云南
国外分布：缅甸
濒危等级：NT

中型树萝卜
Agapetes interdicta（Hand.-Mazz.）Sleum.
习　　性：灌木
海　　拔：2300～2900 m
国内分布：西藏、云南
国外分布：缅甸
濒危等级：NT B1ab（i, iii）

灯笼花
Agapetes lacei Craib

灯笼花（原变种）
Agapetes lacei var. **lacei**
习　　性：灌木
海　　拔：1500～3000 m
国内分布：西藏、云南
国外分布：缅甸
濒危等级：NT

无毛灯笼花
Agapetes lacei var. **glaberrima** Airy Shaw
习　　性：灌木
海　　拔：2100～3000 m
分　　布：西藏、云南
濒危等级：NT

绒毛灯笼花
Agapetes lacei var. **tomentella** Airy Shaw
习　　性：灌木
海　　拔：2100～3000 m
分　　布：西藏、云南
资源利用：环境利用（观赏）
濒危等级：LC

光果树萝卜
Agapetes leiocarpa S. H. Huang
习　　性：灌木
海　　拔：约 1600 m
分　　布：西藏
濒危等级：DD

白果树萝卜
Agapetes leucocarpa S. H. Huang
习　　性：灌木
海　　拔：2300～2400 m
分　　布：西藏
濒危等级：LC

线叶树萝卜
Agapetes linearifolia C. B. Clarke
习　　性：灌木
海　　拔：约 1800 m
分　　布：西藏
濒危等级：DD

短锥花树萝卜
Agapetes listeri（King ex C. B. Clarke）Sleum.
习　　性：灌木
海　　拔：2100～2700 m
国内分布：西藏
国外分布：不丹、印度
濒危等级：LC

深裂树萝卜
Agapetes lobbii C. B. Clarke
习　　性：灌木
海　　拔：1300～1400 m
国内分布：云南
国外分布：缅甸、泰国、印度
濒危等级：LC

大叶树萝卜
Agapetes macrophylla C. B. Clarke
习　　性：灌木
海　　拔：约 1800 m
国内分布：西藏
国外分布：孟加拉国
濒危等级：DD

麻栗坡树萝卜
Agapetes malipoensis S. H. Huang
习　　性：灌木
海　　拔：1100～2000 m
国内分布：云南
国外分布：越南

濒危等级：NT D2

白花树萝卜
Agapetes mannii Hemsl.
习　　性：灌木
海　　拔：1400~3600 m
国内分布：云南
国外分布：缅甸、泰国、印度
濒危等级：LC
资源利用：药用（中草药）

边脉树萝卜
Agapetes marginata Dunn
习　　性：灌木
海　　拔：800~1700 m
分　　布：西藏
濒危等级：NT

墨脱树萝卜
Agapetes medogensis S. H. Huang
习　　性：灌木
海　　拔：1700~2200 m
分　　布：西藏
濒危等级：LC

大果树萝卜
Agapetes megacarpa W. W. Sm.
习　　性：灌木
海　　拔：约2100 m
国内分布：云南
国外分布：泰国
濒危等级：VU A2c

朱红树萝卜
Agapetes miniata(Griff.) Hook. f.
习　　性：灌木
海　　拔：1000~1800 m
国内分布：西藏
国外分布：印度
濒危等级：LC

坛花树萝卜
Agapetes miranda Airy Shaw
习　　性：灌木
海　　拔：约2400 m
国内分布：西藏
国外分布：印度
濒危等级：DD

亮红树萝卜
Agapetes mitrarioides Hook. f. ex C. B. Clarke
习　　性：灌木
分　　布：西藏
濒危等级：DD

夹竹桃叶树萝卜
Agapetes neriifolia(King et Prain) Airy Shaw
习　　性：灌木
海　　拔：约1200 m
国内分布：云南
国外分布：缅甸
濒危等级：DD

垂花树萝卜
Agapetes nutans Dunn
习　　性：灌木
海　　拔：1000~1700 m
国内分布：西藏
国外分布：印度
濒危等级：DD

长圆叶树萝卜
Agapetes oblonga Craib
习　　性：灌木
海　　拔：1300~2700 m
国内分布：西藏、云南
国外分布：缅甸
濒危等级：LC

倒卵叶树萝卜
Agapetes obovata(Wight) Hook. f.
习　　性：灌木
海　　拔：约2100 m
国内分布：云南
国外分布：印度
濒危等级：LC

倒挂树萝卜
Agapetes pensilis Airy Shaw
习　　性：灌木
海　　拔：2300~3500 m
国内分布：云南
国外分布：缅甸
濒危等级：NT

钟花树萝卜
Agapetes pilifera Hook. f. ex C. B. Clarke
习　　性：灌木
海　　拔：1200~1500 m
国内分布：西藏、云南
国外分布：缅甸、印度
濒危等级：LC

藏布江树萝卜
Agapetes praeclara C. Marquand
习　　性：灌木
海　　拔：约2100 m
分　　布：西藏
濒危等级：VU B1ab（i，iii）

听邦树萝卜
Agapetes praestigiosa Airy Shaw
习　　性：灌木
海　　拔：2100~2400 m
国内分布：西藏
国外分布：印度
濒危等级：DD

杯梗树萝卜
Agapetes pseudogriffithii Airy Shaw
习　　性：灌木
海　　拔：1300~1500 m
国内分布：云南
国外分布：缅甸
濒危等级：NT

毛花树萝卜
Agapetes pubiflora Airy Shaw
习　　性：灌木
海　　拔：900~1600 m
国内分布：西藏、云南
国外分布：缅甸
濒危等级：NT B1

鹿蹄草叶树萝卜
Agapetes pyrolifolia Airy Shaw
习　　性：灌木
海　　拔：1800~3200 m
国内分布：西藏、云南
国外分布：缅甸
濒危等级：LC

折瓣树萝卜
Agapetes refracta Airy Shaw
习　　性：灌木
海　　拔：1200~1500 m
分　　布：西藏
濒危等级：DD

红苞树萝卜
Agapetes rubrobracteata R. C. Fang et S. H. Huang
习　　性：灌木
海　　拔：1000~3100 m
国内分布：广西、贵州、四川、云南
国外分布：越南
濒危等级：LC

柳叶树萝卜
Agapetes salicifolia C. B. Clarke
习　　性：灌木
海　　拔：约1500 m
分　　布：西藏
濒危等级：DD

五翅莓
Agapetes serpens (Wight) Sleum.
习　　性：灌木
海　　拔：1200~2400 m
国内分布：西藏
国外分布：不丹、尼泊尔、印度
濒危等级：NT B1

丛生树萝卜
Agapetes spissa Airy Shaw
习　　性：灌木
海　　拔：1500~1800 m
分　　布：西藏
濒危等级：LC

近无柄树萝卜
Agapetes subsessilifolia S. H. Huang, H. Sun et Z. K. Zhou
习　　性：灌木
海　　拔：约1600 m
分　　布：西藏
濒危等级：DD

西藏树萝卜
Agapetes xizangensis S. H. Huang
习　　性：灌木或乔木
海　　拔：1500~2000 m
分　　布：西藏
濒危等级：LC

仙女越橘属 Andromeda L.

仙女越橘
Andromeda polifolia L.
习　　性：灌木
国内分布：吉林
国外分布：朝鲜半岛、俄罗斯、蒙古、日本
濒危等级：LC

北极果属 Arctous (A. Gray) Nied.

北极果
Arctous alpinus (L.) Nied.
习　　性：灌木
海　　拔：1900~3000 m
国内分布：甘肃、内蒙古、青海、陕西、四川、新疆
国外分布：俄罗斯、蒙古、日本
濒危等级：LC

小叶当年枯
Arctous microphyllus C. Y. Wu
习　　性：灌木
海　　拔：约3500 m
分　　布：云南
濒危等级：NT

红北极果
Arctous ruber (Rehder et E. H. Wilson) Nakai
习　　性：灌木
海　　拔：2900~4000 m
国内分布：甘肃、吉林、内蒙古、宁夏、四川
国外分布：朝鲜、日本
濒危等级：LC
资源利用：食品（水果）

岩须花属 Cassiope D. Don

短梗岩须
Cassiope abbreviata Hand.-Mazz.
习　　性：灌木
海　　拔：3800~4000 m
分　　布：四川
濒危等级：LC

银毛岩须
Cassiope argyrotricha T. Z. Hsu
- 习　　性：常绿灌木
- 海　　拔：3000~4400 m
- 分　　布：云南
- 濒危等级：NT

扫帚岩须
Cassiope fastigiata(Wall.) D. Don
- 习　　性：常绿灌木
- 海　　拔：3000~4500 m
- 国内分布：西藏
- 国外分布：巴基斯坦、不丹、尼泊尔、印度
- 濒危等级：LC

福建岩须
Cassiope fujianensis L. K. Ling et G. S. Hoo
- 习　　性：亚灌木
- 海　　拔：1000~1100 m
- 分　　布：福建
- 濒危等级：EN D2

膜叶岩须
Cassiope membranifolia R. C. Fang
- 习　　性：灌木
- 海　　拔：约3600 m
- 分　　布：云南
- 濒危等级：DD

鼠尾岩须
Cassiope myosuroides W. W. Sm.
- 习　　性：灌木
- 海　　拔：4000~4500 m
- 国内分布：云南
- 国外分布：缅甸
- 濒危等级：NT

矮小岩须
Cassiope nana T. Z. Hsu
- 习　　性：灌木
- 海　　拔：2000~3800 m
- 分　　布：云南
- 濒危等级：NT B1b (i, iii)

朝天岩须
Cassiope palpebrata W. W. Sm.
- 习　　性：灌木
- 海　　拔：3000~4300 m
- 国内分布：云南
- 国外分布：缅甸
- 濒危等级：LC

篦叶岩须
Cassiope pectinata Stapf
- 习　　性：灌木
- 海　　拔：3600~4100 m
- 国内分布：四川、西藏、云南
- 国外分布：缅甸
- 濒危等级：LC

岩须
Cassiope selaginoides Hook. f. et Thomson
- 习　　性：灌木
- 海　　拔：3000~4500 m
- 国内分布：四川、西藏、云南
- 国外分布：不丹、尼泊尔、印度
- 濒危等级：NT B1b (i, iii)
- 资源利用：药用（中草药）

长毛岩须
Cassiope wardii C. Marquand et Airy Shaw
- 习　　性：常绿灌木
- 海　　拔：3900~4200 m
- 分　　布：西藏
- 濒危等级：LC

地桂属 Chamaedaphne Moench

地桂
Chamaedaphne calyculata(L.) Moench
- 习　　性：常绿灌木
- 海　　拔：400~600 m
- 国内分布：黑龙江、吉林、内蒙古
- 国外分布：俄罗斯、蒙古、日本北部
- 濒危等级：NT B1ab (i, iii)

喜冬草属 Chimaphila Pursh

喜冬草
Chimaphila japonica Miq.
- 习　　性：多年生草本
- 海　　拔：海平面至3000 m
- 国内分布：安徽、贵州、湖北、吉林、辽宁、山西、陕西、四川、台湾、西藏、云南
- 国外分布：不丹、朝鲜、俄罗斯、日本
- 濒危等级：LC

川西喜冬草
Chimaphila monticola H. Andres

川西喜冬草（原亚种）
Chimaphila monticola subsp. **monticola**
- 习　　性：亚灌木状草本
- 海　　拔：2600~3000 m
- 分　　布：四川
- 濒危等级：LC

台湾喜冬草
Chimaphila monticola subsp. **taiwaniana**(Masam.) H. Takahashi
- 习　　性：亚灌木状草本
- 海　　拔：2600~3000 m
- 分　　布：台湾
- 濒危等级：LC

伞形喜冬草
Chimaphila umbellata(L.) W. Barton
- 习　　性：灌木或草本
- 海　　拔：约1100 m
- 国内分布：吉林、辽宁、内蒙古

国外分布：日本、俄罗斯；广泛分布于北温带地区
濒危等级：LC

假木荷属 Craibiodendron W. W. Sm.

柳叶假木荷
Craibiodendron henryi W. W. Sm.
习　　性：灌木或小乔木
海　　拔：1200~2800 m
国内分布：西藏、云南
国外分布：缅甸、泰国、印度
濒危等级：NT B1
资源利用：原料（单宁，树脂）

广东假木荷
Craibiodendron scleranthum(S. Y. Hu)Judd
习　　性：乔木或灌木
海　　拔：600~? m
分　　布：广东、广西
濒危等级：LC

假木荷
Craibiodendron stellatum(Pierre)W. W. Sm.
习　　性：灌木或小乔木
海　　拔：200~2700 m
国内分布：广东、广西、贵州、云南
国外分布：柬埔寨、老挝、缅甸、泰国、越南
濒危等级：LC
资源利用：原料（单宁，树脂）

云南假木荷
Craibiodendron yunnanense W. W. Sm.
习　　性：灌木或小乔木
海　　拔：1200~3200 m
国内分布：西藏、云南
国外分布：缅甸
濒危等级：NT B1
资源利用：药用（中草药）；原料（单宁）

杉叶杜鹃属 Diplarche Hook. et Thomson

多花杉叶杜鹃
Diplarche multiflora Hook. f. et Thomson
习　　性：灌木
海　　拔：3500~4100 m
国内分布：西藏、云南
国外分布：缅甸、印度
濒危等级：LC

少花杉叶杜鹃
Diplarche pauciflora Hook. f. et Thomson
习　　性：灌木
海　　拔：3500~4800 m
国内分布：四川、云南
国外分布：印度
濒危等级：LC

岩高兰属 Empetrum L.

白果岩高兰
Empetrum nigrum var. **album** J. Y. Ma et Yue Zhang
习　　性：灌木
分　　布：内蒙古
濒危等级：DD

东北岩高兰
Empetrum nigrum var. **japonicum** K. Koch
习　　性：灌木
海　　拔：700~1500 m
国内分布：黑龙江、内蒙古
国外分布：朝鲜、俄罗斯、蒙古、日本
濒危等级：VU A2c；B1ab（iii）
资源利用：药用（中草药）；食品（水果）

吊钟花属 Enkianthus Lour.

灯笼吊钟花
Enkianthus chinensis Franch.
习　　性：灌木或小乔木
海　　拔：900~3100 m
分　　布：安徽、福建、广东、广西、贵州、湖北、湖南、江西、四川、云南、浙江
濒危等级：LC
资源利用：环境利用（观赏）

毛叶吊钟花
Enkianthus deflexus(Griff.)C. K. Schneid.

毛叶吊钟花（原变种）
Enkianthus deflexus var. **deflexus**
习　　性：灌木或乔木
海　　拔：1000~3900 m
国内分布：广东、贵州、湖北、四川、西藏、云南
国外分布：不丹、缅甸、尼泊尔、印度
濒危等级：LC
资源利用：环境利用（观赏）

腺梗吊钟花
Enkianthus deflexus var. **glabrescens** R. C. Fang
习　　性：灌木或乔木
海　　拔：约1600 m
分　　布：甘肃
濒危等级：DD

少花吊钟花
Enkianthus pauciflorus E. H. Wilson
习　　性：灌木
海　　拔：3000~3700 m
分　　布：四川、云南
濒危等级：VU A2c

台湾吊钟花
Enkianthus perulatus C. K. Schneid.
习　　性：落叶灌木
海　　拔：1100~1600 m
国内分布：台湾
国外分布：日本
濒危等级：VU A2a；D1
资源利用：环境利用（观赏）

吊钟花
Enkianthus quinqueflorus Lour.
习　　性：灌木或小乔木

海　　拔：600~2400 m
国内分布：福建、广东、广西、贵州、海南、湖北、湖南、江西、四川、云南
国外分布：越南
濒危等级：LC
资源利用：环境利用（观赏）

晚花吊钟花
Enkianthus serotinus Chun et Fang
习　　性：落叶灌木
海　　拔：800~1500 m
分　　布：广东、广西、贵州、四川、云南
濒危等级：LC

齿缘吊钟花
Enkianthus serrulatus(E. H. Wilson)C. K. Schneid.
习　　性：灌木或小乔木
海　　拔：800~1800 m
分　　布：福建、广东、广西、贵州、海南、湖北、湖南、江西、四川、云南、浙江
濒危等级：LC
资源利用：环境利用（观赏）

白珠树属 Gaultheria Kalm ex L.

高山白珠
Gaultheria borneensis Stapf
习　　性：灌木
海　　拔：1600~3600 m
国内分布：台湾
国外分布：菲律宾、印度尼西亚
濒危等级：LC

短柄白珠
Gaultheria brevistipes(C. Y. Wu et T. Z. Xu)R. C. Fang
习　　性：常绿灌木
海　　拔：1000~2800 m
分　　布：西藏
濒危等级：LC

苍山白珠
Gaultheria cardiosepala Hand.-Mazz.
习　　性：灌木
海　　拔：2000~3800 m
国内分布：云南
国外分布：缅甸
濒危等级：LC

钟花白珠
Gaultheria codonantha Airy Shaw
习　　性：常绿灌木
海　　拔：1000~2100 m
国内分布：西藏
国外分布：印度
濒危等级：LC

四川白珠
Gaultheria cuneata(Rehder et E. H. Wilson)Bean
习　　性：常绿灌木
海　　拔：2000~3900 m
分　　布：贵州、四川、云南
濒危等级：LC

长梗白珠
Gaultheria dolichopoda Airy Shaw
习　　性：常绿灌木
海　　拔：3000~4400 m
国内分布：西藏
国外分布：缅甸
濒危等级：LC

丛林白珠
Gaultheria dumicola W. W. Sm.

丛林白珠（原变种）
Gaultheria dumicola var. **dumicola**
习　　性：常绿灌木
海　　拔：1400~3200 m
分　　布：云南
濒危等级：LC

粗糙丛林白珠
Gaultheria dumicola var. **aspera** Airy Shaw
习　　性：灌木
海　　拔：1500~2500 m
国内分布：云南
国外分布：缅甸
濒危等级：NT A1ac

糙茎丛林白珠
Gaultheria dumicola var. **hirticaulis** R. C. Fang
习　　性：常绿灌木
海　　拔：约2000 m
分　　布：云南
濒危等级：DD

高山丛林白珠
Gaultheria dumicola var. **petanoneuron** Airy Shaw
习　　性：常绿灌木
海　　拔：2000~3000 m
分　　布：云南
濒危等级：EN C1

微毛丛林白珠
Gaultheria dumicola var. **pubipes** Airy Shaw
习　　性：常绿灌木
海　　拔：2000~3200 m
分　　布：云南
濒危等级：LC

芳香白珠
Gaultheria fragrantissima Wall.
习　　性：常绿灌木或乔木
海　　拔：1000~3200 m
国内分布：西藏、云南
国外分布：不丹、马来西亚、缅甸、尼泊尔、斯里兰卡、印度、越南
濒危等级：LC

尾叶白珠
Gaultheria griffithiana Wight

尾叶白珠（原变种）
Gaultheria griffithiana var. **griffithiana**
习　　性：常绿灌木或乔木
海　　拔：2000～3600 m
国内分布：四川、西藏、云南
国外分布：不丹、缅甸、尼泊尔、印度、越南
濒危等级：LC

多毛尾叶白珠
Gaultheria griffithiana var. **insignis** R. C. Fang
习　　性：常绿灌木或乔木
海　　拔：约 2800 m
分　　布：西藏
濒危等级：DD

异数白珠
Gaultheria heteromera R. C. Fang
习　　性：匍匐灌木
海　　拔：约 3900 m
分　　布：西藏
濒危等级：LC

红粉白珠
Gaultheria hookeri C. B. Clarke

红粉白珠（原变种）
Gaultheria hookeri var. **hookeri**
习　　性：常绿灌木
海　　拔：1000～3800 m
国内分布：贵州、四川、西藏、云南
国外分布：不丹、缅甸、印度
濒危等级：LC

狭叶红粉白珠
Gaultheria hookeri var. **angustifolia** C. B. Clarke
习　　性：灌木
海　　拔：2000～3000 m
国内分布：云南
国外分布：印度
濒危等级：LC

绿背白珠
Gaultheria hypochlora Airy Shaw
习　　性：匍匐灌木
海　　拔：3000～3600 m
国内分布：四川、云南
国外分布：不丹、缅甸、印度
濒危等级：LC

景东白珠
Gaultheria jingdongensis R. C. Fang
习　　性：常绿灌木
海　　拔：2000～3000 m
分　　布：云南
濒危等级：DD

白果白珠
Gaultheria leucocarpa Blume
习　　性：常绿灌木
海　　拔：500～3300 m
国内分布：福建、广东、广西、贵州、湖北、湖南、江西、四川、台湾、云南
国外分布：菲律宾、柬埔寨、老挝、泰国、越南
濒危等级：LC

毛滇白珠
Gaultheria leucocarpa var. **crenulata**（Kurz.）T. Z. Hsu
习　　性：灌木
海　　拔：2000～2800 m
分　　布：广西、云南
濒危等级：DD
资源利用：药用（中草药）；原料（精油）

秃果白珠
Gaultheria leucocarpa var. **psilocarpa**（Copel.）R. C. Fang
习　　性：常绿灌木
海　　拔：800～2600 m
国内分布：台湾
国外分布：菲律宾
濒危等级：LC

滇白珠
Gaultheria leucocarpa var. **yunnanensis**（Franch.）T. Z. Hsu et R. C. Fang
习　　性：常绿灌木
海　　拔：500～3300 m
国内分布：福建、广东、广西、贵州、湖北、湖南、江西、四川、台湾、云南
国外分布：柬埔寨、老挝、泰国、越南
濒危等级：LC

长苞白珠
Gaultheria longibracteolata R. C. Fang
习　　性：常绿灌木
海　　拔：1000～2700 m
国内分布：云南
国外分布：泰国
濒危等级：DD

长序白珠
Gaultheria longiracemosa Y. C. Yang
习　　性：灌木
海　　拔：约 3000 m
分　　布：四川
濒危等级：NT B1b（i, iii）

短穗白珠
Gaultheria notabilis J. Anthony
习　　性：亚灌木
海　　拔：约 2400 m
分　　布：云南
濒危等级：CR B1ab（i, iii）

铜钱叶白珠
Gaultheria nummularioides D. Don
习　　性：匍匐灌木
海　　拔：1000～3400 m
国内分布：四川、西藏、云南
国外分布：不丹、孟加拉国、缅甸、尼泊尔、印度、印度尼西亚
濒危等级：LC

草地白珠
Gaultheria praticola C. Y. Wu et T. A. Hsu
习　　性：灌木
海　　拔：3200~3900 m
分　　布：西藏、云南
濒危等级：VU D2

平卧白珠
Gaultheria prostrata W. W. Sm.
习　　性：匍匐灌木
海　　拔：约 4600 m
分　　布：云南
濒危等级：LC

假短穗白珠
Gaultheria pseudonotabilis H. Li ex R. C. Fang
习　　性：常绿灌木
海　　拔：1000~2000 m
分　　布：云南
濒危等级：NT B1b (i, iii)

紫背白珠
Gaultheria purpurea R. C. Fang
习　　性：匍匐灌木
海　　拔：2000~3400 m
分　　布：西藏
濒危等级：DD

鹿蹄草叶白珠
Gaultheria pyrolifolia Hook. f. ex C. B. Clarke
习　　性：灌木
海　　拔：3600~4000 m
国内分布：西藏、云南
国外分布：不丹、缅甸、尼泊尔、印度
濒危等级：LC

五雄白珠
Gaultheria semi-infera (C. B. Clarke) Airy Shaw
习　　性：常绿灌木
海　　拔：2000~3500 m
国内分布：西藏、云南
国外分布：不丹、缅甸、尼泊尔、印度
濒危等级：LC

华白珠
Gaultheria sinensis J. Anthony

华白珠（原变种）
Gaultheria sinensis var. **sinensis**
习　　性：匍匐灌木
海　　拔：3000~4300 m
国内分布：四川、西藏、云南
国外分布：不丹、缅甸、印度
濒危等级：LC

白果华白珠
Gaultheria sinensis var. **nivea** J. Anthony
习　　性：匍匐灌木
海　　拔：约 4300 m
分　　布：西藏、云南
濒危等级：LC

草黄白珠
Gaultheria straminea R. C. Fang
习　　性：常绿灌木
海　　拔：600~2100 m
分　　布：西藏
濒危等级：DD

伏地白珠
Gaultheria suborbicularis W. W. Sm.
习　　性：常绿灌木
海　　拔：3000~3900 m
分　　布：云南
濒危等级：VU D1

台湾白珠
Gaultheria taiwaniana S. S. Ying
习　　性：灌木
分　　布：台湾
濒危等级：LC

四裂白珠
Gaultheria tetramera W. W. Sm.
习　　性：常绿灌木
海　　拔：1000~3200 m
分　　布：西藏、云南
濒危等级：LC

刺毛白珠
Gaultheria trichophylla Royle

刺毛白珠（原变种）
Gaultheria trichophylla var. **trichophylla**
习　　性：灌木
海　　拔：3000~4700 m
国内分布：四川、西藏、云南
国外分布：克什米尔地区、缅甸、尼泊尔、印度
濒危等级：LC

无刺毛白珠
Gaultheria trichophylla var. **eciliata** S. J. Rae et D. G. Long
习　　性：灌木
海　　拔：3200~4200 m
国内分布：云南
国外分布：不丹
濒危等级：DD

四芒刺毛白珠
Gaultheria trichophylla var. **tetracme** Airy Shaw
习　　性：灌木
海　　拔：4200~4700 m
分　　布：四川、西藏
濒危等级：LC

三棱枝白珠
Gaultheria trigonoclada R. C. Fang
习　　性：常绿灌木
海　　拔：2000~2300 m

分　　布：西藏
濒危等级：LC

西藏白珠
Gaultheria wardii C. Marquand et Airy Shaw

西藏白珠（原变种）
Gaultheria wardii var. **wardii**
习　　性：灌木
海　　拔：1000～3100 m
国内分布：西藏、云南
国外分布：缅甸、印度
濒危等级：LC

延序白珠
Gaultheria wardii var. **elongata** R. C. Fang
习　　性：常绿灌木
海　　拔：1000～2000 m
分　　布：云南
濒危等级：LC

杜香属 Ledum L.

杜香
Ledum palustre L.

杜香（原变种）
Ledum palustre var. **palustre**
习　　性：直立或匍匐灌木
海　　拔：400～1400 m
国内分布：黑龙江、内蒙古
国外分布：蒙古
濒危等级：LC
资源利用：药用（中草药）

小叶杜香
Ledum palustre var. **decumbens** Aiton
习　　性：直立或匍匐灌木
国内分布：黑龙江、内蒙古
国外分布：蒙古；亚洲东北部、欧洲中部和北部、北美洲
濒危等级：LC

宽叶杜香
Ledum palustre var. **dilatatum** Wahlenb.
习　　性：直立或匍匐灌木
海　　拔：900～1800 m
国内分布：黑龙江、吉林
国外分布：朝鲜、俄罗斯
濒危等级：LC

木藜芦属 Leucothoe D. Don

尖基木藜芦
Leucothoe griffithiana C. B. Clarke
习　　性：常绿灌木
海　　拔：1000～3400 m
国内分布：云南
国外分布：不丹、缅甸
濒危等级：LC

圆基木藜芦
Leucothoe tonkinensis Dop
习　　性：常绿灌木
海　　拔：2000～2300 m
国内分布：云南
国外分布：越南
濒危等级：NT C1

珍珠花属 Lyonia Nutt.

秀丽珍珠花
Lyonia compta(W. W. Sm. et Jeffrey) Hand. -Mazz.
习　　性：常绿灌木
海　　拔：1000～2500 m
分　　布：贵州、云南
濒危等级：LC

圆叶珍珠花
Lyonia doyonensis(Hand. -Mazz.) Hand. -Mazz.
习　　性：灌木或小乔木
海　　拔：2000～3000 m
分　　布：云南
濒危等级：LC

大萼珍珠花
Lyonia macrocalyx(J. Anthony) Airy Shaw
习　　性：灌木或小乔木
海　　拔：1800～3500 m
国内分布：西藏、云南
国外分布：缅甸
濒危等级：DD

珍珠花
Lyonia ovalifolia(Wall.) Drude

珍珠花（原变种）
Lyonia ovalifolia var. **ovalifolia**
习　　性：灌木或乔木
海　　拔：200～3400 m
国内分布：安徽、福建、甘肃、广东、广西、贵州、海南、湖北、湖南、江苏、江西、陕西、四川、台湾、西藏、云南、浙江
国外分布：巴基斯坦、不丹、老挝、马来西亚、缅甸、尼泊尔、日本、泰国、印度、越南
濒危等级：LC

小果珍珠花
Lyonia ovalifolia var. **elliptica**(Siebold et Zucc.) Hand. -Mazz.
习　　性：灌木或乔木
海　　拔：1000～2700 m
国内分布：台湾
国外分布：日本
濒危等级：LC

毛果珍珠花
Lyonia ovalifolia var. **hebecarpa** (Franch. ex F. B. Forbes et Hemsl.) Chun
习　　性：灌木或乔木
海　　拔：200～3400 m

分　　布：安徽、福建、广东、广西、贵州、湖北、江苏、江西、陕西、四川、云南、浙江

濒危等级：DD

狭叶珍珠花
Lyonia ovalifolia var. **lanceolata**（Wall.）Hand.-Mazz.

习　　性：灌木或乔木

海　　拔：700~2400 m

国内分布：福建、广东、广西、贵州、海南、湖北、四川、西藏、云南

国外分布：缅甸、印度

濒危等级：LC

红脉珍珠花
Lyonia ovalifolia var. **rubrovenia**（Merr.）Judd

习　　性：灌木或乔木

海　　拔：1000~1900 m

国内分布：广东、广西、海南

国外分布：越南

濒危等级：DD

绒毛珍珠花
Lyonia ovalifolia var. **tomentosa**（W. P. Fang）C. Y. Wu

习　　性：灌木或乔木

海　　拔：约1700 m

分　　布：云南

濒危等级：LC

毛叶珍珠花
Lyonia villosa（Wall. ex C. B. Clarke）Hand.-Mazz.

毛叶珍珠花（原变种）
Lyonia villosa var. **villosa**

习　　性：灌木或小乔木

海　　拔：1000~3900 m

国内分布：贵州、四川、西藏、云南

国外分布：不丹、缅甸、尼泊尔、印度

濒危等级：LC

光叶珍珠花
Lyonia villosa var. **sphaerantha**（Hand.-Mazz.）Hand.-Mazz.

习　　性：灌木或小乔木

海　　拔：2000~3800 m

国内分布：四川、西藏、云南

国外分布：缅甸

濒危等级：LC

独丽花属 Moneses Salisb. ex S. F. Gray

独丽花
Moneses uniflora（L.）A. Gray

习　　性：亚灌木状草本

海　　拔：900~3800 m

国内分布：甘肃、黑龙江、吉林、内蒙古、山西、四川、台湾、新疆、云南

国外分布：朝鲜、俄罗斯、蒙古、日本

濒危等级：LC

资源利用：环境利用（观赏）

水晶兰属 Monotropa L.

松下兰
Monotropa hypopitys L.

习　　性：多年生草本

海　　拔：100~2500 m

国内分布：安徽、福建、甘肃、湖北、湖南、吉林、江西、辽宁、青海、山西、陕西、四川、台湾、西藏、新疆、云南

国外分布：阿富汗、巴基斯坦、不丹、朝鲜、俄罗斯、克什米尔地区、蒙古、缅甸、尼泊尔、日本、泰国、印度、印度

濒危等级：LC

水晶兰
Monotropa uniflora L.

习　　性：多年生草本

海　　拔：100~1500 m

国内分布：安徽、甘肃、贵州、湖北、江西、青海、山西、陕西、四川、西藏、云南、浙江

国外分布：不丹、朝鲜、孟加拉国、缅甸、尼泊尔、日本、印度

濒危等级：NT B1ab（i, iii）+2ab（i, iii）

沙晶兰属 Monotropastrum Andres

阿里山沙晶兰
Monotropastrum arisanarum Andres

习　　性：多年生草本

分　　布：台湾

濒危等级：LC

球果假沙晶兰
Monotropastrum humile（D. Don）H. Hara

习　　性：多年生草本

海　　拔：100~2500 m

国内分布：黑龙江、湖北、吉林、辽宁、台湾、西藏、云南、浙江

国外分布：不丹、朝鲜、俄罗斯、老挝、缅甸、尼泊尔、日本、泰国、印度、印度尼西亚、越南

濒危等级：LC

荫生沙晶兰
Monotropastrum sciaphilum（Andres）G. D. Wallace

习　　性：多年生草本

海　　拔：约2200 m

分　　布：云南

濒危等级：CR D

单侧花属 Orthilia Raf.

钝叶单侧花
Orthilia obtusata（Turcz.）H. Hara

习　　性：常绿灌木

海　　拔：900~3400 m

国内分布：甘肃、黑龙江、内蒙古、青海、山西、四川、西藏、新疆

国外分布：俄罗斯、蒙古

濒危等级：LC

单侧花
Orthilia secunda (L.) House
- 习　　性：常绿灌木
- 海　　拔：海平面至 3200 m
- 国内分布：黑龙江、吉林、辽宁、内蒙古、新疆
- 国外分布：朝鲜、俄罗斯、克什米尔地区、蒙古、日本
- 濒危等级：LC

松毛翠属 Phyllodoce Salisb.

松毛翠
Phyllodoce caerulea (L.) Bab.
- 习　　性：常绿灌木
- 海　　拔：1900 ~ 2600 m
- 国内分布：吉林、内蒙古、新疆
- 国外分布：朝鲜、俄罗斯、日本
- 濒危等级：LC
- 资源利用：环境利用（观赏）

反折松毛翠
Phyllodoce deflexa Ching ex H. P. Yang
- 习　　性：常绿灌木
- 海　　拔：约 1700 m
- 分　　布：吉林
- 濒危等级：LC

马醉木属 Pieris D. Don

美丽马醉木
Pieris formosa (Wall.) D. Don
- 习　　性：灌木或小乔木
- 海　　拔：500 ~ 3800 m
- 国内分布：福建、甘肃、广东、广西、贵州、湖北、湖南、江西、陕西、四川、西藏、云南、浙江
- 国外分布：不丹、缅甸、尼泊尔、印度、越南
- 濒危等级：LC

马醉木
Pieris japonica (Thunb.) D. Don ex G. Don
- 习　　性：灌木或小乔木
- 海　　拔：800 ~ 1900 m
- 国内分布：安徽、福建、湖北、江西、台湾、浙江
- 国外分布：日本
- 濒危等级：LC

长萼马醉木
Pieris swinhoei Hemsl.
- 习　　性：灌木
- 海　　拔：约 700 m
- 分　　布：福建、广东
- 濒危等级：VU D2

鹿蹄草属 Pyrola L.

花叶鹿蹄草
Pyrola alboreticulata Hayata
- 习　　性：亚灌木状草本
- 海　　拔：1500 ~ 2500 m
- 分　　布：台湾
- 濒危等级：LC
- 资源利用：环境利用（观赏）

红花鹿蹄草
Pyrola asarifolia (DC.) E. Haber et H. Takahashi
- 习　　性：多年生草本
- 海　　拔：海平面至 2500 m
- 国内分布：河北、河南、黑龙江、吉林、辽宁、内蒙古、宁夏、山西、四川、新疆
- 国外分布：朝鲜、俄罗斯、蒙古、日本
- 濒危等级：LC

紫背鹿蹄草
Pyrola atropurpurea Franch.
- 习　　性：亚灌木状草本
- 海　　拔：1800 ~ 4000 m
- 分　　布：甘肃、河南、青海、山西、陕西、四川、西藏、云南
- 濒危等级：LC

鹿蹄草
Pyrola calliantha Andres
- 习　　性：亚灌木状草本
- 海　　拔：700 ~ 4100 m
- 分　　布：安徽、福建、甘肃、贵州、河北、河南、湖北、湖南、江苏、江西、青海、山东、山西、陕西、四川、西藏、云南、浙江
- 濒危等级：LC
- 资源利用：药用（中草药）

绿花鹿蹄草
Pyrola chlorantha Sw.
- 习　　性：亚灌木状草本
- 海　　拔：1000 m 以下
- 国内分布：内蒙古
- 国外分布：蒙古
- 濒危等级：NT A2bd

阿尔泰鹿蹄草
Pyrola chouana C. Y. Yang
- 习　　性：亚灌木状草本
- 海　　拔：1400 ~ 1600 m
- 分　　布：新疆
- 濒危等级：LC

贵阳鹿蹄草
Pyrola corbieri H. Lév.
- 习　　性：亚灌木状草本
- 海　　拔：2100 ~ 2700 m
- 国内分布：广西、贵州、四川
- 国外分布：不丹
- 濒危等级：LC

兴安鹿蹄草
Pyrola dahurica (Andres) Kom.
- 习　　性：亚灌木状草本
- 海　　拔：700 ~ 1800 m

国内分布：黑龙江、吉林、辽宁、内蒙古
国外分布：蒙古
濒危等级：LC

普通鹿蹄草
Pyrola decorata Andres
习　　性：亚灌木状草本
海　　拔：600~3000 m
国内分布：安徽、福建、甘肃、广东、广西、贵州、河南、湖北、湖南、江西、陕西、四川、西藏、云南、浙江
国外分布：不丹
濒危等级：LC
资源利用：药用（中草药）

长叶鹿蹄草
Pyrola elegantula Andres
习　　性：草本
海　　拔：1200~1800 m
分　　布：福建、广东
濒危等级：LC

大理鹿蹄草
Pyrola forrestiana Andres
习　　性：亚灌木状草本
海　　拔：1500~3800 m
分　　布：湖北、湖南、四川、西藏、云南
濒危等级：LC

长萼鹿蹄草
Pyrola macrocalyx Ohwi
习　　性：亚灌木状草本
海　　拔：700~2100 m
国内分布：吉林
国外分布：朝鲜
濒危等级：NT A2bd

马尔康鹿蹄草
Pyrola markonica Y. L. Chou et R. C. Zhou
习　　性：亚灌木状草本
海　　拔：约3500 m
分　　布：四川
濒危等级：DD

贵州鹿蹄草
Pyrola mattfeldiana Andres
习　　性：亚灌木状草本
海　　拔：2600~3000 m
分　　布：贵州、四川
濒危等级：LC

小叶鹿蹄草
Pyrola media Sw.
习　　性：亚灌木状草本
海　　拔：1900~2600 m
国内分布：吉林、新疆
国外分布：俄罗斯、蒙古
濒危等级：EN A2cd；B1b（i，iii）
资源利用：环境利用（观赏）

短柱鹿蹄草
Pyrola minor L.
习　　性：亚灌木状草本
海　　拔：500~2500 m
国内分布：黑龙江、吉林、西藏、新疆、云南
国外分布：朝鲜、俄罗斯、日本
濒危等级：LC
资源利用：环境利用（观赏）

单叶鹿蹄草
Pyrola monophylla Y. L. Chou et R. C. Zhou
习　　性：亚灌木状草本
海　　拔：约2700 m
分　　布：云南
濒危等级：VU D2

台湾鹿蹄草
Pyrola morrisonensis（Hayata）Hayata
习　　性：亚灌木状草本
海　　拔：1900~3200 m
分　　布：台湾
濒危等级：LC
资源利用：环境利用（观赏）

肾叶鹿蹄草
Pyrola renifolia Maxim.
习　　性：亚灌木状草本
海　　拔：海平面至200 m
国内分布：河北、黑龙江、吉林、辽宁、内蒙古
国外分布：朝鲜、俄罗斯、日本
濒危等级：LC

圆叶鹿蹄草
Pyrola rotundifolia L.
习　　性：亚灌木状草本
海　　拔：1400~3200 m
分　　布：甘肃、河北、江苏、辽宁、内蒙古、宁夏、陕西、四川、西藏、新疆、云南
国外分布：俄罗斯、蒙古、缅甸、日本
濒危等级：LC
资源利用：环境利用（观赏）；药用（中草药）

皱叶鹿蹄草
Pyrola rugosa Andres
习　　性：亚灌木状草本
海　　拔：1900~4000 m
分　　布：甘肃、陕西、四川、云南
濒危等级：EN A2c
资源利用：环境利用（观赏）

山西鹿蹄草
Pyrola shanxiensis Y. L. Chou et R. C. Zhou
习　　性：亚灌木状草本
海　　拔：约1800 m
分　　布：山西
濒危等级：LC

珍珠鹿蹄草
Pyrola sororia Andres

习　　性：亚灌木状草本
海　　拔：2700~3900 m
分　　布：西藏、云南
濒危等级：NT A2bd；D1

四川鹿蹄草
Pyrola szechuanica Andres
习　　性：亚灌木状草本
海　　拔：1400~2700 m
分　　布：四川
濒危等级：LC

长白鹿蹄草
Pyrola tschanbaischanica Y. L. Chou et Y. L. Chang
习　　性：亚灌木状草本
海　　拔：约2100 m
分　　布：吉林
濒危等级：EN A2c；C1

新疆鹿蹄草
Pyrola xinjiangensis Y. L. Chou et R. C. Zhou
习　　性：亚灌木状草本
海　　拔：约1800 m
分　　布：新疆
濒危等级：LC

杜鹃属 Rhododendron L.

多叶杜鹃
Rhododendron × bathyphyllm Balf. f. et Forrest
习　　性：灌木
海　　拔：3300~4300 m
分　　布：西藏、云南
濒危等级：NT B1

落毛杜鹃
Rhododendron × detonsum Balf. f. et Forrest
习　　性：灌木
分　　布：云南

腾冲杜鹃
Rhododendron × diphrocalyx I. B. Balfour
习　　性：灌木
海　　拔：3000~3400 m
分　　布：云南

粉红爆杖花
Rhododendron × duclouxii H. Lév.
习　　性：灌木
海　　拔：约2200 m
分　　布：云南

显萼杜鹃
Rhododendron × erythrocalyx Balf. F. et Forrest
习　　性：灌木
海　　拔：3000~3900 m
分　　布：西藏、云南

短尖杜鹃
Rhododendron × inopinum Balf. f.
习　　性：灌木
分　　布：四川

奇异杜鹃
Rhododendron × paradoxum Balf. f.
习　　性：灌木
分　　布：四川

锦绣杜鹃
Rhododendron × pulchrum Sweet
习　　性：灌木
分　　布：福建、广东、广西、湖北、湖南、江苏、江西、浙江有栽培

裂毛杜鹃
Rhododendron × sinosimulans D. F. Chamb.
习　　性：灌木
海　　拔：3600~4000 m
分　　布：四川

蝶花杜鹃
Rhododendron aberconwayi Cowan
习　　性：常绿灌木
海　　拔：2200~2500 m
分　　布：云南
濒危等级：VU D1+2
资源利用：环境利用（观赏）

腺苞杜鹃
Rhododendron adenobracteum X. F. Gao et Y. L. Peng
习　　性：灌木
海　　拔：2300~2400 m
分　　布：四川
濒危等级：LC

腺房杜鹃
Rhododendron adenogynum Diels
习　　性：常绿灌木
海　　拔：3200~4200 m
分　　布：四川、西藏、云南
濒危等级：LC

弯尖杜鹃
Rhododendron adenopodum Franch.
习　　性：常绿灌木
海　　拔：1000~2200 m
分　　布：重庆、湖北
濒危等级：VU B1ab（i，ii，iii）；D1

腺柱马缨杜鹃
Rhododendron adenostyhum Xiang Chen et X. Chen.
习　　性：小乔木
分　　布：贵州

枯鲁杜鹃
Rhododendron adenosum Davidian
习　　性：灌木
海　　拔：3300~3600 m
分　　布：四川
濒危等级：CR D

雪山杜鹃

Rhododendron aganniphum Balf. f. et Kingdon-Ward

雪山杜鹃（原变种）

Rhododendron aganniphum var. **aganniphum**

习　　性：灌木

海　　拔：2700~4700 m

分　　布：青海、四川、西藏、云南

濒危等级：LC

黄毛雪山杜鹃

Rhododendron aganniphum var. **flavorufum**（Balf. f. et Forrest）D. F. Chamb.

习　　性：灌木

海　　拔：3200~4400 m

分　　布：四川、西藏、云南

濒危等级：NT B1b（i，iii）

裂毛雪山杜鹃

Rhododendron aganniphum var. **schizopeplum**（Balf. f. et Forrest）T. L. Ming

习　　性：灌木

海　　拔：3500~4500 m

分　　布：西藏、云南

濒危等级：LC

迷人杜鹃

Rhododendron agastum Balf. f. et W. W. Sm.

迷人杜鹃（原变种）

Rhododendron agastum var. **agastum**

习　　性：灌木

海　　拔：1900~3300 m

分　　布：贵州、云南

光柱迷人杜鹃

Rhododendron agastum var. **pennivenium**（Balf. f. et Forrest）T. L. Ming

习　　性：灌木

海　　拔：2400~3300 m

国内分布：云南

国外分布：缅甸

亮红杜鹃

Rhododendron albertsenianum Forrest ex Balf. f.

习　　性：常绿灌木

海　　拔：3200~3300 m

分　　布：云南

濒危等级：LC

棕背杜鹃

Rhododendron alutaceum Balf. f. et W. W. Sm.

棕背杜鹃（原变种）

Rhododendron alutaceum var. **alutaceum**

习　　性：灌木

海　　拔：3200~4300 m

分　　布：四川、云南

濒危等级：NT B1ab（i，iii）+2ab（i，iii）

毛枝棕背杜鹃

Rhododendron alutaceum var. **iodes**（Balf. f. et Forrest）D. F. Chamb.

习　　性：灌木

海　　拔：3300~4300 m

分　　布：四川、西藏、云南

濒危等级：LC

腺房棕背杜鹃

Rhododendron alutaceum var. **russotinctum**（Balf. f. et Forrest）D. F. Chamb.

习　　性：灌木

海　　拔：3300~4200 m

分　　布：西藏、云南

濒危等级：LC

细枝杜鹃

Rhododendron amandum Cowan

习　　性：灌木

海　　拔：约 3500 m

分　　布：西藏

濒危等级：LC

问客杜鹃

Rhododendron ambiguum Hemsl.

习　　性：灌木

海　　拔：2300~4500 m

分　　布：四川

濒危等级：LC

紫花杜鹃

Rhododendron amesiae Rehder et E. H. Wilson

习　　性：灌木

海　　拔：2200~3000 m

分　　布：四川

濒危等级：CR B1ab（i，ii，iii）

暗叶杜鹃

Rhododendron amundsenianum Hand.-Mazz.

习　　性：常绿灌木

海　　拔：3900~4300 m

分　　布：四川

濒危等级：DD

桃叶杜鹃

Rhododendron annae Franch.

桃叶杜鹃（原亚种）

Rhododendron annae subsp. **annae**

习　　性：灌木

海　　拔：1200~3000 m

分　　布：贵州

濒危等级：NT B1ab（i，iii，v）；C1

资源利用：环境利用（观赏）

滇西桃叶杜鹃

Rhododendron annae subsp. **laxiflorum**（Balf. f. et Forrest）T. L. Ming

习　　性：灌木

海　　拔：2000～3000 m
分　　布：云南
濒危等级：LC

髯花杜鹃
Rhododendron anthopogon D. Don
习　　性：常绿灌木
海　　拔：3000～5000 m
国内分布：西藏
国外分布：不丹、尼泊尔、印度
濒危等级：LC
资源利用：药用（中草药）

烈香杜鹃
Rhododendron anthopogonoides Maxim.
习　　性：常绿灌木
海　　拔：2900～3700 m
分　　布：甘肃、青海、四川
濒危等级：NT B1b（i，iii）
资源利用：药用（中草药）；原料（香料，化工，精油）；动物饲料（饲料）；环境利用（观赏）；蜜源植物

团花杜鹃
Rhododendron anthosphaerum Diels
习　　性：灌木或小乔木
海　　拔：2000～3500 m
国内分布：四川、西藏、云南
国外分布：缅甸
濒危等级：LC
资源利用：环境利用（观赏）

宿鳞杜鹃
Rhododendron aperantum Balf. f. et Kingdon-Ward
习　　性：灌木
海　　拔：3600～4500 m
国内分布：云南
国外分布：缅甸
濒危等级：NT

窄叶杜鹃
Rhododendron araiophyllum Balf. f. et W. W. Sm.

窄叶杜鹃（原亚种）
Rhododendron araiophyllum subsp. **araiophyllum**
习　　性：灌木
海　　拔：1900～3400 m
国内分布：云南
国外分布：缅甸
濒危等级：LC

石生杜鹃
Rhododendron araiophyllum subsp. **lapidosum**（T. L. Ming）M. Y. Fang
习　　性：灌木
海　　拔：约1900 m
分　　布：云南
濒危等级：DD

树形杜鹃
Rhododendron arboreum Sm.

树形杜鹃（原变种）
Rhododendron arboreum var. **arboreum**
习　　性：乔木
海　　拔：1500～3800 m
国内分布：西藏
国外分布：不丹、克什米尔地区、尼泊尔、斯里兰卡、印度
濒危等级：LC
资源利用：环境利用（观赏）；药用（中草药）

棕色树形杜鹃
Rhododendron arboreum var. **cinnamomeum**（Wall. ex G. Don）Lindley
习　　性：乔木
海　　拔：2600～3800 m
国内分布：西藏
国外分布：尼泊尔
濒危等级：LC

粉红树形杜鹃
Rhododendron arboreum var. **roseum** Lindl.
习　　性：乔木
海　　拔：2500～3500 m
国内分布：西藏
国外分布：不丹、印度
濒危等级：LC

毛枝杜鹃
Rhododendron argipeplum Balf. f. et R. E. Cooper
习　　性：灌木或小乔木
海　　拔：2700～3600 m
国内分布：西藏
国外分布：不丹、印度
濒危等级：LC

银叶杜鹃
Rhododendron argyrophyllum Franch.

银叶杜鹃（原亚种）
Rhododendron argyrophyllum subsp. **argyrophyllum**
习　　性：灌木或小乔木
海　　拔：1600～2300 m
分　　布：贵州、四川、云南
濒危等级：LC
资源利用：环境利用（观赏）

黔东银叶杜鹃
Rhododendron argyrophyllum subsp. **nankingense**（Cowan）D. F. Chamb.
习　　性：灌木或小乔木
海　　拔：1800～2300 m
分　　布：贵州、四川
濒危等级：NT D

峨眉银叶杜鹃
Rhododendron argyrophyllum subsp. **omeiense**（Rehder et E. H. Wilson）D. F. Chamb.
习　　性：灌木或小乔木
海　　拔：1800～2000 m
分　　布：四川

濒危等级：NT B2ab（iii）；D

夺目杜鹃
Rhododendron arizelum Balf. f. et Forrest
习　　性：灌木或小乔木
海　　拔：2500~4000 m
国内分布：西藏、云南
国外分布：缅甸
濒危等级：VU D2

瘤枝杜鹃
Rhododendron asperulum Hutch. et Kingdon-Ward
习　　性：灌木
海　　拔：1400~2200 m
国内分布：西藏、云南
国外分布：缅甸
濒危等级：VU A2c

汶川星毛杜鹃
Rhododendron asterochnoum Diels

汶川星毛杜鹃（原变种）
Rhododendron asterochnoum var. **asterochnoum**
习　　性：小乔木
海　　拔：2200~3600 m
分　　布：四川
濒危等级：VU A2c；D1

短梗星毛杜鹃
Rhododendron asterochnoum var. **brevipedicellatum** W. K. Hu
习　　性：小乔木
海　　拔：约 2200 m
分　　布：四川
濒危等级：DD

暗紫杜鹃
Rhododendron atropunicum H. P. Yang
习　　性：灌木
海　　拔：约 3600 m
分　　布：四川
濒危等级：LC

大关杜鹃
Rhododendron atrovirens Franch.
习　　性：常绿灌木
海　　拔：1200~1800 m
分　　布：四川、云南
濒危等级：LC

毛肋杜鹃
Rhododendron augustinii Hemsl.

毛肋杜鹃（原亚种）
Rhododendron augustinii subsp. **augustinii**
习　　性：灌木
海　　拔：1000~2100 m
分　　布：湖北、陕西、四川
濒危等级：LC

张口杜鹃
Rhododendron augustinii subsp. **chasmanthum**（Diels）Cullen
习　　性：灌木
海　　拔：1700~4200 m
分　　布：甘肃、四川、云南
濒危等级：LC

牛皮杜鹃
Rhododendron aureum Georgi
习　　性：灌木
海　　拔：1000~2500 m
国内分布：吉林、辽宁
国外分布：朝鲜、俄罗斯、蒙古、日本
濒危等级：VU A2c
资源利用：原料（单宁，树脂）

耳叶杜鹃
Rhododendron auriculatum Hemsl.
习　　性：灌木或小乔木
海　　拔：600~2000 m
分　　布：贵州、湖北、陕西、四川
濒危等级：LC
资源利用：环境利用（观赏）

折萼杜鹃
Rhododendron auritum Tagg
习　　性：常绿灌木
海　　拔：2100~2600 m
分　　布：西藏
濒危等级：LC

高黎贡山杜鹃
Rhododendron baihuaense Y. P. Ma
习　　性：常绿灌木
海　　拔：2600~2700 m
分　　布：云南
濒危等级：LC

辐花杜鹃
Rhododendron baileyi Balf. f.
习　　性：常绿灌木
海　　拔：3000~4000 m
国内分布：西藏
国外分布：不丹
濒危等级：VU A2c；D1

百纳杜鹃
Rhododendron bainaense Xiang Chen et Cheng H. Yang
习　　性：小乔木
海　　拔：约 1900 m
分　　布：贵州
濒危等级：LC

毛萼杜鹃
Rhododendron bainbridgeanum Tagg et Forrest
习　　性：常绿灌木
海　　拔：3300~3700 m
国内分布：西藏、云南
国外分布：缅甸
濒危等级：LC

巴朗杜鹃
Rhododendron balangense Fang
习　　性：常绿灌木

海　　拔：2400~3400 m
分　　布：四川
濒危等级：CR B1ab（iii，v）+2ab（iii，v）

粉钟杜鹃
Rhododendron balfourianum Diels

粉钟杜鹃（原变种）
Rhododendron balfourianum var. **balfourianum**
习　　性：灌木
海　　拔：2500~4600 m
分　　布：四川、云南
濒危等级：LC

白毛粉钟杜鹃
Rhododendron balfourianum var. **aganniphoides** Tagg et Forrest
习　　性：灌木
海　　拔：2500~4100 m
分　　布：四川、云南
濒危等级：LC

斑玛杜鹃
Rhododendron bamaense Z. J. Zhao
习　　性：灌木
海　　拔：约4300 m
分　　布：青海
濒危等级：DD

硬刺杜鹃
Rhododendron barbatum Wall. ex G. Don
习　　性：常绿灌木或小乔木
海　　拔：2400~3500 m
国内分布：西藏
国外分布：不丹、尼泊尔、印度
濒危等级：LC
资源利用：环境利用（观赏）

马尔康杜鹃
Rhododendron barkamense D. F. Chamb.
习　　性：常绿灌木
海　　拔：约3800 m
分　　布：四川
濒危等级：DD

粗枝杜鹃
Rhododendron basilicum Balf. f. et W. W. Sm.
习　　性：灌木或小乔木
海　　拔：2400~3700 m
国内分布：云南
国外分布：缅甸
濒危等级：LC

刺枝杜鹃
Rhododendron beanianum Cowan
习　　性：常绿小灌木
海　　拔：3000~3700 m
国内分布：西藏
国外分布：缅甸、印度
濒危等级：LC

宽钟杜鹃
Rhododendron beesianum Diels
习　　性：灌木或小乔木
海　　拔：2700~4500 m
国内分布：四川、西藏、云南
国外分布：印度
濒危等级：LC

美鳞杜鹃
Rhododendron bellissimum D. F. Chamb.
习　　性：灌木
海　　拔：约3400 m
分　　布：四川
濒危等级：DD

碧江杜鹃
Rhododendron bijiangense T. L. Ming
习　　性：常绿灌木
海　　拔：约2900 m
分　　布：云南
濒危等级：NT

双被杜鹃
Rhododendron bivelatum Balf. f.
习　　性：灌木
海　　拔：800~900 m
分　　布：云南
濒危等级：VU B1ab（i，iii，v）

折多杜鹃
Rhododendron bonvalotii Bureau et Franch.
习　　性：灌木
分　　布：四川
濒危等级：VU A2c

柠檬杜鹃
Rhododendron boothii Nutt.
习　　性：常绿灌木
海　　拔：2000~2500 m
国内分布：西藏
国外分布：印度
濒危等级：LC

短花杜鹃
Rhododendron brachyanthum Franch.

短花杜鹃（原亚种）
Rhododendron brachyanthum subsp. **brachyanthum**
习　　性：灌木
海　　拔：3000~4000 m
分　　布：云南
濒危等级：VU A2c

绿柱短花杜鹃
Rhododendron brachyanthum subsp. **hypolepidotum** (Franch.) Cullen
习　　性：灌木
海　　拔：3000~4000 m
国内分布：西藏、云南

国外分布：缅甸
濒危等级：LC

短梗杜鹃
Rhododendron brachypodum Fang et P. S. Liu
习　　性：灌木
海　　拔：1000～1500 m
分　　布：四川
濒危等级：VU D2

苞叶杜鹃
Rhododendron bracteatum Rehder et E. H. Wilson
习　　性：灌木
海　　拔：2600～3500 m
分　　布：四川
濒危等级：EN B1ab (i, iii); C1

短尾杜鹃
Rhododendron brevicaudatum R. C. Fang et S. S. Chang
习　　性：常绿灌木
海　　拔：1400～2000 m
分　　布：贵州
濒危等级：LC

短脉杜鹃
Rhododendron brevinerve Chun et Fang
习　　性：乔木
海　　拔：800～1400 m
分　　布：广东、广西、贵州、湖南
濒危等级：LC

短柄杜鹃
Rhododendron brevipetiolatum M. Y. Fang
习　　性：灌木
海　　拔：约1900 m
分　　布：四川
濒危等级：DD

蜿蜒杜鹃
Rhododendron bulu Hutch.
习　　性：蔓生灌木
海　　拔：2900～3900 m
分　　布：西藏
濒危等级：NT B2ab (iii)

锈红杜鹃
Rhododendron bureavii Franch.
习　　性：常绿灌木
海　　拔：2800～4500 m
分　　布：四川、云南
濒危等级：LC

蓝灰糙毛杜鹃
Rhododendron caesium Hutch.
习　　性：灌木
海　　拔：2400～3100 m
分　　布：云南
濒危等级：CR B1ab (i, iii); C1

卵叶杜鹃
Rhododendron callimorphum Balf. f. et W. W. Sm.

卵叶杜鹃（原变种）
Rhododendron callimorphum var. **callimorphum**
习　　性：灌木
海　　拔：3000～4000 m
分　　布：云南
濒危等级：LC

白花卵叶杜鹃
Rhododendron callimorphum var. **myiagrum**(Balf. f. et Forrest) D. F. Chamb.
习　　性：灌木
海　　拔：约3000 m
国内分布：云南
国外分布：缅甸
濒危等级：NT

美容杜鹃
Rhododendron calophytum Franch.

美容杜鹃（原变种）
Rhododendron calophytum var. **calophytum**
习　　性：灌木或乔木
海　　拔：1400～4000 m
分　　布：甘肃、贵州、湖北、陕西、四川、云南
濒危等级：LC
资源利用：环境利用（观赏）

金佛山美容杜鹃
Rhododendron calophytum var. **jinfuense** Fang et W. K. Hu
习　　性：灌木或乔木
海　　拔：2200～2300 m
分　　布：重庆
濒危等级：NT D

尖叶美容杜鹃
Rhododendron calophytum var. **openshawianum**(Rehder et E. H. Wilson) D. F. Chamb.
习　　性：灌木或乔木
海　　拔：1400～2800 m
分　　布：四川、云南
濒危等级：LC

疏花美容杜鹃
Rhododendron calophytum var. **pauciflorum** W. K. Hu
习　　性：灌木或乔木
海　　拔：1800～2100 m
分　　布：重庆
濒危等级：CR B1ab (i, iii); C1

美被杜鹃
Rhododendron calostrotum Balf. f. et Kingdon-Ward

美被杜鹃（原变种）
Rhododendron calostrotum var. **calostrotum**
习　　性：灌木
海　　拔：3400～4600 m
国内分布：西藏、云南
国外分布：缅甸、印度
濒危等级：LC

小叶美被杜鹃
Rhododendron calostrotum var. **calciphilum** (Hutch. et Kingdon-Ward) Davidian
- 习　　性：灌木
- 海　　拔：3700～3900 m
- 国内分布：西藏、云南
- 国外分布：缅甸
- 濒危等级：LC

变光杜鹃
Rhododendron calvescens Balf. f. et Forrest

变光杜鹃（原变种）
Rhododendron calvescens var. **calvescens**
- 习　　性：灌木
- 海　　拔：3300～3600 m
- 分　　布：西藏、云南
- 濒危等级：VU A2c+3c；D1

长梗变光杜鹃
Rhododendron calvescens var. **duseimatum** (Balf. f. et Forrest) D. F. Chamb.
- 习　　性：灌木
- 海　　拔：约3600 m
- 分　　布：西藏
- 濒危等级：LC

茶花杜鹃
Rhododendron camelliiflorum Hook.
- 习　　性：灌木
- 海　　拔：约2800 m
- 国内分布：西藏
- 国外分布：不丹、尼泊尔、印度
- 濒危等级：LC

钟花杜鹃
Rhododendron campanulatum D. Don

钟花杜鹃（原亚种）
Rhododendron campanulatum subsp. **campanulatum**
- 习　　性：灌木
- 海　　拔：3100～4300 m
- 国内分布：西藏
- 国外分布：不丹、克什米尔地区、尼泊尔、印度
- 濒危等级：LC

铜叶钟花杜鹃
Rhododendron campanulatum subsp. **aeruginosum** (Hook. f.) D. F. Chamb.
- 习　　性：灌木
- 海　　拔：3700～4300 m
- 国内分布：西藏
- 国外分布：不丹、尼泊尔、印度
- 濒危等级：LC

弯果杜鹃
Rhododendron campylocarpum Hook. f.

弯果杜鹃（原亚种）
Rhododendron campylocarpum subsp. **campylocarpum**
- 习　　性：灌木
- 海　　拔：3000～4000 m
- 国内分布：西藏、云南
- 国外分布：不丹、尼泊尔、印度
- 濒危等级：LC

美丽弯果杜鹃
Rhododendron campylocarpum subsp. **caloxanthum** (Balf. f. et Farrer) D. F. Chamb.
- 习　　性：灌木
- 海　　拔：3000～3700 m
- 国内分布：西藏、云南
- 国外分布：缅甸
- 濒危等级：LC

弯柱杜鹃
Rhododendron campylogynum Franch.
- 习　　性：灌木
- 海　　拔：2700～5100 m
- 国内分布：西藏、云南
- 国外分布：缅甸、印度
- 濒危等级：LC

头花杜鹃
Rhododendron capitatum Maxim.
- 习　　性：常绿灌木
- 海　　拔：2500～4300 m
- 国内分布：甘肃、青海、陕西、四川
- 濒危等级：LC

瓣萼杜鹃
Rhododendron catacosum Balf. f. ex Tagg
- 习　　性：灌木
- 海　　拔：3900～4200 m
- 分　　布：西藏、云南
- 濒危等级：LC

多花杜鹃
Rhododendron cavaleriei H. Lév.
- 习　　性：灌木或小乔木
- 海　　拔：1000～2000 m
- 分　　布：福建、广东、广西、贵州、湖南、江西、云南
- 濒危等级：LC

毛喉杜鹃
Rhododendron cephalanthum Franch.
- 习　　性：常绿灌木
- 海　　拔：3000～4600 m
- 国内分布：青海、四川、西藏、云南
- 国外分布：缅甸、印度
- 濒危等级：LC

樱花杜鹃
Rhododendron cerasinum Tagg
- 习　　性：常绿灌木
- 海　　拔：3200～3800 m
- 国内分布：西藏
- 国外分布：缅甸
- 濒危等级：LC

云雾杜鹃
Rhododendron chamaethomsonii (Tagg et Forrest) Cowan et Davidian

云雾杜鹃（原变种）
Rhododendron chamaethomsonii var. **chamaethomsonii**
 习 性：灌木
 海 拔：3300～4500 m
 分 布：西藏、云南
 濒危等级：LC

毛背云雾杜鹃
Rhododendron chamaethomsonii var. **chamaedoron** (Tagg et Forrest) D. F. Chamb.
 习 性：灌木
 海 拔：3300～4400 m
 分 布：西藏、云南
 濒危等级：LC

短萼云雾杜鹃
Rhododendron chamaethomsonii var. **chamaethauma** (Tagg) Cowan et Davidian
 习 性：灌木
 海 拔：4200～4400 m
 分 布：西藏、云南
 濒危等级：DD

刺毛杜鹃
Rhododendron championiae Hook.
 习 性：灌木
 海 拔：500～1300 m
 分 布：福建、广东、广西、湖南、江西、浙江
 濒危等级：LC

树枫杜鹃
Rhododendron changii (Fang) Fang
 习 性：灌木
 海 拔：1600～2000 m
 分 布：重庆
 濒危等级：NT

潮安杜鹃
Rhododendron chaoanense T. C. Wu et Tam
 习 性：灌木或小乔木
 分 布：广东、贵州、湖南
 濒危等级：LC

雅容杜鹃
Rhododendron charitopes Balf. f. et Farrer

雅容杜鹃（原亚种）
Rhododendron charitopes subsp. **charitopes**
 习 性：灌木
 海 拔：2500～4300 m
 国内分布：云南
 国外分布：缅甸
 濒危等级：DD

藏布雅容杜鹃
Rhododendron charitopes subsp. **tsangpoense** (Kingdon-Ward) Cullen
 习 性：灌木
 海 拔：2500～4100 m
 分 布：西藏
 濒危等级：LC

红滩杜鹃
Rhododendron chihsinianum Chun et Fang
 习 性：常绿小乔木
 海 拔：800～1800 m
 分 布：广西
 濒危等级：LC

棲兰山杜鹃
Rhododendron chilanshanense Kurashige
 习 性：灌木
 海 拔：1600～1700 m
 分 布：台湾
 濒危等级：VU A2a；D2

高山白花杜鹃
Rhododendron chionanthum Tagg et Forrest
 习 性：常绿灌木
 海 拔：3900～4400 m
 国内分布：云南
 国外分布：缅甸
 濒危等级：DD

金萼杜鹃
Rhododendron chrysocalyx H. Lév. et Vaniot

金萼杜鹃（原亚种）
Rhododendron chrysocalyx subsp. **chrysocalyx**
 习 性：灌木
 海 拔：300～1000 m
 分 布：广西、贵州、湖北、四川
 濒危等级：LC

南边杜鹃
Rhododendron chrysocalyx subsp. **meridionale** (Tam) X. F. Jin et B. Y. Ding
 习 性：灌木
 海 拔：500～1300 m
 分 布：广西、湖南
 濒危等级：LC

纯黄杜鹃
Rhododendron chrysodoron Tagg ex Hutcher
 习 性：常绿灌木
 海 拔：2000～2800 m
 国内分布：西藏、云南
 国外分布：缅甸
 濒危等级：LC

椿年杜鹃
Rhododendron chunienii Chun et Fang
 习 性：灌木
 海 拔：1300～1400 m

分　　布：广西、湖南
濒危等级：DD

睫毛杜鹃
Rhododendron ciliatum Hook.
　　习　　性：灌木
　　海　　拔：2700～3500 m
　　国内分布：西藏
　　国外分布：不丹、尼泊尔、印度
　　濒危等级：LC

睫毛萼杜鹃
Rhododendron ciliicalyx Franch.

睫毛萼杜鹃（原亚种）
Rhododendron ciliicalyx subsp. **ciliicalyx**
　　习　　性：灌木
　　海　　拔：1000～3100 m
　　国内分布：云南
　　国外分布：越南
　　濒危等级：LC

长柱睫毛萼杜鹃
Rhododendron ciliicalyx subsp. **lyi**（H. Lév.）R. C. Fang
　　习　　性：灌木
　　国内分布：贵州、云南
　　国外分布：老挝、缅甸、泰国、印度、越南
　　濒危等级：LC

香花白杜鹃
Rhododendron ciliipes Hutch.
　　习　　性：灌木
　　海　　拔：2500～3000 m
　　分　　布：云南
　　濒危等级：LC

朱砂杜鹃
Rhododendron cinnabarinum Hook.

朱砂杜鹃（原亚种）
Rhododendron cinnabarinum subsp. **cinnabarinum**
　　习　　性：灌木
　　海　　拔：1900～4000 m
　　国内分布：西藏
　　国外分布：不丹、尼泊尔、印度
　　濒危等级：LC

龙江朱砂杜鹃
Rhododendron cinnabarinum subsp. **tamaense**（Davidian）Cullen
　　习　　性：灌木
　　海　　拔：3300～3500 m
　　国内分布：云南
　　国外分布：缅甸
　　濒危等级：DD

卷毛杜鹃
Rhododendron circinnatum Cowan et Kingdon-Ward
　　习　　性：灌木或小乔木
　　海　　拔：4300～4600 m
　　分　　布：西藏
　　濒危等级：DD

橙黄杜鹃
Rhododendron citriniflorum Balf. f. et Forrest

橙黄杜鹃（原变种）
Rhododendron citriniflorum var. **citriniflorum**
　　习　　性：灌木
　　海　　拔：3600～5400 m
　　分　　布：西藏、云南
　　濒危等级：LC

美艳橙黄杜鹃
Rhododendron citriniflorum var. **horaeum**（Balf. f. et Forrest）D. F. Chamb.
　　习　　性：灌木
　　海　　拔：3600～4500 m
　　分　　布：西藏、云南
　　濒危等级：LC

麻点杜鹃
Rhododendron clementinae Forrest ex W. W. Sm.

麻点杜鹃（原亚种）
Rhododendron clementinae subsp. **clementinae**
　　习　　性：灌木
　　海　　拔：2600～4100 m
　　分　　布：四川、云南
　　濒危等级：LC

金背杜鹃
Rhododendron clementinae subsp. **aureodorsale** Fang
　　习　　性：灌木
　　海　　拔：2600～3100 m
　　分　　布：陕西
　　濒危等级：LC

匙叶杜鹃
Rhododendron cochlearifolium Xiang Chen et J. Y. Huang
　　习　　性：常绿灌木
　　海　　拔：约1750 m
　　分　　布：贵州
　　濒危等级：LC

腺蕊杜鹃
Rhododendron codonanthum Balf. f. et Forrest
　　习　　性：常绿灌木
　　海　　拔：3600～4300 m
　　分　　布：云南
　　濒危等级：NT

滇缅杜鹃
Rhododendron coelicum Balf. f. et Farrer
　　习　　性：灌木
　　海　　拔：2700～4400 m
　　国内分布：云南
　　国外分布：缅甸

濒危等级：VU B2ab（iii）

粗脉杜鹃
Rhododendron coeloneurum Diels
习　　性：常绿乔木
海　　拔：1200~2300 m
分　　布：重庆、贵州、四川、云南
濒危等级：LC

砾石杜鹃
Rhododendron comisteum Balf. f. et Forrest
习　　性：灌木
海　　拔：3900~4300 m
分　　布：西藏、云南
濒危等级：LC

环绕杜鹃
Rhododendron complexum Balf. f. et W. W. Sm.
习　　性：常绿灌木
海　　拔：3000~4600 m
分　　布：四川、云南
濒危等级：LC

秀雅杜鹃
Rhododendron concinnum Hemsl.
习　　性：灌木
海　　拔：2300~3800 m
分　　布：贵州、河南、湖北、陕西、四川、云南
濒危等级：LC

革叶杜鹃
Rhododendron coriaceum Franch.
习　　性：常绿小乔木或灌木
海　　拔：2900~3400 m
分　　布：西藏、云南
濒危等级：NT B2ab（iii）；D

光蕊杜鹃
Rhododendron coryanum Tagg et Forrest
习　　性：常绿灌木
海　　拔：2600~3700 m
分　　布：西藏、云南
濒危等级：LC

长粗毛杜鹃
Rhododendron crinigerum Franch.

长粗毛杜鹃（原变种）
Rhododendron crinigerum var. **crinigerum**
习　　性：灌木
海　　拔：2200~4200 m
分　　布：四川、西藏、云南
濒危等级：LC
资源利用：环境利用（观赏）

腺背长粗毛杜鹃
Rhododendron crinigerum var. **euadenium** Tagg et Forrest
习　　性：灌木
海　　拔：3600~3700 m

分　　布：云南
濒危等级：LC

楔叶杜鹃
Rhododendron cuneatum W. W. Sm.
习　　性：常绿灌木
海　　拔：2700~4200 m
分　　布：四川、云南
濒危等级：VU A2c

蓝果杜鹃
Rhododendron cyanocarpum(Franch.)W. W. Sm.
习　　性：灌木或小乔木
海　　拔：3000~4000 m
分　　布：云南
濒危等级：VU D2
资源利用：环境利用（观赏）

大橙杜鹃
Rhododendron dachengense G. Z. Li

大橙杜鹃（原变种）
Rhododendron dachengense var. **dachengense**
习　　性：灌木
海　　拔：800~1700 m
分　　布：广西
濒危等级：DD

圣堂杜鹃
Rhododendron dachengense var. **scopulum** G. Z. Li
习　　性：灌木
海　　拔：1200~1700 m
分　　布：广西
濒危等级：DD

长药杜鹃
Rhododendron dalhousieae Hook.

长药杜鹃（原变种）
Rhododendron dalhousieae var. **dalhousieae**
习　　性：灌木
海　　拔：1500~2600 m
国内分布：西藏
国外分布：不丹、孟加拉国、尼泊尔、印度
濒危等级：NT B1

红绒长药杜鹃
Rhododendron dalhousieae var. **rhabdotum**（Balf. f. et R. E. Cooper）Cullen
习　　性：灌木
海　　拔：1500~2600 m
国内分布：西藏
国外分布：不丹、印度
濒危等级：LC

丹巴杜鹃
Rhododendron danbaense L. C. Hu
习　　性：常绿灌木
海　　拔：约3400 m

分　　布：四川
濒危等级：DD

漏斗杜鹃
Rhododendron dasycladoides Hand. -Mazz.
习　　性：灌木或小乔木
海　　拔：3000～4000 m
分　　布：四川、云南
濒危等级：VU B1ab（i，iii）

毛瓣杜鹃
Rhododendron dasypetalum Balf. f. et Forrest
习　　性：常绿灌木
海　　拔：3300～3500 m
分　　布：云南
濒危等级：LC

大田顶杜鹃
Rhododendron datiandingense Z. J. Feng
习　　性：附生灌木
分　　布：广东
濒危等级：DD

兴安杜鹃
Rhododendron dauricum L.
习　　性：灌木
国内分布：黑龙江、吉林、内蒙古
国外分布：朝鲜、俄罗斯、蒙古、日本
濒危等级：VU A2acd+3cd
国家保护：Ⅱ级

腺果杜鹃
Rhododendron davidii Franch.
习　　性：灌木或小乔木
海　　拔：1700～2400 m
分　　布：四川、云南
濒危等级：NT B1b（i，iii）
资源利用：环境利用（观赏）

凹叶杜鹃
Rhododendron davidsonianum Rehder et E. H. Wilson
习　　性：灌木
海　　拔：1500～3600 m
分　　布：四川
濒危等级：LC

道孚杜鹃
Rhododendron dawuense H. P. Yang
习　　性：灌木
海　　拔：约4500 m
分　　布：四川
濒危等级：DD

大瑶山杜鹃
Rhododendron dayaoshanense L. M. Gao et D. Z. Li
习　　性：小乔木
海　　拔：1100～1200 m
分　　布：广西
濒危等级：EN B1ab（ii，iii，iv，v）；C（ii，iii，v）

大邑杜鹃
Rhododendron dayiense M. Y. He
习　　性：乔木
海　　拔：1700～2400 m
分　　布：四川
濒危等级：DD

陡生杜鹃
Rhododendron declivatum Ching et H. P. Yang
习　　性：灌木
海　　拔：2600～3800 m
分　　布：陕西
濒危等级：DD

大白杜鹃
Rhododendron decorum Franch.

大白杜鹃（原亚种）
Rhododendron decorum subsp. **decorum**
习　　性：灌木或小乔木
海　　拔：1000～3300 m
国内分布：贵州、四川、西藏、云南
国外分布：缅甸
濒危等级：LC
资源利用：环境利用（观赏）；食用（食花）

心叶大白杜鹃
Rhododendron decorum subsp. **cordatum** W. K. Hu
习　　性：灌木或小乔木
分　　布：云南
濒危等级：LC

高尚大白杜鹃
Rhododendron decorum subsp. **diaprepes**（Balf. f. et W. W. Sm.）T. L. Ming
习　　性：灌木或小乔木
海　　拔：1700～3300 m
国内分布：四川、云南
国外分布：缅甸
濒危等级：LC

小头大白杜鹃
Rhododendron decorum subsp. **parvistigmatis** W. K. Hu
习　　性：灌木或小乔木
海　　拔：约2100 m
分　　布：四川
濒危等级：LC

隆子杜鹃
Rhododendron dekatanum Cowan
习　　性：常绿灌木
海　　拔：3400～3500 m
分　　布：西藏
濒危等级：LC

马缨杜鹃
Rhododendron delavayi Franch.

马缨杜鹃（原变种）
Rhododendron delavayi var. **delavayi**

习　　性：灌木或乔木
海　　拔：1200～3200 m
国内分布：广西、贵州、四川、云南
国外分布：不丹、缅甸、泰国、印度、越南
濒危等级：LC

狭叶马缨杜鹃
Rhododendron delavayi var. **peramoenum**（Balf. f. et Forrest）T. L. Ming
习　　性：灌木或乔木
海　　拔：1700～3200 m
国内分布：贵州、西藏、云南
国外分布：缅甸、印度
濒危等级：LC

毛柱马缨杜鹃
Rhododendron delavayi var. **pilostylum** K. M. Feng
习　　性：灌木或乔木
海　　拔：1500～1600 m
分　　布：云南
濒危等级：LC

微毛马缨杜鹃
Rhododendron delavayi var. **puberulum** Xiang Chen et Xun Chen
习　　性：灌木或乔木
分　　布：贵州
濒危等级：LC

附生杜鹃
Rhododendron dendricola Hutch.
习　　性：灌木
海　　拔：1300～1900 m
国内分布：西藏、云南
国外分布：缅甸、印度
濒危等级：VU A2c；D1+2

树生杜鹃
Rhododendron dendrocharis Franch.
习　　性：灌木
海　　拔：2600～3000 m
分　　布：四川
濒危等级：EN A2c

密叶杜鹃
Rhododendron densifolium K. M. Feng
习　　性：灌木
海　　拔：1000～1800 m
国内分布：云南
国外分布：越南
濒危等级：NT

皱叶杜鹃
Rhododendron denudatum H. Lév.

皱叶杜鹃（原变种）
Rhododendron denudatum var. **denudatum**
习　　性：灌木或小乔木
海　　拔：2000～3300 m
分　　布：贵州、四川、云南
濒危等级：NT D

光房皱叶杜鹃
Rhododendron denudatum var. **glabriovarium** Xiang Chen ex X. Chen.
习　　性：灌木或小乔木
分　　布：贵州
濒危等级：LC

干净杜鹃
Rhododendron detersile Franch.
习　　性：常绿灌木
海　　拔：2500～2900 m
分　　布：陕西、四川
濒危等级：VU A2c；D1+2

两色杜鹃
Rhododendron dichroanthum Diels

两色杜鹃（原亚种）
Rhododendron dichroanthum subsp. **dichroanthum**
习　　性：灌木
海　　拔：2600～4300 m
分　　布：云南
濒危等级：LC

可喜杜鹃
Rhododendron dichroanthum subsp. **apodectum**（Balf. f. et W. W. Sm.）Cowan
习　　性：灌木
海　　拔：2600～3600 m
国内分布：云南
国外分布：缅甸
濒危等级：LC

杯萼两色杜鹃
Rhododendron dichroanthum subsp. **scyphocalyx**（Balf. f. et Forrest）Cowan
习　　性：灌木
海　　拔：2900～3900 m
国内分布：云南
国外分布：缅甸
濒危等级：LC

腺萼两色杜鹃
Rhododendron dichroanthum subsp. **septentrionale** Cowan
习　　性：灌木
海　　拔：3900～4300 m
国内分布：云南
国外分布：缅甸
濒危等级：DD

疏毛杜鹃
Rhododendron dignabile Cowan
习　　性：常绿灌木或乔木
海　　拔：3100～3500 m
分　　布：西藏
濒危等级：NT D1

苍山杜鹃
Rhododendron dimitrum Balf. f. et Forrest

习　　性：灌木
海　　拔：3000~3300 m
分　　布：云南
濒危等级：VU D2

喇叭杜鹃
Rhododendron discolor Franch.
习　　性：灌木或小乔木
海　　拔：900~1900 m
分　　布：安徽、重庆、广西、贵州、湖北、湖南、江西、陕西、四川、云南、浙江
濒危等级：LC
资源利用：环境利用（观赏）

灌丛杜鹃
Rhododendron dumicola Tagg et Forrest
习　　性：常绿灌木
海　　拔：约4200 m
分　　布：云南
濒危等级：NT

峨边杜鹃
Rhododendron ebianense M. Y. Fang
习　　性：灌木或小乔木
海　　拔：约1600 m
分　　布：四川
濒危等级：LC

杂色杜鹃
Rhododendron eclecteum Balf. f. et Forrest

杂色杜鹃（原变种）
Rhododendron eclecteum var. **eclecteum**
习　　性：灌木
海　　拔：2600~4000 m
国内分布：四川、西藏、云南
国外分布：缅甸
濒危等级：VU D2

长柄杂色杜鹃
Rhododendron eclecteum var. **bellatulum** Balf. f. ex Tagg
习　　性：灌木
海　　拔：2600~3800 m
分　　布：西藏、云南
濒危等级：LC

泡泡叶杜鹃
Rhododendron edgeworthii Hook.
习　　性：常绿灌木
海　　拔：2000~4000 m
国内分布：四川、西藏、云南
国外分布：不丹、缅甸、印度
濒危等级：LC

金江杜鹃
Rhododendron elegantulum Tagg et Forrest
习　　性：常绿灌木
海　　拔：3600~3900 m
分　　布：四川、云南
濒危等级：VU A2c

缺顶杜鹃
Rhododendron emarginatum Hemsl. et E. H. Wilson
习　　性：灌木
海　　拔：1200~2000 m
分　　布：甘肃、贵州、云南
濒危等级：LC

葡匐杜鹃
Rhododendron erastum Balf. f. et Forrest
习　　性：常绿灌木
海　　拔：3900~4300 m
分　　布：西藏、云南
濒危等级：LC

枇杷叶杜鹃
Rhododendron eriobotryoides Xiang Chen et Jia Y. Huang
习　　性：常绿灌木
分　　布：贵州
濒危等级：LC

啮蚀杜鹃
Rhododendron erosum Cowan
习　　性：灌木或小乔木
海　　拔：3000~3700 m
分　　布：西藏
濒危等级：LC

喙尖杜鹃
Rhododendron esetulosum Balf. f. et Forrest
习　　性：常绿灌木
海　　拔：3000~4200 m
分　　布：西藏、云南
濒危等级：LC

滇西杜鹃
Rhododendron euchroum Balf. f. et Kingdon-Ward
习　　性：灌木
海　　拔：3200~3300 m
国内分布：云南
国外分布：缅甸
濒危等级：LC

华丽杜鹃
Rhododendron eudoxum Balf. f. et Forrest

华丽杜鹃（原变种）
Rhododendron eudoxum var. **eudoxum**
习　　性：灌木
海　　拔：3300~4300 m
分　　布：西藏、云南
濒危等级：LC

褐叶华丽杜鹃
Rhododendron eudoxum var. **bruneifolium** (Balf. f. et Forrest) D. F. Chamb.
习　　性：灌木
海　　拔：3300~4200 m
分　　布：西藏、云南

濒危等级：LC

白毛华丽杜鹃
Rhododendron eudoxum var. **mesopolium** (Balf. f. et Forrest) D. F. Chamb.
- 习　　性：灌木
- 海　　拔：3800～4300 m
- 分　　布：西藏、云南
- 濒危等级：LC

宽筒杜鹃
Rhododendron eurysiphon Tagg et Forrest
- 习　　性：灌木
- 海　　拔：约 4000 m
- 分　　布：西藏
- 濒危等级：EN A2c；D

粗糙叶杜鹃
Rhododendron exasperatum Tagg
- 习　　性：灌木或小乔木
- 海　　拔：3000～3600 m
- 国内分布：西藏
- 国外分布：缅甸、印度
- 濒危等级：LC

大喇叭杜鹃
Rhododendron excellens Hemsl. et E. H. Wilson
- 习　　性：灌木
- 海　　拔：1100～2400 m
- 国内分布：贵州、云南
- 国外分布：越南
- 濒危等级：NT B1b（i，iii）

金顶杜鹃
Rhododendron faberi Hemsl.

金顶杜鹃（原亚种）
Rhododendron faberi subsp. **faberi**
- 习　　性：灌木
- 海　　拔：2800～4000 m
- 分　　布：四川
- 濒危等级：VU A2c；D1+2
- 资源利用：环境利用（观赏）

大叶金顶杜鹃
Rhododendron faberi subsp. **prattii**(Franch.) D. F. Chamb.
- 习　　性：灌木
- 海　　拔：2800～4000 m
- 分　　布：四川
- 濒危等级：LC

绵毛房杜鹃
Rhododendron facetum Balf. f. et Kingdon-Ward
- 习　　性：灌木或小乔木
- 海　　拔：2100～3600 m
- 国内分布：云南
- 国外分布：缅甸、越南
- 濒危等级：LC

大云锦杜鹃
Rhododendron faithiae Chun
- 习　　性：灌木或小乔木
- 海　　拔：1000～1400 m
- 分　　布：广东、广西
- 濒危等级：VU A2c+3c；D1+2

防城杜鹃
Rhododendron fangchengense Tam
- 习　　性：灌木
- 海　　拔：600～1400 m
- 分　　布：广西
- 濒危等级：VU A2c+3c

钝头杜鹃
Rhododendron farinosum H. Lév.
- 习　　性：常绿灌木
- 海　　拔：约 3200 m
- 分　　布：云南
- 濒危等级：EN C2a（i）

丁香杜鹃
Rhododendron farrerae Sweet
- 习　　性：灌木
- 海　　拔：800～2100 m
- 国内分布：安徽、重庆、福建、广东、广西、贵州、河北、河南、湖北、湖南、江苏、江西、陕西、四川、台湾、香港、云南、浙江
- 国外分布：日本
- 濒危等级：LC

密枝杜鹃
Rhododendron fastigiatum Franch.
- 习　　性：常绿灌木
- 海　　拔：3000～4500 m
- 分　　布：云南
- 濒危等级：LC

猴斑杜鹃
Rhododendron faucium D. F. Chamb.
- 习　　性：灌木或小乔木
- 海　　拔：2600～3400 m
- 国内分布：西藏
- 国外分布：印度
- 濒危等级：LC

黔中杜鹃
Rhododendron feddei H. Lév.
- 习　　性：灌木或小乔木
- 分　　布：贵州
- 濒危等级：DD

黄药杜鹃
Rhododendron flavantherum Hutch. et Kingdon-Ward
- 习　　性：灌木
- 海　　拔：2500～2800 m
- 分　　布：西藏
- 濒危等级：LC

淡黄杜鹃
Rhododendron flavidum Franch.

杜鹃花科 ERICACEAE

淡黄杜鹃（原变种）
Rhododendron flavidum var. **flavidum**
 习 性：灌木
 海 拔：3000~4300 m
 分 布：四川
 濒危等级：LC

光柱淡黄杜鹃
Rhododendron flavidum var. **psilostylum** Rehder et E. H. Wilson
 习 性：灌木
 海 拔：约 3300 m
 分 布：四川
 濒危等级：DD

泸水杜鹃
Rhododendron flavoflorum T. L. Ming
 习 性：乔木
 海 拔：约 2700 m
 分 布：云南
 濒危等级：DD

翅柄杜鹃
Rhododendron fletcherianum Davidian
 习 性：灌木
 海 拔：约 3400 m
 分 布：西藏、云南
 濒危等级：DD

绵毛杜鹃
Rhododendron floccigerum Franch.
 习 性：常绿灌木
 海 拔：2300~4000 m
 分 布：西藏、云南
 濒危等级：LC

台湾杜鹃
Rhododendron formosanum Hemsl.
 习 性：灌木或小乔木
 海 拔：800~2300 m
 分 布：台湾
 濒危等级：LC

紫背杜鹃
Rhododendron forrestii Balf. f. ex Diels

紫背杜鹃（原亚种）
Rhododendron forrestii subsp. **forrestii**
 习 性：攀援灌木
 海 拔：3000~4200 m
 国内分布：西藏、云南
 国外分布：缅甸
 濒危等级：LC
 资源利用：环境利用（观赏）

乳突紫背杜鹃
Rhododendron forrestii subsp. **papillatum** D. F. Chamb.
 习 性：攀援灌木
 海 拔：3300~3900 m
 分 布：西藏
 濒危等级：LC

云锦杜鹃
Rhododendron fortunei Lindl.
 习 性：灌木或小乔木
 海 拔：600~2000 m
 分 布：安徽、福建、广东、广西、贵州、河南、湖北、湖南、江西、陕西、四川、云南、浙江
 濒危等级：LC
 资源利用：环境利用（观赏）

草莓花杜鹃
Rhododendron fragariiflorum Kingdon-Ward
 习 性：灌木
 海 拔：3600~5000 m
 国内分布：西藏
 国外分布：不丹
 濒危等级：LC

贵定杜鹃
Rhododendron fuchsiifolium H. Lév.
 习 性：灌木
 分 布：广东、广西、贵州、湖南、江西
 濒危等级：LC

猩红杜鹃
Rhododendron fulgens Hook. f.
 习 性：常绿灌木
 海 拔：3700~4500 m
 国内分布：西藏
 国外分布：不丹、尼泊尔、印度
 濒危等级：LC

镰果杜鹃
Rhododendron fulvum Balf. f. et W. W. Sm.

镰果杜鹃（原亚种）
Rhododendron fulvum subsp. **fulvum**
 习 性：灌木或小乔木
 海 拔：2700~4400 m
 国内分布：云南
 国外分布：缅甸
 濒危等级：LC

棕叶镰果杜鹃
Rhododendron fulvum subsp. **fulvoides**（Balf. f.）D. F. Chamb.
 习 性：灌木或小乔木
 海 拔：2700~4400 m
 分 布：四川、西藏、云南
 濒危等级：DD

棕毛杜鹃
Rhododendron fuscipilum M. Y. He
 习 性：灌木
 分 布：广西
 濒危等级：DD

富源杜鹃
Rhododendron fuyuanense Zeng H. Yang
 习 性：灌木

海　　拔：2000 m
分　　布：云南
濒危等级：DD

乳黄叶杜鹃
Rhododendron galactinum Balf. f. ex Tagg
　　习　　性：灌木或小乔木
　　海　　拔：2900~3500 m
　　分　　布：四川
　　濒危等级：EN D

甘南杜鹃
Rhododendron gannanense Z. C. Feng et X. G. Sun
　　习　　性：灌木或乔木
　　海　　拔：2800~3000 m
　　分　　布：甘肃
　　濒危等级：DD

大芽杜鹃
Rhododendron gemmiferum Philipson et M. N. Philipson
　　习　　性：灌木
　　海　　拔：3300~4300 m
　　分　　布：云南
　　濒危等级：DD

灰白杜鹃
Rhododendron genestierianum Forrest
　　习　　性：常绿灌木
　　海　　拔：2000~4500 m
　　国内分布：西藏、云南
　　国外分布：缅甸
　　濒危等级：VU A2c+3c；D1

大果杜鹃
Rhododendron glanduliferum Franch.
　　习　　性：常绿灌木
　　海　　拔：2300~2400 m
　　分　　布：云南
　　濒危等级：DD

苍白叶杜鹃
Rhododendron glaucophyllum Rehder
　　习　　性：常绿小灌木
　　分　　布：西藏
　　濒危等级：DD

黏毛杜鹃
Rhododendron glischrum Balf. f. et W. W. Sm.

黏毛杜鹃（原亚种）
Rhododendron glischrum subsp. **glischrum**
　　习　　性：灌木或小乔木
　　海　　拔：2400~3600 m
　　国内分布：西藏、云南
　　国外分布：缅甸
　　濒危等级：LC

红黏毛杜鹃
Rhododendron glischrum subsp. **rude** (Tagg et Forrest) D. F. Chamb.
　　习　　性：灌木或小乔木
　　海　　拔：2400~3600 m
　　国内分布：西藏、云南
　　国外分布：印度
　　濒危等级：LC

果洛杜鹃
Rhododendron gologense C. J. Xu et Z. J. Zhao
　　习　　性：灌木
　　海　　拔：约3800 m
　　分　　布：青海
　　濒危等级：DD

贡嘎山杜鹃
Rhododendron gonggashanense W. K. Hu
　　习　　性：常绿灌木
　　海　　拔：3200~3300 m
　　分　　布：四川
　　濒危等级：DD

贡山杜鹃
Rhododendron gongshanense T. L. Ming
　　习　　性：灌木
　　海　　拔：2200~2500 m
　　分　　布：云南
　　濒危等级：LC

大叶杜鹃
Rhododendron grande Wight
　　习　　性：常绿乔木
　　海　　拔：1600~2900 m
　　国内分布：西藏
　　国外分布：不丹、尼泊尔、印度
　　濒危等级：LC

朱红大杜鹃
Rhododendron griersonianum Balf. f. et Forrest
　　习　　性：常绿灌木
　　海　　拔：1600~2700 m
　　国内分布：云南
　　国外分布：缅甸
　　濒危等级：CR A2ac+3c；B1ab (i, iii, iv)
　　国家保护：Ⅱ级
　　资源利用：环境利用（观赏）

不丹杜鹃
Rhododendron griffithianum Wight
　　习　　性：灌木或小乔木
　　海　　拔：2100~2800 m
　　国内分布：西藏
　　国外分布：不丹、尼泊尔、印度
　　濒危等级：LC

广南杜鹃
Rhododendron guangnanense R. C. Fang
　　习　　性：灌木或小乔木
　　海　　拔：约1500 m
　　分　　布：云南
　　濒危等级：CR B1ab (i, iii)；C1

桂海杜鹃
Rhododendron guihainianum G. Z. Li
习　　性：乔木
海　　拔：1100~1400 m
分　　布：广西
濒危等级：VU D2

贵州杜鹃
Rhododendron guizhouense M. Y. Fang
习　　性：灌木或小乔木
海　　拔：1700~2400 m
分　　布：广西、贵州、湖南
濒危等级：DD

粗毛杜鹃
Rhododendron habrotrichum Balf. f. et W. W. Sm.
习　　性：灌木
海　　拔：2700~3400 m
国内分布：云南
国外分布：缅甸
濒危等级：VU A2c

似血杜鹃
Rhododendron haematodes Franch.

似血杜鹃（原亚种）
Rhododendron haematodes subsp. **haematodes**
习　　性：灌木
海　　拔：3100~4000 m
分　　布：云南
濒危等级：VU D2
资源利用：环境利用（观赏）

绢毛杜鹃
Rhododendron haematodes subsp. **chaetomallum**（Balf. f. et Forrest）D. F. Chamb.
习　　性：灌木
海　　拔：3100~4000 m
国内分布：西藏、云南
国外分布：缅甸、尼泊尔
濒危等级：LC

海南杜鹃
Rhododendron hainanense Merr.
习　　性：灌木
海　　拔：300~1300 m
分　　布：广西、海南
濒危等级：VU A3c；D2

疏叶杜鹃
Rhododendron hanceanum Hemsl.
习　　性：常绿灌木
海　　拔：1200~2500 m
分　　布：四川
濒危等级：VU A2c+3c；D1

滇南杜鹃
Rhododendron hancockii Hemsl.

滇南杜鹃（原变种）
Rhododendron hancockii var. **hancockii**
习　　性：灌木或乔木
海　　拔：1100~2000 m
分　　布：广西、云南
濒危等级：LC

长萼滇南杜鹃
Rhododendron hancockii var. **longisepalum** R. C. Fang et C. H. Yang
习　　性：灌木或乔木
海　　拔：1500~1600 m
分　　布：云南
濒危等级：DD

光枝杜鹃
Rhododendron haofui Chun et Fang
习　　性：灌木
海　　拔：800~1900 m
分　　布：广西、贵州、湖南、江西、云南
濒危等级：LC
资源利用：环境利用（观赏）

黑竹沟杜鹃
Rhododendron heizhugouense M. Y. He et L. C. Hu
习　　性：灌木
海　　拔：约3300 m
分　　布：四川
濒危等级：DD

亮鳞杜鹃
Rhododendron heliolepis Franch.

亮鳞杜鹃（原变种）
Rhododendron heliolepis var. **heliolepis**
习　　性：灌木
海　　拔：3000~4000 m
国内分布：四川、西藏、云南
国外分布：缅甸
濒危等级：LC

灰褐亮鳞杜鹃
Rhododendron heliolepis var. **fumidum**（Balf. f. et W. W. Sm.）R. C. Fang
习　　性：灌木
海　　拔：3200~3500 m
分　　布：云南
濒危等级：DD

毛冠亮鳞杜鹃
Rhododendron heliolepis var. **oporinum**（Balf. f. et Kingdon-Ward）A. L. Chang
习　　性：灌木
海　　拔：约3400 m
国内分布：云南
国外分布：缅甸
濒危等级：NT

粉背碎米花
Rhododendron hemitrichotum Balf. f. et Forrest
习　　性：灌木
海　　拔：2200~4000 m
分　　布：四川、云南
濒危等级：VU A2c

波叶杜鹃

Rhododendron hemsleyanum E. H. Wilson

波叶杜鹃（原变种）

Rhododendron hemsleyanum var. **hemsleyanum**

 习 性：灌木或小乔木
 海 拔：1200~2000 m
 分 布：四川
 濒危等级：CR B1ab（i, iii）

无腺杜鹃

Rhododendron hemsleyanum var. **chengianum** Fang ex Ching

 习 性：灌木或小乔木
 海 拔：约 1200 m
 分 布：四川
 濒危等级：DD

河南杜鹃

Rhododendron henanense Fang

河南杜鹃（原亚种）

Rhododendron henanense subsp. **henanense**

 习 性：灌木
 海 拔：1800~1900 m
 分 布：河南
 濒危等级：LC

灵宝杜鹃

Rhododendron henanense subsp. **lingbaoense** Fang

 习 性：灌木
 分 布：河南
 濒危等级：LC

弯蒴杜鹃

Rhododendron henryi Hance

弯蒴杜鹃（原变种）

Rhododendron henryi var. **henryi**

 习 性：灌木或小乔木
 海 拔：500~1000 m
 分 布：福建、广东、广西、江西、台湾、浙江
 濒危等级：LC

秃房弯蒴杜鹃

Rhododendron henryi var. **dunnii**（E. H. Wilson）M. Y. He

 习 性：灌木或小乔木
 海 拔：500~900 m
 分 布：福建、广东、广西、江西、浙江
 濒危等级：LC

异常杜鹃

Rhododendron heteroclitum H. P. Yang

 习 性：常绿灌木
 海 拔：3800~3900 m
 分 布：四川
 濒危等级：DD

灰背杜鹃

Rhododendron hippophaeoides Balf. f. et W. W. Sm.

灰背杜鹃（原变种）

Rhododendron hippophaeoides var. **hippophaeoides**

 习 性：灌木
 海 拔：2400~4800 m
 分 布：四川、云南
 濒危等级：LC

长柱灰背杜鹃

Rhododendron hippophaeoides var. **occidentale** Philipson et M. N. Philipson

 习 性：灌木
 海 拔：3500~4300 m
 分 布：云南
 濒危等级：LC

凸脉杜鹃

Rhododendron hirsutipetiolatum A. L. Chang et R. C. Fang

 习 性：常绿灌木
 海 拔：约 3400 m
 分 布：云南
 濒危等级：DD

硬毛杜鹃

Rhododendron hirtipes Tagg

 习 性：灌木或小乔木
 海 拔：3300~3700 m
 分 布：西藏
 濒危等级：LC

多裂杜鹃

Rhododendron hodgsonii Hook. f.

 习 性：灌木或小乔木
 海 拔：3500~4000 m
 国内分布：西藏
 国外分布：不丹、尼泊尔、印度
 濒危等级：VU A2c；D1+2

川北杜鹃

Rhododendron hoi Fang

 习 性：灌木
 海 拔：3500~3600 m
 分 布：四川
 濒危等级：LC

白马银花

Rhododendron hongkongense Hutchinson

 习 性：常绿灌木
 海 拔：600~1600 m
 分 布：广东
 濒危等级：LC

串珠杜鹃

Rhododendron hookeri Nutt.

 习 性：灌木或小乔木
 海 拔：2200~3000 m
 国内分布：西藏
 国外分布：印度
 濒危等级：LC

华顶杜鹃

Rhododendron huadingense B. Y. Ding et Y. Y. Fang

 习 性：灌木
 海 拔：700~1000 m

分　　布：浙江
濒危等级：EN B1ab+2ab（i，ii，iii，iv，v）
国家保护：Ⅱ级

黄坪杜鹃
Rhododendron huangpingense Xiang Chen et J. Y. Huang
习　　性：常绿灌木或小乔木
海　　拔：约1700 m
分　　布：贵州
濒危等级：LC

凉山杜鹃
Rhododendron huanum Fang
习　　性：灌木或小乔木
海　　拔：1200～3000 m
分　　布：重庆、贵州、四川、云南
濒危等级：LC

大鳞杜鹃
Rhododendron huguangense Tam
习　　性：灌木
海　　拔：800～1300 m
分　　布：广东、广西、湖南
濒危等级：LC

会东杜鹃
Rhododendron huidongense T. L. Ming
习　　性：灌木
海　　拔：2800～3200 m
分　　布：四川
濒危等级：EN D

湖南杜鹃
Rhododendron hunanense Chun ex Tam
习　　性：灌木
海　　拔：500～1700 m
分　　布：湖南、江西
濒危等级：LC

岷江杜鹃
Rhododendron hunnewellianum Rehder et E. H. Wilson

岷江杜鹃（原亚种）
Rhododendron hunnewellianum subsp. **hunnewellianum**
习　　性：灌木
海　　拔：1200～2400 m
分　　布：四川
濒危等级：LC

黄毛岷江杜鹃
Rhododendron hunnewellianum subsp. **rockii**（E. H. Wilson）D. F. Chamb.
习　　性：灌木
海　　拔：1600～2400 m
分　　布：甘肃、四川
濒危等级：VU A2c；D1

粉果杜鹃
Rhododendron hylaeum Balf. f. et Farrer
习　　性：灌木或小乔木
海　　拔：2800～3600 m
国内分布：西藏、云南
国外分布：缅甸
濒危等级：VU A2c

毛花杜鹃
Rhododendron hypenanthum Balf. f.
习　　性：常绿灌木
海　　拔：3500～5500 m
国内分布：西藏
国外分布：不丹、尼泊尔、印度
濒危等级：LC

微笑杜鹃
Rhododendron hyperythrum Hayata
习　　性：灌木或小乔木
分　　布：台湾
濒危等级：LC

粉白杜鹃
Rhododendron hypoglaucum Hemsl.
习　　性：常绿灌木
海　　拔：1500～2100 m
分　　布：重庆、湖北、陕西、四川
濒危等级：LC

肉红杜鹃
Rhododendron igneum Cowan
习　　性：灌木
海　　拔：约2800 m
分　　布：西藏
濒危等级：DD

粉紫杜鹃
Rhododendron impeditum Balf. f. et W. W. Sm.
习　　性：常绿灌木
海　　拔：2500～4600 m
分　　布：四川、云南
濒危等级：LC

皋月杜鹃
Rhododendron indicum（L.）Sweet
习　　性：灌木
国内分布：国内有栽培
国外分布：原产日本

不凡杜鹃
Rhododendron insigne Hemsl. et E. H. Wilson

不凡杜鹃（原变种）
Rhododendron insigne var. **insigne**
习　　性：灌木
海　　拔：700～2000 m
分　　布：四川
濒危等级：LC

合江银叶杜鹃
Rhododendron insigne var. **hejiangense**（Fang）M. Y. Fang
习　　性：灌木
海　　拔：700～1700 m
分　　布：四川
濒危等级：LC

隐蕊杜鹃
Rhododendron intricatum Franch.
 习 性：常绿灌木
 海 拔：2800~5000 m
 分 布：四川、云南
 濒危等级：LC

绝伦杜鹃
Rhododendron invictum Balf. f. et Farrer
 习 性：灌木
 海 拔：2400~2800 m
 分 布：甘肃
 濒危等级：VU A2c；D1

露珠杜鹃
Rhododendron irroratum Franch.

露珠杜鹃（原亚种）
Rhododendron irroratum subsp. **irroratum**
 习 性：灌木或小乔木
 海 拔：1700~3500 m
 分 布：贵州、四川、云南
 濒危等级：LC
 资源利用：环境利用（观赏）

红花露珠杜鹃
Rhododendron irroratum subsp. **pogonostylum** (Balf. f. et W. W. Sm.) D. F. Chamb.
 习 性：灌木或小乔木
 海 拔：1700~3000 m
 国内分布：贵州、云南
 国外分布：越南
 濒危等级：LC

金波杜鹃
Rhododendron jinboense Xiang Chen et X. Chen
 习 性：常绿灌木
 分 布：贵州
 濒危等级：LC

金厂杜鹃
Rhododendron jinchangense Zeng H. Yang
 习 性：小乔木
 海 拔：1500~1700 m
 分 布：云南
 濒危等级：LC

井冈山杜鹃
Rhododendron jingangshanicum Tam
 习 性：灌木
 海 拔：1100~1200 m
 分 布：江西
 濒危等级：VU B1ab（v）+2ab（v）；D
 国家保护：Ⅱ级

金平杜鹃
Rhododendron jinpingense Fang et M. Y. He
 习 性：灌木
 海 拔：1600~1900 m
 分 布：云南
 濒危等级：NT

金秀杜鹃
Rhododendron jinxiuense Fang et M. Y. He
 习 性：灌木
 海 拔：约1000 m
 分 布：广西
 濒危等级：NT

九龙山杜鹃
Rhododendron jiulongshanense Xiang Chen et J. Y. Huang
 习 性：常绿灌木或小乔木
 分 布：贵州
 濒危等级：LC

卓尼杜鹃
Rhododendron joniense Ching et H. P. Yang
 习 性：灌木
 海 拔：约2500 m
 分 布：甘肃
 濒危等级：DD

黄管杜鹃
Rhododendron kasoense Hutch. et Kingdon-Ward
 习 性：灌木
 海 拔：2100~2800 m
 国内分布：西藏
 国外分布：印度
 濒危等级：NT D1+2

着生杜鹃
Rhododendron kawakamii Hayata
 习 性：灌木
 海 拔：800~2600 m
 分 布：台湾
 濒危等级：NT

独龙杜鹃
Rhododendron keleticum Balf. f. et Forrest
 习 性：灌木
 海 拔：3000~3900 m
 国内分布：西藏、云南
 国外分布：缅甸
 濒危等级：VU A2c+3c；D2

多斑杜鹃
Rhododendron kendrickii Nutt.
 习 性：灌木或小乔木
 海 拔：2600~2700 m
 国内分布：西藏
 国外分布：不丹、印度
 濒危等级：LC

管花杜鹃
Rhododendron keysii Nutt.
 习 性：灌木
 海 拔：2400~4300 m
 国内分布：西藏
 国外分布：不丹、印度
 濒危等级：LC

江西杜鹃
Rhododendron kiangsiense Fang
 习 性：灌木

海　　拔：约1100 m
分　　布：江西、浙江
濒危等级：EN A2c
国家保护：Ⅱ级

工布杜鹃
Rhododendron kongboense Hutch.
习　　性：常绿灌木
海　　拔：4300～5000 m
国内分布：西藏
国外分布：不丹
濒危等级：LC

星毛杜鹃
Rhododendron kyawii Lace et W. W. Sm.
习　　性：灌木
海　　拔：2000～3000 m
国内分布：云南
国外分布：缅甸
濒危等级：LC

拉卜楞杜鹃
Rhododendron labolengense Ching et H. P. Yang
习　　性：灌木
海　　拔：3500～3900 m
分　　布：甘肃
濒危等级：LC

乳黄杜鹃
Rhododendron lacteum Franch.
习　　性：灌木或小乔木
海　　拔：3000～4100 m
分　　布：云南
濒危等级：LC

淡钟杜鹃
Rhododendron lanatoides D. F. Chamb.
习　　性：灌木
海　　拔：3200～3700 m
分　　布：西藏
濒危等级：VU A2c；D1

黄钟杜鹃
Rhododendron lanatum Hook. f.
习　　性：灌木或小乔木
海　　拔：3100～4400 m
国内分布：西藏
国外分布：不丹、印度
濒危等级：LC

林生杜鹃
Rhododendron lanigerum Tagg
习　　性：灌木或乔木
海　　拔：2700～3100 m
国内分布：西藏
国外分布：印度
濒危等级：NT B1ab（i，iii）；C1

老君山杜鹃
Rhododendron laojunshanense M. Y. Fang
习　　性：灌木或小乔木
海　　拔：2400～2600 m
分　　布：云南
濒危等级：DD

高山杜鹃
Rhododendron lapponicum（L.）Wahlenb.
习　　性：常绿灌木
海　　拔：海平面至1900 m
国内分布：黑龙江、吉林、辽宁、内蒙古
国外分布：朝鲜、俄罗斯、蒙古、日本
濒危等级：LC

侧花杜鹃
Rhododendron lateriflorum R. C. Fang et A. L. Chang
习　　性：常绿灌木
海　　拔：2700～3400 m
分　　布：云南
濒危等级：DD

西施花
Rhododendron latoucheae Franch.
习　　性：灌木或小乔木
海　　拔：100～2700 m
国内分布：安徽、福建、广东、广西、贵州、湖北、湖南、江西、四川、台湾、浙江
国外分布：日本
濒危等级：LC
资源利用：环境利用（观赏）

毛冠杜鹃
Rhododendron laudandum Cowan

毛冠杜鹃（原变种）
Rhododendron laudandum var. **laudandum**
习　　性：灌木
海　　拔：2900～5100 m
国内分布：西藏
国外分布：不丹
濒危等级：LC

疏毛冠杜鹃
Rhododendron laudandum var. **temoense** Kingdon-Ward ex Cowan et Davidian
习　　性：灌木
海　　拔：2900～4800 m
分　　布：西藏
濒危等级：LC

雷波杜鹃
Rhododendron leiboense Z. J. Zhao
习　　性：灌木
海　　拔：1400～1500 m
分　　布：四川
濒危等级：DD

雷山杜鹃
Rhododendron leishanicum Fang et S. S. Chang ex D. F. Chamb.
习　　性：灌木
海　　拔：1800～1900 m
分　　布：贵州
濒危等级：DD

常绿糙毛杜鹃
Rhododendron lepidostylum Balf. f. et Forrest
 习 性：常绿灌木
 海 拔：3000～3700 m
 分 布：云南
 濒危等级：DD

鳞腺杜鹃
Rhododendron lepidotum Wall. ex G. Don
 习 性：常绿灌木
 海 拔：1700～4200 m
 国内分布：四川、西藏、云南
 国外分布：不丹、缅甸、尼泊尔、印度
 濒危等级：LC

异鳞杜鹃
Rhododendron leptocarpum Nutt.
 习 性：附生灌木
 海 拔：2400～3400 m
 国内分布：西藏、云南
 国外分布：不丹、缅甸、印度
 濒危等级：LC

金平林生杜鹃
Rhododendron leptocladon Dop
 习 性：附生灌木
 海 拔：2000～2300 m
 国内分布：云南
 国外分布：越南
 濒危等级：NT

腺绒杜鹃
Rhododendron leptopeplum Balf. f. et Forrest
 习 性：灌木或小乔木
 海 拔：3000～4000 m
 分 布：云南
 濒危等级：NT

薄叶马银花
Rhododendron leptothrium Balf. f. et Forrest
 习 性：灌木或小乔木
 海 拔：1700～3200 m
 国内分布：云南
 国外分布：缅甸
 濒危等级：LC

白背杜鹃
Rhododendron leucaspis Tagg
 习 性：常绿灌木
 海 拔：2100～3300 m
 分 布：西藏
 濒危等级：LC

南岭杜鹃
Rhododendron levinei Merr.
 习 性：灌木或小乔木
 海 拔：1300～1500 m
 分 布：福建、广东、广西、贵州、湖南
 濒危等级：NT D

辽西杜鹃
Rhododendron liaoxigense S. L. Tung et Z. Lu
 习 性：灌木
 海 拔：约500 m
 分 布：辽宁
 濒危等级：DD

荔波杜鹃
Rhododendron liboense R. C. Zheng et K. M. Lan
 习 性：小乔木
 海 拔：600～700 m
 分 布：贵州
 濒危等级：CR D

丁香紫杜鹃
Rhododendron lilacinum Xiang Chen et X. Chen
 习 性：灌木
 海 拔：约1700 m
 分 布：贵州
 濒危等级：LC

百合花杜鹃
Rhododendron liliiflorum H. Lév.
 习 性：灌木或乔木
 海 拔：800～1800 m
 分 布：广西、贵州、湖南、云南
 濒危等级：LC

大花杜鹃
Rhododendron lindleyi T. Moore
 习 性：灌木
 海 拔：1600～2900 m
 国内分布：西藏
 国外分布：不丹、孟加拉国、缅甸、尼泊尔、印度
 濒危等级：VU D1+2

线萼杜鹃
Rhododendron linearilobum R. C. Fang et A. L. Chang
 习 性：灌木
 海 拔：约2200 m
 分 布：云南
 濒危等级：EN D2

临桂杜鹃
Rhododendron linguiense G. Z. Li
 习 性：灌木
 海 拔：100～200 m
 分 布：广西
 濒危等级：LC

长鳞杜鹃
Rhododendron longesquamatum C. K. Schneid.
 习 性：灌木或小乔木
 海 拔：2300～3400 m
 分 布：四川
 濒危等级：LC
 资源利用：环境利用（观赏）

长萼杜鹃
Rhododendron longicalyx M. Y. Fang

习　　性：灌木或小乔木
海　　拔：约 2900 m
分　　布：四川
濒危等级：DD

长尖杜鹃
Rhododendron longifalcatum Tam
习　　性：灌木
海　　拔：约 200 m
分　　布：广西
濒危等级：NT

凸纹杜鹃
Rhododendron longilobum L. M. Gao et D. Z. Li
习　　性：小乔木
海　　拔：1900~2000 m
分　　布：云南
濒危等级：DD

长柄杜鹃
Rhododendron longipes Rehder et E. H. Wilson

长柄杜鹃（原变种）
Rhododendron longipes var. **longipes**
习　　性：灌木或小乔木
海　　拔：1700~2500 m
分　　布：贵州、四川、云南
濒危等级：VU A2c；D1

金山杜鹃
Rhododendron longipes var. **chienianum**（D. Fang）D. F. Chamb.
习　　性：灌木或小乔木
海　　拔：1700~2100 m
分　　布：重庆、云南
濒危等级：VU B1ab（i,iii）

长柱杜鹃
Rhododendron longistylum Rehder et E. H. Wilson

长柱杜鹃（原亚种）
Rhododendron longistylum subsp. **longistylum**
习　　性：灌木
海　　拔：1000~2300 m
分　　布：四川
濒危等级：VU A2c；D1+2

平卧长轴杜鹃
Rhododendron longistylum subsp. **decumbens** R. C. Fang
习　　性：灌木
海　　拔：约 1700 m
分　　布：云南
濒危等级：DD

忍冬杜鹃
Rhododendron loniceriflorum Tam
习　　性：灌木
分　　布：福建
濒危等级：LC

广口杜鹃
Rhododendron ludlowii Cowan
习　　性：灌木
海　　拔：3900~4200 m
国内分布：西藏
国外分布：印度
濒危等级：VU B1ab（i,iii）

炉霍杜鹃
Rhododendron luhuoense H. P. Yang
习　　性：灌木
海　　拔：约 4000 m
分　　布：四川
濒危等级：LC

蜡叶杜鹃
Rhododendron lukiangense Franch.
习　　性：灌木或小乔木
海　　拔：2600~3500 m
分　　布：四川、西藏、云南
濒危等级：LC
资源利用：环境利用（观赏）

鲁浪杜鹃
Rhododendron lulangense L. C. Hu et Tateishi
习　　性：灌木或小乔木
海　　拔：3000~3900 m
分　　布：西藏
濒危等级：LC

龙溪杜鹃
Rhododendron lungchiense Fang
习　　性：灌木
海　　拔：3000~3500 m
分　　布：四川
濒危等级：DD

黄花杜鹃
Rhododendron lutescens Franch.
习　　性：灌木
海　　拔：1700~2000 m
分　　布：贵州、四川、云南
濒危等级：LC

长蒴杜鹃
Rhododendron mackenzianum Forrest
习　　性：灌木或小乔木
海　　拔：2000~2800 m
国内分布：西藏、云南
国外分布：缅甸、尼泊尔
濒危等级：LC

小白杜鹃
Rhododendron maculatum Xiang Chen et J. Y. Huang
习　　性：灌木
分　　布：贵州
濒危等级：LC

麻花杜鹃
Rhododendron maculiferum Franch.

麻花杜鹃（原亚种）
Rhododendron maculiferum subsp. **maculiferum**
习　　性：灌木
海　　拔：700~3400 m

分　　布：重庆、甘肃、贵州、湖北、陕西、四川
濒危等级：LC
资源利用：环境利用（观赏）

黄山杜鹃
Rhododendron maculiferum subsp. **anhweiense**（E. H. Wilson）D. F. Chamb.
习　　性：灌木
海　　拔：700~1700 m
分　　布：安徽、广西、湖南、江西、浙江
濒危等级：LC

隐脉杜鹃
Rhododendron maddenii Hook. f.

隐脉杜鹃（原亚种）
Rhododendron maddenii subsp. **maddenii**
习　　性：灌木或小乔木
海　　拔：1500~3200 m
国内分布：西藏
国外分布：不丹、印度
濒危等级：LC

滇隐脉杜鹃
Rhododendron maddenii subsp. **crassum**（Franch.）Cullen
习　　性：灌木或小乔木
海　　拔：1500~3200 m
国内分布：西藏、云南
国外分布：缅甸、泰国、印度、越南
濒危等级：LC

强壮杜鹃
Rhododendron magnificum Kingdon-Ward
习　　性：常绿乔木
海　　拔：1800~2400 m
国内分布：西藏
国外分布：缅甸
濒危等级：EN B1ab（i，iii）；C1

贵州大花杜鹃
Rhododendron magniflorum W. K. Hu
习　　性：乔木
海　　拔：1700~1800 m
分　　布：贵州
濒危等级：DD

马关杜鹃
Rhododendron maguanense K. M. Feng
习　　性：灌木
海　　拔：2000~2600 m
分　　布：云南
濒危等级：DD

米林杜鹃
Rhododendron mainlingense S. H. Huang et R. C. Fang
习　　性：常绿灌木
海　　拔：约4000 m
分　　布：西藏
濒危等级：DD

羊毛杜鹃
Rhododendron mallotum Balf. f. et Kingdon-Ward
习　　性：灌木或小乔木
海　　拔：3000~3700 m
国内分布：云南
国外分布：缅甸
濒危等级：EN D
资源利用：环境利用（观赏）

猫儿山杜鹃
Rhododendron maoerense Fang et G. Z. Li
习　　性：乔木
海　　拔：1800~1900 m
分　　布：广西
濒危等级：NT D2
资源利用：环境利用（观赏）

茂汶杜鹃
Rhododendron maowenense Ching et H. P. Yang
习　　性：灌木
海　　拔：约3000 m
分　　布：四川
濒危等级：LC

岭南杜鹃
Rhododendron mariae Hance

岭南杜鹃（原亚种）
Rhododendron mariae subsp. **mariae**
习　　性：灌木
海　　拔：500~1300 m
分　　布：福建、广东、广西、贵州、湖南、江西
濒危等级：LC
资源利用：药用（中草药）

河边杜鹃
Rhododendron mariae subsp. **flumineum**（Fang et M. Y. He）X. F. Jin et B. Y. Ding
习　　性：灌木
海　　拔：1200~2100 m
分　　布：云南
濒危等级：DD

亮毛杜鹃
Rhododendron mariae subsp. **microphyton**（Franch.）X. F. Jin et B. Y. Ding
习　　性：灌木
海　　拔：1300~3200 m
分　　布：四川、云南
濒危等级：LC

少花杜鹃
Rhododendron martinianum Balf. f. et Forrest
习　　性：常绿灌木
海　　拔：3000~3500 m
国内分布：西藏、云南
国外分布：缅甸
濒危等级：VU B1ab（i，iii）；D2

红萼杜鹃
Rhododendron meddianum Forrest

红萼杜鹃（原变种）
Rhododendron meddianum var. **meddianum**
- 习　　性：灌木
- 海　　拔：3000~3700 m
- 国内分布：云南
- 国外分布：缅甸
- 濒危等级：EN B1ab（i, iii）; C1

腺房红萼杜鹃
Rhododendron meddianum var. **atrokermesinum** Tagg
- 习　　性：灌木
- 海　　拔：约3200 m
- 国内分布：云南
- 国外分布：缅甸
- 濒危等级：NT

墨脱马银花
Rhododendron medoense Fang et M. Y. He
- 习　　性：灌木
- 海　　拔：1800~2000 m
- 分　　布：西藏
- 濒危等级：LC

大萼杜鹃
Rhododendron megacelyx Balf. f. et Kingdon-Ward
- 习　　性：灌木或小乔木
- 海　　拔：2200~3000 m
- 国内分布：西藏、云南
- 国外分布：缅甸、印度
- 濒危等级：VU A2c; D1

西藏杜鹃
Rhododendron megalanthum M. Y. Fang
- 习　　性：灌木或小乔木
- 海　　拔：1800~2200 m
- 分　　布：西藏
- 濒危等级：DD

招展杜鹃
Rhododendron megeratum Balf. f. et Forrest
- 习　　性：常绿灌木
- 海　　拔：2500~4200 m
- 国内分布：西藏、云南
- 国外分布：缅甸、印度
- 濒危等级：LC

弯月杜鹃
Rhododendron mekongense Franch.

弯月杜鹃（原变种）
Rhododendron mekongense var. **mekongense**
- 习　　性：灌木
- 海　　拔：3000~4300 m
- 国内分布：西藏、云南
- 国外分布：缅甸、尼泊尔
- 濒危等级：LC

长毛弯月杜鹃
Rhododendron mekongense var. **longipilosum**（Cowan）Cullen
- 习　　性：灌木
- 海　　拔：3000~4000 m
- 国内分布：西藏、云南
- 国外分布：缅甸
- 濒危等级：DD

密花弯月杜鹃
Rhododendron mekongense var. **melinanthum**（Balf. f. et Kingdon-Ward）Cullen
- 习　　性：灌木
- 海　　拔：3300~4300 m
- 国内分布：西藏、云南
- 国外分布：缅甸
- 濒危等级：DD

红线弯月杜鹃
Rhododendron mekongense var. **rubrolineatum**（Balf. f. et Forrest）Cullen
- 习　　性：灌木
- 海　　拔：3200~4300 m
- 国内分布：西藏、云南
- 国外分布：印度
- 濒危等级：NT B2ab（iii）; D

蒙自杜鹃
Rhododendron mengtszense Balf. f. et W. W. Sm.
- 习　　性：灌木或小乔木
- 海　　拔：1000~2700 m
- 分　　布：云南
- 濒危等级：NT D

冕宁杜鹃
Rhododendron mianningense Z. J. Zhao
- 习　　性：灌木
- 海　　拔：3500 m
- 分　　布：四川
- 濒危等级：NT B1ab（i, iii, v）

照山白
Rhododendron micranthum Turcz.
- 习　　性：常绿灌木
- 海　　拔：1000~3000 m
- 国内分布：北京、甘肃、河北、河南、黑龙江、湖北、湖南、吉林、辽宁、内蒙古、青海、山东、山西、陕西、四川
- 国外分布：朝鲜
- 濒危等级：LC
- 资源利用：环境利用（观赏）；药用（中草药）

短蕊杜鹃
Rhododendron microgynum Balf. f. et Forrest
- 习　　性：灌木
- 海　　拔：3300~4300 m
- 分　　布：西藏、云南
- 濒危等级：LC

优异杜鹃
Rhododendron mimetes Tagg et Forrest

习　　性：常绿灌木
海　　拔：3300~3600 m
分　　布：四川
濒危等级：VU D1

焰红杜鹃
Rhododendron miniatum Cowan
习　　性：常绿灌木
海　　拔：约 3700 m
分　　布：西藏
濒危等级：LC

黄褐杜鹃
Rhododendron minyaense Philipson et M. N. Philipson
习　　性：常绿灌木
海　　拔：约 4600 m
分　　布：四川
濒危等级：DD

头巾马银花
Rhododendron mitriforme Tam

头巾马银花（原变种）
Rhododendron mitriforme var. **mitriforme**
习　　性：灌木或小乔木
海　　拔：500~1600 m
分　　布：广东、广西、湖南
濒危等级：VU A2c；B1ab（i, iii）；D1

腺刺马银花
Rhododendron mitriforme var. **setaceum** Tam
习　　性：灌木或小乔木
海　　拔：900~1600 m
分　　布：广西
濒危等级：LC

米易杜鹃
Rhododendron miyiense W. K. Hu
习　　性：灌木
海　　拔：约 1700 m
分　　布：四川
濒危等级：LC

羊踯躅
Rhododendron molle(Blume)G. Don
习　　性：灌木
海　　拔：海平面至 2500 m
国内分布：安徽、福建、广东、广西、贵州、河南、湖北、湖南、江苏、江西、四川、云南、浙江
国外分布：日本
濒危等级：LC
资源利用：药用（中草药）

柔毛碎米花
Rhododendron mollicomum Balf. f. et W. W. Sm.
习　　性：灌木
海　　拔：约 2300 m
分　　布：四川、云南
濒危等级：VU A2c+3c；D1

一朵花杜鹃
Rhododendron monanthum Balf. f. et W. W. Sm.
习　　性：附生灌木
海　　拔：2000~3600 m
国内分布：西藏、云南
国外分布：缅甸
濒危等级：NT D2

山地杜鹃
Rhododendron montiganum T. L. Ming
习　　性：灌木或小乔木
海　　拔：4000~4100 m
分　　布：云南
濒危等级：DD

墨脱杜鹃
Rhododendron montroseanum Davidian
习　　性：常绿乔木
海　　拔：2800~2900 m
分　　布：西藏
濒危等级：VU A2c；D1+2

玉山杜鹃
Rhododendron morii Hayata
习　　性：灌木或乔木
海　　拔：1800~3000 m
分　　布：台湾
濒危等级：DD

毛棉杜鹃
Rhododendron moulmainense Hook.
习　　性：灌木或小乔木
海　　拔：700~1500 m
国内分布：云南
国外分布：马来西亚、缅甸、泰国、印度、印度尼西亚、越南
濒危等级：LC

宝兴杜鹃
Rhododendron moupinense Franch.
习　　性：灌木
海　　拔：1900~4000 m
分　　布：贵州、四川、云南
濒危等级：VU A2c；D1+2

白花杜鹃
Rhododendron mucronatum(Blume)G. Don
习　　性：灌木
国内分布：福建、广东、广西、江苏、江西、四川、云南、浙江
国外分布：日本、印度尼西亚、越南
濒危等级：LC

迎红杜鹃
Rhododendron mucronulatum Turcz.
习　　性：落叶灌木
海　　拔：200~1000 m
国内分布：河北、江苏、辽宁、内蒙古、山东
国外分布：朝鲜、俄罗斯、蒙古、日本

濒危等级：LC
资源利用：药用（中草药）；原料（单宁，树脂）

铁仔叶杜鹃
Rhododendron myrsinifolium Ching ex Fang et M. Y. He
习　　性：常绿灌木
海　　拔：约 1800 m
分　　布：广西
濒危等级：LC

南昆杜鹃
Rhododendron naamkwanense Merr.
习　　性：灌木
海　　拔：300~500 m
分　　布：广东、江西
濒危等级：LC

德钦杜鹃
Rhododendron nakotiltum Balf. f. et Forrest
习　　性：常绿灌木
海　　拔：3300~4000 m
分　　布：云南
濒危等级：NT

南涧杜鹃
Rhododendron nanjianense K. M. Feng et Zeng. H. Yang
习　　性：常绿灌木
海　　拔：2600~2800 m
分　　布：云南
濒危等级：LC

长萼毛棉杜鹃
Rhododendron nematocalyx Balf. f. et W. W. Sm.
习　　性：灌木或小乔木
分　　布：云南
濒危等级：DD

火红杜鹃
Rhododendron neriiflorum Franch.

火红杜鹃（原变种）
Rhododendron neriiflorum var. **neriiflorum**
习　　性：灌木
海　　拔：2100~3600 m
分　　布：西藏、云南
濒危等级：LC
资源利用：环境利用（观赏）

网眼火红杜鹃
Rhododendron neriiflorum var. **agetum**(Balf. f. et Forrest)T. L. Ming
习　　性：灌木
海　　拔：2700~2800 m
分　　布：云南
濒危等级：DD

腺房火红杜鹃
Rhododendron neriiflorum var. **appropinquans**(Tagg et Forrest) W. K. Hu
习　　性：灌木
海　　拔：2100~3600 m

国内分布：西藏、云南
国外分布：不丹、缅甸、印度
濒危等级：LC

大炮山杜鹃
Rhododendron nigroglandulosum Nitz.
习　　性：灌木
海　　拔：约 3500 m
分　　布：四川
濒危等级：DD

光亮杜鹃
Rhododendron nitidulum Rehder et E. H. Wilson

光亮杜鹃（原变种）
Rhododendron nitidulum var. **nitidulum**
习　　性：灌木
海　　拔：3200~5000 m
分　　布：四川
濒危等级：LC

峨眉光亮杜鹃
Rhododendron nitidulum var. **omeiense** Philipson et M. N. Philipson
习　　性：灌木
海　　拔：3200~3500 m
分　　布：四川
濒危等级：CR D2

雪层杜鹃
Rhododendron nivale Hook. f.

雪层杜鹃（原亚种）
Rhododendron nivale subsp. **nivale**
习　　性：灌木
海　　拔：3100~5800 m
国内分布：青海、西藏
国外分布：不丹、尼泊尔、印度
濒危等级：LC

南方雪层杜鹃
Rhododendron nivale subsp. **australe** Philipson et M. N. Philipson
习　　性：灌木
海　　拔：3100~4500 m
分　　布：四川、云南
濒危等级：LC

北方雪层杜鹃
Rhododendron nivale subsp. **boreale** Philipson et M. N. Philipson
习　　性：灌木
海　　拔：3200~5400 m
分　　布：青海、四川、西藏、云南
濒危等级：LC

西藏毛脉杜鹃
Rhododendron niveum Hook. f.
习　　性：灌木或乔木
海　　拔：2600~3500 m
国内分布：西藏
国外分布：不丹、印度
濒危等级：LC

细叶杜鹃
Rhododendron noriakianum Suzuki
 习 性：灌木
 海 拔：1500~3000 m
 分 布：台湾
 濒危等级：DD

木兰杜鹃
Rhododendron nuttallii Booth
 习 性：乔木
 海 拔：约2400 m
 国内分布：西藏
 国外分布：印度、越南
 濒危等级：VU D1+2

林芝杜鹃
Rhododendron nyingchiense R. C. Fang et S. H. Huang
 习 性：灌木
 海 拔：3700~4300 m
 分 布：西藏
 濒危等级：LC

睡莲叶杜鹃
Rhododendron nymphaeoides W. K. Hu
 习 性：乔木
 海 拔：900~1000 m
 分 布：四川
 濒危等级：EN B1ab（i，ii，iii）

倒矛杜鹃
Rhododendron oblancifolium M. Y. Fang
 习 性：灌木
 海 拔：500~1300 m
 分 布：贵州
 濒危等级：DD

钝叶杜鹃
Rhododendron obtusum(Lindl.)Planch.
 习 性：灌木
 国内分布：全国广泛栽培
 国外分布：原产日本

峨马杜鹃
Rhododendron ochraceum Rehder et E. H. Wilson

峨马杜鹃（原变种）
Rhododendron ochraceum var. **ochraceum**
 习 性：灌木
 海 拔：1700~3000 m
 分 布：四川、云南
 濒危等级：VU A2c；D1
 资源利用：环境利用（观赏）

短果峨马杜鹃
Rhododendron ochraceum var. **brevicarpum** W. K. Hu
 习 性：灌木
 海 拔：1700~3000 m
 分 布：重庆
 濒危等级：NT D

砖红杜鹃
Rhododendron oldhamii Maxim.
 习 性：灌木
 海 拔：约2800 m
 分 布：台湾
 濒危等级：LC

稀果杜鹃
Rhododendron oligocarpum Fang et X. S. Zhang
 习 性：灌木或小乔木
 海 拔：1800~2500 m
 分 布：广西、贵州
 濒危等级：LC
 资源利用：环境利用（观赏）

团叶杜鹃
Rhododendron orbiculare Decne.

团叶杜鹃（原亚种）
Rhododendron orbiculare subsp. **orbiculare**
 习 性：灌木
 海 拔：1400~4000 m
 分 布：四川
 濒危等级：LC
 资源利用：环境利用（观赏）

心基杜鹃
Rhododendron orbiculare subsp. **cardiobasis**(Sleumer) D. F. Chamb
 习 性：灌木
 海 拔：1500~2200 m
 分 布：广西
 濒危等级：NT B1b（i，iii）

猫岭杜鹃
Rhododendron orbiculare subsp. **maolingense** G. Z. Li
 习 性：灌木
 海 拔：900~1900 m
 分 布：广西
 濒危等级：LC

长圆团叶杜鹃
Rhododendron orbiculare subsp. **oblongum** W. K. Hu
 习 性：灌木
 分 布：广西
 濒危等级：DD

山光杜鹃
Rhododendron oreodoxa Franch.

山光杜鹃（原变种）
Rhododendron oreodoxa var. **oreodoxa**
 习 性：灌木或小乔木
 海 拔：1800~3900 m
 分 布：甘肃、湖北、四川
 濒危等级：LC
 资源利用：环境利用（观赏）

腺柱山光杜鹃
Rhododendron oreodoxa var. **adenostylosum** Fang et W. K. Hu
 习 性：灌木或小乔木

海　　拔：3600~3900 m
分　　布：四川、西藏
濒危等级：LC

粉红杜鹃
Rhododendron oreodoxa var. **fargesii** (Franch.) D. F. Chamb.
习　　性：灌木或小乔木
海　　拔：1800~3500 m
分　　布：甘肃、湖北、陕西、四川
濒危等级：LC

陕西山光杜鹃
Rhododendron oreodoxa var. **shensiense** D. F. Chamb.
习　　性：灌木或小乔木
海　　拔：2300~2500 m
分　　布：陕西
濒危等级：LC

藏东杜鹃
Rhododendron oreogenum L. C. Hu
习　　性：常绿小乔木
海　　拔：2800~2900 m
分　　布：西藏
濒危等级：LC

山育杜鹃
Rhododendron oreotrephes W. W. Sm.
习　　性：常绿灌木
海　　拔：2100~3700 m
国内分布：四川、西藏、云南
国外分布：缅甸
濒危等级：LC

直枝杜鹃
Rhododendron orthocladum Balf. f. et Forrest

直枝杜鹃（原变种）
Rhododendron orthocladum var. **orthocladum**
习　　性：灌木
海　　拔：2500~4500 m
分　　布：四川、云南
濒危等级：LC

长柱直枝杜鹃
Rhododendron orthocladum var. **longistylum** Philipson et M. N. Philipson
习　　性：灌木
海　　拔：约3500 m
分　　布：云南
濒危等级：NT

马银花
Rhododendron ovatum (Lindl.) Planch. ex Maxim.
习　　性：灌木
海　　拔：300~1600 m
国内分布：安徽、福建、广东、广西、贵州、湖北、湖南、江苏、江西、四川、台湾、浙江
国外分布：日本
濒危等级：LC
资源利用：药用（中草药）

厚叶杜鹃
Rhododendron pachyphyllum Fang
习　　性：乔木
海　　拔：1800~1900 m
分　　布：广西、湖南
濒危等级：LC

云上杜鹃
Rhododendron pachypodum Balf. f. et W. W. Sm.
习　　性：灌木
海　　拔：1200~3100 m
国内分布：云南
国外分布：缅甸
濒危等级：LC

台湾山地杜鹃
Rhododendron pachysanthum Hayata
习　　性：灌木
分　　布：台湾
濒危等级：DD

绒毛杜鹃
Rhododendron pachytrichum Franch.

绒毛杜鹃（原变种）
Rhododendron pachytrichum var. **pachytrichum**
习　　性：灌木
海　　拔：1700~3500 m
分　　布：重庆、陕西、四川、云南
濒危等级：LC
资源利用：环境利用（观赏）

瘦柱绒毛杜鹃
Rhododendron pachytrichum var. **tenuistylosum** W. K. Hu
习　　性：灌木
海　　拔：2100~2200 m
分　　布：重庆
濒危等级：DD

乳突杜鹃
Rhododendron papillatum Balf. f. et E. Cooper
习　　性：灌木或小乔木
海　　拔：2400~3000 m
国内分布：西藏
国外分布：不丹、印度
濒危等级：LC

盘萼杜鹃
Rhododendron parmulatum Cowan
习　　性：灌木
海　　拔：3000~3700 m
分　　布：西藏
濒危等级：LC

假单花杜鹃
Rhododendron pemakoense Kingdon-Ward
习　　性：灌木
海　　拔：2900~3600 m

国内分布：西藏
国外分布：印度
濒危等级：VU D1＋2

凸叶杜鹃
Rhododendron pendulum Hook.
习　　性：常绿灌木
海　　拔：2200～3700 m
国内分布：西藏
国外分布：不丹、尼泊尔、印度
濒危等级：LC

饰石杜鹃
Rhododendron petrocharis Diels
习　　性：灌木
海　　拔：约 1800 m
分　　布：四川
濒危等级：LC

栎叶杜鹃
Rhododendron phaeochrysum Balf. f. et W. W. Sm.

栎叶杜鹃（原变种）
Rhododendron phaeochrysum var. **phaeochrysum**
习　　性：灌木
海　　拔：3000～4800 m
分　　布：四川、西藏、云南
濒危等级：LC

凝毛杜鹃
Rhododendron phaeochrysum var. **agglutinatum**（Balf. f. et Forrest）D. F. Chamb.
习　　性：灌木
海　　拔：3000～4800 m
分　　布：四川、西藏、云南
濒危等级：LC

毡毛栎叶杜鹃
Rhododendron phaeochrysum var. **levistratum**（Balf. f. et Forrest）D. F. Chamb.
习　　性：灌木
海　　拔：3000～4500 m
分　　布：四川、云南
濒危等级：LC

察隅杜鹃
Rhododendron piercei Davidian
习　　性：灌木
海　　拔：3900～4200 m
分　　布：西藏
濒危等级：DD

金平毛柱杜鹃
Rhododendron pilostylum W. K. Hu
习　　性：乔木
海　　拔：约 2500 m
分　　布：云南
濒危等级：DD

屏边杜鹃
Rhododendron pingbianense M. Y. Fang
习　　性：灌木或小乔木
海　　拔：约 1900 m
分　　布：云南
濒危等级：DD

海绵杜鹃
Rhododendron pingianum Fang
习　　性：灌木或小乔木
海　　拔：2300～2700 m
分　　布：四川、云南
濒危等级：LC

阔口杜鹃
Rhododendron planetum Balf. f.
习　　性：常绿灌木
分　　布：四川
濒危等级：LC

阔叶杜鹃
Rhododendron platyphyllum Franch. ex Balf. f. et W. W. Sm.
习　　性：常绿灌木
海　　拔：3000～4500 m
分　　布：云南
濒危等级：NT D

阔柄杜鹃
Rhododendron platypodum Diels
习　　性：灌木或小乔木
海　　拔：1800～2200 m
分　　布：重庆
濒危等级：VU D2
资源利用：环境利用（观赏）

极多花杜鹃
Rhododendron pleistanthum Balf. f. ex Wilding
习　　性：灌木
海　　拔：2000～4500 m
分　　布：四川、云南
濒危等级：DD

杯萼杜鹃
Rhododendron pocophorum Balf. f. ex Tagg

杯萼杜鹃（原变种）
Rhododendron pocophorum var. **pocophorum**
习　　性：灌木
海　　拔：3300～4500 m
国内分布：西藏、云南
国外分布：印度
濒危等级：VU A2c

腺柄杯萼杜鹃
Rhododendron pocophorum var. **hemidartum**（Balf. f. ex Tagg）D. F. Chamb.
习　　性：灌木
海　　拔：3900～4200 m
分　　布：西藏、云南
濒危等级：LC

毛果缺顶杜鹃
Rhododendron poilanei Dop

习　　性：灌木
海　　拔：1200~2100 m
国内分布：广西、贵州、云南
国外分布：越南
濒危等级：DD

多枝杜鹃
Rhododendron polycladum Franch.
习　　性：灌木
海　　拔：3000~4300 m
分　　布：云南
濒危等级：VU A2c+3c；D1+2

多鳞杜鹃
Rhododendron polylepis Franch.
习　　性：灌木或小乔木
海　　拔：1500~3300 m
分　　布：甘肃、陕西、四川
濒危等级：LC

多毛杜鹃
Rhododendron polytrichum Fang
习　　性：灌木
海　　拔：约1100 m
分　　布：广西、湖南
濒危等级：LC

波密杜鹃
Rhododendron pomense Cowan et Davidian
习　　性：常绿灌木
海　　拔：3300~3400 m
分　　布：西藏
濒危等级：EN B1ab（i，iii）

蜜腺杜鹃
Rhododendron populare Cowan
习　　性：灌木或小乔木
海　　拔：3500~4000 m
分　　布：西藏
濒危等级：DD

甘肃杜鹃
Rhododendron potaninii Batalin
习　　性：常绿小乔木
分　　布：甘肃
濒危等级：DD

优秀杜鹃
Rhododendron praestans Balf. f. et W. W. Sm.
习　　性：灌木或乔木
海　　拔：3100~4200 m
分　　布：西藏、云南
濒危等级：LC

鄂西杜鹃
Rhododendron praeteritum Hutch.

鄂西杜鹃（原变种）
Rhododendron praeteritum var. **praeteritum**
习　　性：灌木
海　　拔：1800~3300 m
分　　布：甘肃、湖北、青海
濒危等级：LC

毛房杜鹃
Rhododendron praeteritum var. **hirsutum** W. K. Hu
习　　性：灌木
海　　拔：1800~1900 m
分　　布：湖北、湖南
濒危等级：LC

早春杜鹃
Rhododendron praevernum Hutch.
习　　性：灌木或乔木
海　　拔：1500~2500 m
分　　布：贵州、湖北、陕西、四川、云南
濒危等级：LC
资源利用：环境利用（观赏）

复毛杜鹃
Rhododendron preptum Balf. f. et Forrest
习　　性：灌木或小乔木
海　　拔：3200~3300 m
国内分布：云南
国外分布：缅甸
濒危等级：LC

樱草杜鹃
Rhododendron primuliflorum Bureau et Franch.

樱草杜鹃（原变种）
Rhododendron primuliflorum var. **primuliflorum**
习　　性：灌木
海　　拔：2900~5100 m
分　　布：甘肃、四川、西藏、云南
濒危等级：LC

微毛樱草杜鹃
Rhododendron primuliflorum var. **cephalanthoides**（Balf. f. et W. W. Sm.）Cowan et Davidian
习　　性：灌木
海　　拔：3300~5000 m
分　　布：四川、西藏、云南
濒危等级：LC

鳞花樱草杜鹃
Rhododendron primuliflorum var. **lepidanthum**（Balf. f. et W. W. Sm.）Cowan et Davidian
习　　性：灌木
海　　拔：2900~4300 m
分　　布：四川、云南
濒危等级：LC

藏南杜鹃
Rhododendron principis Bureau et Franch.
习　　性：常绿小乔木
海　　拔：3800~4500 m
分　　布：西藏
濒危等级：LC

平卧杜鹃
Rhododendron pronum Tagg et Forrest

习　　性：灌木
海　　拔：2600~4400 m
分　　布：云南
濒危等级：VU D1+2

矮生杜鹃
Rhododendron proteoides Balf. f. et W. W. Sm.
习　　性：灌木
海　　拔：3600~4500 m
分　　布：四川、西藏、云南
濒危等级：VU A3c；D1+2

翘首杜鹃
Rhododendron protistum Balf. f. et Forrest

翘首杜鹃（原变种）
Rhododendron protistum var. **protistum**
习　　性：乔木
海　　拔：2400~4200 m
国内分布：西藏、云南
国外分布：缅甸
濒危等级：VU D2

大树杜鹃
Rhododendron protistum var. **giganteum**(Forrest ex Tagg) D. F. Chamb.
习　　性：乔木
海　　拔：2500~3300 m
国内分布：云南
国外分布：缅甸
濒危等级：VU B1ab (iii)；C2ab (ii)

桃花杜鹃
Rhododendron pruniflorum Hutch.
习　　性：常绿灌木
海　　拔：3000~4000 m
国内分布：西藏
国外分布：缅甸、印度
濒危等级：LC

陇蜀杜鹃
Rhododendron przewalskii Maxim.

陇蜀杜鹃（原亚种）
Rhododendron przewalskii subsp. **przewalskii**
习　　性：灌木
海　　拔：2700~4300 m
分　　布：甘肃、青海、陕西、四川
濒危等级：LC
资源利用：药用（中草药）

金背陇蜀杜鹃
Rhododendron przewalskii subsp. **chrysophyllum** Fang et S. X. Wang
习　　性：灌木
海　　拔：2700~2800 m
分　　布：青海
濒危等级：DD

互助陇蜀杜鹃
Rhododendron przewalskii subsp. **huzhuense** Fang et S. X. Wang
习　　性：灌木
海　　拔：2700~3100 m
分　　布：青海
濒危等级：DD

玉树陇蜀杜鹃
Rhododendron przewalskii subsp. **yushuense** Fang et S. X. Wang
习　　性：灌木
海　　拔：约4200 m
分　　布：青海
濒危等级：DD

阿里山杜鹃
Rhododendron pseudochrysanthum Hayata
习　　性：灌木
海　　拔：3000~3200 m
分　　布：台湾
濒危等级：LC

褐叶杜鹃
Rhododendron pseudociliipes Cullen
习　　性：灌木
海　　拔：2400~3100 m
国内分布：云南
国外分布：缅甸
濒危等级：LC

柔毛杜鹃
Rhododendron pubescens Balf. f. et Forrest
习　　性：灌木
海　　拔：2700~3500 m
分　　布：四川、云南
濒危等级：LC

毛脉杜鹃
Rhododendron pubicostatum T. L. Ming
习　　性：常绿灌木
海　　拔：2200~3700 m
分　　布：云南
濒危等级：VU D2

蒲地杜鹃
Rhododendron pudiense Xiang Chen et J. Y. Huang
习　　性：常绿小乔木
分　　布：贵州
濒危等级：LC

羞怯杜鹃
Rhododendron pudorosum Cowan
习　　性：常绿乔木
海　　拔：3300~3800 m
分　　布：西藏
濒危等级：LC

普格杜鹃
Rhododendron pugeense L. C. Hu
习　　性：灌木
海　　拔：约3500 m
分　　布：四川
濒危等级：DD

美艳杜鹃
Rhododendron pulchroides Chun et Fang

习　　性：落叶小灌木
海　　拔：900~1000 m
分　　布：广西
濒危等级：NT

矮小杜鹃
Rhododendron pumilum Hook.
习　　性：灌木
海　　拔：3300~4300 m
国内分布：西藏、云南
国外分布：不丹、缅甸、尼泊尔、印度
濒危等级：LC

斑叶杜鹃
Rhododendron punctifolium L. C. Hu
习　　性：常绿灌木
分　　布：云南
濒危等级：DD

太白杜鹃
Rhododendron purdomii Rehder et E. H. Wilson

太白杜鹃（原变种）
Rhododendron purdomii var. **purdomii**
习　　性：灌木或小乔木
海　　拔：1800~3500 m
分　　布：甘肃、河南、陕西
濒危等级：VU A2c

毛叶太白杜鹃
Rhododendron purdomii var. **villosum** L. H. Wu
习　　性：灌木或小乔木
海　　拔：约2100 m
分　　布：河南
濒危等级：DD

巧家杜鹃
Rhododendron qiaojiaense L. M. Gao et D. Z. Li
习　　性：灌木
海　　拔：2600~2700 m
分　　布：云南
濒危等级：DD

青海杜鹃
Rhododendron qinghaiense Ching ex W. Y. Wang
习　　性：常绿灌木
海　　拔：约4300 m
分　　布：青海
濒危等级：LC

腋花杜鹃
Rhododendron racemosum Franch.
习　　性：灌木
海　　拔：1500~3800 m
分　　布：贵州、四川、云南
濒危等级：LC

毛叶杜鹃
Rhododendron radendum Fang
习　　性：常绿灌木
海　　拔：3000~4100 m
分　　布：四川
濒危等级：DD

线裂杜鹃
Rhododendron ramipilosum T. L. Ming
习　　性：灌木
分　　布：西藏
濒危等级：DD

长轴杜鹃
Rhododendron ramsdenianum Cowan
习　　性：灌木
海　　拔：2000~2800 m
分　　布：西藏
濒危等级：LC

叶状苞杜鹃
Rhododendron redowskianum Maxim.
习　　性：灌木
海　　拔：2000~2600 m
国内分布：吉林
国外分布：俄罗斯
濒危等级：NT B1ab（i，iii）

大王杜鹃
Rhododendron rex H. Lév.

大王杜鹃（原亚种）
Rhododendron rex subsp. **rex**
习　　性：小乔木
海　　拔：2300~4000 m
分　　布：四川、云南
濒危等级：VU A2c；D1
资源利用：环境利用（观赏）

假乳黄叶杜鹃
Rhododendron rex subsp. **fictolacteum**（Balf. f.）D. F. Chamb.
习　　性：小乔木
海　　拔：2900~4000 m
国内分布：四川、西藏、云南
国外分布：缅甸
濒危等级：VU B1ab（i，iii）；C1；D2

可爱杜鹃
Rhododendron rex subsp. **gratum**（T. L. Ming）M. Y. Fang
习　　性：小乔木
海　　拔：约3200 m
分　　布：云南
濒危等级：DD

菱形叶杜鹃
Rhododendron rhombifolium R. C. Fang
习　　性：灌木
海　　拔：1800~1900 m

分　　布：云南
濒危等级：EN B1ab（iii）

乳源杜鹃
Rhododendron rhuyuenense Chun ex Tam
习　　性：灌木
海　　拔：1500 m
分　　布：广东、湖南、江西
濒危等级：LC

基毛杜鹃
Rhododendron rigidum Franch.
习　　性：灌木
海　　拔：2000～3400 m
分　　布：四川、云南
濒危等级：LC

雪龙美被杜鹃
Rhododendron riparioides（Cullen）Cub.
习　　性：灌木
海　　拔：3600～4800 m
分　　布：云南
濒危等级：LC

大钟杜鹃
Rhododendron ririei Hemsl. et E. H. Wilson
习　　性：灌木或小乔木
海　　拔：1700～1800 m
分　　布：四川
濒危等级：LC
资源利用：环境利用（观赏）

溪畔杜鹃
Rhododendron rivulare Hand. -Mazz.

溪畔杜鹃（原变种）
Rhododendron rivulare var. **rivulare**
习　　性：常绿灌木
海　　拔：700～1200 m
分　　布：重庆、福建、广西、贵州、湖南
濒危等级：LC

广东杜鹃
Rhododendron rivulare var. **kwangtungense**（Merr. et Chun）X. F. Jin et B. Y. Ding
习　　性：常绿灌木
海　　拔：800～1600 m
分　　布：广东、广西、湖南
濒危等级：DD

红晕杜鹃
Rhododendron roseatum Hutch.
习　　性：灌木
海　　拔：2000～3000 m
国内分布：云南
国外分布：缅甸
濒危等级：LC

宽柄杜鹃
Rhododendron rothschildii Davidian
习　　性：灌木或小乔木
海　　拔：3700～4000 m
分　　布：云南
濒危等级：VU A2c

卷叶杜鹃
Rhododendron roxieanum Forrest ex W. W. Sm.

卷叶杜鹃（原变种）
Rhododendron roxieanum var. **roxieanum**
习　　性：灌木
海　　拔：2600～4300 m
分　　布：甘肃、陕西、四川、西藏、云南
濒危等级：LC

兜尖卷叶杜鹃
Rhododendron roxieanum var. **cucullatum**（Hand. -Mazz.）D. F. Chamb ex L. C. Hu
习　　性：灌木
海　　拔：3500～4300 m
分　　布：四川、西藏、云南
濒危等级：DD

线形卷叶杜鹃
Rhododendron roxieanum var. **oreonastes**（Balf. f. et Forrest）T. L. Ming
习　　性：灌木
海　　拔：3700～4200 m
分　　布：云南
濒危等级：NT B1

巫山杜鹃
Rhododendron roxieoides D. F. Chamb.
习　　性：灌木
海　　拔：800～2200 m
分　　布：重庆、四川
濒危等级：EN B1ab（i, ii, iii）；D

红棕杜鹃
Rhododendron rubiginosum Franch.

红棕杜鹃（原变种）
Rhododendron rubiginosum var. **rubiginosum**
习　　性：灌木
海　　拔：2500～4200 m
国内分布：四川、西藏、云南
国外分布：缅甸
濒危等级：LC

洁净红棕杜鹃
Rhododendron rubiginosum var. **leclerei**（H. Lév.）R. C. Fang
习　　性：灌木
海　　拔：3200～3600 m
分　　布：云南
濒危等级：DD

毛柱红棕杜鹃
Rhododendron rubiginosum var. **ptilostylum** R. C. Fang

习　　性：灌木
海　　拔：3200~3300 m
分　　布：云南
濒危等级：DD

台红毛杜鹃
Rhododendron rubropilosum Hayata

台红毛杜鹃（原变种）
Rhododendron rubropilosum var. **rubropilosum**
　　习　　性：灌木
　　海　　拔：1000~3300 m
　　分　　布：台湾
　　濒危等级：LC

台湾高山杜鹃
Rhododendron rubropilosum var. **taiwanalpinum**（Ohwi）S. Y. Lu, Y. P. Yang et Y. H. Tseng
　　习　　性：灌木
　　海　　拔：2800~3000 m
　　分　　布：台湾
　　濒危等级：LC

红背杜鹃
Rhododendron rufescens Franch.
　　习　　性：常绿灌木
　　海　　拔：3800~4600 m
　　分　　布：青海、四川
　　濒危等级：NT B1b（i, iii）

滇红毛杜鹃
Rhododendron rufohirtum Hand. -Mazz.
　　习　　性：灌木
　　海　　拔：900~2300 m
　　分　　布：贵州、四川、云南
　　濒危等级：LC

黄毛杜鹃
Rhododendron rufum Batalin

黄毛杜鹃（原变种）
Rhododendron rufum var. **rufum**
　　习　　性：灌木或小乔木
　　海　　拔：2300~3800 m
　　分　　布：甘肃、青海、陕西、四川
　　濒危等级：LC

腺房黄毛杜鹃
Rhododendron rufum var. **glandulosum** G. H. Wang
　　习　　性：灌木或小乔木
　　海　　拔：约3000 m
　　分　　布：甘肃
　　濒危等级：DD

多色杜鹃
Rhododendron rupicola W. W. Sm.

多色杜鹃（原变种）
Rhododendron rupicola var. **rupicola**
　　习　　性：灌木
　　海　　拔：2800~4900 m
　　国内分布：四川、西藏、云南
　　国外分布：缅甸
　　濒危等级：LC

金黄多色杜鹃
Rhododendron rupicola var. **chryseum**（Balf. f. et Kingdon-Ward）Philipson et M. N. Phil
　　习　　性：灌木
　　海　　拔：3300~4800 m
　　国内分布：四川、西藏、云南
　　国外分布：缅甸
　　濒危等级：LC

木里多色杜鹃
Rhododendron rupicola var. **muliense**（Balf. f. et Forrest）Philipson et M. N. Philipson
　　习　　性：灌木
　　海　　拔：3000~4900 m
　　分　　布：四川、云南
　　濒危等级：LC

岩谷杜鹃
Rhododendron rupivalleculatum Tam
　　习　　性：附生灌木
　　海　　拔：1200~1400 m
　　分　　布：广东、广西
　　濒危等级：DD

滇越杜鹃
Rhododendron rushforthii Argent et D. F. Chamb.
　　习　　性：灌木
　　国内分布：云南
　　国外分布：越南
　　濒危等级：DD

紫兰杜鹃
Rhododendron russatum Balf. f. et Forrest
　　习　　性：常绿灌木
　　海　　拔：2500~4300 m
　　国内分布：四川、云南
　　国外分布：缅甸
　　濒危等级：LC

怒江杜鹃
Rhododendron saluenense Franch.

怒江杜鹃（原变种）
Rhododendron saluenense var. **saluenense**
　　习　　性：攀援灌木
　　海　　拔：3000~4800 m
　　国内分布：四川、西藏、云南
　　国外分布：缅甸
　　濒危等级：NT B1

平卧怒江杜鹃
Rhododendron saluenense var. **prostratum**（W. W. Sm.）R. C. Fang
　　习　　性：攀援灌木
　　海　　拔：3300~4800 m

分　　布：云南
濒危等级：LC

血红杜鹃
Rhododendron sanguineum Franch.

血红杜鹃（原变种）
Rhododendron sanguineum var. **sanguineum**
习　　性：灌木
海　　拔：2800~4500 m
国内分布：西藏、云南
国外分布：缅甸
濒危等级：LC
资源利用：环境利用（观赏）

退色血红杜鹃
Rhododendron sanguineum var. **cloiophorum**（Balf. f. et Forrest）D. F. Chamb.
习　　性：灌木
海　　拔：3800~4300 m
分　　布：西藏、云南
濒危等级：DD

变色血红杜鹃
Rhododendron sanguineum var. **didymoides** Tagg et Forrest
习　　性：灌木
海　　拔：3200~4300 m
国内分布：西藏、云南
国外分布：缅甸、尼泊尔
濒危等级：LC

黑红血红杜鹃
Rhododendron sanguineum var. **didymum**（Balf. f. et Forrest）T. L. Ming
习　　性：灌木
海　　拔：3000~4500 m
分　　布：西藏、云南
濒危等级：LC

紫血杜鹃
Rhododendron sanguineum var. **haemaleum**（Balf. f. et Forrest）D. F. Chamb.
习　　性：灌木
海　　拔：3100~4300 m
分　　布：西藏、云南
濒危等级：LC

密黄血红杜鹃
Rhododendron sanguineum var. **himertum**（Balf. f. et Forrest）D. F. Chamb.
习　　性：灌木
海　　拔：3100~4100 m
分　　布：西藏、云南
濒危等级：LC

水仙杜鹃
Rhododendron sargentianum Rehder et E. H. Wilson
习　　性：常绿灌木
海　　拔：3000~4300 m
分　　布：四川
濒危等级：LC

崖壁杜鹃
Rhododendron saxatile B. Y. Ding et Y. Y. Fang
习　　性：灌木
海　　拔：海平面至400 m
分　　布：浙江
濒危等级：DD

糙叶杜鹃
Rhododendron scabrifolium Franch.

糙叶杜鹃（原变种）
Rhododendron scabrifolium var. **scabrifolium**
习　　性：灌木
海　　拔：2000~2600 m
分　　布：四川、云南
濒危等级：LC

疏花糙叶杜鹃
Rhododendron scabrifolium var. **pauciflorum** Franch.
习　　性：灌木
分　　布：云南
濒危等级：LC

裂萼杜鹃
Rhododendron schistocalyx Balf. f. et Forrest
习　　性：灌木
海　　拔：2700~3300 m
分　　布：云南
濒危等级：NT

大字杜鹃
Rhododendron schlippenbachii Maxim.
习　　性：灌木
海　　拔：400~1500 m
国内分布：辽宁
国外分布：朝鲜、俄罗斯、日本
濒危等级：NT B1ab（i, iii）

石峰杜鹃
Rhododendron scopulorum Hutch.
习　　性：灌木
分　　布：西藏
濒危等级：LC

绿点杜鹃
Rhododendron searsiae Rehder et E. H. Wilson
习　　性：灌木
海　　拔：2300~3000 m
分　　布：四川
濒危等级：DD

黄花泡泡叶杜鹃
Rhododendron seinghkuense Kingdon-Ward ex Hutch.
习　　性：灌木
海　　拔：1800~3500 m
国内分布：西藏、云南
国外分布：缅甸

濒危等级：VU A2c

多变杜鹃
Rhododendron selense Franch.

多变杜鹃（原亚种）
Rhododendron selense subsp. **selense**
  习　　性：灌木
  海　　拔：2700～4000 m
  分　　布：四川、西藏、云南
  濒危等级：LC
  资源利用：环境利用（观赏）

毛枝多变杜鹃
Rhododendron selense subsp. **dasycladum**（Balf. f. et W. W. Sm.）D. F. Chamb.
  习　　性：灌木
  海　　拔：2700～4000 m
  分　　布：四川、西藏、云南
  濒危等级：LC

粉背多变杜鹃
Rhododendron selense subsp. **jucundum**（Balf. f. et W. W. Sm.）D. F. Chamb.
  习　　性：灌木
  海　　拔：3200～3600 m
  分　　布：云南
  濒危等级：LC

圆头杜鹃
Rhododendron semnoides Tagg et Forrest
  习　　性：灌木或小乔木
  海　　拔：3500～3900 m
  分　　布：西藏、云南
  濒危等级：VU A2c

毛果杜鹃
Rhododendron seniavinii Maxim.
  习　　性：灌木
  海　　拔：约1400 m
  分　　布：福建、湖南、江西
  濒危等级：LC
  资源利用：药用（中草药）

晚波杜鹃
Rhododendron serotinum Hucth.
  习　　性：灌木
  海　　拔：1500～2900 m
  国内分布：云南
  国外分布：越南
  濒危等级：NT

刚刺杜鹃
Rhododendron setiferum Balf. f. et Forrest
  习　　性：灌木
  海　　拔：3300～3700 m
  分　　布：西藏、云南
  濒危等级：VU A2c

刚毛杜鹃
Rhododendron setosum D. Don
  习　　性：灌木
  海　　拔：3500～4800 m
  国内分布：西藏
  国外分布：不丹、尼泊尔、印度
  濒危等级：LC

都支杜鹃
Rhododendron shanii Fang
  习　　性：常绿乔木
  海　　拔：1500～1800 m
  分　　布：安徽
  濒危等级：LC

红钟杜鹃
Rhododendron sherriffii Cowan
  习　　性：常绿灌木
  海　　拔：3500～4000 m
  分　　布：西藏
  濒危等级：VU B1ab（i，ii，iii）

石门杜鹃
Rhododendron shimenense Q. X. Liu et C. M. Zhang
  习　　性：灌木
  海　　拔：1500～1600 m
  分　　布：湖南
  濒危等级：DD

石棉杜鹃
Rhododendron shimianense Fang et P. S. Liu
  习　　性：灌木
  海　　拔：2800 m
  分　　布：四川
  濒危等级：DD

瑞丽杜鹃
Rhododendron shweliense Balf. f. et Forrest
  习　　性：常绿灌木
  海　　拔：3000～3400 m
  分　　布：云南
  濒危等级：LC

银灰杜鹃
Rhododendron sidereum Balf. f.
  习　　性：灌木或小乔木
  海　　拔：2400～3400 m
  国内分布：云南
  国外分布：缅甸
  濒危等级：LC

锈叶杜鹃
Rhododendron siderophyllum Franch.
  习　　性：灌木
  海　　拔：1200～3000 m
  分　　布：贵州、四川、云南
  濒危等级：LC

川西杜鹃
Rhododendron sikangense Fang

川西杜鹃（原变种）
Rhododendron sikangense var. **sikangense**

习　　性：灌木或小乔木
海　　拔：2800~4500 m
分　　布：四川
濒危等级：VU A2c+3c；D1+2

优美杜鹃
Rhododendron sikangense var. **exquisitum**(T. L. Ming)T. L. Ming
习　　性：灌木或小乔木
海　　拔：3300~4500 m
分　　布：云南
濒危等级：NT B1ab（i, iii）+2ab（i, iii）

志佳阳杜鹃
Rhododendron sikayotaizanense Masam.
习　　性：灌木
分　　布：台湾
濒危等级：DD

猴头杜鹃
Rhododendron simiarum Hance

猴头杜鹃（原变种）
Rhododendron simiarum var. **simiarum**
习　　性：灌木
海　　拔：500~1800 m
分　　布：安徽、福建、广东、广西、贵州、海南、湖南、江西、浙江
濒危等级：LC
资源利用：环境利用（观赏）

大叶南华杜鹃
Rhododendron simiarum var. **grandifolium** G. Z. Li
习　　性：灌木
海　　拔：800~1300 m
分　　布：广西、海南
濒危等级：DD

变色杜鹃
Rhododendron simiarum var. **versicolor**(Chun et Fang)M. Y. Fang
习　　性：灌木
海　　拔：800~1800 m
分　　布：广西
濒危等级：DD

杜鹃
Rhododendron simsii Planch.

杜鹃（原变种）
Rhododendron simsii var. **simsii**
习　　性：灌木
海　　拔：500~2700 m
国内分布：安徽、福建、广东、广西、贵州、湖北、湖南、江苏、江西、四川、台湾、云南、浙江
国外分布：老挝、缅甸、日本、泰国
濒危等级：LC
资源利用：药用（中草药）；原料（单宁，树脂）

滇北杜鹃
Rhododendron simsii var. **mesembrinum** Rehder
习　　性：灌木
海　　拔：1800~2700 m
国内分布：云南
国外分布：缅甸
濒危等级：DD

普陀杜鹃
Rhododendron simsii var. **putuoense** G. Y. Li et Z. H. Chen
习　　性：灌木
分　　布：浙江
濒危等级：LC

宽杯杜鹃
Rhododendron sinofalconeri Balf. f.
习　　性：灌木或小乔木
海　　拔：1600~2500 m
国内分布：云南
国外分布：越南
濒危等级：NT D

凸尖杜鹃
Rhododendron sinogrande Balf. f. et W. W. Sm.
习　　性：常绿乔木
海　　拔：2100~3600 m
国内分布：西藏、云南
国外分布：缅甸
濒危等级：LC

华木兰杜鹃
Rhododendron sinonuttallii Balf. f. et Forrest
习　　性：灌木
海　　拔：1200~2800 m
分　　布：西藏、云南
濒危等级：DD

白碗杜鹃
Rhododendron souliei Franch.
习　　性：常绿灌木
海　　拔：3000~3800 m
分　　布：四川、西藏
濒危等级：VU A2c

红花杜鹃
Rhododendron spanotrichum Balf. f. et W. W. Sm.
习　　性：乔木
海　　拔：1500~2300 m
分　　布：云南
濒危等级：DD

川南杜鹃
Rhododendron sparsifolium Fang
习　　性：灌木
海　　拔：800~1000 m
分　　布：四川
濒危等级：LC

纯红杜鹃
Rhododendron sperabile Balf. f. et Forrest

纯红杜鹃（原变种）
Rhododendron sperabile var. **sperabile**
习　　性：灌木
海　　拔：2600~4200 m
国内分布：云南

国外分布：缅甸
濒危等级：VU A2c

维西纯红杜鹃
Rhododendron sperabile var. **weihsiense** Tagg et Forrest
习　　性：灌木
海　　拔：3900~4300 m
分　　布：云南
濒危等级：LC

糠秕杜鹃
Rhododendron sperabiloides Tagg et Forrest
习　　性：常绿灌木
海　　拔：2800~3700 m
分　　布：西藏、云南
濒危等级：NT D

宽叶杜鹃
Rhododendron sphaeroblastum Balf. f. et Forrest

宽叶杜鹃（原变种）
Rhododendron sphaeroblastum var. **sphaeroblastum**
习　　性：灌木
海　　拔：3300~4400 m
濒危等级：LC

乌蒙宽叶杜鹃
Rhododendron sphaeroblastum var. **wumengense** K. M. Feng
习　　性：灌木
海　　拔：3600~4000 m
分　　布：云南
濒危等级：LC

碎米花
Rhododendron spiciferum Franch.

碎米花（原变种）
Rhododendron spiciferum var. **spiciferum**
习　　性：灌木
海　　拔：800~1900 m
分　　布：贵州、云南
濒危等级：LC

白碎米花
Rhododendron spiciferum var. **album** K. M. Feng ex R. C. Fang
习　　性：灌木
海　　拔：约1900 m
分　　布：云南
濒危等级：NT

爆杖花
Rhododendron spinuliferum Franch.

爆杖花（原变种）
Rhododendron spinuliferum var. **spinuliferum**
习　　性：灌木
海　　拔：1900~2500 m
分　　布：四川、云南
濒危等级：LC

少毛爆杖花
Rhododendron spinuliferum var. **glabrescens** K. M. Feng
习　　性：灌木
分　　布：云南
濒危等级：DD

长蕊杜鹃
Rhododendron stamineum Franch.

长蕊杜鹃（原变种）
Rhododendron stamineum var. **stamineum**
习　　性：灌木或小乔木
海　　拔：400~1500 m
分　　布：安徽、广东、广西、贵州、湖北、湖南、江西、陕西、四川、云南
濒危等级：LC
资源利用：环境利用（观赏）；原料（单宁，树脂）

高寨长蕊杜鹃
Rhododendron stamineum var. **gaozhaiense** L. M. Gao
习　　性：灌木或小乔木
海　　拔：600~800 m
分　　布：广西
濒危等级：DD

毛果长蕊杜鹃
Rhododendron stamineum var. **lasiocarpum** R. C. Fang et Zeng. H. Yang
习　　性：灌木或小乔木
海　　拔：400~1500 m
分　　布：四川、云南
濒危等级：DD

多趣杜鹃
Rhododendron stewartianum Diels
习　　性：灌木
海　　拔：3000~4000 m
国内分布：西藏、云南
国外分布：缅甸
濒危等级：LC

芒刺杜鹃
Rhododendron strigillosum Franch.

芒刺杜鹃（原变种）
Rhododendron strigillosum var. **strigillosum**
习　　性：灌木
海　　拔：1600~3800 m
分　　布：四川、云南
濒危等级：LC

紫斑杜鹃
Rhododendron strigillosum var. **monosematum**(Hutch.)T. L. Ming
习　　性：灌木
海　　拔：2000~3800 m
分　　布：四川、云南
濒危等级：DD

伏毛杜鹃
Rhododendron strigosum R. L. Liu
习　　性：灌木
海　　拔：900~1000 m
分　　布：江西
濒危等级：LC

蜡黄杜鹃
Rhododendron subcerinum Tam
习　　性：灌木
分　　布：广东
濒危等级：LC

单花无柄杜鹃
Rhododendron subestipitatum Chun ex Tam
习　　性：灌木
海　　拔：500~1000 m
分　　布：广东
濒危等级：LC

泛红杜鹃
Rhododendron subroseum Xiang Chen et J. Y. Huang
习　　性：常绿灌木
分　　布：贵州
濒危等级：LC

硫磺杜鹃
Rhododendron sulfureum Franch.
习　　性：常绿灌木
海　　拔：2500~4000 m
国内分布：西藏、云南
国外分布：缅甸
濒危等级：VU A2c；D1+2

四川杜鹃
Rhododendron sutchuenense Franch.
习　　性：灌木或小乔木
海　　拔：1600~2300 m
分　　布：重庆、甘肃、广西、贵州、湖北、湖南、陕西
濒危等级：LC
资源利用：环境利用（观赏）

白喇叭杜鹃
Rhododendron taggianum Hutch.
习　　性：灌木
海　　拔：1800~2300 m
国内分布：西藏、云南
国外分布：缅甸
濒危等级：LC

陕西杜鹃
Rhododendron taibaiense Ching et H. P. Yang
习　　性：灌木
海　　拔：约3000 m
分　　布：陕西
濒危等级：DD

大埔杜鹃
Rhododendron taipaoense T. C. Wu et Tam
习　　性：灌木
海　　拔：700~800 m
分　　布：福建、广东
濒危等级：LC

泰顺杜鹃
Rhododendron taishunense B. Y. Ding et Y. Y. Fang
习　　性：灌木或小乔木
海　　拔：400~600 m
分　　布：浙江
濒危等级：VU D2

大理杜鹃
Rhododendron taliense Franch.
习　　性：常绿灌木
海　　拔：3200~4100 m
分　　布：云南
濒危等级：LC

光柱杜鹃
Rhododendron tanastylum Balf. f. et Kingdon-Ward

光柱杜鹃（原变种）
Rhododendron tanastylum var. **tanastylum**
习　　性：灌木或小乔木
海　　拔：1700~3700 m
国内分布：云南
国外分布：缅甸、印度
濒危等级：DD
资源利用：环境利用（观赏）

林芝光柱杜鹃
Rhododendron tanastylum var. **lingzhiense** M. Y. Fang
习　　性：灌木或小乔木
海　　拔：约3700 m
分　　布：西藏
濒危等级：LC

狭萼杜鹃
Rhododendron tapetiforme Balf. f. et Kingdon-Ward
习　　性：常绿灌木
海　　拔：3300~4800 m
国内分布：西藏、云南
国外分布：缅甸
濒危等级：DD

薄皮杜鹃
Rhododendron taronense Hutch.
习　　性：灌木
海　　拔：1200~1600 m
分　　布：云南
濒危等级：VU D2

大武杜鹃
Rhododendron tashiroi Maxim.
习　　性：常绿灌木
海　　拔：约1500 m

国内分布：台湾
国外分布：日本
濒危等级：LC

硬叶杜鹃
Rhododendron tatsienense Franch.

硬叶杜鹃（原变种）
Rhododendron tatsienense var. **tatsienense**
习　　性：灌木
海　　拔：2300~3600 m
分　　布：四川、云南
濒危等级：LC

丽江硬叶杜鹃
Rhododendron tatsienense var. **nudatum** R. C. Fang
习　　性：灌木
海　　拔：2800~3600 m
分　　布：云南
濒危等级：DD

草原杜鹃
Rhododendron telmateium Balf. f. et W. W. Sm.
习　　性：灌木
海　　拔：2700~5000 m
分　　布：四川、云南
濒危等级：LC

滇藏杜鹃
Rhododendron temenium Balf. f. et Forrest

滇藏杜鹃（原变种）
Rhododendron temenium var. **temenium**
习　　性：灌木
海　　拔：3000~4500 m
分　　布：西藏、云南
濒危等级：VU A2c；D1

粉红滇藏杜鹃
Rhododendron temenium var. **dealbatum**(Cowan) D. F. Chamb.
习　　性：灌木
海　　拔：3600~4300 m
分　　布：西藏、云南
濒危等级：LC

黄花滇藏杜鹃
Rhododendron temenium var. **gilvum**(Cowan) D. F. Chamb.
习　　性：灌木
海　　拔：3600~4500 m
分　　布：西藏、云南
濒危等级：LC

细瘦杜鹃
Rhododendron tenue Ching ex Fang et M. Y. He
习　　性：灌木
海　　拔：约1500 m
分　　布：广西、湖南
濒危等级：VU D2

薄叶管花杜鹃
Rhododendron tenuifolium R. C. Fang et S. H. Huang
习　　性：灌木

海　　拔：约3000 m
分　　布：西藏
濒危等级：EN B1ab（iii）

灰被杜鹃
Rhododendron tephropeplum Balf. f. et Farrer
习　　性：常绿灌木
海　　拔：2400~4600 m
国内分布：西藏、云南
国外分布：缅甸、印度
濒危等级：LC

反边杜鹃
Rhododendron thayerianum Rehder et E. H. Wilson
习　　性：常绿灌木
海　　拔：2600~3000 m
分　　布：四川
濒危等级：EN D

半圆叶杜鹃
Rhododendron thomsonii Hook. f.

半圆叶杜鹃（原亚种）
Rhododendron thomsonii subsp. **thomsonii**
习　　性：灌木或小乔木
海　　拔：3000~4000 m
国内分布：西藏
国外分布：不丹、尼泊尔、印度
濒危等级：LC

小半圆叶杜鹃
Rhododendron thomsonii subsp. **lopsangianum**（Cowan）D. F. Chamb.
习　　性：灌木或小乔木
海　　拔：约3800 m
分　　布：西藏
濒危等级：LC

千里香杜鹃
Rhododendron thymifolium Maxim.
习　　性：常绿小灌木
海　　拔：2400~4800 m
分　　布：甘肃、青海、四川
濒危等级：LC

田林马银花
Rhododendron tianlinense Tam
习　　性：灌木或小乔木
海　　拔：约1200 m
分　　布：广西
濒危等级：LC

天门山杜鹃
Rhododendron tianmenshanense C. L. Peng et L. H. Yan
习　　性：常绿灌木或小乔木
分　　布：湖南
濒危等级：LC

曲枝杜鹃
Rhododendron torquescens D. F. Chamb.
习　　性：灌木

海　　拔：约 3600 m
分　　布：甘肃
濒危等级：DD

川滇杜鹃
Rhododendron traillianum Forrest et W. W. Sm.

川滇杜鹃（原变种）
Rhododendron traillianum var. **traillianum**
习　　性：灌木或小乔木
海　　拔：3000～4300 m
分　　布：四川、云南
濒危等级：LC

棕背川滇杜鹃
Rhododendron traillianum var. **dictyotum**（Balf. f. ex Tagg）D. F. Chamb.
习　　性：灌木或小乔木
海　　拔：3300～4200 m
分　　布：西藏、云南
濒危等级：DD

长毛杜鹃
Rhododendron trichanthum Rehder
习　　性：灌木
海　　拔：1600～3700 m
分　　布：四川
濒危等级：VU A2c；D1+2

糙毛杜鹃
Rhododendron trichocladum Franch.
习　　性：灌木
海　　拔：2000～3600 m
国内分布：西藏、云南
国外分布：缅甸
濒危等级：LC

理县杜鹃
Rhododendron trichogynum L. C. Hu
习　　性：常绿小乔木
海　　拔：约 3100 m
分　　布：四川
濒危等级：DD

毛嘴杜鹃
Rhododendron trichostomum Franch.
习　　性：灌木
海　　拔：2700～4600 m
分　　布：青海、四川、西藏、云南
濒危等级：LC

筒花毛嘴杜鹃
Rhododendron trichostomum var. **ledoides**（Balf. f. et W. W. Sm.）Cowan et Davidian
习　　性：灌木
海　　拔：3500～4600 m
分　　布：四川、云南
濒危等级：LC

鳞斑毛嘴杜鹃
Rhododendron trichostomum var. **radinum**（Balf. f. et W. W. Sm.）Cowan et Davidian
习　　性：灌木
海　　拔：2700～3800 m
分　　布：四川、云南
濒危等级：LC

三花杜鹃
Rhododendron triflorum Hook.

三花杜鹃（原亚种）
Rhododendron triflorum subsp. **triflorum**
习　　性：灌木或小乔木
海　　拔：2500～3700 m
国内分布：西藏
国外分布：不丹、缅甸、尼泊尔、印度
濒危等级：LC

云南三花杜鹃
Rhododendron triflorum subsp. **multiflorum** R. C. Fang
习　　性：灌木或小乔木
海　　拔：2500～3000 m
分　　布：云南
濒危等级：DD

朗贡杜鹃
Rhododendron trilectorum Cowan
习　　性：灌木
海　　拔：3600～4300 m
国内分布：西藏
国外分布：印度
濒危等级：DD

平房杜鹃
Rhododendron truncatovarium L. M. Gao et D. Z. Li
习　　性：小乔木
海　　拔：1300～1800 m
分　　布：广西、云南
濒危等级：DD

昭通杜鹃
Rhododendron tsaii Fang
习　　性：常绿灌木
海　　拔：2900～3400 m
分　　布：云南
濒危等级：EN B1ab（i, ii, iii）

白钟杜鹃
Rhododendron tsariense Cowan

白钟杜鹃（原变种）
Rhododendron tsariense var. **tsariense**
习　　性：灌木
海　　拔：3200～4500 m
国内分布：西藏
国外分布：不丹、印度
濒危等级：LC

仿钟杜鹃
Rhododendron tsariense var. **trimoense** Davidian
习　　性：灌木
海　　拔：3400～4300 m

分　　布：西藏
濒危等级：DD

秦岭杜鹃
Rhododendron tsinlingense Fang ex J. Q. Fu
习　　性：灌木
海　　拔：1400 m
分　　布：陕西
濒危等级：DD

两广杜鹃
Rhododendron tsoi Merr.

两广杜鹃（原变种）
Rhododendron tsoi var. **tsoi**
习　　性：灌木
海　　拔：700 ~ 1600 m
分　　布：广东、广西
濒危等级：VU A2ab；D2

惠阳杜鹃
Rhododendron tsoi var. **huiyangense**（Fang et M. Y. He）X. F. Jin et B. Y. Ding
习　　性：灌木
海　　拔：约 850 m
分　　布：广东
濒危等级：LC

背绒杜鹃
Rhododendron tsoi var. **hypoblematosum**（Tam）X. F. Jin et B. Y. Ding
习　　性：灌木
海　　拔：500 ~ 1700 m
分　　布：江西
濒危等级：DD

细石榴花
Rhododendron tsoi var. **nudistylum**（Tam）X. F. Jin et B. Y. Ding
习　　性：灌木
分　　布：广东、广西、湖南
濒危等级：LC

千针叶杜鹃
Rhododendron tsoi var. **polyraphidoideum**（Tam）X. F. Jin et B. Y. Ding
习　　性：灌木
海　　拔：800 ~ 1500 m
分　　布：福建
濒危等级：LC

苍白杜鹃
Rhododendron tubiforme（Cowan et Davidian）Davidian
习　　性：常绿灌木
海　　拔：3000 ~ 3600 m
国内分布：西藏
国外分布：不丹、印度
濒危等级：DD

长管杜鹃
Rhododendron tubulosum Ching ex W. Y. Wang
习　　性：灌木

海　　拔：约 4000 m
分　　布：青海
濒危等级：LC

香缅树杜鹃
Rhododendron tutcherae Hemsl. et E. H. Wilson

香缅树杜鹃（原变种）
Rhododendron tutcherae var. **tutcherae**
习　　性：乔木
海　　拔：1200 ~ 2000 m
国内分布：云南
国外分布：越南
濒危等级：NT

光叶香缅树杜鹃
Rhododendron tutcherae var. **glabrifolium** L. M. Gao et D. Z. Li
习　　性：乔木
海　　拔：1900 ~ 2000 m
国内分布：云南
国外分布：越南
濒危等级：DD

光果香缅树杜鹃
Rhododendron tutcherae var. **gymnocarpum** A. L. Chang ex R. C. Fang
习　　性：乔木
海　　拔：约 1800 m
分　　布：云南
濒危等级：DD

单花杜鹃
Rhododendron uniflorum Hutch. et Kingdon-Ward

单花杜鹃（原变种）
Rhododendron uniflorum var. **uniflorum**
习　　性：灌木
海　　拔：3300 ~ 4000 m
分　　布：西藏
濒危等级：VU D2

尖叶单花杜鹃
Rhododendron uniflorum var. **imperator**（Kingdon-Ward）Cullen
习　　性：灌木
国内分布：西藏
国外分布：缅甸
濒危等级：LC

尾叶杜鹃
Rhododendron urophyllum Fang
习　　性：灌木
海　　拔：1200 ~ 1600 m
分　　布：四川
濒危等级：EN B1ab（i, iii, iv）
国家保护：Ⅱ级

紫玉盘杜鹃
Rhododendron uvariifolium Diels
习　　性：灌木或乔木
海　　拔：2100 ~ 4000 m

分　　布：四川、西藏、云南
濒危等级：LC

越橘杜鹃
Rhododendron vaccinioides Hook.
　　习　　性：灌木
　　海　　拔：1800~3100 m
　　国内分布：西藏、云南
　　国外分布：不丹、缅甸、尼泊尔、印度
　　濒危等级：LC

毛柄杜鹃
Rhododendron valentinianum Forrest ex Hutch.

毛柄杜鹃（原变种）
Rhododendron valentinianum var. **valentinianum**
　　习　　性：灌木
　　海　　拔：1800~3100 m
　　国内分布：贵州、云南
　　国外分布：缅甸、越南
　　濒危等级：NT B1ab（i，iii）+2ab（i，iii）

滇南毛柄杜鹃
Rhododendron valentinianum var. **oblongilobatum** R. C. Fang
　　习　　性：灌木
　　海　　拔：1800~3100 m
　　国内分布：云南
　　国外分布：越南
　　濒危等级：NT B1ab（i，iii）+2ab（i，iii）

玫色杜鹃
Rhododendron vaniotii H. Lév.
　　习　　性：灌木或小乔木
　　分　　布：贵州
　　濒危等级：DD

白毛杜鹃
Rhododendron vellereum Hutch. ex Tagg
　　习　　性：常绿小乔木
　　海　　拔：3000~4500 m
　　分　　布：青海、西藏
　　濒危等级：DD

毛柱杜鹃
Rhododendron venator Tagg ex L. Rothschild
　　习　　性：灌木
　　海　　拔：2400~2800 m
　　分　　布：西藏
　　濒危等级：LC

亮叶杜鹃
Rhododendron vernicosum Franch.
　　习　　性：灌木或小乔木
　　海　　拔：2600~4300 m
　　分　　布：四川、西藏、云南
　　濒危等级：LC
　　资源利用：环境利用（观赏）

疣梗杜鹃
Rhododendron verruciferum W. K. Hu
　　习　　性：常绿灌木
　　海　　拔：3300~3400 m
　　分　　布：四川
　　濒危等级：DD

泡毛杜鹃
Rhododendron vesiculiferum Tagg
　　习　　性：灌木或小乔木
　　海　　拔：2400~3300 m
　　国内分布：西藏、云南
　　国外分布：缅甸
　　濒危等级：EN B1ab（i，ii，iii）

红马银花
Rhododendron vialii Delavay et Franch.
　　习　　性：常绿灌木
　　海　　拔：1200~2800 m
　　国内分布：云南
　　国外分布：老挝、越南
　　濒危等级：VU D

柳条杜鹃
Rhododendron virgatum Hook.
　　习　　性：灌木
　　海　　拔：1700~3000 m
　　国内分布：西藏、云南
　　国外分布：不丹、印度
　　濒危等级：LC

显绿杜鹃
Rhododendron viridescens Hutch.
　　习　　性：灌木
　　海　　拔：3000~3400 m
　　分　　布：西藏
　　濒危等级：LC

铜色杜鹃
Rhododendron viscidifolium Davidian
　　习　　性：灌木
　　海　　拔：2700~3300 m
　　分　　布：西藏
　　濒危等级：EN D

簇毛杜鹃
Rhododendron wallichii Hook. f.
　　习　　性：常绿灌木
　　海　　拔：3000~4300 m
　　国内分布：西藏
　　国外分布：不丹、尼泊尔、印度
　　濒危等级：LC

瓦弄杜鹃
Rhododendron walongense Kingdon-Ward
　　习　　性：小乔木或灌木
　　海　　拔：1500~2200 m
　　国内分布：西藏
　　国外分布：印度
　　濒危等级：LC

黄怀杜鹃
Rhododendron wardii W. W. Sm.

黄怀杜鹃（原变种）
Rhododendron wardii var. **wardii**
- 习　　性：灌木
- 海　　拔：3000~4600 m
- 分　　布：四川、西藏、云南
- 濒危等级：LC
- 资源利用：环境利用（观赏）

纯白杜鹃
Rhododendron wardii var. **puralbum**（Balf. f. et W. W. Sm.）D. F. Chamb.
- 习　　性：灌木
- 海　　拔：3400~4600 m
- 分　　布：四川、云南
- 濒危等级：EN D

褐毛杜鹃
Rhododendron wasonii Hemsl. et E. H. Wilson

褐毛杜鹃（原变种）
Rhododendron wasonii var. **wasonii**
- 习　　性：灌木
- 海　　拔：2300~4000 m
- 分　　布：四川
- 濒危等级：VU A2c

汶川褐毛杜鹃
Rhododendron wasonii var. **wenchuanense** L. C. Hu
- 习　　性：灌木
- 海　　拔：2300~3600 m
- 分　　布：四川
- 濒危等级：DD

无柄杜鹃
Rhododendron watsonii Hemsl. et E. H. Wilson
- 习　　性：灌木或小乔木
- 海　　拔：2500~3000 m
- 分　　布：甘肃、四川
- 濒危等级：LC

毛蕊杜鹃
Rhododendron websterianum Rehder et E. H. Wilson

毛蕊杜鹃（原变种）
Rhododendron websterianum var. **websterianum**
- 习　　性：灌木
- 海　　拔：3200~4900 m
- 分　　布：四川
- 濒危等级：LC

黄花毛蕊杜鹃
Rhododendron websterianum var. **yulongense** Philipson et M. N. Philipson
- 习　　性：灌木
- 海　　拔：4300~4800 m
- 分　　布：四川
- 濒危等级：LC

凯里杜鹃
Rhododendron westlandii Hemsl.
- 习　　性：灌木
- 海　　拔：400~1500 m
- 国内分布：福建、广东、广西、贵州、海南、江西
- 国外分布：越南
- 濒危等级：LC
- 资源利用：环境利用（观赏）

宏钟杜鹃
Rhododendron wightii Hook. f.
- 习　　性：灌木或小乔木
- 海　　拔：3900~4300 m
- 国内分布：西藏
- 国外分布：不丹、尼泊尔、印度
- 濒危等级：LC

圆叶杜鹃
Rhododendron williamsianum Rehder et E. H. Wilson
- 习　　性：灌木
- 海　　拔：1800~2800 m
- 分　　布：贵州、四川、西藏、云南
- 濒危等级：EN D
- 国家保护：Ⅱ级
- 资源利用：环境利用（观赏）

皱皮杜鹃
Rhododendron wiltonii Hemsl. et E. H. Wilson
- 习　　性：常绿灌木
- 海　　拔：2200~3300 m
- 分　　布：四川
- 濒危等级：LC

卧龙杜鹃
Rhododendron wolongense W. K. Hu
- 习　　性：乔木
- 海　　拔：约1700 m
- 分　　布：四川
- 濒危等级：LC

康南杜鹃
Rhododendron wongii Hemsl. et E. H. Wilson
- 习　　性：灌木
- 海　　拔：3200~3700 m
- 分　　布：四川
- 濒危等级：LC

武鸣杜鹃
Rhododendron wumingense Fang
- 习　　性：灌木
- 海　　拔：约1000 m
- 分　　布：广西
- 濒危等级：VU D2

武夷杜鹃
Rhododendron wuyishanicum L. K. Ling
- 习　　性：灌木或小乔木
- 分　　布：福建
- 濒危等级：LC

黄铃杜鹃
Rhododendron xanthocodon Hutch.
　　习　　性：灌木
　　海　　拔：2900~4100 m
　　国内分布：西藏
　　国外分布：不丹、印度
　　濒危等级：DD

鲜黄杜鹃
Rhododendron xanthostephanum Merr.
　　习　　性：常绿灌木
　　海　　拔：1500~4000 m
　　国内分布：西藏、云南
　　国外分布：缅甸、印度
　　濒危等级：NT D2

湘赣杜鹃
Rhododendron xiangganense X. F. Jiu et B. Y. Ding
　　习　　性：灌木或小乔木
　　海　　拔：约 800 m
　　分　　布：湖南、江西
　　濒危等级：LC

小溪洞杜鹃
Rhododendron xiaoxidongense W. K. Hu
　　习　　性：灌木
　　海　　拔：800~900 m
　　分　　布：江西
　　濒危等级：EN B1ab（i, iii, v）

西昌杜鹃
Rhododendron xichangense Z. J. Zhao
　　习　　性：灌木
　　海　　拔：2200 m
　　分　　布：四川
　　濒危等级：DD

西固杜鹃
Rhododendron xiguense Ching et H. P. Yang
　　习　　性：灌木
　　海　　拔：3400~3800 m
　　分　　布：甘肃
　　濒危等级：LC

阳明山杜鹃
Rhododendron yangmingshanense Tam
　　习　　性：灌木
　　海　　拔：200~300 m
　　分　　布：湖南
　　濒危等级：LC

瑶岗仙杜鹃
Rhododendron yaogangxianense Q. X. Liu
　　习　　性：灌木
　　海　　拔：约 1100 m
　　分　　布：湖南
　　濒危等级：LC

巧家瑶山杜鹃
Rhododendron yaoshanense L. M. Gao et S. D. Zhang
　　习　　性：灌木
　　海　　拔：3700~3900 m
　　分　　布：云南
　　濒危等级：DD

瑶山杜鹃
Rhododendron yaoshanicum Fang et M. Y. He
　　习　　性：灌木
　　分　　布：广西
　　濒危等级：LC

宜章杜鹃
Rhododendron yizhangense Q. X. Liu
　　习　　性：灌木
　　海　　拔：1600 m
　　分　　布：湖南
　　濒危等级：DD

越峰杜鹃
Rhododendron yuefengense G. Z. Li
　　习　　性：灌木
　　海　　拔：2100~2400 m
　　分　　布：广西
　　濒危等级：EN D2

少鳞杜鹃
Rhododendron yungchangense Cullen
　　习　　性：灌木
　　海　　拔：2100~2500 m
　　分　　布：云南
　　濒危等级：LC

永宁杜鹃
Rhododendron yungningense Balf. f. ex Hutch.
　　习　　性：灌木
　　海　　拔：3200~4300 m
　　分　　布：四川、云南
　　濒危等级：DD

云南杜鹃
Rhododendron yunnanense Franch.
　　习　　性：灌木
　　海　　拔：1600~4000 m
　　国内分布：贵州、陕西、四川、西藏、云南
　　国外分布：缅甸
　　濒危等级：LC

云亿杜鹃
Rhododendron yunyianum X. F. Jin et B. Y. Ding
　　习　　性：灌木
　　分　　布：福建
　　濒危等级：LC

玉树杜鹃
Rhododendron yushuense Z. J. Zhao
　　习　　性：灌木
　　海　　拔：4200 m
　　分　　布：青海
　　濒危等级：DD

白面杜鹃
Rhododendron zaleucum Balf. f. et W. W. Sm.

白面杜鹃（原变种）
Rhododendron zaleucum var. **zaleucum**
- 习　　性：灌木或小乔木
- 海　　拔：2800～3400 m
- 国内分布：云南
- 国外分布：缅甸
- 濒危等级：NT

毛叶白面杜鹃
Rhododendron zaleucum var. **pubifolium** R. C. Fang
- 习　　性：灌木或小乔木
- 海　　拔：约 3100 m
- 国内分布：云南
- 国外分布：缅甸
- 濒危等级：VU A2cd

泽库杜鹃
Rhododendron zekoense Y. D. Sun et Z. J. Zhao
- 习　　性：灌木
- 海　　拔：3200～3300 m
- 分　　布：青海
- 濒危等级：DD

鹧鸪杜鹃
Rhododendron zheguense Ching et H. P. Yang
- 习　　性：灌木
- 海　　拔：3800～4900 m
- 分　　布：四川
- 濒危等级：EN B1ab（i，iii）

中甸杜鹃
Rhododendron zhongdianense L. C. Hu
- 习　　性：常绿灌木
- 海　　拔：约 3700 m
- 分　　布：云南
- 濒危等级：DD

资源杜鹃
Rhododendron ziyuanense Tam
- 习　　性：灌木或小乔木
- 海　　拔：约 1700 m
- 分　　布：广西
- 濒危等级：NT

越橘属 Vaccinium L.

白花越橘
Vaccinium albidens H. Lév. et Vaniot
- 习　　性：灌木或小乔木
- 海　　拔：1000～2300 m
- 分　　布：贵州、云南
- 濒危等级：LC

草莓树状越橘
Vaccinium arbutoides C. B. Clarke
- 习　　性：附生灌木
- 海　　拔：约 2500 m
- 国内分布：西藏、云南
- 国外分布：缅甸、印度
- 濒危等级：NT D

紫梗越橘
Vaccinium ardisioides Hook. f. ex C. B. Clarke
- 习　　性：常绿灌木
- 海　　拔：1000～1400 m
- 国内分布：云南
- 国外分布：缅甸
- 濒危等级：NT A2c；D1

短蕊越橘
Vaccinium brachyandrum C. Y. Wu et R. C. Fang
- 习　　性：常绿灌木
- 海　　拔：2700 m
- 分　　布：云南
- 濒危等级：DD

短序越橘
Vaccinium brachybotrys（Franch.）Hand.-Mazz.
- 习　　性：灌木
- 海　　拔：1400～2400 m
- 分　　布：四川、云南
- 濒危等级：LC

南烛
Vaccinium bracteatum Thunb.

南烛（原变种）
Vaccinium bracteatum var. **bracteatum**
- 习　　性：灌木或小乔木
- 海　　拔：400～1900 m
- 国内分布：安徽、福建、广东、广西、贵州、海南、湖南、江苏、江西、山东、上海、四川、台湾、云南、浙江
- 国外分布：朝鲜、老挝、柬埔寨、马来西亚、日本、泰国、印度尼西亚、越南
- 濒危等级：LC
- 资源利用：原料（精油）

小叶南烛
Vaccinium bracteatum var. **chinense**（Lodd.）Chun ex Sleumer
- 习　　性：灌木或小乔木
- 海　　拔：800～1500 m
- 分　　布：福建、广东、广西
- 濒危等级：NT D1

倒卵叶南烛
Vaccinium bracteatum var. **obovatum** C. Y. Wu et R. C. Fang
- 习　　性：灌木或小乔木
- 海　　拔：800～1300 m
- 分　　布：广东
- 濒危等级：LC

淡红南烛
Vaccinium bracteatum var. **rubellum** Hsu, J. X. Qiu
- 习　　性：灌木或小乔木
- 分　　布：江西、浙江
- 濒危等级：LC

短梗乌饭
Vaccinium brevipedicellatum C. Y. Wu ex Fang et Z. H. Pan
- 习　　性：灌木或小乔木

海　　拔：1000～1600 m
分　　布：云南
濒危等级：VU A2c

泡泡叶越橘
Vaccinium bullatum (Dop) Sleum.
习　　性：常绿灌木
海　　拔：1100～1500 m
国内分布：广西
国外分布：越南
濒危等级：LC

灯台越橘
Vaccinium bulleyanum (Diels) Sleum.
习　　性：常绿灌木
海　　拔：2000～2400 m
分　　布：云南
濒危等级：LC

短尾越橘
Vaccinium carlesii Dunn
习　　性：灌木或小乔木
海　　拔：300～1200 m
分　　布：安徽、福建、广东、广西、贵州、湖南、江西、浙江
濒危等级：LC

圆顶越橘
Vaccinium cavinerve C. Y. Wu
习　　性：常绿灌木
海　　拔：1900～2600 m
国内分布：云南
国外分布：越南
濒危等级：LC

团叶越橘
Vaccinium chaetothrix Sleum.
习　　性：常绿灌木
海　　拔：2500～3200 m
国内分布：西藏、云南
国外分布：缅甸、印度
濒危等级：NT D

矮越橘
Vaccinium chamaebuxus C. Y. Wu
习　　性：常绿灌木
海　　拔：2500～3100 m
分　　布：云南
濒危等级：LC

四川越橘
Vaccinium chengiae Fang

四川越橘（原变种）
Vaccinium chengiae var. **chengiae**
习　　性：常绿灌木
海　　拔：1000～1600 m
分　　布：四川
濒危等级：DD

毛萼四川越橘
Vaccinium chengiae var. **pilosum** C. Y. Wu
习　　性：常绿灌木
海　　拔：1000～1600 m
分　　布：四川
濒危等级：LC

蓝果越橘
Vaccinium chunii Merr. ex Sleum.
习　　性：常绿灌木
海　　拔：1200～1400 m
国内分布：海南
国外分布：越南
濒危等级：VU D2

贝叶越橘
Vaccinium conchophyllum Rehder
习　　性：常绿灌木
海　　拔：1300～2800 m
分　　布：四川
濒危等级：LC

长萼越橘
Vaccinium craspedotum Sleum.
习　　性：常绿灌木
海　　拔：1200～1900 m
分　　布：云南
濒危等级：LC

网脉越橘
Vaccinium crassivenium Sleum.
习　　性：常绿灌木
海　　拔：600～1400 m
分　　布：广西
濒危等级：LC

凸尖越橘
Vaccinium cuspidifolium C. Y. Wu et R. C. Fang
习　　性：常绿灌木
分　　布：广西
濒危等级：VU D2

苍山越橘
Vaccinium delavayi Franch.

苍山越橘（原亚种）
Vaccinium delavayi subsp. **delavayi**
习　　性：常绿灌木
海　　拔：2000～3800 m
国内分布：四川、西藏、云南
国外分布：缅甸
濒危等级：LC
资源利用：药用（中草药）

台湾越橘
Vaccinium delavayi subsp. **merrillianum** (Hayata) R. C. Fang
习　　性：常绿灌木
海　　拔：2000～3700 m
分　　布：台湾

濒危等级：LC

树生越橘
Vaccinium dendrocharis Hand. -Mazz.
习　　性：常绿灌木
海　　拔：2300~3800 m
国内分布：西藏、云南
国外分布：缅甸
濒危等级：LC

云南越橘
Vaccinium duclouxii(H. Lév.) Hand. -Mazz.
习　　性：灌木或小乔木
海　　拔：1500~3200 m
分　　布：四川、云南
濒危等级：LC

毛果云南越橘
Vaccinium duclouxii var. **hirtellum** C. Y. Wu et R. C. Fang
习　　性：灌木或小乔木
分　　布：云南
濒危等级：LC

刚毛云南越橘
Vaccinium duclouxii var. **hirticaule** C. Y. Wu
习　　性：灌木或小乔木
海　　拔：1500~2200 m
分　　布：云南
濒危等级：LC

柔毛云南越橘
Vaccinium duclouxii var. **pubipes** C. Y. Wu
习　　性：灌木或小乔木
海　　拔：1700~3200 m
分　　布：西藏、云南
濒危等级：LC

樟叶越橘
Vaccinium dunalianum Wight

樟叶越橘（原变种）
Vaccinium dunalianum var. **dunalianum**
习　　性：常绿灌木
海　　拔：700~3100 m
国内分布：广西、贵州、四川、台湾、西藏、云南
国外分布：不丹、缅甸、尼泊尔、印度、越南
濒危等级：LC

长尾叶越橘
Vaccinium dunalianum var. **caudatifolium**(Hayata) H. L. Li
习　　性：常绿灌木
海　　拔：1600~2300 m
分　　布：台湾
濒危等级：LC

大樟叶越橘
Vaccinium dunalianum var. **megaphyllum** Sleum.
习　　性：常绿灌木
海　　拔：1400~2500 m
分　　布：贵州、云南
濒危等级：LC

尾叶越橘
Vaccinium dunalianum var. **urophyllum** Rehder et E. H. Wilson
习　　性：常绿灌木
海　　拔：1400~3100 m
国内分布：贵州、西藏、云南
国外分布：缅甸、越南
濒危等级：LC

长穗越橘
Vaccinium dunnianum Sleum.
习　　性：常绿灌木
海　　拔：1100~1800 m
分　　布：广西、云南
濒危等级：NT A2c；D1

凹顶越橘
Vaccinium emarginatum Hayata
习　　性：常绿灌木
海　　拔：1200~3500 m
分　　布：台湾
濒危等级：LC

隐距越橘
Vaccinium exaristatum Kurz.
习　　性：灌木或小乔木
海　　拔：500~2000 m
国内分布：广西、贵州、云南
国外分布：老挝、缅甸、泰国、越南
濒危等级：LC

齿苞越橘
Vaccinium fimbribracteatum C. Y. Wu
习　　性：常绿灌木
海　　拔：900~1200 m
分　　布：贵州、四川
濒危等级：NT D2

流苏萼越橘
Vaccinium fimbricalyx Chun et Fang
习　　性：常绿灌木
海　　拔：约1400 m
分　　布：广东、广西
濒危等级：LC

臭越橘
Vaccinium foetidissimum H. Lév. et Vaniot
习　　性：常绿灌木
海　　拔：900~1500 m
分　　布：贵州
濒危等级：LC

乌鸦果
Vaccinium fragile Franch.

乌鸦果（原变种）
Vaccinium fragile var. **fragile**
习　　性：灌木
海　　拔：1100~3400 m
分　　布：贵州、四川、西藏、云南
濒危等级：NT B1b（i, iii）
资源利用：药用（中草药）

大叶乌鸦果
Vaccinium fragile var. **mekongense**(W. W. Sm.)Sleumer
  习 性：灌木
  海 拔：1700~2000 m
  分 布：四川、云南
  濒危等级：LC

软骨边越橘
Vaccinium gaultheriifolium(Griff.)Hook. f. ex C. B. Clarke

软骨边越橘（原变种）
Vaccinium gaultheriifolium var. **gaultheriifolium**
  习 性：常绿灌木
  海 拔：1200~2600 m
  国内分布：西藏、云南
  国外分布：不丹、缅甸、尼泊尔、印度
  濒危等级：LC

粉花软骨边越橘
Vaccinium gaultheriifolium var. **glaucorubrum** C. Y. Wu
  习 性：常绿灌木
  海 拔：1800~2600 m
  分 布：云南
  濒危等级：DD

粉白越橘
Vaccinium glaucoalbum Hook. f. ex C. B. Clarke
  习 性：常绿灌木
  海 拔：2900~3300 m
  国内分布：西藏、云南
  国外分布：不丹、缅甸、尼泊尔、印度
  濒危等级：LC

灰叶乌饭
Vaccinium glaucophyllum C. Y. Wu et R. C. Fang
  习 性：常绿灌木
  海 拔：1700~1800 m
  分 布：贵州
  濒危等级：NT B1ab（i, iii）

广东乌饭
Vaccinium guangdongense Fang et Z. H. Pan
  习 性：常绿乔木
  海 拔：约900 m
  分 布：广东
  濒危等级：LC

海南越橘
Vaccinium hainanense Sleum.
  习 性：常绿灌木
  分 布：海南
  濒危等级：LC

海棠越橘
Vaccinium haitangense Sleum.
  习 性：灌木
  分 布：四川
  濒危等级：LC

长冠越橘
Vaccinium harmandianum Dop
  习 性：灌木或小乔木
  海 拔：800~1600 m
  国内分布：云南
  国外分布：柬埔寨、老挝
  濒危等级：LC

无梗越橘
Vaccinium henryi Hemsl.

无梗越橘（原变种）
Vaccinium henryi var. **henryi**
  习 性：落叶灌木
  海 拔：700~2100 m
  分 布：安徽、福建、甘肃、贵州、湖北、湖南、江西、陕西、四川、浙江
  濒危等级：LC

有梗越橘
Vaccinium henryi var. **chingii**(Sleumer)C. Y. Wu et R. C. Fang
  习 性：落叶灌木
  海 拔：1500~1600 m
  分 布：安徽、福建、江西、浙江
  濒危等级：NT B1b（i, iii）

日本越橘
Vaccinium hirtum Thunb.
  习 性：灌木
  海 拔：约1000 m
  国内分布：辽宁
  国外分布：朝鲜、俄罗斯、日本
  濒危等级：LC

凹脉越橘
Vaccinium impressinerve C. Y. Wu
  习 性：常绿灌木
  海 拔：约1700 m
  分 布：云南
  濒危等级：LC

黄背越橘
Vaccinium iteophyllum Hance

黄背越橘（原变种）
Vaccinium iteophyllum var. **iteophyllum**
  习 性：灌木或小乔木
  海 拔：400~2400 m
  分 布：安徽、福建、广东、广西、贵州、湖北、湖南、江苏、江西、四川、西藏、云南、浙江
  濒危等级：LC

腺毛越橘
Vaccinium iteophyllum var. **glandulosum** C. Y. Wu et R. C. Fang
  习 性：灌木或小乔木
  海 拔：约2300 m
  分 布：西藏
  濒危等级：LC

日本扁枝越橘
Vaccinium japonicum Miq.
  习 性：落叶灌木
  海 拔：1000~3000 m

国内分布：安徽、福建、甘肃、广东、广西、贵州、湖北、湖南、江西、四川、台湾
国外分布：日本
濒危等级：LC

台湾扁枝越橘
Vaccinium japonicum var. **lasiostemon** Hayata
习　　性：落叶灌木
海　　拔：2300～3000 m
分　　布：台湾
濒危等级：LC

扁枝越橘
Vaccinium japonicum var. **sinicum**(Nakai)Rehder
习　　性：落叶灌木
海　　拔：1000～1900 m
分　　布：安徽、福建、甘肃、广东、广西、贵州、湖北、湖南、江西、四川、云南、浙江
濒危等级：LC

卡钦越橘
Vaccinium kachinense Brandis
习　　性：常绿灌木
海　　拔：2100～2600 m
国内分布：云南
国外分布：缅甸
濒危等级：NT D

鞍马山越橘
Vaccinium kengii C. E. Chang
习　　性：小乔木
海　　拔：1600～2300 m
分　　布：台湾
濒危等级：NT

纸叶越橘
Vaccinium kingdon-wardii Sleum.
习　　性：常绿灌木
海　　拔：1800～3300 m
分　　布：西藏
濒危等级：NT D

红果越橘
Vaccinium koreanum Nakai
习　　性：落叶灌木
海　　拔：600～1000 m
国内分布：辽宁
国外分布：朝鲜
濒危等级：NT A2c；D1

亮叶越橘
Vaccinium lamprophyllum C. Y. Wu et R. C. Fang
习　　性：常绿灌木
海　　拔：约1200 m
分　　布：广东
濒危等级：LC

羽毛越橘
Vaccinium lanigerum Sleum.
习　　性：常绿灌木
海　　拔：1200～1400 m

国内分布：西藏、云南
国外分布：缅甸

白果越橘
Vaccinium leucobotrys(Nutt.)Nicholson
习　　性：常绿灌木
海　　拔：2100～2800 m
国内分布：西藏、云南
国外分布：缅甸、印度
濒危等级：LC

长尾乌饭
Vaccinium longicaudatum Chun ex Fang et Z. H. Pan
习　　性：常绿灌木
海　　拔：700～1600 m
分　　布：广东、广西、贵州、湖南
濒危等级：LC

江南越橘
Vaccinium mandarinorum Diels
习　　性：灌木或小乔木
海　　拔：100～1600 m
分　　布：安徽、福建、广东、广西、贵州、湖北、湖南、江苏、江西、云南、浙江
濒危等级：LC

小果红莓苔子
Vaccinium microcarpum(Turcz. ex Rupr.)Schmalh.
习　　性：亚灌木
海　　拔：约900 m
国内分布：黑龙江、吉林、内蒙古
国外分布：朝鲜、俄罗斯、蒙古、日本
濒危等级：LC
资源利用：食品（水果）

大苞越橘
Vaccinium modestum W. W. Sm.
习　　性：落叶灌木
海　　拔：2500～4300 m
国内分布：西藏、云南
国外分布：缅甸、印度
濒危等级：LC

宝兴越橘
Vaccinium moupinense Franch.
习　　性：常绿灌木
海　　拔：900～2400 m
分　　布：四川、云南
濒危等级：LC

黑果越橘
Vaccinium myrtillus L.
习　　性：落叶灌木
海　　拔：2200～2500 m
国内分布：新疆
国外分布：俄罗斯、蒙古
濒危等级：LC
资源利用：食品（水果）

抱石越橘
Vaccinium nummularia Hook. f. et Thomson ex C. B. Clarke

习　　性：常绿灌木
海　　拔：2000～3500 m
国内分布：西藏、云南
国外分布：不丹、缅甸、尼泊尔、印度
濒危等级：LC

腺齿越橘
Vaccinium oldhamii Miq.
习　　性：落叶灌木
海　　拔：200～1300 m
国内分布：江苏、山东
国外分布：朝鲜、日本
濒危等级：LC

峨眉越橘
Vaccinium omeiensis Fang
习　　性：灌木
海　　拔：1800～2100 m
分　　布：广西、贵州、四川、云南
濒危等级：LC

红莓苔子
Vaccinium oxycoccus L.
习　　性：常绿灌木
海　　拔：500～900 m
国内分布：黑龙江、吉林
国外分布：俄罗斯、日本
濒危等级：LC
资源利用：食品（水果）

粉果越橘
Vaccinium papillatum P. F. Stevens
习　　性：常绿灌木
海　　拔：1000～2000 m
国内分布：云南
国外分布：越南
濒危等级：LC

瘤果越橘
Vaccinium papulosum C. Y. Wu et R. C. Fang
习　　性：常绿灌木
海　　拔：700～1900 m
分　　布：西藏
濒危等级：DD

罗汉松叶乌饭
Vaccinium podocarpoideum Fang et Z. H. Pan
习　　性：常绿灌木
海　　拔：约1100 m
分　　布：广西、湖南
濒危等级：DD

草地越橘
Vaccinium pratense Tam ex C. Y. Wu et R. C. Fang
习　　性：常绿灌木
海　　拔：900～1000 m
分　　布：广东
濒危等级：DD

拟泡叶乌饭
Vaccinium pseudobullatum Fang et Z. H. Pan
习　　性：常绿灌木
海　　拔：1000～1700 m
分　　布：云南
濒危等级：LC

椭圆叶越橘
Vaccinium pseudorobustum Sleum.
习　　性：攀援灌木或小乔木
海　　拔：1300～1700 m
分　　布：广东、广西
濒危等级：LC

耳叶越橘
Vaccinium pseudospadiceum Dop
习　　性：常绿灌木
国内分布：云南
国外分布：越南
濒危等级：NT

腺萼越橘
Vaccinium pseudotonkinense Sleum.
习　　性：常绿灌木
海　　拔：1800～2200 m
国内分布：云南
国外分布：越南
濒危等级：LC

毛萼越橘
Vaccinium pubicalyx Franch.

毛萼越橘（原变种）
Vaccinium pubicalyx var. **pubicalyx**
习　　性：灌木或小乔木
海　　拔：600～3600 m
国内分布：贵州、四川、云南
国外分布：缅甸
濒危等级：LC

少毛毛萼越橘
Vaccinium pubicalyx var. **anomalum** J. Anthony
习　　性：灌木或小乔木
海　　拔：2000～3600 m
分　　布：云南
濒危等级：LC

多毛毛萼越橘
Vaccinium pubicalyx var. **leucocalyx** (H. Lév.) Rehder
习　　性：灌木或小乔木
海　　拔：600～1000 m
分　　布：贵州
濒危等级：LC

峦大越橘
Vaccinium randaiensis Hayata
习　　性：常绿灌木
海　　拔：400～2500 m
国内分布：广东、广西、贵州、湖南、台湾
国外分布：日本
濒危等级：LC

西藏越橘
Vaccinium retusum (Griff.) Hook. f. ex C. B. Clarke
- 习　　性：常绿灌木
- 海　　拔：约 2500 m
- 国内分布：西藏、云南
- 国外分布：不丹、缅甸、尼泊尔、印度
- 濒危等级：LC

红梗越橘
Vaccinium rubescens R. C. Fang
- 习　　性：常绿灌木
- 海　　拔：2000～2200 m
- 分　　布：云南
- 濒危等级：DD

石生越橘
Vaccinium saxicola Chun ex Sleum.
- 习　　性：常绿灌木
- 分　　布：广东
- 濒危等级：LC

林生越橘
Vaccinium sciaphilum C. Y. Wu
- 习　　性：常绿灌木
- 海　　拔：1700～2800 m
- 分　　布：云南
- 濒危等级：LC

岩生越橘
Vaccinium scopulorum W. W. Sm.
- 习　　性：常绿灌木
- 海　　拔：1500～3300 m
- 国内分布：云南
- 国外分布：不丹、缅甸
- 濒危等级：LC

细齿乌饭
Vaccinium serrulatum Fang et Z. H. Pan
- 习　　性：常绿灌木
- 海　　拔：1500 m
- 分　　布：四川、云南
- 濒危等级：LC

荚蒾叶越橘
Vaccinium sikkimense C. B. Clarke
- 习　　性：常绿灌木
- 海　　拔：3000～4300 m
- 分　　布：四川、西藏、云南
- 濒危等级：LC

广西越橘
Vaccinium sinicum Sleum.
- 习　　性：常绿灌木
- 海　　拔：1200～1700 m
- 分　　布：福建、广东、广西、湖南、浙江
- 濒危等级：LC

小尖叶越橘
Vaccinium spiculatum C. Y. Wu et R. C. Fang
- 习　　性：常绿灌木
- 海　　拔：600～2000 m
- 分　　布：西藏
- 濒危等级：DD

梯脉越橘
Vaccinium subdissitifolium P. F. Stevens
- 习　　性：常绿灌木
- 海　　拔：1500～1800 m
- 国内分布：西藏
- 国外分布：不丹、印度
- 濒危等级：NT D

镰叶越橘
Vaccinium subfalcatum Merr. ex Sleum.
- 习　　性：灌木或小乔木
- 海　　拔：100～900 m
- 国内分布：广东、广西
- 国外分布：越南
- 濒危等级：LC

凸脉越橘
Vaccinium supracostatum Hand. -Mazz.
- 习　　性：常绿灌木
- 海　　拔：400～1700 m
- 分　　布：广西、贵州
- 濒危等级：LC

狭花越橘
Vaccinium tenuiflorum R. C. Fang
- 习　　性：灌木
- 海　　拔：约 1800 m
- 分　　布：西藏
- 濒危等级：LC

刺毛越橘
Vaccinium trichocladum Merr. et F. P. Metcalf

刺毛越橘（原变种）
Vaccinium trichocladum var. **trichocladum**
- 习　　性：灌木
- 海　　拔：200～700 m
- 分　　布：安徽、福建、广东、广西、贵州、江西、浙江
- 濒危等级：LC

光序刺毛越橘
Vaccinium trichocladum var. **glabriracemosum** C. Y. Wu
- 习　　性：灌木
- 海　　拔：200～300 m
- 分　　布：福建、江西、浙江
- 濒危等级：LC

三花越橘
Vaccinium triflorum Rehder
- 习　　性：常绿灌木
- 海　　拔：1700～1800 m
- 国内分布：贵州、云南
- 国外分布：越南
- 濒危等级：NT

平苇乌饭
Vaccinium truncatocalyx Chun ex Fang et Z. H. Pan
 习 性：灌木或小乔木
 分 布：广东
 濒危等级：DD

笃斯越橘
Vaccinium uliginosum L.
 习 性：落叶灌木
 海 拔：900~2300 m
 国内分布：黑龙江、吉林、内蒙古
 国外分布：朝鲜、俄罗斯、蒙古、日本
 濒危等级：LC
 资源利用：原料（精油）

红花越橘
Vaccinium urceolatum Hemsl.

红花越橘（原变种）
Vaccinium urceolatum var. **urceolatum**
 习 性：灌木或小乔木
 海 拔：700~2000 m
 分 布：四川、云南
 濒危等级：LC

毛序红花越橘
Vaccinium urceolatum var. **pubescens** C. Y. Wu et R. C. Fang
 习 性：灌木或小乔木
 海 拔：1600~1800 m
 分 布：云南
 濒危等级：LC

小轮叶越橘
Vaccinium vacciniaceum (Roxb.) Sleum.

小轮叶越橘（原亚种）
Vaccinium vacciniaceum subsp. **vacciniaceum**
 习 性：常绿灌木
 海 拔：1200~2700 m
 国内分布：西藏
 国外分布：缅甸、尼泊尔、印度
 濒危等级：LC

秃冠小轮叶越橘
Vaccinium vacciniaceum subsp. **glabritubum** P. F. Stevens
 习 性：常绿灌木
 海 拔：1200~2700 m
 国内分布：西藏
 国外分布：不丹、尼泊尔、印度
 濒危等级：LC

轮生叶越橘
Vaccinium venosum Wight
 习 性：常绿灌木
 海 拔：约1400 m
 国内分布：西藏
 国外分布：不丹、印度
 濒危等级：LC

越橘
Vaccinium vitis-idaea L.
 习 性：灌木
 海 拔：900~3200 m
 国内分布：黑龙江、吉林、内蒙古、陕西、新疆
 国外分布：朝鲜、俄罗斯、蒙古、日本
 濒危等级：LC
 资源利用：药用（中草药）；食品（水果）；环境利用（观赏）；原料（单宁，树脂，精油）

海岛越橘
Vaccinium wrightii A. Gray

海岛越橘（原变种）
Vaccinium wrightii var. **wrightii**
 习 性：灌木或小乔木
 海 拔：600~1600 m
 国内分布：台湾
 国外分布：日本
 濒危等级：LC

长柄海岛越橘
Vaccinium wrightii var. **formosanum** (Hayata) H. L. Li
 习 性：灌木或小乔木
 海 拔：约1600 m
 分 布：台湾
 濒危等级：DD

瑶山越橘
Vaccinium yaoshanicum Sleum.
 习 性：灌木或小乔木
 海 拔：900~1000 m
 分 布：广东、广西
 濒危等级：LC

谷精草科 ERIOCAULACEAE
（1属：35种）

谷精草属 Eriocaulon L.

双江谷精草
Eriocaulon acutibracteatum W. L. Ma
 习 性：水生草本
 海 拔：约1100 m
 分 布：云南
 濒危等级：NT C1
 资源利用：药用（中草药）

高山谷精草
Eriocaulon alpestre Hook. f. et Thomson ex Körn.
 习 性：草本
 海 拔：海平面至3500 m
 国内分布：安徽、贵州、黑龙江、湖北、江西、辽宁、内蒙古、四川、西藏、云南
 国外分布：不丹、朝鲜、俄罗斯、菲律宾、尼泊尔、日本、泰国、印度
 濒危等级：LC

毛谷精草
Eriocaulon australe R. Br.

习　　性：草本
海　　拔：100~2000 m
国内分布：福建、广东、江西、云南
国外分布：澳大利亚、柬埔寨、马来西亚、泰国、越南
濒危等级：LC

云南谷精草
Eriocaulon brownianum Mart.
习　　性：草本
海　　拔：800~2800 m
国内分布：广东、湖南、云南
国外分布：柬埔寨、缅甸、斯里兰卡、泰国、印度、印度尼西亚、越南
濒危等级：LC

谷精草
Eriocaulon buergerianum Körn.
习　　性：草本
海　　拔：500~1300 m
国内分布：安徽、福建、广东、广西、贵州、湖北、湖南、江苏、江西、四川、台湾、云南、浙江
国外分布：朝鲜、日本
濒危等级：LC
资源利用：药用（中草药）

中俄谷精草
Eriocaulon chinorossicum Kom.
习　　性：水生草本
国内分布：黑龙江
国外分布：俄罗斯
濒危等级：NT C1

白药谷精草
Eriocaulon cinereum R. Br.
习　　性：一年生草本
海　　拔：海平面至1200 m
国内分布：安徽、福建、甘肃、广东、广西、贵州、河南、湖北、湖南、江苏、江西、陕西、四川、台湾、云南、浙江
国外分布：阿富汗、澳大利亚、巴基斯坦、不丹、朝鲜、菲律宾、柬埔寨、老挝、马来西亚、缅甸、尼泊尔、日本、斯里兰卡、泰国、印度、印度尼西亚、越南
濒危等级：LC

长苞谷精草
Eriocaulon decemflorum Maxim.
习　　性：多年生草本
海　　拔：1600~1700 m
国内分布：福建、广东、黑龙江、湖南、江苏、江西、辽宁、山东、四川、浙江
国外分布：朝鲜、俄罗斯、日本
濒危等级：LC

尖苞谷精草
Eriocaulon echinulatum Mart.
习　　性：水生草本
海　　拔：约1100 m
国内分布：广东、广西、江西
国外分布：菲律宾、柬埔寨、马来西亚、缅甸、日本、泰国、印度、越南
濒危等级：LC

峨眉谷精草
Eriocaulon ermeiense W. L. Ma ex Z. X. Zhang
习　　性：水生草本
海　　拔：400~500 m
分　　布：四川
濒危等级：NT A2c；B1ab（i, iii）

江南谷精草
Eriocaulon faberi Ruhland
习　　性：水生草本
海　　拔：500~1000 m
分　　布：福建、湖北、湖南、江苏、江西、浙江
濒危等级：LC

越南谷精草
Eriocaulon fluviatile Trimen
习　　性：草本
海　　拔：约200 m
国内分布：广东、广西、香港
国外分布：缅甸、斯里兰卡、泰国、印度、越南
濒危等级：LC

光瓣谷精草
Eriocaulon glabripetalum W. L. Ma
习　　性：水生草本
分　　布：广东
濒危等级：LC

蒙自谷精草
Eriocaulon henryanum Ruhland
习　　性：多年生草本
海　　拔：1600~4000 m
国内分布：云南
国外分布：泰国、越南
濒危等级：NT C1

昆明谷精草
Eriocaulon kunmingense Z. X. Zhang
习　　性：水生草本
海　　拔：约1000 m
国内分布：贵州、四川、云南
国外分布：印度、越南
濒危等级：LC

光萼谷精草
Eriocaulon leianthum W. L. Ma
习　　性：水生草本
海　　拔：约3100 m
分　　布：云南
濒危等级：NT C1

莽山谷精草
Eriocaulon mangshanense W. L. Ma
习　　性：水生草本
海　　拔：约1700 m
分　　布：湖南
濒危等级：NT A2c；B1ab（i, iii）

极小谷精草
Eriocaulon minusculum Moldenke
 习 性：水生草本
 海 拔：约 3800 m
 分 布：四川
 濒危等级：LC

四国谷精草
Eriocaulon miquelianum Körn.
 习 性：水生草本
 海 拔：1000~1600 m
 国内分布：湖南、浙江
 国外分布：朝鲜、日本
 濒危等级：LC

南投谷精草
Eriocaulon nantoense Hayata

南投谷精草（原变种）
Eriocaulon nantoense var. **nantoense**
 习 性：水生草本
 海 拔：海平面至 2500 m
 分 布：福建、广东、广西、贵州、海南、台湾、云南、浙江
 濒危等级：LC

小瓣谷精草
Eriocaulon nantoense var. **micropetalum** W. L. Ma
 习 性：水生草本
 分 布：福建、广东、广西、海南、台湾、浙江
 濒危等级：LC

尼泊尔谷精草
Eriocaulon nepalense Prescott ex Bong.

尼泊尔谷精草（原变种）
Eriocaulon nepalense var. **nepalense**
 习 性：水生草本
 海 拔：海平面至 2500 m
 国内分布：福建、广东、广西、贵州、湖南、江西、四川、台湾、云南、浙江
 国外分布：尼泊尔、日本
 濒危等级：LC

小谷精草
Eriocaulon nepalense var. **luzulifolium** (Mart.) Praj. et J. Parn.
 习 性：水生草本
 海 拔：300~1700 m
 国内分布：广西、贵州
 国外分布：泰国、印度
 濒危等级：LC

南亚谷精草
Eriocaulon oryzetorum Mart.
 习 性：水生草本
 海 拔：1000~2000 m
 国内分布：云南
 国外分布：尼泊尔、泰国、印度
 濒危等级：DD

朝日谷精草
Eriocaulon parvum Körn.
 习 性：水生草本
 国内分布：广西
 国外分布：朝鲜、日本
 濒危等级：LC

玉龙山谷精草
Eriocaulon rockianum Hand.-Mazz.

玉龙山谷精草（原变种）
Eriocaulon rockianum var. **rockianum**
 习 性：草本
 海 拔：2700~2900 m
 分 布：云南
 濒危等级：NT B1ab（i，iii）

宽叶谷精草
Eriocaulon rockianum var. **latifolium** W. L. Ma
 习 性：草本
 海 拔：2800 m
 分 布：云南
 濒危等级：LC

云贵谷精草
Eriocaulon schochianum Hand.-Mazz.
 习 性：水生草本
 海 拔：1900~2300 m
 分 布：广西、贵州、四川、云南
 濒危等级：LC

硬叶谷精草
Eriocaulon sclerophyllum W. L. Ma
 习 性：水生草本
 分 布：海南
 濒危等级：NT

丝叶谷精草
Eriocaulon setaceum L.
 习 性：水生草本
 海 拔：海平面至 1300 m
 国内分布：广东、广西、四川、香港、云南
 国外分布：澳大利亚、柬埔寨、老挝、孟加拉国、缅甸、日本、斯里兰卡、泰国、印度、印度尼西亚、越南
 濒危等级：LC

华南谷精草
Eriocaulon sexangulare L.
 习 性：草本
 海 拔：海平面至 800 m
 国内分布：福建、广东、广西、海南、台湾
 国外分布：澳大利亚、菲律宾、柬埔寨、老挝、马达加斯加、马来西亚、缅甸、日本、斯里兰卡、泰国、印度、印度尼西亚、越南
 濒危等级：LC
 资源利用：药用（中草药）

大药谷精草
Eriocaulon sollyanum Royle
 习 性：水生草本
 海 拔：2300~2800 m
 国内分布：贵州、四川、西藏、云南
 国外分布：孟加拉国、尼泊尔、斯里兰卡、泰国、印度、

印度尼西亚
濒危等级：LC

泰山谷精草
Eriocaulon taishanense F. Z. Li
习　　性：水生草本
海　　拔：300~400 m
分　　布：山东
濒危等级：LC

菲律宾谷精草
Eriocaulon truncatum Buch. -Ham. ex Mart.
习　　性：草本
海　　拔：海平面至500 m
国内分布：广东、海南、台湾
国外分布：巴布亚新几内亚、菲律宾、日本、斯里兰卡、泰国、新加坡、印度、印度尼西亚
濒危等级：LC

翅谷精草
Eriocaulon zollingerianum Korn.
习　　性：水生草本
海　　拔：海平面至1400 m
国内分布：海南
国外分布：巴布亚新几内亚、菲律宾、老挝、马来西亚、泰国、印度、印度尼西亚、越南
濒危等级：LC

古柯科 ERYTHROXYLACEAE
（1属：2种）

古柯属 Erythroxylum P. Browne

古柯
Erythroxylum novogranatense (D. Morris) Hier.
习　　性：灌木或小乔木
国内分布：广东、海南、台湾、云南栽培
国外分布：原产南美洲
资源利用：药用（中草药）

东方古柯
Erythroxylum sinense C. Y. Wu
习　　性：灌木或小乔木
海　　拔：200~2200 m
国内分布：福建、广东、广西、贵州、海南、湖南、江西、云南、浙江
国外分布：缅甸、印度、越南
濒危等级：LC

南鼠刺科 ESCALLONIACEAE
（1属：1种）

多香木属 Polyosma Blume

多香木
Polyosma cambodiana Gagnep.
习　　性：乔木

海　　拔：1000~2400 m
国内分布：广东、广西、海南、云南
国外分布：柬埔寨、泰国、越南
濒危等级：LC

杜仲科 EUCOMMIACEAE
（1属：1种）

杜仲属 Eucommia Oliv.

杜仲
Eucommia ulmoides Oliv.
习　　性：乔木
海　　拔：100~2000 m
分　　布：甘肃、贵州、河南、湖北、湖南、陕西、四川、云南、浙江；全国大多数省区栽培
濒危等级：EW
资源利用：药用（中草药）；原料（木材）

大戟科 EUPHORBIACEAE
（60属：279种）

铁苋菜属 Acalypha L.

尾叶铁苋菜
Acalypha acmophylla Hemsl.
习　　性：落叶灌木
海　　拔：100~1700 m
分　　布：甘肃、广西、贵州、湖北、山西、四川、云南
濒危等级：LC

屏东铁苋菜
Acalypha akoensis Hayata
习　　性：灌木
海　　拔：100~200 m
分　　布：台湾
濒危等级：DD

宝岛铁苋菜
Acalypha angatensis Blanco
习　　性：灌木
海　　拔：400~500 m
国内分布：台湾
国外分布：菲律宾
濒危等级：LC

南美铁苋
Acalypha aristata Kunth
习　　性：草本
国内分布：台湾归化
国外分布：原产中美洲、南美洲

铁苋菜
Acalypha australis L.
习　　性：一年生草本
海　　拔：100~1900 m
国内分布：除内蒙古、新疆外，各省均有分布

国外分布：原产澳大利亚和印度；俄罗斯、菲律宾、韩国、老挝、日本、印度、越南有分布
濒危等级：LC
资源利用：药用（中草药）

尖尾铁苋菜
Acalypha caturus Blume
习　　性：小乔木
海　　拔：100～200 m
国内分布：台湾
国外分布：菲律宾、印度尼西亚
濒危等级：LC

陈氏铁苋菜
Acalypha chuniana H. G. Ye et al.
习　　性：草本
分　　布：海南
濒危等级：LC

海南铁苋菜
Acalypha hainanensis Merr. et Chun
习　　性：灌木
海　　拔：100 m 以下
分　　布：海南
濒危等级：EN A2c

红穗铁苋菜
Acalypha hispida Burm. f.
习　　性：灌木
国内分布：福建、广东、广西、海南、台湾、云南栽培
国外分布：广泛栽培
资源利用：环境利用（观赏）

热带铁苋菜
Acalypha indica L.
习　　性：一年生草本
海　　拔：100 m 以下
国内分布：海南、台湾
国外分布：菲律宾、柬埔寨、马来西亚、日本、斯里兰卡、泰国、印度、印度尼西亚、越南；非洲。热带美洲有归化

卵叶铁苋菜
Acalypha kerrii Craib
习　　性：灌木
海　　拔：200～500 m
国内分布：广西、云南
国外分布：缅甸、泰国、越南
濒危等级：LC

麻叶铁苋菜
Acalypha lanceolata Willd.
习　　性：一年生草本
海　　拔：海平面至 100 m
国内分布：广东
国外分布：澳大利亚、菲律宾、马来西亚、缅甸、斯里兰卡、泰国、印度、印度尼西亚
濒危等级：LC

毛叶铁苋菜
Acalypha mairei（H. Lév.）C. K. Schneid.
习　　性：落叶灌木

海　　拔：700～2200 m
国内分布：广西、四川、云南
国外分布：泰国
濒危等级：LC

恒春铁苋菜
Acalypha matsudai Hayata
习　　性：灌木
海　　拔：海平面至 100 m
分　　布：台湾
濒危等级：LC

丽江铁苋菜
Acalypha schneideriana Pax et Hoffm.
习　　性：落叶灌木
海　　拔：1700～2800 m
国内分布：四川、云南
国外分布：泰国
濒危等级：LC

花莲铁苋菜
Acalypha suirenbiensis Yamam.
习　　性：灌木
海　　拔：100 m 以下
分　　布：台湾
濒危等级：DD

裂苞铁苋菜
Acalypha supera Forssk.
习　　性：一年生草本
海　　拔：100～1900 m
国内分布：安徽、甘肃、广东、广西、贵州、河北、河南、湖北、湖南、江苏、江西、陕西
国外分布：不丹、马来西亚、尼泊尔、斯里兰卡、印度、印度尼西亚、越南
濒危等级：LC

台湾铁苋菜
Acalypha taiwanensis S. S. Ying
习　　性：灌木
海　　拔：400～500 m
分　　布：台湾
濒危等级：LC

红桑
Acalypha wilkesiana Müll. Arg.
习　　性：灌木
国内分布：我国南方栽培
国外分布：原产美拉尼西亚；世界各地广泛栽培
资源利用：环境利用（观赏）

印禅铁苋菜
Acalypha wui H. S. Kiu
习　　性：灌木
海　　拔：100 m 以下
分　　布：广东、广西
濒危等级：NT A2ac + 3c

山麻杆属 Alchornea Sw.

同序山麻杆
Alchornea androgyna Croizat

习　　性：灌木
海　　拔：100 m 以下
国内分布：海南
国外分布：越南
濒危等级：LC

山麻杆
Alchornea davidii Franch.
习　　性：落叶灌木
海　　拔：300~2000 m
分　　布：福建、广东、广西、贵州、河南、湖北、湖南、江苏、江西、山西、四川、云南、浙江
濒危等级：LC
资源利用：原料（纤维）；动物饲料（饲料）；环境利用（观赏）

湖南山麻杆
Alchornea hunanensis H. S. Kiu
习　　性：灌木
海　　拔：300~900 m
分　　布：广西、湖南
濒危等级：LC

厚柱山麻杆
Alchornea kelungensis Hayata
习　　性：灌木
海　　拔：100~200 m
分　　布：台湾
濒危等级：LC

毛果山麻杆
Alchornea mollis Benth. ex Müll. Arg.
习　　性：灌木或小乔木
海　　拔：1200~1900 m
国内分布：四川、云南
国外分布：不丹、尼泊尔、印度
濒危等级：LC

羽脉山麻杆
Alchornea rugosa (Lour.) Müll. Arg.

羽脉山麻杆（原变种）
Alchornea rugosa var. **rugosa**
习　　性：灌木或小乔木
海　　拔：600 m 以下
国内分布：广东、广西、海南、云南
国外分布：澳大利亚、巴布亚新几内亚、菲律宾、马来西亚、缅甸、泰国、印度、印度尼西亚
濒危等级：LC

海南山麻杆
Alchornea rugosa var. **pubescens** (Pax et K. Hoffm.) H. S. Kiu
习　　性：灌木或小乔木
海　　拔：100~300 m
分　　布：广西、海南
濒危等级：LC

椴叶山麻杆
Alchornea tiliifolia (Benth.) Müll. Arg.
习　　性：灌木或小乔木
海　　拔：200~1300 m
国内分布：广西、贵州、云南
国外分布：不丹、马来西亚、孟加拉国、缅甸、泰国、印度、越南
濒危等级：LC

红背山麻杆
Alchornea trewioides

红背山麻杆（原变种）
Alchornea trewioides var. **trewioides**
习　　性：灌木
海　　拔：1000 m 以下
国内分布：福建、广东、广西、海南、湖南、江西
国外分布：柬埔寨、老挝、日本、泰国、越南
濒危等级：LC

绿背山麻杆
Alchornea trewioides var. **sinica** H. S. Kiu
习　　性：灌木
海　　拔：500~1200 m
分　　布：广西、四川、云南
濒危等级：LC

石栗属 Aleurites J. R. Forst. et G. Forst.

石栗
Aleurites moluccanus (L.) Willd.
习　　性：多年生草本
海　　拔：100~1000 m
国内分布：福建、广东、广西、海南、台湾、云南
国外分布：菲律宾、柬埔寨、斯里兰卡、泰国、印度、印度尼西亚、越南
濒危等级：LC
资源利用：环境利用（绿化）

浆果乌桕属 Balakata Esser

浆果乌桕
Balakata baccata (Roxb.) Esser
习　　性：乔木
海　　拔：600~700 m
国内分布：云南
国外分布：柬埔寨、老挝、马来西亚、孟加拉国、缅甸、泰国、印度、印度尼西亚、越南
濒危等级：LC

斑籽木属 Baliospermum Blume

狭叶斑籽木
Baliospermum angustifolium Y. T. Chang
习　　性：灌木
海　　拔：约 1100 m
分　　布：西藏
濒危等级：LC

西藏斑籽木
Baliospermum bilobatum T. L. Chin
习　　性：灌木或小乔木
海　　拔：800~1300 m
分　　布：西藏
濒危等级：LC

云南斑籽木
Baliospermum calycinum Müll. Arg.
 习 性：灌木
 海 拔：500～2500 m
 国内分布：云南
 国外分布：不丹、孟加拉国、缅甸、尼泊尔、泰国、印度
 濒危等级：LC

斑籽木
Baliospermum solanifolium(Burm.)Suresh
 习 性：灌木
 海 拔：700 m 以下
 国内分布：云南
 国外分布：不丹、柬埔寨、老挝、马来西亚、孟加拉国、缅甸、尼泊尔、斯里兰卡、泰国、印度、印度尼西亚、越南
 濒危等级：LC

心叶斑籽木
Baliospermum yui Y. T. Chang
 习 性：灌木
 海 拔：约 800 m
 国内分布：云南
 国外分布：缅甸
 濒危等级：LC

留萼木属 Blachia Baill.

大果留萼木
Blachia andamanica(Kurz)Hook. f.
 习 性：灌木
 海 拔：500～600 m
 国内分布：广东、广西、海南
 国外分布：菲律宾、马来西亚、孟加拉国、缅甸、印度、印度尼西亚
 濒危等级：LC

崖州留萼木
Blachia jatrophifolia Pax et Hoffm.
 习 性：灌木
 海 拔：100～200 m
 国内分布：海南
 国外分布：老挝、越南
 濒危等级：LC

留萼木
Blachia pentzii(Müll. Arg.)Benth.
 习 性：灌木
 海 拔：200～400 m
 国内分布：广东、海南
 国外分布：越南
 濒危等级：LC

海南留萼木
Blachia siamensis Gagnep.
 习 性：灌木
 海 拔：100～200 m
 国内分布：广东、海南
 国外分布：泰国
 濒危等级：LC

肥牛树属 Cephalomappa Baill.

肥牛树
Cephalomappa sinensis(Chun et F. C. How)Kosterm.
 习 性：乔木
 海 拔：100～500 m
 国内分布：广西、云南
 国外分布：越南
 濒危等级：VU A2ac；B1ab（iii）
 资源利用：原料（木材）；动物饲料（饲料）；环境利用（绿化）

刺果树属 Chaetocarpus Thwait.

刺果树
Chaetocarpus castanocarpus(Roxb.)Thwaites
 习 性：乔木
 海 拔：600～800 m
 国内分布：云南
 国外分布：柬埔寨、老挝、马来西亚、缅甸、斯里兰卡、泰国、印度、印度尼西亚、越南
 濒危等级：LC

沙戟属 Chrozophora Neck. ex A. Juss.

沙戟
Chrozophora sabulosa Kar. et Kir.
 习 性：一年生草本
 海 拔：500～600 m
 国内分布：新疆
 国外分布：哈萨克斯坦
 濒危等级：LC

白大凤属 Cladogynos Zipp. ex Span.

白大凤
Cladogynos orientalis Zipp. ex Span.
 习 性：灌木
 海 拔：200～500 m
 国内分布：广西
 国外分布：菲律宾、柬埔寨、老挝、马来西亚、泰国、印度尼西亚、越南
 濒危等级：LC

白桐树属 Claoxylon A. Juss.

台湾白桐树
Claoxylon brachyandrum Pax et Hoffm.
 习 性：灌木或小乔木
 海 拔：100 m 以下
 国内分布：台湾
 国外分布：菲律宾、马来西亚
 濒危等级：NT

海南白桐树
Claoxylon hainanense Pax et K. Hoffm.
 习 性：灌木或小乔木
 海 拔：100～700 m
 国内分布：广东、广西、海南

国外分布：越南
濒危等级：LC

白桐树
Claoxylon indicum (Reinw. ex Blume) Hassk.
习　　性：灌木或小乔木
海　　拔：100~1500 m
国内分布：广东、广西、海南、云南
国外分布：巴布亚新几内亚、马来西亚、泰国、印度、印度尼西亚、越南
濒危等级：LC
资源利用：药用（中草药）

膜叶白桐树
Claoxylon khasianum Hook. f.
习　　性：灌木或小乔木
海　　拔：200~2000 m
国内分布：广西、云南
国外分布：缅甸、印度、越南
濒危等级：LC

长叶白桐树
Claoxylon longifolium (Blume) Endl. et Hassk.
习　　性：灌木或小乔木
海　　拔：200~1000 m
国内分布：云南
国外分布：巴布亚新几内亚、柬埔寨、老挝、马来西亚、泰国、印度、印度尼西亚、越南
濒危等级：LC

短序白桐树
Claoxylon subsessiliflorum Croizat
习　　性：灌木
海　　拔：1500~1800 m
国内分布：云南
国外分布：越南
濒危等级：NT

蝴蝶果属 Cleidiocarpon Airy Shaw

蝴蝶果
Cleidiocarpon cavaleriei (H. Lév.) Airy Shaw
习　　性：乔木
海　　拔：100~1000 m
国内分布：广西、贵州、云南
国外分布：越南
濒危等级：VU A2c; B1ab (i, iii)
资源利用：原料（木材）；基因源（抗病毒）；环境利用（绿化，观赏）；食品（淀粉，种子）

棒柄花属 Cleidion Blume

灰岩棒柄花
Cleidion bracteosum Gagnep.
习　　性：乔木
海　　拔：350~1000 m
国内分布：广西、贵州、云南
国外分布：越南
濒危等级：LC

棒柄花
Cleidion brevipetiolatum Pax et K. Hoffm.
习　　性：乔木
海　　拔：200~1000 m
国内分布：广东、广西、贵州、海南、云南
国外分布：老挝、泰国、越南
濒危等级：LC
资源利用：药用（中草药）

长棒柄花
Cleidion spiciflorum (Burm. f.) Merr.
习　　性：乔木
海　　拔：600~1400 m
国内分布：西藏、云南
国外分布：澳大利亚、不丹、马来西亚、缅甸、尼泊尔、印度
濒危等级：LC

粗毛藤属 Cnesmone Blume

海南粗毛藤
Cnesmone hainanensis (Merr. et Chun) Croizat
习　　性：亚灌木
海　　拔：100 m以下
分　　布：广东、广西、海南
濒危等级：LC

粗毛藤
Cnesmone mairei (H. Lév.) Croizat
习　　性：亚灌木
海　　拔：700~1000 m
分　　布：云南
濒危等级：LC

灰岩粗毛藤
Cnesmone tonkinensis (Gagnep.) Croizat
习　　性：亚灌木
海　　拔：100~600 m
国内分布：广东、广西、海南
国外分布：泰国、越南
濒危等级：LC

变叶木属 Codiaeum Rumph. ex A. Juss.

变叶木
Codiaeum variegatum (L.) Rumph. ex A. Juss.
习　　性：灌木或小乔木
国内分布：福建、广东、广西、海南、云南栽培
国外分布：原产马来西亚、印度尼西亚；广泛栽培

巴豆属 Croton L.

银叶巴豆
Croton cascarilloides Raeusch.
习　　性：灌木
海　　拔：500 m以下
国内分布：福建、广东、广西、海南、台湾、云南
国外分布：菲律宾、老挝、马来西亚、缅甸、日本、泰国、印度尼西亚、越南
濒危等级：LC

卵叶巴豆
Croton caudatus Geiseler
习　　性：灌木
海　　拔：500～600 m
国内分布：云南
国外分布：澳大利亚、巴基斯坦、不丹、菲律宾、柬埔寨、老挝、马来西亚、孟加拉国、缅甸、尼泊尔、斯里兰卡、泰国、文莱、新加坡、印度、印度尼西亚、越南
濒危等级：LC

光果巴豆
Croton chunianus Croizat
习　　性：灌木
海　　拔：300～600 m
分　　布：海南
濒危等级：LC

荨麻叶巴豆
Croton cnidophyllus Radcl.-Sm. et Govaerts
习　　性：灌木
海　　拔：400～700 m
分　　布：广西、贵州、云南
濒危等级：DD

鸡骨香
Croton crassifolius Geiseler
习　　性：灌木
海　　拔：100～800 m
国内分布：福建、广东、广西、海南
国外分布：老挝、缅甸、泰国、越南
濒危等级：LC
资源利用：药用（中草药）

大麻叶巴豆
Croton damayeshu Y. T. Chang
习　　性：乔木
海　　拔：1000～1800 m
分　　布：云南
濒危等级：LC

鼎湖巴豆
Croton dinghuensis H. S. Kiu
习　　性：乔木
海　　拔：100～250 m
分　　布：广东
濒危等级：LC

石山巴豆
Croton euryphyllus W. W. Sm.
习　　性：灌木或乔木
海　　拔：200～2400 m
分　　布：广西、贵州、四川、云南
濒危等级：LC

香港巴豆
Croton hancei Benth.
习　　性：灌木或乔木
海　　拔：500～600 m
分　　布：广东、广西
濒危等级：EN B1ab（i，iii）

硬毛巴豆
Croton hirtus L'Hér.
习　　性：一年生草本
国内分布：海南
国外分布：原产中美洲、南美洲；热带地区广泛归化

宽昭巴豆
Croton howii Merr. et Chun ex Y. T. Chang
习　　性：灌木
海　　拔：500～700 m
分　　布：海南
濒危等级：LC

长果巴豆
Croton joufra Roxb.
习　　性：乔木
海　　拔：1000 m 以下
国内分布：云南
国外分布：不丹、孟加拉国、缅甸、印度、越南
濒危等级：LC

越南巴豆
Croton kongensis Gagnep.
习　　性：灌木
海　　拔：海平面至 2000 m
国内分布：海南、云南
国外分布：老挝、缅甸、泰国、越南
濒危等级：LC

毛果巴豆
Croton lachynocarpus Benth.
习　　性：灌木
海　　拔：100～900 m
分　　布：广东、广西、贵州、湖南、江西
濒危等级：LC

光叶巴豆
Croton laevigatus Vahl
习　　性：灌木或乔木
海　　拔：100～600 m
国内分布：海南
国外分布：斯里兰卡、印度；中南半岛
濒危等级：LC

疏齿巴豆
Croton laniflorus Geiseler
习　　性：灌木
海　　拔：约 600 m
国内分布：海南
国外分布：越南
濒危等级：LC

海南巴豆
Croton lauii Merr. et F. P. Metcalf
习　　性：灌木
海　　拔：100～300 m
分　　布：海南
濒危等级：VU A2c；B2ab（ii，iii，iv）

榄绿巴豆
Croton lauioides Radcl.-Sm. et Govaerts
- 习　　性：灌木或乔木
- 海　　拔：100~300 m
- 分　　布：广东、海南
- 濒危等级：NT D

曼哥龙巴豆
Croton mangelong Y. T. Chang
- 习　　性：乔木
- 海　　拔：500~600 m
- 分　　布：云南
- 濒危等级：DD

厚叶巴豆
Croton merrillianus Croizat
- 习　　性：灌木
- 海　　拔：200~700 m
- 分　　布：广西、海南
- 濒危等级：LC

淡紫毛巴豆
Croton purpurascens Y. T. Chang
- 习　　性：灌木或乔木
- 海　　拔：300~800 m
- 分　　布：广东
- 濒危等级：LC

巴豆
Croton tiglium L.
- 习　　性：乔木
- 海　　拔：300~700 m
- 国内分布：福建、广东、广西、贵州、海南、江苏、江西
- 国外分布：不丹、菲律宾、柬埔寨、马来西亚、孟加拉国、缅甸、尼泊尔、日本、斯里兰卡、泰国、印度、印度尼西亚、越南
- 濒危等级：LC
- 资源利用：药用（中草药）

延辉巴豆
Croton yanhuii Y. T. Chang
- 习　　性：灌木或乔木
- 海　　拔：约1000 m
- 分　　布：云南
- 濒危等级：CR B1ab (i, iii)

云南巴豆
Croton yunnanensis W. W. Sm.
- 习　　性：灌木
- 海　　拔：1000~2200 m
- 分　　布：四川、云南
- 濒危等级：LC

黄蓉花属 Dalechampia L.

黄蓉花
Dalechampia bidentata Blume
- 习　　性：亚灌木
- 海　　拔：400~1500 m
- 国内分布：云南
- 国外分布：老挝、缅甸、泰国、印度尼西亚
- 濒危等级：LC

东京桐属 Deutzianthus Gagnep.

东京桐
Deutzianthus tonkinensis Gagnep.
- 习　　性：乔木
- 海　　拔：900 m 以下
- 国内分布：广西、云南
- 国外分布：越南
- 濒危等级：EN B1ab (ii, iii)
- 国家保护：Ⅱ级

异萼木属 Dimorphocalyx Thwaites

异萼木
Dimorphocalyx poilanei Gagnep.
- 习　　性：灌木或乔木
- 海　　拔：100~200 m
- 国内分布：海南
- 国外分布：越南
- 濒危等级：LC

丹麻杆属 Discocleidion (Müll. Arg.) Pax et K. Hoffm.

毛丹麻杆
Discocleidion rufescens (Franch.) Pax et K. Hoffm.
- 习　　性：灌木或小乔木
- 海　　拔：200~1000 m
- 分　　布：安徽、甘肃、广东、广西、贵州、湖北、湖南、山西、陕西、四川
- 濒危等级：LC
- 资源利用：原料（纤维）

丹麻杆
Discocleidion ulmifolium (Müll. Arg.) Pax et K. Hoffm.
- 习　　性：灌木
- 海　　拔：100~500 m
- 国内分布：福建、广东、江西、浙江
- 国外分布：日本
- 濒危等级：LC

黄桐属 Endospermum Benth.

黄桐
Endospermum chinense Benth.
- 习　　性：乔木
- 海　　拔：800 m 以下
- 国内分布：福建、广东、广西、海南、云南
- 国外分布：缅甸、泰国、印度、越南
- 濒危等级：LC

风轮桐属 Epiprinus Griff.

风轮桐
Epiprinus siletianus (Baill.) Croizat
- 习　　性：灌木或小乔木
- 海　　拔：100~1000 m
- 国内分布：海南、云南

国外分布：老挝、缅甸、泰国、印度、越南
濒危等级：LC

轴花木属 Erismanthus Wall. ex Müll. Arg.

轴花木
Erismanthus sinensis Oliv.
习　　性：灌木或小乔木
海　　拔：100~400 m
国内分布：海南
国外分布：柬埔寨、老挝、泰国、越南
濒危等级：LC

大戟属 Euphorbia L.

阿拉套大戟
Euphorbia alatavica Boiss.
习　　性：多年生草本
海　　拔：1700~2000 m
国内分布：新疆
国外分布：哈萨克斯坦、吉尔吉斯斯坦、塔吉克斯坦
濒危等级：LC

北高山大戟
Euphorbia alpina C. A. Mey. ex Ledeb.
习　　性：多年生草本
海　　拔：2500 m
国内分布：新疆
国外分布：俄罗斯、哈萨克斯坦、蒙古
濒危等级：LC

青藏大戟
Euphorbia altotibetica Paulsen
习　　性：多年生草本
海　　拔：2800~3900 m
分　　布：甘肃、宁夏、青海、西藏
濒危等级：LC

火殃勒
Euphorbia antiquorum L.
习　　性：灌木或小乔木
海　　拔：400~850 m
国内分布：安徽、福建、广东、广西、贵州、海南、湖北、湖南、江苏、江西、四川、云南、浙江栽培
国外分布：巴基斯坦、马来西亚、孟加拉国、缅甸、斯里兰卡、泰国、印度尼西亚、印度、越南
濒危等级：LC
资源利用：药用（中草药）；环境利用（观赏）

海滨大戟
Euphorbia atoto Forst. f.
习　　性：多年生草本
海　　拔：海平面至 200 m
国内分布：广东、海南、台湾
国外分布：澳大利亚、菲律宾、柬埔寨、老挝、马来西亚、缅甸、日本、斯里兰卡、泰国、印度、印度尼西亚、越南
濒危等级：LC

细齿大戟
Euphorbia bifida Hook. et Arn.
习　　性：一年生草本
国内分布：福建、广东、广西、贵州、海南、江苏、江西
国外分布：澳大利亚、菲律宾、马来西亚、缅甸、日本、斯里兰卡、泰国、印度、印度尼西亚、越南
濒危等级：LC

睫毛大戟
Euphorbia blepharophylla C. A. Mey.
习　　性：多年生草本
海　　拔：800 m 以下
国内分布：新疆
国外分布：俄罗斯、哈萨克斯坦
濒危等级：LC

布赫塔尔大戟
Euphorbia buchtormensis C. A. Mey. ex Ledeb.
习　　性：多年生草本
海　　拔：1000~1300 m
国内分布：新疆
国外分布：俄罗斯、哈萨克斯坦、吉尔吉斯斯坦、塔吉克斯坦
濒危等级：LC

紫锦木
Euphorbia cotinifolia Miq.
习　　性：常绿乔木
国内分布：福建、海南、台湾；华中和华北温室广泛栽培
国外分布：原产中美洲、南美洲

猩猩草
Euphorbia cyathophora Murray
习　　性：一年生或多年生草本
国内分布：安徽、福建、广东、广西、贵州、海南、河北、河南、湖北、湖南、江苏、江西、山东、四川、台湾、云南、浙江栽培
国外分布：原产美洲；归化于旧大陆

齿裂大戟
Euphorbia dentata Michx.
习　　性：一年生草本
国内分布：北京归化
国外分布：原产北美洲

长叶大戟
Euphorbia donii Oudejans
习　　性：多年生草本
海　　拔：2000~2500 m
国内分布：西藏
国外分布：不丹、尼泊尔、印度
濒危等级：LC

蒿状大戟
Euphorbia dracunculoides Lam.
习　　性：一年生或多年生草本
海　　拔：400~1900 m
国内分布：云南
国外分布：巴基斯坦、尼泊尔、印度

濒危等级：LC

乳浆大戟
Euphorbia esula L.
- 习　　性：多年生草本
- 海　　拔：2000 m 以下
- 国内分布：除贵州、海南、西藏、云南外，遍布全国
- 国外分布：阿富汗、朝鲜、哈萨克斯坦、吉尔吉斯斯坦、蒙古、日本、塔吉克斯坦、土库曼斯坦、乌兹别克斯坦；亚洲西南部、欧洲。归化于北美洲
- 濒危等级：LC
- 资源利用：药用（中草药）

狼毒大戟
Euphorbia fischeriana Steud.
- 习　　性：多年生草本
- 海　　拔：100～600 m
- 国内分布：黑龙江、吉林、辽宁、内蒙古、山东
- 国外分布：朝鲜、俄罗斯、蒙古、日本
- 濒危等级：NT D
- 资源利用：药用（中草药）

北疆大戟
Euphorbia franchetii B. Fedtsch.
- 习　　性：一年生草本
- 海　　拔：1500 m 以下
- 国内分布：新疆
- 国外分布：阿富汗、俄罗斯、哈萨克斯坦、吉尔吉斯斯坦、塔吉克斯坦、土库曼斯坦、乌兹别克斯坦
- 濒危等级：LC

鹅銮鼻大戟
Euphorbia garanbiensis Hayata
- 习　　性：多年生草本
- 分　　布：台湾
- 濒危等级：VU D2

土库曼大戟
Euphorbia granulata Forssk.
- 习　　性：一年生草本
- 海　　拔：约 500 m
- 国内分布：新疆
- 国外分布：阿富汗、巴基斯坦、哈萨克斯坦、吉尔吉斯斯坦、塔吉克斯坦、土库曼斯坦、乌兹别克斯坦、印度
- 濒危等级：LC

圆苞大戟
Euphorbia griffithii Hook. f.
- 习　　性：多年生草本
- 海　　拔：2500～4900 m
- 国内分布：四川、西藏、云南
- 国外分布：不丹、克什米尔地区、缅甸、尼泊尔、印度
- 濒危等级：LC
- 资源利用：药用（中草药）

海南大戟
Euphorbia hainanensis Croizat
- 习　　性：灌木
- 海　　拔：约 900 m
- 分　　布：海南
- 濒危等级：VU A2c；C1

黑水大戟
Euphorbia heishuiensis W. T. Wang
- 习　　性：一年生草本
- 海　　拔：约 2000 m
- 分　　布：甘肃、四川
- 濒危等级：LC

泽漆
Euphorbia helioscopia L.
- 习　　性：一年生草本
- 海　　拔：海平面至 3800 m
- 国内分布：安徽、福建、甘肃、广东、广西、贵州、海南、河北、河南、湖北、湖南、江苏、江西、辽宁、宁夏、青海、陕西
- 国外分布：亚洲、欧洲、北非、北美洲
- 濒危等级：LC
- 资源利用：药用（中草药）

白苞猩猩草
Euphorbia heterophylla L.
- 习　　性：多年生草本
- 国内分布：安徽、福建、广东、广西、贵州、海南、河北、河南、湖北、湖南、江苏、江西、山东、四川、台湾、云南、浙江归化
- 国外分布：原产美洲
- 资源利用：环境利用（观赏）

闽南大戟
Euphorbia heyneana Spreng.
- 习　　性：一年生草本
- 国内分布：福建
- 国外分布：巴基斯坦、马来西亚、孟加拉国、缅甸、泰国、印度、越南
- 濒危等级：LC
- 资源利用：药用（中草药）

飞扬草
Euphorbia hirta L.
- 习　　性：一年生草本
- 海　　拔：400～2100 m
- 国内分布：福建、广东、广西、贵州、海南、湖南、江西、四川、台湾、云南
- 国外分布：全球热带、亚热带和温带地区
- 濒危等级：LC
- 资源利用：药用（中草药）

硬毛地锦
Euphorbia hispida Boiss.
- 习　　性：一年生草本
- 国内分布：云南
- 国外分布：阿富汗、巴基斯坦、孟加拉国、印度
- 濒危等级：DD

新竹地锦
Euphorbia hsinchuensis (Lin et Chaw) C. Y. Wu et J. S. Ma

习　　性：多年生草本
分　　布：台湾
濒危等级：LC

地锦草
Euphorbia humifusa Willd. ex Schltdl.
习　　性：一年生草本
海　　拔：海平面至 3800 m
国内分布：除海南外，各省均有分布
国外分布：亚洲、欧洲、非洲
濒危等级：LC
资源利用：药用（中草药）；原料（单宁，树脂）

矮大戟
Euphorbia humilis C. A. Mey.
习　　性：灌木
海　　拔：500 ~ 1000 m
国内分布：新疆
国外分布：俄罗斯、哈萨克斯坦、吉尔吉斯斯坦、塔吉克斯坦、土库曼斯坦、乌兹别克斯坦、伊朗
濒危等级：LC

湖北大戟
Euphorbia hylonoma Hand.-Mazz.
习　　性：多年生草本
海　　拔：200 ~ 3000 m
国内分布：安徽、甘肃、广东、广西、贵州、河北、河南、黑龙江、湖北、湖南、吉林、江苏、江西、辽宁、山东、山西、陕西、四川、云南、浙江
国外分布：俄罗斯、蒙古
濒危等级：LC
资源利用：药用（中草药）

通奶草
Euphorbia hypericifolia L.
习　　性：一年生草本
国内分布：北京、广东、广西、贵州、海南、湖南、江西、四川、台湾、云南
国外分布：原产新大陆；归化于旧大陆
资源利用：药用（中草药）

紫斑大戟
Euphorbia hyssopifolia L.
习　　性：一年生草本
国内分布：海南、台湾
国外分布：原产新大陆；归化于旧大陆

英德尔大戟
Euphorbia inderiensis Less. ex Kar. et Kir.
习　　性：一年生草本
海　　拔：600 ~ 800 m
国内分布：新疆
国外分布：阿富汗、哈萨克斯坦、吉尔吉斯斯坦、塔吉克斯坦、土库曼斯坦
濒危等级：LC

大狼毒
Euphorbia jolkinii Boiss.
习　　性：多年生草本
海　　拔：200 ~ 3000 m
国内分布：四川、台湾、云南
国外分布：朝鲜、日本
濒危等级：NT A2ac+3c；B1ab（i, iii）
资源利用：药用（中草药）

甘肃大戟
Euphorbia kansuensis Prokh.
习　　性：多年生草本
海　　拔：500 ~ 4400 m
分　　布：甘肃、河北、河南、湖北、江苏、内蒙古、宁夏、青海、山西、陕西、四川
濒危等级：LC
资源利用：药用（中草药）

甘遂
Euphorbia kansui Liou ex S. B. Ho
习　　性：多年生草本
海　　拔：1600 ~ 4200 m
分　　布：甘肃、河南、辽宁、山西、陕西
濒危等级：LC
资源利用：药用（中草药）

沙生大戟
Euphorbia kozlovii Prokh.
习　　性：多年生草本
国内分布：甘肃、内蒙古、宁夏、青海、山西、陕西
国外分布：蒙古
濒危等级：LC

续随子
Euphorbia lathyris L.
习　　性：一年生草本
海　　拔：200 ~ 3100 m
国内分布：安徽、福建、甘肃、广东、广西、贵州、海南、河北、河南、湖北、湖南、吉林、江苏、江西、辽宁、内蒙古、青海、山东、山西、陕西
国外分布：非洲北部、美洲、欧洲、亚洲
濒危等级：LC
资源利用：药用（中草药）

宽叶大戟
Euphorbia latifolia C. A. Mey. ex Ledeb.
习　　性：多年生草本
海　　拔：1000 ~ 1500 m
国内分布：新疆
国外分布：俄罗斯、哈萨克斯坦、吉尔吉斯斯坦、蒙古、塔吉克斯坦
濒危等级：LC

刘氏大戟
Euphorbia lioui C. Y. Wu et J. S. Ma
习　　性：多年生草本
分　　布：内蒙古
濒危等级：DD

林大戟
Euphorbia lucorum Rupr.
习　　性：多年生草本

海　　拔：200~1900 m
国内分布：黑龙江、吉林、辽宁、内蒙古
国外分布：朝鲜、俄罗斯
濒危等级：LC

粗根大戟
Euphorbia macrorrhiza C. A. Mey. ex Ledeb.
习　　性：多年生草本
海　　拔：1100~1300 m
国内分布：新疆
国外分布：俄罗斯、哈萨克斯坦
濒危等级：LC

斑地锦
Euphorbia maculata L.
习　　性：一年生草本
国内分布：河北、河南、湖北、江苏、江西、台湾、浙江
国外分布：原产北美洲；亚洲、欧洲归化

小叶大戟
Euphorbia makinoi Hayata
习　　性：一年生草本
国内分布：福建、江苏、台湾、香港、浙江
国外分布：菲律宾、日本
濒危等级：LC

猫儿山大戟
Euphorbia maoershanensis F. N. Wei et J. S. Ma
习　　性：多年生草本
海　　拔：约2100 m
分　　布：广西
濒危等级：LC

银边翠
Euphorbia marginata Pursh
习　　性：一年生草本
国内分布：安徽、福建、广东、广西、贵州、海南、湖北、湖南、江苏、江西、宁夏、山东、四川、台湾、云南、浙江逸生或归化；中国北部栽培
国外分布：原产北美洲；旧世界归化
资源利用：环境利用（观赏）

甘青大戟
Euphorbia micractina Boiss.
习　　性：多年生草本
海　　拔：900~2700 m
国内分布：甘肃、河南、宁夏、青海、山西、陕西、四川、西藏、新疆
国外分布：巴基斯坦、朝鲜、俄罗斯、克什米尔地区
濒危等级：LC

铁海棠
Euphorbia milii Des Moul.
习　　性：蔓生灌木
国内分布：安徽、福建、广东、广西、贵州、海南、河南、湖北、湖南、江苏、江西、山东、山西、陕西、四川、台湾、云南、浙江栽培
国外分布：原产马达加斯加；世界各地广泛栽培
资源利用：药用（中草药）；环境利用（观赏）

单伞大戟
Euphorbia monocyathium Prokh.
习　　性：多年生草本
海　　拔：2900~4000 m
国内分布：新疆
国外分布：哈萨克斯坦、吉尔吉斯斯坦、塔吉克斯坦
濒危等级：LC

金刚纂
Euphorbia neriifolia L.
习　　性：灌木或小乔木
国内分布：广东、广西、海南、云南栽培
国外分布：原产印度；热带亚洲栽培

大地锦
Euphorbia nutans Lagasca
习　　性：一年生草本
国内分布：安徽、北京、江苏、辽宁
国外分布：原产北美洲

长根大戟
Euphorbia pachyrrhiza Kar. et Kir.
习　　性：多年生草本
海　　拔：1200~2700 m
国内分布：新疆
国外分布：哈萨克斯坦、吉尔吉斯斯坦、塔吉克斯坦
濒危等级：LC

大戟
Euphorbia pekinensis Rupr.
习　　性：多年生草本
海　　拔：400~2400 m
国内分布：除台湾、西藏、新疆、云南外，遍布全国
国外分布：朝鲜、日本
濒危等级：LC
资源利用：药用（中草药，兽药）

南欧大戟
Euphorbia peplus L.
习　　性：一年生草本
国内分布：福建、广东、广西、台湾、香港、云南
国外分布：原产地中海沿岸；亚洲、美洲和澳大利亚归化

土瓜狼毒
Euphorbia prolifera Buch. -Ham. ex D. Don
习　　性：多年生草本
海　　拔：500~2300 m
国内分布：贵州、四川、云南
国外分布：巴基斯坦、缅甸、尼泊尔、泰国、印度
濒危等级：LC
资源利用：药用（中草药）

匍匐大戟
Euphorbia prostrata Aiton
习　　性：一年生草本
国内分布：福建、广东、海南、湖北、江苏、台湾、云南归化
国外分布：原产热带、亚热带美洲；旧世界归化

一品红
Euphorbia pulcherrima Willd. ex Klotzsch
 习　　性：灌木或小乔木
 国内分布：安徽、福建、广东、广西、贵州、海南、湖北、湖南、江苏、江西、山东、四川、台湾、云南、浙江；华中和华北地区广泛栽培
 国外分布：原产中美洲
 资源利用：药用（中草药）；环境利用（观赏）

小萝卜大戟
Euphorbia rapulum Kar. et Kir.
 习　　性：多年生草本
 海　　拔：800~2000 m
 国内分布：新疆
 国外分布：哈萨克斯坦、吉尔吉斯斯坦、塔吉克斯坦、土库曼斯坦、乌兹别克斯坦
 濒危等级：LC

霸王鞭
Euphorbia royleana Boiss.
 习　　性：灌木或小乔木
 海　　拔：200~1800 m
 国内分布：广西、四川、台湾、云南
 国外分布：巴基斯坦、不丹、缅甸、尼泊尔、印度
 濒危等级：LC
 资源利用：药用（中草药）

苏甘大戟
Euphorbia schuganica B. Fedtsch.
 习　　性：多年生草本
 国内分布：新疆
 国外分布：非洲、中亚
 濒危等级：LC

西格尔大戟
Euphorbia seguieriana Neck.
 习　　性：多年生草本
 国内分布：新疆
 国外分布：中亚
 濒危等级：LC

葡根大戟
Euphorbia serpens Kunth
 习　　性：一年生草本
 国内分布：台湾归化
 国外分布：原产新大陆；泛热带杂草

百步回阳
Euphorbia sessiliflora Roxb.
 习　　性：多年生草本
 国内分布：云南
 国外分布：原产印度

钩腺大戟
Euphorbia sieboldiana C. Morren et Decne.
 习　　性：多年生草本
 海　　拔：0~3000 m
 国内分布：除福建、海南、内蒙古、青海、西藏、新疆外，各省均有分布
 国外分布：朝鲜、俄罗斯、日本
 濒危等级：LC
 资源利用：药用（中草药）

黄苞大戟
Euphorbia sikkimensis Boiss.
 习　　性：多年生草本
 海　　拔：600~4500 m
 国内分布：广西、贵州、湖北、四川、西藏、云南
 国外分布：不丹、缅甸、尼泊尔、印度
 濒危等级：LC
 资源利用：药用（中草药）

准格尔大戟
Euphorbia soongarica Boiss.
 习　　性：多年生草本
 海　　拔：500~2000 m
 国内分布：甘肃、新疆
 国外分布：俄罗斯、哈萨克斯坦、吉尔吉斯斯坦、蒙古、塔吉克斯坦、土库曼斯坦、乌兹别克斯坦
 濒危等级：LC
 资源利用：药用（中草药）

对叶大戟
Euphorbia sororia Schrenk
 习　　性：一年生草本
 国内分布：新疆
 国外分布：哈萨克斯坦、吉尔吉斯斯坦、塔吉克斯坦
 濒危等级：LC

心叶大戟
Euphorbia sparrmannii Boiss.
 习　　性：多年生草本
 国内分布：台湾
 国外分布：菲律宾、马来西亚、日本、印度尼西亚
 濒危等级：VU B2ab（ii，v）

高山大戟
Euphorbia stracheyi Boiss.
 习　　性：多年生草本
 海　　拔：1000~4900 m
 国内分布：甘肃、青海、四川、西藏、云南
 国外分布：不丹、尼泊尔、印度
 濒危等级：LC

台西地锦
Euphorbia taihsiensis（Chaw et Koutnik）Oudejans
 习　　性：多年生草本
 分　　布：台湾
 濒危等级：LC

天山大戟
Euphorbia thomsoniana Boiss.
 习　　性：多年生草本
 海　　拔：2000~4500 m
 国内分布：新疆
 国外分布：阿富汗、巴基斯坦、哈萨克斯坦、吉尔吉斯斯坦、克什米尔地区、塔吉克斯坦、土库曼斯坦、印度
 濒危等级：LC

千根草
Euphorbia thymifolia L.
- 习　　性：一年生草本
- 海　　拔：430~1600 m
- 国内分布：福建、广东、广西、海南、湖南、江苏、江西、台湾、云南、浙江
- 国外分布：世界热带和亚热带地区（除澳大利亚）
- 濒危等级：LC
- 资源利用：药用（中草药）

西藏大戟
Euphorbia tibetica Boiss.
- 习　　性：多年生草本
- 海　　拔：2500~5000 m
- 国内分布：西藏、新疆
- 国外分布：巴基斯坦、哈萨克斯坦、吉尔吉斯斯坦、塔吉克斯坦、印度
- 濒危等级：LC

绿玉树
Euphorbia tirucalli L.
- 习　　性：灌木或小乔木
- 国内分布：安徽、福建、广东、广西、贵州、海南、湖北、湖南、江苏、江西、四川、台湾、云南、浙江栽培
- 国外分布：原产非洲；热带亚洲广泛栽培
- 资源利用：环境利用（观赏）

铜川大戟
Euphorbia tongchuanensis C. Y. Wu et J. S. Ma
- 习　　性：多年生草本
- 海　　拔：约2400 m
- 分　　布：陕西
- 濒危等级：DD

土大戟
Euphorbia turczaninowii Kar. et Kir.
- 习　　性：一年生草本
- 海　　拔：300~500 m
- 国内分布：新疆
- 国外分布：阿富汗、哈萨克斯坦、吉尔吉斯斯坦、蒙古、塔吉克斯坦、土库曼斯坦、乌兹别克斯坦、伊朗
- 濒危等级：LC

中亚大戟
Euphorbia turkestanica Regel
- 习　　性：一年生草本
- 国内分布：新疆
- 国外分布：哈萨克斯坦、吉尔吉斯斯坦、塔吉克斯坦、土库曼斯坦、乌兹别克斯坦
- 濒危等级：LC

大果大戟
Euphorbia wallichii Hook. f.
- 习　　性：多年生草本
- 海　　拔：1800~4700 m
- 国内分布：青海、四川、西藏、云南
- 国外分布：阿富汗、不丹、克什米尔地区、尼泊尔、印度
- 濒危等级：LC

盐津大戟
Euphorbia yanjinensis W. T. Wang
- 习　　性：多年生草本
- 海　　拔：600 m
- 分　　布：云南
- 濒危等级：VU A2c；C1

海漆属 Excoecaria L.

云南土沉香
Excoecaria acerifolia Didr.

云南土沉香（原变种）
Excoecaria acerifolia var. **acerifolia**
- 习　　性：灌木
- 海　　拔：1200~3000 m
- 国内分布：贵州、湖北、湖南、四川、云南
- 国外分布：尼泊尔、印度
- 濒危等级：LC

狭叶海漆
Excoecaria acerifolia var. **cuspidata**（Müll. Arg.）Müll. Arg.
- 习　　性：灌木
- 海　　拔：约1700 m
- 国内分布：甘肃、四川、云南
- 国外分布：印度
- 濒危等级：LC

海漆
Excoecaria agallocha L.
- 习　　性：落叶乔木
- 海　　拔：海平面至100 m
- 国内分布：广东、广西、台湾
- 国外分布：澳大利亚、巴布亚新几内亚、菲律宾、柬埔寨、马来西亚、日本、斯里兰卡、泰国、印度、印度尼西亚、越南
- 濒危等级：LC

红背桂
Excoecaria cochinchinensis Lour.

红背桂（原变种）
Excoecaria cochinchinensis var. **cochinchinensis**
- 习　　性：常绿灌木
- 国内分布：福建、广东、广西、海南、台湾、云南栽培
- 国外分布：原产越南；广泛栽培
- 资源利用：环境利用（观赏）

绿背桂花
Excoecaria cochinchinensis var. **formosana**（Hayata）Hurus.
- 习　　性：常绿灌木
- 海　　拔：海平面至1500 m
- 国内分布：广东、广西、海南、台湾
- 国外分布：老挝、马来西亚、缅甸、泰国、越南
- 濒危等级：LC

兰屿土沉香
Excoecaria kawakamii Hayata
- 习　　性：灌木

分　　布：台湾
濒危等级：VU D1

鸡尾木
Excoecaria venenata S. K. Lee et F. N. Wei
习　　性：灌木
分　　布：广西
濒危等级：VU B1ab（iii）

异序乌桕属 Falconeria Royle

异序乌桕
Falconeria insignis Royle
习　　性：乔木
海　　拔：200～800 m
国内分布：海南、四川、云南
国外分布：不丹、柬埔寨、老挝、马来西亚、孟加拉国、缅甸、尼泊尔、斯里兰卡、泰国、印度、越南
濒危等级：LC

裸花树属 Gymnanthes Swartz

裸花树
Gymnanthes remota（Steenis）Esser
习　　性：乔木
海　　拔：1600～2000 m
国内分布：云南
国外分布：印度尼西亚
濒危等级：NT B1ab（i，ii，iii）

粗毛野桐属 Hancea Seemann

粗毛野桐
Hancea hookeriana Seem.
习　　性：灌木或小乔木
海　　拔：100～900 m
国内分布：广东、广西、海南
国外分布：越南
濒危等级：LC

橡胶树属 Hevea Aubl.

橡胶树
Hevea brasiliensis（Willd. ex A. Juss.）Müll. Arg.
习　　性：乔木
国内分布：福建、广东、广西、海南、台湾、云南栽培
国外分布：热带地区广泛栽培

澳杨属 Homalanthus A. Juss.

圆叶澳杨
Homalanthus fastuosus（Linden）Fern.-Vill.
习　　性：灌木或小乔木
国内分布：海南、台湾
国外分布：菲律宾
濒危等级：LC

水柳属 Homonoia Lour.

水柳
Homonoia riparia Lour.
习　　性：灌木
海　　拔：1000 m 以下
国内分布：广西、贵州、海南、四川、台湾、云南
国外分布：菲律宾、柬埔寨、老挝、马来西亚、缅甸、泰国、印度、印度尼西亚、越南
濒危等级：LC

响盒子属 Hura L.

响盒子
Hura crepitans L.
习　　性：乔木
国内分布：海南、香港栽培
国外分布：原产热带美洲；各地广布

麻风树属 Jatropha L.

麻风树
Jatropha curcas L.
习　　性：灌木或乔木
国内分布：福建、广东、广西、海南、四川、台湾、云南栽培
国外分布：原产热带美洲；现广泛栽培
资源利用：药用（中草药）

琴叶珊瑚
Jatropha integerrima Jacq.
习　　性：常绿灌木
国内分布：福建、广东、广西、上海、云南栽培
国外分布：原产热带美洲

红珊瑚
Jatropha multifida L.
习　　性：灌木或乔木
国内分布：广东、广西、海南、云南栽培
国外分布：原产热带、亚热带美洲

佛肚树
Jatropha podagrica Hook.
习　　性：灌木
国内分布：福建、广东、广西、海南、云南栽培
国外分布：原产中美洲；广泛栽培
资源利用：环境利用（观赏）

白茶树属 Koilodepas Hassk.

白茶树
Koilodepas hainanense（Merr.）Croizat
习　　性：灌木或小乔木
海　　拔：100～400 m
国内分布：海南
国外分布：越南
濒危等级：LC

轮叶戟属 Lasiococca Hook. f.

轮叶戟
Lasiococca comberi（Merr.）H. S. Kiu
习　　性：乔木或灌木
海　　拔：300～1000 m
国内分布：海南、云南

国外分布：越南
濒危等级：LC

血桐属 Macaranga Du Petit Thouars

轮苞血桐
Macaranga andamanica Kurz
习　　性：灌木
海　　拔：100~400 m
国内分布：广东、广西、贵州、海南、云南
国外分布：马来西亚、缅甸、泰国、印度、越南
濒危等级：LC

中平树
Macaranga denticulata（Blume）Müll. Arg.
习　　性：乔木
海　　拔：100~1300 m
国内分布：广西、贵州、海南、西藏、云南
国外分布：不丹、老挝、马来西亚、缅甸、尼泊尔、泰国、印度、印度尼西亚、越南
濒危等级：LC

草鞋木
Macaranga henryi（Pax et K. Hoffm.）Rehder
习　　性：灌木或乔木
海　　拔：300~1400 m
国内分布：广西、贵州、云南
国外分布：越南
濒危等级：LC

印度血桐
Macaranga indica Wight
习　　性：乔木
海　　拔：300~1900 m
国内分布：广西、云南
国外分布：老挝、缅甸、泰国、越南
濒危等级：LC

尾叶血桐
Macaranga kurzii（Kuntze）Pax et K. Hoffm.
习　　性：灌木或小乔木
海　　拔：300~1600 m
国内分布：广西、贵州、海南、西藏、云南
国外分布：不丹、老挝、马来西亚、缅甸、尼泊尔、泰国、印度、印度尼西亚、越南
濒危等级：LC

刺果血桐
Macaranga lowii King ex Hook. f.
习　　性：乔木
海　　拔：100~500 m
国内分布：福建、广东、广西、海南
国外分布：菲律宾、马来西亚、泰国、印度尼西亚、越南
濒危等级：LC

泡腺血桐
Macaranga pustulata King ex Hook. f.
习　　性：灌木或小乔木
海　　拔：1100~2100 m
国内分布：西藏、云南
国外分布：不丹、尼泊尔、印度
濒危等级：LC

鼎湖血桐
Macaranga sampsonii Hance
习　　性：灌木或小乔木
海　　拔：200~800 m
国内分布：广东、广西、海南、云南
国外分布：越南
濒危等级：LC

台湾血桐
Macaranga sinensis Baill. ex Müll. Arg.
习　　性：灌木或小乔木
海　　拔：100 m 以下
国内分布：台湾
国外分布：菲律宾、印度尼西亚
濒危等级：NT

血桐
Macaranga tanarius（Blume）Müll. Arg.
习　　性：乔木
海　　拔：100 m 以下
国内分布：福建、广东、广西、海南
国外分布：菲律宾、马来西亚、泰国、印度尼西亚、越南
濒危等级：LC
资源利用：原料（木材）

野桐属 Mallotus Lour.

锈毛野桐
Mallotus anomalus Merr. et Chun
习　　性：灌木
海　　拔：100~400 m
分　　布：海南
濒危等级：LC

白背叶
Mallotus apelta（Lour.）Müll. Arg.

白背叶（原变种）
Mallotus apelta var. **apelta**
习　　性：灌木或小乔木
海　　拔：100~1000 m
国内分布：福建、广东、广西、海南、湖南、江西、云南
国外分布：越南
濒危等级：LC
资源利用：原料（香料，纤维）；药用（中草药）

广西白背叶
Mallotus apelta var. **kwangsiensis** F. P. Metcalf
习　　性：灌木或小乔木
海　　拔：200~1000 m
分　　布：广东、广西、云南
濒危等级：LC

毛桐
Mallotus barbatus（Wall. ex Baill.）Müll. Arg.

毛桐（原变种）
Mallotus barbatus var. **barbatus**

习　　性：灌木或小乔木
海　　拔：300~1300 m
国内分布：广东、广西、贵州、云南
国外分布：马来西亚、缅甸、泰国、印度、越南
濒危等级：LC
资源利用：原料（纤维，木材）

石山毛桐
Mallotus barbatus var. **croizatianus**(F. P. Metcalf)S. M. Hwang
习　　性：灌木或小乔木
海　　拔：300~1200 m
分　　布：广西、贵州
濒危等级：LC

长梗毛桐
Mallotus barbatus var. **pedicellaris** Croizat
习　　性：灌木或小乔木
海　　拔：200~700 m
国内分布：广东、广西、贵州、湖北、湖南、四川、云南
国外分布：泰国
濒危等级：LC

短柄野桐
Mallotus decipiens Müll. Arg.
习　　性：灌木或小乔木
海　　拔：400~800 m
国内分布：云南
国外分布：缅甸、泰国
濒危等级：NT

南平野桐
Mallotus dunnii F. P. Metcalf
习　　性：灌木
海　　拔：300~500 m
分　　布：福建、广东、广西、湖南
濒危等级：LC

长叶野桐
Mallotus esquirolii H. Lév.
习　　性：灌木或小乔木
海　　拔：300~1500 m
国内分布：广西、贵州、海南、云南
国外分布：越南
濒危等级：LC

粉叶野桐
Mallotus garrettii Airy Shaw
习　　性：乔木
海　　拔：1000~1500 m
国内分布：云南
国外分布：老挝、泰国
濒危等级：LC

野梧桐
Mallotus japonicus(L. f.)Müll. Arg.
习　　性：灌木
海　　拔：100~600 m
国内分布：浙江、台湾；江苏有栽培
国外分布：朝鲜、日本
濒危等级：LC

资源利用：原料（木材）

孟连野桐
Mallotus kongkandae Welzen et Phattar.
习　　性：灌木或乔木
国内分布：云南
国外分布：泰国
濒危等级：DD

罗定野桐
Mallotus lotingensis F. P. Metcalf
习　　性：灌木
海　　拔：200~500 m
分　　布：广东、广西
濒危等级：LC

罗城野桐
Mallotus luchenensis F. P. Metcalf
习　　性：灌木或小乔木
海　　拔：200~1300 m
国内分布：广西、贵州
国外分布：越南
濒危等级：DD

褐毛野桐
Mallotus metcalfianus Croizat
习　　性：乔木
海　　拔：100~1900 m
国内分布：广西、云南
国外分布：越南
濒危等级：LC

小果野桐
Mallotus microcarpus Pax et Hoffm.
习　　性：灌木
海　　拔：200~1000 m
国内分布：广东、广西、贵州、湖南、江西
国外分布：越南
濒危等级：LC

贵州野桐
Mallotus millietii H. Lév.

贵州野桐（原变种）
Mallotus millietii var. **millietii**
习　　性：攀援灌木
海　　拔：500~1400 m
分　　布：广西、贵州、云南
濒危等级：LC

光叶贵州野桐
Mallotus millietii var. **atrichus** Croizat
习　　性：攀援灌木
海　　拔：700~1000 m
分　　布：广西、贵州、湖北、湖南、云南
濒危等级：LC

尼泊尔野桐
Mallotus nepalensis Müll. Arg.
习　　性：灌木或小乔木
海　　拔：1700~2500 m

国内分布：西藏、云南
国外分布：不丹、缅甸、尼泊尔、印度
濒危等级：LC
资源利用：原料（纤维）

山地野桐
Mallotus oreophilus Müll. Arg.

山地野桐（原变种）
Mallotus oreophilus var. **oreophilus**
- 习　　性：灌木或小乔木
- 海　　拔：1400~2000 m
- 国内分布：四川、西藏、云南
- 国外分布：不丹、印度
- 濒危等级：LC

肾叶野桐
Mallotus oreophilus var. **latifolius**(Boufford et T. S. Ying) H. S. Kiu
- 习　　性：灌木或小乔木
- 海　　拔：600~2000 m
- 分　　布：四川、云南
- 濒危等级：LC

樟叶野桐
Mallotus pallidus(Airy Shaw) Airy Shaw
- 习　　性：小乔木
- 海　　拔：1200~1400 m
- 国内分布：海南、云南
- 国外分布：泰国
- 濒危等级：LC

白楸
Mallotus paniculatus(Lam.) Müll. Arg.
- 习　　性：灌木或乔木
- 海　　拔：100~1300 m
- 国内分布：福建、广东、广西、贵州、海南、台湾、云南
- 国外分布：澳大利亚、巴布亚新几内亚、菲律宾、柬埔寨、老挝、马来西亚、孟加拉国、缅甸、泰国、印度、印度尼西亚、越南
- 濒危等级：LC
- 资源利用：原料（木材，纤维）

山苦茶
Mallotus peltatus(Geiseler) Müll. Arg.
- 习　　性：灌木或小乔木
- 海　　拔：200~1000 m
- 国内分布：广东、海南
- 国外分布：巴布亚新几内亚、菲律宾、马来西亚、缅甸、泰国、印度、印度尼西亚、越南
- 濒危等级：LC

粗糠柴
Mallotus philippensis(Lamarck) Müll. Arg.

粗糠柴（原变种）
Mallotus philippensis var. **philippensis**
- 习　　性：灌木或小乔木
- 海　　拔：300~1600 m
- 国内分布：安徽、福建、广东、广西、贵州、海南、湖北、湖南、江苏、江西、四川、台湾、西藏、云南、浙江
- 国外分布：澳大利亚、巴布亚新几内亚、巴基斯坦、不丹、菲律宾、老挝、马来西亚、孟加拉国、缅甸、尼泊尔、斯里兰卡、泰国、印度、越南
- 濒危等级：LC
- 资源利用：原料（单宁，木材）

网脉粗糠柴
Mallotus philippensis var. **reticulatus**(Dunn) F. P. Metcalf
- 习　　性：灌木或小乔木
- 海　　拔：100~700 m
- 分　　布：福建、广东、广西、江西
- 濒危等级：LC

石岩枫
Mallotus repandus(Rottler) Müll. Arg.

石岩枫（原变种）
Mallotus repandus var. **repandus**
- 习　　性：攀援灌木
- 海　　拔：100~500 m
- 国内分布：福建、广东、广西、海南、台湾、云南
- 国外分布：澳大利亚、巴布亚新几内亚、不丹、菲律宾、柬埔寨、老挝、马来西亚、孟加拉国、缅甸、尼泊尔、斯里兰卡、泰国、印度、印度尼西亚、越南
- 濒危等级：LC
- 资源利用：原料（纤维）

杠香藤
Mallotus repandus var. **chrysocarpus**(Pamp.) S. M. Hwang
- 习　　性：攀援灌木
- 海　　拔：500~1000 m
- 分　　布：安徽、甘肃、贵州、河南、湖北、湖南、山西、四川
- 濒危等级：LC

卵叶石岩枫
Mallotus repandus var. **scabrifolius**(A. Juss.) Müll. Arg.
- 习　　性：攀援灌木
- 海　　拔：100~600 m
- 分　　布：福建、广东、广西、湖南、江西、云南、浙江
- 濒危等级：LC

圆叶野桐
Mallotus roxburghianus Müll. Arg.
- 习　　性：灌木
- 海　　拔：800~1000 m
- 国内分布：云南
- 国外分布：印度
- 濒危等级：NT B1ab (i, iii); D

桃源野桐
Mallotus taoyuanensis C. L. Peng et L. H. Yan
- 习　　性：灌木
- 分　　布：湖南
- 濒危等级：LC

野桐
Mallotus tenuifolius Pax

野桐（原变种）
Mallotus tenuifolius var. **tenuifolius**

习　　性：灌木或小乔木
海　　拔：700～1700 m
分　　布：安徽、福建、甘肃、贵州、河南、湖北、湖南、江西、四川
濒危等级：LC

乐昌野桐
Mallotus tenuifolius var. **castanopsis**(F. P. Metcalf)H. S. Kiu
习　　性：灌木或小乔木
海　　拔：200～300 m
分　　布：广东、广西、湖南、江西
濒危等级：LC

红叶野桐
Mallotus tenuifolius var. **paxii**(Pamp.)H. S. Kiu
习　　性：灌木或小乔木
海　　拔：300～1200 m
分　　布：安徽、福建、广东、广西、贵州、河南、湖北、湖南、江苏、江西、陕西、四川、浙江
濒危等级：LC

黄背野桐
Mallotus tenuifolius var. **subjaponicus** Croizat
习　　性：灌木或小乔木
海　　拔：500～1500 m
分　　布：安徽、福建、广东、广西、贵州、湖北、湖南、江苏、江西、浙江
濒危等级：DD

四果野桐
Mallotus tetracoccus(Roxb.)Kurz
习　　性：乔木
海　　拔：800～1300 m
国内分布：西藏、云南
国外分布：不丹、缅甸、尼泊尔、斯里兰卡、印度
濒危等级：LC

灰叶野桐
Mallotus thorelii Gagnep.
习　　性：灌木或小乔木
海　　拔：1200～1300 m
国内分布：云南
国外分布：柬埔寨、老挝、泰国、越南
濒危等级：LC

椴叶野桐
Mallotus tiliifolius(Blume)Müll. Arg.
习　　性：灌木或小乔木
海　　拔：100 m 以下
国内分布：海南、台湾
国外分布：澳大利亚、菲律宾、马来西亚、泰国、印度尼西亚
濒危等级：LC

木薯属 Manihot Mill.

木薯
Manihot esculenta Crantz
习　　性：灌木
国内分布：福建、广东、广西、贵州、海南、台湾、云南；广泛栽培
国外分布：原产巴西；热带地区广泛栽培
资源利用：基因源（高产）；食品（粮食，淀粉，蔬菜）

木薯胶
Manihot glaziovii Müll. Arg.
习　　性：灌木或小乔木
国内分布：广东、广西、海南栽培
国外分布：原产巴西；热带地区广泛栽培
资源利用：原料（橡胶）

蓝子木属 Margaritaria L.

蓝子木
Margaritaria indica(Dalzell)Airy Shaw
习　　性：乔木
海　　拔：约 400 m
国内分布：广西、台湾
国外分布：澳大利亚、菲律宾、马来西亚、缅甸、斯里兰卡、泰国、印度、印度尼西亚、越南
濒危等级：LC

大柱藤属 Megistostigma Hook. f.

缅甸大柱藤
Megistostigma burmanicum(Kurz)Airy Shaw
习　　性：亚灌木
海　　拔：700～1000 m
国内分布：云南
国外分布：马来西亚、缅甸、泰国
濒危等级：DD

云南大柱藤
Megistostigma yunnanense Croizat
习　　性：亚灌木
海　　拔：1000～1300 m
分　　布：云南
濒危等级：EN A3ac

墨鳞属 Melanolepis Rchb. ex Zoll.

墨鳞
Melanolepis multiglandulosa(Reinw. ex Blume)Rchb. f. et Zoll.
习　　性：乔木
海　　拔：100～400 m
国内分布：台湾
国外分布：巴布亚新几内亚、菲律宾、日本、泰国、印度尼西亚
濒危等级：LC

山靛属 Mercurialis L.

山靛
Mercurialis leiocarpa Siebold et Zucc.
习　　性：多年生草本
海　　拔：300～2800 m
国内分布：安徽、广东、广西、贵州、湖北、湖南、江西、四川、台湾、云南、浙江

国外分布：不丹、朝鲜、尼泊尔、日本、泰国、印度
濒危等级：LC

小果木属 Micrococca Benth.

小果木
Micrococca mercurialis(L.) Benth.
习　　性：草本
国内分布：海南
国外分布：澳大利亚；东南亚、非洲、南亚
濒危等级：LC

地杨桃属 Microstachys A. Juss.

地杨桃
Microstachys chamaelea(L.) Müll. Arg.
习　　性：多年生草本
海　　拔：海平面至300 m
国内分布：广东、广西、海南
国外分布：澳大利亚、菲律宾、柬埔寨、马来西亚、缅甸、斯里兰卡、泰国、文莱、印度、印度尼西亚、越南
濒危等级：LC

白木乌桕属 Neoshirakia Esser

斑子乌桕
Neoshirakia atrobadiomaculata(F. P. Metcalf) Esser et P. T. Li
习　　性：灌木
海　　拔：100~400 m
分　　布：福建、广东、湖南、江西
濒危等级：LC

白木乌桕
Neoshirakia japonica(Siebold et Zucc.) Esser
习　　性：乔木
海　　拔：100~400 m
国内分布：安徽、福建、广东、广西、贵州、湖北、湖南、江苏、江西、山东、四川、浙江
国外分布：韩国、日本
濒危等级：LC

叶轮木属 Ostodes Blume

云南叶轮木
Ostodes katharinae Pax et Hoffm.
习　　性：乔木
海　　拔：900~2000 m
国内分布：西藏、云南
国外分布：泰国
濒危等级：LC

叶轮木
Ostodes paniculata Blume
习　　性：乔木
海　　拔：400~1400 m
国内分布：海南、云南
国外分布：不丹、柬埔寨、马来西亚、缅甸、尼泊尔、印度、印度尼西亚、越南

濒危等级：LC

粗柱藤属 Pachystylidium Pax et K. Hoffm.

粗柱藤
Pachystylidium hirsutum(Blume) Pax et K. Hoffm.
习　　性：亚灌木
国内分布：云南
国外分布：菲律宾、柬埔寨、老挝、泰国、印度、印度尼西亚、越南
濒危等级：DD

红雀珊瑚属 Pedilanthus Neck. ex Poit.

红雀珊瑚
Pedilanthus tithymaloides(L.) Poit.
习　　性：亚灌木
国内分布：广东、广西、海南、云南栽培
国外分布：原产中美洲；全球热带地区栽培
资源利用：环境利用（观赏）；药用（中草药）

三籽桐属 Reutealis Airy Shaw

三籽桐
Reutealis trisperma(Blanco) Airy Shaw
习　　性：乔木
国内分布：广东、广西栽培
国外分布：原产菲律宾；印度尼西亚栽培

蓖麻属 Ricinus L.

蓖麻
Ricinus communis L.
习　　性：一年生草本
国内分布：遍布全国
国外分布：世界广泛栽培
资源利用：药用（中草药）；原料（精油，纤维）

齿叶乌桕属 Shirakiopsis Esser

齿叶乌桕
Shirakiopsis indica(Willd.) Esser
习　　性：乔木
国内分布：广东栽培
国外分布：原产巴布亚新几内亚、马来西亚、孟加拉国、缅甸、斯里兰卡、泰国、文莱、新加坡、印度、印度尼西亚、越南

地构叶属 Speranskia Baill.

广东地构叶
Speranskia cantonensis(Hance) Pax et K. Hoffm.
习　　性：多年生草本
海　　拔：200~2600 m
分　　布：广东、广西、贵州、河北、湖北、湖南、江西、山西、陕西、四川、云南
濒危等级：LC

地构叶
Speranskia tuberculata(Bunge) Baill.

习　　性：多年生草本
海　　拔：300~1900 m
分　　布：安徽、甘肃、河北、河南、吉林、辽宁、内蒙古、宁夏、山东、山西、陕西、四川
濒危等级：LC
资源利用：药用（中草药）

宿萼木属 Strophioblachia Boerl.

宿萼木
Strophioblachia fimbricalyx Boerl.

宿萼木（原变种）
Strophioblachia fimbricalyx var. **fimbricalyx**
习　　性：灌木
海　　拔：200~400 m
国内分布：广西、海南、云南
国外分布：菲律宾、印度尼西亚、越南
濒危等级：LC

广西宿萼木
Strophioblachia fimbricalyx var. **efimbriata** Airy Shaw
习　　性：灌木
海　　拔：约 400 m
分　　布：广西
濒危等级：LC

心叶宿萼木
Strophioblachia glandulosa Airy Shaw
习　　性：灌木
海　　拔：500 m 以下
国内分布：云南
国外分布：泰国
濒危等级：LC

白叶桐属 Sumbaviopsis J. J. Sm.

白叶桐
Sumbaviopsis albicans(Blume)J. J. Sm.
习　　性：乔木
海　　拔：400~900 m
国内分布：云南
国外分布：老挝、马来西亚、缅甸、泰国、印度、印度尼西亚、越南
濒危等级：LC

白树属 Suregada Roxb. ex Rottler

台湾白树
Suregada aequorea(Hance)Seem.
习　　性：灌木
海　　拔：100 m 以下
国内分布：台湾
国外分布：菲律宾
濒危等级：LC

滑桃树属 Trevia L.

滑桃树
Trevia nudiflora L.
习　　性：乔木
海　　拔：100~800 m
国内分布：广西、海南、云南
国外分布：不丹、菲律宾、柬埔寨、老挝、马来西亚、缅甸、尼泊尔、斯里兰卡、泰国、印度、印度尼西亚、越南
濒危等级：LC
资源利用：原料（木材）

乌桕属 Triadica Loureiro

山乌桕
Triadica cochinchinensis Lour.
习　　性：乔木
海　　拔：100~1100 m
国内分布：安徽、福建、广东、广西、贵州、海南、湖北、湖南、江西、四川、台湾、云南、浙江
国外分布：菲律宾、柬埔寨、老挝、马来西亚、缅甸、泰国、印度、印度尼西亚、越南
濒危等级：LC
资源利用：药用（中草药）；原料（木材，工业用油）

圆叶乌桕
Triadica rotundifolia(Hemsl.)Esser
习　　性：乔木
海　　拔：100~500 m
国内分布：广东、广西、贵州、湖南、云南
国外分布：越南
濒危等级：LC

乌桕
Triadica sebifera(L.)Small
习　　性：乔木
海　　拔：100 m 以下
国内分布：安徽、福建、甘肃、广东、广西、贵州、海南、湖北、江苏、江西、山东、陕西、四川、台湾、云南、浙江
国外分布：日本、越南；栽培于欧洲、非洲、美洲及印度
濒危等级：LC
资源利用：原料（单宁，染料，木材）

三宝木属 Trigonostemon Blume

白花三宝木
Trigonostemon albiflorus Airy Shaw
习　　性：灌木
海　　拔：500~600 m
国内分布：广西
国外分布：泰国
濒危等级：VU B1ab（i，iii）

勐仑三宝木
Trigonostemon bonianus Gagnep.
习　　性：灌木或乔木
海　　拔：500~700 m
国内分布：云南
国外分布：越南
濒危等级：LC

三宝木
Trigonostemon chinensis Merr.

习　　性：灌木
海　　拔：400~600 m
分　　布：广东、广西、海南
濒危等级：VU A2c+3c

异叶三宝木
Trigonostemon flavidus Gagnep.
习　　性：灌木
海　　拔：约 300 m
国内分布：海南
国外分布：老挝、缅甸、泰国
濒危等级：LC

黄花三宝木
Trigonostemon fragilis(Gagnep.) Airy Shaw
习　　性：灌木
海　　拔：500~600 m
国内分布：广西、海南
国外分布：越南
濒危等级：LC

长序三宝木
Trigonostemon howii Merr. et Chun
习　　性：灌木
海　　拔：400~500 m
国内分布：海南
国外分布：越南
濒危等级：LC

长梗三宝木
Trigonostemon thyrsoideus Stapf
习　　性：灌木或乔木
海　　拔：600~1000 m
国内分布：广西、贵州、云南
国外分布：老挝、缅甸、泰国、越南
濒危等级：LC

瘤果三宝木
Trigonostemon tuberculatus F. Du et Ju He
习　　性：灌木
分　　布：云南
濒危等级：CR D

剑叶三宝木
Trigonostemon xyphophyllorides(Croizat) L. K. Dai et T. L. Wu
习　　性：灌木
海　　拔：400~500 m
分　　布：海南
濒危等级：VU A2c+3c

希陶木属 Tsaiodendron Tan, Zhu & Sun

希陶木
Tsaiodendron dioicum Y. H. Tan, Z. Zhou & B. J. Gu
习　　性：落叶灌木
海　　拔：400~500 m
分　　布：云南
濒危等级：VU B1ab (i, iii, iv, v)

油桐属 Vernicia Lour.

油桐
Vernicia fordii(Hemsl.) Airy Shaw
习　　性：落叶乔木
海　　拔：200~2000 m
国内分布：安徽、福建、广东、广西、贵州、海南、河南、湖北、湖南、江苏、江西、陕西、四川、云南、浙江
国外分布：越南；东西半球都有栽培
濒危等级：LC
资源利用：药用（中草药）

木油桐
Vernicia montana Lour.
习　　性：常绿乔木
海　　拔：1600 m 以下
国内分布：安徽、福建、广东、广西、贵州、海南、湖北、湖南、江西、台湾、云南、浙江
国外分布：缅甸、泰国、越南；日本栽培
濒危等级：LC

领春木科 EUPTELEACEAE
（1 属：1 种）

领春木属 Euptelea Sieb. et Zucc.

领春木
Euptelea pleiosperma Hook. f. et Thomson
习　　性：灌木或小乔木
海　　拔：900~3600 m
国内分布：安徽、甘肃、贵州、河北、河南、湖北、湖南、江西、山西、陕西、四川、西藏、云南、浙江
国外分布：不丹、印度
濒危等级：LC

豆科 FABACEAE
（186 属：2125 种）

围涎树属 Abarema Pittier

围涎树
Abarema clypearia(Jack) Kosterm
习　　性：乔木
海　　拔：500~1600 m
国内分布：澳门、福建、广东、广西、贵州、海南、湖南、台湾、西藏、香港、云南、浙江
国外分布：热带亚洲
濒危等级：LC

心叶大合欢
Abarema cordifolia(T. L. Wu) C. Chen et H. Sun
习　　性：乔木
海　　拔：100~300 m
国内分布：云南
国外分布：越南
濒危等级：CR A2bc；B1ab (iii)

滇西围涎树
Abarema elliptica(Blume) Kosterm.
习　　性：乔木

国内分布：云南
国外分布：马来西亚、缅甸、泰国、印度尼西亚
濒危等级：CR D

亮叶猴耳环
Abarema lucida (Benth.) Kosterm.
习　　性：乔木
海　　拔：100～1400 m
国内分布：澳门、重庆、福建、广东、广西、海南、湖南、四川、台湾、香港、云南、浙江
国外分布：柬埔寨、老挝、日本、泰国、印度、越南
濒危等级：LC
资源利用：药用（中草药）；原料（木材）

多叶猴耳环
Abarema multifoliolata (H. Q. Wen) X. Y. Zhu
习　　性：乔木
海　　拔：约700 m
分　　布：广西
濒危等级：EN A2c

薄叶围涎树
Abarema utilis (Chun et F. C. How) Kosterm.
习　　性：乔木
海　　拔：1000～1100 m
国内分布：福建、广东、广西、海南、香港、云南
国外分布：越南
濒危等级：CR A2acd+3acd

相思子属 Abrus Adans.

广州相思子
Abrus cantoniensis Hance
习　　性：藤本
海　　拔：约200 m
国内分布：广东、广西、湖南、香港
国外分布：泰国
濒危等级：LC
资源利用：药用（中草药）

毛相思子
Abrus mollis Hance
习　　性：藤本
海　　拔：200～1700 m
国内分布：福建、广东、广西、香港
国外分布：马来西亚
濒危等级：LC

相思子
Abrus precatorius L.
习　　性：藤本
海　　拔：350～1500 m
国内分布：澳门、重庆、福建、广东、广西、台湾、香港、云南
国外分布：热带地区
濒危等级：LC
资源利用：药用（中草药）

美丽相思子
Abrus pulchellus Wall. ex Thwaites

习　　性：藤本
海　　拔：200～3000 m
国内分布：广西、云南
国外分布：巴布亚新几内亚、马来西亚、斯里兰卡、印度
濒危等级：LC
资源利用：药用（中草药）

金合欢属 Acacia Mill.

昆士兰金合欢
Acacia arundelliana Bailey
习　　性：灌木或乔木
国内分布：四川、云南
国外分布：原产澳大利亚

大叶相思
Acacia auriculiformis A. Cunn. ex Benth.
习　　性：常绿乔木
国内分布：澳门、福建、广东、广西、海南、香港
国外分布：原产澳大利亚、新西兰
资源利用：原料（木材）；环境利用（绿化）

台湾相思
Acacia confusa Merr.
习　　性：常绿乔木
国内分布：澳门、重庆、福建、广东、广西、海南、江西、四川、台湾、香港、云南
国外分布：原产菲律宾；斐济、印度尼西亚有分布
资源利用：原料（单宁，木材，精油，树脂）；基因源（耐旱）；环境利用（水土保持）

银荆树
Acacia dealbata Link
习　　性：灌木或乔木
国内分布：重庆、福建、广东、广西、贵州、四川、台湾、香港、云南、浙江
国外分布：原产澳大利亚
资源利用：原料（单宁）；环境利用（观赏）；蜜源植物

线叶金合欢
Acacia decurrens Willd.
习　　性：乔木
国内分布：广东、云南
国外分布：原产澳大利亚
资源利用：原料（单宁）；环境利用（绿化，观赏）

金合欢
Acacia farnesiana (L.) Willd.
习　　性：灌木或小乔木
国内分布：重庆、福建、广东、广西、四川、台湾、香港、云南、浙江
国外分布：原产热带美洲
资源利用：药用（中草药）；原料（染料，木材，单宁，树脂）；环境利用（观赏）

灰金合欢
Acacia glauca (L.) Moench
习　　性：灌木
国内分布：福建、广东
国外分布：原产印度

资源利用：环境利用（观赏）

绢毛相
Acacia holosericea A. Cunn. ex G. Don.
习　　性：灌木或小乔木
国内分布：澳门
国外分布：原产澳大利亚

马占相
Acacia mangium Willd.
习　　性：常绿乔木
国内分布：澳门、广东、香港
国外分布：原产澳大利亚
资源利用：环境利用（观赏）

黑荆
Acacia mearnsii De Wild.
习　　性：乔木
国内分布：重庆、福建、广东、广西、四川、台湾、云南、浙江
国外分布：原产澳大利亚
资源利用：原料（单宁，染料，木材，树脂）；基因源（高产）；环境利用（绿化）；蜜源植物

阿拉伯金合欢
Acacia nilotica (L.) Willd. ex Delile
习　　性：乔木
国内分布：澳门、海南、台湾、云南；热带地区有栽培
国外分布：原产阿富汗、印度及阿拉伯半岛
资源利用：原料（单宁，木材）；基因源（抗白蚁）

珍珠合欢
Acacia podalyriifolia A. Cunn. ex G. Don
习　　性：灌木或小乔木
国内分布：香港
国外分布：原产新西兰

阿拉伯胶树
Acacia senegal (L.) Willd.
习　　性：乔木
国内分布：台湾
国外分布：巴基斯坦、印度；阿拉伯半岛。热带非洲栽培
资源利用：药用（中草药）；原料（树胶）

顶果树属 Acrocarpus Wight ex Arn.

顶果树
Acrocarpus fraxinifolius Wight ex Arn.
习　　性：乔木
海　　拔：1000~1200 m
国内分布：广西、贵州、云南
国外分布：老挝、缅甸、斯里兰卡、泰国、印度、印度尼西亚
濒危等级：NT B1ab (i, iii); D1

海红豆属 Adenanthera L.

海红豆
Adenanthera pavonina L.

海红豆（原变种）
Adenanthera pavonina var. pavonina
习　　性：落叶乔木
海　　拔：海平面至1000 m
国内分布：广东、广西、贵州、云南
国外分布：非洲、热带亚洲
濒危等级：LC
资源利用：原料（木材）；环境利用（观赏）

细籽海黄豆
Adenanthera pavonina var. luteosemiralis (G. A. Fu et Y. K. Yang) X. Y. Zhu
习　　性：落叶乔木
海　　拔：约100 m
分　　布：海南
濒危等级：EN A2c; B1ab (i, iii)

小籽海红豆
Adenanthera pavonina var. microsperma (Teijsm. et Binn.) I. C. Nielsen
习　　性：落叶乔木
海　　拔：200~1000 m
国内分布：澳门、福建、广东、广西、贵州、海南、台湾、香港、云南
国外分布：柬埔寨、老挝、马来西亚、缅甸、泰国、印度尼西亚、越南
濒危等级：LC
资源利用：原料（木材）

合萌属 Aeschynomene L.

美洲合萌
Aeschynomene americana L.
习　　性：草本或小灌木
国内分布：海南、台湾、香港
国外分布：原产美洲

合萌
Aeschynomene indica L.
习　　性：小灌木或一年生草本
海　　拔：100~1300 m
国内分布：澳门、重庆、广东、广西、贵州、河北、河南、湖北、湖南、吉林、江苏、江西、辽宁、山东、四川、香港、云南
国外分布：朝鲜、日本
濒危等级：LC
资源利用：药用（中草药）

猪腰豆属 Afgekia Craib

猪腰豆
Afgekia filipes (Dunn) R. Geesink

猪腰豆（原变种）
Afgekia filipes var. filipes
习　　性：匍匐灌木
海　　拔：200~1300 m
国内分布：广东、广西、云南
国外分布：老挝、缅甸、泰国、越南
濒危等级：LC

毛叶猪腰豆
Afgekia filipes var. tomentosa (Z. Wei) Y. F. Deng et H. N. Qin

习　　性：匍匐灌木
海　　拔：1100～1300 m
分　　布：广西、云南
濒危等级：LC

缅茄属 Afzelia Sm.

缅茄
Afzelia xylocarpa(Kurz)Craib
习　　性：乔木
国内分布：广东、广西、海南、云南
国外分布：原产缅甸
资源利用：药用（中草药）

合欢属 Albizia Durazz.

海南合欢
Albizia attopeuensis(Pierre)I. C. Nielsen
习　　性：乔木
海　　拔：200～300 m
国内分布：海南
国外分布：老挝、越南
濒危等级：VU A2c；C1

蒙自合欢
Albizia bracteata Dunn.
习　　性：乔木
海　　拔：400～2400 m
国内分布：广西、贵州、四川、云南
国外分布：老挝、越南
濒危等级：LC

光腺合欢
Albizia calcarea Y. H. Huang
习　　性：乔木
海　　拔：200～300 m
分　　布：广西
濒危等级：LC

楹树
Albizia chinensis(Osbeck)Merr.
习　　性：乔木
海　　拔：海平面至1000 m
国内分布：澳门、重庆、福建、广东、广西、海南、湖南、四川、西藏、香港、云南
国外分布：印度；喜马拉雅地区、中南半岛
濒危等级：LC
资源利用：原料（单宁，木材，树脂）；环境利用（庇荫）

天香藤
Albizia corniculata(Lour.)Druce
习　　性：攀援灌木或藤本
海　　拔：100～1000 m
国内分布：澳门、福建、广东、广西、海南、香港
国外分布：菲律宾、柬埔寨、老挝、泰国、越南
濒危等级：LC

白花合欢
Albizia crassiramea Lace
习　　性：乔木
海　　拔：500～1300 m
国内分布：广西、云南
国外分布：老挝、缅甸、泰国、越南
濒危等级：LC

黄毛合欢
Albizia garrettii I. C. Nielsen
习　　性：乔木
海　　拔：约1500 m
国内分布：广西、贵州、云南
国外分布：缅甸、泰国、印度
濒危等级：LC

合欢
Albizia julibrissin Durazz.
习　　性：落叶乔木
海　　拔：100～2200 m
国内分布：安徽、重庆、福建、甘肃、广东、广西、贵州、河北、河南、湖北、湖南、江苏、江西、辽宁、宁夏、山东、陕西、四川、台湾、香港、新疆、云南、浙江
国外分布：东亚、中亚到非洲有野生或栽培，北美洲也有栽培
濒危等级：LC
资源利用：药用（中草药）；原料（木材，单宁，树脂）；环境利用（观赏）；食品（蔬菜）

山槐
Albizia kalkora(Roxb.)Prain
习　　性：落叶小乔木或灌木
海　　拔：海平面至2600 m
国内分布：安徽、重庆、福建、广东、广西、贵州、河南、湖北、江苏、江西、山东、陕西、四川、台湾、云南
国外分布：缅甸、日本、印度、越南
濒危等级：LC
资源利用：原料（木材，单宁，树脂）；基因源（耐旱，耐瘠）；环境利用（观赏）

阔荚合欢
Albizia lebbeck(L.)Benth.
习　　性：落叶乔木
国内分布：澳门、福建、广东、广西、台湾、香港、云南
国外分布：原产热带非洲；热带、亚热带地区有分布
资源利用：原料（木材）；动物饲料（饲料）；环境利用（观赏）

光叶合欢
Albizia lucidior(Steud.)I. C. Nielsen
习　　性：乔木
海　　拔：600～1900 m
国内分布：广西、海南、台湾、云南
国外分布：马来西亚、缅甸、泰国、印度；喜马拉雅地区
濒危等级：LC
资源利用：原料（木材）；环境利用（观赏）

毛叶合欢
Albizia mollis(Wall.)Boivin
习　　性：乔木
海　　拔：1500～2500 m
国内分布：贵州、四川、西藏、云南
国外分布：缅甸、尼泊尔、印度；喜马拉雅地区

濒危等级：LC
资源利用：原料（木材，单宁，树脂）

香合欢
Albizia odoratissima (L. f.) Benth.
- 习　　性：常绿乔木
- 海　　拔：海平面至 1500 m
- 国内分布：福建、广东、广西、贵州、海南、四川、云南
- 国外分布：马来西亚、印度；喜马拉雅地区、中南半岛
- 濒危等级：LC
- 资源利用：原料（木材）

黄豆树
Albizia procera (Roxb.) Benth.
- 习　　性：乔木
- 海　　拔：100 ~ 600 m
- 国内分布：广东、广西、海南、台湾、云南
- 国外分布：澳大利亚、菲律宾；喜马拉雅地区、中南半岛
- 濒危等级：LC
- 资源利用：原料（木材）

兰屿合欢
Albizia retusa Benth.
- 习　　性：乔木
- 国内分布：台湾
- 国外分布：菲律宾、密克罗尼西亚、日本、印度、印度尼西亚
- 濒危等级：EN D

藏合欢
Albizia sherriffii Baker
- 习　　性：乔木
- 海　　拔：1200 ~ 1900 m
- 国内分布：西藏、云南
- 国外分布：缅甸、印度
- 濒危等级：LC

骆驼刺属 Alhagi Gagneb.

骆驼刺
Alhagi camelorum Fisch.
- 习　　性：多年生草本
- 海　　拔：100 ~ 700 m
- 国内分布：甘肃、内蒙古、新疆
- 国外分布：哈萨克斯坦、吉尔吉斯斯坦、塔吉克斯坦、土库曼斯坦、乌兹别克斯坦
- 濒危等级：LC

链荚豆属 Alysicarpus Neck. ex Desv.

柴胡叶链荚豆
Alysicarpus bupleurifolius (L.) DC.
- 习　　性：多年生草本
- 海　　拔：100 ~ 1000 m
- 国内分布：福建、广东、广西、海南、台湾、香港、云南
- 国外分布：波利尼西亚、菲律宾、马来西亚、毛里求斯、缅甸、斯里兰卡、印度、印度尼西亚
- 濒危等级：LC

卵叶链荚豆
Alysicarpus ovalifolius (Schumach. et Thonn.) J. Léonard
- 习　　性：一年生草本
- 海　　拔：海平面至 500 m
- 国内分布：海南、台湾
- 国外分布：原产马达加斯加

皱缩链荚豆
Alysicarpus rugosus (Willd.) DC.
- 习　　性：多年生草本
- 海　　拔：600 ~ 1200 m
- 国内分布：四川、台湾、云南
- 国外分布：澳大利亚、马达加斯加、缅甸、斯里兰卡、印度、马来西亚东南部；喜马拉雅地区
- 濒危等级：LC

链荚豆
Alysicarpus vaginalis (L.) DC.

链荚豆（原变种）
Alysicarpus vaginalis var. **vaginalis**
- 习　　性：多年生草本
- 国内分布：澳门、福建、广东、广西、海南、台湾、香港、云南
- 国外分布：不丹、菲律宾、柬埔寨、老挝、马来西亚、缅甸、尼泊尔、斯里兰卡、泰国、印度、印度尼西亚、越南
- 濒危等级：LC
- 资源利用：药用（中草药）；动物饲料（饲料）

黄花链荚豆
Alysicarpus vaginalis var. **taiwanianus** S. S. Ying
- 习　　性：多年生草本
- 分　　布：台湾
- 濒危等级：DD

云南链荚豆
Alysicarpus yunnanensis Yen C. Yang et P. H. Huang
- 习　　性：多年生草本
- 海　　拔：约 1300 m
- 分　　布：云南
- 濒危等级：EN A2c；B1ab (i, iii)

银砂槐属 Ammodendron Fisch. ex DC.

银砂槐
Ammodendron argenteum (Pall.) Kuntze
- 习　　性：灌木
- 国内分布：新疆
- 国外分布：俄罗斯
- 濒危等级：EN A2c；C1

沙冬青属 Ammopiptanthus S. H. Cheng

沙冬青
Ammopiptanthus mongolicus (Maxim. ex Kom.) S. H. Cheng
- 习　　性：常绿灌木
- 海　　拔：1100 ~ 1400 m
- 国内分布：甘肃、内蒙古、宁夏

国外分布：蒙古
濒危等级：VU A2c
国家保护：Ⅱ级
资源利用：环境利用（观赏）；药用（中草药）

小沙冬青
Ammopiptanthus nanus(Popov)S. H. Cheng
习　　性：常绿灌木
海　　拔：2000~3100 m
国内分布：新疆
国外分布：俄罗斯
濒危等级：LC
资源利用：环境利用（观赏）

紫穗槐属 Amorpha L.

紫穗槐
Amorpha fruticosa L.
习　　性：落叶灌木
国内分布：安徽、重庆、甘肃、广西、河南、湖北、吉林、江苏、辽宁、内蒙古、山东、山西、四川、云南
国外分布：原产美国东北部和东南部
资源利用：原料（单宁，精油，纤维）；动物饲料（饲料）

两型豆属 Amphicarpaea Elliott

三籽两型豆
Amphicarpaea bracteata(L.)Fernald
习　　性：草质藤本
国内分布：重庆、甘肃、海南、陕西、台湾、云南；中国东北部
国外分布：朝鲜、俄罗斯、尼泊尔、日本、印度、越南
濒危等级：LC

两型豆
Amphicarpaea bracteata subsp. **edgeworthii**(Benth.)H. Ohashi
习　　性：草质藤本
海　　拔：300~3000 m
国内分布：重庆、甘肃、海南、陕西、台湾、云南；中国东北部
国外分布：朝鲜、俄罗斯、尼泊尔、日本、印度、越南
濒危等级：LC

锈毛两型豆
Amphicarpaea ferruginea Benth.
习　　性：多年生草本
海　　拔：2300~3000 m
分　　布：四川、云南
濒危等级：LC

肿荚豆属 Antheroporum Gagnep.

粉叶肿荚豆
Antheroporum glaucum Z. Wei
习　　性：乔木
海　　拔：500~1300 m
分　　布：云南
濒危等级：LC

肿荚豆
Antheroporum harmandii Gagnep.
习　　性：乔木
海　　拔：200~1000 m
国内分布：广西、贵州、云南
国外分布：越南
濒危等级：DD

两节豆属 Aphyllodium(DC.)Gagnep.

海南两节豆
Aphyllodium australiense(Schindl.)H. Ohashi
习　　性：亚灌木或灌木
国内分布：海南
国外分布：澳大利亚、柬埔寨、老挝、马来西亚、缅甸、斯里兰卡、泰国、印度、印度尼西亚、越南
濒危等级：LC

两节豆
Aphyllodium biarticulatum(L.)Gagnep.
习　　性：亚灌木
国内分布：海南
国外分布：澳大利亚、马来西亚、斯里兰卡、印度、印度尼西亚；中南半岛
濒危等级：LC

土圉儿属 Apios Fabr.

美国土圉儿
Apios americana Medik.
习　　性：缠绕草本
国内分布：上海
国外分布：原产北美洲

肉色土圉儿
Apios carnea(Wall.)Benth. ex Baker
习　　性：缠绕草本
海　　拔：600~2600 m
国内分布：广西、贵州、四川、西藏、云南
国外分布：尼泊尔、泰国、印度、越南
濒危等级：LC

云南土圉儿
Apios delavayi Franch.

云南土圉儿（原变种）
Apios delavayi var. **delavayi**
习　　性：缠绕草本
海　　拔：1300~3500 m
分　　布：四川、西藏、云南
濒危等级：NT A2c

蕨丛土圉儿
Apios delavayi var. **pteridietorum** Hand.-Mazz.
习　　性：缠绕草本
分　　布：云南
濒危等级：LC

土圉儿
Apios fortunei Maxim.

习　　性：草质藤本
海　　拔：300~1000 m
国内分布：重庆、福建、甘肃、广东、广西、贵州、河南、湖北、江西、陕西、四川、台湾、云南、浙江
国外分布：日本
濒危等级：LC
资源利用：食品（淀粉，蔬菜）；药用（中草药）

纤细土圞儿
Apios gracillima Dunn
习　　性：缠绕草本
海　　拔：1500 m
分　　布：云南
濒危等级：NT A2c；B1ab（iii）

大花土圞儿
Apios macrantha Oliv.
习　　性：缠绕草本
海　　拔：1800~2400 m
分　　布：贵州、四川、西藏、云南
濒危等级：LC

台湾土圞儿
Apios taiwaniana Hosok.
习　　性：草质藤本
海　　拔：700~1500 m
分　　布：台湾
濒危等级：EN D

落花生属 Arachis L.

满地黄金
Arachis duranensis Krapov. et W. C. Greg.
习　　性：一年生草本
国内分布：澳门
国外分布：原产热带美洲

落花生
Arachis hypogaea L.
习　　性：一年生草本
国内分布：全国栽培
国外分布：原产巴西；全世界都有栽培
资源利用：原料（香料，工业用油）；动物饲料（饲料）；食品（水果，油脂）；药用（中草药）

猴耳环属 Archidendron F. Muell.

长叶棋子豆
Archidendron alternifoliolatum(T. L. Wu) I. C. Nielsen
习　　性：乔木
海　　拔：1400~2000 m
分　　布：广西、云南
濒危等级：LC

啊伦纳卡牛蹄豆
Archidendron arunachalense S. S. Dash et Sanjappa
习　　性：灌木或乔木
分　　布：西藏
濒危等级：LC

锈毛棋子豆
Archidendron balansae(Oliv.) I. C. Nielsen
习　　性：乔木
海　　拔：600~1300 m
国内分布：云南
国外分布：越南
濒危等级：LC

亮叶围涎树
Archidendron bigeminum(L.) I. C. Nielsen
习　　性：乔木
海　　拔：200~1600 m
国内分布：福建、广东、广西、四川、台湾、云南、浙江
国外分布：印度、越南
濒危等级：LC

坛腺棋子豆
Archidendron chevalieri(Kosterm.) I. C. Nielsen
习　　性：乔木
海　　拔：1700 m以下
国内分布：广西、云南
国外分布：越南
濒危等级：LC

显脉棋子豆
Archidendron dalatense(Kosterm.) I. C. Nielsen
习　　性：草本
国内分布：云南
国外分布：越南
濒危等级：DD

大棋子豆
Archidendron eberhardtii I. C. Nielsen
习　　性：乔木
海　　拔：约1000 m
国内分布：广西
国外分布：越南
濒危等级：LC

碟腺棋子豆
Archidendron kerrii(Gagnep.) I. C. Nielsen
习　　性：乔木
海　　拔：200~1800 m
国内分布：广西、云南
国外分布：老挝、越南
濒危等级：VU A2c；D

老挝棋子豆
Archidendron laoticum(Gagnep.) I. C. Nielsen
习　　性：乔木
海　　拔：500~700 m
国内分布：云南
国外分布：老挝、泰国、越南
濒危等级：EN B1ab（iii）

尼尔塞牛蹄豆
Archidendron nielsenianum S. S. Dash et Sanjappa
习　　性：灌木或乔木
分　　布：西藏

濒危等级：LC

棋子豆
Archidendron robinsonii (Gagnep.) I. C. Nielsen
- 习　　性：乔木
- 海　　拔：300~700 m
- 国内分布：广西、云南
- 国外分布：越南
- 濒危等级：EN A2abc+3bc
- 国家保护：Ⅱ级

绢毛棋子豆
Archidendron tonkinensis I. C. Nielsen
- 习　　性：乔木
- 海　　拔：约300 m
- 国内分布：广西
- 国外分布：越南
- 濒危等级：LC

大叶合欢
Archidendron turgidum (Merr.) I. C. Nielsen
- 习　　性：乔木
- 海　　拔：1000~1500 m
- 国内分布：广东、广西、云南
- 国外分布：越南
- 濒危等级：LC

巨腺棋子豆
Archidendron xichouensis (C. Chen et H. Sun) X. Y. Zhu
- 习　　性：乔木
- 海　　拔：1000~1400 m
- 分　　布：广西、云南
- 濒危等级：CR A2c；D

黄芪属 Astragalus L.

无茎黄芪
Astragalus acaulis Baker
- 习　　性：多年生草本
- 海　　拔：3300~5400 m
- 国内分布：四川、西藏、云南
- 国外分布：不丹、印度
- 濒危等级：LC

德令哈黄芪
Astragalus acceptus Podlech et L. R. Xu
- 习　　性：多年生草本
- 海　　拔：约3400 m
- 分　　布：青海
- 濒危等级：LC

阿克萨黄芪
Astragalus aksaricus Pavlov
- 习　　性：多年生草本
- 国内分布：新疆
- 国外分布：俄罗斯、哈萨克斯坦
- 濒危等级：LC

阿克苏黄芪
Astragalus aksuensis Bunge
- 习　　性：多年生草本
- 海　　拔：2000~2400 m
- 国内分布：新疆
- 国外分布：巴基斯坦、哈萨克斯坦、吉尔吉斯斯坦、塔吉克斯坦、乌兹别克斯坦
- 濒危等级：LC

阿拉善黄芪
Astragalus alaschanus Bunge ex Maxim.
- 习　　性：多年生草本
- 海　　拔：2000 m
- 国内分布：甘肃、内蒙古、宁夏
- 国外分布：蒙古
- 濒危等级：LC

阿拉套黄芪
Astragalus alatavicus Kar. et Kir.
- 习　　性：多年生草本
- 海　　拔：1700~3400 m
- 国内分布：新疆
- 国外分布：哈萨克斯坦、吉尔吉斯斯坦、乌兹别克斯坦
- 濒危等级：LC

革果黄芪
Astragalus albicans Bong.
- 习　　性：多年生草本
- 国内分布：新疆
- 国外分布：哈萨克斯坦、蒙古
- 濒危等级：LC

长尾黄芪
Astragalus alopecias Pall.
- 习　　性：多年生草本
- 海　　拔：1800~2200 m
- 国内分布：新疆
- 国外分布：阿富汗、俄罗斯、哈萨克斯坦、吉尔吉斯斯坦、塔吉克斯坦、土库曼斯坦、乌兹别克斯坦、伊朗
- 濒危等级：LC

狐尾黄芪
Astragalus alopecurus Pall.
- 习　　性：多年生草本
- 海　　拔：1200~1700 m
- 国内分布：新疆
- 国外分布：俄罗斯、哈萨克斯坦
- 濒危等级：LC

高山黄芪
Astragalus alpinus L.
- 习　　性：多年生草本
- 海　　拔：1800~2200 m
- 国内分布：新疆
- 国外分布：俄罗斯
- 濒危等级：LC

阿尔泰黄芪
Astragalus altaicola Podlech
- 习　　性：多年生草本
- 国内分布：新疆
- 国外分布：俄罗斯、哈萨克斯坦、蒙古
- 濒危等级：LC

豆科 FABACEAE

喜黄芪
Astragalus amabilis Popov
习　　性：多年生草本
国内分布：新疆
国外分布：哈萨克斯坦
濒危等级：LC

喜沙黄芪
Astragalus ammodytes Pall.
习　　性：多年生草本
海　　拔：200~600 m
国内分布：甘肃、新疆
国外分布：俄罗斯、哈萨克斯坦、蒙古、乌兹别克斯坦
濒危等级：LC

安道黄芪
Astragalus andaulgensis B. Fedtsch.
习　　性：多年生草本
国内分布：新疆
国外分布：哈萨克斯坦
濒危等级：LC

曲之黄芪
Astragalus anfractuosus Bunge
习　　性：亚灌木
海　　拔：2700~3700 m
国内分布：西藏、新疆
国外分布：克什米尔地区
濒危等级：LC

狭叶黄芪
Astragalus angustissimus Bunge
习　　性：亚灌木
国内分布：新疆
国外分布：哈萨克斯坦、吉尔吉斯斯坦
濒危等级：LC

木黄芪
Astragalus arbuscula Pall.
习　　性：亚灌木
海　　拔：1400~1600 m
国内分布：新疆
国外分布：俄罗斯、哈萨克斯坦
濒危等级：LC

弯弓黄芪
Astragalus arcuatus Kar. et Kir.
习　　性：亚灌木
国内分布：新疆
国外分布：俄罗斯、哈萨克斯坦
濒危等级：LC

旱谷黄芪
Astragalus aridovallicola P. C. Li
习　　性：多年生草本
海　　拔：1700~2300 m
分　　布：四川
濒危等级：DD

边塞黄芪
Astragalus arkalycensis Bunge
习　　性：多年生草本
海　　拔：1500~2700 m
国内分布：内蒙古、宁夏、新疆
国外分布：俄罗斯、哈萨克斯坦、蒙古
濒危等级：LC

团垫黄芪
Astragalus arnoldii Hemsl. et H. Pearson

团垫黄芪（原变型）
Astragalus arnoldii f. arnoldii
习　　性：多年生草本
国内分布：青海、西藏、新疆
国外分布：克什米尔地区、尼泊尔、印度
濒危等级：LC

白花团垫黄芪
Astragalus arnoldii f. albiflorus Y. H. Wu
习　　性：多年生草本
分　　布：青海
濒危等级：LC

镰荚黄芪
Astragalus arpilobus Kar. et Kir.
习　　性：一年生草本
国内分布：新疆
国外分布：阿富汗、巴基斯坦、俄罗斯、哈萨克斯坦、塔吉克斯坦、土库曼斯坦、乌兹别克斯坦
濒危等级：LC

黑药黄芪
Astragalus athranthus Podlech et L. R. Xu
习　　性：多年生草本
海　　拔：约4020 m
分　　布：青海
濒危等级：LC

南准噶尔黄芪
Astragalus austrodshungaricus Golosk.
习　　性：半灌木
国内分布：新疆
国外分布：哈萨克斯坦
濒危等级：LC

藏南黄芪
Astragalus austrotibetanus Podlech et L. R. Xu
习　　性：多年生草本
海　　拔：3400~5100 m
分　　布：青海、西藏
濒危等级：LC

巴尔鲁克黄芪
Astragalus baerlukensis L. R. Xu, Zhao Y. Chang et Xiao L. Liu
习　　性：多年生草本
分　　布：新疆
濒危等级：LC

巴拉克黄芪
Astragalus bahrakianus Grey-Wilson
习　　性：多年生草本
海　　拔：2800~4000 m

国内分布：新疆
国外分布：阿富汗
濒危等级：LC

包头黄芪
Astragalus baotouensis H. C. Fu
习　　性：多年生草本
分　　布：内蒙古
濒危等级：LC

地花黄芪
Astragalus basiflorus E. Peter
习　　性：多年生草本
海　　拔：2300 m
分　　布：甘肃、青海
濒危等级：NT B1ab（iii）

巴塘黄芪
Astragalus batangensis E. Peter
习　　性：多年生草本
海　　拔：2500～3600 m
分　　布：四川、西藏、云南
濒危等级：LC

八宿黄芪
Astragalus baxoiensis Podlech et L. R. Xu
习　　性：多年生草本
海　　拔：4200 m
分　　布：四川、西藏
濒危等级：LC

北塔山黄芪
Astragalus beitashanensis W. Chai et P. Yan
习　　性：多年生草本
分　　布：新疆
濒危等级：LC

斑果黄芪
Astragalus beketowii（Krasn.）B. Fedtsch.
习　　性：多年生草本
海　　拔：2500～4300 m
国内分布：新疆
国外分布：吉尔吉斯斯坦、蒙古、塔吉克斯坦
濒危等级：LC

地八角
Astragalus bhotanensis Baker
习　　性：多年生草本
海　　拔：600～2800 m
国内分布：甘肃、贵州、陕西、四川、西藏、云南
国外分布：不丹、尼泊尔
濒危等级：LC
资源利用：药用（中草药）

温和黄芪
Astragalus blandulus Podlech et L. Z. Shue
习　　性：多年生草本
海　　拔：约3400 m
分　　布：西藏
濒危等级：LC

东天山黄芪
Astragalus borodinii Krasn.
习　　性：多年生草本
海　　拔：1000～2100 m
国内分布：新疆
国外分布：哈萨克斯坦、吉尔吉斯斯坦
濒危等级：LC

鲍氏黄芪
Astragalus bouffordii Podlech
习　　性：多年生草本
海　　拔：3400 m
分　　布：西藏
濒危等级：LC

盐木黄芪
Astragalus brachypus Schrenk ex Fisch. et C. A. Mey.
习　　性：灌木
国内分布：新疆
国外分布：哈萨克斯坦
濒危等级：LC

短柄黄芪
Astragalus brachysemia Podlech et L. R. Xu
习　　性：多年生草本
海　　拔：约3500 m
分　　布：四川
濒危等级：LC

短毛黄芪
Astragalus brachytrichus Podlech et L. R. Xu
习　　性：多年生草本
海　　拔：约3100 m
分　　布：西藏
濒危等级：LC

短翼黄芪
Astragalus brevialatus H. T. Tsai et T. T. Yü
习　　性：多年生草本
海　　拔：2600 m
分　　布：四川
濒危等级：EN D

短叶黄芪
Astragalus brevifolius Ledeb.
习　　性：多年生草本
国内分布：内蒙古、新疆
国外分布：俄罗斯、蒙古
濒危等级：LC

短梗黄芪
Astragalus breviscapus B. Fedtsch.
习　　性：多年生草本
国内分布：新疆
国外分布：吉尔吉斯斯坦、克什米尔地区、塔吉克斯坦
濒危等级：LC

短旗瓣黄芪
Astragalus brevivexillatus Podlech et L. R. Xu
习　　性：多年生草本
海　　拔：约500 m

分　　布：西藏
濒危等级：LC

布河黄芪
Astragalus buchtormensis Pall.
习　　性：多年生草本
海　　拔：800～1100 m
国内分布：新疆
国外分布：俄罗斯、哈萨克斯坦
濒危等级：LC

布尔卡黄芪
Astragalus burchan-buddaicus N. Ulziykh.
习　　性：多年生草本
分　　布：青海
濒危等级：LC

布尔津黄芪
Astragalus burqinensis Podlech et L. Z. Shue
习　　性：草本
海　　拔：约600 m
分　　布：新疆
濒危等级：LC

布尔楚黄芪
Astragalus burtschumensis Sumnev.
习　　性：多年生草本
分　　布：新疆
濒危等级：LC

蓝花黄芪
Astragalus caeruleopetalinus Y. C. Ho

蓝花黄芪（原变种）
Astragalus caeruleopetalinus var. **caeruleopetalinus**
习　　性：多年生草本
海　　拔：3000～3200 m
分　　布：四川、云南
濒危等级：LC

光果蓝花黄芪
Astragalus caeruleopetalinus var. **glabricarpus** Y. C. Ho
习　　性：多年生草本
海　　拔：3300～3800 m
分　　布：四川、西藏
濒危等级：DD

弯喙黄芪
Astragalus campylorhynchus Fisch. et C. A. Mey.
习　　性：多年生草本
海　　拔：2700 m 以下
国内分布：新疆
国外分布：阿富汗、巴基斯坦、哈萨克斯坦、吉尔吉斯斯坦、塔吉克斯坦、土库曼斯坦、乌兹别克斯坦、西南亚
濒危等级：LC

亮白黄芪
Astragalus candidissimus Ledeb.
习　　性：多年生草本
海　　拔：300～600 m
国内分布：新疆
国外分布：哈萨克斯坦、蒙古
濒危等级：LC

草珠黄芪
Astragalus capillipes Fisch. ex Bunge
习　　性：多年生草本
海　　拔：300～2000 m
国内分布：北京、河北、内蒙古、山西、陕西
国外分布：俄罗斯
濒危等级：LC

角黄芪
Astragalus ceratoides M. Bieb.
习　　性：多年生草本
海　　拔：1400～1800 m
国内分布：新疆
国外分布：俄罗斯、哈萨克斯坦
濒危等级：LC

察雅黄芪
Astragalus chagyabensis P. C. Li et C. C. Ni
习　　性：多年生草本
海　　拔：约3600 m
分　　布：西藏
濒危等级：DD

低矮黄芪
Astragalus chamaephyton Podlech et L. R. Xu
习　　性：多年生草本
海　　拔：约1700 m
分　　布：新疆
濒危等级：LC

昌都黄芪
Astragalus changduensis Y. C. Ho
习　　性：多年生草本
海　　拔：约3000 m
分　　布：西藏
濒危等级：EN B1ab（iii）c（v）；D

樟木黄芪
Astragalus changmuicus C. C. Ni et P. C. L
习　　性：多年生草本
海　　拔：1700～3300 m
分　　布：西藏
濒危等级：NT A2c

卡尔古斯黄芪
Astragalus charguschanus Freyn
习　　性：多年生草本
国内分布：新疆
国外分布：阿富汗、巴基斯坦、塔吉克斯坦
濒危等级：LC

镇康黄芪
Astragalus chengkangensis Podlech et L. R. Xu
习　　性：多年生草本
海　　拔：2900 m
分　　布：云南
濒危等级：EN A2abc + 3c；C

祁连山黄芪
Astragalus chilienshanensis Y. C. Ho
  习　　性：多年生草本
  海　　拔：3500 m
  分　　布：青海
  濒危等级：DD

华黄芪
Astragalus chinensis L. F.
  习　　性：多年生草本
  海　　拔：约 800 m
  国内分布：河北、黑龙江、吉林、辽宁、内蒙古、山西
  国外分布：俄罗斯、蒙古
  濒危等级：LC

裘江黄芪
Astragalus chiukiangensis H. T. Tsai et T. T. Yü
  习　　性：多年生草本
  海　　拔：约 2300 m
  分　　布：云南
  濒危等级：DD

绿穗黄芪
Astragalus chlorostachys Lindley
  习　　性：多年生草本
  海　　拔：1800 ~ 4400 m
  国内分布：西藏
  国外分布：阿富汗、巴基斯坦、不丹、尼泊尔、印度
  濒危等级：LC

中天山黄芪
Astragalus chomutowii B. Fedtsch.
  习　　性：多年生草本
  海　　拔：3700 ~ 3800 m
  国内分布：青海、新疆
  国外分布：吉尔吉斯斯坦、塔吉克斯坦
  濒危等级：LC

金翼黄芪
Astragalus chrysopterus Bunge ex Maxim.
  习　　性：多年生草本
  海　　拔：1600 ~ 3700 m
  分　　布：重庆、甘肃、河北、宁夏、青海、陕西、四川
  濒危等级：LC

克拉克黄芪
Astragalus clarkeanus Ali
  习　　性：多年生草本
  分　　布：新疆
  濒危等级：LC

考不来喜黄芪
Astragalus cobresiiphilus Podlech et L. Z. Shue
  习　　性：多年生草本
  海　　拔：3300 ~ 5100 m
  分　　布：青海、西藏
  濒危等级：DD

沙丘黄芪
Astragalus cognatus C. A. Mey.
  习　　性：亚灌木
  海　　拔：约 800 m
  国内分布：新疆
  国外分布：哈萨克斯坦
  濒危等级：LC

混合黄芪
Astragalus commixtus Bunge
  习　　性：一年生草本
  海　　拔：500 ~ 750 m
  国内分布：新疆
  国外分布：阿富汗、巴基斯坦、哈萨克斯坦、吉尔吉斯斯坦、塔吉克斯坦、土耳其、土库曼斯坦、乌兹别克斯坦、伊朗
  濒危等级：LC

扁序黄芪
Astragalus compressus Ledeb.
  习　　性：多年生草本
  海　　拔：500 ~ 1200 m
  国内分布：甘肃、新疆
  国外分布：俄罗斯、哈萨克斯坦
  濒危等级：LC

错那黄芪
Astragalus conaensis Podlech et L. R. Xu
  习　　性：多年生草本
  海　　拔：4600 ~ 5200 m
  分　　布：西藏
  濒危等级：DD

合生黄芪
Astragalus concretus Benth.
  习　　性：多年生草本
  海　　拔：2500 ~ 4000 m
  国内分布：西藏
  国外分布：不丹、尼泊尔、印度
  濒危等级：LC

丛生黄芪
Astragalus confertus Benth. ex Bunge

丛生黄芪（原变型）
Astragalus confertus f. **confertus**
  习　　性：多年生草本
  国内分布：甘肃、青海、四川、西藏
  国外分布：巴基斯坦、尼泊尔、印度
  濒危等级：LC

白花丛生黄芪
Astragalus confertus f. **albiflorus** R. F. Huang et Y. H. Wu
  习　　性：多年生草本
  分　　布：青海
  濒危等级：LC

亚黄芪
Astragalus consanguineus Bong.
  习　　性：多年生草本
  国内分布：新疆
  国外分布：俄罗斯、哈萨克斯坦
  濒危等级：LC

环荚黄芪
Astragalus contortuplicatus L.
- 习　　性：一年生草本
- 海　　拔：约 550 m
- 国内分布：新疆
- 国外分布：阿塞拜疆、巴基斯坦、俄罗斯、哈萨克斯坦、蒙古、塔吉克斯坦、土库曼斯坦、乌兹别克斯坦
- 濒危等级：LC

川西黄芪
Astragalus craibianus N. D. Simpson

川西黄芪（原变种）
Astragalus craibianus var. **craibianus**
- 习　　性：多年生草本
- 海　　拔：3300~4800 m
- 分　　布：四川、云南
- 濒危等级：LC

无毛川西黄芪
Astragalus craibianus var. **baimashanensis** C. Chen et Zi G. Qian
- 习　　性：多年生草本
- 海　　拔：4000 m
- 分　　布：云南
- 濒危等级：NT

厚叶黄芪
Astragalus crassifolius Ulbr.
- 习　　性：多年生草本
- 海　　拔：3000~4900 m
- 分　　布：四川
- 濒危等级：LC

十字形黄芪
Astragalus cruciatus Link
- 习　　性：一年生草本
- 国内分布：西藏
- 国外分布：阿富汗、地中海区域、俄罗斯、伊朗、中亚
- 濒危等级：DD

杯萼黄芪
Astragalus cupulicaycinus S. B. Ho et Y. C. Ho
- 习　　性：多年生草本
- 海　　拔：约 550 m
- 分　　布：新疆
- 濒危等级：LC

囊萼黄芪
Astragalus cysticalyx Ledeb.
- 习　　性：亚灌木
- 海　　拔：约 1300 m
- 国内分布：新疆
- 国外分布：俄罗斯、哈萨克斯坦
- 濒危等级：LC

大板山黄芪
Astragalus dabanshanicus Y. H. Wu
- 习　　性：多年生草本
- 海　　拔：约 3280 m
- 分　　布：青海
- 濒危等级：DD

达乌里黄芪
Astragalus dahuricus (Pall.) DC.
- 习　　性：一年生或二年生草本
- 海　　拔：400~2500 m
- 国内分布：甘肃、河北、黑龙江、湖南、吉林、内蒙古、山东、山西、四川
- 国外分布：朝鲜、俄罗斯、蒙古
- 濒危等级：LC
- 资源利用：动物饲料（饲料）

草原黄芪
Astragalus dalaiensis Kitag.
- 习　　性：多年生草本
- 海　　拔：500~1000 m
- 分　　布：内蒙古
- 濒危等级：LC

当雄黄芪
Astragalus damxungensis Podlech et L. Z. Shue
- 习　　性：多年生草本
- 分　　布：西藏
- 濒危等级：DD

丹麦黄芪
Astragalus danicus Retz.
- 习　　性：多年生草本
- 海　　拔：500~2000 m
- 国内分布：内蒙古
- 国外分布：俄罗斯、蒙古
- 濒危等级：LC
- 资源利用：动物饲料（饲料）

大青山黄芪
Astragalus daqingshanicus Z. G. Jiang et Z. T. Yin
- 习　　性：多年生草本
- 海　　拔：约 1900 m
- 分　　布：内蒙古
- 濒危等级：CR C1

毛喉黄芪
Astragalus dasyglottis Fisch. ex DC.
- 习　　性：多年生草本
- 海　　拔：3200 m 以下
- 国内分布：新疆
- 国外分布：俄罗斯
- 濒危等级：LC

大通黄芪
Astragalus datunensis Y. C. Ho
- 习　　性：多年生草本
- 海　　拔：约 3800 m
- 分　　布：青海
- 濒危等级：LC

宝兴黄芪
Astragalus davidii Franch.

宝兴黄芪（原变种）
Astragalus davidii var. **davidii**
- 习　　性：多年生草本
- 海　　拔：约 1600 m

分　　布：四川
濒危等级：LC

尖齿宝兴黄芪
Astragalus davidii var. **acutidentatus** P. C. Li
习　　性：多年生草本
分　　布：四川
濒危等级：LC

窄翼黄芪
Astragalus degensis Ulbr.

窄翼黄芪（原变种）
Astragalus degensis var. **degensis**
习　　性：多年生草本
海　　拔：3700~4200 m
分　　布：四川、西藏
濒危等级：LC

大花窄翼黄芪
Astragalus degensis var. **rockianus** E. Peter
习　　性：多年生草本
海　　拔：3700~4200 m
分　　布：云南

树黄芪
Astragalus dendroides Kar. et Kir.
习　　性：亚灌木
海　　拔：约1100 m
国内分布：新疆
国外分布：俄罗斯；中亚
濒危等级：LC

密花黄芪
Astragalus densiflorus Kar. et Kir.

密花黄芪（原变种）
Astragalus densiflorus var. **densiflorus**
习　　性：多年生草本
海　　拔：1500~3800 m
国内分布：青海、四川、西藏、新疆
国外分布：巴基斯坦、俄罗斯
濒危等级：LC

孔老黄芪
Astragalus densiflorus var. **konlonicus** H. Ohba et al.
习　　性：多年生草本
分　　布：新疆
濒危等级：LC

疆北黄芪
Astragalus depauperatus Ledeb.
习　　性：多年生草本
国内分布：新疆
国外分布：俄罗斯、哈萨克斯坦、蒙古
濒危等级：LC

悬垂黄芪
Astragalus dependens Bunge ex Maxim.

悬垂黄芪（原变种）
Astragalus dependens var. **dependens**
习　　性：多年生草本
海　　拔：1000~2000 m
分　　布：甘肃
濒危等级：LC

橙黄花黄芪
Astragalus dependens var. **aurantiacus** (Hand.-Mazz.) Y. C. Ho
习　　性：多年生草本
分　　布：甘肃、四川
濒危等级：LC

黄白花悬垂黄芪
Astragalus dependens var. **flavescens** Y. C. Ho
习　　性：多年生草本
海　　拔：1600~3100 m
分　　布：甘肃、青海
濒危等级：LC

绢毛黄芪
Astragalus dependens var. **sericeus** K. T. Fu
习　　性：多年生草本
分　　布：甘肃
濒危等级：LC

合托叶黄芪
Astragalus despectus Podlech et L. R. Xu
习　　性：多年生草本
海　　拔：约5100 m
分　　布：西藏
濒危等级：LC

敌克芮黄芪
Astragalus dickorei Podlech et L. Z. Shue
习　　性：多年生草本
海　　拔：4800 m
分　　布：四川
濒危等级：DD

敌克踏木黄芪
Astragalus dictamnoides Gontsch.
习　　性：多年生草本
分　　布：新疆
濒危等级：LC

淡黄芪
Astragalus dilutus Bunge
习　　性：多年生草本
海　　拔：约700 m
国内分布：新疆
国外分布：俄罗斯、哈萨克斯坦、蒙古
濒危等级：LC

定结黄芪
Astragalus dingjiensis C. C. Ni et P. C. Li
习　　性：多年生草本
海　　拔：2900~5000 m
分　　布：西藏
濒危等级：NT A2c

灰叶黄芪
Astragalus discolor Bunge ex Maxim.
习　　性：多年生草本

海　　拔：1000~1500 m
国内分布：甘肃、河北、内蒙古、宁夏、山西、陕西
国外分布：蒙古
濒危等级：LC

疆西黄芪
Astragalus divnogorskajae N. Ulziykh.
习　　性：多年生草本
分　　布：新疆
濒危等级：LC

詹加尔特黄芪
Astragalus dschangartensis Sumnev.
习　　性：多年生草本
海　　拔：1900~3100 m
国内分布：新疆
国外分布：中亚
濒危等级：LC

边陲黄芪
Astragalus dschimensis Gontsch.
习　　性：多年生草本
海　　拔：900~2500 m
国内分布：新疆
国外分布：俄罗斯、哈萨克斯坦
濒危等级：LC

托木尔黄芪
Astragalus dsharkenticus Popov

托木尔黄芪（原变种）
Astragalus dsharkenticus var. **dsharkenticus**
习　　性：亚灌木
海　　拔：1800 m
国内分布：新疆
国外分布：哈萨克斯坦、吉尔吉斯斯坦
濒危等级：LC
资源利用：动物饲料（牧草）

巩留托木尔黄芪
Astragalus dsharkenticus var. **gongliuensis** S. B. Ho
习　　性：亚灌木
海　　拔：约1000 m
分　　布：新疆
濒危等级：LC
资源利用：动物饲料（牧草）

独龙黄芪
Astragalus dulungkiangensis P. C. Li
习　　性：多年生草本
海　　拔：1900~2100 m
分　　布：云南
濒危等级：DD

灌丛黄芪
Astragalus dumetorum Hand.-Mazz.
习　　性：多年生草本
海　　拔：3900~4400 m
分　　布：四川、云南

濒危等级：LC

中昆仑黄芪
Astragalus dutreuilii (Franch.) Grubov et N. Ulziykh.
习　　性：多年生草本
分　　布：新疆
濒危等级：LC

额尔齐斯黄芪
Astragalus eerqisiensis Zhao Y. Chang et al.
习　　性：多年生草本
海　　拔：约600 m
分　　布：新疆
濒危等级：LC

单叶黄芪
Astragalus efoliolatus Hand.-Mazz.
习　　性：多年生草本
海　　拔：1400~2200 m
国内分布：甘肃、内蒙古、宁夏、陕西
国外分布：蒙古
濒危等级：LC
资源利用：动物饲料（牧草）

胀萼黄芪
Astragalus ellipsoideus Ledeb.
习　　性：多年生草本
海　　拔：1400~1700 m
国内分布：甘肃、内蒙古、宁夏、青海、新疆
国外分布：俄罗斯、哈萨克斯坦、蒙古
濒危等级：LC

梭果黄芪
Astragalus ernestii H. F. Comber
习　　性：多年生草本
海　　拔：3500~4300 m
分　　布：四川、西藏、云南
濒危等级：LC
资源利用：药用（中草药）

深绿黄芪
Astragalus euchlorus K. T. Fu
习　　性：多年生草本
海　　拔：3400 m
分　　布：四川
濒危等级：LC

侧扁黄芪
Astragalus falconeri Bunge
习　　性：多年生草本
海　　拔：2400~3800 m
国内分布：西藏
国外分布：阿富汗、巴基斯坦、克什米尔地区、尼泊尔、印度
濒危等级：LC

房县黄芪
Astragalus fangensis N. D. Simpson
习　　性：多年生草本
海　　拔：1300 m

分　　布：湖北
濒危等级：NT A2c

西北黄芪
Astragalus fenzelianus E. Peter
习　　性：多年生草本
海　　拔：3000~4500 m
分　　布：甘肃、青海、四川
濒危等级：LC

烦提扫夫黄芪
Astragalus fetissowii B. Fedtsch.
习　　性：多年生草本
分　　布：新疆
濒危等级：LC

丝茎黄芪
Astragalus filicaulis Fisch. et C. A. Mey. ex Ledeb.
习　　性：一年生草本
海　　拔：3200 m 以下
国内分布：新疆
国外分布：阿富汗、巴基斯坦、俄罗斯、哈萨克斯坦、吉尔吉斯斯坦、塔吉克斯坦、土库曼斯坦、乌兹别克斯坦、伊朗
濒危等级：VU D2

丝齿黄芪
Astragalus filidens Podlech et L. R. Xu
习　　性：多年生草本
海　　拔：约2100 m
分　　布：新疆
濒危等级：LC

弯花黄芪
Astragalus flexus Fisch.
习　　性：多年生草本
国内分布：新疆
国外分布：巴基斯坦、俄罗斯、哈萨克斯坦、土库曼斯坦、乌兹别克斯坦、伊朗
濒危等级：LC

丛毛黄芪
Astragalus floccosifolius Sumnev.
习　　性：多年生草本
海　　拔：800~3100 m
国内分布：新疆
国外分布：阿富汗、哈萨克斯坦、吉尔吉斯斯坦、塔吉克斯坦、乌兹别克斯坦
濒危等级：LC

多花黄芪
Astragalus floridulus Podlech

多花黄芪（原变种）
Astragalus floridulus var. **floridulus**
习　　性：多年生草本
海　　拔：2700~5200 m
国内分布：甘肃、青海、四川、西藏、云南
国外分布：不丹、印度
濒危等级：LC

多毛多花黄芪
Astragalus floridulus var. **multipilus** Y. H. Wu
习　　性：多年生草本
分　　布：青海
濒危等级：LC

中甸黄芪
Astragalus forrestii N. D. Simpson
习　　性：多年生草本
海　　拔：2700~3300 m
分　　布：云南
濒危等级：LC

广布黄芪
Astragalus frigidus (L.) A. Gray
习　　性：多年生草本
海　　拔：200~3100 m
国内分布：四川、新疆
国外分布：巴基斯坦、俄罗斯、印度
濒危等级：LC

阜康黄芪
Astragalus fukangensis Podlech et L. R. Xu
习　　性：多年生草本
分　　布：新疆
濒危等级：LC

乳白花黄芪
Astragalus galactites Pall.
习　　性：多年生草本
海　　拔：1000~3500 m
国内分布：甘肃、内蒙古、陕西
国外分布：俄罗斯、蒙古
濒危等级：LC

准噶尔黄芪
Astragalus gebleri Fisch. ex Bong.
习　　性：亚灌木
国内分布：新疆
国外分布：俄罗斯、哈萨克斯坦、蒙古
濒危等级：LC

格尔乌苏黄芪
Astragalus geerwusuensis H. C. Fu
习　　性：多年生草本
分　　布：内蒙古
濒危等级：DD

秃萼筒黄芪
Astragalus glabritubus Podlech et L. R. Xu
习　　性：多年生草本
海　　拔：约1800 m
分　　布：新疆
濒危等级：LC

格尔木黄芪
Astragalus golmunensis Y. C. Ho

格尔木黄芪（原变种）
Astragalus golmunensis var. **golmunensis**
习　　性：多年生草本
海　　拔：4100~4500 m
分　　布：青海
濒危等级：VU D1+2

少毛格尔木黄芪
Astragalus golmunensis var. **paucipilus** Y. H. Wu
习　　性：多年生草本
分　　布：青海
濒危等级：LC

果洛宝洁黄芪
Astragalus golubojensis Podlech et L. R. Xu
习　　性：多年生草本
海　　拔：约3600 m
分　　布：西藏
濒危等级：DD

贡嘎黄芪
Astragalus gonggamontis P. C. Li
习　　性：多年生草本
海　　拔：2100~2300 m
分　　布：四川
濒危等级：DD

巩留黄芪
Astragalus gongliuensis Podlech et L. R. Xu
习　　性：亚灌木
海　　拔：约1000 m
国内分布：新疆
国外分布：哈萨克斯坦、吉尔吉斯斯坦、塔吉克斯坦
濒危等级：LC
资源利用：动物饲料（牧草）

贡山黄芪
Astragalus gongshanensis Podlech et L. R. Xu
习　　性：多年生草本
分　　布：云南
濒危等级：LC

半灌黄芪
Astragalus gontscharovii Vassilcz.
习　　性：亚灌木
国内分布：新疆
国外分布：哈萨克斯坦、吉尔吉斯斯坦、乌兹别克斯坦
濒危等级：LC

纤齿黄芪
Astragalus gracilidentatus S. B. Ho
习　　性：多年生草本
分　　布：新疆
濒危等级：LC

细柄黄芪
Astragalus gracilipes Benth. ex Bunge
习　　性：一年生草本
海　　拔：2900~4500 m

国内分布：西藏
国外分布：阿富汗、巴基斯坦、塔吉克斯坦、印度
濒危等级：DD

烈香黄芪
Astragalus graveolens Buch.-Ham. ex Benth.
习　　性：灌木状高大草本
海　　拔：500~2700 m
国内分布：西藏、云南
国外分布：阿富汗、巴基斯坦、印度
濒危等级：LC

格热高尔黄芪
Astragalus gregorii B. Fedtsch. et Basil.
习　　性：多年生草本
国内分布：新疆
国外分布：蒙古
濒危等级：LC

新巴黄芪
Astragalus grubovii Sanchir

新巴黄芪（原变种）
Astragalus grubovii var. **grubovii**
习　　性：多年生草本
海　　拔：3400 m
分　　布：黑龙江、内蒙古
濒危等级：LC
资源利用：动物饲料（牧草）

细叶卵果黄芪
Astragalus grubovii var. **angustifolius** H. C. Fu
习　　性：多年生草本
分　　布：内蒙古
濒危等级：LC

胶黄芪
Astragalus grum-grshimailoi Palib.
习　　性：多年生草本
分　　布：新疆
濒危等级：LC

贵南黄芪
Astragalus guinanicus Y. H. Wu
习　　性：多年生草本
海　　拔：3200 m
分　　布：青海
濒危等级：DD

哈巴河黄芪
Astragalus habaheensis Y. X. Liou
习　　性：亚灌木
分　　布：新疆
濒危等级：LC

哈巴山黄芪
Astragalus habamontis K. T. Fu
习　　性：多年生草本
海　　拔：约4200 m
分　　布：云南

濒危等级：LC

海原黄芪
Astragalus haiyuanensis Podlech
习　　性：多年生草本
海　　拔：约 100 m
分　　布：宁夏
濒危等级：LC

哈拉乌黄芪
Astragalus halawuensis Y. Z. Zhao
习　　性：多年生草本
分　　布：内蒙古
濒危等级：LC

哈密黄芪
Astragalus hamiensis S. B. Ho
习　　性：多年生草本
国内分布：甘肃、内蒙古、新疆
国外分布：蒙古
濒危等级：LC

汉考黄芪
Astragalus hancockii Bunge ex Maxim.
习　　性：多年生草本
海　　拔：1500~2700 m
分　　布：河北
濒危等级：LC

长齿黄芪
Astragalus handelii H. T. Tsai et T. T. Yü
习　　性：多年生草本
海　　拔：1800~3700 m
分　　布：青海、四川
濒危等级：NT A2c

华山黄芪
Astragalus havianus E. Peter

华山黄芪（原变种）
Astragalus havianus var. **havianus**
习　　性：多年生草本
海　　拔：2000 m
分　　布：陕西
濒危等级：NT B1

白花华山黄芪
Astragalus havianus var. **pallidiflorus** Y. C. Ho
习　　性：多年生草本
海　　拔：800~1100 m
分　　布：陕西
濒危等级：LC

茸毛果黄芪
Astragalus hebecarpus S. H. Cheng ex S. B. Ho
习　　性：多年生草本
分　　布：新疆
濒危等级：CR B1ab（iii）

鱼鳔黄芪
Astragalus hedinii Ulbr.
习　　性：多年生草本
海　　拔：3200~3600 m
分　　布：西藏
濒危等级：LC

和靖黄芪
Astragalus hegingensis Y. X. Liou
习　　性：多年生草本
分　　布：新疆
濒危等级：LC

秦岭黄芪
Astragalus henryi Oliv.
习　　性：灌木
海　　拔：约 2500 m
分　　布：重庆、河北、湖北、山西、陕西
濒危等级：VU B1ab（iii）

七溪黄芪
Astragalus heptapotamicus Sumnev.
习　　性：多年生草本
海　　拔：1700~2400 m
国内分布：新疆
国外分布：俄罗斯、哈萨克斯坦
濒危等级：LC

河西黄芪
Astragalus hesiensis N. Ulziykh.
习　　性：多年生草本
分　　布：甘肃
濒危等级：LC

异齿黄芪
Astragalus heterodontus Boriss.
习　　性：多年生草本
海　　拔：3500~4900 m
国内分布：西藏、新疆
国外分布：俄罗斯
濒危等级：LC

乌拉特黄芪
Astragalus hoantchy Franch.
习　　性：多年生草本
海　　拔：1400~2400 m
国内分布：甘肃、内蒙古、宁夏、青海
国外分布：蒙古
濒危等级：LC
资源利用：药用（中草药）

疏花黄芪
Astragalus hoffmeisteri（Klotzsch）Ali
习　　性：多年生草本
海　　拔：2400~4600 m
国内分布：西藏
国外分布：巴基斯坦、克什米尔地区、印度
濒危等级：LC

善宝黄芪
Astragalus hoshanbaoensis Podlech et L. R. Xu
习　　性：多年生草本
海　　拔：3700~3800 m
分　　布：新疆

濒危等级：LC

和田黄芪
Astragalus hotanensis S. B. Ho
习　　性：多年生草本或灌木
海　　拔：1100 m
分　　布：新疆
濒危等级：LC

会宁黄芪
Astragalus huiningensis Y. C. Ho

会宁黄芪（原变种）
Astragalus huiningensis var. **huiningensis**
习　　性：多年生草本
分　　布：甘肃
濒危等级：LC

盐池黄芪
Astragalus huiningensis var. **psilocarpus** K. T. Fu
习　　性：多年生草本
海　　拔：1700～1800 m
分　　布：甘肃、宁夏、陕西
濒危等级：LC

金沟河黄芪
Astragalus huochengensis Podlech et L. R. Xu
习　　性：多年生草本
海　　拔：约 1300 m
分　　布：新疆
濒危等级：LC

留土黄芪
Astragalus hypogaeus Ledeb.
习　　性：多年生草本
国内分布：新疆
国外分布：俄罗斯、哈萨克斯坦、吉尔吉斯斯坦
濒危等级：LC

高地黄芪
Astragalus hysophilus Podlech et L. Z. Shue
习　　性：多年生草本
海　　拔：2900～3100 m
分　　布：西藏
濒危等级：DD

伊犁黄芪
Astragalus iliensis Bunge

伊犁黄芪（原变种）
Astragalus iliensis var. **iliensis**
习　　性：亚灌木
国内分布：新疆
国外分布：哈萨克斯坦
濒危等级：LC

大花伊犁黄芪
Astragalus iliensis var. **macrostephanus** S. B. Ho
习　　性：多年生草本
海　　拔：约 540 m
分　　布：新疆
濒危等级：LC

加查黄芪
Astragalus jiazaensis Podlech et L. R. Xu
习　　性：多年生草本
海　　拔：约 3400 m
分　　布：西藏
濒危等级：LC

酒泉黄芪
Astragalus jiuquanensis S. B. Ho
习　　性：多年生草本
海　　拔：约 3000 m
分　　布：甘肃
濒危等级：EN D

沙基黄芪
Astragalus josephi E. Peter
习　　性：多年生草本
海　　拔：3000～4500 m
分　　布：四川
濒危等级：LC

圆果黄芪
Astragalus junatovii Sanchir
习　　性：多年生草本
国内分布：内蒙古、宁夏
国外分布：蒙古
濒危等级：LC

霍城黄芪
Astragalus karkarensis Popov
习　　性：多年生草本
海　　拔：约 1250 m
国内分布：新疆
国外分布：哈萨克斯坦
濒危等级：LC

哈萨克黄芪
Astragalus kasachstanicus Golosk.
习　　性：多年生草本
国内分布：新疆
国外分布：哈萨克斯坦、蒙古
濒危等级：LC

长果颈黄芪
Astragalus khasianus Bunge
习　　性：多年生草本
海　　拔：1600～3500 m
国内分布：四川、西藏、云南
国外分布：不丹、缅甸、印度
濒危等级：LC

苦黄芪
Astragalus kialensis N. D. Simpson
习　　性：多年生草本
海　　拔：3000～3900 m
分　　布：四川、西藏、云南
濒危等级：LC

鸡峰山黄芪
Astragalus kifonsanicus Ulbr.
习　　性：多年生草本

海　　拔：400~2000 m
分　　布：甘肃、河南、山西、陕西
濒危等级：LC
资源利用：动物饲料（饲料）；环境利用（水土保持）

深紫萼黄芪
Astragalus kongrensis Baker
习　　性：多年生草本
国内分布：甘肃、青海、四川、西藏、云南
国外分布：印度
濒危等级：LC

控股荣黄芪
Astragalus kongurensis Podlech
习　　性：多年生草本
海　　拔：约3000 m
分　　布：新疆
濒危等级：LC

柴达木黄芪
Astragalus kronenburgii var. **chaidamuensis** S. B. Ho
习　　性：多年生草本
海　　拔：3000~3300 m
分　　布：甘肃、青海
濒危等级：LC

青海黄芪
Astragalus kukunoricus N. Ulziykh.
习　　性：多年生草本
分　　布：甘肃、青海、新疆
濒危等级：LC

伊宁黄芪
Astragalus kuldshensis Bunge
习　　性：多年生草本
分　　布：新疆
濒危等级：LC

昆仑黄芪
Astragalus kunlunensis H. Ohba et al.
习　　性：多年生草本
海　　拔：3200~3300 m
分　　布：新疆
濒危等级：LC

库尔楚黄芪
Astragalus kurtschumensis Bunge
习　　性：多年生草本
国内分布：内蒙古、新疆
国外分布：哈萨克斯坦、蒙古
濒危等级：LC

库沙克黄芪
Astragalus kuschakewiczi B. Fedtsch. ex O. Fedtsch.
习　　性：多年生草本
国内分布：西藏、新疆
国外分布：俄罗斯
濒危等级：LC

裂翼黄芪
Astragalus laceratus Lipsky
习　　性：多年生草本
海　　拔：约2300 m
国内分布：新疆
国外分布：哈萨克斯坦、吉尔吉斯斯坦
濒危等级：LC

丝叶黄芪
Astragalus laetabilis Podlech et L. R. Xu
习　　性：亚灌木
分　　布：西藏
濒危等级：LC

兔尾黄芪
Astragalus laguroides Pall.

兔尾黄芪（原变种）
Astragalus laguroides var. **laguroides**
习　　性：多年生草本
国内分布：新疆
国外分布：俄罗斯、蒙古
濒危等级：LC

小花兔尾黄芪
Astragalus laguroides var. **micranthus** S. B. Ho
习　　性：多年生草本
分　　布：内蒙古
濒危等级：LC

拉木拉黄芪
Astragalus lamalaensis C. C. Ni
习　　性：多年生草本
海　　拔：4200 m
分　　布：西藏
濒危等级：DD

棉毛黄芪
Astragalus lanuginosus Kar. et Kir.
习　　性：多年生草本
海　　拔：1400~1800 m
国内分布：新疆
国外分布：哈萨克斯坦、吉尔吉斯斯坦、乌兹别克斯坦
濒危等级：LC

毛瓣黄芪
Astragalus lasiopetalus Bunge
习　　性：多年生草本
海　　拔：1800~2000 m
国内分布：新疆
国外分布：哈萨克斯坦、吉尔吉斯斯坦、蒙古、乌兹别克斯坦
濒危等级：LC

毛果黄芪
Astragalus lasiosemius Boiss.
习　　性：小灌木
海　　拔：2400~4300 m

国内分布：西藏、新疆
国外分布：阿富汗、巴基斯坦、俄罗斯、哈萨克斯坦、吉尔吉斯斯坦、塔吉克斯坦、乌兹别克斯坦
濒危等级：LC

西巴黄芪
Astragalus laspurensis Ali
习　　性：多年生草本
海　　拔：3000～4600 m
国内分布：新疆
国外分布：巴基斯坦
濒危等级：NT A1c；D

宽爪黄芪
Astragalus latiunguiculatus Y. C. Ho
习　　性：多年生草本
海　　拔：3600～4400 m
分　　布：四川
濒危等级：LC

斜茎黄芪
Astragalus laxmannii Jacq.
习　　性：多年生草本
海　　拔：3700 m 以下
国内分布：甘肃、河北、青海、山西、陕西、四川、西藏、新疆、云南
国外分布：俄罗斯、哈萨克斯坦、蒙古、日本
濒危等级：LC
资源利用：药用（中草药）；动物饲料（牧草）

莲山黄芪
Astragalus leansanicus Ulbr.
习　　性：多年生草本
海　　拔：1000～2200 m
分　　布：重庆、甘肃、陕西、四川
濒危等级：LC

茧荚黄芪
Astragalus lehmannianus Bunge
习　　性：多年生草本
海　　拔：约 800 m
国内分布：新疆
国外分布：哈萨克斯坦、土库曼斯坦、乌兹别克斯坦
濒危等级：LC

莱比锡黄芪
Astragalus lepsensis Bunge

莱比锡黄芪（原变种）
Astragalus lepsensis var. **lepsensis**
习　　性：多年生草本
海　　拔：2100～2600 m
国内分布：新疆
国外分布：哈萨克斯坦、吉尔吉斯斯坦、蒙古
濒危等级：LC

乐都黄芪
Astragalus lepsensis var. **leduensis** Y. H. Wu
习　　性：多年生草本
海　　拔：约 2800 m
分　　布：青海
濒危等级：DD

细枝黄芪
Astragalus leptocladus Podlech et L. R. Xu
习　　性：多年生草本
海　　拔：约 2000 m
分　　布：新疆
濒危等级：LC

喜马拉雅黄芪
Astragalus lessertioides Benth. ex Bunge
习　　性：多年生草本
海　　拔：3500～4900 m
国内分布：西藏、云南
国外分布：尼泊尔、印度
濒危等级：LC

白序黄芪
Astragalus leucocephalus Graham ex Benth.
习　　性：多年生草本
海　　拔：3000～3800 m
国内分布：西藏
国外分布：阿富汗、巴基斯坦、克什米尔地区、尼泊尔、印度
濒危等级：LC

白枝黄芪
Astragalus leucocladus Bunge
习　　性：多年生草本
海　　拔：约 1300 m
国内分布：新疆
国外分布：俄罗斯、吉尔吉斯斯坦
濒危等级：LC

光萼齿黄芪
Astragalus levidensis Podlech et L. R. Xu
习　　性：多年生草本
海　　拔：约 3400 m
分　　布：青海
濒危等级：LC

光萼筒黄芪
Astragalus levitubus H. T. Tsai et T. T. Yü
习　　性：多年生草本
海　　拔：4000 m
分　　布：四川、云南
濒危等级：LC

洛隆黄芪
Astragalus lhorongensis P. C. Li et C. C. Ni
习　　性：多年生草本
海　　拔：3300～3600 m
分　　布：四川、西藏
濒危等级：LC

甘肃黄芪
Astragalus licentianus Hand. -Mazz.
习　　性：多年生草本
海　　拔：3000～4500 m
分　　布：甘肃、青海
濒危等级：LC

长管萼黄芪
Astragalus limprichtii Ulbr.
习　　性：多年生草本
海　　拔：300～1100 m
分　　布：河南、山西、陕西、新疆
濒危等级：LC

山地黄芪
Astragalus li-nii Gómez-Sosa
习　　性：多年生垫状草本
海　　拔：4000～5000 m
分　　布：西藏
濒危等级：LC

岩生黄芪
Astragalus lithophilus Kar. et Kir.
习　　性：多年生草本
海　　拔：2400～3500 m
国内分布：新疆
国外分布：俄罗斯
濒危等级：LC

长萼裂黄芪
Astragalus longilobus E. Peter
习　　性：多年生草本
海　　拔：3300～4300 m
分　　布：甘肃、四川
濒危等级：LC

长花序黄芪
Astragalus longiracemosus N. Ulziykh.
习　　性：多年生草本
海　　拔：约 3100 m
分　　布：青海
濒危等级：LC

长序黄芪
Astragalus longiscapus C. C. Ni et P. C. Li
习　　性：多年生草本
海　　拔：4000～4700 m
分　　布：西藏
濒危等级：LC

光亮黄芪
Astragalus lucidus H. T. Tsai et T. T. Yü
习　　性：多年生草本
海　　拔：2700～3900 m
分　　布：四川、西藏
濒危等级：LC

光滑黄芪
Astragalus luculentus Podlech et L. R. Xu
习　　性：多年生草本
海　　拔：约 1500 m
分　　布：新疆
濒危等级：LC

荒野黄芪
Astragalus lustricola Podlech et L. R. Xu
习　　性：多年生草本
海　　拔：约 1000 m

分　　布：新疆
濒危等级：LC

淡黄花黄芪
Astragalus luteiflorus N. Ulziykh.
习　　性：多年生草本
海　　拔：3400 m
分　　布：青海
濒危等级：DD

黄花黄芪
Astragalus luteolus H. T. Tsai et T. T. Yü
习　　性：多年生草本
海　　拔：约 3000 m
分　　布：青海、四川
濒危等级：LC

喜光黄芪
Astragalus lychnobius Podlech et L. R. Xu
习　　性：多年生草本
海　　拔：约 700 m
分　　布：新疆
濒危等级：LC

裕民黄芪
Astragalus macriculus Podlech et L. R. Xu
习　　性：多年生草本
海　　拔：约 1000 m
分　　布：新疆
濒危等级：LC

长荚黄芪
Astragalus macrolobus M. Bieb.
习　　性：多年生草本
海　　拔：约 2500 m
国内分布：新疆
国外分布：俄罗斯
濒危等级：LC

大翼黄芪
Astragalus macropterus Fisch. ex DC.
习　　性：多年生草本
海　　拔：1600～3800 m
国内分布：新疆
国外分布：巴基斯坦、俄罗斯
濒危等级：LC

长龙骨黄芪
Astragalus macrotropis Bunge
习　　性：多年生草本
海　　拔：约 1000 m
国内分布：新疆
国外分布：俄罗斯、哈萨克斯坦
濒危等级：LC

马衔山黄芪
Astragalus mahoschanicus Hand. -Mazz.

马衔山黄芪（原变种）
Astragalus mahoschanicus var. **mahoschanicus**
习　　性：多年生草本

海　　拔：1800~4500 m
分　　布：甘肃、内蒙古、宁夏、青海、四川、新疆
濒危等级：LC

孟达黄芪
Astragalus mahoschanicus var. **mengdaensis** Y. H. Wu
习　　性：多年生草本
海　　拔：约2200 m
分　　布：青海
濒危等级：DD

多毛马衔山黄芪
Astragalus mahoschanicus var. **multipilosus** Y. H. Wu
习　　性：多年生草本
海　　拔：约3000 m
分　　布：青海
濒危等级：DD

肃北黄芪
Astragalus mahoschanicus var. **subeicus** K. T. Fu
习　　性：多年生草本
分　　布：甘肃
濒危等级：LC

买依尔黄芪
Astragalus maiusculus Podlech et L. R. Xu
习　　性：多年生草本
分　　布：新疆
濒危等级：LC

富蕴黄芪
Astragalus majevskianus Krylov
习　　性：亚灌木
海　　拔：约1600 m
国内分布：新疆
国外分布：俄罗斯、哈萨克斯坦
濒危等级：LC

短茎黄芪
Astragalus malcolmii Hemsl. et H. Pearson
习　　性：多年生草本
海　　拔：约5400 m
国内分布：西藏
国外分布：亚洲中部
濒危等级：LC

旱生黄芪
Astragalus maowensis Podlech et L. R. Xu
习　　性：多年生草本
分　　布：四川、西藏
濒危等级：LC

海滨黄芪
Astragalus marinus Boriss.
习　　性：多年生草本
国内分布：黑龙江
国外分布：俄罗斯
濒危等级：LC

马三德黄芪
Astragalus masanderanus Bunge
习　　性：多年生草本
海　　拔：3200 m以下
国内分布：新疆
国外分布：哈萨克斯坦、吉尔吉斯斯坦、塔吉克斯坦、土库曼斯坦、乌兹别克斯坦

马蹄黄芪
Astragalus matiensis P. C. Li
习　　性：多年生草本
海　　拔：2800 m
分　　布：四川
濒危等级：DD

茵垫黄芪
Astragalus mattam H. T. Tsai et T. T. Yü

茵垫黄芪（原变种）
Astragalus mattam var. **mattam**
习　　性：多年生草本
海　　拔：4000 m
分　　布：青海
濒危等级：LC

大花茵垫黄芪
Astragalus mattam var. **macroflorus** Y. H. Wu
习　　性：多年生草本
海　　拔：约3600 m
分　　布：青海
濒危等级：DD

大花黄芪
Astragalus megalanthus DC.
习　　性：多年生草本
国内分布：新疆
国外分布：俄罗斯、哈萨克斯坦、蒙古
濒危等级：LC

湄公黄芪
Astragalus mekongensis Podlech
习　　性：多年生草本
海　　拔：3300~3400 m
分　　布：西藏
濒危等级：LC

黑穗黄芪
Astragalus melanostachys Benth. ex Bunge
习　　性：多年生草本
海　　拔：3100~5000 m
国内分布：新疆
国外分布：阿富汗、巴基斯坦、克什米尔地区、印度
濒危等级：LC

草木樨状黄芪
Astragalus melilotoides Pall.

草木樨状黄芪（原变种）
Astragalus melilotoides var. **melilotoides**
习　　性：多年生草本
海　　拔：200~2600 m
国内分布：重庆及长江以北省区
国外分布：俄罗斯、蒙古

濒危等级：LC

细叶黄芪
Astragalus melilotoides var. **tenuis** Ledeb.
习　　性：多年生草本
国内分布：长江以北地区
国外分布：俄罗斯、蒙古
濒危等级：LC

假黄芪
Astragalus mendax Freyn
习　　性：多年生草本
海　　拔：2000～4800 m
国内分布：新疆
国外分布：吉尔吉斯斯坦、塔吉克斯坦
濒危等级：LC

昆仑山黄芪
Astragalus mieheorum Podlech et L. Z. Shue
习　　性：多年生草本
海　　拔：4000～4900 m
分　　布：青海
濒危等级：LC

细弱黄芪
Astragalus miniatus Bunge
习　　性：多年生草本
海　　拔：1200～2800 m
国内分布：黑龙江、内蒙古
国外分布：俄罗斯、蒙古
濒危等级：LC
资源利用：动物饲料（牧草）

岷山黄芪
Astragalus minshanensis K. T. Fu
习　　性：多年生草本
海　　拔：4000 m
分　　布：甘肃、青海
濒危等级：LC

小齿黄芪
Astragalus minudentatus Y. C. Ho
习　　性：多年生草本
海　　拔：2100～4900 m
分　　布：西藏
濒危等级：LC

米亚罗黄芪
Astragalus miyalomontis P. C. Li
习　　性：多年生草本
海　　拔：约2500 m
分　　布：四川
濒危等级：LC

边向花黄芪
Astragalus moellendorffii Bunge ex Maxim.

边向花黄芪（原变种）
Astragalus moellendorffii var. **moellendorffii**
习　　性：多年生草本
海　　拔：2000～2600 m
分　　布：河北
濒危等级：EN B1ab (iii); C1

莲花山黄芪
Astragalus moellendorffii var. **kansuensis** E. Peter
习　　性：多年生草本
海　　拔：2000～2600 m
分　　布：甘肃、宁夏
濒危等级：LC

单蕊黄芪
Astragalus monadelphus Bunge ex Maxim.
习　　性：多年生草本
海　　拔：3000～4000 m
分　　布：甘肃、青海、四川
濒危等级：LC

异长齿黄芪
Astragalus monbeigii N. D. Simpson
习　　性：多年生草本
海　　拔：3200～4800 m
分　　布：青海、四川、西藏、云南
濒危等级：LC

长毛荚黄芪
Astragalus monophyllus Bunge ex Maxim.
习　　性：多年生草本
海　　拔：约3000 m
分　　布：甘肃、内蒙古、山西、新疆
濒危等级：LC

如多黄芪
Astragalus montivagus Podlech et L. Z. Shue
习　　性：多年生草本
海　　拔：约4200 m
分　　布：西藏
濒危等级：DD

天全黄芪
Astragalus moupinensis Franch.
习　　性：多年生草本
分　　布：四川
濒危等级：LC

木里黄芪
Astragalus muliensis Hand.-Mazz.
习　　性：多年生草本
海　　拔：2700～4000 m
分　　布：四川、西藏、云南
濒危等级：LC

二尖齿黄芪
Astragalus multiceps Wall. ex Benth.
习　　性：多年生草本
海　　拔：1300～3300 m
国内分布：西藏
国外分布：巴基斯坦、克什米尔地区、印度
濒危等级：LC

细梗黄芪
Astragalus munroi Benth. ex Bunge

习　　性：多年生草本
海　　拔：3000~5200 m
国内分布：西藏、新疆
国外分布：印度
濒危等级：NT A2c

木斯克黄芪
Astragalus muschketowi B. Fedtsch.
习　　性：多年生草本
国内分布：新疆
国外分布：塔吉克斯坦
濒危等级：LC

极矮黄芪
Astragalus nanellus H. T. Tsai et T. T. Yü
习　　性：多年生草本
海　　拔：3200 m
分　　布：四川
濒危等级：DD

南峰黄芪
Astragalus nanfengensis C. C. Ni
习　　性：多年生草本
分　　布：西藏
濒危等级：LC

朗县黄芪
Astragalus nangxianensis P. C. Li et C. C. Ni
习　　性：多年生草本
海　　拔：约 3200 m
分　　布：西藏
濒危等级：LC

南山黄芪
Astragalus nanshanicus Podlech et L. R. Xu
习　　性：多年生草本
海　　拔：3600 m
分　　布：青海
濒危等级：LC

线叶黄芪
Astragalus nematodes Bunge ex Boiss.
习　　性：多年生草本
海　　拔：1700~2500 m
国内分布：新疆
国外分布：俄罗斯、哈萨克斯坦
濒危等级：LC

类线叶黄芪
Astragalus nematodioides H. Ohba et al.
习　　性：多年生草本
海　　拔：2400~3700 m
分　　布：新疆
濒危等级：LC

新霍尔果斯黄芪
Astragalus neochorgosicus Podlech
习　　性：多年生草本
分　　布：新疆
濒危等级：LC

新单蕊黄芪
Astragalus neomonodelphus H. T. Tsai et T. T. Yü
习　　性：多年生草本
海　　拔：3400~4700 m
分　　布：云南
濒危等级：EN D

木垒黄芪
Astragalus nicolai Boriss.
习　　性：多年生草本
海　　拔：1400~2000 m
国内分布：新疆
国外分布：亚洲中部
濒危等级：LC

黑齿黄芪
Astragalus nigrodentatus N. Ulziykh. ex Podlech et L. R. Xu
习　　性：多年生草本
分　　布：西藏
濒危等级：DD

宁夏黄芪
Astragalus ningxiaensis Podlech et L. R. Xu
习　　性：多年生草本
海　　拔：约 1650 m
分　　布：宁夏
濒危等级：LC

雪地黄芪
Astragalus nivalis Kar. et Kir.
习　　性：多年生草本
海　　拔：2000~4100 m
国内分布：甘肃、青海、西藏、新疆
国外分布：俄罗斯
濒危等级：LC

华贵黄芪
Astragalus nobilis Bunge ex B. Fedtsh.
习　　性：多年生草本
国内分布：新疆
国外分布：中亚
濒危等级：LC

钝叶华贵黄芪
Astragalus nobilis var. **obtusifoliolatus** S. B. Ho
习　　性：多年生草本
海　　拔：2800~3000 m
分　　布：新疆
濒危等级：LC

克郎河黄芪
Astragalus occultus Podlech et L. R. Xu
习　　性：多年生草本
海　　拔：约 800 m
分　　布：甘肃、新疆
濒危等级：LC

中宁黄芪
Astragalus ochrias Bunge ex Maxim.
习　　性：多年生草本
分　　布：宁夏

濒危等级：VU B1ab（iii）

奥巴黄芪
Astragalus ohbanus Podlech
习　　性：多年生草本
分　　布：新疆
濒危等级：LC

奥尔格黄芪
Astragalus olgae Bunge
习　　性：亚灌木
海　　拔：3100～3900 m
国内分布：新疆
国外分布：哈萨克斯坦、吉尔吉斯斯坦、塔吉克斯坦、乌兹别克斯坦
濒危等级：LC

蛇荚黄芪
Astragalus ophiocarpus Benth. ex Bunge
习　　性：一年生草本
海　　拔：100～3600 m
国内分布：西藏
国外分布：阿富汗、巴基斯坦、俄罗斯、塔吉克斯坦、土库曼斯坦、伊拉克、伊朗、印度
濒危等级：DD

刺叶柄黄芪
Astragalus oplites Benth. ex Baker
习　　性：小灌木
海　　拔：3700～4400 m
分　　布：西藏、新疆
濒危等级：LC

圆叶黄芪
Astragalus orbicularifolius P. C. Li et C. C. Ni
习　　性：多年生草本
海　　拔：5000～5500 m
分　　布：西藏
濒危等级：LC

圆形黄芪
Astragalus orbiculatus Ledeb.
习　　性：多年生草本
海　　拔：400～2900 m
国内分布：新疆
国外分布：阿富汗、巴基斯坦、俄罗斯
濒危等级：LC

鄂托克黄芪
Astragalus ordosicus H. C. Fu
习　　性：多年生草本
分　　布：内蒙古
濒危等级：LC

山黄芪
Astragalus oreocharis Podlech et L. R. Xu
习　　性：多年生草本
分　　布：西藏
濒危等级：DD

雀喙黄芪
Astragalus ornithorrhynchus Popov
习　　性：多年生草本
国内分布：新疆
国外分布：俄罗斯
濒危等级：LC

直荚草黄芪
Astragalus ortholobiformis Sumnev.
习　　性：多年生草本
海　　拔：约 3000 m
国内分布：甘肃、新疆
国外分布：俄罗斯、哈萨克斯坦、蒙古
濒危等级：LC

尖舌黄芪
Astragalus oxyglottis Steven ex M. Bieb.
习　　性：一年生草本
海　　拔：100～2600 m
国内分布：新疆
国外分布：巴基斯坦、俄罗斯、土耳其、叙利亚、伊朗
濒危等级：LC

尖齿黄芪
Astragalus oxyodon Baker
习　　性：多年生草本
海　　拔：3500～4600 m
国内分布：西藏、新疆
国外分布：巴基斯坦、尼泊尔、印度
濒危等级：LC

毛叶黄芪
Astragalus pallasii Spreng.
习　　性：多年生草本
海　　拔：200～1400 m
国内分布：新疆
国外分布：哈萨克斯坦、蒙古、乌兹别克斯坦
濒危等级：LC

帕米尔黄芪
Astragalus pamirensis Franch.
习　　性：多年生草本
海　　拔：2800～4200 m
国内分布：新疆
国外分布：吉尔吉斯斯坦、塔吉克斯坦
濒危等级：LC

短龙骨黄芪
Astragalus parvicarinatus S. B. Ho
习　　性：多年生草本
海　　拔：约 1500 m
分　　布：内蒙古、宁夏
濒危等级：VU B1ab（iii）

萨雷古拉黄芪
Astragalus pavlovianus Gamajunova
习　　性：多年生草本
国内分布：新疆
国外分布：中亚

濒危等级：LC

长喙黄芪
Astragalus pavlovianus var. **longirostris** S. B. Ho
- 习　　性：多年生草本
- 海　　拔：700~800 m
- 分　　布：新疆
- 濒危等级：LC

了墩黄芪
Astragalus pavlovii B. Fedtsch. et Basil.
- 习　　性：多年生草本
- 海　　拔：1500~1800 m
- 国内分布：甘肃、内蒙古、宁夏、新疆
- 国外分布：俄罗斯、蒙古
- 濒危等级：LC

青藏黄芪
Astragalus peduncularis Royle ex Benth.
- 习　　性：多年生草本
- 海　　拔：1100~3700 m
- 国内分布：青海、西藏
- 国外分布：巴基斯坦、哈萨克斯坦、克什米尔地区、印度
- 濒危等级：LC

琴瓣黄芪
Astragalus pendulatopetalus S. B. Ho et Z. H. Wu
- 习　　性：多年生草本
- 海　　拔：400~600 m
- 分　　布：新疆
- 濒危等级：DD

蒙古黄芪
Astragalus penduliflorus subsp. **mongholicus** (Bunge) X. Y. Zhu
- 习　　性：多年生草本
- 海　　拔：800~2000 m
- 国内分布：河北、黑龙江、吉林、内蒙古、山西、陕西、西藏、云南
- 国外分布：俄罗斯
- 濒危等级：VU A2c
- 资源利用：药用（中草药）

黄芪
Astragalus penduliflorus subsp. **mongholicus** var. **dahuricus** (Fisch. ex DC.) X. Y. Zhu
- 习　　性：多年生草本
- 国内分布：甘肃、河北、黑龙江、辽宁、内蒙古、宁夏、青海、山东、山西、陕西、四川、西藏
- 国外分布：俄罗斯
- 濒危等级：LC

民和黄芪
Astragalus penduliflorus subsp. **mongholicus** var. **minhensis** (X. Y. Zhu et C. J. Chen) X. Y. Zhu
- 习　　性：多年生草本
- 分　　布：青海、西藏
- 濒危等级：DD

淡紫花黄芪
Astragalus penduliflorus subsp. **mongholicus** var. **purpurinus** (Y. C. Ho) X. Y. Zhu
- 习　　性：多年生草本
- 海　　拔：2500~4000 m
- 分　　布：甘肃、内蒙古、宁夏、青海、四川
- 濒危等级：LC

紫色黄芪
Astragalus perbrevis Podlech et L. R. Xu
- 习　　性：多年生草本
- 海　　拔：约1300 m
- 分　　布：新疆
- 濒危等级：LC

沙生黄芪
Astragalus persepolitanus Boiss.
- 习　　性：多年生草本
- 海　　拔：3000 m 以下
- 国内分布：新疆
- 国外分布：阿富汗、巴基斯坦、俄罗斯、哈萨克斯坦、吉尔吉斯斯坦、塔吉克斯坦、土库曼斯坦、乌兹别克斯坦
- 濒危等级：LC

类中天山黄芪
Astragalus persimilis Podlech et L. R. Xu
- 习　　性：多年生草本
- 分　　布：新疆
- 濒危等级：LC

线苞黄芪
Astragalus peterae H. T. Tsai et T. T. Yü
- 习　　性：多年生草本
- 海　　拔：2800~3800 m
- 国内分布：甘肃、宁夏、青海、四川、西藏、新疆
- 国外分布：吉尔吉斯斯坦、蒙古、塔吉克斯坦
- 濒危等级：LC

喜石黄芪
Astragalus petraeus Kar. et Kir.
- 习　　性：多年生草本
- 海　　拔：2800~3200 m
- 国内分布：新疆
- 国外分布：哈萨克斯坦、吉尔吉斯斯坦
- 濒危等级：LC

南肃黄芪
Astragalus petrovii N. Ulziykh.
- 习　　性：多年生草本
- 海　　拔：2600~3100 m
- 分　　布：甘肃
- 濒危等级：LC

皮鲁斯黄芪
Astragalus pilutschensis N. Ulziykh.
- 习　　性：多年生草本

分　　布：新疆
濒危等级：LC

明铁盖黄芪
Astragalus pindreensis (Benth. ex Baker) Ali
习　　性：多年生草本
海　　拔：2600~4300 m
国内分布：西藏、新疆
国外分布：阿富汗、巴基斯坦、克什米尔地区、印度
濒危等级：LC

皮山黄芪
Astragalus pishanxianensis Podlech
习　　性：多年生草本
海　　拔：3300 m
分　　布：新疆
濒危等级：LC

宽叶黄芪
Astragalus platyphyllus Kar. et Kir.
习　　性：多年生草本
海　　拔：约1200 m
国内分布：新疆
国外分布：俄罗斯
濒危等级：LC
资源利用：动物饲料（饲料）

多刺黄芪
Astragalus polyacanthus Royle ex Benth.
习　　性：多年生草本
国内分布：西藏
国外分布：阿富汗、克什米尔地区、尼泊尔、印度
濒危等级：LC

多角黄芪
Astragalus polyceras Kar. et Kir.
习　　性：亚灌木
国内分布：新疆
国外分布：哈萨克斯坦
濒危等级：LC

多枝黄芪
Astragalus polycladus Bureau et Franch.

多枝黄芪（原变种）
Astragalus polycladus var. **polycladus**
习　　性：多年生草本
海　　拔：2000~3300 m
分　　布：甘肃、青海、四川、西藏、新疆、云南
濒危等级：LC

光果多枝黄芪
Astragalus polycladus var. **glabricarpus** Y. H. Wu
习　　性：多年生草本
分　　布：青海
濒危等级：LC

大花多枝黄芪
Astragalus polycladus var. **magniflorus** Y. H. Wu
习　　性：多年生草本
分　　布：青海
濒危等级：LC

黑毛多枝黄芪
Astragalus polycladus var. **nigrescens** (Franch.) E. Peter
习　　性：多年生草本
海　　拔：2500~3300 m
分　　布：四川、云南
濒危等级：LC

博乐黄芪
Astragalus porphyreus Podlech et L. R. Xu
习　　性：多年生草本
海　　拔：约2100 m
分　　布：新疆
濒危等级：LC

紫萼黄芪
Astragalus porphyrocalyx Y. C. Ho
习　　性：多年生草本
海　　拔：3800~4200 m
分　　布：青海、四川、西藏
濒危等级：LC

普拉台黄芪
Astragalus praeteritus Podlech et L. R. Xu
习　　性：多年生草本
海　　拔：约3600 m
分　　布：西藏
濒危等级：DD

黑紫花黄芪
Astragalus przewalskii Bunge ex Maxim.
习　　性：多年生草本
海　　拔：2500~4100 m
分　　布：甘肃、青海、四川
濒危等级：LC

波氏黄芪
Astragalus przhevalskianus Podlech et N. Ulziykhutag
习　　性：多年生草本
分　　布：新疆
濒危等级：LC

类喜黄芪
Astragalus pseudoamabilis Podlech et L. R. Xu
习　　性：多年生草本
海　　拔：1200~1900 m
分　　布：新疆
濒危等级：LC

新疆西域黄芪
Astragalus pseudoborodinii S. B. Ho
习　　性：多年生草本
海　　拔：1000~1500 m
分　　布：内蒙古、新疆

濒危等级：LC

类短肋黄芪
Astragalus pseudobrachytropis Gontsch.
- 习　　性：多年生草本
- 海　　拔：2400～3200 m
- 国内分布：新疆
- 国外分布：俄罗斯
- 濒危等级：LC

类留土黄芪
Astragalus pseudohypogaeus S. B. Ho
- 习　　性：多年生草本
- 海　　拔：约1590 m
- 分　　布：新疆
- 濒危等级：LC

拟新疆黄芪
Astragalus pseudojagnobicus Podlech et L. Z. Shue
- 习　　性：多年生草本
- 分　　布：新疆
- 濒危等级：DD

类马山黄芪
Astragalus pseudomahoschanicus Podlech.
- 习　　性：多年生草本
- 海　　拔：约3000 m
- 分　　布：新疆
- 濒危等级：LC

类毛冠黄芪
Astragalus pseudoroseus N. Ulziykh.
- 习　　性：多年生草本
- 分　　布：新疆
- 濒危等级：LC

拟糙叶黄芪
Astragalus pseudoscaberrimus F. T. Wang et T. Tang ex S. B. Ho
- 习　　性：多年生草本
- 海　　拔：约1500 m
- 分　　布：甘肃、内蒙古、宁夏
- 濒危等级：DD

类帚黄芪
Astragalus pseudoscoparius Gontsch.
- 习　　性：多年生草本
- 海　　拔：1500～1800 m
- 国内分布：新疆
- 国外分布：俄罗斯、吉尔吉斯斯坦
- 濒危等级：LC

类变色黄芪
Astragalus pseudoversicolor Y. C. Ho
- 习　　性：多年生草本
- 海　　拔：3000 m
- 分　　布：青海、四川
- 濒危等级：LC

光萼黄芪
Astragalus psilosepalus Podlech et L. R. Xu
- 习　　性：多年生草本
- 海　　拔：2700～3500 m
- 分　　布：新疆
- 濒危等级：LC

茸毛黄芪
Astragalus puberulus Ledeb.
- 习　　性：多年生草本
- 国内分布：青海、新疆
- 国外分布：俄罗斯、蒙古
- 濒危等级：LC

黑毛黄芪
Astragalus pullus N. D. Simpson
- 习　　性：多年生草本
- 海　　拔：2600～3700 m
- 分　　布：四川、云南
- 濒危等级：LC

青河黄芪
Astragalus qingheensis Y. X. Liou
- 习　　性：多年生草本
- 分　　布：新疆
- 濒危等级：LC

奇台黄芪
Astragalus qitaiensis Podlech et L. R. Xu
- 习　　性：多年生草本
- 海　　拔：约1700 m
- 分　　布：新疆
- 濒危等级：LC

凹叶黄芪
Astragalus retusifoliatus Y. C. Ho
- 习　　性：多年生草本
- 海　　拔：约3600 m
- 分　　布：云南
- 濒危等级：LC

畸形黄芪
Astragalus rhizanthus Royle ex Bentham

畸形黄芪（原亚种）
Astragalus rhizanthus subsp. **rhizanthus**
- 习　　性：多年生草本或亚灌木
- 海　　拔：1800～5000 m
- 国内分布：西藏、新疆
- 国外分布：阿富汗、巴基斯坦、克什米尔地区、尼泊尔、印度
- 濒危等级：LC

短梗畸形黄芪
Astragalus rhizanthus subsp. **candolleanus** (Royle ex Benth.) Podl.
- 习　　性：多年生草本或亚灌木
- 海　　拔：2100～4000 m
- 国内分布：西藏
- 国外分布：巴基斯坦、克什米尔地区、尼泊尔、印度
- 濒危等级：LC

杜鹃叶黄芪
Astragalus rhododendrophilus Podlech et L. R Xu

习　　性：多年生草本
海　　拔：4100 m
分　　布：西藏
濒危等级：LC

坚硬黄芪
Astragalus rigidulus Benth. ex Bunge
习　　性：多年生草本
海　　拔：4000 ~ 4500 m
国内分布：西藏
国外分布：不丹、尼泊尔、印度
濒危等级：LC

毛冠黄芪
Astragalus roseus Ledeb.
习　　性：多年生草本
海　　拔：600 m
国内分布：新疆
国外分布：俄罗斯、蒙古
濒危等级：LC

橙果黄芪
Astragalus rytidocarpus Ledeb.
习　　性：多年生草本
国内分布：甘肃
国外分布：俄罗斯、蒙古
濒危等级：LC

粗沙黄芪
Astragalus sabuletorum Ledeb.
习　　性：多年生草本
国内分布：新疆
国外分布：哈萨克斯坦
濒危等级：LC

袋萼黄芪
Astragalus saccocalyx Schrenk ex Fisch. et C. A. Mey.
习　　性：多年生草本
海　　拔：1000 ~ 2000 m
国内分布：新疆
国外分布：俄罗斯、哈萨克斯坦
濒危等级：LC

萨嘎黄芪
Astragalus sagastaigolensis N. Ulziykh. ex Podlech et L. R. Xu
习　　性：多年生草本
海　　拔：约 2700 m
分　　布：内蒙古、宁夏、青海
濒危等级：LC

内新黄芪
Astragalus salsugineus Kar. et Kir.
习　　性：多年生草本
分　　布：内蒙古、新疆
濒危等级：LC

河套盐生黄芪
Astragalus salsugineus var. **hetaoensis** H. C. Fu
习　　性：多年生草本
分　　布：内蒙古
濒危等级：LC

盐生黄芪
Astragalus salsugineus var. **multijugus** S. B. Ho
习　　性：多年生草本
海　　拔：1000 ~ 1500 m
分　　布：内蒙古、宁夏
濒危等级：LC

阿赖山黄芪
Astragalus saratagius Bunge

阿赖山黄芪（原变种）
Astragalus saratagius var. **saratagius**
习　　性：多年生草本
海　　拔：2000 ~ 3000 m
国内分布：新疆
国外分布：吉尔吉斯斯坦、塔吉克斯坦、乌兹别克斯坦
濒危等级：LC

小花阿赖山黄芪
Astragalus saratagius var. **minutiflorus** S. B. Ho
习　　性：多年生草本
海　　拔：约 3000 m
分　　布：新疆
濒危等级：LC

小米黄芪
Astragalus satoi Kitag.
习　　性：多年生草本
海　　拔：300 ~ 2000 m
分　　布：甘肃、内蒙古、陕西
濒危等级：LC

石生黄芪
Astragalus saxorum N. D. Simpson
习　　性：多年生草本
海　　拔：900 ~ 1500 m
分　　布：青海、四川、西藏、云南
濒危等级：LC

糙叶黄芪
Astragalus scaberrimus Bunge
习　　性：多年生草本
海　　拔：700 ~ 3200 m
国内分布：中国中部、东北部、西北部
国外分布：俄罗斯、蒙古
濒危等级：LC
资源利用：药用（中草药）；动物饲料（牧草）；环境利用（水土保持）

粗毛黄芪
Astragalus scabrisetus Bong.
习　　性：多年生草本
海　　拔：600 ~ 2400 m
国内分布：新疆
国外分布：俄罗斯、哈萨克斯坦
濒危等级：LC

卡通黄芪
Astragalus schanginianus Pall.
习　　性：多年生草本
海　　拔：1500 ~ 1800 m

国内分布：新疆
国外分布：俄罗斯
濒危等级：LC

辽西黄芪
Astragalus sciadophorus Franch.
习　　性：多年生草本
分　　布：辽宁
濒危等级：LC

帚状黄芪
Astragalus scoparius Schrenk
习　　性：多年生草本
海　　拔：700~1500 m
国内分布：新疆
国外分布：俄罗斯
濒危等级：LC

黏线黄芪
Astragalus secretus Podlech et L. R. Xu
习　　性：多年生草本
海　　拔：约500 m
分　　布：新疆
濒危等级：LC

色达黄芪
Astragalus sedaensis Y. C. Ho
习　　性：多年生草本
海　　拔：4300 m
分　　布：四川
濒危等级：LC

半圈黄芪
Astragalus semicircularis P. C. Li
习　　性：多年生草本
海　　拔：约3000 m
分　　布：西藏
濒危等级：DD

胡麻黄芪
Astragalus sesamoides Boiss.
习　　性：一年生草本
海　　拔：约1100 m
国内分布：新疆
国外分布：阿富汗、中亚
濒危等级：LC

无毛黄芪
Astragalus severzovii Bunge
习　　性：多年生草本
海　　拔：约4000 m
国内分布：新疆
国外分布：俄罗斯
濒危等级：LC

沙地黄芪
Astragalus shadiensis L. R. Xu et al.
习　　性：多年生草本
分　　布：新疆
濒危等级：LC

蜀黄芪
Astragalus sichuanensis L. Meng et al.
习　　性：多年生草本
分　　布：四川
濒危等级：DD

绵果黄芪
Astragalus sieversianus Pall.
习　　性：多年生草本
海　　拔：700~2500 m
国内分布：新疆
国外分布：阿富汗、哈萨克斯坦、吉尔吉斯斯坦、塔吉克斯坦、土库曼斯坦、乌兹别克斯坦、伊朗
濒危等级：LC

锡金黄芪
Astragalus sikkimensis Bunge
习　　性：多年生草本
海　　拔：2700~4600 m
国内分布：西藏
国外分布：不丹、尼泊尔、印度
濒危等级：VU A2c

灌县黄芪
Astragalus simpsonii E. Peter
习　　性：多年生草本
海　　拔：3400~3900 m
分　　布：四川
濒危等级：LC

紫云英
Astragalus sinicus L.
习　　性：一年生或多年生草本
海　　拔：100~3000 m
国内分布：重庆、福建、广东、广西、贵州、河南、湖北、湖南、江苏、江西、陕西、四川、台湾、香港、云南、浙江
国外分布：日本
濒危等级：LC
资源利用：药用（中草药）

赛里木黄芪
Astragalus sinkiangensis Podlech et L. R. Xu
习　　性：多年生草本
海　　拔：约1400 m
分　　布：新疆
濒危等级：LC

肾形子黄芪
Astragalus skythropos Bunge ex Maxim.
习　　性：多年生草本
海　　拔：3200~3800 m
分　　布：甘肃、青海、四川、新疆、云南
濒危等级：LC

无毛叶黄芪
Astragalus smithianus E. Peter
习　　性：多年生草本
海　　拔：4800~5000 m
分　　布：青海、四川

濒危等级：LC

索戈塔黄芪
Astragalus sogotensis Lipsky
习　　性：多年生草本或亚灌木
海　　拔：约 1000 m
国内分布：新疆
国外分布：俄罗斯、哈萨克斯坦
濒危等级：LC

蜀西黄芪
Astragalus souliei N. D. Simpson
习　　性：多年生草本
海　　拔：2000~2900 m
分　　布：四川
濒危等级：LC

球囊黄芪
Astragalus sphaerocystis Bunge
习　　性：多年生草本
海　　拔：约 2200 m
国内分布：新疆
国外分布：俄罗斯、哈萨克斯坦
濒危等级：LC

球脬黄芪
Astragalus sphaerophysa Kar. et Kir.
习　　性：多年生草本
海　　拔：约 800 m
国内分布：新疆
国外分布：中亚
濒危等级：LC

矮形黄芪
Astragalus stalinskyi Širj.
习　　性：一年生草本
海　　拔：1000~2400 m
国内分布：西藏、新疆
国外分布：俄罗斯
濒危等级：LC

蒙西黄芪
Astragalus steinbergianus Sumnev.
习　　性：多年生草本
海　　拔：600 m
国内分布：新疆
国外分布：俄罗斯、哈萨克斯坦、蒙古
濒危等级：LC

狭荚黄芪
Astragalus stenoceras C. A. Mey.

狭荚黄芪（原变种）
Astragalus stenoceras var. **stenoceras**
习　　性：多年生草本
海　　拔：1600~2600 m
国内分布：甘肃、新疆
国外分布：俄罗斯、哈萨克斯坦
濒危等级：LC

资源利用：动物饲料（牧草）

长齿狭荚黄芪
Astragalus stenoceras var. **longidentatus** S. B. Ho
习　　性：多年生草本
海　　拔：1600~2600 m
分　　布：甘肃
濒危等级：LC

大托叶黄芪
Astragalus stipulatus D. Don ex Sims
习　　性：多年生草本
海　　拔：1500~3700 m
国内分布：西藏
国外分布：尼泊尔
濒危等级：LC

笔直黄芪
Astragalus strictus Graham ex Benth.
习　　性：多年生草本
海　　拔：3000~5600 m
国内分布：西藏、云南
国外分布：巴基斯坦、克什米尔地区、尼泊尔、印度
濒危等级：LC

俗半喜仁黄芪
Astragalus subansiriensis Podlech
习　　性：多年生草本
海　　拔：约 3800 m
分　　布：西藏
濒危等级：LC

弧果黄芪
Astragalus subarcuatus Popov
习　　性：多年生草本
海　　拔：500~1500 m
国内分布：新疆
国外分布：俄罗斯、哈萨克斯坦
濒危等级：LC

歧枝黄芪
Astragalus subuliformis DC.
习　　性：多年生草本
海　　拔：3400 m
国内分布：西藏、新疆
国外分布：阿富汗、巴基斯坦、俄罗斯、印度
濒危等级：LC

灌木黄芪
Astragalus suffruticosus DC.
习　　性：灌木或小乔木
国内分布：新疆
国外分布：俄罗斯、哈萨克斯坦、蒙古
濒危等级：LC

水定黄芪
Astragalus suidunensis Bunge
习　　性：多年生草本
国内分布：新疆

国外分布：哈萨克斯坦
颁危等级：LC

纹茎黄芪
Astragalus sulcatus L.
习　　性：多年生草本
海　　拔：500～1800 m
国内分布：甘肃、内蒙古、新疆
国外分布：俄罗斯、哈萨克斯坦、蒙古
濒危等级：LC

松潘黄芪
Astragalus sungpanensis E. Peter

松潘黄芪（原变型）
Astragalus sungpanensis f. **sungpanensis**
习　　性：多年生草本
分　　布：甘肃、青海、四川
濒危等级：LC

白花松潘黄芪
Astragalus sungpanensis f. **albiflorus** Y. H. Wu
习　　性：多年生草本
分　　布：青海
濒危等级：LC

德钦黄芪
Astragalus supralaevis Podlech et L. R. Xu
习　　性：多年生草本
海　　拔：2200～3000 m
分　　布：云南
濒危等级：LC

四川黄芪
Astragalus sutchuenensis Franch.
习　　性：多年生草本
海　　拔：400～3300 m
分　　布：甘肃、四川
濒危等级：LC

太白山黄芪
Astragalus taipaishanensis Y. C. Ho et S. B. Ho
习　　性：多年生草本
海　　拔：2400～2900 m
分　　布：陕西
濒危等级：DD

太原黄芪
Astragalus taiyuanensis S. B. Ho
习　　性：多年生草本
海　　拔：约1000 m
分　　布：山西、陕西
濒危等级：EN C1

踏拉丝黄芪
Astragalus talassicus Popov
习　　性：多年生草本
分　　布：新疆
濒危等级：LC

小果黄芪
Astragalus tataricus Franch.
习　　性：多年生草本
海　　拔：1000～3400 m
分　　布：河北、辽宁、内蒙古、山西
濒危等级：LC

康定黄芪
Astragalus tatsienensis Bureau et Franch.

康定黄芪（原变种）
Astragalus tatsienensis var. **tatsienensis**
习　　性：多年生草本
海　　拔：3600～5000 m
分　　布：甘肃、青海、四川、云南
濒危等级：NT

灰毛康定黄芪
Astragalus tatsienensis var. **incanus**（E. Peter）Y. C. Ho
习　　性：多年生草本
海　　拔：4000～4300 m
分　　布：云南
濒危等级：LC

岗仁布齐黄芪
Astragalus tatsienensis var. **kangrenbuchiensis**（C. C. Ni et P. C. Li）Y. C. Ho
习　　性：多年生草本
海　　拔：5100 m
分　　布：西藏
濒危等级：LC

屋脊黄芪
Astragalus tecti-mundi Freyn

屋脊黄芪（原亚种）
Astragalus tecti-mundi subsp. **tecti-mundi**
习　　性：多年生草本
国内分布：西藏、新疆
国外分布：阿富汗、巴基斯坦、克什米尔地区、塔吉克斯坦、印度
濒危等级：LC

东方黄芪
Astragalus tecti-mundi subsp. **orientalis** Podlech
习　　性：多年生草本
海　　拔：3300～3900 m
国内分布：西藏、新疆
国外分布：巴基斯坦、克什米尔地区、印度
濒危等级：LC

特克斯黄芪
Astragalus tekesensis S. B. Ho
习　　性：多年生草本
海　　拔：约1300 m
分　　布：新疆
濒危等级：LC

滕成黄芪
Astragalus tenchingensis S. H. Cheng ex K. T. Fu

习　　性：多年生草本
分　　布：云南
濒危等级：LC

细茎黄芪
Astragalus tenuicaulis Benth. ex Bunge
习　　性：多年生草本
海　　拔：3100 m
分　　布：西藏
濒危等级：LC

干草原黄芪
Astragalus tesquorum Podlech et L. R. Xu
习　　性：多年生草本
海　　拔：约 1500 m
分　　布：新疆
濒危等级：LC

汤姆森黄芪
Astragalus thomsonii Podlech
习　　性：多年生草本
海　　拔：3600～5300 m
国内分布：西藏
国外分布：克什米尔地区、尼泊尔、印度
濒危等级：LC

藏新黄芪
Astragalus tibetanus Benth. ex Bunge
习　　性：多年生草本
海　　拔：3900 m 以下
国内分布：西藏、新疆、云南
国外分布：阿富汗、巴基斯坦、俄罗斯、克什米尔地区、蒙古、伊朗
濒危等级：LC

藏黄芪
Astragalus tibeticola Podlech et L. R. Xu
习　　性：多年生草本
分　　布：西藏
濒危等级：LC

托克逊黄芪
Astragalus toksunensis S. B. Ho
习　　性：多年生草本
海　　拔：1000～1500 m
分　　布：新疆
濒危等级：LC

东俄洛黄芪
Astragalus tongolensis Ulbr.

东俄洛黄芪（原变种）
Astragalus tongolensis var. **tongolensis**
习　　性：多年生草本
海　　拔：3000 m
分　　布：甘肃、青海、四川、西藏、云南
濒危等级：LC

小花东俄洛黄芪
Astragalus tongolensis var. **breviflorus** H. T. Tsai et T. T. Yü
习　　性：多年生草本
海　　拔：4100 m
分　　布：四川
濒危等级：LC

无毛东俄洛黄芪
Astragalus tongolensis var. **glaber** E. Peter
习　　性：多年生草本
海　　拔：2900～4000 m
分　　布：甘肃、青海、四川、西藏
濒危等级：LC

长齿东俄洛黄芪
Astragalus tongolensis var. **lanceolatodentatus** E. Peter
习　　性：多年生草本
分　　布：四川、云南
濒危等级：LC

长苞东俄洛黄芪
Astragalus tongolensis var. **longibracteatus** Y. H. Wu
习　　性：多年生草本
分　　布：青海
濒危等级：LC

路边黄芪
Astragalus transecticola Podlech et L. R. Xu
习　　性：多年生草本
海　　拔：约 2100 m
分　　布：新疆
濒危等级：LC

蒺藜黄芪
Astragalus tribuloides Delile
习　　性：一年生草本
海　　拔：约 3000 m
国内分布：新疆
国外分布：阿富汗、巴基斯坦、哈萨克斯坦、吉尔吉斯斯坦、塔吉克斯坦、乌兹别克斯坦、印度
濒危等级：LC

三棱黄芪
Astragalus trijugus Podlech et L. R. Xu
习　　性：多年生草本
分　　布：河北
濒危等级：LC

苍坡黄芪
Astragalus tsangpoensis Podlech et L. Z. Shue
习　　性：多年生草本
海　　拔：3600 m
分　　布：西藏
濒危等级：DD

查德黄芪
Astragalus tsataensis C. C. Ni et P. C. Li
习　　性：草本
海　　拔：3000～3100 m
分　　布：西藏
濒危等级：LC

土力黄芪
Astragalus tulinovii O. Fedtsch.
- 习　　性：多年生草本
- 海　　拔：3300~5500 m
- 国内分布：新疆
- 国外分布：巴基斯坦、克什米尔地区、塔吉克斯坦
- 濒危等级：LC

东坝子黄芪
Astragalus tumbatsica C. Marquand et Airy Shaw
- 习　　性：多年生草本
- 海　　拔：3300~4100 m
- 分　　布：西藏、云南
- 濒危等级：LC

洞川黄芪
Astragalus tungensis N. D. Simpson
- 习　　性：多年生草本
- 海　　拔：2000 m
- 分　　布：四川
- 濒危等级：LC

细果黄芪
Astragalus tyttocarpus Gontsch.
- 习　　性：亚灌木
- 海　　拔：约1800 m
- 国内分布：新疆
- 国外分布：俄罗斯、吉尔吉斯斯坦
- 濒危等级：LC

湿地黄芪
Astragalus uliginosus L.
- 习　　性：多年生草本
- 海　　拔：100~1000 m
- 国内分布：内蒙古；中国东北部
- 国外分布：朝鲜、俄罗斯、蒙古
- 濒危等级：LC

对叶黄芪
Astragalus unijugus Bunge
- 习　　性：多年生草本
- 国内分布：新疆
- 国外分布：俄罗斯、哈萨克斯坦
- 濒危等级：DD

乌伦古黄芪
Astragalus urunguensis N. Ulziykh.
- 习　　性：多年生草本
- 分　　布：新疆
- 濒危等级：LC

鞘叶黄芪
Astragalus vaginatus Pall.
- 习　　性：多年生草本
- 国内分布：新疆
- 国外分布：俄罗斯、哈萨克斯坦
- 濒危等级：LC

瓦来黄芪
Astragalus valerii N. Ulziykh.
- 习　　性：多年生草本
- 海　　拔：3600~3800 m
- 分　　布：青海、新疆
- 濒危等级：LC

线沟黄芪
Astragalus vallestris Kamelin
- 习　　性：多年生草本
- 国内分布：内蒙古、新疆
- 国外分布：蒙古
- 濒危等级：LC

变异黄芪
Astragalus variabilis Bunge ex Maxim.
- 习　　性：多年生草本
- 海　　拔：1800~2900 m
- 国内分布：甘肃、内蒙古、宁夏、青海
- 国外分布：蒙古
- 濒危等级：LC

辛辣黄芪
Astragalus vescus Podlech et L. R. Xu
- 习　　性：多年生草本
- 海　　拔：约1650 m
- 分　　布：新疆
- 濒危等级：LC

明媚黄芪
Astragalus visibilis Podlech et L. R. Xu
- 习　　性：多年生草本
- 海　　拔：约500 m
- 分　　布：新疆
- 濒危等级：LC

卡乌洛夫黄芪
Astragalus vladimiri-komarovi B. Fedtsch.
- 习　　性：多年生草本
- 海　　拔：2800 m
- 分　　布：新疆
- 濒危等级：LC

拟狐尾黄芪
Astragalus vulpinus Willd.
- 习　　性：多年生草本
- 海　　拔：600~1200 m
- 国内分布：新疆
- 国外分布：俄罗斯、哈萨克斯坦
- 濒危等级：LC

藏西黄芪
Astragalus webbianus Graham ex Benth.
- 习　　性：亚灌木
- 海　　拔：3600~5000 m
- 国内分布：西藏
- 国外分布：阿富汗、巴基斯坦、印度
- 濒危等级：LC

维西黄芪
Astragalus weixinensis Y. C. Ho
- 习　　性：多年生草本
- 海　　拔：3200 m
- 分　　布：云南

濒危等级：NT A2c；B1ab（iii）

温泉矮黄芪
Astragalus wenquanensis S. B. Ho
习　　性：多年生草本
海　　拔：约 1700 m
分　　布：新疆
濒危等级：LC

温宿黄芪
Astragalus wensuensis S. B. Ho
习　　性：多年生草本
海　　拔：2100 m
分　　布：新疆
濒危等级：LC

文县黄芪
Astragalus wenxianensis Y. C. Ho
习　　性：多年生草本
海　　拔：500~1500 m
分　　布：甘肃、四川、新疆
濒危等级：DD

卧龙黄芪
Astragalus wolungensis P. C. Li
习　　性：多年生草本
分　　布：四川
濒危等级：DD

五菱黄芪
Astragalus wulingensis Jia X. Li et X. L. Yu
习　　性：二年生草本
海　　拔：约 200 m
分　　布：湖南
濒危等级：LC

乌市黄芪
Astragalus wulumuqianus F. T. Wang et T. Tang ex K. T. Fu
习　　性：多年生草本
海　　拔：900 m
分　　布：新疆
濒危等级：LC

巫山黄芪
Astragalus wushanicus N. D. Simpson
习　　性：多年生草本
分　　布：重庆、四川
濒危等级：DD

黄毛黄芪
Astragalus xanthotrichos Ledeb.
习　　性：亚灌木
国内分布：新疆
国外分布：哈萨克斯坦
濒危等级：LC

小金黄芪
Astragalus xiaojinensis Y. C. Ho
习　　性：多年生草本
海　　拔：3500 m
分　　布：四川
濒危等级：LC

西太白黄芪
Astragalus xitaibaicus（K. T. Fu）Podlech et L. Z. Shue
习　　性：多年生草本
海　　拔：2800~3300 m
分　　布：陕西
濒危等级：LC

新疆长喙黄芪
Astragalus yanerwoensis Podlech et L. R. Xu
习　　性：多年生草本
分　　布：新疆
濒危等级：LC

托里黄芪
Astragalus yangchangii Podlech et L. R. Xu
习　　性：多年生草本
海　　拔：约 800 m
分　　布：新疆
濒危等级：LC

竟生黄芪
Astragalus yangii C. Chen et Zi G. Qian
习　　性：多年生草本
海　　拔：4200 m
分　　布：云南
濒危等级：DD

扬子黄芪
Astragalus yangtzeanus N. D. Simpson
习　　性：多年生草本
海　　拔：100~300 m
分　　布：四川
濒危等级：VU D2

叶城黄芪
Astragalus yechengensis Podlech et L. R. Xu
习　　性：多年生草本
海　　拔：约 3100 m
分　　布：新疆
濒危等级：LC

伊顿黄芪
Astragalus yidunensis Podlech
习　　性：多年生草本
海　　拔：约 4400 m
分　　布：四川

玉门黄芪
Astragalus yumenensis S. B. Ho ex S. Y. Jin
习　　性：多年生草本
海　　拔：1900~2100 m
分　　布：甘肃
濒危等级：LC

云南黄芪
Astragalus yunnanensis Franch.
习　　性：多年生草本
海　　拔：3000~4300 m
分　　布：四川、西藏、云南

濒危等级：LC

永宁黄芪
Astragalus yunningensis H. T. Tsai et T. T. Yü
- 习　　性：多年生草本
- 海　　拔：2600 m
- 分　　布：云南
- 濒危等级：LC

于田黄芪
Astragalus yutianensis Podlech et L. R. Xu
- 习　　性：多年生草本
- 海　　拔：约 4200 m
- 分　　布：新疆
- 濒危等级：DD

小黄芪
Astragalus zacharensis Bunge
- 习　　性：多年生草本
- 海　　拔：1000~3400 m
- 国内分布：甘肃、河北、辽宁、宁夏、青海、陕西、四川、新疆
- 国外分布：蒙古
- 濒危等级：LC

札达黄芪
Astragalus zadaensis Podlech et L. R. Xu
- 习　　性：多年生草本
- 海　　拔：3000~3100 m
- 分　　布：西藏
- 濒危等级：LC

斋桑黄芪
Astragalus zaissanensis Sumnev.
- 习　　性：多年生草本
- 海　　拔：约 1200 m
- 国内分布：新疆
- 国外分布：俄罗斯、哈萨克斯坦
- 濒危等级：LC

察隅黄芪
Astragalus zayuensis C. C. Ni et P. C. Li
- 习　　性：多年生草本
- 海　　拔：1700 m
- 分　　布：西藏
- 濒危等级：LC

舟曲黄芪
Astragalus zhouquinus K. T. Fu
- 习　　性：多年生草本
- 海　　拔：约 2200 m
- 分　　布：甘肃
- 濒危等级：LC

羊蹄甲属 Bauhinia L.

渐尖羊蹄甲
Bauhinia acuminata L.
- 习　　性：灌木或小乔木
- 海　　拔：200~800 m
- 国内分布：广东、广西、海南、香港、云南
- 国外分布：菲律宾、老挝、马来西亚、缅甸、日本、斯里兰卡、印度、印度尼西亚、越南
- 濒危等级：LC
- 资源利用：环境利用（观赏）

阔裂叶羊蹄甲
Bauhinia apertilobata Merr. et F. P. Metcalf
- 习　　性：藤本
- 海　　拔：300~600 m
- 分　　布：福建、广东、广西、江西
- 濒危等级：NT A2c；B1ab（i, iii, v）

红花羊蹄甲
Bauhinia blakeana Dunn
- 习　　性：乔木
- 分　　布：澳门、重庆、广东、海南、香港、云南
- 濒危等级：LC

丽江羊蹄甲
Bauhinia bohniana L. Chen
- 习　　性：灌木
- 海　　拔：1700~2000 m
- 分　　布：云南
- 濒危等级：NT A2c；B1ab（iii）

鞍叶羊蹄甲
Bauhinia brachycarpa Wall. ex Benth.
- 习　　性：灌木
- 海　　拔：海平面至 3200 m
- 国内分布：重庆、甘肃、广西、贵州、湖北、陕西、四川、西藏、云南
- 国外分布：缅甸、泰国、印度
- 濒危等级：LC

紫荆叶羊蹄甲
Bauhinia cercidifolia D. X. Zhang
- 习　　性：藤本
- 海　　拔：约 425 m
- 分　　布：广西
- 濒危等级：VU D2
- 国家保护：Ⅱ级

冠毛羊蹄甲
Bauhinia comosa Craib
- 习　　性：木质藤本
- 海　　拔：400~2100 m
- 分　　布：四川、云南
- 濒危等级：LC

大苗山羊蹄甲
Bauhinia damiaoshanensis T. C. Chen
- 习　　性：木质藤本
- 分　　布：广西
- 濒危等级：LC

薄荚羊蹄甲
Bauhinia delavayi Franch.

习　　性：木质藤本
海　　拔：300~600 m
分　　布：四川、云南
濒危等级：LC

李叶羊蹄甲
Bauhinia didyma L. Chen
　　习　　性：藤本
　　海　　拔：100~500 m
　　分　　布：广东、广西
　　濒危等级：NT A2c；D1

元江羊蹄甲
Bauhinia esquirolii Gagnep.
　　习　　性：木质藤本
　　海　　拔：900~1700 m
　　分　　布：贵州、云南
　　濒危等级：LC

嘉氏羊蹄甲
Bauhinia galpinii N. E. Br.
　　习　　性：木质藤本
　　国内分布：广东、香港栽培
　　国外分布：原产非洲

海南羊蹄甲
Bauhinia hainanensis Merr. et Chun ex L. Chen
　　习　　性：木质藤本
　　海　　拔：300 m
　　分　　布：海南、云南
　　濒危等级：LC

粗毛羊蹄甲
Bauhinia hirsuta Weinm.
　　习　　性：灌木
　　海　　拔：100~700 m
　　国内分布：云南
　　国外分布：柬埔寨、老挝、马来西亚、泰国、印度尼西亚
　　濒危等级：LC

滇南羊蹄甲
Bauhinia hypoglauca T. Tang et F. T. Wang ex T. C. Chen
　　习　　性：木质藤本
　　海　　拔：约 1300 m
　　分　　布：云南
　　濒危等级：LC

凌云羊蹄甲
Bauhinia lingyuenensis T. C. Chen
　　习　　性：木质藤本
　　分　　布：广西
　　濒危等级：LC

长柄羊蹄甲
Bauhinia longistipes T. C. Chen
　　习　　性：木质藤本
　　海　　拔：约 1300 m
　　分　　布：四川、云南
　　濒危等级：VU D2

卵叶羊蹄甲
Bauhinia ovatifolia T. C. Chen
　　习　　性：木质藤本
　　海　　拔：约 700 m
　　分　　布：广西、云南
　　濒危等级：DD

黔南羊蹄甲
Bauhinia quinanensis T. C. Chen
　　习　　性：木质藤本
　　海　　拔：1000~1300 m
　　分　　布：贵州
　　濒危等级：NT A2c；B1ab（ⅲ）

总状花羊蹄甲
Bauhinia racemosa Lam.
　　习　　性：落叶小乔木
　　海　　拔：300~500 m
　　国内分布：云南
　　国外分布：柬埔寨、马来西亚、缅甸、泰国、印度、印度尼西亚、越南
　　濒危等级：LC
　　资源利用：原料（纤维，木材）

攀缘羊蹄甲
Bauhinia scandens L.
　　习　　性：木质藤本
　　国内分布：海南
　　国外分布：柬埔寨、老挝、马来西亚、缅甸、尼泊尔、泰国、印度、印度尼西亚、越南
　　濒危等级：LC

黄花羊蹄甲
Bauhinia tomentosa L.
　　习　　性：灌木
　　国内分布：广东、香港
　　国外分布：原产东南亚或印度
　　资源利用：药用（中草药）；原料（木材，工业用油）；环境利用（观赏）

小巧羊蹄甲
Bauhinia venustula T. C. Chen
　　习　　性：木质藤本
　　分　　布：广西
　　濒危等级：DD

绿花羊蹄甲
Bauhinia viridescens Desv.

绿花羊蹄甲（原变种）
Bauhinia viridescens var. **viridescens**
　　习　　性：灌木或小乔木
　　国内分布：云南
　　国外分布：东帝汶、柬埔寨、老挝、马来西亚、泰国、印度尼西亚、越南
　　濒危等级：LC

白枝羊蹄甲
Bauhinia viridescens var. **laui**(Merr.)T. C. Chen
　　习　　性：灌木或小乔木
　　分　　布：海南

濒危等级：LC

藤槐属 Bowringia Champ. ex Benth.

藤槐
Bowringia callicarpa Champ. ex Benth.
- 习　　性：攀援灌木或藤本
- 国内分布：澳门、福建、广东、广西、海南、香港、云南
- 国外分布：越南
- 濒危等级：LC

紫矿属 Butea Roxb. ex Willd.

绒毛紫矿
Butea braamiana DC.
- 习　　性：攀援灌木
- 海　　拔：600 m
- 分　　布：云南
- 濒危等级：VU D2

布特紫矿
Butea buteiformis(Voigt)Grierson et D. G. Long
- 习　　性：灌木或多年生草本
- 海　　拔：1800~2000 m
- 国内分布：西藏
- 国外分布：不丹、孟加拉国、缅甸、尼泊尔、印度
- 濒危等级：LC

紫矿
Butea monosperma(Lam.)Taub.
- 习　　性：乔木
- 海　　拔：400~1100 m
- 国内分布：广西、云南
- 国外分布：缅甸、斯里兰卡、印度、越南
- 濒危等级：LC
- 资源利用：药用（中草药）；原料（染料）

西藏紫矿
Butea xizangensis X. Y. Zhu et Y. F. Du
- 习　　性：灌木或多年生草本
- 海　　拔：1800~2000 m
- 分　　布：西藏
- 濒危等级：LC

云实属 Caesalpinia L.

刺果苏木
Caesalpinia bonduc(L.)Roxb.
- 习　　性：藤本
- 海　　拔：海平面至200 m
- 国内分布：澳门、广东、广西、海南、台湾、香港
- 国外分布：世界热带地区广布
- 濒危等级：LC

粉叶苏木
Caesalpinia caesia Hand.-Mazz.
- 习　　性：藤本
- 海　　拔：200~1000 m
- 分　　布：广西、海南
- 濒危等级：VU D1

狄薇豆
Caesalpinia coriaria(Jacq.)Willd.
- 习　　性：乔木
- 国内分布：台湾、云南
- 国外分布：原产热带美洲

华南云实
Caesalpinia crista L.
- 习　　性：木质藤本
- 海　　拔：400~1500 m
- 国内分布：澳门、重庆、福建、广东、广西、贵州、海南、湖北、湖南、四川、台湾、香港、云南
- 国外分布：澳大利亚、菲律宾、柬埔寨、马来西亚、缅甸、日本、斯里兰卡、泰国、印度、印度尼西亚、越南
- 濒危等级：LC

见血飞
Caesalpinia cucullata Roxb.
- 习　　性：藤本
- 海　　拔：500~1200 m
- 国内分布：云南
- 国外分布：马来西亚、尼泊尔、印度
- 濒危等级：LC

云实
Caesalpinia decapetala(Roth)Alston

云实（原变种）
Caesalpinia decapetala var. **decapetala**
- 习　　性：藤本
- 海　　拔：海平面至1800 m
- 国内分布：安徽、重庆、福建、甘肃、广东、广西、贵州、河北、河南、湖北、湖南、江苏、江西、陕西、四川、香港、云南、浙江
- 国外分布：不丹、朝鲜、老挝、马来西亚、尼泊尔、日本、斯里兰卡、泰国、印度、越南
- 濒危等级：LC
- 资源利用：药用（中草药）；原料（单宁）

毛叶云实
Caesalpinia decapetala var. **pubescens**(T. Tang et F. T. Wang ex C. W. Chang)X. Y. Zhu
- 习　　性：藤本
- 分　　布：甘肃、贵州、湖南、陕西
- 濒危等级：LC

肉荚云实
Caesalpinia digyna Rottler
- 习　　性：藤本
- 海　　拔：200~300 m
- 国内分布：海南、云南
- 国外分布：马来西亚、尼泊尔、斯里兰卡、印度、印度尼西亚；中南半岛
- 濒危等级：LC
- 资源利用：药用（中草药）；原料（单宁）

椭叶云实
Caesalpinia elliptifolia S. J. Li et al.
  习　　性：攀援藤本
  海　　拔：约 100 m
  分　　布：广东
  濒危等级：CR A3c；D

九羽见血飞
Caesalpinia enneaphylla Roxb.
  习　　性：藤本
  海　　拔：约 600 m
  国内分布：广西、云南
  国外分布：马来西亚、缅甸、斯里兰卡、泰国、印度、越南
  濒危等级：LC

膜荚见血飞
Caesalpinia hymenocarpa(Prain)Hattink
  习　　性：藤本
  海　　拔：300~800 m
  国内分布：广西、云南
  国外分布：柬埔寨、老挝、马来西亚、缅甸、斯里兰卡、泰国、印度
  濒危等级：LC

大叶云实
Caesalpinia magnifoliolata F. P. Metcalf
  习　　性：藤本
  海　　拔：400~1800 m
  分　　布：广东、广西、贵州、云南
  濒危等级：LC

小叶云实
Caesalpinia millettii Hook. et Arn.
  习　　性：藤本
  海　　拔：200~800 m
  分　　布：广东、广西、贵州、湖南、江西
  濒危等级：LC

含羞云实
Caesalpinia mimosoides Lam.
  习　　性：木质藤本
  海　　拔：600~700 m
  国内分布：云南
  国外分布：老挝、缅甸、泰国、印度、越南
  濒危等级：LC

喙荚云实
Caesalpinia minax Hance
  习　　性：藤本
  海　　拔：100~1500 m
  国内分布：重庆、福建、广东、广西、贵州、四川、台湾、香港、云南
  国外分布：老挝、缅甸、泰国、印度、越南
  濒危等级：LC
  资源利用：药用（中草药）

洋金凤
Caesalpinia pulcherrima(L.)Sw.
  习　　性：灌木或小乔木
  国内分布：澳门、广东、广西、海南、台湾、云南
  国外分布：原产印度；热带地区栽培
  资源利用：环境利用（观赏）

菱叶云实
Caesalpinia rhombifolia J. E. Vidal
  习　　性：木质藤本
  国内分布：广西
  国外分布：越南
  濒危等级：VU D1

苏木
Caesalpinia sappan L.
  习　　性：乔木
  国内分布：重庆、福建、广东、广西、贵州、四川、台湾、云南
  国外分布：原产马来西亚、缅甸、斯里兰卡、印度、越南
  资源利用：药用（中草药）；原料（木材，精油）

鸡嘴簕
Caesalpinia sinensis(Hemsl.)J. E. Vidal
  习　　性：藤本
  海　　拔：100~900 m
  国内分布：重庆、广东、广西、贵州、湖北、四川、云南
  国外分布：老挝、缅甸、越南
  濒危等级：LC

扭果苏木
Caesalpinia tortuosa Roxb.
  习　　性：藤本、灌木或小乔木
  海　　拔：约 1400 m
  国内分布：福建、广东、香港、云南、浙江
  国外分布：马来西亚、缅甸、印度、印度尼西亚
  濒危等级：LC

春云实
Caesalpinia vernalis Champ. ex Benth.
  习　　性：藤本
  海　　拔：约 600 m
  国内分布：福建、广东、浙江
  国外分布：印度
  濒危等级：LC

云南云实
Caesalpinia yunnanensis S. J. Li et al.
  习　　性：攀援藤本
  海　　拔：约 600 m
  分　　布：云南
  濒危等级：LC

木豆属 Cajanus DC.

木豆
Cajanus cajan(L.)Huth
  习　　性：灌木
  国内分布：澳门、重庆、北京、福建、广东、广西、海南、湖南、江苏、江西、四川、台湾、香港、云南、浙江
  国外分布：原产印度；热带及亚热带地区有分布

资源利用：药用（中草药）

虫豆
Cajanus crassus(Prain ex King)Maesen
- 习　　性：缠绕藤本
- 海　　拔：500~980 m
- 国内分布：广西、海南、云南
- 国外分布：巴布亚新几内亚、菲律宾、老挝、马来西亚、缅甸、尼泊尔、泰国、印度、印度尼西亚、越南
- 濒危等级：LC

长梗虫豆
Cajanus elongatus(Benth.)Maesen
- 习　　性：木质藤本
- 国内分布：西藏
- 国外分布：不丹、缅甸、尼泊尔、印度
- 濒危等级：LC

硬毛虫豆
Cajanus goensis Dalzell
- 习　　性：木质藤本
- 海　　拔：1000~1300 m
- 国内分布：云南
- 国外分布：老挝、马来西亚、孟加拉国、泰国、印度、印度尼西亚、越南
- 濒危等级：LC

大花虫豆
Cajanus grandiflorus(Benth. ex Baker)Maesen
- 习　　性：木质藤本
- 海　　拔：1000~2500 m
- 国内分布：云南、浙江
- 国外分布：不丹、缅甸、印度
- 濒危等级：LC

长叶虫豆
Cajanus mollis(Benth.)Maesen
- 习　　性：木质藤本
- 海　　拔：700 m
- 国内分布：云南
- 国外分布：巴基斯坦、不丹、印度
- 濒危等级：LC

白虫豆
Cajanus niveus(Benth.)Maesen
- 习　　性：亚灌木
- 海　　拔：400~1200 m
- 国内分布：云南
- 国外分布：缅甸
- 濒危等级：NT D2

蔓草虫豆
Cajanus scarabaeoides(L.)Thouars

蔓草虫豆（原变种）
Cajanus scarabaeoides var. **scarabaeoides**
- 习　　性：木质藤本
- 海　　拔：100~1500 m
- 国内分布：澳门、福建、广东、广西、贵州、海南、四川、台湾、香港、云南
- 国外分布：澳大利亚、巴基斯坦、不丹、马来西亚、孟加拉国、尼泊尔、日本、斯里兰卡、泰国、印度、印度尼西亚、越南
- 濒危等级：LC
- 资源利用：药用（中草药）

白蔓草虫豆
Cajanus scarabaeoides var. **argyrophyllus**(Y. T. Wei et S. K. Lee)Y. T. Wei et S. K. Lee
- 习　　性：木质藤本
- 海　　拔：500~550 m
- 分　　布：广西、四川、云南
- 濒危等级：LC

鸡血藤属 Callerya Endl.

滇桂鸡血藤
Callerya bonatiana(Pamp.)P. K. Lôc
- 习　　性：攀援藤本
- 海　　拔：约1000 m
- 国内分布：广西
- 国外分布：老挝、越南
- 濒危等级：VU A2c
- 资源利用：药用（中草药）

绿花鸡血藤
Callerya championii(Benth.)X. Y. Zhu
- 习　　性：攀援藤本
- 海　　拔：200~800 m
- 分　　布：福建、广东、广西、江西、香港、云南
- 濒危等级：LC

灰毛鸡血藤
Callerya cinerea(Benth.)Schot
- 习　　性：攀援灌木
- 海　　拔：500~1200 m
- 国内分布：安徽、重庆、福建、甘肃、广东、广西、贵州、海南、湖北、湖南、江西、四川、台湾、西藏、香港、云南、浙江
- 国外分布：不丹、老挝、孟加拉国、缅甸、尼泊尔、泰国、印度、越南
- 濒危等级：LC

喙果鸡血藤
Callerya cochinchinensis(Gagnep.)Schot
- 习　　性：藤本
- 海　　拔：200~1600 m
- 国内分布：广东、广西、贵州、海南、湖南、云南
- 国外分布：越南
- 濒危等级：LC
- 资源利用：药用（中草药）；食品（种子）

密花鸡血藤
Callerya congestiflora(T. C. Chen)Z. Wei et Pedley
- 习　　性：藤本
- 海　　拔：500~1200 m
- 分　　布：安徽、重庆、广东、湖北、湖南、江西、四川、浙江

濒危等级：LC

香花鸡血藤
Callerya dielsiana(Harms)P. K. Lôc

香花鸡血藤（原变种）
Callerya dielsiana var. **dielsiana**
 习 性：攀援灌木
 海 拔：800～2500 m
 分 布：安徽、重庆、福建、甘肃、广东、广西、贵州、海南、湖北、湖南、江西、陕西、四川、云南、浙江
 濒危等级：LC

异果鸡血藤
Callerya dielsiana var. **heterocarpa**(Chun ex T. C. Chen)X. Y. Zhu ex Z. Wei et Pedley
 习 性：攀援灌木
 海 拔：300～1900 m
 分 布：重庆、福建、广东、广西、贵州、湖北、湖南、江西
 濒危等级：LC

雪峰山鸡血藤
Callerya dielsiana var. **solida**(T. C. Chen ex Z. Wei)X. Y. Zhu ex Z. Wei et Pedley
 习 性：攀援灌木
 海 拔：600～1400 m
 分 布：广西、湖南
 濒危等级：LC

宽序鸡血藤
Callerya eurybotrya(Drake)Schot
 习 性：攀援灌木
 海 拔：100～1200 m
 国内分布：广东、广西、贵州、湖南、云南
 国外分布：老挝、泰国、越南
 濒危等级：LC

广东鸡血藤
Callerya fordii(Dunn)Schott
 习 性：攀援藤本
 海 拔：约 500 m
 分 布：广东、广西
 濒危等级：LC

江西鸡血藤
Callerya kiangsiensis(Z. Wei)Z. Wei et Pedley
 习 性：藤本
 海 拔：200～600 m
 分 布：安徽、福建、湖北、湖南、江西、浙江
 濒危等级：LC

澜沧鸡血藤
Callerya lantsangensis(Z. Wei)H. Sun
 习 性：藤本
 海 拔：1200～1600 m
 分 布：云南
 濒危等级：VU A2c

长梗鸡血藤
Callerya longipedunculata(Z. Wei)X. Y. Zhu
 习 性：攀援藤本
 海 拔：约 1400 m
 分 布：广西、贵州、云南
 濒危等级：LC

亮叶鸡血藤
Callerya nitida(Benth.)R. Geesink

亮叶鸡血藤（原变种）
Callerya nitida var. **nitida**
 习 性：攀援灌木
 海 拔：海平面至 800 m
 分 布：澳门、重庆、福建、广东、广西、贵州、海南、江西、四川、台湾、香港、云南、浙江
 濒危等级：LC
 资源利用：药用（中草药）

丰城鸡血藤
Callerya nitida var. **hirsutissima**(Z. Wei)X. Y. Zhu
 习 性：攀援灌木
 海 拔：500～1000 m
 分 布：福建、广东、广西、湖南、江西
 濒危等级：LC

峨眉鸡血藤
Callerya nitida var. **minor**(Z. Wei)X. Y. Zhu
 习 性：攀援灌木
 海 拔：800～1500 m
 分 布：福建、广东、广西、贵州、海南、江西、四川、台湾、香港、云南、浙江
 濒危等级：LC

海南鸡血藤
Callerya pachyloba(Drake)H. Sun
 习 性：藤本
 海 拔：海平面至 1500 m
 国内分布：重庆、广东、广西、贵州、海南、云南
 国外分布：越南
 濒危等级：LC

网脉鸡血藤
Callerya reticulata(Benth.)Schot

网脉鸡血藤（原变种）
Callerya reticulata var. **reticulata**
 习 性：攀援藤本
 海 拔：100～1000 m
 国内分布：安徽、重庆、福建、广东、广西、贵州、海南、湖北、湖南、江西、四川、台湾、香港、云南、浙江
 国外分布：越南
 濒危等级：LC

线叶鸡血藤
Callerya reticulata var. **stenophylla**(Merr. et Chun)X. Y. Zhu
 习 性：攀援藤本
 海 拔：200～1200 m

分　　布：海南
濒危等级：LC

美丽鸡血藤
Callerya speciosa (Champ. ex Benth.) Schot
　　习　　性：攀援藤本
　　海　　拔：200~1700 m
　　国内分布：澳门、福建、广东、广西、贵州、海南、湖南、香港、云南
　　国外分布：越南
　　濒危等级：VU A2c
　　资源利用：药用（中草药）

球子鸡血藤
Callerya sphaerosperma (Z. Wei) Z. Wei et Pedley
　　习　　性：灌木
　　海　　拔：约 1000 m
　　分　　布：广西、贵州、云南
　　濒危等级：DD

朱缨花属 Calliandra Benth.

朱缨花
Calliandra haematocephala Hassk.
　　习　　性：灌木或小乔木
　　国内分布：澳门、福建、广东、台湾
　　国外分布：原产南美洲；热带和亚热带地区有栽培

小朱缨花
Calliandra riparia Pittier
　　习　　性：灌木或小乔木
　　国内分布：广东、香港
　　国外分布：原产南美洲

苏里南朱缨花
Calliandra surinamensis Benth.
　　习　　性：灌木或小乔木
　　国内分布：广东
　　国外分布：原产南美洲

云南朱缨花
Calliandra umbrosa (Wall.) Benth.
　　习　　性：攀援灌木
　　海　　拔：300~400 m
　　国内分布：云南
　　国外分布：缅甸
　　濒危等级：CR A2c

丽豆属 Calophaca Fisch. ex DC.

华丽豆
Calophaca chinensis Boriss.
　　习　　性：灌木
　　海　　拔：900~1400 m
　　分　　布：新疆
　　濒危等级：LC

丽豆
Calophaca sinica Rehder
　　习　　性：灌木
　　海　　拔：900~1800 m
　　分　　布：内蒙古、山西
　　濒危等级：VU A2c
　　国家保护：Ⅱ级

新疆丽豆
Calophaca soongorica Kar. et Kir.
　　习　　性：灌木
　　海　　拔：1300~1400 m
　　国内分布：新疆
　　国外分布：亚洲中部
　　濒危等级：NT A2c

毛蔓豆属 Calopogonium Desv.

毛蔓豆
Calopogonium mucunoides Desv.
　　习　　性：草质藤本
　　国内分布：广东、广西、海南、云南
　　国外分布：原产圭亚那；欧亚大陆热带地区有分布

杭子梢属 Campylotropis Bunge

花白杭子梢
Campylotropis alba Schindl. ex Iokawa et H. Ohashi
　　习　　性：灌木
　　分　　布：贵州、四川、云南
　　濒危等级：LC

西藏杭子梢
Campylotropis alopochroa H. Ohashi
　　习　　性：灌木
　　分　　布：西藏
　　濒危等级：LC

银叶杭子梢
Campylotropis argentea Schindl.
　　习　　性：灌木
　　海　　拔：1300~1500 m
　　分　　布：云南
　　濒危等级：DD

密脉杭子梢
Campylotropis bonii Schindl.
　　习　　性：灌木
　　海　　拔：300~2900 m
　　国内分布：广西
　　国外分布：泰国、越南
　　濒危等级：LC

短序杭子梢
Campylotropis brevifolia Ricker
　　习　　性：灌木
　　海　　拔：1600~3500 m
　　分　　布：四川、西藏
　　濒危等级：LC

细花梗杭子梢
Campylotropis capillipes (Franch.) Schindl.

细花梗杭子梢（原亚种）
Campylotropis capillipes subsp. **capillipes**
  习 性：灌木
  海 拔：1000~3000 m
  国内分布：广西、四川、云南
  国外分布：缅甸、泰国
  濒危等级：LC
  资源利用：环境利用（观赏）

草山杭子梢
Campylotropis capillipes subsp. **prainii**（Collett et Hemsl.）Iokawa et H. Ohashi
  习 性：灌木
  海 拔：1000~3000 m
  国内分布：广西、四川、云南
  国外分布：缅甸、泰国
  濒危等级：LC

金雀儿杭子梢
Campylotropis cytisoides（Benth.）Miq.

金雀儿杭子梢（原变型）
Campylotropis cytisoides f. **cytisoides**
  习 性：灌木
  国内分布：云南
  国外分布：老挝、缅甸、泰国、印度尼西亚、越南
  濒危等级：LC

小花杭子梢
Campylotropis cytisoides f. **parviflora**（Kurz）Iokawa et H. Ohashi
  习 性：灌木
  海 拔：400~1500 m
  国内分布：云南
  国外分布：缅甸、泰国、印度、越南
  濒危等级：LC

底克杭子梢
Campylotropis decora（Kurz）Schindl.
  习 性：灌木
  国内分布：云南
  国外分布：老挝、缅甸、泰国
  濒危等级：LC

西南杭子梢
Campylotropis delavayi（Franch.）Schindl.
  习 性：灌木
  海 拔：400~2200 m
  分 布：重庆、四川、云南
  濒危等级：LC
  资源利用：药用（中草药）

异叶杭子梢
Campylotropis diversifolia（Hemsl.）Schindl.
  习 性：灌木或小乔木
  海 拔：800~1700 m
  分 布：云南
  濒危等级：LC

暗黄杭子梢
Campylotropis fulva Schindl.
  习 性：灌木或半灌木
  分 布：云南
  濒危等级：NT

大叶杭子梢
Campylotropis grandifolia Schindl.
  习 性：灌木
  分 布：云南
  濒危等级：NT

思茅杭子梢
Campylotropis harmsii Schindl.
  习 性：灌木
  海 拔：100~1300 m
  国内分布：贵州、四川、云南
  国外分布：泰国
  濒危等级：VU A2c；B1ab（i, iii, v）
  资源利用：药用（中草药）

元江杭子梢
Campylotropis henryi（Schindl.）Schindl.
  习 性：灌木
  海 拔：600~1600 m
  国内分布：广西、贵州、云南
  国外分布：老挝、泰国
  濒危等级：LC

毛杭子梢
Campylotropis hirtella（Franch.）Schindl.
  习 性：灌木
  海 拔：900~4100 m
  国内分布：贵州、四川、西藏、云南
  国外分布：印度
  濒危等级：LC
  资源利用：药用（中草药）；环境利用（观赏）

腾冲杭子梢
Campylotropis howellii Schindl.
  习 性：灌木
  海 拔：1900~2300 m
  分 布：云南
  濒危等级：LC

滇缅杭子梢
Campylotropis kingdonii H. Ohashi
  习 性：灌木
  国内分布：云南
  国外分布：缅甸
  濒危等级：LC

阔叶杭子梢
Campylotropis latifolia（Dunn）Schindl.
  习 性：灌木
  海 拔：1200~1400 m
  分 布：云南

濒危等级：LC

卢黑杭子梢
Campylotropis luhitensis H. Ohashi
- 习　　性：灌木
- 国内分布：西藏
- 国外分布：缅甸
- 濒危等级：LC

杭子梢
Campylotropis macrocarpa（Bunge）Rehder

杭子梢（原变种）
Campylotropis macrocarpa var. **macrocarpa**
- 习　　性：灌木
- 海　　拔：100~1900 m
- 国内分布：安徽、重庆、福建、甘肃、广东、广西、贵州、河北、河南、湖北、湖南、江苏、江西、山东、山西、陕西、四川、西藏、浙江
- 国外分布：朝鲜、蒙古
- 濒危等级：LC
- 资源利用：动物饲料（饲料）；蜜源植物；环境利用（观赏）；原料（纤维）

丝苞杭子梢
Campylotropis macrocarpa var. **hupehensis**（Pamp.）Iokawa et H. Ohashi
- 习　　性：灌木
- 海　　拔：200~2000 m
- 分　　布：重庆、北京、甘肃、广东、贵州、河北、河南、湖北、山西、陕西、四川、台湾
- 濒危等级：LC

少花杭子梢
Campylotropis pauciflora C. J. Chen
- 习　　性：灌木
- 海　　拔：约2300 m
- 分　　布：云南
- 濒危等级：NT

缅南杭子梢
Campylotropis pinetorum（Kurz）Schindl.

缅南杭子梢（原亚种）
Campylotropis pinetorum subsp. **pinetorum**
- 习　　性：灌木
- 国内分布：广西、贵州、云南
- 国外分布：老挝、缅甸、泰国、越南
- 濒危等级：LC

白柔毛杭子梢
Campylotropis pinetorum subsp. **albopubescens**（Iokawa et H. Ohashi）Iokawa et H. Ohashi
- 习　　性：灌木
- 分　　布：云南
- 濒危等级：DD

绒毛叶杭子梢
Campylotropis pinetorum subsp. **velutina**（Dunn）H. Ohashi
- 习　　性：灌木
- 海　　拔：700~2800 m
- 国内分布：广西、贵州、云南
- 国外分布：泰国、越南
- 濒危等级：LC
- 资源利用：药用（中草药）

小雀花
Campylotropis polyantha（Franch.）Schindl.

小雀花（原变种）
Campylotropis polyantha var. **polyantha**
- 习　　性：灌木
- 海　　拔：400~3200 m
- 分　　布：重庆、甘肃、贵州、四川、西藏、云南
- 濒危等级：LC
- 资源利用：药用（中草药）

蒙自杭子梢
Campylotropis polyantha var. **neglecta**（Schindl.）Iokawa et H. Ohashi
- 习　　性：灌木
- 分　　布：云南
- 濒危等级：DD

撒根提杭子梢
Campylotropis sargentiana Schindl.
- 习　　性：灌木
- 分　　布：四川
- 濒危等级：LC

美丽杭子梢
Campylotropis speciosa（Royle ex Schindl.）Schindl

美丽杭子梢（原亚种）
Campylotropis speciosa subsp. **speciosa**
- 习　　性：灌木
- 国内分布：西藏
- 国外分布：不丹、尼泊尔、印度
- 濒危等级：LC

毛果美丽杭子梢
Campylotropis speciosa subsp. **eriocarpa**（Schindl.）Iokawa et H. Ohashi
- 习　　性：灌木
- 国内分布：西藏
- 国外分布：不丹、尼泊尔、印度
- 濒危等级：LC

槽茎杭子梢
Campylotropis sulcata Schindl.
- 习　　性：灌木
- 海　　拔：1200~2100 m
- 国内分布：云南
- 国外分布：泰国
- 濒危等级：LC

细枝杭子梢
Campylotropis tenuiramea P. Y. Fu

习　　性：灌木
海　　拔：约1800 m
分　　布：云南
濒危等级：NT

柱序杭子梢
Campylotropis teretiracemosa P. C. Li et C. J. Chen
习　　性：灌木
海　　拔：2400~2500 m
分　　布：四川
濒危等级：DD

汤姆逊杭子梢
Campylotropis thomsonii(Benth. ex Baker f.)Schindl.
习　　性：灌木
国内分布：云南
国外分布：缅甸、印度、越南
濒危等级：DD

三棱枝杭子梢
Campylotropis trigonoclada(Franch.)Schindl.

三棱枝杭子梢（原变种）
Campylotropis trigonoclada var. **trigonoclada**
习　　性：半灌木或灌木
海　　拔：1000~3000 m
分　　布：重庆、广西、贵州、四川、云南
濒危等级：LC
资源利用：药用（中草药）

马尿藤
Campylotropis trigonoclada var. **bonatiana**(Pamp.)Iokawa et H. Ohashi
习　　性：灌木
海　　拔：1200~3000 m
分　　布：云南
濒危等级：LC
资源利用：药用（中草药）

秋杭子梢
Campylotropis wenshanica P. Y. Fu
习　　性：灌木
海　　拔：1500~1600 m
分　　布：云南
濒危等级：NT

小叶杭子梢
Campylotropis wilsonii Schindl.
习　　性：灌木
海　　拔：1500~2200 m
分　　布：四川
濒危等级：LC

滇杭子梢
Campylotropis yunnanensis(Franch.)Schindl.

滇杭子梢（原亚种）
Campylotropis yunnanensis subsp. **yunnanensis**
习　　性：灌木
海　　拔：1400~2800 m
分　　布：四川、云南
濒危等级：LC

丝梗杭子梢
Campylotropis yunnanensis subsp. **filipes**(Ricker)Iokawa et H. Ohashi
习　　性：灌木
海　　拔：1900~2800 m
分　　布：四川
濒危等级：LC

刀豆属 Canavalia Adans.

小刀豆
Canavalia cathartica Thouars
习　　性：二年生草本
海　　拔：约400 m
国内分布：广东、海南、台湾
国外分布：澳大利亚、柬埔寨、老挝、马来西亚、印度、越南
濒危等级：LC

直生刀豆
Canavalia ensiformis(L.)DC.
习　　性：一年生草本
国内分布：重庆、广东、广西、海南、湖北、湖南、香港、云南
国外分布：原产巴西、秘鲁、墨西哥、印度；热带及亚热带亚洲有栽培
资源利用：动物饲料（饲料）；食品（蔬菜）

尖萼刀豆
Canavalia gladiolata J. D. Sauer
习　　性：草质藤本
国内分布：广西、江西、云南
国外分布：泰国、印度
濒危等级：LC

狭刀豆
Canavalia lineata(Thunb.)DC.
习　　性：多年生草本
国内分布：福建、广东、广西、台湾、香港、浙江
国外分布：朝鲜、菲律宾、日本、印度尼西亚、越南
濒危等级：LC

海刀豆
Canavalia maritima(Aubl.)Thouars
习　　性：一年生或多年生草本
海　　拔：200~2100 m
国内分布：澳门、广东、广西、台湾、香港
国外分布：热带海岸
濒危等级：LC

锦鸡儿属 Caragana Fabr.

刺叶锦鸡儿
Caragana acanthophylla Kom.
习　　性：灌木
海　　拔：1000~1300 m
国内分布：新疆

国外分布：哈萨克斯坦、吉尔吉斯斯坦、塔吉克斯坦、乌兹别克斯坦
濒危等级：LC

近胶状锦鸡儿
Caragana aegacanthoides (R. Parker) L. B. Chaudhary et S. K. Srivast.
习　　性：灌木
海　　拔：4000~4800 m
国内分布：西藏
国外分布：印度
濒危等级：LC

阿里锦鸡儿
Caragana aliensis Y. Z. Zha
习　　性：灌木
分　　布：西藏
濒危等级：LC

阿尔泰锦鸡儿
Caragana altaica (Kom.) Pojark.
习　　性：灌木
海　　拔：800~1300 m
国内分布：新疆
国外分布：蒙古
濒危等级：LC

树锦鸡儿
Caragana arborescens Lam.
习　　性：小乔木或灌木
海　　拔：1000~1900 m
国内分布：黑龙江、内蒙古、新疆
国外分布：俄罗斯、哈萨克斯坦、蒙古
濒危等级：LC
资源利用：原料（香料，工业用油，纤维）；环境利用（观赏，绿化）；药用（中草药）

镰叶锦鸡儿
Caragana aurantiaca Koehne
习　　性：灌木
海　　拔：1000~1100 m
国内分布：新疆
国外分布：阿富汗、巴基斯坦、哈萨克斯坦、乌兹别克斯坦
濒危等级：LC

二色锦鸡儿
Caragana bicolor Kom.
习　　性：灌木
海　　拔：2400~3600 m
分　　布：四川、西藏、云南
濒危等级：LC
资源利用：环境利用（观赏）

扁刺锦鸡儿
Caragana boisii C. K. Schneid.
习　　性：灌木
海　　拔：2200~3200 m
分　　布：甘肃、陕西、四川
濒危等级：LC

边塞锦鸡儿
Caragana bongardiana (Fisch. et C. A. Mey.) Pojark.
习　　性：灌木
国内分布：新疆
国外分布：亚洲中部
濒危等级：DD

矮脚锦鸡儿
Caragana brachypoda Pojark.
习　　性：灌木
海　　拔：900~2000 m
国内分布：甘肃、内蒙古、宁夏
国外分布：蒙古
濒危等级：LC

短叶锦鸡儿
Caragana brevifolia Kom.
习　　性：灌木
海　　拔：1800~3800 m
国内分布：甘肃、宁夏、青海、四川、西藏、云南
国外分布：巴基斯坦、印度
濒危等级：LC
资源利用：环境利用（观赏）

北疆锦鸡儿
Caragana camillischneideri Kom.
习　　性：灌木
海　　拔：600~1800 m
国内分布：新疆
国外分布：哈萨克斯坦
濒危等级：LC

昌都锦鸡儿
Caragana changduensis Y. X. Liou
习　　性：灌木
海　　拔：3100~4300 m
分　　布：青海、西藏
濒危等级：LC

青海锦鸡儿
Caragana chinghaiensis Y. X. Liou

青海锦鸡儿（原变种）
Caragana chinghaiensis var. **chinghaiensis**
习　　性：灌木
海　　拔：2600~3600 m
分　　布：甘肃、青海
濒危等级：NT A2c；B1b (iii)

小青海锦鸡儿
Caragana chinghaiensis var. **minima** Y. X. Liou
习　　性：灌木
海　　拔：3600~4100 m
分　　布：四川
濒危等级：LC

高山锦鸡儿
Caragana chumbica Prain
习　　性：灌木

海　　拔：4600~5000 m
　　国内分布：西藏
　　国外分布：尼泊尔、印度
　　濒危等级：VU D2

粗刺锦鸡儿
Caragana crassispina C. Marquand
　　习　　性：灌木
　　海　　拔：2900~3100 m
　　分　　布：西藏
　　濒危等级：LC

楔翼锦鸡儿
Caragana cuneatoalata Y. X. Liou
　　习　　性：灌木
　　海　　拔：约 4700 m
　　分　　布：西藏
　　濒危等级：DD

粗毛锦鸡儿
Caragana dasyphylla Pojark.
　　习　　性：灌木
　　海　　拔：1200~2800 m
　　分　　布：新疆
　　濒危等级：LC

中间锦鸡儿
Caragana davazamcii Sanchir

中间锦鸡儿（原变种）
Caragana davazamcii var. **davazamcii**
　　习　　性：灌木
　　海　　拔：300~1000 m
　　国内分布：甘肃、内蒙古、宁夏、陕西
　　国外分布：蒙古
　　濒危等级：LC
　　资源利用：环境利用（绿化）

绿沙地锦鸡儿
Caragana davazamcii var. **viridis** Y. X. Liou
　　习　　性：灌木
　　分　　布：内蒙古
　　濒危等级：LC

密叶锦鸡儿
Caragana densa Kom.
　　习　　性：灌木
　　海　　拔：1700~4000 m
　　分　　布：甘肃、青海、四川、西藏
　　濒危等级：LC

川西锦鸡儿
Caragana erinacea Kom.
　　习　　性：灌木
　　海　　拔：2000~4600 m
　　分　　布：甘肃、青海、四川、西藏、云南
　　濒危等级：LC
　　资源利用：环境利用（观赏）

云南锦鸡儿
Caragana franchetiana Kom.

云南锦鸡儿（原变种）
Caragana franchetiana var. **franchetiana**
　　习　　性：灌木
　　海　　拔：2800~4000 m
　　分　　布：四川、西藏、云南
　　濒危等级：LC

吉隆锦鸡儿
Caragana franchetiana var. **gyirongensis**（C. C. Ni）Y. X. Liou
　　习　　性：灌木
　　海　　拔：约 2900 m
　　分　　布：西藏
　　濒危等级：LC

黄刺条
Caragana frutex（L.）K. Koch

黄刺条（原变种）
Caragana frutex var. **frutex**
　　习　　性：灌木
　　海　　拔：1000~2500 m
　　国内分布：新疆
　　国外分布：俄罗斯、哈萨克斯坦、蒙古
　　濒危等级：LC

宽叶黄刺条
Caragana frutex var. **latifolia** C. K. Schneid.
　　习　　性：灌木
　　分　　布：新疆
　　濒危等级：LC

极东锦鸡儿
Caragana fruticosa（Pall.）Besser
　　习　　性：灌木
　　海　　拔：100~1800 m
　　国内分布：黑龙江
　　国外分布：朝鲜、俄罗斯
　　濒危等级：NT A2c

印度锦鸡儿
Caragana gerardiana Royle ex Benth.
　　习　　性：灌木
　　海　　拔：3700~4200 m
　　国内分布：青海、西藏
　　国外分布：印度；喜马拉雅地区
　　濒危等级：LC

绢毛锦鸡儿
Caragana hololeuca Bunge ex Kom.
　　习　　性：灌木
　　国内分布：新疆
　　国外分布：亚洲中部
　　濒危等级：LC

豆科 FABACEAE

鬼箭锦鸡儿
Caragana jubata (Pall.) Poir.

鬼箭锦鸡儿（原变种）
Caragana jubata var. **jubata**
- 习　　性：灌木
- 海　　拔：2400~4700 m
- 国内分布：甘肃、河北、辽宁、内蒙古、宁夏、青海、山西、陕西、四川、新疆、云南
- 国外分布：俄罗斯、蒙古
- 濒危等级：LC
- 资源利用：原料（纤维）

两耳鬼箭
Caragana jubata var. **biaurita** Y. X. Liou
- 习　　性：灌木
- 海　　拔：3000~4700 m
- 分　　布：河北、宁夏、新疆
- 濒危等级：LC

浪麻鬼箭
Caragana jubata var. **czetyrkininii** (Sanchir) Y. X. Liou
- 习　　性：灌木
- 海　　拔：3800~4400 m
- 分　　布：青海、西藏、云南
- 濒危等级：LC
- 资源利用：原料（纤维）

矮丛锦鸡儿
Caragana jubata var. **pygmaea** Regel ex Kom.
- 习　　性：灌木
- 国内分布：甘肃、四川、新疆、云南
- 国外分布：亚洲中部
- 濒危等级：LC

弯耳鬼箭
Caragana jubata var. **recurva** Y. X. Liou
- 习　　性：灌木
- 海　　拔：2700~4600 m
- 分　　布：甘肃、宁夏、四川
- 濒危等级：LC

通天锦鸡儿
Caragana junatovii Gorbunova
- 习　　性：灌木
- 海　　拔：3800~4100 m
- 分　　布：青海
- 濒危等级：DD

甘肃锦鸡儿
Caragana kansuensis Pojark.
- 习　　性：灌木
- 海　　拔：900~1900 m
- 分　　布：甘肃、内蒙古、宁夏、山西、陕西
- 濒危等级：LC

囊萼锦鸡儿
Caragana kirghisorum Pojark.
- 习　　性：灌木
- 海　　拔：700~1100 m
- 国内分布：新疆
- 国外分布：哈萨克斯坦、吉尔吉斯斯坦
- 濒危等级：LC

柠条锦鸡儿
Caragana korshinskii Kom.

柠条锦鸡儿（原变型）
Caragana korshinskii f. **korshinskii**
- 习　　性：灌木或乔木
- 分　　布：甘肃、内蒙古、宁夏
- 濒危等级：LC
- 资源利用：环境利用（观赏）

短荚柠条
Caragana korshinskii f. **brachypoda** Y. X. Liou
- 习　　性：灌木或乔木
- 分　　布：甘肃、宁夏
- 濒危等级：LC

沧江锦鸡儿
Caragana kozlowii Kom.
- 习　　性：灌木
- 海　　拔：3100~4300 m
- 分　　布：青海、西藏
- 濒危等级：LC

阿拉套锦鸡儿
Caragana laeta Kom.
- 习　　性：灌木
- 海　　拔：2100~3200 m
- 国内分布：新疆
- 国外分布：哈萨克斯坦、吉尔吉斯斯坦
- 濒危等级：LC

白皮锦鸡儿
Caragana leucophloea Pojark.
- 习　　性：灌木
- 海　　拔：900~2700 m
- 国内分布：甘肃、内蒙古、新疆
- 国外分布：哈萨克斯坦、蒙古
- 濒危等级：LC
- 资源利用：基因源（耐旱）；环境利用（水土保持）

白刺锦鸡儿
Caragana leucospina Kom.
- 习　　性：灌木
- 海　　拔：1200~2500 m
- 国内分布：新疆
- 国外分布：吉尔吉斯斯坦
- 濒危等级：DD

毛掌叶锦鸡儿
Caragana leveillei Kom.
- 习　　性：灌木

海　　拔：500~1300 m
分　　布：河北、河南、山东、山西、陕西
濒危等级：LC

白毛锦鸡儿
Caragana licentiana Hand.-Mazz.
习　　性：灌木
海　　拔：1500~2400 m
分　　布：甘肃、宁夏、青海
濒危等级：VU A3c

川藏锦鸡儿
Caragana limprichtii Harms
习　　性：灌木
海　　拔：约3300 m
国内分布：四川、西藏
国外分布：尼泊尔
濒危等级：LC

金州锦鸡儿
Caragana litwinowii Kom.
习　　性：灌木
海　　拔：约500 m
分　　布：辽宁
濒危等级：DD
资源利用：环境利用（观赏）

龙首锦鸡儿
Caragana longshoushanensis H. C. Fu
习　　性：灌木
分　　布：内蒙古
濒危等级：LC

东北锦鸡儿
Caragana manshurica Kom.
习　　性：灌木
海　　拔：约700 m
分　　布：北京、河北、黑龙江、吉林、辽宁、内蒙古、山西、天津
濒危等级：LC

小叶锦鸡儿
Caragana microphylla Lam.

小叶锦鸡儿（原变种）
Caragana microphylla var. **microphylla**
习　　性：灌木
海　　拔：1000~2000 m
国内分布：甘肃、河北、黑龙江、辽宁、内蒙古、山东、陕西
国外分布：俄罗斯
濒危等级：LC
资源利用：动物饲料（饲料）；环境利用（水土保持）

五台锦鸡儿
Caragana microphylla var. **potaninii**(Kom.) Y. X. Liou ex L. Z. Shue
习　　性：灌木
海　　拔：1000~1400 m
分　　布：山西
濒危等级：LC

甘蒙锦鸡儿
Caragana opulens Kom.
习　　性：灌木
海　　拔：1200~4700 m
分　　布：甘肃、河北、内蒙古、宁夏、山西、陕西、四川、西藏
濒危等级：LC

滇西锦鸡儿
Caragana oreophila W. W. Sm.
习　　性：灌木
海　　拔：2600~3300 m
分　　布：云南
濒危等级：DD

北京锦鸡儿
Caragana pekinensis Kom.
习　　性：灌木
海　　拔：400~1000 m
分　　布：北京、河北、山西
濒危等级：NT A2c

多叶锦鸡儿
Caragana pleiophylla(Regel) Pojark.
习　　性：灌木
海　　拔：1500~2500 m
国内分布：新疆
国外分布：哈萨克斯坦、吉尔吉斯斯坦、乌兹别克斯坦
濒危等级：LC

昆仑锦鸡儿
Caragana polourensis Franch.
习　　性：灌木
海　　拔：1700~3200 m
分　　布：甘肃、新疆
濒危等级：LC

粉刺锦鸡儿
Caragana pruinosa Kom.
习　　性：灌木
海　　拔：1900~3100 m
国内分布：新疆
国外分布：哈萨克斯坦、吉尔吉斯斯坦
濒危等级：LC

草原锦鸡儿
Caragana pumila Pojark.
习　　性：灌木
海　　拔：1200~1500 m
国内分布：新疆
国外分布：哈萨克斯坦
濒危等级：LC

秦晋锦鸡儿
Caragana purdomii Rehder

习　　性：灌木
海　　拔：700~1700 m
分　　布：内蒙古、山西、陕西
濒危等级：VU A2c；B1

矮锦鸡儿
Caragana pygmaea (L.) DC.

矮锦鸡儿（原变种）
Caragana pygmaea var. **pygmaea**
习　　性：灌木
海　　拔：约1200 m
国内分布：内蒙古、山西、陕西
国外分布：蒙古
濒危等级：LC

窄叶锦鸡儿
Caragana pygmaea var. **angustissima** C. K. Schneid.
习　　性：灌木
海　　拔：900~1300 m
分　　布：内蒙古
濒危等级：LC

小花矮锦鸡儿
Caragana pygmaea var. **parviflora** H. C. Fu
习　　性：灌木
分　　布：内蒙古
濒危等级：LC

青河锦鸡儿
Caragana qingheensis Z. Y. Chang et al.
习　　性：灌木
海　　拔：约1300 m
分　　布：新疆
濒危等级：DD

荒漠锦鸡儿
Caragana roborovskyi Kom.
习　　性：灌木
海　　拔：1200~3100 m
分　　布：甘肃、内蒙古、宁夏、青海、新疆
濒危等级：LC

红花锦鸡儿
Caragana rosea Turcz. ex Maxim.

红花锦鸡儿（原变种）
Caragana rosea var. **rosea**
习　　性：灌木
海　　拔：200~2100 m
分　　布：安徽、甘肃、河北、河南、黑龙江、吉林、辽宁、内蒙古、山东、山西、陕西、四川
濒危等级：LC
资源利用：环境利用（观赏）

长爪红花锦鸡儿
Caragana rosea var. **longiunguiculata** (C. W. Chang) Y. X. Liou
习　　性：灌木
海　　拔：800 m
分　　布：陕西
濒危等级：LC

秦岭锦鸡儿
Caragana shensiensis C. W. Chang
习　　性：灌木
海　　拔：400~900 m
分　　布：甘肃、陕西
濒危等级：NT A2c；B1b（ⅲ）

锦鸡儿
Caragana sinica (Buc hoz) Rehder
习　　性：灌木
海　　拔：400~1800 m
分　　布：安徽、福建、甘肃、广西、贵州、河北、河南、湖北、湖南、江苏、江西、辽宁、陕西、山东、四川、云南、浙江
濒危等级：LC
资源利用：药用（中草药）；环境利用（观赏）

准噶尔锦鸡儿
Caragana soongorica Grubov
习　　性：灌木
海　　拔：900~1800 m
分　　布：新疆
濒危等级：NT A3c

西藏锦鸡儿
Caragana spinifera Kom.
习　　性：灌木
海　　拔：约4200 m
分　　布：青海、西藏
濒危等级：LC

多刺锦鸡儿
Caragana spinosa (L.) Vahl ex Hornem.
习　　性：灌木
海　　拔：1200~1300 m
国内分布：新疆
国外分布：俄罗斯、蒙古
濒危等级：LC

狭叶锦鸡儿
Caragana stenophylla Pojark.
习　　性：灌木
海　　拔：600~2500 m
国内分布：甘肃、河北、黑龙江、吉林、辽宁、内蒙古、宁夏、山西、陕西、新疆
国外分布：俄罗斯、蒙古
濒危等级：LC
资源利用：基因源（耐旱）；环境利用（水土保持，观赏）

柄荚锦鸡儿
Caragana stipitata Kom.
习　　性：灌木
海　　拔：1000~2100 m

分　　布：甘肃、河北、河南、山西、陕西
濒危等级：LC

尼泊尔锦鸡儿
Caragana sukiensis C. K. Schneid.
习　　性：灌木，稀为小乔木
国内分布：西藏
国外分布：巴基斯坦、不丹、尼泊尔
濒危等级：LC

青甘锦鸡儿
Caragana tangutica Maxim. ex Kom.
习　　性：灌木
海　　拔：2000～4000 m
分　　布：甘肃、青海、四川、西藏
濒危等级：LC

特克斯锦鸡儿
Caragana tekesiensis Y. Z. Zhao et D. W. Zhou
习　　性：灌木
海　　拔：1200～2000 m
分　　布：新疆
濒危等级：LC

毛刺锦鸡儿
Caragana tibetica Kom.
习　　性：灌木
海　　拔：1400～3500 m
分　　布：甘肃、内蒙古、宁夏、青海、陕西、四川、西藏
濒危等级：LC

中亚锦鸡儿
Caragana tragacanthoides(Pall.)Poir.
习　　性：灌木
海　　拔：700～1300 m
国内分布：新疆
国外分布：俄罗斯、哈萨克斯坦、蒙古
濒危等级：LC

吐鲁番锦鸡儿
Caragana turfanensis Krasn. ex Kom.
习　　性：灌木
海　　拔：1300～2100 m
分　　布：新疆
濒危等级：NT A2c；B1b（iii）

新疆锦鸡儿
Caragana turkestanica Kom.
习　　性：灌木
海　　拔：1100～1200 m
国内分布：新疆
国外分布：吉尔吉斯斯坦
濒危等级：LC

乌苏里锦鸡儿
Caragana ussuriensis(Regel)Pojark.
习　　性：灌木

海　　拔：100 m 以下
国内分布：黑龙江
国外分布：俄罗斯、日本
濒危等级：LC

变色锦鸡儿
Caragana versicolor Benth.
习　　性：灌木
海　　拔：3000～4900 m
国内分布：青海、四川、西藏
国外分布：阿富汗、巴基斯坦、克什米尔地区、尼泊尔、印度
濒危等级：LC
资源利用：环境利用（观赏）

南口锦鸡儿
Caragana zahlbruckneri C. K. Schneid.
习　　性：灌木
海　　拔：500～1900 m
分　　布：河北、山东、山西
濒危等级：LC

腊肠树属 Cassia L.

尖叶番泻
Cassia acutifolia Delile
习　　性：乔木
国内分布：广东、海南、云南
国外分布：原产热带非洲

神黄豆
Cassia agnes(de Wit)Brenan
习　　性：乔木
国内分布：广西、云南
国外分布：原产热带非洲；柬埔寨、老挝、印度、越南及热带亚洲有分布
资源利用：药用（中草药）

耳叶决明
Cassia auriculata L.
习　　性：灌木
国内分布：台湾
国外分布：原产地不详；新加坡、印度有分布

双荚决明
Cassia bicapsularis L.
习　　性：灌木
国内分布：澳门、重庆、广东、广西、香港
国外分布：原产热带美洲；热带地区栽培
资源利用：环境利用（观赏）

长穗决明
Cassia didymobotrya Fresen.
习　　性：灌木
国内分布：海南、云南
国外分布：原产热带非洲、亚洲

腊肠树
Cassia fistula L.
　　习　　性：落叶小乔木或中等乔木
　　国内分布：澳门、重庆、广东、海南、台湾、香港、云南
　　国外分布：原产缅甸、斯里兰卡和印度；不丹、柬埔寨、老挝、尼泊尔有分布
　　资源利用：药用（中草药）；原料（单宁，染料，木材）；环境利用（观赏）

多花决明
Cassia floribunda Cav.
　　习　　性：灌木
　　国内分布：重庆、广东、广西、台湾、香港、云南
　　国外分布：原产热带美洲；尼泊尔、印度有栽培
　　资源利用：环境利用（观赏）

大叶决明
Cassia fruticosa Mill.
　　习　　性：灌木或小乔木
　　国内分布：广东
　　国外分布：原产热带美洲

爪哇决明
Cassia javanica L.
　　习　　性：乔木
　　国内分布：广东、台湾、香港、云南
　　国外分布：澳大利亚、巴基斯坦、菲律宾、柬埔寨、马来西亚、缅甸、斯里兰卡、泰国、印度、印度尼西亚、越南
　　濒危等级：LC

澜沧决明
Cassia lancangensis Y. Y. Qian
　　习　　性：灌木或小乔木
　　海　　拔：1000 m
　　分　　布：云南
　　濒危等级：LC

密叶决明
Cassia multijuga Rich.
　　习　　性：常绿灌木或乔木
　　国内分布：广东、香港
　　国外分布：原产热带美洲；热带地区广泛栽培

茳芒决明
Cassia planitiicola Domin
　　习　　性：灌木或小乔木
　　国内分布：北京、福建、广东、广西、贵州、湖北、山东、陕西、四川、云南、浙江
　　国外分布：原产热带亚洲
　　濒危等级：LC

多叶决明
Cassia polyphylla Jacq.
　　习　　性：常绿灌木或乔木
　　国内分布：香港
　　国外分布：原产印度

柄腺山扁豆
Cassia pumila Lam.
　　习　　性：多年生草本
　　国内分布：广东
　　国外分布：澳大利亚、马来西亚、印度

美丽决明
Cassia spectabilis DC.
　　习　　性：常绿小乔木
　　国内分布：澳门、广东、香港、云南
　　国外分布：原产热带地区

距瓣豆属 Centrosema (DC.) Benth.

距瓣豆
Centrosema pubescens Benth.
　　习　　性：多年生草本
　　国内分布：广东、海南、江苏、台湾、香港、云南
　　国外分布：原产热带美洲
　　资源利用：动物饲料（饲料）

长角豆属 Ceratonia L.

长角豆
Ceratonia siliqua L.
　　习　　性：常绿乔木
　　国内分布：广东有栽培
　　国外分布：原产地中海东部

紫荆属 Cercis L.

紫荆
Cercis chinensis Bunge

紫荆（原变型）
Cercis chinensis f. **chinensis**
　　习　　性：灌木
　　国内分布：澳门、重庆、北京、广东、广西、河北、江苏、山东、陕西、四川、云南、浙江
　　国外分布：欧洲
　　濒危等级：LC
　　资源利用：药用（中草药）；环境利用（观赏）

白花紫荆
Cercis chinensis f. **alba** P. S. Hsu
　　习　　性：灌木
　　分　　布：江苏、上海
　　濒危等级：LC

短毛紫荆
Cercis chinensis f. **pubescens** C. F. Wei
　　习　　性：灌木
　　分　　布：安徽、贵州、河南、湖北、江苏、云南、浙江
　　濒危等级：LC

黄山紫荆
Cercis chingii Chun
　　习　　性：灌木
　　海　　拔：800~900 m

分　　布：安徽、广东、浙江
濒危等级：LC
资源利用：环境利用（观赏）

广西紫荆
Cercis chuniana F. P. Metcalf
习　　性：乔木
海　　拔：600~1900 m
分　　布：广东、广西、贵州、湖南、江西
濒危等级：LC
资源利用：环境利用（观赏）

湖北紫荆
Cercis glabra Pamp.
习　　性：乔木
海　　拔：600~1900 m
分　　布：安徽、重庆、广东、广西、贵州、河南、湖北、湖南、陕西、四川、云南、浙江
濒危等级：LC
资源利用：环境利用（观赏）

垂丝紫荆
Cercis racemosa Oliv.
习　　性：乔木
海　　拔：1000~1900 m
国内分布：重庆、贵州、湖北、湖南、陕西、四川、云南
国外分布：北美洲
濒危等级：LC
资源利用：环境利用（观赏）

山扁豆属 Chamaecrista Moench

鹅銮鼻山扁豆
Chamaecrista garambiensis(Hosok.)H. Ohashi et al.
习　　性：灌木或小乔木
分　　布：台湾
濒危等级：VU D2

含羞草山扁豆
Chamaecrista mimosoides(L.)Greene
习　　性：亚灌木状草本
国内分布：澳门、重庆、福建、广东、广西、台湾、香港、云南
国外分布：原产热带美洲；热带及亚热带地区广泛引种
资源利用：基因源（耐旱，耐瘠）

豆茶山扁豆
Chamaecrista nomame(Makino)H. Ohashi
习　　性：一年生草本
国内分布：福建
国外分布：原产南美洲

圆叶山扁豆
Chamaecrista rotundifolia(Pers.)Greene
习　　性：一年生草本

国内分布：福建
国外分布：原产南美洲

雀儿豆属 Chesneya Lindl. ex Endl.

无茎雀儿豆
Chesneya acaulis(Baker)Popov
习　　性：多年生草本
海　　拔：2900~3000 m
国内分布：西藏
国外分布：阿富汗、巴基斯坦
濒危等级：LC

长梗雀儿豆
Chesneya crassipes Boriss.
习　　性：多年生草本
海　　拔：约3800 m
国内分布：西藏
国外分布：巴基斯坦
濒危等级：VU A2c

截叶雀儿豆
Chesneya cuneata(Benth.)Ali
习　　性：多年生草本
海　　拔：3300~4300 m
国内分布：西藏、新疆
国外分布：巴基斯坦、克什米尔地区、印度
濒危等级：LC

大花雀儿豆
Chesneya macrantha S. H. Cheng ex H. C. Fu
习　　性：多年生草本
海　　拔：4200~4400 m
国内分布：内蒙古、新疆
国外分布：蒙古
濒危等级：VU B2ab

云雾雀儿豆
Chesneya nubigena(D. Don)Ali

云雾雀儿豆（原亚种）
Chesneya nubigena subsp. **nubigena**
习　　性：多年生草本
海　　拔：3600~5300 m
国内分布：西藏、云南
国外分布：尼泊尔、印度
濒危等级：LC

紫花雀儿豆
Chesneya nubigena subsp. **purpurea**(P. C. Li)X. Y. Zhu
习　　性：多年生草本
海　　拔：4700~5200 m
国内分布：西藏
国外分布：不丹

濒危等级：LC

川滇雀儿豆
Chesneya polystichoides (Hand. -Mazz.) Ali
- 习　　性：多年生草本
- 海　　拔：3400~4400 m
- 分　　布：四川、西藏、云南
- 濒危等级：LC

刺柄雀儿豆
Chesneya spinosa P. C. Li
- 习　　性：多年生草本
- 海　　拔：3900~4200 m
- 分　　布：西藏
- 濒危等级：LC

旱雀儿豆属 Chesniella Boriss

甘肃旱雀豆
Chesniella ferganensis (Korsh.) Boriss.
- 习　　性：多年生草本
- 海　　拔：约 1800 m
- 国内分布：甘肃
- 国外分布：蒙古
- 濒危等级：VU B1ab（i，iii，v）

蒙古旱雀豆
Chesniella mongolica (Maxim.) Boriss.
- 习　　性：多年生草本
- 分　　布：内蒙古
- 濒危等级：LC

蝙蝠草属 Christia Moench

台湾蝙蝠草
Christia campanulata (Benth.) Thoth.
- 习　　性：灌木或亚灌木
- 海　　拔：400~1100 m
- 国内分布：福建、广西、贵州、台湾、云南
- 国外分布：缅甸、泰国、印度、越南
- 濒危等级：LC

长管蝙蝠草
Christia constricta (Schindl.) T. C. Chen ex Chun et al.
- 习　　性：亚灌木
- 国内分布：广东、海南
- 国外分布：越南
- 濒危等级：LC

海南蝙蝠草
Christia hainanensis Yen C. Yang et P. H. Huang
- 习　　性：多年生草本
- 海　　拔：约 100 m
- 分　　布：海南
- 濒危等级：NT A2c；B1b（iii）

铺地蝙蝠草
Christia obcordata (Poir.) Bakh. f. ex Meeuwen
- 习　　性：多年生草本
- 海　　拔：500 m 以下
- 国内分布：澳门、福建、广东、广西、海南、江苏、台湾、香港、云南
- 国外分布：澳大利亚、菲律宾、缅甸、印度、印度尼西亚
- 濒危等级：LC

鹰嘴豆属 Cicer L.

鹰嘴豆
Cicer arietinum L.
- 习　　性：一年生草本
- 国内分布：甘肃、河北、内蒙古、青海、山东、山西、陕西、台湾、新疆
- 国外分布：原产印度；亚洲、地中海地区、非洲、美洲有分布
- 资源利用：食品（蔬菜，种子）

小叶鹰嘴豆
Cicer microphyllum Royle ex Benth.
- 习　　性：一年生草本
- 海　　拔：1600~4600 m
- 国内分布：西藏、新疆
- 国外分布：阿富汗、巴基斯坦、克什米尔地区、土耳其
- 濒危等级：LC

香槐属 Cladrastis Raf.

秦氏香槐
Cladrastis chingii Duley et Vincent
- 习　　性：乔木
- 分　　布：广西、湖南、云南、浙江
- 濒危等级：LC

小花香槐
Cladrastis delavayi (Franch.) Prain
- 习　　性：乔木
- 海　　拔：1000~2500 m
- 分　　布：重庆、福建、甘肃、广西、贵州、湖北、湖南、陕西、四川、云南
- 濒危等级：LC
- 资源利用：原料（染料，木材）；环境利用（观赏）

小叶香槐
Cladrastis parvifolia C. Y. Ma
- 习　　性：乔木
- 海　　拔：海平面至 500 m
- 分　　布：广西
- 濒危等级：DD

翅荚香槐
Cladrastis platycarpa (Maxim.) Makino
- 习　　性：乔木
- 海　　拔：1000 m 以下
- 国内分布：广东、广西、贵州、江西、云南、浙江

国外分布：日本
濒危等级：LC
资源利用：原料（木材）

藤香槐
Cladrastis scandens C. Y. Ma
习　　性：藤本或攀援灌木
海　　拔：约 1200 m
分　　布：贵州
濒危等级：VU D2

香槐
Cladrastis wilsonii Takeda
习　　性：乔木
海　　拔：1000～1500 m
分　　布：安徽、重庆、福建、广西、贵州、河南、湖北、湖南、江西、山西、陕西、四川、云南、浙江
濒危等级：LC
资源利用：原料（染料，木材）；环境利用（观赏）

耀花豆属 Clianthus Sol. ex Lindl.

耀花豆
Clianthus scandens (Lour.) Merr.
习　　性：藤本
国内分布：海南
国外分布：菲律宾、马来西亚、印度尼西亚；中南半岛
濒危等级：LC
资源利用：环境利用（观赏）

蝶豆属 Clitoria L.

镰刀荚蝶豆
Clitoria falcata Lam.
习　　性：缠绕草本
国内分布：台湾
国外分布：原产印度西部

广东蝶豆
Clitoria hanceana Hemsl.
习　　性：灌木
国内分布：广东、广西、香港
国外分布：柬埔寨、泰国、越南
濒危等级：LC

棱荚蝶豆
Clitoria laurifolia Poir.
习　　性：灌木
海　　拔：600 m 以下
国内分布：广东、海南
国外分布：原产缅甸、泰国、印度、印度尼西亚、越南
资源利用：基因源（抗旱，抗虫，抗病力）；环境利用（水土保持）

三叶蝶豆
Clitoria mariana L.

三叶蝶豆（原变种）
Clitoria mariana var. **mariana**
习　　性：攀援状亚灌木
海　　拔：100～2000 m
国内分布：广西、云南
国外分布：老挝、缅甸、印度、越南
濒危等级：NT A2c

东方三叶蝶豆
Clitoria mariana var. **orientalis** Fantz
习　　性：攀援状亚灌木
分　　布：云南
濒危等级：LC

蝶豆
Clitoria ternatea L.
习　　性：攀援状草质藤本
国内分布：澳门、重庆、福建、广东、广西、海南、台湾、香港、云南、浙江
国外分布：原产印度；热带地区分布
濒危等级：LC
资源利用：环境利用（观赏）

旋花豆属 Cochlianthus Benth.

细茎旋花豆
Cochlianthus gracilis Benth.
习　　性：攀援草本
海　　拔：1400～1800 m
国内分布：四川、西藏、云南
国外分布：尼泊尔
濒危等级：LC

高山旋花豆
Cochlianthus montanus (Diels) Harms
习　　性：攀援草本
海　　拔：约 3000 m
分　　布：西藏、云南
濒危等级：LC

舞草属 Codoriocalyx Hassk.

圆叶舞草
Codoriocalyx gyroides (Roxb. ex Link) X. Y. Zhu
习　　性：灌木
海　　拔：100～1500 m
国内分布：广东、广西、贵州、海南、云南
国外分布：巴布亚新几内亚、柬埔寨、老挝、马来西亚、缅甸、尼泊尔、斯里兰卡、泰国、印度、越南
濒危等级：LC

小叶三点金
Codoriocalyx microphyllus (Thunb.) H. Ohashi
习　　性：多年生草本
海　　拔：100～2500 m
国内分布：安徽、重庆、福建、广东、广西、贵州、湖北、

豆科 FABACEAE

　　　湖南、江苏、江西、四川、台湾、香港、云南
　国外分布：澳大利亚、马来西亚、日本、斯里兰卡、印度；中南半岛
　濒危等级：LC
　资源利用：药用（中草药）

舞草
Codoriocalyx motorius (Houtt.) H. Ohashi

舞草（原变种）
Codoriocalyx motorius var. **motorius**
　习　　性：灌木
　海　　拔：200～1500 m
　国内分布：福建、广东、广西、贵州、江西、四川、台湾、云南
　国外分布：澳大利亚、不丹、老挝、马来西亚、缅甸、尼泊尔、斯里兰卡、泰国、印度、印度尼西亚
　濒危等级：LC
　资源利用：药用（中草药）

光果舞草
Codoriocalyx motorius var. **glaber** X. Y. Zhu et Y. F. Du
　习　　性：灌木
　分　　布：贵州、四川、西藏、云南
　濒危等级：LC

鱼鳔槐属 Colutea L.

杂种鱼鳔槐
Colutea × media Willd.
　习　　性：灌木
　国内分布：山东
　国外分布：原产欧洲

鱼鳔槐
Colutea arborescens L.
　习　　性：落叶灌木
　国内分布：北京、江苏、辽宁、山东、陕西
　国外分布：原产非洲北部、欧洲南部

膀胱豆
Colutea delavayi Franch.
　习　　性：灌木
　海　　拔：1800～3000 m
　分　　布：四川、云南
　濒危等级：CR A2c；B1ab（i, iii, v）

尼泊尔鱼鳔槐
Colutea nepalensis Sims
　习　　性：落叶灌木
　海　　拔：3000～3500 m
　国内分布：青海、西藏
　国外分布：阿富汗、巴基斯坦、印度
　濒危等级：LC

山竹子属 Corethrodendron Fisch. et Basiner

山竹子
Corethrodendron fruticosum (Pall.) B. H. Choi et H. Ohashi

山竹子（原变种）
Corethrodendron fruticosum var. **fruticosum**
　习　　性：灌木
　海　　拔：约1100 m
　国内分布：黑龙江、吉林、辽宁
　国外分布：俄罗斯、蒙古
　濒危等级：LC

蒙古山竹子
Corethrodendron fruticosum var. **mongolicum** (Turcz.) Turcz. ex Kitag.
　习　　性：灌木
　海　　拔：600～800 m
　分　　布：辽宁、内蒙古
　濒危等级：LC

帕米尔山竹子
Corethrodendron krassnowii (B. Fedtsch.) B. H. Choi et H. Ohashi
　习　　性：灌木
　海　　拔：2100～3000 m
　国内分布：新疆
　国外分布：亚洲中部
　濒危等级：LC

木山竹子
Corethrodendron lignosum (Trautv.) L. R. Xu et B. H. Choi

木山竹子（原变种）
Corethrodendron lignosum var. **lignosum**
　习　　性：灌木
　分　　布：内蒙古
　濒危等级：LC

塔落山竹子白
Corethrodendron lignosum var. **laeve** (Maxim.) L. R. Xu et B. H. Choi
　习　　性：灌木
　分　　布：内蒙古、宁夏、山西、陕西
　濒危等级：LC

红花山竹子
Corethrodendron multijugum (Maxim.) B. H. Choi et H. Ohashi

红花山竹子（原变型）
Corethrodendron multijugum f. **multijugum**
　习　　性：灌木
　分　　布：甘肃、河南、湖北、内蒙古、宁夏、青海、山西、陕西、四川、西藏、新疆
　濒危等级：LC

白花山竹子
Corethrodendron multijugum f. **albiflorum** (Y. H. Wu) X. Y. Zhu
　习　　性：灌木
　分　　布：青海
　濒危等级：LC

细枝山竹子
Corethrodendron scoparium (Fisch. et C. A. Mey.) Fisch. et Basiner

习　　性：灌木
海　　拔：600～1100 m
国内分布：甘肃、内蒙古、宁夏、青海、新疆
国外分布：哈萨克斯坦、蒙古
濒危等级：LC

小冠花属 Coronilla L.

蝎子旃那
Coronilla emerus L.
习　　性：灌木
国内分布：陕西
国外分布：原产欧洲中部
资源利用：环境利用（观赏）

绣球小冠花
Coronilla varia L.
习　　性：多年生草本
国内分布：我国东北南部有栽培
国外分布：原产欧洲
资源利用：药用（中草药）；环境利用（观赏）

巴豆藤属 Craspedolobium Harms

巴豆藤
Craspedolobium unijugum(Gagnep.)Z. Wei et Pedley
习　　性：攀援灌木
海　　拔：600～2000 m
国内分布：广西、贵州、四川、云南
国外分布：缅甸、泰国、越南
濒危等级：LC

猪屎豆属 Crotalaria L.

针状猪屎豆
Crotalaria acicularis Buch. -Ham. ex Benth.
习　　性：草本或灌木
海　　拔：100～1700 m
国内分布：海南、台湾、云南
国外分布：菲律宾、老挝、孟加拉国、缅甸、尼泊尔、泰国、印度、印度尼西亚、越南
濒危等级：LC

翅托叶猪屎豆
Crotalaria alata Buch. -Ham. ex D. Don
习　　性：草本或亚灌木
海　　拔：100～2000 m
国内分布：重庆、福建、广东、广西、海南、四川、云南
国外分布：老挝、孟加拉国、缅甸、尼泊尔、印度、印度尼西亚
濒危等级：LC
资源利用：药用（中草药）

响铃豆
Crotalaria albida B. Heyne ex Roth

响铃豆（原变种）
Crotalaria albida var. **albida**
习　　性：多年生草本
海　　拔：200～2800 m
国内分布：安徽、重庆、福建、广东、广西、贵州、湖南、江西、四川、台湾、香港、云南、浙江
国外分布：巴基斯坦、菲律宾、老挝、马来西亚、孟加拉国、缅甸、尼泊尔、斯里兰卡、泰国、印度、印度尼西亚、越南
濒危等级：LC
资源利用：药用（中草药）

耿马猪屎豆
Crotalaria albida var. **gengmaensis**(Z. Wei et C. Y. Yang) C. Chen et J. Q. Li
习　　性：多年生草本
海　　拔：1600～1700 m
分　　布：云南
濒危等级：EN B1ab（iii）；C1

安宁猪屎豆
Crotalaria anningensis X. Y. Zhu et Y. F. Du
习　　性：多年生草本
分　　布：云南
濒危等级：LC

大猪屎豆
Crotalaria assamica Benth.
习　　性：多年生草本
海　　拔：100～3000 m
国内分布：广东、广西、贵州、海南、台湾、云南
国外分布：菲律宾、老挝、泰国、印度、越南
濒危等级：LC
资源利用：药用（中草药）

翼茎野百合
Crotalaria bialata Schrank
习　　性：多年生草本
国内分布：台湾
国外分布：热带亚洲

毛果猪屎豆
Crotalaria bracteata Roxb. ex DC.
习　　性：草本或亚灌木
海　　拔：700～1000 m
国内分布：云南
国外分布：菲律宾、马来西亚、孟加拉国、印度
濒危等级：LC

长萼猪屎豆
Crotalaria calycina Schrank
习　　性：一年生或多年生草本
海　　拔：100～2400 m
国内分布：澳门、福建、广东、广西、海南、台湾、西藏、香港、云南

国外分布：澳大利亚、巴基斯坦、菲律宾、老挝、孟加拉国、尼泊尔、印度、印度尼西亚、越南
濒危等级：LC

红花假地蓝
Crotalaria chiayiana Y. C. Liu et F. Y. Lu
习　　性：多年生草本
海　　拔：1400~1600 m
分　　布：台湾
濒危等级：DD

华野百合
Crotalaria chinensis L.
习　　性：草本或灌木
海　　拔：100~1000 m
国内分布：安徽、福建、广东、广西、贵州、湖南、台湾、香港、云南
国外分布：菲律宾、老挝、泰国、印度、印度尼西亚、越南
濒危等级：LC

卵苞猪屎豆
Crotalaria dubia Graham
习　　性：一年生草本
海　　拔：约 1000 m
国内分布：云南
国外分布：孟加拉国、印度
濒危等级：NT

假地兰
Crotalaria ferruginea Graham ex Benth.
习　　性：草本或灌木
海　　拔：400~2200 m
国内分布：安徽、重庆、福建、广东、广西、贵州、湖北、湖南、江苏、江西、四川、台湾、西藏、香港、云南、浙江
国外分布：菲律宾、马来西亚、孟加拉国、缅甸、尼泊尔、斯里兰卡、泰国、印度、印度尼西亚、越南
濒危等级：LC
资源利用：药用（中草药）；动物饲料（牧草）；环境利用（水土保持）

海南猪屎豆
Crotalaria hainanensis C. C. Huang
习　　性：草本
分　　布：海南
濒危等级：LC

匍地猪屎豆
Crotalaria humifusa Graham ex Benth.
习　　性：一年生或多年生草本
海　　拔：1800~1900 m
国内分布：云南
国外分布：尼泊尔、印度、印度尼西亚
濒危等级：NT

圆叶猪屎豆
Crotalaria incana L.
习　　性：草本或亚灌木
国内分布：安徽、广东、广西、江苏、台湾、云南、浙江
国外分布：原产美洲；马达斯加、孟加拉国、印度、印度尼西亚及非洲、南美洲有栽培

尖峰猪屎豆
Crotalaria jianfengensis C. Y. Yang
习　　性：草本或亚灌木
海　　拔：约 600 m
分　　布：海南
濒危等级：LC

菽麻
Crotalaria juncea L.
习　　性：草本
国内分布：重庆、福建、广东、广西、江苏、山东、陕西、四川、台湾、香港、云南、浙江
国外分布：澳大利亚、巴基斯坦、马来西亚、孟加拉国、斯里兰卡、印度、印度尼西亚；非洲、中南半岛。原产印度
资源利用：药用（中草药）；原料（纤维）

库泽猪屎豆
Crotalaria kurzii Baker ex Kurz
习　　性：草本或亚灌木
海　　拔：800~1500 m
国内分布：广西、云南
国外分布：老挝、孟加拉国、缅甸、泰国、印度、越南
濒危等级：VU D2

长果猪屎豆
Crotalaria lanceolata E. Mey.
习　　性：草本或亚灌木
国内分布：福建、台湾、云南
国外分布：原产热带非洲；热带亚洲、南美洲及澳大利亚有栽培

线叶猪屎豆
Crotalaria linifolia L. f.
习　　性：一年生或多年生草本
海　　拔：400~2500 m
国内分布：广东、广西、贵州、海南、湖南、四川、台湾、香港、云南
国外分布：澳大利亚、菲律宾、柬埔寨、老挝、马来西亚、孟加拉国、缅甸、斯里兰卡、泰国、印度、印度尼西亚
濒危等级：LC
资源利用：药用（中草药）

头花猪屎豆
Crotalaria mairei H. Lév.

头花猪屎豆（原变种）
Crotalaria mairei var. **mairei**

习　　性：多年生草本
海　　拔：300～3000 m
国内分布：广西、贵州、四川、云南
国外分布：不丹、尼泊尔、印度
濒危等级：LC

短头花猪屎豆
Crotalaria mairei var. **pubescens** C. Chen et J. Q. Li
习　　性：多年生草本
海　　拔：1000～2400 m
分　　布：云南
濒危等级：LC

假苜蓿
Crotalaria medicaginea Lam.

假苜蓿（原变种）
Crotalaria medicaginea var. **medicaginea**
习　　性：草本或灌木
海　　拔：100～1400 m
国内分布：广东、贵州、四川、台湾、云南
国外分布：阿富汗、澳大利亚、巴基斯坦、老挝、马来西亚、孟加拉国、缅甸、尼泊尔、泰国、印度、越南
濒危等级：LC
资源利用：药用（中草药）

大叶假苜蓿
Crotalaria medicaginea var. **luxurians**(Benth.)Baker
习　　性：草本或灌木
海　　拔：700～900 m
国内分布：云南
国外分布：阿富汗、巴基斯坦、印度、印度尼西亚
濒危等级：LC

三尖叶猪屎豆
Crotalaria micans Link
习　　性：草本或亚灌木
国内分布：重庆、福建、广东、广西、台湾、云南
国外分布：原产热带美洲或委内瑞拉；热带和亚热带亚洲、非洲有栽培
资源利用：药用（中草药）

褐毛猪屎豆
Crotalaria mysorensis Roth
习　　性：草本
国内分布：广东
国外分布：巴基斯坦、菲律宾、马来西亚、尼泊尔、印度
濒危等级：LC

座地猪屎豆
Crotalaria nana Burm. f.
习　　性：一年生草本
海　　拔：100～1900 m
国内分布：广东、海南
国外分布：缅甸、尼泊尔、印度
濒危等级：LC

座地小野百合
Crotalaria nana var. **patula** Graham ex Baker
习　　性：一年生草本
海　　拔：100～1900 m
国内分布：广东、海南
国外分布：缅甸、尼泊尔、印度
濒危等级：LC

紫花猪屎豆
Crotalaria occulta Graham ex Benth.
习　　性：草本
海　　拔：800～1000 m
国内分布：云南
国外分布：印度；喜马拉雅地区
濒危等级：LC

狭叶猪屎豆
Crotalaria ochroleuca G. Don
习　　性：草本或亚灌木
国内分布：广东、广西、海南
国外分布：原产非洲

猪屎豆
Crotalaria pallida Aiton

猪屎豆（原变种）
Crotalaria pallida var. **pallida**
习　　性：多年生草本
海　　拔：100～1100 m
国内分布：澳门、重庆、福建、广东、广西、湖南、山东、四川、台湾、云南、浙江
国外分布：非洲、美洲
濒危等级：LC

三圆叶猪屎豆
Crotalaria pallida var. **obovata**(G. Don)Polhill
习　　性：多年生草本
海　　拔：300～1000 m
国内分布：福建、广东、广西、湖南、山东、四川、台湾、香港、云南、浙江
国外分布：柬埔寨、马达加斯加、尼泊尔、越南
濒危等级：LC

薄叶猪屎豆
Crotalaria peguana Benth. ex Baker

薄叶猪屎豆（原变种）
Crotalaria peguana var. **peguana**
习　　性：灌木状直立草本
海　　拔：800～1500 m
国内分布：广西、云南
国外分布：老挝、缅甸、泰国、印度、越南
濒危等级：LC

邱北猪屎豆
Crotalaria peguana var. **qiubeiensis**(C. Y. Yang)C. Chen et J. Q. Li
习　　性：灌木状直立草本
海　　拔：800～1500 m

分　　布：云南
濒危等级：LC

俯伏猪屎豆
Crotalaria prostrata Rottler ex Willd.

俯伏猪屎豆（原变种）
Crotalaria prostrata var. **prostrata**
　　习　　性：草本
　　海　　拔：100~1300 m
　　国内分布：云南
　　国外分布：巴基斯坦、马来西亚、孟加拉国、尼泊尔、斯里兰卡、印度、印度尼西亚
　　濒危等级：LC

金平猪屎豆
Crotalaria prostrata var. **jinpingensis**(C. Y. Yang) C. Y. Yang
　　习　　性：草本
　　海　　拔：800 m
　　分　　布：云南
　　濒危等级：LC

黄雀儿
Crotalaria psoralioides D. Don
　　习　　性：灌木
　　海　　拔：800~1500 m
　　国内分布：西藏、云南
　　国外分布：尼泊尔、印度
　　濒危等级：LC

吊裙草
Crotalaria retusa L.
　　习　　性：草本
　　国内分布：澳门、广东、海南、湖南、台湾、香港、云南
　　国外分布：巴基斯坦、不丹、菲律宾、柬埔寨、老挝、马来西亚、孟加拉国、缅甸、尼泊尔、斯里兰卡、泰国、印度、越南
　　濒危等级：LC
　　资源利用：药用（中草药）

紫花野百合
Crotalaria sessiliflora L.
　　习　　性：一年生或多年生草本
　　海　　拔：100~1600 m
　　国内分布：安徽、重庆、福建、广东、广西、贵州、河北、河南、湖南、江苏、江西、辽宁、山东、四川、台湾、西藏、香港、云南、浙江
　　国外分布：巴基斯坦、朝鲜、菲律宾、马来西亚、孟加拉国、缅甸、尼泊尔、日本、泰国、印度、印度尼西亚
　　濒危等级：LC
　　资源利用：药用（中草药）

屏东猪屎豆
Crotalaria similis Hemsl.
　　习　　性：草本
　　国内分布：台湾
　　国外分布：新西兰
　　濒危等级：EN D

大托叶猪屎豆
Crotalaria spectabilis Roth
　　习　　性：草本
　　海　　拔：100~1500 m
　　国内分布：安徽、福建、广东、广西、湖南、江苏、江西、台湾、云南、浙江
　　国外分布：美洲、热带非洲、热带亚洲
　　濒危等级：LC

四棱猪屎豆
Crotalaria tetragona Roxb. ex Andrews
　　习　　性：多年生草本
　　海　　拔：500~1600 m
　　国内分布：广东、广西、贵州、四川、云南
　　国外分布：不丹、老挝、孟加拉国、缅甸、尼泊尔、印度、印度尼西亚、越南
　　濒危等级：LC

天台猪屎豆
Crotalaria tiantaiensis Yan C. Jiang et al.
　　习　　性：多年生草本
　　分　　布：浙江
　　濒危等级：LC

光萼猪屎豆
Crotalaria trichotoma Bojer
　　习　　性：草本或亚灌木
　　国内分布：福建、广东、广西、海南、湖南、四川、台湾、云南
　　国外分布：原产澳大利亚、菲律宾、马来西亚、斯里兰卡、印度尼西亚、越南
　　濒危等级：LC
　　资源利用：药用（中草药）

砂地野百合
Crotalaria triquetra Dalzell
　　习　　性：一年生草本
　　海　　拔：300 m 以下
　　国内分布：台湾
　　国外分布：热带亚洲
　　濒危等级：LC

湿生猪屎豆
Crotalaria uliginosa C. C. Huang
　　习　　性：草本
　　分　　布：云南
　　濒危等级：VU B1ab（iii）

球果猪屎豆
Crotalaria uncinella Lam.
　　习　　性：草本或亚灌木
　　海　　拔：100~1100 m
　　国内分布：澳门、广东、广西、海南、台湾、香港
　　国外分布：非洲
　　濒危等级：LC

多疣猪屎豆
Crotalaria verrucosa L.
  习　　性：草本
  海　　拔：100～200 m
  国内分布：广东、海南、台湾、香港
  国外分布：柬埔寨、孟加拉国
  濒危等级：LC
  资源利用：药用（中草药）

崖洲猪屎豆
Crotalaria yaihsienensis T. C. Chen ex Chun et al.
  习　　性：草本
  分　　布：海南
  濒危等级：LC

元江猪屎豆
Crotalaria yuanjiangensis C. Y. Yang
  习　　性：灌木或亚灌木
  海　　拔：600～700 m
  分　　布：云南
  濒危等级：LC

云南猪屎豆
Crotalaria yunnanensis Franch.

云南猪屎豆（原变种）
Crotalaria yunnanensis var. **yunnanensis**
  习　　性：多年生草本
  海　　拔：100～3000 m
  分　　布：四川、云南
  濒危等级：LC

鹤庆猪屎豆
Crotalaria yunnanensis var. **heqingensis**（C. Y. Yang）C. Chen et J. Q. Li
  习　　性：多年生草本
  海　　拔：1700～1900 m
  分　　布：云南
  濒危等级：LC

赞萼猪屎豆
Crotalaria zanzibarica Benth.
  习　　性：草本或亚灌木
  国内分布：重庆、福建、广东、广西、海南、湖南、四川、台湾、香港、云南
  国外分布：原产东非或南美；热带和亚热带地区有栽培
  资源利用：药用（中草药）

补骨脂属 Cullen Medik.

补骨脂
Cullen corylifolium（L.）Medik.
  习　　性：一年生草本
  国内分布：安徽、甘肃、广东、广西、贵州、河北、河南、江西、陕西、四川、台湾、香港、云南
  国外分布：马来西亚、缅甸、斯里兰卡、印度、印度尼西亚
  濒危等级：LC
  资源利用：药用（中草药）

瓜儿豆属 Cyamopsis DC.

瓜儿豆
Cyamopsis tetragonoloba（L.）Taub.
  习　　性：一年生草本
  国内分布：云南栽培
  国外分布：可能原产印度西北部

金雀儿属 Cytisus L.

变黑金雀儿
Cytisus nigricans L.
  习　　性：灌木
  国内分布：全国栽培
  国外分布：原产欧洲

金雀儿
Cytisus scoparius（L.）Link
  习　　性：灌木
  国内分布：全国栽培
  国外分布：原产欧洲
  资源利用：环境利用（观赏）；原料（纤维）

黄檀属 Dalbergia L. f.

南岭黄檀
Dalbergia assamica Benth.
  习　　性：乔木
  海　　拔：300～1700 m
  国内分布：重庆、福建、广东、广西、贵州、湖南、四川、香港、云南、浙江
  国外分布：泰国、印度、越南
  濒危等级：EN Bab（ⅲ）
  CITES 附录：Ⅱ
  资源利用：环境利用（庇荫）

两粤黄檀
Dalbergia benthamii Prain
  习　　性：攀援灌木
  海　　拔：100～700 m
  国内分布：澳门、广东、广西、海南、台湾、香港
  国外分布：越南
  濒危等级：LC
  CITES 附录：Ⅱ

弯枝黄檀
Dalbergia candenatensis（Dennst.）Prain
  习　　性：木质藤本
  海　　拔：海平面至 200 m
  国内分布：广东、广西、香港
  国外分布：菲律宾、马来西亚、斯里兰卡、印度、印度尼西亚、越南
  濒危等级：LC

CITES 附录：Ⅱ

黑黄檀
Dalbergia cultrata Graham ex Benth.
- 习　　性：乔木
- 海　　拔：约 1700 m
- 国内分布：云南
- 国外分布：老挝、缅甸、越南
- 濒危等级：VU A2c
- 国家保护：Ⅱ级
- CITES 附录：Ⅱ
- 资源利用：原料（木材）

大金刚藤黄檀
Dalbergia dyeriana Prain ex Harms
- 习　　性：木质藤本
- 海　　拔：700~1500 m
- 分　　布：重庆、甘肃、广东、广西、贵州、河南、湖北、湖南、陕西、四川、云南
- 濒危等级：LC
- CITES 附录：Ⅱ

海南黄檀
Dalbergia hainanensis Merr. et Chun
- 习　　性：乔木
- 海　　拔：海平面至 700 m
- 分　　布：海南
- 濒危等级：CR D1
- 国家保护：Ⅱ级
- CITES 附录：Ⅱ
- 资源利用：原料（木材）；环境利用（观赏）

藤黄檀
Dalbergia hancei Benth.
- 习　　性：木质藤本
- 海　　拔：200~1500 m
- 分　　布：澳门、福建、广东、广西、湖南、江西、四川、香港、浙江
- 濒危等级：LC
- CITES 附录：Ⅱ
- 资源利用：药用（中草药）；原料（单宁，纤维，树脂）

蒙自黄檀
Dalbergia henryana Prain
- 习　　性：木质藤本
- 海　　拔：700~1300 m
- 分　　布：云南
- 濒危等级：VU D1
- CITES 附录：Ⅱ

黄檀
Dalbergia hupeana Hance
- 习　　性：乔木
- 海　　拔：800~1400 m
- 国内分布：安徽、重庆、福建、广东、广西、贵州、湖北、湖南、江苏、江西、山东、上海、四川、云南、浙江
- 国外分布：越南
- 濒危等级：NT B1ab (i, iii, v)
- CITES 附录：Ⅱ
- 资源利用：药用（中草药）；原料（木材，工业用油）

滇南黄檀
Dalbergia kingiana Prain
- 习　　性：灌木
- 海　　拔：约 1300 m
- 国内分布：云南
- 国外分布：缅甸
- 濒危等级：VU D1
- CITES 附录：Ⅱ

香港黄檀
Dalbergia millettii Benth.
- 习　　性：木质藤本
- 海　　拔：300~800 m
- 分　　布：澳门、广东、广西、贵州、湖南、江西、香港
- 濒危等级：LC
- CITES 附录：Ⅱ

象鼻藤
Dalbergia mimosoides Franch.
- 习　　性：灌木
- 海　　拔：800~2000 m
- 分　　布：重庆、广西、四川、西藏、云南
- 濒危等级：LC
- CITES 附录：Ⅱ

钝叶黄檀
Dalbergia obtusifolia (Baker) Prain
- 习　　性：乔木
- 海　　拔：800~1300 m
- 分　　布：云南
- 濒危等级：EN A4cd
- CITES 附录：Ⅱ

降香黄檀（海南黄花梨）
Dalbergia odorifera T. C. Chen ex Chun et al.
- 习　　性：乔木
- 海　　拔：100~500 m
- 分　　布：海南、香港
- 濒危等级：CR B1ab (i, iii, v)
- 国家保护：Ⅱ级
- CITES 附录：Ⅱ
- 资源利用：药用（中草药）；原料（香料，木材）

卵叶黄檀
Dalbergia ovata Graham et Benth.
- 习　　性：乔木
- 国内分布：云南
- 国外分布：老挝、缅甸、泰国
- 濒危等级：LC
- 国家保护：Ⅱ级
- CITES 附录：Ⅱ

斜叶黄檀
Dalbergia pinnata (Lour.) Prain
- 习　　性：乔木
- 海　　拔：1400 m 以下

国内分布：广东、广西、海南、西藏、云南
国外分布：菲律宾、马来西亚、缅甸、印度尼西亚
濒危等级：LC
CITES 附录：Ⅱ
资源利用：药用（中草药）

多体蕊黄檀
Dalbergia polyadelpha Prain
习　　性：乔木
海　　拔：1000~2000 m
国内分布：广西、贵州、云南
国外分布：越南
濒危等级：VU D1
CITES 附录：Ⅱ

多裂黄檀
Dalbergia rimosa Roxb.
习　　性：木质藤本
海　　拔：800~1700 m
国内分布：广西、贵州、江西、云南
国外分布：喜马拉雅东部地区、中南半岛
濒危等级：LC
CITES 附录：Ⅱ

毛叶黄檀
Dalbergia sericea Spreng.
习　　性：乔木
海　　拔：900~1600 m
国内分布：西藏
国外分布：不丹、尼泊尔、印度；喜马拉雅地区
濒危等级：NT Bab（iii）
CITES 附录：Ⅱ

印度黄檀
Dalbergia sissoo Roxb. ex DC.
习　　性：乔木
分　　布：福建、广东、海南、香港栽培
国外分布：原产印度；印度、伊朗及热带地区有栽培
CITES 附录：Ⅱ
资源利用：原料（木材）；环境利用（观赏，庇荫）

狭叶黄檀
Dalbergia stenophylla Prain
习　　性：木质藤本
国内分布：重庆、广西、贵州、湖北、湖南、四川
国外分布：越南
濒危等级：LC
CITES 附录：Ⅱ

托叶黄檀
Dalbergia stipulacea Roxb
习　　性：木质藤本
海　　拔：700~1700 m
国内分布：云南
国外分布：马来西亚、缅甸、泰国、越南；喜马拉雅东部地区
濒危等级：LC
CITES 附录：Ⅱ

红果黄檀
Dalbergia tsoi Merr. et Chun
习　　性：木质藤本
海　　拔：100~900 m
国内分布：海南
国外分布：老挝、泰国、越南
濒危等级：VU D1
CITES 附录：Ⅱ

绒叶黄檀
Dalbergia velutina Beath.
习　　性：木质藤本
海　　拔：700~1700 m
国内分布：广西、云南
国外分布：老挝、马来西亚、孟加拉国、缅甸、泰国、新加坡、印度、越南
濒危等级：LC
CITES 附录：Ⅱ

南亚黄檀
Dalbergia volubilis Roxb.
习　　性：木质藤本
海　　拔：700~1700 m
国内分布：云南
国外分布：不丹、柬埔寨、老挝、孟加拉国、缅甸、尼泊尔、斯里兰卡、泰国、印度、越南
濒危等级：LC
CITES 附录：Ⅱ

滇黔黄檀
Dalbergia yunnanensis Franch.
习　　性：木质藤本
海　　拔：1300~2200 m
国内分布：广西、贵州、四川、云南
国外分布：缅甸
濒危等级：LC
资源利用：药用（中草药）

凤凰木属 Delonix Raf.

凤凰木
Delonix regia(Bojer ex Hook.) Raf.
习　　性：落叶乔木
国内分布：澳门、福建、广东、广西、海南、台湾、香港、云南
国外分布：原产马达加斯加；东南亚热带地区栽培
资源利用：环境利用（观赏）

假木豆属 Dendrolobium(Wight et Arnott)Benth.

双节山蚂蝗
Dendrolobium dispermum(Hayata)Schindl.
习　　性：灌木或小乔木
海　　拔：海平面至 200 m
分　　布：台湾
濒危等级：LC

单节假木豆
Dendrolobium lanceolatum(Dunn)Schindl.

豆科 FABACEAE

单节假木豆（原变种）
Dendrolobium lanceolatum var. **lanceolatum**
习　　性：灌木
海　　拔：100~800 m
国内分布：海南
国外分布：泰国、越南
濒危等级：LC

小果单叶假木豆
Dendrolobium lanceolatum var. **microcarpum** H. Ohashi
习　　性：灌木
国内分布：福建
国外分布：泰国
濒危等级：LC

多皱假木豆
Dendrolobium rugosum(Prain)Schindl.
习　　性：灌木
海　　拔：800~2800 m
国内分布：云南
国外分布：老挝、缅甸、泰国
濒危等级：LC

假木豆
Dendrolobium triangulare(Retz.)Schindl.
习　　性：灌木
海　　拔：100~1400 m
国内分布：澳门、广东、广西、贵州、海南、湖南、台湾、香港、云南
国外分布：非洲、柬埔寨、老挝、马来西亚、斯里兰卡、泰国、印度
濒危等级：LC
资源利用：药用（中草药）

伞花假木豆
Dendrolobium umbellatum(L.)Benth.
习　　性：灌木或小乔木
国内分布：台湾
国外分布：澳大利亚、菲律宾、马来西亚、日本、斯里兰卡、印度、印度尼西亚；中南半岛
濒危等级：LC

鱼藤属 Derris Lour.

白花鱼藤
Derris alborubra Hemsl.
习　　性：藤本
国内分布：广东、广西、香港、云南
国外分布：越南
濒危等级：LC

短枝鱼藤
Derris breviramosa F. C. How
习　　性：藤本
分　　布：海南
濒危等级：NT A2c

兰屿鱼藤
Derris canarensis(Dalzell)X. Y. Zhu
习　　性：藤本
海　　拔：海平面至100 m
国内分布：台湾
国外分布：南亚
濒危等级：EN B2ab（iii）

尾叶鱼藤
Derris caudatilimba F. C. How
习　　性：藤本
海　　拔：500~1400 m
分　　布：广东、云南
濒危等级：LC

黔桂鱼藤
Derris cavaleriei Gagnep.
习　　性：藤本
海　　拔：300~1300 m
分　　布：广西、贵州、云南
濒危等级：LC

鼎湖鱼藤
Derris dinghuensis P. Y. Chen
习　　性：藤本
分　　布：广东
濒危等级：VU B1ab（iii）

毛鱼藤
Derris elliptica(Roxb.)Benth.
习　　性：攀援灌木
国内分布：广东、广西
国外分布：原产马来西亚、缅甸、印度；马来半岛、中南半岛有分布

毛果鱼藤
Derris eriocarpa F. C. How
习　　性：藤本
海　　拔：800~1600 m
分　　布：广西、云南
濒危等级：LC

锈毛鱼藤
Derris ferruginea Benth.
习　　性：藤本
海　　拔：500~1200 m
国内分布：重庆、广东、广西、云南
国外分布：缅甸、印度；中南半岛
濒危等级：LC

中南鱼藤
Derris fordii Oliv.

中南鱼藤（原变种）
Derris fordii var. **fordii**
习　　性：藤本
海　　拔：500~1600 m
分　　布：重庆、福建、广东、广西、贵州、海南、湖北、湖南、江西、四川、云南、浙江
濒危等级：LC

亮叶中南鱼藤
Derris fordii var. **lucida** F. C. How
- 习　　性：藤本
- 海　　拔：500～1600 m
- 分　　布：广东、广西、贵州、香港、云南
- 濒危等级：LC

粉叶鱼藤
Derris glauca Merr. et Chun
- 习　　性：攀援灌木
- 海　　拔：海平面至 700 m
- 分　　布：广东、广西、海南
- 濒危等级：LC

海南鱼藤
Derris hainanensis Hayata
- 习　　性：藤本
- 分　　布：海南
- 濒危等级：LC

粤东鱼藤
Derris hancei Hemsl.
- 习　　性：攀援灌木
- 分　　布：广东、广西
- 濒危等级：LC

大理鱼藤
Derris harrowiana（Diels）Z. Wei
- 习　　性：藤本
- 海　　拔：1900～2000 m
- 分　　布：云南
- 濒危等级：LC

亨氏鱼藤
Derris henryi Thoth.
- 习　　性：木质藤本
- 分　　布：云南
- 濒危等级：LC

大叶鱼藤
Derris latifolia Prain
- 习　　性：乔木
- 海　　拔：600～1200 m
- 国内分布：广西、云南
- 国外分布：印度
- 濒危等级：LC

异翅鱼藤
Derris malaccensis（Benth.）Prain
- 习　　性：攀援灌木
- 国内分布：广东、海南
- 国外分布：原产马来半岛；马来西亚、印度、印度尼西亚及中南半岛有分布

边荚鱼藤
Derris marginata（Roxb.）Benth.
- 习　　性：藤本
- 海　　拔：400～600 m
- 国内分布：福建、广东、广西、云南
- 国外分布：马来西亚、缅甸、印度
- 濒危等级：LC

小翅鱼藤
Derris microptera Benth.
- 习　　性：藤本
- 海　　拔：600～900 m
- 分　　布：西藏
- 濒危等级：LC

掌叶鱼藤
Derris palmifolia Chun et F. C. How
- 习　　性：藤本
- 海　　拔：约 1700 m
- 分　　布：云南
- 濒危等级：EN B1ab（ⅱ）

大鱼藤树
Derris robusta（Roxb. ex DC.）Benth.
- 习　　性：乔木
- 海　　拔：300～1600 m
- 国内分布：云南
- 国外分布：斯里兰卡、印度、印度尼西亚；中南半岛
- 濒危等级：LC

粗茎鱼藤
Derris scabricaulis（Franch.）Gagnep.
- 习　　性：藤本
- 海　　拔：1400～2500 m
- 分　　布：西藏、云南
- 濒危等级：LC

密锥花鱼藤
Derris thyrsiflora（Benth.）Benth.
- 习　　性：攀援灌木
- 海　　拔：500 m
- 国内分布：广东、广西、海南、云南
- 国外分布：菲律宾、印度、印度尼西亚、越南
- 濒危等级：LC

东京鱼藤
Derris tonkinensis Gagnep.

东京鱼藤（原变种）
Derris tonkinensis var. **tonkinensis**
- 习　　性：藤本
- 国内分布：贵州
- 国外分布：越南
- 濒危等级：LC

大叶东京鱼藤
Derris tonkinensis var. **compacta** Gagnep.
- 习　　性：藤本
- 国内分布：广东、广西
- 国外分布：越南
- 濒危等级：LC

鱼藤
Derris trifoliata Lour.
- 习　　性：藤本

海　　拔：1000 m 以下
国内分布：澳门、福建、广东、广西、海南、台湾、香港
国外分布：马来西亚、印度、澳大利亚；欧亚大陆热带地区
濒危等级：LC
资源利用：药用（中草药）

云南鱼藤
Derris yunnanensis Chun et F. C. How
　　习　　性：藤状灌木
　　海　　拔：约 2000 m
　　分　　布：云南
　　濒危等级：LC

合欢草属 Desmanthus Willd.

合欢草
Desmanthus pernambucanus(L.)Thell.
　　习　　性：亚灌木
　　国内分布：广东、台湾、香港、云南
　　国外分布：原产热带美洲；亚洲和非洲引种
　　资源利用：动物饲料（饲料）

山蚂蝗属 Desmodium Desv.

凹叶山蚂蝗
Desmodium concinnum DC.
　　习　　性：灌木
　　海　　拔：约 1300 m
　　国内分布：广西、云南
　　国外分布：不丹、缅甸、尼泊尔、印度
　　濒危等级：LC

二岐山蚂蝗
Desmodium dichotomum(Willd.)DC.
　　习　　性：草本或亚灌木
　　海　　拔：500 ~ 2000 m
　　国内分布：云南
　　国外分布：马来西亚、缅甸、印度
　　濒危等级：LC

单序拿身草
Desmodium diffusum DC.
　　习　　性：亚灌木或灌木
　　海　　拔：100 ~ 2500 m
　　国内分布：广东、广西、贵州、四川、台湾、云南
　　国外分布：不丹、马来西亚、缅甸、尼泊尔、印度、印度尼西亚；中南半岛
　　濒危等级：LC

圆锥山蚂蝗
Desmodium elegans DC.
　　习　　性：灌木
　　海　　拔：1000 ~ 4000 m
　　国内分布：重庆、甘肃、贵州、陕西、四川、西藏、云南
　　国外分布：阿富汗、不丹、尼泊尔、印度
　　濒危等级：LC

大叶山蚂蝗
Desmodium gangeticum(L.)DC.
　　习　　性：灌木
　　海　　拔：300 ~ 900 m
　　国内分布：澳门、广东、广西、贵州、海南、四川、台湾、香港、云南
　　国外分布：马来西亚、缅甸、斯里兰卡、泰国、印度、越南

细叶山蚂蝗
Desmodium gracillimum Hemsl.
　　习　　性：亚灌木
　　分　　布：台湾、云南
　　濒危等级：VU D2

疏果山蚂蝗
Desmodium griffithianum Benth.

疏果山蚂蝗（原变种）
Desmodium griffithianum var. **griffithianum**
　　习　　性：亚灌木或草本
　　海　　拔：1500 ~ 2300 m
　　国内分布：贵州、四川、云南
　　国外分布：老挝、缅甸、泰国、印度、越南
　　濒危等级：LC

无毛疏果假地豆
Desmodium griffithianum var. **leiocarpum** X. F. Gao et C. Chen
　　习　　性：亚灌木或草本
　　海　　拔：约 1900 m
　　分　　布：四川、云南
　　濒危等级：LC

假地豆
Desmodium heterocarpon(L.)DC.

假地豆（原变种）
Desmodium heterocarpon var. **heterocarpon**
　　习　　性：灌木或亚灌木
　　海　　拔：300 ~ 1800 m
　　国内分布：澳门、福建、广东、广西、贵州、江西、四川、台湾、香港、云南、浙江
　　国外分布：菲律宾、马来西亚、缅甸、日本、斯里兰卡、印度
　　濒危等级：LC
　　资源利用：药用（中草药）

显脉山绿豆
Desmodium heterocarpon var. **angustifolium**(Benth. ex Craib) H. Ohashi
　　习　　性：灌木或亚灌木
　　海　　拔：200 ~ 1300 m
　　国内分布：澳门、广东、广西、海南、香港、云南
　　国外分布：缅甸、泰国、越南
　　濒危等级：LC

糙毛假地豆
Desmodium heterocarpon var. **strigosum** Meeuwen
　　习　　性：灌木或亚灌木
　　海　　拔：400 ~ 900 m
　　国内分布：广东、广西、海南、台湾、云南
　　国外分布：马来西亚、缅甸、泰国、印度、越南
　　濒危等级：LC

异叶山蚂蝗
Desmodium heterophyllum(Willd.)DC.

习　　性：草本
海　　拔：200～500 m
国内分布：安徽、福建、广东、广西、贵州、海南、江西、台湾、香港、云南
国外分布：缅甸、尼泊尔、斯里兰卡、泰国、印度、越南
濒危等级：LC

粗硬毛山蚂蝗
Desmodium hispidum Franch.
习　　性：灌木或亚灌木
海　　拔：700～2400 m
分　　布：云南
濒危等级：LC

扭曲山蚂蝗
Desmodium intortum(Mill.)Urb.
习　　性：多年生草本
国内分布：台湾
国外分布：原产热带美洲

大叶拿身草
Desmodium laxiflorum DC.
习　　性：亚灌木或灌木
海　　拔：200～2400 m
国内分布：重庆、广东、广西、贵州、湖北、湖南、四川、台湾、云南
国外分布：不丹、菲律宾、老挝、缅甸、尼泊尔、泰国、印度、印度尼西亚、越南
濒危等级：LC

长圆叶山蚂蝗
Desmodium oblongum Wall. ex Benth.
习　　性：灌木
海　　拔：1000～1900 m
国内分布：广西、云南
国外分布：不丹、印度
濒危等级：LC

肾叶山蚂蝗
Desmodium renifolium(L.)Schindl.
习　　性：亚灌木
海　　拔：100～1000 m
国内分布：海南、台湾、云南
国外分布：老挝、马来西亚、缅甸、泰国、印度、越南
濒危等级：LC

赤山蚂蝗
Desmodium rubrum(Lour.)DC.
习　　性：亚灌木
分　　布：广东、广西、海南
濒危等级：LC

蝎尾山蚂蝗
Desmodium scorpiurus(Sw.)Desv.
习　　性：多年生草本
国内分布：台湾、香港
国外分布：原产热带美洲

广东金钱草
Desmodium styracifolium(Osbeck)Merr.
习　　性：亚灌木状草本
海　　拔：1000 m以下
国内分布：福建、广东、广西、海南、湖南、四川、香港、云南
国外分布：马来西亚、缅甸、斯里兰卡、印度
濒危等级：LC
资源利用：药用（中草药）；环境利用（观赏）

圆柱拿身草
Desmodium teres Wall. ex Benth.
习　　性：灌木
海　　拔：800～1500 m
国内分布：云南
国外分布：老挝、缅甸、泰国、越南
濒危等级：LC

南美山蚂蝗
Desmodium tortuosum(Sw.)DC.
习　　性：多年生草本
国内分布：澳门、广东、香港
国外分布：原产印度及南美洲；印度尼西亚、巴布亚新几内亚东部有栽培

三点金
Desmodium triflorum(L.)DC.
习　　性：多年生草本
海　　拔：200～600 m
国内分布：澳门、福建、广东、广西、海南、江西、台湾、香港、云南、浙江
国外分布：马来西亚、缅甸、尼泊尔、斯里兰卡、泰国、印度、越南
濒危等级：LC
资源利用：药用（中草药）

绒毛山蚂蝗
Desmodium velutinum(Willd.)DC.

绒毛山蚂蝗（原亚种）
Desmodium velutinum subsp. **velutinum**
习　　性：灌木或亚灌木
海　　拔：100～900 m
国内分布：广东、广西、贵州、海南、台湾、香港、云南
国外分布：老挝、马来西亚、缅甸、斯里兰卡、泰国、印度、印度尼西亚、越南
濒危等级：LC

长苞绒毛山蚂蝗
Desmodium velutinum subsp. **longibracteatum**(Schindl.)H.Ohashi
习　　性：灌木或亚灌木
海　　拔：200～1400 m
国内分布：贵州、云南
国外分布：老挝、缅甸、泰国、印度、印度尼西亚、越南
濒危等级：LC

单叶拿身草
Desmodium zonatum Miq.
习　　性：亚灌木
海　　拔：500～1300 m
国内分布：广西、贵州、海南、台湾、云南
国外分布：菲律宾、马来西亚、缅甸、斯里兰卡、印度、印度尼西亚；中南半岛

濒危等级：LC

代儿茶属 Dichrostachys (DC.) Wight et Arn.

代儿茶
Dichrostachys cinerea (L.) Wight et Arn.
- 习　　性：灌木或小乔木
- 国内分布：广东
- 国外分布：原产非洲及印度
- 资源利用：药用（中草药）；原料（单宁，木材）；基因源（抗白蚁）

镰扁豆属 Dolichos L.

丽江镰扁豆
Dolichos appendiculatus Hand.-Mazz.
- 习　　性：缠绕草本
- 海　　拔：2000~2300 m
- 分　　布：云南
- 濒危等级：LC

滇南镰扁豆
Dolichos junghuhnianus Benth.
- 习　　性：缠绕草本
- 国内分布：云南
- 国外分布：泰国、印度尼西亚
- 濒危等级：VU A2c

菱叶镰扁豆
Dolichos rhombifolius (Hayata) Hosok.
- 习　　性：缠绕草本
- 分　　布：台湾
- 濒危等级：LC

大豆荚
Dolichos tenuicaulis Craib
- 习　　性：缠绕草本
- 海　　拔：2000~2300 m
- 分　　布：广东、台湾、云南
- 濒危等级：LC

海南镰扁豆
Dolichos thorelii Gagnep.
- 习　　性：缠绕草本
- 国内分布：海南
- 国外分布：越南
- 濒危等级：NT B1b (iii)

镰扁豆
Dolichos trilobus L.
- 习　　性：缠绕草本
- 国内分布：广东、海南、台湾、云南
- 国外分布：非洲、热带亚洲
- 濒危等级：LC

山黑豆属 Dumasia DC.

心叶山黑豆
Dumasia cordifolia Benth. ex Baker
- 习　　性：草质藤本
- 海　　拔：1200~2800 m
- 国内分布：贵州、四川、西藏、云南
- 国外分布：印度
- 濒危等级：LC

小鸡藤
Dumasia forrestii Diels
- 习　　性：草质藤本
- 海　　拔：1800~3200 m
- 分　　布：重庆、四川、西藏、云南
- 濒危等级：LC
- 资源利用：药用（中草药）

长圆叶山黑豆
Dumasia henryi (Hemsl.) R. Sa et M. G. Gilbert
- 习　　性：多年生草本
- 海　　拔：2100~2500 m
- 分　　布：湖北、四川
- 濒危等级：LC

硬毛山黑豆
Dumasia hirsuta Craib
- 习　　性：草质藤本
- 海　　拔：700~1700 m
- 分　　布：重庆、广东、广西、贵州、湖北、湖南、江西、四川、云南
- 濒危等级：LC

苗栗野豇豆
Dumasia miaoliensis Y. C. Liu et F. Y. Lu
- 习　　性：草质藤本
- 海　　拔：1000~1500 m
- 分　　布：台湾
- 濒危等级：VU D2

瑶山山黑豆
Dumasia nitida Chun ex Y. T. Wei et S. K. Lee

瑶山山黑豆（原变种）
Dumasia nitida var. **nitida**
- 习　　性：多年生草本
- 海　　拔：1200~1500 m
- 分　　布：广西
- 濒危等级：DD

克子瑶山山黑豆
Dumasia nitida var. **kurziana** Predeep et M. P. Nayar
- 习　　性：多年生草本
- 国内分布：云南
- 国外分布：缅甸

山黑豆
Dumasia truncata Siebold et Zucc.
- 习　　性：攀援草本
- 海　　拔：300~2300 m
- 国内分布：安徽、福建、广东、河南、湖北、江西、陕西、浙江
- 国外分布：日本
- 濒危等级：LC

柔毛山黑豆
Dumasia villosa DC.

柔毛山黑豆（原亚种）
Dumasia villosa subsp. **villosa**
习　　性：草质藤本
国内分布：重庆、甘肃、广西、贵州、湖北、湖南、陕西、四川、西藏、云南
国外分布：埃塞俄比亚、菲律宾、刚果、津巴布韦、肯尼亚、老挝、马达加斯加、马拉维、缅甸、莫桑比克、南非、尼泊尔、斯里兰卡、泰国、坦桑尼亚、乌干达、印度、印度尼西亚、越南、赞比亚
濒危等级：LC
资源利用：原料（精油）

台湾山黑扁豆
Dumasia villosa subsp. **bicolor** (Hayata) H. Ohashi et Tateishi
习　　性：草质藤本
分　　布：台湾
濒危等级：LC

云南山黑豆
Dumasia yunnanensis Y. T. Wei et S. K. Lee
习　　性：多年生草本
海　　拔：1300~2500 m
分　　布：四川、云南
濒危等级：LC

野扁豆属 Dunbaria Wight et Arn.

卷圈野扁豆
Dunbaria circinalis (Benth.) Baker
习　　性：木质藤本
海　　拔：约1400 m
国内分布：云南
国外分布：印度、印度尼西亚
濒危等级：LC

小野扁豆
Dunbaria debilis Baker
习　　性：一年生缠绕草本
国内分布：广西
国外分布：澳大利亚、印度

黄毛野扁豆
Dunbaria fusca (Wall.) Kurz
习　　性：一年生草本
海　　拔：200~1200 m
国内分布：广东、广西、海南、香港、云南
国外分布：老挝、马来西亚、缅甸、泰国、印度、越南
濒危等级：LC

亨氏野扁豆
Dunbaria henryi Y. C. Wu
习　　性：缠绕草质藤本
海　　拔：100~800 m
国内分布：广西、海南
国外分布：越南
濒危等级：LC

麦氏野扁豆
Dunbaria merrillii Elmer
习　　性：缠绕草本
国内分布：台湾

国外分布：菲律宾
濒危等级：EN B2ab (iii)

白背野扁豆
Dunbaria nivea Miq.
习　　性：缠绕状草质藤本
海　　拔：海平面至400 m
国内分布：海南
国外分布：老挝、印度尼西亚、越南
濒危等级：LC

小叶野扁豆
Dunbaria parvifolia X. X. Chen
习　　性：缠绕草质藤本
分　　布：广西
濒危等级：LC

长柄野扁豆
Dunbaria podocarpa Kurz
习　　性：多年生草本
海　　拔：100~800 m
国内分布：福建、广东、广西、海南、香港、云南
国外分布：柬埔寨、缅甸、越南
濒危等级：LC

圆叶野扁豆
Dunbaria rotundifolia (Lour.) Merr.
习　　性：多年生草本
海　　拔：约600 m
国内分布：重庆、福建、广东、广西、贵州、海南、江西、四川、台湾、香港、云南
国外分布：菲律宾、印度、印度尼西亚
濒危等级：LC

鸽仔豆
Dunbaria truncata (Miq.) Maesen
习　　性：草质藤本
海　　拔：100~800 m
国内分布：广西
国外分布：越南
濒危等级：LC

野扁豆
Dunbaria villosa (Thunb.) Makino
习　　性：多年生草本
海　　拔：1800~2100 m
国内分布：安徽、重庆、广西、贵州、湖北、湖南、江苏、江西、浙江
国外分布：朝鲜、柬埔寨、老挝、日本、越南
濒危等级：LC

镰瓣豆属 Dysolobium (Benth.) Prain

镰瓣豆
Dysolobium grande (Wall. ex Benth.) Prain
习　　性：木质藤本
海　　拔：300~500 m
国内分布：贵州、云南
国外分布：缅甸、尼泊尔、泰国、印度
濒危等级：LC

豆科 FABACEAE

毛豇豆
Dysolobium pilosum (Klein ex Willd.) Maréchal
- 习　　性：草质藤本
- 海　　拔：海平面至 700 m
- 国内分布：台湾
- 国外分布：菲律宾、马来西亚、印度
- 濒危等级：NT

榼藤属 Entada Adans.

恒春鸭腱藤
Entada parvifolia Merr.
- 习　　性：灌木
- 海　　拔：100～600 m
- 国内分布：海南、台湾
- 国外分布：菲律宾、马来西亚、日本、印度
- 濒危等级：EN A2c；B1ab (i, iii, v)；C1

榼藤子
Entada phaseoloides (L.) Merr.

榼藤子（原亚种）
Entada phaseoloides subsp. **phaseoloides**
- 习　　性：藤本
- 国内分布：福建、广东、广西、台湾、西藏、香港、云南
- 国外分布：澳大利亚、菲律宾、马来西亚、日本、越南
- 濒危等级：EN D
- 资源利用：食品（淀粉，种子）

越南榼藤子
Entada phaseoloides subsp. **tonkinensis** (Gagnep.) H. Ohashi
- 习　　性：藤本
- 国内分布：华南、台湾
- 国外分布：日本、越南；中南半岛
- 濒危等级：LC

鸭腱藤
Entada pursaetha DC.

鸭腱藤（原亚种）
Entada pursaetha subsp. **pursaetha**
- 习　　性：木质藤本
- 国内分布：台湾
- 国外分布：澳大利亚、巴布亚新几内亚、菲律宾、斯里兰卡、印度
- 濒危等级：LC

云南榼藤子
Entada pursaetha subsp. **sinohimalensis** Grierson et D. G. Long
- 习　　性：木质藤本
- 海　　拔：600～1800 m
- 国内分布：广东、西藏、云南
- 国外分布：老挝、缅甸、尼泊尔、泰国、印度、越南
- 濒危等级：LC

象耳豆属 Enterolobium Mart.

青皮象耳豆
Enterolobium contortisiliquum (Vell.) Morong
- 习　　性：乔木
- 国内分布：福建、广东、广西、海南、江西
- 国外分布：原产南美洲

象耳豆
Enterolobium cyclocarpum (Jacq.) Griseb.
- 习　　性：落叶乔木
- 国内分布：福建、广东、广西、江西、浙江
- 国外分布：原产中南美洲；热带地区广泛栽培
- 资源利用：原料（单宁）；环境利用（绿化）

无叶豆属 Eremosparton Fisch. et C. A. Mey.

准噶尔无叶豆
Eremosparton songoricum (Litv.) Vassilcz.
- 习　　性：灌木
- 海　　拔：约 850 m
- 国内分布：新疆
- 国外分布：亚洲中部
- 濒危等级：LC

鸡头薯属 Eriosema (DC.) Desv.

猪仔笠
Eriosema chinense Vogel
- 习　　性：多年生草本
- 海　　拔：300～2000 m
- 国内分布：澳门、福建、广东、广西、贵州、海南、湖南、江西、台湾、香港、云南
- 国外分布：马来西亚、孟加拉国东部、缅甸、泰国、印度、印度尼西亚、越南
- 濒危等级：LC
- 资源利用：药用（中草药）；食品（淀粉，蔬菜）

绵三七
Eriosema himalaicum H. Ohashi
- 习　　性：多年生草本
- 海　　拔：1300～2000 m
- 国内分布：西藏、云南
- 国外分布：印度；喜马拉雅地区
- 濒危等级：LC
- 资源利用：药用（中草药）

刺桐属 Erythrina L.

鹦哥花
Erythrina arborescens Roxb.
- 习　　性：乔木
- 海　　拔：400～2100 m
- 国内分布：贵州、海南、四川、西藏、云南
- 国外分布：缅甸、尼泊尔、印度
- 濒危等级：LC
- 资源利用：原料（木材）；环境利用（观赏）

南非刺桐
Erythrina caffra Thunb.
- 习　　性：乔木
- 国内分布：香港
- 国外分布：原产非洲南部

龙牙花
Erythrina corallodendron L.

习　　性：灌木或小乔木
国内分布：澳门、重庆、北京、广东、广西、贵州、台湾、香港、云南、浙江
国外分布：原产印度
资源利用：药用（中草药）；原料（木材）；环境利用（观赏）

鸡冠刺桐
Erythrina crista-galli L.
习　　性：落叶灌木或小乔木
国内分布：澳门、台湾、香港、云南
国外分布：原产巴西

纳塔儿刺桐
Erythrina humeana Spreng.
习　　性：常绿灌木
国内分布：香港
国外分布：原产非洲南部

黑刺桐
Erythrina lysistemon Hutch.
习　　性：灌木或乔木
国内分布：香港
国外分布：原产非洲南部

翅果刺桐
Erythrina secundiflora Hassk.
习　　性：乔木
海　　拔：300~600 m
国内分布：云南
国外分布：菲律宾、老挝、缅甸、印度尼西亚、越南
资源利用：原料（木材）；动物饲料（饲料）；食品（蔬菜）

象牙花
Erythrina speciosa Andrews
习　　性：小乔木或乔木
国内分布：香港
国外分布：原产巴西

劲直刺桐
Erythrina stricta Roxb.

劲直刺桐（原变种）
Erythrina stricta var. **stricta**
习　　性：乔木
海　　拔：约1400 m
国内分布：广西、西藏、云南
国外分布：缅甸、尼泊尔、印度；中南半岛
濒危等级：LC

云南刺桐
Erythrina stricta var. **yunnanensis**(H. T. Tsai et T. T. Yüex S. K. Lee)R. Sa
习　　性：乔木
海　　拔：约1400 m
分　　布：西藏、云南
濒危等级：NT

刺桐
Erythrina variegata L.
习　　性：乔木

国内分布：澳门、重庆、福建、广东、广西、贵州、台湾、香港、云南
国外分布：澳大利亚、菲律宾、柬埔寨、老挝、孟加拉国、马来西亚、印度、印度尼西亚、越南、斯里兰卡、泰国
濒危等级：LC
资源利用：药用（中草药）；基因源（耐寒）；环境利用（观赏）

格木属 Erythrophleum Afzel. ex Brown

格木
Erythrophleum fordii Oliv.
习　　性：乔木
海　　拔：400~700 m
国内分布：澳门、福建、广东、广西、台湾、云南、浙江
国外分布：越南
濒危等级：VU A2c；D1
国家保护：Ⅱ级
资源利用：原料（木材）；环境利用（观赏）

山豆根属 Euchresta Benn.

台湾山豆根
Euchresta formosana(Hayata)Ohwi
习　　性：灌木
国内分布：台湾
国外分布：菲律宾、日本
濒危等级：LC

伏毛山豆根
Euchresta horsfieldii(Lesch.)Benn.
习　　性：灌木
海　　拔：1000~1400 m
国内分布：云南
国外分布：不丹、尼泊尔、泰国、印度尼西亚、越南
濒危等级：VU A4cd
资源利用：药用（中草药）

山豆根
Euchresta japonica Hook. f. ex Regel
习　　性：攀援灌木
海　　拔：800~1400 m
国内分布：重庆、广东、广西、贵州、湖南、江西、四川、浙江
国外分布：日本
濒危等级：VU A2c
国家保护：Ⅱ级

管萼山豆根
Euchresta tubulosa Dunn

管萼山豆根（原变种）
Euchresta tubulosa var. **tubulosa**
习　　性：灌木
海　　拔：300~1700 m
分　　布：重庆、湖北、湖南、四川
濒危等级：NT
资源利用：药用（中草药）

短萼山豆根
Euchresta tubulosa var. **brevituba** C. Chen
习　　性：灌木
海　　拔：700～800 m
分　　布：云南
濒危等级：LC

长序山豆根
Euchresta tubulosa var. **longiracemosa**（S. K. Lee et H. Q. Wen）C. Chen
习　　性：灌木
海　　拔：约 1200 m
分　　布：广西
濒危等级：VU A2c；B1ab（ⅲ）

刺枝豆属 Eversmannia Bunge

刺枝豆
Eversmannia subspinosa（Fisch. ex DC.）B. Fedtsch.
习　　性：灌木
海　　拔：800～3100 m
国内分布：新疆
国外分布：阿富汗、俄罗斯、哈萨克斯坦
濒危等级：LC

南洋楹属 Falcataria（I. C. Nielsen）Barneby et J. W. Grimes

南洋楹
Falcataria moluccana（Miq.）Barneby et J. W. Grimes
习　　性：乔木
国内分布：澳门、福建、广东、广西、台湾、香港栽培
国外分布：原产马六甲海峡、印度尼西亚
资源利用：原料（单宁，纤维，木材）

千斤拔属 Flemingia Roxb. ex W. T. Aiton

卡氏千斤拔
Flemingia cavaleriei（H. Lév.）Lauener
习　　性：灌木
分　　布：贵州
濒危等级：LC

墨江千斤拔
Flemingia chappar Buch. -Ham. ex Benth.
习　　性：灌木
海　　拔：800～1700 m
国内分布：云南
国外分布：柬埔寨、老挝、孟加拉国、缅甸、泰国、印度
濒危等级：LC

锈毛千斤拔
Flemingia ferruginea Wall. ex Benth.
习　　性：灌木
海　　拔：1200～1780 m
分　　布：云南
濒危等级：LC

河边千斤拔
Flemingia fluminalis C. B. Clarke ex Prain
习　　性：灌木
海　　拔：200～1600 m
国内分布：重庆、广西、贵州、四川、云南
国外分布：老挝、孟加拉国、缅甸、印度、越南
濒危等级：LC
资源利用：药用（中草药）

腺毛千斤拔
Flemingia glutinosa（Prain）Y. T. Wei et S. K. Lee
习　　性：亚灌木
海　　拔：500～2100 m
国内分布：广西、云南
国外分布：老挝、缅甸、泰国、越南
濒危等级：LC

绒毛千斤拔
Flemingia grahamiana Wight et Arn.
习　　性：灌木
海　　拔：900～1600 m
国内分布：四川、云南
国外分布：老挝、缅甸、印度、越南
濒危等级：LC

总苞千斤拔
Flemingia involucrata Benth.
习　　性：灌木
海　　拔：500～1000 m
国内分布：云南
国外分布：菲律宾、老挝、孟加拉国、缅甸、泰国、印度、印度尼西亚、越南
濒危等级：LC

贵州千斤拔
Flemingia kweichowensis T. Tang et F. T. Wang ex Y. T. Wei et S. K. Lee
习　　性：灌木
海　　拔：300～1500 m
分　　布：贵州、云南
濒危等级：LC

宽叶千斤拔
Flemingia latifolia Benth.

宽叶千斤拔（原变种）
Flemingia latifolia var. **latifolia**
习　　性：灌木
海　　拔：500～2700 m
国内分布：广西、四川、云南
国外分布：老挝、缅甸、印度
濒危等级：LC

海南千斤拔
Flemingia latifolia var. **hainanensis** Y. T. Wei et S. K. Lee
习　　性：灌木
国内分布：广西、海南、云南
国外分布：缅甸、印度、越南
濒危等级：LC

细叶千斤拔
Flemingia lineata（L.）Roxb. ex W. T. Aiton
习　　性：灌木

海　　拔：300~1000 m
国内分布：台湾、云南
国外分布：澳大利亚、马来西亚、缅甸、斯里兰卡、泰国、印度尼西亚
濒危等级：LC

大叶千斤拔
Flemingia macrophylla(Willd.)Kuntze ex Prain
　　习　　性：灌木
　　海　　拔：200~1800 m
　　国内分布：重庆、福建、广东、广西、贵州、海南、江西、四川、台湾、香港、云南
　　国外分布：柬埔寨、老挝、马来西亚、孟加拉国、缅甸、印度、印度尼西亚、越南
　　濒危等级：LC
　　资源利用：药用（中草药）

勐板千斤拔
Flemingia mengpengensis Y. T. Wei et S. K. Lee
　　习　　性：灌木
　　海　　拔：500~600 m
　　分　　布：云南
　　濒危等级：LC

锥序千斤拔
Flemingia paniculata Wall. ex Benth.
　　习　　性：灌木
　　海　　拔：1000~1400 m
　　国内分布：云南
　　国外分布：老挝、孟加拉国、缅甸、泰国、印度
　　濒危等级：LC

矮千斤拔
Flemingia procumbens Roxb.
　　习　　性：多年生草本
　　海　　拔：约2120 m
　　国内分布：四川、云南
　　国外分布：老挝、缅甸、尼泊尔、印度、越南
　　濒危等级：LC

千斤拔
Flemingia prostrata Roxb. f. ex Roxb.
　　习　　性：亚灌木
　　海　　拔：100~300 m
　　国内分布：澳门、重庆、福建、广东、广西、贵州、海南、湖北、湖南、江西、四川、台湾、香港、云南
　　国外分布：菲律宾
　　濒危等级：LC
　　资源利用：药用（中草药）

长叶千斤拔
Flemingia stricta Roxb. ex W. T. Aiton
　　习　　性：灌木
　　海　　拔：约600 m
　　国内分布：云南
　　国外分布：菲律宾、柬埔寨、老挝、孟加拉国、泰国、印度、印度尼西亚、越南
　　濒危等级：LC

球穗千斤拔
Flemingia strobilifera(L.)R. Br.
　　习　　性：灌木
　　海　　拔：200~1600 m
　　国内分布：福建、广东、广西、贵州、海南、台湾、云南
　　国外分布：菲律宾、马来西亚、孟加拉国、缅甸、斯里兰卡、印度、印度尼西亚
　　濒危等级：LC
　　资源利用：药用（中草药）

云南千斤拔
Flemingia wallichii Wight et Arn.
　　习　　性：灌木
　　海　　拔：1600~1900 m
　　国内分布：云南
　　国外分布：老挝、缅甸、印度、越南
　　濒危等级：LC

干花豆属 **Fordia** Hemsl.

干花豆
Fordia cauliflora Hemsl.
　　习　　性：灌木
　　海　　拔：海平面至500 m
　　分　　布：澳门、广东、广西、香港
　　濒危等级：LC
　　资源利用：药用（中草药）

思茅崖豆
Fordia leptobotrys(Dunn.)Schot et al.
　　习　　性：乔木
　　海　　拔：300~1000 m
　　分　　布：云南
　　濒危等级：EN A2c

小叶干花豆
Fordia microphylla Dunn ex Z. Wei
　　习　　性：灌木
　　海　　拔：800~2000 m
　　分　　布：广西、贵州、云南
　　濒危等级：LC

乳豆属 **Galactia** P. Browne

台湾乳豆
Galactia formosana Matsum.
　　习　　性：多年生草本
　　国内分布：澳门、广东、海南、四川、台湾、云南
　　国外分布：马来西亚、印度、越南
　　濒危等级：LC

思茅乳豆
Galactia simaoensis Y. Y. Qian
　　习　　性：攀援状亚灌木
　　分　　布：云南
　　濒危等级：DD

琉球乳豆
Galactia tashiroi Maxim.

习　　性：多年生草本
国内分布：台湾
国外分布：日本
濒危等级：LC
资源利用：动物饲料（牧草）；环境利用（水土保持）

乳豆
Galactia tenuiflora(Klein ex Willd.)Wight et Arn.

乳豆（原变种）
Galactia tenuiflora var. **tenuiflora**
习　　性：多年生草本
国内分布：广东、广西、海南、湖南、江西、台湾、香港、云南
国外分布：澳大利亚、菲律宾、马来西亚、斯里兰卡、泰国、印度、越南
濒危等级：LC

细花乳豆
Galactia tenuiflora var. **villosa**(Wight et Arn.)Benth.
习　　性：多年生草本
分　　布：台湾
濒危等级：LC

山羊豆属 Galega L.

山羊豆
Galega officinalis L.
习　　性：多年生草本
国内分布：甘肃、陕西
国外分布：原产欧洲南部、亚洲西南部
资源利用：药用（中草药）；动物饲料（饲料）；环境利用（观赏）

睫苞豆属 Geissaspis Wight et Arn.

睫苞豆
Geissaspis cristata Wight et Arn.
习　　性：一年生草本
海　　拔：100 m 以下
国内分布：广东、香港
国外分布：缅甸、尼泊尔、斯里兰卡、泰国、印度、印度尼西亚、越南
濒危等级：LC

染料木属 Genista L.

染料木
Genista tinctoria L.
习　　性：灌木
国内分布：全国栽培
国外分布：原产欧洲
资源利用：环境利用（观赏）

皂荚属 Gleditsia L.

小果皂荚
Gleditsia australis Hemsl.
习　　性：乔木
国内分布：广东、广西、香港
国外分布：越南
濒危等级：LC

华南皂荚
Gleditsia fera(Lour.)Merr.
习　　性：乔木
海　　拔：300～1000 m
国内分布：福建、广东、广西、湖南、江西、台湾、香港、云南
国外分布：菲律宾、老挝、泰国、印度、越南
濒危等级：LC
资源利用：药用（中草药）

山皂荚
Gleditsia japonica Miq.

山皂荚（原变种）
Gleditsia japonica var. **japonica**
习　　性：乔木
海　　拔：100～1000 m
国内分布：安徽、重庆、河北、河南、湖南、吉林、江苏、江西、辽宁、山东、山西、浙江
国外分布：朝鲜、日本
濒危等级：LC
资源利用：药用（中草药）；原料（染料，木材）；食品（蔬菜）

滇皂荚
Gleditsia japonica var. **delavayi**(Franch.)L. Chu Li
习　　性：乔木
海　　拔：1200～2500 m
分　　布：贵州、云南
濒危等级：LC

绒毛皂荚
Gleditsia japonica var. **velutina** L. Chu Li
习　　性：乔木
海　　拔：约 1000 m
分　　布：湖南
濒危等级：CR D1
国家保护：Ⅰ级

墨脱皂荚
Gleditsia medogensis C. C. Ni
习　　性：灌木或小乔木
海　　拔：1200～1300 m
分　　布：西藏
濒危等级：LC

野皂荚
Gleditsia microphylla D. A. Gordon ex Y. T. Lee
习　　性：灌木或小乔木
海　　拔：100～1300 m
分　　布：安徽、河北、河南、江苏、山东、山西、陕西
濒危等级：LC

恒春皂荚
Gleditsia rolfei Vida

习　　性：落叶灌木或乔木
国内分布：台湾
国外分布：菲律宾、越南
濒危等级：VU D1

皂荚树
Gleditsia sinensis Lam.
习　　性：乔木
海　　拔：200～2500 m
分　　布：安徽、重庆、福建、甘肃、广东、广西、贵州、河北、河南、黑龙江、湖北、湖南、吉林、江苏、江西、辽宁、内蒙古、山东、山西、陕西、四川、云南、浙江
濒危等级：LC
资源利用：药用（中草药）；原料（木材，工业用油）；食品（蔬菜）

美国皂荚
Gleditsia triacanthos L.
习　　性：落叶乔木
国内分布：上海、香港
国外分布：原产美洲
资源利用：原料（木材）；环境利用（观赏）

格力豆属 Gliricidia Kunth

格力豆
Gliricidia sepium(Jacq.) Kunth ex Walp.
习　　性：乔木
国内分布：香港
国外分布：原产中美洲、南美洲；热带地区栽培

大豆属 Glycine Willd.

扁豆荚大豆
Glycine dolichocarpa Tateishi et H. Ohashi
习　　性：草本
分　　布：台湾
濒危等级：VU D2

大豆
Glycine max(L.) Merr.
习　　性：一年生草本
海　　拔：约500 m
分　　布：全国广泛栽培
资源利用：药用（中草药）；原料（纤维，工业用油）；动物饲料（饲料）；食品（粮食，油脂）

野大豆
Glycine soja Siebold et Zucc.
国家保护：Ⅱ级

野大豆（原变种）
Glycine soja var. **soja**
习　　性：一年生草本
海　　拔：0～2700 m
国内分布：除海南、青海、新疆外，各省均有栽培
国外分布：朝鲜、俄罗斯、日本

濒危等级：LC

宽叶蔓豆
Glycine soja var. **gracilis**(Skvortsov) L. Z. Wang
习　　性：一年生草本
分　　布：黑龙江、吉林、辽宁
濒危等级：LC

澎湖大豆（烟豆）
Glycine tabacina(Labill.) Benth.
习　　性：多年生草本
国内分布：福建、广东、台湾
国外分布：澳大利亚、斐济、南太平洋岛屿、日本
濒危等级：LC
国家保护：Ⅱ级

短绒野大豆
Glycine tomentella Hayata
习　　性：一年生草本
海　　拔：约30 m
国内分布：福建、广东、台湾
国外分布：澳大利亚、巴布亚新几内亚、菲律宾
濒危等级：VU A2c
国家保护：Ⅱ级

甘草属 Glycyrrhiza L.

粗毛甘草
Glycyrrhiza aspera Pall.
习　　性：多年生草本
海　　拔：100～800 m
国内分布：甘肃、内蒙古、青海、陕西、新疆
国外分布：阿富汗、俄罗斯、哈萨克斯坦、吉尔吉斯斯坦、塔吉克斯坦、土库曼斯坦、乌兹别克斯坦、伊朗
濒危等级：LC

光果甘草
Glycyrrhiza glabra L.
习　　性：多年生草本
海　　拔：500～1300 m
国内分布：新疆
国外分布：俄罗斯、哈萨克斯坦、吉尔吉斯斯坦、蒙古、塔吉克斯坦、土库曼斯坦、乌兹别克斯坦、伊朗；地中海地区
濒危等级：LC
资源利用：药用（中草药）；食品添加剂（糖和非糖甜味剂）

胀果甘草
Glycyrrhiza inflata Batalin
习　　性：多年生草本
海　　拔：约1100 m
国内分布：甘肃、青海、西藏、新疆
国外分布：哈萨克斯坦、吉尔吉斯斯坦、塔吉克斯坦、土库曼斯坦、乌兹别克斯坦
濒危等级：VU A2ab；B1ab（iii）
国家保护：Ⅱ级
资源利用：药用（中草药）；食品添加剂（糖和非糖甜味剂）

刺果甘草
Glycyrrhiza pallidiflora Maxim.
- 习　　性：多年生草本
- 海　　拔：2600~3100 m
- 国内分布：重庆、河北、河南、黑龙江、江苏、辽宁、内蒙古、山东、陕西、四川、云南
- 国外分布：俄罗斯
- 濒危等级：LC
- 资源利用：药用（中草药）；食品添加剂（糖和非糖甜味剂）

圆果甘草
Glycyrrhiza squamulosa Franch.
- 习　　性：多年生草本
- 海　　拔：100~1100 m
- 国内分布：河北、河南、内蒙古、宁夏、山西、陕西
- 国外分布：蒙古
- 濒危等级：LC
- 资源利用：食品添加剂（糖和非糖甜味剂）

甘草
Glycyrrhiza uralensis Fisch. ex DC.
- 习　　性：多年生草本
- 海　　拔：400~2700 m
- 国内分布：甘肃、河北、黑龙江、吉林、辽宁、内蒙古、宁夏、青海、山东、山西、陕西、新疆
- 国外分布：阿富汗、巴基斯坦、巴勒斯坦、俄罗斯、蒙古、叙利亚、约旦
- 濒危等级：NT
- 国家保护：Ⅱ级
- 资源利用：药用（中草药）；食品添加剂（糖和非糖甜味剂）

米口袋属 Gueldenstaedtia Fisch.

川鄂米口袋
Gueldenstaedtia henryi Ulbr.
- 习　　性：多年生草本
- 海　　拔：约100 m
- 分　　布：重庆、湖北、四川
- 濒危等级：LC

太行米口袋
Gueldenstaedtia taihangensis H. P. Tsui ex S. Y. Jin
- 习　　性：多年生草本
- 海　　拔：1100~1600 m
- 分　　布：广西、河北、山西
- 濒危等级：LC

米口袋
Gueldenstaedtia verna (Georgi) Boriss.

米口袋（原变型）
Gueldenstaedtia verna f. **verna**
- 习　　性：多年生草本
- 国内分布：北京、甘肃、河北、河南、黑龙江、湖北、吉林、江苏、江西、辽宁、内蒙古、宁夏、山东、山西、陕西、天津、云南
- 国外分布：朝鲜、蒙古
- 濒危等级：LC
- 资源利用：药用（中草药）

白花米口袋
Gueldenstaedtia verna f. **alba** (H. P. Tsui) P. C. Li
- 习　　性：多年生草本
- 分　　布：北京、山东、云南
- 濒危等级：LC

肥皂荚属 Gymnocladus Lam.

肥皂荚
Gymnocladus chinensis Baill.
- 习　　性：乔木
- 海　　拔：100~1500 m
- 国内分布：安徽、重庆、福建、广东、广西、湖北、湖南、江苏、江西、四川、浙江
- 国外分布：缅甸
- 濒危等级：LC
- 资源利用：药用（中草药）

北美肥皂荚
Gymnocladus dioica (L.) K. Koch
- 习　　性：落叶乔木
- 国内分布：山东
- 国外分布：原产北美洲

采木属 Haematoxylum L.

采木
Haematoxylum campechianum L.
- 习　　性：乔木
- 国内分布：广东、台湾、云南
- 国外分布：原产印度及中美洲

铃铛刺属 Halimodendron Fisch. ex DC.

铃铛刺
Halimodendron halodendron (Pall.) Voss
- 习　　性：灌木
- 海　　拔：200~1200 m
- 国内分布：甘肃、内蒙古、新疆
- 国外分布：俄罗斯、蒙古
- 濒危等级：LC

岩黄芪属 Hedysarum L.

块茎岩黄芪
Hedysarum algidum L. Z. Shue ex P. C. Li
- 习　　性：多年生草本
- 海　　拔：3000~4500 m
- 分　　布：甘肃、青海、四川、西藏
- 濒危等级：LC

山岩黄芪
Hedysarum alpinum L.

山岩黄芪（原亚种）
Hedysarum alpinum subsp. **alpinum**
- 习　　性：多年生草本
- 国内分布：黑龙江、内蒙古、西藏
- 国外分布：巴基斯坦、朝鲜、俄罗斯、蒙古、印度
- 濒危等级：LC

疏花岩黄芪
Hedysarum alpinum subsp. **laxiflorum** (Benth. ex Baker) H. Ohashi et Tateishi
  习 性：多年生草本
  分 布：西藏
  濒危等级：LC

西伯利亚岩黄芪
Hedysarum austrosibiricum B. Fedtsch.
  习 性：多年生草本
  海 拔：1700～2300 m
  国内分布：新疆
  国外分布：蒙古
  濒危等级：DD

睫毛岩黄芪
Hedysarum blepharopterum Hand. -Mazz.
  习 性：多年生草本
  分 布：四川
  濒危等级：LC

短翼岩黄芪
Hedysarum brachypterum Bunge
  习 性：多年生草本
  海 拔：600～800 m
  国内分布：河北、内蒙古
  国外分布：蒙古
  濒危等级：LC

曲果岩黄芪
Hedysarum campylocarpon H. Ohashi
  习 性：多年生草本
  海 拔：3300～4100 m
  国内分布：西藏
  国外分布：尼泊尔
  濒危等级：LC

中国岩黄芪
Hedysarum chinense (B. Fedtsch.) Hand. -Mazz.
  习 性：多年生草本
  海 拔：1600～3000 m
  分 布：河北、河南、山西、陕西、四川
  濒危等级：LC

黄花岩黄芪
Hedysarum citrinum Baker f.
  习 性：多年生草本
  海 拔：3200～4200 m
  分 布：四川、西藏、云南
  濒危等级：LC

地中海岩黄芪
Hedysarum coronarium L.
  习 性：多年生草本
  国内分布：陕西
  国外分布：地中海区域
  濒危等级：LC

刺岩黄芪
Hedysarum davuricum Fisch.
  习 性：多年生草本
  海 拔：约1000 m
  国内分布：内蒙古
  国外分布：俄罗斯、蒙古
  濒危等级：LC
  资源利用：动物饲料（牧草）

齿翅岩黄芪
Hedysarum dentatoalatum K. T. Fu
  习 性：多年生草本
  海 拔：约1200 m
  分 布：河南、陕西
  濒危等级：LC

藏西岩黄芪
Hedysarum falconeri Benth. ex Baker
  习 性：多年生草本
  国内分布：西藏
  国外分布：阿富汗、巴基斯坦、克什米尔地区
  濒危等级：LC

费尔干岩黄芪
Hedysarum ferganense Korsh.

费尔干岩黄芪（原变种）
Hedysarum ferganense var. **ferganense**
  习 性：多年生草本
  海 拔：800～1700 m
  国内分布：新疆
  国外分布：亚洲中部
  濒危等级：LC

敏姜岩黄芪
Hedysarum ferganense var. **minjanense** (Rech. f.) L. Z. Shue
  习 性：多年生草本
  海 拔：约4500 m
  国内分布：新疆
  国外分布：阿富汗、克什米尔地区、塔吉克斯坦
  濒危等级：LC

河滩岩黄芪
Hedysarum ferganense var. **poncinsii** (Franch.) L. Z. Shue
  习 性：多年生草本
  海 拔：2800～3200 m
  国内分布：新疆
  国外分布：阿富汗、克什米尔地区、塔吉克斯坦
  濒危等级：LC

空茎岩黄芪
Hedysarum fistulosum Hand. -Mazz.
  习 性：多年生草本
  海 拔：约3300 m
  分 布：四川、云南
  濒危等级：LC

乌恰岩黄芪
Hedysarum flavescens Regel et Schmalh. ex B. Fedtsch.
  习 性：多年生草本
  海 拔：2900～3100 m
  国内分布：新疆
  国外分布：吉尔吉斯斯坦、塔吉克斯坦
  濒危等级：LC

华北岩黄芪
Hedysarum gmelinii Ledeb.

华北岩黄芪（原变种）
Hedysarum gmelinii var. **gmelinii**
习　　性：多年生草本
海　　拔：800~1800 m
国内分布：内蒙古、宁夏、新疆
国外分布：俄罗斯、哈萨克斯坦、吉尔吉斯斯坦、蒙古、塔吉克斯坦、土库曼斯坦、乌兹别克斯坦
濒危等级：LC

通天河岩黄芪
Hedysarum gmelinii var. **tongtianhense** Y. H. Wu
习　　性：多年生草本
海　　拔：约3700 m
分　　布：青海
濒危等级：LC

硬毛岩黄芪
Hedysarum hirtifoliolum B. H. Choi
习　　性：多年生草本
分　　布：西藏
濒危等级：LC

伊犁岩黄芪
Hedysarum iliense B. Fedtsch.
习　　性：多年生草本
海　　拔：约600 m
国内分布：新疆
国外分布：哈萨克斯坦
濒危等级：LC

湿地岩黄芪
Hedysarum inundatum Turcz.
习　　性：多年生草本
海　　拔：2500~3000 m
国内分布：河北、山西
国外分布：俄罗斯
濒危等级：LC

清河岩黄芪
Hedysarum jaxartucirdes Y. Liu ex R. Sa
习　　性：多年生草本
海　　拔：约2400 m
分　　布：新疆
濒危等级：LC

金川岩黄芪
Hedysarum jinchuanense L. Z. Shue
习　　性：多年生草本
海　　拔：约3000 m
分　　布：四川
濒危等级：LC

吉尔吉斯岩黄芪
Hedysarum kirghisorum B. Fedtsch.
习　　性：多年生草本
海　　拔：2500~3300 m
国内分布：新疆
国外分布：亚洲东南部
濒危等级：LC

克氏岩黄芪
Hedysarum krylovii Sumnev.
习　　性：多年生草本
海　　拔：约1300 m
国内分布：新疆
国外分布：哈萨克斯坦
濒危等级：LC

库茂恩岩黄芪
Hedysarum kumaonense Benth. ex Baker
习　　性：多年生草本
海　　拔：3500~3600 m
国内分布：西藏
国外分布：尼泊尔、印度
濒危等级：LC

滇岩黄芪
Hedysarum limitaneum Hand.-Mazz.
习　　性：多年生草本
海　　拔：3200~4000 m
分　　布：四川、西藏、云南
濒危等级：LC

川西岩黄芪
Hedysarum limprichtii Ulbr.
习　　性：多年生草本
海　　拔：2400~3850 m
分　　布：四川、西藏、云南
濒危等级：LC

长柄岩黄芪
Hedysarum longigynophorum C. C. Ni
习　　性：多年生草本
海　　拔：3800~4300 m
分　　布：西藏
濒危等级：LC

浪卡子岩黄芪
Hedysarum nagarzense C. C. Ni
习　　性：多年生草本
海　　拔：约4500 m
分　　布：西藏
濒危等级：LC

疏忽岩黄芪
Hedysarum neglectum Ledeb.
习　　性：多年生草本
海　　拔：1200~2600 m
国内分布：西藏、新疆
国外分布：俄罗斯、哈萨克斯坦、蒙古
濒危等级：LC

贺兰山岩黄芪
Hedysarum petrovii Yakovlev
习　　性：多年生草本
海　　拔：1100~1600 m
分　　布：甘肃、内蒙古、宁夏、陕西
濒危等级：LC
资源利用：动物饲料（牧草）

多序岩黄芪
Hedysarum polybotrys Hand.-Mazz.

多序岩黄芪（原变种）
Hedysarum polybotrys var. **polybotrys**
 习 性：多年生草本
 海 拔：1200～3200 m
 分 布：甘肃、宁夏、四川
 濒危等级：LC
 资源利用：药用（中草药）

宽叶岩黄芪
Hedysarum polybotrys var. **alaschanicum**（B. Fedtsch.）H. C. Fu et Z. Y. Chu
 习 性：多年生草本
 分 布：甘肃、河北、内蒙古、宁夏、陕西
 濒危等级：LC

粗壮岩黄芪
Hedysarum polybotrys var. **robustrum** K. T. Fu
 习 性：多年生草本
 分 布：陕西
 濒危等级：LC

紫云英岩黄芪
Hedysarum pseudastragalum Ulbr.
 习 性：多年生草本
 海 拔：4300～5000 m
 分 布：四川、西藏、云南
 濒危等级：LC

青河岩黄芪
Hedysarum qinggilense Chang Y. Yang et N. Li
 习 性：多年生草本
 分 布：新疆
 濒危等级：LC

天山岩黄芪
Hedysarum semenovii Regel et Herder
 习 性：多年生草本
 海 拔：1400～1900 m
 国内分布：新疆
 国外分布：哈萨克斯坦、吉尔吉斯斯坦
 濒危等级：LC

短茎岩黄芪
Hedysarum setigerum Turcz. ex Fisch. et C. A. Mey.
 习 性：多年生草本
 海 拔：约1100 m
 国内分布：内蒙古
 国外分布：俄罗斯、蒙古
 濒危等级：LC

刚毛岩黄芪
Hedysarum setosum Vved.
 习 性：多年生草本
 海 拔：3200～3800 m
 国内分布：新疆
 国外分布：亚洲中部
 濒危等级：LC

山地岩黄芪
Hedysarum shanense L. R. Xu et B. H. Choi
 习 性：多年生草本
 海 拔：1100～1700 m
 国内分布：新疆
 国外分布：哈萨克斯坦
 濒危等级：DD

锡金岩黄芪
Hedysarum sikkimense Benth. ex Baker

锡金岩黄芪（原变种）
Hedysarum sikkimense var. **sikkimense**
 习 性：多年生草本
 海 拔：3100～4500 m
 国内分布：四川、西藏、云南
 国外分布：印度
 濒危等级：LC

乡城岩黄芪
Hedysarum sikkimense var. **xiangchengense** L. Z. Shue
 习 性：多年生草本
 海 拔：3600～4000 m
 分 布：四川
 濒危等级：LC

准噶尔岩黄芪
Hedysarum songaricum Bong.

准噶尔岩黄芪（原变种）
Hedysarum songaricum var. **songaricum**
 习 性：多年生草本
 海 拔：700～1200 m
 国内分布：新疆
 国外分布：哈萨克斯坦
 濒危等级：LC

乌鲁木齐岩黄芪
Hedysarum songaricum var. **urumchiense** L. Z. Shue
 习 性：多年生草本
 海 拔：800～1000 m
 分 布：新疆
 濒危等级：LC

光滑岩黄芪
Hedysarum splendens Fisch. ex DC.
 习 性：多年生草本
 海 拔：600～800 m
 国内分布：新疆
 国外分布：俄罗斯
 濒危等级：LC

太白岩黄芪
Hedysarum taipeicum（Hand.-Mazz.）K. T. Fu
 习 性：多年生草本
 海 拔：1500～3300 m
 分 布：河北、陕西
 濒危等级：EN C1

唐古特岩黄芪
Hedysarum tanguticum B. Fedtsch.
 习 性：多年生草本

海　　拔：3300~4200 m
分　　布：甘肃、四川、西藏、云南
濒危等级：LC

中甸岩黄芪
Hedysarum thiochroum Hand.-Mazz.
习　　性：多年生草本
海　　拔：约3200 m
分　　布：四川、云南
濒危等级：LC

藏豆
Hedysarum tibeticum (Bentham) B. H. Choi et H. Ohashi
习　　性：多年生草本
海　　拔：4000~4600 m
国内分布：青海、西藏
国外分布：巴基斯坦、克什米尔地区、尼泊尔、印度
濒危等级：LC

三角荚岩黄芪
Hedysarum trigonomerum Hand.-Mazz.
习　　性：多年生草本
分　　布：甘肃
濒危等级：DD

乌苏里岩黄芪
Hedysarum ussuriense Schischk. et Kom.
习　　性：多年生草本
海　　拔：2500~3200 m
国内分布：河北、吉林、辽宁、四川
国外分布：朝鲜、俄罗斯
濒危等级：VU A2c

拟蚕豆岩黄芪
Hedysarum vicioides Turcz.
习　　性：多年生草本
海　　拔：3400~4400 m
国内分布：吉林
国外分布：朝鲜、俄罗斯、日本
濒危等级：LC

西藏岩黄芪
Hedysarum xizangensis C. C. Ni
习　　性：多年生草本
海　　拔：约3100 m
分　　布：西藏
濒危等级：LC

阴山岩黄芪
Hedysarum yinshanicum Y. Z. Zhao
习　　性：多年生草本
分　　布：内蒙古
濒危等级：LC

长柄山蚂蝗属 Hylodesmum
H. Ohashi et R. R. Mill

密毛长柄山蚂蝗
Hylodesmum densum (C. Chen et X. J. Cui) H. Ohashi et R. R. Mill
习　　性：多年生草本
海　　拔：600~800 m
分　　布：广西、台湾、云南
濒危等级：LC

侧序长柄山蚂蝗
Hylodesmum laterale (Schindl.) H. Ohashi et R. R. Mill
习　　性：多年生草本
海　　拔：1400 m 以下
国内分布：福建、广东、广西、海南、江西、台湾、香港
国外分布：菲律宾、日本、斯里兰卡、越南
濒危等级：LC

疏花长柄山蚂蝗
Hylodesmum laxum (DC.) H. Ohashi et R. R. Mill

疏花长柄山蚂蝗（原亚种）
Hylodesmum laxum subsp. **laxum**
习　　性：多年生草本
海　　拔：700~1400 m
国内分布：重庆、福建、广东、广西、贵州、湖北、湖南、江西、四川、云南
国外分布：不丹、马来西亚、尼泊尔、日本、斯里兰卡、印度；中南半岛
濒危等级：DD

湘西长柄山蚂蝗
Hylodesmum laxum subsp. **falfolium** (H. Ohashi) H. Ohashi et R. R. Mill
习　　性：多年生草本
分　　布：湖南
濒危等级：DD

黔长柄山蚂蝗
Hylodesmum laxum subsp. **lateraxum** (H. Ohashi) H. Ohashi et R. R. Mill
习　　性：多年生草本
分　　布：广东、广西、贵州
濒危等级：LC

细长柄山蚂蝗
Hylodesmum leptopus (A. Gray ex Benth.) H. Ohashi et R. R. Mill
习　　性：亚灌木
海　　拔：700~1000 m
国内分布：福建、广东、广西、海南、湖南、台湾、香港、云南
国外分布：菲律宾、马来西亚、日本、斯里兰卡
濒危等级：LC

云南长柄山蚂蝗
Hylodesmum longipes (Franch.) H. Ohashi et R. R. Mill
习　　性：多年生草本
海　　拔：1900~2100 m
国内分布：云南
国外分布：不丹、缅甸
濒危等级：LC

羽叶长柄山蚂蝗
Hylodesmum oldhamii (Oliv.) H. Ohashi et R. R. Mill
习　　性：多年生草本
海　　拔：100~1700 m
国内分布：安徽、重庆、福建、贵州、河南、湖北、湖南、吉林、江苏、江西、辽宁、陕西、浙江

国外分布：韩国、日本
濒危等级：LC
资源利用：药用（中草药）

长柄山蚂蝗
Hylodesmum podocarpum（DC.）H. Ohashi et R. R. Mill

长柄山蚂蝗（原亚种）
Hylodesmum podocarpum subsp. **podocarpum**
习　　性：多年生草本
海　　拔：100～2100 m
国内分布：安徽、重庆、北京、甘肃、广东、广西、贵州、海南、河南、湖北、湖南、江苏、江西、山东、山西、陕西、四川、台湾、西藏、云南、浙江
国外分布：巴基斯坦、菲律宾、韩国、日本、印度
濒危等级：LC

长柄山蚂蝗（原变种）
Hylodesmum podocarpum var. **podocarpum**
习　　性：多年生草本
海　　拔：100～2100 m
国内分布：安徽、重庆、北京、甘肃、广东、广西、贵州、海南、河南、湖北、湖南、江苏、江西、山东、山西、陕西、四川、台湾、云南、浙江
国外分布：巴基斯坦、菲律宾、韩国、日本、印度
濒危等级：LC

宽卵叶长柄山蚂蝗
Hylodesmum podocarpum subsp. **fallax**（Schindl.）H. Ohashi et R. R. Mill
习　　性：多年生草本
海　　拔：300～1400 m
国内分布：安徽、重庆、福建、甘肃、广东、贵州、河南、黑龙江、湖北、湖南、吉林、江苏、江西、辽宁、山西、陕西、四川、云南、浙江
国外分布：韩国、日本
濒危等级：LC
资源利用：药用（中草药）；动物饲料（饲料）

尖叶长柄山蚂蝗
Hylodesmum podocarpum subsp. **oxyphyllum**（DC.）H. Ohashi et R. R. Mill
习　　性：多年生草本
海　　拔：400～2100 m
国内分布：安徽、重庆、福建、甘肃、广东、广西、贵州、湖北、湖南、江苏、江西、陕西、四川、台湾、西藏、云南、浙江
国外分布：俄罗斯、韩国、马来西亚、缅甸、尼泊尔、日本、印度
濒危等级：LC
资源利用：药用（中草药）

四川长柄山蚂蝗
Hylodesmum podocarpum subsp. **szechuenense**（Craib）H. Ohashi et R. R. Mill
习　　性：多年生草本
海　　拔：300～2000 m
分　　布：重庆、甘肃、广东、贵州、湖北、湖南、陕西、四川、云南
濒危等级：LC

资源利用：药用（中草药）

东北山蚂蝗
Hylodesmum podocarpum var. **mandshuricum**（Maxim.）H. Ohashi et R. R. Mill
习　　性：多年生草本
海　　拔：300～1300 m
国内分布：河北、河南、黑龙江、吉林、辽宁
国外分布：俄罗斯、韩国、日本
濒危等级：LC

浅波叶长柄山蚂蝗
Hylodesmum repandum（Vahl）H. Ohashi et R. R. Mill
习　　性：亚灌木
海　　拔：1300～2000 m
国内分布：四川、西藏、云南
国外分布：不丹、老挝、马来西亚、缅甸、斯里兰卡、泰国、也门、印度、越南
濒危等级：LC

大苞长柄山蚂蝗
Hylodesmum williamsii（H. Ohashi）H. Ohashi et R. R. Mill
习　　性：多年生草本
海　　拔：1400～2700 m
国内分布：四川、西藏、云南
国外分布：不丹、尼泊尔、印度
濒危等级：LC

孪叶豆属 Hymenaea L.

孪叶豆
Hymenaea courbaril L.
习　　性：常绿乔木
国内分布：广东、台湾
国外分布：菲律宾、马来西亚、斯里兰卡、新加坡、印度尼西亚；非洲、南美洲。原产热带非洲、美洲
濒危等级：LC
资源利用：原料（木材）；食品（水果）

疣果孪叶豆
Hymenaea verrucosa Gaertn.
习　　性：乔木
国内分布：台湾
国外分布：原产马达加斯加、坦桑尼亚；斯里兰卡、夏威夷、新加坡、印度尼西亚有栽培
濒危等级：LC
资源利用：原料（树脂）

木蓝属 Indigofera L.

尖瓣木蓝
Indigofera acutipetala Y. Y. Fang et C. Z. Zheng
习　　性：灌木
海　　拔：约2400 m
分　　布：四川
濒危等级：LC

多花木蓝
Indigofera amblyantha Craib
习　　性：灌木

海　　拔：600~1600 m
分　　布：安徽、重庆、甘肃、贵州、河北、河南、湖北、湖南、江苏、江西、山西、陕西、四川、浙江
濒危等级：LC
资源利用：药用（中草药）

尖齿木蓝
Indigofera argutidens Craib
习　　性：灌木
海　　拔：2000~3000 m
分　　布：云南
濒危等级：LC

紫深木蓝
Indigofera atropurpurea Buch. -Ham. ex Hornem.
习　　性：灌木或小乔木
海　　拔：300~1900 m
国内分布：福建、广东、广西、贵州、湖北、湖南、江西、四川、西藏
国外分布：克什米尔地区、缅甸、尼泊尔、印度、越南
濒危等级：LC

丽江木蓝
Indigofera balfouriana Craib
习　　性：灌木
海　　拔：2100~3000 m
分　　布：四川、西藏、云南
濒危等级：LC

苞叶木蓝
Indigofera bracteata Graham ex Baker
习　　性：灌木
海　　拔：2700~3000 m
国内分布：西藏
国外分布：克什米尔地区、尼泊尔、印度
濒危等级：LC

河北木蓝
Indigofera bungeana Walp.

河北木蓝（原变种）
Indigofera bungeana var. **bungeana**
习　　性：灌木
海　　拔：500~2300 m
国内分布：安徽、重庆、北京、福建、甘肃、广西、贵州、河北、河南、湖北、湖南、江苏、江西、青海、山东、山西、陕西、四川、西藏、云南、浙江
国外分布：日本
濒危等级：LC
资源利用：药用（中草药）

矮铁扫帚
Indigofera bungeana var. **nana** L. C. Wang et X. G. Sun
习　　性：灌木
海　　拔：约2000 m
分　　布：甘肃
濒危等级：LC

屏东木蓝
Indigofera byobiensis Hosok.
习　　性：灌木
海　　拔：100 m以下
分　　布：台湾
濒危等级：CR D1

灰岩木蓝
Indigofera calcicola Craib
习　　性：灌木
海　　拔：1800~2500 m
分　　布：云南
濒危等级：LC

美脉木蓝
Indigofera caloneura Kurz
习　　性：灌木
海　　拔：约900 m
国内分布：云南
国外分布：老挝、缅甸、泰国、印度、越南
濒危等级：DD

苏木蓝
Indigofera carlesii Craib
习　　性：灌木
海　　拔：500~1000 m
分　　布：安徽、重庆、贵州、河南、湖北、江苏、江西、山西、陕西；福建、广东、广西、云南栽培
濒危等级：LC
资源利用：药用（中草药）

椭圆叶木蓝
Indigofera cassoides Rottler ex DC.
习　　性：灌木
海　　拔：300~2000 m
国内分布：广西、云南
国外分布：巴基斯坦、缅甸、泰国、印度、越南
濒危等级：LC

尾叶木蓝
Indigofera caudata Dunn
习　　性：灌木
海　　拔：600~2000 m
国内分布：广西、云南
国外分布：老挝
濒危等级：LC

刺齿木蓝
Indigofera chaetodonta Franch.
习　　性：亚灌木
海　　拔：2300~2600 m
分　　布：云南、浙江
濒危等级：LC

南京木蓝
Indigofera chenii S. S. Chien
习　　性：灌木
分　　布：江苏
濒危等级：CR B1ab (i, iii)

疏花木蓝
Indigofera coluteoides (Burm. f.) Merr.
习　　性：一年生或多年生草本
海　　拔：500 m以下

国内分布：海南
国外分布：阿富汗、澳大利亚、巴基斯坦、马来西亚、缅甸、斯里兰卡、泰国、新西兰、印度、越南
濒危等级：LC

细心木蓝
Indigofera cordifolia B. Heyne ex Roth
习　　性：多年生草本
海　　拔：100～400 m
国内分布：广东
国外分布：阿富汗、埃及、埃塞俄比亚、澳大利亚、巴基斯坦、苏丹、印度、印度尼西亚
濒危等级：LC

筒果木蓝
Indigofera cylindracea Graham ex Baker
习　　性：灌木
海　　拔：2200～2400 m
国内分布：西藏
国外分布：尼泊尔、印度
濒危等级：LC

稻城木蓝
Indigofera daochengensis Y. Y. Fang et C. Z. Zheng
习　　性：灌木
海　　拔：约3400 m
分　　布：四川
濒危等级：DD

庭藤
Indigofera decora Lindl.

庭藤（原变种）
Indigofera decora var. **decora**
习　　性：灌木
海　　拔：200～1800 m
国内分布：安徽、福建、广东、浙江
国外分布：日本
濒危等级：LC

兴山木蓝
Indigofera decora var. **chalara**(Craib)Y. Y. Fang et C. Z. Zheng
习　　性：灌木
分　　布：湖北
濒危等级：DD

宁波木蓝
Indigofera decora var. **cooperi**(Craib)Y. Y. Fang et C. Z. Zheng
习　　性：灌木
海　　拔：400～1500 m
分　　布：福建、江西、浙江
濒危等级：DD
资源利用：药用（中草药）；动物饲料（饲料）

宜昌木蓝
Indigofera decora var. **ichangensis**(Craib)Y. Y. Fang et C. Z. Zheng
习　　性：灌木
海　　拔：400～1100 m
分　　布：福建、广东、广西、贵州、河南、湖北、湖南、江西、浙江
濒危等级：LC

滇木蓝
Indigofera delavayi Franch.
习　　性：灌木
海　　拔：1400～3400 m
分　　布：四川、云南
濒危等级：VU B1ab（i，iii）

密果木蓝
Indigofera densifructa Y. Y. Fang et C. Z. Zheng
习　　性：灌木
海　　拔：约700 m
分　　布：广东、广西、贵州、湖南
濒危等级：LC

川西木蓝
Indigofera dichroa Craib
习　　性：灌木
海　　拔：1300～2000 m
分　　布：四川、云南
濒危等级：LC

长齿木蓝
Indigofera dolichochaeta Craib
习　　性：灌木
海　　拔：1300～2000 m
分　　布：四川、云南
濒危等级：LC

滇西木蓝
Indigofera dosua Buch. -Ham. ex D. Don
习　　性：灌木
海　　拔：1800～2500 m
国内分布：云南
国外分布：不丹、老挝、缅甸、尼泊尔、泰国、印度、印度尼西亚、越南
濒危等级：DD

黄花木蓝
Indigofera dumetorum Craib
习　　性：灌木
海　　拔：2100～2700 m
分　　布：四川、云南
濒危等级：LC

黔南木蓝
Indigofera esquirolii H. Lév.
习　　性：灌木
海　　拔：400～2500 m
分　　布：广西、贵州、云南
濒危等级：LC

苍山木蓝
Indigofera forrestii Craib
习　　性：灌木
海　　拔：2400～2900 m
分　　布：云南
濒危等级：LC

华东木蓝
Indigofera fortunei Craib
习　　性：灌木

海　　拔：200~800 m
分　　布：安徽、河南、湖北、江苏、江西、陕西、上海、浙江
濒危等级：LC
资源利用：药用（中草药）

灰色木蓝
Indigofera franchetii X. F. Gao et Schrire
习　　性：灌木
海　　拔：600~1800 m
分　　布：四川、云南
濒危等级：LC

假大青蓝
Indigofera galegoides DC.
习　　性：灌木
海　　拔：600~1700 m
国内分布：广东、广西、海南、台湾、云南
国外分布：印度、印度尼西亚；中南半岛
濒危等级：LC
资源利用：原料（染料）

哈模特木蓝
Indigofera hamiltonii Graham ex Duthie et Prain
习　　性：小灌木
国内分布：云南
国外分布：印度
濒危等级：DD

韩氏木蓝
Indigofera hancockii Craib
习　　性：灌木
海　　拔：2400~2900 m
分　　布：四川、云南
濒危等级：LC

毛瓣木蓝
Indigofera hebepetala Benth. ex Baker
习　　性：灌木
海　　拔：1700~2900 m
国内分布：西藏
国外分布：巴基斯坦、不丹、克什米尔地区、尼泊尔、印度；喜马拉雅地区
濒危等级：LC

光叶毛瓣木蓝
Indigofera hebepetala var. **glabra** Ali
习　　性：灌木
海　　拔：1700~2900 m
国内分布：西藏
国外分布：巴基斯坦、不丹、尼泊尔、印度
濒危等级：LC

亨利木蓝
Indigofera henryi Craib
习　　性：灌木
海　　拔：1200~2500 m
分　　布：贵州、四川、云南
濒危等级：LC

异花木蓝
Indigofera herantha Wall. ex Brand.
习　　性：灌木
海　　拔：约2300 m
国内分布：西藏
国外分布：阿富汗、巴基斯坦、不丹、尼泊尔、斯里兰卡、印度
濒危等级：LC

硬毛木蓝
Indigofera hirsuta L.
习　　性：灌木
海　　拔：100 m以下
国内分布：安徽、澳门、福建、广东、广西、湖南、台湾、香港、云南、浙江
国外分布：孟加拉国、印度、越南、泰国等南亚、东南亚国家；非洲，澳大利亚
濒危等级：LC

陕甘木蓝
Indigofera hosiei Craib
习　　性：小灌木
海　　拔：800~1600 m
分　　布：甘肃、山西
濒危等级：LC

长序木蓝
Indigofera howellii Craib et W. W. Sm.
习　　性：灌木
海　　拔：800~3500 m
分　　布：云南
濒危等级：LC

鸡公木蓝
Indigofera jikongensis Y. Y. Fang et C. Z. Zheng
习　　性：灌木
海　　拔：约1300 m
分　　布：河南、湖北
濒危等级：LC

景东木蓝
Indigofera jindongensis Y. Y. Fang et C. Z. Zheng
习　　性：灌木
海　　拔：约1300 m
分　　布：云南
濒危等级：LC

花木蓝
Indigofera kirilowii Maxim. ex Palib.

花木蓝（原变型）
Indigofera kirilowii f. **kirilowii**
习　　性：灌木
国内分布：河北、河南、吉林、江苏、辽宁、山东、山西、陕西、浙江
国外分布：朝鲜、日本
濒危等级：LC
资源利用：原料（单宁，纤维，树脂）；食品（淀粉）；药用（中草药）

白花吉氏木蓝
Indigofera kirilowii f. **alba** D. K. Zang
习　　性：灌木
分　　布：山东
濒危等级：LC

思茅木蓝
Indigofera lacei Craib
习　　性：灌木
海　　拔：约 1400 m
国内分布：云南
国外分布：缅甸、泰国、印度
濒危等级：VU A2c

岷谷木蓝
Indigofera lenticellata Craib
习　　性：灌木
海　　拔：1500~3900 m
分　　布：四川、西藏、云南
濒危等级：LC

单叶木蓝
Indigofera linifolia(L. f.)Retz.
习　　性：多年生草本
海　　拔：1200 m 以下
国内分布：重庆、四川、台湾、云南
国外分布：阿富汗、埃塞俄比亚、澳大利亚、巴基斯坦、克什米尔地区、缅甸、斯里兰卡、苏丹、泰国、印度、越南
濒危等级：LC

滨海木蓝
Indigofera litoralis Chun et T. C. Chen
习　　性：多年生草本
海　　拔：500 m 以下
分　　布：海南
濒危等级：LC

长总梗木蓝
Indigofera longipedunculata Y. Y. Fang et C. Z. Zheng
习　　性：亚灌木
海　　拔：700~1000 m
分　　布：江西、浙江
濒危等级：LC

西南木蓝
Indigofera mairei Pamp.
习　　性：灌木
海　　拔：2100~2700 m
分　　布：甘肃、贵州、四川、西藏、云南
濒危等级：LC

大叶木蓝
Indigofera megaphylla X. F. Gao
习　　性：灌木
海　　拔：1200~1600 m
分　　布：云南
濒危等级：LC

湄公木蓝
Indigofera mekongensis Jesson
习　　性：灌木
分　　布：云南
濒危等级：LC

蒙自木蓝
Indigofera mengtzeana Craib
习　　性：灌木
海　　拔：1400~2100 m
分　　布：四川、云南
濒危等级：LC

木里木蓝
Indigofera muliensis Y. Y. Fang et C. Z. Zheng
习　　性：灌木
海　　拔：2100~3200 m
分　　布：四川、云南
濒危等级：LC

华西木蓝
Indigofera myosurus Craib
习　　性：灌木
海　　拔：1600~2800 m
分　　布：四川
濒危等级：LC

光叶木蓝
Indigofera neoglabra F. T. Wang et T. Tang ex X. Y. Zhu
习　　性：灌木
海　　拔：约 500 m
分　　布：浙江
濒危等级：LC

绢毛木蓝
Indigofera neosericopetala P. C. Li
习　　性：灌木
海　　拔：约 2000 m
分　　布：云南
濒危等级：LC

黑叶木蓝
Indigofera nigrescens Kurz ex King et Prain
习　　性：灌木
海　　拔：500~2500 m
国内分布：重庆、福建、广东、广西、贵州、湖北、湖南、江西、陕西、四川、台湾、西藏、云南、浙江
国外分布：菲律宾、老挝、缅甸、泰国、印度、印度尼西亚、越南
濒危等级：LC

刺荚木蓝
Indigofera nummulariifolia(L.)Livera ex Alston
习　　性：多年生草本
海　　拔：海平面至 200 m
国内分布：海南、台湾
国外分布：澳大利亚、巴布亚新几内亚、巴基斯坦、菲律宾、柬埔寨、马达加斯加、缅甸、斯里兰卡、泰国、印度、印度尼西亚；中南半岛

昆明木蓝
Indigofera pampaniniana Craib
习　　性：灌木
海　　拔：2000~2100 m
分　　布：云南
濒危等级：NT

浙江木蓝
Indigofera parkesii Craib

浙江木蓝（原变种）
Indigofera parkesii var. **parkesii**
习　　性：灌木
海　　拔：100~600 m
分　　布：安徽、福建、江西、浙江
濒危等级：LC

多叶浙江木蓝
Indigofera parkesii var. **polyphylla** Y. Y. Fang et C. Z. Zheng
习　　性：灌木
海　　拔：400~500 m
分　　布：安徽、江西
濒危等级：LC

长梗木蓝
Indigofera pedicellata Wight et Arn.
习　　性：多年生草本
海　　拔：100 m 以下
国内分布：台湾
国外分布：印度
濒危等级：EN B2ab（iii）

垂序木蓝
Indigofera pendula Franch.

垂序木蓝（原变种）
Indigofera pendula var. **pendula**
习　　性：灌木
海　　拔：1900~3300 m
分　　布：四川、云南
濒危等级：LC

狭叶垂序木蓝
Indigofera pendula var. **angustifolia** Y. Y. Fang et C. Z. Zheng
习　　性：灌木
分　　布：云南
濒危等级：LC

大叶垂序木蓝
Indigofera pendula var. **macrophylla** Y. Y. Fang et C. Z. Zheng
习　　性：灌木
海　　拔：2400~3000 m
分　　布：四川、云南
濒危等级：LC

毛垂序木蓝
Indigofera pendula var. **pubescens** Y. Y. Fang et C. Z. Zheng
习　　性：灌木
海　　拔：2100~3200 m
分　　布：四川、云南
濒危等级：LC

拟垂序木蓝
Indigofera penduloides Y. Y. Fang et C. Z. Zheng
习　　性：灌木
海　　拔：约 1700 m
分　　布：云南
濒危等级：VU B1ab（i, iii）

九叶木蓝
Indigofera perrottetii DC.
习　　性：灌木或多年生草本
海　　拔：100~1200 m
国内分布：海南、云南
国外分布：澳大利亚、巴基斯坦、缅甸、尼泊尔、斯里兰卡、泰国、印度、印度尼西亚、越南
濒危等级：LC

甘肃木蓝
Indigofera potaninii Craib
习　　性：灌木
海　　拔：3800 m
分　　布：甘肃
濒危等级：LC

拟多花木蓝
Indigofera pseudoheterantha X. F. Gao et Schrire
习　　性：灌木
海　　拔：2700~2900 m
分　　布：四川、云南
濒危等级：LC

多枝木蓝
Indigofera ramulosissima Hosok.
习　　性：灌木
海　　拔：700~1500 m
分　　布：台湾
濒危等级：EN D

网叶木蓝
Indigofera reticulata Franch.
习　　性：亚灌木
海　　拔：1200~3000 m
国内分布：贵州、四川、西藏、云南
国外分布：泰国
濒危等级：LC

硬叶木蓝
Indigofera rigioclada Craib
习　　性：灌木
海　　拔：2400~3300 m
分　　布：四川、西藏、云南
濒危等级：LC

腺毛木蓝
Indigofera scabrida Dunn

腺毛木蓝（原变型）
Indigofera scabrida f. **scabrida**
习　　性：灌木
国内分布：四川、云南

国外分布：老挝
濒危等级：LC

白腺毛木兰
Indigofera scabrida f. alba H. F. Comber
习　　性：灌木
分　　布：云南
濒危等级：LC

敏感木蓝
Indigofera sensitiva Franch.
习　　性：灌木
海　　拔：1100～2400 m
分　　布：云南
濒危等级：LC

丝毛木蓝
Indigofera sericophylla Franch.
习　　性：灌木
分　　布：云南
濒危等级：DD

石屏木蓝
Indigofera shipingensis X. F. Gao
习　　性：灌木
分　　布：云南
濒危等级：LC

刺序木蓝
Indigofera silvestrii Pamp.
习　　性：灌木
海　　拔：100～2700 m
分　　布：重庆、甘肃、贵州、湖北、陕西、四川、西藏、云南
濒危等级：LC

福建木蓝
Indigofera sootepensis Craib
习　　性：灌木
国内分布：福建
国外分布：柬埔寨、老挝、泰国、越南
濒危等级：LC

康定木蓝
Indigofera souliei Craib
习　　性：灌木
海　　拔：1600～3200 m
分　　布：四川、西藏
濒危等级：NT A2c

穗序木蓝
Indigofera spicata Forssk.
习　　性：一年生或多年生草本
海　　拔：800～1100 m
国内分布：广东、台湾、香港、云南
国外分布：菲律宾、泰国、印度、印度尼西亚、越南
濒危等级：LC

远志木蓝
Indigofera squalida Prain
习　　性：多年生草本

海　　拔：100～1000 m
国内分布：广东、广西、贵州、云南
国外分布：缅甸；中南半岛
濒危等级：LC
资源利用：药用（中草药）

茸毛木蓝
Indigofera stachyodes Lindl.
习　　性：灌木
海　　拔：700～2400 m
国内分布：广西、贵州、云南
国外分布：不丹、缅甸、尼泊尔、泰国、印度
濒危等级：LC

矮木蓝
Indigofera sticta Craib
习　　性：亚灌木
海　　拔：约1800 m
分　　布：云南
濒危等级：LC

侧花木蓝
Indigofera subsecunda Gagnep.
习　　性：乔木
海　　拔：约2500 m
分　　布：云南
濒危等级：DD

轮花木蓝
Indigofera subverticellata Gagnep.
习　　性：灌木
海　　拔：800 m
分　　布：四川、台湾、西藏、云南
濒危等级：LC

野木蓝
Indigofera suffruticosa Mill.
习　　性：灌木
国内分布：澳门、福建、广东、广西、江苏、台湾、香港、云南、浙江
国外分布：原产热带美洲；热带地区广泛栽培
资源利用：药用（中草药）

四川木蓝
Indigofera szechuensis Craib
习　　性：灌木
海　　拔：2500～3800 m
分　　布：四川、西藏、云南
濒危等级：LC

台湾木蓝
Indigofera taiwaniana T. C. Huang et M. J. Wu
习　　性：一年生或多年生草本
海　　拔：100 m以下
分　　布：台湾
濒危等级：CR D

腾冲木蓝
Indigofera tengyuehensis H. T. Tsai et T. T. Yü

习　　性：灌木
海　　拔：约1000 m
分　　布：云南
濒危等级：DD

木蓝
Indigofera tinctoria L.
习　　性：灌木
国内分布：安徽、重庆、广东、广西、海南、台湾、香港、云南
国外分布：原产热带美洲；亚洲、热带非洲栽培
资源利用：药用（中草药）；原料（染料，精油）

三叶木蓝
Indigofera trifoliata L.
习　　性：多年生草本
海　　拔：1900 m以下
国内分布：广东、广西、海南、湖北、湖南、四川、台湾、云南
国外分布：澳大利亚、巴基斯坦、菲律宾、缅甸、尼泊尔、斯里兰卡、印度、印度尼西亚、越南
濒危等级：LC

脉叶木蓝
Indigofera venulosa Champ. ex Benth.
习　　性：灌木
海　　拔：约500 m
分　　布：广东、台湾、香港
濒危等级：LC

灰毛木蓝
Indigofera wightii Graham ex Wight et Arn.
习　　性：灌木
海　　拔：600~1800 m
国内分布：海南、四川、云南
国外分布：柬埔寨、马来西亚、斯里兰卡、泰国、印度、越南
濒危等级：LC

大花木蓝
Indigofera wilsonii Craib
习　　性：灌木
海　　拔：1300~2000 m
分　　布：四川
濒危等级：LC

尖叶木蓝
Indigofera zollingeriana Miq.
习　　性：灌木或小乔木
海　　拔：400~600 m
国内分布：广东、广西、台湾、云南
国外分布：菲律宾、老挝、马来西亚、泰国、印度尼西亚、越南
濒危等级：LC

鸡眼草属 Kummerowia Schindl.

长萼鸡眼草
Kummerowia stipulacea(Maxim.)Makino
习　　性：一年生草本
海　　拔：100~1200 m
国内分布：安徽、重庆、甘肃、河北、河南、黑龙江、湖北、吉林、江苏、江西、辽宁、山东、山西、陕西、台湾、云南、浙江
国外分布：俄罗斯、韩国、日本
濒危等级：LC
资源利用：药用（中草药）；动物饲料（饲料）

鸡眼草
Kummerowia striata(Thunb.)Schindl.
习　　性：一年生草本
海　　拔：500 m以下
国内分布：重庆、福建、甘肃、广东、广西、贵州、河北、黑龙江、湖北、湖南、吉林、江苏、江西、辽宁、山东、四川、台湾、香港、云南、浙江
国外分布：俄罗斯、韩国、日本、越南
濒危等级：LC
资源利用：药用（中草药）；动物饲料（饲料）

扁豆属 Lablab Adans.

扁豆
Lablab purpureus(L.)Sweet
习　　性：草质藤本
国内分布：全国栽培
国外分布：原产印度；热带地区有栽培
资源利用：药用（中草药）；食品（蔬菜）

毒豆属 Laburnum Fabr.

毒豆
Laburnum anagyroides Medik.
习　　性：乔木
国内分布：中国西北部、东北部有栽培
国外分布：原产欧洲
资源利用：原料（木材）；环境利用（观赏）

山黧豆属 Lathyrus L.

安徽山黧豆
Lathyrus anhuiensis Y. J. Zhu et R. X. Meng
习　　性：多年生草本
分　　布：安徽、河南
濒危等级：NT

叶轴香豌豆
Lathyrus aphaca L.
习　　性：一年生或多年生草本
国内分布：广东
国外分布：原产欧洲

尾叶山黧豆
Lathyrus caudatus Z. Wei et H. P. Tsui
习　　性：多年生草本
海　　拔：100~200 m
分　　布：浙江
濒危等级：DD

茳芒香豌豆
Lathyrus davidii Hance

茳芒香豌豆（原变种）
Lathyrus davidii var. **davidii**
习　　性：多年生草本
海　　拔：1800 m 以下
国内分布：安徽、北京、甘肃、贵州、河北、河南、黑龙江、湖北、吉林、辽宁、内蒙古、山东、山西、陕西
国外分布：朝鲜、俄罗斯、日本
濒危等级：LC
资源利用：动物饲料（饲料）

红花茳芒山黧豆
Lathyrus davidii var. **roseus** C. W. Chang
习　　性：多年生草本
分　　布：陕西
濒危等级：LC

中华山黧豆
Lathyrus dielsianus Harms
习　　性：多年生草本
海　　拔：1000～3300 m
分　　布：重庆、湖北、山西、陕西、四川
濒危等级：LC

新疆山黧豆
Lathyrus gmelinii(Fisch. ex DC.)Fritsch
习　　性：多年生草本
海　　拔：1400～2400 m
国内分布：新疆
国外分布：俄罗斯
濒危等级：LC

矮山黧豆
Lathyrus humilis(Ser. ex DC.)Spreng.
习　　性：多年生草本
海　　拔：2500 m 以下
国内分布：北京、河北、黑龙江、吉林、内蒙古、山西、新疆
国外分布：朝鲜、俄罗斯、蒙古
濒危等级：LC
资源利用：动物饲料（饲料）；环境利用（观赏）

三脉山黧豆
Lathyrus komarovii Ohwi
习　　性：多年生草本
海　　拔：200～900 m
国内分布：黑龙江、吉林
国外分布：朝鲜、俄罗斯
濒危等级：LC

狭叶山黧豆
Lathyrus krylovii Serg.
习　　性：多年生草本
海　　拔：约 1800 m
国内分布：新疆
国外分布：俄罗斯
濒危等级：LC

宽叶山黧豆
Lathyrus latifolius L.
习　　性：多年生草本
国内分布：陕西
国外分布：原产欧洲

海滨山黧豆
Lathyrus maritimus(L.)Bigelow

海滨山黧豆（原变种）
Lathyrus maritimus var. **maritimus**
习　　性：多年生草本
国内分布：河北、辽宁、山东、浙江、江苏
国外分布：温带亚洲海岸，欧洲，南、北美洲
濒危等级：LC

毛海滨山黧豆
Lathyrus maritimus var. **pubescens**(Hartm.)X. Y. Zhu
习　　性：多年生草本
国内分布：河北、辽宁、山东、浙江
国外分布：北美洲、欧洲、亚洲
濒危等级：LC

香豌豆
Lathyrus odoratus L.
习　　性：一年生草本
国内分布：全国栽培
国外分布：原产意大利
资源利用：环境利用（观赏）

沼生山黧豆
Lathyrus palustris L.

沼生山黧豆（原变种）
Lathyrus palustris var. **palustris**
习　　性：多年生草本
海　　拔：3500 m 以下
国内分布：甘肃、河北、黑龙江、湖北、江苏、吉林、辽宁、内蒙古、青海、山西、四川、新疆、西藏、云南、浙江
国外分布：北美洲、欧洲、亚洲
濒危等级：LC

无翅山黧豆
Lathyrus palustris var. **exalatus**(H. P. Tsui)X. Y. Zhu
习　　性：多年生草本
海　　拔：3200～3300 m
分　　布：山西、四川、西藏、新疆、云南
濒危等级：LC

线叶山黧豆
Lathyrus palustris var. **linearifolius** Ser. ex DC.
习　　性：多年生草本
海　　拔：1800～3400 m
分　　布：江苏、山西、四川、云南
濒危等级：LC

毛山黧豆
Lathyrus palustris var. **pilosus**(Cham.)Ledeb.
习　　性：多年生草本

国内分布：甘肃、河北、黑龙江、吉林、辽宁、内蒙古、青海、山西、浙江
国外分布：朝鲜、俄罗斯、蒙古、日本
濒危等级：LC

微毛山黧豆
Lathyrus palustris var. **pubescens**(H. P. Tsui) X. Y. Zhu
习　　性：多年生草本
海　　拔：2200~3200 m
分　　布：四川、云南
濒危等级：LC

大托叶山黧豆
Lathyrus pisiformis L.
习　　性：多年生草本
海　　拔：1100~1500 m
国内分布：新疆
国外分布：俄罗斯；欧洲北部
濒危等级：LC

牧地山黧豆
Lathyrus pratensis L.
习　　性：多年生草本
海　　拔：1000~3000 m
国内分布：重庆、甘肃、贵州、黑龙江、湖北、青海、陕西、四川、新疆、云南
国外分布：俄罗斯、蒙古
濒危等级：LC
资源利用：动物饲料（饲料）；蜜源植物

山黧豆
Lathyrus quinquenervius(Miq.)Litv.
习　　性：多年生草本
海　　拔：2500 m 以下
国内分布：甘肃、河北、河南、黑龙江、湖北、吉林、江苏、内蒙古、青海、山东、山西、四川
国外分布：朝鲜、俄罗斯、日本
濒危等级：LC

家山黧豆
Lathyrus sativus L.
习　　性：一年生草本
国内分布：中国北部
国外分布：原产法国、西班牙

块茎香豌豆
Lathyrus tuberosus L.
习　　性：多年生草本
海　　拔：500~2400 m
国内分布：新疆
国外分布：俄罗斯
濒危等级：LC

东北山黧豆
Lathyrus vaniotii H. Lév.
习　　性：多年生草本
国内分布：黑龙江、吉林、辽宁
国外分布：朝鲜
濒危等级：LC

资源利用：动物饲料（饲料）

兵豆属 Lens Mill.

兵豆
Lens culinaris Medik.
习　　性：一年生草本
国内分布：甘肃、河北、河南、江苏、内蒙古、陕西、四川、西藏、云南
国外分布：原产地中海地区、亚洲西部
资源利用：动物饲料（饲料）；食品（种子）

胡枝子属 Lespedeza Michx.

胡枝子
Lespedeza bicolor Turcz.
习　　性：灌木
海　　拔：100~1000 m
国内分布：安徽、重庆、福建、甘肃、广东、广西、河北、河南、黑龙江、湖北、湖南、吉林、江苏、辽宁、内蒙古、山东、山西、陕西、台湾、浙江
国外分布：俄罗斯、韩国、日本
濒危等级：LC
资源利用：原料（精油，纤维）；基因源（耐旱）；环境利用（水土保持，观赏）；食品（油脂）；药用（中草药）

绿叶胡枝子
Lespedeza buergeri Miq.
习　　性：灌木
海　　拔：1500 m 以下
国内分布：安徽、重庆、甘肃、河南、湖北、湖南、江苏、江西、山西、陕西、四川、台湾、浙江
国外分布：韩国、日本
濒危等级：LC
资源利用：环境利用（观赏）；药用（中草药）

长叶胡枝子
Lespedeza caraganae Bunge
习　　性：多年生草本或亚灌木
海　　拔：1400 m 以下
分　　布：北京、甘肃、河北、河南、江苏、辽宁、内蒙古、山东、陕西
濒危等级：LC

中华胡枝子
Lespedeza chinensis G. Don.
习　　性：亚灌木
海　　拔：2500 m 以下
分　　布：安徽、重庆、澳门、福建、广东、贵州、湖北、湖南、江苏、江西、四川、台湾、香港、浙江
濒危等级：LC
资源利用：环境利用（观赏）

截叶铁扫帚
Lespedeza cuneata(Dum. Cours.)G. Don
习　　性：多年生草本或亚灌木
海　　拔：2500 m 以下
国内分布：澳门、重庆、甘肃、广东、河南、湖北、湖南、

山东、陕西、四川、台湾、西藏、香港、云南
国外分布：阿富汗、澳大利亚、巴基斯坦、韩国、日本、印度；中南半岛
濒危等级：LC
资源利用：药用（中草药）

短梗胡枝子
Lespedeza cyrtobotrya Miq.
习　　性：灌木
海　　拔：1500 m 以下
国内分布：重庆、甘肃、广东、河北、河南、吉林、江西、辽宁、内蒙古、山西、陕西、浙江
国外分布：俄罗斯、韩国、日本
濒危等级：LC
资源利用：动物饲料（牧草）；原料（纤维）

大叶胡枝子
Lespedeza davidii Franch.
习　　性：灌木
海　　拔：约 800 m
分　　布：安徽、重庆、福建、广东、广西、贵州、河南、湖南、江苏、江西、四川、浙江
濒危等级：DD
资源利用：基因源（耐旱）；环境利用（水土保持，观赏）；原料（纤维）

兴安胡枝子
Lespedeza davurica (Laxm.) Schindl.

兴安胡枝子（原亚种）
Lespedeza davurica subsp. **davurica**
习　　性：多年生草本或亚灌木
国内分布：甘肃、贵州、河北、河南、黑龙江、吉林、辽宁、内蒙古、山东、山西、陕西、四川、台湾、云南
国外分布：俄罗斯、韩国、蒙古、日本
濒危等级：LC
资源利用：动物饲料（饲料）；环境利用（观赏）

黄河胡枝子
Lespedeza davurica subsp. **huangheensis** C. J. Chen
习　　性：多年生草本或亚灌木
国内分布：安徽、甘肃、河北、河南、辽宁、内蒙古、宁夏、山西、陕西、四川
国外分布：俄罗斯（西伯利亚）、韩国、蒙古、日本
濒危等级：LC

北票胡枝子
Lespedeza davurica var. **beipiaoensis** P. H. Huang et J. S. Ma
习　　性：多年生草本或亚灌木
分　　布：辽宁
濒危等级：LC

无梗达乌里胡枝子
Lespedeza davurica var. **sessilis** V. N. Vassil.
习　　性：多年生草本或亚灌木
分　　布：内蒙古
濒危等级：LC

春花胡枝子
Lespedeza dunnii Schindl.
习　　性：灌木
海　　拔：约 800 m
分　　布：安徽、重庆、福建、浙江
濒危等级：NT A2c

束花铁马鞭
Lespedeza fasciculiflora Franch.

束花铁马鞭（原变种）
Lespedeza fasciculiflora var. **fasciculiflora**
习　　性：多年生草本
海　　拔：1600 ~ 3000 m
分　　布：贵州、四川、西藏、云南
濒危等级：LC

横断山铁马鞭
Lespedeza fasciculiflora var. **hengduanshanensis** C. J. Chen
习　　性：多年生草本
海　　拔：1800 ~ 2600 m
分　　布：四川、西藏
濒危等级：LC

多花胡枝子
Lespedeza floribunda Bunge
习　　性：亚灌木
海　　拔：1300 m 以下
分　　布：安徽、福建、甘肃、广东、河北、河南、湖北、江苏、辽宁、内蒙古、宁夏、青海、陕西、山东、山西、四川、浙江
濒危等级：LC
资源利用：环境利用（观赏）

广东胡枝子
Lespedeza fordii Schindl.
习　　性：灌木
海　　拔：800 m 以下
分　　布：安徽、福建、广东、广西、湖南、江苏、江西、浙江
濒危等级：LC

美丽胡枝子
Lespedeza formosa (Vogel) Koehne
习　　性：灌木
海　　拔：2800 m 以下
国内分布：安徽、重庆、福建、甘肃、广东、广西、贵州、河北、河南、湖北、湖南、江苏、江西、山东、陕西、四川、台湾、香港、云南、浙江
国外分布：韩国、日本、印度
濒危等级：LC
资源利用：环境利用（观赏）；药用（中草药）

矮生胡枝子
Lespedeza forrestii Schindl.
习　　性：亚灌木
海　　拔：2200 ~ 2800 m
分　　布：四川、云南
濒危等级：LC

西藏胡枝子
Lespedeza gerardiana Wall. ex Maxim.
习　　性：多年生草本或亚灌木
国内分布：西藏
国外分布：巴基斯坦、不丹、尼泊尔、印度

濒危等级：LC

粗硬毛胡枝子
Lespedeza hispida (Franch.) T. Nemoto et H. Ohashi
- 习　　性：多年生草本或亚灌木
- 海　　拔：1500~2500 m
- 国内分布：西藏、云南
- 国外分布：巴基斯坦、尼泊尔、印度
- 濒危等级：LC

湖北胡枝子
Lespedeza hupehensis Ricker
- 习　　性：灌木或多年生草本
- 分　　布：湖北
- 濒危等级：LC

阴山胡枝子
Lespedeza inschanica (Maxim.) Schindl.

阴山胡枝子（原变种）
Lespedeza inschanica var. **inschanica**
- 习　　性：多年生草本或亚灌木
- 海　　拔：100~800 m
- 国内分布：安徽、甘肃、河北、河南、湖北、湖南、江苏、辽宁、内蒙古、山东、山西、陕西、四川、云南
- 国外分布：朝鲜
- 濒危等级：LC
- 资源利用：环境利用（观赏）

黄花阴山胡枝子
Lespedeza inschanica var. **flava** S. L. Tung et Z. Lu
- 习　　性：多年生草本或亚灌木
- 分　　布：辽宁
- 濒危等级：LC

紫萼胡枝子
Lespedeza ionocalyx Nakai
- 习　　性：灌木
- 分　　布：北京、河北
- 濒危等级：LC

江西胡枝子
Lespedeza jiangxiensis Bo Xu et al.
- 习　　性：亚灌木或灌木
- 海　　拔：约 480 m
- 分　　布：江西
- 濒危等级：LC

尖叶铁扫帚
Lespedeza juncea (L. f.) Pers.
- 习　　性：多年生草本或亚灌木
- 海　　拔：1500 m 以下
- 国内分布：甘肃、河北、黑龙江、吉林、辽宁、内蒙古、山东、山西、陕西
- 国外分布：朝鲜、俄罗斯、蒙古、日本
- 濒危等级：LC

红花截叶铁扫帚
Lespedeza lichiyuniae T. Nemoto, H. Ohashi et T. Itoh
- 习　　性：多年生草本或亚灌木
- 海　　拔：200~3000 m
- 国内分布：安徽、重庆、甘肃、贵州、河南、湖北、湖南、江苏、陕西、四川、云南
- 国外分布：日本归化
- 濒危等级：LC

宽叶胡枝子
Lespedeza maximowiczii C. K. Schneid.
- 习　　性：灌木
- 海　　拔：1000 m 以下
- 国内分布：安徽、河南、浙江
- 国外分布：朝鲜、日本
- 濒危等级：LC

麦里胡枝子
Lespedeza merrillii Ricker
- 习　　性：灌木
- 分　　布：浙江
- 濒危等级：LC

展枝胡枝子
Lespedeza patens Nakai
- 习　　性：灌木
- 国内分布：江西
- 国外分布：日本
- 濒危等级：LC

垂花胡枝子
Lespedeza penduliflora (Oudem.) Nakai
- 习　　性：披散状灌木
- 分　　布：江苏、上海、浙江
- 濒危等级：LC

铁马鞭
Lespedeza pilosa (Thunb.) Siebold et Zucc.
- 习　　性：多年生草本
- 海　　拔：1000 m 以下
- 国内分布：安徽、重庆、福建、甘肃、广东、贵州、湖北、湖南、江苏、江西、陕西、四川、西藏、云南、浙江
- 国外分布：朝鲜、日本
- 濒危等级：LC
- 资源利用：药用（中草药）

牛枝子
Lespedeza potaninii Vassilcz.

牛枝子（原变种）
Lespedeza potaninii var. **potaninii**
- 习　　性：亚灌木
- 分　　布：甘肃、河北、河南、江苏、辽宁、内蒙古、宁夏、青海、山东、山西、陕西、上海、四川、西藏、云南
- 濒危等级：LC
- 资源利用：基因源（耐旱）；动物饲料（饲料）；环境利用（水土保持）

短序牛枝子
Lespedeza potaninii var. **breviracemi**(S. L. Tung et Z. Lu) X. Y. Zhu
  习 性：亚灌木
  分 布：辽宁
  濒危等级：LC

山豆花
Lespedeza tomentosa(Thunb.) Siebold ex Maxim.

山豆花（原变种）
Lespedeza tomentosa var. **tomentosa**
  习 性：多年生草本或亚灌木
  海 拔：约 1000 m
  国内分布：除西藏和新疆外，各省均有分布
  国外分布：巴基斯坦、朝鲜、俄罗斯、克什米尔地区、蒙古、尼泊尔、日本、印度
  濒危等级：LC
  资源利用：药用（中草药）；动物饲料（饲料）；环境利用（水土保持）

球序绒毛胡枝子
Lespedeza tomentosa var. **globiracemosa** S. L. Tung et Z. Lu
  习 性：多年生草本或亚灌木
  海 拔：约 500 m
  分 布：辽宁
  濒危等级：LC

维茄胡枝子
Lespedeza veitchii Ricker
  习 性：灌木或多年生草本
  分 布：湖北
  濒危等级：LC

路生胡枝子
Lespedeza viatorum Champ. ex Benth.
  习 性：灌木
  海 拔：1300 m
  分 布：广东、广西、江苏、香港、浙江
  濒危等级：LC

细梗胡枝子
Lespedeza virgata(Thunb.) DC.

细梗胡枝子（原变种）
Lespedeza virgata var. **virgata**
  习 性：多年生草本或亚灌木
  海 拔：800 m 以下
  国内分布：安徽、重庆、福建、甘肃、贵州、河北、河南、湖南、江西、辽宁、山东、陕西、四川、台湾
  国外分布：朝鲜、日本
  濒危等级：LC

大细梗胡枝子
Lespedeza virgata var. **macrovirgata**(Kitag.) Kitag.
  习 性：多年生草本或亚灌木
  分 布：辽宁
  濒危等级：LC

南胡枝子
Lespedeza wilfordii Ricker
  习 性：灌木
  海 拔：约 100 m
  分 布：福建、甘肃、广东、广西、江西、浙江
  濒危等级：LC

银合欢属 Leucaena Benth.

银合欢
Leucaena leucocephala(Lam.) de Wit
  习 性：灌木或小乔木
  国内分布：澳门、重庆、福建、广东、广西、贵州、湖南、四川、台湾、香港、云南
  国外分布：原产热带美洲；热带、亚热带地区有分布
  资源利用：原料（木材）；基因源（耐旱）；动物饲料（饲料）；环境利用（庇荫）

罗顿豆属 Lotononis(DC.) Eckl. et Zeyher

罗顿豆
Lotononis bainesii Baker
  习 性：多年生草本
  国内分布：台湾栽培
  国外分布：原产非洲南部
  资源利用：基因源（耐冻）；动物饲料（牧草）

百脉根属 Lotus L.

高原百脉根
Lotus alpinus(Schleich. ex DC.) Schleich. ex Ramond
  习 性：多年生草本
  海 拔：3000~3500 m
  国内分布：青海、西藏
  国外分布：欧洲中部
  濒危等级：LC

尖齿百脉根
Lotus angustissimus L.
  习 性：一年生或二年生草本
  海 拔：500~1200 m
  国内分布：新疆
  国外分布：俄罗斯
  濒危等级：LC

兰屿百脉根
Lotus australis Andrews
  习 性：多年生草本
  国内分布：台湾
  国外分布：澳大利亚、菲律宾、日本
  濒危等级：LC
  资源利用：动物饲料（牧草）

百脉根
Lotus corniculatus L.

百脉根（原亚种）
Lotus corniculatus subsp. **corniculatus**
  习 性：多年生草本

海　　拔：400~3400 m
国内分布：重庆、甘肃、贵州、湖北、湖南、陕西、四川、云南
国外分布：非洲北部、欧洲、亚洲西南部；北美洲、大洋洲有引种
濒危等级：LC
资源利用：基因源（抗寒，耐涝）；动物饲料（饲料，牧草）；蜜源植物；药用（中草药）

光叶百脉根
Lotus corniculatus subsp. **japonicus** (Regel) H. Ohashi
习　　性：多年生草本
海　　拔：海平面至3100 m
国内分布：长江中上游各省区，台湾
国外分布：韩国、克什米尔地区、尼泊尔、日本
濒危等级：LC

新疆百脉根
Lotus frondosus Freyn
习　　性：多年生草本
海　　拔：100~2500 m
国内分布：新疆
国外分布：巴基斯坦、蒙古西部、伊朗、印度
濒危等级：LC

细叶百脉根
Lotus krylovii Schisch. et Serg.
习　　性：多年生草本
海　　拔：约850 m
国内分布：新疆、西藏
国外分布：欧洲、中亚
濒危等级：LC

短果百脉根
Lotus praetermissus Kuprian.
习　　性：一年生草本
国内分布：新疆
国外分布：俄罗斯
濒危等级：LC

直根百脉根
Lotus schoelleri Schweinf.
习　　性：一年生或多年生草本
国内分布：甘肃、辽宁、内蒙古、新疆
国外分布：阿富汗、俄罗斯、蒙古、土库曼斯坦；西南亚
濒危等级：LC

直立百脉根
Lotus strictus Fisch. et C. A. Mey.
习　　性：多年生草本
国内分布：新疆
国外分布：保加利亚、俄罗斯、哈萨克斯坦、土耳其、希腊、亚美尼亚
濒危等级：LC

台湾百脉根
Lotus taitungensis S. S. Ying
习　　性：多年生草本
国内分布：台湾

国外分布：日本
濒危等级：DD

金花菜
Lotus tenuis Waldst. et Kit. ex Willd.
习　　性：多年生草本
国内分布：甘肃、贵州、陕西、新疆
国外分布：俄罗斯、欧洲
濒危等级：LC

翅荚百脉根
Lotus tetragonolobus L.
习　　性：一年生草本
国内分布：全国栽培
国外分布：亚洲西部；原产地中海地区
资源利用：动物饲料（饲料）；食品（蔬菜）

羽扇豆属 Lupinus L.

白羽扇豆
Lupinus albus L.
习　　性：一年生草本
国内分布：全国栽培
国外分布：原产地中海地区
资源利用：动物饲料（饲料）；环境利用（观赏）

狭叶羽扇豆
Lupinus angustifolius L.
习　　性：一年生草本
国内分布：全国栽培
国外分布：原产地中海地区
资源利用：环境利用（观赏）

黄羽扇豆
Lupinus luteus L.
习　　性：一年生草本
国内分布：全国栽培
国外分布：原产地中海地区

羽扇豆
Lupinus micranthus Guss.
习　　性：一年生草本
国内分布：全国栽培
国外分布：原产地中海地区
资源利用：环境利用（观赏）

宿根羽扇豆
Lupinus perennis L.
习　　性：多年生草本
国内分布：全国栽培
国外分布：原产北美洲
资源利用：环境利用（观赏）

多叶羽扇豆
Lupinus polyphyllus Lindl.
习　　性：多年生草本
国内分布：全国栽培
国外分布：原产美洲西部
资源利用：环境利用（观赏）

毛羽扇豆
Lupinus pubescens Benth.
习　　性：一年生或多年生草本
国内分布：全国栽培
国外分布：原产美洲南部

仪花属 Lysidice Hance

仪花
Lysidice rhodostegia Hance
习　　性：灌木或小乔木
海　　拔：500 m 以下
国内分布：广东、广西、贵州、台湾、香港、云南
国外分布：越南
濒危等级：LC
资源利用：原料（纤维）；环境利用（观赏，绿化）；药用（中草药）

马鞍树属 Maackia Rupr.

朝鲜槐
Maackia amurensis Rupr. et Maxim.
习　　性：落叶乔木
海　　拔：300~900 m
国内分布：河北、黑龙江、吉林、辽宁、内蒙古、山东
国外分布：朝鲜、俄罗斯、日本
濒危等级：LC
资源利用：药用（中草药）；原料（单宁，染料，木材，工业用油，树脂）

华南马鞍树
Maackia australis (Dunn) Takeda
习　　性：灌木或小乔木
海　　拔：海平面至 100 m
分　　布：广东、海南、香港
濒危等级：EN A2c；B2ab (ii, iii)

浙江马鞍树
Maackia chekiangensis S. S. Chien
习　　性：灌木
海　　拔：500 m 以下
分　　布：安徽、江西、浙江
濒危等级：EN A2c
国家保护：Ⅱ级

多花马鞍树
Maackia floribunda (Miq.) Takeda
习　　性：落叶小乔木或灌木
国内分布：台湾
国外分布：朝鲜、日本
濒危等级：LC

马鞍树
Maackia hupehensis Takeda
习　　性：乔木
海　　拔：500~2300 m
分　　布：安徽、重庆、河南、湖北、湖南、江苏、江西、陕西、四川、浙江
濒危等级：LC

华山马鞍树
Maackia hwashanensis W. T. Wang ex C. W. Chang
习　　性：小乔木
海　　拔：100~2100 m
分　　布：河南、陕西
濒危等级：LC

台湾马鞍树
Maackia taiwanensis H. Hoshi et H. Ohashi
习　　性：乔木
分　　布：台湾
濒危等级：VU D2

光叶马鞍树
Maackia tenuifolia (Hemsl.) Hand.-Mazz.
习　　性：灌木或乔木
分　　布：河南、湖北、江苏、江西、陕西、浙江
濒危等级：LC

大翼豆属 Macroptilium (Benth.) Urban

紫花大翼豆
Macroptilium atropurpureum (Moc. et Sesséex DC.) Urban
习　　性：多年生草本
国内分布：澳门、广东、台湾、香港
国外分布：原产热带美洲；热带及亚热带地区有栽培
资源利用：基因源（高产）；动物饲料（牧草）

大翼豆
Macroptilium lathyroides (L.) Urb.
习　　性：一年生或二年生草本
国内分布：澳门、福建、广东、海南、台湾、香港
国外分布：原产热带美洲；热带及亚热带地区有栽培
资源利用：动物饲料（饲料）

硬皮豆属 Macrotyloma (Wight et Arnott) Verdc.

硬皮豆
Macrotyloma uniflorum (Lam.) Verdc.
习　　性：多年生草本
国内分布：海南、台湾
国外分布：原产印度
资源利用：动物饲料（饲料）

闭荚藤属 Mastersia Benth.

闭荚藤
Mastersia assamica Benth.
习　　性：木质藤本
海　　拔：900 m 以下
国内分布：西藏
国外分布：不丹、印度
濒危等级：EN A2c

长柄荚属 Mecopus Benn.

长柄荚
Mecopus nidulans Benn.
习　　性：草本

海　　拔：100~1000 m
国内分布：海南、云南
国外分布：印度、印度尼西亚；中南半岛
濒危等级：LC

苜蓿属 Medicago L.

阿拉善苜蓿
Medicago alaschanica Vassilcz.
　　习　　性：多年生草本
　　分　　布：内蒙古
　　濒危等级：LC

褐斑苜蓿
Medicago arabica (L.) Huds.
　　习　　性：一年生草本
　　国内分布：全国栽培
　　国外分布：原产欧洲南部、地中海区域；世界广泛栽培

木本苜蓿
Medicago arborea L.
　　习　　性：灌木
　　国内分布：全国栽培
　　国外分布：原产地中海区域

青海苜蓿
Medicago archiducis-nicolai Širj.
　　习　　性：多年生草本
　　海　　拔：2500~4000 m
　　分　　布：甘肃、宁夏、青海、陕西、四川、西藏
　　濒危等级：LC

黄花苜蓿
Medicago falcata L.

黄花苜蓿（原变种）
Medicago falcata var. **falcata**
　　习　　性：多年生草本
　　国内分布：甘肃、河北、吉林、内蒙古、宁夏、青海、陕西、山西、新疆、西藏
　　国外分布：阿富汗、巴基斯坦、俄罗斯、哈萨克斯坦、吉尔吉斯斯坦、蒙古、尼泊尔、塔吉克斯坦、土耳其、土库曼斯坦、乌兹别克斯坦
　　濒危等级：LC
　　资源利用：基因源（耐寒，抗旱，耐盐碱，抗病虫害）；动物饲料（牧草）

草原苜蓿
Medicago falcata var. **romanica** (D. Brandză) Hayek
　　习　　性：多年生草本
　　国内分布：新疆
　　国外分布：俄罗斯；亚洲中部、欧洲东部
　　濒危等级：LC
　　资源利用：基因源（抗旱，高产量）

辽西扁苜蓿
Medicago liaosiensis (P. Y. Fu et Y. A. Chen) X. Y. Zhu et Y. F. Du
　　习　　性：多年生草本
　　分　　布：北京、河北、黑龙江、吉林、内蒙古
　　濒危等级：LC

天蓝苜蓿
Medicago lupulina L.
　　习　　性：一年生或多年生草本
　　海　　拔：1200~3300 m
　　国内分布：全国广布
　　国外分布：朝鲜、俄罗斯、日本
　　濒危等级：LC
　　资源利用：药用（中草药）

小苜蓿
Medicago minima (L.) L.
　　习　　性：一年生草本
　　海　　拔：600~1200 m
　　国内分布：安徽、甘肃、河北、河南、湖北、江苏、辽宁、山东、山西、陕西、四川、浙江
　　国外分布：非洲、美洲、欧洲、亚洲
　　濒危等级：LC

阔荚苜蓿
Medicago platycarpos (L.) Trautv.
　　习　　性：多年生草本
　　海　　拔：1200~2000 m
　　国内分布：新疆
　　国外分布：俄罗斯、哈萨克斯坦、吉尔吉斯斯坦、蒙古、塔吉克斯坦、土库曼斯坦、乌兹别克斯坦
　　濒危等级：LC

南苜蓿
Medicago polymorpha L.
　　习　　性：一年生或二年生草本
　　国内分布：安徽、重庆、福建、甘肃、广东、广西、贵州、海南、江苏、江西、陕西、四川、台湾、香港、云南、浙江
　　国外分布：原产北非、西南亚和南欧；世界各地广泛栽培

早花苜蓿
Medicago praecox DC.
　　习　　性：一年生草本
　　国内分布：全国栽培
　　国外分布：原产地中海东部、欧洲东部

杂花苜蓿
Medicago rivularis Vassilcz.
　　习　　性：多年生草本
　　国内分布：新疆
　　国外分布：俄罗斯
　　濒危等级：LC

花苜蓿
Medicago ruthenica (L.) Trautv.

花苜蓿（原变种）
Medicago ruthenica var. **ruthenica**
　　习　　性：多年生草本
　　国内分布：甘肃、黑龙江、内蒙古、山东、陕西、四川
　　国外分布：俄罗斯、蒙古
　　濒危等级：LC

阴山扁蓿豆
Medicago ruthenica var. **inschanica**(H. C. Fu et Y. Q. Jiang)X. Y. Zhu
  习 性：多年生草本
  分 布：内蒙古
  濒危等级：LC

紫苜蓿
Medicago sativa L.

紫苜蓿（原变种）
Medicago sativa var. **sativa**
  习 性：多年生草本
  国内分布：全国各地栽培或逸生
  国外分布：原产西南亚或南欧；温带地区栽培

酸节草
Medicago sativa var. **integrifoliola** C. W. Chang
  习 性：多年生草本
  分 布：甘肃
  濒危等级：DD

杂交苜蓿
Medicago varia Martyn
  习 性：多年生草本
  分 布：甘肃、内蒙古、宁夏、新疆
  濒危等级：LC

草木樨属 Melilotus(L.)Mill.

白花草木樨
Melilotus albus Medik.
  习 性：一年生或二年生草本
  海 拔：1000~3000 m
  国内分布：全国栽培
  国外分布：俄罗斯
  濒危等级：LC

细齿草木樨
Melilotus dentatus(Waldst. et Kit.)Pers.
  习 性：二年生草本
  国内分布：中国东部、北部、东北部
  国外分布：俄罗斯、蒙古
  濒危等级：LC

印度草木樨
Melilotus indicus(L.)All.
  习 性：一年生草本
  国内分布：安徽、福建、广东、广西、贵州、河北、湖北、湖南、江苏、江西、山东、山西、四川、台湾、云南、浙江
  国外分布：巴基斯坦、孟加拉国、印度
  资源利用：原料（纤维）

黄香草木樨
Melilotus officinalis(L.)Lam.
  习 性：二年生草本
  国内分布：重庆、甘肃、贵州、湖南、江苏、江西、宁夏、陕西、四川、台湾、西藏、新疆、云南
  国外分布：亚洲、欧洲
  濒危等级：LC

  资源利用：基因源（耐碱）；动物饲料（牧草）；药用（中草药）

崖豆藤属 Millettia Wight et Arn.

红河崖豆藤
Millettia cubitti Dunn
  习 性：乔木
  海 拔：350~1000 m
  国内分布：云南
  国外分布：缅甸
  濒危等级：CR D

榼藤子崖豆藤
Millettia entadoides Z. Wei
  习 性：藤本
  海 拔：1500~2600 m
  分 布：云南
  濒危等级：LC

红萼崖豆藤
Millettia erythrocalyx Gagnep.
  习 性：乔木
  海 拔：600~700 m
  国内分布：云南
  国外分布：柬埔寨、老挝
  濒危等级：LC

崖豆藤
Millettia extensa Benth. ex Baker
  习 性：藤本
  海 拔：1000 m
  国内分布：西藏
  国外分布：不丹、克什米尔地区、印度、越南
  濒危等级：LC

孟连崖豆藤
Millettia griffithii Dunn
  习 性：灌木
  海 拔：约1100 m
  国内分布：云南
  国外分布：老挝
  濒危等级：NT

闹鱼崖豆藤
Millettia ichthyochtona Drake
  习 性：乔木
  海 拔：100~800 m
  国内分布：云南
  国外分布：越南
  濒危等级：NT
  资源利用：原料（木材）

垂序崖豆
Millettia leucantha Kurz
  习 性：乔木
  海 拔：约1100 m
  国内分布：云南
  国外分布：老挝、缅甸、泰国

濒危等级：DD

大穗崖豆藤
Millettia macrostachya Collett et Hemsl.

大穗崖豆藤（原变种）
Millettia macrostachya var. **macrostachya**
- 习　　性：乔木
- 海　　拔：800~900 m
- 国内分布：云南
- 国外分布：缅甸
- 濒危等级：LC

多小叶大穗崖豆
Millettia macrostachya var. **multifoliolata** Y. Y. Qian
- 习　　性：乔木
- 海　　拔：300~400 m
- 分　　布：云南
- 濒危等级：LC

香港崖豆
Millettia oraria(Hance) Dunn
- 习　　性：灌木或乔木
- 海　　拔：300~800 m
- 分　　布：广东、广西、香港
- 濒危等级：LC

厚果崖豆藤
Millettia pachycarpa Benth.
- 习　　性：藤本
- 海　　拔：100~2000 m
- 国内分布：福建、广东、广西、贵州、湖南、江西、四川、台湾、西藏、香港、云南、浙江
- 国外分布：不丹、老挝、孟加拉国、缅甸、尼泊尔、泰国、印度、越南
- 濒危等级：LC
- 资源利用：药用（中草药）；原料（纤维）

薄叶崖豆藤
Millettia pubinervis Kurz
- 习　　性：乔木
- 海　　拔：500~800 m
- 国内分布：云南
- 国外分布：缅甸、泰国
- 濒危等级：LC

印度崖豆藤
Millettia pulchra(Benth.) Kurz

印度崖豆藤（原变种）
Millettia pulchra var. **pulchra**
- 习　　性：灌木或乔木
- 海　　拔：海平面至1200 m
- 国内分布：广西、贵州、海南、香港、云南
- 国外分布：老挝、缅甸、印度
- 濒危等级：LC

华南小叶崖豆藤
Millettia pulchra var. **chinensis** Dunn
- 习　　性：灌木或乔木
- 海　　拔：800~1500 m
- 分　　布：广西、云南
- 濒危等级：NT A2c

疏叶崖豆藤
Millettia pulchra var. **laxior**(Dunn) Z. Wei
- 习　　性：灌木或乔木
- 海　　拔：200~1100 m
- 国内分布：福建、广东、广西、贵州、海南、湖南、江西、云南
- 国外分布：印度
- 濒危等级：LC

小叶鱼藤
Millettia pulchra var. **microphylla** Dunn
- 习　　性：灌木或乔木
- 海　　拔：200 m以下
- 分　　布：台湾
- 濒危等级：LC

景东小叶崖豆藤
Millettia pulchra var. **parvifolia** Z. Wei
- 习　　性：灌木或乔木
- 海　　拔：约1700 m
- 分　　布：云南
- 濒危等级：NT A2c

绒叶印度崖豆藤
Millettia pulchra var. **tomentosa** Prain
- 习　　性：灌木或乔木
- 海　　拔：100~800 m
- 国内分布：广西、云南
- 国外分布：缅甸、印度
- 濒危等级：LC

云南崖豆藤
Millettia pulchra var. **yunnanensis**(Pamp.) Dunn
- 习　　性：灌木或乔木
- 海　　拔：500~1200 m
- 国内分布：云南
- 国外分布：缅甸
- 濒危等级：LC

无患子叶崖豆藤
Millettia sapindifolia T. C. Chen
- 习　　性：藤本
- 海　　拔：1100~1200 m
- 分　　布：广西、贵州
- 濒危等级：LC

四翅崖豆藤
Millettia tetraptera Kurz
- 习　　性：乔木
- 海　　拔：700~800 m
- 国内分布：云南
- 国外分布：缅甸
- 濒危等级：EN A3c；B2ab（ii，iii）

绒毛崖豆藤
Millettia velutina Dunn
- 习　　性：乔木
- 海　　拔：500~1900 m

分　　布：广东、广西、贵州、湖南、云南
濒危等级：LC

含羞草属 Mimosa L.

光荚含羞草
Mimosa bimucronata (DC.) Kuntze
　　习　　性：灌木
　　国内分布：澳门、广东、香港
　　国外分布：原产热带美洲

巴西含羞草
Mimosa invisa Mart. ex Colla

巴西含羞草（原变种）
Mimosa invisa var. **invisa**
　　习　　性：亚灌木
　　国内分布：广东、香港
　　国外分布：原产热带美洲

无刺含羞草
Mimosa invisa var. **inermis** Adelb.
　　习　　性：亚灌木状草本
　　国内分布：广东、广西、海南、香港、云南
　　国外分布：原产印度尼西亚

含羞草
Mimosa pudica L.
　　习　　性：草本
　　国内分布：澳门、重庆、福建、广东、广西、海南、台湾、西藏、香港、云南
　　国外分布：原产热带美洲；全球热带地区归化
　　资源利用：药用（中草药）；环境利用（观赏）

黧豆属 Mucuna Adans.

白花油麻藤
Mucuna birdwoodiana Tutcher
　　习　　性：木质藤本
　　海　　拔：800~2500 m
　　分　　布：澳门、福建、广东、广西、贵州、江西、四川、香港、云南
　　濒危等级：LC
　　资源利用：药用（中草药）；食品（淀粉）；环境利用（观赏）

波氏黧豆
Mucuna bodinieri H. Lév.
　　习　　性：攀援木质藤本
　　海　　拔：1000~1500 m
　　分　　布：贵州
　　濒危等级：LC

黄毛黧豆
Mucuna bracteata DC.
　　习　　性：缠绕藤本
　　海　　拔：600~2000 m
　　国内分布：海南、云南
　　国外分布：老挝、缅甸、泰国、越南
　　濒危等级：NT A2c；B1b (iii)

美叶油麻藤
Mucuna calophylla W. W. Sm
　　习　　性：攀援藤本
　　海　　拔：1000~3000 m
　　分　　布：云南
　　濒危等级：EN B1ab (iii)

港油麻藤
Mucuna championii Benth.
　　习　　性：攀援藤本
　　分　　布：福建、广东、广西、香港
　　濒危等级：LC

闽油麻藤
Mucuna cyclocarpa F. P. Metcalf
　　习　　性：攀援木质藤本
　　海　　拔：约1200 m
　　分　　布：福建、江西
　　濒危等级：LC

茸毛黧豆
Mucuna deeringiana (Bort) Merr.
　　习　　性：藤本
　　国内分布：河南
　　国外分布：亚洲南部
　　濒危等级：LC

巨黧豆
Mucuna gigantea (Willd.) DC.
　　习　　性：攀援木质藤本
　　国内分布：海南、台湾
　　国外分布：澳大利亚、马来西亚、日本、印度
　　濒危等级：LC

海南黧豆
Mucuna hainanensis Hayata
　　习　　性：多年生攀援灌木
　　海　　拔：海平面至1000 m
　　国内分布：广东、广西、海南、云南
　　国外分布：越南
　　濒危等级：LC

毛瓣黧豆
Mucuna hirtipetala Wilmot-Dear et R. Sa
　　习　　性：攀援藤本
　　海　　拔：约800 m
　　分　　布：云南
　　濒危等级：DD

黑色黧豆
Mucuna imbricata (Roxb.) DC.
　　习　　性：藤本
　　分　　布：香港
　　濒危等级：LC

喙瓣黧豆
Mucuna incurvata Wilmot-Dear et R. Sa
　　习　　性：缠绕藤本
　　海　　拔：800~900 m
　　分　　布：云南

濒危等级：LC

间序油麻藤
Mucuna interrupta Gagnep.
习　　性：缠绕藤本
海　　拔：900~1100 m
国内分布：云南
国外分布：柬埔寨、老挝、马来西亚、泰国、越南
濒危等级：NT

宁油麻藤
Mucuna lamellata Wilmot-Dear
习　　性：攀援藤本
海　　拔：400~1500 m
分　　布：福建、广东、广西、湖北、江苏、江西、浙江
濒危等级：LC

大球油麻藤
Mucuna macrobotrys Hance
习　　性：攀援藤本
海　　拔：1100~1670 m
分　　布：广东、广西、香港、云南
濒危等级：LC

大果油麻藤
Mucuna macrocarpa Wall.
习　　性：木质藤本
海　　拔：800~3000 m
国内分布：广东、广西、贵州、海南、台湾、云南
国外分布：老挝、缅甸、尼泊尔、日本、泰国、印度、越南
濒危等级：LC

兰屿血藤
Mucuna membranacea Hayata
习　　性：攀援木质藤本
海　　拔：约150 m
国内分布：台湾
国外分布：日本
濒危等级：VU D2

香港黧豆
Mucuna nigricans Wilmot-Dear
习　　性：藤本
分　　布：香港
濒危等级：DD

刺毛黧豆
Mucuna pruriens(L.)DC.

刺毛黧豆（原变种）
Mucuna pruriens var. **pruriens**
习　　性：攀援藤本
海　　拔：1700 m 以下
国内分布：贵州、海南、云南
国外分布：全球热带地区
濒危等级：LC

狗爪豆
Mucuna pruriens var. **utilis**(Wall. ex Wight)Baker ex Burck
习　　性：攀援藤本
国内分布：福建、广东、广西、贵州、湖南、四川、台湾、云南栽培
国外分布：可能原产印度；热带及亚热带亚洲栽培
资源利用：动物饲料（饲料）；食品（蔬菜）

卷翅荚油麻藤
Mucuna revoluta Wilmot-Dear
习　　性：缠绕藤本
海　　拔：300~800 m
国内分布：云南
国外分布：柬埔寨、老挝、泰国、越南
濒危等级：DD

常春油麻藤
Mucuna sempervirens Hemsl.
习　　性：常绿木质藤本
海　　拔：300~3000 m
国内分布：重庆、福建、广东、广西、贵州、湖北、湖南、江西、四川、云南、浙江
国外分布：日本
濒危等级：LC
资源利用：药用（中草药）；原料（工业用油）；食品（淀粉）；环境利用（观赏）

贵州黧豆
Mucuna terrens H. Lév.
习　　性：攀援藤本
海　　拔：1000~1500 m
分　　布：贵州
濒危等级：LC

爪哇大豆属 Neonotonia J. A. Lackey

爪哇大豆
Neonotonia wightii(Graham ex Wight et Arn.)J. A. Lackey
习　　性：藤本
国内分布：台湾
国外分布：原产玻利维亚

假含羞草属 Neptunia Lour.

假含羞草
Neptunia plena(L.)Benth.
习　　性：多年生草本
国内分布：福建、广东
国外分布：原产美洲

土黄芪属 Nogra Merr.

广西土黄芪
Nogra guangxiensis C. F. Wei
习　　性：攀援草质藤本
海　　拔：800~900 m
分　　布：广西、云南
濒危等级：LC

小槐花属 Ohwia H. Ohashi

小槐花
Ohwia caudata(Thunb)H. Ohashi

习　　性：灌木或亚灌木
海　　拔：100~1000 m
国内分布：安徽、重庆、福建、广东、广西、贵州、湖北、湖南、江西、四川、台湾、西藏、香港、云南、浙江
国外分布：不丹、朝鲜、马来西亚、缅甸、日本、斯里兰卡、印度
濒危等级：LC
资源利用：药用（中草药）；动物饲料（牧草）

淡黄小槐花
Ohwia luteola H. Ohashi
习　　性：灌木
海　　拔：400~500 m
分　　布：云南
濒危等级：DD

驴食豆属 Onobrychis Mill.

小花红豆草
Onobrychis micrantha Schrenk
习　　性：一年生草本
国内分布：新疆
国外分布：阿富汗、巴基斯坦、哈萨克斯坦、伊朗
濒危等级：LC

美丽红豆草
Onobrychis pulchella Schrenk
习　　性：一年生草本
海　　拔：600~900 m
国内分布：新疆
国外分布：阿富汗、中亚
濒危等级：LC

顿河红豆草
Onobrychis tanaitica Spreng.
习　　性：多年生草本
海　　拔：1400~1800 m
国内分布：新疆
国外分布：俄罗斯、乌克兰
濒危等级：LC
资源利用：动物饲料（牧草）

驴食草
Onobrychis viciifolia Scop.
习　　性：多年生草本
国内分布：中国东北部栽培
国外分布：原产欧洲
资源利用：动物饲料（牧草）

芒柄花属 Ononis L.

伊犁芒柄花
Ononis antiquorum L.
习　　性：多年生草本
国内分布：新疆
国外分布：亚洲中部和西南部、欧洲南部、非洲北部
濒危等级：LC

芒柄花
Ononis arvensis L.
习　　性：多年生草本
海　　拔：1200 m以下
国内分布：西藏、新疆
国外分布：阿富汗、克什米尔地区
濒危等级：LC
资源利用：动物饲料（牧草）

红芒柄花
Ononis campestris Koch et Ziz
习　　性：多年生草本
国内分布：全国栽培
国外分布：原产欧洲西北部

黄芒柄花
Ononis natrix L.
习　　性：多年生草本
国内分布：全国栽培
国外分布：原产地中海区域

拟大豆属 Ophrestia H. M. L. Forbes

羽叶拟大豆
Ophrestia pinnata (Merr.) H. M. L. Forbes
习　　性：藤本
海　　拔：海平面至450 m
国内分布：海南
国外分布：越南
濒危等级：VU D2

链荚木属 Ormocarpum P. Beauv.

链荚木
Ormocarpum cochinchinense (Lour.) Merr.
习　　性：灌木
国内分布：广东、海南、台湾栽培或归化
国外分布：原产波利尼西亚、菲律宾、马来西亚、日本、泰国、印度及热带非洲

红豆属 Ormosia Jacks.

喙顶红豆
Ormosia apiculata L. Chen
习　　性：常绿乔木
海　　拔：约1400 m
分　　布：广西
濒危等级：DD
国家保护：Ⅱ级

长脐红豆
Ormosia balansae Drake
习　　性：常绿乔木
海　　拔：300~1000 m
国内分布：广西、海南、江西、云南
国外分布：越南
濒危等级：VU A2acd+3cd
国家保护：Ⅱ级
资源利用：原料（木材）

博罗红豆
Ormosia boluoensis Y. Q. Wang et P. Y. Chen
习　　性：灌木或小乔木
海　　拔：800~900 m
分　　布：广东
濒危等级：CR D1
国家保护：Ⅱ级

厚荚红豆
Ormosia elliptica Q. W. Yao et R. H. Chang
- 习　　性：乔木
- 分　　布：福建、广东、广西
- 濒危等级：DD
- 国家保护：Ⅱ级

凹叶红豆
Ormosia emarginata (Hook. et Arn.) Benth.
- 习　　性：常绿乔木
- 国内分布：澳门、广东、广西、海南
- 国外分布：越南
- 濒危等级：LC
- 国家保护：Ⅱ级
- 资源利用：原料（木材）

蒲桃叶红豆
Ormosia eugeniifolia Tsiang ex R. H. Chang
- 习　　性：常绿乔木
- 海　　拔：200~800 m
- 分　　布：广西
- 濒危等级：EN B1ab（ii，v）
- 国家保护：Ⅱ级

锈枝红豆
Ormosia ferruginea R. H. Chang
- 习　　性：常绿小乔木
- 分　　布：广东
- 濒危等级：DD
- 国家保护：Ⅱ级

肥荚红豆
Ormosia fordiana Oliv.
- 习　　性：乔木
- 海　　拔：100~1400 m
- 国内分布：广东、广西、海南、云南
- 国外分布：老挝、孟加拉国、缅甸、泰国
- 濒危等级：LC
- 国家保护：Ⅱ级
- 资源利用：原料（木材）

台湾红豆
Ormosia formosana Kaneh.
- 习　　性：常绿乔木
- 海　　拔：300~1000 m
- 分　　布：台湾
- 濒危等级：VU D2
- 国家保护：Ⅱ级
- 资源利用：原料（木材）

光叶红豆
Ormosia glaberrima Y. C. Wu
- 习　　性：常绿乔木
- 海　　拔：200~800 m
- 分　　布：广东、广西、海南、湖南、江西、云南
- 濒危等级：VU A2c；B1ab（ii，v）
- 国家保护：Ⅱ级
- 资源利用：原料（木材）

河口红豆
Ormosia hekouensis R. H. Chang
- 习　　性：乔木
- 海　　拔：约300 m
- 国内分布：云南
- 国外分布：越南
- 濒危等级：EN A2acd+3cd
- 国家保护：Ⅱ级

恒春红豆树
Ormosia hengchuniana T. C. Huang et al.
- 习　　性：常绿乔木
- 海　　拔：200~500 m
- 分　　布：台湾
- 濒危等级：NT
- 国家保护：Ⅱ级

花榈木
Ormosia henryi Prain
- 习　　性：常绿乔木
- 海　　拔：100~1300 m
- 国内分布：安徽、重庆、福建、广东、贵州、湖北、湖南、四川、云南、浙江
- 国外分布：泰国、越南
- 濒危等级：VU A2acd+3cd
- 国家保护：Ⅱ级
- 资源利用：药用（中草药）；原料（木材）；环境利用（防火，绿化）

红豆树
Ormosia hosiei Hemsl. et E. H. Wilson
- 习　　性：乔木
- 海　　拔：200~1400 m
- 分　　布：重庆、福建、甘肃、广西、贵州、湖北、湖南、江苏、江西、陕西、四川、云南、浙江
- 濒危等级：EN A2acd+3cd
- 国家保护：Ⅱ级
- 资源利用：原料（木材）

缘毛红豆
Ormosia howii Merr. et Chun
- 习　　性：常绿乔木
- 海　　拔：100~900 m
- 分　　布：广东、海南
- 濒危等级：DD
- 国家保护：Ⅱ级
- 资源利用：原料（木材）

韧荚红豆
Ormosia indurata L. Chen
- 习　　性：常绿乔木
- 分　　布：福建、广东、广西、香港
- 濒危等级：VU A2acd+3cd
- 国家保护：Ⅱ级

胀荚红豆
Ormosia inflata Merr. et Chun
- 习　　性：常绿乔木
- 海　　拔：300~1100 m
- 分　　布：澳门、海南
- 濒危等级：VU A2c；B1ab（iii）
- 国家保护：Ⅱ级

纤柄红豆
Ormosia longipes L. Chen
- 习　　性：乔木

海　　拔：1000~1600 m
分　　布：云南
濒危等级：EN B1ab（ii，v）
国家保护：Ⅱ级

云开红豆
Ormosia merrilliana L. Chen
　　习　　性：常绿乔木
　　海　　拔：100~1200 m
　　国内分布：广东、广西、云南
　　国外分布：中南半岛
　　濒危等级：LC
　　国家保护：Ⅱ级
　　资源利用：原料（木材）

小叶红豆（紫檀木）
Ormosia microphylla Merr. et L. Chen
　　国家保护：Ⅰ级

小叶红豆（原变种）
Ormosia microphylla var. **microphylla**
　　习　　性：灌木或小乔木
　　海　　拔：500~700 m
　　分　　布：福建、广东、广西、贵州
　　濒危等级：EN A2acd+3cd；C1
　　资源利用：药用（中草药）；原料（木材）

绒毛小红豆
Ormosia microphylla var. **tomentosa** R. H. Chang
　　习　　性：灌木或小乔木
　　海　　拔：500~700 m
　　分　　布：福建、广东
　　濒危等级：LC

南宁红豆
Ormosia nanningensis L. Chen
　　习　　性：常绿乔木
　　海　　拔：100~700 m
　　分　　布：广西
　　濒危等级：DD
　　国家保护：Ⅱ级

那坡红豆
Ormosia napoensis Z. Wei et R. H. Chang
　　习　　性：乔木
　　海　　拔：400~500 m
　　分　　布：广西、云南
　　濒危等级：EN A2acd+3cd
　　国家保护：Ⅱ级

秃叶红豆
Ormosia nuda（K. C. How）R. H. Chang et Q. W. Yao
　　习　　性：常绿乔木
　　海　　拔：800~2000 m
　　分　　布：重庆、广东、贵州、湖北、云南
　　濒危等级：LC
　　国家保护：Ⅱ级

橄绿红豆
Ormosia olivacea L. Chen
　　习　　性：乔木
　　海　　拔：700~2100 m
　　分　　布：广西、云南
　　濒危等级：NT A2c；B1b（iii）
　　国家保护：Ⅱ级
　　资源利用：原料（木材）

茸荚红豆
Ormosia pachycarpa Champ. ex Benth.

茸荚红豆（原变种）
Ormosia pachycarpa var. **pachycarpa**
　　习　　性：常绿乔木
　　分　　布：澳门、广东、香港
　　濒危等级：VU D1
　　国家保护：Ⅱ级
　　资源利用：原料（木材）

薄毛茸荚红豆
Ormosia pachycarpa var. **tenuis** Chun ex R. H. Chang
　　习　　性：常绿乔木
　　分　　布：广东
　　濒危等级：LC
　　国家保护：Ⅱ级

菱荚红豆
Ormosia pachyptera L. Chen
　　习　　性：乔木
　　海　　拔：400~1000 m
　　分　　布：广西
　　濒危等级：EN B1ab（i，ii，iii）
　　国家保护：Ⅱ级

屏边红豆
Ormosia pingbianensis W. C. Cheng et R. H. Chang
　　习　　性：常绿乔木
　　海　　拔：900~1000 m
　　分　　布：广西、云南
　　濒危等级：VU B1ab（iii）
　　国家保护：Ⅱ级
　　资源利用：原料（木材）

海南红豆
Ormosia pinnata（Lour.）Merr.
　　习　　性：灌木或小乔木
　　国内分布：澳门、广东、广西、海南、香港、云南
　　国外分布：泰国、越南
　　濒危等级：LC
　　国家保护：Ⅱ级
　　资源利用：原料（木材）

柔毛红豆
Ormosia pubescens R. H. Chang
　　习　　性：常绿乔木
　　海　　拔：700~2100 m
　　分　　布：广西
　　濒危等级：DD
　　国家保护：Ⅱ级

紫花红豆
Ormosia purpureiflora L. Chen
　　习　　性：灌木或小乔木
　　分　　布：广东
　　濒危等级：CR A2acd+3cd

国家保护：Ⅱ级

岩生红豆
Ormosia saxatilis K. M. Lan
- 习　　性：常绿乔木
- 海　　拔：1100~1200 m
- 分　　布：贵州
- 濒危等级：CR C2a（i）
- 国家保护：Ⅱ级
- 资源利用：环境利用（绿化）

软荚红豆
Ormosia semicastrata Hance

软荚红豆（原变型）
Ormosia semicastrata f. **semicastrata**
- 习　　性：常绿乔木
- 海　　拔：200~900 m
- 分　　布：澳门、福建、广东、广西、海南、江西、香港
- 濒危等级：LC
- 国家保护：Ⅱ级

荔枝叶红豆
Ormosia semicastrata f. **litchiifolia** F. C. How
- 习　　性：常绿乔木
- 海　　拔：700~1700 m
- 分　　布：海南
- 濒危等级：LC
- 国家保护：Ⅱ级
- 资源利用：原料（木材）

苍叶红豆
Ormosia semicastrata f. **pallida** F. C. How
- 习　　性：常绿乔木
- 海　　拔：100~1700 m
- 分　　布：广东、广西、贵州、海南、湖南、江西
- 濒危等级：LC
- 国家保护：Ⅱ级
- 资源利用：原料（木材）

亮毛红豆
Ormosia sericeolucida L. Chen
- 习　　性：常绿乔木
- 海　　拔：300~2400 m
- 分　　布：广东、广西
- 濒危等级：EN B2ab（ii）
- 国家保护：Ⅱ级

单叶红豆
Ormosia simplicifolia Merr. et Chun
- 习　　性：灌木或小乔木
- 海　　拔：400~1300 m
- 国内分布：广西、海南
- 国外分布：越南
- 濒危等级：LC
- 国家保护：Ⅱ级

槽纹红豆
Ormosia striata Dunn
- 习　　性：乔木
- 海　　拔：1000~1500 m
- 国内分布：云南
- 国外分布：老挝、缅甸、泰国、越南
- 濒危等级：LC
- 国家保护：Ⅱ级

木荚红豆
Ormosia xylocarpa Chun ex Merr. et L. Chen
- 习　　性：常绿乔木
- 海　　拔：200~1600 m
- 分　　布：福建、广东、广西、贵州、海南、湖南、江西
- 濒危等级：LC
- 国家保护：Ⅱ级
- 资源利用：原料（木材）

云南红豆
Ormosia yunnanensis Prain
- 习　　性：常绿乔木
- 海　　拔：500~1700 m
- 分　　布：云南
- 濒危等级：NT A2c；Bab（iii）
- 国家保护：Ⅱ级

饿蚂蝗属 Ototropis Ness

紫晶饿蚂蝗
Ototropis amethystina（Dunn）H. Ohashi et K. Ohashi
- 习　　性：灌木
- 海　　拔：约1800 m
- 国内分布：云南
- 国外分布：泰国
- 濒危等级：LC

美花饿蚂蝗
Ototropis calliantha（Franch.）H. Ohashi et K. Ohashi
- 习　　性：灌木
- 海　　拔：1700~3300 m
- 分　　布：四川、西藏、云南
- 濒危等级：LC

圆锥饿蚂蝗
Ototropis elegans（DC.）H. Ohashi et K. Ohashi

圆锥饿蚂蝗（原亚种）
Ototropis elegans subsp. **elegans**
- 习　　性：灌木
- 海　　拔：1000~4000 m
- 国内分布：重庆、甘肃、贵州、陕西、四川、西藏、云南
- 国外分布：阿富汗、不丹、尼泊尔、印度
- 濒危等级：LC

川南饿蚂蝗
Ototropis elegans subsp. **wolohoensis**（Schindl.）H. Ohashi et K. Ohashi
- 习　　性：灌木
- 海　　拔：2900~4000 m
- 分　　布：四川、云南
- 濒危等级：LC

盐源饿蚂蝗
Ototropis elegans var. **handelii**（Schindl.）H. Ohashi et K. Ohashi
- 习　　性：灌木
- 海　　拔：1700~3100 m
- 分　　布：四川、云南
- 濒危等级：LC

滇南饿蚂蝗
Ototropis megaphylla(Zoll. et Moritzi) H. Ohashi et K. Ohashi

滇南饿蚂蝗（原变种）
Ototropis megaphylla var. **megaphylla**
习　　性：灌木
海　　拔：700~1900 m
国内分布：云南
国外分布：马来西亚、缅甸、泰国、印度
濒危等级：LC

无毛滇南饿蚂蝗
Ototropis megaphylla var. **glabrescens**(Prain) H. Ohashi et K. Ohashi
习　　性：灌木
海　　拔：约1900 m
国内分布：云南
国外分布：缅甸
濒危等级：LC

饿蚂蝗
Ototropis multiflora(DC.) H. Ohashi et K. Ohashi
习　　性：灌木
海　　拔：500~2800 m
国内分布：重庆、福建、广东、广西、贵州、湖北、湖南、江西、四川、台湾、西藏、云南、浙江
国外分布：不丹、缅甸、尼泊尔、印度；中南半岛
濒危等级：LC
资源利用：药用（中草药）

长波叶饿蚂蝗
Ototropis sequax(Wall.) H. Ohashi et K. Ohashi
习　　性：灌木
海　　拔：1000~2800 m
国内分布：重庆、广东、广西、贵州、河南、湖北、湖南、四川、台湾、西藏、香港、云南
国外分布：巴布亚新几内亚、缅甸、尼泊尔、印度、印度尼西亚
濒危等级：LC

狭叶饿蚂蝗
Ototropis stenophylla(Pamp.) H. Ohashi et K. Ohashi
习　　性：灌木
海　　拔：2300~2700 m
分　　布：四川、云南
濒危等级：LC

云南饿蚂蝗
Ototropis yunnanensis(Franch.) H. Ohashi et K. Ohashi
习　　性：灌木
海　　拔：1000~2200 m
分　　布：四川、云南
濒危等级：LC

棘豆属 Oxytropis DC.

猫头刺
Oxytropis aciphylla Ledeb.

猫头刺（原变型）
Oxytropis aciphylla f. **aciphylla**
习　　性：灌木
国内分布：甘肃、内蒙古、宁夏、青海、陕西、新疆
国外分布：俄罗斯、蒙古
濒危等级：LC
资源利用：动物饲料（饲料）；环境利用（观赏）

白花刺叶柄棘豆
Oxytropis aciphylla f. **albiflora** Zhao. Y. Chang et al.
习　　性：灌木
海　　拔：约1400 m
分　　布：内蒙古、宁夏
濒危等级：LC

似棘豆
Oxytropis ambigua(Pall.) DC.
习　　性：多年生草本
国内分布：新疆
国外分布：俄罗斯、哈萨克斯坦、蒙古
濒危等级：LC

瓶状棘豆
Oxytropis ampullata(Pall.) Per.
习　　性：多年生草本
海　　拔：1500~2900 m
国内分布：新疆
国外分布：俄罗斯、哈萨克斯坦、吉尔吉斯斯坦、塔吉克斯坦、土库曼斯坦、乌兹别克斯坦
濒危等级：LC

长白棘豆
Oxytropis anertii Nakai ex Kitag.

长白棘豆（原变型）
Oxytropis anertii f. **anertii**
习　　性：多年生草本
国内分布：吉林
国外分布：朝鲜
濒危等级：LC

白花长白棘豆
Oxytropis anertii f. **albiflora**(Z. J. Zong ex X. R. He) X. Y. Zhu et H. Ohashi
习　　性：多年生草本
海　　拔：约2300 m
分　　布：吉林
濒危等级：LC

高山棘豆
Oxytropis arctica R. Br.
习　　性：多年生草本
海　　拔：约2500 m
国内分布：新疆
国外分布：俄罗斯、哈萨克斯坦、吉尔吉斯斯坦、塔吉克斯坦、土库曼斯坦、乌兹别克斯坦
濒危等级：LC

银棘豆
Oxytropis argentata(Pall.) Pers.
习　　性：多年生草本
国内分布：新疆
国外分布：俄罗斯、哈萨克斯坦、蒙古
濒危等级：LC

阿西棘豆
Oxytropis assiensis Vassilcz.
习　　性：多年生草本
海　　拔：2200~5300 m
国内分布：西藏、新疆
国外分布：哈萨克斯坦、吉尔吉斯斯坦、塔吉克斯坦、土

库曼斯坦、乌兹别克斯坦
濒危等级：LC

耳瓣棘豆
Oxytropis auriculata C. W. Chang
习　　性：多年生草本
分　　布：四川
濒危等级：LC

鸟状棘豆
Oxytropis avisoides P. C. Li
习　　性：多年生草本
海　　拔：4600~4700 m
分　　布：西藏、新疆
濒危等级：LC

八里坤棘豆
Oxytropis barkolensis X. Y. Zhu et al.
习　　性：多年生草本
海　　拔：2000~3400 m
分　　布：新疆
濒危等级：LC

八宿棘豆
Oxytropis baxoiensis P. C. Li
习　　性：多年生草本
海　　拔：3900 m
分　　布：西藏
濒危等级：LC

美丽棘豆
Oxytropis bella B. Fedtsch.
习　　性：多年生草本
海　　拔：3800~4300 m
国内分布：新疆
国外分布：哈萨克斯坦、吉尔吉斯斯坦、帕米尔地区、塔吉克斯坦、土库曼斯坦、乌兹别克斯坦
濒危等级：LC

二色棘豆
Oxytropis bicolor Bunge

二色棘豆（原变型）
Oxytropis bicolor f. **bicolor**
习　　性：多年生草本
国内分布：北京、甘肃、河北、河南、内蒙古、山东、山西、陕西
国外分布：蒙古
濒危等级：LC

淡黄花鸡咀咀
Oxytropis bicolor f. **luteola**(C. W. Chang) X. Y. Zhu et H. Ohashi
习　　性：多年生草本
海　　拔：约 800 m
分　　布：甘肃、陕西
濒危等级：LC

二花棘豆
Oxytropis biflora P. C. Li
习　　性：多年生草本
海　　拔：约 5000 m
分　　布：西藏
濒危等级：LC

二裂棘豆
Oxytropis biloba Saposhn.
习　　性：多年生草本
海　　拔：1700~2500 m
国内分布：新疆
国外分布：哈萨克斯坦、吉尔吉斯斯坦、塔吉克斯坦、土库曼斯坦、乌兹别克斯坦

博格多山棘豆
Oxytropis bogdoschanica Jurtzev
习　　性：多年生草本
海　　拔：1800~2660 m
分　　布：新疆
濒危等级：LC

短梗棘豆
Oxytropis brevipedunculata P. C. Li
习　　性：多年生草本
海　　拔：5200~5400 m
分　　布：西藏、新疆
濒危等级：LC

蓝花棘豆
Oxytropis caerulea(Pall.) DC.

蓝花棘豆（原变型）
Oxytropis caerulea f. **caerulea**
习　　性：多年生草本
国内分布：北京、甘肃、河北、河南、内蒙古、山西
国外分布：俄罗斯、蒙古
濒危等级：LC

白花棘豆
Oxytropis caerulea f. **albiflora**(H. C. Fu) X. Y. Zhu et H. Ohashi
习　　性：多年生草本
海　　拔：1800~2300 m
分　　布：河北、山西
濒危等级：LC

小丛生棘豆
Oxytropis caespitosula Gontsch.
习　　性：多年生草本
国内分布：新疆
国外分布：吉尔吉斯斯坦、塔吉克斯坦
濒危等级：LC

灰棘豆
Oxytropis cana Bunge
习　　性：多年生草本
国内分布：新疆
国外分布：哈萨克斯坦、吉尔吉斯斯坦、塔吉克斯坦、土库曼斯坦、乌兹别克斯坦
濒危等级：LC

托木尔峰棘豆
Oxytropis chantengriensis Vassilcz.
习　　性：多年生草本
海　　拔：2800~3300 m

国内分布：新疆
国外分布：哈萨克斯坦、吉尔吉斯斯坦、塔吉克斯坦、土库曼斯坦、乌兹别克斯坦
濒危等级：LC

秦岭棘豆
Oxytropis chinglingensis C. W. Chang
习　　性：多年生草本
海　　拔：1800~3900 m
分　　布：陕西、西藏
濒危等级：LC

雪地棘豆
Oxytropis chionobia Bunge
习　　性：多年生草本
海　　拔：2500~4600 m
国内分布：新疆
国外分布：哈萨克斯坦、吉尔吉斯斯坦、塔吉克斯坦、土库曼斯坦、乌兹别克斯坦
濒危等级：LC

雪叶棘豆
Oxytropis chionophylla Schrenk ex Fisch. et C. A. Mey.
习　　性：多年生草本
国内分布：新疆
国外分布：哈萨克斯坦、吉尔吉斯斯坦、塔吉克斯坦、土库曼斯坦、乌兹别克斯坦
濒危等级：LC

霍城棘豆
Oxytropis chorgossica Vassilcz.
习　　性：多年生草本
海　　拔：1400~2000 m
国内分布：新疆
国外分布：哈萨克斯坦、吉尔吉斯斯坦、塔吉克斯坦、土库曼斯坦、乌兹别克斯坦
濒危等级：LC

缘毛棘豆
Oxytropis ciliata Turcz.
习　　性：多年生草本
海　　拔：1800~1900 m
国内分布：河北、内蒙古
国外分布：蒙古
濒危等级：LC

灰叶棘豆
Oxytropis cinerascens Bunge
习　　性：多年生草本
海　　拔：3600~4800 m
国内分布：西藏
国外分布：印度
濒危等级：DD

混合棘豆
Oxytropis confusa Bunge
习　　性：多年生草本
国内分布：新疆
国外分布：俄罗斯、哈萨克斯坦
濒危等级：LC

尖喙棘豆
Oxytropis cuspidata Bunge
习　　性：多年生草本
国内分布：新疆
国外分布：哈萨克斯坦、吉尔吉斯斯坦、塔吉克斯坦、土库曼斯坦、乌兹别克斯坦
濒危等级：LC

急弯棘豆
Oxytropis deflexa (Pall.) DC.
习　　性：多年生草本
海　　拔：1600~3700 m
国内分布：内蒙古、青海、西藏、新疆
国外分布：俄罗斯、蒙古
濒危等级：LC

密丛棘豆
Oxytropis densa Benth. ex Bunge
习　　性：多年生草本
海　　拔：3500~5200 m
国内分布：甘肃、青海、西藏、新疆
国外分布：巴基斯坦、克什米尔地区
濒危等级：LC

密叶棘豆
Oxytropis densiflora P. C. Li

密叶棘豆（原变种）
Oxytropis densiflora var. **densiflora**
习　　性：多年生草本
海　　拔：3200~4000 m
分　　布：甘肃、西藏
濒危等级：LC

多分枝棘豆
Oxytropis densiflora var. **multiramosa** (P. C. Li) X. Y. Zhu et H. Ohashi
习　　性：多年生草本
分　　布：西藏
濒危等级：LC

色花棘豆
Oxytropis dichroantha Schrenk
习　　性：多年生草本
海　　拔：2200~3200 m
国内分布：新疆
国外分布：哈萨克斯坦、吉尔吉斯斯坦、塔吉克斯坦、土库曼斯坦、乌兹别克斯坦
濒危等级：LC

二型叶棘豆
Oxytropis diversifolia E. Peter
习　　性：多年生草本
海　　拔：1000~2200 m
国内分布：内蒙古
国外分布：蒙古
濒危等级：LC

绵果棘豆
Oxytropis eriocarpa Bunge
习　　性：多年生草本

海　　拔：约 2600 m
国内分布：新疆
国外分布：俄罗斯、蒙古
濒危等级：LC

镰荚棘豆
Oxytropis falcata Bunge

镰荚棘豆（原变种）
Oxytropis falcata var. **falcata**
习　　性：多年生草本
海　　拔：2700~5200 m
分　　布：甘肃、青海、四川、西藏、新疆
濒危等级：LC

玛曲棘豆
Oxytropis falcata var. **maquensis** C. W. Chang
习　　性：多年生草本
分　　布：甘肃
濒危等级：LC

硬毛棘豆
Oxytropis fetisowi Bunge
习　　性：多年生草本
海　　拔：1000~4100 m
国内分布：新疆
国外分布：哈萨克斯坦、吉尔吉斯斯坦、塔吉克斯坦、土库曼斯坦、乌兹别克斯坦
濒危等级：LC

线棘豆
Oxytropis filiformis DC.
习　　性：多年生草本
海　　拔：600~700 m
国内分布：内蒙古
国外分布：俄罗斯、蒙古
濒危等级：LC

多花棘豆
Oxytropis floribunda(Pall.)DC.
习　　性：多年生草本
国内分布：新疆
国外分布：俄罗斯、哈萨克斯坦、吉尔吉斯斯坦、塔吉克斯坦、土库曼斯坦、乌兹别克斯坦
濒危等级：LC

脆叶柄棘豆
Oxytropis fragiliphylla Q. Wang et al.
习　　性：多年生草本
海　　拔：1800~2800 m
分　　布：新疆
濒危等级：LC

陇东棘豆
Oxytropis ganningensis C. W. Chang
习　　性：多年生草本
海　　拔：1100~1200 m
分　　布：甘肃、宁夏
濒危等级：LC

改则棘豆
Oxytropis gerzeensis P. C. Li
习　　性：多年生草本
海　　拔：3400~5200 m
分　　布：青海、西藏
濒危等级：LC

华西棘豆
Oxytropis giraldii Ulbr.
习　　性：多年生草本
海　　拔：2100~3600 m
分　　布：甘肃、青海、山西、陕西、四川
濒危等级：LC

小花棘豆
Oxytropis glabra(Lam.)DC.
习　　性：多年生草本
海　　拔：400~4400 m
国内分布：甘肃、河北、河南、吉林、内蒙古、宁夏、青海、山西、陕西、西藏、新疆
国外分布：巴基斯坦、俄罗斯、哈萨克斯坦、吉尔吉斯斯坦、克什米尔地区、蒙古、塔吉克斯坦、土库曼斯坦、乌兹别克斯坦
濒危等级：LC

球花棘豆
Oxytropis globiflora Bunge
习　　性：多年生草本
海　　拔：3600~4300 m
国内分布：西藏、新疆
国外分布：哈萨克斯坦、吉尔吉斯斯坦、塔吉克斯坦、土库曼斯坦、乌兹别克斯坦
濒危等级：LC

帕米尔棘豆
Oxytropis goloskokovii Bajtenov
习　　性：多年生草本
海　　拔：2400~4400 m
国内分布：新疆
国外分布：哈萨克斯坦
濒危等级：LC

大花棘豆
Oxytropis grandiflora(Pall.)DC.
习　　性：多年生草本
海　　拔：800~1700 m
国内分布：河北、吉林、内蒙古
国外分布：俄罗斯、蒙古
濒危等级：LC

米口袋状棘豆
Oxytropis gueldenstaedtioides Ulbr.
习　　性：多年生草本
海　　拔：900~3750 m
分　　布：甘肃、陕西
濒危等级：LC

贵南棘豆
Oxytropis guinanensis Y. H. Wu

习　　性：多年生草本
海　　拔：约 3200 m
分　　布：青海
濒危等级：LC

长硬毛棘豆
Oxytropis hirsuta Bunge
习　　性：多年生草本
海　　拔：500 ~ 1400 m
国内分布：新疆
国外分布：哈萨克斯坦、吉尔吉斯斯坦、蒙古、塔吉克斯坦、土库曼斯坦、乌兹别克斯坦、西伯利亚、印度
濒危等级：LC

短硬毛棘豆
Oxytropis hirsutiuscula Freyn
习　　性：多年生草本
海　　拔：3800 ~ 4300 m
国内分布：新疆
国外分布：哈萨克斯坦、吉尔吉斯斯坦、塔吉克斯坦、土库曼斯坦、乌兹别克斯坦
濒危等级：LC

毛硬毛棘豆
Oxytropis hirta Bunge
习　　性：多年生草本
海　　拔：1000 ~ 4100 m
国内分布：北京、甘肃、河北、河南、黑龙江、吉林、辽宁、内蒙古、山东、山西、陕西
国外分布：俄罗斯、蒙古
濒危等级：LC

贺兰山棘豆
Oxytropis holanshanensis H. C. Fu
习　　性：多年生草本
海　　拔：2000 ~ 2400 m
分　　布：内蒙古
濒危等级：LC

铺地棘豆
Oxytropis humifusa Kar. et Kir.
习　　性：多年生草本
海　　拔：4000 ~ 4400 m
国内分布：西藏、新疆
国外分布：阿富汗、巴基斯坦、哈萨克斯坦、吉尔吉斯斯坦、克什米尔地区、尼泊尔、塔吉克斯坦、土库曼斯坦、乌兹别克斯坦、印度
濒危等级：LC

猬刺棘豆
Oxytropis hystrix Schrenk
习　　性：灌木
海　　拔：2000 ~ 4300 m
国内分布：新疆
国外分布：哈萨克斯坦
濒危等级：LC

和硕棘豆
Oxytropis immersa (Baker ex Aitch.) Bunge ex B. Fedtsch.
习　　性：多年生草本
海　　拔：3600 ~ 4200 m
国内分布：西藏、新疆
国外分布：阿富汗、巴基斯坦、哈萨克斯坦、吉尔吉斯斯坦、塔吉克斯坦、土库曼斯坦、乌兹别克斯坦、伊朗
濒危等级：LC

阴山棘豆
Oxytropis inschanica H. C. Fu et S. H. Cheng
习　　性：多年生草本
海　　拔：1800 ~ 2100 m
分　　布：内蒙古
濒危等级：VU D2

甘肃棘豆
Oxytropis kansuensis Bunge
习　　性：多年生草本
海　　拔：2200 ~ 3000 m
国内分布：甘肃、青海、四川、西藏、云南
国外分布：尼泊尔
濒危等级：LC

克氏棘豆
Oxytropis krylovi Schipcz.
习　　性：多年生草本
海　　拔：3000 ~ 4700 m
国内分布：新疆
国外分布：俄罗斯、哈萨克斯坦
濒危等级：LC

拉德京棘豆
Oxytropis ladygini Krylov
习　　性：多年生草本
海　　拔：1500 ~ 2700 m
国内分布：新疆
国外分布：俄罗斯、蒙古
濒危等级：LC

绵毛棘豆
Oxytropis lanata (Pall.) DC.
习　　性：多年生草本
海　　拔：约 1200 m
分　　布：内蒙古
濒危等级：LC

披针叶棘豆
Oxytropis lanceatifoliola H. Ohba et al.
习　　性：多年生草本
海　　拔：约 4100 m
分　　布：新疆
濒危等级：LC

狼山棘豆
Oxytropis langshanica H. C. Fu
习　　性：多年生草本
分　　布：内蒙古
濒危等级：LC

多伦棘豆
Oxytropis lanuginosa Kom.

习　　性：多年生草本
国内分布：内蒙古
国外分布：蒙古
濒危等级：LC

拉普兰棘豆
Oxytropis lapponica (Wahlenb.) Gay
习　　性：多年生草本
海　　拔：3300~4600 m
国内分布：陕西、西藏、新疆
国外分布：巴基斯坦、尼泊尔、印度；中亚各国、欧洲
濒危等级：LC

宽翼棘豆
Oxytropis latialata P. C. Li
习　　性：多年生草本
海　　拔：约5100 m
分　　布：西藏
濒危等级：LC

宽苞棘豆
Oxytropis latibracteata Jurtzev

宽苞棘豆（原变种）
Oxytropis latibracteata var. **latibracteata**
习　　性：多年生草本
海　　拔：1700~3800 m
分　　布：甘肃、河北、内蒙古、青海、山西、四川、西藏、新疆
濒危等级：LC

长宽苞棘豆
Oxytropis latibracteata var. **longibracteata** Y. H. Wu
习　　性：多年生草本
海　　拔：3500~3700 m
分　　布：青海
濒危等级：LC

等瓣棘豆
Oxytropis lehmannii Bunge
习　　性：多年生草本
海　　拔：2000~4800 m
国内分布：西藏
国外分布：亚洲中部
濒危等级：LC

山泡泡
Oxytropis leptophylla (Pall.) DC.

山泡泡（原变种）
Oxytropis leptophylla var. **leptophylla**
习　　性：多年生草本
海　　拔：800~1900 m
国内分布：河北、吉林、内蒙古、山西
国外分布：俄罗斯、蒙古
濒危等级：LC

陀螺棘豆
Oxytropis leptophylla var. **turbinata** H. C. Fu
习　　性：多年生草本
分　　布：内蒙古
濒危等级：LC

拉萨棘豆
Oxytropis lhasaensis X. Y. Zhu
习　　性：多年生草本
海　　拔：约3700 m
分　　布：西藏
濒危等级：LC

线苞棘豆
Oxytropis linearibracteata P. C. Li
习　　性：多年生草本
海　　拔：约4200 m
分　　布：西藏
濒危等级：LC

长翼棘豆
Oxytropis longialata P. C. Li
习　　性：多年生草本
海　　拔：4000~4100 m
分　　布：西藏、新疆
濒危等级：LC

玛多棘豆
Oxytropis maduoensis Y. H. Wu
习　　性：多年生草本
海　　拔：4300~4600 m
分　　布：青海
濒危等级：LC

马老亚纳棘豆
Oxytropis malloryana Dunn
习　　性：多年生草本
海　　拔：3800~4600 m
分　　布：西藏
濒危等级：LC

玛沁棘豆
Oxytropis maqinensis Y. H. Wu

玛沁棘豆（原变种）
Oxytropis maqinensis var. **maqinensis**
习　　性：多年生草本
海　　拔：3300~4500 m
分　　布：青海
濒危等级：LC

畸花棘豆
Oxytropis maqinensis var. **deformisifloris** Y. H. Wu
习　　性：多年生草本
海　　拔：约3600 m
分　　布：青海
濒危等级：LC

萨拉套棘豆
Oxytropis meinshausenii Schrenk
习　　性：多年生草本
海　　拔：1600~3600 m
国内分布：甘肃、四川、新疆
国外分布：哈萨克斯坦、吉尔吉斯斯坦、塔吉克斯坦、土库曼斯坦、乌兹别克斯坦

濒危等级：LC

黑萼棘豆
Oxytropis melanocalyx Bunge
习　　性：多年生草本
海　　拔：2200~5100 m
分　　布：甘肃、内蒙古、陕西、四川、西藏、新疆、云南
濒危等级：LC

米尔克棘豆
Oxytropis merkensis Bunge
习　　性：多年生草本
海　　拔：1700~4600 m
国内分布：甘肃、内蒙古、宁夏、青海、西藏、新疆
国外分布：哈萨克斯坦、吉尔吉斯斯坦、塔吉克斯坦、土库曼斯坦、乌兹别克斯坦
濒危等级：LC

小叶棘豆
Oxytropis microphylla (Pall.) DC.
习　　性：多年生草本
海　　拔：2700~5200 m
国内分布：甘肃、内蒙古、青海、西藏、新疆
国外分布：阿富汗、巴基斯坦、吉尔吉斯斯坦、克什米尔地区、尼泊尔、塔吉克斯坦、印度
濒危等级：LC
资源利用：药用（中草药，兽药）

小球棘豆
Oxytropis microsphaera Bunge
习　　性：多年生草本
海　　拔：2000~4500 m
国内分布：新疆
国外分布：吉尔吉斯斯坦、塔吉克斯坦
濒危等级：LC

窄膜棘豆
Oxytropis moellendorffii Bunge ex Maxim.
习　　性：多年生草本
海　　拔：2400~3400 m
分　　布：北京、河北、陕西
濒危等级：LC

软毛棘豆
Oxytropis mollis Royle ex Benth.
习　　性：多年生草本
海　　拔：2700~3400 m
国内分布：西藏
国外分布：巴基斯坦、克什米尔地区、尼泊尔、印度
濒危等级：LC

单叶棘豆
Oxytropis monophylla Grubov
习　　性：多年生草本
海　　拔：约 3700 m
分　　布：内蒙古
濒危等级：LC

糙荚棘豆
Oxytropis muricata (Pall.) DC.
习　　性：多年生草本

国内分布：宁夏
国外分布：俄罗斯、蒙古
濒危等级：LC

多叶棘豆
Oxytropis myriophylla (Pall.) DC.
习　　性：多年生草本
海　　拔：200~2600 m
国内分布：甘肃、河北、黑龙江、吉林、辽宁、内蒙古、山西、陕西
国外分布：俄罗斯、蒙古
濒危等级：LC
资源利用：药用（中草药）；动物饲料（饲料）

内蒙古棘豆
Oxytropis neimonggolica C. W. Chang et Y. Z. Zhao
习　　性：多年生草本
海　　拔：1000~2200 m
分　　布：内蒙古
濒危等级：NT

垂花棘豆
Oxytropis nutans Bunge
习　　性：多年生草本
海　　拔：2500~4100 m
国内分布：新疆
国外分布：哈萨克斯坦、吉尔吉斯斯坦、塔吉克斯坦、土库曼斯坦、乌兹别克斯坦
濒危等级：LC

黄毛棘豆
Oxytropis ochrantha Turcz.
习　　性：多年生草本
海　　拔：500~4800 m
国内分布：北京、甘肃、河北、内蒙古、宁夏、青海、山西、四川、西藏、新疆
国外分布：蒙古
濒危等级：LC

黄花棘豆
Oxytropis ochrocephala Bunge
习　　性：多年生草本
海　　拔：1800~4500 m
分　　布：甘肃、河北、内蒙古、青海、四川、西藏、新疆
濒危等级：LC

淡黄棘豆
Oxytropis ochroleuca Bunge
习　　性：多年生草本
海　　拔：1600~1700 m
国内分布：新疆
国外分布：哈萨克斯坦、吉尔吉斯斯坦、塔吉克斯坦、土库曼斯坦、乌兹别克斯坦
濒危等级：LC

长苞黄花棘豆
Oxytropis ochrolongibracteata X. Y. Zhu et H. Ohashi
习　　性：多年生草本
海　　拔：1700~4300 m
分　　布：甘肃、青海、西藏、新疆

山棘豆
Oxytropis oxyphylla (Pall.) DC.
- 习　　性：多年生草本
- 海　　拔：500~2700 m
- 国内分布：甘肃、黑龙江、吉林、辽宁、陕西
- 国外分布：朝鲜
- 濒危等级：LC

冰河棘豆
Oxytropis pagobia Bunge
- 习　　性：多年生草本
- 海　　拔：2100~3800 m
- 分　　布：新疆
- 濒危等级：LC

长萼棘豆
Oxytropis parasericeopetala P. C. Li
- 习　　性：多年生草本
- 海　　拔：4500~5000 m
- 分　　布：西藏
- 濒危等级：LC

少花棘豆
Oxytropis pauciflora Bunge
- 习　　性：多年生草本
- 海　　拔：4500~5600 m
- 国内分布：甘肃、青海、西藏、新疆
- 国外分布：俄罗斯、哈萨克斯坦
- 濒危等级：LC

蓝垂花棘豆
Oxytropis penduliflora Gontsch.
- 习　　性：多年生草本
- 海　　拔：2000~4100 m
- 国内分布：青海、新疆
- 国外分布：哈萨克斯坦、吉尔吉斯斯坦、塔吉克斯坦、土库曼斯坦、乌兹别克斯坦、印度
- 濒危等级：LC

疏毛棘豆
Oxytropis pilosa (L.) DC.
- 习　　性：多年生草本
- 海　　拔：1400~4300 m
- 国内分布：新疆
- 国外分布：俄罗斯、哈萨克斯坦、蒙古
- 濒危等级：LC

宽柄棘豆
Oxytropis platonychia Bunge
- 习　　性：多年生草本
- 海　　拔：3500 m
- 国内分布：新疆
- 国外分布：巴基斯坦、哈萨克斯坦、吉尔吉斯斯坦、塔吉克斯坦、土库曼斯坦、乌兹别克斯坦
- 濒危等级：LC

宽瓣棘豆
Oxytropis platysema Schrenk
- 习　　性：多年生草本
- 海　　拔：2300~5200 m
- 国内分布：西藏、新疆
- 国外分布：哈萨克斯坦、吉尔吉斯斯坦、塔吉克斯坦、土库曼斯坦、乌兹别克斯坦
- 濒危等级：LC

长柄棘豆
Oxytropis podoloba Kar. et Kir.
- 习　　性：多年生草本
- 海　　拔：约3900 m
- 国内分布：西藏
- 国外分布：哈萨克斯坦、吉尔吉斯斯坦、塔吉克斯坦、土库曼斯坦、乌兹别克斯坦
- 濒危等级：LC

鹏次棘豆
Oxytropis poncinsii Franch.
- 习　　性：多年生草本
- 海　　拔：2400~4400 m
- 国内分布：甘肃、西藏、新疆
- 国外分布：哈萨克斯坦、吉尔吉斯斯坦、塔吉克斯坦、土库曼斯坦、乌兹别克斯坦
- 濒危等级：LC

冰川棘豆
Oxytropis proboscidea Bunge
- 习　　性：多年生草本
- 海　　拔：4100~5300 m
- 分　　布：甘肃、西藏、新疆、云南
- 濒危等级：LC

哈密棘豆
Oxytropis przewalskii Kom.
- 习　　性：多年生草本
- 海　　拔：1800~2600 m
- 分　　布：新疆
- 濒危等级：LC

密花棘豆
Oxytropis pseudocoerulea P. C. Li
- 习　　性：多年生草本
- 海　　拔：2000~3800 m
- 分　　布：四川、西藏、新疆
- 濒危等级：LC

阿拉套棘豆
Oxytropis pseudofrigida Saposhn.
- 习　　性：多年生草本
- 海　　拔：约1400 m
- 分　　布：新疆
- 濒危等级：LC

拟腺棘豆
Oxytropis pseudoglandulosa Gontsch. ex Grubov
- 习　　性：多年生草本
- 海　　拔：3000~3100 m
- 分　　布：青海
- 濒危等级：LC

假长毛棘豆
Oxytropis pseudohirsuta Q. Wang et Chang Y. Yang

习　　性：多年生草本
海　　拔：700～1700 m
分　　布：新疆
濒危等级：LC

拟多叶棘豆
Oxytropis pseudomyriophylla S. H. Cheng. ex X. Y. Zhu et al.
习　　性：多年生草本
海　　拔：1400～2600 m
分　　布：甘肃、宁夏、山西
濒危等级：LC

普米腊棘豆
Oxytropis pumila Fisch. ex DC.
习　　性：多年生草本
分　　布：新疆
濒危等级：LC

细小棘豆
Oxytropis pusilla Bunge
习　　性：多年生草本
海　　拔：3700～5000 m
分　　布：西藏、新疆
濒危等级：LC

昌都棘豆
Oxytropis qamdoensis X. Y. Zhu et al.
习　　性：多年生草本
海　　拔：3200～3300 m
分　　布：西藏
濒危等级：LC

祁连山棘豆
Oxytropis qilianshanica C. W. Chang et C. L. Zhang ex X. Y. Zhu et H. Ohashi
习　　性：多年生草本
海　　拔：2300～5100 m
分　　布：甘肃、青海、西藏
濒危等级：LC

青海棘豆
Oxytropis qinghaiensis Y. H. Wu
习　　性：多年生草本
海　　拔：3400～4700 m
分　　布：青海
濒危等级：LC

囊谦棘豆
Oxytropis qingnanensis Y. H. Wu
习　　性：多年生草本
海　　拔：3900～4100 m
分　　布：青海
濒危等级：LC

奇台棘豆
Oxytropis qitaiensis X. Y. Zhu et al.
习　　性：多年生草本
海　　拔：1900～2400 m
分　　布：新疆
濒危等级：LC

砂珍棘豆
Oxytropis racemosa Turcz.

砂珍棘豆（原变型）
Oxytropis racemosa f. racemosa
习　　性：多年生草本
海　　拔：600～1900 m
国内分布：甘肃、河北、河南、辽宁、内蒙古、宁夏、山西、陕西
国外分布：朝鲜、蒙古
濒危等级：LC
资源利用：药用（中草药）；动物饲料（饲料，牧草）

白花砂珍棘豆
Oxytropis racemosa f. albiflora (P. Y. Fu et Y. A. Chen) C. W. Chang
习　　性：多年生草本
分　　布：辽宁、内蒙古
濒危等级：LC

多枝棘豆
Oxytropis ramosissima Kom.
习　　性：多年生草本
海　　拔：900～1400 m
分　　布：甘肃、内蒙古、陕西
濒危等级：LC

肾瓣棘豆
Oxytropis reniformis P. C. Li
习　　性：多年生草本
海　　拔：4300～4600 m
分　　布：西藏
濒危等级：LC

乌卢套棘豆
Oxytropis rhynchophysa Schrenk
习　　性：多年生草本
国内分布：新疆
国外分布：俄罗斯、哈萨克斯坦、吉尔吉斯斯坦、塔吉克斯坦、土库曼斯坦、乌兹别克斯坦
濒危等级：LC

悬岩棘豆
Oxytropis rupifraga Bunge
习　　性：多年生草本
海　　拔：约1700 m
国内分布：新疆
国外分布：亚洲中部
濒危等级：LC

囊萼棘豆
Oxytropis sacciformis H. C. Fu
习　　性：多年生草本
分　　布：内蒙古
濒危等级：LC

萨氏棘豆
Oxytropis saposhnikovii Krylov
习　　性：多年生草本
分　　布：新疆
濒危等级：LC

萨坎德棘豆
Oxytropis sarkandensis Vassilcz.
- 习　　性：多年生草本
- 国内分布：新疆
- 国外分布：哈萨克斯坦、吉尔吉斯斯坦、塔吉克斯坦、土库曼斯坦、乌兹别克斯坦
- 濒危等级：LC

萨乌尔棘豆
Oxytropis saurica Saposhn.
- 习　　性：多年生草本
- 国内分布：新疆
- 国外分布：哈萨克斯坦、吉尔吉斯斯坦、塔吉克斯坦、土库曼斯坦、乌兹别克斯坦
- 濒危等级：LC

伊朗棘豆
Oxytropis savellanica Bunge ex Boiss.
- 习　　性：多年生草本
- 海　　拔：3500～5100 m
- 国内分布：西藏
- 国外分布：巴基斯坦、哈萨克斯坦、吉尔吉斯斯坦、克什米尔地区、塔吉克斯坦、土库曼斯坦、乌兹别克斯坦、伊朗
- 濒危等级：LC

塔城棘豆
Oxytropis schrenkii Trautv.
- 习　　性：多年生草本
- 国内分布：新疆
- 国外分布：哈萨克斯坦
- 濒危等级：LC

谢米诺夫棘豆
Oxytropis semenowii Bunge
- 习　　性：多年生草本
- 国内分布：新疆
- 国外分布：哈萨克斯坦、吉尔吉斯斯坦、塔吉克斯坦、土库曼斯坦、乌兹别克斯坦
- 濒危等级：LC

毛瓣棘豆
Oxytropis sericopetala Prain ex C. E. C. Fisch.
- 习　　性：多年生草本
- 海　　拔：2600～4600 m
- 分　　布：西藏
- 濒危等级：LC

山西棘豆
Oxytropis shanxiensis X. Y. Zhu
- 习　　性：多年生草本
- 分　　布：山东、山西
- 濒危等级：LC

四川棘豆
Oxytropis sichuanica C. W. Chang
- 习　　性：多年生草本
- 海　　拔：3900～4200 m
- 分　　布：四川
- 濒危等级：LC

新疆棘豆
Oxytropis sinkiangensis S. H. Cheng ex C. W. Chang
- 习　　性：多年生草本
- 海　　拔：500～1000 m
- 分　　布：甘肃、新疆
- 濒危等级：LC

西太白棘豆
Oxytropis sitaipaiensis T. P. Wang ex C. W. Chang

西太白棘豆（原变种）
Oxytropis sitaipaiensis var. **sitaipaiensis**
- 习　　性：多年生草本
- 海　　拔：约 1800 m
- 分　　布：陕西
- 濒危等级：LC

短萼齿棘豆
Oxytropis sitaipaiensis var. **brevidentata**（C. W. Chang）X. Y. Zhu et H. Ohashi
- 习　　性：多年生草本
- 海　　拔：约 2000 m
- 分　　布：陕西
- 濒危等级：LC

四子王棘豆
Oxytropis siziwangensis Y. Z. Zhao et Z. Y. Chu
- 习　　性：多年生草本
- 分　　布：内蒙古
- 濒危等级：LC

准噶尔棘豆
Oxytropis songarica（Pall.）DC.
- 习　　性：多年生草本
- 海　　拔：1300～2800 m
- 分　　布：新疆
- 濒危等级：LC

鳞萼棘豆
Oxytropis squammulosa DC.
- 习　　性：多年生草本
- 海　　拔：1300～3300 m
- 国内分布：甘肃、内蒙古、宁夏、青海、陕西、新疆
- 国外分布：俄罗斯、蒙古
- 濒危等级：LC

胀果棘豆
Oxytropis stracheyana Benth. ex Baker
- 习　　性：多年生草本
- 海　　拔：2200～5000 m
- 国内分布：甘肃、青海、西藏、新疆
- 国外分布：巴基斯坦、哈萨克斯坦、吉尔吉斯斯坦、塔吉克斯坦、土库曼斯坦、乌兹别克斯坦、印度
- 濒危等级：LC

短序棘豆
Oxytropis subpodoloba P. C. Li
- 习　　性：多年生草本
- 海　　拔：3500～4200 m

分　　布：西藏
濒危等级：LC

硫磺棘豆
Oxytropis sulphurea Ledeb.
　　习　　性：多年生草本
　　国内分布：新疆
　　国外分布：俄罗斯、哈萨克斯坦

洮河棘豆
Oxytropis taochensis Kom.
　　习　　性：多年生草本
　　海　　拔：2000~3400 m
　　分　　布：甘肃、青海、陕西、四川
　　濒危等级：LC

塔什库尔干棘豆
Oxytropis tashkurensis S. H. Cheng ex X. Y. Zhu et al.
　　习　　性：多年生草本
　　海　　拔：1800~3600 m
　　分　　布：新疆
　　濒危等级：LC

天山棘豆
Oxytropis tianschanica Bunge
　　习　　性：多年生草本
　　海　　拔：3000~4400 m
　　国内分布：新疆
　　国外分布：吉尔吉斯斯坦、塔吉克斯坦
　　濒危等级：LC

胶黄芪状棘豆
Oxytropis tragacanthoides Fisch. ex DC.
　　习　　性：灌木
　　海　　拔：2000~4100 m
　　国内分布：甘肃、内蒙古、宁夏、青海、新疆
　　国外分布：哈萨克斯坦、蒙古
　　濒危等级：LC

毛齿棘豆
Oxytropis trichocalycina Bunge ex Boiss.
　　习　　性：多年生草本
　　国内分布：新疆
　　国外分布：哈萨克斯坦、吉尔吉斯斯坦、塔吉克斯坦、土库曼斯坦、乌兹别克斯坦
　　濒危等级：LC

毛序棘豆
Oxytropis trichophora Franch.
　　习　　性：多年生草本
　　海　　拔：800~2000 m
　　分　　布：北京、甘肃、河北、河南、山西、陕西
　　濒危等级：LC

毛泡棘豆
Oxytropis trichophysa Bunge
　　习　　性：多年生草本
　　海　　拔：1700~2800 m
　　国内分布：新疆

　　国外分布：俄罗斯、蒙古
　　濒危等级：LC

土丹棘豆
Oxytropis tudanensis X. Y. Zhu et al.
　　习　　性：多年生草本
　　海　　拔：2800~4900 m
　　分　　布：甘肃、西藏
　　濒危等级：LC

土克曼棘豆
Oxytropis tukemansuensis X. Y. Zhu et al.
　　习　　性：多年生草本
　　海　　拔：4200 m
　　分　　布：新疆
　　濒危等级：LC

维力棘豆
Oxytropis valerii Vassilcz.
　　习　　性：多年生草本
　　海　　拔：3500~4000 m
　　分　　布：西藏
　　濒危等级：LC

维米苦拉棘豆
Oxytropis vermicularis Freyn
　　习　　性：多年生草本
　　海　　拔：3500~4000 m
　　分　　布：新疆
　　濒危等级：LC

浅淡黄棘豆
Oxytropis viridiflava Kom.
　　习　　性：多年生草本
　　国内分布：山西
　　国外分布：蒙古
　　濒危等级：LC

五台山棘豆
Oxytropis wutaiensis Tatew. et Hurus.
　　习　　性：多年生草本
　　分　　布：山西
　　濒危等级：LC

兴隆山棘豆
Oxytropis xinglongshanica C. W. Chang

兴隆山棘豆（原变种）
Oxytropis xinglongshanica var. **xinglongshanica**
　　习　　性：多年生草本
　　海　　拔：1800~2600 m
　　分　　布：甘肃
　　濒危等级：LC

肥冠棘豆
Oxytropis xinglongshanica var. **obesusicorollata** Y. H. Wu
　　习　　性：多年生草本
　　海　　拔：约2300 m
　　分　　布：甘肃
　　濒危等级：LC

盐池棘豆
Oxytropis yanchiensis X. Y. Zhu et al.
- 习　　性：多年生草本
- 海　　拔：约2200 m
- 分　　布：新疆
- 濒危等级：LC

野克棘豆
Oxytropis yekenensis X. Y. Zhu et al.
- 习　　性：多年生草本
- 海　　拔：约1400 m
- 分　　布：新疆
- 濒危等级：LC

云南棘豆
Oxytropis yunnanensis Franch.
- 习　　性：多年生草本
- 海　　拔：1800~4900 m
- 分　　布：甘肃、青海、四川、西藏、云南
- 濒危等级：LC

泽库棘豆
Oxytropis zekogensis Y. H. Wu
- 习　　性：多年生草本
- 海　　拔：2700~3400 m
- 分　　布：青海
- 濒危等级：LC

豆薯属 Pachyrhizus Rich. ex DC.

豆薯
Pachyrhizus erosus (L.) Urb.
- 习　　性：藤本
- 国内分布：澳门、重庆、福建、广东、广西、贵州、海南、湖北、湖南、四川、台湾、云南
- 国外分布：原产热带美洲；热带地区栽培
- 资源利用：食品（蔬菜，淀粉）；原料（纤维）

球花豆属 Parkia R. Br.

大叶球花豆
Parkia leiophylla Kurz
- 习　　性：乔木
- 国内分布：云南
- 国外分布：原产缅甸、泰国

球花豆
Parkia timoriana (DC.) Merr.
- 习　　性：乔木
- 国内分布：台湾、云南
- 国外分布：原产缅甸、泰国
- 濒危等级：DD

扁轴木属 Parkinsonia L.

扁轴木
Parkinsonia aculeata L.
- 习　　性：灌木或乔木
- 国内分布：海南、香港栽培
- 国外分布：原产热带美洲；全球热带地区广泛栽培
- 资源利用：药用（中草药）

紫雀花属 Parochetus Buch.-Ham. ex D. Don

紫雀花
Parochetus communis Buch.-Ham. ex D. Don
- 习　　性：多年生草本
- 海　　拔：1800~3000 m
- 国内分布：贵州、四川、西藏、云南
- 国外分布：马来西亚、缅甸、斯里兰卡、印度、印度尼西亚；中南半岛
- 濒危等级：LC
- 资源利用：药用（中草药）

盾柱木属 Peltophorum (Vogel) Benth.

翼豆
Peltophorum dasyrrhachis (Miq.) Kurz
- 习　　性：落叶乔木
- 国内分布：海南
- 国外分布：越南；东南亚

银珠
Peltophorum dasyrrhachis var. **tonkinensis** (Pierre) K. Larsen et S. S. Larsen
- 习　　性：落叶乔木
- 海　　拔：300~400 m
- 国内分布：海南
- 国外分布：越南
- 濒危等级：EN A2c

盾柱木
Peltophorum pterocarpum (DC.) Baker ex K. Heyne
- 习　　性：乔木
- 国内分布：澳门、广东、香港、云南
- 国外分布：原产澳大利亚、马来西亚、斯里兰卡、印度尼西亚、越南

火索藤属 Phanera Lour.

火索藤
Phanera aurea (H. Lév.) Mackinder et R. Clark
- 习　　性：藤本
- 海　　拔：400~900 m
- 分　　布：广东、广西、贵州、四川、云南
- 濒危等级：LC
- 资源利用：药用（中草药）

石山火索藤
Phanera calciphila (D. X. Zhang et T. C. Chen) Mackinder et R. Clark
- 习　　性：藤本
- 分　　布：广西
- 濒危等级：LC

镰叶火索藤
Phanera carcinophylla (Merr.) Mackinder et R. Clark

习　　性：藤本
国内分布：云南
国外分布：越南
濒危等级：LC

多花火索藤
Phanera chalcophylla(H. Y. Chen)Mackinder et R. Clark
习　　性：藤本
海　　拔：800~1000 m
分　　布：云南
濒危等级：NT B2ac（ⅱ）

龙须藤
Phanera championii Benth.
习　　性：藤本
国内分布：澳门、重庆、福建、广东、广西、贵州、湖北、湖南、江西、四川、台湾、香港、云南、浙江
国外分布：印度、印度尼西亚、越南
濒危等级：LC

云南红花火索藤
Phanera coccinea Lour.
习　　性：常绿乔木
国内分布：云南
国外分布：越南
濒危等级：LC

越南红花火索藤
Phanera coccinea subsp. **tonkinensis**(Gagnep.)Mackinder et R. Clark
习　　性：常绿乔木
海　　拔：800~1300 m
国内分布：云南
国外分布：越南
濒危等级：LC

首冠藤
Phanera corymbosa(Roxb. ex DC.)Benth.

首冠藤（原变种）
Phanera corymbosa var. **corymbosa**
习　　性：藤本
国内分布：澳门、广东、广西、海南、香港
国外分布：越南、热带和亚热带地区有栽培
濒危等级：LC

长序火索藤
Phanera corymbosa var. **longipes**(Hosok.)X. Y. Zhu
习　　性：木质藤本
分　　布：海南
濒危等级：DD

锈荚藤
Phanera erythropoda(Hayata)Mackinder et R. Clark

锈荚藤（原变种）
Phanera erythropoda var. **erythropoda**
习　　性：藤本
国内分布：广西、海南、云南
国外分布：菲律宾
濒危等级：LC

广西火索藤
Phanera erythropoda var. **guangxiensis**(D. X. Zhang et T. C. Chen)Mackinder et R. Clark
习　　性：木质藤本
分　　布：广西
濒危等级：LC

粉叶火索藤
Phanera glauca Wall. ex Benth.

粉叶火索藤（原亚种）
Phanera glauca subsp. **glauca**
习　　性：木质藤本
国内分布：澳门、广东、广西、贵州、湖南、江西、香港、云南
国外分布：印度、印度尼西亚；中南半岛
濒危等级：LC

薄叶火索藤
Phanera glauca subsp. **tenuiflora**(Watt ex C. B. Clarke)A. Schmitz
习　　性：藤本
海　　拔：1900 m
国内分布：广西、云南
国外分布：柬埔寨、老挝、缅甸、泰国、印度尼西亚
濒危等级：LC

河口火索藤
Phanera hekouensis(T. Y. Tu et D. X. Zhang)Krishnaraj
习　　性：藤本
海　　拔：约170 m
分　　布：云南
濒危等级：LC

绸缎藤
Phanera hypochrysa(T. C. Chen)Mackinder et R. Clark
习　　性：藤本
分　　布：广西
濒危等级：DD

日本火索藤
Phanera japonica(Maxim.)H. Ohashi
习　　性：藤本
国内分布：广东、海南
国外分布：日本
濒危等级：LC

牛蹄麻
Phanera khasiana(Baker)Thoth.

牛蹄麻（原变种）
Phanera khasiana var. **khasiana**
习　　性：藤本
国内分布：海南
国外分布：印度、越南
濒危等级：LC

大裂片牛蹄麻
Phanera khasiana var. **gigalobia**(D. X. Zhang)Bandyop. et al.
习　　性：木质藤本
海　　拔：约200 m

分　　布：云南
濒危等级：LC

毛叶牛蹄麻
Phanera khasiana var. **tomentella**(T. C. Chen) Bandyop. et al.
习　　性：木质藤本
海　　拔：100~300 m
分　　布：云南
濒危等级：LC

圆叶火索藤
Phanera macrostachya Benth.
习　　性：藤本
国内分布：云南
国外分布：缅甸、印度、越南
濒危等级：LC

棒花火索藤
Phanera nervosa Wall. ex Benth.
习　　性：木质藤本
海　　拔：1500~1600 m
国内分布：云南
国外分布：孟加拉国、缅甸、泰国、印度
濒危等级：LC

琼岛火索藤
Phanera ornata(Kurz) Thoth.

琼岛火索藤（原变种）
Phanera ornata var. **ornata**
习　　性：高大藤本
国内分布：海南
国外分布：缅甸
濒危等级：LC

光叶火索藤
Phanera ornata var. **balansae**(Gagnep.) Bandyop.
习　　性：高大藤本
海　　拔：100~900 m
国内分布：云南
国外分布：越南
濒危等级：LC

褐毛火索藤
Phanera ornata var. **kerrii**(Gagnep.) Bandyop.
习　　性：高大藤本
海　　拔：100~800 m
国内分布：广东、广西、云南
国外分布：老挝、泰国、越南
濒危等级：LC

少脉火索藤
Phanera paucinervata(T. C. Chen) X. Y. Zhu
习　　性：藤本
海　　拔：300~600 m
分　　布：广西
濒危等级：LC

羊蹄甲
Phanera purpurea(L.) Benth.
习　　性：灌木或乔木
国内分布：澳门、重庆、福建、广东、广西、海南、香港、云南
国外分布：菲律宾、马来西亚、尼泊尔、斯里兰卡、印度、印度尼西亚；中南半岛
濒危等级：LC
资源利用：药用（中草药）；环境利用（观赏）

红背叶火索藤
Phanera rubrovillosa(K. Larsen et S. S. Larsen) Mackinder et R. Clark
习　　性：藤本
海　　拔：400~500 m
国内分布：广西、云南
国外分布：老挝、越南
濒危等级：LC

田林火索藤
Phanera tianlinensis(T. C. Chen et D. X. Zhang) Mackinder et R. Clark
习　　性：藤本
海　　拔：约600 m
分　　布：广西
濒危等级：LC

囊托火索藤
Phanera touranensis(Gagnep.) A. Schmitz
习　　性：藤本
海　　拔：500~1200 m
国内分布：广西、贵州、云南
国外分布：老挝、缅甸、越南
濒危等级：LC

白花火索藤
Phanera variegata(L.) Benth.

白花火索藤（原变种）
Phanera variegata var. **variegata**
习　　性：灌木或小乔木
国内分布：澳门、重庆、福建、广东、广西、台湾、云南
国外分布：不丹、孟加拉国、印度、印度尼西亚；中南半岛
濒危等级：DD

白花洋紫荆
Phanera variegata var. **candida**(Aiton) X. Y. Zhu
习　　性：灌木或小乔木
分　　布：澳门、香港、云南
濒危等级：LC

吴锐火索藤
Phanera wrayi(Prain ex King) de Wit
习　　性：缠绕藤本
国内分布：广西
国外分布：马来西亚、越南
濒危等级：LC

蟹钳火索藤
Phanera wrayi var. **cardiophylla**(Merr.) Bandyop. et al.
习　　性：缠绕藤本
国内分布：广西

国外分布：马来西亚、越南
濒危等级：LC

吴氏火索藤
Phanera wuzhengyii (S. S. Larsen) Bandyop. et al.
习　　性：藤本
海　　拔：约480 m
分　　布：云南
濒危等级：LC

云南火索藤
Phanera yunnanensis (Franch.) Wunderlin
习　　性：藤本
海　　拔：400~2000 m
国内分布：贵州、四川、云南
国外分布：缅甸、泰国
濒危等级：LC

菜豆属 Phaseolus L.

多花菜豆
Phaseolus coccineus L.
习　　性：多年生草本
国内分布：贵州、河北、黑龙江、河南、吉林、辽宁、内蒙古、山西、陕西、四川、云南
国外分布：原产中美洲；温带地区有栽培
资源利用：环境利用（观赏）

棉豆
Phaseolus lunatus L.
习　　性：一年生或多年生草本
国内分布：重庆、福建、广东、广西、海南、河北、湖南、江西、山东、云南
国外分布：原产热带美洲；热带及温带地区栽培
资源利用：原料（纤维）；食品（蔬菜）

菜豆
Phaseolus vulgaris L.
习　　性：一年生草本
国内分布：澳门、重庆、广东、广西、河北、黑龙江、湖北、湖南、江苏、江西、山东、四川、云南
国外分布：原产美洲；热带与温带地区栽培
资源利用：原料（纤维）；食品（蔬菜）

苞护豆属 Phylacium Benn.

苞护豆
Phylacium majus Collett et Hemsl.
习　　性：缠绕草本
海　　拔：200~900 m
国内分布：广西、云南
国外分布：老挝、缅甸、泰国
濒危等级：LC

排钱树属 Phyllodium Desv.

毛排钱树
Phyllodium elegans (Lour.) Desv.
习　　性：灌木
海　　拔：1100 m以下
国内分布：福建、广东、广西、海南、香港、云南
国外分布：柬埔寨、老挝、泰国、印度尼西亚、越南
濒危等级：LC
资源利用：药用（中草药）

长柱排钱草
Phyllodium kurzianum (Kuntze) H. Ohashi
习　　性：灌木
海　　拔：1000 m以下
国内分布：广东、广西、海南、云南
国外分布：缅甸、泰国
濒危等级：LC

长叶排钱树
Phyllodium longipes (Craib) Schindl.
习　　性：灌木
海　　拔：900~1000 m
国内分布：广东、广西、海南、云南
国外分布：柬埔寨、老挝、缅甸、泰国、越南
濒危等级：LC

排钱树
Phyllodium pulchellum (L.) Desv.
习　　性：灌木
海　　拔：200~2000 m
国内分布：澳门、福建、广东、广西、江西、台湾、香港、云南
国外分布：澳大利亚、柬埔寨、老挝、马来西亚、缅甸、斯里兰卡、泰国、印度、越南
濒危等级：LC
资源利用：药用（中草药）

膨果豆属 Phyllolobium Fisch.

长小苞膨果豆
Phyllolobium balfourianum (N. D. Simpson) M. L. Zhang et Podlech
习　　性：多年生草本
海　　拔：2600~4000 m
分　　布：甘肃、青海、四川、西藏、云南
濒危等级：LC

弯齿膨果豆
Phyllolobium camptodontum (Franch.) M. L. Zhang et Podlech
习　　性：多年生草本
海　　拔：2500~3800 m
分　　布：四川、西藏、云南
濒危等级：LC

蔓生膨果豆
Phyllolobium chapmanianum (Wenn.) M. L. Zhang et Podlech
习　　性：多年生草本
海　　拔：3500~4500 m
分　　布：西藏
濒危等级：DD

背扁膨果豆
Phyllolobium chinense Fisch.
习　　性：多年生草本

海　　拔：1000～1700 m
分　　布：甘肃、河北、河南、吉林、江苏、宁夏、青海、山西、陕西、四川
濒危等级：LC

芒齿膨果豆
Phyllolobium dolichochaete（Diels）M. L. Zhang et Podlech
习　　性：多年生草本
海　　拔：2700～4300 m
分　　布：四川、西藏、云南
濒危等级：LC

亚东膨果豆
Phyllolobium donianum（DC.）M. L. Zhang et Podlech
习　　性：多年生匍匐草本
海　　拔：2000～4500 m
国内分布：西藏、云南
国外分布：不丹、尼泊尔、印度
濒危等级：LC

九叶膨果豆
Phyllolobium enneaphyllum（P. C. Li）M. L. Zhang et Podlech
习　　性：多年生草本
海　　拔：1300～2200 m
分　　布：云南
濒危等级：VU B1ab（i, v）；D2

真毛膨果豆
Phyllolobium eutrichum（Hand.-Mazz.）M. L. Zhang et Podlech
习　　性：多年生草本
海　　拔：2400～3000 m
分　　布：四川、云南
濒危等级：LC

黄绿膨果豆
Phyllolobium flavovirens（K. T. Fu）M. L. Zhang et Podlech
习　　性：多年生草本
海　　拔：2500～3000 m
分　　布：云南
濒危等级：NT

毛柱膨果豆
Phyllolobium heydei（Baker）M. L. Zhang et Podlech
习　　性：多年生草本
海　　拔：3900～5800 m
国内分布：青海、四川、西藏、新疆
国外分布：尼泊尔、印度
濒危等级：LC

拉萨膨果豆
Phyllolobium lasaense（C. C. Ni. et P. C. Li）M. L. Zhang et Podlech
习　　性：多年生草本
海　　拔：4100～4700 m
分　　布：西藏
濒危等级：LC

线耳膨果豆
Phyllolobium lineariauriferum（P. C. Li）M. L. Zhang et Podlech
习　　性：多年生草本
海　　拔：约3470 m
分　　布：四川
濒危等级：LC

米林膨果豆
Phyllolobium milingense（C. C. Ni et P. C. Li）M. L. Zhang et Podlech
习　　性：多年生草本
海　　拔：3000～4300 m
分　　布：甘肃、四川、西藏
濒危等级：LC

牧场膨果豆
Phyllolobium pastorium（H. T. Tsai et T. T. Yü）M. L. Zhang et Podlech
习　　性：多年生草本
海　　拔：3000～4000 m
分　　布：四川、西藏、云南
濒危等级：DD

奇异膨果豆
Phyllolobium prodigiosum（K. T. Fu）M. L. Zhang et Podlech
习　　性：多年生草本
海　　拔：3300～3800 m
分　　布：四川、西藏
濒危等级：LC

乡城膨果豆
Phyllolobium sanbilingense（H. T. Tsai et T. T. Yü）M. L. Zhang et Podlech
习　　性：多年生草本
海　　拔：3000～4000 m
分　　布：四川、云南
濒危等级：LC

耐旱膨果豆
Phyllolobium siccaneum（P. C. Li）M. L. Zhang et Podlech
习　　性：多年生草本
海　　拔：1900～2800 m
分　　布：四川
濒危等级：LC

四川膨果豆
Phyllolobium sichuanense Podlech
习　　性：多年生草本
海　　拔：2600～4000 m
分　　布：四川
濒危等级：LC

甘青膨果豆
Phyllolobium tanguticum（Batalin）X. Y. Zhu
习　　性：多年生草本
海　　拔：2500～4300 m
分　　布：甘肃、青海、四川、西藏、云南

定日膨果豆
Phyllolobium tingriense（C. C. Ni et P. C. Li）M. L. Zhang et Podlech

习　　性：多年生草本
海　　拔：约 4500 m
国内分布：西藏
国外分布：尼泊尔
濒危等级：LC

蒺藜叶膨果豆
Phyllolobium tribulifolium(Benth. ex Bunge)M. L. Zhang et Podlech
习　　性：多年生草本
海　　拔：2700～5500 m
国内分布：甘肃、四川、西藏、云南
国外分布：巴基斯坦、尼泊尔、印度
濒危等级：LC

膨果豆
Phyllolobium turgidocarpum(K. T. Fu)M. L. Zhang et Podlech
习　　性：多年生草本
海　　拔：900～2100 m
分　　布：甘肃、四川
濒危等级：LC

毒扁豆属 Physostigma Balf.

毒扁豆
Physostigma venenosum Balf.
习　　性：攀援草本
国内分布：全国栽培
国外分布：原产非洲西部
资源利用：药用（中草药）

黄花木属 Piptanthus Sweet

黄花木
Piptanthus concolor Harrow ex Craib
习　　性：灌木
海　　拔：1600～4000 m
分　　布：甘肃、陕西、四川、西藏、云南
濒危等级：LC

尼泊尔黄花木
Piptanthus nepalensis(Hook.)D. Don

尼泊尔黄花木（原变种）
Piptanthus nepalensis var. **nepalensis**
习　　性：灌木
海　　拔：1600～4000 m
国内分布：甘肃、陕西、西藏、云南
国外分布：巴基斯坦、不丹、克什米尔地区、缅甸、印度；喜马拉雅地区
濒危等级：LC

光果黄花木
Piptanthus nepalensis var. **leiocarpus**(Stapf)X. Y. Zhu
习　　性：灌木
国内分布：四川、西藏、云南
国外分布：尼泊尔
濒危等级：LC

毛瓣黄花木
Piptanthus nepalensis var. **sericopetalus**(P. C. Li)X. Y. Zhu
习　　性：灌木
分　　布：西藏
濒危等级：LC

绒毛叶黄花木
Piptanthus tomentosus Franch.
习　　性：灌木
海　　拔：3000～3800 m
分　　布：四川、西藏、云南
濒危等级：LC

豌豆属 Pisum L.

豌豆
Pisum sativum L.
习　　性：一年生攀援草本
国内分布：全国栽培
国外分布：原产欧洲；亚洲、欧洲有栽培
资源利用：药用（中草药）；动物饲料（饲料）；食品（淀粉，蔬菜，种子，油脂）

牛蹄豆属 Pithecellobium Mart.

牛蹄豆
Pithecellobium dulce(Roxb.)Benth.
习　　性：常绿乔木
国内分布：福建、广东、广西、台湾、香港、云南
国外分布：原产中美洲；热带干旱地区有栽培
资源利用：原料（单宁，木材，树脂）；动物饲料（饲料）

水黄皮属 Pongamia Vent.

水黄皮
Pongamia pinnata(L.)Merr.
习　　性：乔木
国内分布：澳门、福建、广东、海南、台湾、香港
国外分布：澳大利亚、玻利维亚、马来西亚、日本、斯里兰卡、印度
濒危等级：LC
资源利用：药用（中草药）；原料（木材）

牧豆树属 Prosopis L.

牧豆树
Prosopis juliflora(Sw.)DC.
习　　性：乔木
国内分布：广东、海南、台湾
国外分布：原产美洲热带地区

四棱豆属 Psophocarpus Neck. ex DC.

四棱豆
Psophocarpus tetragonolobus(L.)DC.
习　　性：一年生或多年生草本
国内分布：澳门、重庆、广东、广西、海南、台湾、香港、云南
国外分布：可能原产亚洲南部，现全球热带地区广泛栽培
资源利用：食品（蔬菜）

紫檀属 Pterocarpus Jacq.

菲律宾紫檀
Pterocarpus echinatus Pers.

习　　性：乔木
国内分布：云南
国外分布：原产菲律宾

紫檀
Pterocarpus indicus Willd.
习　　性：乔木
海　　拔：海平面至 840 m
国内分布：澳门、广东、台湾、香港、云南
国外分布：菲律宾、老挝、印度、印度尼西亚
濒危等级：CR D1
资源利用：药用（中草药）；原料（木材）

马拉巴紫檀
Pterocarpus marsupium Roxb.
习　　性：乔木
国内分布：广东、海南、台湾
国外分布：原产斯里兰卡、印度

檀香紫檀
Pterocarpus santalinus L. f.
习　　性：乔木
国内分布：广东、台湾
国外分布：原产马来西亚、泰国、印度、越南

老虎刺属 Pterolobium R. Br. ex Wight et Arn.

大翅老虎刺
Pterolobium macropterum Kurz
习　　性：攀援藤本
海　　拔：400 ~ 1600 m
国内分布：海南、云南
国外分布：老挝、马来西亚、缅甸、印度尼西亚、越南
濒危等级：LC

老虎刺
Pterolobium punctatum Hemsl.
习　　性：木质藤本
海　　拔：300 ~ 2000 m
国内分布：重庆、福建、广东、广西、贵州、湖北、湖南、江西、四川、云南
国外分布：老挝
濒危等级：LC

葛属 Pueraria DC.

密花葛藤
Pueraria alopecuroides Craib
习　　性：木质藤本
海　　拔：200 ~ 1300 m
国内分布：云南
国外分布：缅甸、泰国
濒危等级：LC
资源利用：原料（纤维）

大卫葛藤
Pueraria bouffordii H. Ohashi
习　　性：缠绕草本
海　　拔：700 ~ 1000 m
分　　布：贵州
濒危等级：LC

黄毛萼葛
Pueraria calycina Franch.
习　　性：木质藤本
海　　拔：2000 ~ 2600 m
分　　布：云南
濒危等级：LC

食用葛藤
Pueraria edulis Pamp.
习　　性：缠绕草本
海　　拔：1000 ~ 3200 m
国内分布：重庆、广西、四川、云南
国外分布：不丹、印度
濒危等级：LC
资源利用：原料（纤维）

葛
Pueraria montana (Lour.) Merr.

葛（原变种）
Pueraria montana var. **montana**
习　　性：木质藤本
国内分布：澳门、重庆、福建、广东、广西、贵州、海南、湖北、湖南、江西、四川、台湾、香港、云南、浙江
国外分布：菲律宾、老挝、缅甸、日本、泰国、越南
濒危等级：LC

葛麻姆
Pueraria montana var. **lobata** (Willd.) Maesen et S. M. Almeida ex Sanjappa et Predeep
习　　性：木质藤本
国内分布：除海南、青海、新疆外，各省均有分布
国外分布：朝鲜、菲律宾、日本、越南
濒危等级：LC

葛粉
Pueraria montana var. **thomsonii**
习　　性：木质藤本
海　　拔：500 ~ 3200 m
国内分布：澳门、重庆、广东、广西、海南、河南、湖北、江西、四川、台湾、西藏、香港、云南
国外分布：不丹、菲律宾、老挝、缅甸、泰国、印度、越南
濒危等级：LC
资源利用：食品（淀粉，蔬菜）

苦葛
Pueraria peduncularis (Graham ex Benth.) Benth.
习　　性：缠绕草本
海　　拔：900 ~ 4300 m
国内分布：重庆、广西、贵州、四川、西藏、云南
国外分布：克什米尔地区、缅甸、尼泊尔、印度
濒危等级：LC
资源利用：原料（纤维）

三裂叶野葛
Pueraria phaseoloides (Roxb.) Benth.
习　　性：草质藤本

海　　拔：700~1200 m
国内分布：澳门、广东、广西、海南、台湾、香港、云南、浙江
国外分布：马来西亚、缅甸、斯里兰卡、泰国、新圭亚那、印度、印度尼西亚、越南
濒危等级：LC
资源利用：动物饲料（饲料）；原料（纤维）；食品（淀粉）

小花野葛
Pueraria stricta Kurz
习　　性：灌木
海　　拔：1500~1600 m
国内分布：广西、云南
国外分布：缅甸、泰国
濒危等级：LC

色彩喜马拉雅葛藤
Pueraria wallichii DC.
习　　性：灌木
海　　拔：约1700 m
国内分布：四川、西藏、云南
国外分布：不丹、缅甸、尼泊尔、泰国、印度
濒危等级：LC

朱氏葛藤
Pueraria xyzhui H. Ohashi et Iokawa
习　　性：缠绕草本
海　　拔：约1500 m
分　　布：云南
濒危等级：LC

密子豆属 Pycnospora R. Br. ex Wight et Arn.

密子豆
Pycnospora lutescens(Poir.)Schindl.
习　　性：亚灌木状草本
海　　拔：0~1300 m
国内分布：澳门、广东、广西、贵州、海南、江西、台湾、香港、云南、浙江
国外分布：澳大利亚、巴布亚新几内亚、菲律宾、缅甸、印度、印度尼西亚、越南
濒危等级：LC

鹿藿属 Rhynchosia Lour.

渐尖叶鹿藿
Rhynchosia acuminatifolia Makino
习　　性：缠绕草本
海　　拔：400~1000 m
国内分布：安徽、贵州、河南、江苏、浙江
国外分布：日本
濒危等级：LC

密果鹿藿
Rhynchosia acuminatissima Miq.
习　　性：缠绕藤本
海　　拔：约600 m
国内分布：海南、云南
国外分布：菲律宾、印度尼西亚
濒危等级：LC

中华鹿藿
Rhynchosia chinensis H. T. Chang ex Y. T. Wei et S. K. Lee
习　　性：缠绕或攀援状草本
海　　拔：约600 m
分　　布：广东、广西、贵州、湖南、江西
濒危等级：LC

菱叶鹿藿
Rhynchosia dielsii Harms
习　　性：缠绕草本
海　　拔：600~2100 m
分　　布：重庆、甘肃、广东、广西、贵州、河南、湖北、湖南、陕西、四川、云南
濒危等级：LC
资源利用：药用（中草药）

喜马拉雅鹿藿
Rhynchosia himalensis Benth. ex Baker

喜马拉雅鹿藿（原变种）
Rhynchosia himalensis var. **himalensis**
习　　性：缠绕草本
海　　拔：1200~3300 m
国内分布：重庆、四川、西藏
国外分布：尼泊尔、印度
濒危等级：LC

紫脉花鹿藿
Rhynchosia himalensis var. **craibiana**(Rehder)E. Peter
习　　性：草本
海　　拔：1300~3100 m
分　　布：四川、西藏、云南
濒危等级：LC

昆明鹿藿
Rhynchosia kunmingensis Y. T. Wei et S. K. Lee
习　　性：藤本
海　　拔：2000 m
分　　布：云南
濒危等级：DD

黄花鹿藿
Rhynchosia lutea Dunn
习　　性：草质藤本
海　　拔：1100~1300 m
分　　布：云南
濒危等级：NT A2c；B1ab（iii）

小鹿藿
Rhynchosia minima(L.)DC.
习　　性：一年生缠绕草本
海　　拔：900~2500 m
国内分布：重庆、湖北、四川、台湾、云南
国外分布：马来西亚、缅甸、日本、印度、越南
濒危等级：LC

淡红鹿藿
Rhynchosia rufescens(Willd.)DC.
习　　性：匍匐或攀援灌木
海　　拔：300~700 m
国内分布：广西、云南

国外分布：柬埔寨、马来西亚、斯里兰卡、印度、印度尼西亚
濒危等级：LC

绒叶鹿藿
Rhynchosia sericea Span
习　　性：藤本
国内分布：福建、台湾
国外分布：巴基斯坦、马来西亚、缅甸、尼泊尔、日本、泰国、印度尼西亚
濒危等级：LC

黏鹿藿
Rhynchosia viscosa(Roth)DC.
习　　性：缠绕藤本
海　　拔：约1500 m
国内分布：云南
国外分布：马来西亚、印度
濒危等级：LC

鹿藿
Rhynchosia volubilis Lour.
习　　性：缠绕草质藤本
海　　拔：200~1000 m
国内分布：安徽、重庆、福建、广东、广西、贵州、湖北、湖南、江苏、江西、四川、台湾、香港、云南
国外分布：朝鲜、日本、越南
资源利用：药用（中草药）
濒危等级：LC

云南鹿藿
Rhynchosia yunnanensis Franch.
习　　性：草质藤本
海　　拔：1800~2300 m
分　　布：四川、云南
濒危等级：LC

刺槐属 Robinia L.

毛洋槐
Robinia hispida L.
习　　性：落叶灌木
国内分布：北京、江苏、辽宁、陕西、天津
国外分布：原产北美洲
资源利用：环境利用（观赏）

洋槐
Robinia pseudoacacia L.

洋槐（原变种）
Robinia pseudoacacia var. **pseudoacacia**
习　　性：乔木
分　　布：全国栽培
资源利用：原料（木材）；蜜源植物

紫花洋槐
Robinia pseudoacacia var. **decaisneana** Carrière
习　　性：乔木
分　　布：北京

无刺刺槐
Robinia pseudoacacia var. **inermis** DC.
习　　性：乔木
国内分布：山东
国外分布：原产北美洲

塔形洋槐
Robinia pseudoacacia var. **pyramidalis**(Pépin)C. K. Schneid.
习　　性：乔木
国内分布：全国栽培
国外分布：原产美洲

伞形洋槐
Robinia pseudoacacia var. **umbraculifera** DC.
习　　性：乔木
国内分布：辽宁、山东
国外分布：原产北美洲

落地豆属 Rothia Persoon

落地豆
Rothia indica(L.)Druce
习　　性：一年生草本
国内分布：广东、海南
国外分布：澳大利亚、老挝、马来西亚、斯里兰卡、泰国、印度尼西亚、越南
濒危等级：LC

冬麻豆属 Salweenia Baker f.

雅砻江冬麻豆
Salweenia bouffordiana H. Sun, Z. M. Li & J. P. Yue
习　　性：常绿灌木
海　　拔：2700~3600 m
分　　布：四川
濒危等级：CR A2acd+A3cd；B1ab（i，iii）
国家保护：Ⅱ级

冬麻豆
Salweenia wardii Baker f.
习　　性：常绿灌木
海　　拔：2700~3600 m
分　　布：四川、西藏
濒危等级：EN B2ab（ii）
国家保护：Ⅱ级

雨树属 Samanea(Benth.)Merr.

雨树
Samanea saman(Jacq.)Merr.
习　　性：乔木
国内分布：澳门、海南、台湾、云南
国外分布：原产热带美洲；热带地区有栽培
资源利用：原料（木材）；动物饲料（饲料）；环境利用（庇荫，绿化）

无忧花属 Saraca L.

四方木
Saraca asoca(Roxb.)W. J. de Wilde
习　　性：常绿乔木
国内分布：广西、台湾、云南
国外分布：马来西亚、孟加拉国、缅甸、斯里兰卡、印度、越南

濒危等级：LC

无忧花
Saraca declinata (Jack) Miq.
习　　性：常绿乔木
国内分布：福建栽培
国外分布：原产中南半岛

中国无忧花
Saraca dives Pierre
习　　性：乔木
海　　拔：200~1000 m
国内分布：广东、广西、云南
国外分布：老挝、越南
濒危等级：VU D1
资源利用：药用（中草药）；环境利用（观赏，绿化）

云南无忧花
Saraca griffithiana Prain
习　　性：乔木
海　　拔：300~1200 m
国内分布：云南
国外分布：缅甸
濒危等级：EN A3c；D

印度无忧花
Saraca indica L.
习　　性：常绿乔木
国内分布：云南
国外分布：老挝、马来西亚、缅甸、斯里兰卡、泰国、印度、印度尼西亚、越南
濒危等级：LC

儿茶属 Senegalia Raf.

藤相思树
Senegalia caesia (L.) Maslin et al.
习　　性：攀援藤本
海　　拔：800~1500 m
国内分布：广东、海南、四川、台湾、云南
国外分布：缅甸、斯里兰卡、印度；东南亚
濒危等级：LC

儿茶
Senegalia catechu (L. f.) P. J. H. Hurter et Mabb.
习　　性：乔木
国内分布：重庆、广东、广西、海南、台湾、云南、浙江
国外分布：泰国、印度；东非
濒危等级：LC
资源利用：原料（染料，木材）

丽江金合欢
Senegalia delavayi (Franch.) Maslin et al.

丽江金合欢（原变种）
Senegalia delavayi var. **delavayi**
习　　性：藤本
分　　布：四川、云南
濒危等级：LC

昆明金合欢
Senegalia delavayi var. **kunmingensis** (C. Chen et H. Sun) Maslin et al.
习　　性：藤本
海　　拔：约1500 m
分　　布：贵州、云南
濒危等级：LC

海南金合欢
Senegalia hainanensis (Hayata) H. Sun
习　　性：藤本
海　　拔：100~900 m
国内分布：广西、海南、云南
国外分布：缅甸、印度、越南
濒危等级：LC

钝叶金合欢
Senegalia megaladena (Desv.) Maslin et al.

钝叶金合欢（原变种）
Senegalia megaladena var. **megaladena**
习　　性：木质藤本
海　　拔：800~1600 m
国内分布：广西、西藏、云南
国外分布：老挝、缅甸、尼泊尔、印度、越南
濒危等级：LC

盘腺金合欢
Senegalia megaladena var. **garrettii** (I. C. Nielsen) Maslin et al.
习　　性：木质藤本
海　　拔：约1600 m
国内分布：广西、云南
国外分布：泰国
濒危等级：LC

羽叶金合欢
Senegalia pennata (L.) Maslin
习　　性：木质藤本
海　　拔：100~2500 m
国内分布：重庆、福建、广东、广西、海南、湖南、香港、云南、浙江
国外分布：缅甸、尼泊尔、斯里兰卡、印度；中南半岛
濒危等级：LC

粉被金合欢
Senegalia pruinescens (Kurz) Maslin et al.

粉被金合欢（原变种）
Senegalia pruinescens var. **pruinescens**
习　　性：木质藤本
海　　拔：1200~1600 m
国内分布：云南
国外分布：马来西亚、缅甸、越南
濒危等级：LC

阔叶粉背金合欢
Senegalia pruinescens var. **luchunensis** (C. Chen et H. Sun) X. Y. Zhu
习　　性：木质藤本
国内分布：云南
国外分布：缅甸、越南
濒危等级：LC

藤金合欢
Senegalia rugata(Lam.)Britton et Rose
- 习　　性：木质藤本
- 海　　拔：200~1100 m
- 国内分布：澳门、重庆、广东、广西、贵州、海南、湖南、江西、香港、云南
- 国外分布：尼泊尔、印度、印度尼西亚等；东南亚
- 濒危等级：LC
- 资源利用：药用（中草药）；原料（单宁）

盐丰金合欢
Senegalia teniana(Harms)Maslin et al.
- 习　　性：灌木或小乔木
- 海　　拔：700~1500 m
- 分　　布：四川、云南
- 濒危等级：LC

滇南金合欢
Senegalia tonkinensis(I. C. Nielsen)Maslin et al.
- 习　　性：木质藤本
- 海　　拔：400~700 m
- 国内分布：云南
- 国外分布：老挝、越南
- 濒危等级：EN D

越南金合欢
Senegalia vietnamensis(I. C. Nielsen)Maslin et al.
- 习　　性：灌木
- 海　　拔：约500 m
- 国内分布：福建、广东、广西、贵州、海南、湖南、江西、台湾
- 国外分布：老挝、越南
- 濒危等级：LC

云南相思树
Senegalia yunnanensis(Franch.)Maslin et al.
- 习　　性：灌木
- 海　　拔：1700~2200 m
- 分　　布：四川、云南
- 濒危等级：LC

决明属 Senna Mill.

翅荚决明
Senna alata(L.)Roxb.
- 习　　性：灌木
- 国内分布：澳门、广东、海南、台湾、香港、云南
- 国外分布：原产热带美洲；热带地区广泛栽培

狭叶番泻
Senna alexandrina Milll
- 习　　性：灌木状草本
- 国内分布：云南
- 国外分布：原产热带非洲

毛荚决明
Senna hirsuta(L.)H. S. Irwin et Barneby
- 习　　性：草本或灌木
- 国内分布：广东、海南、台湾、香港、云南
- 国外分布：原产印度尼西亚；热带美洲、中南半岛有分布

望江南
Senna occidentalis(L.)Link

望江南（原变种）
Senna occidentalis var. **occidentalis**
- 习　　性：亚灌木或灌木
- 国内分布：安徽、重庆、澳门、福建、广东、广西、河北、江苏、山东、台湾、香港、云南
- 国外分布：原产热带美洲；热带和亚热带地区有分布
- 资源利用：药用（中草药）

槐叶决明
Senna occidentalis var. **sophera**(L.)X. Y. Zhu
- 习　　性：亚灌木或灌木
- 国内分布：重庆、香港、云南
- 国外分布：原产热带亚洲；热带和亚热带地区有分布
- 资源利用：药用（中草药）；食品（蔬菜）

光叶决明
Senna septemtrionalis(Viv.)H. S. Irwin et Barneby
- 习　　性：灌木或小乔木
- 国内分布：广东、广西
- 国外分布：原产热带美洲；广泛栽培于热带
- 资源利用：环境利用（观赏）

铁刀木
Senna siamea(Lam.)H. S. Irwin et Barneby
- 习　　性：乔木
- 国内分布：澳门、广东、台湾、香港、云南
- 国外分布：马来西亚、缅甸、印度尼西亚、印度；中南半岛。原产亚热带东南地区
- 资源利用：原料（木材）

粉叶决明
Senna sulfurea(Collad.)H. S. Irwin et Barneby
- 习　　性：灌木
- 国内分布：福建、广东、贵州、云南栽培
- 国外分布：原产澳大利亚、老挝、马来西亚、斯里兰卡、泰国、印度、越南；新热带地区为归化

黄槐决明
Senna surattensis(Burm. f.)H. S. Irwin et Barneby

黄槐决明（原亚种）
Senna surattensis subsp. **surattensis**
- 习　　性：灌木或小乔木
- 国内分布：澳门、福建、广东、广西、海南、台湾、香港、云南
- 国外分布：原产澳大利亚、波利尼西亚、菲律宾、斯里兰卡、印度、印度尼西亚
- 资源利用：环境利用（观赏）

光粉叶决明
Senna surattensis subsp. **glauca**(Lam.)X. Y. Zhu
- 习　　性：灌木或小乔木
- 国内分布：福建、广东、云南
- 国外分布：原产澳大利亚、波利尼西亚、斯里兰卡、印度

决明
Senna tora(L.)Roxb.
- 习　　性：亚灌木状草本
- 国内分布：长江以南省区广泛分布
- 国外分布：原产印度；热带和亚热带地区广泛栽培

资源利用：原料（染料）；食品（蔬菜）

田菁属 Sesbania Scop.

刺田菁
Sesbania bispinosa (Jacq.) W. Wight
习　　性：多年生草本
海　　拔：2000 m 以下
国内分布：澳门、广东、广西、海南、四川、香港、云南
国外分布：巴基斯坦、马来西亚、斯里兰卡、伊朗、印度
濒危等级：LC

田菁
Sesbania cannabina (Retz.) Poir.
习　　性：一年生草本
国内分布：澳门、重庆、福建、广东、广西、海南、江苏、台湾、香港、云南、浙江
国外分布：原产澳大利亚、巴布亚新几内亚、菲律宾、加纳、马来西亚、毛里塔尼亚、新喀里多尼亚、伊拉克、印度、印度尼西亚；中南半岛有分布
资源利用：动物饲料（饲料）；原料（纤维）

大花田菁
Sesbania grandiflora (L.) Pers.
习　　性：乔木
国内分布：广东、广西、福建、台湾、香港、云南栽培
国外分布：可能原产印度尼西亚和马来西亚
资源利用：药用（中草药）；原料（纤维，精油）；环境利用（观赏）；食品（蔬菜）

沼生田菁
Sesbania javanica Miq.
习　　性：一年生草本
国内分布：台湾、香港
国外分布：澳大利亚、柬埔寨、老挝、马来西亚、孟加拉国、缅甸、泰国、印度、印度尼西亚、越南

印度田菁
Sesbania sesban (L.) Merr.

印度田菁（原变种）
Sesbania sesban var. **sesban**
习　　性：多年生草本
海　　拔：约 300 m
国内分布：重庆、海南、台湾、云南
国外分布：原产印度
资源利用：药用（中草药）；动物饲料（饲料）

元江田菁
Sesbania sesban var. **bicolor** (Wight et Arn.) F. W. Andrews
习　　性：多年生草本
海　　拔：300~1300 m
国内分布：云南
国外分布：塞内加尔、苏丹、印度
濒危等级：NT

宿苞豆属 Shuteria Wight et Arn.

硬毛宿苞豆
Shuteria ferruginea (Kurz) Baker
习　　性：草质藤本
海　　拔：200~2300 m
国内分布：云南
国外分布：不丹、老挝、缅甸、尼泊尔、泰国、印度、越南
濒危等级：LC
资源利用：食品（种子）

宿苞豆
Shuteria involucrata (Wall.) Wight et Arn.

宿苞豆（原变种）
Shuteria involucrata var. **involucrata**
习　　性：草质藤本
海　　拔：900~2800 m
国内分布：广西、云南
国外分布：柬埔寨、尼泊尔、泰国、印度、印度尼西亚、越南
濒危等级：LC
资源利用：药用（中草药）

光宿苞豆
Shuteria involucrata var. **glabrata** (Wight et Arn.) H. Ohashi
习　　性：草质藤本
海　　拔：500~2000 m
国内分布：广西、海南、云南
国外分布：不丹、菲律宾、缅甸、尼泊尔、斯里兰卡、泰国、印度、越南
濒危等级：LC

澜沧宿苞豆
Shuteria lancangensis Y. Y. Qian
习　　性：草质缠绕藤本
海　　拔：约 1900 m
分　　布：云南
濒危等级：LC

黄花马豆
Shuteria pampaniniana Hand.-Mazz.
习　　性：缠绕藤本
分　　布：广西、贵州、四川、云南
濒危等级：LC
资源利用：药用（中草药）

油楠属 Sindora Miq.

油楠
Sindora glabra Merr. ex de Wit
习　　性：乔木
海　　拔：海平面至 800 m
国内分布：广东、海南、云南
国外分布：越南
濒危等级：VU A4cd
国家保护：Ⅱ级
资源利用：原料（木材）

东京油楠
Sindora tonkinensis A. Chev. ex K. Larsen et S. S. Larsen

习　　性：乔木
海　　拔：海平面至1400 m
国内分布：广东
国外分布：柬埔寨、越南
濒危等级：EN A2c；C1

华扁豆属 Sinodolichos Verdc.

华扁豆
Sinodolichos lagopus (Dunn) Verdc.
习　　性：缠绕草本
海　　拔：100~1700 m
分　　布：广西、海南、云南
濒危等级：LC

坡油甘属 Smithia Aiton

黄花合叶豆
Smithia blanda Wall.
习　　性：灌木
海　　拔：1000~2100 m
国内分布：贵州、四川、云南
国外分布：喜马拉雅地区
濒危等级：LC

薄萼坡油甘
Smithia ciliata Benth.
习　　性：一年生草本
海　　拔：100~2800 m
国内分布：福建、广东、广西、贵州、湖南、台湾、云南
国外分布：尼泊尔、日本、印度；东南亚
濒危等级：LC
资源利用：动物饲料（牧草）

密花坡油甘
Smithia conferta Sm.
习　　性：一年生草本
海　　拔：200~400 m
国内分布：广东、香港
国外分布：马来西亚、斯里兰卡、印度、印度尼西亚
濒危等级：LC

盐碱土坡油甘
Smithia salsuginea Hance
习　　性：一年生草本
分　　布：广东、香港
濒危等级：CR A2c；B1ab（i，iii）

坡油甘
Smithia sensitiva Aiton
习　　性：一年生草本
海　　拔：海平面至1000 m
国内分布：福建、广东、广西、贵州、海南、四川、台湾、云南
国外分布：澳大利亚
濒危等级：LC
资源利用：动物饲料（牧草）

槐属 Sophora L.

白花槐
Sophora albescens J. St. -Hil.
习　　性：灌木
海　　拔：1100~2500 m
分　　布：贵州、四川、云南
濒危等级：LC

苦豆子
Sophora alopecuroides L.

苦豆子（原变种）
Sophora alopecuroides var. **alopecuroides**
习　　性：草本或亚灌木
国内分布：甘肃、河北、河南、内蒙古、宁夏、青海、山西、陕西、西藏、新疆
国外分布：阿富汗、巴基斯坦、俄罗斯、土耳其、伊朗、印度
濒危等级：LC
资源利用：药用（中草药）；基因源（耐旱，耐碱）；环境利用（观赏）

毛苦豆子
Sophora alopecuroides var. **tomentosa** (Boiss.) Bornm.
习　　性：草本或亚灌木
国内分布：新疆
国外分布：阿富汗、巴基斯坦、伊朗
濒危等级：LC

窄叶槐
Sophora angustifoliola Q. Q. Liu et H. Y. Ye
习　　性：乔木
分　　布：山西
濒危等级：LC

尾叶槐
Sophora benthamii Steenis
习　　性：灌木
海　　拔：1300~2500 m
国内分布：西藏、云南
国外分布：不丹、尼泊尔、印度
濒危等级：LC

短蕊槐
Sophora brachygyna C. Y. Ma
习　　性：乔木
海　　拔：约300 m
分　　布：广西、湖南、江西、浙江
濒危等级：LC

白刺花
Sophora davidii (Franch.) Skeels

白刺花（原变种）
Sophora davidii var. **davidii**
习　　性：灌木或小乔木
海　　拔：2500 m 以下
分　　布：重庆、甘肃、广西、贵州、河北、河南、湖北、湖南、江苏、山西、陕西、四川、西藏、云南、浙江
濒危等级：LC
资源利用：食用（蔬菜）；环境利用（观赏，水土保持）

川西白刺花
Sophora davidii var. **chuansiensis**（C. Y. Ma）C. Y. Ma
习　　性：灌木或小乔木
海　　拔：2500～3400 m
分　　布：四川、西藏、云南
濒危等级：LC

凉山白刺花
Sophora davidii var. **liangshanensis**（C. Y. Ma）C. Y. Ma
习　　性：灌木或小乔木
海　　拔：700～800 m
分　　布：四川
濒危等级：VU A2c

柳叶槐
Sophora dunnii Prain
习　　性：灌木
海　　拔：1000～2000 m
国内分布：贵州、四川、云南
国外分布：老挝、泰国
濒危等级：LC

苦参
Sophora flavescens Aiton

苦参（原变种）
Sophora flavescens var. **flavescens**
习　　性：草本或亚灌木
海　　拔：1500 m 以下
国内分布：全国各省区均有分布
国外分布：朝鲜、俄罗斯、日本、印度
濒危等级：LC
资源利用：药用（中草药）；原料（纤维）；农药

红花苦参
Sophora flavescens var. **galegoides**（Pall.）DC.
习　　性：草本或亚灌木
分　　布：安徽、贵州、浙江
濒危等级：LC

毛苦参
Sophora flavescens var. **kronei**（Hance）C. Y. Ma
习　　性：草本或亚灌木
海　　拔：1000 m 以下
分　　布：北京、甘肃、河北、河南、湖北、江苏、山东、陕西
濒危等级：LC

闽槐
Sophora franchetiana Dunn
习　　性：灌木或小乔木
海　　拔：1000 m 以下
国内分布：福建、广东、湖南、浙江
国外分布：日本
濒危等级：LC

槐
Sophora japonica L.

槐（原变种）
Sophora japonica var. **japonica**
习　　性：乔木
国内分布：北京；全国栽培
国外分布：原产朝鲜、日本；广泛栽培
濒危等级：LC
资源利用：环境利用（观赏）；食用（蔬菜）

五叶槐
Sophora japonica var. **japonica** f. **oligophylla** Franch.
习　　性：乔木
分　　布：北京
濒危等级：LC
资源利用：环境利用（观赏）

龙爪槐
Sophora japonica var. **japonica** f. **pendula**（Spach）Hort. ex Loudon
习　　性：乔木
分　　布：重庆、北京
濒危等级：LC
资源利用：环境利用（观赏）；食用（蔬菜）

毛叶槐
Sophora japonica var. **pubescens**（Tausch）Bosse
习　　性：乔木
国内分布：全国栽培
国外分布：朝鲜、日本、越南
资源利用：环境利用（观赏）

宜昌槐
Sophora japonica var. **vestita** Rehder
习　　性：乔木
分　　布：湖北
濒危等级：LC

堇花槐
Sophora japonica var. **violacea** Carrière
习　　性：乔木
分　　布：各地栽培
濒危等级：LC
资源利用：环境利用（观赏）

细果槐
Sophora microcarpa C. Y. Ma
习　　性：灌木
海　　拔：1000～1700 m
分　　布：贵州、云南
濒危等级：LC

翅果槐
Sophora mollis（Royle）Baker
习　　性：灌木
国内分布：云南
国外分布：阿富汗、巴基斯坦、克什米尔地区、尼泊尔、伊朗、印度
濒危等级：NT

砂生槐
Sophora moorcroftiana (Benth.) Benth. ex Baker
- 习　　性：灌木
- 海　　拔：3000~4500 m
- 国内分布：西藏
- 国外分布：不丹、尼泊尔、印度
- 濒危等级：LC

厚果槐
Sophora pachycarpa Schrenk ex C. A. Mey.
- 习　　性：草本或亚灌木
- 国内分布：甘肃
- 国外分布：阿富汗、俄罗斯、伊朗
- 濒危等级：NT A2c

疏节槐
Sophora praetorulosa Chun et T. C. Chen
- 习　　性：亚灌木
- 分　　布：海南
- 濒危等级：LC

锈毛槐
Sophora prazeri Prain

锈毛槐（原变种）
Sophora prazeri var. **prazeri**
- 习　　性：灌木
- 海　　拔：约2000 m
- 国内分布：广西、贵州、云南
- 国外分布：缅甸
- 濒危等级：LC

西南槐
Sophora prazeri var. **mairei** (Pamp.) P. C. Tsoong
- 习　　性：灌木
- 国内分布：重庆、甘肃、广西、贵州、四川、云南
- 国外分布：缅甸
- 濒危等级：LC

绒毛槐
Sophora tomentosa L.
- 习　　性：灌木或小乔木
- 国内分布：广东、海南、台湾、香港
- 国外分布：热带地区
- 濒危等级：LC

越南槐
Sophora tonkinensis Gagnep.
- 国家保护：Ⅱ级

越南槐（原变种）
Sophora tonkinensis var. **tonkinensis**
- 习　　性：灌木
- 海　　拔：1000~2000 m
- 国内分布：广东、广西、贵州、湖北、江西、云南
- 国外分布：越南
- 濒危等级：VU B1ab（ i, iii, v）
- 资源利用：药用（中草药）

多叶越南槐
Sophora tonkinensis var. **polyphylla** S. Z. Huang et Z. C. Zhou
- 习　　性：灌木
- 分　　布：广西
- 濒危等级：NT B1b（iii）

紫花越南槐
Sophora tonkinensis var. **purpurascens** C. Y. Ma
- 习　　性：灌木
- 海　　拔：1100~1200 m
- 分　　布：贵州
- 濒危等级：LC

短绒槐
Sophora velutina Lindl.

短绒槐（原变种）
Sophora velutina var. **velutina**
- 习　　性：灌木
- 海　　拔：1000~2500 m
- 国内分布：贵州、四川、云南
- 国外分布：孟加拉国、缅甸、印度
- 濒危等级：LC

光叶短绒槐
Sophora velutina var. **cavaleriei** (H. Lév.) Brummitt et Gillett
- 习　　性：灌木
- 海　　拔：1000~2000 m
- 分　　布：广西、贵州、云南
- 濒危等级：LC

长颈槐
Sophora velutina var. **dolichopoda** C. Y. Ma
- 习　　性：灌木
- 海　　拔：500~2000 m
- 分　　布：广西、贵州、云南
- 濒危等级：LC

多叶槐
Sophora velutina var. **multifoliolata** C. Y. Ma
- 习　　性：灌木
- 海　　拔：1100~1600 m
- 分　　布：云南
- 濒危等级：LC

攀援槐
Sophora velutina var. **scandens** C. Y. Ma
- 习　　性：灌木
- 海　　拔：1500~2000 m
- 分　　布：四川、云南
- 濒危等级：NT A2c；B1b（iii）

盖槐
Sophora vestita Nakai
- 习　　性：乔木
- 分　　布：山东
- 濒危等级：LC

黄花槐
Sophora xanthoantha C. Y. Ma
- 习　　性：草本或亚灌木
- 海　　拔：500~1800 m
- 分　　布：云南
- 濒危等级：CR B1ab（ⅱ）

云南槐
Sophora yunnanensis C. Y. Ma
- 习　　性：灌木或小乔木
- 分　　布：云南
- 濒危等级：LC

鹰爪豆属 Spartium L.

鹰爪豆
Spartium junceum L.
- 习　　性：常绿灌木
- 国内分布：全国栽培
- 国外分布：原产大洋洲、地中海区域、欧洲
- 资源利用：原料（纤维）

密花豆属 Spatholobus Hassk.

双耳密花豆
Spatholobus biauritus C. F. Wei
- 习　　性：攀援藤本
- 海　　拔：约 1400 m
- 分　　布：云南
- 濒危等级：NT A2c；B1b（ⅲ）

变色密花豆
Spatholobus discolor C. F. Wei
- 习　　性：攀援藤本
- 海　　拔：约 1700 m
- 分　　布：云南
- 濒危等级：DD

耿马密花豆
Spatholobus gengmaensis C. F. Wei
- 习　　性：攀援藤本
- 分　　布：云南
- 濒危等级：LC

光叶密花豆
Spatholobus harmandii Gagnep.
- 习　　性：木质藤本
- 国内分布：海南
- 国外分布：老挝、越南
- 濒危等级：LC

美丽密花豆
Spatholobus pulcher Dunn
- 习　　性：攀援藤本
- 海　　拔：700~1600 m
- 分　　布：云南
- 濒危等级：LC

红花密花豆
Spatholobus roxburghii Benth.

红花密花豆（原变种）
Spatholobus roxburghii var. **roxburghii**
- 习　　性：木质藤本
- 国内分布：云南
- 国外分布：缅甸、印度
- 濒危等级：LC

显脉密花豆
Spatholobus roxburghii var. **denudatus** Benth.
- 习　　性：木质藤本
- 海　　拔：800~1700 m
- 国内分布：云南
- 国外分布：缅甸、印度
- 濒危等级：LC

红血藤
Spatholobus sinensis Chun et T. C. Chen
- 习　　性：木质藤本
- 分　　布：广东、广西、海南
- 濒危等级：LC

密花豆
Spatholobus suberectus Dunn
- 习　　性：木质藤本
- 海　　拔：800~1700 m
- 分　　布：福建、广东、广西、香港、云南
- 濒危等级：VU B1ab（ⅰ，ⅲ，ⅴ）
- 资源利用：药用（中草药）

单耳密花豆
Spatholobus uniauritus C. F. Wei
- 习　　性：攀援藤本
- 海　　拔：约 900 m
- 分　　布：云南
- 濒危等级：LC

云南密花豆
Spatholobus varians Dunn
- 习　　性：攀援藤本
- 海　　拔：约 1600 m
- 分　　布：云南
- 濒危等级：NT C1

苦马豆属 Sphaerophysa DC.

苦马豆
Sphaerophysa salsula（Pall.）DC.
- 习　　性：亚灌木
- 海　　拔：1000~3200 m
- 国内分布：甘肃、河北、吉林、辽宁、内蒙古、宁夏、青海、山西、陕西、新疆
- 国外分布：俄罗斯、蒙古
- 濒危等级：LC
- 资源利用：药用（中草药）；动物饲料（饲料）

绿玉藤属 Strongylodon Vogel

绿玉藤
Strongylodon macrobotrys A. Gray

习　　性：常绿藤本
国内分布：香港
国外分布：原产菲律宾

笔花豆属 Stylosanthes Swartz

圭亚那笔花豆
Stylosanthes guianensis(Aubl.)Sw.
习　　性：草本或亚灌木
国内分布：澳门、广东、广西、台湾、香港、浙江
国外分布：原产中南美洲或南美洲北部；热带地区广泛栽培
资源利用：动物饲料（牧草）

有钩柱花草
Stylosanthes hamata(L.)Taub.
习　　性：草本或亚灌木
国内分布：海南
国外分布：原产北美洲、加勒比海、南美洲、中美洲

葫芦茶属 Tadehagi H. Ohashi

蔓茎葫芦茶
Tadehagi pseudotriquetrum(DC.)H. Ohashi
习　　性：亚灌木
海　　拔：500~2000 m
国内分布：广东、广西、贵州、湖南、江西、四川、台湾、云南
国外分布：菲律宾、尼泊尔、印度；喜马拉雅地区
濒危等级：LC

葫芦茶
Tadehagi triquetrum(L.)H. Ohashi

葫芦茶（原亚种）
Tadehagi triquetrum subsp. **triquetrum**
习　　性：灌木或亚灌木
国内分布：澳门、重庆、福建、广东、广西、贵州、海南、香港、云南
国外分布：柬埔寨、老挝、马来西亚、缅甸、斯里兰卡、泰国、新喀里多尼亚、印度、越南
濒危等级：LC
资源利用：药用（中草药）

宽果葫芦茶
Tadehagi triquetrum subsp. **alatum**(DC.)H. Ohashi
习　　性：灌木或亚灌木
国内分布：广东
国外分布：印度
濒危等级：LC

酸豆属 Tamarindus L.

酸豆
Tamarindus indica L.
习　　性：乔木
国内分布：澳门、重庆、福建、广东、广西、四川、台湾、香港、云南等地有栽培
国外分布：原产非洲；热带地区有栽培
资源利用：药用（中草药）；原料（染料，木材）；食品（水果）；食品添加剂（调味剂，糖和非糖甜味剂）

灰毛豆属 Tephrosia Pers.

白灰毛豆
Tephrosia candida DC.
习　　性：多年生草本
国内分布：福建、广东、广西、台湾、香港、云南栽培
国外分布：原产马来西亚、印度

狭叶红灰毛豆
Tephrosia coccinea var. **stenophylla** Hosok.
习　　性：多年生草本或亚灌木
分　　布：海南
濒危等级：EN A2c

细梗灰毛豆
Tephrosia filipes Benth.
习　　性：一年生或多年生草本
国内分布：台湾
国外分布：原产澳大利亚、巴布亚新几内亚

台湾灰毛豆
Tephrosia ionophlebia Hayata
习　　性：多年生草本
分　　布：台湾
濒危等级：LC

银灰毛豆
Tephrosia kerrii J. R. Drumm. et Craib
习　　性：多年生草本
海　　拔：700~1000 m
国内分布：云南
国外分布：老挝、泰国
濒危等级：LC

西沙灰毛豆
Tephrosia luzonensis Vogel
习　　性：一年生草本
国内分布：海南
国外分布：菲律宾、泰国、印度尼西亚
濒危等级：LC

长序灰毛豆
Tephrosia noctiflora Bojer ex Baker
习　　性：多年生草本
国内分布：广东、台湾、云南
国外分布：原产非洲及印度

卵叶灰毛豆
Tephrosia obovata Merr.
习　　性：多年生草本
国内分布：台湾
国外分布：菲律宾
濒危等级：LC

矮灰毛豆
Tephrosia pumila(Lam.)Pers.
习　　性：一年生或多年生草本
海　　拔：约500 m

国内分布：广东
国外分布：东南亚、非洲东部、拉丁美洲、亚洲南部
濒危等级：LC

灰毛豆
Tephrosia purpurea(L.)Pers.

灰毛豆（原变种）
Tephrosia purpurea var. **purpurea**
- 习　　性：多年生草本
- 海　　拔：海平面至700 m
- 国内分布：福建、广东、广西、台湾、香港、云南
- 国外分布：热带地区
- 濒危等级：LC
- 资源利用：药用（中草药）

大灰叶
Tephrosia purpurea var. **maxima**(L.)Baker
- 习　　性：多年生草本
- 国内分布：四川、云南
- 国外分布：斯里兰卡、印度
- 濒危等级：LC

云南灰毛豆
Tephrosia purpurea var. **yunnanensis** Z. Wei
- 习　　性：多年生草本
- 海　　拔：约700 m
- 国内分布：四川、云南
- 国外分布：斯里兰卡、印度、印度尼西亚、越南
- 濒危等级：LC

黄灰毛豆
Tephrosia vestita Vogel
- 习　　性：多年生草本
- 国内分布：广东、海南、江西、香港
- 国外分布：巴布亚新几内亚、菲律宾、马来西亚、缅甸、印度尼西亚；中南半岛
- 濒危等级：LC

西非灰毛豆
Tephrosia vogelii Hook. f.
- 习　　性：多年生草本
- 国内分布：广东
- 国外分布：原产热带非洲

软荚豆属 Teramnus P. Browne

软荚豆
Teramnus labialis(L. f.)Spreng.
- 习　　性：一年生草本
- 国内分布：海南、台湾
- 国外分布：泛热带地区；菲律宾、柬埔寨、老挝、斯里兰卡、泰国、印度、印度尼西亚、越南
- 濒危等级：LC

琼豆属 Teyleria Backer

琼豆
Teyleria koordersii(Backer ex Koord.-Schum.)Backer
- 习　　性：草质藤本

国内分布：海南
国外分布：印度尼西亚
濒危等级：LC

黄华属 Thermopsis R. Br.

高山黄华
Thermopsis alpina(Pall.)Ledeb.

高山黄华（原变种）
Thermopsis alpina var. **alpina**
- 习　　性：多年生草本
- 海　　拔：2400~4800 m
- 国内分布：甘肃、河北、青海、四川、新疆、西藏、云南
- 国外分布：俄罗斯、吉尔吉斯斯坦、蒙古
- 濒危等级：LC
- 资源利用：药用（中草药）

光叶黄华
Thermopsis alpina var. **licentiana**(E. Peter)Z. X. Peng et Y. M. Yuan
- 习　　性：多年生草本
- 海　　拔：1500~3000 m
- 分　　布：甘肃、河北、青海、西藏、云南
- 濒危等级：LC

紫花野决明
Thermopsis barbata Benth.

紫花野决明（原变型）
Thermopsis barbata f. **barbata**
- 习　　性：多年生草本
- 国内分布：青海、四川、西藏、新疆、云南
- 国外分布：巴基斯坦、克什米尔地区、尼泊尔、印度
- 濒危等级：LC

吉隆黄华
Thermopsis barbata f. **chrysanthus** P. C. Li
- 习　　性：多年生草本
- 分　　布：西藏
- 濒危等级：LC

小叶黄华
Thermopsis chinensis Benth. ex S. Moore
- 习　　性：多年生草本
- 海　　拔：100~1500 m
- 国内分布：安徽、福建、河北、湖北、江苏、陕西、浙江
- 国外分布：日本
- 濒危等级：LC
- 资源利用：药用（中草药）

轮生叶野决明
Thermopsis inflata Cambess.
- 习　　性：多年生草本
- 海　　拔：4500~5000 m
- 国内分布：西藏、新疆
- 国外分布：巴基斯坦、不丹、克什米尔地区、印度
- 濒危等级：LC

披针叶黄华
Thermopsis lanceolata R. Br.

豆科 FABACEAE

披针叶黄华（原变种）
Thermopsis lanceolata var. **lanceolata**
- 习　　性：多年生草本
- 国内分布：北京、甘肃、河北、吉林、内蒙古、青海、山西、陕西
- 国外分布：俄罗斯、哈萨克斯坦、吉尔吉斯斯坦、蒙古、塔吉克斯坦、土库曼斯坦、乌兹别克斯坦
- 濒危等级：LC
- 资源利用：环境利用（观赏）；药用（中草药）

东方野决明
Thermopsis lanceolata var. **glabra**（Czefr.）Yakovlev
- 习　　性：多年生草本
- 国内分布：新疆
- 国外分布：哈萨克斯坦、吉尔吉斯斯坦、塔吉克斯坦、土库曼斯坦、乌兹别克斯坦
- 濒危等级：LC

蒙古野决明
Thermopsis lanceolata var. **mongolica**（Czefr.）Q. R. Wang et X. Y. Zhu
- 习　　性：多年生草本
- 国内分布：甘肃、内蒙古、新疆
- 国外分布：俄罗斯、哈萨克斯坦、蒙古
- 濒危等级：LC

野决明
Thermopsis lupinoides（L.）Link
- 习　　性：多年生草本
- 国内分布：黑龙江、吉林
- 国外分布：朝鲜、俄罗斯、日本
- 濒危等级：LC
- 资源利用：食品（蔬菜）

青海野决明
Thermopsis przewalskii Czefr.
- 习　　性：多年生草本
- 海　　拔：1500~4600 m
- 分　　布：甘肃、内蒙古、青海、陕西、西藏
- 濒危等级：LC

矮生黄华
Thermopsis smithiana E. Peter
- 习　　性：多年生草本
- 海　　拔：3500~4500 m
- 分　　布：四川、西藏、云南
- 濒危等级：LC

新疆黄华
Thermopsis turkestanica Gand.
- 习　　性：多年生草本
- 海　　拔：1200~1800 m
- 国内分布：新疆
- 国外分布：俄罗斯、哈萨克斯坦、吉尔吉斯斯坦、蒙古、塔吉克斯坦、土库曼斯坦、乌兹别克斯坦
- 濒危等级：LC

高山豆属 Tibetia（Ali）H. P. Tsui

中甸高山豆
Tibetia forrestii（Ali）P. C. Li
- 习　　性：多年生草本
- 海　　拔：3000~? m
- 分　　布：四川、云南
- 濒危等级：LC

高山豆
Tibetia himalaica（Baker）H. P. Tsui

高山豆（原变型）
Tibetia himalaica f. **himalaica**
- 习　　性：多年生草本
- 国内分布：甘肃、青海、四川、西藏、云南
- 国外分布：巴基斯坦、不丹、尼泊尔、印度
- 濒危等级：LC

白花高山豆
Tibetia himalaica f. **alba** X. Y. Zhu
- 习　　性：多年生草本
- 海　　拔：约4000 m
- 分　　布：四川
- 濒危等级：LC

黄花高山豆
Tibetia tongolensis（Ulbr.）H. P. Tsui
- 习　　性：多年生草本
- 海　　拔：3000~? m
- 分　　布：四川、西藏、云南
- 濒危等级：LC

亚东高山豆
Tibetia yadongensis H. P. Tsui
- 习　　性：多年生草本
- 海　　拔：3000~4100 m
- 分　　布：四川、西藏
- 濒危等级：LC

云南高山豆
Tibetia yunnanensis（Franch.）H. P. Tsui

云南高山豆（原变种）
Tibetia yunnanensis var. **yunnanensis**
- 习　　性：多年生草本
- 海　　拔：2500~? m
- 分　　布：四川、云南
- 濒危等级：LC

兰花高山豆
Tibetia yunnanensis var. **coelestis**（Diels）X. Y. Zhu
- 习　　性：多年生草本
- 海　　拔：3000~? m
- 分　　布：四川、西藏、云南
- 濒危等级：LC

大班木属 Tipuana（Benth.）Benth.

大班木
Tipuana tipu（Benth.）Kuntze
- 习　　性：灌木或乔木
- 国内分布：香港
- 国外分布：原产南美洲

三叉刺属 Trifidacanthus Merr.

三叉刺
Trifidacanthus unifoliolatus Merr.
　　习　　性：小灌木
　　海　　拔：约 200 m
　　国内分布：海南
　　国外分布：菲律宾、印度尼西亚、越南
　　濒危等级：LC

车轴草属 Trifolium L.

埃及车轴草
Trifolium alexandrinum L.
　　习　　性：一年生草本
　　国内分布：全国栽培
　　国外分布：原产非洲北部、欧洲东南部、亚洲西南部

黄车轴草
Trifolium aureum Pollich
　　习　　性：一年生草本
　　国内分布：全国栽培
　　国外分布：原产欧洲中部和北部

草原车轴草
Trifolium campestre Schreb.
　　习　　性：一年生草本
　　国内分布：香港
　　国外分布：原产土耳其；地中海到伊朗高原、西伯利亚、欧洲有分布

黄菽草
Trifolium dubium Sibth.
　　习　　性：一年生草本
　　国内分布：台湾
　　国外分布：原产欧洲中部和北部

大花车轴草
Trifolium eximium Stephan ex DC.
　　习　　性：多年生草本
　　海　　拔：1500 ~ ? m
　　国内分布：新疆
　　国外分布：俄罗斯、蒙古北部和西部
　　濒危等级：LC

草莓车轴草
Trifolium fragiferum L.
　　习　　性：多年生草本
　　国内分布：我国东部、北部、东北部有栽培
　　国外分布：原产欧洲、亚洲中部

宿瓣胡卢巴
Trifolium gordeievii(Kom.)Z. Wei
　　习　　性：多年生草本
　　海　　拔：500 ~ 800 m
　　国内分布：黑龙江、吉林
　　国外分布：俄罗斯
　　濒危等级：NT A2c；B1b（iii）

杂种车轴草
Trifolium hybridum L.
　　习　　性：多年生草本
　　国内分布：中国东北部栽培
　　国外分布：原产欧洲

绛车轴草
Trifolium incarnatum L.
　　习　　性：一年生草本
　　国内分布：全国栽培
　　国外分布：原产地中海区域
　　资源利用：动物饲料（牧草）

野火球
Trifolium lupinaster L.

野火球（原变种）
Trifolium lupinaster var. **lupinaster**
　　习　　性：多年生草本
　　海　　拔：100 ~ 2500 m
　　国内分布：河北、黑龙江、吉林、辽宁、内蒙古、山西、新疆
　　国外分布：朝鲜、俄罗斯、蒙古、日本
　　濒危等级：LC

白花野火球
Trifolium lupinaster var. **albiflorum** Ser. ex DC.
　　习　　性：多年生草本
　　国内分布：河北、黑龙江、吉林、辽宁、内蒙古、山西、浙江
　　国外分布：朝鲜、俄罗斯、蒙古、日本
　　濒危等级：LC

中间车轴草
Trifolium medium L.
　　习　　性：多年生草本
　　国内分布：全国栽培
　　国外分布：原产亚洲西南部到欧洲南部

红车轴草
Trifolium pratense L.
　　习　　性：多年生草本
　　国内分布：全国栽培
　　国外分布：原产欧洲西部
　　资源利用：环境利用（观赏）

白车轴草
Trifolium repens L.
　　习　　性：多年生草本
　　国内分布：我国广泛栽培
　　国外分布：原产欧洲或非洲北部；世界广泛栽培
　　资源利用：药用（中草药）；基因源（抗寒，耐涝，耐酸碱）；动物饲料（牧草）；蜜源植物；环境利用（观赏）

胡卢巴属 Trigonella L.

弯果胡卢巴
Trigonella arcuata C. A. Mey.

习　　性：一年生草本
海　　拔：600~2000 m
国内分布：新疆
国外分布：高加索地区、哈萨克斯坦、吉尔吉斯斯坦、塔吉克斯坦、土库曼斯坦、乌兹别克斯坦
濒危等级：LC

克什米尔胡卢巴
Trigonella cachemiriana Cambess.
习　　性：多年生草本
海　　拔：2400~3800 m
国内分布：西藏、新疆
国外分布：阿富汗、巴基斯坦、克什米尔地区、印度
濒危等级：LC

卢豆
Trigonella caerulea(L.)Ser. ex DC.
习　　性：一年生草本
国内分布：中国东北部及西北部栽培
国外分布：非洲北部、欧洲中部和南部
濒危等级：LC

网脉胡卢巴
Trigonella cancellata Desf.
习　　性：一年生草本
海　　拔：1000~1700 m
国内分布：新疆
国外分布：俄罗斯、哈萨克斯坦、吉尔吉斯斯坦、塔吉克斯坦、土库曼斯坦、乌兹别克斯坦
濒危等级：LC

喜马拉雅胡卢巴
Trigonella emodi Benth.
习　　性：多年生草本
海　　拔：2700~3800 m
国内分布：西藏
国外分布：巴基斯坦、克什米尔地区、印度
濒危等级：LC

重齿胡卢巴
Trigonella fimbriata Royle ex Benth.
习　　性：多年生草本
海　　拔：3800~4300 m
国内分布：西藏
国外分布：克什米尔地区、尼泊尔、印度
濒危等级：LC

葫芦巴
Trigonella foenum-graecum L.
习　　性：一年生草本
国内分布：重庆、甘肃、河北、青海、陕西、西藏
国外分布：原产伊朗；中东地区、地中海东部、喜马拉雅地区有分布
资源利用：基因源（抗寒）；药用（中草药）

单花胡卢巴
Trigonella monantha C. A. Mey.
习　　性：一年生草本
国内分布：新疆

国外分布：阿富汗、巴基斯坦、哈萨克斯坦、吉尔吉斯斯坦、蒙古、塔吉克斯坦、土库曼斯坦、乌兹别克斯坦
濒危等级：LC

直果胡卢巴
Trigonella orthoceras Kar. et Kir.
习　　性：一年生草本
海　　拔：1200~1900 m
国内分布：新疆
国外分布：巴基斯坦、俄罗斯、哈萨克斯坦、吉尔吉斯斯坦、塔吉克斯坦、土库曼斯坦、乌兹别克斯坦
濒危等级：LC

帕米尔扁蓿豆
Trigonella pamirica Boriss.
习　　性：多年生草本
海　　拔：4500 m以下
国内分布：西藏、新疆
国外分布：俄罗斯
濒危等级：LC

毛果胡卢巴
Trigonella pubescens Edgew. ex Baker
习　　性：多年生草本
海　　拔：2700~3800 m
国内分布：青海、四川、西藏、云南
国外分布：阿富汗、巴基斯坦、克什米尔地区、尼泊尔、印度
濒危等级：LC

荆豆属 Ulex L.

荆豆
Ulex europaeus L.
习　　性：灌木
国内分布：全国栽培
国外分布：原产欧洲
资源利用：动物饲料（饲料）；环境利用（观赏）

狸尾豆属 Uraria Desv.

野西红柿
Uraria clarkei Gagnep.
习　　性：灌木
海　　拔：约700 m
国内分布：广西、云南
国外分布：印度、越南
濒危等级：LC

猫尾草
Uraria crinita(L.)Desv.
习　　性：亚灌木
海　　拔：900 m以下
国内分布：澳门、福建、广东、广西、海南、江西、台湾、香港、云南
国外分布：澳大利亚、马来西亚、斯里兰卡、印度
濒危等级：LC
资源利用：药用（中草药）

福建狸尾豆
Uraria fujianensis Yen C. Yang et P. H. Huang
  习 性：亚灌木状草本
  海 拔：海平面至 500 m
  分 布：福建
  濒危等级：LC

广西狸尾豆
Uraria guangxiensis W. L. Sha
  习 性：亚灌木状草本
  分 布：广西
  濒危等级：LC

滇南狸尾豆
Uraria lacei Craib
  习 性：灌木或草本
  海 拔：约 700 m
  国内分布：云南
  国外分布：缅甸、印度
  濒危等级：LC

狸尾豆
Uraria lagopodioides(L.) Desv. ex DC.
  习 性：草本
  海 拔：1000 m 以下
  国内分布：福建、广东、广西、贵州、海南、湖南、江西、台湾、香港、云南
  国外分布：澳大利亚、菲律宾、马来西亚、缅甸、印度、越南
  濒危等级：LC
  资源利用：药用（中草药）

长苞狸尾豆
Uraria longibracteata Yen C. Yang et P. H. Huang
  习 性：灌木
  海 拔：100~500 m
  分 布：福建、广东、广西
  濒危等级：LC

黑狸尾豆
Uraria neglecta Prain
  习 性：多年生草本或亚灌木
  海 拔：0~500 m
  国内分布：福建、广东、广西、海南、江西、台湾、浙江
  国外分布：孟加拉国、尼泊尔、印度
  濒危等级：LC

美花狸尾豆
Uraria picta(Jacq.) Desv.
  习 性：亚灌木
  海 拔：400~1500 m
  国内分布：广东、广西、贵州、四川、台湾、云南
  国外分布：菲律宾、马来西亚、泰国、印度、越南
  濒危等级：LC
  资源利用：药用（中草药）

钩柄狸尾豆
Uraria rufescens(DC.) Schindl.
  习 性：亚灌木
  海 拔：900 m 以下
  国内分布：海南、云南
  国外分布：马来西亚北部、斯里兰卡、印度
  濒危等级：LC

中华兔尾草
Uraria sinensis(Hemsl.) Franch.
  习 性：亚灌木
  海 拔：500~2300 m
  分 布：重庆、甘肃、贵州、湖北、陕西、四川、云南
  濒危等级：LC

算珠豆属 Urariopsis Schindl.

短序算珠豆
Urariopsis brevissima Yen C. Yang et P. H. Huang
  习 性：亚灌木
  海 拔：100~500 m
  分 布：广西、云南
  濒危等级：NT A2c；B1ab（iii）

心叶算珠豆
Urariopsis cordifolia(Wall.) Schindl.
  习 性：灌木
  海 拔：1000 m 以下
  国内分布：广西、贵州、云南
  国外分布：缅甸、印度；中南半岛
  濒危等级：LC

杯柱蚂蟥属 Verdesmum H. Ohashi et K. Ohashi

勐腊长柄山蚂蟥
Verdesmum menglaense(C. Chen et X. J. Cui) H. Ohashi et K. Ohashi
  习 性：草本
  海 拔：650 m
  分 布：云南
  濒危等级：LC

野豌豆属 Vicia L.

山野豌豆
Vicia amoena Fisch. ex DC.

山野豌豆（原变种）
Vicia amoena var. **amoena**
  习 性：多年生草本
  海 拔：7500 m 以下
  国内分布：安徽、甘肃、河北、黑龙江、河南、湖北、江苏、吉林、辽宁、内蒙古、宁夏、青海、陕西、山东、山西、四川、西藏、云南
  国外分布：朝鲜、俄罗斯、蒙古、日本
  濒危等级：LC
  资源利用：药用（中草药）；动物饲料（牧草）；环境利用（水土保持，绿化）；蜜源植物

毛山野豌豆
Vicia amoena var. **lanata** Franch. et Sav.
  习 性：多年生草本
  海 拔：2000 m

分　　布：山西、四川、云南
濒危等级：LC

狭叶山野豌豆
Vicia amoena var. **oblongifolia** Regel
　　习　　性：多年生草本
　　国内分布：甘肃、吉林、辽宁、内蒙古
　　国外分布：俄罗斯
　　濒危等级：LC

绢毛山野豌豆
Vicia amoena var. **sericea** Kitag.
　　习　　性：多年生草本
　　海　　拔：600~1650 m
　　分　　布：甘肃、河南、黑龙江、吉林、辽宁、陕西
　　濒危等级：LC

黑龙江野豌豆
Vicia amurensis Oett.

黑龙江野豌豆（原变型）
Vicia amurensis f. **amurensis**
　　习　　性：多年生草本
　　海　　拔：500 m
　　国内分布：北京、黑龙江、吉林、辽宁、内蒙古、山西
　　国外分布：朝鲜、俄罗斯、日本
　　资源利用：药用（中草药）；动物饲料（饲料）
　　濒危等级：LC

三河野豌豆
Vicia amurensis f. **alba** H. Ohashi et Tateishi
　　习　　性：多年生草本
　　分　　布：黑龙江、内蒙古
　　濒危等级：LC

贝加尔野豌豆
Vicia baicalensis (Turcz. ex Maxim.) B. Fedtsch.
　　习　　性：一年生或多年生草本
　　国内分布：安徽、黑龙江、吉林、内蒙古
　　国外分布：俄罗斯
　　濒危等级：LC

察隅野豌豆
Vicia bakeri Ali
　　习　　性：一年生草本
　　海　　拔：2300~3600 m
　　国内分布：四川、西藏
　　国外分布：巴基斯坦、克什米尔地区、尼泊尔、印度
　　濒危等级：LC

大花野豌豆
Vicia bungei Ohwi
　　习　　性：一年生或多年生草本
　　海　　拔：海平面至4200 m
　　国内分布：安徽、甘肃、河北、河南、江苏、辽宁、内蒙古、青海、山东、山西、陕西、四川、西藏、云南
　　国外分布：朝鲜
　　濒危等级：LC

千山野豌豆
Vicia chianschanensis (P. Y. Fu et Y. A. Chen) Z. D. Xia
　　习　　性：多年生草本
　　分　　布：辽宁、山东
　　濒危等级：LC

华野豌豆
Vicia chinensis Franch.
　　习　　性：多年生草本
　　海　　拔：600~3300 m
　　分　　布：重庆、湖北、湖南、陕西、四川、西藏、云南
　　濒危等级：LC

新疆野豌豆
Vicia costata Ledeb.
　　习　　性：多年生攀援草本
　　海　　拔：500~3700 m
　　分　　布：黑龙江、吉林、辽宁、内蒙古、新疆、西藏
　　濒危等级：LC

广布野豌豆
Vicia cracca L.

广布野豌豆（原变种）
Vicia cracca var. **cracca**
　　习　　性：多年生草本
　　海　　拔：4200 m 以下
　　国内分布：安徽、重庆、福建、甘肃、广东、广西、贵州、河北、黑龙江、河南、湖北、江西、吉林、辽宁、内蒙古、陕西、上海、山西、四川、台湾（引种？）、新疆、西藏、云南、浙江
　　国外分布：朝鲜、俄罗斯、日本
　　濒危等级：LC
　　资源利用：动物饲料（饲料）；环境利用（水土保持）；蜜源植物

灰野豌豆
Vicia cracca var. **canescens** (Maxim.) Franch. et Sav.
　　习　　性：多年生草本
　　国内分布：甘肃、黑龙江、吉林、内蒙古、陕西
　　国外分布：俄罗斯、日本
　　濒危等级：LC

弯折巢菜
Vicia deflexa Nakai
　　习　　性：多年生草本
　　海　　拔：200~1400 m
　　国内分布：安徽、湖北、湖南、江苏、浙江
　　国外分布：日本
　　濒危等级：LC

二色野豌豆
Vicia dichroantha Diels
　　习　　性：多年生草本
　　海　　拔：1600~3600 m
　　分　　布：四川、云南
　　濒危等级：LC

蚕豆
Vicia faba L.
　　习　　性：一年生草本

国内分布：全国栽培
国外分布：原产地中海区域、非洲北部、亚洲西南部；世界广泛栽培
资源利用：药用（中草药）；动物饲料（饲料）；食品（粮食，淀粉，蔬菜）

索伦野豌豆
Vicia geminiflora Trautv.
习　　性：多年生草本
海　　拔：约 500 m
国内分布：黑龙江、吉林、辽宁、内蒙古
国外分布：俄罗斯
濒危等级：LC

小巢菜
Vicia hirsuta(L.) Gray

小巢菜（原变种）
Vicia hirsuta var. hirsuta
习　　性：一年生草本
海　　拔：海平面至 2900 m
国内分布：安徽、福建、甘肃、广东、广西、贵州、江苏、青海、陕西、四川、台湾、新疆、云南、浙江
国外分布：俄罗斯；北美洲、欧洲北部
濒危等级：LC
资源利用：药用（中草药）；动物饲料（饲料）

合肥小巢菜
Vicia hirsuta var. hefeiana J. Q. He
习　　性：一年生草本
分　　布：安徽
濒危等级：LC

东方野豌豆
Vicia japonica A. Gray
习　　性：多年生草本
海　　拔：600～3700 m
国内分布：黑龙江、吉林、辽宁、内蒙古、陕西
国外分布：朝鲜、俄罗斯、日本
濒危等级：LC
资源利用：动物饲料（牧草）

确山野豌豆
Vicia kioshanica L. H. Bailey
习　　性：多年生草本
海　　拔：100～1000 m
分　　布：安徽、甘肃、河北、河南、湖北、江苏、山东、陕西、浙江
濒危等级：LC
资源利用：药用（中草药）；动物饲料（饲料）；食品（蔬菜）

牯岭野豌豆
Vicia kulingiana L. H. Bailey
习　　性：多年生草本
海　　拔：200～1200 m
分　　布：河南、湖南
濒危等级：LC
资源利用：药用（中草药）

宽苞野豌豆
Vicia latibracteolata K. T. Fu
习　　性：多年生草本
海　　拔：900～2800 m
分　　布：甘肃、河南、宁夏、陕西
濒危等级：LC

长齿野豌豆
Vicia longidentata Z. D. Xia
习　　性：一年生或多年生草本
海　　拔：3200～3600 m
分　　布：四川
濒危等级：LC

大龙骨野豌豆
Vicia megalotropis Ledeb.
习　　性：多年生草本
海　　拔：600～1000 m
国内分布：甘肃、河北、陕西、四川、新疆
国外分布：俄罗斯
濒危等级：LC

多茎野豌豆
Vicia multicaulis Ledeb.
习　　性：多年生草本
海　　拔：4300 m 以下
国内分布：甘肃、黑龙江、吉林、内蒙古、青海、陕西、西藏
国外分布：俄罗斯、蒙古、日本
濒危等级：LC

多叶野豌豆
Vicia multijuga Z. D. Xia
习　　性：多年生草本
海　　拔：约 2500 m
分　　布：甘肃、陕西
濒危等级：LC

西南野豌豆
Vicia nummularia Hand.-Mazz.
习　　性：多年生草本
海　　拔：1400～3700 m
分　　布：甘肃、四川、西藏、云南
濒危等级：LC

头序歪头菜
Vicia ohwiana Hosok.
习　　性：多年生草本
海　　拔：4000 m 以下
国内分布：河北、河南、黑龙江、吉林、辽宁、山东、山西、陕西
国外分布：朝鲜、俄罗斯、日本
濒危等级：LC

褐毛野豌豆
Vicia pannonica Crantz
习　　性：一年生草本
国内分布：全国栽培
国外分布：原产欧洲

精致野豌豆
Vicia perelegans K. T. Fu
习　　性：多年生草本
海　　拔：800～1300 m

国内分布：甘肃、陕西、四川
濒危等级：LC

窄叶野豌豆
Vicia pilosa M. Beib.
习　　性：一年生或多年生草本
海　　拔：200~3700 m
国内分布：湖南、贵州；中国中部、东部、北部
国外分布：非洲、欧洲、亚洲
濒危等级：LC
资源利用：动物饲料（牧草）；环境利用（观赏）；蜜源植物

大叶野豌豆
Vicia pseudorobus Fisch. et C. A. Mey.

大叶野豌豆（原变型）
Vicia pseudorobus f. **pseudorobus**
习　　性：多年生草本
国内分布：我国东北、华北、西北及西南地区
国外分布：朝鲜、俄罗斯、蒙古、日本
濒危等级：LC
资源利用：药用（中草药）；基因源（抗寒）

白花大野豌豆
Vicia pseudorobus f. **albiflora**(Nakai)P. Y. Fu et Y. A. Chen
习　　性：多年生草本
分　　布：吉林
濒危等级：LC

短序大叶野豌豆
Vicia pseudorobus f. **breviramea** P. Y. Fu et Y. C. Teng
习　　性：多年生草本
分　　布：黑龙江、吉林
濒危等级：LC

北野豌豆
Vicia ramuliflora(Maxim.)Ohwi

北野豌豆（原变型）
Vicia ramuliflora f. **ramuliflora**
习　　性：多年生草本
海　　拔：700~1500 m
国内分布：安徽、黑龙江、吉林、内蒙古
国外分布：朝鲜、俄罗斯
濒危等级：LC

辽野豌豆
Vicia ramuliflora f. **abbreviata** P. Y. Fu et Y. A. Chen
习　　性：多年生草本
分　　布：辽宁
濒危等级：LC

救荒野豌豆
Vicia sativa L.

救荒野豌豆（原亚种）
Vicia sativa subsp. **sativa**
习　　性：一年生草本
海　　拔：海平面至3700 m
国内分布：全国栽培
国外分布：原产亚洲西部和欧洲南部；亚洲温带地区和欧洲有分布
濒危等级：LC
资源利用：药用（中草药）；动物饲料（牧草）

大巢豆
Vicia sativa subsp. **nigra**(L.)Ehrh.
习　　性：一年生草本
海　　拔：200~3700 m
国内分布：台湾
国外分布：北温带地区

野豌豆
Vicia sepium L.
习　　性：多年生草本
海　　拔：1000~2200 m
国内分布：重庆、甘肃、贵州、陕西、四川、新疆、云南
国外分布：朝鲜、俄罗斯、日本；中亚、西南亚、欧洲。温带地区广为引入和归化
濒危等级：LC
资源利用：药用（中草药）；动物饲料（牧草）；环境利用（观赏）；食品（蔬菜）

大野豌豆
Vicia sinogigantea B. J. Bao et Turland
习　　性：多年生草本
海　　拔：600~3000 m
分　　布：甘肃、河北、河南、湖北、山西、陕西、四川、云南
濒危等级：LC

疏毛野豌豆
Vicia subvillosa(Ledeb.)Boiss.
习　　性：多年生草本
国内分布：新疆
国外分布：阿富汗、俄罗斯、哈萨克斯坦、吉尔吉斯斯坦、蒙古、塔吉克斯坦、土库曼斯坦、乌兹别克斯坦、伊朗
濒危等级：LC

太白野豌豆
Vicia taipaica K. T. Fu
习　　性：多年生草本
海　　拔：1100~2000 m
分　　布：陕西
濒危等级：NT A2c

细叶野豌豆
Vicia tenuifolia Roth
习　　性：多年生草本
海　　拔：1000~2050 m
国内分布：新疆
国外分布：俄罗斯、日本
濒危等级：LC

三尖野豌豆
Vicia ternata Z. D. Xia
习　　性：多年生草本
海　　拔：2200~3000 m

分　　布：四川、云南
濒危等级：LC

四花野豌豆
Vicia tetrantha H. W. Kung
　　习　　性：多年生草本
　　海　　拔：1000 ~ 2500 m
　　分　　布：湖北、陕西
　　濒危等级：LC

四籽野豌豆
Vicia tetrasperma（L.）Schreb.
　　习　　性：一年生草本
　　海　　拔：海平面至 2900 m
　　国内分布：安徽、重庆、甘肃、贵州、河南、湖北、湖南、江苏、江西、陕西、四川、台湾、云南、浙江
　　国外分布：北美洲、非洲北部、欧洲、亚洲
　　濒危等级：LC
　　资源利用：药用（中草药）；动物饲料（牧草）

西藏野豌豆
Vicia tibetica Prain ex C. E. C. Fisch.
　　习　　性：多年生草本
　　海　　拔：1300 ~ 4300 m
　　分　　布：四川、西藏
　　濒危等级：LC

歪头菜
Vicia unijuga A. Braun

歪头菜（原变种）
Vicia unijuga var. ***unijuga***
　　习　　性：多年生草本
　　海　　拔：4000 m
　　国内分布：安徽、重庆、甘肃、贵州、河北、河南、黑龙江、湖北、吉林、江苏、江西、辽宁、内蒙古、青海、山西、陕西、四川、云南、浙江
　　国外分布：朝鲜、俄罗斯、蒙古、日本
　　濒危等级：LC
　　资源利用：药用（中草药）；动物饲料（牧草）；环境利用（水土保持）；食品（蔬菜，淀粉）

三叶歪头菜
Vicia unijuga var. ***trifoliolata*** Z. D. Xia
　　习　　性：多年生草本
　　海　　拔：1900 ~ 3000 m
　　分　　布：山西、陕西、四川
　　濒危等级：DD

欧洲苕子
Vicia varia Host
　　习　　性：一年生或二年生草本
　　国内分布：台湾
　　国外分布：原产欧洲

柳叶野豌豆
Vicia venosa（Willd. ex Link）Maxim.
　　习　　性：多年生草本
　　海　　拔：600 ~ 1800 m
　　国内分布：黑龙江、吉林、内蒙古
　　国外分布：朝鲜、俄罗斯、蒙古、日本
　　濒危等级：LC

长柔毛野豌豆
Vicia villosa Roth

长柔毛野豌豆（原变种）
Vicia villosa var. ***villosa***
　　习　　性：一年生草本
　　国内分布：甘肃、广东、贵州、河北、湖南、江苏、内蒙古、山东、台湾、新疆、浙江
　　国外分布：原产伊朗；中东地区、欧洲有分布
　　资源利用：动物饲料（牧草）

白花长柔毛野豌豆
Vicia villosa var. ***alba*** Y. Q. Zhu
　　习　　性：一年生草本
　　分　　布：山东
　　濒危等级：LC

武山野豌豆
Vicia wushanica Z. D. Xia
　　习　　性：多年生草本
　　海　　拔：约 1600 m
　　分　　布：甘肃
　　濒危等级：LC

豇豆属 Vigna Savi

乌头叶豇豆
Vigna aconitifolia（Jacq.）Maréchal
　　习　　性：一年生草本
　　海　　拔：约 1000 m
　　国内分布：四川、云南
　　国外分布：巴基斯坦、缅甸、斯里兰卡、印度
　　濒危等级：LC

狭叶豇豆
Vigna acuminata Hayata
　　习　　性：缠绕藤本
　　分　　布：台湾
　　濒危等级：LC

腺乐豇豆
Vigna adenantha（G. Mey.）Maréchal et al.
　　习　　性：多年生草本
　　国内分布：台湾
　　国外分布：泛热带地区
　　濒危等级：CR B2ab（iii）

赤豆
Vigna angularis（Willd.）Ohwi et H. Ohashi

赤豆（原变种）
Vigna angularis var. ***angularis***
　　习　　性：一年生草本
　　国内分布：全国栽培

国外分布：原产热带亚洲；引入刚果、乌干达、美洲
濒危等级：LC
资源利用：药用（中草药）；食品（种子）

野红豆
Vigna angularis var. **nipponensis**(Ohwi)Ohwi et H. Ohashi
习　　性：一年生草本
国内分布：台湾
国外分布：朝鲜、日本、印度；喜马拉雅地区
濒危等级：DD

细茎豇豆
Vigna gracilicaulis(Ohwi)Ohwi et H. Ohashi
习　　性：一年生草本
国内分布：台湾
国外分布：中南半岛
濒危等级：LC

和氏豇豆
Vigna hosei(Craib)Backer
习　　性：多年生草本
海　　拔：500 m 以下
国内分布：台湾
国外分布：马来西亚、日本、斯里兰卡、新圭亚那
濒危等级：LC

长叶豇豆
Vigna luteola(Jacq.)Benth.
习　　性：多年生攀援植物
海　　拔：100 m 以下
国内分布：台湾
国外分布：热带地区
濒危等级：LC

滨豇豆
Vigna marina(Burm.)Merr.
习　　性：多年生草本
国内分布：海南、台湾、香港
国外分布：热带地区
濒危等级：LC

贼小豆
Vigna minima(Roxb.)Ohwi et H. Ohashi

贼小豆（原变种）
Vigna minima var. **minima**
习　　性：一年生草本
国内分布：福建、广东、广西、贵州、海南、河北、湖南、江苏、江西、辽宁、山东、山西、台湾、云南、浙江
国外分布：菲律宾、日本
濒危等级：LC

小叶豇豆
Vigna minima var. **minor**(Matsum.)Tateishi
习　　性：一年生草本
国内分布：台湾
国外分布：日本
濒危等级：LC

绿豆
Vigna radiata(L.)R.Wilczek

绿豆（原变种）
Vigna radiata var. **radiata**
习　　性：一年生草本
国内分布：全国栽培
国外分布：原产热带地区；热带及亚热带地区有栽培
濒危等级：LC
资源利用：药用（中草药）；食品（淀粉，种子）

三裂叶豇豆
Vigna radiata var. **sublobata**(Roxb.)Verdc.
习　　性：一年生草本
海　　拔：约 500 m
国内分布：台湾
国外分布：热带亚洲
濒危等级：LC
资源利用：食品（种子）

卷毛豇豆
Vigna reflexopilosa Hayata
习　　性：一年生草本
海　　拔：1500 m 以下
国内分布：台湾、香港
国外分布：澳大利亚、日本
濒危等级：LC

琉球豇豆
Vigna riukiuensis(Ohwi)Ohwi et H. Ohashi
习　　性：缠绕草本
国内分布：台湾
国外分布：日本
濒危等级：LC

黑种豇豆
Vigna stipulata Hayata
习　　性：缠绕草本
国内分布：台湾
国外分布：日本
濒危等级：LC

三裂叶菜豆
Vigna trilobata(L.)Verdc.
习　　性：多年生草本
海　　拔：约 1000 m
国内分布：台湾
国外分布：印度、印度尼西亚
濒危等级：LC
资源利用：食品（种子）

赤小豆
Vigna umbellata(Thunb.)Ohwi et H. Ohashi
习　　性：一年生草质藤本
国内分布：广东、广西、海南、台湾、云南
国外分布：原产热带亚洲；朝鲜、菲律宾、日本及其他东南亚国家有栽培
资源利用：药用（中草药）；食品（种子）

豇豆
Vigna unguiculata(L.)Walp.

豇豆（原亚种）
Vigna unguiculata subsp. **unguiculata**
 习 性：一年生或多年生草本
 国内分布：全国栽培
 国外分布：原产非洲；热带及亚热带地区栽培
 资源利用：食品（蔬菜）

短豇豆
Vigna unguiculata subsp. **cylindrica**(L.)Verdc.
 习 性：一年生或多年生草本
 国内分布：全国栽培
 国外分布：原产亚洲；日本、朝鲜和美洲有栽培
 资源利用：食品（种子）

长豇豆
Vigna unguiculata subsp. **sesquipedalis**(L.)Verdc.
 习 性：一年生或多年生草本
 国内分布：全国栽培
 国外分布：原产亚洲南部；热带亚洲及非洲有栽培
 资源利用：食品（蔬菜）

云南野豇豆
Vigna vexillata(L.)A. Rich.

云南野豇豆（原变种）
Vigna vexillata var. **vexillata**
 习 性：多年生草本
 国内分布：重庆、福建、甘肃、广东、广西、贵州、湖北、湖南、江苏、江西、陕西、四川、云南、浙江
 国外分布：热带及亚热带区域
 濒危等级：LC
 资源利用：药用（中草药）

野豇豆
Vigna vexillata var. **tsusimensis** Matsum.
 习 性：多年生草本
 国内分布：台湾
 国外分布：澳大利亚、朝鲜、马来西亚、日本、印度
 濒危等级：LC
 资源利用：药用（中草药）

紫藤属 Wisteria Nutt.

短梗紫藤
Wisteria brevidentata Rehder
 习 性：落叶藤本
 海 拔：1300~1900 m
 分 布：福建、云南；野生状态未能确定
 濒危等级：LC
 资源利用：环境利用（观赏）

多花紫藤
Wisteria floribunda(Willd.)DC.

多花紫藤（原变型）
Wisteria floribunda f. **floribunda**
 习 性：落叶藤本
 国内分布：全国栽培
 国外分布：日本
 资源利用：环境利用（观赏）

重瓣多花紫藤
Wisteria floribunda f. **violaceoplena**(C. K. Schneid.)Rehder et E. H. Wilson
 习 性：落叶藤本
 分 布：山东
 濒危等级：LC

紫藤
Wisteria sinensis(Sims)Sweet

紫藤（原变型）
Wisteria sinensis f. **sinensis**
 习 性：落叶藤本
 分 布：澳门、重庆、北京、广西、贵州、河北、河南、陕西、香港、云南；沿黄河长江一带有分布
 濒危等级：LC
 资源利用：环境利用（观赏）；原料（纤维）；药用（中草药）

白花紫藤
Wisteria sinensis f. **alba**(Lindl.)Rehder et E. H. Wilson
 习 性：落叶藤本
 分 布：湖北、重庆；广泛栽培
 濒危等级：LC

白花藤萝
Wisteria venusta Rehder et E. H. Wilson
 习 性：落叶藤本
 分 布：中国北部
 濒危等级：LC
 资源利用：环境利用（观赏）

藤萝
Wisteria villosa Rehder
 习 性：落叶藤本
 分 布：安徽、北京、河北、河南、江苏、山东
 濒危等级：LC
 资源利用：环境利用（观赏）

木荚豆属 Xylia Benth.

木荚豆
Xylia xylocarpa Taub.
 习 性：落叶乔木
 国内分布：广东、海南
 国外分布：原产缅甸、泰国、印度

任豆属 Zenia Chun

任豆
Zenia insignis Chun
 习 性：乔木
 海 拔：200~1000 m
 国内分布：广东、广西、贵州、湖南、云南
 国外分布：泰国、越南
 濒危等级：VU D1+2

丁癸草属 Zornia J. F. Gmel.

丁癸草
Zornia diphylla (L.) Pers.
- 习　　性：多年生草本
- 海　　拔：100~1200 m
- 国内分布：长江以南地区
- 国外分布：缅甸、尼泊尔、日本、斯里兰卡、印度
- 濒危等级：LC
- 资源利用：药用（中草药）

台东癸草
Zornia intecta Mohlenbr.
- 习　　性：多年生草本
- 海　　拔：500~1500 m
- 国内分布：台湾
- 国外分布：斯里兰卡、印度、越南
- 濒危等级：VU D2

壳斗科 FAGACEAE
（6 属：330 种）

栗属 Castanea Mill.

日本栗
Castanea crenata Siebold et Zucc.
- 习　　性：灌木或小乔木
- 国内分布：江西、辽宁、山东、台湾
- 国外分布：朝鲜、日本
- 濒危等级：LC

锥栗
Castanea henryi (Skan) Rehder et E. H. Wilson
- 习　　性：乔木
- 海　　拔：100~1800 m
- 分　　布：安徽、福建、广东、广西、贵州、河南、湖北、湖南、江苏、江西、陕西、四川、云南、浙江
- 濒危等级：LC
- 资源利用：原料（单宁，树脂）

栗（板栗）
Castanea mollissima Blume
- 习　　性：乔木
- 海　　拔：2800 m 以下
- 国内分布：安徽、福建、甘肃、广东、广西、贵州、河北、河南、湖北、湖南、江苏、江西、辽宁、内蒙古、青海、山东、山西、陕西、四川、台湾、西藏、云南、浙江栽培或野生
- 国外分布：朝鲜
- 濒危等级：LC
- 资源利用：原料（单宁，木材，树脂）；动物饲料（饲料）；食品（坚果，淀粉）

茅栗
Castanea seguinii Dode
- 习　　性：灌木或小乔木
- 海　　拔：400~2000 m
- 分　　布：安徽、福建、广东、广西、贵州、河南、湖北、湖南、江苏、江西、山西、陕西、四川、云南、浙江
- 濒危等级：LC
- 资源利用：食品（淀粉）

锥栗属 Castanopsis (D. Don) Spach

南宁锥
Castanopsis amabilis W. C. Cheng et C. S. Chao
- 习　　性：乔木
- 海　　拔：300~900 m
- 分　　布：广西
- 濒危等级：VU B2ab（ii, iii）

银叶锥
Castanopsis argyrophylla King ex Hook. f.
- 习　　性：乔木
- 海　　拔：1000~1500 m
- 国内分布：云南
- 国外分布：老挝、缅甸、泰国、印度、越南
- 濒危等级：LC
- 资源利用：食品（坚果）

榄壳锥
Castanopsis boisii Hickel et A. Camus
- 习　　性：乔木
- 海　　拔：1000~1500 m
- 国内分布：广东、广西、海南、云南
- 国外分布：越南
- 濒危等级：LC

枹丝锥
Castanopsis calathiformis (Skan) Rehder et E. H. Wilson
- 习　　性：乔木
- 海　　拔：700~2200 m
- 国内分布：西藏、云南
- 国外分布：老挝、缅甸、泰国、越南
- 濒危等级：LC
- 资源利用：原料（木材）

米槠
Castanopsis carlesii (Hemsl.) Hayata

米槠（原变种）
Castanopsis carlesii var. ***carlesii***
- 习　　性：乔木
- 海　　拔：海平面至 1700 m
- 分　　布：安徽、福建、广东、广西、贵州、海南、湖北、湖南、江苏、江西、四川、台湾、云南、浙江
- 濒危等级：LC

短刺米槠
Castanopsis carlesii var. ***spinulosa*** W. C. Cheng et C. S. Chao
- 习　　性：乔木
- 海　　拔：1000~1700 m
- 分　　布：广西、贵州、湖南、四川、云南
- 濒危等级：LC

资源利用：原料（木材）

瓦山栲
Castanopsis ceratacantha Rehder et E. H. Wilson
- 习　　性：乔木
- 海　　拔：1500~2500 m
- 国内分布：贵州、湖北、四川、云南
- 国外分布：老挝、泰国、越南
- 濒危等级：LC
- 资源利用：原料（单宁，树脂）

毛叶杯锥
Castanopsis cerebrina（Hickel et A. Camus）Barnett
- 习　　性：乔木
- 海　　拔：200~700 m
- 国内分布：云南
- 濒危等级：LC

桂林栲
Castanopsis chinensis（Sprengel）Hance
- 习　　性：乔木
- 国内分布：广东、广西、贵州、湖南、云南
- 国外分布：越南
- 濒危等级：LC

窄叶锥
Castanopsis choboensis Hickel et A. Camus
- 习　　性：乔木
- 海　　拔：1000 m 以下
- 国内分布：广西、贵州、云南
- 国外分布：越南
- 濒危等级：LC

厚皮栲
Castanopsis chunii W. C. Cheng
- 习　　性：乔木
- 海　　拔：1000~2000 m
- 分　　布：广东、广西、贵州、湖南、江西
- 濒危等级：LC

棱刺锥
Castanopsis clarkei King ex Hook. f.
- 习　　性：乔木
- 海　　拔：500~800 m
- 国内分布：西藏、云南
- 国外分布：缅甸、印度
- 濒危等级：LC

华南栲
Castanopsis concinna（Champ. ex Benth.）A. DC.
- 习　　性：乔木
- 海　　拔：500 m 以下
- 分　　布：广东、广西
- 濒危等级：CR A2c；B1ab（iii）
- 国家保护：Ⅱ级
- 资源利用：原料（木材）；食品（淀粉）

厚叶锥
Castanopsis crassifolia Hickel et A. Camus
- 习　　性：乔木
- 海　　拔：1000~1300 m
- 国内分布：广西
- 国外分布：泰国、越南
- 濒危等级：VU A2c；D1

大明山锥
Castanopsis damingshanensis S. L. Mo
- 习　　性：乔木
- 海　　拔：1100~1400 m
- 分　　布：广西
- 濒危等级：NT D

高山栲
Castanopsis delavayi Franch.
- 习　　性：乔木
- 海　　拔：1500~2800 m
- 分　　布：广东、贵州、四川、云南
- 濒危等级：LC
- 资源利用：原料（木材，单宁，树脂）

密刺锥
Castanopsis densispinosa Y. C. Hsu et H. W. Jen
- 习　　性：乔木
- 海　　拔：约 1700 m
- 分　　布：云南
- 濒危等级：CR B1ab（i，iii）

短刺锥
Castanopsis echinocarpa Hook. f et Thomson ex Miq.
- 习　　性：乔木
- 海　　拔：500~2300 m
- 国内分布：西藏、云南
- 国外分布：不丹、孟加拉国、缅甸、尼泊尔、泰国、印度、越南
- 濒危等级：LC

甜槠栲
Castanopsis eyrei（Champ. ex Benth.）Tutcher
- 习　　性：乔木
- 海　　拔：300~1700 m
- 分　　布：安徽、福建、广东、广西、贵州、湖北、湖南、江苏、江西、青海、四川、台湾、西藏、浙江
- 濒危等级：LC
- 资源利用：原料（木材，单宁，树脂）

罗浮栲
Castanopsis fabri Hance
- 习　　性：乔木
- 海　　拔：100~2000 m
- 国内分布：安徽、福建、广东、广西、贵州、湖南、江西、台湾、云南、浙江
- 国外分布：老挝、越南
- 濒危等级：LC

丝栗栲
Castanopsis fargesii Franch.
- 习　　性：乔木
- 海　　拔：200~2100 m

分　　布：安徽、福建、广东、广西、贵州、湖北、湖南、江苏、江西、四川、台湾、云南、浙江
濒危等级：LC
资源利用：原料（木材，单宁，树脂）；食品（淀粉）

思茅栲
Castanopsis ferox (Roxb.) Spach
习　　性：乔木
海　　拔：700~2000 m
国内分布：西藏、云南
国外分布：老挝、孟加拉国、缅甸、泰国、印度、越南
濒危等级：LC

黧蒴锥
Castanopsis fissa (Champ. ex Benth.) Rehder et E. H. Wilson
习　　性：乔木
海　　拔：1600 m 以下
国内分布：福建、广东、广西、贵州、海南、湖南、江西、云南
国外分布：泰国、越南
濒危等级：LC
资源利用：原料（单宁，树脂）

小果锥
Castanopsis fleuryi Hickel et A. Camus
习　　性：乔木
海　　拔：600~2400 m
国内分布：云南
国外分布：老挝、越南
濒危等级：LC

南岭栲
Castanopsis fordii Hance
习　　性：乔木
海　　拔：1200 m 以下
分　　布：福建、广东、广西、湖南、江西、浙江
濒危等级：LC
资源利用：原料（木材，单宁，树脂）；食品（淀粉）

光叶锥
Castanopsis glabrifolia J. Q. Li et Li Chen
习　　性：常绿乔木
分　　布：海南
濒危等级：LC

圆芽锥
Castanopsis globigemmata Chun et C. C. Huang
习　　性：乔木
海　　拔：约 1400 m
分　　布：云南
濒危等级：NT

海南栲
Castanopsis hainanensis Merr.
习　　性：乔木
海　　拔：400 m 以下
分　　布：海南
濒危等级：VU A2c
资源利用：原料（木材）

先骕锥
Castanopsis hsiensiui J. Q. Li et Li Chen
习　　性：常绿乔木
分　　布：海南
濒危等级：LC

湖北锥
Castanopsis hupehensis C. S. Chao
习　　性：乔木
海　　拔：600~1000 m
分　　布：贵州、湖北、湖南、四川
濒危等级：LC

刺栲
Castanopsis hystrix Hook. f. et Thomson ex A. DC.
习　　性：乔木
海　　拔：海平面至 1600 m
国内分布：福建、广东、广西、贵州、海南、湖南、西藏、云南
国外分布：不丹、柬埔寨、老挝、缅甸、尼泊尔、印度、越南
濒危等级：LC
资源利用：原料（纤维，木材，单宁，树脂）；食品（淀粉）

印度栲
Castanopsis indica (Roxb. ex Lindl.) A. DC.
习　　性：乔木
海　　拔：1500 m 以下
国内分布：广东、广西、海南、台湾、西藏、云南
国外分布：不丹、老挝、孟加拉国、缅甸、尼泊尔、泰国、印度、越南
濒危等级：LC
资源利用：原料（木材）；食品（淀粉）

尖峰岭锥
Castanopsis jianfenglingensis Duanmu
习　　性：乔木
海　　拔：500~800 m
分　　布：海南
濒危等级：NT D

金平锥
Castanopsis jinpingensis J. Q. Li et Li Chen
习　　性：常绿乔木
分　　布：云南
濒危等级：LC

秀丽锥
Castanopsis jucunda Hance
习　　性：乔木
海　　拔：1500 m 以下
国内分布：安徽、福建、广东、广西、贵州、海南、湖北、湖南、江苏、江西、台湾、云南、浙江
国外分布：越南
濒危等级：LC
资源利用：原料（纤维，木材）

青钩栲
Castanopsis kawakamii Hayata

习　　性：乔木
海　　拔：1000 m 以下
国内分布：福建、广东、广西、江西、台湾
国外分布：越南
濒危等级：VU A2acd；B1ab（i，iii）；D1
资源利用：原料（木材）

贵州锥
Castanopsis kweichowensis Hu
习　　性：乔木
海　　拔：400 ~ 800 m
分　　布：广西、贵州
濒危等级：NT A2c

鹿角锥
Castanopsis lamontii Hance
习　　性：乔木
海　　拔：500 ~ 2500 m
国内分布：福建、广东、广西、贵州、湖南、江西、云南
国外分布：越南
濒危等级：LC

乐东锥
Castanopsis ledongensis C. C. Huang et Y. T. Chang
习　　性：乔木
海　　拔：约 800 m
分　　布：海南
濒危等级：EN B1ab（i，iii）

长刺锥
Castanopsis longispina(King ex Hook. f.)C. C. Huang et Y. T. Chang
习　　性：乔木
海　　拔：800 ~ 900 m
国内分布：西藏
国外分布：孟加拉国、缅甸、印度
濒危等级：DD

麻栗坡锥
Castanopsis malipoensis C. C. Huang ex J. Q. Li et Li Chen
习　　性：常绿乔木
分　　布：云南
濒危等级：LC

大叶锥
Castanopsis megaphylla Hu
习　　性：乔木
海　　拔：1100 ~ 1500 m
分　　布：云南
濒危等级：NT D1

湄公锥
Castanopsis mekongensis A. Camus
习　　性：乔木
海　　拔：600 ~ 2000 m
国内分布：云南
国外分布：老挝
濒危等级：LC
资源利用：原料（木材）

黑叶锥
Castanopsis nigrescens Chun et C. C. Huang
习　　性：乔木
海　　拔：200 ~ 1000 m
分　　布：福建、广东、广西、湖南、江西
濒危等级：LC
资源利用：原料（木材）

矩叶锥
Castanopsis oblonga Y. C. Hsu et H. W. Jen
习　　性：乔木
海　　拔：约 2000 m
分　　布：云南
濒危等级：NT

油锥
Castanopsis oleifera G. A. Fu
习　　性：常绿乔木
分　　布：海南
濒危等级：LC

毛果栲
Castanopsis orthacantha Franch.
习　　性：乔木
海　　拔：1500 ~ 3200 m
分　　布：贵州、四川、云南
濒危等级：LC
资源利用：原料（木材）

屏边锥
Castanopsis ouonbiensis Hickel et A. Camus
习　　性：乔木
海　　拔：1100 ~ 1600 m
国内分布：云南
国外分布：越南
濒危等级：CR B1ab（i，iii）

扁刺栲
Castanopsis platyacantha Rehder et E. H. Wilson
习　　性：乔木
海　　拔：1500 ~ 2500 m
分　　布：贵州、四川、云南
濒危等级：LC

琼北锥
Castanopsis qiongbeiensis G. A. Fu
习　　性：常绿乔木
分　　布：海南
濒危等级：LC

疏齿锥
Castanopsis remotidenticulata Hu
习　　性：乔木
海　　拔：1000 ~ 2200 m
分　　布：云南
濒危等级：LC

龙陵锥
Castanopsis rockii A. Camus

壳斗科 FAGACEAE

习　　性：乔木
海　　拔：2100 m 以下
国内分布：云南
国外分布：泰国、越南
濒危等级：EN A2c

变色锥
Castanopsis rufescens (Hook. f. et Thoms) C. C. Huang et Y. T. Chang
习　　性：常绿乔木
海　　拔：900～1700 m
国内分布：西藏、云南
国外分布：不丹、印度
濒危等级：NT C1

红壳锥
Castanopsis rufotomentosa Hu
习　　性：乔木
海　　拔：约 1300 m
分　　布：云南
濒危等级：CR B1ab (i, iii); D

苦槠栲
Castanopsis sclerophylla (Lindl.) Schottky
习　　性：乔木
海　　拔：200～1000 m
分　　布：安徽、福建、广西、贵州、湖北、湖南、江苏、江西、四川、浙江
濒危等级：LC
资源利用：原料（木材，单宁，树脂）；食品（淀粉）

假罗浮锥
Castanopsis semifabri X. M. Chen et B. P. Yu
习　　性：常绿乔木
分　　布：广东、广西、湖南
濒危等级：LC

钻刺锥
Castanopsis subuliformis Chun et C. C. Huang
习　　性：乔木
海　　拔：700～900 m
分　　布：广东、广西
濒危等级：EN B1ab (i, iii); C1

薄叶锥
Castanopsis tcheponensis Hickel et A. Camus
习　　性：乔木
海　　拔：900～1400 m
国内分布：云南
国外分布：老挝、缅甸、越南
濒危等级：LC

棕毛锥
Castanopsis tessellata Hick. et A. Camus
习　　性：乔木
海　　拔：500 m 以下
国内分布：云南
国外分布：越南
濒危等级：EN A2c

钩锥
Castanopsis tibetana Hance
习　　性：乔木
海　　拔：1500 m 以下
分　　布：安徽、福建、广东、广西、贵州、湖北、湖南、江西、云南、浙江
濒危等级：LC
资源利用：原料（木材，单宁，树脂）

公孙锥
Castanopsis tonkinensis Seemen
习　　性：乔木
海　　拔：2000 m 以下
国内分布：广东、广西、海南、云南
国外分布：越南
濒危等级：LC
资源利用：原料（木材）

蒺藜锥
Castanopsis tribuloides (Sm.) A. DC.
习　　性：乔木
海　　拔：约 1300 m
国内分布：西藏、云南
国外分布：不丹、缅甸、尼泊尔、印度
濒危等级：LC
资源利用：原料（单宁，树脂）；食品（淀粉）

软刺锥
Castanopsis trichocarpa G. A. Fu
习　　性：常绿乔木
分　　布：海南
濒危等级：LC

淋漓锥
Castanopsis uraiana (Hayata) Kaneh. et Hatus.
习　　性：乔木
海　　拔：400～1500 m
分　　布：福建、广东、广西、湖南、江西、台湾
濒危等级：LC
资源利用：原料（木材）；基因源（抗白蚁）

文昌锥
Castanopsis wenchangensis G. A. Fu et C. C. Huang
习　　性：乔木
分　　布：海南
濒危等级：LC

五指山锥
Castanopsis wuzhishanensis G. A. Fu
习　　性：常绿乔木
分　　布：海南
濒危等级：LC

西畴锥
Castanopsis xichouensis C. C. Huang et Y. T. Chang
习　　性：乔木
海　　拔：1400～1700 m
分　　布：云南
濒危等级：EN B1ab (i, iii); D

水青冈属 Fagus L.

米心水青冈
Fagus engleriana Seemen
习　　性：乔木
海　　拔：1500~2500 m
分　　布：安徽、广西、贵州、河南、湖北、湖南、陕西、四川、云南、浙江
濒危等级：LC
资源利用：原料（纤维）

台湾水青冈
Fagus hayatae Palib. ex Hayata
习　　性：乔木
海　　拔：1300~2300 m
分　　布：湖北、湖南、陕西、四川、台湾、浙江
濒危等级：VU A2cd+3bcd；B1ab（iii）
国家保护：Ⅱ级

亮叶水青冈
Fagus lucida Rehder et E. H. Wilson
习　　性：乔木
海　　拔：800~2000 m
分　　布：安徽、福建、广东、广西、贵州、湖北、湖南、江西、四川、浙江
濒危等级：LC

柯属 Lithocarpus Blume

愉柯
Lithocarpus amoenus Chun et C. C. Huang
习　　性：乔木
海　　拔：300~1000 m
分　　布：福建、广东、贵州、湖南
濒危等级：EN D

杏叶柯
Lithocarpus amygdalifolius (Skan) Hayata
习　　性：乔木
海　　拔：500~2300 m
国内分布：福建、广东、广西、海南、台湾
国外分布：越南
濒危等级：LC

向阳柯
Lithocarpus apricus C. C. Huang et Y. T. Chang
习　　性：乔木
海　　拔：约2500 m
分　　布：云南
濒危等级：EN A2c；B1ab (i, iii, v)

小箱柯
Lithocarpus arcaulus (Buch.-Ham. ex Spreng.) C. C. Huang et Y. T. Chang
习　　性：乔木
海　　拔：1100~2300 m
国内分布：西藏、云南
国外分布：尼泊尔
濒危等级：LC

槟榔柯
Lithocarpus areca (Hickel et A. Camus) A. Camus
习　　性：乔木
海　　拔：800~1500 m
国内分布：广西、云南
国外分布：越南
濒危等级：VU A2c；B1ab（i, iii, v）

尖叶柯
Lithocarpus attenuatus (Skan) Rehder
习　　性：乔木
海　　拔：1000 m 以下
分　　布：广东、广西
濒危等级：NT A3c

茸果柯
Lithocarpus bacgiangensis (Hickel et A. Camus) A. Camus
习　　性：乔木
海　　拔：200~1700 m
国内分布：广西、海南、云南
国外分布：越南
濒危等级：LC
资源利用：原料（木材）；食品（淀粉）

猴面柯
Lithocarpus balansae (Drake) A. Camus
习　　性：乔木
海　　拔：400~1900 m
国内分布：云南
国外分布：老挝、越南
濒危等级：LC

帽柯
Lithocarpus bonnetii (Hickel et A. Camus) A. Camus
习　　性：乔木
海　　拔：700~1300 m
国内分布：海南、云南
国外分布：越南
濒危等级：LC

短穗柯
Lithocarpus brachystachyus Chun
习　　性：乔木
海　　拔：800~1000 m
分　　布：广东、海南
濒危等级：NT A2ac

岭南柯
Lithocarpus brevicaudatus (Skan) Hayata
习　　性：乔木
海　　拔：300~1900 m
分　　布：安徽、福建、广东、广西、贵州、海南、湖北、湖南、江西、四川、台湾、浙江
濒危等级：LC

美苞柯
Lithocarpus calolepis Y. C. Hsu et H. W. Jen

习　　性：乔木
海　　拔：1000～1800 m
分　　布：云南
濒危等级：NT B2ab（iii）；D

美叶柯
Lithocarpus calophyllus Chun ex C. C. Huang et Y. T. Chang
　　习　　性：乔木
　　海　　拔：500～1200 m
　　分　　布：福建、广东、广西、贵州、湖南、江西
　　濒危等级：LC
　　资源利用：原料（木材）

红心柯
Lithocarpus carolineae(Skan)Rehder
　　习　　性：乔木
　　海　　拔：1500～2000 m
　　分　　布：云南
　　濒危等级：EN B2ab（ii，iii）

尾叶柯
Lithocarpus caudatilimbus(Merr.) A. Camus
　　习　　性：乔木
　　海　　拔：约700 m
　　分　　布：广东、海南
　　濒危等级：NT B2ab（ii，iii）

粤北柯
Lithocarpus chifui Chun et Tsiang
　　习　　性：乔木
　　海　　拔：1200～1400 m
　　分　　布：广东、贵州
　　濒危等级：EN A2c；B2ab（ii，iii）

琼中柯
Lithocarpus chiungchungensis Chun et P. C. Tam
　　习　　性：乔木
　　海　　拔：约800 m
　　分　　布：海南
　　濒危等级：EN A2c；B1ab（i，iii）

金毛柯
Lithocarpus chrysocomus Chun et Tsiang
　　习　　性：乔木
　　海　　拔：600～1400 m
　　分　　布：广东、广西、湖南
　　濒危等级：LC
　　资源利用：原料（木材）

炉灰柯
Lithocarpus cinereus Chun et C. C. Huang
　　习　　性：乔木
　　海　　拔：约1000 m
　　分　　布：广西、云南
　　濒危等级：LC

包槲柯
Lithocarpus cleistocarpus(Seemen)Rehder et E. H. Wilson

包槲柯（原变种）
Lithocarpus cleistocarpus var. **cleistocarpus**
　　习　　性：乔木
　　海　　拔：1000～1900 m
　　分　　布：安徽、福建、贵州、湖北、湖南、江西、陕西、四川、浙江
　　濒危等级：LC
　　资源利用：原料（单宁，树脂）

峨眉包槲柯
Lithocarpus cleistocarpus var. **omeiensis** W. P. Fang
　　习　　性：乔木
　　海　　拔：1500～2400 m
　　分　　布：贵州、四川、云南
　　濒危等级：NT B2ab（iii）
　　资源利用：原料（木材）

格林柯
Lithocarpus collettii(King ex Hook. f.) A. Camus
　　习　　性：乔木
　　海　　拔：700～2400 m
　　国内分布：西藏
　　国外分布：缅甸、泰国、印度
　　濒危等级：EN A3c

窄叶柯
Lithocarpus confinis C. C. Huang ex Y. C. Hsu et H. W. Jen
　　习　　性：乔木
　　海　　拔：1500～2400 m
　　分　　布：贵州、云南
　　濒危等级：LC

烟斗柯
Lithocarpus corneus(Lour.)Rehder

烟斗柯（原变种）
Lithocarpus corneus var. **corneus**
　　习　　性：乔木
　　海　　拔：海平面至1000 m
　　国内分布：福建、广东、广西、贵州、湖南、台湾、云南
　　国外分布：越南
　　濒危等级：LC
　　资源利用：原料（木材）

窄叶烟斗柯
Lithocarpus corneus var. **angustifolius** C. C. Huang et Y. T. Chang
　　习　　性：乔木
　　分　　布：广西、云南
　　濒危等级：DD

多果烟斗柯
Lithocarpus corneus var. **fructuosus** C. C. Huang et Y. T. Chang
　　习　　性：乔木
　　分　　布：广西
　　濒危等级：LC

海南烟斗柯
Lithocarpus corneus var. **hainanensis**(Merr.)C. C. Huang et Y. T. Chang
　　习　　性：乔木
　　分　　布：广东、海南
　　濒危等级：DD

皱叶烟斗柯
Lithocarpus corneus var. **rhytidophyllus** C. C. Huang et Y. T. Chang
 习 性：乔木
 分 布：云南
 濒危等级：LC

环鳞烟斗柯
Lithocarpus corneus var. **zonatus** C. C. Huang et Y. T. Chang
 习 性：乔木
 国内分布：广东、广西
 国外分布：越南
 濒危等级：DD

白穗柯
Lithocarpus craibianus Barnett
 习 性：乔木
 海 拔：1500～2700 m
 国内分布：四川、云南
 国外分布：老挝、泰国
 濒危等级：LC

硬叶柯
Lithocarpus crassifolius A. Camus
 习 性：乔木
 海 拔：约 2700 m
 国内分布：云南
 国外分布：老挝、越南
 濒危等级：VU A2c

闭壳柯
Lithocarpus cryptocarpus A. Camus
 习 性：乔木
 国内分布：云南
 国外分布：越南
 濒危等级：DD

风兜柯
Lithocarpus cucullatus C. C. Huang et Y. T. Chang
 习 性：乔木
 海 拔：700～1200 m
 分 布：广东、湖南
 濒危等级：EN A3c；B1ab（i, iii）

鱼蓝柯
Lithocarpus cyrtocarpus(Drake) A. Camus
 习 性：乔木
 海 拔：400～900 m
 国内分布：广东、广西
 国外分布：越南
 濒危等级：VU A2c + 3c

大苗山柯
Lithocarpus damiaoshanicus C. C. Huang et Y. T. Chang
 习 性：乔木
 海 拔：1500～1900 m
 分 布：广西
 濒危等级：DD

白皮柯
Lithocarpus dealbatus(Hook. f. et Thomson ex Miq.) Rehder
 习 性：乔木
 海 拔：1000～2800 m
 国内分布：贵州、四川、西藏、云南
 国外分布：不丹、老挝北部、缅甸、泰国、印度、越南
 濒危等级：LC
 资源利用：原料（木材）

柳叶柯
Lithocarpus dodonaeifolius(Hayata) Hayata
 习 性：乔木
 海 拔：500～1500 m
 分 布：台湾
 濒危等级：VU D2

防城柯
Lithocarpus ducampii(Hickel et A. Camus) A. Camus
 习 性：乔木
 国内分布：广西
 国外分布：越南
 濒危等级：LC

壶壳柯
Lithocarpus echinophorus(Hickel et A. Camus) A. Camus

壶壳柯（原变种）
Lithocarpus echinophorus var. **echinophorus**
 习 性：乔木
 海 拔：约 2000 m
 国内分布：云南
 国外分布：老挝、缅甸、越南
 濒危等级：VU A2c

金平柯
Lithocarpus echinophorus var. **bidoupensis** A. Camus
 习 性：乔木
 海 拔：约 2000 m
 国内分布：云南
 国外分布：越南
 濒危等级：CR D

沙坝柯
Lithocarpus echinophorus var. **chapensis** A. Camus
 习 性：乔木
 海 拔：约 1900 m
 国内分布：云南
 国外分布：越南
 濒危等级：NT

刺壳柯
Lithocarpus echinotholus(Hu) Chun et C. C. Huang ex Y. C. Hsu et H. W. Jen
 习 性：乔木
 海 拔：200～1200 m
 国内分布：云南
 国外分布：越南
 濒危等级：LC

胡颓子叶柯
Lithocarpus elaeagnifolius(Seemen) Chun
 习 性：乔木
 海 拔：300 m 以下

国内分布：海南
国外分布：越南
濒危等级：NT A2c

厚斗柯
Lithocarpus elizabethae (Tutcher) Rehder
- 习　　性：乔木
- 海　　拔：100~1200 m
- 分　　布：福建、广东、广西、贵州、云南
- 濒危等级：LC
- 资源利用：食品（淀粉）

万宁柯
Lithocarpus elmerrillii Chun
- 习　　性：乔木
- 海　　拔：500~800 m
- 分　　布：海南
- 濒危等级：EN B1ab（i，iii）

枇杷叶柯
Lithocarpus eriobotryoides C. C. Huang et Y. T. Chang
- 习　　性：乔木
- 海　　拔：1000~1500 m
- 分　　布：贵州、湖北、湖南、四川
- 濒危等级：LC

易武柯
Lithocarpus farinulentus (Hance) A. Camus
- 习　　性：乔木
- 海　　拔：1000 m 以下
- 国内分布：云南
- 国外分布：柬埔寨、泰国、越南
- 濒危等级：VU A2c+3c

泥椎柯
Lithocarpus fenestratus (Roxb.) Rehder
- 习　　性：乔木
- 海　　拔：1700 m 以下
- 国内分布：广东、广西、海南、西藏、云南
- 国外分布：不丹、老挝、缅甸、泰国、印度、越南
- 濒危等级：LC
- 资源利用：食品（淀粉）

红柯
Lithocarpus fenzelianus A. Camus
- 习　　性：乔木
- 海　　拔：300~1000 m
- 分　　布：海南
- 濒危等级：EN A3c
- 资源利用：原料（木材）

卷毛柯
Lithocarpus floccosus C. C. Huang et Y. T. Chang
- 习　　性：乔木
- 海　　拔：400~700 m
- 分　　布：福建、广东、江西
- 濒危等级：VU A2c+3c

勐海柯
Lithocarpus fohaiensis (Hu) A. Camus
- 习　　性：乔木

海　　拔：600~1500 m
分　　布：云南
濒危等级：VU A2c

密脉柯
Lithocarpus fordianus (Hemsl.) Chun
- 习　　性：乔木
- 海　　拔：700~1500 m
- 国内分布：贵州、云南
- 国外分布：越南
- 濒危等级：VU A2c
- 资源利用：原料（木材）

高黎贡柯
Lithocarpus gaoligongensis C. C. Huang et Y. T. Chang
- 习　　性：乔木
- 海　　拔：约 2000 m
- 分　　布：云南
- 濒危等级：EN D

望楼柯
Lithocarpus garrettianus (Craib) A. Camus
- 习　　性：乔木
- 海　　拔：1000~？m
- 国内分布：云南
- 国外分布：老挝、缅甸、泰国、越南
- 濒危等级：DD

柯
Lithocarpus glaber (Thunb.) Nakai
- 习　　性：乔木
- 海　　拔：1500 m 以下
- 国内分布：安徽、福建、广东、广西、贵州、河南、湖北、湖南、江苏、江西、台湾、浙江
- 国外分布：日本
- 濒危等级：LC
- 资源利用：原料（木材）；食品（淀粉）

粉绿柯
Lithocarpus glaucus Chun et C. C. Huang ex H. G. Ye
- 习　　性：乔木
- 分　　布：广东
- 濒危等级：NT D

耳叶柯
Lithocarpus grandifolius (D. Don) S. N. Biswas
- 习　　性：乔木
- 海　　拔：600~1900 m
- 国内分布：云南
- 国外分布：不丹、老挝、缅甸、尼泊尔、泰国、印度
- 濒危等级：LC

假鱼蓝柯
Lithocarpus gymnocarpus A. Camus
- 习　　性：乔木
- 海　　拔：800~1000 m
- 国内分布：广东、广西、云南
- 国外分布：越南
- 濒危等级：LC

庵耳柯
Lithocarpus haipinii Chun

习　　性：乔木
海　　拔：1000 m 以下
分　　布：广东、广西、贵州、湖南
濒危等级：LC

硬壳柯
Lithocarpus hancei（Benth.）Rehder
　　习　　性：乔木
　　海　　拔：2600 m 以下
　　分　　布：福建、广东、广西、贵州、海南、湖北、湖南、江西、四川、台湾、云南、浙江
　　濒危等级：LC
　　资源利用：食品（淀粉）

瘤果柯
Lithocarpus handelianus A. Camus
　　习　　性：乔木
　　海　　拔：400～1000 m
　　分　　布：海南
　　濒危等级：NT C1
　　资源利用：原料（木材）

港柯
Lithocarpus harlandii（Hance ex Walp.）Rehder
　　习　　性：乔木
　　海　　拔：400～700 m
　　分　　布：福建、广东、广西、海南、湖南、江西、台湾、浙江
　　濒危等级：LC

绵柯
Lithocarpus henryi（Seemen）Rehder et E. H. Wilson
　　习　　性：乔木
　　海　　拔：1400～2100 m
　　分　　布：安徽、贵州、湖北、湖南、江苏、江西、陕西、四川
　　濒危等级：LC
　　资源利用：食品（淀粉）

梨果柯
Lithocarpus howii Chun
　　习　　性：乔木
　　海　　拔：1000～1400 m
　　分　　布：广东、海南
　　濒危等级：EN A2c；B1ab（i，iii）

灰背叶柯
Lithocarpus hypoglaucus（Hu）C. C. Huang ex Y. C. Hsu et H. W. Jen
　　习　　性：乔木
　　海　　拔：1700～3000 m
　　分　　布：四川、云南
　　濒危等级：LC

广南柯
Lithocarpus irwinii（Hance）Rehder
　　习　　性：乔木
　　海　　拔：400 m 以下
　　分　　布：福建、广东、广西
　　濒危等级：LC

鼠刺叶柯
Lithocarpus iteaphyllus（Hance）Rehder
　　习　　性：乔木
　　海　　拔：约 500 m
　　分　　布：广东、广西、湖南、江西、浙江
　　濒危等级：LC

挺叶柯
Lithocarpus ithyphyllus Chun ex H. T. Chang
　　习　　性：乔木
　　海　　拔：400～900 m
　　分　　布：广东
　　濒危等级：LC

盈江柯
Lithocarpus jenkinsii（Benth.）C. C. Huang et Y. T. Chang
　　习　　性：乔木
　　海　　拔：约 1500 m
　　国内分布：云南
　　国外分布：缅甸、印度
　　濒危等级：CR B1ab（i，iii）

台湾柯
Lithocarpus kawakamii（Hayata）Hayata
　　习　　性：乔木
　　海　　拔：700～2900 m
　　分　　布：台湾
　　濒危等级：CR D

油叶柯
Lithocarpus konishii（Hayata）Hayata
　　习　　性：乔木
　　海　　拔：300～1600 m
　　分　　布：海南、台湾
　　濒危等级：NT

屏边柯
Lithocarpus laetus Chun et C. C. Huang ex Y. C. Hsu et H. W. Jen
　　习　　性：乔木
　　海　　拔：约 1700 m
　　分　　布：云南
　　濒危等级：VU D2

老挝柯
Lithocarpus laoticus（Hickel et A. Camus）A. Camus
　　习　　性：乔木
　　海　　拔：1500～2200 m
　　国内分布：云南
　　国外分布：老挝、越南
　　濒危等级：VU A2c

鬼石柯
Lithocarpus lepidocarpus（Hayata）Hayata
　　习　　性：乔木
　　海　　拔：300～2800 m
　　分　　布：台湾
　　濒危等级：LC

白枝柯
Lithocarpus leucodermis Chun et C. C. Huang
　　习　　性：乔木

海　　拔：约 1600 m
分　　布：云南
濒危等级：DD

滑壳柯
Lithocarpus levis Chun et C. C. Huang
习　　性：乔木
海　　拔：900~1500 m
分　　布：贵州
濒危等级：EN B1ab（i，iii）

谊柯
Lithocarpus listeri（King）Grierson et D. G. Long
习　　性：乔木
海　　拔：约 1000 m
国内分布：西藏
国外分布：不丹、缅甸、尼泊尔、印度
濒危等级：VU A2ac

木姜叶柯
Lithocarpus litseifolius（Hance）Chun

木姜叶柯（原变种）
Lithocarpus litseifolius var. **litseifolius**
习　　性：乔木
海　　拔：500~2500 m
国内分布：福建、广东、广西、贵州、海南、湖北、湖南、江西、四川、云南、浙江
国外分布：老挝、缅甸、越南
濒危等级：LC
资源利用：药用（中草药）

毛枝木姜柯
Lithocarpus litseifolius var. **pubescens** C. C. Huang et Y. T. Chang
习　　性：乔木
海　　拔：2500 m
分　　布：广西
濒危等级：DD

龙眼柯
Lithocarpus longanoides C. C. Huang et Y. T. Chang
习　　性：乔木
海　　拔：500~1200 m
分　　布：广东、广西、云南
濒危等级：LC

柄果柯
Lithocarpus longipedicellatus（Hickel et A. Camus）A. Camus
习　　性：乔木
海　　拔：1200 m 以下
国内分布：广西、海南、云南
国外分布：越南
濒危等级：NT A3c
资源利用：原料（木材）

龙州柯
Lithocarpus longzhounicus（C. C. Huang et Y. T. Chang）J. Q. Li et Li Chen
习　　性：乔木
分　　布：广西
濒危等级：LC

香菌柯
Lithocarpus lycoperdon（Skan）A. Camus
习　　性：乔木
海　　拔：1000~1500 m
国内分布：广西、云南
国外分布：老挝、越南
濒危等级：VU A2c+3c

粉叶柯
Lithocarpus macilentus Chun et C. C. Huang
习　　性：乔木
海　　拔：400 m 以下
分　　布：广东、广西、香港
濒危等级：EN A3c；B1ab（i，iii）

黑家柯
Lithocarpus magneinii（Hickel et A. Camus）A. Camus
习　　性：乔木
海　　拔：700~1200 m
国内分布：云南
国外分布：老挝、越南
濒危等级：LC

光叶柯
Lithocarpus mairei（Schottky）Rehder
习　　性：乔木
海　　拔：1500~2500 m
分　　布：云南
濒危等级：LC

大叶柯
Lithocarpus megalophyllus Rehder et E. H. Wilson
习　　性：乔木
海　　拔：900~2200 m
国内分布：广西、贵州、湖北、四川、云南
国外分布：越南
濒危等级：NT B1ab（i，iii）

澜沧柯
Lithocarpus mekongensis（A. Camus）C. C. Huang et Y. T. Chang
习　　性：乔木
海　　拔：约 1000 m
国内分布：云南
国外分布：老挝、越南
濒危等级：NT B2ab（ii，iii）

黑柯
Lithocarpus melanochromus Chun et Tsiang ex C. C. Huang et Y. T. Chang
习　　性：乔木
海　　拔：600~1200 m
分　　布：广东、广西
濒危等级：VU A2c+3c

缅宁柯
Lithocarpus mianningensis Hu
习　　性：乔木
海　　拔：1100~2500 m
分　　布：云南
濒危等级：VU A2c+3c

小果柯
Lithocarpus microspermus A. Camus
　　习　　性：乔木
　　海　　拔：800～1500 m
　　国内分布：云南
　　国外分布：老挝、越南
　　濒危等级：NT

水仙柯
Lithocarpus naiadarum(Hance) Chun
　　习　　性：乔木
　　海　　拔：1800～2750 m
　　分　　布：海南
　　濒危等级：NT D

南投柯
Lithocarpus nantoensis(Hayata) Hayata
　　习　　性：乔木
　　海　　拔：300～1500 m
　　分　　布：台湾
　　濒危等级：VU D1

峨眉柯
Lithocarpus oblanceolatus C. C. Huang et Y. T. Chang
　　习　　性：乔木
　　海　　拔：约2000 m
　　分　　布：四川
　　濒危等级：NT D2

卵叶柯
Lithocarpus obovatilimbus Chun
　　习　　性：乔木
　　海　　拔：800～1100 m
　　分　　布：海南
　　濒危等级：NT A2ac

墨脱柯
Lithocarpus obscurus C. C. Huang et Y. T. Chang
　　习　　性：乔木
　　海　　拔：1500～2500 m
　　国内分布：西藏、云南
　　国外分布：印度
　　濒危等级：NT

榄叶柯
Lithocarpus oleifolius A. Camus
　　习　　性：乔木
　　海　　拔：500～1200 m
　　国内分布：福建、广东、广西、贵州、湖南、江西
　　国外分布：越南
　　濒危等级：LC

厚鳞柯
Lithocarpus pachylepis A. Camus
　　习　　性：乔木
　　海　　拔：900～1800 m
　　国内分布：广西、云南
　　国外分布：越南
　　濒危等级：NT

厚叶柯
Lithocarpus pachyphyllus(Kurz) Rehder

厚叶柯（原变种）
Lithocarpus pachyphyllus var. **pachyphyllus**
　　习　　性：乔木
　　海　　拔：800～3200 m
　　国内分布：西藏、云南
　　国外分布：不丹、缅甸、尼泊尔、印度
　　濒危等级：NT
　　资源利用：原料（木材）

顺宁厚叶柯
Lithocarpus pachyphyllus var. **fruticosus**(Wall. ex King) A. Camus
　　习　　性：乔木
　　海　　拔：约2000 m
　　国内分布：云南
　　国外分布：缅甸
　　濒危等级：NT

大叶苦柯
Lithocarpus paihengii Chun et Tsiang
　　习　　性：乔木
　　海　　拔：700～1600 m
　　分　　布：福建、广东、广西、湖南、江西
　　濒危等级：NT B1ab（i，iii）

滇南柯
Lithocarpus pakhaensis A. Camus
　　习　　性：乔木
　　海　　拔：1000～1400 m
　　国内分布：云南
　　国外分布：越南
　　濒危等级：EN A2c；C1

圆锥柯
Lithocarpus paniculatus Hand.-Mazz.
　　习　　性：乔木
　　海　　拔：600～1200 m
　　分　　布：重庆、广东、广西、贵州、湖北、湖南、江西、四川、云南
　　濒危等级：LC

石柯
Lithocarpus pasania C. C. Huang et Y. T. Chang
　　习　　性：乔木
　　海　　拔：约800 m
　　国内分布：西藏
　　国外分布：印度
　　濒危等级：VU A2ac

星毛柯
Lithocarpus petelotii A. Camus
　　习　　性：乔木
　　海　　拔：1000～1800 m
　　国内分布：广西、贵州、湖南、云南
　　国外分布：越南
　　濒危等级：NT B1ab（i，iii）

桂南柯
Lithocarpus phansipanensis A. Camus
习　　性：乔木
海　　拔：约 1000 m
国内分布：广西
国外分布：越南
濒危等级：DD

三柄果柯
Lithocarpus propinquus C. C. Huang et Y. T. Chang
习　　性：乔木
海　　拔：1300~1700 m
分　　布：云南
濒危等级：VU A2c+3c

单果柯
Lithocarpus pseudoreinwardtii A. Camus
习　　性：乔木
海　　拔：约 1200 m
国内分布：云南
国外分布：老挝、越南
濒危等级：DD

毛果柯
Lithocarpus pseudovestitus A. Camus
习　　性：乔木
海　　拔：200~1500 m
国内分布：广东、广西、海南、云南
国外分布：越南
濒危等级：LC

假西藏石柯
Lithocarpus pseudoxizangensis Z. K. Zhou et H. Sun
习　　性：乔木
海　　拔：800~2000 m
分　　布：西藏
濒危等级：VU A2ac

钦州柯
Lithocarpus qinzhouicus C. C. Huang et Y. T. Chang
习　　性：乔木
海　　拔：约 200 m
分　　布：广西、贵州
濒危等级：VU B1ab（i, iii）

栎叶柯
Lithocarpus quercifolius C. C. Huang et Y. T. Chang
习　　性：乔木
海　　拔：约 600 m
分　　布：广东、江西
濒危等级：EN C1

毛枝柯
Lithocarpus rhabdostachyus subsp. **dakhaensis** A. Camus
习　　性：乔木
海　　拔：900~2200 m
国内分布：广西、云南
国外分布：越南
濒危等级：LC

南川柯
Lithocarpus rosthornii（Schottky）Barnett
习　　性：乔木
海　　拔：300~900 m
分　　布：广东、广西、贵州、湖南、四川
濒危等级：LC

浸水营柯
Lithocarpus shinsuiensis Hayata et Kaneh.
习　　性：乔木
海　　拔：300~1000 m
分　　布：台湾
濒危等级：EN C2a（i）

犁耙柯
Lithocarpus silvicolarum（Hance）Chun
习　　性：乔木
海　　拔：1200 m 以下
国内分布：广东、广西、海南、云南
国外分布：越南
濒危等级：NT B1ab（i, iii）
资源利用：食品（淀粉）

滑皮柯
Lithocarpus skanianus（Dunn）Rehder
习　　性：乔木
海　　拔：500~1000 m
分　　布：福建、广东、广西、海南、湖南、江西、云南
濒危等级：LC
资源利用：原料（木材）

球壳柯
Lithocarpus sphaerocarpus（Hickel et A. Camus）A. Camus
习　　性：乔木
海　　拔：600~1300 m
国内分布：广西、云南
国外分布：越南
濒危等级：NT
资源利用：原料（树脂）

平头柯
Lithocarpus tabularis Y. C. Hsu et H. W. Jen
习　　性：乔木
海　　拔：约 1500 m
分　　布：云南
濒危等级：DD

菱果柯
Lithocarpus taitoensis（Hayata）Hayata
习　　性：乔木
海　　拔：约 1500 m
分　　布：安徽、福建、广东、广西、贵州、湖北、湖南、江苏、江西、四川、台湾、云南、浙江
濒危等级：LC
资源利用：原料（木材）

石屏柯
Lithocarpus talangensis C. C. Huang et Y. T. Chang
习　　性：乔木

海　　拔：2000~2400 m
分　　布：云南
濒危等级：NT

薄叶柯
Lithocarpus tenuilimbus H. T. Chang
　　习　　性：乔木
　　海　　拔：700~1200 m
　　国内分布：广东、广西、云南
　　国外分布：越南
　　濒危等级：LC

灰壳柯
Lithocarpus tephrocarpus(Drake) A. Camus
　　习　　性：乔木
　　海　　拔：600~1100 m
　　国内分布：云南
　　国外分布：越南
　　濒危等级：NT

潞西柯
Lithocarpus thomsonii(Miq.) Rehder
　　习　　性：乔木
　　海　　拔：800~3000 m
　　国内分布：西藏、云南
　　国外分布：缅甸、泰国、印度、越南
　　濒危等级：DD

糙果柯
Lithocarpus trachycarpus(Hickel et A. Camus) A. Camus
　　习　　性：乔木
　　海　　拔：800~1300 m
　　国内分布：云南
　　国外分布：老挝、泰国、越南
　　濒危等级：NT

棱果柯
Lithocarpus triqueter(Hickel et A. Camus) A. Camus
　　习　　性：乔木
　　海　　拔：600~1200 m
　　国内分布：云南
　　国外分布：越南
　　濒危等级：NT

截果柯
Lithocarpus truncatus(King ex Hook. f) Rehd. et Wils.

截果柯（原变种）
Lithocarpus truncatus var. **truncatus**
　　习　　性：乔木
　　海　　拔：700~2200 m
　　国内分布：西藏、云南
　　国外分布：缅甸、泰国、印度、越南
　　濒危等级：LC

小截果柯
Lithocarpus truncatus var. **baviensis**(Drake) A. Camus
　　习　　性：乔木
　　海　　拔：约 1500 m

　　国内分布：云南
　　国外分布：越南
　　濒危等级：LC

壶嘴柯
Lithocarpus tubulosus(Hickel et A. Camus) A. Camus
　　习　　性：乔木
　　海　　拔：约 1000 m
　　国内分布：云南
　　国外分布：老挝、泰国、越南
　　濒危等级：VU A2c；D2

紫玉盘柯
Lithocarpus uvariifolius(Hance) Rehder

紫玉盘柯（原变种）
Lithocarpus uvariifolius var. **uvariifolius**
　　习　　性：乔木
　　海　　拔：200~800 m
　　分　　布：福建、广东、广西
　　濒危等级：LC
　　资源利用：原料（木材）

卵叶玉盘柯
Lithocarpus uvariifolius var. **ellipticus**(F. P. Metcalf) C. C. Huang et Y. T. Chang
　　习　　性：乔木
　　海　　拔：400~1000 m
　　分　　布：福建、广东
　　濒危等级：LC

多变柯
Lithocarpus variolosus(Franch.) Chun
　　习　　性：乔木
　　海　　拔：2500~3000 m
　　国内分布：四川、云南
　　国外分布：越南
　　濒危等级：LC

西藏柯
Lithocarpus xizangensis C. C. Huang et Y. T. Chang
　　习　　性：乔木
　　海　　拔：1700~2000 m
　　分　　布：西藏
　　濒危等级：EN A2c+3c

木果柯
Lithocarpus xylocarpus(Kurz) Markgr.
　　习　　性：乔木
　　海　　拔：1800~2300 m
　　国内分布：西藏、云南
　　国外分布：老挝北部、缅甸、印度、越南
　　濒危等级：LC

阳春柯
Lithocarpus yangchunensis H. G. Ye et F. G. Wang
　　习　　性：乔木
　　分　　布：广东
　　濒危等级：LC

永福柯
Lithocarpus yongfuensis Q. F. Zheng
习　　性：乔木
海　　拔：800~900 m
分　　布：福建
濒危等级：CR B1ab（i，iii）

栎属 Quercus L.

岩栎
Quercus acrodonta Seemen
习　　性：乔木或灌木
海　　拔：300~2300 m
分　　布：甘肃、贵州、河南、湖北、湖南、陕西、四川、云南
濒危等级：LC

麻栎
Quercus acutissima Carruth.
习　　性：乔木
海　　拔：100~2200 m
国内分布：安徽、福建、广东、广西、贵州、海南、河北、河南、湖北、湖南、江苏、江西、辽宁、山东、陕西
国外分布：不丹、朝鲜、柬埔寨、缅甸、尼泊尔、日本、泰国、印度、越南
资源利用：原料（单宁，木材，纤维，树脂）；动物饲料（饲料）；食品（淀粉）；药用（中草药）

槲栎
Quercus aliena Blume

槲栎（原变种）
Quercus aliena var. **aliena**
习　　性：乔木
海　　拔：100~2000 m
国内分布：安徽、广东、广西、贵州、河北、河南、湖北、湖南、江苏、江西、辽宁、山东、陕西、四川、云南、浙江
国外分布：朝鲜、日本
濒危等级：LC
资源利用：原料（单宁，木材）；食品（淀粉）

锐齿槲栎
Quercus aliena var. **acutiserrata** Maxim. ex Wenz.
习　　性：乔木
海　　拔：100~2700 m
国内分布：安徽、甘肃、广东、广西、贵州、河北、河南、湖北、湖南、江苏、江西、辽宁、山东、山西、陕西、四川、云南、浙江
国外分布：朝鲜、日本
濒危等级：LC

北京槲栎
Quercus aliena var. **pekingensis** Schottky
习　　性：乔木
海　　拔：200~1900 m
分　　布：河北、河南、辽宁、山东、山西、陕西
濒危等级：LC
资源利用：原料（单宁，木材）；食品（淀粉）

陕西槲栎
Quercus aliena var. **shaanxiensis** W. H. Zhang
习　　性：乔木
海　　拔：约1300 m
分　　布：陕西
濒危等级：LC

太白槲栎
Quercus aliena var. **taibaiensis** W. H. Zhang
习　　性：乔木
海　　拔：约1300 m
分　　布：陕西
濒危等级：LC

环青冈
Quercus annulata Sm.
习　　性：乔木
国内分布：四川、西藏、云南
国外分布：尼泊尔
濒危等级：LC

川滇高山栎
Quercus aquifolioides Rehder et E. H. Wilson
习　　性：常绿乔木
海　　拔：2000~4500 m
国内分布：贵州、四川、西藏、云南
国外分布：不丹
濒危等级：LC

倒卵叶青冈
Quercus arbutifolia B. Hickel et A. Camus
习　　性：灌木或乔木
海　　拔：1600~1800 m
国内分布：福建、广东、湖南
国外分布：越南
濒危等级：CR A2c

贵州青冈
Quercus argyrotricha A. Camus
习　　性：乔木
海　　拔：约1600 m
分　　布：贵州
濒危等级：EN D

窄叶青冈
Quercus augustinii Skan
习　　性：乔木
海　　拔：1200~2700 m
国内分布：广西、贵州、云南
国外分布：越南
濒危等级：LC

越南青冈
Quercus austrocochinchinensis Hickel et A. Camus
习　　性：乔木
海　　拔：700~1000 m

国内分布：云南
国外分布：泰国、越南
濒危等级：DD

滇南青冈
Quercus austroglauca (Y. T. Chang) Y. T. Chang
习　　性：乔木
海　　拔：800~1500 m
分　　布：云南
濒危等级：NT

橿子栎
Quercus baronii Skan
习　　性：灌木或乔木
海　　拔：500~2200 m
分　　布：甘肃、河南、湖北、湖南、山西、陕西、四川
濒危等级：LC
资源利用：原料（单宁，木材）；食品（淀粉）

坝王栎
Quercus bawanglingensis C. C. Huang, Ze X. Li et F. W. Xing
习　　性：常绿乔木
海　　拔：约1000 m
分　　布：海南
濒危等级：VU D2
国家保护：Ⅱ级

槟榔青冈
Quercus bella Chun et Tsiang
习　　性：乔木
海　　拔：200~700 m
分　　布：广东、广西、海南
濒危等级：LC

栎子青冈
Quercus blakei Skan
习　　性：乔木
海　　拔：100~2500 m
国内分布：广东、广西、贵州、海南
国外分布：老挝、越南
濒危等级：LC

岭南青冈
Quercus championii Benth.
习　　性：乔木
海　　拔：100~1700 m
分　　布：福建、广东、广西、海南、台湾、云南
濒危等级：LC

昌化岭青冈
Quercus changhualingensis (G. A. Fu et X. J. Hong) N. H. Xia et Y. H. Tong
习　　性：常绿灌木或乔木
分　　布：海南
濒危等级：DD

扁果青冈
Quercus chapensis Hickel et A. Camus
习　　性：乔木
海　　拔：1300~2000 m
国内分布：云南
国外分布：越南
濒危等级：LC

小叶栎
Quercus chenii Nakai
习　　性：乔木
海　　拔：600 m以下
分　　布：安徽、福建、河南、湖北、湖南、江苏、江西、山东、四川、浙江
濒危等级：LC
资源利用：原料（单宁，木材）；食品（淀粉）

黑果青冈
Quercus chevalieri Hickel et A. Camus
习　　性：乔木
海　　拔：600~1500 m
国内分布：广东、广西、云南
国外分布：越南
濒危等级：LC

靖西青冈
Quercus chingsiensis Y. T. Chang
习　　性：乔木
分　　布：广西、贵州
濒危等级：LC

福建青冈
Quercus chungii F. P. Metcalf
习　　性：乔木
海　　拔：200~800 m
分　　布：福建、广东、广西、湖南、江西
濒危等级：EN A2acd+3cd；B1ab（i, iii, v）
资源利用：原料（木材）

铁橡栎
Quercus cocciferoides Hand.-Mazz.
习　　性：乔木
海　　拔：1000~2600 m
分　　布：陕西、四川、云南
濒危等级：LC

大明山青冈
Quercus daimingshanensis (S. Lee) C. C. Huang
习　　性：乔木
海　　拔：约1000 m
分　　布：广西
濒危等级：EN D

黄毛青冈
Quercus delavayi Franch.
习　　性：乔木
海　　拔：1000~2800 m
分　　布：广西、贵州、湖北、四川、云南
濒危等级：LC

上思青冈
Quercus delicatula Chun et Tsiang
习　　性：乔木

海　　拔：300~700 m
分　　布：广东、广西、湖南
濒危等级：CR D

柞栎
Quercus dentata Thunb.
习　　性：乔木
海　　拔：100~2700 m
国内分布：安徽、甘肃、贵州、河北、河南、黑龙江、湖北、湖南、吉林、江苏、江西、辽宁、山东、山西、陕西、四川、云南、浙江
国外分布：朝鲜、日本
濒危等级：LC
资源利用：药用（中草药）；原料（单宁，木材）；动物饲料（饲料）；食品（淀粉）

鼎湖青冈
Quercus dinghuensis C. C. Huang
习　　性：乔木
海　　拔：约1000 m
分　　布：广东
濒危等级：VU B1ab（iii）

碟斗青冈
Quercus disciformis Chun et Tsiang
习　　性：乔木
海　　拔：200~1500 m
分　　布：广东、广西、贵州、海南、湖南
濒危等级：VU D1

匙叶栎
Quercus dolicholepis A. Camus
习　　性：乔木
海　　拔：500~2800 m
分　　布：甘肃、贵州、河南、湖北、湖南、山西、陕西、四川、云南
濒危等级：LC
资源利用：原料（单宁，木材）；食品（淀粉）

华南青冈
Quercus edithiae Skan
习　　性：乔木
海　　拔：400~1800 m
国内分布：广东、广西、海南、香港
国外分布：越南
濒危等级：NT D

突脉青冈
Quercus elevaticostata（Q. F. Zheng）C. C. Huang
习　　性：乔木
海　　拔：600~1000 m
分　　布：福建
濒危等级：LC

巴东栎
Quercus engleriana Seemen
习　　性：常绿或半常绿乔木
海　　拔：700~2700 m
国内分布：福建、广东、广西、贵州、河南、湖北、湖南、江西、陕西、四川、西藏、云南、浙江
国外分布：印度
濒危等级：LC
资源利用：原料（单宁，木材，树脂）

白栎
Quercus fabri Hance
习　　性：落叶乔木或灌木
海　　拔：100~1900 m
国内分布：安徽、福建、广东、广西、贵州、河南、湖北、湖南、江苏、江西、陕西、四川、云南、浙江
国外分布：朝鲜
濒危等级：LC
资源利用：原料（单宁，木材，工业用油，纤维）；食品（淀粉）

房山栎
Quercus fangshanensis Liou
习　　性：乔木
海　　拔：300~900 m
分　　布：河北、河南、山西
濒危等级：DD

凤城栎
Quercus fenchengensis H. W. Jen et L. M. Wang
习　　性：乔木
海　　拔：200~2000 m
分　　布：辽宁、陕西
濒危等级：DD

饭甑青冈
Quercus fleuryi Hickel et A. Camus
习　　性：乔木
海　　拔：500~1500 m
国内分布：福建、广东、广西、贵州、海南、湖南、江西、云南
国外分布：老挝、越南
濒危等级：LC

锥连栎
Quercus franchetii Skan
习　　性：常绿乔木
海　　拔：800~2600 m
国内分布：四川、云南
国外分布：泰国
濒危等级：LC

毛曼青冈
Quercus gambleana A. Camus
习　　性：乔木
海　　拔：1100~3000 m
国内分布：贵州、湖北、四川、西藏、云南
国外分布：印度
濒危等级：LC

赤皮青冈
Quercus gilva Blume
习　　性：乔木
海　　拔：300~1500 m

国内分布：福建、广东、贵州、湖南、台湾、浙江
国外分布：日本
濒危等级：LC

青冈
Quercus glauca Thunb.
习　　性：乔木
海　　拔：100~2600 m
国内分布：安徽、福建、甘肃、广东、广西、贵州、河南、湖北、湖南、江苏、江西、陕西、四川、台湾、西藏、云南、浙江
国外分布：阿富汗、不丹、朝鲜、克什米尔地区、尼泊尔、日本、印度、越南
濒危等级：LC

滇青冈
Quercus glaucoides（Schottky）Koidz.
习　　性：乔木
海　　拔：1500~2500 m
分　　布：贵州、四川、云南
濒危等级：LC

大叶栎
Quercus griffithii Hook. f. et Thomson ex Miq.
习　　性：乔木
海　　拔：700~2800 m
国内分布：贵州、四川、西藏、云南
国外分布：不丹、缅甸、斯里兰卡、泰国、印度
濒危等级：LC
资源利用：原料（单宁，木材，树脂）

帽斗栎
Quercus guyavifolia H. Lév.
习　　性：灌木或乔木
海　　拔：2500~4000 m
分　　布：四川、西藏、云南
濒危等级：LC

尖峰青冈
Quercus hainanica C. C. Huang et Y. T. Chang
习　　性：乔木
海　　拔：900~1000 m
分　　布：海南
濒危等级：LC

毛枝青冈
Quercus helferiana A. DC.
习　　性：乔木
海　　拔：900~2000 m
国内分布：广东、广西、贵州、云南
国外分布：老挝、缅甸、泰国、印度、越南
濒危等级：LC

河北栎
Quercus hopeiensis Liou
习　　性：乔木
海　　拔：900 m
分　　布：甘肃、河北、河南、山东、陕西
濒危等级：LC

雷公青冈
Quercus hui Chun
习　　性：乔木
海　　拔：300~1200 m
分　　布：广东、广西、湖南
濒危等级：LC

绒毛青冈
Quercus hypophaea Hayata
习　　性：乔木
海　　拔：海平面至1100 m
分　　布：台湾
濒危等级：NT B2ab（iii）；D

大叶青冈
Quercus jenseniana Hand. -Mazz.
习　　性：乔木
海　　拔：300~1700 m
国内分布：福建、广东、广西、贵州、湖北、湖南、江西、云南、浙江
国外分布：泰国
濒危等级：LC

金平青冈
Quercus jinpinensis（Y. C. Hsu et H. W. Jen）C. C. Huang
习　　性：乔木
分　　布：云南
濒危等级：CR D

毛叶青冈
Quercus kerrii Craib
习　　性：乔木
海　　拔：100~1800 m
国内分布：广西、贵州、海南、云南
国外分布：泰国、越南
濒危等级：LC

澜沧栎
Quercus kingiana Craib
习　　性：常绿乔木
海　　拔：800~1600 m
国内分布：云南
国外分布：缅甸、泰国
濒危等级：LC

俅江青冈
Quercus kiukiangensis（Y. T. Chang ex Y. C. Hsu et H. W. Jen）Y. T. Chang.
习　　性：乔木
海　　拔：1300~2000 m
分　　布：西藏、云南
濒危等级：LC

广西青冈
Quercus kouangsiensis A. Camus
习　　性：乔木
海　　拔：200~2000 m
分　　布：广东、广西、湖南、云南
濒危等级：EN D

薄片青冈
Quercus lamellosa Sm.
- 习　　性：乔木
- 海　　拔：1300~2500 m
- 国内分布：广西、西藏、云南
- 国外分布：不丹、缅甸、尼泊尔、泰国、印度
- 濒危等级：LC

通麦栎
Quercus lanata Sm.
- 习　　性：乔木
- 海　　拔：1900~3000 m
- 国内分布：广西、西藏、云南
- 国外分布：不丹、缅甸、尼泊尔、泰国、印度、越南
- 濒危等级：LC
- 资源利用：原料（木材）

木姜叶青冈
Quercus litseoides Dunn
- 习　　性：乔木
- 海　　拔：700~1000 m
- 分　　布：广东、广西
- 濒危等级：DD

滇西青冈
Quercus lobbii (Hook. f. et Thomson ex Wenz.) A. Camus
- 习　　性：乔木
- 海　　拔：2800~3300 m
- 国内分布：云南
- 国外分布：印度
- 濒危等级：LC

西藏栎
Quercus lodicosa O. E. Warb. et E. F. Warb.
- 习　　性：乔木
- 海　　拔：1800~2400 m
- 国内分布：西藏
- 国外分布：缅甸
- 濒危等级：NT A3c

长果青冈
Quercus longinux Hayata
- 习　　性：乔木
- 海　　拔：300~2500 m
- 分　　布：台湾
- 濒危等级：LC

长穗高山栎
Quercus longispica (Hand. -Mazz.) A. Camus
- 习　　性：常绿乔木
- 海　　拔：2000~3800 m
- 分　　布：四川、云南
- 濒危等级：LC

乐东栎
Quercus lotungensis Chun et W. C. Ko
- 习　　性：乔木
- 分　　布：海南
- 濒危等级：LC

龙迈青冈
Quercus lungmaiensis (Hu) C. C. Huang et Y. T. Chang
- 习　　性：乔木
- 海　　拔：1100~1300 m
- 分　　布：云南
- 濒危等级：LC

麻栗坡栎
Quercus malipoensis Hu et W. C. Cheng
- 习　　性：乔木
- 海　　拔：约1100 m
- 分　　布：云南
- 濒危等级：VU A2c+3c

蒙古栎
Quercus mongolica Fisch. ex Ledeb.
- 习　　性：乔木
- 海　　拔：200~2500 m
- 国内分布：甘肃、河北、河南、黑龙江、吉林、辽宁、内蒙古、宁夏、青海、山东、山西、陕西、四川
- 国外分布：朝鲜、俄罗斯、日本
- 濒危等级：LC
- **CITES 附录**：Ⅲ
- 资源利用：药用（中草药）；原料（木材，纤维）；动物饲料（饲料）；食品（淀粉）

矮高山栎
Quercus monimotricha (Hand. -Mazz.) Hand. -Mazz.
- 习　　性：常绿灌木
- 海　　拔：2000~3500 m
- 分　　布：四川、云南
- 濒危等级：LC

长叶枹栎
Quercus monnula Y. C. Hsu et H. W. Jen
- 习　　性：乔木
- 分　　布：四川
- 濒危等级：DD

台湾青冈
Quercus morii Hayata
- 习　　性：乔木
- 海　　拔：1600~2600 m
- 分　　布：台湾
- 濒危等级：LC

墨脱青冈
Quercus motuoensis C. C. Huang
- 习　　性：乔木
- 海　　拔：约1700 m
- 分　　布：西藏
- 濒危等级：LC

多脉青冈
Quercus multinervis (W. C. Cheng et T. Hong) J. Q. Li
- 习　　性：乔木
- 海　　拔：1000~2000 m
- 分　　布：安徽、福建、广西、湖北、湖南、江西、陕西、四川

濒危等级：LC

小叶青冈
Quercus myrsinifolia Blume
习　　性：乔木
海　　拔：200~2500 m
国内分布：安徽、福建、广东、广西、贵州、河南、湖南、江苏、江西、陕西、四川、台湾、云南、浙江
国外分布：朝鲜、老挝、日本、泰国、越南
濒危等级：LC
资源利用：原料（木材）

竹叶青冈
Quercus neglecta (Schottky) Koidz.
习　　性：乔木
海　　拔：500~2200 m
国内分布：广东、广西、海南
国外分布：越南
濒危等级：LC

宁冈青冈
Quercus ningangensis (W. C. Cheng et Y. C. Hsu) C. C. Huang
习　　性：乔木
海　　拔：400~1200 m
分　　布：广西、湖南、江西
濒危等级：LC

曼青冈
Quercus oxyodon Miq.
习　　性：乔木
海　　拔：700~2800 m
国内分布：广东、广西、贵州、湖北、湖南、江西、陕西、四川、西藏、云南、浙江
国外分布：不丹、缅甸、尼泊尔、印度
濒危等级：LC

尖叶栎
Quercus oxyphylla (E. H. Wilson) Hand.-Mazz.
习　　性：常绿乔木
海　　拔：200~2900 m
分　　布：安徽、福建、甘肃、广西、贵州、湖北、湖南、陕西、四川、浙江
濒危等级：EN A2acd+3cd；B1ab（iii）
国家保护：Ⅱ级

毛果青冈
Quercus pachyloma Seemen
习　　性：乔木
海　　拔：200~1000 m
分　　布：福建、广东、广西、贵州、湖南、江西、台湾、云南
濒危等级：LC

沼生栎
Quercus palustris Münchh.
习　　性：落叶乔木
国内分布：北京、辽宁、山东栽培
国外分布：原产北美洲
资源利用：原料（单宁，工业用油）；食品（淀粉）

黄背栎
Quercus pannosa Hand.-Mazz.
习　　性：常绿灌木或乔木
海　　拔：2500~3900 m
分　　布：四川、西藏、云南
濒危等级：LC

托盘青冈
Quercus patelliformis Chun
习　　性：乔木
海　　拔：400~1000 m
分　　布：广东、广西、海南、江西
濒危等级：LC

五环青冈
Quercus pentacycla Y. T. Chang
习　　性：乔木
海　　拔：1400~1500 m
分　　布：云南
濒危等级：LC

亮叶青冈
Quercus phanera Chun
习　　性：乔木
海　　拔：900~2000 m
分　　布：广西、海南
濒危等级：LC

乌冈栎
Quercus phillyreoides A. Gray
习　　性：灌木或乔木
海　　拔：300~1200 m
国内分布：安徽、福建、广东、广西、贵州、河南、湖北、湖南、江西、陕西、四川、云南、浙江
国外分布：朝鲜、日本
濒危等级：LC
资源利用：原料（木材）；动物饲料（饲料）；食品（淀粉）

黄背青冈
Quercus poilanei Hickel et A. Camus
习　　性：乔木
海　　拔：海平面至1300 m
国内分布：广西
国外分布：泰国、越南
濒危等级：LC

毛脉高山栎
Quercus rehderiana Hand.-Mazz.
习　　性：常绿乔木
海　　拔：1500~4000 m
国内分布：贵州、四川、西藏、云南
国外分布：泰国
濒危等级：LC

大果青冈
Quercus rex Hemsl.
习　　性：乔木
海　　拔：1100~1800 m
国内分布：云南

国外分布：老挝、缅甸、印度、越南
濒危等级：DD

夏栎
Quercus robur L.
习　　性：落叶乔木
国内分布：北京、山东、新疆栽培
国外分布：原产欧洲
资源利用：原料（单宁，木材，工业用油）；食品（淀粉）

薄叶青冈
Quercus saravanensis A. Camus
习　　性：乔木
海　　拔：约1700 m
国内分布：云南
国外分布：老挝、越南
濒危等级：DD

高山栎
Quercus semecarpifolia Sm.
习　　性：乔木
海　　拔：2600～4000 m
国内分布：西藏
国外分布：阿富汗、巴基斯坦、尼泊尔、泰国、印度
濒危等级：LC
资源利用：原料（单宁，树脂）

无齿青冈
Quercus semiserrata Roxb.
习　　性：乔木
海　　拔：400～500 m
国内分布：西藏、云南
国外分布：孟加拉国、缅甸、泰国、印度
濒危等级：LC

灰背栎
Quercus senescens Hand.-Mazz.

灰背栎（原变种）
Quercus senescens var. **senescens**
习　　性：灌木或小乔木
海　　拔：1900～3300 m
分　　布：贵州、四川、西藏、云南
濒危等级：LC

木里栎
Quercus senescens var. **muliensis** (Hu) Y. C. Hsu et H. W. Jen
习　　性：灌木或小乔木
分　　布：四川、云南
濒危等级：LC

枹栎
Quercus serrata Murray.
习　　性：乔木
海　　拔：100～2000 m
国内分布：安徽、福建、甘肃、广东、广西、贵州、河南、湖北、湖南、江苏、江西、辽宁、山东、山西、陕西、四川、台湾、云南、浙江
国外分布：朝鲜、日本

濒危等级：LC

云山青冈
Quercus sessilifolia Blume
习　　性：乔木
海　　拔：1000～1700 m
国内分布：安徽、福建、广东、广西、贵州、湖北、湖南、江苏、江西、四川、台湾、浙江
国外分布：日本
濒危等级：LC

富宁栎
Quercus setulosa Hickel et A. Camus
习　　性：常绿乔木
海　　拔：100～1300 m
国内分布：广东、广西、贵州、云南
国外分布：老挝、泰国、越南
濒危等级：LC

细叶青冈
Quercus shennongii C. C. Huang et S. H. Fu
习　　性：乔木
海　　拔：500～2600 m
分　　布：安徽、福建、甘肃、广东、广西、贵州、湖北、湖南、江苏、江西、陕西、四川、浙江
濒危等级：LC

西畴青冈
Quercus sichourensis (Hu) C. C. Huang et Y. T. Chang
习　　性：乔木
海　　拔：800～1500 m
分　　布：贵州、云南
濒危等级：CR C2a（i）
国家保护：Ⅱ级

刺叶高山栎
Quercus spinosa David ex Franch.
习　　性：常绿乔木或灌木
海　　拔：900～3100 m
国内分布：福建、台湾、浙江
国外分布：缅甸
濒危等级：LC
资源利用：食品（淀粉）

台湾窄叶青冈
Quercus stenophylloides Hayata
习　　性：乔木
海　　拔：500～2600 m
分　　布：台湾
濒危等级：LC

褐叶青冈
Quercus stewardiana A. Camus
习　　性：乔木
海　　拔：1000～2800 m
分　　布：安徽、广东、广西、贵州、湖北、湖南、江西、四川、云南、浙江
濒危等级：LC

黄山栎
Quercus stewardii Rehder
- 习　　性：乔木
- 海　　拔：1000~1750 m
- 分　　布：安徽、湖北、江西、浙江
- 濒危等级：LC
- 资源利用：原料（单宁，木材，工业用油）；食品（淀粉）

鹿茸青冈
Quercus subhinoidea Chun et W. C. Ko
- 习　　性：乔木
- 海　　拔：300~500 m
- 分　　布：海南
- 濒危等级：CR D

太鲁阁栎
Quercus tarokoensis Hayata
- 习　　性：常绿小乔木
- 海　　拔：400~1300 m
- 分　　布：台湾
- 濒危等级：LC

薄斗青冈
Quercus tenuicupula（Y. C. Hsu et H. W. Jen）C. C. Huang
- 习　　性：乔木
- 海　　拔：900~1000 m
- 分　　布：云南
- 濒危等级：CR A2c；D

厚缘青冈
Quercus thorelii Hickel et A. Camus
- 习　　性：乔木
- 海　　拔：1000~1100 m
- 国内分布：广西、云南
- 国外分布：老挝、越南
- 濒危等级：DD

吊罗山青冈
Quercus tiaoloshanica Chun et W. C. Ko
- 习　　性：乔木
- 海　　拔：900~1400 m
- 分　　布：海南
- 濒危等级：LC

毛脉青冈
Quercus tomentosinervis（Y. C. Hsu et H. W. Jen）C. C. Huang
- 习　　性：乔木
- 海　　拔：约 2300 m
- 分　　布：贵州、云南
- 濒危等级：LC

炭栎
Quercus utilis Hu et W. C. Cheng
- 习　　性：常绿乔木
- 海　　拔：1000~1500 m
- 分　　布：广西、贵州、云南
- 濒危等级：NT A3c
- 资源利用：原料（木材）

栓皮栎
Quercus variabilis Blume
- 习　　性：乔木
- 海　　拔：3000 m 以下
- 国内分布：安徽、福建、甘肃、广东、广西、贵州、河北、河南、湖北、湖南、江苏、江西、辽宁、山东、山西、陕西、四川、台湾、云南、浙江
- 国外分布：朝鲜、日本
- 濒危等级：LC
- 资源利用：原料（单宁，木材，纤维，树脂）；食品（淀粉）

思茅青冈
Quercus xanthotricha A. Camus
- 习　　性：乔木
- 海　　拔：800~1300 m
- 国内分布：云南
- 国外分布：老挝、越南
- 濒危等级：DD

燕千青冈
Quercus yanqianii（G. A. Fu）N. H. Xia et Y. H. Tong
- 习　　性：常绿灌木或乔木
- 分　　布：海南
- 濒危等级：LC

盈江青冈
Quercus yingjiangensis（Y. C. Hsu et Q. Z. Dong）Govaerts
- 习　　性：乔木
- 海　　拔：约 2500 m
- 分　　布：云南
- 濒危等级：VU D2

易武栎
Quercus yiwuensis C. C. Huang
- 习　　性：常绿乔木
- 海　　拔：约 1000 m
- 分　　布：云南
- 濒危等级：LC

永安青冈
Quercus yonganensis L. Lin et C. C. Huang
- 习　　性：乔木
- 海　　拔：1000~1400 m
- 分　　布：福建
- 濒危等级：LC

云南波罗栎
Quercus yunnanensis Franch.
- 习　　性：乔木
- 海　　拔：1000~2800 m
- 分　　布：广东、广西、贵州、湖北、四川、云南
- 濒危等级：LC
- 资源利用：原料（木材）

三棱栎属 Trigonobalanus Forman

三棱栎
Trigonobalanus doichangensis（A. Camus）Forman
- 习　　性：乔木

海　　拔：1000~1900 m
国内分布：云南
国外分布：泰国
濒危等级：LC
国家保护：Ⅱ级
资源利用：原料（木材）

轮叶三棱栎
Trigonobalanus verticillata Forman
习　　性：常绿乔木
国内分布：云南
国外分布：马来西亚、印度尼西亚
濒危等级：EN B2ab（iii, v）; C2a（i）

须叶藤科 FLAGELLARIACEAE
（1属：1种）

须叶藤属 Flagellaria L.

须叶藤
Flagellaria indica L.
习　　性：多年生草本
海　　拔：海平面至1500 m
国内分布：广东、广西、海南、台湾
国外分布：澳大利亚、巴布亚新几内亚、菲律宾、柬埔寨、马来西亚、缅甸、日本、斯里兰卡、泰国、印度、印度尼西亚、越南
濒危等级：LC
资源利用：药用（中草药）

瓣鳞花科 FRANKENIACEAE
（1属：1种）

瓣鳞花属 Frankenia L.

瓣鳞花
Frankenia pulverulenta L.
习　　性：一年生草本
海　　拔：1200~1500 m
国内分布：甘肃、内蒙古、新疆
国外分布：阿富汗、巴基斯坦、俄罗斯、蒙古、印度
濒危等级：EN A2bcd; B1ab（i, iii）; C1
国家保护：Ⅱ级

丝缨花科 GARRYACEAE
（1属：17种）

桃叶珊瑚属 Aucuba Thunb.

斑叶珊瑚
Aucuba albopunctifolia F. T. Wang

斑叶珊瑚（原变种）
Aucuba albopunctifolia var. **albopunctifolia**
习　　性：灌木
海　　拔：1300~1800 m
分　　布：广西、贵州、湖北、四川
濒危等级：LC

窄斑叶珊瑚
Aucuba albopunctifolia var. **angustula** W. P. Fang et T. P. Soong
习　　性：灌木
海　　拔：1300~2100 m
分　　布：湖南、四川、浙江
濒危等级：LC

桃叶珊瑚
Aucuba chinensis Benth.

桃叶珊瑚（原变种）
Aucuba chinensis var. **chinensis**
习　　性：灌木或小乔木
海　　拔：1000 m以下
国内分布：福建、广东、广西、贵州、海南、四川、台湾、云南
国外分布：缅甸、越南
濒危等级：LC
资源利用：环境利用（观赏）

狭叶桃叶珊瑚
Aucuba chinensis var. **angusta** F. T. Wang
习　　性：灌木或小乔木
海　　拔：300~500 m
分　　布：贵州、云南
濒危等级：LC

细齿桃叶珊瑚
Aucuba chlorascens F. T. Wang
习　　性：灌木或乔木
海　　拔：1400~2800 m
分　　布：云南
濒危等级：LC

密花桃叶珊瑚
Aucuba confertiflora W. P. Fang et T. P. Soong
习　　性：常绿小乔木
海　　拔：1000~1600 m
分　　布：云南
濒危等级：EN A3c; B1ab（i, iii）

琵琶叶珊瑚
Aucuba eriobotryifolia F. T. Wang
习　　性：乔木
海　　拔：1300~2400 m
分　　布：云南
濒危等级：VU A3c; B1ab（i, iii）

纤尾桃叶珊瑚
Aucuba filicauda Chun et F. C. How

纤尾桃叶珊瑚（原变种）
Aucuba filicauda var. **filicauda**
习　　性：灌木
海　　拔：900~1100 m
分　　布：广西、贵州、云南

濒危等级：LC

少花桃叶珊瑚
Aucuba filicauda var. **pauciflora** W. P. Fang et T. P. Soong
习　　性：灌木
海　　拔：1200~1900 m
分　　布：贵州、江西
濒危等级：LC

喜马拉雅珊瑚
Aucuba himalaica Hook. f. et Thomson

喜马拉雅珊瑚（原变种）
Aucuba himalaica var. **himalaica**
习　　性：灌木或小乔木
海　　拔：500~1200 m
国内分布：广西、湖北、湖南、陕西、四川、西藏、云南、浙江
国外分布：不丹、缅甸、印度
濒危等级：LC

长叶珊瑚
Aucuba himalaica var. **dolichophylla** W. P. Fang et T. P. Soong
习　　性：灌木或小乔木
海　　拔：约 1000 m
分　　布：广东、广西、贵州、湖北、湖南、四川、浙江
濒危等级：LC

倒披针叶珊瑚
Aucuba himalaica var. **oblanceolata** W. P. Fang et T. P. Soong
习　　性：灌木或小乔木
海　　拔：约 700 m
分　　布：湖南、四川
濒危等级：LC

密毛桃叶珊瑚
Aucuba himalaica var. **pilosissima** W. P. Fang et T. P. Soong
习　　性：灌木或小乔木
海　　拔：1000~1300 m
分　　布：湖北、湖南、陕西、四川
濒危等级：LC

青木
Aucuba japonica Thunb.

青木（原变种）
Aucuba japonica var. **japonica**
习　　性：灌木
国内分布：台湾、浙江；国内植物园常见栽培
国外分布：朝鲜、日本
濒危等级：LC
资源利用：原料（木材）

花叶青木
Aucuba japonica var. **variegata** Dombrain
习　　性：灌木
国内分布：植物园广泛栽培
国外分布：朝鲜、日本
濒危等级：LC

倒心叶珊瑚
Aucuba obcordata（Rehder）Fu ex W. K. Hu et Soong
习　　性：灌木或乔木
海　　拔：约 1300 m
分　　布：广东、广西、贵州、湖北、湖南、陕西、四川、云南
濒危等级：LC

粗梗桃叶珊瑚
Aucuba robusta W. P. Fang et T. P. Soong
习　　性：常绿灌木
海　　拔：800~900 m
分　　布：广西
濒危等级：LC

钩吻科 GELSEMIACEAE
（1 属：1 种）

断肠草属 Gelsemium Juss.

钩吻
Gelsemium elegans（Gardner et Champ.）Benth.
习　　性：常绿木质藤本
海　　拔：200~2000 m
国内分布：福建、广东、广西、贵州、海南、湖南、江西、台湾、云南、浙江
国外分布：老挝、马来西亚、缅甸、泰国、印度、印度尼西亚、越南
濒危等级：LC
资源利用：药用（中草药，兽药）；农药

龙胆科 GENTIANACEAE
（21 属：487 种）

穿心草属 Canscora Lam.

罗星草
Canscora andrographioides Griff. ex C. B. Clarke
习　　性：一年生草本
海　　拔：200~1400 m
国内分布：广东、广西、云南
国外分布：柬埔寨、老挝、马来西亚、泰国、印度、越南
濒危等级：LC

铺地穿心草
Canscora diffusa（Vahl）R. Br. ex Roem. et Schult.
习　　性：一年生草本
国内分布：广西、贵州、云南
国外分布：澳大利亚、不丹、菲律宾、老挝、马来西亚、孟加拉国、尼泊尔、斯里兰卡、泰国、印度、印度尼西亚、越南
濒危等级：LC

穿心草
Canscora lucidissima（H. Lév. et Vaniot）Hand.-Mazz.
习　　性：一年生或多年生草本
海　　拔：200~1800 m
分　　布：广西、贵州
濒危等级：LC

百金花属 Centaurium Hill

日本百金花
Centaurium japonicum (Maxim.) Druce
习　　性：一年生草本
国内分布：台湾
国外分布：日本
濒危等级：LC

美丽百金花
Centaurium pulchellum (Sw.) Druce

美丽百金花（原变种）
Centaurium pulchellum var. pulchellum
习　　性：一年生草本
海　　拔：100~2200 m
国内分布：福建、甘肃、广东、广西、海南、河北、黑龙江、湖南、吉林、江苏、江西、辽宁、内蒙古、宁夏、青海、山东、山西、陕西、台湾、新疆、浙江
国外分布：俄罗斯、印度
濒危等级：LC

百金花
Centaurium pulchellum var. altaicum (Griseb.) Kitag. et H. Hara
习　　性：一年生草本
海　　拔：海平面至2200 m
国内分布：福建、甘肃、广东、广西、海南、河北、黑龙江、湖南、吉林、江苏、江西、辽宁、内蒙古、宁夏、青海、山东、山西、陕西、台湾
国外分布：俄罗斯、印度

喉毛花属 Comastoma (Wettst.) Toyokuni

蓝钟喉毛花
Comastoma cyananthiflorum (Franchet) Holub

蓝钟喉毛花（原变种）
Comastoma cyananthiflorum var. cyananthiflorum
习　　性：多年生草本
海　　拔：3000~4900 m
分　　布：青海、四川、西藏、云南
濒危等级：LC

尖叶喉毛花
Comastoma cyananthiflorum var. acutifolium Ma et H. W. Li
习　　性：多年生草本
海　　拔：3500~3700 m
分　　布：云南
濒危等级：LC

二萼喉毛花
Comastoma disepalum H. W. Li
习　　性：一年生草本
海　　拔：约4200 m
分　　布：云南
濒危等级：LC

镰萼喉毛花
Comastoma falcatum (Turcz. ex Kar. et Kir.) Toyok.
习　　性：一年生草本
海　　拔：2100~5300 m
国内分布：甘肃、河北、内蒙古、青海、山西、四川、西藏、新疆
国外分布：俄罗斯、吉尔吉斯斯坦、克什米尔地区、蒙古、尼泊尔、塔吉克斯坦、印度
濒危等级：LC

鄂西喉毛花
Comastoma henryi (Hemsl.) Holub
习　　性：一年生草本
海　　拔：2000~3500 m
分　　布：湖北、四川
濒危等级：LC

久治喉毛花
Comastoma jigzhiense T. N. Ho et J. Q. Liu
习　　性：多年生草本
海　　拔：4200~4600 m
分　　布：青海
濒危等级：LC

木里喉毛花
Comastoma muliense (C. Marquand) T. N. Ho
习　　性：一年生草本
海　　拔：约3100 m
分　　布：四川
濒危等级：NT A2c；B1ab (iii, v)；D1

长梗喉毛花
Comastoma pedunculatum (Royle ex D. Don) Holub
习　　性：一年生草本
海　　拔：3200~4800 m
国内分布：甘肃、青海、四川、西藏、云南
国外分布：不丹、克什米尔地区、尼泊尔、印度
濒危等级：LC

皱边喉毛花
Comastoma polycladum (Diels et Gilg) T. N. Ho
习　　性：一年生草本
海　　拔：2100~4500 m
分　　布：甘肃、内蒙古、青海、山西
濒危等级：LC

喉毛花
Comastoma pulmonarium (Turcz.) Toyok.
习　　性：一年生草本
海　　拔：3000~4800 m
国内分布：甘肃、青海、山西、陕西、四川、西藏、云南
国外分布：俄罗斯、日本
濒危等级：LC

纤枝喉毛花
Comastoma stellariifolium (Franch.) Holub
习　　性：多年生草本
海　　拔：2800~4100 m
国内分布：云南
国外分布：不丹、缅甸、尼泊尔、印度
濒危等级：LC

柔弱喉毛花
Comastoma tenellum(Rottb.) Toyok.
  习 性：一年生草本
  海 拔：约 2600 m
  分 布：新疆
  濒危等级：LC

高杯喉毛花
Comastoma traillianum(Forrest) Holub
  习 性：一年生草本
  海 拔：3000 ~ 4200 m
  分 布：四川、云南
  濒危等级：LC

杯药草属 Cotylanthera Blume

杯药草
Cotylanthera paucisquama C. B. Clarke
  习 性：寄生小草本
  海 拔：1700 ~ 2400 m
  国内分布：四川、西藏、云南
  国外分布：印度
  濒危等级：LC

蔓龙胆属 Crawfurdia Wall.

大花蔓龙胆
Crawfurdia angustata C. B. Clarke
  习 性：多年生草本
  海 拔：1500 ~ 2800 m
  国内分布：西藏、云南
  国外分布：缅甸、印度
  濒危等级：LC

云南蔓龙胆
Crawfurdia campanulacea Wall. et Griff. ex C. B. Clarke
  习 性：多年生草本
  海 拔：1800 ~ 3400 m
  分 布：云南
  濒危等级：LC

裂萼蔓龙胆
Crawfurdia crawfurdioides(C. Marquand) Harry Sm.

裂萼蔓龙胆（原变种）
Crawfurdia crawfurdioides var. **crawfurdioides**
  习 性：多年生草本
  海 拔：2100 ~ 3900 m
  分 布：西藏、云南
  濒危等级：LC

根茎蔓龙胆
Crawfurdia crawfurdioides var. **iochroa**(C. Marquand) C. J. Wu
  习 性：多年生草本
  海 拔：1700 ~ 3100 m
  分 布：西藏、云南
  濒危等级：LC

披针叶蔓龙胆
Crawfurdia delavayi Franch.
  习 性：多年生草本
  海 拔：3000 ~ 3600 m
  分 布：云南
  濒危等级：LC

半侧蔓龙胆
Crawfurdia dimidiata(C. Marquand) Harry Sm.
  习 性：多年生草本
  海 拔：3000 ~ 3400 m
  国内分布：西藏、云南
  国外分布：缅甸
  濒危等级：LC

细柄蔓龙胆
Crawfurdia gracilipes Harry Sm.
  习 性：多年生草本
  海 拔：约 3000 m
  分 布：西藏、云南
  濒危等级：LC

裂膜蔓龙胆
Crawfurdia lobatilimba W. L. Cheng
  习 性：乔木
  海 拔：约 2400 m
  分 布：西藏
  濒危等级：LC

斑茎蔓龙胆
Crawfurdia maculaticaulis C. J. Wu
  习 性：多年生草本
  海 拔：1000 ~ 1800 m
  分 布：广西、云南
  濒危等级：LC

林芝蔓龙胆
Crawfurdia nyingchiensis K. Yao et W. L. Cheng
  习 性：多年生草本
  海 拔：2600 ~ 3000 m
  分 布：西藏
  濒危等级：LC

福建蔓龙胆
Crawfurdia pricei(C. Marquand) Harry Sm.
  习 性：多年生草本
  海 拔：400 ~ 2000 m
  分 布：福建、广东、广西、湖南
  濒危等级：LC

毛叶蔓龙胆
Crawfurdia puberula C. B. Clarke
  习 性：多年生草本
  海 拔：3000 ~ 3200 m
  国内分布：西藏
  国外分布：不丹、印度
  濒危等级：LC

直立蔓龙胆
Crawfurdia semialata(C. Marquand) Harry Sm.
  习 性：多年生草本

海　　拔：2700~3600 m
分　　布：四川
濒危等级：DD

无柄蔓龙胆
Crawfurdia sessiliflora (C. Marquand) Harry Sm.
习　　性：多年生草本
海　　拔：2500~2900 m
分　　布：四川
濒危等级：NT A2ac+3c；B1ab（i, iii, v）；D

新固蔓龙胆
Crawfurdia sinkuensis (C. Marquand) Harry Sm.
习　　性：多年生草本
分　　布：云南
濒危等级：LC

穗序蔓龙胆
Crawfurdia speciosa Wall.
习　　性：多年生草本
海　　拔：2900~4000 m
分　　布：西藏
濒危等级：LC

四川蔓龙胆
Crawfurdia thibetica Franch.
习　　性：多年生缠绕草本
海　　拔：3000~3600 m
分　　布：四川
濒危等级：LC

苍山蔓龙胆
Crawfurdia tsangshanensis C. J. Wu
习　　性：多年生草本
海　　拔：2900~3300 m
分　　布：云南
濒危等级：LC

藻百年属 Exacum L.

圆茎藻百年
Exacum teres Wall.
习　　性：一年生草本
海　　拔：0~1500 m
国内分布：云南
国外分布：不丹、孟加拉国、缅甸、尼泊尔、印度
濒危等级：LC

藻百年
Exacum tetragonum Roxb.
习　　性：一年生草本
海　　拔：200~1500 m
国内分布：广东、广西、贵州、江西、云南
国外分布：澳大利亚、巴布亚新几内亚、菲律宾、柬埔寨、老挝、马来西亚、缅甸、尼泊尔、印度、越南
濒危等级：LC

灰莉属 Fagraea Thunb.

灰莉
Fagraea ceilanica Thunb.
习　　性：灌木
海　　拔：500~1800 m
国内分布：广东、广西、海南、台湾、香港、云南
国外分布：菲律宾、柬埔寨、老挝、马来西亚、缅甸、斯里兰卡、泰国、印度、印度尼西亚、越南
濒危等级：LC
资源利用：环境利用（观赏）

龙胆属 Gentiana L.

阿坝龙胆
Gentiana abaensis T. N. Ho
习　　性：一年生草本
海　　拔：约 3300 m
分　　布：甘肃、四川
濒危等级：LC

银萼龙胆
Gentiana albicalyx Burkill
习　　性：一年生草本
海　　拔：2600~4500 m
国内分布：西藏
国外分布：不丹、尼泊尔、印度
濒危等级：LC

膜边龙胆
Gentiana albomarginata C. Marquand
习　　性：一年生草本
海　　拔：1900~3300 m
分　　布：云南
濒危等级：DD

高山龙胆
Gentiana algida Pall.
习　　性：多年生草本
海　　拔：1200~4200 m
国内分布：西藏、新疆
国外分布：不丹、朝鲜、俄罗斯、哈萨克斯坦、吉尔吉斯斯坦、蒙古、日本、印度
濒危等级：LC
资源利用：药用（中草药）

繁缕状龙胆
Gentiana alsinoides Franch.
习　　性：一年生草本
海　　拔：2700~3400 m
分　　布：四川、云南
濒危等级：LC

椭叶龙胆
Gentiana altigena Harry Sm.
习　　性：多年生草本
海　　拔：3700~4200 m
分　　布：西藏、云南
濒危等级：LC

道孚龙胆
Gentiana altorum Harry Sm.
习　　性：多年生草本
海　　拔：3700~4200 m

分　　布：青海、四川、西藏
濒危等级：LC

硕花龙胆
Gentiana amplicrater Burkill
习　　性：多年生草本
海　　拔：3900～4800 m
国内分布：西藏
国外分布：尼泊尔、印度
濒危等级：LC

异药龙胆
Gentiana anisostemon C. Marquand
习　　性：一年生草本
海　　拔：3600～4300 m
分　　布：云南
濒危等级：NT B1ab（i，iii，v）；D

开张龙胆
Gentiana aperta Maxim.

开张龙胆（原变种）
Gentiana aperta var. **aperta**
习　　性：一年生草本
海　　拔：2000～4000 m
分　　布：青海
濒危等级：LC

黄斑龙胆
Gentiana aperta var. **aureopunctata** T. N. Ho et J. H. Li
习　　性：一年生草本
海　　拔：2900～3500 m
分　　布：青海
濒危等级：LC

太白龙胆
Gentiana apiata N. E. Br.
习　　性：多年生草本
海　　拔：1900～3400 m
分　　布：陕西
濒危等级：NT B1ab（i，iii，v）；D
资源利用：药用（中草药）

水生龙胆
Gentiana aquatica L.
习　　性：一年生草本
海　　拔：4600～5200 m
国内分布：西藏
国外分布：俄罗斯、哈萨克斯坦、蒙古、塔吉克斯坦
濒危等级：LC

川东龙胆
Gentiana arethusae Burkill

川东龙胆（原变种）
Gentiana arethusae var. **arethusae**
习　　性：多年生草本
海　　拔：2000～3000 m
分　　布：四川、西藏、云南
濒危等级：LC

七叶龙胆
Gentiana arethusae var. **delicatula** C. Marquand
习　　性：多年生草本
海　　拔：2700～4800 m
分　　布：西藏、云南
濒危等级：LC

银脉龙胆
Gentiana argentea（Royle ex D. Don）Griseb.
习　　性：一年生草本
国内分布：西藏
国外分布：阿富汗、巴基斯坦、克什米尔地区、尼泊尔、印度西部
濒危等级：LC

阿里山龙胆
Gentiana arisanensis Hayata
习　　性：多年生草本
海　　拔：2700～3700 m
分　　布：台湾
濒危等级：LC

刺芒龙胆
Gentiana aristata Maxim.
习　　性：一年生草本
海　　拔：1800～4600 m
分　　布：甘肃、青海、四川、西藏
濒危等级：LC

天冬叶龙胆
Gentiana asparagoides T. N. Ho
习　　性：一年生草本
海　　拔：3500～3800 m
分　　布：云南
濒危等级：DD

星萼龙胆
Gentiana asterocalyx Diels
习　　性：一年生草本
海　　拔：3000～3200 m
分　　布：云南
濒危等级：LC

黑紫龙胆
Gentiana atropurpurea T. N. Ho
习　　性：一年生草本
海　　拔：3200～3800 m
分　　布：四川
濒危等级：LC

阿墩子龙胆
Gentiana atuntsiensis W. W. Sm.
习　　性：多年生草本
海　　拔：2700～4800 m
分　　布：西藏、云南
濒危等级：LC

竹林龙胆
Gentiana bambuseti T. Y. Hsieh et al.

习　　性：一年生草本
分　　布：台湾
濒危等级：VU A2cd

宝兴龙胆
Gentiana baoxingensis T. N. Ho
习　　性：一年生草本
海　　拔：约4000 m
分　　布：四川
濒危等级：NT A2c；B1ab（i，iii，v）；D

秀丽龙胆
Gentiana bella Franch.
习　　性：一年生草本
海　　拔：3000~4100 m
国内分布：云南
国外分布：缅甸
濒危等级：LC

波密龙胆
Gentiana bomiensis T. N. Ho
习　　性：一年生草本
海　　拔：2100~3600 m
分　　布：西藏
濒危等级：LC

卵萼龙胆
Gentiana bryoides Burkill
习　　性：一年生草本
海　　拔：3800~4500 m
国内分布：西藏
国外分布：不丹、尼泊尔、印度
濒危等级：LC

白条纹龙胆
Gentiana burkillii H. Smith
习　　性：一年生草本
海　　拔：3600~4300 m
国内分布：青海、西藏
国外分布：阿富汗、巴基斯坦、克什米尔地区、尼泊尔、印度
濒危等级：LC

天蓝龙胆
Gentiana caelestis（Marquand）H. Smith
习　　性：多年生草本
海　　拔：2600~4500 m
国内分布：四川、西藏、云南
国外分布：缅甸
濒危等级：LC

蓝灰龙胆
Gentiana caeruleogrisea T. N. Ho
习　　性：一年生草本
海　　拔：3600~4300 m
分　　布：甘肃、青海、西藏
濒危等级：LC

头状龙胆
Gentiana capitata Buch.-Ham. ex D. Don
习　　性：一年生草本

海　　拔：2800~4200 m
国内分布：西藏
国外分布：不丹、克什米尔地区、缅甸、尼泊尔、印度
濒危等级：LC

石竹叶龙胆
Gentiana caryophyllea Harry Sm.
习　　性：多年生草本
海　　拔：4000~4300 m
国内分布：云南
国外分布：缅甸
濒危等级：LC

头花龙胆
Gentiana cephalantha Franch.

头花龙胆（原变种）
Gentiana cephalantha var. **cephalantha**
习　　性：多年生草本
海　　拔：1800~4500 m
国内分布：广西、贵州、四川、云南
国外分布：缅甸、泰国、越南
濒危等级：LC

腺龙胆
Gentiana cephalantha var. **vaniotii**（H. Lév.）T. N. Ho
习　　性：多年生草本
海　　拔：1800~1900 m
分　　布：云南
濒危等级：LC

中国龙胆
Gentiana chinensis Kusnez.
习　　性：多年生草本
海　　拔：2400~4500 m
分　　布：四川、云南
濒危等级：LC

反折花龙胆
Gentiana choanantha C. Marquand
习　　性：一年生草本
海　　拔：2700~4600 m
分　　布：四川
濒危等级：LC

中甸龙胆
Gentiana chungtienensis C. Marquand
习　　性：一年生草本
海　　拔：3000~3700 m
分　　布：云南
濒危等级：LC

西域龙胆
Gentiana clarkei Kusn.

西域龙胆（原变种）
Gentiana clarkei var. **clarkei**
习　　性：一年生草本
海　　拔：4600~5300 m
国内分布：青海、西藏

国外分布：喀喇昆仑、克什米尔地区、尼泊尔、印度
濒危等级：LC

黄花西域龙胆
Gentiana clarkei var. **lutescens** T. N. Ho et J. Q. Liu
习　　性：一年生草本
分　　布：青海
濒危等级：LC

莲座叶龙胆
Gentiana **complexa** T. N. Ho
习　　性：一年生草本
海　　拔：2300~2800 m
分　　布：四川
濒危等级：LC

对折龙胆
Gentiana **conduplicata** T. N. Ho
习　　性：一年生草本
海　　拔：约4000 m
分　　布：四川
濒危等级：LC

密叶龙胆
Gentiana **confertifolia** Marquand
习　　性：多年生草本
海　　拔：3000~3400 m
分　　布：云南
濒危等级：LC

粗茎秦艽
Gentiana **crassicaulis** Duthie ex Burkill
习　　性：多年生草本
海　　拔：2100~4500 m
分　　布：贵州、青海、四川、西藏、云南
濒危等级：LC

景天叶龙胆
Gentiana **crassula** H. Smith
习　　性：一年生草本
海　　拔：3400~4200 m
分　　布：四川、西藏、云南
濒危等级：LC

肾叶龙胆
Gentiana **crassuloides** Bureau et Franch.
习　　性：一年生草本
海　　拔：2700~4500 m
国内分布：甘肃、湖北、青海、陕西、四川、西藏、云南
国外分布：不丹、尼泊尔、印度
濒危等级：DD

圆齿褶龙胆
Gentiana **crenulatotruncata** (C. Marquand) T. N. Ho
习　　性：一年生草本
海　　拔：4600~5300 m
分　　布：青海、四川、西藏
濒危等级：LC

脊突龙胆
Gentiana **cristata** Harry Sm.
习　　性：一年生或二年生草本
海　　拔：约4200 m
分　　布：西藏、云南
濒危等级：LC

髯毛龙胆
Gentiana **cuneibarba** Harry Sm.
习　　性：一年生草本
海　　拔：3100~4000 m
分　　布：西藏、云南
濒危等级：LC

弯药龙胆
Gentiana **curvianthera** T. N. Ho
习　　性：一年生草本
海　　拔：约4200 m
分　　布：四川
濒危等级：DD

弯叶龙胆
Gentiana **curviphylla** T. N. Ho
习　　性：一年生草本
海　　拔：2800~4300 m
分　　布：四川
濒危等级：NT A2ac+3c

达乌里秦艽
Gentiana **dahurica** Fischer

达乌里秦艽（原变种）
Gentiana dahurica var. **dahurica**
习　　性：多年生草本
海　　拔：800~4500 m
国内分布：甘肃、河北、辽宁、内蒙古、宁夏、青海、山东、山西、陕西、四川
国外分布：俄罗斯、蒙古
濒危等级：LC

钟花达乌里秦艽
Gentiana dahurica var. **campanulata** T. N. Ho
习　　性：多年生草本
海　　拔：4200~4400 m
分　　布：四川
濒危等级：LC

深裂龙胆
Gentiana **damyonensis** C. Marquand
习　　性：多年生草本
海　　拔：3300~4200 m
国内分布：四川、西藏、云南
国外分布：缅甸
濒危等级：LC

稻城龙胆
Gentiana **daochengensis** T. N. Ho
习　　性：一年生草本
海　　拔：3700 m
分　　布：四川
濒危等级：NT A2c；B1ab（iii, v）；D1

五岭龙胆
Gentiana davidii Franch.

五岭龙胆（原变种）
Gentiana davidii var. **davidii**
- 习　　性：多年生草本
- 海　　拔：300～2500 m
- 分　　布：安徽、福建、广东、广西、江苏、江西、台湾、浙江
- 濒危等级：LC

台湾龙胆
Gentiana davidii var. **formosana**（Hayata）T. N. Ho
- 习　　性：多年生草本
- 海　　拔：500～3000 m
- 分　　布：福建、广东、台湾
- 濒危等级：LC

美龙胆
Gentiana decorata Diels
- 习　　性：多年生草本
- 海　　拔：3200～4600 m
- 国内分布：西藏、云南
- 国外分布：缅甸
- 濒危等级：LC

斜升秦艽
Gentiana decumbens L. f.
- 习　　性：多年生草本
- 海　　拔：1200～2700 m
- 国内分布：内蒙古、新疆
- 国外分布：俄罗斯、哈萨克斯坦、蒙古
- 濒危等级：LC

微籽龙胆
Gentiana delavayi Franch.
- 习　　性：一年生草本
- 海　　拔：1400～3900 m
- 分　　布：四川、云南
- 濒危等级：LC

黄山龙胆
Gentiana delicata Hance
- 习　　性：一年生草本
- 海　　拔：400～2100 m
- 分　　布：安徽
- 濒危等级：NT B1ab（i, ii, iii, v）; D

三角叶龙胆
Gentiana deltoidea Harry Sm.
- 习　　性：一年生草本
- 海　　拔：3300～3700 m
- 分　　布：四川
- 濒危等级：LC

川西秦艽
Gentiana dendrologi C. Marquand
- 习　　性：多年生草本
- 海　　拔：3000～4500 m
- 分　　布：四川
- 濒危等级：CR C1

密花龙胆
Gentiana densiflora T. N. Ho
- 习　　性：一年生草本
- 海　　拔：900～3000 m
- 分　　布：贵州、四川
- 濒危等级：LC

平龙胆
Gentiana depressa D. Don
- 习　　性：多年生草本
- 海　　拔：3000～4500 m
- 国内分布：西藏
- 国外分布：不丹、尼泊尔、印度
- 濒危等级：LC

叉枝龙胆
Gentiana divaricata T. N. Ho
- 习　　性：一年生草本
- 海　　拔：约2300 m
- 分　　布：四川
- 濒危等级：LC

长萼龙胆
Gentiana dolichocalyx T. N. Ho
- 习　　性：多年生草本
- 海　　拔：2900～3800 m
- 分　　布：青海、四川
- 濒危等级：LC

多雄山龙胆
Gentiana doxiongshangensis T. N. Ho
- 习　　性：多年生草本
- 海　　拔：3900～4300 m
- 国内分布：西藏
- 国外分布：不丹、印度
- 濒危等级：LC

昆明龙胆
Gentiana duclouxii Franch.
- 习　　性：多年生草本
- 海　　拔：1800～1900 m
- 分　　布：云南
- 濒危等级：NT A3c

无尾尖龙胆
Gentiana ecaudata C. Marquand
- 习　　性：多年生草本
- 海　　拔：3000～4500 m
- 分　　布：西藏、云南
- 濒危等级：LC

壶冠龙胆
Gentiana elwesii C. B. Clarke
- 习　　性：多年生草本
- 海　　拔：约4200 m
- 国内分布：西藏

国外分布：不丹、尼泊尔、印度
濒危等级：LC

扇叶龙胆
Gentiana emodii C. Marquand ex Sealy
习　　性：多年生草本
海　　拔：4300~5700 m
国内分布：西藏
国外分布：不丹、印度
濒危等级：LC

齿褶龙胆
Gentiana epichysantha Hand. -Mazz.
习　　性：一年生草本
海　　拔：3700~3900 m
分　　布：云南
濒危等级：LC

直萼龙胆
Gentiana erectosepala T. N. Ho
习　　性：多年生草本
海　　拔：3600~4600 m
分　　布：西藏
濒危等级：LC

滇东龙胆
Gentiana eurycolpa C. Marquand
习　　性：一年生草本
海　　拔：2400~3000 m
分　　布：贵州、云南
濒危等级：LC

弱小龙胆
Gentiana exigua Harry Sm.
习　　性：一年生草本
海　　拔：1500~3200 m
分　　布：四川、云南
濒危等级：LC

盐丰龙胆
Gentiana expansa Harry Sm.
习　　性：一年生草本
海　　拔：1100~2100 m
分　　布：云南
濒危等级：DD

丝瓣龙胆
Gentiana exquisita Harry Sm.
习　　性：多年生草本
海　　拔：3300~4000 m
国内分布：云南
国外分布：缅甸
濒危等级：NT

毛喉龙胆
Gentiana faucipilosa Harry Sm.
习　　性：一年生草本
海　　拔：2200~3800 m
分　　布：西藏、云南
濒危等级：LC

丝萼龙胆
Gentiana filisepala T. N. Ho
习　　性：一年生草本
海　　拔：3000~3300 m
分　　布：四川
濒危等级：LC

丝柱龙胆
Gentiana filistyla Balf. f. et Forrest
习　　性：多年生草本
海　　拔：2900~4500 m
分　　布：西藏、云南
濒危等级：LC
资源利用：药用（中草药）

黄花龙胆
Gentiana flavomaculata Hayata

黄花龙胆（原变种）
Gentiana flavomaculata var. flavomaculata
习　　性：一年生草本
海　　拔：1800~3000 m
分　　布：台湾
濒危等级：LC

鸳鸯湖龙胆
Gentiana flavomaculata var. yuanyanghuensis C. H. Chen et J. C. Wang
习　　性：一年生草本
分　　布：台湾
濒危等级：LC

弯茎龙胆
Gentiana flexicaulis Harry Sm.
习　　性：一年生草本
海　　拔：2400~4600 m
分　　布：陕西、四川
濒危等级：LC

美丽龙胆
Gentiana formosa Harry Sm.
习　　性：多年生草本
海　　拔：2700~4200 m
分　　布：西藏、云南
濒危等级：LC

苍白龙胆
Gentiana forrestii Marquand
习　　性：一年生草本
海　　拔：3000~4200 m
分　　布：西藏、云南
濒危等级：VU A2c；B1b（i，iii，v）；D

密枝龙胆
Gentiana franchetiana Kusn.
习　　性：一年生草本
海　　拔：1400~2300 m
分　　布：贵州、四川、云南
濒危等级：LC

青藏龙胆
Gentiana futtereri Diels et Gilg
习　　性：多年生草本
海　　拔：2800～3400 m
分　　布：甘肃、青海
濒危等级：LC

高贵龙胆
Gentiana gentilis Franch.
习　　性：一年生草本
海　　拔：2000～2700 m
分　　布：云南
濒危等级：NT

滇西龙胆
Gentiana georgei Diels
习　　性：多年生草本
海　　拔：3000～4200 m
分　　布：甘肃、青海、四川、云南
濒危等级：LC

黄条纹龙胆
Gentiana gilvostriata C. Marquand
习　　性：多年生草本
海　　拔：3000～3900 m
国内分布：西藏、云南
国外分布：不丹、缅甸、印度

无毛龙胆
Gentiana glabriuscula H. Smith ex T. N. Ho et S. W. Liu
习　　性：草本
国内分布：西藏
国外分布：不丹、印度
濒危等级：LC

圆球龙胆
Gentiana globosa T. N. Ho
习　　性：一年生草本
海　　拔：3700～4300 m
国内分布：四川、西藏
国外分布：尼泊尔
濒危等级：LC

长流苏龙胆
Gentiana grata H. Smith
习　　性：多年生草本
海　　拔：2900～4100 m
国内分布：云南
国外分布：缅甸
濒危等级：LC

南山龙胆
Gentiana grumii Kusn.
习　　性：一年生草本
海　　拔：3200～3300 m
分　　布：青海
濒危等级：LC

吉隆龙胆
Gentiana gyirongensis T. N. Ho
习　　性：一年生草本
海　　拔：约4500 m
国内分布：西藏
国外分布：尼泊尔
濒危等级：LC

斑点龙胆
Gentiana handeliana H. Smith
习　　性：多年生草本
海　　拔：3500～4600 m
国内分布：西藏、云南
国外分布：缅甸
濒危等级：LC

扭果柄龙胆
Gentiana harrowiana Diel
习　　性：多年生草本
海　　拔：3600～4500 m
国内分布：西藏、云南
国外分布：缅甸
濒危等级：LC

钻叶龙胆
Gentiana haynaldii Kanitz
习　　性：一年生草本
海　　拔：2100～4200 m
分　　布：青海、四川、西藏、云南
濒危等级：LC

针叶龙胆
Gentiana heleonastes H. Smith
习　　性：一年生草本
海　　拔：3200～4200 m
分　　布：青海、四川
濒危等级：LC

喜湿龙胆
Gentiana helophila Balf. f. et Forrest
习　　性：多年生草本
海　　拔：约3100 m
分　　布：云南
濒危等级：LC

六叶龙胆
Gentiana hexaphylla Maxim. ex Kusn.
习　　性：多年生草本
海　　拔：2700～4400 m
分　　布：甘肃、青海、四川
濒危等级：LC

喜马拉雅龙胆
Gentiana himalayaensis T. N. Ho
习　　性：多年生草本
海　　拔：4000～4200 m
国内分布：西藏
国外分布：不丹、尼泊尔、印度
濒危等级：LC

硬毛龙胆
Gentiana hirsuta Ma et E. W. Ma ex T. N. Ho
习　　性：一年生草本

海　　拔：约 2900 m
分　　布：四川
濒危等级：LC

兴安龙胆
Gentiana hsinganica J. H. Yu
习　　性：多年生草本
海　　拔：700~800 m
分　　布：内蒙古

胡氏龙胆
Gentiana hugelii Griseb.
习　　性：草本
国内分布：西藏
国外分布：巴基斯坦、克什米尔地区、印度
濒危等级：LC

藏南龙胆
Gentiana huxleyi Kusn.
习　　性：一年生草本
海　　拔：3800~4000 m
国内分布：西藏
国外分布：巴基斯坦、不丹、尼泊尔、印度
濒危等级：LC

糙龙胆
Gentiana inconspicua Harry Sm.
习　　性：一年生草本
海　　拔：4100~4300 m
分　　布：四川
濒危等级：DD

小耳褶龙胆
Gentiana infelix C. B. Clarke
习　　性：多年生草本
海　　拔：4100~4500 m
国内分布：西藏、云南
国外分布：不丹、缅甸、尼泊尔、印度
濒危等级：LC

帚枝龙胆
Gentiana intricata C. Marquand
习　　性：一年生草本
海　　拔：2200~3500 m
分　　布：西藏、云南
濒危等级：LC

伊泽山龙胆
Gentiana itzershanensis Liu et Kuo
习　　性：一年生草本
海　　拔：约 3300 m
分　　布：台湾
濒危等级：NT

长白山龙胆
Gentiana jamesii Hemsl.
习　　性：多年生草本
海　　拔：1100~2400 m
国内分布：黑龙江、吉林、辽宁
国外分布：朝鲜、俄罗斯、日本
濒危等级：LC

景东龙胆
Gentiana jingdongensis T. N. Ho
习　　性：多年生草本
海　　拔：2800~2900 m
分　　布：云南
濒危等级：LC

高雄龙胆
Gentiana kaohsiungensis C. H. Chen et J. C. Wang
习　　性：草本
分　　布：台湾
濒危等级：DD

中亚秦艽
Gentiana kaufmanniana Regel et Schmalh
习　　性：多年生草本
海　　拔：1800~3500 m
国内分布：新疆
国外分布：阿富汗、巴基斯坦、哈萨克斯坦、吉尔吉斯斯坦、塔吉克斯坦
濒危等级：DD

昆明小龙胆
Gentiana kunmingensis S. W. Liu ex T. N. Ho
习　　性：多年生草本
海　　拔：1800~1900 m
分　　布：云南
濒危等级：LC

广西龙胆
Gentiana kwangsiensis T. N. Ho
习　　性：多年生草本
海　　拔：1300~1700 m
分　　布：福建、广东、广西、江西
濒危等级：LC

撕裂边龙胆
Gentiana lacerulata H. Smith
习　　性：多年生草本
海　　拔：4200~4500 m
国内分布：西藏
国外分布：不丹、尼泊尔、印度
濒危等级：LC

条裂龙胆
Gentiana lacinulata T. N. Ho
习　　性：多年生草本
海　　拔：3900~4300 m
分　　布：西藏
濒危等级：LC

湖边龙胆
Gentiana lawrencei Burkill

湖边龙胆（原变种）
Gentiana lawrencei var. **lawrencei**
习　　性：多年生草本
海　　拔：2400~4600 m
分　　布：甘肃、青海、四川
濒危等级：LC

线叶龙胆
Gentiana lawrencei var. **farreri** (Balf. f.) T. N. Ho
习　　性：多年生草本
海　　拔：2400～4000 m
分　　布：甘肃、青海、四川
濒危等级：LC

疏花龙胆
Gentiana laxiflora T. N. Ho
习　　性：多年生草本
海　　拔：4100～4200 m
分　　布：西藏
濒危等级：LC

蔓枝龙胆
Gentiana leptoclada Balf. f. et Forrest
习　　性：一年生草本
海　　拔：2100～3000 m
分　　布：云南
濒危等级：LC

黄耳褶龙胆
Gentiana leucantha Harry Sm. ex T. N. Ho et S. W. Liu
习　　性：多年生草本
海　　拔：4000～4600 m
国内分布：西藏
国外分布：不丹
濒危等级：LC

蓝白龙胆
Gentiana leucomelaena Maxim.
习　　性：一年生草本
海　　拔：1900～5000 m
国内分布：甘肃、青海、四川、西藏、新疆
国外分布：巴基斯坦、不丹、克什米尔地区、尼泊尔、印度
濒危等级：LC

全萼秦艽
Gentiana lhassica Burkill
习　　性：多年生草本
海　　拔：4200～4900 m
分　　布：青海、西藏
濒危等级：CR B1ab（iii）

凉山龙胆
Gentiana liangshanensis Z. Y. Zhu
习　　性：多年生草本
分　　布：四川
濒危等级：LC

苞叶龙胆
Gentiana licentii Harry Sm. ex C. Marquand
习　　性：一年生草本
分　　布：甘肃
濒危等级：LC

四数龙胆
Gentiana lineolata Franch.
习　　性：一年生草本
海　　拔：600～4000 m
分　　布：四川、云南
濒危等级：LC

亚麻状龙胆
Gentiana linoides Franch.
习　　性：一年生草本
海　　拔：3000～4000 m
分　　布：云南
濒危等级：LC

华南龙胆
Gentiana loureiroi (G. Don) Griseb.
习　　性：多年生草本
海　　拔：300～3200 m
国内分布：福建、广东、广西、海南、湖南、江苏、江西、浙江
国外分布：不丹、缅甸、泰国、印度、越南
濒危等级：DD

泸定龙胆
Gentiana ludingensis T. N. Ho
习　　性：一年生草本
海　　拔：2300～3000 m
分　　布：四川
濒危等级：LC

大颈龙胆
Gentiana macrauchena C. Marquand
习　　性：一年生草本
海　　拔：800～2800 m
分　　布：湖北、陕西、四川、西藏
濒危等级：LC

秦艽
Gentiana macrophylla Pall.
习　　性：多年生草本
海　　拔：400～3700 m
国内分布：甘肃、河北、河南、黑龙江、吉林、辽宁、内蒙古、宁夏、山东、山西、陕西、四川、新疆
国外分布：俄罗斯、哈萨克斯坦、蒙古
濒危等级：LC
资源利用：药用（中草药）

马耳山龙胆
Gentiana maeulchanensis Franch.
习　　性：一年生草本
海　　拔：2500～3600 m
分　　布：云南
濒危等级：LC

米林龙胆
Gentiana mailingensis T. N. Ho
习　　性：一年生草本
海　　拔：3900～4500 m
分　　布：西藏
濒危等级：LC

寡流苏龙胆
Gentiana mairei H. Lév.
习　　性：一年生草本
海　　拔：2400～4000 m
分　　布：四川、云南

濒危等级：LC

条叶龙胆
Gentiana manshurica Kitag.
习　　性：多年生草本
海　　拔：100～1100 m
国内分布：安徽、福建、广东、广西、海南、河北、河南、黑龙江、湖北、湖南、吉林、江苏、江西、辽宁、内蒙古、宁夏、山东、山西、陕西、浙江
国外分布：朝鲜
濒危等级：EN C1

女娄菜叶龙胆
Gentiana melandriifolia Franch.
习　　性：多年生草本
海　　拔：2200～3000 m
分　　布：云南
濒危等级：LC

亮叶龙胆
Gentiana micans C. B. Clarke
习　　性：一年生草本
海　　拔：4300～4800 m
国内分布：西藏
国外分布：不丹、尼泊尔、印度
濒危等级：LC

类亮叶龙胆
Gentiana micantiformis Burkill
习　　性：一年生草本
海　　拔：4200～4500 m
国内分布：青海、西藏
国外分布：不丹、印度
濒危等级：LC

小齿龙胆
Gentiana microdonta Franch.
习　　性：多年生草本
海　　拔：2600～4200 m
分　　布：云南
濒危等级：LC

微形龙胆
Gentiana microphyta Franch.
习　　性：一年生草本
海　　拔：约4000 m
国内分布：云南
国外分布：缅甸
濒危等级：DD

念珠脊龙胆
Gentiana moniliformis C. Marquand
习　　性：一年生草本
海　　拔：约2100 m
分　　布：云南
濒危等级：LC

藓生龙胆
Gentiana muscicola C. Marquand
习　　性：多年生草本
海　　拔：2700～3200 m
国内分布：西藏、云南
国外分布：缅甸
濒危等级：LC

多枝龙胆
Gentiana myrioclada Franch.

多枝龙胆（原变种）
Gentiana myrioclada var. **myrioclada**
习　　性：一年生草本
海　　拔：2000～2500 m
分　　布：四川
濒危等级：NT A2c；B1ab（iii；v）；D1

巫溪龙胆
Gentiana myrioclada var. **wuxiensis** T. N. Ho et S. W. Liu
习　　性：一年生草本
海　　拔：约2500 m
分　　布：四川
濒危等级：LC

墨脱龙胆
Gentiana namlaensis C. Marquand
习　　性：多年生草本
海　　拔：4600～4900 m
分　　布：西藏
濒危等级：DD

钟花龙胆
Gentiana nanobella C. Marquand
习　　性：一年生草本
海　　拔：2700～4300 m
分　　布：四川、西藏、云南
濒危等级：LC

蕨根龙胆
Gentiana napulifera Franch.
习　　性：多年生草本
海　　拔：1500～1900 m
分　　布：四川、云南
濒危等级：LC

宁蒗龙胆
Gentiana ninglangensis T. N. Ho

宁蒗龙胆（原变种）
Gentiana ninglangensis var. **ninglangensis**
习　　性：一年生草本
海　　拔：2500～3000 m
分　　布：四川、云南
濒危等级：LC

脱毛龙胆
Gentiana ninglangensis var. **glabrescens**（Harry Sm.）T. N. Ho
习　　性：一年生草本
海　　拔：2400～3300 m
分　　布：四川
濒危等级：LC

云雾龙胆
Gentiana nubigena Edgew.
习　　性：多年生草本

海　　拔：3000~5300 m
国内分布：甘肃、青海、西藏
国外分布：不丹、克什米尔地区、尼泊尔、印度
濒危等级：LC

聂拉木龙胆
Gentiana nyalamensis T. N. Ho

聂拉木龙胆（原变种）
Gentiana nyalamensis var. **nyalamensis**
习　　性：多年生草本
海　　拔：3500~3600 m
国内分布：西藏
国外分布：不丹
濒危等级：LC

小花聂拉木龙胆
Gentiana nyalamensis var. **parviflora** T. N. Ho
习　　性：多年生草本
海　　拔：4500~4700 m
分　　布：西藏
濒危等级：DD

林芝龙胆
Gentiana nyingchiensis T. N. Ho
习　　性：一年生草本
海　　拔：4300~4500 m
分　　布：西藏
濒危等级：DD

倒锥花龙胆
Gentiana obconica T. N. Ho
习　　性：多年生草本
海　　拔：4000~5500 m
国内分布：西藏
国外分布：不丹、尼泊尔、印度
濒危等级：LC

黄管秦艽
Gentiana officinalis Harry Sm.
习　　性：多年生草本
海　　拔：2300~4200 m
分　　布：甘肃、青海、四川
濒危等级：LC

北疆秦艽
Gentiana olgae Regel et Schmalh.
习　　性：多年生草本
海　　拔：3000~3100 m
国内分布：新疆
国外分布：吉尔吉斯斯坦、塔吉克斯坦、乌兹别克斯坦
濒危等级：CR C1

少叶龙胆
Gentiana oligophylla Harry Sm. ex C. Marquand
习　　性：一年生草本
海　　拔：1800~2800 m
分　　布：贵州、湖北、湖南、四川
濒危等级：LC

楔湾缺秦艽
Gentiana olivieri Griseb.
习　　性：多年生草本
海　　拔：600~2300 m
国内分布：新疆
国外分布：哈萨克斯坦、吉尔吉斯斯坦、塔吉克斯坦、土库曼斯坦
濒危等级：CR C1

峨眉龙胆
Gentiana omeiensis T. N. Ho
习　　性：多年生草本
海　　拔：1100~3200 m
分　　布：四川
濒危等级：CR A3c；B1ab（i，iii，v）；C1

山景龙胆
Gentiana oreodoxa H. Smith
习　　性：多年生草本
海　　拔：3000~4900 m
国内分布：四川、西藏、云南
国外分布：不丹
濒危等级：LC

华丽龙胆
Gentiana ornata（Wall. ex G. Don）Griseb.
习　　性：多年生草本
海　　拔：3300~5000 m
国内分布：西藏
国外分布：不丹、缅甸、尼泊尔、印度
濒危等级：LC

耳褶龙胆
Gentiana otophora Franch.
习　　性：多年生草本
海　　拔：2800~4200 m
国内分布：西藏、云南
国外分布：缅甸
濒危等级：LC

类耳褶龙胆
Gentiana otophoroides Harry Sm.
习　　性：多年生草本
海　　拔：3200~4100 m
分　　布：西藏、云南
濒危等级：LC

流苏龙胆
Gentiana panthaica Prain et Burkill
习　　性：一年生草本
海　　拔：1600~3800 m
分　　布：广西、贵州、湖南、江西、四川、云南
濒危等级：LC

乳突龙胆
Gentiana papillosa Franch.
习　　性：一年生草本
海　　拔：2200~2800 m
分　　布：四川、云南

濒危等级：LC

小龙胆
Gentiana parvula Harry Sm.
习　　性：一年生草本
海　　拔：约3300 m
分　　布：四川
濒危等级：LC

鸟足龙胆
Gentiana pedata Harry Sm.
习　　性：一年生草本
海　　拔：1900~3000 m
分　　布：贵州、四川、云南
濒危等级：LC

糙毛龙胆
Gentiana pedicellata (Wall. ex D. Don) Griseb.
习　　性：一年生草本
海　　拔：2100~3400 m
国内分布：贵州、西藏、云南
国外分布：巴基斯坦、不丹、克什米尔地区、缅甸、尼泊尔、印度
濒危等级：LC

叶萼龙胆
Gentiana phyllocalyx C. B. Clarke
习　　性：多年生草本
海　　拔：3000~5200 m
国内分布：四川、西藏、云南
国外分布：不丹、缅甸、尼泊尔、印度
濒危等级：LC

叶柄龙胆
Gentiana phyllopoda H. Léveillé
习　　性：多年生草本
海　　拔：2600~3800 m
分　　布：四川、云南
濒危等级：LC

陕南龙胆
Gentiana piasezkii Maximowicz
习　　性：一年生草本
海　　拔：1000~4300 m
分　　布：甘肃、四川
濒危等级：DD

着色龙胆
Gentiana picta Franch.
习　　性：一年生草本
海　　拔：2400~3000 m
分　　布：四川、云南
濒危等级：LC

纤细龙胆
Gentiana pluviarum (Harry Sm.) T. N. Ho
习　　性：一年生草本
海　　拔：3700~4200 m
分　　布：云南
濒危等级：LC

脊萼龙胆
Gentiana praeclara C. Marquand
习　　性：一年生草本
海　　拔：1500~4200 m
分　　布：四川、云南
濒危等级：DD

柔软龙胆
Gentiana prainii Burkill
习　　性：一年生草本
海　　拔：3800~4500 m
国内分布：西藏
国外分布：不丹、印度
濒危等级：LC

草甸龙胆
Gentiana praticola Franch.
习　　性：多年生草本
海　　拔：1200~3200 m
分　　布：贵州、四川、云南
濒危等级：LC

黄白龙胆
Gentiana prattii Kusn.
习　　性：一年生草本
海　　拔：3000~4000 m
分　　布：青海、四川、云南
濒危等级：LC

报春花龙胆
Gentiana primuliflora Franch.
习　　性：一年生草本
海　　拔：1800~3900 m
分　　布：四川、云南
濒危等级：LC

伸梗龙胆
Gentiana producta T. N. Ho
习　　性：一年生草本
分　　布：四川
濒危等级：DD

观赏龙胆
Gentiana prolata Balf. f.
习　　性：多年生草本
海　　拔：3400~4500 m
国内分布：西藏
国外分布：不丹、尼泊尔、印度
濒危等级：LC

匍地龙胆
Gentiana prostrata Haenke
习　　性：一年生草本
海　　拔：2000~4700 m
濒危等级：LC

短蕊龙胆
Gentiana prostrata var. **ludlowii** (C. Marquand) T. N. Ho
习　　性：一年生草本
海　　拔：3500~4700 m
国内分布：青海、西藏
国外分布：尼泊尔
濒危等级：LC

新疆龙胆
Gentiana prostrata var. **karelinii** (Griseb.) Kusn.
习　　性：一年生草本
海　　拔：2000~3100 m
国内分布：新疆
国外分布：俄罗斯、哈萨克斯坦、吉尔吉斯斯坦、蒙古、塔吉克斯坦
濒危等级：LC

假水生龙胆
Gentiana pseudoaquatica Kusn.

假水生龙胆（原变种）
Gentiana pseudoaquatica var. **pseudoaquatica**
习　　性：一年生草本
海　　拔：1100~4700 m
国内分布：河北、内蒙古、宁夏、青海、山东、山西、陕西、西藏
国外分布：朝鲜、俄罗斯、克什米尔地区、蒙古
濒危等级：LC

白花假水生龙胆
Gentiana pseudoaquatica var. **albiflora** Q. Zhu
习　　性：一年生草本
海　　拔：约2400 m
分　　布：宁夏
濒危等级：LC

假鳞叶龙胆
Gentiana pseudosquarrosa Harry Sm.
习　　性：一年生草本
海　　拔：1400~3800 m
分　　布：青海、四川、西藏、云南
濒危等级：LC

翼萼龙胆
Gentiana pterocalyx Franch.
习　　性：一年生草本
海　　拔：1700~3500 m
分　　布：贵州、四川、云南
濒危等级：LC

毛花龙胆
Gentiana pubiflora T. N. Ho
习　　性：一年生草本
海　　拔：2600~3300 m
分　　布：云南
濒危等级：NT A2c；B1ab（i，iii，v）；D

柔毛龙胆
Gentiana pubigera C. Marquand
习　　性：一年生草本
海　　拔：2400~3800 m
分　　布：云南
濒危等级：LC

偏翅龙胆
Gentiana pudica Maxim.
习　　性：一年生草本
海　　拔：2200~5000 m
分　　布：甘肃、青海、陕西、四川
濒危等级：LC

岷县龙胆
Gentiana purdomii C. Marquand
习　　性：多年生草本
海　　拔：2700~5300 m
分　　布：甘肃、青海、四川、西藏
濒危等级：LC

俅江龙胆
Gentiana qiujiangensis T. N. Ho
习　　性：多年生草本
海　　拔：约3900 m
分　　布：云南
濒危等级：LC

辐射龙胆
Gentiana radiata C. Marquand
习　　性：一年生草本
海　　拔：4100~4500 m
分　　布：四川
濒危等级：LC

外弯龙胆
Gentiana recurvata C. B. Clarke
习　　性：一年生草本
海　　拔：3000~4000 m
国内分布：西藏、云南
国外分布：缅甸、尼泊尔、印度
濒危等级：LC

红花龙胆
Gentiana rhodantha Franch.
习　　性：多年生草本
海　　拔：500~1800 m
分　　布：甘肃、广西、河南、湖北、陕西、四川、云南
濒危等级：LC
资源利用：药用（中草药）

滇龙胆
Gentiana rigescens Franch.
习　　性：多年生草本
海　　拔：1100~3000 m
分　　布：贵州、湖南、四川、云南
濒危等级：LC

河边龙胆
Gentiana riparia Kar. et Kir.
习　　性：一年生草本
海　　拔：600~1200 m
国内分布：甘肃、山西、新疆

国外分布：俄罗斯、哈萨克斯坦、克什米尔地区、蒙古
濒危等级：LC

粗壮秦艽
Gentiana robusta King ex Hook. f.
 习 性：多年生草本
 海 拔：3500~4800 m
 国内分布：西藏
 国外分布：尼泊尔、印度
 濒危等级：LC

小繁缕叶龙胆
Gentiana rubicunda var. **samolifolia**(Franch.)C. Marquand
 习 性：一年生草本
 分 布：湖北、四川

深红龙胆
Gentiana rubicunda Franch.

深红龙胆（原变种）
Gentiana rubicunda var. **rubicunda**
 习 性：一年生草本
 海 拔：2400~2700 m
 分 布：甘肃、贵州、湖北、湖南、四川、云南
 濒危等级：LC

大花深红龙胆
Gentiana rubicunda var. **purpurata**(Maxim. ex Kusn.)T. N. Ho
 习 性：一年生草本
 海 拔：2400~2700 m
 分 布：四川
 濒危等级：LC

水繁缕叶龙胆
Gentiana samolifolia Franch.
 习 性：一年生草本
 海 拔：900~3000 m
 分 布：湖北、湖南、四川
 濒危等级：LC

龙胆
Gentiana scabra Bunge
 习 性：多年生草本
 海 拔：400~1700 m
 国内分布：安徽、福建、广东、广西、贵州、黑龙江、湖北、湖南、吉林、江苏、辽宁、陕西、浙江
 国外分布：朝鲜、俄罗斯、日本
 濒危等级：LC
 资源利用：环境利用（观赏）；药用（中草药）

玉山龙胆
Gentiana scabrida Hayata

玉山龙胆（原变种）
Gentiana scabrida var. **scabrida**
 习 性：一年生草本
 海 拔：2300~3500 m
 分 布：台湾
 濒危等级：LC

黑斑龙胆
Gentiana scabrida var. **punctulata** S. S. Ying
 习 性：一年生草本
 分 布：台湾
 濒危等级：LC

毛蕊龙胆
Gentiana scabrifilamenta T. N. Ho
 习 性：一年生草本
 海 拔：约4000 m
 分 布：西藏
 濒危等级：LC

革叶龙胆
Gentiana scytophylla T. N. Ho
 习 性：一年生草本
 海 拔：约2700 m
 分 布：云南
 濒危等级：LC

西亚龙胆
Gentiana septemfida Pallas
 习 性：草本
 国内分布：新疆
 国外分布：俄罗斯、哈萨克斯坦、土耳其、伊朗
 濒危等级：LC

锯齿龙胆
Gentiana serra Franch.
 习 性：一年生草本
 海 拔：2400~4400 m
 分 布：云南
 濒危等级：LC

陕西龙胆
Gentiana shaanxiensis T. N. Ho
 习 性：一年生草本
 分 布：陕西
 濒危等级：LC

短管龙胆
Gentiana sichitoensis C. Marquand
 习 性：多年生草本
 海 拔：3300~4200 m
 国内分布：西藏、云南
 国外分布：缅甸
 濒危等级：LC

锡金龙胆
Gentiana sikkimensis C. B. Clarke
 习 性：多年生草本
 海 拔：2700~5000 m
 国内分布：西藏、云南
 国外分布：不丹、缅甸、尼泊尔、印度
 濒危等级：LC

厚边龙胆
Gentiana simulatrix C. Marquand
 习 性：一年生草本
 海 拔：约3000 m
 分 布：四川、西藏
 濒危等级：LC

龙胆科 GENTIANACEAE

类华丽龙胆
Gentiana sinoornata Balf. f.
- 习　　性：多年生草本
- 海　　拔：2800~4400 m
- 分　　布：四川、西藏、云南
- 濒危等级：LC

管花秦艽
Gentiana siphonantha Maxim. ex Kusn.
- 习　　性：多年生草本
- 海　　拔：1800~4500 m
- 分　　布：甘肃、青海、四川
- 濒危等级：NT A2ac+3c

毛脉龙胆
Gentiana souliei Franch.
- 习　　性：一年生草本
- 海　　拔：3200~3900 m
- 分　　布：四川、云南
- 濒危等级：LC

匙叶龙胆
Gentiana spathulifolia Maxim. ex Kusn.

匙叶龙胆（原变种）
Gentiana spathulifolia var. spathulifolia
- 习　　性：一年生草本
- 海　　拔：2800~3800 m
- 分　　布：甘肃、宁夏、青海、陕西、四川
- 濒危等级：LC

紫红花龙胆
Gentiana spathulifolia var. ciliate Kusn.
- 习　　性：一年生草本
- 海　　拔：约3500 m
- 分　　布：甘肃、宁夏、陕西、四川
- 濒危等级：LC

中甸匙萼龙胆
Gentiana spathulisepala T. N. Ho et S. W. Liu
- 习　　性：二年生草本
- 分　　布：云南
- 濒危等级：LC

鳞叶龙胆
Gentiana squarrosa Ledeb.
- 习　　性：一年生草本
- 海　　拔：100~4200 m
- 国内分布：河北、湖北、内蒙古、宁夏、青海、山东、山西、陕西
- 国外分布：巴基斯坦、朝鲜、俄罗斯、哈萨克斯坦、吉尔吉斯斯坦、蒙古、尼泊尔、印度
- 濒危等级：LC

珠峰龙胆
Gentiana stellata Turrill
- 习　　性：一年生草本
- 海　　拔：4000~6000 m
- 国内分布：西藏
- 国外分布：不丹、尼泊尔、印度
- 濒危等级：LC

星状龙胆
Gentiana stellulata Harry Sm.

星状龙胆（原变种）
Gentiana stellulata var. stellulata
- 习　　性：一年生草本
- 海　　拔：3300~4000 m
- 分　　布：云南
- 濒危等级：DD

歧伞星状龙胆
Gentiana stellulata var. dichotoma Harry Sm.
- 习　　性：一年生草本
- 海　　拔：3200~3300 m
- 分　　布：云南
- 濒危等级：DD

短柄龙胆
Gentiana stipitata Edgew.

短柄龙胆（原亚种）
Gentiana stipitata subsp. stipitata
- 习　　性：多年生草本
- 海　　拔：3200~4200 m
- 国内分布：甘肃、青海、四川、西藏
- 国外分布：尼泊尔、印度
- 濒危等级：LC

提宗龙胆
Gentiana stipitata subsp. tizuensis (Franch.) T. N. Ho
- 习　　性：多年生草本
- 海　　拔：3200~4600 m
- 分　　布：甘肃、青海、四川、西藏
- 濒危等级：LC

匙萼龙胆
Gentiana stragulata Balf. f. et Forrest
- 习　　性：多年生草本
- 海　　拔：3000~4300 m
- 分　　布：西藏、云南
- 濒危等级：LC

麻花艽
Gentiana straminea Maxim.
- 习　　性：多年生草本
- 海　　拔：2000~5000 m
- 国内分布：甘肃、湖北、宁夏、青海、西藏
- 国外分布：尼泊尔
- 濒危等级：LC

条纹龙胆
Gentiana striata Maxim.
- 习　　性：一年生草本
- 海　　拔：2200~3900 m
- 分　　布：甘肃、宁夏、青海、四川
- 濒危等级：LC

多花龙胆
Gentiana striolata T. N. Ho
- 习　　性：多年生草本
- 海　　拔：3700~4600 m

分　　布：四川
濒危等级：LC

云南宽冠龙胆
Gentiana stylophora Halda
　　习　　性：多年生草本
　　分　　布：云南
　　濒危等级：LC

假帚枝龙胆
Gentiana subintricata T. N. Ho
　　习　　性：一年生草本
　　海　　拔：3400~3700 m
　　分　　布：云南
　　濒危等级：LC

圆萼龙胆
Gentiana suborbisepala C. Marquand

圆萼龙胆（原变种）
Gentiana suborbisepala var. **suborbisepala**
　　习　　性：一年生草本
　　海　　拔：2200~4400 m
　　分　　布：贵州、四川、云南
　　濒危等级：LC

卡拉龙胆
Gentiana suborbisepala var. **kialensis**（C. Marquand）T. N. Ho
　　习　　性：一年生草本
　　海　　拔：3700~3800 m
　　分　　布：贵州、四川、云南
　　濒危等级：LC

钻萼龙胆
Gentiana subuliformis S. W. Liu
　　习　　性：多年生草本
　　海　　拔：约4800 m
　　分　　布：西藏
　　濒危等级：DD

单花龙胆
Gentiana subuniflora C. Marquand
　　习　　性：一年生草本
　　海　　拔：3600~4500 m
　　分　　布：四川
　　濒危等级：DD

四川龙胆
Gentiana sutchuenensis Franch.
　　习　　性：一年生草本
　　海　　拔：400~2500 m
　　分　　布：甘肃、贵州、陕西、四川、云南
　　濒危等级：LC

紫花龙胆
Gentiana syringea T. N. Ho
　　习　　性：一年生草本
　　海　　拔：2200~3900 m
　　分　　布：甘肃、青海、四川
　　濒危等级：LC

大花龙胆
Gentiana szechenyii Kanitz
　　习　　性：多年生草本
　　海　　拔：3000~4800 m
　　分　　布：甘肃、青海、四川、西藏、云南
　　濒危等级：LC

大理龙胆
Gentiana taliensis Balf. f. et Forrest
　　习　　性：一年生草本
　　海　　拔：1200~2800 m
　　国内分布：贵州、四川、云南
　　国外分布：缅甸
　　濒危等级：LC

太鲁阁龙胆
Gentiana tarokoensis C. H. Chen et J. C. Wang
　　习　　性：草本
　　分　　布：台湾
　　濒危等级：DD

塔塔加龙胆
Gentiana tatakensis Masam.
　　习　　性：二年生草本
　　海　　拔：1400~2400 m
　　分　　布：台湾
　　濒危等级：VU D2

打箭炉龙胆
Gentiana tatsienensis Franch.
　　习　　性：一年生草本
　　海　　拔：3300~5000 m
　　分　　布：四川、西藏
　　濒危等级：LC

厚叶龙胆
Gentiana tentyoensis Masam.
　　习　　性：一年生草本
　　分　　布：台湾
　　濒危等级：CR B3ac（iii）

纤茎秦艽
Gentiana tenuicaulis Ling
　　习　　性：多年生草本
　　海　　拔：700~1800 m
　　分　　布：河北
　　濒危等级：LC

台东龙胆
Gentiana tenuissima Hayata
　　习　　性：草本
　　分　　布：台湾
　　濒危等级：DD

三叶龙胆
Gentiana ternifolia Franch.
　　习　　性：多年生草本
　　海　　拔：3000~4100 m
　　分　　布：云南

濒危等级：LC

四叶龙胆
Gentiana tetraphylla Maxim. ex Kusn.
习　　性：多年生草本
海　　拔：3300~4500 m
分　　布：甘肃、四川
濒危等级：LC

四列龙胆
Gentiana tetrasticha C. Marquand
习　　性：一年生草本
海　　拔：4200~5300 m
国内分布：西藏
国外分布：印度
濒危等级：LC

丛生龙胆
Gentiana thunbergii(G. Don) Griseb.

丛生龙胆（原变种）
Gentiana thunbergii var. **thunbergii**
习　　性：一年生或二年生草本
海　　拔：1300~1800 m
国内分布：广东、广西、黑龙江、湖南、吉林、江西、辽宁、山西
国外分布：朝鲜、日本
濒危等级：LC

小丛生龙胆
Gentiana thunbergii var. **minor** Maxim.
习　　性：一年生或二年生草本
国内分布：黑龙江、吉林、辽宁
国外分布：日本
濒危等级：LC

天山秦艽
Gentiana tianschanica Rupr.
习　　性：多年生草本
海　　拔：1200~3900 m
国内分布：西藏、新疆
国外分布：巴基斯坦、哈萨克斯坦、吉尔吉斯斯坦、尼泊尔、印度
濒危等级：LC

西藏秦艽
Gentiana tibetica King ex Hook. f.
习　　性：多年生草本
海　　拔：2100~4200 m
国内分布：西藏
国外分布：不丹、尼泊尔、印度
濒危等级：LC

东俄洛龙胆
Gentiana tongolensis Franch.
习　　性：一年生草本
海　　拔：3500~4800 m
分　　布：四川、西藏、云南
濒危等级：LC

三歧龙胆
Gentiana trichotoma Kusn.

三歧龙胆（原变种）
Gentiana trichotoma var. **trichotoma**
习　　性：多年生草本
海　　拔：3000~4600 m
分　　布：青海、四川、西藏
濒危等级：LC

仁昌龙胆
Gentiana trichotoma var. **chingii** (C. Marquand) T. N. Ho
习　　性：多年生草本
海　　拔：3300~3800 m
分　　布：甘肃、青海、西藏
濒危等级：LC

三色龙胆
Gentiana tricolor Diels et Gilg
习　　性：一年生草本
海　　拔：2200~3200 m
分　　布：青海
濒危等级：LC

三花龙胆
Gentiana triflora Pall.
习　　性：多年生草本
海　　拔：600~1000 m
国内分布：河北、黑龙江、吉林、辽宁、内蒙古
国外分布：朝鲜、俄罗斯、蒙古、日本
濒危等级：LC
资源利用：药用（中草药）

筒花龙胆
Gentiana tubiflora (Wall. ex G. Don) Griseb.
习　　性：多年生草本
海　　拔：4200~5300 m
国内分布：西藏
国外分布：不丹、尼泊尔、印度
濒危等级：LC

朝鲜龙胆
Gentiana uchiyamae Nakai
习　　性：多年生草本
国内分布：吉林
国外分布：朝鲜
濒危等级：LC

乌奴龙胆
Gentiana urnula Harry Sm.
习　　性：多年生草本
海　　拔：3900~5700 m
国内分布：青海、西藏
国外分布：不丹、尼泊尔、印度
濒危等级：LC

母草叶龙胆
Gentiana vandellioides Hemsl.

母草叶龙胆（原变种）
Gentiana vandellioides var. **vandellioides**

习　　性：一年生草本
海　　拔：1100～3500 m
分　　布：湖北、陕西、四川
濒危等级：LC

二裂母草叶龙胆
Gentiana vandellioides var. biloba Franch.
习　　性：一年生草本
海　　拔：1600～2600 m
分　　布：四川
濒危等级：LC

蓝玉簪龙胆
Gentiana veitchiorum Hemsl.
习　　性：多年生草本
海　　拔：2500～4800 m
国内分布：甘肃、青海、四川、西藏、云南
国外分布：不丹
濒危等级：LC

樟木龙胆
Gentiana venusta (Wall. ex G. Don) Griseb.
习　　性：多年生草本
海　　拔：4000～4200 m
国内分布：西藏
国外分布：巴基斯坦、克什米尔地区、尼泊尔、印度
濒危等级：LC

露蕊龙胆
Gentiana vernayi C. Marquand
习　　性：一年生草本
海　　拔：4200～5200 m
国内分布：西藏
国外分布：不丹、尼泊尔
濒危等级：LC

五叶龙胆
Gentiana viatrix Harry Sm.
习　　性：多年生草本
海　　拔：3400～4800 m
分　　布：四川
濒危等级：LC

紫毛龙胆
Gentiana villifera H. W. Li et C. J. Wu
习　　性：多年生草本
海　　拔：约 800 m
分　　布：四川
濒危等级：LC

长梗秦艽
Gentiana waltonii Burkill

长梗秦艽（原变型）
Gentiana waltonii f. waltonii
习　　性：多年生草本
分　　布：西藏
濒危等级：NT A2ac+3c

矮长梗龙胆
Gentiana waltonii f. nana P. G. Xiao et K. C. Hsia

习　　性：多年生草本
分　　布：西藏
濒危等级：LC

新疆秦艽
Gentiana walujewii Regel et Schmalh
习　　性：多年生草本
海　　拔：2200～2600 m
国内分布：新疆
国外分布：哈萨克斯坦
濒危等级：LC

矮龙胆
Gentiana wardii W. W. Sm.

矮龙胆（原变种）
Gentiana wardii var. wardii
习　　性：多年生草本
海　　拔：3500～4600 m
国内分布：四川、西藏、云南
国外分布：缅甸
濒危等级：LC

露萼龙胆
Gentiana wardii var. emergens (C. Marquand) T. N. Ho
习　　性：多年生草本
海　　拔：3000～4900 m
分　　布：四川
濒危等级：LC

小花矮龙胆
Gentiana wardii var. micrantha C. Marquand
习　　性：多年生草本
海　　拔：4200～4500 m
国内分布：西藏
国外分布：缅甸
濒危等级：LC

瓦山龙胆
Gentiana wasenensis C. Marquand
习　　性：多年生草本
海　　拔：2900～3600 m
分　　布：四川
濒危等级：LC

川西龙胆
Gentiana wilsonii C. Marquand
习　　性：多年生草本
海　　拔：2800～4000 m
分　　布：四川、云南
濒危等级：LC

汶川龙胆
Gentiana winchuanensis T. N. Ho
习　　性：一年生草本
海　　拔：约 2400 m
分　　布：四川
濒危等级：VU B1ab (iii, v); D

小黄花龙胆
Gentiana xanthonannos Harry Sm.

习　　性：一年生草本
海　　拔：2100~2400 m
分　　布：云南
濒危等级：LC

兴仁龙胆
Gentiana xingrenensis T. N. Ho
习　　性：一年生草本
海　　拔：约1300 m
分　　布：贵州
濒危等级：LC

弈良龙胆
Gentiana yiliangensis T. N. Ho
习　　性：一年生草本
海　　拔：约1800 m
分　　布：云南
濒危等级：LC

灰绿龙胆
Gentiana yokusai Burkill

灰绿龙胆（原变种）
Gentiana yokusai var. yokusai
习　　性：一年生草本
海　　拔：0~2700 m
国内分布：安徽、福建、广东、贵州、河北、湖北、湖南、江苏、江西、内蒙古、山西、陕西、上海、四川、浙江
国外分布：朝鲜、日本
濒危等级：LC

心叶灰绿龙胆
Gentiana yokusai var. cordifolia T. N. Ho
习　　性：一年生草本
海　　拔：约1000 m
分　　布：河北、内蒙古、山西、陕西
濒危等级：LC

云南龙胆
Gentiana yunnanensis Franch.
习　　性：一年生草本
海　　拔：2300~4400 m
分　　布：贵州、四川、西藏、云南
濒危等级：VU A2ac+3c

泽库秦艽
Gentiana zekuensis T. N. Ho et S. W. Liu
习　　性：多年生草本
海　　拔：3200~3600 m
分　　布：青海
濒危等级：LC

笔龙胆
Gentiana zollingeri Fawc.
习　　性：一年生草本
海　　拔：500~1600 m
国内分布：安徽、福建、甘肃、河南、黑龙江、湖北、湖南、吉林、江苏、江西、辽宁、青海、新疆、浙江
国外分布：朝鲜、俄罗斯、日本
濒危等级：LC

假龙胆属 Gentianella Moench

尖叶假龙胆
Gentianella acuta (Michx.) Hultén
习　　性：一年生草本
海　　拔：0~1500 m
国内分布：河北、黑龙江、吉林、辽宁、内蒙古、宁夏、山东、山西、陕西
国外分布：俄罗斯、蒙古
濒危等级：LC

窄花假龙胆
Gentianella angustiflora Harry Sm.
习　　性：一年生草本
海　　拔：3400~3800 m
国内分布：西藏
国外分布：克什米尔地区、尼泊尔
濒危等级：LC

异萼假龙胆
Gentianella anomala (C. Marquand) T. N. Ho
习　　性：一年生草本
海　　拔：3400~4200 m
分　　布：四川、云南
濒危等级：LC

紫红假龙胆
Gentianella arenaria (Maxim.) T. N. Ho
习　　性：一年生草本
海　　拔：3400~5400 m
分　　布：甘肃、青海、西藏
濒危等级：LC

新疆假龙胆
Gentianella turkestanorum (Gand.) Holub
习　　性：一年生或二年生草本
海　　拔：1500~3100 m
国内分布：新疆
国外分布：俄罗斯、哈萨克斯坦、蒙古、塔吉克斯坦
濒危等级：LC

滇假龙胆
Gentianella urnigera E. Aitken et D. G. Long
习　　性：一年生草本
国内分布：云南
国外分布：不丹、尼泊尔、印度
濒危等级：LC

扁蕾属 Gentianopsis Ma

扁蕾
Gentianopsis barbata (Froel.) Ma

扁蕾（原变种）
Gentianopsis barbata var. barbata
习　　性：一年生或二年生草本
海　　拔：700~4400 m
国内分布：甘肃、贵州、河北、黑龙江、吉林、辽宁、内蒙古、宁夏、青海、山东、山西、陕西、四川、西

藏、新疆、云南
国外分布：俄罗斯、哈萨克斯坦、吉尔吉斯斯坦、蒙古、日本
濒危等级：LC

黄白扁蕾
Gentianopsis barbata var. albiflavida T. N. Ho
习　　性：一年生或二年生草本
海　　拔：3200~4100 m
分　　布：青海
濒危等级：LC

细萼扁蕾
Gentianopsis barbata var. stenocalyx H. W. Li
习　　性：一年生或二年生草本
海　　拔：3300~4700 m
分　　布：青海、四川、西藏
濒危等级：LC

回旋扁蕾
Gentianopsis contorta (Royle) Ma
习　　性：一年生草本
海　　拔：1900~3600 m
国内分布：贵州、辽宁、青海、四川、西藏、云南
国外分布：尼泊尔、日本
濒危等级：LC

大花扁蕾
Gentianopsis grandis (Harry Sm.) Ma
习　　性：一年生或二年生草本
海　　拔：2000~4100 m
分　　布：四川、云南
濒危等级：LC

黄花扁蕾
Gentianopsis lutea Ma
习　　性：一年生草本
海　　拔：约2300 m
分　　布：云南
濒危等级：LC

湿生扁蕾
Gentianopsis paludosa (Munro ex Hook. f.) Ma

湿生扁蕾（原变种）
Gentianopsis paludosa var. paludosa
习　　性：一年生草本
海　　拔：1100~4900 m
国内分布：甘肃、河北、湖北、内蒙古、宁夏、青海、山西、陕西、四川、西藏、云南
国外分布：不丹、尼泊尔、印度
濒危等级：LC
资源利用：药用（中草药）

高原扁蕾
Gentianopsis paludosa var. alpina T. N. Ho
习　　性：一年生草本
海　　拔：2800~4000 m
分　　布：青海、西藏
濒危等级：LC

卵叶扁蕾
Gentianopsis paludosa var. ovatodeltoidea (Burkill) Ma
习　　性：一年生草本
海　　拔：1100~3000 m
分　　布：甘肃、河北、湖北、内蒙古、青海、山西、陕西、四川、云南
濒危等级：LC

花锚属 Halenia Borkh.

花锚
Halenia corniculata (L.) Cornaz
习　　性：一年生草本
海　　拔：200~1800 m
国内分布：河北、黑龙江、吉林、辽宁、内蒙古、山西、陕西
国外分布：朝鲜、俄罗斯、蒙古、日本
濒危等级：LC
资源利用：药用（中草药）

椭圆叶花锚
Halenia elliptica D. Don

椭圆叶花锚（原变种）
Halenia elliptica var. elliptica
习　　性：一年生草本
海　　拔：700~4100 m
国内分布：甘肃、贵州、湖北、湖南、辽宁、内蒙古、青海、山西、西藏、新疆、云南
国外分布：不丹、吉尔吉斯斯坦、缅甸、尼泊尔、印度
濒危等级：LC
资源利用：药用（中草药）

大花花锚
Halenia elliptica var. grandiflora Hemsl.
习　　性：一年生草本
海　　拔：1300~2500 m
分　　布：甘肃、贵州、湖北、青海、陕西、四川、云南
濒危等级：LC

口药花属 Jaeschkea Kurz.

宽萼口药花
Jaeschkea canaliculata (Royle ex G. Don) Knobl.
习　　性：一年生草本
海　　拔：约4400 m
国内分布：西藏
国外分布：克什米尔地区、巴基斯坦
濒危等级：LC

小籽口药花
Jaeschkea microsperma C. B. Clarke
习　　性：一年生草本
海　　拔：4300~4600 m
国内分布：西藏
国外分布：印度
濒危等级：LC

匙叶草属 Latouchea Franch.

匙叶草
Latouchea fokienensis Franch.

习　　性：多年生草本
海　　拔：1000~2100 m
分　　布：福建、广东、广西、贵州、湖南、四川、云南
濒危等级：DD

辐花属 Lomatogoniopsis T. N. Ho et S. W. Liu

辐花
Lomatogoniopsis alpina T. N. Ho et S. W. Liu
习　　性：一年生草本
海　　拔：3900~4300 m
分　　布：青海、西藏
濒危等级：EN C1
国家保护：Ⅱ级

盔形辐花
Lomatogoniopsis galeiformis T. N. Ho et S. W. Liu
习　　性：一年生草本
海　　拔：4200~4400 m
分　　布：西藏
濒危等级：DD

卵叶辐花
Lomatogoniopsis ovatifolia T. N. Ho et S. W. Liu
习　　性：一年生草本
海　　拔：约4200 m
分　　布：西藏
濒危等级：EN C1

肋柱花属 Lomatogonium A. Braun

美丽肋柱花
Lomatogonium bellum (Hemsl.) Harry Sm.
习　　性：一年生草本
海　　拔：1300~3200 m
分　　布：湖北、陕西、四川、云南
濒危等级：LC

短药肋柱花
Lomatogonium brachyantherum (C. B. Clarke) Fernald
习　　性：一年生草本
海　　拔：3200~5300 m
国内分布：甘肃、青海、西藏
国外分布：阿富汗、巴基斯坦、不丹、克什米尔地区、尼泊尔、印度
濒危等级：LC

肋柱花
Lomatogonium carinthiacum (Wulfen) Rchb.
习　　性：一年生草本
海　　拔：400~5400 m
国内分布：甘肃、河北、青海、山西、四川、西藏、云南
国外分布：阿富汗、巴基斯坦、俄罗斯、吉尔吉斯斯坦、蒙古、日本、塔吉克斯坦、印度
濒危等级：LC

亚东肋柱花
Lomatogonium chumbicum (Burkill) Harry Sm.
习　　性：一年生草本
海　　拔：3500~4700 m
国内分布：西藏
国外分布：不丹、尼泊尔、印度
濒危等级：LC

云南肋柱花
Lomatogonium forrestii (Balf. f.) Fernald

云南肋柱花（原变种）
Lomatogonium forrestii var. **forrestii**
习　　性：一年生草本
海　　拔：2300~3800 m
分　　布：贵州、四川、云南
濒危等级：LC

云贵肋柱花
Lomatogonium forrestii var. **bonatianum** (Burkill) T. N. Ho
习　　性：一年生草本
海　　拔：2000~4000 m
分　　布：贵州、四川、云南
濒危等级：LC

密花肋柱花
Lomatogonium forrestii var. **densiflorum** S. W. Liu et T. N. Ho
习　　性：一年生草本
海　　拔：约3100 m
分　　布：云南
濒危等级：LC

合萼肋柱花
Lomatogonium gamosepalum (Burkill) Harry Sm.
习　　性：一年生草本
海　　拔：2800~4700 m
国内分布：甘肃、青海、四川、西藏
国外分布：尼泊尔
濒危等级：LC

丽江肋柱花
Lomatogonium lijiangense T. N. Ho
习　　性：一年生草本
海　　拔：2200~3200 m
分　　布：云南
濒危等级：LC

长叶肋柱花
Lomatogonium longifolium Harry Sm.
习　　性：多年生草本
海　　拔：3400~4200 m
分　　布：四川、西藏、云南
濒危等级：LC

大花肋柱花
Lomatogonium macranthum (Diels et Gilg) Fernald
习　　性：一年生草本
海　　拔：2500~4800 m
国内分布：甘肃、青海、四川、西藏
国外分布：不丹、尼泊尔
濒危等级：LC

小花肋柱花
Lomatogonium micranthum Harry Sm.
习　　性：一年生草本

海　　拔：3000 m
国内分布：西藏
国外分布：尼泊尔
濒危等级：LC

圆叶肋柱花
Lomatogonium oreocharis(Diels)C. Marquand
习　　性：多年生草本
海　　拔：3000～4800 m
分　　布：西藏、云南
濒危等级：LC

宿根肋柱花
Lomatogonium perenne T. N. Ho et S. W. Liu
习　　性：多年生草本
海　　拔：3900～4400 m
分　　布：青海、陕西、四川、西藏、云南
濒危等级：LC

辐状肋柱花
Lomatogonium rotatum(L.)Fries ex Nyman
习　　性：一年生草本
海　　拔：1100～4200 m
国内分布：甘肃、贵州、河北、黑龙江、吉林、辽宁、内蒙古、宁夏、青海、山东、山西、陕西、四川、新疆、云南
国外分布：俄罗斯、哈萨克斯坦、蒙古、日本
濒危等级：LC

四川肋柱花
Lomatogonium sichuanense Z. Y. Zhu
习　　性：一年生或多年生草本
海　　拔：2000～2500 m
分　　布：四川
濒危等级：LC

中甸肋柱花
Lomatogonium zhongdianense S. W. Liu et T. N. Ho
习　　性：一年生草本
海　　拔：约3300 m
分　　布：云南
濒危等级：LC

大钟花属 Megacodon(Hemsl.)Harry Sm.

泸水大钟花
Megacodon lushuiensis J. C. Peng et H. Sun
习　　性：多年生草本
海　　拔：1700 m
分　　布：云南
濒危等级：EN B2ab (i, ii, iii)

大钟花
Megacodon stylophorus(C. B. Clarke)Harry Sm.
习　　性：多年生草本
海　　拔：3000～4400 m
国内分布：四川、西藏、云南
国外分布：不丹、尼泊尔、印度
濒危等级：LC

川东大钟花
Megacodon venosus(Hemsl.)Harry Sm.
习　　性：多年生草本
海　　拔：600～3000 m
分　　布：湖北、四川
濒危等级：NT A2ac+3c

翼萼蔓属 Pterygocalyx Maxim.

翼萼蔓
Pterygocalyx volubilis Maxim.
习　　性：多年生草本
海　　拔：1100～2800 m
国内分布：河北、河南、黑龙江、湖北、吉林、内蒙古、青海、山西、陕西、四川、西藏、云南
国外分布：朝鲜、俄罗斯、日本
濒危等级：LC

小黄管属 Sebaea Sol. ex R. Br.

小黄管
Sebaea microphylla(Edgew.)Knobl.
习　　性：一年生草本
海　　拔：约2300 m
国内分布：云南
国外分布：不丹、尼泊尔、印度
濒危等级：EN D

獐牙菜属 Swertia L.

白花獐牙菜
Swertia alba T. N. Ho et S. W. Liu
习　　性：一年生草本
海　　拔：约2500 m
分　　布：四川、云南
濒危等级：LC

狭叶獐牙菜
Swertia angustifolia Buch. -Ham. ex D. Don

狭叶獐牙菜（原变种）
Swertia angustifolia var. **angustifolia**
习　　性：一年生草本
海　　拔：100～3300 m
国内分布：福建、广东、广西、贵州、湖北、湖南、江西、云南
国外分布：不丹、克什米尔地区、缅甸、尼泊尔、印度、越南
濒危等级：LC

美丽獐牙菜
Swertia angustifolia var. **pulchella**(D. Don)Burkill
习　　性：一年生草本
海　　拔：100～3300 m
国内分布：福建、广东、广西、贵州、湖北、湖南、江西、云南
国外分布：不丹、克什米尔地区、尼泊尔、印度
濒危等级：LC

阿里山獐牙菜
Swertia arisanensis Hayata

习　　性：一年生草本
海　　拔：2000～3000 m
分　　布：台湾
濒危等级：VU B2ac（iv）

细辛叶獐牙菜
Swertia asarifolia Franch.
习　　性：多年生草本
海　　拔：3400～4600 m
分　　布：云南
濒危等级：LC

二叶獐牙菜
Swertia bifolia Batalin
习　　性：多年生草本
海　　拔：2800～4300 m
分　　布：甘肃、青海、陕西、四川、西藏
濒危等级：LC

獐牙菜
Swertia bimaculata（Siebold et Zucc.）Hook. f. et Thomson ex C. B. Clarke
习　　性：一年生草本
海　　拔：200～3000 m
国内分布：安徽、福建、甘肃、广东、广西、贵州、海南、河北、河南、湖北、湖南、江苏、江西、山西、陕西、四川
国外分布：不丹、马来西亚、缅甸、尼泊尔、日本、印度、越南
濒危等级：LC
资源利用：药用（中草药）

宾川獐牙菜
Swertia binchuanensis T. N. Ho et S. W. Liu
习　　性：一年生草本
海　　拔：约2000 m
分　　布：云南
濒危等级：LC

叶萼獐牙菜
Swertia calycina Franch.
习　　性：多年生草本
海　　拔：2600～4000 m
分　　布：四川、云南
濒危等级：LC

大汉山当药
Swertia changii Sheng Z. Yang et al.
习　　性：一年生或多年生草本
分　　布：台湾

普兰獐牙菜
Swertia ciliata（D. Don ex G. Don）B. L. Burtt
习　　性：一年生草本
海　　拔：3600～3700 m
国内分布：西藏
国外分布：阿富汗、克什米尔地区、尼泊尔、印度
濒危等级：LC

西南獐牙菜
Swertia cincta Burkill
习　　性：一年生草本
海　　拔：1400～3800 m
分　　布：贵州、四川、云南
濒危等级：LC

错那獐牙菜
Swertia conaensis T. N. Ho et S. W. Liu
习　　性：多年生草本
海　　拔：约4600 m
分　　布：西藏
濒危等级：LC

短筒獐牙菜
Swertia connata Schrenk
习　　性：多年生草本
海　　拔：1600～2600 m
国内分布：新疆
国外分布：俄罗斯、哈萨克斯坦、蒙古
濒危等级：LC

心叶獐牙菜
Swertia cordata（Wall. ex G. Don）C. B. Clarke
习　　性：一年生草本
海　　拔：1700～4000 m
国内分布：西藏、云南
国外分布：不丹、克什米尔地区、缅甸、尼泊尔、印度
濒危等级：LC

楔叶獐牙菜
Swertia cuneata Wall. ex D. Don
习　　性：多年生草本
海　　拔：3600～4700 m
国内分布：西藏
国外分布：尼泊尔、印度
濒危等级：LC

川东獐牙菜
Swertia davidii Franch.
习　　性：多年生草本
海　　拔：900～1200 m
分　　布：湖北、湖南、四川、云南
濒危等级：LC

观赏獐牙菜
Swertia decora Franch.
习　　性：一年生草本
海　　拔：1800～2900 m
分　　布：四川、云南
濒危等级：LC

丽江獐牙菜
Swertia delavayi Franch.
习　　性：一年生草本
海　　拔：1900～4000 m
分　　布：四川、云南
濒危等级：LC

歧伞獐牙菜
Swertia dichotoma L.

歧伞獐牙菜（原变种）
Swertia dichotoma var. **dichotoma**
 习 性：一年生草本
 海 拔：1000~3100 m
 国内分布：甘肃、河南、黑龙江、湖北、吉林、辽宁、内蒙古、宁夏、青海、山东、山西、陕西、四川、新疆
 国外分布：俄罗斯、哈萨克斯坦、蒙古、日本
 濒危等级：LC

紫斑歧伞獐牙菜
Swertia dichotoma var. **punctata** T. N. Ho et J. X. Yang
 习 性：一年生草本
 分 布：陕西
 濒危等级：LC

红纹腺鳞草
Swertia dichotoma var. **rubrostriata** (Y. Z. Zhao et al.) T. N. He
 习 性：一年生草本
 分 布：内蒙古
 濒危等级：LC

北方獐牙菜
Swertia diluta (Turcz.) Benth. et Hook. f.

北方獐牙菜（原变种）
Swertia diluta var. **diluta**
 习 性：一年生草本
 海 拔：100~2600 m
 国内分布：甘肃、河北、黑龙江、吉林、辽宁、内蒙古、宁夏、青海、山东、山西、陕西、四川、新疆
 国外分布：朝鲜、俄罗斯、蒙古、日本
 濒危等级：LC

日本獐牙菜
Swertia diluta var. **tosaensis** (Makino) H. Hara
 习 性：一年生草本
 海 拔：800~3100 m
 国内分布：河北、内蒙古、宁夏、青海、山东、山西、陕西
 国外分布：朝鲜、日本
 濒危等级：LC

叉序獐牙菜
Swertia divaricata Harry Sm.
 习 性：多年生草本
 海 拔：约 2400 m
 分 布：云南
 濒危等级：LC

高獐牙菜
Swertia elata Harry Sm.
 习 性：多年生草本
 海 拔：3200~4600 m
 分 布：四川、云南
 濒危等级：LC

峨眉獐牙菜
Swertia emeiensis Ma ex T. N. Ho et S. W. Liu
 习 性：多年生草本
 海 拔：约 2600 m
 分 布：四川
 濒危等级：LC

直毛獐牙菜
Swertia endotricha Harry Sm.
 习 性：多年生草本
 分 布：云南
 濒危等级：LC

红直獐牙菜
Swertia erythrosticta Maxim.

红直獐牙菜（原变种）
Swertia erythrosticta var. **erythrosticta**
 习 性：多年生草本
 海 拔：1500~4300 m
 国内分布：甘肃、河北、湖南、内蒙古、青海、山西、四川
 国外分布：朝鲜
 濒危等级：LC

素色獐牙菜
Swertia erythrosticta var. **epunctata** T. N. Ho et S. W. Liu
 习 性：多年生草本
 海 拔：2900~3000 m
 分 布：青海
 濒危等级：LC

簇花獐牙菜
Swertia fasciculata T. N. Ho et S. W. Liu
 习 性：一年生草本
 海 拔：2500~3500 m
 分 布：云南
 濒危等级：LC

紫萼獐牙菜
Swertia forrestii Harry Sm.
 习 性：多年生草本
 海 拔：3400~4200 m
 分 布：云南
 濒危等级：LC

抱茎獐牙菜
Swertia franchetiana Harry Sm.
 习 性：一年生草本
 海 拔：2200~3600 m
 分 布：甘肃、青海、四川、西藏
 濒危等级：LC

细花獐牙菜
Swertia graciliflora Gontsch.
 习 性：多年生草本
 海 拔：2500~4500 m
 国内分布：新疆
 国外分布：塔吉克斯坦
 濒危等级：LC

桂北獐牙菜
Swertia guibeiensis C. Z. Gao
 习 性：多年生草本

海　　拔：900~1000 m
　　分　　布：广西
　　濒危等级：LC

加查獐牙菜
Swertia gyacaensis T. N. Ho et S. W. Liu
　　习　　性：多年生草本
　　海　　拔：约4300 m
　　分　　布：西藏
　　濒危等级：LC

矮獐牙菜
Swertia handeliana Harry Sm.
　　习　　性：多年生草本
　　海　　拔：3500~4500 m
　　分　　布：西藏、云南
　　濒危等级：LC

浙江獐牙菜
Swertia hickinii Burkill
　　习　　性：一年生草本
　　海　　拔：100~1600 m
　　分　　布：安徽、福建、广西、湖南、江苏、江西、浙江
　　濒危等级：LC

毛萼獐牙菜
Swertia hispidicalyx Burkill

毛萼獐牙菜（原变种）
Swertia hispidicalyx var. **hispidicalyx**
　　习　　性：一年生草本
　　海　　拔：3400~5200 m
　　国内分布：西藏
　　国外分布：尼泊尔
　　濒危等级：LC

小毛萼獐牙菜
Swertia hispidicalyx var. **minima** Burkill
　　习　　性：一年生草本
　　海　　拔：3700~4800 m
　　分　　布：西藏
　　濒危等级：LC

粗壮獐牙菜
Swertia hookeri C. B. Clarke
　　习　　性：多年生草本
　　海　　拔：4000~4200 m
　　国内分布：西藏
　　国外分布：不丹、尼泊尔、印度
　　濒危等级：LC

黄花獐牙菜
Swertia kingii Hook. f.
　　习　　性：多年生草本
　　海　　拔：3400~3800 m
　　国内分布：西藏
　　国外分布：尼泊尔
　　濒危等级：LC

贵州獐牙菜
Swertia kouitchensis Franch.
　　习　　性：一年生草本
　　海　　拔：700~2000 m
　　国内分布：新疆
　　国外分布：阿富汗、塔吉克斯坦
　　濒危等级：LC

宽萼獐牙菜
Swertia laticalyx J. Shah
　　习　　性：一年生或多年生草本
　　分　　布：云南
　　濒危等级：LC

蒙自獐牙菜
Swertia leducii Franch.
　　习　　性：一年生草本
　　海　　拔：1300~1700 m
　　分　　布：云南
　　濒危等级：VU A2ac；B1ab（i, iii, v）

李恒獐牙菜
Swertia lihengiana T. N. Ho et S. W. Liu
　　习　　性：一年生或多年生草本
　　分　　布：云南
　　濒危等级：LC

禄劝獐牙菜
Swertia luquanensis S. W. Liu
　　习　　性：多年生草本
　　海　　拔：约2500 m
　　分　　布：云南
　　濒危等级：LC

大籽獐牙菜
Swertia macrosperma（C. B. Clarke）C. B. Clarke
　　习　　性：一年生草本
　　海　　拔：1400~4000 m
　　国内分布：广西、贵州、湖北、四川、台湾、云南
　　国外分布：不丹、缅甸、尼泊尔、印度
　　濒危等级：LC

膜边獐牙菜
Swertia marginata Schrenk
　　习　　性：多年生草本
　　海　　拔：2500~3000 m
　　国内分布：甘肃、西藏
　　国外分布：俄罗斯、哈萨克斯坦、吉尔吉斯斯坦、克什米尔地区、蒙古、塔吉克斯坦
　　濒危等级：LC

细叶獐牙菜
Swertia matsudae Hayata ex Satake
　　习　　性：一年生草本
　　海　　拔：2300~3000 m
　　分　　布：台湾
　　濒危等级：LC

膜叶獐牙菜
Swertia membranifolia Franch.
　　习　　性：一年生草本
　　海　　拔：2500~2700 m
　　分　　布：云南

濒危等级：NT A2c；B1ab（i, iii, v）

弥勒獐牙菜
Swertia mileensis T. N. Ho et W. L. Shi
习　　性：一年生草本
海　　拔：1300~1600 m
分　　布：云南
濒危等级：LC
资源利用：药用（中草药）

多茎獐牙菜
Swertia multicaulis D. Don

多茎獐牙菜（原变种）
Swertia multicaulis var. **multicaulis**
习　　性：多年生草本
海　　拔：3600~4400 m
国内分布：西藏
国外分布：不丹、尼泊尔、印度
濒危等级：LC

伞花獐牙菜
Swertia multicaulis var. **umbellifera** T. N. Ho et S. W. Liu
习　　性：多年生草本
海　　拔：4300~4700 m
分　　布：西藏
濒危等级：LC

川西獐牙菜
Swertia mussotii Franch.

川西獐牙菜（原变种）
Swertia mussotii var. **mussotii**
习　　性：一年生草本
海　　拔：1900~3800 m
分　　布：青海、四川、西藏、云南
濒危等级：LC

黄花川西獐牙菜
Swertia mussotii var. **flavescens** T. N. Ho et S. W. Liu
习　　性：一年生草本
海　　拔：3500~3700 m
分　　布：青海、四川
濒危等级：LC

显脉獐牙菜
Swertia nervosa（Wall. ex G. Don）C. B. Clarke
习　　性：一年生草本
海　　拔：400~2600 m
国内分布：甘肃、广西、贵州、陕西、四川、西藏、云南
国外分布：不丹、尼泊尔、印度
濒危等级：LC

互叶獐牙菜
Swertia obtusa Ledeb.
习　　性：多年生草本
海　　拔：2100~2500 m
国内分布：新疆
国外分布：俄罗斯、哈萨克斯坦、蒙古
濒危等级：DD

鄂西獐牙菜
Swertia oculata Hemsl.
习　　性：一年生草本
海　　拔：约1500 m
分　　布：贵州、湖北、四川
濒危等级：LC

宽丝獐牙菜
Swertia paniculata Wall.
习　　性：一年生草本
海　　拔：2800~3300 m
国内分布：西藏、云南
国外分布：不丹、克什米尔地区、缅甸、尼泊尔、印度
濒危等级：LC

斜茎獐牙菜
Swertia patens Burkill
习　　性：多年生草本
海　　拔：1100~2600 m
分　　布：四川、云南

开展獐牙菜
Swertia patula Harry Sm.
习　　性：一年生草本
海　　拔：1400~3400 m
分　　布：四川、云南
濒危等级：LC

北温带獐牙菜
Swertia perennis L.
习　　性：多年生草本
海　　拔：约300 m
国内分布：吉林
国外分布：北美洲、欧洲、亚洲西南部
濒危等级：LC

片马獐牙菜
Swertia pianmaensis T. N. Ho et S. W. Liu
习　　性：多年生草本
分　　布：云南
濒危等级：LC

祁连獐牙菜
Swertia przewalskii Pissjauk.
习　　性：多年生草本
海　　拔：3000~4200 m
分　　布：青海
濒危等级：LC

瘤毛獐牙菜
Swertia pseudochinensis H. Hara
习　　性：一年生草本
海　　拔：500~1600 m
国内分布：河北、内蒙古、宁夏、山东、山西、陕西
国外分布：朝鲜、日本
濒危等级：LC
资源利用：药用（中草药）

毛獐牙菜
Swertia pubescens Franch.
习　　性：一年生草本

海　　拔：2800~4100 m
分　　布：云南
濒危等级：LC

紫红獐牙菜
Swertia punicea Hemsl.

紫红獐牙菜（原变种）
Swertia punicea var. **punicea**
习　　性：一年生草本
海　　拔：400~3800 m
分　　布：贵州、湖北、湖南、四川、云南
濒危等级：LC

淡黄獐牙菜
Swertia punicea var. **lutescens** Franch. ex T. N. Ho
习　　性：一年生草本
海　　拔：1900~3000 m
分　　布：云南
濒危等级：LC

藏獐牙菜
Swertia racemosa (Wall. ex Griseb.) C. B. Clarke
习　　性：一年生草本
海　　拔：3200~4400 m
国内分布：西藏
国外分布：不丹、尼泊尔、印度
濒危等级：LC

莲座叶獐牙菜
Swertia rosularis T. N. Ho et S. W. Liu
习　　性：多年生草本
海　　拔：1200~1300 m
分　　布：四川
濒危等级：LC

圆腺獐牙菜
Swertia rotundiglandula T. N. Ho et S. W. Liu
习　　性：多年生草本
海　　拔：约3100 m
分　　布：西藏、云南
濒危等级：LC

花亭獐牙菜
Swertia scapiformis T. N. Ho et S. W. Liu
习　　性：多年生草本
海　　拔：4500~4600 m
分　　布：西藏
濒危等级：LC

新店獐牙菜
Swertia shintenensis Hayata
习　　性：一年生草本
海　　拔：约900 m
国内分布：台湾
国外分布：日本
濒危等级：NT

康定獐牙菜
Swertia souliei Burkill
习　　性：多年生草本

海　　拔：3700~4400 m
分　　布：四川
濒危等级：NT A2c；B1ab（iii, v）；D1

印度獐牙菜
Swertia speciosa D. Don
习　　性：一年生或多年生草本
国内分布：西藏
国外分布：巴基斯坦、克什米尔地区、尼泊尔、印度
濒危等级：LC

光亮獐牙菜
Swertia splendens Harry Sm.
习　　性：多年生草本
海　　拔：约4000 m
分　　布：西藏
濒危等级：LC

泰氏獐牙菜
Swertia taylorii J. Shah
习　　性：一年生或多年生草本
分　　布：西藏
濒危等级：LC

细瘦獐牙菜
Swertia tenuis T. N. Ho et S. W. Liu
习　　性：一年生草本
海　　拔：1200~3500 m
分　　布：四川、云南
濒危等级：LC

卵叶獐牙菜
Swertia tetrapetala (A. Kern.) T. N. He
习　　性：一年生草本
海　　拔：约700 m
国内分布：我国东北地区
国外分布：朝鲜
濒危等级：LC

四数獐牙菜
Swertia tetraptera Maxim.
习　　性：一年生草本
海　　拔：2000~4000 m
国内分布：甘肃、青海、四川、西藏
国外分布：俄罗斯
濒危等级：LC

大药獐牙菜
Swertia tibetica Batalin
习　　性：多年生草本
海　　拔：3200~4800 m
分　　布：四川、云南
濒危等级：LC

塔山獐牙菜
Swertia tozanensis Hayata
习　　性：一年生草本
海　　拔：2300~3500 m
分　　布：台湾
濒危等级：VU B2ac（iv）

藜芦獐牙菜
Swertia veratroides Maxim. ex Kom.
 习 性：多年生草本
 海 拔：1600~1700 m
 国内分布：黑龙江、吉林、辽宁
 国外分布：朝鲜、俄罗斯
 濒危等级：LC

轮叶獐牙菜
Swertia verticillifolia T. N. Ho et S. W. Liu
 习 性：多年生草本
 海 拔：3800~4200 m
 国内分布：西藏
 国外分布：不丹
 濒危等级：LC

绿花獐牙菜
Swertia virescens Harry Sm.
 习 性：多年生草本
 海 拔：4300~4600 m
 国内分布：西藏
 国外分布：不丹
 濒危等级：DD

苇叶獐牙菜
Swertia wardii C. Marquand

苇叶獐牙菜（原变种）
Swertia wardii var. **wardii**
 习 性：多年生草本
 海 拔：3800~5200 m
 国内分布：西藏
 国外分布：不丹、印度
 濒危等级：LC

硬杆獐牙菜
Swertia wardii var. **rigida**(T. N. Ho et S. W. Liu)T. N. Ho
 习 性：多年生草本
 分 布：西藏
 濒危等级：NT A2ac；B1ab（i，iii，v）；D1

华北獐牙菜
Swertia wolfgangiana Grüning
 习 性：多年生草本
 海 拔：1500~5300 m
 分 布：甘肃、湖北、青海、山西、四川、西藏
 濒危等级：LC

少花獐牙菜
Swertia younghusbandii Burkill
 习 性：多年生草本
 海 拔：4300~5400 m
 国内分布：西藏
 国外分布：印度
 濒危等级：LC

云南獐牙菜
Swertia yunnanensis Burkill
 习 性：一年生草本
 海 拔：1100~3800 m
 分 布：贵州、四川、云南
 濒危等级：LC

察隅獐牙菜
Swertia zayüensis T. N. Ho et S. W. Liu
 习 性：一年生草本
 海 拔：约2400 m
 分 布：西藏
 濒危等级：LC

双蝴蝶属 Tripterospermum Blume

台北双蝴蝶
Tripterospermum alutaceifolium(Liu et Kuo)J. Murata
 习 性：多年生草本
 海 拔：300~1700 m
 分 布：台湾
 濒危等级：LC

南方双蝴蝶
Tripterospermum australe J. Murata
 习 性：多年生草本
 海 拔：1300~1900 m
 国内分布：福建、广东、广西、贵州
 国外分布：越南
 濒危等级：LC

短裂双蝴蝶
Tripterospermum brevilobum D. Fang
 习 性：多年生草本
 海 拔：约1200 m
 分 布：广西
 濒危等级：CR A2c

双蝴蝶
Tripterospermum chinense(Migo)Harry Sm.
 习 性：多年生草本
 海 拔：300~1100 m
 分 布：安徽、福建、广西、江苏、江西、浙江
 濒危等级：LC
 资源利用：药用（中草药）

盐源双蝴蝶
Tripterospermum coeruleum(C. Marquand)Harry Sm.
 习 性：攀援草本
 海 拔：2500~3100 m
 分 布：四川
 濒危等级：NT A2ac+3c

峨眉双蝴蝶
Tripterospermum cordatum(C. Marquand)Harry Sm.
 习 性：多年生草本
 海 拔：700~3200 m
 分 布：贵州、湖北、湖南、陕西、四川、云南
 濒危等级：LC

心叶双蝴蝶
Tripterospermum cordifolioides J. Murata
 习 性：多年生草本
 海 拔：600~4000 m
 分 布：贵州、湖北、四川、云南
 濒危等级：LC

牻牛儿苗科 GERANIACEAE

高山肺形草
Tripterospermum cordifolium (Yamam.) Satake
习　　性：多年生草本
海　　拔：2300~2700 m
分　　布：台湾
濒危等级：VU B3ac（iii）

湖北双蝴蝶
Tripterospermum discoideum (C. Marquand) Harry Sm.
习　　性：多年生草本
海　　拔：600~2000 m
分　　布：湖北、陕西、四川
濒危等级：NT A2ac+3c

细茎双蝴蝶
Tripterospermum filicaule (Hemsl.) Harry Sm.
习　　性：多年生草本
海　　拔：约 3000 m
分　　布：湖北
濒危等级：DD

毛萼双蝴蝶
Tripterospermum hirticalyx C. Y. Wu et C. J. Wu
习　　性：多年生草本
海　　拔：1400~2100 m
国内分布：贵州、湖北、四川、云南
国外分布：越南
濒危等级：LC

玉山双蝴蝶
Tripterospermum lanceolatum (Hayata) H. Hara ex Satake
习　　性：多年生草本
海　　拔：1500~3000 m
分　　布：台湾
濒危等级：LC

高山双蝴蝶
Tripterospermum luzonense (Vidal) J. Murata
习　　性：多年生草本
海　　拔：1500~3000 m
国内分布：台湾
国外分布：菲律宾、印度尼西亚
濒危等级：LC

膜叶双蝴蝶
Tripterospermum membranaceum (C. Marquand) Harry Sm.
习　　性：多年生草本
海　　拔：2000~3700 m
国内分布：西藏、云南
国外分布：缅甸、印度
濒危等级：LC

小叶双蝴蝶
Tripterospermum microphyllum Harry Sm.
习　　性：多年生草本
分　　布：台湾
濒危等级：NT

香港双蝴蝶
Tripterospermum nienkui (C. Marquand) C. J. Wu
习　　性：多年生草本
海　　拔：500~1800 m
国内分布：福建、广东、广西、湖南、香港、浙江
国外分布：越南
濒危等级：LC

白花双蝴蝶
Tripterospermum pallidum Harry Sm.
习　　性：多年生草本
海　　拔：500~1300 m
分　　布：四川、云南
濒危等级：LC

屏边双蝴蝶
Tripterospermum pinbianense C. Y. Wu et C. J. Wu
习　　性：多年生草本
海　　拔：1400~2700 m
分　　布：云南
濒危等级：LC

台湾肺形草
Tripterospermum taiwanense (Masam.) Satake
习　　性：多年生草本
海　　拔：500~2300 m
分　　布：台湾
濒危等级：LC

尼泊尔双蝴蝶
Tripterospermum volubile (D. Don) H. Hara
习　　性：多年生草本
海　　拔：2300~3100 m
国内分布：西藏
国外分布：不丹、尼泊尔、印度
濒危等级：LC

黄秦艽属 Veratrilla Baill. ex Franch.

黄秦艽
Veratrilla baillonii French.
习　　性：多年生草本
海　　拔：3200~4600 m
国内分布：四川、西藏、云南
国外分布：印度
濒危等级：LC
资源利用：药用（中草药）

短叶黄秦艽
Veratrilla burkilliana (W. W. Sm.) Harry Sm.
习　　性：多年生草本
海　　拔：4000~4300 m
国内分布：西藏
国外分布：不丹、印度
濒危等级：LC

牻牛儿苗科 GERANIACEAE
（3 属：62 种）

牻牛儿苗属 Erodium L'Hér.

芹叶牻牛儿苗
Erodium cicutarium (L.) L'Hér. ex Aiton
习　　性：一年生草本

海　　拔：700~2200 m

国内分布：安徽、福建、甘肃、河北、河南、黑龙江、吉林、江苏、辽宁、内蒙古、山东、山西、陕西、四川、台湾、西藏、新疆

国外分布：阿富汗、巴基斯坦、俄罗斯、哈萨克斯坦、吉尔吉斯斯坦、塔吉克斯坦、土库曼斯坦、乌兹别克斯坦、印度

濒危等级：LC

尖喙牻牛儿苗
Erodium oxyrhinchum M. Bieb.

习　　性：一年生草本

海　　拔：600~1200 m

国内分布：新疆

国外分布：阿富汗、巴基斯坦、哈萨克斯坦、吉尔吉斯斯坦、塔吉克斯坦、土库曼斯坦、乌兹别克斯坦

濒危等级：LC

牻牛儿苗
Erodium stephanianum Willd.

习　　性：多年生草本

海　　拔：400~4000 m

国内分布：安徽、甘肃、贵州、河北、河南、黑龙江、湖北、湖南、吉林、江苏、江西、辽宁、内蒙古、宁夏、青海、山东、山西、陕西、四川、西藏、新疆

国外分布：阿富汗、巴基斯坦、朝鲜、俄罗斯、吉尔吉斯斯坦、克什米尔地区、蒙古、尼泊尔

濒危等级：LC

资源利用：药用（中草药）；原料（单宁，树脂）

藏牻牛儿苗
Erodium tibetanum Edgew.

习　　性：一年生草本

海　　拔：3200~4300 m

国内分布：甘肃、内蒙古、西藏、新疆

国外分布：克什米尔地区、蒙古、塔吉克斯坦

濒危等级：LC

老鹳草属 Geranium L.

白花老鹳草
Geranium albiflorum Ledeb.

习　　性：多年生草本

海　　拔：800~1800 m

国内分布：新疆

国外分布：俄罗斯、哈萨克斯坦、吉尔吉斯斯坦、蒙古

濒危等级：LC

卡玛老鹳草
Geranium camaense C. C. Huang

习　　性：多年生草本

分　　布：西藏

濒危等级：LC

灰紫老鹳草
Geranium canopurpureum Yeo

习　　性：多年生草本

海　　拔：约3500 m

分　　布：四川

濒危等级：LC

野老鹳草
Geranium carolinianum L.

习　　性：一年生草本

海　　拔：海平面至800 m

国内分布：安徽、重庆、福建、广西、湖北、湖南、江苏、江西、四川、台湾、云南、浙江归化

国外分布：原产北美洲

资源利用：药用（中草药）

大姚老鹳草
Geranium christensenianum Hand. -Mazz.

习　　性：多年生草本

海　　拔：2300~2800 m

分　　布：四川、云南

濒危等级：LC

丘陵老鹳草
Geranium collinum Stephan ex Willd.

习　　性：多年生草本

海　　拔：2200~4200 m

国内分布：新疆

国外分布：阿富汗、巴基斯坦、俄罗斯、哈萨克斯坦、吉尔吉斯斯坦、蒙古、尼泊尔、塔吉克斯坦、土库曼斯坦、乌兹别克斯坦

濒危等级：LC

白河块根老鹳草
Geranium dahuricum DC.

习　　性：多年生草本

海　　拔：1500~3500 m

国内分布：甘肃、河北、河南、黑龙江、吉林、辽宁、内蒙古、宁夏、青海、山西、陕西、四川、西藏、新疆

国外分布：朝鲜、俄罗斯、蒙古

濒危等级：LC

资源利用：原料（单宁，树脂）

齿托紫地榆
Geranium delavayi Franch.

习　　性：多年生草本

海　　拔：2300~4100 m

分　　布：四川、云南

濒危等级：LC

资源利用：药用（中草药）

叉枝老鹳草
Geranium divaricatum Ehrh.

习　　性：一年生草本

海　　拔：900~1200 m

国内分布：新疆

国外分布：哈萨克斯坦、吉尔吉斯斯坦、塔吉克斯坦、土库曼斯坦、乌兹别克斯坦

濒危等级：LC

长根老鹳草
Geranium donianum Sweet

习　　性：多年生草本
海　　拔：2500～4500 m
国内分布：甘肃、青海、四川、西藏、云南
国外分布：不丹、尼泊尔、印度
濒危等级：LC

东北老鹳草
Geranium erianthum DC.
习　　性：多年生草本
海　　拔：700～1300 m
国内分布：黑龙江、吉林
国外分布：俄罗斯、日本
濒危等级：LC

圆柱根老鹳草
Geranium farreri Stapf
习　　性：多年生草本
海　　拔：约4500 m
分　　布：甘肃、四川
濒危等级：DD

腺灰岩紫地榆
Geranium franchetii R. Knuth
习　　性：多年生草本
海　　拔：700～3000 m
分　　布：重庆、贵州、湖北、四川、云南
濒危等级：NT B1ab（i，iii）

单花老鹳草
Geranium hayatanum Ohwi
习　　性：多年生草本
海　　拔：2700～3800 m
分　　布：四川、台湾
濒危等级：LC

大花老鹳草
Geranium himalayense Klotzsch
习　　性：多年生草本
海　　拔：3700～4400 m
国内分布：西藏
国外分布：阿富汗、巴基斯坦、克什米尔地区、尼泊尔、印度
濒危等级：LC

刚毛紫地榆
Geranium hispidissimum（Franch.）R. Knuth
习　　性：多年生草本
海　　拔：1500～3000 m
分　　布：四川、西藏、云南
濒危等级：LC

朝鲜老鹳草
Geranium koreanum Kom.
习　　性：多年生草本
海　　拔：500～800 m
国内分布：辽宁、山东
国外分布：朝鲜
濒危等级：LC
资源利用：原料（单宁，树脂）

突节老鹳草
Geranium krameri Franch. et Sav.
习　　性：多年生草本
海　　拔：600～1200 m
国内分布：黑龙江、吉林、辽宁
国外分布：朝鲜、俄罗斯、日本
濒危等级：LC

吉隆老鹳草
Geranium lambertii Sweet
习　　性：多年生草本
海　　拔：2300～4200 m
国内分布：西藏
国外分布：巴基斯坦、不丹、克什米尔地区、尼泊尔、印度
濒危等级：LC

球根老鹳草
Geranium linearilobum DC.
习　　性：多年生草本
海　　拔：500～800 m
国内分布：新疆
国外分布：哈萨克斯坦、吉尔吉斯斯坦、塔吉克斯坦、乌兹别克斯坦
濒危等级：LC

兴安老鹳草
Geranium maximowiczii Regel et Maack
习　　性：多年生草本
海　　拔：约500 m
国内分布：黑龙江、吉林、内蒙古
国外分布：朝鲜、俄罗斯
濒危等级：LC

软毛老鹳草
Geranium molle L.
习　　性：一年生草本
海　　拔：1800～1900 m
国内分布：台湾
国外分布：阿富汗、俄罗斯、克什米尔地区

宝兴老鹳草
Geranium moupinense Franch.
习　　性：多年生草本
海　　拔：2200～3000 m
分　　布：四川
濒危等级：LC

萝卜根老鹳草
Geranium napuligerum Franch.
习　　性：多年生草本
海　　拔：1800～5000 m
分　　布：甘肃、青海、四川、云南
濒危等级：LC

尼泊尔老鹳草
Geranium nepalense Sweet
习　　性：多年生草本
海　　拔：100～3600 m
国内分布：北京、甘肃、广西、贵州、河北、湖北、湖南、

江西、青海、山西、陕西、四川、西藏、云南
国外分布：阿富汗、巴基斯坦、不丹、克什米尔地区、老挝、缅甸、尼泊尔、斯里兰卡、泰国、印度、印度尼西亚、越南
濒危等级：LC
资源利用：药用（中草药）

二色老鹳草
Geranium ocellatum Cambess.
习　　性：一年生草本
海　　拔：700~2200 m
国内分布：广西、贵州、四川、云南
国外分布：阿富汗、巴基斯坦、克什米尔地区、尼泊尔、印度
濒危等级：LC

毛蕊老鹳草
Geranium platyanthum Duthie
习　　性：多年生草本
海　　拔：1000~2700 m
国内分布：甘肃、河北、黑龙江、湖北、吉林、辽宁、内蒙古、宁夏、青海、山西、四川
国外分布：朝鲜、俄罗斯、蒙古
濒危等级：LC

塔氏老鹳草
Geranium platyrenifolium Z. M. Tan
习　　性：多年生草本
海　　拔：2500 m
分　　布：四川

髯毛老鹳草
Geranium pogonanthum Franch.
习　　性：多年生草本
海　　拔：3000~3500 m
分　　布：四川、云南
濒危等级：LC

多花老鹳草
Geranium polyanthes Edgew. et Hook. f.
习　　性：多年生草本
海　　拔：2900~4000 m
国内分布：四川、西藏、云南
国外分布：不丹、尼泊尔、印度
濒危等级：LC

草地老鹳草
Geranium pratense L.
习　　性：多年生草本
海　　拔：1400~4000 m
国内分布：甘肃、内蒙古、青海、山西、四川、西藏、新疆
国外分布：阿富汗、巴基斯坦、俄罗斯、哈萨克斯坦、吉尔吉斯斯坦、克什米尔地区、蒙古、尼泊尔、塔吉克斯坦、土库曼斯坦、乌兹别克斯坦
濒危等级：LC
资源利用：原料（单宁，树脂）

蓝花老鹳草
Geranium pseudosibiricum J. Mayer
习　　性：多年生草本
海　　拔：1000~1500 m
国内分布：新疆
国外分布：哈萨克斯坦、蒙古
濒危等级：LC

矮老鹳草
Geranium pusillum L.
习　　性：一年生草本
海　　拔：1800~2300 m
国内分布：台湾
国外分布：阿富汗、俄罗斯、哈萨克斯坦、吉尔吉斯斯坦、克什米尔地区、塔吉克斯坦、土库曼斯坦、乌兹别克斯坦

甘青老鹳草
Geranium pylzowianum Maxim.
习　　性：多年生草本
海　　拔：2500~5000 m
分　　布：甘肃、宁夏、青海、陕西、四川、西藏、云南
濒危等级：LC
资源利用：药用（中草药）

直立老鹳草
Geranium rectum Trautv.
习　　性：多年生草本
海　　拔：1400~2400 m
国内分布：新疆
国外分布：巴基斯坦、哈萨克斯坦、吉尔吉斯斯坦、克什米尔地区
濒危等级：LC

反瓣老鹳草
Geranium refractum Edgew. et Hook. f.
习　　性：多年生草本
海　　拔：1800~4500 m
分　　布：四川、西藏、云南
濒危等级：LC

汉荭鱼腥草
Geranium robertianum L.
习　　性：一年生或二年生草本
海　　拔：900~3300 m
国内分布：贵州、湖北、湖南、四川、台湾、西藏、云南、浙江
国外分布：巴基斯坦、朝鲜、俄罗斯、哈萨克斯坦、吉尔吉斯斯坦、尼泊尔、日本、塔吉克斯坦、土库曼斯坦、乌兹别克斯坦
濒危等级：LC

湖北老鹳草
Geranium rosthornii R. Knuth
习　　性：多年生草本
海　　拔：800~3900 m
分　　布：安徽、甘肃、贵州、河南、湖北、山东、陕西、四川、云南
濒危等级：LC

圆叶老鹳草
Geranium rotundifolium L.
习　　性：一年生草本

海　　拔：900~1400 m
国内分布：新疆
国外分布：阿富汗、巴基斯坦、哈萨克斯坦、吉尔吉斯斯坦、克什米尔地区、塔吉克斯坦、土库曼斯坦、乌兹别克斯坦
濒危等级：LC

红叶老鹳草
Geranium rubifolium Lindl.
　　习　　性：多年生草本
　　海　　拔：2700 m
　　分　　布：西藏
　　濒危等级：LC

岩生老鹳草
Geranium saxatile Kar. et Kir.
　　习　　性：多年生草本
　　海　　拔：2200~3100 m
　　国内分布：新疆
　　国外分布：哈萨克斯坦、吉尔吉斯斯坦、塔吉克斯坦、土库曼斯坦、乌兹别克斯坦
　　濒危等级：LC

陕西老鹳草
Geranium shensianum R. Knuth
　　习　　性：多年生草本
　　海　　拔：1800~2800 m
　　分　　布：陕西、四川
　　濒危等级：DD

鼠掌老鹳草
Geranium sibiricum L.
　　习　　性：多年生草本
　　海　　拔：2000~3900 m
　　国内分布：甘肃、广西、贵州、河北、河南、黑龙江、湖北、湖南、吉林、江西、辽宁、内蒙古、宁夏、青海、山东、山西、陕西、四川、西藏、新疆、云南
　　国外分布：阿富汗、巴基斯坦、朝鲜、俄罗斯、哈萨克斯坦、吉尔吉斯斯坦、蒙古、日本、塔吉克斯坦、土库曼斯坦、乌兹别克斯坦
　　濒危等级：LC
　　资源利用：原料（单宁，树脂）

中华老鹳草
Geranium sinense R. Knuth
　　习　　性：多年生草本
　　海　　拔：2300~4600 m
　　分　　布：四川、云南
　　濒危等级：LC
　　资源利用：药用（中草药）

线裂老鹳草
Geranium soboliferum Kom.
　　习　　性：多年生草本
　　海　　拔：约400 m
　　国内分布：黑龙江、吉林
　　国外分布：朝鲜、俄罗斯、日本
　　濒危等级：LC

紫地榆
Geranium strictipes R. Knuth
　　习　　性：多年生草本
　　海　　拔：2500~3000 m
　　分　　布：四川、云南
　　濒危等级：LC
　　资源利用：药用（中草药）

中日老鹳草
Geranium thunbergii Siebold ex Lindl. et Paxton
　　习　　性：多年生草本
　　海　　拔：海平面至2200 m
　　国内分布：安徽、福建、广东、河北、湖北、湖南、江西、陕西、台湾、浙江
　　国外分布：朝鲜、俄罗斯、日本
　　濒危等级：LC

伞花老鹳草
Geranium umbelliforme Franch.
　　习　　性：多年生草本
　　海　　拔：2800~3200 m
　　分　　布：四川、云南
　　濒危等级：LC

宽托叶老鹳草
Geranium wallichianum D. Don ex Sweet
　　习　　性：多年生草本
　　海　　拔：2500~3400 m
　　国内分布：西藏
　　国外分布：阿富汗、巴基斯坦、克什米尔地区、尼泊尔、印度
　　濒危等级：LC

老鹳草
Geranium wilfordii Maxim.
　　习　　性：多年生草本
　　海　　拔：100~1800 m
　　国内分布：安徽、福建、甘肃、贵州、河北、河南、黑龙江、湖北、湖南、吉林、江苏、江西、辽宁、内蒙古、陕西
　　国外分布：朝鲜、俄罗斯、日本
　　濒危等级：LC
　　资源利用：药用（中草药）；环境利用（观赏）

灰背老鹳草
Geranium wlassowianum Fisch. ex Link
　　习　　性：多年生草本
　　海　　拔：1800~3400 m
　　国内分布：河北、河南、黑龙江、吉林、辽宁、内蒙古、山东、山西
　　国外分布：朝鲜、俄罗斯、蒙古
　　濒危等级：LC

雅安老鹳草
Geranium yaanense Z. M. Tan
　　习　　性：多年生草本
　　分　　布：四川
　　濒危等级：LC

云南老鹳草
Geranium yunnanense Franch.

习　　性：多年生草本
海　　拔：3200~4300 m
分　　布：四川、云南
濒危等级：LC

天竺葵属 Pelargonium L'Hér. ex Aiton

家天竺葵
Pelargonium domesticum L. H. Bailey
　　习　　性：多年生草本
　　国内分布：中国北方常见栽培
　　国外分布：原产非洲
　　资源利用：环境利用（观赏）

香叶天竺葵
Pelargonium graveolens L'Hér. et Aiton
　　习　　性：多年生草本
　　国内分布：广泛栽培
　　国外分布：原产非洲
　　资源利用：环境利用（观赏）

天竺葵
Pelargonium hortorum L. H. Bailey
　　习　　性：多年生草本
　　国内分布：广泛栽培
　　国外分布：原产非洲
　　资源利用：环境利用（观赏）

盾叶天竺葵
Pelargonium peltatum(L.) L'Hér.
　　习　　性：多年生攀援或缠绕草本
　　国内分布：广泛栽培
　　国外分布：原产非洲
　　资源利用：环境利用（观赏）

菊叶天竺葵
Pelargonium radula L'Hér.
　　习　　性：多年生草本
　　国内分布：广泛栽培
　　国外分布：原产非洲

苦苣苔科 GESNERIACEAE
（41 属：640 种）

芒毛苣苔属 Aeschynanthus Jack

长尖芒毛苣苔
Aeschynanthus acuminatissimus W. T. Wang
　　习　　性：攀援灌木
　　海　　拔：1200~1500 m
　　分　　布：云南
　　濒危等级：LC

芒毛苣苔
Aeschynanthus acuminatus Wall. ex A. DC.
　　习　　性：附生灌木
　　海　　拔：200~1900 m
　　国内分布：福建、广东、广西、四川、台湾、西藏、云南
　　国外分布：不丹、老挝、马来西亚、缅甸、尼泊尔、泰国、越南
　　濒危等级：LC
　　资源利用：药用（中草药）

轮叶芒毛苣苔
Aeschynanthus andersonii C. B. Clarke
　　习　　性：小灌木
　　海　　拔：1300~1700 m
　　国内分布：云南
　　国外分布：缅甸
　　濒危等级：NT

狭矩芒毛苣苔
Aeschynanthus angustioblongus W. T. Wang
　　习　　性：附生灌木
　　海　　拔：约1500 m
　　分　　布：云南
　　濒危等级：LC

狭叶芒毛苣苔
Aeschynanthus angustissimus W. T. Wang
　　习　　性：小灌木
　　海　　拔：约2300 m
　　分　　布：西藏
　　濒危等级：LC

滇南芒毛苣苔
Aeschynanthus austroyunnanensis W. T. Wang

滇南芒毛苣苔（原变种）
Aeschynanthus austroyunnanensis var. **austroyunnanensis**
　　习　　性：附生灌木
　　海　　拔：500~1500 m
　　分　　布：广西、云南
　　濒危等级：LC

广西芒毛苣苔
Aeschynanthus austroyunnanensis var. **guangxiensis**（W. Y. Chun ex W. T. Wang ex K. Y. Pan）W. T. Wang
　　习　　性：附生灌木
　　海　　拔：400~1000 m
　　分　　布：广西、贵州
　　濒危等级：LC
　　资源利用：药用（中草药）

显苞芒毛苣苔
Aeschynanthus bracteatus Wall. ex A. DC.

显苞芒毛苣苔（原变种）
Aeschynanthus bracteatus var. **bracteatus**
　　习　　性：附生灌木
　　海　　拔：900~3200 m
　　国内分布：广西、西藏、云南
　　国外分布：不丹、缅甸、印度
　　濒危等级：LC

黄棕芒毛苣苔
Aeschynanthus bracteatus var. **orientalis** W. T. Wang
　　习　　性：附生灌木
　　海　　拔：1000~1700 m

分　　布：广西、云南
濒危等级：LC

黄杨叶芒毛苣苔
Aeschynanthus buxifolius Hemsl.
习　　性：附生灌木
海　　拔：1300~2200 m
国内分布：广西、贵州、云南
国外分布：越南
濒危等级：LC

小齿芒毛苣苔
Aeschynanthus denticuliger W. T. Wang
习　　性：附生灌木
海　　拔：1200~1500 m
国内分布：云南
国外分布：老挝、越南
濒危等级：LC

长花芒毛苣苔
Aeschynanthus dolichanthus W. T. Wang
习　　性：小灌木
海　　拔：约 900 m
分　　布：西藏
濒危等级：LC

细芒毛苣苔
Aeschynanthus gracilis Parish ex C. B. Clarke
习　　性：附生灌木
海　　拔：1300~1700 m
国内分布：云南
国外分布：不丹、缅甸、泰国、印度、越南
濒危等级：LC

冠唇芒毛苣苔
Aeschynanthus hildebrandii Hemsl. ex Hook. f.
习　　性：附生灌木
海　　拔：约 1700 m
国内分布：云南
国外分布：缅甸、泰国
濒危等级：LC

束花芒毛苣苔
Aeschynanthus hookeri C. B. Clarke
习　　性：附生灌木
海　　拔：1200~2100 m
国内分布：云南
国外分布：不丹、缅甸、尼泊尔、印度
濒危等级：LC

矮芒毛苣苔
Aeschynanthus humilis Hemsl.
习　　性：附生灌木
海　　拔：1300~2100 m
分　　布：云南
濒危等级：LC

披针芒毛苣苔
Aeschynanthus lancilimbus W. T. Wang
习　　性：小灌木
海　　拔：约 1200 m

分　　布：云南
濒危等级：NT D

毛花芒毛苣苔
Aeschynanthus lasianthus W. T. Wang
习　　性：小灌木
海　　拔：1700~2600 m
分　　布：云南
濒危等级：DD

毛萼芒毛苣苔
Aeschynanthus lasiocalyx W. T. Wang
习　　性：附生灌木
海　　拔：约 800 m
分　　布：西藏
濒危等级：LC

条叶芒毛苣苔
Aeschynanthus linearifolius C. E. C. Fisch.
习　　性：附生灌木
海　　拔：1900~3100 m
国内分布：西藏、云南
国外分布：缅甸、印度
濒危等级：LC

线条芒毛苣苔
Aeschynanthus lineatus Craib
习　　性：附生灌木
海　　拔：1500~2500 m
国内分布：云南
国外分布：泰国
濒危等级：LC

长茎芒毛苣苔
Aeschynanthus longicaulis Wall. ex R. Br.
习　　性：灌木
海　　拔：500~1800 m
国内分布：云南
国外分布：马来西亚、缅甸、泰国、越南
濒危等级：LC

伞花芒毛苣苔
Aeschynanthus macranthus(Merr.)Pellegr.
习　　性：附生灌木
海　　拔：约 800 m
国内分布：云南
国外分布：老挝、泰国、越南
濒危等级：NT

具斑芒毛苣苔
Aeschynanthus maculatus Lindl.
习　　性：附生灌木
海　　拔：2000~2500 m
国内分布：西藏
国外分布：不丹、尼泊尔
濒危等级：LC

墨脱芒毛苣苔
Aeschynanthus medogensis W. T. Wang
习　　性：附生灌木
海　　拔：约 1900 m

分　　布：西藏
濒危等级：LC

勐醒芒毛苣苔
Aeschynanthus mengxingensis W. T. Wang
　　习　　性：附生灌木
　　海　　拔：700～800 m
　　分　　布：云南
　　濒危等级：LC

大花芒毛苣苔
Aeschynanthus mimetes B. L. Burtt
　　习　　性：附生灌木
　　海　　拔：1000～2500 m
　　国内分布：西藏、云南
　　国外分布：印度
　　濒危等级：LC

贝叶芒毛苣苔
Aeschynanthus monetaria Dunn
　　习　　性：灌木
　　分　　布：西藏
　　濒危等级：VU D1

红花芒毛苣苔
Aeschynanthus moningeriae(Merr.)W. Y. Chun
　　习　　性：小灌木
　　海　　拔：300～1200 m
　　分　　布：广东、海南
　　濒危等级：LC

粗毛芒毛苣苔
Aeschynanthus pachytrichus W. T. Wang
　　习　　性：附生灌木
　　海　　拔：约1000 m
　　分　　布：云南
　　濒危等级：LC

扁柄芒毛苣苔
Aeschynanthus planipetiolatus H. W. Li
　　习　　性：附生灌木
　　海　　拔：约1600 m
　　分　　布：云南
　　濒危等级：VU D2

药用芒毛苣苔
Aeschynanthus poilanei Pellegr.
　　习　　性：附生灌木
　　海　　拔：900～1000 m
　　国内分布：云南
　　国外分布：越南
　　濒危等级：NT

长萼芒毛苣苔
Aeschynanthus sinolongicalyx W. T. Wang
　　习　　性：灌木
　　海　　拔：约800 m
　　分　　布：云南
　　濒危等级：DD

尾叶芒毛苣苔
Aeschynanthus stenosepalus J. Anthony
　　习　　性：附生灌木
　　海　　拔：1500～2500 m
　　国内分布：西藏、云南
　　国外分布：缅甸
　　濒危等级：LC

华丽芒毛苣苔
Aeschynanthus superbus C. B. Clarke
　　习　　性：附生灌木
　　海　　拔：1000～2500 m
　　国内分布：西藏、云南
　　国外分布：不丹、缅甸、印度
　　濒危等级：LC

腾冲芒毛苣苔
Aeschynanthus tengchungensis W. T. Wang
　　习　　性：附生灌木
　　海　　拔：1700～2300 m
　　分　　布：云南
　　濒危等级：LC

筒花芒毛苣苔
Aeschynanthus tubulosus J. Anthony

筒花芒毛苣苔（原变种）
Aeschynanthus tubulosus var. **tubulosus**
　　习　　性：附生灌木
　　海　　拔：约2200 m
　　国内分布：云南
　　国外分布：缅甸
　　濒危等级：LC

狭萼片芒毛苣苔
Aeschynanthus tubulosus var. **angustilobus** J. Anthony
　　习　　性：附生灌木
　　海　　拔：约2300 m
　　分　　布：云南
　　濒危等级：DD

狭花芒毛苣苔
Aeschynanthus wardii Merr.
　　习　　性：附生灌木
　　海　　拔：900～2800 m
　　国内分布：云南
　　国外分布：缅甸
　　濒危等级：LC

异唇苣苔属 Allocheilos W. T. Wang

异唇苣苔
Allocheilos cortusiflorus W. T. Wang
　　习　　性：多年生草本
　　海　　拔：约1400 m
　　分　　布：贵州
　　濒危等级：EN A2c

广西异唇苣苔
Allocheilos guangxiensis H. Q. Wen, Y. G. Wei et S. H. Zhong
　　习　　性：多年生草本

海　　拔：约 100 m
分　　布：广西
濒危等级：VU A2c；D1

异片苣苔属 Allostigma W. T. Wang

异片苣苔
Allostigma guangxiense W. T. Wang
习　　性：多年生草本
海　　拔：约 250 m
分　　布：广西
濒危等级：VU A2c；B1ab（i，iii，v）

大苞苣苔属 Anna Pellegr.

软叶大苞苣苔
Anna mollifolia（W. T. Wang）W. T. Wang et K. Y. Pan
习　　性：附生或地生亚灌木
海　　拔：1100～1500 m
分　　布：广西、云南
濒危等级：LC

白花大苞苣苔
Anna ophiorrhizoides（Hemsl.）B. L. Burtt et R. Davidson
习　　性：附生或地生亚灌木
海　　拔：900～1700 m
分　　布：贵州、四川
濒危等级：LC

红花大苞苣苔
Anna rubidiflora S. Z. He et al.
习　　性：附生或地生亚灌木
海　　拔：约 1000 m
分　　布：贵州
濒危等级：LC

大苞苣苔
Anna submontana Pellegr.
习　　性：附生或地生亚灌木
海　　拔：900～1700 m
国内分布：广西、云南
国外分布：越南
濒危等级：LC

横蒴苣苔属 Beccarinda Kuntze

饰岩横蒴苣苔
Beccarinda argentea（J. Anthony）B. L. Burtt
习　　性：多年生草本
海　　拔：1200～1600 m
分　　布：云南
濒危等级：LC

红毛横蒴苣苔
Beccarinda erythrotricha W. T. Wang
习　　性：亚灌木或草本
海　　拔：1400～1700 m
分　　布：云南
濒危等级：NT D

小横蒴苣苔
Beccarinda minima K. Y. Pan
习　　性：多年生草本
海　　拔：400～1200 m
分　　布：广西
濒危等级：VU A2c+3c

少毛横蒴苣苔
Beccarinda paucisetulosa C. Y. Wu ex H. W. Li
习　　性：多年生草本
海　　拔：约 2100 m
分　　布：云南
濒危等级：VU D2

横蒴苣苔
Beccarinda tonkinensis（Pellegr.）B. L. Burtt
习　　性：多年生草本
海　　拔：700～2400 m
国内分布：广西、贵州、四川、云南
国外分布：越南
濒危等级：LC

旋蒴苣苔属 Boea Comm. ex Lam.

大花旋蒴苣苔
Boea clarkeana Hemsl.
习　　性：多年生草本
海　　拔：500～3100 m
分　　布：安徽、湖北、湖南、江西、陕西、四川、云南、浙江
濒危等级：LC
资源利用：药用（中草药）

旋蒴苣苔
Boea hygrometrica（Bunge）R. Br.
习　　性：多年生草本
海　　拔：100～1500 m
分　　布：安徽、福建、广东、广西、河北、河南、湖北、湖南、江西、辽宁、山东、山西、陕西、四川、云南、浙江
濒危等级：LC
资源利用：药用（中草药）

地胆旋蒴苣苔
Boea philippensis C. B. Clarke
习　　性：多年生草本
海　　拔：100～800 m
国内分布：广东、广西、贵州、海南、湖南
国外分布：菲律宾、越南
濒危等级：LC

短筒苣苔属 Boeica C. B. Clarke

锈毛短筒苣苔
Boeica ferruginea Drake
习　　性：多年生草本
海　　拔：300～1200 m
国内分布：云南
国外分布：越南

濒危等级：LC

短筒苣苔
Boeica fulva C. B. Clarke
习　　性：多年生草本
海　　拔：1300~1400 m
国内分布：西藏
国外分布：不丹、印度
濒危等级：LC

紫花短筒苣苔
Boeica guileana B. L. Burtt
习　　性：多年生草本
海　　拔：200~700 m
分　　布：广东、香港
濒危等级：NT B1ab（i, iii, v）；D

多脉短筒苣苔
Boeica multinervia K. Y. Pan
习　　性：多年生草本
海　　拔：400~500 m
分　　布：云南
濒危等级：DD

孔药短筒苣苔
Boeica porosa C. B. Clarke
习　　性：亚灌木
海　　拔：800~1200 m
国内分布：云南
国外分布：缅甸、越南
濒危等级：LC

匍茎短筒苣苔
Boeica stolonifera K. Y. Pan
习　　性：多年生草本
海　　拔：200~900 m
国内分布：广西
国外分布：越南
濒危等级：LC

翼柱短筒苣苔
Boeica yunnanensis(H. W. Li) K. Y. Pan
习　　性：亚灌木
海　　拔：约1300 m
分　　布：云南
濒危等级：LC

筒花苣苔属 Briggsiopsis K. Y. Pan

筒花苣苔
Briggsiopsis delavayi(Franch.) K. Y. Pan
习　　性：多年生草本
海　　拔：200~1500 m
分　　布：重庆、贵州、四川、云南
濒危等级：LC

扁蒴苣苔属 Cathayanthe Chun

扁蒴苣苔
Cathayanthe biflora Chun

习　　性：多年生草本
海　　拔：约2400 m
分　　布：海南
濒危等级：EN A2c；C1

苦苣苔属 Conandron Sieb. et Zucc.

苦苣苔
Conandron ramondioides Siebold et Zucc.
习　　性：多年生草本
海　　拔：600~1300 m
国内分布：安徽、福建、江西、台湾、浙江
国外分布：日本
濒危等级：LC
资源利用：药用（中草药）

珊瑚苣苔属 Corallodiscus Batalin

小石花
Corallodiscus conchifolius Batalin
习　　性：多年生草本
海　　拔：2100~3300 m
分　　布：甘肃、四川、西藏、云南
濒危等级：LC

卷丝苣苔
Corallodiscus kingianus(Craib) B. L. Burtt
习　　性：多年生草本
海　　拔：2800~4800 m
国内分布：青海、四川、西藏、云南
国外分布：不丹、印度
濒危等级：LC
资源利用：药用（中草药）

珊瑚苣苔
Corallodiscus lanuginosus(Wall. ex R. Br.) B. L. Burtt
习　　性：多年生草本
海　　拔：700~4300 m
国内分布：重庆、北京、广东、广西、贵州、河北、河南、湖北、湖南、山西、陕西、四川、西藏、云南
国外分布：不丹、尼泊尔、印度
濒危等级：LC
资源利用：药用（中草药）

浆果苣苔属 Cyrtandra J. R. Forst. et G. Forst.

浆果苣苔
Cyrtandra umbellifera Merr.
习　　性：灌木
海　　拔：海平面至400 m
国内分布：台湾
国外分布：菲律宾
濒危等级：VU D1+2

长蒴苣苔属 Didymocarpus Wall.

腺萼长蒴苣苔
Didymocarpus adenocalyx W. T. Wang
习　　性：多年生草本

海　　拔：约 2300 m
分　　布：云南
濒危等级：NT B1ab（i，iii，v）

互叶长蒴苣苔
Didymocarpus aromaticus Wall. ex D. Don
习　　性：多年生草本
海　　拔：2500 ~ 2800 m
国内分布：西藏
国外分布：尼泊尔、印度
濒危等级：LC

温州长蒴苣苔
Didymocarpus cortusifolius (Hance) H. Lév.
习　　性：多年生草本
分　　布：浙江
濒危等级：DD

深裂长蒴苣苔
Didymocarpus dissectus F. Wen et al.
习　　性：多年生草本
海　　拔：约 100 m
分　　布：福建
濒危等级：LC

腺毛长蒴苣苔
Didymocarpus glandulosus (W. W. Sm.) W. T. Wang

腺毛长蒴苣苔（原变种）
Didymocarpus glandulosus var. **glandulosus**
习　　性：多年生草本
海　　拔：1000 ~ 2200 m
分　　布：四川、云南
濒危等级：LC

毛药长蒴苣苔
Didymocarpus glandulosus var. **lasiantherus** (W. T. Wang) W. T. Wang
习　　性：多年生草本
海　　拔：500 ~ 1300 m
分　　布：重庆、四川
濒危等级：LC

短萼长蒴苣苔
Didymocarpus glandulosus var. **minor** (W. T. Wang) W. T. Wang
习　　性：多年生草本
海　　拔：800 ~ 1200 m
分　　布：广西、贵州
濒危等级：LC

大齿长蒴苣苔
Didymocarpus grandidentatus (W. T. Wang) W. T. Wang
习　　性：多年生草本
海　　拔：约 1300 m
分　　布：云南
濒危等级：LC

闽赣长蒴苣苔
Didymocarpus heucherifolius Hand. -Mazz.

闽赣长蒴苣苔（原变种）
Didymocarpus heucherifolius var. **heucherifolius**
习　　性：多年生草本
海　　拔：500 ~ 1000 m
分　　布：安徽、福建、广东、湖北、江西、浙江
濒危等级：LC

印政长蒴苣苔
Didymocarpus heucherifolius var. **yinzhengii** J. M. Li et S. J. Li
习　　性：多年生草本
海　　拔：约 300 m
分　　布：湖南
濒危等级：LC

雷波长蒴苣苔
Didymocarpus leiboensis Soong et W. T. Wang
习　　性：多年生草本
海　　拔：700 ~ 1200 m
分　　布：四川
濒危等级：VU A2c

短茎长蒴苣苔
Didymocarpus margaritae W. W. Sm.
习　　性：多年生草本
海　　拔：1500 ~ 1600 m
分　　布：云南
濒危等级：LC

墨脱长蒴苣苔
Didymocarpus medogensis W. T. Wang
习　　性：多年生草本
海　　拔：约 1600 m
分　　布：西藏
濒危等级：LC

蒙自长蒴苣苔
Didymocarpus mengtze W. W. Sm.
习　　性：多年生草本
海　　拔：1200 ~ 2700 m
分　　布：云南
濒危等级：LC

矮生长蒴苣苔
Didymocarpus nanophyton C. Y. Wu ex H. W. Li
习　　性：多年生草本
海　　拔：约 1800 m
分　　布：云南
濒危等级：DD

片马长蒴苣苔
Didymocarpus praeteritus B. L. Burtt et R. Davidson
习　　性：多年生草本
海　　拔：1800 ~ 2200 m
国内分布：云南
国外分布：缅甸
濒危等级：LC

藏南长蒴苣苔
Didymocarpus primulifolius D. Don

习　　性：多年生草本
海　　拔：2100~2700 m
国内分布：西藏
国外分布：尼泊尔
濒危等级：LC

凤庆长蒴苣苔
Didymocarpus pseudomengtze W. T. Wang
习　　性：多年生草本
海　　拔：2100~2700 m
分　　布：云南
濒危等级：LC

美丽长蒴苣苔
Didymocarpus pulcher C. B. Clarke
习　　性：多年生草本
海　　拔：1200~2600 m
国内分布：西藏
国外分布：不丹、尼泊尔、印度
濒危等级：LC

紫苞长蒴苣苔
Didymocarpus purpureobracteatus W. W. Sm.
习　　性：多年生草本
海　　拔：1400~2200 m
分　　布：云南
濒危等级：LC

肾叶长蒴苣苔
Didymocarpus reniformis W. T. Wang
习　　性：多年生草本
分　　布：湖南
濒危等级：LC

迭裂长蒴苣苔
Didymocarpus salviiflorus Chun
习　　性：多年生草本
海　　拔：约500 m
分　　布：浙江
濒危等级：NT A3；C2b

林生长蒴苣苔
Didymocarpus silvarum W. W. Sm.
习　　性：多年生草本
海　　拔：1200~1300 m
分　　布：云南
濒危等级：LC

报春长蒴苣苔
Didymocarpus sinoprimulinus W. T. Wang
习　　性：多年生草本
分　　布：湖南
濒危等级：LC

狭冠长蒴苣苔
Didymocarpus stenanthos C. B. Clarke

狭冠长蒴苣苔（原变种）
Didymocarpus stenanthos var. **stenanthos**
习　　性：多年生草本
海　　拔：700~2200 m

分　　布：四川、云南
濒危等级：LC

疏毛长蒴苣苔
Didymocarpus stenanthos var. **pilosellus** W. T. Wang
习　　性：多年生草本
海　　拔：900~2800 m
分　　布：贵州
濒危等级：LC

细果长蒴苣苔
Didymocarpus stenocarpus W. T. Wang
习　　性：多年生草本
海　　拔：约1100 m
分　　布：云南
濒危等级：NT B1ab（i，iii）

掌脉长蒴苣苔
Didymocarpus subpalmatinervis W. T. Wang
习　　性：多年生草本
分　　布：云南
濒危等级：DD

通海长蒴苣苔
Didymocarpus tonghaiensis J. M. Li et F. S. Wang
习　　性：多年生草本
分　　布：云南
濒危等级：LC

长毛长蒴苣苔
Didymocarpus villosus D. Don
习　　性：多年生草本
海　　拔：2100~2700 m
国内分布：西藏
国外分布：尼泊尔
濒危等级：LC

沅陵长蒴苣苔
Didymocarpus yuenlingensis W. T. Wang
习　　性：多年生草本
分　　布：湖南
濒危等级：LC

云南长蒴苣苔
Didymocarpus yunnanensis(Franch.) W. W. Sm.
习　　性：多年生草本
海　　拔：1500~3400 m
国内分布：四川、西藏、云南
国外分布：印度
濒危等级：LC

镇康长蒴苣苔
Didymocarpus zhenkangensis W. T. Wang
习　　性：多年生草本
海　　拔：1200~2700 m
分　　布：云南
濒危等级：VU A2c

珠峰长蒴苣苔
Didymocarpus zhufengensis W. T. Wang
习　　性：多年生草本

海　　拔：约 2900 m
分　　布：西藏
濒危等级：LC

双片苣苔属 Didymostigma W. T. Wang

光叶双片苣苔
Didymostigma leiophyllum D. Fang et X. H. Lu
习　　性：一年生草本
分　　布：广西
濒危等级：DD

双片苣苔
Didymostigma obtusum(C. B. Clarke) W. T. Wang
习　　性：一年生草本
海　　拔：200 ~ 800 m
分　　布：福建、广东、广西、海南
濒危等级：LC

毛药双片苣苔
Didymostigma trichanthera C. X. Ye et X. G. Shi
习　　性：一年生草本
分　　布：广东
濒危等级：LC

盾座苣苔属 Epithema Blume

盾座苣苔
Epithema carnosum(G. Don) Benth.
习　　性：多年生草本
海　　拔：300 ~ 1400 m
国内分布：广东、广西、贵州、云南
国外分布：不丹、尼泊尔、印度
濒危等级：LC

台湾盾座苣苔
Epithema taiwanensis S. S. Ying

台湾盾座苣苔（原变种）
Epithema taiwanensis var. **taiwanensis**
习　　性：多年生草本
海　　拔：200 ~ 500 m
分　　布：台湾
濒危等级：LC

密花盾座苣苔
Epithema taiwanensis var. **fasciculata**(Clarke) Z. Yu Li et M. T. Kao
习　　性：多年生草本
国内分布：台湾
国外分布：菲律宾
濒危等级：LC

光叶苣苔属 Glabrella Mich. Möller et W. H. Chen

无毛光叶苣苔
Glabrella leiophylla(Fang Wen et Y. G. Wei) Fang Wen, Y. G. Wei et Mich. Möller
习　　性：多年生草本
海　　拔：约 1000 m
分　　布：贵州
濒危等级：LC

盾叶粗筒苣苔
Glabrella longipes(Hemsl. ex Oliv.) Mich. Möller et W. H. Chen
习　　性：多年生草本
海　　拔：1000 ~ 1800 m
分　　布：广西、云南
濒危等级：LC

革叶粗筒苣苔
Glabrella mihieri(Franch.) Mich. Möller et W. H. Chen
习　　性：多年生草本
海　　拔：600 ~ 1710 m
分　　布：重庆、广西、贵州、湖北
濒危等级：LC

圆唇苣苔属 Gyrocheilos W. T. Wang

圆唇苣苔
Gyrocheilos chorisepalum W. T. Wang

圆唇苣苔（原变种）
Gyrocheilos chorisepalum var. **chorisepalum**
习　　性：多年生草本
海　　拔：700 ~ 900 m
分　　布：广东、广西
濒危等级：NT B1ab（i, iii, v）

北流圆唇苣苔
Gyrocheilos chorisepalum var. **synsepalum** W. T. Wang
习　　性：多年生草本
海　　拔：700 ~ 900 m
分　　布：广东、广西
濒危等级：DD

毛萼圆唇苣苔
Gyrocheilos lasiocalyx W. T. Wang
习　　性：多年生草本
海　　拔：约 1300 m
分　　布：广西
濒危等级：VU B1ab（i, ii, iii）

微毛圆唇苣苔
Gyrocheilos microtrichum W. T. Wang
习　　性：多年生草本
海　　拔：约 1600 m
分　　布：广东
濒危等级：DD

折毛圆唇苣苔
Gyrocheilos retrotrichum W. T. Wang

折毛圆唇苣苔（原变种）
Gyrocheilos retrotrichum var. **retrotrichum**
习　　性：多年生草本
海　　拔：400 ~ 1000 m
分　　布：广东
濒危等级：LC

稀裂圆唇苣苔
Gyrocheilos retrotrichum var. **oligolobum** W. T. Wang
习　　性：多年生草本
海　　拔：400 ~ 1000 m

分　　布：广东、广西、贵州
濒危等级：LC

圆果苣苔属 Gyrogyne W. T. Wang

圆果苣苔
Gyrogyne subaequifolia W. T. Wang
习　　性：多年生草本
分　　布：广西
濒危等级：EX

半蒴苣苔属 Hemiboea C. B. Clarke

披针叶半蒴苣苔
Hemiboea angustifolia F. Wen et Y. G. Wei
习　　性：多年生草本
海　　拔：约 100 m
分　　布：广西
濒危等级：CR B1ab（i，ii，v）

台湾半蒴苣苔
Hemiboea bicornuta（Hayata）Ohwi
习　　性：多年生草本
海　　拔：300 ~ 2200 m
国内分布：台湾
国外分布：日本
濒危等级：LC

贵州半蒴苣苔
Hemiboea cavaleriei H. Lév.

贵州半蒴苣苔（原变种）
Hemiboea cavaleriei var. **cavaleriei**
习　　性：多年生草本
海　　拔：300 ~ 1600 m
分　　布：福建、广东、广西、贵州、湖南、江西、四川、云南
濒危等级：LC
资源利用：药用（中草药）；动物饲料（饲料）

疏脉半蒴苣苔
Hemiboea cavaleriei var. **paucinervis** W. T. Wang et Z. Yu Li
习　　性：多年生草本
海　　拔：300 ~ 1600 m
国内分布：广西、贵州、云南
国外分布：越南
濒危等级：LC

齿叶半蒴苣苔
Hemiboea fangii Chun ex Z. Yu Li
习　　性：多年生草本
海　　拔：900 ~ 1700 m
分　　布：四川
濒危等级：NT B1a（i，iii，v）

毛果半蒴苣苔
Hemiboea flaccida Chun ex Z. Yu Li
习　　性：多年生草本
海　　拔：700 ~ 1400 m
分　　布：广西、贵州
濒危等级：LC

华南半蒴苣苔
Hemiboea follicularis C. B. Clarke

华南半蒴苣苔（原变种）
Hemiboea follicularis var. **follicularis**
习　　性：多年生草本
海　　拔：200 ~ 1500 m
分　　布：广东、广西、贵州
濒危等级：LC

卷瓣半蒴苣苔
Hemiboea follicularis var. **retroflexa** Yan Liu et Y. S. Huang
习　　性：多年生草本
海　　拔：约 150 m
分　　布：广西
濒危等级：LC

合萼半蒴苣苔
Hemiboea gamosepala Z. Yu Li
习　　性：多年生草本
海　　拔：500 ~ 800 m
分　　布：贵州
濒危等级：NT B1ab（i，ii，iii，v）

腺萼半蒴苣苔
Hemiboea glandulosa Z. Yu Li
习　　性：多年生草本
海　　拔：1600 ~ 2500 m
分　　布：云南
濒危等级：NT D

纤细半蒴苣苔
Hemiboea gracilis Franch.

纤细半蒴苣苔（原变种）
Hemiboea gracilis var. **gracilis**
习　　性：多年生草本
海　　拔：300 ~ 1300 m
分　　布：广西、贵州、湖北、湖南、江西、四川
濒危等级：LC

毛苞半蒴苣苔
Hemiboea gracilis var. **pilobracteata** Z. Yu Li
习　　性：多年生草本
海　　拔：500 ~ 1000 m
分　　布：重庆、贵州、湖北、湖南
濒危等级：LC

全叶半蒴苣苔
Hemiboea integra C. Y. Wu ex H. W. Li
习　　性：多年生草本
海　　拔：100 ~ 400 m
分　　布：云南
濒危等级：VU B1ab（i，ii，iii，v）；D1

宽萼半蒴苣苔
Hemiboea latisepala H. W. Li
习　　性：多年生草本
海　　拔：约 1600 m
分　　布：云南
濒危等级：LC

弄岗半蒴苣苔
Hemiboea longgangensis Z. Yu Li
习　　性：多年生草本
海　　拔：约 100 m
分　　布：广西
濒危等级：VU A2c

长萼半蒴苣苔
Hemiboea longisepala Z. Yu Li
习　　性：多年生草本
海　　拔：海平面至 400 m
分　　布：广西
濒危等级：DD

龙州半蒴苣苔
Hemiboea longzhouensis W. T. Wang ex Z. Yu Li
习　　性：多年生草本
海　　拔：300~400 m
分　　布：广西
濒危等级：VU C1+2b

黄花半蒴苣苔
Hemiboea lutea F. Wen, G. Y. Liang et Y. G. Wei
习　　性：多年生草本
海　　拔：约 600 m
分　　布：广西
濒危等级：LC

大苞半蒴苣苔
Hemiboea magnibracteata Y. G. Wei et H. Q. Wen
习　　性：多年生草本
海　　拔：500~700 m
分　　布：广西、贵州
濒危等级：LC

麻栗坡半蒴苣苔
Hemiboea malipoensis Y. H. Tan
习　　性：多年生草本
分　　布：云南
濒危等级：LC

柔毛半蒴苣苔
Hemiboea mollifolia W. T. Wang
习　　性：多年生草本
海　　拔：600~900 m
分　　布：贵州、湖北、湖南
濒危等级：LC

峨眉半蒴苣苔
Hemiboea omeiensis W. T. Wang
习　　性：多年生草本
海　　拔：900~1900 m
分　　布：四川
濒危等级：LC
资源利用：药用（中草药）

单座苣苔
Hemiboea ovalifolia(W. T. Wang) A. Weber et Mich. Möller
习　　性：多年生草本
海　　拔：约 1100 m
分　　布：广西、贵州、云南
濒危等级：VU B2ab（ii, v）

小苞半蒴苣苔
Hemiboea parvibracteata W. T. Wang et Z. Yu Li
习　　性：多年生草本
海　　拔：约 900 m
分　　布：贵州
濒危等级：DD

小花半蒴苣苔
Hemiboea parviflora Z. Yu Li
习　　性：多年生草本
海　　拔：500~600 m
分　　布：广西
濒危等级：VU B1ab（i, iii, v）

屏边半蒴苣苔
Hemiboea pingbianensis Z. Yu Li
习　　性：多年生草本
海　　拔：约 1600 m
分　　布：云南
濒危等级：VU D1

拟大苞半蒴苣苔
Hemiboea pseudomagnibracteata Bo Pan et W. H. Wu
习　　性：多年生草本
分　　布：广西
濒危等级：LC

紫花半蒴苣苔
Hemiboea purpurea Yan Liu et W. B. Xu
习　　性：多年生草本
分　　布：广西
濒危等级：LC

紫叶单座苣苔
Hemiboea purpureotincta(W. T. Wang) A. Weber et Mich. Möller
习　　性：多年生草本
分　　布：广西
濒危等级：LC

粉花半蒴苣苔
Hemiboea roseoalba S. B. Zhou et al.
习　　性：多年生草本
海　　拔：约 200 m
分　　布：广东
濒危等级：LC

红苞半蒴苣苔
Hemiboea rubribracteata Z. Yu Li et Yan Liu
习　　性：多年生草本
海　　拔：600 m
分　　布：广西
濒危等级：NT B1ab（i, iii, v）

中越半蒴苣苔
Hemiboea sinovietnamica W. B. Xu et X. Y. Zhuang
习　　性：多年生草本
海　　拔：约 650 m

国内分布：广西
国外分布：越南
濒危等级：LC

腺毛半蒴苣苔
Hemiboea strigosa Chun ex W. T. Wang
习　　性：多年生草本
海　　拔：400～900 m
分　　布：广东、湖南、江西
濒危等级：LC

短茎半蒴苣苔
Hemiboea subacaulis Hand. -Mazz.

短茎半蒴苣苔（原变种）
Hemiboea subacaulis var. **subacaulis**
习　　性：多年生草本
海　　拔：100～600 m
分　　布：广东、广西、贵州、湖南
濒危等级：LC

江西半蒴苣苔
Hemiboea subacaulis var. **jiangxiensis** Z. Yu Li
习　　性：多年生草本
海　　拔：800～900 m
分　　布：江西
濒危等级：NT B1ab（i, ii, iii, v）

半蒴苣苔
Hemiboea subcapitata C. B. Clarke

半蒴苣苔（原变种）
Hemiboea subcapitata var. **subcapitata**
习　　性：多年生草本
海　　拔：100～2100 m
国内分布：安徽、福建、甘肃、广东、广西、贵州、河南、湖北、湖南、江苏、江西、陕西、四川、云南、浙江
国外分布：越南
濒危等级：LC
资源利用：药用（中草药）；动物饲料（饲料）；食品（蔬菜）

广东半蒴苣苔
Hemiboea subcapitata var. **guangdongensis**（Z. Yu Li）Z. Yu Li
习　　性：多年生草本
分　　布：广东
濒危等级：LC

翅茎半蒴苣苔
Hemiboea subcapitata var. **pterocaulis** Z. Yu Li
习　　性：多年生草本
分　　布：广西
濒危等级：LC

王氏半蒴苣苔
Hemiboea wangiana Z. Yu Li
习　　性：多年生草本
海　　拔：约300 m
分　　布：云南
濒危等级：DD

汉克苣苔属 Henckelia Spreng.

腺萼汉克苣苔
Henckelia adenocalyx（Chatterjee）D. J. Middleton et Mich. Möller
习　　性：多年生草本
国内分布：云南
国外分布：缅甸、印度
濒危等级：LC

光萼汉克苣苔
Henckelia anachoreta（Hance）D. J. Middleton et Mich. Möller
习　　性：一年生草本
海　　拔：200～2300 m
国内分布：广东、广西、湖南、台湾、云南
国外分布：老挝、缅甸、泰国、越南
濒危等级：LC

耳叶汉克苣苔
Henckelia auriculata（J. M. Li et S. X. Zhu）D. J. Middleton et Mich. Möller
习　　性：多年生草本
分　　布：云南
濒危等级：LC

鹤峰汉克苣苔
Henckelia briggsioides（W. T. Wang）D. J. Middleton et Mich. Möller
习　　性：多年生草本
海　　拔：600～1600 m
分　　布：湖北
濒危等级：DD

角萼汉克苣苔
Henckelia ceratoscyphus（B. L. Burtt）D. J. Middleton et Mich. Möller
习　　性：多年生草本
海　　拔：约600 m
国内分布：广西
国外分布：越南
濒危等级：LC

圆叶汉克苣苔
Henckelia dielsii（Borza）D. J. Middleton et Mich. Möller
习　　性：多年生草本
海　　拔：1900～3400 m
分　　布：四川、云南
濒危等级：LC

簇花汉克苣苔
Henckelia fasciculiflora（W. T. Wang）D. J. Middleton et Mich. Möller
习　　性：多年生草本
海　　拔：约1500 m
分　　布：云南
濒危等级：VU A2c；B2ac（ii, v）

滇川汉克苣苔
Henckelia forrestii（J. Anthony）D. J. Middleton et Mich. Möller
习　　性：多年生草本
海　　拔：2000～3100 m
分　　布：四川、云南
濒危等级：VU A2c；D1

灌丛汉克苣苔
Henckelia fruticola (H. W. Li) D. J. Middleton et Mich. Möller
- 习　　性：多年生草本
- 海　　拔：约 1300 m
- 国内分布：云南
- 国外分布：越南
- 濒危等级：LC

大叶汉克苣苔
Henckelia grandifolia A. Dietr.
- 习　　性：多年生草本
- 海　　拔：1300 ~ 3100 m
- 国内分布：贵州、云南
- 国外分布：不丹、缅甸、尼泊尔、泰国、印度
- 濒危等级：LC

合苞汉克苣苔
Henckelia infundibuliformis (W. T. Wang) D. J. Middleton et Mich. Möller
- 习　　性：多年生草本
- 海　　拔：900 ~ 1700 m
- 分　　布：西藏
- 濒危等级：LC

卧茎汉克苣苔
Henckelia lachenensis (C. B. Clarke) D. J. Middleton et Mich. Möller
- 习　　性：多年生草本
- 海　　拔：2300 ~ 3100 m
- 国内分布：西藏、云南
- 国外分布：不丹、缅甸、印度
- 濒危等级：LC

密序苣苔
Henckelia longisepala (H. W. Li) D. J. Middleton et Mich. Möller
- 习　　性：亚灌木
- 海　　拔：300 ~ 800 m
- 国内分布：云南
- 国外分布：老挝
- 濒危等级：EN B2ab (ii, v)

单花汉克苣苔
Henckelia monantha (W. T. Wang) D. J. Middleton et Mich. Möller
- 习　　性：多年生草本
- 海　　拔：400 ~ 1600 m
- 分　　布：湖南
- 濒危等级：VU B1a (i, iii, v)

长圆叶汉克苣苔
Henckelia oblongifolia (Roxb.) D. J. Middleton et Mich. Möller
- 习　　性：多年生草本
- 海　　拔：800 ~ 1200 m
- 国内分布：西藏、云南
- 国外分布：缅甸、印度
- 濒危等级：LC

普洱汉克苣苔
Henckelia puerensis (Y. Y. Qian) D. J. Middleton et Mich. Möller
- 习　　性：一年生草本
- 海　　拔：1200 ~ 1400 m
- 分　　布：云南
- 濒危等级：NT D

斑叶汉克苣苔
Henckelia pumila (D. Don) A. Dietr.
- 习　　性：一年生草本
- 海　　拔：800 ~ 2800 m
- 国内分布：广西、贵州、西藏、云南
- 国外分布：不丹、缅甸、尼泊尔、印度、越南
- 濒危等级：LC

密花汉克苣苔
Henckelia pycnantha (W. T. Wang) D. J. Middleton et Mich. Möller
- 习　　性：多年生草本
- 分　　布：云南
- 濒危等级：VU A2c + 3c

税氏汉克苣苔
Henckelia shuii (Z. Yu Li) D. J. Middleton et Mich. Möller
- 习　　性：多年生草本
- 海　　拔：2600 ~ 2900 m
- 分　　布：云南
- 濒危等级：DD

美丽汉克苣苔
Henckelia speciosa (Kurz) D. J. Middleton et Mich. Möller
- 习　　性：多年生草本
- 海　　拔：700 ~ 3100 m
- 国内分布：云南
- 国外分布：缅甸、泰国、印度、越南
- 濒危等级：LC

康定汉克苣苔
Henckelia tibetica (Franch.) D. J. Middleton et Mich. Möller
- 习　　性：多年生草本
- 海　　拔：1400 ~ 3200 m
- 分　　布：四川、云南
- 濒危等级：LC

麻叶汉克苣苔
Henckelia urticifolia (Buch.-Ham. ex D. Don) A. Dietr.
- 习　　性：多年生草本
- 海　　拔：1300 ~ 1700 m
- 国内分布：云南
- 国外分布：不丹、缅甸、尼泊尔、印度
- 濒危等级：LC

细蒴苣苔属 Leptoboea Benth.

细蒴苣苔
Leptoboea multiflora (C. B. Clarke) C. B. Clarke
- 习　　性：亚灌木
- 海　　拔：1000 ~ 1300 m
- 国内分布：云南
- 国外分布：不丹、缅甸、印度
- 濒危等级：LC

凹柱苣苔属 Litostigma Y. G. Wei, F. Wen et M. Moller

革叶凹柱苣苔
Litostigma coriaceifolium Y. G. Wei et al.

习　　性：多年生草本
海　　拔：约 1200 m
分　　布：贵州
濒危等级：LC

水晶凹柱苣苔
Litostigma crystallinum Y. M. Shui et W. H. Chen
习　　性：多年生草本
分　　布：云南
濒危等级：LC

紫花苣苔属 Loxostigma C. B. Clarke

短柄紫花苣苔
Loxostigma brevipetiolatum W. T. Wang et K. Y. Pan
习　　性：多年生附生草本
海　　拔：1200~1500 m
分　　布：广西、云南
濒危等级：NT B1ab（i, ii, v）

滇黔紫花苣苔
Loxostigma cavaleriei（H. Lév. et Vaniot）B. L. Burtt
习　　性：多年生附生草本
海　　拔：600~1600 m
分　　布：广西、贵州、云南
濒危等级：LC

大明山粗筒苣苔
Loxostigma damingshanensis（L. Wu et Bo Pan）Mich. Möller et H. Atkins
习　　性：多年生草本
分　　布：广西
濒危等级：LC

东兴粗筒苣苔
Loxostigma dongxingensis（Chun ex K. Y. Pan）Mich. Möller et Y. M. Shui
习　　性：多年生草本
国内分布：广西
国外分布：越南
濒危等级：LC

齿萼紫花苣苔
Loxostigma fimbrisepalum K. Y. Pan
习　　性：多年生附生草本
海　　拔：900~1600 m
分　　布：广西、云南
濒危等级：LC

光叶紫花苣苔
Loxostigma glabrifolium D. Fang et K. Y. Pan
习　　性：多年生附生草本
海　　拔：约 1200 m
分　　布：广西、贵州、云南
濒危等级：LC

紫花苣苔
Loxostigma griffithii（Wight）C. B. Clarke
习　　性：亚灌木
海　　拔：600~2600 m
国内分布：广西、贵州、四川、西藏、云南
国外分布：不丹、缅甸、尼泊尔、印度、越南
濒危等级：LC

粗筒苣苔
Loxostigma kurzii（C. B. Clarke）B. L. Burtt
习　　性：多年生草本
海　　拔：1800~3500 m
国内分布：四川、云南
国外分布：不丹、缅甸、印度
濒危等级：LC

长茎粗筒苣苔
Loxostigma longicaule（W. T. Wang et K. Y. Pan）Mich. Möller et Y. M. Shui
习　　性：多年生草本
海　　拔：2200~2500 m
分　　布：四川
濒危等级：LC

澜沧紫花苣苔
Loxostigma mekongense（Franch.）B. L. Burtt
习　　性：多年生附生草本
海　　拔：约 2100 m
分　　布：云南
濒危等级：VU A2c；D1

蕉林紫花苣苔
Loxostigma musetorum H. W. Li
习　　性：多年生附生草本
海　　拔：约 1300 m
分　　布：云南
濒危等级：VU A2c

吊石苣苔属 Lysionotus D. Don

桂黔吊石苣苔
Lysionotus aeschynanthoides W. T. Wang
习　　性：亚灌木
海　　拔：600~1200 m
分　　布：广西、贵州、云南
濒危等级：LC
资源利用：药用（中草药）

深紫吊石苣苔
Lysionotus atropurpureus H. Hara
习　　性：亚灌木
海　　拔：约 2000 m
国内分布：西藏
国外分布：不丹、尼泊尔、印度
濒危等级：LC

攀援吊石苣苔
Lysionotus chingii Chun ex W. T. Wang
习　　性：草本
海　　拔：900~1500 m
国内分布：广西、贵州、云南
国外分布：越南
濒危等级：LC

多齿吊石苣苔
Lysionotus denticulosus W. T. Wang

习　　性：亚灌木
海　　拔：700~1800 m
分　　布：广西、贵州、云南
濒危等级：LC

凤山吊石苣苔
Lysionotus fengshanensis Yan Liu et D. X. Nong
　　习　　性：亚灌木
　　分　　布：广西
　　濒危等级：DD

滇西吊石苣苔
Lysionotus forrestii W. W. Sm.
　　习　　性：亚灌木
　　海　　拔：2200~3100 m
　　分　　布：西藏、云南
　　濒危等级：LC

合萼吊石苣苔
Lysionotus gamosepalus W. T. Wang
　　习　　性：亚灌木
　　海　　拔：800~1600 m
　　分　　布：西藏
　　濒危等级：LC

纤细吊石苣苔
Lysionotus gracilis W. W. Sm.
　　习　　性：亚灌木
　　海　　拔：2100~2400 m
　　国内分布：云南
　　国外分布：缅甸
　　濒危等级：LC

异叶吊石苣苔
Lysionotus heterophyllus Franch.

异叶吊石苣苔（原变种）
Lysionotus heterophyllus var. **heterophyllus**
　　习　　性：亚灌木
　　海　　拔：1700~2800 m
　　分　　布：重庆、广西、四川、云南
　　濒危等级：LC

龙胜吊石苣苔
Lysionotus heterophyllus var. **lasianthus** W. T. Wang
　　习　　性：亚灌木
　　海　　拔：1100~1700 m
　　分　　布：广西
　　濒危等级：NT B2ab（i）

毛叶吊石苣苔
Lysionotus heterophyllus var. **mollis** W. T. Wang
　　习　　性：亚灌木
　　海　　拔：1600~1700 m
　　分　　布：四川
　　濒危等级：NT B1ab（i, iii, v）

圆苞吊石苣苔
Lysionotus involucratus Franch.
　　习　　性：亚灌木
　　海　　拔：约1300 m
　　分　　布：重庆、湖南
　　濒危等级：NT D1

广西吊石苣苔
Lysionotus kwangsiensis W. T. Wang
　　习　　性：亚灌木
　　海　　拔：1300~1700 m
　　分　　布：广西
　　濒危等级：VU B1ab（ii, iii）

狭萼吊石苣苔
Lysionotus levipes（C. B. Clarke）B. L. Burtt
　　习　　性：亚灌木
　　海　　拔：1200~2400 m
　　国内分布：西藏、云南
　　国外分布：老挝、缅甸、印度
　　濒危等级：NT B1ab（i, ii, v）；D

长梗吊石苣苔
Lysionotus longipedunculatus（W. T. Wang）W. T. Wang
　　习　　性：亚灌木
　　海　　拔：500~1700 m
　　分　　布：广西、云南
　　濒危等级：LC

墨脱吊石苣苔
Lysionotus metuoensis W. T. Wang
　　习　　性：亚灌木
　　海　　拔：约1300 m
　　分　　布：西藏
　　濒危等级：LC

小叶吊石苣苔
Lysionotus microphyllus W. T. Wang

小叶吊石苣苔（原变种）
Lysionotus microphyllus var. **microphyllus**
　　习　　性：亚灌木
　　海　　拔：约1300 m
　　分　　布：湖北、湖南、四川
　　濒危等级：NT A3；C2b

峨眉吊石苣苔
Lysionotus microphyllus var. **omeiensis**（W. T. Wang）W. T. Wang
　　习　　性：亚灌木
　　海　　拔：约1500 m
　　分　　布：四川
　　濒危等级：DD

长圆吊石苣苔
Lysionotus oblongifolius W. T. Wang
　　习　　性：亚灌木
　　海　　拔：约300 m
　　分　　布：广西
　　濒危等级：LC

吊石苣苔
Lysionotus pauciflorus Maxim.

吊石苣苔（原变种）
Lysionotus pauciflorus var. **pauciflorus**
　　习　　性：亚灌木

海　　拔：300～2200 m
国内分布：安徽、福建、广东、广西、贵州、海南、河南、湖北、湖南、江苏、江西、陕西、四川、台湾、云南、浙江
国外分布：日本、越南
濒危等级：LC
资源利用：药用（中草药）

兰屿吊石苣苔
Lysionotus pauciflorus var. **ikedae** (Hatus.) W. T. Wang
习　　性：亚灌木
分　　布：台湾
濒危等级：EN D

灰叶吊石苣苔
Lysionotus pauciflorus var. **indutus** W. Y. Chun ex W. T. Wang
习　　性：亚灌木
海　　拔：400～1400 m
分　　布：贵州
濒危等级：DD

细萼吊石苣苔
Lysionotus petelotii Pellegr.
习　　性：亚灌木
海　　拔：1600～2500 m
国内分布：云南
国外分布：越南
濒危等级：LC

毛枝吊石苣苔
Lysionotus pubescens C. B. Clarke
习　　性：亚灌木
海　　拔：1500～2500 m
国内分布：西藏、云南
国外分布：不丹、缅甸、印度
濒危等级：LC

桑植吊石苣苔
Lysionotus sangzhiensis W. T. Wang
习　　性：亚灌木
海　　拔：700～1400 m
分　　布：湖南、四川
濒危等级：LC

齿叶吊石苣苔
Lysionotus serratus D. Don

齿叶吊石苣苔（原变种）
Lysionotus serratus var. **serratus**
习　　性：亚灌木
海　　拔：900～2200 m
国内分布：广西、贵州、西藏、云南
国外分布：不丹、缅甸、尼泊尔、泰国、印度、越南
濒危等级：LC

翅茎吊石苣苔
Lysionotus serratus var. **pterocaulis** C. Y. Wu ex W. T. Wang
习　　性：亚灌木
海　　拔：1100～1700 m
分　　布：云南
濒危等级：LC

短柄吊石苣苔
Lysionotus sessilifolius Hand.-Mazz.
习　　性：亚灌木
海　　拔：1200～2800 m
分　　布：云南
濒危等级：NT B1ab (i, iii, v)

保山吊石苣苔
Lysionotus sulphureoides H. W. Li et Y. X. Lu
习　　性：灌木
海　　拔：约2200 m
分　　布：云南
濒危等级：NT B1ab (i, ii, v); D

黄花吊石苣苔
Lysionotus sulphureus Hand.-Mazz.
习　　性：亚灌木
海　　拔：2300～2900 m
分　　布：云南
濒危等级：LC

川西吊石苣苔
Lysionotus wilsonii Rehder
习　　性：亚灌木
海　　拔：700～1800 m
分　　布：四川、云南
濒危等级：LC

盾叶苣苔属 Metapetrocosmea W. T. Wang

盾叶苣苔
Metapetrocosmea peltata (Merr. et W. Y. Chun) W. T. Wang
习　　性：多年生草本
海　　拔：300～700 m
分　　布：海南
濒危等级：LC

钩序苣苔属 Microchirita C. B. Clarke

钩序苣苔
Microchirita hamosa (R. Br.) Yin Z. Wang
习　　性：一年生草本
国内分布：广西、云南
国外分布：老挝、马来西亚、缅甸、泰国、印度、越南
濒危等级：LC

薰衣草色钩序苣苔
Microchirita lavandulacea (Stapf) Yin Z. Wang
习　　性：一年生草本
国内分布：广西、云南
国外分布：越南
濒危等级：LC

匍匐钩序苣苔
Microchirita prostrata J. M. Li et Z. Xia
习　　性：一年生草本
海　　拔：约200 m
分　　布：云南
濒危等级：LC

马铃苣苔属 Oreocharis Benth.

异蕊马铃苣苔
Oreocharis × *heterandra* D. Fang et D. H. Qin
- 习　　性：多年生草本
- 海　　拔：约 1300 m
- 分　　布：广西
- 濒危等级：DD

小花后蕊苣苔
Oreocharis acaulis (Merr.) Mich. Möller et A. Weber
- 习　　性：多年生草本
- 分　　布：广东
- 濒危等级：NT B1ab (ii, iii, v)

尖瓣粗筒苣苔
Oreocharis acutiloba (K. Y. Pan) Mich. Möller et W. H. Chen
- 习　　性：多年生草本
- 海　　拔：2200～2300 m
- 分　　布：云南
- 濒危等级：NT B1ab (i, iii)

灰毛粗筒苣苔
Oreocharis agnesiae (Forrest ex W. W. Sm.) Mich. Möller et W. H. Chen
- 习　　性：多年生草本
- 海　　拔：约 2500 m
- 分　　布：四川、云南
- 濒危等级：LC

马铃苣苔
Oreocharis amabilis Dunn
- 习　　性：多年生草本
- 海　　拔：约 1500 m
- 分　　布：云南
- 濒危等级：LC

紫花马铃苣苔
Oreocharis argyreia Chun ex K. Y. Pan

紫花马铃苣苔（原变种）
Oreocharis argyreia var. *argyreia*
- 习　　性：多年生草本
- 海　　拔：500～700 m
- 分　　布：广东、广西
- 濒危等级：LC

窄叶马铃苣苔
Oreocharis argyreia var. *angustifolia* K. Y. Pan
- 习　　性：多年生草本
- 海　　拔：500～700 m
- 分　　布：广西
- 濒危等级：LC

橙黄马铃苣苔
Oreocharis aurantiaca Franch.
- 习　　性：多年生草本
- 海　　拔：1000～3400 m
- 分　　布：云南
- 濒危等级：LC

黄马铃苣苔
Oreocharis aurea Dunn

黄马铃苣苔（原变种）
Oreocharis aurea var. *aurea*
- 习　　性：多年生草本
- 海　　拔：1400～2400 m
- 国内分布：云南
- 国外分布：越南
- 濒危等级：LC

卵心叶马铃苣苔
Oreocharis aurea var. *cordato-ovata* (C. Y. Wu ex H. W. Li) K. Y. Pan
- 习　　性：多年生草本
- 海　　拔：1400～1500 m
- 分　　布：云南
- 濒危等级：VU A2c；D1

长瓣马铃苣苔
Oreocharis auricula (S. Moore) C. B. Clarke

长瓣马铃苣苔（原变种）
Oreocharis auricula var. *auricula*
- 习　　性：多年生草本
- 海　　拔：200～1800 m
- 分　　布：安徽、重庆、福建、广东、广西、贵州、湖南、江西
- 濒危等级：LC

细齿马铃苣苔
Oreocharis auricula var. *denticulata* K. Y. Pan
- 习　　性：多年生草本
- 分　　布：福建
- 濒危等级：DD

景东短檐苣苔
Oreocharis begoniifolia (H. W. Li) Mich. Möller et A. Weber
- 习　　性：多年生草本
- 海　　拔：2100～2800 m
- 分　　布：云南
- 濒危等级：VU A2c

大叶石上莲
Oreocharis benthamii C. B. Clarke

大叶石上莲（原变种）
Oreocharis benthamii var. *benthamii*
- 习　　性：多年生草本
- 海　　拔：200～1400 m
- 分　　布：福建、广东、广西、湖南、江西、香港
- 濒危等级：LC
- 资源利用：药用（中草药）

石上莲
Oreocharis benthamii var. *reticulata* Dunn
- 习　　性：多年生草本
- 海　　拔：300～1000 m
- 分　　布：广东、广西
- 濒危等级：LC
- 资源利用：药用（中草药）

黄花粗筒苣苔
Oreocharis billburttii Mich. Möller et W. H. Chen
 习 性：多年生草本
 海 拔：2800~3700 m
 分 布：西藏
 濒危等级：NT D1

毛药马铃苣苔
Oreocharis bodinieri H. Lév.
 习 性：多年生草本
 海 拔：1400~3100 m
 分 布：四川、云南
 濒危等级：LC

短柄马铃苣苔
Oreocharis brachypodus J. M. Li et Z. M. Li
 习 性：多年生草本
 海 拔：约1300 m
 分 布：贵州
 濒危等级：LC

泡叶直瓣苣苔
Oreocharis bullata(W. T. Wang et K. Y. Pan)Mich. Möller et A. Weber
 习 性：多年生草本
 海 拔：约2000 m
 分 布：云南
 濒危等级：DD

龙南后蕊苣苔
Oreocharis burttii(W. T. Wang)Mich. Möller et A. Weber
 习 性：多年生草本
 分 布：江西
 濒危等级：NT B1ab（i, ii, v）；D

贵州马铃苣苔
Oreocharis cavaleriei H. Lév.
 习 性：多年生草本
 分 布：贵州
 濒危等级：VU A2c；D1

浙皖粗筒苣苔
Oreocharis chienii(Chun)Mich. Möller et A. Weber
 习 性：多年生草本
 海 拔：500~1000 m
 分 布：安徽、江西、浙江
 濒危等级：LC

灰叶后蕊苣苔
Oreocharis cinerea(W. T. Wang)Mich. Möller et A. Weber
 习 性：多年生草本
 海 拔：约605 m
 分 布：贵州
 濒危等级：EN B1ab（i, ii, iii, v）；D

肉色马铃苣苔
Oreocharis cinnamomea J. Anthony
 习 性：多年生草本
 海 拔：2500~3400 m
 分 布：四川、云南
 濒危等级：LC

凹瓣苣苔
Oreocharis concava(Craib)Mich. Möller et A. Weber

凹瓣苣苔（原变种）
Oreocharis concava var. **concava**
 习 性：多年生草本
 海 拔：2800~3600 m
 分 布：四川、云南
 濒危等级：LC

窄叶凹瓣苣苔
Oreocharis concava var. **angustifolia**(K. Y. Pan)Mich. Möller et A. Weber.
 习 性：多年生草本
 海 拔：约2800 m
 分 布：云南
 濒危等级：LC

凸瓣苣苔
Oreocharis convexa(Craib)Mich. Möller et A. Weber
 习 性：多年生草本
 海 拔：2500~3400 m
 分 布：云南
 濒危等级：LC

心叶马铃苣苔
Oreocharis cordatula(Craib)Pellegr.
 习 性：多年生草本
 海 拔：1900~3200 m
 分 布：四川、云南

瑶山苣苔
Oreocharis cotinifolia(W. T. Wang)Mich. Möller et A. Weber
 习 性：多年生草本
 海 拔：900~1200 m
 分 布：广西
 濒危等级：EN B1ab（i, iii, iv）；D2
 国家保护：Ⅱ级

短檐苣苔
Oreocharis craibii Mich. Möller et A. Weber
 习 性：多年生草本
 海 拔：2600~4300 m
 分 布：四川、云南
 濒危等级：LC

圆齿金盏苣苔
Oreocharis crenata(K. Y. Pan)Mich. Möller et A. Weber
 习 性：多年生草本
 海 拔：约1300 m
 分 布：湖北
 濒危等级：EN D

汕头后蕊苣苔
Oreocharis dalzielii(W. W. Sm.)Mich. Möller et A. Weber
 习 性：多年生草本
 海 拔：600~700 m
 分 布：福建、广东
 濒危等级：LC

毛花马铃苣苔
Oreocharis dasyantha Chun

毛花马铃苣苔（原变种）
Oreocharis dasyantha var. **dasyantha**
 习 性：多年生草本
 分 布：海南
 濒危等级：NT B1ab（i，ii）；D1

锈毛马铃苣苔
Oreocharis dasyantha var. **ferruginosa** K. Y. Pan
 习 性：多年生草本
 分 布：海南
 濒危等级：LC

齿叶瑶山苣苔
Oreocharis dayaoshanioides Yan Liu et W. B. Xu
 习 性：多年生草本
 海 拔：约60 m
 分 布：广西
 濒危等级：LC

椭圆马铃苣苔
Oreocharis delavayi Franch.
 习 性：多年生草本
 海 拔：2100~3400 m
 分 布：四川、西藏、云南
 濒危等级：LC

川西马铃苣苔
Oreocharis dentata A. L. Weitzman et L. E. Skog
 习 性：多年生草本
 分 布：四川
 濒危等级：DD

异萼直瓣苣苔
Oreocharis dimorphosepala（W. H. Chen et Y. M. Shui）Mich. Möller
 习 性：多年生草本
 海 拔：约2400 m
 分 布：云南
 濒危等级：LC

鼎湖后蕊苣苔
Oreocharis dinghushanensis（W. T. Wang）Mich. Möller et A. Weber
 习 性：多年生草本
 分 布：广东
 濒危等级：NT B1ab（i，ii，v）

紫花粗筒苣苔
Oreocharis elegantissima（H. Lév. et Vaniot）Mich. Möller et W. H. Chen
 习 性：多年生草本
 海 拔：约600 m
 分 布：贵州
 濒危等级：NT D1

辐花苣苔
Oreocharis esquirolii H. Lév.
 习 性：多年生草本
 海 拔：1500~1600 m
 分 布：贵州
 濒危等级：EN A2a；C1
 国家保护：I级

多裂金盏苣苔
Oreocharis eximia（Chun ex K. Y. Pan）Mich. Möller et A. Weber
 习 性：多年生草本
 海 拔：2800~3000 m
 分 布：四川
 濒危等级：VU A2c

城口金盏苣苔
Oreocharis fargesii（Franch.）Mich. Möller et A. Weber
 习 性：多年生草本
 海 拔：600~1000 m
 分 布：四川
 濒危等级：DD

金盏苣苔
Oreocharis farreri（Craib）Mich. Möller et A. Weber
 习 性：多年生草本
 海 拔：约800 m
 分 布：甘肃、陕西、四川
 濒危等级：LC

扇叶直瓣苣苔
Oreocharis flabellata（C. Y. Wu ex H. W. Li）Mich. Möller et A. Weber
 习 性：多年生草本
 海 拔：约2200 m
 分 布：云南
 濒危等级：NT A2c；B1ab（i，iii，v）

黄花马铃苣苔
Oreocharis flavida Merr.
 习 性：多年生草本
 海 拔：1000~1900 m
 分 布：海南
 濒危等级：NT B1ab（i，ii，v）

丽江马铃苣苔
Oreocharis forrestii（Diels）Skan
 习 性：多年生草本
 海 拔：2300~3600 m
 分 布：四川、云南
 濒危等级：LC

黄花直瓣苣苔
Oreocharis gamosepala（K. Y. Pan）Mich. Möller et A. Weber
 习 性：多年生草本
 海 拔：1700~2500 m
 分 布：四川
 濒危等级：VU D1

剑川马铃苣苔
Oreocharis georgei J. Anthony
 习 性：多年生草本
 海 拔：2300~3400 m
 分 布：四川、云南
 濒危等级：DD

毛蕊金盏苣苔
Oreocharis giraldii(Diels)Mich. Möller et A. Weber
  习 性：多年生草本
  海 拔：约 1100 m
  分 布：陕西
  濒危等级：LC

短檐金盏苣苔
Oreocharis glandulosa(Batalin)Mich. Möller et A. Weber
  习 性：多年生草本
  海 拔：800~1100 m
  分 布：甘肃、四川
  濒危等级：NT B1ab（i，ii，v）

河口直瓣苣苔
Oreocharis hekouensis(Y. M. Shui et W. H. Chen)Mich. Möller et A. Weber
  习 性：多年生草本
  海 拔：1700~1900 m
  分 布：云南
  濒危等级：NT B1ab（i，iii，v）

川滇马铃苣苔
Oreocharis henryana Oliv.
  习 性：多年生草本
  海 拔：600~3000 m
  分 布：重庆、甘肃、四川、云南
  濒危等级：LC
  资源利用：药用（中草药）

矮直瓣苣苔
Oreocharis humilis(W. T. Wang)Mich. Möller et A. Weber
  习 性：多年生草本
  海 拔：约 2100 m
  分 布：湖北、四川
  濒危等级：NT A3；C2b

江西全唇苣苔
Oreocharis jiangxiensis(W. T. Wang)Mich. Möller et A. Weber
  习 性：多年生草本
  海 拔：约 1200 m
  分 布：福建、江西
  濒危等级：VU A2c；B2ab（ii，v）；D1

金平马铃苣苔
Oreocharis jinpingensis W. H. Chen et Y. M. Shui
  习 性：多年生草本
  海 拔：约 2000 m
  分 布：云南
  濒危等级：LC

紫花金盏苣苔
Oreocharis lancifolia(Franch.)Mich. Möller et A. Weber

紫花金盏苣苔（原变种）
Oreocharis lancifolia var. **lancifolia**
  习 性：多年生草本
  海 拔：1100~2800 m
  分 布：四川
  濒危等级：LC

汶川金盏苣苔
Oreocharis lancifolia var. **mucronata**(K. Y. Pan)Mich. Möller et A. Weber
  习 性：多年生草本
  海 拔：2200~2800 m
  分 布：四川
  濒危等级：DD

宽萼粗筒苣苔
Oreocharis latisepala(Chun ex K. Y. Pan)Mich. Möller et W. H. Chen
  习 性：多年生草本
  分 布：浙江
  濒危等级：VU A2c

五数苣苔
Oreocharis leiophylla W. T. Wang
  习 性：多年生草本
  分 布：福建
  濒危等级：LC

白花金盏苣苔
Oreocharis leucantha(Diels)Mich. Möller et A. Weber
  习 性：多年生草本
  海 拔：约 3900 m
  分 布：四川
  濒危等级：LC

长叶粗筒苣苔
Oreocharis longifolia(Craib)Mich. Möller et A. Weber

长叶粗筒苣苔（原变种）
Oreocharis longifolia var. **longifolia**
  习 性：多年生草本
  海 拔：1000~3100 m
  国内分布：云南
  国外分布：缅甸
  濒危等级：LC

多花粗筒苣苔
Oreocharis longifolia var. **multiflora**(S. Y. Chen ex K. Y. Pan)Mich. Möller et A. Weber
  习 性：多年生草本
  海 拔：1000~1900 m
  分 布：甘肃、四川
  濒危等级：NT B1b（i，ii，iii，v）c（i，ii，iv）

龙胜金盏苣苔
Oreocharis lungshengensis(W. T. Wang)Mich. Möller et A. Weber
  习 性：多年生草本
  海 拔：700~1500 m
  分 布：广西
  濒危等级：LC

大齿马铃苣苔
Oreocharis magnidens Chun ex K. Y. Pan
  习 性：多年生草本
  海 拔：1100~1600 m
  分 布：广东、广西

濒危等级：LC

东川短檐苣苔
Oreocharis mairei H. Lév.
习　　性：多年生草本
海　　拔：1800～2600 m
分　　布：云南
濒危等级：LC

大花石上莲
Oreocharis maximowiczii C. B. Clarke
习　　性：多年生草本
海　　拔：200～800 m
分　　布：福建、广东、湖南、江西、浙江
濒危等级：LC

弥勒苣苔
Oreocharis mileensis（W. T. Wang）Mich. Möller et A. Weber
习　　性：多年生草本
海　　拔：2000～2600 m
分　　布：广西、贵州、云南
濒危等级：EN D

小马铃苣苔
Oreocharis minor（Craib）Pellegr.
习　　性：多年生草本
海　　拔：2800～3100 m
分　　布：四川、云南
濒危等级：LC

藓丛粗筒苣苔
Oreocharis muscicola（Craib）Mich. Möller et A. Weber
习　　性：多年生草本
海　　拔：2400～3500 m
国内分布：西藏、云南
国外分布：不丹、缅甸、印度
濒危等级：LC

南川金盏苣苔
Oreocharis nanchuanica（K. Y. Pan et Z. Yu Liu）Mich. Möller et A. Weber
习　　性：多年生草本
海　　拔：700～800 m
分　　布：重庆
濒危等级：DD

湖南马铃苣苔
Oreocharis nemoralis Chun

湖南马铃苣苔（原变种）
Oreocharis nemoralis var. **nemoralis**
习　　性：多年生草本
分　　布：广东、湖南
濒危等级：NT B1ab（i, ii, v）；D

绵毛马铃苣苔
Oreocharis nemoralis var. **lanata** Y. L. Zheng et N. H. Xia
习　　性：多年生草本
分　　布：广东
濒危等级：DD

贵州直瓣苣苔
Oreocharis notochlaena（H. Lév. et Vaniot）H. Lév.
习　　性：多年生草本
海　　拔：约800 m
分　　布：贵州
濒危等级：VU A2c

斜叶马铃苣苔
Oreocharis obliqua C. Y. Wu ex H. W. Li
习　　性：多年生草本
海　　拔：1400～2300 m
分　　布：云南
濒危等级：VU A2c；D1

狭叶短檐苣苔
Oreocharis obliquifolia（K. Y. Pan）Mich. Möller et A. Weber
习　　性：多年生草本
海　　拔：1500～1800 m
分　　布：四川
濒危等级：NT B1ab（i, iii, v）

钝齿后蕊苣苔
Oreocharis obtusidentata（W. T. Wang）Mich. Möller et A. Weber
习　　性：多年生草本
分　　布：湖南
濒危等级：LC

橙黄短檐苣苔
Oreocharis pankaiyuae Mich. Möller et A. Weber

橙黄短檐苣苔（原变种）
Oreocharis pankaiyuae var. **pankaiyuae**
习　　性：多年生草本
海　　拔：约1000 m
分　　布：四川
濒危等级：LC

威宁短檐苣苔
Oreocharis pankaiyuae var. **weiningense**（S. Z. He et Q. W. Sun）Mich. Möller et A. Weber
习　　性：多年生草本
分　　布：贵州
濒危等级：LC

小粗筒苣苔
Oreocharis parva Mich. Möller et W. H. Chen
习　　性：多年生草本
海　　拔：约1300 m
分　　布：湖北
濒危等级：EN B2ac（ii, v）；C1

小叶粗筒苣苔
Oreocharis parvifolia（K. Y. Pan）Mich. Möller et W. H. Chen
习　　性：多年生草本
海　　拔：约750 m
分　　布：贵州
濒危等级：VU A2c

平伐粗筒苣苔
Oreocharis pinfaensis（H. Lév.）Mich. Möller et W. H. Chen

习　　性：多年生草本
海　　拔：约 750 m
分　　布：贵州
濒危等级：DD

裂叶金盏苣苔
Oreocharis pinnatilobata(K. Y. Pan)Mich. Möller et A. Weber
习　　性：多年生草本
海　　拔：500～1200 m
分　　布：重庆、湖北
濒危等级：LC

羽裂金盏苣苔
Oreocharis primuliflora(Batalin)Mich. Möller et A. Weber
习　　性：多年生草本
海　　拔：2000～2800 m
分　　布：四川
濒危等级：NT A3

裂檐苣苔
Oreocharis pumila(W. T. Wang)Mich. Möller et A. Weber
习　　性：多年生草本
海　　拔：700～900 m
分　　布：广西
濒危等级：CR B1ab（i，ii，v）

菱叶直瓣苣苔
Oreocharis rhombifolia(K. Y. Pan)Mich. Möller et A. Weber
习　　性：多年生草本
海　　拔：约 2700 m
分　　布：四川
濒危等级：DD

融安直瓣苣苔
Oreocharis ronganensis(K. Y. Pan)Mich. Möller et A. Weber
习　　性：多年生草本
分　　布：广西
濒危等级：LC

川鄂粗筒苣苔
Oreocharis rosthornii(Diels)Mich. Möller et A. Weber

川鄂粗筒苣苔（原变种）
Oreocharis rosthornii var. **rosthornii**
习　　性：多年生草本
海　　拔：1000～2300 m
分　　布：贵州、湖北、四川
濒危等级：LC

贞丰粗筒苣苔
Oreocharis rosthornii var. **crenulata**(Hand.-Mazz.)Mich. Möller et A. Weber
习　　性：多年生草本
分　　布：贵州
濒危等级：EN A2c；D

文山粗筒苣苔
Oreocharis rosthornii var. **wenshanensis**(K. Y. Pan)Mich. Möller et A. Weber
习　　性：多年生草本
海　　拔：约 2300 m
分　　布：云南
濒危等级：LC

锈毛粗筒苣苔
Oreocharis rosthornii var. **xingrenensis**(K. Y. Pan)Mich. Möller et A. Weber
习　　性：多年生草本
分　　布：贵州
濒危等级：LC

圆叶马铃苣苔
Oreocharis rotundifolia K. Y. Pan
习　　性：多年生草本
海　　拔：约 2100 m
分　　布：云南
濒危等级：VU A2c；D1

红短檐苣苔
Oreocharis rubra(Hand.-Mazz.)Mich. Möller et A. Weber
习　　性：多年生草本
分　　布：云南
濒危等级：DD

直瓣苣苔
Oreocharis saxatilis(Hemsl.)Mich. Möller et A. Weber
习　　性：多年生草本
海　　拔：1600～3100 m
分　　布：甘肃、湖北、四川
濒危等级：LC

云南粗筒苣苔
Oreocharis shweliensis Mich. Möller et W. H. Chen
习　　性：多年生草本
海　　拔：1600～3000 m
分　　布：云南
濒危等级：LC

全唇苣苔
Oreocharis sichuanensis(W. T. Wang)Mich. Möller et A. Weber
习　　性：多年生草本
分　　布：重庆
濒危等级：VU A2c；C2a（ii）

四川金盏苣苔
Oreocharis sichuanica(K. Y. Pan)Mich. Möller et A. Weber
习　　性：多年生草本
海　　拔：2200～2500 m
分　　布：四川
濒危等级：EN D

四数苣苔
Oreocharis sinensis(Oliv.)Mich. Möller et A. Weber
习　　性：多年生草本
海　　拔：600～1000 m
分　　布：广东
濒危等级：NT A2c；B1ab（ii，v）

毡毛后蕊苣苔
Oreocharis sinohenryi(Chun)Mich. Möller et A. Weber

习　　性：多年生草本
海　　拔：500～600 m
分　　布：广西
濒危等级：NT A3c；B1ab（i，ii，v）

鄂西粗筒苣苔
Oreocharis speciosa（Hemsl.）Mich. Möller et W. H. Chen
习　　性：多年生草本
海　　拔：300～1600 m
分　　布：湖北、湖南、四川
濒危等级：LC

皱叶后蕊苣苔
Oreocharis stenosiphon Mich. Möller et A. Weber
习　　性：多年生草本
海　　拔：约1800 m
分　　布：重庆
濒危等级：VU A2c

广西粗筒苣苔
Oreocharis stewardii（Chun）Mich. Möller et A. Weber
习　　性：多年生草本
海　　拔：约300 m
分　　布：广西
濒危等级：LC

东川粗筒苣苔
Oreocharis tongtchouanensis Mich. Möller et W. H. Chen
习　　性：多年生草本
海　　拔：2600～3000 m
分　　布：云南
濒危等级：NT B1ab（ii，v）

毛花直瓣苣苔
Oreocharis trichantha（B. L. Burtt et R. Davidson）Mich. Möller et A. Weber
习　　性：多年生草本
海　　拔：约1400 m
分　　布：云南
濒危等级：VU A2c；B1ab（i，iii，v）

蔡氏马铃苣苔
Oreocharis tsaii Y. H. Tan et J. W. Li
习　　性：多年生草本
海　　拔：约1500 m
分　　布：云南
濒危等级：LC

管花马铃苣苔
Oreocharis tubicella Franch.
习　　性：多年生草本
海　　拔：约1300 m
分　　布：四川、云南
濒危等级：NT D

筒花马铃苣苔
Oreocharis tubiflora K. Y. Pan
习　　性：多年生草本
海　　拔：500～700 m
分　　布：福建
濒危等级：VU A2c；D1

木里短檐苣苔
Oreocharis urceolata（K. Y. Pan）Mich. Möller et A. Weber
习　　性：多年生草本
海　　拔：约2600 m
分　　布：四川
濒危等级：VU A2c

柔毛金盏苣苔
Oreocharis villosa（K. Y. Pan）Mich. Möller et A. Weber
习　　性：多年生草本
海　　拔：600～1600 m
分　　布：重庆
濒危等级：DD

狐毛直瓣苣苔
Oreocharis vulpina（B. L. Burtt et R. Davidson）Mich. Möller et A. Weber
习　　性：多年生草本
分　　布：云南
濒危等级：DD

滇北直瓣苣苔
Oreocharis wangwentsaii Mich. Möller et A. Weber

滇北直瓣苣苔（原变种）
Oreocharis wangwentsaii var. **wangwentsaii**
习　　性：多年生草本
海　　拔：1500～3200 m
分　　布：云南
濒危等级：LC

峨眉直瓣苣苔
Oreocharis wangwentsaii var. **emeiensis**（K. Y. Pan）Mich. Möller et A. Weber
习　　性：多年生草本
海　　拔：1500～2100 m
分　　布：四川
濒危等级：LC

万山金盏苣苔
Oreocharis wanshanensis（S. Z. He）Mich. Möller et A. Weber
习　　性：多年生草本
海　　拔：约1000 m
分　　布：贵州
濒危等级：EN B1ab（ii，iii，v）

文采后蕊苣苔
Oreocharis wentsaii（Z. Yu. Li）Mich. Möller et A. Weber
习　　性：多年生草本
海　　拔：900 m
分　　布：贵州
濒危等级：DD

湘桂马铃苣苔
Oreocharis xiangguiensis W. T. Wang et K. Y. Pan
习　　性：多年生草本
海　　拔：800～1400 m

分　　布：广西、湖南
濒危等级：LC

云南马铃苣苔
Oreocharis yunnanensis Rossini et J. Freitas
　　习　　性：多年生草本
　　海　　拔：约 1600 m
　　分　　布：云南
　　濒危等级：LC

喜鹊苣苔属 Ornithoboea Parish ex C. B. Clarke

蛛毛喜鹊苣苔
Ornithoboea arachnoidea (Diels) Craib
　　习　　性：多年生草本
　　海　　拔：1800～2000 m
　　国内分布：云南
　　国外分布：泰国
　　濒危等级：LC

灰岩喜鹊苣苔
Ornithoboea calcicola C. Y. Wu ex H. W. Li
　　习　　性：多年生草本
　　海　　拔：约 1000 m
　　分　　布：云南
　　濒危等级：VU A2c

贵州喜鹊苣苔
Ornithoboea feddei (H. Lév.) B. L. Burtt
　　习　　性：多年生草本
　　海　　拔：700～1350 m
　　分　　布：广西、贵州
　　濒危等级：NT A2c；B1ab (i, ii, iii, v)

喜鹊苣苔
Ornithoboea henryi Craib
　　习　　性：多年生草本
　　海　　拔：700～1400 m
　　分　　布：云南
　　濒危等级：LC

雷氏喜鹊苣苔
Ornithoboea lacei Craib
　　习　　性：多年生草本
　　国内分布：广西
　　国外分布：泰国、越南
　　濒危等级：LC

滇桂喜鹊苣苔
Ornithoboea wildeana Craib
　　习　　性：多年生草本
　　海　　拔：300～1300 m
　　国内分布：广西、云南
　　国外分布：泰国
　　濒危等级：LC
　　资源利用：药用（中草药）

蛛毛苣苔属 Paraboea (C. B. Clarke) Ridl.

细叶蛛毛苣苔
Paraboea angustifolia Yan Liu et W. B. Xu
　　习　　性：多年生草本
　　海　　拔：约 700 m
　　分　　布：广西
　　濒危等级：LC

唇萼苣苔
Paraboea birmanica (Craib) C. Puglisi
　　习　　性：多年生草本
　　海　　拔：1000～1700 m
　　国内分布：广西、四川、云南
　　国外分布：缅甸、泰国
　　濒危等级：LC

昌江蛛毛苣苔
Paraboea changjiangensis F. W. Xing et Z. X. Li
　　习　　性：亚灌木
　　海　　拔：约 600 m
　　分　　布：海南
　　濒危等级：LC

棒萼蛛毛苣苔
Paraboea clavisepala D. Fang et D. H. Qin
　　习　　性：草本
　　海　　拔：约 800 m
　　分　　布：广西
　　濒危等级：NT D

厚叶蛛毛苣苔
Paraboea crassifolia (Hemsl.) B. L. Burtt
　　习　　性：多年生草本
　　海　　拔：700～3200 m
　　分　　布：广西、贵州、湖北、四川、云南
　　濒危等级：LC

网脉蛛毛苣苔
Paraboea dictyoneura (Hance) B. L. Burtt
　　习　　性：半灌木状草本
　　海　　拔：100～800 m
　　国内分布：广东、广西
　　国外分布：泰国、越南
　　濒危等级：LC
　　资源利用：药用（中草药）

丝梗蛛毛苣苔
Paraboea filipes (Hance) B. L. Burtt
　　习　　性：多年生草本
　　海　　拔：100～300 m
　　分　　布：广东
　　濒危等级：CR C1

腺花蛛毛苣苔
Paraboea glanduliflora Barnett
　　习　　性：多年生草本
　　国内分布：云南
　　国外分布：缅甸、泰国
　　濒危等级：LC

白花蛛毛苣苔
Paraboea glutinosa (Hand.-Mazz.) K. Y. Pan
　　习　　性：亚灌木
　　海　　拔：400～1400 m

分　　布：广西、贵州
濒危等级：LC

桂林蛛毛苣苔
Paraboea guilinensis L. Xu et Y. G. Wei
　　习　　性：多年生草本
　　分　　布：广西
　　濒危等级：LC

海南蛛毛苣苔
Paraboea hainanensis (Chun) B. L. Burtt
　　习　　性：多年生草本
　　海　　拔：约 800 m
　　分　　布：海南
　　濒危等级：NT B1ab (i, ii); D1

河口蛛毛苣苔
Paraboea hekouensis Y. M. Shui et W. H. Chen
　　习　　性：草本或小灌木
　　海　　拔：约 700 m
　　分　　布：云南
　　濒危等级：LC

蔓耗蛛毛苣苔
Paraboea manhaoensis Y. M. Shui et W. H. Chen
　　习　　性：草本或小灌木
　　海　　拔：约 500 m
　　分　　布：云南
　　濒危等级：LC

髯丝蛛毛苣苔
Paraboea martinii (H. Lév. et Vaniot) B. L. Burtt
　　习　　性：亚灌木
　　海　　拔：400~1500 m
　　分　　布：广西、贵州、云南
　　濒危等级：LC

云南蛛毛苣苔
Paraboea neurophylla (Collett et Hemsl.) B. L. Burtt
　　习　　性：多年生草本
　　海　　拔：约 2100 m
　　国内分布：云南
　　国外分布：缅甸、越南
　　濒危等级：LC

垂花蛛毛苣苔
Paraboea nutans D. Fang et D. H. Qin
　　习　　性：草本
　　海　　拔：900~1200 m
　　分　　布：广西
　　濒危等级：LC

思茅蛛毛苣苔
Paraboea paramartinii Z. R. Xu et B. L. Burtt
　　习　　性：亚灌木
　　海　　拔：约 1500 m
　　国内分布：云南
　　国外分布：泰国
　　濒危等级：LC

盾叶蛛毛苣苔
Paraboea peltifolia D. Fang et L. Zeng
　　习　　性：草本
　　海　　拔：300~400 m
　　分　　布：广西
　　濒危等级：VU B1ab (i, iii, v); C1

锈色蛛毛苣苔
Paraboea rufescens (Franch.) B. L. Burtt
　　习　　性：亚灌木
　　海　　拔：200~1500 m
　　国内分布：广东、广西、贵州、海南、云南
　　国外分布：泰国、越南
　　濒危等级：LC

锥序蛛毛苣苔
Paraboea swinhoei (Hance) B. L. Burtt
　　习　　性：亚灌木
　　海　　拔：300~1000 m
　　国内分布：广西、贵州、台湾
　　国外分布：菲律宾、泰国、越南
　　濒危等级：LC

四苞蛛毛苣苔
Paraboea tetrabracteata F. Wen et al.
　　习　　性：多年生草本
　　分　　布：广东
　　濒危等级：LC

小花蛛毛苣苔
Paraboea thirionii (H. Lév.) B. L. Burtt
　　习　　性：多年生草本
　　海　　拔：约 300 m
　　分　　布：广西、贵州
　　濒危等级：LC

三苞蛛毛苣苔
Paraboea tribracteata D. Fang et W. Y. Rao
　　习　　性：草本
　　分　　布：贵州
　　濒危等级：LC

三萼蛛毛苣苔
Paraboea trisepala W. H. Chen et Y. M. Shui
　　习　　性：多年生草本
　　海　　拔：约 300 m
　　分　　布：广西
　　濒危等级：LC

伞花蛛毛苣苔
Paraboea umbellata (Drake) B. L. Burtt
　　习　　性：多年生草本
　　海　　拔：200~1200 m
　　国内分布：广西
　　国外分布：越南
　　濒危等级：LC

密叶蛛毛苣苔
Paraboea velutina (W. T. Wang et C. Z. Gao) B. L. Burtt

习　　性：亚灌木
海　　拔：约510 m
分　　布：广西
濒危等级：EN B1ab（ii, v）

石山苣苔属 Petrocodon Hance

兔儿风叶石山苣苔
Petrocodon ainsliifolius W. H. Chen et Y. M. Shui
　　习　　性：多年生草本
　　海　　拔：约1500 m
　　分　　布：云南
　　濒危等级：LC

朱红苣苔
Petrocodon coccineus(C. Y. Wu ex H. W. Li) Yin Z. Wang
　　习　　性：多年生草本
　　海　　拔：1000~1500 m
　　分　　布：广西、云南
　　濒危等级：LC

密花石山苣苔
Petrocodon confertiflorus H. Q. Li et Y. Q. Wang
　　习　　性：多年生草本
　　分　　布：广东
　　濒危等级：LC

革叶细筒苣苔
Petrocodon coriaceifolius(Y. G. Wei) Y. G. Wei et Mich. Möller
　　习　　性：多年生草本
　　海　　拔：300 m
　　分　　布：广西
　　濒危等级：NT

石山苣苔
Petrocodon dealbatus Hance

石山苣苔（原变种）
Petrocodon dealbatus var. **dealbatus**
　　习　　性：多年生草本
　　海　　拔：200~1000 m
　　分　　布：广东、广西、贵州、湖北、湖南
　　濒危等级：LC
　　资源利用：药用（中草药）

齿缘石山苣苔
Petrocodon dealbatus var. **denticulatus**(W. T. Wang) W. T. Wang
　　习　　性：多年生草本
　　分　　布：贵州、湖南
　　濒危等级：LC

方鼎苣苔
Petrocodon fangianus(Y. G. Wei) J. M. Li et Yin Z. Wang
　　习　　性：多年生草本
　　海　　拔：1000 m
　　分　　布：广西
　　濒危等级：EN A2ac；B1ab（i, iii, iv, v）

锈色石山苣苔
Petrocodon ferrugineus Y. G. Wei
　　习　　性：多年生草本
　　海　　拔：300 m
　　分　　布：广西
　　濒危等级：VU B1ab（i, ii, v）

广西石山苣苔
Petrocodon guangxiensis(Yan Liu et W. B. Xu) W. B. Xu et K. F. Chung
　　习　　性：多年生草本
　　海　　拔：约600 m
　　分　　布：广西
　　濒危等级：EN D

东南长蒴苣苔
Petrocodon hancei(Hemsl.) A. Weber et Mich. Möller
　　习　　性：多年生草本
　　海　　拔：400~1000 m
　　分　　布：福建、广东、湖南、江西
　　濒危等级：LC

河池细筒苣苔
Petrocodon hechiensis(Y. G. Wei, Yan Liu et F. Wen) Y. G. Wei et Mich. Möller
　　习　　性：多年生草本
　　分　　布：广西
　　濒危等级：VU B2ac（ii）

细筒苣苔
Petrocodon hispidus(W. T. Wang) A. Weber et Mich. Möller
　　习　　性：多年生草本
　　海　　拔：约1500 m
　　分　　布：云南
　　濒危等级：VU A2c

湖南石山苣苔
Petrocodon hunanensis X. L. Yu et Ming Li
　　习　　性：多年生草本
　　海　　拔：约230 m
　　分　　布：湖南
　　濒危等级：LC

全缘叶细筒苣苔
Petrocodon integrifolius(D. Fang et L. Zeng) A. Weber et Mich. Möller
　　习　　性：多年生草本
　　海　　拔：约500 m
　　分　　布：广西
　　濒危等级：VU B2ab（ii, v）

长檐苣苔
Petrocodon jasminiflorus(D. Fang et W. T. Wang) A. Weber et Mich. Möller
　　习　　性：多年生草本
　　海　　拔：1100~1200 m
　　分　　布：广西
　　濒危等级：NT

靖西细筒苣苔
Petrocodon jingxiensis(Yan Liu, H. S. Gao et W. B. Xu) A. Weber et Mich. Möller

习　　性：多年生草本
海　　拔：约700 m
分　　布：广西
濒危等级：LC

披针叶石山苣苔
Petrocodon lancifolius F. Wen et Y. G. Wei
　　习　　性：多年生草本
　　海　　拔：约1100 m
　　分　　布：贵州
　　濒危等级：LC

疏花石山苣苔
Petrocodon laxicymosus W. B. Xu et Yan Liu
　　习　　性：多年生草本
　　海　　拔：约1100 m
　　分　　布：广西
　　濒危等级：NT

岩生石山苣苔
Petrocodon lithophilus Y. M. Shui, W. H. Chen et Mich. Möller
　　习　　性：多年生草本
　　海　　拔：约1850 m
　　分　　布：云南
　　濒危等级：LC

弄岗石山苣苔
Petrocodon longgangensis W. H. Wu et W. B. Xu
　　习　　性：多年生草本
　　海　　拔：约400 m
　　分　　布：广西
　　濒危等级：EN B1ab（iii）

陆氏细筒苣苔
Petrocodon lui（Yan Liu et W. B. Xu）A. Weber et Mich. Möller
　　习　　性：多年生草本
　　海　　拔：约750 m
　　分　　布：广西
　　濒危等级：NT

柔毛长蒴苣苔
Petrocodon mollifolius（W. T. Wang）A. Weber et Mich. Möller
　　习　　性：多年生草本
　　海　　拔：约1000 m
　　分　　布：云南
　　濒危等级：LC

多花石山苣苔
Petrocodon multiflorus F. Wen et Y. S. Jiang
　　习　　性：多年生草本
　　分　　布：广西
　　濒危等级：LC

绵毛长蒴苣苔
Petrocodon niveolanosus（D. Fang et W. T. Wang）A. Weber et Mich. Möller
　　习　　性：多年生草本
　　海　　拔：约1100 m
　　分　　布：广西、贵州
　　濒危等级：LC

近革叶石山苣苔
Petrocodon pseudocoriaceifolius Yan Liu et W. B. Xu
　　习　　性：多年生草本
　　海　　拔：约320 m
　　分　　布：广西
　　濒危等级：VU B2ab（ii，v）

世纬苣苔
Petrocodon scopulorus（Chun）Yin Z. Wang
　　习　　性：多年生草本
　　海　　拔：300～1200 m
　　分　　布：贵州、云南
　　濒危等级：CR B1ab（i，iii，v）

天等石山苣苔
Petrocodon tiandengensis（Yan Liu et Bo Pan）A. Weber et Mich. Möller
　　习　　性：多年生草本
　　分　　布：广西
　　濒危等级：EN B1ab（i，ii，v）

长毛石山苣苔
Petrocodon villosus Xin Hong et al.
　　习　　性：多年生草本
　　海　　拔：约160 m
　　分　　布：广西
　　濒危等级：LC

绿花石山苣苔
Petrocodon viridescens W. H. Chen
　　习　　性：多年生草本
　　海　　拔：约1700 m
　　分　　布：云南
　　濒危等级：LC

石蝴蝶属 Petrocosmea Oliv.

髯毛石蝴蝶
Petrocosmea barbata Craib
　　习　　性：多年生草本
　　海　　拔：约2100 m
　　分　　布：云南
　　濒危等级：NT B1ab（i，ii）；D1

秋海棠叶石蝴蝶
Petrocosmea begoniifolia C. Y. Wu ex H. W. Li
　　习　　性：多年生草本
　　海　　拔：1600～2200 m
　　分　　布：云南
　　濒危等级：DD

贵州石蝴蝶
Petrocosmea cavaleriei H. Lév.
　　习　　性：多年生草本
　　分　　布：贵州
　　濒危等级：LC

蓝石蝴蝶
Petrocosmea coerulea C. Y. Wu ex W. T. Wang

习　　性：多年生草本
海　　拔：约 500 m
国内分布：云南
国外分布：印度
濒危等级：NT

汇药石蝴蝶
Petrocosmea confluens W. T. Wang
习　　性：多年生草本
海　　拔：约 1300 m
分　　布：贵州
濒危等级：LC

石蝴蝶
Petrocosmea duclouxii Craib
习　　性：多年生草本
海　　拔：2000~2600 m
分　　布：云南
濒危等级：LC

萎软石蝴蝶
Petrocosmea flaccida Craib
习　　性：多年生草本
海　　拔：2800~3100 m
分　　布：四川、云南
濒危等级：LC

大理石蝴蝶
Petrocosmea forrestii Craib
习　　性：多年生草本
海　　拔：1600~2000 m
分　　布：四川、云南
濒危等级：NT B1ab（i，ii）；D1

富宁石蝴蝶
Petrocosmea funingensis Q. Zhang et Bo Pan
习　　性：多年生草本
海　　拔：约 1400 m
分　　布：云南
濒危等级：EN A2ac；B1ab（ii，iii）

大花石蝴蝶
Petrocosmea grandiflora Hemsl.
习　　性：多年生草本
海　　拔：约 2000 m
分　　布：云南
濒危等级：VU B1ab（i，iii，iv）；D2

大叶石蝴蝶
Petrocosmea grandifolia W. T. Wang
习　　性：多年生草本
海　　拔：约 1000 m
分　　布：云南
濒危等级：LC

河西石蝴蝶
Petrocosmea hexiensis S. Z. Zhang et Z. Yu Liu
习　　性：多年生草本
分　　布：重庆
濒危等级：LC

环江石蝴蝶
Petrocosmea huanjiangensis Yan Liu et W. B. Xu
习　　性：多年生草本
分　　布：广西
濒危等级：EN B2ac（ii）

蒙自石蝴蝶
Petrocosmea iodioides Hemsl.
习　　性：多年生草本
海　　拔：1100~2500 m
分　　布：广西、云南
濒危等级：NT B1ab（i，ii，v）

滇泰石蝴蝶
Petrocosmea kerrii Craib

滇泰石蝴蝶（原变种）
Petrocosmea kerrii var. **kerrii**
习　　性：多年生草本
海　　拔：1900~3100 m
国内分布：云南
国外分布：缅甸、泰国
濒危等级：NT

绵毛石蝴蝶
Petrocosmea kerrii var. **crinita** W. T. Wang
习　　性：多年生草本
海　　拔：约 1500 m
分　　布：云南
濒危等级：LC

长梗石蝴蝶
Petrocosmea longipedicellata W. T. Wang
习　　性：多年生草本
海　　拔：1100~1200 m
分　　布：云南
濒危等级：DD

东川石蝴蝶
Petrocosmea mairei H. Lév.

东川石蝴蝶（原变种）
Petrocosmea mairei var. **mairei**
习　　性：多年生草本
海　　拔：约 2600 m
分　　布：四川、云南
濒危等级：LC

会东石蝴蝶
Petrocosmea mairei var. **intraglabra** W. T. Wang
习　　性：多年生草本
海　　拔：约 2000 m
分　　布：四川
濒危等级：LC

滇黔石蝴蝶
Petrocosmea martinii（H. Lév.）H. Lév.

滇黔石蝴蝶（原变种）
Petrocosmea martinii var. **martinii**
习　　性：多年生草本

海　　拔：约 1000 m
分　　布：广西、贵州、云南
濒危等级：LC

光蕊滇黔石蝴蝶
Petrocosmea martinii var. **leiandra** W. T. Wang
　　习　　性：多年生草本
　　分　　布：贵州
　　濒危等级：LC

黑眼石蝴蝶
Petrocosmea melanophthalma Huan C. Wang et al.
　　习　　性：多年生草本
　　海　　拔：2200～2300 m
　　分　　布：云南
　　濒危等级：LC

孟连石蝴蝶
Petrocosmea menglianensis H. W. Li
　　习　　性：多年生草本
　　海　　拔：900～2000 m
　　分　　布：云南
　　濒危等级：NT B1ab（i, v）；D

小石蝴蝶
Petrocosmea minor Hemsl.
　　习　　性：多年生草本
　　海　　拔：1000～2200 m
　　分　　布：广西、云南
　　濒危等级：LC

显脉石蝴蝶
Petrocosmea nervosa Craib
　　习　　性：多年生草本
　　海　　拔：300～3100 m
　　分　　布：四川、云南
　　濒危等级：LC

扁圆石蝴蝶
Petrocosmea oblata Craib

扁圆石蝴蝶（原变种）
Petrocosmea oblata var. **oblata**
　　习　　性：多年生草本
　　海　　拔：约 3000 m
　　分　　布：四川
　　濒危等级：LC

宽萼石蝴蝶
Petrocosmea oblata var. **latisepala**（W. T. Wang）W. T. Wang
　　习　　性：多年生草本
　　海　　拔：约 2200 m
　　分　　布：云南
　　濒危等级：DD

秦岭石蝴蝶
Petrocosmea qinlingensis W. T. Wang
　　习　　性：多年生草本
　　海　　拔：700～1100 m
　　分　　布：陕西
　　濒危等级：CR D

国家保护：II 级

莲座石蝴蝶
Petrocosmea rosettifolia C. Y. Wu ex H. W. Li
　　习　　性：多年生草本
　　海　　拔：约 1400 m
　　分　　布：云南
　　濒危等级：DD

丝毛石蝴蝶
Petrocosmea sericea C. Y. Wu ex H. W. Li
　　习　　性：多年生草本
　　海　　拔：1000～1700 m
　　分　　布：云南
　　濒危等级：NT B1ab（i, v）；D

石林石蝴蝶
Petrocosmea shilinensis Y. M. Shui et H. T. Zhao
　　习　　性：多年生草本
　　分　　布：云南
　　濒危等级：LC

四川石蝴蝶
Petrocosmea sichuanensis Chun ex W. T. Wang
　　习　　性：多年生草本
　　海　　拔：500～2200 m
　　分　　布：四川
　　濒危等级：EN D

中华石蝴蝶
Petrocosmea sinensis Oliv.
　　习　　性：多年生草本
　　海　　拔：400～1700 m
　　分　　布：湖北、四川、云南
　　濒危等级：LC

黄斑石蝴蝶
Petrocosmea xanthomaculata G. Q. Gou et X. Y. Wang
　　习　　性：多年生草本
　　分　　布：贵州

兴义石蝴蝶
Petrocosmea xingyiensis Y. G. Wei et F. Wen
　　习　　性：多年生草本
　　分　　布：贵州

堇叶苣苔属 Platystemma Wall.

堇叶苣苔
Platystemma violoides Wall.
　　习　　性：多年生草本
　　海　　拔：2300～3200 m
　　国内分布：西藏
　　国外分布：不丹、尼泊尔、印度
　　濒危等级：LC

报春苣苔属 Primulina Hance

银叶报春苣苔
Primulina argentea Xin Hong et al.
　　习　　性：多年生草本

海　　拔：约 200 m
分　　布：广东
濒危等级：LC

黑脉唇柱苣苔
Primulina atroglandulosa(W. T. Wang) Mich. Möller et A. Weber
　　习　　性：多年生草本
　　分　　布：广西
　　濒危等级：LC

紫萼唇柱苣苔
Primulina atropurpurea(W. T. Wang) Mich. Möller et A. Weber
　　习　　性：多年生草本
　　分　　布：广西
　　濒危等级：DD

百寿唇柱苣苔
Primulina baishouensis(Y. G. Wei et al.) Yin Z. Wang
　　习　　性：多年生草本
　　海　　拔：约 100 m
　　分　　布：广西
　　濒危等级：LC

北流报春苣苔
Primulina beiliuensis Bo Pan et S. X. Huang

北流报春苣苔（原变种）
Primulina beiliuensis var. **beiliuensis**
　　习　　性：多年生草本
　　分　　布：广西
　　濒危等级：LC

齿苞报春苣苔
Primulina beiliuensis var. **fimbribracteata** F. Wen et B. D. Lai
　　习　　性：多年生草本
　　分　　布：广东
　　濒危等级：LC

二色唇柱苣苔
Primulina bicolor(W. T. Wang) Mich. Möller et A. Weber
　　习　　性：多年生草本
　　分　　布：广东
　　濒危等级：DD

羽裂小花苣苔
Primulina bipinnatifida(W. T. Wang) Yin Z. Wang et J. M. Li
　　习　　性：多年生草本
　　分　　布：广西
　　濒危等级：LC
　　资源利用：药用（中草药）

博白报春苣苔
Primulina bobaiensis Q. K. Li et al.
　　习　　性：多年生草本
　　分　　布：广西
　　濒危等级：LC

短头唇柱苣苔
Primulina brachystigma(W. T. Wang) Mich. Möller et A. Weber
　　习　　性：多年生草本
　　分　　布：广西
　　濒危等级：DD

短毛唇柱苣苔
Primulina brachytricha(W. T. Wang et D. Y. Chen) R. B. Mao et Yin Z. Wang

短毛唇柱苣苔（原变种）
Primulina brachytricha var. **brachytricha**
　　习　　性：多年生草本
　　海　　拔：400 ~ 1000 m
　　分　　布：广西、贵州
　　濒危等级：LC

大苞短毛唇柱苣苔
Primulina brachytricha var. **magnibracteata**(W. T. Wang et D. Y. Chen) Mich. Möller et A. Weber
　　习　　性：多年生草本
　　海　　拔：约 700 m
　　分　　布：贵州
　　濒危等级：DD

芥状唇柱苣苔
Primulina brassicoides(W. T. Wang) Mich. Möller et A. Weber
　　习　　性：多年生草本
　　分　　布：广西
　　濒危等级：NT

泡叶报春苣苔
Primulina bullata S. N. Lu et F. Wen
　　习　　性：多年生草本
　　海　　拔：约 500 m
　　分　　布：广西
　　濒危等级：VU B2ab（ii, v）

碎米荠叶报春苣苔
Primulina cardaminifolia Yan Liu et W. B. Xu
　　习　　性：多年生草本
　　分　　布：广西
　　濒危等级：VU B2ab（ii, v）

囊筒报春苣苔
Primulina carinata Y. G. Wei et al.
　　习　　性：多年生草本
　　分　　布：广西
　　濒危等级：NT

肉叶唇柱苣苔
Primulina carnosifolia(C. Y. Wu ex H. W. Li) Yin Z. Wang
　　习　　性：多年生草本
　　海　　拔：300 ~ 1100 m
　　分　　布：云南
　　濒危等级：NT A2c；B1ab（i, iii）

池州报春苣苔
Primulina chizhouensis Xin Hong et al.
　　习　　性：多年生草本
　　海　　拔：约 200 m
　　分　　布：安徽
　　濒危等级：LC

密小花苣苔
Primulina confertiflora(W. T. Wang) Mich. Möller et A. Weber
　　习　　性：多年生草本

海　　拔：约 300 m
分　　布：广东
濒危等级：LC

心叶唇柱苣苔
Primulina cordata Mich. Möller et A. Weber
习　　性：多年生草本
海　　拔：约 200 m
分　　布：广西
濒危等级：EN B1ab（ii，v）

心叶小花苣苔
Primulina cordifolia（D. Fang et W. T. Wang）Yin Z. Wang
习　　性：多年生草本
分　　布：广西
濒危等级：NT
资源利用：药用（中草药）

粗根报春苣苔
Primulina crassirhizoma F. Wen et al.
习　　性：多年生草本
海　　拔：约 800 m
分　　布：广西
濒危等级：LC

粗筒唇柱苣苔
Primulina crassituba（W. T. Wang）Mich. Möller et A. Weber
习　　性：多年生草本
海　　拔：约 900 m
分　　布：湖南
濒危等级：DD

十字唇柱苣苔
Primulina cruciformis（Chun）Mich. Möller et A. Weber
习　　性：多年生草本
海　　拔：约 300 m
分　　布：湖南
濒危等级：DD

弯果唇柱苣苔
Primulina cyrtocarpa（D. Fang et L. Zeng）Mich. Möller et A. Weber
习　　性：多年生草本
海　　拔：100～200 m
分　　布：广西
濒危等级：DD

丹霞小花苣苔
Primulina danxiaensis（W. B. Liao, S. S. Lin et R. J. Shen）W. B. Liao et K. F. Chung
习　　性：多年生草本
海　　拔：约 170 m
分　　布：广东、湖南
濒危等级：LC

德保报春苣苔
Primulina debaoensis Neng Jiang et Hong Li
习　　性：多年生草本
海　　拔：约 800 m
分　　布：广西
濒危等级：LC

巨柱唇柱苣苔
Primulina demissa（Hance）Mich. Möller et A. Weber
习　　性：多年生草本
海　　拔：200～300 m
分　　布：广东
濒危等级：NT B2ab（ii，iii，v）

短序唇柱苣苔
Primulina depressa（Hook. f.）Mich. Möller et A. Weber
习　　性：多年生草本
分　　布：广东
濒危等级：DD

匍茎报春苣苔
Primulina diffusa Xin Hong et al.
习　　性：多年生草本
海　　拔：约 200 m
分　　布：广西
濒危等级：VU B1ac（ii，v）

东莞报春苣苔
Primulina dongguanica F. Wen et al.
习　　性：多年生草本
海　　拔：约 280 m
分　　布：广东
濒危等级：LC

唇柱苣苔
Primulina dryas（Dunn）Mich. Möller et A. Weber
习　　性：多年生草本
海　　拔：100～500 m
分　　布：广东、广西、海南、香港
濒危等级：LC

都安报春苣苔
Primulina duanensis F. Wen et S. L. Huang
习　　性：多年生草本
海　　拔：约 170 m
分　　布：广西
濒危等级：NT D2

牛耳朵
Primulina eburnea（Hance）Yin Z. Wang
习　　性：多年生草本
海　　拔：海平面至 1900 m
分　　布：广东、广西、贵州、湖北、湖南、四川
濒危等级：LC

方氏唇柱苣苔
Primulina fangii（W. T. Wang）Mich. Möller et A. Weber
习　　性：多年生草本
海　　拔：约 800 m
分　　布：重庆
濒危等级：DD

封开报春苣苔
Primulina fengkaiensis Z. L. Ning et M. Kang
习　　性：多年生草本
海　　拔：约 180 m
分　　布：广东
濒危等级：LC

凤山报春苣苔
Primulina fengshanensis F. Wen et Yue Wang
　　习　　性：多年生草本
　　海　　拔：500~600 m
　　分　　布：广西
　　濒危等级：NT D2

蚂蟥七
Primulina fimbrisepala(Hand.-Mazz.) Yin Z. Wang

蚂蟥七（原变种）
Primulina fimbrisepala var. **fimbrisepala**
　　习　　性：多年生草本
　　分　　布：福建、广东、广西、贵州、湖南、江西
　　濒危等级：LC

密毛蚂蟥七
Primulina fimbrisepala var. **mollis**(W. T. Wang) Mich. Möller et A. Weber
　　习　　性：多年生草本
　　海　　拔：800~1000 m
　　分　　布：广西
　　濒危等级：VU A2c+3c

黄斑唇柱苣苔
Primulina flavimaculata(W. T. Wang) Mich. Möller et A. Weber
　　习　　性：多年生草本
　　分　　布：广东、广西
　　濒危等级：DD

多花唇柱苣苔
Primulina floribunda(W. T. Wang) Mich. Möller et A. Weber
　　习　　性：多年生草本
　　分　　布：广西
　　濒危等级：VU B1ab（i, iii, v）

桂粤唇柱苣苔
Primulina fordii(Hemsl.) Yin Z. Wang

桂粤唇柱苣苔（原变种）
Primulina fordii var. **fordii**
　　习　　性：多年生草本
　　海　　拔：400~1100 m
　　分　　布：广东、广西
　　濒危等级：LC

鼎湖唇柱苣苔
Primulina fordii var. **dolichotricha**(W. T. Wang) Mich. Möller et A. Weber
　　习　　性：多年生草本
　　海　　拔：约800 m
　　分　　布：广东
　　濒危等级：NT B1ab（i, iii, v）

少毛唇柱苣苔
Primulina glabrescens(W. T. Wang et D. Y. Chen) Mich. Möller et A. Weber
　　习　　性：多年生草本
　　海　　拔：约900 m
　　分　　布：贵州
　　濒危等级：DD

褐纹报春苣苔
Primulina glandaceistriata X. X. Zhu et al.
　　习　　性：多年生草本
　　分　　布：广西
　　濒危等级：VU B2ab（ii, v）

紫腺小花苣苔
Primulina glandulosa(D. Fang et al.) Yin Z. Wang

紫腺小花苣苔（原变种）
Primulina glandulosa var. **glandulosa**
　　习　　性：多年生草本
　　海　　拔：200~300 m
　　分　　布：广西
　　濒危等级：VU B1ac（ii, v）

阳朔小花苣苔
Primulina glandulosa var. **yangshuoensis**(F. Wen et al.) Mich. Möller et A. Weber
　　习　　性：多年生草本
　　分　　布：广西

恭城报春苣苔
Primulina gongchengensis Y. S. Huang et Yan Liu
　　习　　性：多年生草本
　　海　　拔：约200 m
　　分　　布：广西
　　濒危等级：EN B1ab（ii, v）

大苞报春苣苔
Primulina grandibracteata(J. M. Li et Mich. Möller) Mich. Möller et A. Weber
　　习　　性：多年生草本
　　分　　布：云南

桂林唇柱苣苔
Primulina gueilinensis(W. T. Wang) Yin Z. Wang et Yan Liu
　　习　　性：多年生草本
　　海　　拔：800 m
　　分　　布：广东、广西
　　濒危等级：LC
　　资源利用：药用（中草药）

贵港报春苣苔
Primulina guigangensis L. Wu et Q. Zhang
　　习　　性：多年生草本
　　分　　布：广西
　　濒危等级：LC

桂海报春苣苔
Primulina guihaiensis(Y. G. Wei et al.) Mich. Möller et A. Weber
　　习　　性：多年生草本
　　海　　拔：约180 m
　　分　　布：广西
　　濒危等级：NT

桂中报春苣苔
Primulina guizhongensis Bo Zhao et al.
　　习　　性：多年生草本
　　海　　拔：约130 m
　　分　　布：广西

濒危等级：LC

肥牛草
Primulina hedyotidea(Chun)Yin Z. Wang
习　　性：多年生草本
海　　拔：约 200 m
分　　布：广西
濒危等级：DD

异色报春苣苔
Primulina heterochroa F. Wen et B. D. Lai
习　　性：多年生草本
海　　拔：约 150 m
分　　布：广西
濒危等级：VU B2ab（ii，v）

烟叶唇柱苣苔
Primulina heterotricha(Merr.)Y. Dong et Yin Z. Wang
习　　性：多年生草本
海　　拔：400~600 m
分　　布：海南
濒危等级：LC

贺州小花苣苔
Primulina hezhouensis(W. H. Wu et W. B. Xu)W. B. Xu et K. F. Chung
习　　性：多年生草本
分　　布：广西
濒危等级：LC

河池唇柱苣苔
Primulina hochiensis(C. C. Huang et X. X. Chen)Mich. Möller et A. Weber

河池唇柱苣苔（原变种）
Primulina hochiensis var. **hochiensis**
习　　性：多年生草本
海　　拔：约 600 m
分　　布：广西
濒危等级：LC

莲座报春苣苔
Primulina hochiensis var. **rosulata** F. Wen et Y. G. Wei
习　　性：多年生草本
海　　拔：约 150 m
分　　布：广西
濒危等级：LC

怀集报春苣苔
Primulina huaijiensis Z. L. Ning et J. Wang
习　　性：多年生草本
分　　布：广东
濒危等级：LC

江华报春苣苔
Primulina jianghuaensis K. M. Liu et X. Z. Cai
习　　性：多年生草本
海　　拔：约 400 m
分　　布：湖南
濒危等级：LC

江永报春苣苔
Primulina jiangyongensis X. L. Yu et Ming Li
习　　性：多年生草本
海　　拔：约 280 m
分　　布：湖南
濒危等级：LC

靖西小花苣苔
Primulina jingxiensis(Yan Liu, W. B. Xu et H. S. Gao)W. B. Xu et K. F. Chung
习　　性：多年生草本
分　　布：广西
濒危等级：LC

九万山唇柱苣苔
Primulina jiuwanshanica(W. T. Wang)Yin Z. Wang
习　　性：多年生草本
海　　拔：约 700 m
分　　布：广西
濒危等级：NT B1ab（iii，v）

大齿唇柱苣苔
Primulina juliae(Hance)Mich. Möller et A. Weber
习　　性：多年生草本
海　　拔：300~600 m
分　　布：福建、广东、湖南、江西
濒危等级：LC

莨山唇柱苣苔
Primulina langshanica(W. T. Wang)Yin Z. Wang
习　　性：多年生草本
海　　拔：约 500 m
分　　布：广西、湖南
濒危等级：LC

宽脉唇柱苣苔
Primulina latinervis(W. T. Wang)Mich. Möller et A. Weber
习　　性：多年生草本
海　　拔：约 300 m
分　　布：湖南
濒危等级：DD

疏花唇柱苣苔
Primulina laxiflora(W. T. Wang)Yin Z. Wang
习　　性：多年生草本
分　　布：广西
濒危等级：LC

乐昌报春苣苔
Primulina lechangensis X. Hong et al.
习　　性：多年生草本
海　　拔：约 430 m
分　　布：广东
濒危等级：LC

李氏报春苣苔
Primulina leeii(F. Wen, Yue Wang et Q. X. Zhang)Mich. Möller et A. Weber
习　　性：多年生草本

海　　拔：约 420 m
分　　布：广西

光叶唇柱苣苔
Primulina leiophylla(W. T. Wang) Yin Z. Wang
　　习　　性：多年生草本
　　分　　布：广西
　　濒危等级：VU D1+2

乐平报春苣苔
Primulina lepingensis Z. L. Ning et M. Kang
　　习　　性：多年生草本
　　海　　拔：约 420 m
　　分　　布：江西
　　濒危等级：LC

癞叶报春苣苔
Primulina leprosa(Yan Liu et W. B. Xu) W. B. Xu et K. F. Chung
　　习　　性：多年生草本
　　海　　拔：约 250 m
　　分　　布：广西
　　濒危等级：DD

荔波唇柱苣苔
Primulina liboensis(W. T. Wang et D. Y. Chen) Mich. Möller et A. Weber
　　习　　性：多年生草本
　　海　　拔：约 400 m
　　分　　布：广西、贵州
　　濒危等级：LC

连县唇柱苣苔
Primulina lienxienensis(W. T. Wang) Mich. Möller et A. Weber
　　习　　性：多年生草本
　　分　　布：广东
　　濒危等级：DD

舌柱唇柱苣苔
Primulina liguliformis(W. T. Wang) Mich. Möller et A. Weber
　　习　　性：多年生草本
　　海　　拔：约 800 m
　　分　　布：贵州
　　濒危等级：LC

漓江报春苣苔
Primulina lijiangensis(Bo Pan et W. B. Xu) W. B. Xu et K. F. Chung
　　习　　性：多年生草本
　　海　　拔：约 150 m
　　分　　布：广西
　　濒危等级：NT

线叶唇柱苣苔
Primulina linearifolia(W. T. Wang) Yin Z. Wang
　　习　　性：多年生草本
　　海　　拔：100~300 m
　　分　　布：广西
　　濒危等级：LC
　　资源利用：药用（中草药）

灵川小花苣苔
Primulina lingchuanensis(Yan Liu et Y. G. Wei) Mich. Möller et A. Weber
　　习　　性：多年生草本
　　海　　拔：300 m
　　分　　布：广西
　　濒危等级：LC

零陵唇柱苣苔
Primulina linglingensis(W. T. Wang) Mich. Möller et A. Weber
　　习　　性：多年生草本
　　海　　拔：约 300 m
　　分　　布：湖南
　　濒危等级：VU D2

柳江唇柱苣苔
Primulina liujiangensis(D. Fang et D. H. Qin) Yan Liu
　　习　　性：多年生草本
　　分　　布：广西
　　濒危等级：LC

浅裂小花苣苔
Primulina lobulata(W. T. Wang) Mich. Möller et A. Weber
　　习　　性：多年生草本
　　海　　拔：约 300 m
　　分　　布：广东
　　濒危等级：LC

弄岗唇柱苣苔
Primulina longgangensis(W. T. Wang) Yan Liu et Yin Z. Wang
　　习　　性：多年生草本
　　分　　布：广西
　　濒危等级：NT

长萼报春苣苔
Primulina longicalyx(J. M. Li et Yin Z. Wang) Mich. Möller et A. Weber
　　习　　性：多年生草本
　　海　　拔：约 150 m
　　分　　布：广西
　　濒危等级：LC

龙氏唇柱苣苔
Primulina longii(Z. Yu Li) Z. Yu Li
　　习　　性：多年生草本
　　海　　拔：400 m
　　分　　布：广西
　　濒危等级：LC

龙州小花苣苔
Primulina longzhouensis(Bo Pan et W. H. Wu) W. B. Xu et K. F. Chung
　　习　　性：多年生草本
　　分　　布：广西
　　濒危等级：EN B2ac（ii, v）

隆林唇柱苣苔
Primulina lunglinensis(W. T. Wang) Mich. Möller et A. Weber

隆林唇柱苣苔（原变种）
Primulina lunglinensis var. **lunglinensis**

习　　性：多年生草本
海　　拔：300~800 m
分　　布：广西、贵州
濒危等级：NT B1ab（i，ii，iii）

钝萼唇柱苣苔
Primulina lunglinensis var. **amblyosepala**（W. T. Wang）Mich. Möller et A. Weber
习　　性：多年生草本
海　　拔：700~800 m
分　　布：广西
濒危等级：NT A2c + 3c

龙州唇柱苣苔
Primulina lungzhouensis（W. T. Wang）Mich. Möller et A. Weber
习　　性：多年生草本
分　　布：广西
濒危等级：EN B2ac（ii，v）

罗城报春苣苔
Primulina luochengensis（Yan Liu et W. B. Xu）Mich. Möller et A. Weber
习　　性：多年生草本
分　　布：广西
濒危等级：LC

黄花牛耳朵
Primulina lutea（Yan Liu et Y. G. Wei）Mich. Möller et A. Weber
习　　性：多年生草本
海　　拔：约 150 m
分　　布：广西
濒危等级：LC

粤西报春苣苔
Primulina lutvittata F. Wen et Y. G. Wei
习　　性：多年生草本
海　　拔：海平面至 100 m
分　　布：广东

鹿寨唇柱苣苔
Primulina luzhaiensis（Yan Liu, Y. S. Huang et W. B. Xu）Mich. Möller et A. Weber
习　　性：多年生草本
分　　布：广西
濒危等级：VU B2ac（ii，v）

马坝报春苣苔
Primulina mabaensis K. F. Chung et W. B. Xu
习　　性：多年生草本
海　　拔：约 70 m
分　　布：广东
濒危等级：LC

粗齿唇柱苣苔
Primulina macrodonta（D. Fang et D. H. Qin）Mich. Möller et A. Weber
习　　性：多年生草本
海　　拔：约 200 m
分　　布：广西
濒危等级：NT B1ab（i，iii，v）

大根唇柱苣苔
Primulina macrorhiza（D. Fang et D. H. Qin）Mich. Möller et A. Weber
习　　性：多年生草本
海　　拔：约 200 m
分　　布：广西
濒危等级：CR B2ac（ii，v）

马关唇柱苣苔
Primulina maguanensis（Z. Yu Li, H. Jiang et H. Xu）Mich. Möller et A. Weber
习　　性：多年生草本
分　　布：云南
濒危等级：LC

药用唇柱苣苔
Primulina medica（D. Fang ex W. T. Wang）Yin Z. Wang
习　　性：多年生草本
分　　布：广西
濒危等级：LC
资源利用：药用（中草药）

小报春苣苔
Primulina minor F. Wen et Y. G. Wei
习　　性：多年生草本
海　　拔：约 290 m
分　　布：湖南
濒危等级：LC

多痕唇柱苣苔
Primulina minutihamata（D. Wood）Mich. Möller et A. Weber
习　　性：多年生草本
海　　拔：约 2300 m
国内分布：广西
国外分布：越南
濒危等级：LC

微斑唇柱苣苔
Primulina minutimaculata（D. Fang et W. T. Wang）Yin Z. Wang
习　　性：多年生草本
海　　拔：500~600 m
分　　布：广西
濒危等级：LC

莫氏报春苣苔
Primulina moi F. Wen et Y. G. Wei
习　　性：多年生草本
海　　拔：约 200 m
分　　布：广东
濒危等级：LC

密毛小花苣苔
Primulina mollifolia（D. Fang et W. T. Wang）J. M. Li et Yin Z. Wang
习　　性：多年生草本
海　　拔：约 300 m
分　　布：广西
濒危等级：DD

多裂小花苣苔
Primulina multifida Bo Pan et K. F. Chung
习　　性：多年生草本

海　　拔：约170 m
分　　布：广西
濒危等级：VU B1ab（ii，v）

南丹唇柱苣苔
Primulina nandanensis（S. X. Huang, Y. G. Wei et W. H. Luo）Mich. Möller et A. Weber
习　　性：多年生草本
海　　拔：约300 m
分　　布：广西

那坡唇柱苣苔
Primulina napoensis（Z. Yu Li）Mich. Möller et A. Weber
习　　性：多年生草本
海　　拔：约600 m
分　　布：广西
濒危等级：NT

宁明报春苣苔
Primulina ningmingensis（Yan Liu et W. H. Wu）W. B. Xu et K. F. Chung
习　　性：多年生草本
海　　拔：约250 m
分　　布：广西
濒危等级：DD

钝齿唇柱苣苔
Primulina obtusidentata（W. T. Wang）Mich. Möller et A. Weber

钝齿唇柱苣苔（原变种）
Primulina obtusidentata var. **obtusidentata**
习　　性：多年生草本
海　　拔：200~1200 m
分　　布：贵州、湖北、湖南
濒危等级：NT B1ab（iii，v）；D

毛序唇柱苣苔
Primulina obtusidentata var. **mollipes**（W. T. Wang）Mich. Möller et A. Weber
习　　性：多年生草本
海　　拔：200~300 m
分　　布：湖南
濒危等级：DD

条叶唇柱苣苔
Primulina ophiopogoides（D. Fang et W. T. Wang）Yin Z. Wang
习　　性：多年生草本
海　　拔：200~600 m
分　　布：广西
濒危等级：NT C1

直蕊唇柱苣苔
Primulina orthandra（W. T. Wang）Mich. Möller et A. Weber
习　　性：多年生草本
分　　布：广东
濒危等级：DD

小叶唇柱苣苔
Primulina parvifolia（W. T. Wang）Yin Z. Wang et J. M. Li
习　　性：多年生草本
分　　布：广西
濒危等级：NT

石蝴蝶状报春苣苔
Primulina petrocosmeoides Bo Pan et F. Wen
习　　性：多年生草本
海　　拔：约900 m
分　　布：广西
濒危等级：NT

复叶唇柱苣苔
Primulina pinnata（W. T. Wang）Yin Z. Wang
习　　性：多年生草本
海　　拔：700~1300 m
分　　布：广西
濒危等级：LC

羽裂唇柱苣苔
Primulina pinnatifida（Hand.-Mazz.）Yin Z. Wang
习　　性：多年生草本
海　　拔：600~2100 m
分　　布：福建、广东、广西、湖南、江西、浙江
濒危等级：LC
资源利用：药用（中草药）

多葶唇柱苣苔
Primulina polycephala（Chun）Mich. Möller et A. Weber
习　　性：多年生草本
海　　拔：600~800 m
分　　布：广东
濒危等级：NT D1

紫背报春苣苔
Primulina porphyrea X. L. Yu et Ming Li
习　　性：多年生草本
海　　拔：约300 m
分　　布：湖南
濒危等级：LC

紫纹唇柱苣苔
Primulina pseudoeburnea（D. Fang et W. T. Wang）Mich. Möller et A. Weber
习　　性：多年生草本
分　　布：广西
濒危等级：VU B2ac（ii）

假烟叶唇柱苣苔
Primulina pseudoheterotricha（T. J. Zhou et al.）Mich. Möller et A. Weber
习　　性：多年生草本
分　　布：广西
濒危等级：LC

拟线叶报春苣苔
Primulina pseudolinearifolia W. B. Xu et K. F. Chung
习　　性：多年生草本
分　　布：广西
濒危等级：LC

假密毛小花苣苔
Primulina pseudomollifolia W. B. Xu et Yan Liu
习　　性：多年生草本

海　　拔：约110 m
分　　布：广西
濒危等级：LC

拟粉花报春苣苔
Primulina pseudoroseoalba Jian Li, F. Wen et L. J. Yan
习　　性：多年生草本
海　　拔：约500 m
分　　布：广西
濒危等级：LC

翅柄唇柱苣苔
Primulina pteropoda (W. T. Wang) Yan Liu
习　　性：多年生草本
分　　布：广东、广西
濒危等级：LC

尖萼唇柱苣苔
Primulina pungentisepala (W. T. Wang) Mich. Möller et A. Weber
习　　性：多年生草本
分　　布：广西
濒危等级：VU B2ac (ii, v)

紫花报春苣苔
Primulina purpurea F. Wen et al.
习　　性：多年生草本
海　　拔：约200 m
分　　布：广西
濒危等级：LC

清远报春苣苔
Primulina qingyuanensis Z. L. Ning et M. Kang
习　　性：多年生草本
分　　布：广东
濒危等级：LC

文采苣苔
Primulina renifolia (D. Fang et D. H. Qin) J. M. Li et Yin Z. Wang
习　　性：多年生草本
海　　拔：300 m
分　　布：广西
濒危等级：VU B2ac (ii, v)

小花苣苔
Primulina repanda (W. T. Wang) Y. Z. Wang

小花苣苔（原变种）
Primulina repanda var. repanda
习　　性：多年生草本
分　　布：广西
濒危等级：LC

桂林小花苣苔
Primulina repanda var. guilinensis (W. T. Wang) Mich. Möller et A. Weber
习　　性：多年生草本
分　　布：广西、湖南
濒危等级：LC

融安唇柱苣苔
Primulina ronganensis (D. Fang et Y. G. Wei) Mich. Möller et A. Weber
习　　性：多年生草本
海　　拔：约100 m
分　　布：广西
濒危等级：VU B2ac (ii, v)

融水报春苣苔
Primulina rongshuiensis (Yan Liu et Y. S. Huang) W. B. Xu et K. F. Chung
习　　性：多年生草本
海　　拔：约120 m
分　　布：广西
濒危等级：EN B1ab (i, ii, v)

粉花唇柱苣苔
Primulina roseoalba (W. T. Wang) Mich. Möller et A. Weber
习　　性：多年生草本
分　　布：湖南
濒危等级：VU A2c+3c

卵圆唇柱苣苔
Primulina rotundifolia (Hemsl.) Mich. Möller et A. Weber
习　　性：多年生草本
海　　拔：约800 m
分　　布：广东
濒危等级：NT D1

硬叶唇柱苣苔
Primulina sclerophylla (W. T. Wang) Yan Liu
习　　性：多年生草本
海　　拔：约200 m
分　　布：广西
濒危等级：LC

清镇唇柱苣苔
Primulina secundiflora (Chun) Mich. Möller et A. Weber
习　　性：多年生草本
分　　布：贵州
濒危等级：NT D2

寿城唇柱苣苔
Primulina shouchengensis (Z. Yu Li) Z. Yu Li
习　　性：多年生草本
海　　拔：约300 m
分　　布：广西
濒危等级：NT A3c

四川唇柱苣苔
Primulina sichuanensis (W. T. Wang) Mich. Möller et A. Weber
习　　性：多年生草本
海　　拔：700~1200 m
分　　布：四川
濒危等级：NT B1ab (i, iii, v)

中越报春苣苔
Primulina sinovietnamica W. H. Wu et Q. Zhang
习　　性：多年生草本
海　　拔：约600 m
国内分布：广西
国外分布：越南
濒危等级：LC

斯氏唇柱苣苔
Primulina skogiana(Z. Yu Li) Mich. Möller et A. Weber
  习 性：多年生草本
  海 拔：约 900 m
  分 布：甘肃
  濒危等级：DD

焰苞唇柱苣苔
Primulina spadiciformis(W. T. Wang) Mich. Möller et A. Weber
  习 性：多年生草本
  分 布：广西
  濒危等级：DD

小唇柱苣苔
Primulina speluncae(Hand.-Mazz.) Mich. Möller et A. Weber
  习 性：多年生草本
  海 拔：约 800 m
  分 布：云南
  濒危等级：DD

刺齿唇柱苣苔
Primulina spinulosa(D. Fang et W. T. Wang) Yin Z. Wang
  习 性：多年生草本
  海 拔：约 100 m
  分 布：广西
  濒危等级：NT

菱叶唇柱苣苔
Primulina subrhomboidea(W. T. Wang) Yin Z. Wang
  习 性：多年生草本
  分 布：广西
  濒危等级：NT B2ac (ii, v)

钻丝小花苣苔
Primulina subulata(W. T. Wang) Mich. Möller et A. Weber

钻丝小花苣苔（原变种）
Primulina subulata var. **subulata**
  习 性：多年生草本
  海 拔：约 100 m
  分 布：广东
  濒危等级：VU B2ac (ii, v)

阳春小花苣苔
Primulina subulata var. **yangchunensis** (W. T. Wang) Mich. Möller et A. Weber
  习 性：多年生草本
  分 布：广东
  濒危等级：LC

钻萼唇柱苣苔
Primulina subulatisepala(W. T. Wang) Mich. Möller et A. Weber
  习 性：多年生草本
  海 拔：约 800 m
  分 布：重庆、湖北
  濒危等级：LC

钟冠唇柱苣苔
Primulina swinglei(Merr.) Mich. Möller et A. Weber
  习 性：多年生草本
  海 拔：600~900 m
  国内分布：广东、广西
  国外分布：越南
  濒危等级：LC

报春苣苔
Primulina tabacum Hance
  习 性：多年生草本
  海 拔：100~300 m
  分 布：广东、广西、湖南
  濒危等级：LC
  国家保护：Ⅱ级

薄叶唇柱苣苔
Primulina tenuifolia(W. T. Wang) Yin Z. Wang
  习 性：多年生草本
  海 拔：700~2900 m
  分 布：广西
  濒危等级：EN B1ab (i, ii, v)

神农架唇柱苣苔
Primulina tenuituba(W. T. Wang) Yin Z. Wang
  习 性：多年生草本
  海 拔：300~1000 m
  分 布：重庆、贵州、湖北、湖南
  濒危等级：LC

天等报春苣苔
Primulina tiandengensis(F. Wen et H. Tang) F. Wen et K. F. Chung
  习 性：多年生草本
  海 拔：约 500 m
  分 布：广西
  濒危等级：VU A2C

三苞唇柱苣苔
Primulina tribracteata(W. T. Wang) Mich. Möller et A. Weber

三苞唇柱苣苔（原变种）
Primulina tribracteata var. **tribracteata**
  习 性：多年生草本
  分 布：广西
  濒危等级：NT B2ac (ii, v)

光华唇柱苣苔
Primulina tribracteata var. **zhuana**(Z. Yu Li et al.) Mich. Möller et A. Weber
  习 性：多年生草本
  海 拔：500 m
  分 布：广西
  濒危等级：VU B1ab (i, ii, v)

钟氏报春苣苔
Primulina tsoongii H. L. Liang et al.
  习 性：多年生草本
  海 拔：约 160 m
  分 布：广西

变色唇柱苣苔
Primulina varicolor(D. Fang et D. H. Qin) Yin Z. Wang
  习 性：多年生草本
  海 拔：约 1000 m

齿萼唇柱苣苔
Primulina verecunda (Chun) Mich. Möller et A. Weber
- 习　　性：多年生草本
- 海　　拔：1000~1100 m
- 分　　布：广西
- 濒危等级：LC

细筒唇柱苣苔
Primulina vestita (D. Wood) Mich. Möller et A. Weber
- 习　　性：多年生草本
- 分　　布：贵州
- 濒危等级：VU A2c+3c

长毛唇柱苣苔
Primulina villosissima (W. T. Wang) Mich. Möller et A. Weber
- 习　　性：多年生草本
- 海　　拔：约 100 m
- 分　　布：广东
- 濒危等级：LC

王氏唇柱苣苔
Primulina wangiana (Z. Yu Li) Mich. Möller et A. Weber
- 习　　性：多年生草本
- 海　　拔：100~200 m
- 分　　布：广西
- 濒危等级：VU B2ac (ii, v)

韦氏报春苣苔
Primulina weii Mich. Möller et A. Weber
- 习　　性：多年生草本
- 海　　拔：约 800 m
- 分　　布：广西
- 濒危等级：VU D2

文采唇柱苣苔
Primulina wentsaii (D. Fang et L. Zeng) Yin Z. Wang
- 习　　性：多年生草本
- 海　　拔：约 400 m
- 分　　布：广西
- 濒危等级：NT B2ac (ii, v)

新宁唇柱苣苔
Primulina xinningensis (W. T. Wang) Mich. Möller et A. Weber
- 习　　性：多年生草本
- 海　　拔：约 400 m
- 分　　布：湖南
- 濒危等级：LC

休宁小花苣苔
Primulina xiuningensis (X. L. Liu et X. H. Guo) Mich. Möller et A. Weber
- 习　　性：多年生草本
- 海　　拔：400~500 m
- 分　　布：安徽、浙江
- 濒危等级：EN A2c

西子报春苣苔
Primulina xiziae F. Wen et al.
- 习　　性：多年生草本
- 海　　拔：110 m 以下
- 分　　布：浙江
- 濒危等级：LC

阳春报春苣苔
Primulina yangchunensis Y. L. Zheng et Y. F. Deng
- 习　　性：多年生草本
- 分　　布：广东

阳朔报春苣苔
Primulina yangshuoensis Y. G. Wei et F. Wen
- 习　　性：多年生草本
- 海　　拔：约 100 m
- 分　　布：广西
- 濒危等级：VU B1ab (i, iii)

永福唇柱苣苔
Primulina yungfuensis (W. T. Wang) Mich. Möller et A. Weber
- 习　　性：多年生草本
- 分　　布：广西
- 濒危等级：LC

异裂苣苔属 Pseudochirita W. T. Wang

异裂苣苔
Pseudochirita guangxiensis (S. Z. Huang) W. T. Wang

异裂苣苔（原变种）
Pseudochirita guangxiensis var. **guangxiensis**
- 习　　性：多年生草本
- 国内分布：广西
- 国外分布：越南
- 濒危等级：LC

粉绿异裂苣苔
Pseudochirita guangxiensis var. **glauca** Y. G. Wei et Yan Liu
- 习　　性：多年生草本
- 海　　拔：600 m
- 分　　布：广西
- 濒危等级：LC

漏斗苣苔属 Raphiocarpus Chun

大苞漏斗苣苔
Raphiocarpus begoniifolia (H. Lév.) B. L. Burtt
- 习　　性：多年生草本
- 海　　拔：1200~2100 m
- 分　　布：广西、贵州、湖北、云南
- 濒危等级：LC

长梗漏斗苣苔
Raphiocarpus longipedunculatus (C. Y. Wu ex H. W. Li) B. L. Burtt
- 习　　性：草本至亚灌木
- 海　　拔：1400~1700 m
- 分　　布：云南
- 濒危等级：VU A2c

长筒漏斗苣苔
Raphiocarpus macrosiphon (Hance) B. L. Burtt
- 习　　性：多年生草本
- 海　　拔：200~800 m
- 分　　布：广东、广西
- 濒危等级：LC

资源利用：药用（中草药）

马关漏斗苣苔
Raphiocarpus maguanensis Y. M. Shui et W. H. Chen
习　　性：草本
分　　布：云南
濒危等级：LC

合萼漏斗苣苔
Raphiocarpus petelotii(Pellegr.) B. L. Burtt
习　　性：多年生草本
分　　布：广西
濒危等级：LC

大叶锣
Raphiocarpus sesquifolius(C. B. Clarke) B. L. Burtt
习　　性：多年生草本
海　　拔：900～1600 m
分　　布：四川
濒危等级：LC
资源利用：药用（中草药）

无毛漏斗苣苔
Raphiocarpus sinicus Chun
习　　性：灌木
海　　拔：400～2400 m
分　　布：广西
濒危等级：NT

长冠苣苔属 Rhabdothamnopsis Hemsl.

长冠苣苔
Rhabdothamnopsis chinensis(Franch.) Hand.-Mazz.

长冠苣苔(原变种)
Rhabdothamnopsis chinensis var. **chinensis**
习　　性：灌木
海　　拔：1600～4600 m
分　　布：重庆、贵州、四川、云南
濒危等级：LC

黄白长冠苣苔
Rhabdothamnopsis chinensis var. **ochroleuca**(W. W. Sm.) Hand.-Mazz.
习　　性：灌木
海　　拔：1500～2700 m
分　　布：四川、云南
濒危等级：LC

尖舌苣苔属 Rhynchoglossum Blume

尖舌苣苔
Rhynchoglossum obliquum Blume
习　　性：一年生草本
海　　拔：100～2800 m
国内分布：广西、贵州、四川、台湾、云南
国外分布：菲律宾、柬埔寨、马来西亚、缅甸、尼泊尔、斯里兰卡、印度、印度尼西亚
濒危等级：LC

峨眉尖舌苣苔
Rhynchoglossum omeiense W. T. Wang
习　　性：多年生草本
海　　拔：900～1700 m
分　　布：四川
濒危等级：CR B1ab（i, ii, v）

线柱苣苔属 Rhynchotechum Blume

短梗线柱苣苔
Rhynchotechum brevipedunculatum J. C. Wang
习　　性：灌木
海　　拔：约300 m
分　　布：台湾
濒危等级：LC

异色线柱苣苔
Rhynchotechum discolor(Maxim.) B. L. Burtt

异色线柱苣苔（原变种）
Rhynchotechum discolor var. **discolor**
习　　性：灌木
海　　拔：海平面至1700 m
国内分布：福建、广东、海南、台湾
国外分布：菲律宾
濒危等级：LC

羽裂异色线柱苣苔
Rhynchotechum discolor var. **incisum**(Ohwi) Walker
习　　性：灌木
分　　布：台湾
濒危等级：LC

线柱苣苔
Rhynchotechum ellipticum(Wall. ex D. Dietr.) A. DC.
习　　性：灌木
海　　拔：100～1800 m
国内分布：福建、广东、广西、贵州、海南、四川、西藏、云南
国外分布：不丹、柬埔寨、老挝、缅甸、尼泊尔、泰国、印度、越南
濒危等级：LC

冠萼线柱苣苔
Rhynchotechum formosanum Hatus.
习　　性：亚灌木
海　　拔：200～1500 m
分　　布：广东、广西、海南、台湾、云南
濒危等级：LC

长梗线柱苣苔
Rhynchotechum longipes W. T. Wang
习　　性：亚灌木
海　　拔：约490 m
分　　布：广西
濒危等级：VU A2c

毛线柱苣苔
Rhynchotechum vestitum Wall. ex C. B. Clarke

习　　性：亚灌木
海　　拔：800~1300 m
国内分布：广西、西藏、云南
国外分布：不丹、印度
濒危等级：LC

十字苣苔属 Stauranthera Benth.

大花十字苣苔
Stauranthera grandiflora Benth.
习　　性：多年生草本
国内分布：海南、云南
国外分布：马来西亚、孟加拉国、缅甸、泰国、印度、印度尼西亚
濒危等级：LC

十字苣苔
Stauranthera umbrosa(Griff.)C. B. Clarke
习　　性：多年生草本
海　　拔：400~1100 m
国内分布：广西、海南、云南
国外分布：马来西亚、缅甸、印度、越南
濒危等级：LC

台闽苣苔属 Titanotrichum Soler.

台闽苣苔
Titanotrichum oldhamii(Hemsl.)Soler.
习　　性：多年生草本
海　　拔：100~1200 m
国内分布：福建、台湾、浙江
国外分布：日本
濒危等级：NT A3；C2b

异叶苣苔属 Whytockia W. W. Sm.

毕节异叶苣苔
Whytockia bijieensis Yin Z. Wang et Z. Yu Li
习　　性：多年生草本
海　　拔：约 1500 m
分　　布：贵州
濒危等级：LC

异叶苣苔
Whytockia chiritiflora(Oliv.)W. W. Sm.
习　　性：多年生草本
海　　拔：1200~1560 m
分　　布：云南
濒危等级：LC

贡山异叶苣苔
Whytockia gongshanensis Yin Z. Wang et H. Li
习　　性：多年生草本
海　　拔：1300~1400 m
分　　布：云南
濒危等级：NT B1ab（i, v）

河口异叶苣苔
Whytockia hekouensis Yin Z. Wang

河口异叶苣苔（原变种）
Whytockia hekouensis var. **hekouensis**
习　　性：多年生草本
海　　拔：约 1300 m
分　　布：云南
濒危等级：NT

屏边异叶苣苔
Whytockia hekouensis var. **minor**(W. W. Sm.)Yin Z. Wang
习　　性：多年生草本
海　　拔：1300~2200 m
分　　布：云南
濒危等级：LC

紫红异叶苣苔
Whytockia purpurascens Yin Z. Wang
习　　性：多年生草本
海　　拔：约 1300 m
分　　布：云南
濒危等级：VU A2c；D2

台湾异叶苣苔
Whytockia sasakii(Hayata)B. L. Burtt
习　　性：多年生草本
海　　拔：500~1900 m
分　　布：台湾
濒危等级：LC

白花异叶苣苔
Whytockia tsiangiana(Hand.-Mazz.)A. Weber
习　　性：多年生草本
海　　拔：500~2200 m
分　　布：广西、贵州、湖北、湖南、四川、云南
濒危等级：DD

峨眉异叶苣苔
Whytockia wilsonii(A. Weber)Yin Z. Wang
习　　性：多年生草本
海　　拔：800~1200 m
分　　布：四川
濒危等级：NT B1ab（i, ii, v）

针晶粟草科 GISEKIACEAE
（1 属：2 种）

吉粟草属 Gisekia L.

吉粟草
Gisekia pharnaceoides L.
习　　性：一年生草本
国内分布：海南
国外分布：阿富汗、巴基斯坦、泰国、印度、越南
濒危等级：LC

多雄蕊吉粟草
Gisekia pierrei Gagnep.
习　　性：多年生草本

国内分布：海南
国外分布：柬埔寨、越南
濒危等级：LC

草海桐科 GOODENIACEAE
（2 属：3 种）

离根香属 Goodenia Sm.

离根香
Goodenia pilosa（Benth.）D. G. Howarth et D. Y. Hong
习　　性：一年生草本
海　　拔：100 m 以下
国内分布：福建、广东、广西、海南
国外分布：越南
濒危等级：LC

草海桐属 Scaevola L.

小草海桐
Scaevola hainanensis Hance
习　　性：灌木
国内分布：福建、广东、海南、台湾
国外分布：越南
濒危等级：LC

草海桐
Scaevola taccada（Gaertn.）Roxb.
习　　性：灌木或小乔木
国内分布：福建、广东、广西、海南、台湾
国外分布：澳大利亚、巴布亚新几内亚、巴基斯坦、菲律宾、马达加斯加、马来西亚、缅甸、日本、斯里兰卡、泰国、印度、印度尼西亚、越南
濒危等级：LC

茶藨子科 GROSSULARIACEAE
（1 属：91 种）

茶藨子属 Ribes L.

阿尔泰醋栗
Ribes aciculare Sm.
习　　性：落叶小灌木
海　　拔：1500～2100 m
国内分布：新疆
国外分布：俄罗斯、蒙古
濒危等级：LC

长刺茶藨子
Ribes alpestre Wall. ex Decne.

长刺茶藨子（原变种）
Ribes alpestre var. alpestre
习　　性：灌木
海　　拔：1000～3900 m
国内分布：甘肃、青海、山西、陕西、四川、西藏、云南
国外分布：阿富汗、不丹、克什米尔地区
濒危等级：LC
资源利用：食品（水果）

无腺茶藨子
Ribes alpestre var. eglandulosum L. T. Lu
习　　性：灌木
海　　拔：2400～3500 m
分　　布：四川、西藏
濒危等级：LC

大刺茶藨子
Ribes alpestre var. giganteum Jancz.
习　　性：灌木
海　　拔：2500～3700 m
分　　布：甘肃、宁夏、青海、山西、四川
濒危等级：LC
资源利用：环境利用（观赏）

高茶藨子
Ribes altissimum Turcz. ex Pojark.
习　　性：灌木
海　　拔：2000 m 以下
国内分布：新疆
国外分布：俄罗斯、蒙古
濒危等级：LC

四川蔓茶藨子
Ribes ambiguum Maxim.
习　　性：附生灌木
国内分布：四川
国外分布：日本
濒危等级：LC

美洲茶藨子
Ribes americanum Mill.
习　　性：落叶灌木
国内分布：河北、辽宁
国外分布：原产北美洲

刺果茶藨子
Ribes burejense F. Schmidt

刺果茶藨子（原变种）
Ribes burejense var. burejense
习　　性：灌木
海　　拔：900～2300 m
国内分布：甘肃、河北、河南、黑龙江、吉林、辽宁、内蒙古、山西、陕西
国外分布：朝鲜、俄罗斯、蒙古
濒危等级：LC
资源利用：食品（水果）

长毛茶藨子
Ribes burejense var. villosum L. T. Lu
习　　性：灌木
海　　拔：900～1000 m
分　　布：吉林
濒危等级：NT B1ab（iii）

革叶茶藨子
Ribes davidii Franch.

革叶茶藨子（原变种）
Ribes davidii var. **davidii**
- 习　　性：常绿灌木
- 海　　拔：900～2700 m
- 分　　布：贵州、湖北、湖南、四川、云南
- 濒危等级：LC

睫毛茶藨子
Ribes davidii var. **ciliatum** L. T. Lu
- 习　　性：常绿灌木
- 海　　拔：1900～2300 m
- 分　　布：四川

浅裂茶藨子
Ribes davidii var. **lobatum** L. T. Lu
- 习　　性：常绿灌木
- 海　　拔：2600 m 以下
- 分　　布：四川
- 濒危等级：NT B1ab（i）；C1＋2a（i）

双刺茶藨子
Ribes diacanthum Pall.
- 习　　性：灌木
- 海　　拔：1500 m 以下
- 国内分布：黑龙江、吉林、内蒙古
- 国外分布：朝鲜、俄罗斯、蒙古
- 濒危等级：LC

花茶藨子
Ribes fargesii Franch.
- 习　　性：灌木
- 海　　拔：1800 m
- 分　　布：四川
- 濒危等级：DD

簇花茶藨子
Ribes fasciculatum Siebold et Zucc.

簇花茶藨子（原变种）
Ribes fasciculatum var. **fasciculatum**
- 习　　性：落叶灌木
- 海　　拔：700～2400 m
- 国内分布：安徽、江苏、浙江
- 国外分布：朝鲜、日本
- 濒危等级：LC

华蔓茶藨子
Ribes fasciculatum var. **chinense** Maxim.
- 习　　性：落叶灌木
- 海　　拔：700～1300 m
- 国内分布：安徽、甘肃、河南、湖北、江苏、江西、山东、陕西、浙江
- 国外分布：朝鲜、日本
- 濒危等级：LC

贵州茶藨子
Ribes fasciculatum var. **guizhouense** L. T. Lu
- 习　　性：落叶灌木
- 海　　拔：约 2400 m
- 分　　布：贵州
- 濒危等级：LC

台湾茶藨子
Ribes formosanum Hayata
- 习　　性：灌木
- 海　　拔：2500～3800 m
- 分　　布：台湾
- 濒危等级：LC

鄂西茶藨子
Ribes franchetii Jancz.
- 习　　性：灌木
- 海　　拔：1400～2100 m
- 分　　布：湖北、陕西、四川
- 濒危等级：LC

富蕴茶藨子
Ribes fuyunense T. C. Ku et F. Konta
- 习　　性：灌木
- 海　　拔：900～1900 m
- 分　　布：新疆
- 濒危等级：LC

陕西茶藨子
Ribes giraldii Jancz.

陕西茶藨子（原变种）
Ribes giraldii var. **giraldii**
- 习　　性：灌木
- 分　　布：甘肃、山西、陕西
- 濒危等级：LC

滨海茶藨子
Ribes giraldii var. **cuneatum** F. T. Wang et Y. Li, Liou
- 习　　性：灌木
- 分　　布：辽宁
- 濒危等级：LC

旅顺茶藨子
Ribes giraldii var. **polyanthum** Kitag.
- 习　　性：灌木
- 海　　拔：100～200 m
- 分　　布：辽宁
- 濒危等级：LC

光萼茶藨子
Ribes glabricalycinum L. T. Lu
- 习　　性：灌木
- 海　　拔：2800～3800 m
- 分　　布：四川

光叶茶藨子
Ribes glabrifolium L. T. Lu
- 习　　性：灌木
- 海　　拔：900 m 以下
- 分　　布：湖北、陕西
- 濒危等级：NT B1b（i, ii, iii, v）c（i, ii, iv）

冰川茶藨子
Ribes glaciale Wall.

习　　性：灌木
海　　拔：1900～3000 m
国内分布：甘肃、河南、湖北、陕西、四川、西藏、云南
国外分布：不丹、克什米尔地区、缅甸、尼泊尔、印度
濒危等级：LC
资源利用：食品（水果）

曲萼茶藨子
Ribes griffithii Hook. f. et Thomson

曲萼茶藨子（原变种）
Ribes griffithii var. **griffithii**
习　　性：灌木
海　　拔：2600～4200 m
国内分布：四川、西藏、云南
国外分布：不丹、尼泊尔、印度
濒危等级：LC

贡山茶藨子
Ribes griffithii var. **gongshanense** (T. C. Ku) L. T. Lu
习　　性：灌木
海　　拔：3200 m 以下
分　　布：云南
濒危等级：LC

吉隆茶藨子
Ribes gyirongense J. T. Pan
习　　性：灌木
分　　布：西藏
濒危等级：LC

华中茶藨子
Ribes henryi Franch.
习　　性：常绿灌木
海　　拔：约 2300 m
分　　布：湖北、四川
濒危等级：LC
资源利用：原料（木材）；环境利用（观赏）

圆叶茶藨子
Ribes heterotrichum C. A. Mey.
习　　性：灌木
海　　拔：1200～2500 m
国内分布：新疆
国外分布：俄罗斯、蒙古
濒危等级：LC

糖茶藨子
Ribes himalense Royle ex Decne.

糖茶藨子（原变种）
Ribes himalense var. **himalense**
习　　性：灌木
海　　拔：1200～4000 m
国内分布：湖北、四川、西藏、云南
国外分布：不丹、克什米尔地区、尼泊尔、印度
濒危等级：LC

疏腺茶藨子
Ribes himalense var. **glandulosum** Jancz.
习　　性：灌木
海　　拔：2500～3400 m
分　　布：陕西、四川
濒危等级：LC

毛萼茶藨子
Ribes himalense var. **pubicalycinum** L. T. Lu et J. T. Pan
习　　性：灌木
海　　拔：2600～3800 m
分　　布：四川、西藏
濒危等级：NT D

异毛茶藨子
Ribes himalense var. **trichophyllum** T. C. Ku
习　　性：灌木
海　　拔：1700～3800 m
分　　布：甘肃、河北、青海、山西、陕西、四川
濒危等级：LC

瘤糖茶藨子
Ribes himalense var. **verruculosum** (Rehder) L. T. Lu
习　　性：灌木
海　　拔：1600～4100 m
分　　布：甘肃、河北、河南、内蒙古、宁夏、青海、山西、陕西、四川、西藏、云南
濒危等级：LC

密刺茶藨子
Ribes horridum Rupr. ex Maxim.
习　　性：落叶小灌木
海　　拔：1500～2100 m
国内分布：吉林
国外分布：朝鲜、俄罗斯、日本
濒危等级：LC

矮醋栗
Ribes humile Jancz.
习　　性：灌木
海　　拔：1000～3300 m
分　　布：四川
濒危等级：NT B1b (i, ii, iii, v) c (i, ii, iv)

湖南茶藨子
Ribes hunanense C. Y. Yang et C. J. Qi
习　　性：半常绿灌木
海　　拔：1000～2500 m
分　　布：广西、湖南
濒危等级：LC

康边茶藨子
Ribes kialanum Jancz.
习　　性：灌木
海　　拔：2500～4000 m
分　　布：四川、云南
濒危等级：LC

长白茶藨子
Ribes komarovii Pojark.

长白茶藨子（原变种）
Ribes komarovii var. **komarovii**
习　　性：灌木

海　　拔：700~2100 m
国内分布：甘肃、河北、河南、黑龙江、吉林、辽宁、山西、陕西
国外分布：朝鲜、俄罗斯
濒危等级：LC

楔叶长白茶藨子
Ribes komarovii var. **cuneifolium** Liou
习　　性：灌木
海　　拔：400~800 m
分　　布：吉林、辽宁
濒危等级：LC

裂叶茶藨子
Ribes laciniatum Hook. f. et Thomson
习　　性：灌木
海　　拔：2700~4300 m
国内分布：西藏、云南
国外分布：不丹、缅甸、尼泊尔、印度
濒危等级：LC

阔叶茶藨子
Ribes latifolium Jancz.
习　　性：灌木
海　　拔：1100~1500 m
国内分布：吉林
国外分布：俄罗斯、日本
濒危等级：LC

桂叶茶藨子
Ribes laurifolium Jancz.

桂叶茶藨子（原变种）
Ribes laurifolium var. **laurifolium**
习　　性：常绿灌木
海　　拔：2500 m 以下
分　　布：贵州、四川、云南
濒危等级：LC

光果茶藨子
Ribes laurifolium var. **yunnanense** L. T. Lu
习　　性：常绿灌木
海　　拔：2100~3600 m
分　　布：云南
濒危等级：LC

长序茶藨子
Ribes longiracemosum Franch.

长序茶藨子（原变种）
Ribes longeracemosum var. **longeracemosum**
习　　性：灌木
海　　拔：1700~3800 m
分　　布：湖北、四川、云南

腺毛茶藨子
Ribes longiracemosum var. **davidii** Jancz.
习　　性：灌木
海　　拔：1100~3400 m
分　　布：四川、云南
濒危等级：LC

纤细茶藨子
Ribes longiracemosum var. **gracillimum**（K. S. Hao）L. T. Lu
习　　性：灌木
海　　拔：2300~2700 m
分　　布：甘肃、陕西
濒危等级：NT A2c；B2（i，iii，v）

毛长串茶藨子
Ribes longiracemosum var. **pilosum** T. C. Ku
习　　性：灌木
海　　拔：2800 m 以下
分　　布：云南
濒危等级：LC

紫花茶藨子
Ribes luridum Hook. f. et Thomson
习　　性：灌木
海　　拔：2800~4100 m
分　　布：四川、云南
濒危等级：LC

东北茶藨子
Ribes mandshuricum（Maxim.）Kom.

东北茶藨子（原变种）
Ribes mandshuricum var. **mandshuricum**
习　　性：灌木
海　　拔：300~1800 m
国内分布：甘肃、河北、河南、黑龙江、吉林、辽宁、内蒙古、山西、陕西
国外分布：朝鲜、俄罗斯
濒危等级：LC

光叶东北茶藨子
Ribes mandshuricum var. **subglabrum** Kom.
习　　性：灌木
海　　拔：800~1900 m
国内分布：河北、河南、黑龙江、吉林、辽宁、山东、山西
国外分布：朝鲜
濒危等级：LC

内蒙茶藨子
Ribes mandshuricum var. **villosum** Kom.
习　　性：灌木
分　　布：内蒙古
濒危等级：LC

尖叶茶藨子
Ribes maximowiczianum Kom.
习　　性：灌木
海　　拔：900~2700 m
国内分布：黑龙江、吉林、辽宁
国外分布：朝鲜、俄罗斯、日本
濒危等级：LC

华西茶藨子
Ribes maximowiczii Batalin
习　　性：灌木
海　　拔：2500~3000 m
分　　布：甘肃、陕西
濒危等级：LC

门源茶藨子
Ribes menyuanense J. T. Pan
习　　性：灌木
海　　拔：约 2800 m
分　　布：青海
濒危等级：DD

天山茶藨子
Ribes meyeri Maxim.

天山茶藨子（原变种）
Ribes meyeri var. **meyeri**
习　　性：灌木
海　　拔：1400～3900 m
国内分布：新疆
国外分布：俄罗斯、蒙古
濒危等级：LC

北疆茶藨子
Ribes meyeri var. **pubescens** L. T. Lu
习　　性：灌木
海　　拔：1200～2000 m
分　　布：新疆
濒危等级：LC

宝兴茶藨子
Ribes moupinense Franch.

宝兴茶藨子（原变种）
Ribes moupinense var. **moupinense**
习　　性：灌木
海　　拔：1400～4700 m
分　　布：安徽、甘肃、贵州、湖北、陕西、四川、云南
濒危等级：LC

木里茶藨子
Ribes moupinense var. **muliense** S. H. Yu et J. M. Xu
习　　性：灌木
海　　拔：约 4700 m
分　　布：四川
濒危等级：LC

毛果茶藨子
Ribes moupinense var. **pubicarpum** L. T. Lu
习　　性：灌木
海　　拔：约 3500 m
分　　布：云南
濒危等级：NT A2c；B1ab（i，iii）；D2

三裂茶藨子
Ribes moupinense var. **tripartitum** (Batalin) Jancz.
习　　性：灌木
海　　拔：1500～2900 m
分　　布：甘肃、湖北、四川、云南
濒危等级：LC

多花茶藨子
Ribes multiflorum Kit. ex Roem. et Schult.
习　　性：灌木
海　　拔：约 70 m
国内分布：华北地区逸生
国外分布：原产东南欧

黑茶藨子
Ribes nigrum L.
习　　性：灌木
海　　拔：300～1200 m
国内分布：黑龙江、内蒙古、新疆
国外分布：原产欧洲
资源利用：基因源（耐寒）

香茶藨子
Ribes odoratum H. L. Wendl.
习　　性：落叶灌木
国内分布：黑龙江、辽宁
国外分布：原产北美洲

东方茶藨子
Ribes orientale Desf.
习　　性：灌木
海　　拔：2100～4900 m
国内分布：四川、西藏、云南
国外分布：不丹、俄罗斯、克什米尔地区、尼泊尔、印度
濒危等级：LC

英吉利茶藨子
Ribes palczewskii (Jancz.) Pojark.
习　　性：灌木
海　　拔：600～1500 m
国内分布：黑龙江、内蒙古
国外分布：俄罗斯
濒危等级：LC
资源利用：基因源（耐寒）；环境利用（观赏，绿化）；食品（水果）

水葡萄茶藨子
Ribes procumbens Pall.
习　　性：匍匐灌木
海　　拔：400～1200 m
国内分布：黑龙江、内蒙古
国外分布：朝鲜、俄罗斯、蒙古、日本
濒危等级：LC

青海茶藨子
Ribes pseudofasciculatum K. S. Hao
习　　性：灌木
海　　拔：3000～4600 m
分　　布：青海、四川、西藏
濒危等级：LC

毛茶藨子
Ribes pubescens (Swartz ex Hartm.) Hedl.
习　　性：落叶灌木
国内分布：黑龙江、内蒙古
国外分布：俄罗斯、蒙古
濒危等级：LC

美丽茶藨子
Ribes pulchellum Turcz.

美丽茶藨子（原变种）
Ribes pulchellum var. **pulchellum**

习　　性：灌木
海　　拔：300～3800 m
国内分布：甘肃、河北、内蒙古、宁夏、青海、山西、陕西
国外分布：俄罗斯、蒙古
濒危等级：LC
资源利用：原料（木材）；环境利用（观赏）；食品（水果）

东北小叶茶藨子
Ribes pulchellum var. **manshuriense** F. T. Wang et Y. Li, Liou
习　　性：灌木
分　　布：内蒙古
濒危等级：LC

欧洲醋栗
Ribes reclinatum L.
习　　性：灌木
国内分布：河北、黑龙江、吉林、辽宁、山东、新疆
国外分布：原产欧洲
资源利用：环境利用（观赏，绿化）；食品（水果）

红萼茶藨子
Ribes rubrisepalum L. T. Lu
习　　性：灌木
海　　拔：2200～4100 m
分　　布：甘肃、陕西、四川、云南
濒危等级：LC

红茶藨子
Ribes rubrum L.
习　　性：灌木
国内分布：黑龙江
国外分布：欧洲、亚洲北部
濒危等级：LC

石生茶藨子
Ribes saxatile Pall.
习　　性：灌木
海　　拔：1200～1900 m
国内分布：新疆
国外分布：俄罗斯
濒危等级：LC

四川茶藨子
Ribes setchuense Jancz.
习　　性：落叶灌木
海　　拔：2100～3100 m
分　　布：甘肃、四川
濒危等级：LC

滇中茶藨子
Ribes soulieanum Jancz.
习　　性：落叶灌木
海　　拔：3000 m 以下
分　　布：西藏、云南
濒危等级：LC

长果茶藨子
Ribes stenocarpum Maxim.
习　　性：灌木
海　　拔：2300～3300 m
分　　布：甘肃、青海、陕西、四川
濒危等级：LC

渐尖茶藨子
Ribes takare D. Don

渐尖茶藨子（原变种）
Ribes takare var. **takare**
习　　性：灌木
海　　拔：1400～3300 m
国内分布：甘肃、贵州、陕西、四川、西藏、云南
国外分布：不丹、克什米尔地区、缅甸、尼泊尔、印度
濒危等级：LC

束果茶藨子
Ribes takare var. **desmocarpum** (Hook. f. et Thomson) L. T. Lu
习　　性：灌木
海　　拔：2000～4000 m
国内分布：四川、西藏、云南
国外分布：不丹、缅甸、尼泊尔、印度
濒危等级：LC

细枝茶藨子
Ribes tenue Jancz.

细枝茶藨子（原变种）
Ribes tenue var. **tenue**
习　　性：灌木
海　　拔：1300～4000 m
国内分布：甘肃、河南、湖北、湖南、陕西、四川、云南
国外分布：喜马拉雅山区
濒危等级：LC

深裂茶藨子
Ribes tenue var. **incisum** L. T. Lu
习　　性：灌木
海　　拔：2200～4200 m
分　　布：四川、云南
濒危等级：LC

天全茶藨子
Ribes tianquanense S. H. Yu et J. M. Xu
习　　性：常绿灌木
海　　拔：1400～2200 m
分　　布：四川
濒危等级：NT B2ab（iii）；D

矮茶藨子
Ribes triste Pall.

矮茶藨子（原变种）
Ribes triste var. **triste**
习　　性：灌木
海　　拔：1000～1500 m
国内分布：黑龙江、吉林、辽宁、内蒙古
国外分布：朝鲜、俄罗斯、日本
濒危等级：LC

伏生茶藨子
Ribes triste var. **repens** (A. I. Baranov) L. T. Lu
习　　性：灌木
海　　拔：1000～1300 m
分　　布：黑龙江、吉林、内蒙古

濒危等级：LC

小果茶藨子
Ribes vilmorinii Jancz.

小果茶藨子（原变种）
Ribes vilmorinii var. **vilmorinii**
- 习　　性：灌木
- 海　　拔：1600~3900 m
- 分　　布：河北、四川、云南
- 濒危等级：LC

康定茶藨子
Ribes vilmorinii var. **pubicarpum** L. T. Lu
- 习　　性：灌木
- 海　　拔：约4000 m
- 分　　布：四川
- 濒危等级：LC

绿花茶藨子
Ribes viridiflorum(Cheng)L. T. Lu et G. Yao
- 习　　性：灌木
- 海　　拔：500~1200 m
- 分　　布：浙江
- 濒危等级：LC

西藏茶藨子
Ribes xizangense L. T. Lu
- 习　　性：灌木
- 海　　拔：3500~4600 m
- 分　　布：西藏
- 濒危等级：LC

小二仙草科 HALORAGACEAE
（2属：14种）

小二仙草属 Gonocarpus Thunb.

黄花小二仙草
Gonocarpus chinensis(Lour.)Orchard
- 习　　性：多年生草本
- 国内分布：福建、广东、广西、贵州、湖北、湖南、江西、四川、台湾、云南、浙江
- 国外分布：澳大利亚、巴布亚新几内亚、菲律宾、马来西亚、泰国、新加坡、伊朗、印度尼西亚、越南
- 濒危等级：LC

小二仙草
Gonocarpus micranthus Thunb.
- 习　　性：多年生草本
- 海　　拔：100~1800 m
- 国内分布：安徽、福建、河北、河南、湖北、湖南、江苏、江西、山东、台湾、浙江
- 国外分布：澳大利亚、巴布亚新几内亚、不丹、朝鲜、马来西亚、日本、泰国、新西兰、印度、越南
- 濒危等级：LC
- 资源利用：药用（中草药）；动物饲料（饲料）

狐尾藻属 Myriophyllum L.

互花狐尾藻
Myriophyllum alterniflorum DC.
- 习　　性：多年生水生草本
- 海　　拔：500~1500 m
- 国内分布：安徽、甘肃、湖北、江苏
- 国外分布：俄罗斯
- 濒危等级：LC

二分果狐尾藻
Myriophyllum dicoccum F. Muell.
- 习　　性：多年生水生草本
- 国内分布：福建、广东、台湾
- 国外分布：澳大利亚、巴布亚新几内亚、印度、印度尼西亚、越南
- 濒危等级：LC

短喙狐尾藻
Myriophyllum exasperatum D. Wang et al.
- 习　　性：多年生水生草本
- 海　　拔：海平面至200 m
- 分　　布：广西
- 濒危等级：DD

异叶狐尾藻
Myriophyllum heterophyllum Michaux
- 习　　性：多年生水生草本
- 国内分布：广东
- 国外分布：原产北美洲

东方狐尾藻
Myriophyllum oguraense Miki

东方狐尾藻（原亚种）
Myriophyllum oguraense subsp. **oguraense**
- 习　　性：多年生水生草本
- 国内分布：安徽、黑龙江、湖北、江苏、江西、浙江
- 国外分布：日本
- 濒危等级：NT B1ab（i, iii）

澳古狐尾藻
Myriophyllum oguraense subsp. **yangtzense** D. Wang
- 习　　性：多年生水生草本
- 分　　布：湖北
- 濒危等级：LC

西伯利亚狐尾藻
Myriophyllum sibiricum Maxim.
- 习　　性：多年生水生草本
- 国内分布：黑龙江、吉林、江苏、内蒙古、青海、四川、西藏、新疆、云南
- 国外分布：俄罗斯
- 濒危等级：LC

穗状狐尾藻
Myriophyllum spicatum L.
- 习　　性：多年生水生草本
- 海　　拔：100~? m
- 国内分布：全国各省

国外分布：欧洲、亚洲
资源利用：药用（中草药）；动物饲料（饲料）
濒危等级：LC

四蕊狐尾藻
Myriophyllum tetrandrum Roxb.
习　　性：多年生水生草本
海　　拔：海平面至200 m
国内分布：海南
国外分布：马来西亚、泰国、印度、越南
濒危等级：LC

刺果狐尾藻
Myriophyllum tuberculatum Roxb.
习　　性：多年生水生草本
海　　拔：100~400 m
国内分布：广东
国外分布：澳大利亚、马来西亚、印度
濒危等级：LC

乌苏里狐尾藻
Myriophyllum ussuriense (Regel) Maxim.
习　　性：多年生水生草本
海　　拔：海平面至1800 m
国内分布：安徽、广东、广西、河北、黑龙江、湖北、吉林、江苏、台湾、云南、浙江
国外分布：朝鲜、俄罗斯、日本
濒危等级：VU A2c
国家保护：Ⅱ级

狐尾藻
Myriophyllum verticillatum L.
习　　性：多年生水生草本
海　　拔：海平面至3500 m
国内分布：遍布全国
国外分布：北美洲、非洲、欧洲、亚洲
濒危等级：LC

金缕梅科 HAMAMELIDACEAE
（15属：66种）

山铜材属 Chunia H. T. Chang

山铜材
Chunia bucklandioides H. T. Chang
习　　性：常绿乔木
海　　拔：300~600 m
分　　布：海南
濒危等级：EN B2ac (ii, iii); C1
国家保护：Ⅱ级

蜡瓣花属 Corylopsis Sieb. et Zucc.

桤叶蜡瓣花
Corylopsis alnifolia (H. Lév.) C. K. Schneider
习　　性：灌木
海　　拔：1000~1200 m
分　　布：贵州
濒危等级：VU A2c; D1+2

短柱蜡瓣花
Corylopsis brevistyla H. T. Chang
习　　性：灌木
海　　拔：约1200 m
分　　布：云南
濒危等级：NT

腺蜡瓣花
Corylopsis glandulifera Hemsl.
习　　性：灌木
海　　拔：约1300 m
分　　布：安徽、江西、浙江
濒危等级：NT A3c

怒江蜡瓣花
Corylopsis glaucescens Hand.-Mazz.
习　　性：灌木或小乔木
海　　拔：1700~3000 m
分　　布：云南
濒危等级：LC

鄂西蜡瓣花
Corylopsis henryi Hemsl.
习　　性：灌木
海　　拔：约1000 m
分　　布：湖北、四川
濒危等级：LC

小果蜡瓣花
Corylopsis microcarpa H. T. Chang
习　　性：灌木
海　　拔：800~1400 m
分　　布：甘肃、四川
濒危等级：EN B1ab (i, iii); C1

瑞木
Corylopsis multiflora Hance

瑞木（原变种）
Corylopsis multiflora var. **multiflora**
习　　性：灌木或小乔木
海　　拔：约1500 m
分　　布：福建、广东、广西、贵州、湖北、湖南、台湾、云南
濒危等级：LC
资源利用：环境利用（观赏）

白背瑞木
Corylopsis multiflora var. **nivea** H. T. Chang
习　　性：灌木或小乔木
海　　拔：约1000 m
分　　布：福建
濒危等级：CR B1b (i, iii, v)

黔蜡瓣花
Corylopsis obovata H. T. Chang
习　　性：灌木
海　　拔：1000~1200 m
分　　布：重庆、贵州

濒危等级：EN B1ab（ii, iii）

峨眉蜡瓣花
Corylopsis omeiensis X. J. Yang
习　性：灌木
海　拔：约 1500 m
分　布：贵州、四川
濒危等级：EN B1ab（i, ii, iii）；C1

少花瑞木
Corylopsis pauciflora Siebold et Zucc.
习　性：灌木
海　拔：200~300 m
国内分布：台湾
国外分布：日本
濒危等级：NT

阔蜡瓣花
Corylopsis platypetala Rehder et E. H. Wilson
习　性：灌木
海　拔：1300~2600 m
分　布：安徽、湖北、四川
濒危等级：LC

圆叶蜡瓣花
Corylopsis rotundifolia H. T. Chang
习　性：灌木
海　拔：约 1200 m
分　布：重庆、贵州
濒危等级：EN B1ab（i, ii, iii）；C1

蜡瓣花
Corylopsis sinensis Hemsl.

蜡瓣花（原变种）
Corylopsis sinensis var. **sinensis**
习　性：灌木
海　拔：1000~1500 m
分　布：安徽、福建、广东、广西、贵州、湖北、湖南、江西、四川、浙江
濒危等级：LC
资源利用：环境利用（观赏）

秃蜡瓣花
Corylopsis sinensis var. **calvescens** Rehder et E. H. Wilson
习　性：灌木
海　拔：1000~1500 m
分　布：广东、广西、贵州、湖南、江西、四川
濒危等级：LC

星毛蜡瓣花
Corylopsis stelligera Guill.
习　性：灌木或小乔木
海　拔：约 1300 m
分　布：广西、贵州、海南、四川、西藏、云南
濒危等级：LC

俅江蜡瓣花
Corylopsis trabeculosa Hu et W. C. Cheng
习　性：灌木或小乔木
海　拔：1300~2000 m

分　布：云南
濒危等级：EN A2c

红药蜡瓣花
Corylopsis veitchiana Bean
习　性：灌木
海　拔：约 1200 m
分　布：安徽、湖北、四川
濒危等级：NT C1
资源利用：环境利用（观赏）

绒毛蜡瓣花
Corylopsis velutina Hand.-Mazz.
习　性：灌木
海　拔：1000~1200 m
分　布：四川
濒危等级：VU D2

四川蜡瓣花
Corylopsis willmottiae Rehder et E. H. Wilson
习　性：灌木或小乔木
海　拔：约 1200 m
分　布：四川
濒危等级：LC
资源利用：环境利用（观赏）

长穗蜡瓣花
Corylopsis yui Hu et W. C. Cheng
习　性：灌木
海　拔：2700~3000 m
分　布：云南
濒危等级：VU A2c

滇蜡瓣花
Corylopsis yunnanensis Diels
习　性：灌木
海　拔：约 1500 m
分　布：云南
濒危等级：LC
资源利用：环境利用（观赏）

双花木属 Disanthus Maxim.

双花木
Disanthus cercidifolius Maxim.
习　性：灌木
国内分布：江西
国外分布：日本
濒危等级：LC

长柄双花木
Disanthus cercidifolius subsp. **longipes**(H. T. Chang) K. Y. Pan
习　性：灌木
海　拔：400~1200 m
分　布：湖南、江西、浙江
濒危等级：NT A2ac；B2ab（i, ii, v）
国家保护：Ⅱ级

假蚊母树属 Distyliopsis P. K. Endress

尖叶假蚊母树
Distyliopsis dunnii(Hemsl.) P. K. Endress

习　　性：灌木或小乔木
海　　拔：800~1500 m
国内分布：福建、广东、广西、贵州、湖南、江西、云南
国外分布：老挝
濒危等级：LC

樟叶假蚊母树
Distyliopsis laurifolia(Hemsl.) P. K. Endress
习　　性：灌木
海　　拔：1300~1500 m
分　　布：贵州、云南
濒危等级：VU A2ac；B1ab（i, iii, v）；C1

柳叶假蚊母树
Distyliopsis salicifolia(H. L. Li ex E. Walker) P. K. Endress
习　　性：灌木
海　　拔：900~1200 m
分　　布：海南
濒危等级：DD

钝叶假蚊母树
Distyliopsis tutcheri(Hemsl.) P. K. Endress
习　　性：灌木或小乔木
海　　拔：800~1000 m
分　　布：福建、广东、海南
濒危等级：NT D1

滇假蚊母树
Distyliopsis yunnanensis(H. T. Chang) C. Y. Wu
习　　性：灌木或小乔木
海　　拔：800~1000 m
分　　布：云南
濒危等级：EN D

蚊母树属 Distylium Sieb. et Zucc.

小叶蚊母树
Distylium buxifolium(Hance) Merr.
习　　性：常绿灌木
海　　拔：1000~1200 m
分　　布：福建、广东、广西、贵州、湖北、湖南、四川、浙江
濒危等级：LC

中华蚊母树
Distylium chinense(Franch. ex Hemsl.) Diels
习　　性：常绿灌木
海　　拔：1000~1300 m
分　　布：湖北、四川
濒危等级：EN A2c；C1

闽粤蚊母树
Distylium chungii(F. P. Metcalf) W. C. Cheng
习　　性：常绿小乔木
海　　拔：1000~1200 m
分　　布：福建、广东
濒危等级：VU A2c；C1

尖尾蚊母树
Distylium cuspidatum H. T. Chang
习　　性：常绿小乔木
海　　拔：1200~1400 m
分　　布：贵州、云南
濒危等级：LC

窄叶蚊母树
Distylium dunnianum H. Lév.
习　　性：灌木或小乔木
海　　拔：1200~1400 m
分　　布：广东、广西、贵州、云南
濒危等级：LC

鳞毛蚊母树
Distylium elaeagnoides H. T. Chang
习　　性：灌木或小乔木
海　　拔：800~1000 m
分　　布：广东、广西、湖南
濒危等级：VU A2c

台湾蚊母树
Distylium gracile Nakai
习　　性：常绿小乔木
海　　拔：1000~1200 m
分　　布：台湾、浙江
濒危等级：VU A4a；D1

大叶蚊母树
Distylium macrophyllum H. T. Chang
习　　性：灌木或小乔木
海　　拔：1000~1200 m
分　　布：广东、广西
濒危等级：VU C2a（i）

杨梅蚊母树
Distylium myricoides Hemsl.
习　　性：灌木或小乔木
海　　拔：500~800 m
分　　布：安徽、福建、广东、广西、贵州、湖南、江西、四川、云南、浙江
濒危等级：LC
资源利用：环境利用（观赏）；原料（单宁，树脂）

屏边蚊母树
Distylium pingpienense(Hu) E. Walker
习　　性：灌木或乔木
海　　拔：800~1000 m
分　　布：贵州、湖北、湖南、云南
濒危等级：LC

蚊母树
Distylium racemosum Siebold et Zucc.
习　　性：灌木或乔木
海　　拔：1000~1300 m
国内分布：福建、海南、台湾、浙江
国外分布：朝鲜、日本
濒危等级：LC
资源利用：环境利用（观赏）；原料（单宁，树脂）

黔蚊母树
Distylium tsiangii Chun ex E. Walker
习　　性：常绿小乔木
海　　拔：1000~1200 m

分　　布：贵州
濒危等级：CR B1ab（i，iii，v）

秀柱花属 Eustigma Gardner et Champ.

褐毛秀柱花
Eustigma balansae Oliv.
 习　　性：常绿乔木
 海　　拔：400～500 m
 国内分布：广东、广西、云南
 国外分布：越南
 濒危等级：LC

云南秀柱花
Eustigma lenticellatum C. Y. Wu
 习　　性：乔木
 海　　拔：1000～1200 m
 分　　布：云南
 濒危等级：EN D

秀柱花
Eustigma oblongifolium Gardner et Champ.
 习　　性：常绿灌木或乔木
 海　　拔：100～200 m
 分　　布：福建、广东、广西、贵州、海南、江西、台湾
 濒危等级：LC

马蹄荷属 Exbucklandia R. W. Br.

长瓣马蹄荷
Exbucklandia longipetala H. T. Chang
 习　　性：常绿乔木
 海　　拔：约 1500 m
 分　　布：广西、贵州
 濒危等级：EN B1ab（i，iii，v）

马蹄荷
Exbucklandia populnea(R. Br. ex Griff.) R. W. Br.
 习　　性：乔木
 海　　拔：约 1200 m
 国内分布：广西、贵州、西藏、云南
 国外分布：不丹、马来西亚、缅甸、尼泊尔、泰国、印度、印度尼西亚、越南
 濒危等级：LC

大果马蹄荷
Exbucklandia tonkinensis(Lecomte) H. T. Chang
 习　　性：常绿乔木
 海　　拔：800～1500 m
 国内分布：福建、广东、广西、海南、湖南、江西、云南
 国外分布：越南
 濒危等级：LC

牛鼻栓属 Fortunearia Rehd. et Wils.

牛鼻栓
Fortunearia sinensis Rehd. et Wils.
 习　　性：灌木或小乔木
 海　　拔：800～1000 m
 分　　布：安徽、河南、湖北、江西、陕西、四川、浙江
 濒危等级：VU A3cd；D1

金缕梅属 Hamamelis L.

金缕梅
Hamamelis mollis Oliv.
 习　　性：灌木或小乔木
 海　　拔：300～800 m
 分　　布：安徽、广西、湖北、湖南、江西、四川、浙江
 濒危等级：LC
 资源利用：环境利用（观赏）

檵木属 Loropetalum R. Br.

檵木
Loropetalum chinense(R. Br.) Oliv.

檵木（原变种）
Loropetalum chinense var. **chinense**
 习　　性：灌木或小乔木
 海　　拔：1000～1200 m
 国内分布：安徽、福建、广东、广西、贵州、湖北、湖南、江西、四川、云南、浙江
 国外分布：日本、印度
 濒危等级：LC
 资源利用：药用（中草药）；环境利用（观赏）；原料（单宁，树脂）

红花檵木
Loropetalum chinense var. **rubrum** Yieh
 习　　性：灌木或小乔木
 分　　布：湖南、广西；中国南方广泛栽培
 濒危等级：LC

大果檵木
Loropetalum lanceum Hand.-Mazz.
 习　　性：常绿乔木
 海　　拔：约 1000 m
 分　　布：广西、贵州
 濒危等级：EN B1ab（ii，iii）

四药门花
Loropetalum subcordatum(Benth.) Oliv.
 习　　性：灌木或乔木
 海　　拔：100～200 m
 分　　布：广东、广西、贵州
 濒危等级：VU B2ab（ii）
 国家保护：Ⅱ级

壳菜果属 Mytilaria Lecomte

壳菜果
Mytilaria laosensis Lecomte
 习　　性：常绿乔木
 海　　拔：约 1000 m
 国内分布：广东、广西、云南
 国外分布：老挝、越南
 濒危等级：VU A2c

银缕梅属 Parrotia C. A. Mey.

银缕梅
Parrotia subaequalis(H. T. Chang) R. M. Hao et H. T. Wei

习　　性：乔木
海　　拔：600~700 m
分　　布：安徽、江苏、浙江
濒危等级：VU C1
国家保护：Ⅰ级

红花荷属 Rhodoleia Champ. ex Hook.

红花荷
Rhodoleia championii Hook. f.
　　习　　性：常绿乔木
　　海　　拔：约 1000 m
　　国内分布：广东、贵州、海南
　　国外分布：马来西亚、缅甸、印度尼西亚、越南
　　濒危等级：LC

绒毛红花荷
Rhodoleia forrestii Chun ex Exell
　　习　　性：常绿乔木
　　海　　拔：1500~2300 m
　　国内分布：云南
　　国外分布：缅甸
　　濒危等级：VU A2c；C1

小脉红花荷
Rhodoleia henryi Tong
　　习　　性：常绿乔木
　　海　　拔：2000~2400 m
　　分　　布：云南
　　濒危等级：NT A2c

大果红花荷
Rhodoleia macrocarpa H. T. Chang
　　习　　性：常绿乔木
　　海　　拔：2000~2400 m
　　分　　布：云南
　　濒危等级：VU A2c；D2

小花红花荷
Rhodoleia parvipetala Tong
　　习　　性：常绿乔木
　　海　　拔：约 1000 m
　　国内分布：广西、贵州、云南
　　国外分布：越南
　　濒危等级：LC

窄瓣红花荷
Rhodoleia stenopetala H. T. Chang
　　习　　性：常绿乔木
　　海　　拔：600~1000 m
　　分　　布：广东、海南
　　濒危等级：EN B1ab (i, iii, iv); D

山白树属 Sinowilsonia Hemsl.

山白树
Sinowilsonia henryi Hemsl.

山白树（原变种）
Sinowilsonia henryi var. *henryi*
　　习　　性：灌木或小乔木
　　海　　拔：1000~1500 m
　　分　　布：甘肃、河南、湖北、山西、陕西、四川
　　濒危等级：VU A2c；B1ab (ii, iii); C1

秃山白树
Sinowilsonia henryi var. *glabrescens* H. T. Chang
　　习　　性：灌木或小乔木
　　海　　拔：800~1000 m
　　分　　布：山西
　　濒危等级：VU A2c；D1

水丝梨属 Sycopsis Oliv.

水丝梨
Sycopsis sinensis Oliv.
　　习　　性：常绿乔木
　　海　　拔：1300~1500 m
　　分　　布：安徽、福建、广东、广西、贵州、湖北、湖南、江西、陕西、四川、台湾、云南、浙江
　　濒危等级：LC

三脉水丝梨
Sycopsis triplinervia H. T. Chang
　　习　　性：常绿灌木
　　海　　拔：800~1000 m
　　分　　布：四川、云南
　　濒危等级：LC

青荚叶科 HELWINGIACEAE
（1 属：8 种）

青荚叶属 Helwingia Willd.

中华青荚叶
Helwingia chinensis Batalin

中华青荚叶（原变种）
Helwingia chinensis var. *chinensis*
　　习　　性：常绿灌木
　　海　　拔：1000~2600 m
　　国内分布：甘肃、贵州、湖北、湖南、陕西、四川、西藏、云南
　　国外分布：缅甸、泰国
　　濒危等级：LC
　　资源利用：环境利用（观赏）

钝齿青荚叶
Helwingia chinensis var. *crenata*(Lingelsh. ex H. Limpr.) W. P. Fang
　　习　　性：常绿灌木
　　海　　拔：1400~1900 m
　　分　　布：甘肃、贵州、陕西、四川、云南
　　濒危等级：LC

西域青荚叶
Helwingia himalaica Hook. f. et Thomson ex C. B. Clarke
　　习　　性：灌木
　　海　　拔：1000~3000 m

国内分布：重庆、广东、广西、贵州、湖北、湖南、四川、西藏、云南
国外分布：不丹、缅甸、尼泊尔、印度、越南
濒危等级：LC
资源利用：环境利用（观赏）

青荚叶
Helwingia japonica（Thunb.）F. Dietr.

青荚叶（原变种）
Helwingia japonica var. **japonica**
习　　性：灌木
海　　拔：3000 m 以下
国内分布：安徽、福建、广东、广西、贵州、河南、湖北、湖南、江苏、江西、山东、山西、四川、台湾、云南、浙江
国外分布：朝鲜南部、日本
濒危等级：LC
资源利用：药用（中草药）；环境利用（观赏）

白粉青荚叶
Helwingia japonica var. **hypoleuca** Hemsl. ex Rehder
习　　性：灌木
海　　拔：1200～2800 m
分　　布：贵州、湖北、陕西、四川、云南
濒危等级：LC

乳突青荚叶
Helwingia japonica var. **papillosa** W. P. Fang et Z. P. Song
习　　性：灌木
海　　拔：2100～3400 m
分　　布：甘肃、陕西、四川
濒危等级：LC

台湾青荚叶
Helwingia japonica var. **zhejiangensis**（W. P. Fang et T. P. Soong）M. B. Deng et Yo. Zhang
习　　性：灌木
海　　拔：100～2500 m
分　　布：台湾、浙江
濒危等级：LC

峨眉青荚叶
Helwingia omeiensis（W. P. Fang）H. Hara et S. Kuros.
习　　性：灌木或小乔木
海　　拔：600～1700 m
分　　布：甘肃、广西、贵州、湖北、湖南、陕西、四川、云南
濒危等级：LC
资源利用：环境利用（观赏）

莲叶桐科 HERNANDIACEAE
（2 属：18 种）

莲叶桐属 Hernandia L.

莲叶桐
Hernandia nymphaeifolia（C. Presl）Kubitzki

习　　性：乔木
国内分布：海南、台湾
国外分布：菲律宾、柬埔寨、马来西亚、日本、斯里兰卡、泰国、印度尼西亚、越南；东非至太平洋东部
濒危等级：VU D1
国家保护：Ⅱ级

青藤属 Illigera Blume

香青藤
Illigera aromatica S. Z. Huang et S. L. Mo
习　　性：藤本
海　　拔：500～700 m
分　　布：广西
濒危等级：NT

短蕊青藤
Illigera brevistaminata Y. R. Li
习　　性：藤本
海　　拔：100～300 m
分　　布：贵州、湖南
濒危等级：LC

宽药青藤
Illigera celebica Miq.
习　　性：藤本
海　　拔：200～1300 m
国内分布：广东、广西、海南、云南
国外分布：巴布亚新几内亚、菲律宾、柬埔寨、马来西亚、泰国、印度尼西亚、越南
濒危等级：LC

心叶青藤
Illigera cordata Dunn

心叶青藤（原变种）
Illigera cordata var. **cordata**
习　　性：藤本
海　　拔：600～1900 m
分　　布：广西、贵州、四川、云南
资源利用：药用（中草药）

多毛青藤
Illigera cordata var. **mollissima**（W. W. Sm.）Kubitzki
习　　性：藤本
海　　拔：约 1100 m
分　　布：云南
濒危等级：EN A2cde；B1ab（i, iii, v）
资源利用：药用（中草药）

无毛青藤
Illigera glabra Y. R. Li
习　　性：藤本
海　　拔：700～800 m
分　　布：云南
濒危等级：LC

大花青藤
Illigera grandiflora W. W. Sm. et Jeffrey
习　　性：藤本
海　　拔：800～3200 m

国内分布：贵州、云南
国外分布：缅甸、印度
濒危等级：LC
资源利用：药用（中草药）

蒙自青藤
Illigera henryi W. W. Sm.
习　　性：藤本
海　　拔：1100~1600 m
分　　布：广西、云南
濒危等级：LC

披针叶青藤
Illigera khasiana C. B. Clarke
习　　性：藤本
海　　拔：700~1600 m
国内分布：云南
国外分布：马来西亚、缅甸、印度
濒危等级：LC

台湾青藤
Illigera luzonensis(C. Presl) Merr.
习　　性：藤本
海　　拔：海平面至1300 m
国内分布：台湾
国外分布：菲律宾、日本
濒危等级：LC

显脉青藤
Illigera nervosa Merr.
习　　性：藤本
海　　拔：800~2100 m
国内分布：云南
国外分布：缅甸
濒危等级：LC

圆叶青藤
Illigera orbiculata C. Y. Wu
习　　性：藤本
海　　拔：约600 m
分　　布：云南
濒危等级：NT B1ab (i, iii, v)

小花青藤
Illigera parviflora Dunn
习　　性：藤本
海　　拔：300~1400 m
国内分布：福建、广东、广西、贵州、海南、云南
国外分布：马来西亚、越南
濒危等级：LC
资源利用：药用（中草药）

尾叶青藤
Illigera pseudoparviflora Y. R. Li
习　　性：藤本
海　　拔：400~800 m
分　　布：贵州
濒危等级：LC

红花青藤
Illigera rhodantha Hance

红花青藤（原变种）
Illigera rhodantha var. **rhodantha**
习　　性：藤本
海　　拔：100~2100 m
国内分布：广东、广西、贵州、海南、云南
国外分布：柬埔寨、老挝、泰国、越南
濒危等级：LC

锈毛青藤
Illigera rhodantha var. **dunniana**(H. Lév.) Kubitzki
习　　性：藤本
海　　拔：100~1000 m
国内分布：广东、广西、贵州、云南
国外分布：柬埔寨、老挝、泰国、越南
濒危等级：LC

兜状青藤
Illigera trifoliata subsp. **cucullata**(Merr.) Kubitzki
习　　性：藤本
海　　拔：1100~1300 m
国内分布：云南
国外分布：老挝、泰国、越南
濒危等级：LC

绣球花科 HYDRANGEACEAE
（11 属：161 种）

草绣球属 Cardiandra Sieb. et Zucc.

台湾草绣球
Cardiandra formosana Hayata
习　　性：亚灌木
分　　布：台湾、浙江
濒危等级：LC

草绣球
Cardiandra moellendorffi(Hance) Migo

草绣球（原变种）
Cardiandra moellendorffi var. **moellendorffi**
习　　性：亚灌木
海　　拔：700~1500 m
国内分布：安徽、福建、江西、浙江
国外分布：日本
濒危等级：LC

疏花草绣球
Cardiandra moellendorffi var. **laxiflora**(H. L. Li) C. F. Wei
习　　性：亚灌木
海　　拔：700~1000 m
分　　布：广东、广西、贵州、湖北、湖南
濒危等级：LC

赤壁木属 Decumaria L.

赤壁木
Decumaria sinensis Oliv.
习　　性：灌木

海　　拔：600~1300 m
分　　布：甘肃、贵州、湖北、陕西、四川
濒危等级：LC

叉叶蓝属 Deinanthe Maxim.

叉叶蓝
Deinanthe caerulea Stapf
习　　性：多年生草本
海　　拔：700~1600 m
分　　布：湖北
濒危等级：VU A2c；D2

溲疏属 Deutzia Thunb.

白溲疏
Deutzia albida Batalin
习　　性：灌木
海　　拔：1300~1700 m
分　　布：甘肃、陕西
濒危等级：NT A2c+3c；B1ab (i, ii, iii, v)

马桑溲疏
Deutzia aspera Rehder
习　　性：灌木
海　　拔：500~2500 m
分　　布：西藏、云南
濒危等级：NT C1

钩齿溲疏
Deutzia baroniana Diels
习　　性：灌木
海　　拔：500~1200 m
分　　布：河北、河南、江苏、辽宁、山东、山西、陕西
濒危等级：LC

波密溲疏
Deutzia bomiensis S. M. Hwang
习　　性：灌木
海　　拔：约2500 m
分　　布：西藏
濒危等级：LC

短裂溲疏
Deutzia breviloba S. M. Hwang
习　　性：灌木
海　　拔：1200~3100 m
分　　布：四川
濒危等级：LC

大萼溲疏
Deutzia calycosa Rehder

大萼溲疏（原变种）
Deutzia calycosa var. **calycosa**
习　　性：灌木
海　　拔：1400~3000 m
分　　布：四川、云南
濒危等级：LC

大瓣溲疏
Deutzia calycosa var. **macropetala** Rehder
习　　性：灌木
海　　拔：1400~2300 m
分　　布：云南
濒危等级：LC

旱生溲疏
Deutzia calycosa var. **xerophyta** (Hand.-Mazz.) S. M. Hwang
习　　性：灌木
海　　拔：1400~1900 m
分　　布：四川
濒危等级：LC

灰叶溲疏
Deutzia cinerascens Rehder
习　　性：灌木
海　　拔：900~1300 m
分　　布：贵州
濒危等级：LC

密序溲疏
Deutzia compacta Craib
习　　性：灌木
海　　拔：2000~4200 m
分　　布：西藏、云南
濒危等级：LC

革叶溲疏
Deutzia coriacea Rehder
习　　性：灌木
海　　拔：约600 m
分　　布：四川
濒危等级：LC

粗齿溲疏
Deutzia crassidentata S. M. Hwang
习　　性：灌木
海　　拔：2000~2300 m
分　　布：四川
濒危等级：LC

厚叶溲疏
Deutzia crassifolia Rehder
习　　性：半常绿灌木
海　　拔：1700~2400 m
分　　布：西藏、云南
濒危等级：LC

齿叶溲疏
Deutzia crenata Siebold et Zucc.
习　　性：灌木
国内分布：安徽、福建、湖北、江苏、山东、云南、浙江
国外分布：日本
资源利用：环境利用（观赏）

小聚花溲疏
Deutzia cymuligera S. M. Hwang
习　　性：灌木

海　　拔：200~2300 m
分　　布：四川
濒危等级：LC

异色溲疏
Deutzia densiflora Rehder
习　　性：灌木
海　　拔：1000~2500 m
分　　布：甘肃、河南、湖北、陕西、四川
濒危等级：LC

狭叶溲疏
Deutzia esquirolii (H. Lév.) Rehder
习　　性：灌木
海　　拔：1000~2000 m
分　　布：贵州
濒危等级：EN D

浙江溲疏
Deutzia faberi Rehder
习　　性：灌木
海　　拔：1000~1700 m
分　　布：浙江
濒危等级：LC

光萼溲疏
Deutzia glabrata Kom.

光萼溲疏（原变种）
Deutzia glabrata var. **glabrata**
习　　性：灌木
海　　拔：300~1300 m
国内分布：河南、黑龙江、吉林、山东
国外分布：朝鲜、俄罗斯
濒危等级：LC
资源利用：环境利用（观赏）

无柄溲疏
Deutzia glabrata var. **sessilifolia** (Pamp.) Zaik.
习　　性：灌木
海　　拔：400~1300 m
分　　布：河南、湖北、湖南、山东、陕西
濒危等级：LC

黄山溲疏
Deutzia glauca Kom.

黄山溲疏（原变种）
Deutzia glauca var. **glauca**
习　　性：灌木
海　　拔：600~1200 m
分　　布：安徽、河南、湖北、江西、浙江
濒危等级：LC
资源利用：环境利用（观赏）

斑萼溲疏
Deutzia glauca var. **decalvata** S. M. Hwang
习　　性：灌木
海　　拔：约600 m
分　　布：浙江
濒危等级：DD

灰绿溲疏
Deutzia glaucophylla S. M. Hwang
习　　性：灌木
海　　拔：2000~2500 m
分　　布：四川、西藏
濒危等级：NT C1

球花溲疏
Deutzia glomeruliflora Franch.
习　　性：灌木
海　　拔：2000~3600 m
分　　布：四川、云南
濒危等级：LC
资源利用：环境利用（观赏）

细梗溲疏
Deutzia gracilis Siebold et Zucc.
习　　性：灌木
海　　拔：约2500 m
国内分布：陕西、浙江
国外分布：日本
资源利用：环境利用（观赏）

大花溲疏
Deutzia grandiflora Bunge
习　　性：灌木
海　　拔：800~1600 m
分　　布：甘肃、河北、河南、湖北、湖南、江苏、辽宁、内蒙古、山东、山西、陕西
濒危等级：LC
资源利用：环境利用（观赏）

异叶溲疏
Deutzia heterophylla S. M. Hwang
习　　性：灌木
海　　拔：约2300 m
分　　布：四川
濒危等级：LC

西藏溲疏
Deutzia hookeriana (C. K. Schneid.) Airy Shaw
习　　性：灌木
海　　拔：2000~3500 m
国内分布：西藏、云南
国外分布：不丹、缅甸、印度
濒危等级：LC

粉背溲疏
Deutzia hypoglauca Rehder

粉背溲疏（原变种）
Deutzia hypoglauca var. **hypoglauca**
习　　性：灌木
海　　拔：1000~2500 m
分　　布：甘肃、湖北、陕西、四川
濒危等级：LC
资源利用：环境利用（观赏）

青城溲疏
Deutzia hypoglauca var. **shawiana**(Zaik.)Zaik.
　　习　　性：灌木
　　海　　拔：1800～2500 m
　　分　　布：四川
　　濒危等级：LC

长叶溲疏
Deutzia longifolia Franch.

长叶溲疏（原变种）
Deutzia longifolia var. **longifolia**
　　习　　性：灌木
　　海　　拔：1800～3200 m
　　分　　布：甘肃、贵州、四川、云南
　　濒危等级：LC
　　资源利用：环境利用（观赏）

平武溲疏
Deutzia longifolia var. **pingwuensis** S. M. Hwang
　　习　　性：灌木
　　海　　拔：2300～2900 m
　　分　　布：四川、云南
　　濒危等级：LC

钻丝溲疏
Deutzia mollis Duthie
　　习　　性：灌木
　　海　　拔：1000～1800 m
　　分　　布：湖北
　　濒危等级：LC

维西溲疏
Deutzia monbeigii W. W. Sm.
　　习　　性：灌木
　　海　　拔：2000～3000 m
　　分　　布：四川、西藏、云南
　　濒危等级：LC

木里溲疏
Deutzia muliensis S. M. Hwang
　　习　　性：灌木
　　海　　拔：约3000 m
　　分　　布：四川
　　濒危等级：LC

多辐线溲疏
Deutzia multiradiata W. T. Wang
　　习　　性：灌木
　　海　　拔：500～1600 m
　　分　　布：四川
　　濒危等级：LC

南川溲疏
Deutzia nanchuanensis W. T. Wang
　　习　　性：灌木
　　海　　拔：1500～2000 m
　　分　　布：四川、云南
　　濒危等级：LC

宁波溲疏
Deutzia ningpoensis Rehder
　　习　　性：灌木
　　海　　拔：500～800 m
　　分　　布：福建、湖北、江西、陕西、浙江
　　濒危等级：LC
　　资源利用：环境利用（观赏）

钝裂溲疏
Deutzia obtusilobata S. M. Hwang
　　习　　性：灌木
　　海　　拔：约2000 m
　　分　　布：四川
　　濒危等级：DD

小花溲疏
Deutzia parviflora Bunge

小花溲疏（原变种）
Deutzia parviflora var. **parviflora**
　　习　　性：灌木
　　海　　拔：300～1800 m
　　国内分布：甘肃、河北、河南、黑龙江、湖北、吉林、辽宁、内蒙古、山西、陕西
　　国外分布：朝鲜、俄罗斯
　　濒危等级：LC
　　资源利用：环境利用（观赏）

东北溲疏
Deutzia parviflora var. **amurensis** Regel
　　习　　性：灌木
　　海　　拔：300～800 m
　　分　　布：吉林、辽宁
　　濒危等级：LC

碎花溲疏
Deutzia parviflora var. **micrantha**(Engl.)Rehder
　　习　　性：灌木
　　海　　拔：1100～1800 m
　　分　　布：河北、河南、山西、陕西
　　濒危等级：LC

褐毛溲疏
Deutzia pilosa Rehder
　　习　　性：灌木
　　海　　拔：400～2000 m
　　分　　布：甘肃、贵州、陕西、四川、云南
　　濒危等级：LC
　　资源利用：环境利用（观赏）

美丽溲疏
Deutzia pulchra S. Vidal
　　习　　性：灌木或小乔木
　　海　　拔：300～2500 m
　　国内分布：台湾
　　国外分布：菲律宾
　　濒危等级：LC

紫花溲疏
Deutzia purpurascens(Franch. ex L. Henry)Rehder
　　习　　性：灌木

海　　拔：2600~3500 m
国内分布：四川、西藏、云南
国外分布：缅甸、印度
濒危等级：LC

灌丛溲疏
Deutzia rehderiana C. K. Schneid.
　　习　　性：灌木
　　海　　拔：500~2000 m
　　分　　布：贵州、四川、云南
　　濒危等级：LC

粉红溲疏
Deutzia rubens Rehder
　　习　　性：灌木
　　海　　拔：2100~3000 m
　　分　　布：甘肃、湖北、陕西、四川
　　濒危等级：LC

长江溲疏
Deutzia schneideriana Rehder
　　习　　性：灌木
　　海　　拔：600~2000 m
　　分　　布：安徽、甘肃、湖北、湖南、江西、浙江
　　濒危等级：LC
　　资源利用：环境利用（观赏）

四川溲疏
Deutzia setchuenensis Franch.

四川溲疏（原变种）
Deutzia setchuenensis var. **setchuenensis**
　　习　　性：灌木
　　海　　拔：300~2000 m
　　分　　布：福建、广东、广西、贵州、湖北、湖南、江西、云南
　　濒危等级：LC
　　资源利用：环境利用（观赏）

多花溲疏
Deutzia setchuenensis var. **corymbiflora**(Lemoine ex André)Rehder
　　习　　性：灌木
　　海　　拔：800~1500 m
　　分　　布：湖北、四川
　　濒危等级：LC

长齿溲疏
Deutzia setchuenensis var. **longidentata** Rehder
　　习　　性：灌木
　　分　　布：四川
　　濒危等级：LC

红花溲疏
Deutzia silvestrii Pamp.
　　习　　性：灌木
　　海　　拔：300~1900 m
　　分　　布：湖北
　　濒危等级：VU D1+2

鳞毛溲疏
Deutzia squamosa S. M. Hwang
　　习　　性：灌木
　　海　　拔：约2000 m
　　分　　布：四川

长柱溲疏
Deutzia staminea R. Br. ex Wall.
　　习　　性：灌木
　　海　　拔：2000~3000 m
　　国内分布：四川、西藏、云南
　　国外分布：不丹、克什米尔地区、尼泊尔、印度
　　濒危等级：LC

钻齿溲疏
Deutzia subulata Hand. -Mazz.
　　习　　性：灌木
　　海　　拔：2000~2500 m
　　分　　布：四川、云南
　　濒危等级：LC

太白溲疏
Deutzia taibaiensis W. T. Wang ex S. M. Hwang
　　习　　性：灌木
　　海　　拔：约1200 m
　　分　　布：甘肃、陕西
　　濒危等级：NT C1

台湾溲疏
Deutzia taiwanensis(Maxim.)C. K. Schneid.
　　习　　性：灌木
　　海　　拔：300~2500 m
　　分　　布：台湾
　　濒危等级：LC
　　资源利用：环境利用（观赏）

宽萼溲疏
Deutzia wardiana Zaik.
　　习　　性：灌木
　　海　　拔：1500~2000 m
　　国内分布：西藏
　　国外分布：印度
　　濒危等级：LC

云南溲疏
Deutzia yunnanensis S. M. Hwang
　　习　　性：灌木
　　分　　布：云南
　　濒危等级：NT C1

中甸溲疏
Deutzia zhongdianensis S. M. Hwang
　　习　　性：灌木
　　海　　拔：2100~3500 m
　　分　　布：云南
　　濒危等级：LC

常山属 Dichroa Lour.

大明常山
Dichroa daimingshanensis Y. C. Wu
　　习　　性：亚灌木
　　海　　拔：400~800 m

分　　布：广西、贵州
濒危等级：LC

常山
Dichroa febrifuga Lour.
习　　性：灌木
海　　拔：200~2000 m
国内分布：安徽、福建、甘肃、广东、广西、贵州、湖北、湖南、江西、陕西、四川、台湾、西藏
国外分布：不丹、柬埔寨、老挝、缅甸、尼泊尔、泰国、印度、印度尼西亚、越南
濒危等级：LC
资源利用：药用（中草药）

硬毛常山
Dichroa hirsuta Gagnep.
习　　性：灌木
海　　拔：400~1500 m
国内分布：广西、云南
国外分布：越南
濒危等级：LC

海南常山
Dichroa mollissima Merr.
习　　性：灌木
海　　拔：1000~1800 m
分　　布：海南
濒危等级：NT C1

罗蒙常山
Dichroa yaoshanensis Y. C. Wu
习　　性：亚灌木
海　　拔：500~1200 m
分　　布：广东、广西、湖南、云南
濒危等级：LC

云南常山
Dichroa yunnanensis S. M. Hwang
习　　性：灌木
海　　拔：约2000 m
分　　布：云南
濒危等级：EN A2c + 3c

绣球属 Hydrangea L.

冠盖绣球
Hydrangea anomala D. Don
习　　性：攀援灌木
海　　拔：500~2900 m
国内分布：安徽、福建、甘肃、广东、广西、贵州、河南、湖北、湖南、江西、陕西、四川、台湾、西藏、云南、浙江
国外分布：不丹、缅甸、尼泊尔、印度
濒危等级：LC
资源利用：药用（中草药）；环境利用（观赏）

马桑绣球
Hydrangea aspera D. Don
习　　性：灌木或小乔木
海　　拔：700~4000 m
国内分布：甘肃、广西、贵州、湖北、湖南、江苏、陕西、四川、云南
国外分布：尼泊尔、印度、越南
濒危等级：LC
资源利用：食品添加剂（糖和非糖甜味剂）

东陵绣球
Hydrangea bretschneideri Dippel
习　　性：灌木
海　　拔：1200~2800 m
分　　布：甘肃、河北、河南、内蒙古、宁夏、青海、山西、陕西
濒危等级：LC
资源利用：环境利用（观赏）

珠光绣球
Hydrangea candida Chun
习　　性：灌木
海　　拔：约1000 m
分　　布：广西
濒危等级：LC

尾叶绣球
Hydrangea caudatifolia W. T. Wang et M. X. Nie
习　　性：灌木
海　　拔：600~700 m
分　　布：江西
濒危等级：LC

中国绣球
Hydrangea chinensis Maxim.
习　　性：灌木
海　　拔：300~2000 m
国内分布：安徽、福建、广西、湖南、江西、台湾、浙江
国外分布：日本
濒危等级：LC

福建绣球
Hydrangea chungii Rehder
习　　性：灌木
海　　拔：200~800 m
分　　布：福建
濒危等级：LC

毡毛绣球
Hydrangea coacta C. F. Wei
习　　性：灌木
海　　拔：约1300 m
分　　布：陕西
濒危等级：LC

酥醪绣球
Hydrangea coenobialis Chun
习　　性：灌木
海　　拔：200~800 m
分　　布：广东、广西
濒危等级：LC

西南绣球
Hydrangea davidii Franch.
习　　性：灌木

海　　拔：1400~2400 m
分　　布：贵州、四川、云南
濒危等级：LC

银针绣球
Hydrangea dumicola W. W. Sm.
习　　性：灌木
海　　拔：1900~2500 m
分　　布：云南
濒危等级：LC

细枝绣球
Hydrangea gracilis W. T. Wang et M. X. Nie
习　　性：灌木
海　　拔：400~700 m
分　　布：湖南、江西
濒危等级：LC

微绒绣球
Hydrangea heteromalla D. Don
习　　性：灌木或小乔木
海　　拔：2400~3400 m
国内分布：四川、西藏、云南
国外分布：不丹、尼泊尔、印度
濒危等级：LC

白背绣球
Hydrangea hypoglauca Rehder
习　　性：灌木
海　　拔：200~4000 m
分　　布：贵州、湖北、湖南、陕西、四川、云南
濒危等级：LC

全缘绣球
Hydrangea integrifolia Hayata
习　　性：攀援灌木
海　　拔：1000~2800 m
国内分布：台湾
国外分布：菲律宾
濒危等级：LC

蝶萼绣球
Hydrangea kawakamii Hayata
习　　性：攀援灌木
海　　拔：2200~2300 m
分　　布：台湾
濒危等级：LC

粤西绣球
Hydrangea kwangsiensis Hu
习　　性：灌木
海　　拔：600~1500 m
分　　布：广东、广西、贵州、湖南
濒危等级：LC

广东绣球
Hydrangea kwangtungensis Merr.
习　　性：灌木
海　　拔：700~1100 m
分　　布：广东、广西、江西
濒危等级：LC

狭叶绣球
Hydrangea lingii G. Hoo
习　　性：灌木
海　　拔：200~900 m
分　　布：福建、广东、广西、贵州、湖南、江西
濒危等级：LC

临桂绣球
Hydrangea linkweiensis Chun
习　　性：灌木
海　　拔：700~1100 m
分　　布：广西、湖北
濒危等级：LC

长叶绣球
Hydrangea longifolia Hayata
习　　性：灌木
分　　布：台湾
濒危等级：LC

莼兰绣球
Hydrangea longipes Franch.

莼兰绣球（原变种）
Hydrangea longipes var. **longipes**
习　　性：灌木
海　　拔：1300~2800 m
分　　布：甘肃、贵州、河北、河南、湖北、湖南、陕西、四川、云南
濒危等级：LC

锈毛绣球
Hydrangea longipes var. **fulvescens**(Rehder)W. T. Wang ex C. F. Wei
习　　性：灌木
海　　拔：1500~2700 m
分　　布：甘肃、河南、湖北、陕西、四川
濒危等级：LC

披针绣球
Hydrangea longipes var. **lanceolata** Hemsl.
习　　性：灌木
海　　拔：约1800 m
分　　布：湖北、陕西
濒危等级：LC

绣球
Hydrangea macrophylla(Thunb.)Ser.

绣球（原变种）
Hydrangea macrophylla var. **macrophylla**
习　　性：灌木
海　　拔：约1700 m
国内分布：安徽、福建、广东、广西、贵州、河南、湖北、湖南、江苏、山东、四川、云南、浙江
国外分布：朝鲜、日本
濒危等级：LC
资源利用：环境利用（观赏）

山绣球
Hydrangea macrophylla var. **normalis** E. H. Wilson
习　　性：灌木

海　　拔：约 690 m
分　　布：浙江
濒危等级：DD

莽山绣球
Hydrangea mangshanensis C. F. Wei
习　　性：灌木
海　　拔：300～1500 m
分　　布：广东、湖南
濒危等级：LC

圆锥绣球
Hydrangea paniculata Siebold
习　　性：灌木或小乔木
海　　拔：300～2100 m
国内分布：安徽、福建、甘肃、广东、广西、贵州、湖北、湖南、江西、四川、云南、浙江
国外分布：俄罗斯、日本
濒危等级：LC
资源利用：环境利用（观赏）

藤绣球
Hydrangea petiolaris Siebold et Zucc.
习　　性：木本
国内分布：东北三省
国外分布：日本
濒危等级：LC

粗枝绣球
Hydrangea robusta Hook. f. et Thomson
习　　性：灌木或小乔木
海　　拔：700～2800 m
国内分布：安徽、福建、广东、广西、贵州、湖北、湖南、江西、四川、西藏、云南、浙江
国外分布：不丹、孟加拉国、缅甸、印度
濒危等级：LC

紫彩绣球
Hydrangea sargentiana Rehder
习　　性：灌木
海　　拔：700～1800 m
分　　布：湖北
濒危等级：LC

柳叶绣球
Hydrangea stenophylla Merr. et Chun
习　　性：灌木
海　　拔：700～800 m
分　　布：广东、江西
濒危等级：LC

蜡莲绣球
Hydrangea strigosa Rehder
习　　性：灌木
海　　拔：500～1800 m
分　　布：贵州、湖北、湖南、陕西、四川
濒危等级：LC
资源利用：食品添加剂（糖和非糖甜味剂）

长柱绣球
Hydrangea stylosa Hook. f. et Thomson
习　　性：灌木
海　　拔：2700～3000 m
国内分布：云南
国外分布：缅甸、印度、不丹
濒危等级：NT D

松潘绣球
Hydrangea sungpanensis Hand.-Mazz.
习　　性：灌木或小乔木
海　　拔：2300～3500 m
分　　布：四川、云南
濒危等级：LC

挂苦绣球
Hydrangea xanthoneura Diels
习　　性：灌木或小乔木
海　　拔：1600～3200 m
分　　布：贵州、湖北、四川、云南
濒危等级：LC

浙皖绣球
Hydrangea zhewanensis P. S. Hsu et X. P. Zhang
习　　性：灌木
海　　拔：600～1500 m
分　　布：安徽、浙江
濒危等级：LC

黄山梅属 Kirengeshoma Yatabe

黄山梅
Kirengeshoma palmata Yatabe
习　　性：多年生草本
海　　拔：700～1800 m
国内分布：安徽、浙江
国外分布：日本
濒危等级：EN D
国家保护：Ⅱ级
资源利用：环境利用（观赏）

山梅花属 Philadelphus L.

短序山梅花
Philadelphus brachybotrys(Koehne)Koehne
习　　性：灌木
海　　拔：200～400 m
分　　布：福建、江苏、江西、浙江
濒危等级：LC
资源利用：环境利用（观赏）

丽江山梅花
Philadelphus calvescens(Rehder)S. M. Hwang
习　　性：灌木
海　　拔：2400～3500 m
分　　布：四川、云南
濒危等级：LC

尾萼山梅花
Philadelphus caudatus S. M. Hwang
习　　性：灌木
海　　拔：约 1900 m

分　　布：云南
濒危等级：LC

毛萼山梅花
Philadelphus dasycalyx(Rehder)S. Y. Hu
　　习　　性：攀援灌木
　　海　　拔：700~2500 m
　　分　　布：甘肃、河南、山西、陕西
　　濒危等级：LC

云南山梅花
Philadelphus delavayi L. Henry

云南山梅花（原变种）
Philadelphus delavayi var. **delavayi**
　　习　　性：灌木
　　海　　拔：700~3800 m
　　国内分布：四川、西藏、云南
　　国外分布：缅甸
　　濒危等级：LC
　　资源利用：环境利用（观赏）

十字山梅花
Philadelphus delavayi var. **cruciflorus** S. Y. Hu
　　习　　性：灌木
　　海　　拔：约2500 m
　　分　　布：云南
　　濒危等级：LC

黑萼山梅花
Philadelphus delavayi var. **melanocalyx** Lemoine ex L. Henry
　　习　　性：灌木
　　海　　拔：2500~2800 m
　　分　　布：云南
　　濒危等级：NT C1

毛枝山梅花
Philadelphus delavayi var. **trichocladus** Hand.-Mazz.
　　习　　性：灌木
　　海　　拔：约2600 m
　　分　　布：四川、云南
　　濒危等级：LC

滇南山梅花
Philadelphus henryi Koehne

滇南山梅花（原变种）
Philadelphus henryi var. **henryi**
　　习　　性：灌木
　　海　　拔：1300~2500 m
　　分　　布：贵州、云南
　　濒危等级：LC
　　资源利用：环境利用（观赏）；药用（中草药）

灰毛山梅花
Philadelphus henryi var. **cinereus** Hand.-Mazz.
　　习　　性：灌木
　　海　　拔：2000~2500 m
　　分　　布：云南
　　濒危等级：LC

山梅花
Philadelphus incanus Koehne

山梅花（原变种）
Philadelphus incanus var. **incanus**
　　习　　性：灌木
　　海　　拔：1200~1700 m
　　分　　布：河南、湖北、山西、陕西、四川
　　濒危等级：LC
　　资源利用：环境利用（观赏）

短轴山梅花
Philadelphus incanus var. **baileyi** Rehder
　　习　　性：灌木
　　海　　拔：约1600 m
　　分　　布：河南、陕西
　　濒危等级：LC

米柴山梅花
Philadelphus incanus var. **mitsai**(S. Y. Hu)S. M. Hwang
　　习　　性：灌木
　　分　　布：河南、湖南
　　濒危等级：LC

甘肃山梅花
Philadelphus kansuensis(Rehder)S. Y. Hu
　　习　　性：灌木
　　海　　拔：2400~3500 m
　　分　　布：甘肃、青海、陕西
　　濒危等级：LC
　　资源利用：环境利用（观赏）

昆明山梅花
Philadelphus kunmingensis S. M. Hwang

昆明山梅花（原变种）
Philadelphus kunmingensis var. **kunmingensis**
　　习　　性：灌木
　　海　　拔：2000~2100 m
　　分　　布：云南
　　濒危等级：LC

小叶山梅花
Philadelphus kunmingensis var. **parvifolius** S. M. Hwang
　　习　　性：灌木
　　海　　拔：2000~2100 m
　　分　　布：云南
　　濒危等级：LC

疏花山梅花
Philadelphus laxiflorus Rehder
　　习　　性：灌木
　　海　　拔：800~2000 m
　　分　　布：甘肃、河南、青海、陕西
　　濒危等级：LC
　　资源利用：环境利用（观赏）

泸水山梅花
Philadelphus lushuiensis T. C. Ku et S. M. Hwang
　　习　　性：灌木

海　　拔：2300～2400 m
分　　布：云南
濒危等级：LC

太平花
Philadelphus pekinensis Ruprecht
习　　性：灌木
海　　拔：700～900 m
分　　布：河北、湖南、江苏、辽宁、山西、陕西、浙江
濒危等级：LC
资源利用：环境利用（观赏）

紫萼山梅花
Philadelphus purpurascens（Koehne）Rehder

紫萼山梅花（原变种）
Philadelphus purpurascens var. **purpurascens**
习　　性：灌木
海　　拔：2200～3500 m
分　　布：四川
濒危等级：LC
资源利用：环境利用（观赏）

四川山梅花
Philadelphus purpurascens var. **szechuanensis**（W. P. Fang）S. M. Hwang
习　　性：灌木
海　　拔：约2800 m
分　　布：四川、云南
濒危等级：LC

美丽山梅花
Philadelphus purpurascens var. **venustus**（Koehne）S. Y. Hu
习　　性：灌木
海　　拔：2200～2400 m
分　　布：四川、云南
濒危等级：LC

毛药山梅花
Philadelphus reevesianus S. Y. Hu
习　　性：灌木
分　　布：湖北
濒危等级：DD

东北山梅花
Philadelphus schrenkii Rupr.

东北山梅花（原变种）
Philadelphus schrenkii var. **schrenkii**
习　　性：灌木
海　　拔：100～1500 m
国内分布：黑龙江、吉林、辽宁
国外分布：朝鲜、俄罗斯
濒危等级：LC
资源利用：环境利用（观赏）

河北山梅花
Philadelphus schrenkii var. **jackii** Koehne
习　　性：灌木
国内分布：河北、吉林、陕西
国外分布：朝鲜
濒危等级：LC

毛盘山梅花
Philadelphus schrenkii var. **mandshuricus**（Maxim.）Kitag.
习　　性：灌木
国内分布：吉林、辽宁
国外分布：朝鲜、俄罗斯
濒危等级：LC

绢毛山梅花
Philadelphus sericanthus Koehne

绢毛山梅花（原变种）
Philadelphus sericanthus var. **sericanthus**
习　　性：灌木
海　　拔：300～3000 m
分　　布：安徽、福建、甘肃、广西、贵州、河北、河南、湖北、湖南、江苏、江西、陕西、四川、云南、浙江
濒危等级：LC
资源利用：环境利用（观赏）

牯岭山梅花
Philadelphus sericanthus var. **kulingensis**（Koehne）Hand.-Mazz.
习　　性：灌木
海　　拔：约1200 m
分　　布：江西、浙江
濒危等级：LC

毛柱山梅花
Philadelphus subcanus Koehne

毛柱山梅花（原变种）
Philadelphus subcanus var. **subcanus**
习　　性：灌木
海　　拔：500～2300 m
分　　布：湖北、四川、云南
濒危等级：LC
资源利用：环境利用（观赏）

密毛山梅花
Philadelphus subcanus var. **dubius** Koehne
习　　性：灌木
海　　拔：500～1200 m
分　　布：四川
濒危等级：LC

城口山梅花
Philadelphus subcanus var. **magdalenae**（Koehne）S. Y. Hu
习　　性：灌木
海　　拔：1200～2000 m
分　　布：湖北、四川
濒危等级：LC

薄叶山梅花
Philadelphus tenuifolius Rupr. ex Maxim.

薄叶山梅花（原变种）
Philadelphus tenuifolius var. **tenuifolius**

习　　　性：灌木
海　　　拔：100~900 m
国内分布：黑龙江、吉林、辽宁、内蒙古
国外分布：朝鲜、俄罗斯
濒危等级：LC
资源利用：环境利用（观赏）

宽瓣山梅花
Philadelphus tenuifolius var. **latipetalus** S. Y. Hu
　　习　　　性：灌木
　　分　　　布：东北三省
　　濒危等级：LC

四棱山梅花
Philadelphus tetragonus S. M. Hwang
　　习　　　性：灌木
　　海　　　拔：约3200 m
　　分　　　布：四川
　　濒危等级：LC

绒毛山梅花
Philadelphus tomentosus Wall. ex G. Don
　　习　　　性：灌木
　　海　　　拔：2500~4400 m
　　国内分布：西藏、云南
　　国外分布：不丹、克什米尔地区、尼泊尔、印度
　　濒危等级：LC

千山山梅花
Philadelphus tsianschanensis F. T. Wang et Li
　　习　　　性：灌木
　　海　　　拔：400~600 m
　　分　　　布：辽宁
　　濒危等级：LC

浙江山梅花
Philadelphus zhejiangensis S. M. Hwang
　　习　　　性：灌木
　　海　　　拔：700~1700 m
　　分　　　布：安徽、福建、江苏、浙江
　　濒危等级：LC

冠盖藤属 Pileostegia Hook. et Thomson

星毛冠盖藤
Pileostegia tomentella Hand. -Mazz.
　　习　　　性：常绿攀援灌木
　　海　　　拔：300~700 m
　　分　　　布：福建、广东、广西、湖南、江西
　　濒危等级：LC

冠盖藤
Pileostegia viburnoides Hook. f. et Thomson

冠盖藤（原变种）
Pileostegia viburnoides var. **viburnoides**
　　习　　　性：灌木
　　海　　　拔：600~1000 m
　　国内分布：安徽、福建、广东、广西、贵州、海南、湖北、湖南、江西、四川、台湾、云南、浙江
　　国外分布：日本
　　濒危等级：LC
　　资源利用：药用（中草药）

柔毛冠盖藤
Pileostegia viburnoides var. **glabrescens**(C. C. Yang)S. M. Hwang
　　习　　　性：灌木
　　海　　　拔：800~1000 m
　　分　　　布：海南
　　濒危等级：LC

蛛网萼属 Platycrater Sieb. et Zucc.

蛛网萼
Platycrater arguta Siebold et Zucc.
　　习　　　性：灌木
　　海　　　拔：400~1800 m
　　国内分布：安徽、福建、江西、浙江
　　国外分布：日本
　　濒危等级：LC
　　国家保护：Ⅱ级

钻地风属 Schizophragma Sieb. et Zucc.

临桂钻地风
Schizophragma choufenianum Chun
　　习　　　性：攀援灌木
　　海　　　拔：约600 m
　　分　　　布：广西
　　濒危等级：LC

秦榛钻地风
Schizophragma corylifolium Chun
　　习　　　性：攀援灌木
　　海　　　拔：100~1200 m
　　分　　　布：安徽、浙江
　　濒危等级：LC

厚叶钻地风
Schizophragma crassum Hand. -Mazz.

厚叶钻地风（原变种）
Schizophragma crassum var. **crassum**
　　习　　　性：攀援灌木
　　海　　　拔：2600~2900 m
　　分　　　布：云南
　　濒危等级：DD

维西钻地风
Schizophragma crassum var. **hsitaoiana**(Chun)C. F. Wei
　　习　　　性：攀援灌木
　　海　　　拔：2600~2900 m
　　分　　　布：云南
　　濒危等级：LC

椭圆钻地风
Schizophragma elliptifolium C. F. Wei
　　习　　　性：攀援灌木
　　海　　　拔：1400~2100 m

分　　布：贵州、四川、云南
濒危等级：DD

圆叶钻地风
Schizophragma fauriei Hayata
　　习　　性：攀援灌木
　　海　　拔：1500~2500 m
　　分　　布：福建、台湾
　　濒危等级：DD

白背钻地风
Schizophragma hypoglaucum Rehder
　　习　　性：攀援灌木
　　海　　拔：1000~1200 m
　　分　　布：广东、湖南、四川
　　濒危等级：LC

钻地风
Schizophragma integrifolium Oliv.

钻地风（原变种）
Schizophragma integrifolium var. *integrifolium*
　　习　　性：攀援灌木
　　海　　拔：200~2000 m
　　分　　布：安徽、福建、广东、广西、贵州、海南、湖北、湖南、江苏、江西、四川、云南、浙江
　　濒危等级：LC
　　资源利用：环境利用（观赏）

粉绿钻地风
Schizophragma integrifolium var. *glaucescens* Rehder
　　习　　性：攀援灌木
　　海　　拔：600~1800 m
　　分　　布：广东、广西、贵州、湖北、四川、浙江
　　濒危等级：LC

大果钻地风
Schizophragma megalocarpum Chun
　　习　　性：攀援灌木
　　海　　拔：约600 m
　　分　　布：四川
　　濒危等级：LC

柔毛钻地风
Schizophragma molle (Rehder) Chun
　　习　　性：攀援灌木
　　海　　拔：500~2100 m
　　分　　布：福建、广东、广西、贵州、湖南、江苏、江西、云南
　　濒危等级：LC

水鳖科 HYDROCHARITACEAE
（11属：42种）

水筛属 Blyxa Noronha et Thouars

无尾水筛
Blyxa aubertii Rich.
　　习　　性：沉水草本
　　国内分布：福建、广东、广西、海南、湖南、江西、四川、台湾、云南、浙江
　　国外分布：澳大利亚、巴布亚新几内亚、不丹、朝鲜、菲律宾、马来西亚、孟加拉国、缅甸、尼泊尔、日本、斯里兰卡、泰国、印度、印度尼西亚、越南
　　濒危等级：LC

有尾水筛
Blyxa echinosperma (C. B. Clarke) Hook. f.
　　习　　性：沉水草本
　　海　　拔：300~1000 m
　　国内分布：安徽、福建、广东、广西、贵州、河北、湖南、江苏、江西、陕西、四川、台湾、浙江
　　国外分布：澳大利亚、巴布亚新几内亚、朝鲜、菲律宾、马来西亚、孟加拉国、缅甸、尼泊尔、日本、斯里兰卡、泰国、印度、印度尼西亚、越南
　　濒危等级：LC

水筛
Blyxa japonica (Miq.) Maxim. ex Asch. et Gürke
　　习　　性：沉水草本
　　海　　拔：100~2200 m
　　国内分布：安徽、福建、广东、广西、贵州、海南、湖北、湖南、江苏、江西、辽宁
　　国外分布：巴布亚新几内亚、韩国、马来西亚、孟加拉国、缅甸、尼泊尔、日本、泰国、印度、越南
　　濒危等级：LC

光滑水筛
Blyxa leiosperma Koidz.
　　习　　性：沉水草本
　　国内分布：安徽、福建、广东、海南、江西、浙江
　　国外分布：日本
　　濒危等级：LC

八药水筛
Blyxa octandra (Roxb.) Planch. ex Thwaites
　　习　　性：沉水草本
　　海　　拔：700~1650 m
　　国内分布：广东、广西、四川、云南
　　国外分布：澳大利亚、巴布亚新几内亚、孟加拉国、缅甸、斯里兰卡、印度、越南
　　濒危等级：DD

水蕴草属 Egeria Planch.

水蕴草
Egeria densa Planch.
　　习　　性：多年生草本
　　国内分布：广东栽培
　　国外分布：原产南美洲

海菖蒲属 Enhalus Rich.

海菖蒲
Enhalus acoroides (L. f.) Royle
　　习　　性：多年生草本（海草）
　　国内分布：海南

国外分布：菲律宾、柬埔寨、马来西亚、缅甸、斯里兰卡、泰国、印度、印度尼西亚、越南
濒危等级：VU A2ab+3ab
资源利用：食品（水果）

喜盐草属 Halophila Thouars

贝克喜盐草
Halophila beccarii Asch.
习　　性：多年生草本（海草）
国内分布：广东、海南、台湾
国外分布：菲律宾、加里曼丹岛、马来西亚、缅甸、斯里兰卡、印度、越南
濒危等级：VU A2ab+3ab

毛叶喜盐草
Halophila decipiens Ostenfeld
习　　性：多年生草本（海草）
国内分布：海南、台湾
国外分布：澳大利亚、孟加拉国、缅甸、斯里兰卡、泰国、印度、印度尼西亚、越南
濒危等级：EN A2ab+3ab

小喜盐草
Halophila minor(Zoll.)Hartog
习　　性：沉水草本
国内分布：广东、海南、台湾
国外分布：巴布亚新几内亚、菲律宾、马来西亚、日本、泰国、印度、印度尼西亚、越南
濒危等级：LC

喜盐草
Halophila ovalis(R. Br.)Hook. f.
习　　性：多年生草本
国内分布：广东、海南、台湾
国外分布：澳大利亚、巴布亚新几内亚、巴基斯坦、非洲、菲律宾、马来西亚、缅甸、日本、斯里兰卡、泰国、印度、印度尼西亚、越南
濒危等级：LC

黑藻属 Hydrilla Rich.

黑藻
Hydrilla verticillata(L. f.)Royle

黑藻（原变种）
Hydrilla verticillata var. **verticillata**
习　　性：多年生沉水草本
国内分布：全国广布
国外分布：阿富汗、澳大利亚、巴布亚新几内亚、巴基斯坦、不丹、朝鲜、俄罗斯、菲律宾、哈萨克斯坦、马来西亚、孟加拉国、缅甸、尼泊尔、日本、斯里兰卡、泰国、印度、印度尼西亚、越南
濒危等级：LC

罗氏轮叶黑藻
Hydrilla verticillata var. **roxburghii** Casp.
习　　性：多年生沉水草本
国内分布：全国广布
国外分布：澳大利亚、菲律宾、马来西亚、日本
濒危等级：LC

水鳖属 Hydrocharis L.

水鳖
Hydrocharis dubia(Blume)Backer
习　　性：浮水草本
海　　拔：300~2400 m
国内分布：全国广布
国外分布：澳大利亚、巴布亚新几内亚、朝鲜、菲律宾、孟加拉国、缅甸、日本、泰国、印度、印度尼西亚、越南
濒危等级：LC
资源利用：动物饲料（饲料）；食品（蔬菜）；环境利用（观赏）

茨藻属 Najas L.

弯果茨藻
Najas ancistrocarpa A. Braun ex Magnus
习　　性：一年生草本
国内分布：福建、湖北、江西、台湾、浙江
国外分布：日本
濒危等级：LC

高雄茨藻
Najas browniana Rendle
习　　性：一年生草本
国内分布：广东、广西、台湾
国外分布：澳大利亚、巴布亚新几内亚、印度、印度尼西亚
濒危等级：VU B1ab（i, ii, iii, v）
国家保护：Ⅱ级

东方茨藻
Najas chinensis N. Z. Wang
习　　性：一年生草本
海　　拔：1800 m以下
国内分布：福建、广东、广西、海南、湖北、吉林、江西、辽宁、台湾、云南、浙江
国外分布：欧洲、日本
濒危等级：LC

多孔茨藻
Najas foveolata A. Braun et Magnus
习　　性：一年生沉水草本
国内分布：安徽、广西、湖北、台湾、浙江
国外分布：马来西亚、印度、印度尼西亚
濒危等级：LC

纤细茨藻
Najas gracillima(A. Braun ex Engelmann)Magnus
习　　性：一年生草本
海　　拔：1800 m以下
国内分布：全国广布
国外分布：日本
濒危等级：VU A2bc；B1ab（i, iii）

草茨藻
Najas graminea Delile

草茨藻（原变种）
Najas graminea var. **graminea**
习　　性：一年生草本
海　　拔：1800 m 以下
国内分布：安徽、福建、广东、广西、海南、河北、河南、湖北、江苏、辽宁、四川、台湾、云南、浙江
国外分布：澳大利亚、巴基斯坦、朝鲜、菲律宾、马来西亚、缅甸、日本、印度、印度尼西亚
濒危等级：LC
资源利用：动物饲料（饲料）

弯果草茨藻
Najas graminea var. **recurvata** J. B. He
习　　性：一年生草本
分　　布：湖北、浙江

大茨藻
Najas marina L.

大茨藻（原变种）
Najas marina var. **marina**
习　　性：一年生草本
海　　拔：2700 m 以下
国内分布：全国广布
国外分布：澳大利亚、巴基斯坦、俄罗斯、哈萨克斯坦、韩国、吉尔吉斯斯坦、马来西亚、蒙古、缅甸、日本、斯里兰卡、塔吉克斯坦、土库曼斯坦、乌兹别克斯坦、印度、越南
濒危等级：LC
资源利用：动物饲料（饲料）；环境利用（观赏）

短果茨藻
Najas marina var. **brachycarpa** Trautv.
习　　性：一年生草本
国内分布：内蒙古、新疆
国外分布：中亚
濒危等级：LC

粗齿大茨藻
Najas marina var. **grossedentata** Rendle
习　　性：一年生草本
国内分布：黑龙江、吉林、辽宁
国外分布：朝鲜
濒危等级：LC

小果大茨藻
Najas marina var. **intermedia**(Gorski) Ascherson
习　　性：一年生草本
国内分布：云南
国外分布：欧洲、中亚
濒危等级：LC

小茨藻
Najas minor All.
习　　性：一年生草本
海　　拔：2700 m 以下
国内分布：全国广布
国外分布：阿富汗、巴基斯坦、朝鲜、菲律宾、哈萨克斯坦、尼泊尔、日本、斯里兰卡、塔吉克斯坦、泰国、乌兹别克斯坦、印度、印度尼西亚、越南
濒危等级：LC

澳古茨藻
Najas oguraensis Miki
习　　性：一年生草本
国内分布：湖北、江西、台湾
国外分布：巴基斯坦、朝鲜、尼泊尔、日本、印度
濒危等级：LC

拟纤细茨藻
Najas pseudogracillima Triest
习　　性：一年生草本
分　　布：香港
濒危等级：EW

拟草茨藻
Najas pseudograminea W. Koch
习　　性：一年生草本
国内分布：香港
国外分布：澳大利亚、东帝汶、菲律宾、泰国、印度尼西亚
濒危等级：DD

虾子菜属 Nechamandra Planch.

虾子菜
Nechamandra alternifolia(Roxb.)Thwaites
习　　性：沉水草本
国内分布：广东、广西
国外分布：孟加拉国、缅甸、尼泊尔、斯里兰卡、印度、越南
濒危等级：LC

水车前属 Ottelia Pers.

海菜花
Ottelia acuminata(Gagnep.)Dandy
国家保护：Ⅱ级

海菜花（原变种）
Ottelia acuminata var. **acuminata**
习　　性：水生草本
海　　拔：1500～2400 m
分　　布：广东、广西、贵州、海南、四川、云南
濒危等级：VU A2c；C1
资源利用：食用（蔬菜）

波叶海菜花
Ottelia acuminata var. **crispa**(Hand. -Mazz.) H. Li
习　　性：水生草本
海　　拔：约 2700 m
分　　布：云南
濒危等级：LC

靖西海菜花
Ottelia acuminata var. **jingxiensis** H. Q. Wang et X. Z. Sun
习　　性：水生草本
分　　布：广西

濒危等级：LC
国家保护：Ⅱ级

路南海菜花
Ottelia acuminata var. **lunanensis** H. Li
- 习　　性：水生草本
- 分　　布：云南
- 濒危等级：LC
- 国家保护：Ⅱ级

龙舌草
Ottelia alismoides(L.) Pers.
- 习　　性：水生草本
- 海　　拔：300~2100 m
- 国内分布：全国广布
- 国外分布：澳大利亚、巴布亚新几内亚、朝鲜、菲律宾、柬埔寨、老挝、马来西亚、缅甸、尼泊尔、日本、斯里兰卡、泰国、印度、印度尼西亚、越南
- 濒危等级：VU A2ac+3ac
- 国家保护：Ⅱ级
- 资源利用：药用（中草药）；动物饲料（饲料）；食品（蔬菜）；环境利用（观赏）

贵州水车前
Ottelia balansae(Gagnep.) Dandy
- 习　　性：水生草本
- 海　　拔：约2000 m
- 国内分布：广西、贵州、云南
- 国外分布：越南
- 濒危等级：VU A2c；B1ab（i，iii）
- 国家保护：Ⅱ级

水菜花
Ottelia cordata(Wall.) Dandy
- 习　　性：水生草本
- 国内分布：海南
- 国外分布：柬埔寨、缅甸、泰国
- 濒危等级：VU A2bc+3c；B1ab（i，iii）
- 国家保护：Ⅱ级

出水水菜花
Ottelia emersa Z. C. Zhao et R. L. Luo
- 习　　性：水生草本
- 分　　布：广西
- 濒危等级：EX
- 国家保护：Ⅱ级

泰来藻属 Thalassia Banks ex K. D. Koenig

泰来藻
Thalassia hemprichii(Ehreub.) Asch.
- 习　　性：沉水草本（海草）
- 国内分布：海南、台湾
- 国外分布：巴布亚新几内亚、菲律宾、马来西亚、缅甸、日本、斯里兰卡、泰国、印度、印度尼西亚、越南；红海至印度洋和西太平洋
- 濒危等级：VU A2abd+3abd
- 资源利用：动物饲料（鱼饵）

苦草属 Vallisneria L.

密刺苦草
Vallisneria denseserrulata(Makino) Makino
- 习　　性：多年生草本
- 国内分布：安徽、广东、广西、湖北、辽宁、浙江
- 国外分布：日本
- 濒危等级：LC

苦草
Vallisneria natans(Lour.) H. Hara
- 习　　性：沉水草本
- 海　　拔：200~2400 m
- 国内分布：全国广布
- 国外分布：澳大利亚、朝鲜、俄罗斯、马来西亚、尼泊尔、日本、印度、越南
- 濒危等级：LC

刺苦草
Vallisneria spinulosa Yan
- 习　　性：沉水草本
- 分　　布：广西、湖北、湖南、江苏
- 濒危等级：LC

田基麻科 HYDROLEACEAE
（1属：1种）

田基麻属 Hydrolea L.

田基麻
Hydrolea zeylanica(L.) Vahl
- 习　　性：草本
- 海　　拔：0~1000 m
- 国内分布：福建、广东、广西、海南、台湾、云南
- 国外分布：澳大利亚、菲律宾、马来西亚、尼泊尔、斯里兰卡、印度、印度尼西亚
- 濒危等级：LC

金丝桃科 HYPERICACEAE
（4属：79种）

黄牛木属 Cratoxylum Blume

黄牛木
Cratoxylum cochinchinense(Lour.) Blume
- 习　　性：灌木或乔木
- 海　　拔：1200 m以下
- 国内分布：广东、广西、云南
- 国外分布：菲律宾、马来西亚、缅甸、泰国、印度尼西亚、越南
- 濒危等级：LC
- 资源利用：药用（中草药）；原料（木材）；食品添加剂（调味剂）

越南黄牛木
Cratoxylum formosum(Jack) Dyer

越南黄牛木（原亚种）
Cratoxylum formosum subsp. **formosum**
- 习　　性：灌木或乔木
- 海　　拔：1000 m以下

国内分布：海南
国外分布：菲律宾、柬埔寨、老挝、马来西亚、缅甸、泰国、印度尼西亚、越南
濒危等级：NT B1b（i，iii）

红芽木
Cratoxylum formosum subsp. **pruniflorum**(Kurz)Gogelein
习　　性：灌木或乔木
海　　拔：1000 m 以下
国内分布：广西、云南
国外分布：柬埔寨、缅甸、泰国、越南
濒危等级：LC
资源利用：药用（中草药）；原料（木材）

金丝桃属 Hypericum L.

尖萼金丝桃
Hypericum acmosepalum N. Robson
习　　性：灌木
海　　拔：900～2700 m
分　　布：广西、贵州、四川、云南
濒危等级：LC

蝶花金丝桃
Hypericum addingtonii N. Robson
习　　性：灌木
海　　拔：1800～3400 m
分　　布：云南
濒危等级：LC

黄海棠
Hypericum ascyron L.

黄海棠（原亚种）
Hypericum ascyron subsp. **ascyron**
习　　性：多年生草本
海　　拔：3600 m 以下
国内分布：除西藏外，各省均有分布
国外分布：朝鲜、俄罗斯、蒙古、日本、越南
濒危等级：LC
资源利用：药用（中草药）；原料（单宁）；环境利用（观赏）

短柱黄海棠
Hypericum ascyron subsp. **gebleri**(Ledeb.)N. Robson
习　　性：多年生草本
国内分布：黑龙江、吉林、辽宁、内蒙古、新疆
国外分布：俄罗斯、韩国、蒙古、日本
濒危等级：LC

赶山鞭
Hypericum attenuatum Fisch. ex Choisy
习　　性：多年生草本
海　　拔：约 1100 m
国内分布：安徽、福建、甘肃、广东、广西、贵州、河北、河南、黑龙江、湖北、湖南、吉林、江苏、江西、辽宁、内蒙古、山西、陕西、四川、浙江
国外分布：朝鲜、俄罗斯、蒙古
濒危等级：LC
资源利用：药用（中草药）

无柄金丝桃
Hypericum augustinii N. Robson
习　　性：灌木
海　　拔：1200～1700 m
分　　布：贵州、云南
濒危等级：VU A2cd；B1ab（i，iii）

滇南金丝桃
Hypericum austroyunnanicum L. H. Wu et D. P. Yang
习　　性：多年生草本
海　　拔：1600～1700 m
分　　布：云南
濒危等级：LC

栽秧花
Hypericum beanii N. Robson
习　　性：灌木
海　　拔：1500～2100 m
分　　布：贵州、四川、云南
濒危等级：LC

美丽金丝桃
Hypericum bellum H. L. Li
习　　性：灌木
海　　拔：1400～3500 m
国内分布：四川、西藏、云南
国外分布：印度
濒危等级：LC

多蕊金丝桃
Hypericum chosianum Wall. ex N. Robson
习　　性：灌木
海　　拔：1600～4800 m
国内分布：西藏、云南
国外分布：巴基斯坦、不丹、缅甸、尼泊尔、印度
濒危等级：VU A2c；B1ab（i，iii）

连柱金丝桃
Hypericum cohaerens N. Robson
习　　性：灌木
海　　拔：1400～2000 m
分　　布：贵州、云南
濒危等级：LC

弯萼金丝桃
Hypericum curvisepalum N. Robson
习　　性：灌木
海　　拔：1800～3000 m
分　　布：贵州、四川、云南
濒危等级：LC

大理金丝桃
Hypericum daliense N. Robson
习　　性：多年生草本
海　　拔：2400～3100 m
分　　布：云南
濒危等级：LC

岐山金丝桃
Hypericum elatoides R. Keller
习　　性：亚灌木
海　　拔：800～1000 m
分　　布：甘肃、河南、山西、陕西
濒危等级：LC

挺茎遍地金
Hypericum elodeoides Choisy
- 习　　性：多年生草本
- 海　　拔：2100~3000 m
- 国内分布：福建、广东、广西、贵州、湖北、湖南、江西、四川、西藏、云南
- 国外分布：不丹、克什米尔地区、缅甸、尼泊尔、印度
- 濒危等级：LC

延伸金丝桃
Hypericum elongatum Ledeb.
- 习　　性：多年生草本
- 海　　拔：2200 m
- 国内分布：新疆
- 国外分布：哈萨克斯坦、吉尔吉斯斯坦、土库曼斯坦、乌兹别克斯坦
- 濒危等级：LC

恩施金丝桃
Hypericum enshiense L. H. Wu et F. S. Wang
- 习　　性：多年生草本
- 海　　拔：1000~1300 m
- 分　　布：湖北
- 濒危等级：LC

扬子小连翘
Hypericum faberi R. Keller
- 习　　性：多年生草本
- 海　　拔：200~2700 m
- 分　　布：安徽、福建、甘肃、广东、广西、贵州、湖北、湖南、江苏、江西、山西、陕西、四川、云南、浙江
- 濒危等级：LC

台湾金丝桃
Hypericum formosanum Maxim.
- 习　　性：灌木
- 海　　拔：海平面至500 m
- 分　　布：台湾
- 濒危等级：EN B2ab（ii）

川滇金丝桃
Hypericum forrestii（Chitt.）N. Robson
- 习　　性：灌木
- 海　　拔：1500~4000 m
- 国内分布：四川、云南
- 国外分布：缅甸
- 濒危等级：LC

楚雄金丝桃
Hypericum fosteri N. Robson
- 习　　性：灌木
- 海　　拔：约2400 m
- 分　　布：云南
- 濒危等级：VU A2d；D1

双花金丝桃
Hypericum geminiflorum Hemsl.

双花金丝桃（原亚种）
Hypericum geminiflorum subsp. **geminiflorum**
- 习　　性：灌木
- 海　　拔：300~1800 m
- 国内分布：台湾
- 国外分布：菲律宾
- 濒危等级：LC

小双花金丝桃
Hypericum geminiflorum subsp. **simplicistylum**（Hayata）N. Robson
- 习　　性：灌木
- 海　　拔：1500~1800 m
- 分　　布：台湾
- 濒危等级：LC

细叶金丝桃
Hypericum gramineum G. Forst.
- 习　　性：一年生或多年生草本
- 海　　拔：1200~2700 m
- 国内分布：海南、台湾、云南
- 国外分布：澳大利亚、巴布亚新几内亚、不丹、印度、越南；新几内亚岛
- 濒危等级：LC

藏东南金丝桃
Hypericum griffithii Hook. f. et Thomson ex Dyer
- 习　　性：灌木
- 海　　拔：1100~2000 m
- 分　　布：西藏
- 濒危等级：VU A2c；D1

衡山遍地金
Hypericum hengshanense W. T. Wang
- 习　　性：多年生草本
- 海　　拔：600~1000 m
- 分　　布：广东、广西、湖南、江西
- 濒危等级：LC

西南金丝梅
Hypericum henryi H. Lév. et Vaniot

西南金丝梅（原亚种）
Hypericum henryi subsp. **henryi**
- 习　　性：灌木
- 海　　拔：1300~3000 m
- 分　　布：贵州、四川、云南
- 濒危等级：LC

蒙自金丝梅
Hypericum henryi subsp. **hancockii** N. Robson
- 习　　性：灌木
- 海　　拔：1300~2000 m
- 国内分布：云南
- 国外分布：缅甸、泰国、印度尼西亚、越南
- 濒危等级：LC

岷江金丝梅
Hypericum henryi subsp. **uraloides**（Rehder）N. Robson
- 习　　性：灌木
- 海　　拔：1700~3000 m
- 国内分布：贵州、四川、云南
- 国外分布：缅甸
- 濒危等级：LC

西藏金丝桃
Hypericum himalaicum N. Robson
- 习　　性：多年生草本
- 海　　拔：2500 ~ 3300 m
- 国内分布：四川、西藏、云南
- 国外分布：巴基斯坦、不丹、尼泊尔、印度
- 濒危等级：LC

毛金丝桃
Hypericum hirsutum L.
- 习　　性：多年生草本
- 海　　拔：2800 m 以下
- 国内分布：新疆
- 国外分布：俄罗斯、哈萨克斯坦、吉尔吉斯斯坦
- 濒危等级：VU A2c；C1

短柱金丝桃
Hypericum hookerianum Wight et Arn.
- 习　　性：灌木
- 海　　拔：1900 ~ 3400 m
- 国内分布：西藏
- 国外分布：不丹、孟加拉国、尼泊尔、缅甸、泰国、印度、越南
- 濒危等级：LC

湖北金丝桃
Hypericum hubeiense L. H. Wu et D. P. Yang
- 习　　性：多年生草本
- 海　　拔：约 1600 m
- 分　　布：湖北
- 濒危等级：EN A2c；C1

地耳草
Hypericum japonicum Thunb.
- 习　　性：一年生草本
- 海　　拔：海平面至 3000 m
- 国内分布：安徽、福建、广东、广西、贵州、海南、湖北、湖南、江苏、江西、辽宁、山东、四川、台湾、云南、浙江
- 国外分布：澳大利亚、不丹、朝鲜、菲律宾、柬埔寨、老挝、马来西亚、缅甸、尼泊尔、日本、斯里兰卡、泰国、印度、印度尼西亚、越南
- 资源利用：药用（中草药）

察隅遍地金
Hypericum kingdonii N. Robson
- 习　　性：多年生草本
- 海　　拔：1200 ~ 2700 m
- 国内分布：西藏、云南
- 国外分布：缅甸、印度
- 濒危等级：LC

贵州金丝桃
Hypericum kouytchense H. Lév.
- 习　　性：灌木
- 海　　拔：1500 ~ 2000 m
- 分　　布：广西、贵州
- 濒危等级：LC

纤枝金丝桃
Hypericum lagarocladum N. Robson
- 习　　性：灌木
- 海　　拔：400 ~ 1400 m
- 分　　布：四川、云南
- 濒危等级：LC

展萼金丝桃
Hypericum lancasteri N. Robson
- 习　　性：灌木
- 海　　拔：1700 ~ 2600 m
- 分　　布：贵州、四川、云南
- 濒危等级：LC

宽萼金丝桃
Hypericum latisepalum（N. Robson）N. Robson
- 习　　性：灌木
- 海　　拔：2500 ~ 3700 m
- 国内分布：西藏、云南
- 国外分布：缅甸、印度
- 濒危等级：EN A2c；B1ab（i, ii, iii）+2ab（i, ii, iii）；C1

长柱金丝桃
Hypericum longistylum Oliv.

长柱金丝桃（原亚种）
Hypericum longistylum subsp. **longistylum**
- 习　　性：灌木
- 海　　拔：200 ~ 2100 m
- 分　　布：安徽、河南、湖北、湖南
- 濒危等级：LC
- 资源利用：药用（中草药）

圆果金丝桃
Hypericum longistylum subsp. **giraldii**（R. Keller）N. Robson
- 习　　性：灌木
- 海　　拔：1900 ~ 2100 m
- 分　　布：甘肃、湖北、陕西
- 濒危等级：LC

滇藏遍地金
Hypericum ludlowii N. Robson
- 习　　性：多年生草本
- 海　　拔：2800 ~ 3600 m
- 国内分布：西藏、云南
- 国外分布：不丹
- 濒危等级：VU A2c；B1ab（i, ii, iii）+2ab（i, ii, iii）；C1

康定金丝桃
Hypericum maclarenii N. Robson
- 习　　性：灌木
- 海　　拔：1800 ~ 2900 m
- 分　　布：四川
- 濒危等级：LC

单花遍地金
Hypericum monanthemum Hook. f. et Thomson ex Dyer

单花遍地金（原亚种）
Hypericum monanthemum subsp. **monanthemum**
- 习　　性：多年生草本
- 海　　拔：2900～3900 m
- 国内分布：四川、西藏、云南
- 国外分布：不丹、缅甸、尼泊尔、印度
- 濒危等级：LC

纤茎遍地金
Hypericum monanthemum subsp. **filicaule**（Dyer）N. Robson
- 习　　性：多年生草本
- 海　　拔：3000～3900 m
- 国内分布：西藏、云南
- 国外分布：缅甸、尼泊尔、印度
- 濒危等级：LC

金丝桃
Hypericum monogynum L.
- 习　　性：灌木
- 海　　拔：约150 m
- 国内分布：安徽、福建、广东、广西、贵州、河南、湖北、湖南、江苏、江西、山东、陕西、四川、台湾、浙江
- 国外分布：日本、南非；亚洲、欧洲、中美洲。毛里求斯、澳大利亚及西印度群岛广泛栽培
- 濒危等级：LC
- 资源利用：药用（中草药）；环境利用（观赏）

玉山金丝桃
Hypericum nagasawae Hayata
- 习　　性：多年生草本
- 海　　拔：2300～4000 m
- 分　　布：台湾
- 濒危等级：VU B2ac（ii）

清水金丝桃
Hypericum nakamurae（Masam.）N. Robson
- 习　　性：灌木
- 海　　拔：1400～2400 m
- 分　　布：台湾
- 濒危等级：LC

能高金丝桃
Hypericum nokoense Ohwi
- 习　　性：多年生草本
- 海　　拔：1800～1900 m
- 分　　布：台湾
- 濒危等级：DD

四川金丝桃
Hypericum oxyphyllum N. Robson
- 习　　性：灌木
- 海　　拔：约1800 m
- 国内分布：四川
- 国外分布：英国有栽培
- 濒危等级：LC

金丝梅
Hypericum patulum Thunb.
- 习　　性：灌木
- 海　　拔：300～2400 m
- 国内分布：贵州、四川；安徽、福建、广西、湖北、湖南、江苏、江西、陕西、台湾、浙江栽培
- 国外分布：印度、日本归化
- 濒危等级：LC
- 资源利用：药用（中草药）；环境利用（观赏）

中国金丝桃
Hypericum perforatum subsp. **chinense** N. Robson
- 习　　性：多年生草本
- 海　　拔：400～2200 m
- 国内分布：甘肃、贵州、河北、河南、湖北、湖南、江苏、江西、山东、山西、四川、云南
- 国外分布：日本引种
- 濒危等级：LC

准噶尔金丝桃
Hypericum perforatum subsp. **songaricum**（Ledeb. ex Rchb.）N. Robson
- 习　　性：多年生草本
- 海　　拔：1100 m
- 国内分布：新疆
- 国外分布：俄罗斯、哈萨克斯坦、吉尔吉斯斯坦、乌克兰
- 濒危等级：LC

短柄小连翘
Hypericum petiolulatum Hook. f. et Thomson ex Dyer

短柄小连翘（原亚种）
Hypericum petiolulatum subsp. **petiolulatum**
- 习　　性：一年生或多年生草本
- 海　　拔：300～3100 m
- 国内分布：四川、西藏、云南
- 国外分布：不丹、缅甸、尼泊尔、印度
- 濒危等级：LC

云南小连翘
Hypericum petiolulatum subsp. **yunnanense**（Franch.）N. Robson
- 习　　性：一年生或多年生草本
- 海　　拔：300～3100 m
- 国内分布：福建、广西、贵州、河南、湖北、湖南、江西、陕西、四川、云南
- 国外分布：越南
- 濒危等级：LC

大叶金丝桃
Hypericum prattii Hemsl.
- 习　　性：灌木
- 海　　拔：800～1000 m
- 分　　布：湖北、四川
- 濒危等级：LC

突脉金丝桃
Hypericum przewalskii Maxim
- 习　　性：多年生草本
- 海　　拔：2100～4000 m

分　　布：甘肃、河南、湖北、青海、陕西、四川、云南
濒危等级：LC
资源利用：药用（中草药）

北栽秧花
Hypericum pseudohenryi N. Robson
习　　性：灌木
海　　拔：1400～3800 m
分　　布：四川、云南
濒危等级：LC

短柄金丝桃
Hypericum pseudopetiolatum R. Keller
习　　性：多年生草本
海　　拔：1000～3000 m
分　　布：台湾
濒危等级：LC

匍枝金丝桃
Hypericum reptans Hook. f. et Thomson ex Dyer
习　　性：灌木
海　　拔：2500～3500 m
国内分布：西藏、云南
国外分布：缅甸、尼泊尔、印度
濒危等级：LC

安龙金丝桃
Hypericum rotundifolium N. Robson
习　　性：灌木
分　　布：贵州
濒危等级：DD

糙枝金丝桃
Hypericum scabrum L.
习　　性：多年生草本
海　　拔：1100～1600 m
国内分布：新疆
国外分布：阿富汗、巴基斯坦、哈萨克斯坦、吉尔吉斯斯坦、塔吉克斯坦、土库曼斯坦
濒危等级：LC

密腺小连翘
Hypericum seniawinii Maxim.
习　　性：多年生草本
海　　拔：100～2000 m
国内分布：安徽、福建、广东、广西、贵州、河南、湖北、湖南、江西、四川、浙江
国外分布：越南
濒危等级：LC
资源利用：药用（中草药）

星萼金丝桃
Hypericum stellatum N. Robson
习　　性：灌木
海　　拔：800～1400 m
分　　布：四川
濒危等级：LC

方茎金丝桃
Hypericum subalatum Hayata
习　　性：灌木
海　　拔：400～900 m
分　　布：台湾
濒危等级：VU A4d

川陕遍地金
Hypericum subcordatum (R. Keller) N. Robson
习　　性：多年生草本
海　　拔：1800～2900 m
分　　布：陕西、四川
濒危等级：LC

近无柄金丝桃
Hypericum subsessile N. Robson
习　　性：灌木
海　　拔：2400～3000 m
分　　布：四川、云南
濒危等级：LC

台湾小连翘
Hypericum taihezanense Sasaki ex S. Suzuki
习　　性：多年生草本
海　　拔：1000～3000 m
国内分布：广东、台湾
国外分布：菲律宾、马来西亚、印度尼西亚
濒危等级：LC

三棱遍地金
Hypericum trigonum Hand.-Mazz.
习　　性：多年生草本
海　　拔：2900～3600 m
国内分布：云南
国外分布：缅甸、印度
濒危等级：LC

匙萼金丝桃
Hypericum uralum Buch.-Ham. et D. Don
习　　性：灌木
海　　拔：1500～3600 m
国内分布：西藏、云南
国外分布：巴基斯坦、不丹、缅甸、尼泊尔、印度
濒危等级：LC

漾濞金丝桃
Hypericum wardianum N. Robson
习　　性：灌木
海　　拔：2600～3000 m
国内分布：云南
国外分布：缅甸
濒危等级：NT

遍地金
Hypericum wightianum Wall. ex Wight et Arn.
习　　性：一年生或多年生草本
海　　拔：700～3300 m
国内分布：重庆、广西、贵州、四川、西藏、云南
国外分布：不丹、老挝、缅甸、斯里兰卡、泰国、印度
濒危等级：LC
资源利用：药用（中草药）

川鄂金丝桃
Hypericum wilsonii N. Robson
- 习　　性：灌木
- 海　　拔：1000～1800 m
- 分　　布：湖北、湖南
- 濒危等级：LC

惠林花属 Lianthus N. Robson

惠林花
Lianthus ellipticifolium(H. L. Li) N. Robson
- 习　　性：小灌木
- 海　　拔：1800～2200 m
- 分　　布：云南
- 濒危等级：LC

三腺金丝桃属 Triadenum Raf.

三腺金丝桃
Triadenum breviflorum(Wall. ex Dyer) Y. Kimura
- 习　　性：多年生草本
- 海　　拔：600 m 以下
- 国内分布：安徽、湖北、湖南、江苏、江西、台湾、云南、浙江
- 国外分布：印度
- 濒危等级：LC

红花金丝桃
Triadenum japonicum(Blume) Makino
- 习　　性：多年生草本
- 国内分布：黑龙江、吉林
- 国外分布：朝鲜、俄罗斯、日本
- 濒危等级：LC

仙茅科 HYPOXIDACEAE
(3 属：9 种)

仙茅属 Curculigo Gaertn.

短葶仙茅
Curculigo breviscapa S. C. Chen
- 习　　性：多年生草本
- 海　　拔：海平面至 600 m
- 分　　布：广东、广西
- 濒危等级：NT D1

大叶仙茅
Curculigo capitulata(Lour.) Kuntze
- 习　　性：多年生草本
- 海　　拔：300～2200 m
- 国内分布：福建、广东、广西、贵州、海南、四川、台湾、西藏、云南
- 国外分布：巴布亚新几内亚、不丹、菲律宾、老挝、马来西亚、孟加拉国、缅甸、尼泊尔、日本、斯里兰卡、泰国、印度、印度尼西亚、越南
- 濒危等级：LC
- 资源利用：药用（中草药）

绒叶仙茅
Curculigo crassifolia(Baker) Hook. f.
- 习　　性：多年生草本
- 海　　拔：1500～2500 m
- 国内分布：云南
- 国外分布：不丹、尼泊尔、印度
- 濒危等级：LC

光叶仙茅
Curculigo glabrescens(Ridl.) Merr.
- 习　　性：多年生草本
- 海　　拔：海平面至 1000 m
- 国内分布：广东、海南
- 国外分布：马来西亚、印度尼西亚
- 濒危等级：LC

疏花仙茅
Curculigo gracilis(Kurz) Hook. f.
- 习　　性：多年生草本
- 海　　拔：约 1000 m
- 国内分布：广西、贵州、四川
- 国外分布：柬埔寨、尼泊尔、泰国、越南
- 濒危等级：LC

仙茅
Curculigo orchioides Gaertn.
- 习　　性：多年生草本
- 海　　拔：海平面至 1600 m
- 国内分布：福建、广东、广西、贵州、湖南、江西、四川、台湾、浙江
- 国外分布：巴布亚新几内亚、巴基斯坦、菲律宾、柬埔寨、老挝、缅甸、日本、泰国、印度、印度尼西亚、越南
- 濒危等级：LC
- 资源利用：药用（中草药）

中华仙茅
Curculigo sinensis S. C. Chen
- 习　　性：多年生草本
- 海　　拔：约 1800 m
- 分　　布：云南
- 濒危等级：LC

小金梅草属 Hypoxis L.

小金梅草
Hypoxis aurea Lour.
- 习　　性：多年生草本
- 海　　拔：海平面至 2600 m
- 国内分布：安徽、福建、广东、广西、贵州、湖北、湖南、江苏、江西、四川、台湾、云南、浙江
- 国外分布：巴布亚新几内亚、巴基斯坦、不丹、朝鲜、菲律宾、柬埔寨、老挝、缅甸、尼泊尔、日本、泰国、印度、印度尼西亚、越南
- 濒危等级：LC
- 资源利用：药用（中草药）

华茅属 Sinocurculigo Z. J. Liu, L. J. Chen et K. Wei Liu

台山华茅
Sinocurculigo taishanica Z. J. Liu, L. J. Chen et K. Wei Liu
习　　性：地生草本
海　　拔：约 450 m
分　　布：广东
濒危等级：LC

茶茱萸科 ICACINACEAE
（10 属：19 种）

柴龙树属 Apodytes E. Mey. ex Arn.

柴龙树
Apodytes dimidiata E. Mey. ex Arn.
习　　性：灌木或乔木
海　　拔：500 ~ 1900 m
国内分布：广西、海南、云南
国外分布：菲律宾、缅甸、斯里兰卡、泰国、印度、印度尼西亚
濒危等级：LC
资源利用：原料（木材）

无须藤属 Hosiea Hemsl. et E. H. Wilson

无须藤
Hosiea sinensis (Oliv.) Hemsl. et E. H. Wilson
习　　性：攀援灌木
海　　拔：1200 ~ 2100 m
分　　布：湖北、湖南、四川、浙江
濒危等级：LC

微花藤属 Iodes Blume

大果微花藤
Iodes balansae Gagnep.
习　　性：木质藤本
海　　拔：100 ~ 1300 m
国内分布：广西、云南
国外分布：越南
濒危等级：LC

微花藤
Iodes cirrhosa Turcz.
习　　性：木质藤本
海　　拔：400 ~ 1300 m
国内分布：广西、云南
国外分布：菲律宾、老挝、马来西亚、缅甸、泰国、印度、印度尼西亚、越南
濒危等级：LC

瘤枝微花藤
Iodes seguini (H. Lév.) Rehder
习　　性：木质藤本
海　　拔：200 ~ 1200 m
分　　布：广西、贵州、云南
濒危等级：LC
资源利用：食品（水果）

小果微花藤
Iodes vitiginea (Hance) Hance
习　　性：木质藤本
海　　拔：100 ~ 1300 m
国内分布：广东、广西、贵州、海南、云南
国外分布：老挝、泰国、越南
濒危等级：LC

定心藤属 Mappianthus Hand.-Mazz.

定心藤
Mappianthus iodoides Hand.-Mazz.
习　　性：木质藤本
海　　拔：700 ~ 1900 m
国内分布：福建、广东、广西、贵州、海南、湖南、香港、云南、浙江
国外分布：越南
濒危等级：LC
资源利用：药用（中草药）；食品（水果）

麻核藤属 Natsiatopsis Kurz.

麻核藤
Natsiatopsis thunbergiifolia Kurz
习　　性：攀援灌木
海　　拔：600 ~ 700 m
国内分布：云南
国外分布：缅甸
濒危等级：VU A2c; D1

薄核藤属 Natsiatum Buch.-Ham. ex Arn.

薄核藤
Natsiatum herpeticum Buch.-Ham. ex Arn.
习　　性：攀援灌木
海　　拔：约 2400 m
国内分布：云南
国外分布：不丹、老挝、孟加拉国、缅甸、尼泊尔、斯里兰卡、泰国、印度、越南
濒危等级：LC

假柴龙树属 Nothapodytes Blume

厚叶假柴龙树
Nothapodytes collina C. Y. Wu
习　　性：乔木
海　　拔：约 700 m
分　　布：云南
濒危等级：VU D2

臭味假柴龙树
Nothapodytes nimmoniana (J. Graham) Mabb.
习　　性：乔木
国内分布：台湾

国外分布：菲律宾、柬埔寨、缅甸、日本、斯里兰卡、泰国、印度、印度尼西亚
濒危等级：NT

薄叶假柴龙树
Nothapodytes obscura C. Y. Wu
习　　性：灌木或小乔木
海　　拔：1200～1800 m
分　　布：云南
濒危等级：VU D1

假柴龙树
Nothapodytes obtusifolia(Merr.) R. A. Howard
习　　性：灌木或乔木
国内分布：海南
国外分布：越南
濒危等级：EN A2c；B1ab (i, iii)

马比木
Nothapodytes pittosporoides(Oliv.) Sleumer
习　　性：灌木
海　　拔：100～2500 m
分　　布：甘肃、广东、广西、贵州、湖北、湖南、陕西、四川
濒危等级：LC

毛假柴龙树
Nothapodytes tomentosa C. Y. Wu
习　　性：灌木
海　　拔：1400～2500 m
分　　布：云南
濒危等级：VU D2

假海桐属 Pittosporopsis Craib

假海桐
Pittosporopsis kerrii Craib
习　　性：灌木或小乔木
海　　拔：300～1600 m
国内分布：云南
国外分布：老挝、缅甸、泰国、越南
濒危等级：LC
资源利用：药用（中草药）；食品（种子）

肖榄属 Platea Blume

阔叶肖榄
Platea latifolia Blume
习　　性：乔木
海　　拔：900～1300 m
国内分布：广东、广西、海南、云南
国外分布：菲律宾、老挝、马来西亚、孟加拉国、泰国、新加坡、印度、印度尼西亚、越南
濒危等级：LC

东方肖榄
Platea parvifolia Merr. et Chun
习　　性：乔木
海　　拔：700～900 m

分　　布：海南
濒危等级：CR A2c；B1ab (i, iii)

刺核藤属 Pyrenacantha Hook. ex Wight

刺核藤
Pyrenacantha volubilis Wight
习　　性：木质藤本
国内分布：海南
国外分布：柬埔寨、斯里兰卡、印度、越南
濒危等级：EN A2c；C1

鸢尾科 IRIDACEAE
（3 属：75 种）

射干属 Belamcanda Adans.

射干
Belamcanda chinensis(L.) Redouté
习　　性：多年生草本
海　　拔：海平面至 2200 m
国内分布：全国大部分省区
国外分布：不丹、朝鲜、俄罗斯、菲律宾、缅甸、尼泊尔、日本、印度、越南
濒危等级：LC
资源利用：药用（中草药）；环境利用（观赏）；原料（纤维）

番红花属 Crocus L.

白番红花
Crocus alatavicus Semen. et Regel
习　　性：多年生草本
海　　拔：1200～3000 m
国内分布：新疆
国外分布：哈萨克斯坦、吉尔吉斯斯坦、乌兹别克斯坦
濒危等级：LC
资源利用：药用（中草药）

番红花
Crocus sativus L.
习　　性：多年生草本
国内分布：全国多地栽培
国外分布：世界各地广泛栽培
资源利用：药用（中草药）；原料（精油）

鸢尾属 Iris L.

单苞鸢尾
Iris anguifuga Y. T. Zhao et X. J. Xue
习　　性：多年生草本
海　　拔：约 1200 m
分　　布：安徽、广西、湖北、浙江
濒危等级：LC

小髯鸢尾
Iris barbatula Noltie et K. Y. Guan
习　　性：多年生草本

海　　拔：2400~3600 m
分　　布：云南
濒危等级：LC

中亚鸢尾
Iris bloudowii Ledeb.
习　　性：多年生草本
国内分布：新疆
国外分布：俄罗斯、哈萨克斯坦、蒙古
濒危等级：DD

西南鸢尾
Iris bulleyana Dykes
习　　性：多年生草本
海　　拔：2300~4300 m
国内分布：四川、西藏、云南
国外分布：缅甸
濒危等级：LC

大苞鸢尾
Iris bungei Maxim.
习　　性：多年生草本
国内分布：甘肃、内蒙古、宁夏、山西
国外分布：蒙古
濒危等级：LC

华夏鸢尾
Iris cathayensis Migo
习　　性：多年生草本
分　　布：安徽、湖北、江苏、浙江
濒危等级：LC

金脉鸢尾
Iris chrysographes Dykes
习　　性：多年生草本
海　　拔：1200~4000 m
国内分布：贵州、四川、西藏、云南
国外分布：缅甸

西藏鸢尾
Iris clarkei Baker
习　　性：多年生草本
海　　拔：2300~4300 m
国内分布：西藏、云南
国外分布：不丹、缅甸、尼泊尔、印度
濒危等级：LC

高原鸢尾
Iris collettii Hook. f.

高原鸢尾（原变种）
Iris collettii var. **collettii**
习　　性：多年生草本
海　　拔：1700~3500 m
国内分布：四川、西藏、云南
国外分布：缅甸、尼泊尔、泰国、印度、越南
濒危等级：LC

大理鸢尾
Iris collettii var. **acaulis** Noltie

习　　性：多年生草本
海　　拔：2200~3700 m
分　　布：四川、云南
濒危等级：DD

扁竹兰
Iris confusa Sealy
习　　性：多年生草本
海　　拔：1600~2400 m
分　　布：广西、贵州、四川、云南
濒危等级：LC
资源利用：药用（中草药）

大锐果鸢尾
Iris cuniculiformis Noltie et K. Y. Guan
习　　性：多年生草本
海　　拔：3100~4000 m
分　　布：四川、云南
濒危等级：LC

弯叶鸢尾
Iris curvifolia Y. T. Zhao
习　　性：多年生草本
海　　拔：1500~2000 m
分　　布：新疆
濒危等级：DD

尼泊尔鸢尾
Iris decora Wall.
习　　性：多年生草本
海　　拔：2800~3100 m
国内分布：四川、西藏、云南
国外分布：不丹、尼泊尔、印度
濒危等级：LC
资源利用：药用（中草药）

长葶鸢尾
Iris delavayi Micheli
习　　性：多年生草本
海　　拔：2400~4500 m
分　　布：贵州、四川、西藏、云南
濒危等级：LC

野鸢尾
Iris dichotoma Pall.
习　　性：多年生草本
海　　拔：200~2300 m
国内分布：安徽、甘肃、河北、河南、黑龙江、湖北、湖南、吉林、江西、辽宁、内蒙古、宁夏、山东、山西、陕西、云南
国外分布：朝鲜、俄罗斯、蒙古
濒危等级：LC
资源利用：药用（中草药）

长管鸢尾
Iris dolichosiphon Noltie
习　　性：多年生草本
海　　拔：2700~4300 m

濒危等级：LC

长管鸢尾（原亚种）
Iris dolichosiphon subsp. **dolichosiphon**
- 习　　性：多年生草本
- 海　　拔：2700~4100 m
- 国内分布：西藏
- 国外分布：不丹
- 濒危等级：LC

东方鸢尾
Iris dolichosiphon subsp. **orientalis** Noltie
- 习　　性：多年生草本
- 海　　拔：3000~4300 m
- 国内分布：四川、云南
- 国外分布：缅甸、印度
- 濒危等级：DD

玉蝉花
Iris ensata Thunb.
- 习　　性：多年生草本
- 海　　拔：400~1700 m
- 国内分布：黑龙江、吉林、辽宁、山东、浙江
- 国外分布：朝鲜、俄罗斯、日本
- 濒危等级：NT A2c

多斑鸢尾
Iris farreri Dykes
- 习　　性：多年生草本
- 海　　拔：2500~3700 m
- 分　　布：甘肃、青海、四川、西藏、云南
- 濒危等级：LC

黄金鸢尾
Iris flavissima Pall.
- 习　　性：多年生草本
- 海　　拔：100~500 m
- 国内分布：黑龙江、吉林、内蒙古、宁夏、新疆
- 国外分布：俄罗斯、哈萨克斯坦、蒙古
- 濒危等级：LC

台湾鸢尾
Iris formosana Ohwi
- 习　　性：多年生草本
- 海　　拔：500~1000 m
- 分　　布：台湾
- 濒危等级：LC

云南鸢尾
Iris forrestii Dykes
- 习　　性：多年生草本
- 海　　拔：3000~4000 m
- 国内分布：四川、西藏、云南
- 国外分布：缅甸
- 濒危等级：LC

锐果鸢尾
Iris goniocarpa Baker
- 习　　性：多年生草本
- 海　　拔：3000~4000 m
- 国内分布：甘肃、湖北、青海、陕西、四川、西藏、云南
- 国外分布：不丹、缅甸、尼泊尔、印度
- 濒危等级：LC

喜盐鸢尾
Iris halophila Pall.

喜盐鸢尾（原变种）
Iris halophila var. **halophila**
- 习　　性：多年生草本
- 国内分布：甘肃、新疆
- 国外分布：阿富汗、俄罗斯、吉尔吉斯斯坦、蒙古
- 濒危等级：LC

蓝花喜盐鸢尾
Iris halophila var. **sogdiana** (Bunge) Grubov
- 习　　性：多年生草本
- 海　　拔：2200~3700 m
- 国内分布：甘肃、新疆
- 国外分布：阿富汗、巴基斯坦、俄罗斯、吉尔吉斯斯坦、乌兹别克斯坦、伊朗
- 濒危等级：LC

长柄鸢尾
Iris henryi Baker
- 习　　性：多年生草本
- 海　　拔：1800~1900 m
- 分　　布：安徽、甘肃、湖北、湖南、四川
- 濒危等级：LC

蝴蝶花
Iris japonica Thunb.

蝴蝶花（原变型）
Iris japonica f. **japonica**
- 习　　性：多年生草本
- 国内分布：安徽、福建、甘肃、广东、广西、贵州、海南、湖北、湖南、江苏、江西、青海、山西、陕西、四川、西藏、云南、浙江
- 国外分布：缅甸、日本
- 濒危等级：LC
- 资源利用：药用（中草药）；环境利用（观赏）

白蝴蝶花
Iris japonica f. **pallescens** P. L. Chiu et Y. T. Zhao
- 习　　性：多年生草本
- 分　　布：浙江
- 濒危等级：DD

库门鸢尾
Iris kemaonensis Wall. ex Royle
- 习　　性：多年生草本
- 海　　拔：3500~4200 m
- 国内分布：西藏
- 国外分布：不丹、尼泊尔、印度
- 濒危等级：LC

矮鸢尾
Iris kobayashii Kitag.

习　　性：多年生草本
分　　布：辽宁
濒危等级：NT

马蔺
Iris lactea Pall.

马蔺（原变种）
Iris lactea var. **lactea**
习　　性：多年生草本
海　　拔：600~3800 m
国内分布：安徽、甘肃、河北、河南、黑龙江、湖北、吉林、江苏、辽宁、内蒙古、宁夏、青海、山东、山西、陕西、四川、西藏、新疆
国外分布：阿富汗、巴基斯坦、朝鲜、俄罗斯、哈萨克斯坦、蒙古、印度
濒危等级：LC
资源利用：药用（中草药）；基因源（耐盐碱）；动物饲料（饲料）；环境利用（水土保持）

黄花马蔺
Iris lactea var. **chrysantha** Y. T. Zhao
习　　性：多年生草本
海　　拔：约3000 m
分　　布：西藏
濒危等级：DD

燕子花
Iris laevigata Fisch.
习　　性：多年生草本
海　　拔：400~3200 m
国内分布：黑龙江、吉林、辽宁、内蒙古、云南
国外分布：朝鲜、俄罗斯、日本
濒危等级：LC
资源利用：环境利用（观赏）

宽柱鸢尾
Iris latistyla Y. T. Zhao
习　　性：多年生草本
海　　拔：3100~4000 m
分　　布：西藏
濒危等级：VU D2

薄叶鸢尾
Iris leptophylla Lingelsh. ex H. Limpr.
习　　性：多年生草本
海　　拔：2600~3200 m
分　　布：甘肃、四川
濒危等级：LC
资源利用：药用（中草药）

天山鸢尾
Iris loczyi Kanitz
习　　性：多年生草本
海　　拔：约2000 m
国内分布：甘肃、内蒙古、宁夏、青海、四川、西藏、新疆
国外分布：阿富汗、俄罗斯、蒙古、塔吉克斯坦
濒危等级：LC

乌苏里鸢尾
Iris maackii Maxim.
习　　性：多年生草本
海　　拔：海平面至300 m
国内分布：黑龙江、辽宁
国外分布：俄罗斯
濒危等级：LC

长白鸢尾
Iris mandshurica Maxim.
习　　性：多年生草本
海　　拔：400~800 m
国内分布：黑龙江、吉林、辽宁
国外分布：朝鲜、俄罗斯
濒危等级：LC

红花鸢尾
Iris milesii Baker ex Foster
习　　性：多年生草本
海　　拔：900~4000 m
国内分布：四川、西藏、云南
国外分布：印度
濒危等级：LC

小黄花鸢尾
Iris minutoaurea Makino
习　　性：多年生草本
海　　拔：约500 m
国内分布：辽宁
国外分布：朝鲜、日本
濒危等级：NT

水仙花鸢尾
Iris narcissiflora Diels
习　　性：多年生草本
海　　拔：约3900 m
分　　布：四川
濒危等级：EN D1
国家保护：Ⅱ级

朝鲜鸢尾
Iris odaesanensis Y. N. Lee
习　　性：多年生草本
海　　拔：约1500 m
国内分布：吉林
国外分布：朝鲜
濒危等级：NT

卷鞘鸢尾
Iris potaninii Maxim.

卷鞘鸢尾（原变种）
Iris potaninii var. **potaninii**
习　　性：多年生草本
海　　拔：3200~5000 m
国内分布：甘肃、青海、四川、西藏
国外分布：俄罗斯、蒙古
濒危等级：LC

蓝花卷鞘鸢尾
Iris potaninii var. **ionantha** Y. T. Zhao
习　　性：多年生草本
海　　拔：3000~5300 m

国内分布：甘肃、青海、四川、西藏
国外分布：俄罗斯、蒙古
濒危等级：LC

小鸢尾
Iris proantha Diels

小鸢尾（原变种）
Iris proantha var. **proantha**
习　　性：多年生草本
分　　布：安徽、河南、湖北、湖南、江苏、浙江
濒危等级：LC

粗壮小鸢尾
Iris proantha var. **valida**（S. S. Chien）Y. T. Zhao
习　　性：多年生草本
分　　布：浙江
濒危等级：DD

沙生鸢尾
Iris psammocola Y. T. Zhao
习　　性：多年生草本
分　　布：宁夏
濒危等级：LC

青海鸢尾
Iris qinghainica Y. T. Zhao
习　　性：多年生草本
海　　拔：2500～3100 m
分　　布：甘肃、青海
濒危等级：LC

长尾鸢尾
Iris rossii Baker
习　　性：多年生草本
海　　拔：约100 m
国内分布：辽宁
国外分布：朝鲜、日本
濒危等级：LC

紫苞鸢尾
Iris ruthenica Ker Gawl.

紫苞鸢尾（原变型）
Iris ruthenica f. **ruthenica**
习　　性：多年生草本
海　　拔：1800～3600 m
分　　布：安徽、甘肃、贵州、河北、河南、黑龙江、湖北、湖南、吉林、江西、辽宁、内蒙古、宁夏、青海、山东、山西、陕西、四川、新疆、云南
濒危等级：LC

白花紫苞鸢尾
Iris ruthenica f. **leucantha** Y. T. Zhao
习　　性：多年生草本
分　　布：新疆
濒危等级：DD

溪荪
Iris sanguinea Donn ex Hornem.

溪荪（原变种）
Iris sanguinea var. **sanguinea**
习　　性：多年生草本
海　　拔：约500 m
国内分布：黑龙江、吉林、辽宁、内蒙古
国外分布：朝鲜、俄罗斯、蒙古、日本
濒危等级：LC
资源利用：环境利用（观赏）

宜兴溪荪
Iris sanguinea var. **yixingensis** Y. T. Zhao
习　　性：多年生草本
分　　布：江苏
濒危等级：VU A2c

膜苞鸢尾
Iris scariosa Willd. ex Link
习　　性：多年生草本
海　　拔：500～2000 m
国内分布：新疆
国外分布：俄罗斯、哈萨克斯坦
濒危等级：LC

山鸢尾
Iris setosa Pall. ex Link
习　　性：多年生草本
海　　拔：1500～2500 m
国内分布：吉林
国外分布：朝鲜、俄罗斯、日本
濒危等级：LC

准噶尔鸢尾
Iris songarica Schrenk ex Fisch. et C. A. Mey.
习　　性：多年生草本
海　　拔：1000～4300 m
国内分布：甘肃、宁夏、青海、陕西、四川、新疆
国外分布：阿富汗、巴基斯坦、俄罗斯、哈萨克斯坦、塔吉克斯坦、土库曼斯坦、乌兹别克斯坦
濒危等级：LC

小花鸢尾
Iris speculatrix Hance

小花鸢尾（原变种）
Iris speculatrix var. **speculatrix**
习　　性：多年生草本
海　　拔：500～1800 m
分　　布：安徽、福建、广东、广西、贵州、海南、湖北、湖南、江苏、江西、青海、山西、陕西、四川、西藏、云南、浙江
濒危等级：LC

白花小花鸢尾
Iris speculatrix var. **alba** V. H. C. Jarrett
习　　性：多年生草本
分　　布：香港
濒危等级：LC

中甸鸢尾
Iris subdichotoma Y. T. Zhao

中甸鸢尾（原变型）
Iris subdichotoma f. **subdichotoma**
- 习　　性：多年生草本
- 分　　布：云南
- 濒危等级：NT

白花中甸鸢尾
Iris subdichotoma f. **alba** Y. G. Shen et Y. T. Zhao
- 习　　性：多年生草本
- 分　　布：云南
- 濒危等级：NT

鸢尾
Iris tectorum Maxim.

鸢尾（原变型）
Iris tectorum f. **tectorum**
- 习　　性：多年生草本
- 国内分布：安徽、福建、广东、广西、贵州、海南、湖北、湖南、江苏、江西、青海、山西、陕西、四川、西藏、云南、浙江
- 国外分布：朝鲜、缅甸、日本
- 濒危等级：LC
- 资源利用：环境利用（污染控制，观赏）；药用（中草药）

白花鸢尾
Iris tectorum f. **alba**(Dykes)Makino
- 习　　性：多年生草本
- 国内分布：浙江
- 国外分布：日本
- 濒危等级：LC

细叶鸢尾
Iris tenuifolia Pall.
- 习　　性：多年生草本
- 海　　拔：1300~3700 m
- 国内分布：甘肃、河北、黑龙江、吉林、辽宁、内蒙古、宁夏、青海、山东、山西、陕西、西藏、新疆
- 国外分布：阿富汗、巴基斯坦、俄罗斯、哈萨克斯坦、蒙古
- 濒危等级：LC

粗根鸢尾
Iris tigridia Bunge ex Ledeb.

粗根鸢尾（原变种）
Iris tigridia var. **tigridia**
- 习　　性：多年生草本
- 分　　布：甘肃、黑龙江、吉林、辽宁、内蒙古、青海、山西、四川
- 国外分布：俄罗斯、哈萨克斯坦、蒙古
- 濒危等级：LC

大粗根鸢尾
Iris tigridia var. **fortis** Y. T. Zhao
- 习　　性：多年生草本
- 分　　布：吉林、内蒙古、山西
- 濒危等级：LC

北陵鸢尾
Iris typhifolia Kitag.
- 习　　性：多年生草本
- 海　　拔：1000 m 以下
- 分　　布：吉林、辽宁、内蒙古
- 濒危等级：LC

单花鸢尾
Iris uniflora Pall. ex Link
- 习　　性：多年生草本
- 海　　拔：1200 m 以下
- 国内分布：黑龙江、吉林、辽宁、内蒙古
- 国外分布：朝鲜、俄罗斯、蒙古
- 濒危等级：LC

囊花鸢尾
Iris ventricosa Pall.
- 习　　性：多年生草本
- 海　　拔：1000 m 以下
- 国内分布：河北、黑龙江、吉林、辽宁、内蒙古、青海、新疆
- 国外分布：俄罗斯、蒙古
- 濒危等级：LC

扇形鸢尾
Iris wattii Baker
- 习　　性：多年生草本
- 海　　拔：1800~2200 m
- 国内分布：西藏、云南
- 国外分布：缅甸、印度
- 濒危等级：LC

黄花鸢尾
Iris wilsonii C. H. Wright

黄花鸢尾（原变种）
Iris wilsonii var. **wilsonii**
- 习　　性：多年生草本
- 海　　拔：2900~4300 m
- 分　　布：甘肃、湖北、陕西、四川、云南
- 濒危等级：LC

大黄花鸢尾
Iris wilsonii var. **major** C. H. Wright
- 习　　性：多年生草本
- 分　　布：中国西部
- 濒危等级：LC

鼠刺科 ITEACEAE
（1属：18种）

鼠刺属 Itea L.

秀丽鼠刺
Itea amoena Chun
- 习　　性：常绿灌木
- 海　　拔：100~800 m
- 分　　布：广东、广西
- 濒危等级：LC

鼠刺
Itea chinensis Hook. et Arn.

鼠刺科 ITEACEAE

鼠刺（原变型）
Itea chinensis f. **chinensis**
习　　性：灌木或小乔木
国内分布：福建、广东、广西、湖南、西藏、云南
国外分布：不丹、老挝、缅甸、泰国、印度、越南
濒危等级：LC

老鼠刺
Itea chinensis f. **angustata** Y. C. Wu
习　　性：灌木或小乔木
海　　拔：1000~2400 m
分　　布：广西
濒危等级：LC

厚叶鼠刺
Itea coriacea Y. C. Wu
习　　性：灌木或小乔木
海　　拔：600~1500 m
分　　布：广东、广西、贵州、海南、江西
濒危等级：LC

腺鼠刺
Itea glutinosa Hand.-Mazz.
习　　性：灌木或小乔木
海　　拔：400~1400 m
分　　布：福建、广西、贵州、湖南
濒危等级：LC

冬青叶鼠刺
Itea ilicifolia Oliv.
习　　性：灌木
海　　拔：1500~1700 m
分　　布：贵州、湖北、陕西、四川
濒危等级：LC

毛鼠刺
Itea indochinensis Merr.

毛鼠刺（原变种）
Itea indochinensis var. **indochinensis**
习　　性：灌木或乔木
海　　拔：200~1400 m
国内分布：广东、广西、贵州、云南
国外分布：越南
濒危等级：NT B1ab（iii）

毛脉鼠刺
Itea indochinensis var. **pubinervia**（H. T. Chang）C. Y. Wu
习　　性：灌木或乔木
海　　拔：1000~2100 m
分　　布：广东、广西、贵州、云南
濒危等级：LC

俅江鼠刺
Itea kiukiangensis C. C. Huang et S. C. Huang ex H. Chuang
习　　性：乔木
海　　拔：1500~2300 m
分　　布：西藏、云南
濒危等级：LC

子农鼠刺
Itea kwangsiensis H. T. Chang
习　　性：灌木
海　　拔：约400 m
分　　布：广西
濒危等级：LC

大叶鼠刺
Itea macrophylla Wall.
习　　性：乔木
海　　拔：500~1500 m
国内分布：广西、海南、云南
国外分布：不丹、菲律宾、缅甸、泰国、印度、印度尼西亚、越南
濒危等级：LC
资源利用：原料（纤维）

台湾鼠刺
Itea oldhamii C. K. Schneid.
习　　性：灌木或小乔木
海　　拔：300~500 m
国内分布：台湾
国外分布：日本
濒危等级：LC
资源利用：原料（木材）；环境利用（观赏）

峨眉鼠刺
Itea omeiensis C. K. Schneid.
习　　性：灌木或小乔木
海　　拔：300~1700 m
分　　布：安徽、福建、广西、贵州、湖南、江西、四川、云南、浙江
濒危等级：LC

小花鼠刺
Itea parviflora Hemsl.
习　　性：灌木或小乔木
分　　布：台湾
濒危等级：LC
资源利用：环境利用（观赏）

河岸鼠刺
Itea riparia Collett et Hemsl.
习　　性：灌木
海　　拔：400~900 m
国内分布：云南
国外分布：缅甸、泰国
濒危等级：NT

细脉鼠刺
Itea tenuinervia S. Y. Liu
习　　性：灌木
海　　拔：约2000 m
分　　布：广西
濒危等级：VU B1b（i, ii, iii, v）c（i, ii, iv）

阳春鼠刺
Itea yangchunensis S. Y. Jin
习　　性：灌木或小乔木

分　　布：广东
濒危等级：LC

滇鼠刺
Itea yunnanensis Franch.
　　习　　性：灌木或小乔木
　　海　　拔：1100～3000 m
　　分　　布：广西、贵州、四川、西藏、云南
　　濒危等级：LC
　　资源利用：原料（单宁，纤维，木材，树脂）

鸢尾蒜科 IXIOLIRIACEAE
（1属：3种）

鸢尾蒜属 Ixiolirion Fisch. ex Herb.

准噶尔鸢尾蒜
Ixiolirion songaricum P. Yan
　　习　　性：多年生草本
　　海　　拔：400～1600 m
　　分　　布：新疆
　　濒危等级：LC

鸢尾蒜
Ixiolirion tataricum(Pall.)Herb.

鸢尾蒜（原变种）
Ixiolirion tataricum var. **tataricum**
　　习　　性：多年生草本
　　国内分布：新疆
　　国外分布：阿富汗、巴基斯坦、俄罗斯、哈萨克斯坦、土库曼斯坦
　　濒危等级：DD
　　资源利用：环境利用（观赏）

假管鸢尾蒜
Ixiolirion tataricum var. **ixiolirioides**(Regel)X. H. Qian
　　习　　性：多年生草本
　　国内分布：新疆
　　国外分布：哈萨克斯坦、吉尔吉斯斯坦
　　濒危等级：LC

黏木科 IXONANTHACEAE
（1属：1种）

黏木属 Ixonanthes Jack

黏木
Ixonanthes reticulata Jack
　　习　　性：乔木
　　海　　拔：海平面至1000 m
　　国内分布：福建、广东、广西、贵州、海南、湖南、云南
　　国外分布：菲律宾、马来西亚、缅甸、泰国、新几内亚、印度、印度尼西亚、越南
　　濒危等级：VU A2c；B1ab（i, iii）

胡桃科 JUGLANDACEAE
（8属：27种）

喙核桃属 Annamocarya A. Chev.

喙核桃
Annamocarya sinensis(Dode)J.-F. Leroy
　　习　　性：乔木
　　海　　拔：200～700 m
　　国内分布：广西、贵州、云南
　　国外分布：越南
　　濒危等级：EN C2a（i）
　　国家保护：Ⅱ级

山核桃属 Carya Nutt.

山核桃
Carya cathayensis Sarg.

山核桃（原变种）
Carya cathayensis var. **cathayensis**
　　习　　性：乔木
　　海　　拔：400～1500 m
　　分　　布：安徽、贵州、江西、浙江
　　濒危等级：VU A2ac

大别山山核桃
Carya cathayensis var. **dabeishansis** Y. Z. Hsu et N. C. Tao
　　习　　性：乔木
　　分　　布：安徽
　　濒危等级：LC

湖南山核桃
Carya hunanensis W. C. Cheng et R. H. Chang ex R. H. Zhang et A. M. Lu
　　习　　性：乔木
　　海　　拔：900～1000 m
　　分　　布：广西、贵州、湖南
　　濒危等级：VU A2c
　　资源利用：食品（油脂）

美国山核桃
Carya illinoinensis(Wangenh.)K. Koch
　　习　　性：乔木
　　国内分布：福建、河北、河南、湖南、江苏、江西栽培
　　国外分布：北美洲
　　资源利用：食品（水果，油脂）
　　濒危等级：LC

贵州山核桃
Carya kweichowensis Kuang et A. M. Lu
　　习　　性：乔木
　　海　　拔：1000～1300 m
　　分　　布：贵州
　　濒危等级：CR A2c
　　国家保护：Ⅱ级

胡桃科 JUGLANDACEAE

越南山核桃
Carya tonkinensis Lecomte
- 习　　性：乔木
- 海　　拔：1300~2200 m
- 国内分布：广西、云南
- 国外分布：印度、越南
- 濒危等级：NT A2c
- 资源利用：食品（水果）

青钱柳属 Cyclocarya Iljinsk.

青钱柳
Cyclocarya paliurus(Batalin)Iljinsk.
- 习　　性：乔木
- 海　　拔：400~2500 m
- 分　　布：安徽、福建、广东、广西、贵州、海南、湖北、湖南、江苏、江西、四川、台湾、云南、浙江
- 濒危等级：LC
- 资源利用：原料（单宁，树脂）

黄杞属 Engelhardia Lesch. ex Bl.

海南黄杞
Engelhardia hainanensis P. Y. Chen
- 习　　性：乔木
- 分　　布：海南
- 濒危等级：LC

黄杞
Engelhardia roxburghiana Wall.
- 习　　性：乔木
- 海　　拔：200~1500 m
- 国内分布：福建、广东、广西、贵州、海南、湖北、湖南、江西、四川、台湾、云南、浙江
- 国外分布：巴基斯坦、柬埔寨、老挝、缅甸、泰国、印度尼西亚、越南
- 濒危等级：LC
- 资源利用：原料（单宁，纤维，木材）

齿叶黄杞
Engelhardia serrata var. **cambodica** W. E. Manning
- 习　　性：乔木
- 海　　拔：700~1000 m
- 国内分布：云南
- 国外分布：柬埔寨、老挝、缅甸、泰国、印度、越南
- 濒危等级：LC

云南黄杞
Engelhardia spicata Lesch. ex Blume

云南黄杞（原变种）
Engelhardia spicata var. **spicata**
- 习　　性：乔木
- 海　　拔：500~2100 m
- 国内分布：广西、西藏、云南
- 国外分布：巴基斯坦、不丹、菲律宾、老挝、马来西亚、尼泊尔、泰国、印度、印度尼西亚、越南
- 濒危等级：LC

爪哇黄杞
Engelhardia spicata var. **aceriflora**(Reinw.)Koord. et Valeton
- 习　　性：乔木
- 海　　拔：1500~1700 m
- 国内分布：云南
- 国外分布：菲律宾、缅甸、尼泊尔、泰国、印度、印度尼西亚、越南
- 濒危等级：LC

毛叶黄杞
Engelhardia spicata var. **integra**(Kurz)W. E. Manning ex Steenis
- 习　　性：乔木
- 海　　拔：海平面至2000 m
- 国内分布：广东、广西、贵州、海南、西藏、云南
- 国外分布：菲律宾、缅甸、尼泊尔、泰国、印度、越南
- 濒危等级：LC

胡桃属 Juglans L.

胡桃楸
Juglans mandshurica Maxim.
- 习　　性：乔木
- 海　　拔：500~2800 m
- 国内分布：安徽、福建、甘肃、广西、贵州、河南、黑龙江、湖北、湖南、吉林、江苏、江西、辽宁、山西、陕西、四川、台湾、云南、浙江
- 国外分布：朝鲜
- 濒危等级：LC
- 资源利用：原料（纤维，单宁，树脂）；药用（中草药）

胡桃
Juglans regia L.
- 习　　性：乔木
- 海　　拔：500~4000 m
- 国内分布：安徽、福建、甘肃、广东、广西、贵州、海南、河北、河南、湖北、湖南、江苏、江西、内蒙古、宁夏、青海、山东、山西、陕西、四川、台湾、新疆
- 国外分布：欧洲、亚洲西南部
- 濒危等级：VU A2c
- 资源利用：药用（中草药）

泡核桃
Juglans sigillata Dode
- 习　　性：乔木
- 海　　拔：1300~3300 m
- 国内分布：贵州、四川、西藏、云南
- 国外分布：不丹、印度
- 濒危等级：VU A2ac+3c；B1ab（i, ii, iii）

化香树属 Platycarya Sieb. et Zucc.

龙州化香
Platycarya longzhouensis S. Ye Liang et G. J. Liang
- 习　　性：乔木
- 海　　拔：300~600 m
- 分　　布：广西
- 濒危等级：DD

化香树
Platycarya strobilacea Siebold et Zucc.
- 习　　性：灌木或小乔木
- 海　　拔：400～2200 m
- 国内分布：安徽、福建、甘肃、广东、广西、贵州、河南、湖北、湖南、江苏、江西、山东、陕西、四川、云南、浙江
- 国外分布：朝鲜、日本、越南
- 濒危等级：LC
- 资源利用：药用（中草药）；原料（单宁，纤维，工业用油，精油，树脂）；农药

枫杨属 Pterocarya Kunth

湖北枫杨
Pterocarya hupehensis Skan
- 习　　性：乔木
- 海　　拔：700～2000 m
- 分　　布：贵州、湖北、陕西、四川
- 濒危等级：VU C1＋2a（i）
- 资源利用：原料（纤维）

甘肃枫杨
Pterocarya macroptera Batalin

甘肃枫杨（原变种）
Pterocarya macroptera var. **macroptera**
- 习　　性：乔木
- 海　　拔：1600～3500 m
- 分　　布：甘肃、陕西、四川
- 濒危等级：VU C2a（i）

云南枫杨
Pterocarya macroptera var. **delavayi**(Franch.)W. E. Manning
- 习　　性：乔木
- 海　　拔：1900～3300 m
- 分　　布：湖北、四川、西藏、云南
- 濒危等级：LC

华西枫杨
Pterocarya macroptera var. **insignis**(Rehder et E. H. Wilson)W. E. Manning
- 习　　性：乔木
- 海　　拔：1100～2700 m
- 分　　布：湖北、陕西、四川、云南、浙江
- 濒危等级：LC

水胡桃
Pterocarya rhoifolia Siebold et Zucc.
- 习　　性：乔木
- 国内分布：山东
- 国外分布：日本
- 濒危等级：DD

枫杨
Pterocarya stenoptera C. DC.
- 习　　性：乔木
- 海　　拔：海平面至1500 m
- 国内分布：安徽、福建、甘肃、广东、广西、贵州、海南、河北、河南、湖北、湖南、江苏、江西、辽宁、山东、山西、陕西、四川、台湾、云南、浙江
- 国外分布：朝鲜、日本
- 濒危等级：LC
- 资源利用：原料（纤维，单宁，树脂）；药用（中草药）

越南枫杨
Pterocarya tonkinensis(Franch.)Dode
- 习　　性：乔木
- 海　　拔：200～1200 m
- 国内分布：云南
- 国外分布：老挝、越南
- 濒危等级：VU A2ac
- 资源利用：原料（纤维）

马尾树属 Rhoiptelea Diels. et Hand. -Mazz.

马尾树
Rhoiptelea chiliantha Diels et Hand. -Mazz.
- 习　　性：乔木
- 海　　拔：700～2500 m
- 国内分布：广西、贵州、云南
- 国外分布：越南
- 濒危等级：LC
- 资源利用：原料（单宁，木材，树脂）

灯心草科 JUNCACEAE
（2属：115种）

灯心草属 Juncus L.

翅茎灯心草
Juncus alatus Franch. et Sav.
- 习　　性：多年生草本
- 海　　拔：100～2300 m
- 国内分布：安徽、福建、甘肃、广东、广西、贵州、河北、河南、湖北、湖南、江苏、江西、山东、山西、四川、云南、浙江
- 国外分布：朝鲜、日本
- 濒危等级：LC

阿勒泰灯心草
Juncus aletaiensis K. F. Wu
- 习　　性：一年生草本
- 海　　拔：约600 m
- 分　　布：新疆
- 濒危等级：LC

葱状灯心草
Juncus allioides Franch.
- 习　　性：多年生草本
- 海　　拔：1700～4700 m
- 国内分布：甘肃、贵州、河南、湖北、宁夏、青海、陕西、四川、西藏、云南
- 国外分布：不丹、印度

濒危等级：LC

走茎灯心草
Juncus amplifolius A. Camus
- 习　　性：多年生草本
- 海　　拔：1700~4900 m
- 国内分布：甘肃、青海、山西、四川、西藏、云南
- 国外分布：不丹、缅甸、尼泊尔、印度
- 濒危等级：LC

圆果灯心草
Juncus amuricus Novikov
- 习　　性：一年生草本
- 海　　拔：约500 m
- 分　　布：新疆
- 濒危等级：LC

小花灯心草
Juncus articulatus L.
- 习　　性：多年生草本
- 海　　拔：1200~3700 m
- 国内分布：甘肃、河北、河南、湖北、宁夏、青海、山东、山西、陕西、四川、西藏、新疆、云南
- 国外分布：阿富汗、巴基斯坦、不丹、俄罗斯、克什米尔地区、蒙古、尼泊尔、印度、越南
- 濒危等级：LC

黑头灯心草
Juncus atratus Krocker
- 习　　性：多年生草本
- 海　　拔：约600 m
- 国内分布：新疆
- 国外分布：俄罗斯
- 濒危等级：LC

长耳灯心草
Juncus auritus K. F. Wu
- 习　　性：多年生草本
- 海　　拔：约2500 m
- 分　　布：云南
- 濒危等级：LC

孟加拉灯心草
Juncus benghalensis Kunth
- 习　　性：多年生草本
- 海　　拔：2200~4200 m
- 国内分布：西藏、云南
- 国外分布：不丹、克什米尔地区、尼泊尔、印度
- 濒危等级：LC

短柱灯心草
Juncus brachystigma Sam.
- 习　　性：多年生草本
- 海　　拔：3100~4600 m
- 国内分布：西藏、云南
- 国外分布：不丹、尼泊尔、印度
- 濒危等级：LC

显苞灯心草
Juncus bracteatus Buchenau
- 习　　性：多年生草本
- 海　　拔：3100~4000 m
- 国内分布：甘肃、西藏、云南
- 国外分布：印度
- 濒危等级：LC

小灯心草
Juncus bufonius L.
- 习　　性：一年生草本
- 海　　拔：100~3500 m
- 国内分布：安徽、福建、甘肃、贵州、河北、河南、黑龙江、吉林、江苏、江西、辽宁、内蒙古、宁夏、青海、山东、山西、陕西、四川、台湾、西藏、新疆、云南、浙江
- 国外分布：阿富汗、巴基斯坦、不丹、朝鲜、俄罗斯、菲律宾、哈萨克斯坦、蒙古、尼泊尔、日本、斯里兰卡、泰国、印度、越南
- 资源利用：药用（中草药）

栗花灯心草
Juncus castaneus Sm.
- 习　　性：多年生草本
- 海　　拔：2100~3100 m
- 国内分布：甘肃、河北、吉林、内蒙古、宁夏、青海、山西、陕西、四川、云南
- 国外分布：俄罗斯
- 濒危等级：LC

头柱灯心草
Juncus cephalostigma Sam.

头柱灯心草（原变种）
Juncus cephalostigma var. **cephalostigma**
- 习　　性：多年生草本
- 海　　拔：2100~4200 m
- 国内分布：四川、西藏、云南
- 国外分布：不丹、缅甸、尼泊尔、印度
- 濒危等级：LC

定结灯心草
Juncus cephalostigma var. **dingjieensis** K. F. Wu
- 习　　性：多年生草本
- 海　　拔：约3600 m
- 分　　布：西藏
- 濒危等级：LC

丝节灯心草
Juncus chrysocarpus Buchenau
- 习　　性：多年生草本
- 海　　拔：约3900 m
- 国内分布：西藏
- 国外分布：不丹、尼泊尔、印度
- 濒危等级：LC

印度灯心草
Juncus clarkei Buchenau

印度灯心草（原变种）
Juncus clarkei var. **clarkei**
- 习　　性：多年生草本
- 海　　拔：2100~2300 m
- 国内分布：西藏、云南

国外分布：不丹、印度
濒危等级：LC

膜边灯心草
Juncus clarkei var. **marginatus** A. Camus
习　　性：多年生草本
海　　拔：3000~4700 m
分　　布：四川、云南
濒危等级：LC

雅灯心草
Juncus concinnus D. Don
习　　性：多年生草本
海　　拔：1500~3900 m
国内分布：四川、西藏、云南
国外分布：不丹、克什米尔地区、尼泊尔、印度
濒危等级：LC

同色灯心草
Juncus concolor Sam.
习　　性：多年生草本
海　　拔：2600~3800 m
分　　布：云南
濒危等级：LC

粗状灯心草
Juncus crassistylus A. Camus
习　　性：多年生草本
海　　拔：3000~4000 m
分　　布：云南
濒危等级：LC

星花灯心草
Juncus diastrophanthus Buchenau
习　　性：多年生草本
海　　拔：600~1300 m
国内分布：安徽、甘肃、广东、贵州、河南、湖北、湖南、江苏、江西、山东、山西、四川、浙江
国外分布：朝鲜、日本、印度
濒危等级：LC

东川灯心草
Juncus dongchuanensis K. F. Wu
习　　性：多年生草本
海　　拔：2500~3500 m
分　　布：云南
濒危等级：LC

灯心草
Juncus effusus L.
习　　性：多年生草本
海　　拔：200~3400 m
国内分布：安徽、福建、甘肃、广东、广西、贵州、河北、河南、黑龙江、湖北、湖南、吉林、江苏、江西、辽宁、山东、四川、台湾、西藏、云南、浙江
国外分布：不丹、朝鲜、老挝、马来西亚、尼泊尔、日本、斯里兰卡、泰国、印度、印度尼西亚、越南；广布于温带和热带山地
濒危等级：LC
资源利用：药用（中草药）；原料（纤维）

丝状灯心草
Juncus filiformis L.
习　　性：多年生草本
海　　拔：约2500 m
国内分布：黑龙江、吉林、辽宁、新疆
国外分布：日本
濒危等级：LC

福贡灯心草
Juncus fugongensis S. Y. Bao
习　　性：一年生或多年生草本
分　　布：云南
濒危等级：LC

巨灯心草
Juncus giganteus Sam.
习　　性：多年生草本
海　　拔：约3200 m
分　　布：四川
濒危等级：LC

贡嘎灯心草
Juncus gonggae Miyamoto et H. Ohba
习　　性：草本
分　　布：四川
濒危等级：LC

细茎灯心草
Juncus gracilicaulis A. Camus
习　　性：多年生草本
海　　拔：2700~3600 m
国内分布：四川、云南
国外分布：不丹、印度
濒危等级：LC

扁茎灯心草
Juncus gracillimus (Buchenau) V. I. Krecz. et Gontsch.
习　　性：多年生草本
海　　拔：500~1500 m
国内分布：甘肃、河北、河南、黑龙江、吉林、江苏、江西、辽宁、内蒙古、青海、山东、山西
国外分布：巴基斯坦、朝鲜、俄罗斯、蒙古、日本
濒危等级：LC

节叶灯心草
Juncus grisebachii Buchenau
习　　性：多年生草本
海　　拔：2700~3700 m
国内分布：西藏
国外分布：不丹、尼泊尔、印度
濒危等级：LC

七河灯心草
Juncus heptopotamicus V. I. Krecz. et Gontsch.

七河灯心草（原变种）
Juncus heptopotamicus var. **heptopotamicus**
习　　性：多年生草本
海　　拔：2400~3100 m

国内分布：新疆
国外分布：俄罗斯、蒙古
濒危等级：LC

伊宁灯心草
Juncus heptopotamicus var. **yiningensis** K. F. Wu
习　　性：多年生草本
海　　拔：600~1700 m
分　　布：青海、新疆
濒危等级：LC

喜马灯心草
Juncus himalensis Klotzsch
习　　性：多年生草本
海　　拔：2400~4300 m
国内分布：甘肃、青海、四川、西藏、云南
国外分布：巴基斯坦、不丹、克什米尔地区、尼泊尔、塔吉克斯坦、印度
濒危等级：LC

片髓灯心草
Juncus inflexus L.
习　　性：多年生草本
海　　拔：1100~2700 m
国内分布：甘肃、广西、贵州、河南、江苏、青海、山西、四川、西藏、新疆、云南
国外分布：巴基斯坦、不丹、俄罗斯、克什米尔地区、马来西亚、尼泊尔、斯里兰卡、印度、印度尼西亚
濒危等级：LC

金平灯心草
Juncus jinpingensis S. Y. Bao
习　　性：一年生或多年生草本
分　　布：云南
濒危等级：LC

康定灯心草
Juncus kangdingensis K. F. Wu
习　　性：多年生草本
海　　拔：约3400 m
分　　布：四川
濒危等级：LC

康普灯心草
Juncus kangpuensis K. F. Wu
习　　性：多年生草本
海　　拔：约3500 m
分　　布：云南
濒危等级：LC

金灯心草
Juncus kingii Rendle
习　　性：多年生草本
海　　拔：3600~5000 m
国内分布：青海、四川、西藏、云南
国外分布：不丹、尼泊尔、印度
濒危等级：LC

短喙灯心草
Juncus krameri Franch. et Sav.
习　　性：多年生草本
海　　拔：100~1300 m
国内分布：吉林、辽宁、山东
国外分布：朝鲜、日本
濒危等级：LC

南投灯心草
Juncus kuohii M. J. Jung
习　　性：多年生草本
海　　拔：约3200 m
分　　布：台湾
濒危等级：LC

澜沧灯心草
Juncus lancangensis Y. Y. Qian
习　　性：多年生草本
分　　布：云南
濒危等级：LC

密花灯心草
Juncus lanpinguensis Novikov
习　　性：多年生草本
海　　拔：2800~3600 m
分　　布：云南
濒危等级：LC

细子灯心草
Juncus leptospermus Buchenau
习　　性：多年生草本
海　　拔：100~3600 m
国内分布：广东、广西、贵州、黑龙江、陕西、云南
国外分布：不丹、印度
濒危等级：LC

甘川灯心草
Juncus leucanthus Royle ex D. Don
习　　性：多年生草本
海　　拔：3000~4200 m
国内分布：甘肃、青海、陕西、四川、西藏、云南
国外分布：不丹、尼泊尔、印度
濒危等级：LC

长苞灯心草
Juncus leucomelas Royle ex D. Don
习　　性：多年生草本
海　　拔：3000~4500 m
国内分布：甘肃、四川、西藏、云南
国外分布：巴基斯坦、不丹、克什米尔地区、尼泊尔、印度
濒危等级：LC

玛纳斯灯心草
Juncus libanoticus Thiébaut
习　　性：多年生草本
国内分布：新疆
国外分布：阿富汗、俄罗斯、蒙古
濒危等级：LC

德钦灯心草
Juncus longiflorus (A. Camus) Noltie
习　　性：多年生草本
海　　拔：3600~4000 m

国内分布：西藏、云南
国外分布：不丹
濒危等级：LC

长蕊灯心草
Juncus longistamineus A. Camus
习　　性：多年生草本
海　　拔：约 3600 m
分　　布：云南
濒危等级：LC

分枝灯心草
Juncus luzuliformis Franch.
习　　性：多年生草本
海　　拔：2200～2600 m
国内分布：甘肃、贵州、湖北、山西、四川
国外分布：朝鲜、日本
濒危等级：LC

长白灯心草
Juncus maximowiczii Buchenau
习　　性：多年生草本
海　　拔：约 2400 m
国内分布：吉林
国外分布：朝鲜、日本
濒危等级：LC

大叶灯心草
Juncus megalophyllus S. Y. Bao
习　　性：一年生或多年生草本
分　　布：云南
濒危等级：LC

美姑灯心草
Juncus meiguensis K. F. Wu
习　　性：多年生草本
分　　布：四川
濒危等级：LC

膜耳灯心草
Juncus membranaceus Royle ex D. Don
习　　性：多年生草本
海　　拔：3000～4000 m
国内分布：西藏、云南
国外分布：阿富汗、巴基斯坦、克什米尔地区、尼泊尔
濒危等级：LC

米拉山灯心草
Juncus milashanensis A. M. Lu et Z. Y. Zhang
习　　性：多年生草本
海　　拔：4600～5300 m
分　　布：四川、西藏
濒危等级：LC

矮灯心草
Juncus minimus Buchenau
习　　性：多年生草本
海　　拔：4000～4700 m
国内分布：四川、西藏、云南
国外分布：不丹、尼泊尔、印度
濒危等级：LC
资源利用：环境利用（观赏）

米易灯心草
Juncus miyiensis K. F. Wu
习　　性：多年生草本
海　　拔：约 3200 m
分　　布：四川
濒危等级：LC
资源利用：药用（中草药）

多花灯心草
Juncus modicus N. E. Br.
习　　性：多年生草本
海　　拔：1700～2900 m
分　　布：甘肃、贵州、河南、湖北、陕西、四川、西藏
濒危等级：LC

矮茎灯心草
Juncus nepalicus Miyam. et H. Ohba
习　　性：多年生草本
海　　拔：约 3500 m
国内分布：西藏、云南
国外分布：不丹、尼泊尔、印度
濒危等级：LC

黑紫灯心草
Juncus nigroviolaceus K. F. Wu
习　　性：一年生草本
海　　拔：约 4300 m
分　　布：西藏
濒危等级：LC

羽序灯心草
Juncus ochraceus Buchenau
习　　性：多年生草本
海　　拔：2500～4000 m
国内分布：四川、西藏、云南
国外分布：不丹、尼泊尔、印度
濒危等级：LC

台湾灯心草
Juncus ohwianus M. T. Kao
习　　性：多年生草本
分　　布：台湾
濒危等级：LC

乳头灯心草
Juncus papillosus Franch. et Sav.
习　　性：多年生草本
海　　拔：800～2000 m
国内分布：河北、河南、黑龙江、吉林、江苏、辽宁、内蒙古、山东
国外分布：朝鲜、日本
濒危等级：LC

单花灯心草
Juncus perparvus K. F. Wu
习　　性：一年生草本
海　　拔：1800～4100 m
分　　布：吉林、青海、云南
濒危等级：LC

短茎灯心草
Juncus perpusillus Sam.
习　　性：多年生草本
海　　拔：4400～4600 m
国内分布：四川、西藏
国外分布：印度
濒危等级：LC

大理灯心草
Juncus petrophilus Miyam.
习　　性：一年生或多年生草本
分　　布：云南
濒危等级：LC

单枝灯心草
Juncus potaninii Buchenau
习　　性：多年生草本
海　　拔：2300～4200 m
分　　布：甘肃、贵州、河南、湖北、宁夏、青海、陕西、四川、西藏、云南
濒危等级：LC

笄石菖
Juncus prismatocarpus R. Br.

笄石菖（原亚种）
Juncus prismatocarpus subsp. **prismatocarpus**
习　　性：多年生草本
海　　拔：海平面至1300 m
国内分布：安徽、福建、广东、广西、贵州、海南、河南、湖北、湖南、江苏、江西、山东、四川、台湾、西藏、云南、浙江
国外分布：澳大利亚、巴布亚新几内亚、巴基斯坦、不丹、朝鲜、柬埔寨、老挝、马来西亚、尼泊尔、日本、斯里兰卡、泰国、印度、印度尼西亚、越南
濒危等级：LC

圆柱叶灯心草
Juncus prismatocarpus subsp. **teretifolius** K. F. Wu
习　　性：多年生草本
海　　拔：800～3000 m
分　　布：广东、江苏、西藏、云南、浙江
濒危等级：LC

长柱灯心草
Juncus przewalskii Buchenau

长柱灯心草（原变种）
Juncus przewalskii var. **przewalskii**
习　　性：多年生草本
海　　拔：2000～4000 m
分　　布：甘肃、青海、陕西、四川、云南
濒危等级：LC

苍白灯心草
Juncus przewalskii var. **discolor** Sam.
习　　性：多年生草本
海　　拔：2900～4500 m
分　　布：西藏、云南
濒危等级：LC

中甸长柱灯心草
Juncus przewalskii var. **multiflorus** S. Y. Bao
习　　性：多年生草本
分　　布：云南
濒危等级：LC

簇花灯心草
Juncus ranarius Songeon et E. Perrier
习　　性：一年生草本
海　　拔：2300～4300 m
国内分布：甘肃、江苏、内蒙古、青海、新疆、云南
国外分布：蒙古
濒危等级：LC

野灯心草
Juncus setchuensis Buchenau ex Diels

野灯心草（原变种）
Juncus setchuensis var. **setchuensis**
习　　性：多年生草本
海　　拔：300～1800 m
国内分布：安徽、福建、甘肃、广东、广西、贵州、湖北、湖南、江苏、江西、山东、四川、西藏、云南、浙江
国外分布：朝鲜、日本
濒危等级：LC
资源利用：原料（纤维）

假灯心草
Juncus setchuensis var. **effusoides** Buchenau
习　　性：多年生草本
海　　拔：500～1700 m
国内分布：甘肃、广西、贵州、河南、湖北、湖南、江苏、山西、四川、云南、浙江
国外分布：朝鲜、日本
濒危等级：LC

锡金灯心草
Juncus sikkimensis Hook. f.
习　　性：多年生草本
海　　拔：4000～4600 m
国内分布：甘肃、青海、四川、西藏、云南
国外分布：不丹、尼泊尔、印度
濒危等级：LC

枯灯心草
Juncus sphacelatus Decne.
习　　性：多年生草本
海　　拔：3300～4800 m
国内分布：青海、四川、西藏、云南
国外分布：阿富汗、不丹、克什米尔地区、尼泊尔、印度
濒危等级：LC

碧罗灯心草
Juncus spumosus Noltie
习　　性：多年生草本
海　　拔：约3900 m

分　　布：云南
濒危等级：LC

陕甘灯心草
Juncus tanguticus Sam.
　　习　　性：多年生草本
　　海　　拔：3400～4000 m
　　分　　布：甘肃、陕西、四川
　　濒危等级：LC

洮南灯心草
Juncus taonanensis Satake et Kitag.
　　习　　性：多年生草本
　　海　　拔：约1100 m
　　分　　布：河北、黑龙江、吉林、江苏、辽宁、内蒙古、山东
　　濒危等级：LC

坚被灯心草
Juncus tenuis Willd.
　　习　　性：多年生草本
　　海　　拔：约400 m
　　国内分布：河南、黑龙江、江西、山东、台湾、浙江
　　国外分布：朝鲜、日本、印度
　　濒危等级：LC

展苞灯心草
Juncus thomsonii Buchenau
　　习　　性：多年生草本
　　海　　拔：2800～5000 m
　　国内分布：甘肃、青海、陕西、四川、西藏、云南
　　国外分布：巴基斯坦、不丹、尼泊尔、印度
　　濒危等级：LC

西藏灯心草
Juncus tibeticus T. V. Egorova
　　习　　性：多年生草本
　　海　　拔：2700～4200 m
　　分　　布：甘肃、西藏
　　濒危等级：LC

糙叶灯心草
Juncus trachyphyllus Miyam. et H. Ohba
　　习　　性：草本
　　分　　布：四川
　　濒危等级：LC

三花灯心草
Juncus triflorus Ohwi
　　习　　性：多年生草本
　　分　　布：台湾
　　濒危等级：LC

贴苞灯心草
Juncus triglumis L.
　　习　　性：多年生草本
　　海　　拔：600～4500 m
　　国内分布：河北、青海、山西、四川、西藏、新疆、云南
　　国外分布：不丹、朝鲜、俄罗斯、克什米尔地区、蒙古、日本、印度
　　濒危等级：LC

尖被灯心草
Juncus turczaninowii (Buchenau) V. I. Krecz.

尖被灯心草（原变种）
Juncus turczaninowii var. **turczaninowii**
　　习　　性：多年生草本
　　海　　拔：700～1400 m
　　国内分布：河北、黑龙江、吉林、辽宁、内蒙古
　　国外分布：俄罗斯、蒙古
　　濒危等级：LC

热河灯心草
Juncus turczaninowii var. **jeholensis** K. F. Wu et Ma
　　习　　性：多年生草本
　　海　　拔：约700 m
　　分　　布：内蒙古
　　濒危等级：LC

单叶灯心草
Juncus unifolius A. M. Lu et Z. Y. Zhang
　　习　　性：多年生草本
　　海　　拔：4000～4300 m
　　分　　布：西藏、云南
　　濒危等级：LC

针灯心草
Juncus wallichianus J. Gay ex Laharpe
　　习　　性：多年生草本
　　海　　拔：800～2900 m
　　国内分布：福建、甘肃、广东、海南、黑龙江、吉林、辽宁、内蒙古、山东、台湾、云南、浙江
　　国外分布：不丹、朝鲜、俄罗斯、尼泊尔、日本、斯里兰卡、印度
　　濒危等级：LC
　　资源利用：动物饲料（饲料）

球头灯心草
Juncus yanshanuensis Novikov
　　习　　性：多年生草本
　　海　　拔：约1200 m
　　分　　布：云南
　　濒危等级：LC

俞氏灯心草
Juncus yui S. Y. Bao
　　习　　性：一年生或多年生草本
　　分　　布：云南
　　濒危等级：LC

云南灯心草
Juncus yunnanensis A. Camus
　　习　　性：多年生草本
　　海　　拔：2200～3000 m
　　分　　布：云南
　　濒危等级：LC

地杨梅属 Luzula DC.

栗花地杨梅
Luzula badia K. F. Wu
- 习　　性：多年生草本
- 海　　拔：约 2700 m
- 分　　布：新疆
- 濒危等级：LC

波密地杨梅
Luzula bomiensis K. F. Wu
- 习　　性：多年生草本
- 海　　拔：约 4000 m
- 分　　布：西藏
- 濒危等级：LC

地杨梅
Luzula campestris(L.)DC.
- 习　　性：多年生草本
- 海　　拔：2800 m
- 国内分布：云南
- 国外分布：克什米尔地区、印度
- 濒危等级：LC

散序地杨梅
Luzula effusa Buchenau

散序地杨梅（原变种）
Luzula effusa var. **effusa**
- 习　　性：多年生草本
- 海　　拔：1700 ~ 3600 m
- 国内分布：甘肃、贵州、河南、湖北、陕西、四川、台湾、西藏、云南
- 国外分布：不丹、马来西亚、缅甸、尼泊尔、印度
- 濒危等级：LC

中国地杨梅
Luzula effusa var. **chinensis**(N. E. Br.)K. F. Wu
- 习　　性：多年生草本
- 海　　拔：1500 ~ 3000 m
- 分　　布：贵州、四川、云南
- 濒危等级：LC

异被地杨梅
Luzula inaequalis K. F. Wu
- 习　　性：多年生草本
- 海　　拔：约 1000 m
- 分　　布：江西
- 濒危等级：LC

西藏地杨梅
Luzula jilongensis K. F. Wu
- 习　　性：多年生草本
- 海　　拔：3400 ~ 3800 m
- 分　　布：西藏、云南
- 濒危等级：LC

多花地杨梅
Luzula multiflora(Ehrh.)Lej.

多花地杨梅（原亚种）
Luzula multiflora subsp. **multiflora**
- 习　　性：多年生草本
- 海　　拔：2200 ~ 3600 m
- 国内分布：安徽、福建、甘肃、贵州、河南、黑龙江、湖北、湖南、吉林、江苏、江西、辽宁、青海、陕西、四川、台湾、西藏、新疆、云南、浙江
- 国外分布：不丹、俄罗斯、蒙古、尼泊尔、日本、印度
- 濒危等级：LC

硬杆地杨梅
Luzula multiflora subsp. **frigida**(Buchenau)V. I. Krecz.
- 习　　性：多年生草本
- 海　　拔：1900 ~ 3000 m
- 国内分布：甘肃、陕西、新疆
- 国外分布：蒙古
- 濒危等级：LC

华北地杨梅
Luzula oligantha Sam.

华北地杨梅（原变种）
Luzula oligantha var. **oligantha**
- 习　　性：多年生草本
- 海　　拔：1900 ~ 3700 m
- 国内分布：河北、河南、黑龙江、山西、陕西、西藏
- 国外分布：朝鲜、俄罗斯、尼泊尔、日本、印度
- 濒危等级：LC

短序长白地杨梅
Luzula oligantha var. **sudeticoides** P. Y. Fu et Y. A. Chen
- 习　　性：多年生草本
- 分　　布：吉林
- 濒危等级：LC

淡花地杨梅
Luzula pallescens Sw.

淡花地杨梅（原变种）
Luzula pallescens var. **pallescens**
- 习　　性：多年生草本
- 海　　拔：1100 ~ 3600 m
- 国内分布：黑龙江、吉林、辽宁、山西、四川、台湾、新疆
- 国外分布：朝鲜、俄罗斯、日本
- 濒危等级：LC

安图地杨梅
Luzula pallescens var. **castanescens** K. F. Wu
- 习　　性：多年生草本
- 分　　布：吉林
- 濒危等级：LC

小花地杨梅
Luzula parviflora(Ehrh.)Desv.
- 习　　性：多年生草本
- 海　　拔：2200 ~ 2400 m
- 国内分布：新疆
- 国外分布：蒙古
- 濒危等级：LC

羽毛地杨梅
Luzula plumosa E. Mey.

羽毛地杨梅（原变种）
Luzula plumosa var. **plumosa**
习　　性：多年生草本
海　　拔：1100~3000 m
国内分布：安徽、甘肃、贵州、河南、湖北、湖南、江苏、江西、山西、四川、台湾、西藏、云南、浙江
国外分布：不丹、朝鲜、尼泊尔、日本、印度
濒危等级：LC

渐尖羽毛地杨梅
Luzula plumosa var. **acuminata** Pamp.
习　　性：多年生草本
分　　布：湖北
濒危等级：LC

火红地杨梅
Luzula rufescens Fisch. ex E. Mey.

火红地杨梅（原变种）
Luzula rufescens var. **rufescens**
习　　性：多年生草本
海　　拔：约 800 m
国内分布：黑龙江、吉林、辽宁、内蒙古
国外分布：朝鲜、俄罗斯、蒙古、日本
濒危等级：LC

大果地杨梅
Luzula rufescens var. **macrocarpa** Buchenau
习　　性：多年生草本
国内分布：吉林
国外分布：朝鲜、日本
濒危等级：LC

四川地杨梅
Luzula sichuanensis K. F. Wu
习　　性：多年生草本
海　　拔：3700~4000 m
分　　布：四川
濒危等级：LC

穗花地杨梅
Luzula spicata（L.）DC.
习　　性：多年生草本
海　　拔：2400~3400 m
国内分布：四川、新疆、云南
国外分布：巴基斯坦、俄罗斯、克什米尔地区、印度
濒危等级：LC

台湾地杨梅
Luzula taiwaniana Satake
习　　性：多年生草本
分　　布：台湾
濒危等级：LC

云间地杨梅
Luzula wahlenbergii Rupr.
习　　性：多年生草本
海　　拔：2400~2700 m
国内分布：吉林
国外分布：朝鲜、日本
濒危等级：LC

水麦冬科 JUNCAGINACEAE
（1 属：2 种）

水麦冬属 Triglochin L.

海韭菜
Triglochin maritima L.
习　　性：多年生草本
海　　拔：5200 m 以下
国内分布：甘肃、河北、内蒙古、青海、山东、山西、陕西、四川、西藏、新疆、云南
国外分布：阿富汗、巴基斯坦、不丹、俄罗斯、哈萨克斯坦、韩国、吉尔吉斯斯坦、蒙古、尼泊尔、日本、塔吉克斯坦、印度
濒危等级：LC

水麦冬
Triglochin palustris L.
习　　性：多年生草本
海　　拔：4500 m 以下
国内分布：重庆、甘肃、河北、黑龙江、吉林、辽宁、内蒙古、宁夏、青海、山西、陕西、四川、西藏、新疆、云南
国外分布：阿富汗、巴基斯坦、不丹、朝鲜半岛、俄罗斯、蒙古、尼泊尔、日本、印度；中亚
濒危等级：LC

唇形科 LAMIACEAE
（107 属：1186 种）

鳞果草属 Achyrospermum Blume

鳞果草
Achyrospermum densiflorum Blume
习　　性：草本
国内分布：海南
国外分布：菲律宾、印度尼西亚
濒危等级：LC

西藏鳞果草
Achyrospermum wallichianum（Benth.）Benth.
习　　性：草本
海　　拔：800~1400 m
国内分布：西藏
国外分布：缅甸、印度
濒危等级：LC

尖头花属 Acrocephalus Benth.

尖头花
Acrocephalus hispidus（L.）Nicholson et Sivad.
习　　性：草本

海　　拔：100~1800 m
国内分布：贵州、云南
国外分布：菲律宾、老挝、马来西亚、缅甸、泰国、印度、印度尼西亚、越南
濒危等级：LC

藿香属 Agastache Clayton ex Gronov.

藿香
Agastache rugosa (Fisch. et C. A. Mey.) Kuntze
　习　　性：多年生草本
　海　　拔：170~1600 m
　国内分布：全国广泛分布和栽培
　国外分布：朝鲜、俄罗斯、日本
　资源利用：药用（中草药）；原料（精油）

筋骨草属 Ajuga L.

九味一枝蒿
Ajuga bracteosa Wall. ex Benth.
　习　　性：多年生草本
　海　　拔：1500~1900 m
　国内分布：四川、云南
　国外分布：阿富汗、缅甸、尼泊尔、印度
　濒危等级：LC
　资源利用：药用（中草药）

弯花筋骨草
Ajuga campylantha Diels
　习　　性：多年生草本
　海　　拔：2800~3500 m
　分　　布：云南
　濒危等级：LC

康定筋骨草
Ajuga campylanthoides C. Y. Wu et C. Chen

康定筋骨草（原变种）
Ajuga campylanthoides var. **campylanthoides**
　习　　性：草本
　海　　拔：2200~2800 m
　分　　布：甘肃、四川、西藏、云南
　濒危等级：LC

短茎康定筋骨草
Ajuga campylanthoides var. **subacaulis** C. Y. Wu et C. Chen
　习　　性：匍匐草本
　海　　拔：2000~2600 m
　分　　布：甘肃
　濒危等级：LC

筋骨草
Ajuga ciliata Bunge

筋骨草（原变种）
Ajuga ciliata var. **ciliata**
　习　　性：多年生草本
　海　　拔：300~1800 m
　分　　布：甘肃、河北、河南、山东、山西、陕西、四川、浙江
　濒危等级：LC
　资源利用：药用（中草药）

陕甘筋骨草
Ajuga ciliata var. **chanetii** (H. Lév. et Vaniot) C. Y. Wu et C. Chen
　习　　性：多年生草本
　海　　拔：约1800 m
　分　　布：甘肃、河北、陕西
　濒危等级：LC

微毛筋骨草
Ajuga ciliata var. **glabrescens** Hemsl.
　习　　性：多年生草本
　海　　拔：1100~2500 m
　分　　布：甘肃、湖北、陕西、四川
　濒危等级：LC

长毛筋骨草
Ajuga ciliata var. **hirta** C. Y. Wu et C. Chen
　习　　性：多年生草本
　海　　拔：约2000 m
　分　　布：四川
　濒危等级：LC

卵齿筋骨草
Ajuga ciliata var. **ovatisepala** C. Y. Wu et C. Chen
　习　　性：多年生草本
　海　　拔：约2500 m
　分　　布：四川
　濒危等级：LC

金疮小草
Ajuga decumbens Thunb.

金疮小草（原变种）
Ajuga decumbens var. **decumbens**
　习　　性：一年生或二年生草本
　海　　拔：400~1400 m
　国内分布：安徽、福建、广东、广西、贵州、海南、湖北、湖南、江苏、江西、青海、四川、台湾、云南、浙江
　国外分布：朝鲜、日本
　濒危等级：LC
　资源利用：药用（中草药）

狭叶金疮小草
Ajuga decumbens var. **oblancifolia** Sun ex C. H. Hu
　习　　性：一年生或二年生草本
　海　　拔：1500~2300 m
　分　　布：贵州、四川
　濒危等级：LC

网果筋骨草
Ajuga dictyocarpa Hayata
　习　　性：草本
　国内分布：澳门、福建、广东、江西、台湾、香港
　国外分布：日本、越南
　濒危等级：LC

痢止蒿
Ajuga forrestii Diels
　习　　性：多年生草本

海　　拔：1700~4000 m
分　　布：四川、西藏、云南
濒危等级：LC
资源利用：药用（中草药）

线叶筋骨草
Ajuga linearifolia Pamp.
习　　性：多年生草本
海　　拔：700~900 m
分　　布：河北、湖北、辽宁、山西、陕西
濒危等级：LC

匍枝筋骨草
Ajuga lobata D. Don
习　　性：多年生草本
海　　拔：1500~3000 m
国内分布：西藏、云南
国外分布：不丹、缅甸、尼泊尔、印度
濒危等级：LC

白苞筋骨草
Ajuga lupulina Maxim.

白苞筋骨草（原变种）
Ajuga lupulina var. **lupulina**
习　　性：多年生草本
海　　拔：1300~3500 m
分　　布：甘肃、河北、青海、山西、四川、西藏、云南
濒危等级：LC

齿苞白苞筋骨草
Ajuga lupulina var. **major** Diels
习　　性：多年生草本
海　　拔：2800~4200 m
分　　布：四川、云南
濒危等级：LC

大籽筋骨草
Ajuga macrosperma Wall. ex Benth.

大籽筋骨草（原变种）
Ajuga macrosperma var. **macrosperma**
习　　性：草本
海　　拔：400~2600 m
国内分布：广东、广西、贵州、台湾、云南
国外分布：不丹、老挝、缅甸、尼泊尔、泰国、印度、越南
濒危等级：LC
资源利用：药用（中草药）

无毛大籽筋骨草
Ajuga macrosperma var. **thomsonii** (Maxim.) Hook. f.
习　　性：草本
海　　拔：约1700 m
国内分布：云南
国外分布：印度
濒危等级：LC

多花筋骨草
Ajuga multiflora Bunge

多花筋骨草（原变种）
Ajuga multiflora var. **multiflora**
习　　性：多年生草本
国内分布：安徽、河北、黑龙江、江苏、辽宁、内蒙古
国外分布：朝鲜、俄罗斯
濒危等级：LC
资源利用：药用（中草药）

短穗多花筋骨草
Ajuga multiflora var. **brevispicata** C. Y. Wu et C. Chen
习　　性：多年生草本
分　　布：辽宁
濒危等级：LC

莲座多花筋草
Ajuga multiflora var. **serotina** Kitag.
习　　性：多年生草本
分　　布：黑龙江、辽宁
濒危等级：LC

紫背金盘
Ajuga nipponensis Makino
习　　性：一年生或二年生草本
海　　拔：100~2300 m
国内分布：福建、广东、广西、贵州、海南、河北、湖南、江西、四川、台湾、云南、浙江
国外分布：朝鲜、日本
濒危等级：LC
资源利用：药用（中草药，兽药）

高山筋骨草
Ajuga nubigena Diels
习　　性：多年生草本
海　　拔：2500~4800 m
分　　布：四川、西藏、云南
濒危等级：LC

圆叶筋骨草
Ajuga ovalifolia Bureau et Franch.

圆叶筋骨草（原变种）
Ajuga ovalifolia var. **ovalifolia**
习　　性：一年生草本
海　　拔：2800~4300 m
分　　布：甘肃、四川
濒危等级：LC

美花圆叶筋骨草
Ajuga ovalifolia var. **calantha** (Diels ex H. Limpr.) C. Y. Wu et C. Chen
习　　性：一年生草本
海　　拔：3000~4300 m
分　　布：甘肃、四川
濒危等级：LC

散瘀草
Ajuga pantantha Hand. -Mazz.
习　　性：多年生草本
海　　拔：2400~2700 m
分　　布：云南
濒危等级：LC
资源利用：药用（中草药）

矮小筋骨草
Ajuga pygmaea A. Gray
习　　性：匍匐草本
国内分布：江苏、台湾
国外分布：日本
濒危等级：DD

喜荫筋骨草
Ajuga sciaphila W. W. Sm.
习　　性：多年生草本
海　　拔：2500 ~ 3700 m
分　　布：四川、云南
濒危等级：LC

台湾筋骨草
Ajuga taiwanensis Nakai ex Murata
习　　性：多年生草本
分　　布：台湾
濒危等级：DD

菱叶元宝草属 Alajja Ikonn.

异叶元宝草
Alajja anomala(Juz.)Ikonn.
习　　性：多年生草本
海　　拔：约 3300 m
国内分布：新疆
国外分布：吉尔吉斯斯坦、塔吉克斯坦
濒危等级：LC

菱叶元宝草
Alajja rhomboidea(Benth.)Ikonn.
习　　性：草本
海　　拔：4000 ~ 5000 m
国内分布：西藏
国外分布：阿富汗、巴基斯坦、印度
濒危等级：LC

水棘针属 Amethystea L.

水棘针
Amethystea coerulea L.
习　　性：一年生草本
海　　拔：200 ~ 3400 m
国内分布：安徽、甘肃、河北、河南、湖北、吉林、内蒙古、山东、山西、陕西、四川、西藏、新疆、云南
国外分布：朝鲜、俄罗斯、哈萨克斯坦、吉尔吉斯斯坦、蒙古、日本
濒危等级：LC
资源利用：药用（中草药）

排草香属 Anisochilus Wall. ex Benth.

排草香
Anisochilus carnosus(L. f.)Benth.
习　　性：一年生草本
国内分布：广东、广西
国外分布：缅甸、斯里兰卡、印度
濒危等级：LC
资源利用：药用（中草药）

异唇花
Anisochilus pallidus Wall. ex Benth.
习　　性：一年生草本
海　　拔：1200 ~ 1700 m
国内分布：云南
国外分布：老挝、缅甸、印度、越南
濒危等级：LC

广防风属 Anisomeles R. Br.

广防风
Anisomeles indica(L.)Kuntze
习　　性：草本
海　　拔：0 ~ 2400 m
国内分布：福建、广东、广西、贵州、湖南、江西、四川、台湾、西藏、云南、浙江
国外分布：菲律宾、柬埔寨、老挝、马来西亚、缅甸、泰国、印度、越南
濒危等级：LC
资源利用：药用（中草药）

小冠薰属 Basilicum Moench

小冠薰
Basilicum polystachyon(L.)Moench
习　　性：多年生草本
海　　拔：0 ~ 800 m
国内分布：海南、台湾
国外分布：澳大利亚、日本、印度
濒危等级：LC

药水苏属 Betonica L.

药水苏
Betonica officinalis L.
习　　性：多年生草本
国内分布：安徽、澳门、北京、福建、甘肃、广东、广西、贵州、海南、河北、河南、黑龙江、湖北、湖南、吉林、江苏、江西、辽宁、内蒙古、宁夏、香港栽培
国外分布：亚洲西南部、欧洲

新风轮菜属 Calamintha Mill.

新风轮菜
Calamintha debilis(Bunge)Benth.
习　　性：多年生草本
海　　拔：500 ~ 2000 m
国内分布：新疆
国外分布：俄罗斯、哈萨克斯坦、吉尔吉斯斯坦、塔吉克斯坦
濒危等级：LC

紫珠属 Callicarpa L.

尖叶紫珠
Callicarpa acutifolia H. T. Chang
习　　性：灌木

海　　拔：100~700 m
分　　布：广东、广西
濒危等级：LC

白背紫珠
Callicarpa angustifolia King et Gamble
　　习　　性：乔木
　　海　　拔：约 200 m
　　国内分布：云南
　　国外分布：柬埔寨、马来西亚、泰国、越南
　　濒危等级：DD

异叶紫珠
Callicarpa anisophylla C. Y. Wu ex W. Z. Fang
　　习　　性：亚灌木或灌木
　　海　　拔：900~1300 m
　　分　　布：广西、贵州
　　濒危等级：LC

木紫珠
Callicarpa arborea Roxb.
　　习　　性：乔木
　　海　　拔：1000~2500 m
　　国内分布：广西、西藏、云南
　　国外分布：不丹、柬埔寨、老挝、马来西亚、孟加拉国、缅甸、尼泊尔、泰国、印度、印度尼西亚、越南
　　濒危等级：LC
　　资源利用：药用（中草药）；基因源（耐瘠）

平基紫珠
Callicarpa basitruncata Merr. et Moldenke
　　习　　性：攀援灌木
　　海　　拔：约 400 m
　　分　　布：海南
　　濒危等级：NT B1ab (i, iii); D

紫珠
Callicarpa bodinieri H. Lév.

紫珠（原变种）
Callicarpa bodinieri var. **bodinieri**
　　习　　性：灌木
　　海　　拔：200~2300 m
　　国内分布：安徽、广东、广西、贵州、河南、湖北、湖南、江苏、江西、四川、云南、浙江
　　国外分布：老挝、泰国、越南
　　濒危等级：LC
　　资源利用：药用（中草药）

柳叶紫珠
Callicarpa bodinieri var. **iteophylla** C. Y. Wu
　　习　　性：灌木
　　海　　拔：600~1600 m
　　分　　布：云南
　　濒危等级：LC

南川紫珠
Callicarpa bodinieri var. **rosthornii**（Diels）Rehder
　　习　　性：灌木

海　　拔：500~1100 m
分　　布：四川
濒危等级：DD

倒卵叶短柄紫珠
Callicarpa brevipes H. T. Chang
　　习　　性：灌木
　　海　　拔：300~600 m
　　分　　布：广东、海南
　　濒危等级：LC

白毛紫珠
Callicarpa candicans（Burm. f.）Hochr.
　　习　　性：灌木
　　海　　拔：100~500 m
　　国内分布：广东、海南
　　国外分布：澳大利亚、菲律宾、柬埔寨、老挝、马来西亚、缅甸、泰国、印度、印度尼西亚、越南
　　濒危等级：LC

华紫珠
Callicarpa cathayana H. T. Chang
　　习　　性：灌木
　　海　　拔：1200 m 以下
　　分　　布：安徽、福建、广东、广西、河南、湖北、江苏、江西、云南、浙江
　　濒危等级：LC
　　资源利用：环境利用（观赏）

丘陵紫珠
Callicarpa collina Diels
　　习　　性：灌木
　　海　　拔：700~1000 m
　　分　　布：广东、江西
　　濒危等级：DD

多齿紫珠
Callicarpa dentosa（H. T. Chang）W. Z. Fang
　　习　　性：灌木
　　海　　拔：400~1000 m
　　分　　布：广东
　　濒危等级：LC

白棠子树
Callicarpa dichotoma（Lour.）K. Koch
　　习　　性：灌木
　　海　　拔：600 m 以下
　　国内分布：安徽、福建、广东、广西、贵州、河北、河南、湖北、湖南、江苏、江西、山东、台湾、浙江
　　国外分布：朝鲜、日本、越南
　　濒危等级：LC
　　资源利用：药用（中草药）；原料（精油）；环境利用（观赏）

尖尾枫
Callicarpa dolichophylla Merr.
　　习　　性：灌木或小乔木
　　海　　拔：海平面至 1200 m
　　国内分布：福建、广东、广西、海南、江西、四川、台湾
　　国外分布：日本、越南

濒危等级：LC
资源利用：药用（中草药）

红腺紫珠
Callicarpa erythrosticta Merr. et Chun
习　　性：灌木
海　　拔：400~1400 m
分　　布：海南
濒危等级：LC

杜虹花
Callicarpa formosana Rolfe
习　　性：灌木
海　　拔：400~1600 m
国内分布：福建、广东、广西、海南、江西、台湾、云南、浙江
国外分布：菲律宾、日本
濒危等级：DD
资源利用：药用（中草药）

老鸦糊
Callicarpa giraldii Hesse ex Rehder

老鸦糊（原变种）
Callicarpa giraldii var. **giraldii**
习　　性：灌木
海　　拔：200~3400 m
分　　布：安徽、重庆、福建、甘肃、广东、广西、贵州、河南、湖北、湖南、江苏、江西、陕西、四川、云南、浙江
濒危等级：LC
资源利用：药用（中草药）

缙云紫珠
Callicarpa giraldii var. **chinyunensis**(C. P'ei et W. Z. Fang) S. L. Chen
习　　性：灌木
海　　拔：300~500 m
分　　布：重庆、四川
濒危等级：DD

毛叶老鸦糊
Callicarpa giraldii var. **subcanescens** Rehder
习　　性：灌木
海　　拔：2300 m 以下
分　　布：安徽、广东、广西、贵州、河南、湖南、江苏、江西、四川、云南、浙江
濒危等级：LC

湖北紫珠
Callicarpa gracilipes Rehder
习　　性：灌木
海　　拔：200~1500 m
分　　布：湖北、四川
濒危等级：LC

海南紫珠
Callicarpa hainanensis Z. H. Ma et D. X. Zhang
习　　性：灌木
海　　拔：约 650 m
分　　布：海南

厚萼紫珠
Callicarpa hungtaii C. P'ei et S. L. Chen
习　　性：亚灌木
海　　拔：300~600 m
分　　布：广东
濒危等级：DD

里白杜虹花
Callicarpa hypoleucophylla W. F. Lin et J. L. Wang
习　　性：灌木
海　　拔：1000~1200 m
分　　布：台湾
濒危等级：VU D1

全缘叶紫珠
Callicarpa integerrima Champ. ex Benth.

全缘叶紫珠（原变种）
Callicarpa integerrima var. **integerrima**
习　　性：攀援灌木
海　　拔：200~700 m
分　　布：福建、广东、广西、湖北、江西、四川、浙江
濒危等级：LC

藤紫珠
Callicarpa integerrima var. **chinensis**(C. P'ei) S. L. Chen
习　　性：攀援灌木
海　　拔：300~1500 m
分　　布：广东、广西、湖北、江西、四川
濒危等级：LC

日本紫珠
Callicarpa japonica Thunb.

日本紫珠（原变种）
Callicarpa japonica var. **japonica**
习　　性：灌木
海　　拔：200~900 m
国内分布：安徽、贵州、河北、湖北、湖南、江苏、江西、辽宁、山东、四川、台湾、浙江
国外分布：朝鲜、日本
濒危等级：LC
资源利用：环境利用（观赏）

朝鲜紫珠
Callicarpa japonica var. **luxurians** Rehder
习　　性：灌木
海　　拔：200~400 m
国内分布：台湾
国外分布：朝鲜、日本
濒危等级：LC

枇杷叶紫珠
Callicarpa kochiana Makino

枇杷叶紫珠（原变种）
Callicarpa kochiana var. **kochiana**
习　　性：灌木

海　　拔：100～900 m
国内分布：福建、广东、河南、湖南、江西、台湾、浙江
国外分布：日本、越南
濒危等级：LC
资源利用：药用（中草药）；原料（精油）

散花紫珠
Callicarpa kochiana var. **laxiflora**(H. T. Chang)W. Z. Fang
习　　性：灌木
海　　拔：100～400 m
分　　布：海南
濒危等级：LC

广东紫珠
Callicarpa kwangtungensis Chun
习　　性：灌木
海　　拔：300～1600 m
分　　布：福建、广东、广西、贵州、湖北、湖南、江西、云南、浙江
濒危等级：LC

光叶紫珠
Callicarpa lingii Merr.
习　　性：灌木
海　　拔：300 m
分　　布：安徽、江西、浙江
濒危等级：DD

尖萼紫珠
Callicarpa loboapiculata F. P. Metcalf
习　　性：灌木
海　　拔：300～500 m
分　　布：广东、广西、贵州、海南、湖南
濒危等级：LC

长苞紫珠
Callicarpa longibracteata H. T. Chang
习　　性：灌木
海　　拔：100～300 m
分　　布：香港
濒危等级：LC

长叶紫珠
Callicarpa longifolia Lam.

长叶紫珠（原变种）
Callicarpa longifolia var. **longifolia**
习　　性：灌木
海　　拔：1400 m以下
国内分布：广东、海南、江西、台湾、云南
国外分布：澳大利亚、菲律宾、缅甸、印度、印度尼西亚、越南
濒危等级：LC

披针叶紫珠
Callicarpa longifolia var. **lanceolaria**(Roxb.)C. B. Clarke
习　　性：灌木
海　　拔：800～1700 m
国内分布：海南、云南
国外分布：马来西亚、孟加拉国、印度、越南
濒危等级：LC

长柄紫珠
Callicarpa longipes Dunn
习　　性：灌木
海　　拔：300～500 m
分　　布：安徽、福建、广东、江西
濒危等级：LC

黄腺紫珠
Callicarpa luteopunctata H. T. Chang
习　　性：灌木
海　　拔：800～2300 m
分　　布：四川、云南
濒危等级：LC

大叶紫珠
Callicarpa macrophylla Vahl
习　　性：灌木或小乔木
海　　拔：100～2000 m
国内分布：广东、广西、贵州、云南
国外分布：不丹、缅甸、尼泊尔、斯里兰卡、泰国、印度、越南
濒危等级：LC
资源利用：药用（中草药）

窄叶紫珠
Callicarpa membranacea H. T. Chang
习　　性：灌木
海　　拔：1300 m以下
分　　布：安徽、广东、广西、贵州、河南、湖北、湖南、江苏、江西、陕西、四川、浙江
濒危等级：DD

裸花紫珠
Callicarpa nudiflora Hook. et Arn.
习　　性：灌木或小乔木
海　　拔：约1000 m
国内分布：广东、广西、海南
国外分布：马来西亚、孟加拉国、缅甸、斯里兰卡、新加坡、印度、越南
濒危等级：LC
资源利用：药用（中草药）

罗浮紫珠
Callicarpa oligantha Merr.
习　　性：灌木
海　　拔：900 m
分　　布：广东
濒危等级：DD

少花紫珠
Callicarpa pauciflora Chun ex H. T. Chang
习　　性：亚灌木或灌木
海　　拔：100～400 m
分　　布：广东、江西
濒危等级：LC

钩毛紫珠
Callicarpa peichieniana Chun et S. L. Chen ex H. Ma et W. B. Yu
习　　性：灌木
海　　拔：200~700 m
分　　布：广东、广西、湖南
濒危等级：LC

长毛紫珠
Callicarpa pilosissima Maxim.
习　　性：灌木
海　　拔：500~1500 m
分　　布：台湾
濒危等级：LC

屏山紫珠
Callicarpa pingshanensis C. Y. Wu ex W. Z. Fang
习　　性：灌木
海　　拔：700~1600 m
分　　布：四川
濒危等级：VU B1ab（i, iii）; D1

抽芽紫珠
Callicarpa prolifera C. Y. Wu

抽芽紫珠（原变种）
Callicarpa prolifera var. **prolifera**
习　　性：灌木
海　　拔：1500~2200 m
分　　布：广西、云南
濒危等级：LC

红腺抽芽紫珠
Callicarpa prolifera var. **rubroglandulosa** S. L. Chen
习　　性：灌木
海　　拔：900 m
分　　布：广西
濒危等级：DD

拟红紫珠
Callicarpa pseudorubella H. T. Chang
习　　性：灌木
海　　拔：400~500 m
分　　布：广东
濒危等级：LC

峦大紫珠
Callicarpa randaiensis Hayata
习　　性：灌木
海　　拔：1000~2500 m
分　　布：台湾
濒危等级：LC

疏齿紫珠
Callicarpa remotiserrulata Hayata
习　　性：灌木
海　　拔：300~800 m
分　　布：台湾
濒危等级：LC

红紫珠
Callicarpa rubella Lindl.
习　　性：灌木
海　　拔：100~3500 m
国内分布：安徽、福建、广东、广西、贵州、湖南、江西、四川、西藏、云南、浙江
国外分布：马来西亚、缅甸、泰国、印度、印度尼西亚、越南
濒危等级：LC
资源利用：药用（中草药）

水金花
Callicarpa salicifolia C. P'ei et W. Z. Fang
习　　性：灌木
海　　拔：500~1000 m
分　　布：四川、云南
濒危等级：LC

上狮紫珠
Callicarpa siongsaiensis F. P. Metcalf
习　　性：灌木
海　　拔：100 m 以下
分　　布：福建
濒危等级：DD

鼎湖紫珠
Callicarpa tingwuensis H. T. Chang
习　　性：灌木
海　　拔：400~500 m
分　　布：广东
濒危等级：DD

云南紫珠
Callicarpa yunnanensis W. Z. Fang
习　　性：乔木
海　　拔：500~600 m
国内分布：云南
国外分布：越南
濒危等级：VU D1+2
资源利用：药用（中草药）

莸属 Caryopteris Bunge

灰毛莸
Caryopteris forrestii Diels

灰毛莸（原变种）
Caryopteris forrestii var. **forrestii**
习　　性：亚灌木
海　　拔：1700~3000 m
分　　布：贵州、四川、西藏、云南
濒危等级：LC
资源利用：原料（精油）

小叶灰毛莸
Caryopteris forrestii var. **minor** C. P'ei et S. L. Chen ex C. Y. Wu
习　　性：亚灌木
海　　拔：2000~4000 m
分　　布：四川、西藏、云南
濒危等级：LC

黏叶莸
Caryopteris glutinosa Rehder

习　　性：灌木
海　　拔：1600~1800 m
分　　布：四川
濒危等级：VU A3c；B1ab（i，iii）

兰香草
Caryopteris incana(Thunb. ex Houtt.) Miq.

兰香草（原变种）
Caryopteris incana var. **incana**
习　　性：多年生草本
海　　拔：100~800 m
国内分布：安徽、福建、广东、广西、湖北、湖南、江苏、江西、浙江
国外分布：朝鲜、日本
濒危等级：LC
资源利用：药用（中草药）

狭叶兰香草
Caryopteris incana var. **angustifolia** S. L. Chen et R. L. Guo
习　　性：多年生草本
海　　拔：300 m
分　　布：江西
濒危等级：LC

金沙江莸
Caryopteris jinshajiangensis Y. K. Yang et X. D. Cong
习　　性：亚灌木
海　　拔：约1400 m
分　　布：云南
濒危等级：LC

蒙古莸
Caryopteris mongholica Bunge
习　　性：亚灌木
海　　拔：1100~1300 m
国内分布：甘肃、河北、内蒙古、山西、陕西
国外分布：蒙古
濒危等级：LC
资源利用：药用（中草药）；原料（精油）；环境利用（观赏）

光果莸
Caryopteris tangutica Maxim.
习　　性：灌木
海　　拔：约2500 m
分　　布：甘肃、河北、河南、湖北、陕西、四川
濒危等级：LC

毛球莸
Caryopteris trichosphaera W. W. Sm.
习　　性：灌木
海　　拔：2700~3300 m
分　　布：四川、西藏、云南
濒危等级：LC

角花属 Ceratanthus F. Muell.

角花
Ceratanthus calcaratus(Hemsl.) G. Taylor
习　　性：多年生草本
海　　拔：800~1600 m
国内分布：广西、云南
国外分布：缅甸
濒危等级：LC

鬃尾草属 Chaiturus Willd.

鬃尾草
Chaiturus marrubiastrum(L.) Spenn.
习　　性：一年生或二年生草本
海　　拔：900 m
国内分布：新疆
国外分布：俄罗斯、哈萨克斯坦
濒危等级：LC

矮刺苏属 Chamaesphacos Schrenk ex Fisch. et C. A. Mey.

矮刺苏
Chamaesphacos ilicifolius Schrenk ex Fisch. et C. A. Mey.
习　　性：一年生草本
海　　拔：400~600 m
国内分布：新疆
国外分布：阿富汗、俄罗斯、哈萨克斯坦、塔吉克斯坦、土库曼斯坦、乌兹别克斯坦；西南亚
濒危等级：LC

铃子香属 Chelonopsis Miq.

缩序铃子香
Chelonopsis abbreviata C. Y. Wu et H. W. Li
习　　性：灌木
海　　拔：约1400 m
分　　布：云南
濒危等级：LC

具苞铃子香
Chelonopsis bracteata W. W. Sm.
习　　性：灌木
海　　拔：2000~2400 m
分　　布：四川、云南
濒危等级：VU A2c；D

浙江铃子香
Chelonopsis chekiangensis C. Y. Wu

浙江铃子香（原变种）
Chelonopsis chekiangensis var. **chekiangensis**
习　　性：多年生草本
海　　拔：500~600 m
分　　布：安徽、湖南、江西、浙江
濒危等级：LC

短梗浙江铃子香
Chelonopsis chekiangensis var. **brevipes** C. Y. Wu et H. W. Li
习　　性：多年生草本
海　　拔：约1600 m
分　　布：广东
濒危等级：LC

毛药花铃子香
Chelonopsis deflexa(Benth.) Diels

习　　性：草本
分　　布：福建、广东、广西、贵州、湖北、江西、四川、台湾
濒危等级：LC

大萼铃子香
Chelonopsis forrestii J. Anthony
习　　性：灌木
海　　拔：2800~3100 m
分　　布：四川
濒危等级：NT B1ab（iii）

小叶铃子香
Chelonopsis giraldii Diels
习　　性：灌木
海　　拔：约 800 m
分　　布：甘肃、陕西
濒危等级：LC

丽江铃子香
Chelonopsis lichiangensis W. W. Sm.
习　　性：灌木
海　　拔：约 1900 m
分　　布：四川、云南
濒危等级：EN B1ab（iii）

多毛铃子香
Chelonopsis mollissima C. Y. Wu
习　　性：灌木
海　　拔：1200~1700 m
分　　布：云南
濒危等级：LC

齿唇铃子香
Chelonopsis odontochila Diels
习　　性：灌木
海　　拔：1400~2500 m
分　　布：四川、云南
濒危等级：LC

先花铃子香
Chelonopsis praecox Weckerle et F. Huber
习　　性：灌木
分　　布：四川、云南
濒危等级：LC

玫红铃子香
Chelonopsis rosea W. W. Sm.

玫红铃子香（原变种）
Chelonopsis rosea var. **rosea**
习　　性：灌木
海　　拔：1600~3100 m
分　　布：云南
濒危等级：LC

干生铃子香
Chelonopsis rosea var. **siccanea**（W. W. Sm）C. L. Xiang et H. Peng
习　　性：灌木
海　　拔：约 2000 m
分　　布：云南

濒危等级：LC

轮叶铃子香
Chelonopsis souliei（Bonati）Merr.
习　　性：灌木
海　　拔：约 3600 m
分　　布：四川、西藏
濒危等级：LC

瑶山铃子香
Chelonopsis yaoshanensis（S. L. Mo et F. N. Wei）C. L. Xiang et H. Peng
习　　性：草本
分　　布：广西
濒危等级：LC

肾茶属 Clerodendranthus Kudô

肾茶
Clerodendranthus spicatus（Thunb.）C. Y. Wu ex H. W. Li
习　　性：多年生草本
海　　拔：0~1500 m
国内分布：福建、广西、海南、台湾、云南
国外分布：澳大利亚、菲律宾、马来西亚、缅甸、印度、印度尼西亚
濒危等级：LC
资源利用：药用（中草药）

大青属 Clerodendrum L.

短蕊大青
Clerodendrum brachystemon C. Y. Wu et R. C. Fang
习　　性：灌木
海　　拔：800~1400 m
分　　布：西藏、云南
濒危等级：LC

苞花大青
Clerodendrum bracteatum Wall. ex Walp.
习　　性：灌木或小乔木
海　　拔：900~1900 m
国内分布：西藏、云南
国外分布：不丹、孟加拉国、印度
濒危等级：LC

臭牡丹
Clerodendrum bungei Steud.

臭牡丹（原变种）
Clerodendrum bungei var. **bungei**
习　　性：灌木
海　　拔：2500 m 以下
国内分布：安徽、福建、甘肃、广东、广西、贵州、海南、河北、河南、湖北、湖南、江西、宁夏、山东、山西、陕西、四川、台湾、云南、浙江
国外分布：越南
濒危等级：LC
资源利用：药用（中草药）；环境利用（观赏）

大萼臭牡丹
Clerodendrum bungei var. **megacalyx** C. Y. Wu ex S. L. Chen

习　　性：灌木
海　　拔：约 1100 m
分　　布：四川
濒危等级：DD

灰毛大青
Clerodendrum canescens Wall. ex Walp.
习　　性：灌木
海　　拔：200~800 m
国内分布：福建、广东、广西、贵州、湖南、江西、四川、台湾、云南
国外分布：印度、越南
濒危等级：LC
资源利用：药用（中草药）

重瓣臭茉莉
Clerodendrum chinense(Osbeck)Mabb.

重瓣臭茉莉（原变种）
Clerodendrum chinense var. **chinense**
习　　性：灌木
国内分布：福建、广东、广西、台湾、云南
国外分布：亚洲热带及亚热带地区广为栽培
濒危等级：LC
资源利用：药用（中草药）

臭茉莉
Clerodendrum chinense var. **simplex**(Moldenke)S. L. Chen
习　　性：灌木
海　　拔：700~1500 m
国内分布：福建、广东、广西、台湾、云南
国外分布：亚洲热带及亚热带地区广为栽培
濒危等级：DD
资源利用：药用（中草药）

腺茉莉
Clerodendrum colebrookianum Walp.
习　　性：灌木或小乔木
海　　拔：500~2000 m
国内分布：广东、广西、西藏、云南
国外分布：不丹、老挝、马来西亚、孟加拉国、缅甸、尼泊尔、泰国、越南、印度、印度尼西亚
濒危等级：LC

川黔大青
Clerodendrum confine S. L. Chen et T. D. Zhuang
习　　性：灌木
海　　拔：1400~2000 m
分　　布：贵州、四川
濒危等级：LC

大青
Clerodendrum cyrtophyllum Turca.

大青（原变种）
Clerodendrum cyrtophyllum var. **cyrtophyllum**
习　　性：灌木或小乔木
海　　拔：1700 m 以下
国内分布：安徽、福建、广东、广西、贵州、海南、河南、湖北、湖南、江西、四川、台湾、云南、浙江
国外分布：朝鲜、马来西亚、越南

濒危等级：LC
资源利用：药用（中草药）

广西大青
Clerodendrum cyrtophyllum var. **kwangsiense** S. L. Chen et T. D. Zhuang
习　　性：灌木或小乔木
海　　拔：500~1000 m
分　　布：广西
濒危等级：DD

狗牙大青
Clerodendrum ervatamioides C. Y. Wu
习　　性：灌木
海　　拔：100~700 m
分　　布：湖北
濒危等级：LC

白花灯笼
Clerodendrum fortunatum L.
习　　性：灌木
海　　拔：约 1000 m
国内分布：福建、广东、广西
国外分布：菲律宾、越南
濒危等级：LC
资源利用：药用（中草药）；环境利用（观赏）

泰国垂茉莉
Clerodendrum garrettianum Craib
习　　性：灌木
海　　拔：500~1100 m
国内分布：云南
国外分布：老挝、泰国
濒危等级：LC

西垂茉莉
Clerodendrum griffithianum C. B. Clarke
习　　性：灌木
海　　拔：800~1700 m
国内分布：云南
国外分布：缅甸、印度
濒危等级：LC
资源利用：环境利用（观赏）

海南赪桐
Clerodendrum hainanense Hand. -Mazz.
习　　性：灌木
海　　拔：200~900 m
分　　布：广西、海南
濒危等级：LC

南垂茉莉
Clerodendrum henryi C. P'ei
习　　性：灌木
海　　拔：700~1200 m
分　　布：安徽、福建、江西、浙江
濒危等级：LC

长管大青
Clerodendrum indicum(L.)Kuntze
习　　性：亚灌木

海　　　拔：500～1000 m
国内分布：广东、云南
国外分布：不丹、柬埔寨、老挝、马来西亚、缅甸、尼泊尔、泰国、印度
濒危等级：LC
资源利用：药用（中草药）

苦郎树
Clerodendrum inerme (L.) Gaertn.
习　　　性：灌木
海　　　拔：100～200 m
国内分布：福建、广东、广西、台湾
国外分布：澳大利亚
濒危等级：LC
资源利用：药用（中草药）；原料（木材）

垦丁苦林盘
Clerodendrum intermedium Cham.
习　　　性：灌木
海　　　拔：300～500 m
国内分布：台湾
国外分布：菲律宾、印度尼西亚
濒危等级：LC

赪桐
Clerodendrum japonicum (Thunb.) Sweet
习　　　性：灌木
海　　　拔：100～1200 m
国内分布：福建、广东、广西、贵州、湖南、江苏、江西、四川、台湾、西藏、云南、浙江
国外分布：不丹、老挝、马来西亚、孟加拉国、印度、印度尼西亚、越南
濒危等级：LC
资源利用：药用（中草药）；环境利用（观赏）

浙江大青
Clerodendrum kaichianum P. S. Hsu
习　　　性：灌木或小乔木
海　　　拔：500～1300 m
分　　　布：安徽、福建、江西、浙江
濒危等级：LC

江西大青
Clerodendrum kiangsiense Merr. ex H. L. Li
习　　　性：灌木
海　　　拔：100～400 m
分　　　布：江西、浙江
濒危等级：LC

广东大青
Clerodendrum kwangtungense Hand.-Mazz.
习　　　性：灌木
海　　　拔：600～1300 m
分　　　布：广东
濒危等级：LC
资源利用：食品（水果）

尖齿臭茉莉
Clerodendrum lindleyi Decne. ex Planch.
习　　　性：灌木
海　　　拔：1200～2800 m
分　　　布：安徽、福建、广东、广西、贵州、湖南、江苏、江西、四川、云南、浙江
濒危等级：LC
资源利用：药用（中草药）

长叶大青
Clerodendrum longilimbum C. P'ei
习　　　性：灌木
海　　　拔：400～2400 m
国内分布：广西、云南
国外分布：越南
濒危等级：LC

黄腺大青
Clerodendrum luteopunctatum C. P'ei et S. L. Chen
习　　　性：灌木
海　　　拔：600～1200 m
分　　　布：贵州、湖北、四川
濒危等级：LC

海通
Clerodendrum mandarinorum Diels
习　　　性：灌木或乔木
海　　　拔：300～2200 m
国内分布：广东、广西、贵州、湖北、湖南、江西、四川、云南
国外分布：越南
濒危等级：LC

圆锥大青
Clerodendrum paniculatum L.
习　　　性：灌木
海　　　拔：100～500 m
国内分布：福建、广东、台湾
国外分布：柬埔寨、老挝、马来西亚、孟加拉国、缅甸、泰国、印度尼西亚、越南
濒危等级：LC

长梗大青
Clerodendrum peii Moldenke
习　　　性：灌木
海　　　拔：1400～2400 m
分　　　布：云南
濒危等级：LC

三对节
Clerodendrum serratum (L.) Moon

三对节（原变种）
Clerodendrum serratum var. **serratum**
习　　　性：灌木
海　　　拔：200～1800 m
国内分布：广西、贵州、西藏、云南
国外分布：东非、西南亚
濒危等级：LC
资源利用：药用（中草药）

三台花
Clerodendrum serratum var. **amplexifolium** Moldenke
习　　　性：灌木

海　　拔：600~1600 m
分　　布：广西、贵州、云南
濒危等级：LC

草本三对节
Clerodendrum serratum var. **herbaceum**(Roxb. ex Schauer)C. Y. Wu
　　习　　性：灌木
　　海　　拔：400~1500 m
　　分　　布：广西、贵州、云南
　　濒危等级：LC

大序三对节
Clerodendrum serratum var. **wallichiii** C. B. Clarke
　　习　　性：灌木
　　海　　拔：700~1800 m
　　国内分布：西藏、云南
　　国外分布：柬埔寨、马来西亚、印度、印度尼西亚、越南
　　濒危等级：LC

抽葶大青
Clerodendrum subscaposum Hemsl.
　　习　　性：亚灌木
　　海　　拔：1400~2100 m
　　国内分布：云南
　　国外分布：缅甸、印度
　　濒危等级：LC

西藏大青
Clerodendrum tibetanum C. Y. Wu et S. K. Wu
　　习　　性：草本
　　海　　拔：900 m
　　分　　布：西藏
　　濒危等级：LC

海州常山
Clerodendrum trichotomum Thunb.

海州常山（原变种）
Clerodendrum trichotomum var. **trichotomum**
　　习　　性：灌木或小乔木
　　海　　拔：2400 m以下
　　国内分布：除内蒙古、西藏、新疆外，各省均有分布
　　国外分布：朝鲜、日本、印度；西南亚
　　濒危等级：LC
　　资源利用：环境利用（观赏）；药用（中草药）

锈毛海州常山
Clerodendrum trichotomum var. **ferrugineum** Nakai
　　习　　性：灌木或小乔木
　　海　　拔：2400 m以下
　　分　　布：台湾
　　濒危等级：LC

绢毛大青
Clerodendrum villosum Blume
　　习　　性：灌木
　　海　　拔：700~900 m
　　国内分布：云南
　　国外分布：老挝、马来西亚、缅甸、泰国、印度尼西亚、越南
　　濒危等级：LC

垂茉莉
Clerodendrum wallichii Merr.
　　习　　性：灌木或小乔木
　　海　　拔：100~1200 m
　　国内分布：广西、西藏、云南
　　国外分布：孟加拉、缅甸、印度、越南
　　濒危等级：LC

滇常山
Clerodendrum yunnanense Hu ex Hand.-Mazz.

滇常山（原变种）
Clerodendrum yunnanense var. **yunnanense**
　　习　　性：灌木
　　海　　拔：2000~3000 m
　　分　　布：四川、云南
　　濒危等级：LC

线齿滇常山
Clerodendrum yunnanense var. **simplex** S. L. Chen et G. Y. Sheng
　　习　　性：灌木
　　海　　拔：2000~2300 m
　　分　　布：云南
　　濒危等级：LC

风轮菜属 Clinopodium L.

风轮菜
Clinopodium chinense(Benth.)Kuntze
　　习　　性：多年生草本
　　海　　拔：0~1000 m
　　国内分布：安徽、福建、广东、广西、湖北、湖南、江苏、江西、山东、台湾、云南、浙江
　　国外分布：日本
　　濒危等级：LC

邻近风轮菜
Clinopodium confine(Hance)Kuntze
　　习　　性：多年生草本
　　海　　拔：0~500 m
　　国内分布：安徽、福建、广东、广西、贵州、河南、湖南、江苏、江西、四川、浙江
　　国外分布：日本
　　濒危等级：LC
　　资源利用：药用（中草药）

异色风轮菜
Clinopodium discolor(Diels)C. Y. Wu et Hsuan ex H. W. Li
　　习　　性：多年生草本
　　海　　拔：1600~3000 m
　　分　　布：西藏、云南
　　濒危等级：LC

细风轮菜
Clinopodium gracile(Benth.)Matsum.
　　习　　性：草本
　　海　　拔：0~2400 m
　　国内分布：安徽、福建、广东、广西、贵州、湖北、湖南、江苏、江西、陕西、四川、台湾、云南、浙江

国外分布：老挝、马来西亚、缅甸、日本、泰国、印度、印度尼西亚、越南
濒危等级：LC
资源利用：药用（中草药）

疏花风轮菜
Clinopodium laxiflorum (Hayata) C. Y. Wu et Hsuan ex H. W. Li
习　　性：多年生草本
分　　布：台湾
濒危等级：LC

长梗风轮菜
Clinopodium longipes C. Y. Wu et Hsuan ex H. W. Li
习　　性：多年生草本
分　　布：四川
濒危等级：NT D1

寸金草
Clinopodium megalanthum (Diels) C. Y. Wu et S. J. Hsuan ex H. W. Li
习　　性：多年生草本
海　　拔：1300~3200 m
分　　布：贵州、湖北、四川、云南
濒危等级：LC
资源利用：药用（中草药）

峨眉风轮菜
Clinopodium omeiense C. Y. Wu et Hsuan ex H. W. Li
习　　性：多年生草本
海　　拔：约1700 m
分　　布：四川
濒危等级：LC

灯笼草
Clinopodium polycephalum (Vaniot) C. Y. Wu et S. J. Hsuan
习　　性：多年生草本
海　　拔：0~3400 m
国内分布：安徽、福建、甘肃、广西、贵州、河北、河南、湖北、湖南、江苏、江西、山东、山西、陕西、四川、云南、浙江
国外分布：日本
濒危等级：LC
资源利用：药用（中草药）

匍匐风轮菜
Clinopodium repens (D. Don) Benth.
习　　性：多年生草本
海　　拔：0~3300 m
国内分布：福建、甘肃、贵州、湖北、湖南、江苏、江西、陕西、四川、台湾、云南、浙江
国外分布：不丹、菲律宾、缅甸、尼泊尔、日本、斯里兰卡、印度、印度尼西亚
濒危等级：LC

麻叶风轮菜
Clinopodium urticifolium (Hance) C. Y. Wu et Hsuan ex H. W. Li
习　　性：多年生草本
海　　拔：300~2200 m
国内分布：河北、河南、黑龙江、吉林、江苏、辽宁、山东、山西、陕西、四川

国外分布：朝鲜、俄罗斯、日本
濒危等级：LC

羽萼木属 Colebrookea Sm.

羽萼木
Colebrookea oppositifolia Sm.
习　　性：灌木
海　　拔：200~2200 m
国内分布：云南
国外分布：缅甸、尼泊尔、泰国、印度
濒危等级：LC

鞘蕊花属 Coleus Lour.

光萼鞘蕊花
Coleus bracteatus Dunn
习　　性：草本
海　　拔：1000~2200 m
分　　布：云南
濒危等级：LC

肉叶鞘蕊花
Coleus carnosifolius (Hemsl.) Dunn
习　　性：多年生草本
分　　布：广东、广西、湖南
濒危等级：LC

毛萼鞘蕊花
Coleus esquirolii (H. Lév.) Dunn
习　　性：草本
海　　拔：1100~1800 m
分　　布：广西、贵州、台湾、云南
濒危等级：LC

毛喉鞘蕊花
Coleus forskohlii (Willd.) Briq.
习　　性：草本
海　　拔：约2300 m
国内分布：云南
国外分布：不丹、尼泊尔、斯里兰卡、印度
濒危等级：LC

五彩苏
Coleus scutellarioides Elmer

五彩苏（原变种）
Coleus scutellarioides var. **scutellarioides**
习　　性：草本
国内分布：福建、广东、广西、台湾
国外分布：菲律宾、马来西亚、印度、印度尼西亚
濒危等级：LC

小五彩苏
Coleus scutellarioides var. **crispipilus** (Merr.) H. Keng
习　　性：草本
国内分布：福建、广东、广西、台湾
国外分布：菲律宾
濒危等级：LC

黄鞘蕊花
Coleus xanthanthus C. Y. Wu et Y. C. Huang
习　　性：灌木
海　　拔：约 1400 m
分　　布：云南
濒危等级：LC

火把花属 Colquhounia Wall.

深红火把花
Colquhounia coccinea Wall.

深红火把花（原变种）
Colquhounia coccinea var. **coccinea**
习　　性：灌木
海　　拔：约 2300 m
国内分布：西藏、云南
国外分布：不丹、缅甸、尼泊尔、泰国、印度
濒危等级：LC

火把花
Colquhounia coccinea var. **mollis**(Schltdl.)Prain
习　　性：灌木
海　　拔：1400 ~ 3000 m
国内分布：西藏、云南
国外分布：不丹、缅甸、尼泊尔、泰国、印度
资源利用：药用（中草药）；环境利用（观赏）
濒危等级：LC

金江火把花
Colquhounia compta W. W. Sm.

金江火把花（原变种）
Colquhounia compta var. **compta**
习　　性：灌木
海　　拔：1800 ~ 2100 m
分　　布：云南
濒危等级：LC

沧江金江火把花
Colquhounia compta var. **mekongensis**(W. W. Sm.)Kudô
习　　性：灌木
海　　拔：2000 ~ 2100 m
分　　布：四川、云南
濒危等级：LC

秀丽火把花
Colquhounia elegans Wall. ex Benth.

秀丽火把花（原变种）
Colquhounia elegans var. **elegans**
习　　性：灌木
海　　拔：1500 ~ 2000 m
国内分布：云南
国外分布：柬埔寨、老挝、缅甸、泰国、越南
濒危等级：LC

细花秀丽火把花
Colquhounia elegans var. **tenuiflora**(Hook. f.)Prain
习　　性：灌木
海　　拔：1100 ~ 1800 m
国内分布：云南
国外分布：柬埔寨、老挝、缅甸、泰国、越南
濒危等级：LC
资源利用：药用（中草药）

藤状火把花
Colquhounia seguinii Vaniot

藤状火把花（原变种）
Colquhounia seguinii var. **seguinii**
习　　性：灌木
海　　拔：200 ~ 2700 m
国内分布：广西、贵州、湖北、四川、云南
国外分布：缅甸
濒危等级：LC

长毛藤状火把花
Colquhounia seguinii var. **pilosa** Rehder
习　　性：灌木
海　　拔：1200 ~ 1700 m
分　　布：四川、云南

白毛火把花
Colquhounia vestita Wall.
习　　性：灌木
海　　拔：约 2000 m
分　　布：广西、贵州、四川、云南
濒危等级：LC

绵穗苏属 Comanthosphace S. Moore

天人草
Comanthosphace japonica(Miq.)S. Moore
习　　性：草本或亚灌木
海　　拔：1300 ~ 1600 m
国内分布：安徽、广东、江苏、江西
国外分布：日本
濒危等级：LC

南川绵穗苏
Comanthosphace nanchuanensis C. Y. Wu et H. W. Li
习　　性：多年生草本
海　　拔：约 1100 m
分　　布：四川
濒危等级：NT B1ab（iii）

绵穗苏
Comanthosphace ningpoensis(Hemsl.)Hand.-Mazz.

绵穗苏（原变种）
Comanthosphace ningpoensis var. **ningpoensis**
习　　性：草本
海　　拔：600 ~ 1400 m
分　　布：安徽、贵州、湖北、湖南、江西、浙江
濒危等级：LC
资源利用：药用（中草药）

绒毛绵穗苏
Comanthosphace ningpoensis var. **stellipiloides** C. Y. Wu

习　　性：草本
海　　拔：约 1000 m
分　　布：江西、浙江
濒危等级：LC

绒苞藤属 Congea Roxb.

华绒苞藤
Congea chinensis Moldenke
　　习　　性：攀援灌木
　　海　　拔：700~1500 m
　　国内分布：云南
　　国外分布：缅甸
　　濒危等级：LC

绒苞藤
Congea tomentosa Roxb.
　　习　　性：攀援灌木
　　海　　拔：600~1200 m
　　国内分布：云南
　　国外分布：老挝、孟加拉国、缅甸、泰国、印度、越南
　　濒危等级：LC

簇序草属 Craniotome Rchb.

簇序草
Craniotome furcata (Link) Kuntze
　　习　　性：多年生草本
　　海　　拔：900~3200 m
　　国内分布：四川、西藏、云南
　　国外分布：不丹、老挝、缅甸、尼泊尔、印度、越南
　　濒危等级：LC

歧伞花属 Cymaria Benth.

长柄歧伞花
Cymaria acuminata Decne.
　　习　　性：灌木
　　国内分布：海南
　　国外分布：菲律宾、印度尼西亚
　　濒危等级：LC

歧伞花
Cymaria dichotoma Benth.
　　习　　性：灌木
　　海　　拔：0~100 m
　　国内分布：海南
　　国外分布：马来西亚、缅甸
　　濒危等级：LC

青兰属 Dracocephalum L.

光萼青兰
Dracocephalum argunense Fisch. ex Link
　　习　　性：多年生草本
　　海　　拔：200~800 m
　　国内分布：河北、黑龙江、吉林、辽宁、内蒙古
　　国外分布：朝鲜、俄罗斯
　　濒危等级：LC

羽叶枝子花
Dracocephalum bipinnatum Rupr.
　　习　　性：多年生草本
　　海　　拔：1900~2600 m
　　国内分布：西藏、新疆
　　国外分布：哈萨克斯坦、吉尔吉斯斯坦、塔吉克斯坦、印度
　　濒危等级：LC

短花枝子花
Dracocephalum breviflorum Turrill
　　习　　性：多年生草本
　　海　　拔：约 4000 m
　　分　　布：西藏
　　濒危等级：DD

皱叶毛建草
Dracocephalum bullatum G. Forrest ex Diels
　　习　　性：多年生草本
　　海　　拔：3000~4500 m
　　分　　布：云南
　　濒危等级：DD

美叶青兰
Dracocephalum calophyllum Hand.-Mazz.
　　习　　性：多年生草本
　　海　　拔：3100~3200 m
　　分　　布：四川、云南
　　濒危等级：LC

松叶青兰
Dracocephalum forrestii W. W. Sm.
　　习　　性：多年生草本
　　海　　拔：2300~3500 m
　　分　　布：云南
　　濒危等级：LC

线叶青兰
Dracocephalum fruticulosum Stephan ex Willd.
　　习　　性：多年生草本
　　国内分布：宁夏
　　国外分布：俄罗斯、蒙古
　　濒危等级：LC

大花毛建草
Dracocephalum grandiflorum L.
　　习　　性：多年生草本
　　海　　拔：2200~2900 m
　　国内分布：内蒙古、新疆
　　国外分布：俄罗斯、哈萨克斯坦、吉尔吉斯斯坦、蒙古、塔吉克斯坦
　　濒危等级：LC

白花枝子花
Dracocephalum heterophyllum Benth.
　　习　　性：多年生草本
　　海　　拔：1100~5000 m
　　国内分布：甘肃、内蒙古、宁夏、青海、山西、四川、西藏、新疆
　　国外分布：俄罗斯

濒危等级：LC
资源利用：药用（中草药）

和布克塞尔青兰
Dracocephalum hoboksarensis G. J. Liu
习　　性：多年生草本
海　　拔：约 1200 m
分　　布：新疆
濒危等级：EN A2c；D

长齿青兰
Dracocephalum hookeri C. B. Clarke ex Hook. f.
习　　性：多年生草本
海　　拔：约 4500 m
分　　布：西藏
濒危等级：LC

无髭毛建草
Dracocephalum imberbe Bunge
习　　性：多年生草本
海　　拔：2400 ~ 2500 m
国内分布：新疆
国外分布：俄罗斯、哈萨克斯坦、吉尔吉斯斯坦、塔吉克斯坦、土库曼斯坦
濒危等级：LC

覆苞毛建草
Dracocephalum imbricatum C. Y. Wu et W. T. Wang
习　　性：多年生草本
海　　拔：约 4000 m
分　　布：云南
濒危等级：NT B1ab（iii，iv）；D

全缘叶青兰
Dracocephalum integrifolium Bunge
习　　性：多年生草本
海　　拔：1400 ~ 2500 m
国内分布：新疆
国外分布：俄罗斯、哈萨克斯坦、吉尔吉斯斯坦
濒危等级：LC
资源利用：药用（中草药）

白萼青兰
Dracocephalum isabellae Forrest
习　　性：多年生草本
海　　拔：3000 ~ 4000 m
分　　布：云南
濒危等级：NT D1

小花毛建草
Dracocephalum microflorum C. Y. Wu et W. T. Wang
习　　性：多年生草本
海　　拔：约 4800 m
分　　布：四川
濒危等级：LC

香青兰
Dracocephalum moldavica L.
习　　性：一年生草本
海　　拔：200 ~ 2700 m
国内分布：甘肃、河北、河南、黑龙江、吉林、辽宁、内蒙古、青海、山西、陕西
国外分布：俄罗斯、塔吉克斯坦、土库曼斯坦、印度
濒危等级：LC
资源利用：原料（精油）；药用（中草药）

多节青兰
Dracocephalum nodulosum Rupr.
习　　性：多年生草本
海　　拔：约 3300 m
分　　布：新疆
濒危等级：LC

垂花青兰
Dracocephalum nutans L.
习　　性：多年生草本
海　　拔：1200 ~ 2600 m
国内分布：黑龙江、内蒙古、新疆
国外分布：阿富汗、巴基斯坦、俄罗斯、哈萨克斯坦、吉尔吉斯斯坦、塔吉克斯坦、印度
濒危等级：LC

铺地青兰
Dracocephalum origanoides Stephan ex Willd.
习　　性：多年生草本
海　　拔：1700 ~ 2500 m
国内分布：新疆
国外分布：俄罗斯、哈萨克斯坦、吉尔吉斯斯坦、蒙古
濒危等级：LC

掌叶青兰
Dracocephalum palmatoides C. Y. Wu et W. T. Wang
习　　性：多年生草本
海　　拔：2500 ~ 2800 m
分　　布：新疆
濒危等级：DD

宽齿青兰
Dracocephalum paulsenii Briq.
习　　性：匍匐草本
海　　拔：3500 ~ 4200 m
国内分布：新疆
国外分布：阿富汗、巴基斯坦、吉尔吉斯斯坦、塔吉克斯坦
濒危等级：LC

刺齿枝子花
Dracocephalum peregrinum L.
习　　性：多年生草本
国内分布：甘肃、新疆
国外分布：俄罗斯、哈萨克斯坦、蒙古
濒危等级：LC

多枝青兰
Dracocephalum propinquum W. W. Sm.
习　　性：多年生草本
海　　拔：1700 ~ 3000 m
分　　布：四川、云南
濒危等级：LC

沙地青兰
Dracocephalum psammophilum C. Y. Wu et W. T. Wang
习　　性：多年生草本
分　　布：宁夏
濒危等级：LC

岷山毛建草
Dracocephalum purdomii W. W. Sm.
习　　性：多年生草本
海　　拔：2300~3300 m
分　　布：甘肃、四川
濒危等级：LC

微硬毛建草
Dracocephalum rigidulum Hand. -Mazz.
习　　性：多年生草本
分　　布：内蒙古
濒危等级：LC

毛建草
Dracocephalum rupestre Hance
习　　性：多年生草本
海　　拔：700~3100 m
分　　布：河北、辽宁、内蒙古、青海、山西
濒危等级：LC
资源利用：环境利用（观赏）；药用（中草药）

青兰
Dracocephalum ruyschiana L.
习　　性：多年生草本
海　　拔：300~2100 m
国内分布：黑龙江、内蒙古、新疆
国外分布：俄罗斯、哈萨克斯坦、吉尔吉斯斯坦、蒙古、土库曼斯坦
濒危等级：LC
资源利用：原料（精油）

长蕊青兰
Dracocephalum stamineum Kar. et Kir.
习　　性：多年生草本
海　　拔：1700~2500 m
国内分布：西藏、新疆
国外分布：阿富汗、巴基斯坦、哈萨克斯坦、吉尔吉斯斯坦、塔吉克斯坦、印度
濒危等级：LC

大理青兰
Dracocephalum taliense Forrest
习　　性：多年生草本
海　　拔：约2800 m
分　　布：云南
濒危等级：LC

甘青青兰
Dracocephalum tanguticum Maxim.

甘青青兰（原变种）
Dracocephalum tanguticum var. **tanguticum**
习　　性：多年生草本
海　　拔：3200~4700 m
分　　布：甘肃、青海、四川、西藏
濒危等级：LC
资源利用：药用（中草药）

白花全缘叶青兰
Dracocephalum tanguticum var. **album** G. J. Liu
习　　性：多年生草本
分　　布：新疆
濒危等级：LC

灰毛甘青青兰
Dracocephalum tanguticum var. **cinereum** Hand. -Mazz.
习　　性：多年生草本
海　　拔：约3200 m
分　　布：四川
濒危等级：LC

矮生甘青青兰
Dracocephalum tanguticum var. **nanum** C. Y. Wu et W. T. Wang
习　　性：多年生草本
海　　拔：4500~4700 m
分　　布：西藏
濒危等级：LC

截萼毛建草
Dracocephalum truncatum Sun ex C. Y. Wu
习　　性：多年生草本
海　　拔：2700 m
分　　布：甘肃
濒危等级：LC

绒叶毛建草
Dracocephalum velutinum C. Y. Wu et W. T. Wang

绒叶毛建草（原变种）
Dracocephalum velutinum var. **velutinum**
习　　性：多年生草本
海　　拔：3400~4000 m
分　　布：云南
濒危等级：LC

圆齿绒叶毛建草
Dracocephalum velutinum var. **intermedium** C. Y. Wu et W. T. Wang
习　　性：多年生草本
海　　拔：3800~3900 m
分　　布：云南
濒危等级：LC

美花毛建草
Dracocephalum wallichii Sealy

美花毛建草（原变种）
Dracocephalum wallichii var. **wallichii**
习　　性：多年生草本
海　　拔：约4700 m
分　　布：西藏
濒危等级：LC

宽花美花毛建草
Dracocephalum wallichii var. **platyanthum** C. Y. Wu et W. T. Wang

习　　性：多年生草本
分　　布：西藏
濒危等级：LC

复序美花毛建草
Dracocephalum wallichii var. **proliferum** C. Y. Wu et W. T. Wang
习　　性：多年生草本
海　　拔：约 4000 m
分　　布：四川
濒危等级：LC

香薷属 Elsholtzia Willd.

紫花香薷
Elsholtzia argyi H. Lév
习　　性：草本
海　　拔：200～1200 m
国内分布：安徽、福建、广东、广西、贵州、湖北、湖南、江苏、江西、四川、浙江
国外分布：日本、越南
濒危等级：LC

四方蒿
Elsholtzia blanda (Benth.) Benth.
习　　性：草本
海　　拔：800～2500 m
国内分布：广西、贵州、云南
国外分布：不丹、老挝、缅甸、尼泊尔、泰国、印度、印度尼西亚、越南
濒危等级：LC
资源利用：药用（中草药）；原料（精油）

东紫苏
Elsholtzia bodinieri Vaniot
习　　性：多年生草本
海　　拔：1200～3000 m
分　　布：贵州、云南
濒危等级：LC
资源利用：药用（中草药）；原料（精油）

头花香薷
Elsholtzia capituligera C. Y. Wu
习　　性：灌木
海　　拔：2000～3000 m
分　　布：四川、西藏、云南
濒危等级：LC
资源利用：原料（精油）

小头花香薷
Elsholtzia cephalantha Hand.-Mazz.
习　　性：一年生草本
海　　拔：3200～4100 m
分　　布：四川
濒危等级：LC

香薷
Elsholtzia ciliata (Thunb.) Hyl.
习　　性：草本
海　　拔：0～3400 m
国内分布：除甘肃、青海、新疆外，各省均有分布
国外分布：俄罗斯、柬埔寨、老挝、马来西亚、蒙古、缅甸、日本、泰国、印度、越南
濒危等级：LC
资源利用：药用（中草药）；食用（蔬菜）；环境利用（观赏）

吉龙草
Elsholtzia communis (Collett et Hemsl.) Diels
习　　性：草本
国内分布：全国栽培或归化
国外分布：缅甸、泰国
资源利用：原料（香料，精油）

野香草
Elsholtzia cyprianii (Pavol.) S. Chow ex P. S. Hsu

野香草（原变种）
Elsholtzia cyprianii var. **cyprianii**
习　　性：草本
海　　拔：400～2900 m
分　　布：安徽、广西、贵州、河南、湖北、湖南、陕西、四川、云南
濒危等级：LC

长毛野香草
Elsholtzia cyprianii var. **longipilosa** (Hand.-Mazz.) C. Y. Wu et S. C. Huang
习　　性：草本
海　　拔：1600～2800 m
分　　布：四川、云南
濒危等级：LC

密花香薷
Elsholtzia densa Benth.
习　　性：草本
海　　拔：1000～4100 m
国内分布：甘肃、河北、辽宁、青海、山西、陕西、四川、西藏、新疆、云南
国外分布：阿富汗、巴基斯坦、尼泊尔、塔吉克斯坦、印度
濒危等级：LC

毛萼香薷
Elsholtzia eriocalyx C. Y. Wu et S. C. Huang

毛萼香薷（原变种）
Elsholtzia eriocalyx var. **eriocalyx**
习　　性：亚灌木
海　　拔：2700～3400 m
分　　布：云南
濒危等级：LC

绒毛毛萼香薷
Elsholtzia eriocalyx var. **tomentosa** C. Y. Wu et S. C. Huang
习　　性：亚灌木
海　　拔：约 3100 m
分　　布：四川
濒危等级：LC

毛穗香薷
Elsholtzia eriostachya (Benth.) Benth.

唇形科 LAMIACEAE

习　　性：一年生草本
海　　拔：3500~4100 m
分　　布：甘肃、四川、西藏、云南
濒危等级：LC

高原香薷
Elsholtzia feddei H. Lév
习　　性：草本
海　　拔：500~3200 m
分　　布：甘肃、河北、青海、山西、陕西、四川、西藏、云南
濒危等级：LC

黄花香薷
Elsholtzia flava(Benth.) Benth.
习　　性：亚灌木
海　　拔：1000~2900 m
国内分布：贵州、湖北、四川、云南、浙江
国外分布：尼泊尔、印度
濒危等级：LC
资源利用：药用（中草药）；原料（工业用油，精油）

鸡骨柴
Elsholtzia fruticosa(D. Don) Rehder

鸡骨柴（原变种）
Elsholtzia fruticosa var. **fruticosa**
习　　性：灌木
海　　拔：1200~3200 m
国内分布：甘肃、广西、贵州、湖北、四川、西藏、云南
国外分布：不丹、尼泊尔、印度
濒危等级：LC

光叶鸡骨柴
Elsholtzia fruticosa var. **glabrifolia** C. Y. Wu et S. C. Huang
习　　性：灌木
海　　拔：3100~3800 m
分　　布：四川、云南
濒危等级：LC

光香薷
Elsholtzia glabra C. Y. Wu et S. C. Huang
习　　性：灌木
海　　拔：1900~2400 m
分　　布：四川、云南
濒危等级：LC

异叶香薷
Elsholtzia heterophylla Diels
习　　性：草本
海　　拔：1200~2400 m
国内分布：云南
国外分布：缅甸
濒危等级：NT
资源利用：药用（中草药）

湖南香薷
Elsholtzia hunanensis Hand.-Mazz.
习　　性：一年生草本
海　　拔：200~2500 m
分　　布：安徽、贵州、湖北、湖南、江西
濒危等级：LC

水香薷
Elsholtzia kachinensis Prain
习　　性：草本
海　　拔：1200~2800 m
国内分布：广东、广西、贵州、湖北、湖南、江西、四川、云南
国外分布：缅甸
濒危等级：LC
资源利用：食用（蔬菜）

亮叶香薷
Elsholtzia lamprophylla C. L. Xiang et E. D. Liu
习　　性：灌木
海　　拔：约2800 m
分　　布：四川
濒危等级：LC

理塘香薷
Elsholtzia litangensis C. X. Pu et W. Y. Chen
习　　性：落叶灌木
海　　拔：约4000 m
分　　布：四川
濒危等级：LC

淡黄香薷
Elsholtzia luteola Diels

淡黄香薷（原变种）
Elsholtzia luteola var. **luteola**
习　　性：一年生草本
海　　拔：2200~3600 m
分　　布：四川、云南
濒危等级：LC

金苞淡黄香薷
Elsholtzia luteola var. **holostegia** Hand.-Mazz.
习　　性：一年生草本
海　　拔：约2900 m
分　　布：云南
濒危等级：LC

鼠尾香薷
Elsholtzia myosurus Dunn
习　　性：灌木
海　　拔：2600~3000 m
分　　布：四川、云南
濒危等级：LC
资源利用：药用（中草药）

黄白香薷
Elsholtzia ochroleuca Dunn
习　　性：灌木
海　　拔：1600~2600 m
分　　布：四川、云南
濒危等级：LC

台湾香薷
Elsholtzia oldhamii Hemsl.
习　　性：攀援草本
分　　布：台湾
濒危等级：LC

大黄药
Elsholtzia penduliflora W. W. Sm.
习　　性：亚灌木
海　　拔：1100～2400 m
分　　布：云南
濒危等级：LC
资源利用：药用（中草药）；原料（工业用油，精油）；动物饲料（饲料）；食品（种子，油脂）

长毛香薷
Elsholtzia pilosa（Benth.）Benth.
习　　性：匍匐草本
海　　拔：1100～3200 m
国内分布：贵州、四川、云南
国外分布：缅甸、尼泊尔、印度、越南
濒危等级：LC

矮香薷
Elsholtzia pygmaea W. W. Sm.
习　　性：一年生草本
海　　拔：约1500 m
分　　布：云南
濒危等级：DD

野拔子
Elsholtzia rugulosa Hemsl.
习　　性：草本或亚灌木
海　　拔：1300～2800 m
分　　布：广西、贵州、四川、云南
濒危等级：LC
资源利用：药用（中草药）；原料（精油）；蜜源植物

岩生香薷
Elsholtzia saxatilis（Kom.）Nakai ex Kitag.
习　　性：草本
海　　拔：100～800 m
国内分布：黑龙江、吉林、辽宁、山东
国外分布：朝鲜、俄罗斯、日本
濒危等级：LC

川滇香薷
Elsholtzia souliei H. Lév.
习　　性：草本
海　　拔：2800～3300 m
分　　布：四川、云南
濒危等级：LC
资源利用：药用（中草药）

海洲香薷
Elsholtzia splendens Nakai ex F. Maek.
习　　性：草本
海　　拔：200～300 m
国内分布：广东、河北、河南、湖北、江苏、江西、辽宁、山东、浙江
国外分布：朝鲜
濒危等级：LC
资源利用：药用（中草药）

穗状香薷
Elsholtzia stachyodes（Link）C. Y. Wu
习　　性：草本
海　　拔：800～2800 m
国内分布：安徽、广东、广西、贵州、湖北、陕西、四川、云南、浙江
国外分布：缅甸、尼泊尔、印度
濒危等级：LC

木香薷
Elsholtzia stauntonii Benth.
习　　性：亚灌木
海　　拔：700～1600 m
分　　布：甘肃、河北、河南、山西、陕西
濒危等级：LC

球穗香薷
Elsholtzia strobilifera（Benth.）Benth.
习　　性：一年生草本
海　　拔：2300～3700 m
国内分布：四川、台湾、西藏、云南
国外分布：尼泊尔、印度
濒危等级：LC
资源利用：药用（中草药）

白香薷
Elsholtzia winitiana Craib
习　　性：草本
海　　拔：600～2200 m
国内分布：广西、云南
国外分布：泰国
濒危等级：LC

绵参属 Eriophyton Benth.

孙航绵参
Eriophyton sunhangii Bo Xu, Zhi M. Li et Bufford
习　　性：多年生草本
分　　布：西藏
濒危等级：VU B1ab（iii）

绵参
Eriophyton wallichianum Benth.
习　　性：多年生草本
海　　拔：2700～4700 m
国内分布：青海、四川、西藏、云南
国外分布：尼泊尔、印度
濒危等级：LC
资源利用：药用（中草药）；食品（蔬菜）

宽管花属 Eurysolen Prain

宽管花
Eurysolen gracilis Prain

习　　性：灌木
海　　拔：600~1900 m
国内分布：云南
国外分布：马来西亚、缅甸、印度
濒危等级：LC

鼬瓣花属 Galeopsis L.

鼬瓣花
Galeopsis bifida Boenn.
习　　性：一年生草本
海　　拔：0~4000 m
国内分布：甘肃、贵州、黑龙江、湖北、吉林、内蒙古、青海、山西、陕西、四川、西藏、云南
国外分布：朝鲜、俄罗斯、吉尔吉斯斯坦、蒙古、日本
濒危等级：LC

辣莸属 Garrettia H. R. Fletcher

辣莸
Garrettia siamensis H. R. Fletcher
习　　性：灌木
海　　拔：600~1200 m
国内分布：云南
国外分布：泰国、印度尼西亚
濒危等级：LC

网萼木属 Geniosporum Wall. ex Benth.

网萼木
Geniosporum coloratum (D. Don) Kuntze
习　　性：灌木
海　　拔：1100~1600 m
国内分布：云南
国外分布：不丹、老挝、缅甸、尼泊尔、印度
濒危等级：LC

活血丹属 Glechoma L.

白透骨消
Glechoma biondiana (Diels) C. Y. Wu et C. Chen

白透骨消（原变种）
Glechoma biondiana var. **biondiana**
习　　性：多年生草本
海　　拔：1000~1700 m
分　　布：陕西
濒危等级：LC

狭萼白透骨消
Glechoma biondiana var. **angustituba** C. Y. Wu et C. Chen
习　　性：多年生草本
分　　布：湖北、四川
濒危等级：LC

无毛白透骨消
Glechoma biondiana var. **glabrescens** C. Y. Wu et C. Chen
习　　性：多年生草本
海　　拔：1200~2200 m
分　　布：甘肃、河北、河南、湖北、陕西
濒危等级：LC

日本活血丹
Glechoma grandis (A. Gray) Kuprian.
习　　性：多年生草本
国内分布：江苏、台湾
国外分布：日本
濒危等级：LC

欧活血丹
Glechoma hederacea L.
习　　性：多年生草本
海　　拔：700~2000 m
国内分布：台湾、新疆
国外分布：俄罗斯、欧洲
濒危等级：LC
资源利用：药用（中草药）

活血丹
Glechoma longituba (Nakai) Kuprian.
习　　性：多年生草本
海　　拔：100~2000 m
国内分布：除甘肃、青海、西藏、新疆外，各省均有分布
国外分布：朝鲜、俄罗斯
濒危等级：LC
资源利用：药用（中草药）

大花活血丹
Glechoma sinograndis C. Y. Wu
习　　性：多年生草本
海　　拔：2000~3000 m
分　　布：云南
濒危等级：DD

石梓属 Gmelina L.

云南石梓
Gmelina arborea Roxb. ex Sm.
习　　性：乔木
海　　拔：1500 m 以下
国内分布：云南
国外分布：不丹、菲律宾、老挝、马来西亚、孟加拉国、缅甸、尼泊尔、斯里兰卡、泰国、印度、印度尼西亚、越南
濒危等级：VU A2c; B1ab (i, iii); C1
资源利用：原料（木材）

亚洲石梓
Gmelina asiatica L.
习　　性：攀援灌木
海　　拔：400~800 m
国内分布：广东、广西
国外分布：柬埔寨、马来西亚、孟加拉国、缅甸、斯里兰卡、泰国、印度、印度尼西亚、越南
濒危等级：LC

石梓
Gmelina chinensis Benth.

习　　性：灌木或小乔木
海　　拔：500~1200 m
分　　布：福建、广东、广西、贵州
濒危等级：LC

小叶石梓
Gmelina delavayana Dop
习　　性：亚灌木或灌木
海　　拔：1500~3000 m
分　　布：四川、云南
濒危等级：LC

苦梓
Gmelina hainanensis Oliv.
习　　性：乔木
海　　拔：300~500 m
国内分布：广东、广西、海南、江西
国外分布：越南
濒危等级：LC
国家保护：Ⅱ级
资源利用：原料（木材）

越南石梓
Gmelina lecomtei Dop
习　　性：乔木
海　　拔：200~1000 m
国内分布：云南
国外分布：老挝、越南
濒危等级：VU A2c；B1ab（i，iii）；C1

四川石梓
Gmelina szechwanensis K. Yao
习　　性：乔木
海　　拔：1200~3000 m
分　　布：四川
濒危等级：CR B1ab（i，iii）；D

锥花属 Gomphostemma Wall.

木锥花
Gomphostemma arbusculum C. Y. Wu
习　　性：灌木或粗壮草本
海　　拔：700~1100 m
分　　布：云南
濒危等级：LC

紫珠状锥花
Gomphostemma callicarpoides(Yamam.)Masam.
习　　性：灌木
海　　拔：约 1200 m
分　　布：台湾
濒危等级：LC

中华锥花
Gomphostemma chinense Oliv.

中华锥花（原变种）
Gomphostemma chinense var. **chinense**
习　　性：多年生草本
海　　拔：500~700 m
国内分布：福建、广东、广西、江西
国外分布：越南
濒危等级：LC

茎花中华锥花
Gomphostemma chinense var. **cauliflorum** C. Y. Wu
习　　性：多年生草本
海　　拔：约 700 m
分　　布：海南
濒危等级：NT C1

长毛锥花
Gomphostemma crinitum Wall. ex Benth.
习　　性：草本
海　　拔：900 m
国内分布：云南
国外分布：马来西亚、缅甸、印度
濒危等级：LC

三角齿锥花
Gomphostemma deltodon C. Y. Wu
习　　性：草本
海　　拔：900~1100 m
分　　布：云南
濒危等级：NT C1

海南锥花
Gomphostemma hainanense C. Y. Wu
习　　性：多年生草本
海　　拔：约 700 m
分　　布：海南
濒危等级：NT C1

宽叶锥花
Gomphostemma latifolium C. Y. Wu
习　　性：灌木或小乔木
海　　拔：800~1500 m
分　　布：广东、云南
濒危等级：LC

细齿锥花
Gomphostemma leptodon Dunn
习　　性：灌木
国内分布：广西
国外分布：越南
濒危等级：LC
资源利用：药用（中草药）

光泽锥花
Gomphostemma lucidum Wall. ex Benth.

光泽锥花（原变种）
Gomphostemma lucidum var. **lucidum**
习　　性：草本或灌木
海　　拔：100~1100 m
国内分布：广东、广西、云南
国外分布：老挝、缅甸、泰国、印度、越南
濒危等级：LC

中间光泽锥花
Gomphostemma lucidum var. **intermedium** (Craib) C. Y. Wu
- 习　　性：草本或灌木
- 海　　拔：500~1400 m
- 国内分布：云南
- 国外分布：老挝、越南
- 濒危等级：LC

小齿锥花
Gomphostemma microdon Dunn
- 习　　性：草本
- 海　　拔：600~1300 m
- 国内分布：云南
- 国外分布：老挝
- 濒危等级：LC
- 资源利用：药用（中草药）

小花锥花
Gomphostemma parviflorum Wall. ex Benth.

小花锥花（原变种）
Gomphostemma parviflorum var. **parviflorum**
- 习　　性：草本
- 海　　拔：800 m
- 国内分布：云南
- 国外分布：马来西亚、印度
- 濒危等级：LC

被粉小花锥花
Gomphostemma parviflorum var. **farinosum** Prain
- 习　　性：草本
- 海　　拔：600~1500 m
- 国内分布：云南
- 国外分布：缅甸、泰国、印度
- 濒危等级：LC

抽葶锥花
Gomphostemma pedunculatum Benth. ex Hook. f.
- 习　　性：多年生草本
- 海　　拔：700~2700 m
- 国内分布：云南
- 国外分布：印度
- 濒危等级：LC

拟长毛锥花
Gomphostemma pseudocrinitum C. Y. Wu
- 习　　性：灌木
- 海　　拔：约1100 m
- 分　　布：广西
- 濒危等级：EN A2c+3c；C1

硬毛锥花
Gomphostemma stellatohirsutum C. Y. Wu
- 习　　性：草本
- 海　　拔：1300~2100 m
- 分　　布：云南
- 濒危等级：LC

槽茎锥花
Gomphostemma sulcatum C. Y. Wu
- 习　　性：多年生草本
- 海　　拔：约1100 m
- 分　　布：云南
- 濒危等级：LC

四轮香属 Hanceola Kudô

贵州四轮香
Hanceola cavaleriei (H. Lév) Kudô
- 习　　性：草本
- 分　　布：贵州
- 濒危等级：EN C1

心卵四轮香
Hanceola cordiovata Y. Z. Sun
- 习　　性：一年生草本
- 分　　布：贵州、四川
- 濒危等级：LC

出蕊四轮香
Hanceola exserta Y. Z. Sun
- 习　　性：多年生草本
- 海　　拔：500~1400 m
- 分　　布：福建、广东、湖南、江西、浙江
- 濒危等级：LC

曲折四轮香
Hanceola flexuosa C. Y. Wu et H. W. Li
- 习　　性：多年生草本
- 海　　拔：约980 m
- 分　　布：广西
- 濒危等级：VU B1ab (i, iii)

高坡四轮香
Hanceola labordei (H. Lév) Y. Z. Sun
- 习　　性：一年生或多年生草本
- 分　　布：贵州
- 濒危等级：LC

龙溪四轮香
Hanceola mairei (H. Lév) Sun
- 习　　性：一年生或多年生草本
- 海　　拔：约750 m
- 分　　布：云南
- 濒危等级：LC

四轮香
Hanceola sinensis (Hemsl.) Kudô
- 习　　性：多年生草本
- 海　　拔：1200~2200 m
- 分　　布：广西、贵州、湖南、四川、云南
- 濒危等级：LC

块茎四轮香
Hanceola tuberifera Y. Z. Sun
- 习　　性：草本
- 分　　布：四川
- 濒危等级：LC

异野芝麻属 Heterolamium C. Y. Wu

异野芝麻
Heterolamium debile(Hemsl.)C. Y. Wu

异野芝麻（原变种）
Heterolamium debile var. debile
习　　性：草本
海　　拔：约 1700 m
分　　布：湖北、陕西、四川
濒危等级：LC

细齿异野芝麻
Heterolamium debile var. cardiophyllum(Hemsl.)C. Y. Wu
习　　性：草本
海　　拔：1500~2700 m
分　　布：湖北、湖南、四川、云南
濒危等级：LC
资源利用：药用（中草药）

尖齿异野芝麻
Heterolamium debile var. tochauense(Kudô)C. Y. Wu
习　　性：草本
分　　布：四川
濒危等级：LC

冬红花属 Holmskioldia Retz.

冬红花
Holmskioldia sanguinea Retz.
习　　性：常绿灌木
国内分布：广东、广西、海南、台湾、云南等地栽培
国外分布：喜马拉雅山地
资源利用：环境利用（观赏）

全唇花属 Holocheila(Kudô)S. Chow

全唇花
Holocheila longipedunculata S. Chow
习　　性：多年生草本
海　　拔：1600~2200 m
分　　布：云南
濒危等级：NT D1

山香属 Hyptis Jacq.

短柄吊球草
Hyptis brevipes Poit.
习　　性：草本
国内分布：海南、台湾
国外分布：北美洲；热带地区归化

吊球草
Hyptis rhomboidea M. Martius et Galeotti
习　　性：一年生草本
海　　拔：约 1000 m
国内分布：广东、广西、台湾
国外分布：原产美洲；归化于热带地区

穗序山香
Hyptis spicigera Lam.
习　　性：一年生草本
国内分布：台湾
国外分布：菲律宾、南美洲、印度尼西亚
濒危等级：LC

山香
Hyptis suaveolens(L.)Poit.
习　　性：一年生草本
海　　拔：约 1000 m
国内分布：福建、广东、广西、台湾
国外分布：原产美洲；归化于热带地区
资源利用：药用（中草药）

神香草属 Hyssopus L.

硬尖神香草
Hyssopus cuspidatus Boriss.
习　　性：亚灌木
海　　拔：1100~1800 m
国内分布：新疆
国外分布：俄罗斯、哈萨克斯坦、蒙古
濒危等级：LC

宽唇神香草
Hyssopus latilabiatus C. Y. Wu et H. W. Li
习　　性：亚灌木
分　　布：新疆
濒危等级：VU A2c+3c；D1

神香草
Hyssopus officinalis L.
习　　性：亚灌木
海　　拔：1100~1800 m
国内分布：全国栽培
国外分布：原产欧洲

香茶菜属 Isodon(Schrad. ex Benth.)Spach

腺花香茶菜
Isodon adenanthus(Diels)Kudô
习　　性：多年生草本
海　　拔：1100~3400 m
分　　布：贵州、四川、云南
濒危等级：LC
资源利用：药用（中草药）

腺叶香茶菜
Isodon adenolomus(Hand.-Mazz.)H. Hara
习　　性：灌木
海　　拔：2300~3300 m
分　　布：四川、云南
濒危等级：LC

白柔毛香茶菜
Isodon albopilosus(C. Y. Wu et H. W. Li)H. Hara
习　　性：多年生草本
海　　拔：2400~3200 m

分　　布：四川
濒危等级：LC

香茶菜
Isodon amethystoides(Benth.) H. Hara
习　　性：多年生草本
海　　拔：200~900 m
分　　布：安徽、福建、广东、广西、贵州、湖北、江西、台湾、浙江
濒危等级：LC
资源利用：药用（中草药）

狭叶香茶菜
Isodon angustifolius(Dunn) Kudô

狭叶香茶菜（原变种）
Isodon angustifolius var. **angustifolius**
习　　性：多年生草本
海　　拔：1200~2600 m
分　　布：云南
濒危等级：LC

无毛狭叶香茶菜
Isodon angustifolius var. **glabrescens**(C. Y. Wu et H. W. Li) H. W. Li
习　　性：多年生草本
海　　拔：2800~3300 m
分　　布：云南
濒危等级：LC

暗红香茶菜
Isodon atroruber R. A. Clement
习　　性：多年生草本
国内分布：西藏
国外分布：不丹

线齿香茶菜
Isodon barbeyanus(H. Lév) H. W. Li
习　　性：亚灌木
海　　拔：2500~3200 m
分　　布：四川
濒危等级：LC

短距香茶菜
Isodon brevicalcaratus(C. Y. Wu et H. W. Li) H. Hara
习　　性：多年生草本
海　　拔：约600 m
分　　布：广东
濒危等级：LC

短叶香茶菜
Isodon brevifolius(Hand. -Mazz.) H. W. Li
习　　性：灌木
海　　拔：约2000 m
分　　布：云南
濒危等级：LC

苍山香茶菜
Isodon bulleyanus(Diels) Kudô
习　　性：灌木
海　　拔：2400~3200 m
分　　布：云南
濒危等级：LC

灰岩香茶菜
Isodon calcicolus(Hand. -Mazz.) H. Hara

灰岩香茶菜（原变种）
Isodon calcicolus var. **calcicolus**
习　　性：多年生草本
海　　拔：1600~2600 m
分　　布：云南
濒危等级：LC

近无毛灰岩香茶菜
Isodon calcicolus var. **subcalvus**(Hand. -Mazz.) H. W. Li
习　　性：多年生草本
海　　拔：2600~3000 m
分　　布：云南
濒危等级：LC

细锥香茶菜
Isodon coetsa(Buch. -Ham. ex D. Don) Kudô

细锥香茶菜（原变种）
Isodon coetsa var. **coetsa**
习　　性：多年生草本
海　　拔：600~2800 m
国内分布：广东、广西、贵州、湖南、四川、西藏、云南
国外分布：菲律宾、老挝、马来西亚、孟加拉国、缅甸、尼泊尔、斯里兰卡、泰国、印度、印度尼西亚、越南
濒危等级：LC
资源利用：药用（中草药）

多毛细锥香茶菜
Isodon coetsa var. **cavaleriei**(H. Lév) H. W. Li
习　　性：多年生草本
海　　拔：1600~2300 m
国内分布：云南
国外分布：斯里兰卡、印度
濒危等级：LC

道孚香茶菜
Isodon dawoensis(Hand. -Mazz.) H. Hara
习　　性：亚灌木
海　　拔：约3000 m
分　　布：四川
濒危等级：LC

洱源香茶菜
Isodon delavayi C. L. Xiang et Y. P. Chen
习　　性：亚灌木
分　　布：云南
濒危等级：LC

紫毛香茶菜
Isodon enanderianus(Hand. -Mazz.) H. W. Li
习　　性：亚灌木
海　　拔：700~2500 m
分　　布：四川、云南
濒危等级：LC

毛萼香茶菜
Isodon eriocalyx(Dunn) Kudô

习　　性：多年生草本
海　　拔：700~2600 m
分　　布：广西、贵州、四川、云南
濒危等级：LC

拟缺香茶菜
Isodon excisoides(Sun ex C. H. Hu)H. Hara
习　　性：多年生草本
海　　拔：700~3000 m
分　　布：湖北、四川、云南
濒危等级：LC

尾叶香茶菜
Isodon excisus(Maxim.)Kudô
习　　性：多年生草本
海　　拔：500~1100 m
国内分布：河北、黑龙江、吉林、辽宁、山西
国外分布：朝鲜、俄罗斯、日本
濒危等级：LC

扇脉香茶菜
Isodon flabelliformis(C. Y. Wu)H. Hara
习　　性：多年生草本
海　　拔：2600~3100 m
分　　布：四川、云南
濒危等级：NT B1ab（iii）

淡黄香茶菜
Isodon flavidus(Hand.-Mazz.)H. Hara
习　　性：多年生草本
海　　拔：1500~2600 m
分　　布：贵州、云南
濒危等级：LC

柔茎香茶菜
Isodon flexicaulis(C. Y. Wu et H. W. Li)H. Hara
习　　性：亚灌木
海　　拔：2100~2400 m
分　　布：四川、云南
濒危等级：LC

紫萼香茶菜
Isodon forrestii(Diels)Kudô
习　　性：多年生草本
海　　拔：2600~3500 m
分　　布：四川、云南
濒危等级：LC

苣苔香茶菜
Isodon gesneroides(J. Sinclair)H. Hara
习　　性：多年生草本
海　　拔：约3000 m
分　　布：四川
濒危等级：NT B1ab（iii, iv）

囊花香茶菜
Isodon gibbosus(C. Y. Wu et H. W. Li)H. Hara
习　　性：多年生草本
分　　布：四川
濒危等级：LC

胶黏香茶菜
Isodon glutinosus(C. Y. Wu et H. W. Li)H. Hara
习　　性：亚灌木
海　　拔：2000~2300 m
分　　布：四川、云南
濒危等级：LC

大叶香茶菜
Isodon grandifolius(Hand.-Mazz.)H. Hara

大叶香茶菜（原变种）
Isodon grandifolius var. **grandifolius**
习　　性：亚灌木
海　　拔：3000~3300 m
分　　布：云南
濒危等级：LC

德钦大叶香茶菜
Isodon grandifolius var. **atuntzeensis**(C. Y. Wu)H. W. Li
习　　性：亚灌木
海　　拔：约2700 m
分　　布：四川、云南
濒危等级：LC

粗齿香茶菜
Isodon grosseserratus(Dunn)Kudô
习　　性：多年生草本
海　　拔：1600~2600 m
分　　布：四川
濒危等级：LC

鄂西香茶菜
Isodon henryi(Hemsl.)Kudô
习　　性：多年生草本
海　　拔：300~2600 m
分　　布：甘肃、河北、河南、湖北、山西、陕西、四川
濒危等级：LC

细毛香茶菜
Isodon hirtellus(Hand.-Mazz.)H. Hara
习　　性：亚灌木
海　　拔：800~1300 m
分　　布：四川、云南
濒危等级：LC

刚毛香茶菜
Isodon hispidus(Benth.)Murata
习　　性：多年生草本
海　　拔：1300~2000 m
国内分布：云南
国外分布：老挝、缅甸、泰国、印度
濒危等级：LC
资源利用：药用（中草药）

内折香茶菜
Isodon inflexus(Thunb.)Kudô
习　　性：多年生草本

海　　拔：200~1400 m
国内分布：河北、湖北、湖南、吉林、江苏、江西、辽宁、山东、浙江
国外分布：朝鲜、日本
濒危等级：LC

间断香茶菜
Isodon interruptus(C. Y. Wu et H. W. Li)H. Hara
习　　性：亚灌木
海　　拔：约2200 m
分　　布：云南
濒危等级：LC

露珠香茶菜
Isodon irroratus(G. Forrest ex Diels)Kudô
习　　性：亚灌木
海　　拔：2700~3500 m
分　　布：西藏、云南
濒危等级：LC

毛叶香茶菜
Isodon japonicus(Burm. f.)H. Hara

毛叶香茶菜（原变种）
Isodon japonicus var. **japonicus**
习　　性：多年生草本
海　　拔：0~2100 m
国内分布：甘肃、河北、河南、黑龙江、吉林、江苏、辽宁、山东、陕西、四川
国外分布：朝鲜、俄罗斯、日本
濒危等级：LC
资源利用：药用（中草药）

蓝萼毛叶香茶菜
Isodon japonicus var. **glaucocalyx**(Maxim.)H. W. Li
习　　性：多年生草本
海　　拔：0~1800 m
国内分布：河北、黑龙江、吉林、辽宁、山东、山西、陕西
国外分布：朝鲜、俄罗斯、日本
濒危等级：LC

宽叶香茶菜
Isodon latifolius(C. Y. Wu et H. W. Li)H. Hara
习　　性：多年生草本
海　　拔：1400~2000 m
分　　布：四川
濒危等级：LC

白叶香茶菜
Isodon leucophyllus(Dunn)Kudô
习　　性：亚灌木
海　　拔：1400~2900 m
分　　布：四川、云南
濒危等级：LC

凉山香茶菜
Isodon liangshanicus(C. Y. Wu et H. W. Li)H. Hara
习　　性：多年生草本
海　　拔：约2500 m
分　　布：四川
濒危等级：LC

理县香茶菜
Isodon lihsienensis(C. Y. Wu et H. W. Li)H. Hara
习　　性：亚灌木
海　　拔：约2500 m
分　　布：四川
濒危等级：NT B1

长管香茶菜
Isodon longitubus(Miq.)Kudô
习　　性：多年生草本
海　　拔：500~1100 m
国内分布：福建、广西、浙江
国外分布：日本
濒危等级：LC

线纹香茶菜
Isodon lophanthoides(Buch.-Ham. ex D. Don)H. Hara

线纹香茶菜（原变种）
Isodon lophanthoides var. **lophanthoides**
习　　性：多年生草本
海　　拔：500~3000 m
国内分布：福建、甘肃、广东、广西、贵州、湖南、江西、四川、西藏、云南
国外分布：不丹、老挝、孟加拉国、缅甸、尼泊尔、泰国、印度、越南
濒危等级：LC
资源利用：药用（中草药）

细花线纹香茶菜
Isodon lophanthoides var. **graciliflorus**(Benth.)H. Hara
习　　性：多年生草本
海　　拔：400~2900 m
国内分布：福建、甘肃、广东、广西、贵州、湖南、江西、四川、西藏、云南
国外分布：不丹、孟加拉国、缅甸、尼泊尔、泰国、印度、越南
濒危等级：LC

弯锥香茶菜
Isodon loxothyrsus(Hand.-Mazz.)H. Hara
习　　性：亚灌木
海　　拔：1400~3300 m
分　　布：四川、西藏、云南
濒危等级：LC

龙胜香茶菜
Isodon lungshengensis(C. Y. Wu et H. W. Li)H. Hara
习　　性：多年生草本
海　　拔：400~700 m
分　　布：广西
濒危等级：NT B1ab（iii，iv）

大萼香茶菜
Isodon macrocalyx(Dunn)Kudô
习　　性：多年生草本

海　　拔：600~1700 m
分　　布：安徽、福建、广东、广西、湖南、江苏、江西、台湾、浙江
濒危等级：LC

岐伞香茶菜
Isodon macrophyllus(Migo)H. Hara
习　　性：草本或亚灌木
分　　布：江苏
濒危等级：LC

麦地龙香茶菜
Isodon medilungensis(C. Y. Wu et H. W. Li)H. Hara
习　　性：亚灌木
海　　拔：约2000 m
分　　布：四川
濒危等级：EN B1ab（iii，iv）；C1

大锥香茶菜
Isodon megathyrsus(Diels)H. Hara

大锥香茶菜（原变种）
Isodon megathyrsus var. **megathyrsus**
习　　性：多年生草本
海　　拔：2300~3500 m
分　　布：四川、云南
资源利用：药用（中草药）

多毛大锥香茶菜
Isodon megathyrsus var. **strigosissimus**(C. Y. Wu et H. W. Li)H. W. Li
习　　性：多年生草本
分　　布：云南
濒危等级：LC

苞叶香茶菜
Isodon melissoides(Benth.)H. Hara
习　　性：多年生草本
海　　拔：1300~2000 m
国内分布：云南
国外分布：孟加拉国、印度
濒危等级：NT

突尖香茶菜
Isodon mucronatus(C. Y. Wu et H. W. Li)H. Hara
习　　性：亚灌木或多年生草本
海　　拔：约2100 m
分　　布：四川
濒危等级：LC

木里香茶菜
Isodon muliensis(W. W. Sm.)Kudô
习　　性：亚灌木
海　　拔：2300~3300 m
分　　布：四川
濒危等级：LC

显脉香茶菜
Isodon nervosus(Hemsl.)Kudô
习　　性：多年生草本
海　　拔：100~1700 m
分　　布：安徽、广东、广西、贵州、河南、湖北、江苏、江西、陕西、四川、浙江
濒危等级：LC
资源利用：药用（中草药）

子宫草
Isodon oreophilus(Diels)A. J. Paton et Ryding

子宫草（原变种）
Isodon oreophilus var. **oreophilus**
习　　性：多年生草本
分　　布：四川、云南
濒危等级：LC

茎叶子宫草
Isodon oreophilus var. **elongatus**(Hand.-Mazz.)A. J. Paton et Ryding
习　　性：多年生草本
海　　拔：约2900 m
分　　布：四川、云南
濒危等级：LC

山地香茶菜
Isodon oresbius(W. W. Sm.)Kudô
习　　性：亚灌木
海　　拔：2100~3400 m
分　　布：四川、云南
濒危等级：LC
资源利用：药用（中草药）

全腺香茶菜
Isodon pantadenius(Hand.-Mazz.)H. W. Li
习　　性：多年生草本
海　　拔：约2800 m
分　　布：云南
濒危等级：LC

小叶香茶菜
Isodon parvifolius(Batalin)H. Hara
习　　性：亚灌木
海　　拔：1600~2800 m
分　　布：甘肃、陕西、四川、西藏、云南
濒危等级：LC

川藏香茶菜
Isodon pharicus(Prain)Murata
习　　性：亚灌木
海　　拔：2300~5400 m
分　　布：四川、西藏、云南
濒危等级：LC

叶柄香茶菜
Isodon phyllopodus(Diels)Kudô
习　　性：多年生草本
海　　拔：2100~3000 m
分　　布：贵州、四川、西藏、云南
濒危等级：LC

叶穗香茶菜
Isodon phyllostachys(Diels)Kudô
习　　性：亚灌木
海　　拔：1000~3000 m
分　　布：四川、云南
濒危等级：LC

多叶香茶菜
Isodon pleiophyllus(Diels)Kudô

多叶香茶菜（原变种）
Isodon pleiophyllus var. **pleiophyllus**
习　　性：亚灌木
海　　拔：2800~3500 m
分　　布：云南
濒危等级：LC

长齿多叶香茶菜
Isodon pleiophyllus var. **dolichodens**(C. Y. Wu et H. W. Li)H. W. Li
习　　性：亚灌木
海　　拔：2900~3200 m
分　　布：云南
濒危等级：LC

总序香茶菜
Isodon racemosus(Hemsl.)Murata
习　　性：多年生草本
海　　拔：700~1500 m
分　　布：湖北、四川
濒危等级：LC

瘿花香茶菜
Isodon rosthornii(Diels)Kudô
习　　性：多年生草本
海　　拔：500~2300 m
分　　布：四川
濒危等级：LC
资源利用：药用（中草药）

碎米桠
Isodon rubescens(Hemsl.)H. Hara
习　　性：亚灌木
海　　拔：100~2800 m
分　　布：安徽、甘肃、广西、贵州、河北、河南、湖北、湖南、江西、山西、陕西、四川、浙江
濒危等级：LC
资源利用：药用（中草药）

类皱叶香茶菜
Isodon rugosiformis(Hand.-Mazz.)H. Hara
习　　性：亚灌木
海　　拔：1900~2500 m
分　　布：云南
濒危等级：LC

皱叶香茶菜
Isodon rugosus(Wall. ex Benth.)Codd
习　　性：亚灌木
海　　拔：1800~2700 m
国内分布：西藏
国外分布：阿富汗、巴基斯坦、不丹、孟加拉国、尼泊尔、印度
濒危等级：LC

帚状香茶菜
Isodon scoparius(C. Y. Wu et H. W. Li)H. Hara
习　　性：亚灌木
海　　拔：2300~2900 m
分　　布：云南
濒危等级：LC

宽花香茶菜
Isodon scrophularioides(Wall. ex Benth.)Murata
习　　性：多年生草本
海　　拔：2000~3500 m
国内分布：西藏、云南
国外分布：不丹、孟加拉国、尼泊尔、印度
濒危等级：LC

黄花香茶菜
Isodon sculponeatus(Vaniot)Kudô
习　　性：多年生草本
海　　拔：500~2800 m
国内分布：广西、贵州、四川、西藏、云南
国外分布：尼泊尔、印度
濒危等级：LC

侧花香茶菜
Isodon secundiflorus(C. Y. Wu)H. Hara
习　　性：亚灌木
海　　拔：2000~2300 m
分　　布：四川
濒危等级：VU A2c

溪黄草
Isodon serra(Maxim.)Kudô
习　　性：多年生草本
海　　拔：100~1200 m
国内分布：安徽、甘肃、广东、广西、贵州、河南、黑龙江、湖南、吉林、江苏、江西、辽宁、山西、陕西、四川、台湾
国外分布：朝鲜、俄罗斯
濒危等级：LC
资源利用：药用（中草药）

四川香茶菜
Isodon setschwanensis(Hand.-Mazz.)H. Hara
习　　性：亚灌木
海　　拔：2100~3500 m
分　　布：四川、云南
濒危等级：LC

林生香茶菜
Isodon silvaticus(C. Y. Wu et H. W. Li)H. W. Li
习　　性：亚灌木
海　　拔：约4000 m
分　　布：西藏
濒危等级：LC

马尔康香茶菜
Isodon smithianus(Hand.-Mazz.)H. Hara
　习　　性：亚灌木
　海　　拔：2600~3500 m
　分　　布：四川、西藏
　濒危等级：LC

细叶香茶菜
Isodon tenuifolius(W. W. Sm.)Kudô
　习　　性：亚灌木
　海　　拔：1900~3000 m
　分　　布：四川、云南
　濒危等级：LC

牛尾草
Isodon ternifolius(D. Don)Kudô
　习　　性：多年生草本
　海　　拔：100~2200 m
　国内分布：广东、广西、贵州、云南
　国外分布：不丹、老挝、孟加拉国、缅甸、尼泊尔、泰国、印度、越南
　濒危等级：LC
　资源利用：药用（中草药）

长叶香茶菜
Isodon walkeri(Arn.)H. Hara
　习　　性：多年生草本
　海　　拔：300~1300 m
　国内分布：广东、海南
　国外分布：老挝、缅甸、斯里兰卡、泰国、印度、越南
　濒危等级：LC

西藏香茶菜
Isodon wardii(C. Marquand et Airy Shaw)H. Hara
　习　　性：亚灌木
　分　　布：西藏
　濒危等级：LC

辽宁香茶菜
Isodon websteri(Hemsl.)Kudô
　习　　性：多年生草本
　分　　布：辽宁
　濒危等级：LC

维西香茶菜
Isodon weisiensis(C. Y. Wu)H. Hara
　习　　性：多年生草本
　海　　拔：约2600 m
　分　　布：云南
　濒危等级：LC

荛花香茶菜
Isodon wikstroemioides(Hand.-Mazz.)H. Hara
　习　　性：亚灌木
　海　　拔：2300~3200 m
　分　　布：四川、西藏、云南
　濒危等级：LC

吴氏香茶菜
Isodon wui C. L. Xiang et E. D. Liu
　习　　性：亚灌木
　分　　布：云南
　濒危等级：LC

旱生香茶菜
Isodon xerophilus(C. Y. Wu et H. W. Li)H. Hara
　习　　性：灌木
　海　　拔：1000~1300 m
　分　　布：云南
　濒危等级：LC

香简草属 Keiskea Miq.

南方香简草
Keiskea australis C. Y. Wu et H. W. Li
　习　　性：草本
　海　　拔：600~700 m
　分　　布：福建、广东
　濒危等级：LC

香薷状香简草
Keiskea elsholtzioides Merr.
　习　　性：草本
　海　　拔：200~500 m
　分　　布：安徽、广东、湖北、湖南、江西、浙江
　濒危等级：LC

腺毛香简草
Keiskea glandulosa C. Y. Wu
　习　　性：草本
　分　　布：福建
　濒危等级：LC

中华香简草
Keiskea sinensis Diels
　习　　性：草本
　分　　布：安徽、江苏、浙江
　濒危等级：LC

香简草
Keiskea szechuanensis C. Y. Wu
　习　　性：草本
　海　　拔：1100~2200 m
　分　　布：四川、云南
　濒危等级：LC

动蕊花属 Kinostemon Kudô

粉红动蕊花
Kinostemon alborubrum(Hemsl.)C. Y. Wu et S. Chow
　习　　性：多年生草本
　海　　拔：350~1200 m
　分　　布：湖北、湖南、四川
　濒危等级：LC

动蕊花
Kinostemon ornatum(Hemsl.)Kudô
　习　　性：多年生草本
　海　　拔：700~2600 m
　分　　布：安徽、贵州、湖北、陕西、四川、云南
　濒危等级：LC

保康动蕊花
Kinostemon veronicifolia H. W. Li
习　　性：多年生草本
海　　拔：约 400 m
分　　布：湖北
濒危等级：LC

兔唇花属 Lagochilus Bunge ex Benth.

阿尔泰兔唇花
Lagochilus bungei Benth.
习　　性：多年生草本
海　　拔：约 500 m
国内分布：新疆
国外分布：哈萨克斯坦
濒危等级：LC

二刺叶兔唇花
Lagochilus diacanthophyllus（Pall.）Benth.
习　　性：多年生草本
海　　拔：1100 ~ 2000 m
国内分布：新疆
国外分布：哈萨克斯坦、吉尔吉斯斯坦
濒危等级：LC

大花兔唇花
Lagochilus grandiflorus C. Y. Wu et S. J. Hsuan
习　　性：多年生草本
海　　拔：1000 ~ 2900 m
分　　布：新疆
濒危等级：NT C1

硬毛兔唇花
Lagochilus hirtus Fisch. et C. A. Mey.
习　　性：多年生草本
海　　拔：约 800 m
国内分布：新疆
国外分布：哈萨克斯坦
濒危等级：LC

冬青叶兔唇花
Lagochilus ilicifolius Bunge

冬青叶兔唇花（原变种）
Lagochilus ilicifolius var. **ilicifolius**
习　　性：多年生草本
海　　拔：800 ~ 2000 m
国内分布：甘肃、内蒙古、宁夏、陕西
国外分布：俄罗斯、蒙古
濒危等级：LC

冬青叶兔唇花（绒毛变种）
Lagochilus ilicifolius var. **tomentosus** W. Z. Di et Y. Z. Wang
习　　性：多年生草本
分　　布：宁夏
濒危等级：LC

喀什兔唇花
Lagochilus kaschgaricus Rupr.
习　　性：多年生草本
海　　拔：约 2200 m
国内分布：新疆
国外分布：吉尔吉斯斯坦
濒危等级：LC

毛节兔唇花
Lagochilus lanatonodus C. Y. Wu et S. J. Hsuan
习　　性：多年生草本
海　　拔：900 ~ 2400 m
分　　布：新疆
濒危等级：LC

大齿兔唇花
Lagochilus macrodontus Knorring
习　　性：多年生草本
海　　拔：约 1900 m
国内分布：新疆
国外分布：吉尔吉斯斯坦、塔吉克斯坦
濒危等级：LC

阔刺兔唇花
Lagochilus platyacanthus Rupr.
习　　性：多年生草本
海　　拔：1800 ~ 2800 m
国内分布：新疆
国外分布：吉尔吉斯斯坦、塔吉克斯坦
濒危等级：LC

锐刺兔唇花
Lagochilus pungens Schrenk
习　　性：多年生草本
国内分布：新疆
国外分布：哈萨克斯坦、蒙古
濒危等级：LC

新疆兔唇花
Lagochilus xinjiangensis G. J. Liu
习　　性：多年生草本
海　　拔：约 980 m
分　　布：新疆
濒危等级：NT B1ab（iii, iv）

夏至草属 Lagopsis（Bunge ex Benth.）Bunge

毛穗夏至草
Lagopsis eriostachya（Benth.）Ikonn. -Gal. ex Knorring
习　　性：多年生草本
海　　拔：3300 ~ 4000 m
国内分布：青海、新疆
国外分布：俄罗斯、蒙古
濒危等级：LC

夏至草
Lagopsis supina（Stephan ex Willd.）Ikonn. -Gal. ex Knorring
习　　性：多年生草本
海　　拔：0 ~ 2600 m
国内分布：安徽、甘肃、贵州、河北、河南、黑龙江、湖北、吉林、江苏、辽宁、内蒙古、青海、山东、山西、陕西、四川、新疆、云南、浙江
国外分布：俄罗斯、蒙古、日本
濒危等级：LC

资源利用：药用（中草药）

扁柄草属 Lallemantia Fisch. et C. A. Mey.

扁柄草
Lallemantia royleana(Benth.)Benth.
- 习　　性：一年生草本
- 海　　拔：600~1300 m
- 国内分布：新疆
- 国外分布：俄罗斯、哈萨克斯坦、吉尔吉斯斯坦、塔吉克斯坦、土库曼斯坦、乌兹别克斯坦、印度
- 濒危等级：LC

野芝麻属 Lamium L.

短柄野芝麻
Lamium album L.
- 习　　性：多年生草本
- 海　　拔：1400~2400 m
- 国内分布：甘肃、内蒙古、山西、新疆
- 国外分布：俄罗斯、哈萨克斯坦、吉尔吉斯斯坦、蒙古、日本、塔吉克斯坦、土库曼斯坦、乌兹别克斯坦、印度
- 濒危等级：LC
- 资源利用：药用（中草药）；蜜源植物；食品（蔬菜）

宝盖草
Lamium amplexicaule L.
- 习　　性：一年生或二年生草本
- 海　　拔：0~4000 m
- 国内分布：安徽、福建、甘肃、贵州、河北、湖北、湖南、江苏
- 国外分布：俄罗斯、哈萨克斯坦、吉尔吉斯斯坦、日本、塔吉克斯坦、土库曼斯坦、乌兹别克斯坦
- 濒危等级：LC
- 资源利用：药用（中草药）

野芝麻
Lamium barbatum Siebold et Zucc.
- 习　　性：多年生草本
- 海　　拔：800~2600 m
- 国内分布：安徽、甘肃、贵州、河北、河南、黑龙江、湖北、湖南、吉林、江苏、辽宁、内蒙古、山东、山西、陕西、四川、浙江
- 国外分布：朝鲜、俄罗斯、日本
- 濒危等级：LC
- 资源利用：药用（中草药）

紫花野芝麻
Lamium maculatum L.
- 习　　性：多年生草本
- 海　　拔：2400~2700 m
- 国内分布：甘肃、新疆
- 国外分布：北美洲、俄罗斯、欧洲、亚洲西南部
- 濒危等级：LC

薰衣草属 Lavandula L.

薰衣草
Lavandula angustifolia Mill.
- 习　　性：灌木
- 国内分布：中国广泛栽培
- 国外分布：非洲、欧洲
- 资源利用：原料（精油）

宽叶薰衣草
Lavandula latifolia Medik
- 习　　性：亚灌木
- 国内分布：偶见栽培
- 国外分布：非洲、欧洲

益母草属 Leonurus L.

假鬃尾草
Leonurus chaituroides C. Y. Wu et H. W. Li
- 习　　性：一年生或二年生草本
- 海　　拔：1000~1100 m
- 分　　布：安徽、湖北、湖南
- 濒危等级：LC

兴安益母草
Leonurus deminutus V. I. Krecz. ex Kuprian.
- 习　　性：二年生或多年生草本
- 海　　拔：800~900 m
- 国内分布：内蒙古
- 国外分布：俄罗斯、蒙古
- 濒危等级：LC

灰白益母草
Leonurus glaucescens Bunge
- 习　　性：二年生或多年生草本
- 海　　拔：400~900 m
- 国内分布：内蒙古
- 国外分布：俄罗斯、哈萨克斯坦、蒙古
- 濒危等级：LC
- 资源利用：药用（中草药）

益母草
Leonurus japonicus Houtt.
- 习　　性：一年生或二年生草本
- 海　　拔：0~3400 m
- 国内分布：安徽、北京、福建、甘肃、广东、广西、贵州、海南、河北、河南、黑龙江、香港
- 国外分布：朝鲜、柬埔寨、老挝、马来西亚、缅甸、日本、泰国、越南
- 濒危等级：LC
- 资源利用：药用（中草药）

大花益母草
Leonurus macranthus Maxim.
- 习　　性：多年生草本
- 海　　拔：0~400 m
- 国内分布：河北、湖北、吉林、江苏、辽宁、山东
- 国外分布：朝鲜、俄罗斯、日本
- 濒危等级：LC

錾菜
Leonurus pseudomacranthus Kitag.
- 习　　性：多年生草本
- 海　　拔：100~1200 m

分　　布：安徽、甘肃、河北、河南、江苏、辽宁、山东、
　　　　　山西、陕西
濒危等级：LC
资源利用：药用（中草药）

绵毛益母草
Leonurus pseudopanzerioides Krestovsk.
习　　性：多年生草本
海　　拔：1100～1800 m
国内分布：新疆
国外分布：蒙古
濒危等级：LC

细叶益母草
Leonurus sibiricus L.
习　　性：一年生或二年生草本
海　　拔：0～1500 m
国内分布：河北、内蒙古、山西、陕西
国外分布：俄罗斯、蒙古
濒危等级：LC
资源利用：药用（中草药）

突厥益母草
Leonurus turkestanicus V. I. Krecz. et Kuprian.
习　　性：多年生草本
海　　拔：1000～2000 m
国内分布：新疆
国外分布：哈萨克斯坦、吉尔吉斯斯坦、塔吉克斯坦、土
　　　　　库曼斯坦
濒危等级：LC
资源利用：药用（中草药）

荨麻叶益母草
Leonurus urticifolius C. Y. Wu et H. W. Li
习　　性：多年生草本
海　　拔：约3200 m
分　　布：西藏
濒危等级：LC

柔毛益母草
Leonurus villosissimus C. Y. Wu et H. W. Li
习　　性：一年生草本
海　　拔：约500 m
分　　布：河北
濒危等级：LC

五台山益母草
Leonurus wutaishanicus C. Y. Wu et H. W. Li
习　　性：草本
海　　拔：约2100 m
分　　布：山西
濒危等级：LC

绣球防风属 Leucas R. Br.

蜂巢草
Leucas aspera (Willd.) Link
习　　性：一年生草本
海　　拔：约100 m
国内分布：广东、广西、海南
国外分布：菲律宾、马来西亚、泰国、印度、印度尼西亚
濒危等级：LC

头序白绒草
Leucas cephalotes (Roth) Spreng.
习　　性：一年生草本
海　　拔：约1700 m
国内分布：西藏
国外分布：阿富汗、不丹、尼泊尔、印度
濒危等级：LC

滨海白绒草
Leucas chinensis (Retz.) R. Br.
习　　性：灌木
分　　布：海南、台湾
濒危等级：LC

绣球防风
Leucas ciliata Benth.
习　　性：草本
海　　拔：500～2800 m
国内分布：广西、贵州、四川、云南
国外分布：不丹、老挝、缅甸、尼泊尔、印度、越南
濒危等级：LC
资源利用：药用（中草药）

线叶白绒草
Leucas lavandulifolia Sm.
习　　性：草本
海　　拔：0～1000（1400）m
国内分布：广东、云南
国外分布：菲律宾、马来西亚、泰国、印度、印度尼西亚
濒危等级：LC

卵叶白绒草
Leucas martinicensis (Jacq.) R. Br.
习　　性：一年生草本
海　　拔：1100～1500 m
国内分布：云南
国外分布：缅甸、印度
濒危等级：LC

白绒草
Leucas mollissima Wall. ex Benth.

白绒草（原变种）
Leucas mollissima var. **mollissima**
习　　性：草本
海　　拔：800～2000 m
国内分布：福建、广东、广西、贵州、湖北、湖南、四川、
　　　　　台湾、云南
国外分布：马来西亚、缅甸、尼泊尔、日本、斯里兰卡、泰
　　　　　国、印度、印度尼西亚、越南
濒危等级：LC
资源利用：药用（中草药）

疏毛白绒草
Leucas mollissima var. **chinensis** Benth.
习　　性：草本
海　　拔：0～2700 m
国内分布：福建、广东、贵州、湖北、湖南、四川、台湾、

云南

国外分布：日本

濒危等级：LC

资源利用：药用（中草药）

糙叶白绒草
Leucas mollissima var. **scaberula** Hook. f.

习　　性：草本

海　　拔：500~800 m

国内分布：云南

国外分布：缅甸、尼泊尔、泰国、印度

濒危等级：LC

绉面草
Leucas zeylanica（L.）R. Br.

习　　性：草本

海　　拔：0~300 m

国内分布：广东、广西、海南

国外分布：菲律宾、马来西亚、缅甸、斯里兰卡、印度、印度尼西亚

濒危等级：LC

资源利用：药用（中草药）

米团花属 Leucosceptrum Sm.

米团花
Leucosceptrum canum Sm.

习　　性：灌木或小乔木

海　　拔：1000~2600 m

国内分布：四川、西藏、云南

国外分布：不丹、老挝、缅甸、尼泊尔、印度、越南

濒危等级：LC

资源利用：蜜源植物

扭藿香属 Lophanthus Adans.

扭藿香
Lophanthus chinensis Benth.

习　　性：多年生草本

海　　拔：约1800 m

国内分布：新疆

国外分布：俄罗斯、蒙古

濒危等级：LC

阿尔泰扭藿香
Lophanthus krylovii Lipsky

习　　性：多年生草本

海　　拔：2000~2500 m

国内分布：新疆

国外分布：俄罗斯、哈萨克斯坦、蒙古

濒危等级：LC

天山扭藿香
Lophanthus schrenkii Levin

习　　性：多年生草本

海　　拔：2000~2800 m

国内分布：新疆

国外分布：哈萨克斯坦、吉尔吉斯斯坦

濒危等级：LC

西藏扭藿香
Lophanthus tibeticus C. Y. Wu et Y. C. Huang

习　　性：多年生草本

海　　拔：约4400 m

分　　布：西藏

濒危等级：LC

斜萼草属 Loxocalyx Hemsl.

五脉斜萼草
Loxocalyx quinquenervius Hand.-Mazz.

习　　性：草本

海　　拔：1200~1400 m

分　　布：湖南

濒危等级：DD

斜萼草
Loxocalyx urticifolius Hemsl.

斜萼草（原变种）
Loxocalyx urticifolius var. **urticifolius**

习　　性：草本

海　　拔：1200~2700 m

分　　布：甘肃、贵州、河北、河南、湖北、陕西、四川、云南

濒危等级：LC

十脉斜萼草
Loxocalyx urticifolius var. **decemnervius** C. Y. Wu et H. W. Li

习　　性：草本

海　　拔：1500~2300 m

分　　布：陕西

濒危等级：DD

地笋属 Lycopus L.

小叶地笋
Lycopus cavaleriei H. Lév.

习　　性：多年生草本

海　　拔：900~1700 m

国内分布：安徽、贵州、吉林、江西、四川、云南、浙江

国外分布：朝鲜、日本

濒危等级：LC

欧地笋
Lycopus europaeus L.

欧地笋（原变种）
Lycopus europaeus var. **europaeus**

习　　性：多年生草本

海　　拔：700~1000 m

国内分布：河北、陕西、新疆

国外分布：俄罗斯、哈萨克斯坦、吉尔吉斯斯坦、日本、塔吉克斯坦、土库曼斯坦、乌兹别克斯坦

濒危等级：LC

深裂欧地笋
Lycopus europaeus var. **exaltatus**（L. f.）Hook. f.

习　　性：多年生草本

海　　拔：约900 m

国内分布：新疆

国外分布：俄罗斯、哈萨克斯坦、吉尔吉斯斯坦
濒危等级：LC

地笋
Lycopus lucidus Turcz. ex Benth.

地笋（原变种）
Lycopus lucidus var. **lucidus**
- 习　　性：多年生草本
- 海　　拔：300～2600 m
- 国内分布：安徽、福建、甘肃、广东、广西、贵州、河北、黑龙江、湖北、湖南、吉林、江苏、江西、辽宁、山东、山西、陕西、四川、台湾、云南、浙江
- 国外分布：俄罗斯、日本
- 濒危等级：LC
- 资源利用：药用（中草药）；食品添加剂（糖和非糖甜味剂）

硬毛地笋
Lycopus lucidus var. **hirtus** Regel
- 习　　性：多年生草本
- 海　　拔：300～2400 m
- 分　　布：安徽、福建、甘肃、广东、广西、贵州、河北、黑龙江、湖北、湖南、吉林、江苏、江西、辽宁、山西、四川、台湾、云南、浙江
- 国外分布：俄罗斯、日本
- 濒危等级：LC

异叶地笋
Lycopus lucidus var. **maackianus** Maxim. ex Herder
- 习　　性：多年生草本
- 分　　布：黑龙江
- 濒危等级：LC

小花地笋
Lycopus parviflorus Maxim.
- 习　　性：多年生草本
- 海　　拔：约600 m
- 分　　布：黑龙江、吉林
- 濒危等级：LC

扭连钱属 Marmoritis Benth.

扭连钱
Marmoritis complanatum (Dunn) A. L. Budantzev
- 习　　性：多年生草本
- 海　　拔：4300～5000 m
- 分　　布：青海、四川、西藏、云南
- 濒危等级：LC

褪色扭连钱
Marmoritis decolorans (Hemsl.) H. W. Li
- 习　　性：多年生草本
- 海　　拔：4800～5000 m
- 分　　布：西藏
- 濒危等级：LC

雪地扭连钱
Marmoritis nivalis (Jacquem. ex Benth.) Hedge
- 习　　性：多年生草本
- 海　　拔：5000～5300 m
- 分　　布：西藏
- 濒危等级：LC

帕里扭连钱
Marmoritis pharicus (Prain) A. L. Budantzev
- 习　　性：多年生草本
- 海　　拔：约5000 m
- 分　　布：西藏
- 濒危等级：LC

圆叶扭连钱
Marmoritis rotundifolia Benth.
- 习　　性：多年生草本
- 海　　拔：约5300 m
- 国内分布：西藏
- 国外分布：印度
- 濒危等级：LC

欧夏至草属 Marrubium L.

欧夏至草
Marrubium vulgare L.
- 习　　性：多年生草本
- 海　　拔：700～1700 m
- 国内分布：新疆
- 国外分布：阿富汗、巴基斯坦、俄罗斯、哈萨克斯坦、吉尔吉斯斯坦、塔吉克斯坦、土库曼斯坦、乌兹别克斯坦、印度
- 濒危等级：LC
- 资源利用：药用（中草药）；蜜源植物

小野芝麻属 Matsumurella Makino

小野芝麻
Matsumurella chinense (Benth.) Bendiksby

小野芝麻（原变种）
Matsumurella chinense var. **chinense**
- 习　　性：一年生草本
- 海　　拔：100～300 m
- 分　　布：安徽、福建、广东、广西、湖南、江苏、江西、台湾、浙江
- 濒危等级：LC

粗壮小野芝麻
Matsumurella chinense var. **robustum** (C. Y. Wu) C. L. Xiang
- 习　　性：一年生草本
- 分　　布：福建
- 濒危等级：LC

近无毛小野芝麻
Matsumurella chinense var. **subglabrum** (C. Y. Wu) C. L. Xiang
- 习　　性：一年生草本
- 分　　布：江西
- 濒危等级：LC

广东小野芝麻
Matsumurella kwangtungensis (C. Y. Wu) Bendiksby
- 习　　性：一年生（？）草本
- 海　　拔：800～900 m
- 分　　布：广东

四川小野芝麻
Matsumurella szechuanensis(C. Y. Wu)Bendiksby
- 习　　性：多年生草本
- 海　　拔：约 600 m
- 分　　布：四川
- 濒危等级：LC

块根小野芝麻
Matsumurella tuberifera(Makino)Makino
- 习　　性：多年生草本
- 海　　拔：约 300 m
- 国内分布：广西、湖南、江西、台湾
- 国外分布：日本
- 濒危等级：LC

阳朔小野芝麻
Matsumurella yangsoensis(Y. Z. Sun)Bendiksby
- 习　　性：灌木
- 分　　布：广西
- 濒危等级：LC

龙头草属 Meehania Britton ex Small et Vail

肉叶龙头草
Meehania faberi(Hemsl.)C. Y. Wu
- 习　　性：多年生草本
- 海　　拔：约 1500 m
- 分　　布：甘肃、四川
- 濒危等级：LC

华西龙头草
Meehania fargesii(H. Lév.)C. Y. Wu

华西龙头草（原变种）
Meehania fargesii var. **fargesii**
- 习　　性：多年生草本
- 海　　拔：1900 ~ 3500 m
- 分　　布：四川、云南
- 濒危等级：LC
- 资源利用：药用（中草药）

钝齿华西龙头草
Meehania fargesii var. **obtusata** Tao Chen
- 习　　性：多年生草本
- 分　　布：安徽
- 濒危等级：LC

梗花华西龙头草
Meehania fargesii var. **pedunculata**(Hemsl.)C. Y. Wu
- 习　　性：多年生草本
- 海　　拔：1400 ~ 3500 m
- 分　　布：广西、湖北、湖南、四川、云南
- 濒危等级：LC
- 资源利用：药用（中草药）

松林华西龙头草
Meehania fargesii var. **pinetorum**(Hand.-Mazz.)C. Y. Wu
- 习　　性：多年生草本
- 海　　拔：700 ~ 2700 m
- 分　　布：贵州、四川、云南
- 濒危等级：LC

走茎华西龙头草
Meehania fargesii var. **radicans**(Vaniot)C. Y. Wu
- 习　　性：多年生草本
- 海　　拔：1200 ~ 1800 m
- 分　　布：广东、湖北、江西、四川、云南、浙江
- 濒危等级：LC
- 资源利用：药用（中草药）

龙头草
Meehania henryi(Hemsl.)Sun ex C. Y. Wu

龙头草（原变种）
Meehania henryi var. **henryi**
- 习　　性：多年生草本
- 海　　拔：500 ~ 700 m
- 分　　布：贵州、湖北、湖南、四川
- 濒危等级：LC

长叶龙头草
Meehania henryi var. **kaitcheensis**(H. Lév.)C. Y. Wu
- 习　　性：多年生草本
- 海　　拔：约 500 m
- 分　　布：贵州
- 濒危等级：LC

圆基叶龙头草
Meehania henryi var. **stachydifolia**(H. Lév.)C. Y. Wu
- 习　　性：多年生草本
- 海　　拔：约 700 m
- 分　　布：贵州
- 濒危等级：LC

高野山龙头草
Meehania montis-koyae Ohwi
- 习　　性：一年生或多年生草本
- 国内分布：福建、浙江
- 国外分布：日本
- 濒危等级：LC

狭叶龙头草
Meehania pinfaensis(H. Lév.)Sun ex C. Y. Wu
- 习　　性：一年生草本
- 分　　布：贵州
- 濒危等级：LC

荨麻叶龙头草
Meehania urticifolia(Miq.)Makino
- 习　　性：多年生草本
- 国内分布：吉林、辽宁
- 国外分布：朝鲜、俄罗斯、日本
- 濒危等级：LC

蜜蜂花属 Melissa L.

蜜蜂花
Melissa axillaris(Benth.)Bakh. f.
- 习　　性：多年生草本
- 海　　拔：600 ~ 2800 m

国内分布：广东、广西、贵州、湖北、湖南、江西、陕西、四川、台湾、西藏、云南
国外分布：不丹、柬埔寨、老挝、马来西亚、缅甸、尼泊尔、泰国、印度、印度尼西亚、越南
濒危等级：LC
资源利用：药用（中草药）；原料（香料）

黄蜜蜂花
Melissa flava Benth. ex Wall.
习　　性：多年生草本
海　　拔：1800~2800 m
国内分布：西藏
国外分布：不丹、尼泊尔、印度
濒危等级：LC

香蜂花
Melissa officinalis L.
习　　性：多年生草本
海　　拔：约70 m
国内分布：中国栽培
国外分布：俄罗斯、吉尔吉斯斯坦、塔吉克斯坦、土库曼斯坦
资源利用：药用（中草药）；原料（精油）；蜜源植物；食品添加剂（调味剂）

云南蜜蜂花
Melissa yunnanensis C. Y. Wu et Y. C. Huang
习　　性：多年生草本
海　　拔：2100~3200 m
分　　布：西藏、云南
濒危等级：LC

薄荷属 Mentha L.

辣薄荷
Mentha × piperita L.
习　　性：一年生或多年生草本
国内分布：北京、南京等城市栽培
国外分布：原产俄罗斯、吉尔吉斯斯坦、日本、土库曼斯坦、印度
资源利用：原料（精油）

假薄荷
Mentha asiatica Boriss.
习　　性：多年生草本
海　　拔：0~3100 m
国内分布：四川、西藏、新疆
国外分布：俄罗斯、哈萨克斯坦、吉尔吉斯斯坦、塔吉克斯坦、土库曼斯坦、乌兹别克斯坦
濒危等级：LC

薄荷
Mentha canadensis L.
习　　性：多年生草本
海　　拔：0~3500 m
国内分布：各省均有分布
国外分布：北美洲、朝鲜、俄罗斯、柬埔寨、老挝、马来西亚、缅甸、日本、泰国、越南
资源利用：药用（中草药）；食品（蔬菜）

柠檬薄荷
Mentha citrata Ehrh.
习　　性：多年生草本
国内分布：北京、杭州、南京等城市有栽培
国外分布：原产欧洲

皱叶留兰香
Mentha crispata Schrad. ex Willd.
习　　性：多年生草本
国内分布：北京、江苏、上海
国外分布：俄罗斯、欧洲
资源利用：食品添加剂（调味剂）

兴安薄荷
Mentha dahurica Fisch. ex Benth.
习　　性：多年生草本
海　　拔：约600 m
国内分布：黑龙江、吉林、内蒙古
国外分布：俄罗斯、日本
濒危等级：LC

欧薄荷
Mentha longifolia (L.) Huds.
习　　性：多年生草本
海　　拔：800~1950 m
国内分布：江苏、上海
国外分布：俄罗斯
濒危等级：LC
资源利用：药用（中草药）

唇萼薄荷
Mentha pulegium L.
习　　性：多年生草本
国内分布：北京、江苏
国外分布：俄罗斯、塔吉克斯坦、土库曼斯坦

东北薄荷
Mentha sachalinensis (Briq) Kudô
习　　性：多年生草本
海　　拔：200~1100 m
国内分布：黑龙江、吉林、辽宁、内蒙古
国外分布：俄罗斯、日本
濒危等级：LC

留兰香
Mentha spicata L.
习　　性：多年生草本
国内分布：广东、广西、河北、湖北、江苏、四川、西藏、云南、浙江
国外分布：俄罗斯、土库曼斯坦
资源利用：药用（中草药）；原料（精油）；环境利用（观赏）

圆叶薄荷
Mentha suaveolens Ehrh.
习　　性：多年生草本
国内分布：北京、江苏、上海、云南
国外分布：欧洲

灰薄荷
Mentha vagans Boriss.
习　　性：多年生草本

国内分布：新疆
国外分布：塔吉克斯坦、土库曼斯坦
濒危等级：LC

凉粉草属 Mesona Blume

凉粉草
Mesona chinensis Benth.
习　　性：草本
分　　布：广东、广西、江西、台湾、浙江
濒危等级：LC
资源利用：药用（中草药）

小花凉粉草
Mesona parviflora（Benth.）Briq.
习　　性：草本
国内分布：云南
国外分布：印度
濒危等级：LC

箭叶水苏属 Metastachydium Airy Shaw ex C. Y. Wu et H. W. Li

箭叶水苏
Metastachydium sagittatum（Regel）C. Y. Wu et H. W. Li
习　　性：多年生草本
海　　拔：1400~2000 m
国内分布：新疆
国外分布：吉尔吉斯斯坦
濒危等级：LC

姜味草属 Micromeria Benth.

小香薷
Micromeria barosma（W. W. Sm.）Hand.-Mazz.
习　　性：亚灌木
海　　拔：2300~3800 m
分　　布：云南
濒危等级：LC

姜味草
Micromeria biflora（Buch.-Ham. ex D. Don）Benth.
习　　性：亚灌木
海　　拔：2000~2500 m
国内分布：贵州、云南
国外分布：阿富汗、不丹、尼泊尔、印度
濒危等级：LC
资源利用：药用（中草药）；原料（精油）

清香姜味草
Micromeria euosma（W. W. Sm.）C. Y. Wu
习　　性：亚灌木
海　　拔：约 3300 m
分　　布：云南
濒危等级：LC

西藏姜味草
Micromeria wardii C. Marquand et Airy Shaw
习　　性：亚灌木
海　　拔：2100~3700 m

分　　布：西藏
濒危等级：LC

冠唇花属 Microtoena Prain

白花冠唇花
Microtoena albescens C. Y. Wu et S. J. Hsuan
习　　性：草本
海　　拔：约 800 m
分　　布：贵州
濒危等级：DD

短梗冠唇花
Microtoena brevipedunculata（C. Y. Wu et S. J. Hsuan）Q. Wang
习　　性：草本
海　　拔：800 m
分　　布：湖南
濒危等级：LC

云南冠唇花
Microtoena delavayi Prain
习　　性：多年生草本
海　　拔：1700~3500 m
分　　布：四川、云南
濒危等级：LC

贵州冠唇花
Microtoena esquirolii H. Lév.
习　　性：直立草本或半灌木
海　　拔：300~1200 m
分　　布：广西、贵州、云南
濒危等级：LC

冠唇花
Microtoena insuavis（Hance）Prain ex Briq.
习　　性：草本或亚灌木
海　　拔：700~1000 m
国内分布：广东、海南、云南
国外分布：印度尼西亚、泰国、越南
濒危等级：LC

长萼冠唇花
Microtoena longisepala C. Y. Wu
习　　性：草本
海　　拔：约 2300 m
分　　布：四川
濒危等级：NT B1ab（iii）

石山冠唇花
Microtoena maireana Hand.-Mazz.
习　　性：草本
海　　拔：约 2600 m
分　　布：云南
濒危等级：CR A2c；B1ab（iii，iv）；C1

大萼冠唇花
Microtoena megacalyx C. Y. Wu
习　　性：草本
海　　拔：1500~2200 m
国内分布：贵州、云南
国外分布：越南

濒危等级：EN B1ab（i，ii，iii）

米易冠唇花
Microtoena miyiensis C. Y. Wu et H. W. Li
习　　性：多年生草本
海　　拔：约 800 m
分　　布：四川
濒危等级：DD

毛冠唇花
Microtoena mollis H. Lév.
习　　性：草本
海　　拔：约 400～1200 m
分　　布：广西、贵州、云南
濒危等级：LC

宝兴冠唇花
Microtoena moupinensis（Franch.）Prain
习　　性：多年生草本
海　　拔：800～2850 m
分　　布：湖北、四川、云南
濒危等级：LC

木里冠唇花
Microtoena muliensis C. Y. Wu et S. J. Hsuan
习　　性：草本
海　　拔：约 1300～2380 m
分　　布：四川、云南
濒危等级：LC

峨眉冠唇花
Microtoena omeiensis C. Y. Wu et S. J. Hsuan
习　　性：草本
海　　拔：1300～2100 m
分　　布：四川
濒危等级：LC
资源利用：药用（中草药）

滇南冠唇花
Microtoena patchoulii（C. B. Clarke ex Hook. f.）C. Y. Wu et S. J. Hsuan
习　　性：草本
海　　拔：600～2000 m
国内分布：云南
国外分布：缅甸、印度
濒危等级：LC
资源利用：原料（精油）

南川冠唇花
Microtoena prainiana Diels
习　　性：草本
海　　拔：1000～2000 m
分　　布：重庆、贵州、四川、云南
濒危等级：LC

粗壮冠唇花
Microtoena robusta Hemsl.
习　　性：草本
海　　拔：1000～2000 m
分　　布：重庆、甘肃、湖北、四川
濒危等级：LC

狭萼冠唇花
Microtoena stenocalyx C. Y. Wu et S. J. Hsuan
习　　性：多年生草本
海　　拔：2000～2400 m
分　　布：云南
濒危等级：LC

麻叶冠唇花
Microtoena urticifolia Hemsl.
习　　性：草本
海　　拔：约 900 m
分　　布：湖北、四川
濒危等级：LC

梵净山冠唇花
Microtoena vanchingshanensis C. Y. Wu et S. J. Hsuan
习　　性：草本
海　　拔：约 1700 m
分　　布：重庆、贵州
濒危等级：LC

黄花冠唇花
Microtoena wardii Stearn
习　　性：多年生草本
海　　拔：2440～2600 m
国内分布：云南
国外分布：印度
濒危等级：LC

美国薄荷属 Monarda L.

美国薄荷
Monarda didyma L.
习　　性：一年生草本
国内分布：中国栽培
国外分布：北美洲

拟美国薄荷
Monarda fistulosa L.
习　　性：一年生草本
国内分布：安徽、澳门、北京、福建、甘肃、广东、广西、贵州、海南、河北、河南、黑龙江、湖南、吉林、江苏、江西、辽宁、内蒙古、宁夏、青海、山东、陕西、香港
国外分布：北美洲

石荠苎属 Mosla（Benth.）Buch.-Ham. et Maxim.

小花荠苎
Mosla cavaleriei H. Lév.
习　　性：一年生草本
海　　拔：700～1600 m
国内分布：广东、广西、贵州、湖北、江西、四川、云南、浙江
国外分布：越南
濒危等级：LC
资源利用：药用（中草药）

石香薷
Mosla chinensis Maxim.

石香薷（原变种）
Mosla chinensis var. **chinensis**
　　习　　性：草本
　　海　　拔：海平面至1400 m
　　国内分布：安徽、福建、广东、广西、贵州、湖北、湖南、江苏、江西、山东、四川、台湾、浙江
　　国外分布：越南
　　濒危等级：LC
　　资源利用：药用（中草药）

江西香薷
Mosla chinensis var. **kiangsiensis** G. P. Zhu et J. L. Shi
　　习　　性：草本
　　分　　布：江西
　　濒危等级：LC

小鱼仙草
Mosla dianthera(Buch. -Ham. ex Roxb.)Maxim.
　　习　　性：一年生草本
　　海　　拔：200~2300 m
　　国内分布：福建、广东、广西、贵州、湖北、湖南、江苏、江西、陕西、四川、台湾、云南、浙江
　　国外分布：巴基斯坦、不丹、马来西亚、缅甸、尼泊尔、日本、印度、越南
　　濒危等级：LC
　　资源利用：药用（中草药）

无叶荠苎
Mosla exfoliata(C. Y. Wu)C. Y. Wu et H. W. Li
　　习　　性：一年生直立草本
　　分　　布：四川

台湾荠苎
Mosla formosana Maxim.
　　习　　性：一年生草本
　　国内分布：台湾
　　国外分布：菲律宾
　　濒危等级：LC

荠苎
Mosla grosseserrata Maxim.
　　习　　性：一年生草本
　　海　　拔：100~2300 m
　　国内分布：安徽、吉林、江苏、辽宁
　　国外分布：日本
　　资源利用：药用（中草药）

杭州石荠苎
Mosla hangchowensis Matsuda

杭州石荠苎（原变种）
Mosla hangchowensis var. **hangchowensis**
　　习　　性：一年生草本
　　海　　拔：30~1000 m
　　分　　布：浙江
　　濒危等级：NT B1ab（i, ii, iii）

建德杭州石荠苎
Mosla hangchowensis var. **cheteana**(Y. Z. Sun)C. Y. Wu et H. W. Li
　　习　　性：一年生草本
　　分　　布：浙江

　　濒危等级：LC

长苞荠苎
Mosla longibracteata(C. Y. Wu et S. J. Hsuan)C. Y. Wu et H. W. Li
　　习　　性：一年生草本
　　海　　拔：约500 m
　　分　　布：广西、浙江
　　濒危等级：LC

长穗荠苎
Mosla longispica(C. Y. Wu)C. Y. Wu et H. W. Li
　　习　　性：一年生草本
　　海　　拔：约1100 m
　　分　　布：江西
　　濒危等级：LC

少花荠苎
Mosla pauciflora(C. Y. Wu)C. Y. Wu ex H. W. Li
　　习　　性：草本
　　海　　拔：1000~1300 m
　　分　　布：贵州、湖北、四川
　　濒危等级：DD

石荠苎
Mosla scabra(Thunb) C. Y. Wu et H. W. Li
　　习　　性：一年生草本
　　海　　拔：1100 m 以下
　　国内分布：安徽、福建、甘肃、广西、广东、河北、湖北等
　　国外分布：越南、日本
　　濒危等级：LC

苏州荠苎
Mosla soochewensis Matsude
　　习　　性：一年生草本
　　分　　布：安徽、江苏、江西、浙江
　　濒危等级：NT

荆芥属 Nepeta L.

小裂叶荆芥
Nepeta annua Pall.
　　习　　性：一年生草本
　　海　　拔：约1700 m
　　国内分布：内蒙古、新疆
　　国外分布：俄罗斯、蒙古
　　濒危等级：LC
　　资源利用：原料（精油）

荆芥
Nepeta cataria L.
　　习　　性：多年生草本
　　海　　拔：0~2500 m
　　国内分布：甘肃、贵州、河南、湖北、山东、山西、陕西、四川、新疆、云南栽培
　　国外分布：阿富汗、日本
　　濒危等级：LC
　　资源利用：药用（中草药）；原料（香料，精油）；蜜源植物

蓝花荆芥
Nepeta coerulescens Maxim.
　　习　　性：多年生草本

海　　拔：3300~4800 m
分　　布：甘肃、青海、四川、西藏
濒危等级：LC

密花荆芥
Nepeta densiflora Kar. et Kir.
习　　性：多年生草本
海　　拔：1400~2500 m
国内分布：新疆
国外分布：俄罗斯、蒙古
濒危等级：LC

齿叶荆芥
Nepeta dentata C. Y. Wu et S. J. Hsuan
习　　性：多年生草本
海　　拔：2100~3500 m
分　　布：西藏
濒危等级：LC

异色荆芥
Nepeta discolor Royle ex Benth.
习　　性：多年生草本
海　　拔：3600~4300 m
国内分布：西藏
国外分布：阿富汗、巴基斯坦、尼泊尔、印度
濒危等级：LC

浙荆芥
Nepeta everardi S. Moore
习　　性：草本
分　　布：安徽、湖北、浙江
濒危等级：LC

丛卷毛荆芥
Nepeta floccosa Benth.
习　　性：多年生草本
海　　拔：2100~3800 m
国内分布：西藏、新疆
国外分布：阿富汗、印度
濒危等级：LC

心叶荆芥
Nepeta fordii Hemsl.
习　　性：多年生草本
海　　拔：100~700 m
分　　布：广东、河南、湖北、湖南、陕西、四川
濒危等级：LC

腺荆芥
Nepeta glutinosa Benth.
习　　性：多年生草本
海　　拔：3500~4200 m
国内分布：新疆
国外分布：阿富汗、塔吉克斯坦、印度
濒危等级：LC

藏荆芥
Nepeta hemsleyana Oliv. ex Prain
习　　性：多年生草本
海　　拔：4200~4500 m
分　　布：西藏

濒危等级：LC
资源利用：药用（中草药）

河南荆芥
Nepeta henanensis C. S. Zhu
习　　性：多年生草本
分　　布：河南
濒危等级：LC

江达荆芥
Nepeta jomdaensis H. W. Li
习　　性：多年生草本
海　　拔：约3500 m
分　　布：西藏
濒危等级：LC

绢毛荆芥
Nepeta kokamirica Regel
习　　性：多年生草本
海　　拔：700~4000 m
国内分布：新疆
国外分布：哈萨克斯坦
濒危等级：LC

绒毛荆芥
Nepeta kokanica Regel
习　　性：多年生草本
海　　拔：约4200 m
国内分布：新疆
国外分布：阿富汗、巴基斯坦、塔吉克斯坦
濒危等级：LC

穗花荆芥
Nepeta laevigata(D. Don)Hand.-Mazz.
习　　性：多年生草本
海　　拔：2300~4100 m
国内分布：四川、西藏、云南
国外分布：阿富汗、尼泊尔、印度
濒危等级：LC
资源利用：药用（中草药）

假宝盖草
Nepeta lamiopsis Benth. ex Hook. f.
习　　性：多年生草本
海　　拔：3500~4680 m
国内分布：西藏
国外分布：不丹、尼泊尔、印度
濒危等级：LC

白绵毛荆芥
Nepeta leucolaena Benth. ex Hook. f.
习　　性：多年生草本
海　　拔：2600~4000 m
国内分布：西藏
国外分布：印度
濒危等级：LC

长苞荆芥
Nepeta longibracteata Benth.
习　　性：多年生草本
海　　拔：4900~5300 m

国内分布：西藏、新疆
国外分布：塔吉克斯坦、印度
濒危等级：LC

黑龙江荆芥
Nepeta manchuriensis S. Moore
习　　性：多年生草本
海　　拔：300~700 m
国内分布：黑龙江
国外分布：俄罗斯、日本
濒危等级：LC

膜叶荆芥
Nepeta membranifolia C. Y. Wu
习　　性：多年生草本
海　　拔：约3100 m
分　　布：云南
濒危等级：LC

小花荆芥
Nepeta micrantha Bunge
习　　性：一年生草本
海　　拔：300~1800 m
国内分布：新疆
国外分布：俄罗斯、哈萨克斯坦、吉尔吉斯斯坦、蒙古、塔吉克斯坦
濒危等级：LC

多裂叶荆芥
Nepeta multifida L.
习　　性：多年生草本
海　　拔：1300~2000 m
国内分布：甘肃、河北、内蒙古、山西、陕西
国外分布：俄罗斯、蒙古
濒危等级：LC
资源利用：原料（精油）

黄花具脉荆芥
Nepeta nervosa Hook. f.
习　　性：多年生草本
海　　拔：约4200 m
国内分布：西藏
国外分布：巴基斯坦、印度
濒危等级：LC

直齿荆芥
Nepeta nuda L.
习　　性：多年生草本
海　　拔：1600~1900 m
国内分布：新疆
国外分布：俄罗斯、哈萨克斯坦、吉尔吉斯斯坦、蒙古、塔吉克斯坦
濒危等级：LC

康藏荆芥
Nepeta prattii H. Lév.
习　　性：多年生草本
海　　拔：1900~4400 m
分　　布：甘肃、河北、青海、山西、陕西、四川、西藏
濒危等级：LC

刺尖荆芥
Nepeta pungens (Bunge) Benth.
习　　性：一年生草本
海　　拔：1200~1500 m
国内分布：新疆
国外分布：阿富汗、俄罗斯、哈萨克斯坦、蒙古；西南亚
濒危等级：LC

块根荆芥
Nepeta raphanorhiza Benth.
习　　性：多年生草本
海　　拔：4100 m
国内分布：西藏
国外分布：阿富汗、克什米尔地区、印度
濒危等级：LC

无柄荆芥
Nepeta sessilis C. Y. Wu et S. J. Hsuan
习　　性：多年生草本
海　　拔：约3100 m
分　　布：四川、云南
濒危等级：LC

大花荆芥
Nepeta sibirica L.
习　　性：多年生草本
海　　拔：1800~2700 m
国内分布：甘肃、内蒙古、宁夏、青海
国外分布：俄罗斯、蒙古
濒危等级：LC
资源利用：原料（香料，精油）；环境利用（观赏）

狭叶荆芥
Nepeta souliei H. Lév.
习　　性：多年生草本
海　　拔：2600~3400 m
分　　布：四川、西藏
濒危等级：LC

多花荆芥
Nepeta stewartiana Diels
习　　性：多年生草本
海　　拔：2700~3300 m
分　　布：四川、西藏、云南
濒危等级：LC

松潘荆芥
Nepeta sungpanensis C. Y. Wu

松潘荆芥（原变种）
Nepeta sungpanensis var. **sungpanensis**
习　　性：草本
海　　拔：1700~2200 m
分　　布：四川
濒危等级：LC

狭齿松潘荆芥
Nepeta sungpanensis var. **angustidentata** C. Y. Wu et Y. C. Huang
习　　性：草本
海　　拔：约2100 m

分　　布：四川
濒危等级：LC

平卧荆芥
Nepeta supina Steven
习　　性：多年生草本
海　　拔：3600 m
国内分布：西藏
国外分布：巴基斯坦、俄罗斯
濒危等级：LC

喀什荆芥
Nepeta taxkorganica Y. F. Chang
习　　性：多年生草本
海　　拔：约 4600 m
分　　布：新疆
濒危等级：NT B1ab（iii, iv）; D1

细花荆芥
Nepeta tenuiflora Diels
习　　性：多年生草本
海　　拔：2800 ~ 3600 m
分　　布：四川、云南
濒危等级：LC

裂叶荆芥
Nepeta tenuifolia Benth.
习　　性：一年生草本
海　　拔：500 ~ 2700 m
国内分布：福建、甘肃、贵州、河北、黑龙江、江苏、辽宁、青海、山西、陕西、四川、云南、浙江
国外分布：朝鲜
濒危等级：LC
资源利用：药用（中草药）；原料（精油）

川西荆芥
Nepeta veitchii Duthie
习　　性：多年生草本
海　　拔：3600 ~ 4100 m
分　　布：四川、云南
濒危等级：LC

帚枝荆芥
Nepeta virgata C. Y. Wu et S. J. Hsuan
习　　性：多年生草本
海　　拔：约 1800 m
分　　布：新疆
濒危等级：LC

圆齿荆芥
Nepeta wilsonii Duthie
习　　性：多年生草本
海　　拔：2600 ~ 4100 m
分　　布：四川、云南
濒危等级：LC

征镒荆芥
Nepeta wuana H. J. Dong, C. L. Xiang et Z. Jamzad
习　　性：多年生草本
海　　拔：约 900 m
分　　布：山西
濒危等级：LC

淡紫荆芥
Nepeta yanthina Franch.
习　　性：灌木
海　　拔：4200 ~ 4300 m
分　　布：西藏
濒危等级：LC

札达荆芥
Nepeta zandaensis H. W. Li
习　　性：多年生草本
海　　拔：4300 ~ 4600 m
分　　布：西藏
濒危等级：LC

龙船草属 Nosema Prain

龙船草
Nosema cochinchinensis (Lour.) Merr.
习　　性：草本
海　　拔：100 ~ 1000 m
国内分布：广东、广西、海南
国外分布：泰国、印度尼西亚、越南
濒危等级：LC
资源利用：药用（中草药）

罗勒属 Ocimum L.

灰罗勒
Ocimum americanum L.
习　　性：一年生草本
国内分布：云南
国外分布：菲律宾、马来西亚、缅甸、斯里兰卡、印度、印度尼西亚
濒危等级：LC

罗勒
Ocimum basilicum L.

罗勒（原变种）
Ocimum basilicum var. **basilicum**
习　　性：一年生草本
国内分布：安徽、福建、广东、广西、贵州、河北、河南、湖北、湖南、吉林、江苏、江西、四川、台湾、新疆、云南、浙江
国外分布：非洲、亚洲
濒危等级：LC
资源利用：药用（中草药）；原料（精油）；环境利用（观赏）

疏柔毛罗勒
Ocimum basilicum var. **pilosum** (Willd.) Benth.
习　　性：一年生草本
国内分布：安徽、福建、广东、广西、贵州、河北、河南、江苏、江西、四川、台湾、云南、浙江
国外分布：非洲、亚洲
濒危等级：LC

毛叶罗勒
Ocimum gratissimum (Willd.) Hook. f.
习　　性：灌木

国内分布：福建、广东、广西、江苏、台湾、云南、浙江栽培
国外分布：斯里兰卡
资源利用：药用（中草药）；原料（精油）；环境利用（观赏）

圣罗勒
Ocimum sanctum L.
习　　性：亚灌木
国内分布：海南、四川、台湾
国外分布：澳大利亚、菲律宾、柬埔寨、老挝、马来西亚、缅甸、泰国、印度、印度尼西亚、越南
濒危等级：LC
资源利用：食品添加剂（调味剂）

台湾罗勒
Ocimum tashiroi Hayata
习　　性：一年生草本
分　　布：台湾
濒危等级：LC

喜雨草属 Ombrocharis Hand.-Mazz.

喜雨草
Ombrocharis dulcis Hand.-Mazz.
习　　性：多年生草本
海　　拔：约 1300 m
分　　布：湖南
濒危等级：EN B1ab（i，iii）

牛至属 Origanum L.

牛至
Origanum vulgare L.
习　　性：多年生草本
海　　拔：500 ~ 3600 m
国内分布：安徽、福建、甘肃、广东、贵州、河北、湖北、湖南、江苏、江西、陕西、四川、台湾、西藏、新疆、云南
国外分布：俄罗斯、哈萨克斯坦、吉尔吉斯斯坦
濒危等级：LC
资源利用：药用（中草药）；原料（精油）；蜜源植物；食品添加剂（调味剂）

鸡脚参属 Orthosiphon Benth.

石生鸡脚参
Orthosiphon marmoritis（Hance）Dunn
习　　性：多年生草本
国内分布：广东、广西
国外分布：老挝、越南
濒危等级：LC

海南深红鸡脚参
Orthosiphon rubicundus Y. Z. Sun ex C. Y. Wu, H. W. Li
习　　性：乔木
分　　布：海南
濒危等级：LC

鸡脚参
Orthosiphon wulfenioides（Diels）Hand.-Mazz.

鸡脚参（原变种）
Orthosiphon wulfenioides var. **wulfenioides**
习　　性：多年生草本
海　　拔：1200 ~ 2900 m
分　　布：贵州、四川、云南
濒危等级：LC
资源利用：药用（中草药）

茎叶鸡脚参
Orthosiphon wulfenioides var. **foliosus** E. Peter
习　　性：多年生草本
海　　拔：800 ~ 2300 m
分　　布：广西、贵州、四川、云南
濒危等级：LC
资源利用：药用（中草药）

脓疮草属 Panzerina Soják

灰白脓疮草
Panzerina canescens（Bunge）Soják
习　　性：多年生草本
国内分布：新疆
国外分布：俄罗斯、蒙古
濒危等级：LC

绒毛脓疮草
Panzerina lanata（L.）Soják

绒毛脓疮草（原变种）
Panzerina lanata var. **lanata**
习　　性：多年生草本
海　　拔：900 ~ 2700 m
国内分布：甘肃、内蒙古
国外分布：俄罗斯、蒙古
濒危等级：LC

脓疮草
Panzerina lanata var. **alashanica**（Kuprian.）H. W. Li
习　　性：多年生草本
海　　拔：900 ~ 2700? m
分　　布：内蒙古、宁夏、陕西、新疆
濒危等级：LC
资源利用：药用（中草药）

变白脓疮草
Panzerina lanata var. **albescens**（Kuprian.）H. W. Li
习　　性：多年生草本
国内分布：甘肃、内蒙古、新疆
国外分布：俄罗斯、蒙古
濒危等级：LC

银白脓疮草
Panzerina lanata var. **argyracea**（Kuprian.）H. W. Li
习　　性：多年生草本
国内分布：内蒙古
国外分布：俄罗斯、蒙古
濒危等级：LC

小花脓疮草
Panzerina lanata var. **parviflora**（C. Y. Wu et H. W. Li）H. W. Li
习　　性：多年生草本

分　　布：新疆
濒危等级：LC

假野芝麻属 Paralamium Dunn

假野芝麻
Paralamium gracile Dunn
习　　性：草本
海　　拔：1200~1800 m
国内分布：云南
国外分布：缅甸、越南
濒危等级：LC

假糙苏属 Paraphlomis (Prain) Prain

白毛假糙苏
Paraphlomis albida Hand.-Mazz.

白毛假糙苏（原变种）
Paraphlomis albida var. **albida**
习　　性：草本
海　　拔：200~900 m
分　　布：广东、湖南
濒危等级：LC

短齿白毛假糙苏
Paraphlomis albida var. **brevidens** Hand.-Mazz.
习　　性：草本
海　　拔：100~900 m
分　　布：安徽、福建、广东、广西、贵州、湖南、江西、台湾
濒危等级：LC

白花假糙苏
Paraphlomis albiflora (Hemsl.) Hand.-Mazz.

白花假糙苏（原变种）
Paraphlomis albiflora var. **albiflora**
习　　性：草本
海　　拔：100~800 m
分　　布：湖北、四川
濒危等级：LC

二花白花假糙苏
Paraphlomis albiflora var. **biflora** (Y. Z. Sun) C. Y. Wu
习　　性：草本
分　　布：四川
濒危等级：LC

绒毛假糙苏
Paraphlomis albotomentosa C. Y. Wu
习　　性：草本
海　　拔：500~1200 m
分　　布：湖南
濒危等级：LC

短叶假糙苏
Paraphlomis brevifolia C. Y. Wu et H. W. Li
习　　性：草本
分　　布：广西
濒危等级：DD

曲茎假糙苏
Paraphlomis foliata (Dunn) C. Y. Wu et H. W. Li
习　　性：草本
海　　拔：600~800 m
分　　布：安徽、福建、广东、江西
濒危等级：LC

台湾假糙苏
Paraphlomis formosana T. H. Hsieh et T. C. Huang
习　　性：草本或亚灌木
分　　布：台湾
濒危等级：LC

纤细假糙苏
Paraphlomis gracilis (Hemsl.) Kudô

纤细假糙苏（原变种）
Paraphlomis gracilis var. **gracilis**
习　　性：草本
海　　拔：600~800 m
分　　布：贵州、湖北、湖南、台湾
濒危等级：LC

罗甸纤细假糙苏
Paraphlomis gracilis var. **lutienensis** (Y. Z. Sun) C. Y. Wu
习　　性：草本
海　　拔：300~1400 m
分　　布：广东、广西、贵州、四川
濒危等级：LC

多硬毛假糙苏
Paraphlomis hirsutissima C. Y. Wu et H. W. Li
习　　性：草本
海　　拔：约1300 m
分　　布：云南
濒危等级：LC

刚毛假糙苏
Paraphlomis hispida C. Y. Wu
习　　性：草本
海　　拔：1200~1500 m
国内分布：云南
国外分布：越南
濒危等级：LC

中间假糙苏
Paraphlomis intermedia C. Y. Wu et H. W. Li
习　　性：草本
海　　拔：400 m
分　　布：安徽、浙江
濒危等级：DD

假糙苏
Paraphlomis javanica (Blume) Prain

假糙苏（原变种）
Paraphlomis javanica var. **javanica**
习　　性：草本
海　　拔：300~2500? m
国内分布：广西、海南、台湾、云南
国外分布：巴基斯坦、菲律宾、老挝、马来西亚、缅甸、泰

国、印度、印度尼西亚、越南
濒危等级：LC

狭叶假糙苏
Paraphlomis javanica var. **angustifolia**(C. Y. Wu) C. Y. Wu et H. W. Li ex C. L. Xiang
习　　性：草本
海　　拔：500~1600 m
国内分布：福建、广东、广西、贵州、湖南、四川、云南
国外分布：越南
濒危等级：LC

小叶假糙苏
Paraphlomis javanica var. **coronata**(Vaniot)C. Y. Wu et H. W. Li
习　　性：草本
海　　拔：400~2400 m
分　　布：广东、广西、贵州、湖南、江西、四川、台湾、云南
濒危等级：LC
资源利用：药用（中草药）

八角花
Paraphlomis kwangtungensis C. Y. Wu et H. W. Li
习　　性：草本
分　　布：广东
濒危等级：LC

长叶假糙苏
Paraphlomis lanceolata Hand.-Mazz.

长叶假糙苏（原变种）
Paraphlomis lanceolata var. **lanceolata**
习　　性：草本
海　　拔：1000~1200 m
分　　布：广东、湖南、江西
濒危等级：LC

无柄长叶假糙苏
Paraphlomis lanceolata var. **sessilifolia** Hand.-Mazz.
习　　性：草本
海　　拔：600~1700 m
分　　布：广西
濒危等级：LC

薄萼假糙苏
Paraphlomis membranacea C. Y. Wu et H. W. Li
习　　性：草本
海　　拔：100~2500 m
国内分布：云南
国外分布：越南
濒危等级：LC

奇异假糙苏
Paraphlomis pagantha Dunn
习　　性：草本
海　　拔：约100 m
国内分布：海南
国外分布：越南
濒危等级：LC

小花假糙苏
Paraphlomis parviflora C. Y. Wu et H. W. Li
习　　性：草本
海　　拔：约1500 m
分　　布：台湾
濒危等级：LC

展毛假糙苏
Paraphlomis patentisetulosa C. Y. Wu
习　　性：草本
分　　布：广东
濒危等级：NT C1

少刺毛假糙苏
Paraphlomis paucisetosa C. Y. Wu
习　　性：亚灌木
分　　布：广西
濒危等级：LC

折齿假糙苏
Paraphlomis reflexa C. Y. Wu et H. W. Li
习　　性：多年生草本
分　　布：江西
濒危等级：VU A2c

刺萼假糙苏
Paraphlomis seticalyx C. Y. Wu et H. W. Li
习　　性：草本
海　　拔：500~800 m
分　　布：广西
濒危等级：LC

小刺毛假糙苏
Paraphlomis setulosa C. Y. Wu et H. W. Li
习　　性：草本
海　　拔：约400 m
分　　布：安徽、江西
濒危等级：LC

近革叶假糙苏
Paraphlomis subcoriacea C. Y. Wu
习　　性：草本
分　　布：广东
濒危等级：LC

绒头假糙苏
Paraphlomis tomentosocapitata Yamam.
习　　性：亚灌木
分　　布：台湾
濒危等级：LC

紫苏属 Perilla L.

紫苏
Perilla frutescens(L.)Britton

紫苏（原变种）
Perilla frutescens var. **frutescens**
习　　性：一年生草本
国内分布：福建、广东、广西、贵州、河北、湖北、江苏、

江西、山西、四川、台湾、西藏、云南、浙江

国外分布：不丹、朝鲜、柬埔寨、老挝、日本、印度、印度尼西亚、越南

资源利用：药用（中草药）；原料（香料，精油）；食品（蔬菜）；食品添加剂（糖和非糖甜味剂）

回回苏
Perilla frutescens var. **crispa**(Benth.) Deane ex Bailey
- 习　　性：一年生草本
- 国内分布：我国各地栽培
- 国外分布：日本
- 资源利用：食品添加剂（糖和非糖甜味剂）

野生紫苏
Perilla frutescens var. **purpurascens**(Hayata) H. W. Li
- 习　　性：一年生草本
- 海　　拔：1500~2500 m
- 国内分布：福建、广东、广西、贵州、河北、湖北、江苏、江西、山西、四川、台湾、西藏、云南、浙江
- 国外分布：日本
- 濒危等级：LC
- 资源利用：药用（中草药）；食品（蔬菜）

分药花属 Perovskia Kar.

分药花
Perovskia abrotanoides Kar.
- 习　　性：多年生草本
- 海　　拔：约2000 m
- 国内分布：西藏
- 国外分布：阿富汗、塔吉克斯坦、土库曼斯坦、西南亚
- 濒危等级：LC

滨藜叶分药花
Perovskia atriplicifolia Benth.
- 习　　性：亚灌木
- 海　　拔：2500~3400 m
- 分　　布：西藏、新疆
- 濒危等级：DD

糙苏属 Phlomis L.

橙花糙苏
Phlomis fruticosa L.
- 习　　性：多年生草本
- 国内分布：陕西
- 国外分布：俄罗斯；非洲、欧洲、亚洲西南部
- 濒危等级：LC
- 资源利用：环境利用（观赏）

草糙苏属 Phlomoides Moench

耕地草糙苏
Phlomoides agraria(Bunge) Adylov
- 习　　性：多年生草本
- 国内分布：新疆
- 国外分布：俄罗斯、哈萨克斯坦、蒙古
- 濒危等级：LC

高山草糙苏
Phlomoides alpina(Pall.) Adylov. Kamelin et Makhm.
- 习　　性：多年生草本
- 国内分布：新疆
- 国外分布：俄罗斯、哈萨克斯坦
- 濒危等级：LC

沧江草糙苏
Phlomoides ambigua(Popov ex Pazij et Vved.) Adylov
- 习　　性：多年生草本
- 分　　布：云南
- 濒危等级：LC

深裂草糙苏
Phlomoides atropurpurea(Dunn) Kamelin et Makhm.
- 习　　性：多年生草本
- 分　　布：云南
- 濒危等级：LC

假秦艽
Phlomoides betonicoides(Diels) Kamelin et Makhm.
- 习　　性：多年生草本
- 海　　拔：2700~3000 m
- 分　　布：四川、西藏、云南
- 濒危等级：LC

清河草糙苏
Phlomoides chinghoensis(C. Y. Wu) Kamelin et Makhm.
- 习　　性：多年生草本
- 分　　布：新疆
- 濒危等级：LC

乾精菜
Phlomoides congesta(C. Y. Wu) Kamelin et Makhm.
- 习　　性：多年生草本
- 海　　拔：1900~3300 m
- 分　　布：四川、云南
- 濒危等级：LC

楔叶草糙苏
Phlomoides cuneata(C. Y. Wu) C. L. Xiang et H. Peng
- 习　　性：多年生草本
- 分　　布：西藏
- 濒危等级：LC

尖齿草糙苏
Phlomoides dentosa(Franch.) Kamelin et Makhm.

尖齿草糙苏(原变种)
Phlomoides dentosa var. **dentosa**
- 习　　性：多年生草本
- 分　　布：甘肃、河北、内蒙古、青海
- 濒危等级：LC

渐光尖齿草糙苏
Phlomoides dentosa var. **glabrescens**(Danguy)C. L. Xiang et H. Peng
- 习　　性：多年生草本
- 海　　拔：1200 m以下
- 分　　布：甘肃、河北、内蒙古、青海
- 濒危等级：LC

沙生沙穗
Phlomoides desertorum(Regel)Salmaki
习　　性：多年生草本
海　　拔：约 1100 m
分　　布：新疆
濒危等级：VU A2c + 3c；D1

裂唇草糙苏
Phlomoides fimbriata(C. Y. Wu)Kamelin et Makhm.
习　　性：多年生草本
分　　布：云南
濒危等级：LC

苍山草糙苏
Phlomoides forrestii(Diels)Kamelin et Makhm.
习　　性：多年生草本
分　　布：云南
濒危等级：LC

大理草糙苏
Phlomoides franchetiana(Diels)Kamelin et Makhm.
习　　性：多年生草本
分　　布：云南
濒危等级：LC

光沙穗
Phlomoides fulgens(Bunge)Adylov
习　　性：多年生草本
海　　拔：约 1600 m
国内分布：新疆
国外分布：吉尔吉斯斯坦
濒危等级：NT B1ab（iii，iv）；D1

钩萼草
Phlomoides hamosa(Benth.)Mathiesen
习　　性：多年生草本
海　　拔：1200 ~ 2500 m
国内分布：云南
国外分布：不丹、缅甸、尼泊尔、印度
濒危等级：LC

斜萼草糙苏
Phlomoides inaequalisepala(C. Y. Wu)Kamelin et Makhm.
习　　性：多年生草本
分　　布：四川
濒危等级：VU A2c

口外草糙苏
Phlomoides jeholensis(Nakai et Kitag.)Kamelin et Makhm.
习　　性：多年生草本
分　　布：河北
濒危等级：LC

甘肃草糙苏
Phlomoides kansuensis(C. Y. Wu)Kamelin et Makhm.
习　　性：多年生草本
分　　布：甘肃
濒危等级：LC

长白草糙苏
Phlomoides koraiensis(Nakai)Kamelin et Makhm.
习　　性：多年生草本
国内分布：吉林
国外分布：朝鲜
濒危等级：LC

丽江草糙苏
Phlomoides likiangensis(C. Y. Wu)Kamelin et Makhm.
习　　性：多年生草本
分　　布：云南
濒危等级：LC

长刺钩萼草
Phlomoides longiaristata(C. Y. Wu et H. W. Li)Salmaki
习　　性：草本
海　　拔：2000 ~ 2400 m
分　　布：西藏、云南
濒危等级：VU A2c + 3c；D1

长萼草糙苏
Phlomoides longicalyx(C. Y. Wu)Kamelin et Makhm.
习　　性：多年生草本
分　　布：云南
濒危等级：LC

大叶草糙苏
Phlomoides maximowiczii(Regel)Kamelin et Makhm.
习　　性：多年生草本
国内分布：河北、吉林、辽宁
国外分布：俄罗斯
濒危等级：LC

萝卜秦艽
Phlomoides medicinalis(Diels)Kamelin et Makhm.
习　　性：多年生草本
海　　拔：1700 ~ 3600 m
分　　布：四川、西藏
濒危等级：LC

大花草糙苏
Phlomoides megalantha(Diels)Kamelin et Makhm.
习　　性：多年生草本
分　　布：湖北、山西、陕西、四川
濒危等级：LC

黑花草糙苏
Phlomoides melanantha(Diels)Kamelin et Makhm.
习　　性：多年生草本
分　　布：四川、云南
濒危等级：LC

米林草糙苏
Phlomoides milingensis(C. Y. Wu et H. W. Li)Kamelin et Makhm.
习　　性：多年生草本
分　　布：西藏
濒危等级：NT B1ab（iii，iv）

沙穗
Phlomoides molucelloides(Bunge)Salmaki
习　　性：多年生草本
海　　拔：约 400 m
国内分布：新疆

国外分布：俄罗斯、哈萨克斯坦、吉尔吉斯斯坦、蒙古、塔吉克斯坦
濒危等级：LC

串铃草
Phlomoides mongolica(Turcz.) Kamelin et A. L. Budantzev

串铃草（原变种）
Phlomoides mongolica var. **mongolica**
习　　性：多年生草本
海　　拔：800~2200 m
分　　布：甘肃、河北、内蒙古、山西、陕西
濒危等级：LC
资源利用：药用（中草药）；环境利用（观赏）

大头串铃草
Phlomoides mongolica var. **macrocephala**(C. Y. Wu) C. L. Xiang et H. Peng
习　　性：多年生草本
分　　布：内蒙古
濒危等级：LC

木里草糙苏
Phlomoides muliensis(C. Y. Wu) Kamelin et Makhm.
习　　性：多年生草本
分　　布：四川
濒危等级：LC

糙苏沙穗
Phlomoides multifurcata Salmaki
习　　性：多年生草本
海　　拔：约1100 m
国内分布：新疆
国外分布：吉尔吉斯斯坦
濒危等级：LC

山地草糙苏
Phlomoides oreophila(Kar. et Kir.) Adylov. Kamelin et Makhm.

山地草糙苏（原变种）
Phlomoides oreophila var. **oreophila**
习　　性：多年生草本
国内分布：新疆
国外分布：俄罗斯、哈萨克斯坦、吉尔吉斯斯坦、蒙古、塔吉克斯坦
濒危等级：LC

无长毛山地草糙苏
Phlomoides oreophila var. **evillosa**(C. Y. Wu) C. L. Xiang et H. Peng
习　　性：多年生草本
海　　拔：约2100 m
分　　布：新疆
濒危等级：LC

美观草糙苏
Phlomoides ornata(C. Y. Wu) Kamelin et Makhm.
习　　性：多年生草本
分　　布：四川、云南
濒危等级：LC

宝兴草糙苏
Phlomoides paohsingensis(C. Y. Wu) Kamelin et Makhm.
习　　性：多年生草本
分　　布：四川
濒危等级：VU A2c；C1

假轮状草糙苏
Phlomoides pararotata(Y. Z. Sun) Kamelin et Makhm.
习　　性：多年生草本
分　　布：云南
濒危等级：NT B1ab（iii, iv）

具梗草糙苏
Phlomoides pedunculata(Y. Z. Sun) Kamelin et Makhm.
习　　性：多年生草本
分　　布：四川
濒危等级：NT B1ab（iii）

草原草糙苏
Phlomoides pratensis(Kar. et Kir.) Adylov. Kamelin et Makhm.
习　　性：多年生草本
国内分布：新疆
国外分布：哈萨克斯坦、吉尔吉斯斯坦
濒危等级：LC

矮草糙苏
Phlomoides pygmaea(C. Y. Wu) Kamelin et Makhm.
习　　性：多年生草本
分　　布：西藏
濒危等级：NT D1

独一味
Phlomoides rotata(Benth. ex Hook. f.) Mathiesen
习　　性：草本
海　　拔：2700~4900 m
国内分布：甘肃、青海、四川、西藏、云南
国外分布：不丹、尼泊尔、印度
濒危等级：LC
资源利用：药用（中草药）

裂萼草糙苏
Phlomoides ruptilis(C. Y. Wu) Kamelin et Makhm.
习　　性：多年生草本
分　　布：云南
濒危等级：LC

刺毛草糙苏
Phlomoides setifera(Bureau et Franch.) Kamelin et Makhm.
习　　性：多年生草本
分　　布：四川、西藏、云南
濒危等级：LC

绿叶美丽沙穗
Phlomoides speciosa(Rupr.) Adylov
习　　性：多年生草本
海　　拔：约1800 m
分　　布：新疆
濒危等级：LC

糙毛草糙苏
Phlomoides strigosa(C. Y. Wu) Kamelin et Makhm.
习　　性：多年生草本
分　　布：云南

柴续断
Phlomoides szechuanensis(C. Y. Wu)Kamelin et Makhm.
习　　性：多年生草本
海　　拔：约2000 m
分　　布：四川
濒危等级：LC

康定草糙苏
Phlomoides tatsienensis(Bureau et Franch.)Kamelin et Makhm.

康定草糙苏(原变种)
Phlomoides tatsienensis var. **tatsienensis**
习　　性：多年生草本
分　　布：四川
濒危等级：LC

毛萼康定草糙苏
Phlomoides tatsienensis var. **hirticalyx**(Hand. Mazz.)C. L. Xiang et H. Peng
习　　性：多年生草本
分　　布：云南
濒危等级：LC

西藏草糙苏
Phlomoides tibetica(C. Marquand et Airy Shaw)Kamelin et Makhm.

西藏草糙苏(原变种)
Phlomoides tibetica var. **tibetica**
习　　性：多年生草本
分　　布：西藏
濒危等级：LC

毛盔西藏草糙苏
Phlomoides tibetica var. **wardii**(Marquand et Airy Shaw)C. L. Xiang et H. Peng
习　　性：多年生草本
海　　拔：约3400 m
分　　布：西藏
濒危等级：LC

块根草糙苏
Phlomoides tuberosa(L.)Moench
习　　性：多年生草本
国内分布：黑龙江、内蒙古、新疆
国外分布：俄罗斯、哈萨克斯坦、吉尔吉斯斯坦、蒙古
濒危等级：LC

草糙苏
Phlomoides umbrosa(Turcz.)Kamelin et Makhm.

草糙苏(原变种)
Phlomoides umbrosa var. **umbrosa**
习　　性：多年生草本
分　　布：甘肃、广东、贵州、河北、湖北、辽宁、内蒙古、山东、山西、陕西、四川
濒危等级：LC

南方草糙苏
Phlomoides umbrosa var. **australis**(Hemsl.)C. L. Xiang et H. Peng
习　　性：多年生草本
分　　布：安徽、甘肃、贵州、湖北、湖南、陕西、四川、云南
濒危等级：LC

宽苞草糙苏
Phlomoides umbrosa var. **latibracteata**(Y. Z. Sun)C. L. Xiang et H. Peng
习　　性：多年生草本
分　　布：河南
濒危等级：LC

卵齿草糙苏
Phlomoides umbrosa var. **ovalifolia**(C. Y. Wu)C. L. Xiang et H. Peng
习　　性：多年生草本
分　　布：安徽、江苏

狭萼草糙苏
Phlomoides umbrosa var. **stenocalyx**(Diels)C. L. Xiang et H. Peng
习　　性：多年生草本
分　　布：甘肃、陕西
濒危等级：LC

单头草糙苏
Phlomoides uniceps(C. Y. Wu)Kamelin et Makhm.
习　　性：多年生草本
分　　布：甘肃
濒危等级：B1ab（iii，iv）

螃蟹甲
Phlomoides younghushandii(S. M. Mukerjee)Kamelin et Makhm.
习　　性：多年生草本
海　　拔：4300～4600 m
分　　布：西藏
濒危等级：LC
资源利用：药用（中草药）

刺蕊草属 Pogostemon Desf.

短冠刺蕊草
Pogostemon amaranthoides Benth.
习　　性：草本或亚灌木
海　　拔：1200～2300 m
国内分布：云南
国外分布：东喜马拉雅地区
濒危等级：LC

水珍珠菜
Pogostemon auricularius(L.)Hassk.
习　　性：一年生草本
海　　拔：300～1700 m
国内分布：福建、广东、广西、海南、江西、台湾、云南
国外分布：菲律宾、柬埔寨、老挝、马来西亚、缅甸、斯里兰卡、泰国、印度、印度尼西亚、越南
濒危等级：LC
资源利用：药用（中草药）

髯毛刺蕊草
Pogostemon barbatus Bhatti et Ingr.
习　　性：草本
国内分布：澳门、广东、广西、海南
国外分布：柬埔寨、老挝、越南
濒危等级：LC

黑刺蕊草
Pogostemon brachystachyus Benth.
习　　性：草本
海　　拔：1100～2600 m
国内分布：云南
国外分布：不丹、缅甸、印度
濒危等级：LC
资源利用：药用（中草药）

广藿香
Pogostemon cablin(Blanco)Benth.
习　　性：草本或亚灌木
国内分布：福建、广东、广西、海南、台湾
国外分布：菲律宾、马来西亚、斯里兰卡、印度、印度尼西亚
濒危等级：LC
资源利用：药用（中草药）；原料（精油）

长苞刺蕊草
Pogostemon chinensis C. Y. Wu et Y. C. Huang
习　　性：草本
海　　拔：1500 m
分　　布：广西、云南
濒危等级：LC

毛茎水蜡烛
Pogostemon cruciatus(Benth.)Kuntze
习　　性：一年生草本
海　　拔：1100～1500 m
国内分布：云南
国外分布：柬埔寨、老挝、尼泊尔、印度、越南
濒危等级：LC

狭叶刺蕊草
Pogostemon dielsianus Dunn
习　　性：灌木
海　　拔：1600～2000 m
分　　布：云南
濒危等级：DD

香薷状刺蕊草
Pogostemon elsholtzioides Benth.
习　　性：草本
国内分布：西藏
国外分布：不丹、印度
濒危等级：LC

镰叶水珍珠菜
Pogostemon falcatus(C. Y. Wu)C. Y. Wu et H. W. Li
习　　性：草本
海　　拔：约800 m
分　　布：云南
濒危等级：DD

小穗水蜡烛
Pogostemon fauriei(H. Lév.)Press
习　　性：草本
国内分布：黑龙江
国外分布：朝鲜、韩国
濒危等级：LC

台湾刺蕊草
Pogostemon formosanus Oliv.
习　　性：草本
分　　布：台湾
濒危等级：LC

小刺蕊草
Pogostemon fraternus Miq.
习　　性：多年生草本
海　　拔：400～1200 m
国内分布：云南
国外分布：缅甸、泰国、越南、爪哇
濒危等级：DD

刺蕊草
Pogostemon glaber Benth.

刺蕊草（原变种）
Pogostemon glaber var. **glaber**
习　　性：草本
海　　拔：1300～2700 m
国内分布：广西、贵州、海南、云南
国外分布：不丹、柬埔寨、老挝、孟加拉国、缅甸、尼泊尔、泰国、印度
濒危等级：LC
资源利用：药用（中草药）

金平刺蕊草
Pogostemon glaber var. **tsingpingensis**(C. Y. Wu et Y. C. Huang)Gang Yao
习　　性：草本
海　　拔：1400 m
分　　布：云南
濒危等级：LC

河南水蜡烛
Pogostemon henanensis Gang Yao
习　　性：一年生草本
海　　拔：约600 m
分　　布：河南
濒危等级：LC

刚毛萼刺蕊草
Pogostemon hispidocalyx C. Y. Wu et Y. C. Huang
习　　性：草本
海　　拔：约2800 m
分　　布：云南
濒危等级：NT B1ab（iii, iv）

宽叶长柱刺蕊草
Pogostemon latifolius(C. Y. Wu et Y. C. Huang)Gang Yao
习　　性：多年生草本
分　　布：云南
濒危等级：LC

线叶水蜡烛
Pogostemon linearis(Benth.)Kuntze
习　　性：一年生草本
国内分布：云南
国外分布：不丹、印度
濒危等级：LC

短穗刺蕊草
Pogostemon parviflorus Benth.
- 习　　性：亚灌木
- 海　　拔：海平面至 750 m
- 分　　布：广东、香港
- 濒危等级：EN C1

五棱水蜡烛
Pogostemon pentagonus(C. B. Clarke ex Hook. f.) Kuntze
- 习　　性：一年生草本
- 海　　拔：900 ~ 1500 m
- 国内分布：云南
- 国外分布：泰国、印度、越南
- 濒危等级：LC

四叶水蜡烛
Pogostemon quadrifolius(Benth.) F. Muell.
- 习　　性：草本
- 国内分布：云南
- 国外分布：孟加拉国、缅甸、印度
- 濒危等级：DD

齿叶水蜡烛
Pogostemon sampsonii(Hance)Press
- 习　　性：一年生草本
- 分　　布：广东、广西、海南、湖南、江西
- 濒危等级：LC

北刺蕊草
Pogostemon septentrionalis C. Y. Wu et Y. C. Huang
- 习　　性：草本或亚灌木
- 分　　布：福建、广东、湖南、江西
- 濒危等级：LC

水虎尾
Pogostemon stellatus(Lour.) Kuntze
- 习　　性：一年生草本
- 海　　拔：300 ~ 1500 m
- 国内分布：安徽、福建、广东、广西、海南、湖南、江西、台湾、云南、浙江
- 国外分布：澳大利亚、不丹、柬埔寨、老挝、马来西亚、孟加拉国、日本、泰国、印度、印度尼西亚、越南
- 濒危等级：DD

思茅水蜡烛
Pogostemon szemaoensis(C. Y. Wu et S. J. Hsuan)Press
- 习　　性：一年生草本
- 海　　拔：约 1000 m
- 分　　布：云南
- 濒危等级：DD

苍耳叶刺蕊草
Pogostemon xanthiifolius C. Y. Wu et Y. C. Huang
- 习　　性：草本
- 海　　拔：700 ~ 800 m
- 分　　布：云南
- 濒危等级：LC

水蜡烛
Pogostemon yatabeanus(Makino)Press
- 习　　性：多年生草本
- 海　　拔：300 ~ 700 m
- 国内分布：安徽、广西、贵州、湖北、湖南、江西、四川、浙江
- 国外分布：朝鲜、日本
- 濒危等级：LC

豆腐柴属 Premna L.

尖齿豆腐柴
Premna acutata W. W. Sm.
- 习　　性：灌木
- 海　　拔：2700 ~ 3000 m
- 分　　布：四川、云南
- 濒危等级：NT

苞序豆腐柴
Premna bracteata C. B. Clarke
- 习　　性：乔木
- 海　　拔：600 ~ 1300 m
- 国内分布：西藏、云南
- 国外分布：不丹、孟加拉国、印度
- 濒危等级：LC

黄药豆腐柴
Premna cavaleriei H. Lév.
- 习　　性：乔木
- 海　　拔：800 m
- 分　　布：广东、广西、贵州、湖南、江西
- 濒危等级：LC

尖叶豆腐柴
Premna chevalieri Dop
- 习　　性：灌木或乔木
- 海　　拔：800 ~ 1100 m
- 国内分布：广东、海南、云南
- 国外分布：老挝、越南
- 濒危等级：DD

滇桂豆腐柴
Premna confinis C. P'ei et S. L. Chen ex C. Y. Wu
- 习　　性：灌木或小乔木
- 海　　拔：约 600 m
- 分　　布：广西、云南
- 濒危等级：LC

淡黄豆腐柴
Premna flavescens Buch. -Ham. ex C. B. Clarke
- 习　　性：灌木
- 海　　拔：100 ~ 1300 m
- 国内分布：广东、广西、云南
- 国外分布：马来西亚、印度、印度尼西亚、越南
- 濒危等级：LC

勐海豆腐柴
Premna fohaiensis C. P'ei et S. L. Chen ex C. Y. Wu

习　　性：灌木或乔木
海　　拔：1500~1800 m
分　　布：云南
濒危等级：EN D

长序臭黄荆
Premna fordii Dunn

长序臭黄荆（原变种）
Premna fordii var. **fordii**
习　　性：灌木
海　　拔：1000~1200 m
分　　布：广东、广西、海南
濒危等级：LC

无毛臭黄荆
Premna fordii var. **glabra** S. L. Chen
习　　性：灌木
海　　拔：1000~1200 m
分　　布：广西
濒危等级：LC

黄毛豆腐柴
Premna fulva Craib
习　　性：灌木或乔木
海　　拔：500~1200 m
国内分布：广西、贵州、云南
国外分布：老挝、泰国、越南
濒危等级：LC

腺叶豆腐柴
Premna glandulosa Hand.-Mazz.
习　　性：灌木
海　　拔：1500~1900 m
分　　布：云南
濒危等级：DD

海南臭黄荆
Premna hainanensis Chun et F. G. Hoow
习　　性：灌木
海　　拔：200~400 m
分　　布：海南
濒危等级：DD

蒙自豆腐柴
Premna henryana (Hand.-Mazz.) C. Y. Wu
习　　性：灌木
海　　拔：1300~1500 m
分　　布：云南
濒危等级：DD

千解草
Premna herbacea Roxb.
习　　性：亚灌木
海　　拔：200~1700 m
国内分布：海南、云南
国外分布：澳大利亚、不丹、菲律宾、柬埔寨、老挝、缅甸、尼泊尔、泰国、印度、印度尼西亚、越南；新几内亚岛
濒危等级：LC

资源利用：药用（中草药）

间序豆腐柴
Premna interrupta Wall. ex Schauer
习　　性：灌木
海　　拔：1500~2600 m
国内分布：广西、四川、西藏、云南
国外分布：不丹、孟加拉国、缅甸、尼泊尔、印度
濒危等级：LC

臭黄荆
Premna ligustroides Hemsl.
习　　性：灌木
海　　拔：500~1000 m
分　　布：湖北、四川
濒危等级：LC
资源利用：药用（中草药）

澜沧豆腐柴
Premna mekongensis W. W. Sm.

澜沧豆腐柴（原变种）
Premna mekongensis var. **mekongensis**
习　　性：灌木
海　　拔：1800~2700 m
分　　布：云南
濒危等级：LC

小叶澜沧豆腐柴
Premna mekongensis var. **meiophylla** W. W. Sm.
习　　性：灌木
海　　拔：2100~2400 m
分　　布：云南
濒危等级：EX

平滑豆腐柴
Premna menglaensis B. Li
习　　性：灌木
海　　拔：500~600 m
国内分布：云南
国外分布：泰国
濒危等级：LC

豆腐柴
Premna microphylla Turcz.
习　　性：灌木
海　　拔：200~1000 m
国内分布：安徽、福建、广东、广西、贵州、海南、河南、湖北、湖南、江西、四川、台湾、云南、浙江
国外分布：日本
濒危等级：LC
资源利用：药用（中草药）

大叶豆腐柴
Premna mollissima Roth
习　　性：灌木或小乔木
海　　拔：600~700 m
国内分布：云南
国外分布：菲律宾、柬埔寨、老挝、缅甸、印度、印度尼西亚、越南
濒危等级：LC

资源利用：原料（木材）；食品添加剂（调味剂）

八脉臭黄荆
Premna octonervia Merr. et F. P. Metcalf
- 习　　性：灌木或乔木
- 海　　拔：200~800 m
- 分　　布：海南
- 濒危等级：LC

毛鱼臭木
Premna odorata Blanco
- 习　　性：乔木
- 国内分布：广东、广西、海南、台湾、云南
- 国外分布：澳大利亚、菲律宾、马来西亚、印度、印度尼西亚、越南
- 濒危等级：LC

少花豆腐柴
Premna oligantha C. Y. Wu
- 习　　性：灌木
- 海　　拔：2100~3200 m
- 分　　布：西藏、云南
- 濒危等级：LC

百色豆腐柴
Premna paisehensis C. P'ei et S. L. Chen
- 习　　性：乔木
- 海　　拔：约1000 m
- 分　　布：广西
- 濒危等级：DD

小叶豆腐柴
Premna parvilimba C. P'ei
- 习　　性：灌木
- 海　　拔：约400 m
- 分　　布：云南
- 濒危等级：LC

狐臭柴
Premna puberula Pamp.

狐臭柴（原变种）
Premna puberula var. **puberula**
- 习　　性：灌木或小乔木
- 海　　拔：700~1800 m
- 分　　布：福建、甘肃、广东、广西、贵州、湖北、湖南、山西、四川、云南
- 濒危等级：LC
- 资源利用：药用（中草药）

毛狐臭柴
Premna puberula var. **bodinieri**(H. Lév.)C. Y. Wu et S. Y. Pao
- 习　　性：灌木或小乔木
- 海　　拔：700~1800 m
- 分　　布：广西、贵州、云南
- 濒危等级：LC

玫花豆腐柴
Premna punicea C. Y. Wu
- 习　　性：灌木
- 海　　拔：约1600 m
- 分　　布：云南
- 濒危等级：VU D2

红腺豆腐柴
Premna rubroglandulosa C. Y. Wu
- 习　　性：灌木
- 海　　拔：1100 m
- 分　　布：云南
- 濒危等级：DD

藤豆腐柴
Premna scandens Roxb.
- 习　　性：攀援藤本
- 海　　拔：500 m
- 国内分布：云南
- 国外分布：不丹、孟加拉国、缅甸、泰国、印度、越南
- 濒危等级：LC

腾冲豆腐柴
Premna scoriarum W. W. Sm.
- 习　　性：乔木
- 海　　拔：1300~1700 m
- 国内分布：云南
- 国外分布：缅甸
- 濒危等级：NT

伞序臭黄荆
Premna serratifolia L.
- 习　　性：灌木或乔木
- 海　　拔：100~300 m
- 国内分布：广东、广西、海南、台湾
- 国外分布：澳大利亚、菲律宾、马来西亚、斯里兰卡、印度；南太平洋岛屿
- 濒危等级：LC

草坡豆腐柴
Premna steppicola Hand.-Mazz.
- 习　　性：灌木
- 海　　拔：1400~1500 m
- 分　　布：四川、云南
- 濒危等级：LC

近头状豆腐柴
Premna subcapitata Rehder
- 习　　性：灌木
- 海　　拔：2600 m
- 分　　布：四川、云南
- 濒危等级：LC

塘虱角
Premna sunyiensis C. P'ei
- 习　　性：灌木
- 海　　拔：300~700 m
- 分　　布：广东
- 濒危等级：LC
- 资源利用：药用（中草药，兽药）

思茅豆腐柴
Premna szemaoensis C. P'ei
- 习　　性：乔木
- 海　　拔：500~1500 m

分　　布：云南
濒危等级：LC
资源利用：药用（中草药）

大坪子豆腐柴
Premna tapintzeana Dop
习　　性：灌木
海　　拔：1700~2400 m
分　　布：广西、贵州、云南
濒危等级：LC

圆叶豆腐柴
Premna tenii C. P'ei
习　　性：灌木
海　　拔：1300~1600 m
分　　布：云南
濒危等级：LC

塔序豆腐柴
Premna tomentosa Willd.
习　　性：灌木或小乔木
海　　拔：300~600 m
国内分布：广东
国外分布：澳大利亚、不丹、菲律宾、柬埔寨、孟加拉国、缅甸、泰国、印度、越南
濒危等级：LC

麻叶豆腐柴
Premna urticifolia Rehder
习　　性：灌木
海　　拔：约1600 m
分　　布：云南
濒危等级：LC
资源利用：药用（中草药）

黄绒豆腐柴
Premna wui Boufford et B. M. Barthol.
习　　性：灌木
海　　拔：约1500 m
分　　布：云南
濒危等级：CR B1ab (i, iii); D1

云南豆腐柴
Premna yunnanensis W. W. Sm.
习　　性：灌木
海　　拔：1800~2200 m
分　　布：四川、云南
濒危等级：LC

夏枯草属 Prunella L.

山菠菜
Prunella asiatica Nakai
习　　性：多年生草本
海　　拔：0~1700 m
国内分布：安徽、黑龙江、吉林、江苏、江西、辽宁、山东、山西、浙江
国外分布：朝鲜、日本
濒危等级：LC
资源利用：药用（中草药）

大花夏枯草
Prunella grandiflora (L.) Jacq.
习　　性：多年生草本
国内分布：江苏
国外分布：欧洲、亚洲西南部
濒危等级：LC

硬毛夏枯草
Prunella hispida Benth.
习　　性：多年生草本
海　　拔：1500~3800 m
国内分布：四川、西藏、云南
国外分布：印度
濒危等级：LC

夏枯草
Prunella vulgaris L.

夏枯草（原变种）
Prunella vulgaris var. **vulgaris**
习　　性：多年生草本
海　　拔：0~3000 m
国内分布：福建、甘肃
国外分布：巴基斯坦、不丹、朝鲜、俄罗斯、哈萨克斯坦、吉尔吉斯斯坦、尼泊尔、日本、塔吉克斯坦、土库曼斯坦、乌兹别克斯坦、印度
濒危等级：LC
资源利用：药用（中草药）

狭叶夏枯草
Prunella vulgaris var. **lanceolata** (W. P. C. Barton) Fernald
习　　性：多年生草本
海　　拔：3200 m 以下
分　　布：四川、云南
濒危等级：LC

假莸属 Pseudocaryopteris P. D. Cantino

香莸
Pseudocaryopteris bicolor (Roxb. ex Hardw.) P. D. Cantino
习　　性：灌木
海　　拔：900~2000 m
国内分布：云南
国外分布：不丹、尼泊尔、泰国、印度
濒危等级：DD

锥花莸
Pseudocaryopteris paniculata (C. B. Clarke) P. D. Cantino
习　　性：灌木
海　　拔：700~2300 m
国内分布：广西、贵州、四川、云南
国外分布：不丹、缅甸、尼泊尔、泰国、印度
濒危等级：LC
资源利用：药用（中草药）

迷迭香属 Rosmarinus L.

迷迭香
Rosmarinus officinalis L.
习　　性：灌木

海　　拔：约 220 m
国内分布：中国引种
国外分布：非洲、欧洲、西南亚
资源利用：原料（香料，工业用油，精油）；环境利用（观赏）

钩子木属 Rostrinucula Kudô

钩子木
Rostrinucula dependens (Rehder) Kudô
习　　性：灌木
海　　拔：600～2500 m
分　　布：贵州、陕西、四川、云南
濒危等级：LC

长叶钩子木
Rostrinucula sinensis (Hemsl.) C. Y. Wu
习　　性：灌木
海　　拔：约 1000 m
分　　布：广西、贵州、湖北、湖南
濒危等级：LC

掌石蚕属 Rubiteucris Kudô

掌叶石蚕
Rubiteucris palmata (Benth. ex Hook. f.) Kudô
习　　性：草本
海　　拔：2000～3000 m
国内分布：甘肃、贵州、湖北、陕西、四川、台湾、西藏、云南
国外分布：印度
濒危等级：LC

心叶石蚕
Rubiteucris siccanea (W. W. Sm.) P. D. Cantino
习　　性：多年生草本
国内分布：四川、云南
国外分布：缅甸
濒危等级：LC

鼠尾草属 Salvia L.

铁线鼠尾草
Salvia adiantifolia E. Peter
习　　性：多年生草本
海　　拔：约 500 m
分　　布：福建、广东、广西、湖南、江西
濒危等级：LC

五福花鼠尾草
Salvia adoxoides C. Y. Wu
习　　性：多年生草本
海　　拔：约 200 m
分　　布：广西
濒危等级：LC

橙色鼠尾草
Salvia aerea H. Lév.
习　　性：多年生草本
海　　拔：2500～3300 m
分　　布：贵州、四川、云南
濒危等级：LC

翅柄鼠尾草
Salvia alatipetiolata Y. Z. Sun
习　　性：多年生草本
海　　拔：约 3800 m
分　　布：四川
濒危等级：LC

附片鼠尾草
Salvia appendiculata E. Peter
习　　性：多年生草本
海　　拔：约 700 m
分　　布：广东
濒危等级：LC

暗紫鼠尾草
Salvia atropurpurea C. Y. Wu
习　　性：多年生草本
海　　拔：约 3400 m
分　　布：云南
濒危等级：LC

暗红鼠尾草
Salvia atrorubra C. Y. Wu
习　　性：多年生草本
海　　拔：约 2700 m
分　　布：云南
濒危等级：LC

白马鼠尾草
Salvia baimaensis S. W. Su et Z. A. Shen
习　　性：多年生草本
海　　拔：600～1400 m
分　　布：安徽
濒危等级：NT

开萼鼠尾草
Salvia bifidocalyx C. Y. Wu et Y. C. Huang
习　　性：多年生草本
海　　拔：约 3500 m
分　　布：云南
濒危等级：LC

南丹参
Salvia bowleyana Dunn

南丹参（原变种）
Salvia bowleyana var. **bowleyana**
习　　性：多年生草本
海　　拔：0～1000 m
分　　布：福建、广东、广西、湖南、江西、浙江
濒危等级：LC
资源利用：药用（中草药）；环境利用（观赏）

近二回羽裂南丹参
Salvia bowleyana var. **subbipinnata** C. Y. Wu
习　　性：多年生草本
分　　布：福建、江西、浙江

濒危等级：LC

短冠鼠尾草
Salvia brachyloma E. Peter
- 习　　性：多年生草本
- 海　　拔：3200~3800 m
- 分　　布：四川、云南
- 濒危等级：LC

短隔鼠尾草
Salvia breviconnectivata Y. Z. Sun
- 习　　性：一年生或多年生草本
- 海　　拔：约1800 m
- 分　　布：云南
- 濒危等级：LC

短唇鼠尾草
Salvia brevilabra Franch.
- 习　　性：多年生草本
- 海　　拔：3200~3800 m
- 分　　布：四川
- 濒危等级：LC

戟叶鼠尾草
Salvia bulleyana Diels
- 习　　性：多年生草本
- 海　　拔：2100~3400 m
- 分　　布：云南
- 濒危等级：LC

钟萼鼠尾草
Salvia campanulata Wall. ex Benth.

钟萼鼠尾草（原变种）
Salvia campanulata var. **campanulata**
- 习　　性：多年生草本
- 海　　拔：3200 m
- 国内分布：云南
- 国外分布：尼泊尔、印度
- 濒危等级：LC

截萼钟萼鼠尾草
Salvia campanulata var. **codonantha**(E. Peter)E. Peter
- 习　　性：多年生草本
- 海　　拔：800~3800 m
- 国内分布：西藏、云南
- 国外分布：缅甸
- 濒危等级：LC

裂萼钟萼鼠尾草
Salvia campanulata var. **fissa** E. Peter
- 习　　性：多年生草本
- 国内分布：云南
- 国外分布：印度
- 濒危等级：NT A2ac；B1ab（iii，iv）；D1

微硬毛钟萼鼠尾草
Salvia campanulata var. **hirtella** E. Peter
- 习　　性：多年生草本
- 海　　拔：约2800 m
- 国内分布：西藏、云南
- 国外分布：不丹、尼泊尔、印度
- 濒危等级：LC

栗色鼠尾草
Salvia castanea Diels
- 习　　性：多年生草本
- 海　　拔：2500~3800 m
- 国内分布：贵州、四川、西藏、云南
- 国外分布：尼泊尔
- 濒危等级：LC
- 资源利用：药用（中草药）

贵州鼠尾草
Salvia cavaleriei H. Lév.

贵州鼠尾草（原变种）
Salvia cavaleriei var. **cavaleriei**
- 习　　性：一年生草本
- 海　　拔：500~1300 m
- 分　　布：广东、广西、贵州、四川
- 濒危等级：LC
- 资源利用：药用（中草药）

紫背贵州鼠尾草
Salvia cavaleriei var. **erythrophylla**(Hemsl.)E. Peter
- 习　　性：一年生草本
- 海　　拔：700~2000 m
- 分　　布：广西、湖北、湖南、陕西、云南
- 濒危等级：LC

血盆草
Salvia cavaleriei var. **simplicifolia** E. Peter
- 习　　性：草本
- 海　　拔：500~2700 m
- 分　　布：广东、广西、贵州、湖北、湖南、江西、四川、云南
- 濒危等级：LC
- 资源利用：药用（中草药）

黄山鼠尾草
Salvia chienii E. Peter

黄山鼠尾草（原变种）
Salvia chienii var. **chienii**
- 习　　性：多年生草本
- 海　　拔：约700 m
- 分　　布：安徽
- 濒危等级：LC

婺源黄山鼠尾草
Salvia chienii var. **wuyuania** H. T. Sun
- 习　　性：多年生草本
- 海　　拔：约700 m
- 分　　布：江西
- 濒危等级：LC

华鼠尾草
Salvia chinensis Benth.
- 习　　性：一年生草本

海　　拔：100~500 m
分　　布：安徽、福建、广东、广西、湖北、湖南、江苏、江西、山东、四川、台湾、浙江
濒危等级：LC
资源利用：药用（中草药）

崇安鼠尾草
Salvia chunganensis C. Y. Wu et Y. C. Huang
习　　性：一年生草本
分　　布：福建
濒危等级：LC

朱唇
Salvia coccinea Buc'hoz ex Etl.
习　　性：一年生或二年生草本
国内分布：全国栽培；云南归化
国外分布：原产美洲
资源利用：药用（中草药）；环境利用（观赏）

圆苞鼠尾草
Salvia cyclostegia E. Peter

圆苞鼠尾草（原变种）
Salvia cyclostegia var. **cyclostegia**
习　　性：多年生草本
海　　拔：2700~3300 m
分　　布：四川、云南
濒危等级：LC

紫花圆苞鼠尾草
Salvia cyclostegia var. **purpurascens** C. Y. Wu
习　　性：多年生草本
海　　拔：2900~3200 m
分　　布：四川、云南
濒危等级：LC

犬形鼠尾草
Salvia cynica Dunn
习　　性：多年生草本
海　　拔：1500~3200 m
分　　布：四川
濒危等级：LC

大别山丹参
Salvia dabieshanensis J. Q. He
习　　性：多年生草本
海　　拔：600~1100 m
分　　布：安徽
濒危等级：LC

新疆鼠尾草
Salvia deserta Schangin

新疆鼠尾草（原变种）
Salvia deserta var. **deserta**
习　　性：多年生草本
海　　拔：300~1800 m
国内分布：新疆
国外分布：俄罗斯、哈萨克斯坦、吉尔吉斯斯坦
濒危等级：LC

白花新疆鼠尾草
Salvia deserta var. **albiflora** G. J. Liu
习　　性：多年生草本
分　　布：新疆
濒危等级：LC

毛地黄鼠尾草
Salvia digitaloides Diels

毛地黄鼠尾草（原变种）
Salvia digitaloides var. **digitaloides**
习　　性：多年生草本
海　　拔：2500~3400 m
分　　布：贵州、四川、云南
濒危等级：LC
资源利用：药用（中草药）

无毛毛地黄鼠尾草
Salvia digitaloides var. **glabrescens** E. Peter
习　　性：多年生草本
海　　拔：2300~2500 m
分　　布：贵州、四川、云南
濒危等级：LC

长花鼠尾草
Salvia dolichantha E. Peter
习　　性：多年生草本
海　　拔：约3700 m
分　　布：四川
濒危等级：LC

雪山鼠尾草
Salvia evansiana Hand.-Mazz.

雪山鼠尾草（原变种）
Salvia evansiana var. **evansiana**
习　　性：多年生草本
海　　拔：3400~4200 m
分　　布：四川、云南
濒危等级：LC
资源利用：药用（中草药）

葶花雪花鼠尾草
Salvia evansiana var. **scaposa** E. Peter
习　　性：多年生草本
海　　拔：3400~4300 m
分　　布：云南
濒危等级：LC

蕨叶鼠尾草
Salvia filicifolia Merr.
习　　性：多年生草本
分　　布：广东、湖南
濒危等级：LC

黄花鼠尾草
Salvia flava G. Forrest ex Diels

黄花鼠尾草（原变种）
Salvia flava var. **flava**

习　　性：多年生草本
海　　拔：2500~4000 m
分　　布：四川、云南
濒危等级：LC

大花黄花鼠尾草
Salvia flava var. **megalantha** Diels
习　　性：多年生草本
海　　拔：2400~3900 m
分　　布：云南
濒危等级：LC

草莓状鼠尾草
Salvia fragarioides C. Y. Wu
习　　性：多年生草本
海　　拔：约800 m
分　　布：云南
濒危等级：LC

大叶鼠尾草
Salvia grandifolia W. W. Sm.
习　　性：多年生草本
海　　拔：2000~3000 m
分　　布：四川、云南
濒危等级：LC

木里鼠尾草
Salvia handelii E. Peter
习　　性：多年生草本
海　　拔：3800~3900 m
分　　布：四川
濒危等级：DD

阿里山鼠尾草
Salvia hayatae Makino ex Hayata

阿里山鼠尾草（原变种）
Salvia hayatae var. **hayatae**
习　　性：一年生草本
分　　布：台湾
濒危等级：LC

羽叶阿里山鼠尾草
Salvia hayatae var. **pinnata**(Hayata) C. Y. Wu
习　　性：一年生草本
分　　布：台湾
濒危等级：LC

异色鼠尾草
Salvia heterochroa E. Peter
习　　性：多年生草本
海　　拔：3500~3800 m
分　　布：云南
濒危等级：LC

瓦山鼠尾草
Salvia himmelbaurii E. Peter
习　　性：多年生草本
海　　拔：约3300 m
分　　布：四川
濒危等级：NT B1

河南鼠尾草
Salvia honania L. H. Bailey
习　　性：一年生或二年生草本
海　　拔：约800 m
分　　布：河北、湖北
濒危等级：LC

湖北鼠尾草
Salvia hupehensis E. Peter
习　　性：多年生草本
海　　拔：约1600 m
分　　布：河南、湖北、陕西
濒危等级：DD

林华鼠尾草
Salvia hylocharis Diels
习　　性：多年生草本
海　　拔：2800~4000 m
分　　布：西藏、云南
濒危等级：LC

鼠尾草
Salvia japonica Thunb.

鼠尾草（原变种）
Salvia japonica var. **japonica**
习　　性：一年生草本
海　　拔：200~1100 m
国内分布：安徽、福建、广东、广西、湖北、江苏、江西、四川、台湾、浙江
国外分布：朝鲜、日本
濒危等级：LC
资源利用：环境利用（观赏）

多小叶鼠尾草
Salvia japonica var. **multifoliolata** E. Peter
习　　性：一年生草本
海　　拔：700~1200 m
分　　布：广东、四川
濒危等级：LC

关公须
Salvia kiangsiensis C. Y. Wu
习　　性：一年生草本
分　　布：福建、湖南、江西
濒危等级：LC
资源利用：药用（中草药）

荞麦地鼠尾草
Salvia kiaometiensis H. Lév.
习　　性：多年生草本
海　　拔：2300~3200 m
分　　布：四川、云南
濒危等级：LC
资源利用：药用（中草药）；环境利用（观赏）

洱源鼠尾草
Salvia lankongensis C. Y. Wu

习　　性：多年生草本
海　　拔：约 3800 m
分　　布：云南
濒危等级：NT D1

舌瓣鼠尾草
Salvia liguliloba Y. Z. Sun
习　　性：一年生草本
海　　拔：约 800 m
分　　布：安徽、浙江
濒危等级：LC

东川鼠尾草
Salvia mairei H. Lév.
习　　性：多年生草本
海　　拔：约 3500 m
分　　布：云南

鄂西鼠尾草
Salvia maximowicziana Hemsl.

鄂西鼠尾草（原变种）
Salvia maximowicziana var. **maximowicziana**
习　　性：多年生草本
海　　拔：1800～3400 m
分　　布：甘肃、湖北、陕西、四川、西藏、云南
濒危等级：LC

多花鄂西鼠尾草
Salvia maximowicziana var. **floribunda** E. Peter
习　　性：多年生草本
海　　拔：2800～3800 m
分　　布：四川
濒危等级：LC

美丽鼠尾草
Salvia meiliensis S. W. Su
习　　性：多年生草本
海　　拔：1000～1300 m
分　　布：安徽
濒危等级：NT B1ab (iii, iv)

湄公鼠尾草
Salvia mekongensis E. Peter
习　　性：多年生草本
海　　拔：2800～4100 m
分　　布：云南
濒危等级：LC

丹参
Salvia miltiorrhiza Bunge

丹参（原变种）
Salvia miltiorrhiza var. **miltiorrhiza**
习　　性：多年生草本
海　　拔：100～1300 m
国内分布：安徽、北京、河北、河南、湖北、湖南、江苏、辽宁、山东、山西、陕西、浙江
国外分布：日本
濒危等级：LC
资源利用：药用（中草药）；环境利用（观赏）；原料（精油）

单叶丹参
Salvia miltiorrhiza var. **charbonnelii** (H. Lév.) C. Y. Wu
习　　性：多年生草本
分　　布：河北、河南、湖北、山西
濒危等级：LC

南川鼠尾草
Salvia nanchuanensis H. T. Sun

南川鼠尾草（原变种）
Salvia nanchuanensis var. **nanchuanensis**
习　　性：一年生或二年生草本
海　　拔：1700～1800 m
分　　布：湖北、四川
濒危等级：LC

蕨叶南川鼠尾草
Salvia nanchuanensis var. **pteridifolia** H. T. Sun
习　　性：一年生或二年生草本
分　　布：重庆、广西、贵州
濒危等级：LC

台湾琴柱草
Salvia nipponica (Hayata) Kudô
习　　性：多年生草本
分　　布：台湾
濒危等级：LC

云生丹参
Salvia nubicola Wall. ex Sweet
习　　性：多年生草本
国内分布：西藏
国外分布：阿富汗、巴基斯坦、不丹、尼泊尔、印度
濒危等级：LC

撒尔维亚
Salvia officinalis L.
习　　性：多年生草本
国内分布：中国栽培
国外分布：原产欧洲
资源利用：药用（中草药）；原料（香料，精油）

峨眉鼠尾草
Salvia omeiana E. Peter

峨眉鼠尾草（原变种）
Salvia omeiana var. **omeiana**
习　　性：多年生草本
海　　拔：2200～3100 m
分　　布：四川
濒危等级：LC

宽苞峨眉鼠尾草
Salvia omeiana var. **grandibracteata** E. Peter
习　　性：多年生草本
海　　拔：1400～2300 m
分　　布：四川
濒危等级：LC

宝兴鼠尾草
Salvia paohsingensis C. Y. Wu
- 习　　性：多年生草本
- 海　　拔：约 2800 m
- 分　　布：四川
- 濒危等级：NT

拟丹参
Salvia paramiltiorrhiza H. W. Li et X. L. Huang
- 习　　性：多年生草本
- 分　　布：安徽、湖北
- 濒危等级：LC

少花鼠尾草
Salvia pauciflora Kunth
- 习　　性：多年生草本
- 海　　拔：2800~3400 m
- 分　　布：云南
- 濒危等级：LC

岩生鼠尾草
Salvia petrophila G. X. Hu
- 习　　性：多年生草本
- 海　　拔：约 400 m
- 分　　布：广西、贵州
- 濒危等级：LC

秦岭鼠尾草
Salvia piasezkii Maxim.
- 习　　性：草本
- 分　　布：甘肃、陕西
- 濒危等级：LC

荔枝草
Salvia plebeia R. Br.
- 习　　性：一年生或二年生草本
- 海　　拔：0~2800 m
- 国内分布：除甘肃、青海、西藏、新疆外，各省均有分布
- 国外分布：阿富汗、澳大利亚、朝鲜、俄罗斯、马来西亚、缅甸、日本、泰国、印度、印度尼西亚、越南
- 濒危等级：LC
- 资源利用：药用（中草药）

长冠鼠尾草
Salvia plectranthoides Griff.
- 习　　性：一年生或二年生草本
- 海　　拔：800~2500 m
- 国内分布：重庆、甘肃、广西、贵州、湖北、湖南、陕西、四川、云南
- 国外分布：不丹、印度
- 濒危等级：LC
- 资源利用：药用（中草药）

毛唇鼠尾草
Salvia pogonochila Diels
- 习　　性：草本
- 海　　拔：约 3800 m
- 分　　布：四川
- 濒危等级：LC

洪桥鼠尾草
Salvia potaninii Krylov
- 习　　性：多年生草本
- 海　　拔：约 4000 m
- 分　　布：四川
- 濒危等级：LC

康定鼠尾草
Salvia prattii Hemsl.
- 习　　性：多年生草本
- 海　　拔：3700~4800 m
- 分　　布：青海、四川
- 濒危等级：LC

红根草
Salvia prionitis Hance
- 习　　性：一年生草本
- 海　　拔：100~800 m
- 分　　布：安徽、广东、广西、湖南、江西、浙江
- 濒危等级：LC
- 资源利用：药用（中草药）

甘西鼠尾草
Salvia przewalskii Maxim.

甘西鼠尾草（原变种）
Salvia przewalskii var. **przewalskii**
- 习　　性：多年生草本
- 海　　拔：1100~4000 m
- 分　　布：甘肃、四川、西藏、云南
- 濒危等级：LC
- 资源利用：药用（中草药）；环境利用（观赏）

白花甘西鼠尾草
Salvia przewalskii var. **alba** X. L. Huang et H. W. Li
- 习　　性：多年生草本
- 海　　拔：2600~3000 m
- 分　　布：四川、云南
- 濒危等级：LC

少毛甘西鼠尾草
Salvia przewalskii var. **glabrescens** E. Peter
- 习　　性：多年生草本
- 海　　拔：2100~3500 m
- 分　　布：四川、西藏、云南
- 濒危等级：LC

褐毛甘西鼠尾草
Salvia przewalskii var. **mandarinorum** (Diels) E. Peter
- 习　　性：多年生草本
- 海　　拔：2100~3500 m
- 分　　布：甘肃、湖北、四川、云南
- 濒危等级：LC

红褐甘西鼠尾草
Salvia przewalskii var. **rubrobrunnea** C. Y. Wu
- 习　　性：多年生草本
- 海　　拔：约 3200 m
- 分　　布：云南

祁门鼠尾草
Salvia qimenensis S. W. Su et J. Q. He
　　习　　性：二年生或多年生草本
　　分　　布：安徽
　　濒危等级：DD

黏毛鼠尾草
Salvia roborowskii Maxim.
　　习　　性：一年生或二年生草本
　　海　　拔：2500~3700 m
　　国内分布：甘肃、青海、四川、西藏、云南
　　国外分布：不丹、尼泊尔
　　濒危等级：LC

地埂鼠尾草
Salvia scapiformis Hance

地埂鼠尾草（原变种）
Salvia scapiformis var. **scapiformis**
　　习　　性：草本
　　海　　拔：100~1200 m
　　国内分布：福建、广东、台湾
　　国外分布：菲律宾
　　濒危等级：LC
　　资源利用：药用（中草药）

钟萼地埂鼠尾草
Salvia scapiformis var. **carphocalyx** E. Peter
　　习　　性：草本
　　海　　拔：600~700 m
　　分　　布：广东、湖南、江西
　　濒危等级：LC

硬毛地埂鼠尾草
Salvia scapiformis var. **hirsuta** E. Peter
　　习　　性：草本
　　海　　拔：100~1200 m
　　分　　布：福建、广东、广西、贵州、浙江
　　濒危等级：LC
　　资源利用：药用（中草药）

裂萼鼠尾草
Salvia schizocalyx E. Peter
　　习　　性：多年生草本
　　海　　拔：约4000 m
　　国内分布：云南
　　国外分布：缅甸
　　濒危等级：LC

裂瓣鼠尾草
Salvia schizochila E. Peter
　　习　　性：多年生草本
　　海　　拔：3800~4300 m
　　分　　布：云南
　　濒危等级：LC

锡金鼠尾草
Salvia sikkimensis E. Peter

锡金鼠尾草（原变种）
Salvia sikkimensis var. **sikkimensis**
　　习　　性：多年生草本
　　海　　拔：3300 m
　　国内分布：西藏
　　国外分布：不丹、印度
　　濒危等级：LC

张萼锡金鼠尾草
Salvia sikkimensis var. **chaenocalyx** E. Peter
　　习　　性：多年生草本
　　国内分布：西藏
　　国外分布：不丹、印度
　　濒危等级：LC

橙香鼠尾草
Salvia smithii E. Peter
　　习　　性：多年生草本
　　海　　拔：2600~3500 m
　　分　　布：四川
　　濒危等级：LC

苣叶鼠尾草
Salvia sonchifolia C. Y. Wu
　　习　　性：多年生草本
　　海　　拔：1300~1500 m
　　分　　布：广西、云南
　　濒危等级：LC

一串红
Salvia splendens Sellow ex Wied-Neuw.
　　习　　性：亚灌木状草本
　　国内分布：广泛栽培
　　国外分布：原产巴西
　　资源利用：环境利用（观赏）

近掌麦鼠尾草
Salvia subpalmatinervis E. Peter
　　习　　性：多年生草本
　　海　　拔：3400~4000 m
　　分　　布：云南
　　濒危等级：CR B1ab（i, iii, v）

佛光草
Salvia substolonifera E. Peter
　　习　　性：一年生草本
　　海　　拔：0~900 m
　　分　　布：重庆、福建、贵州、湖北、湖南、江西、四川、云南、浙江
　　濒危等级：LC
　　资源利用：药用（中草药）

椴叶鼠尾草
Salvia tiliifolia Vahl
　　习　　性：草本
　　国内分布：四川、云南归化
　　国外分布：原产中南美洲

黄鼠狼花
Salvia tricuspis Franch.
　　习　　性：一年生或二年生草本
　　海　　拔：1400~3000 m
　　分　　布：甘肃、山西、陕西、四川

濒危等级：LC

三叶鼠尾草
Salvia trijuga Diels
- 习　　性：多年生草本
- 海　　拔：1900~3900 m
- 分　　布：四川、西藏、云南
- 濒危等级：LC
- 资源利用：药用（中草药）

荫生鼠尾草
Salvia umbratica Hance
- 习　　性：一年生或二年生草本
- 海　　拔：600~2000 m
- 分　　布：安徽、北京、甘肃、河北、河南、湖北、山西、陕西
- 濒危等级：LC

野丹参
Salvia vasta H. W. Li

野丹参（原变种）
Salvia vasta var. **vasta**
- 习　　性：多年生草本
- 分　　布：湖北
- 濒危等级：LC

齿唇丹参
Salvia vasta var. **fimbriata** H. W. Li
- 习　　性：多年生草本
- 分　　布：湖北
- 濒危等级：LC

西藏鼠尾草
Salvia wardii E. Peter
- 习　　性：多年生草本
- 海　　拔：3600~4500 m
- 分　　布：西藏
- 濒危等级：LC

云南鼠尾草
Salvia yunnanensis C. H. Wright
- 习　　性：多年生草本
- 海　　拔：1800~2900 m
- 分　　布：贵州、四川、云南
- 濒危等级：LC
- 资源利用：药用（中草药）；环境利用（观赏）

四棱草属 Schnabelia Hand.-Mazz.

金腺四棱草
Schnabelia aureoglandulosa(Vaniot)P. D. Cantino
- 习　　性：多年生草本
- 分　　布：贵州、湖北、四川、云南
- 濒危等级：LC

单花四棱草
Schnabelia nepetifolia(Benth.)P. D. Cantino
- 习　　性：多年生草本
- 分　　布：安徽、福建、江苏、浙江
- 濒危等级：LC

四棱草
Schnabelia oligophylla Hand.-Mazz.

四棱草（原变种）
Schnabelia oligophylla var. **oligophylla**
- 习　　性：草本
- 海　　拔：700 m
- 分　　布：福建、广东、广西、海南、湖南、江西、四川
- 濒危等级：LC
- 资源利用：药用（中草药）

长叶四棱草
Schnabelia oligophylla var. **oblongifolia** C. Y. Wu et C. Chen
- 习　　性：多年生草本
- 海　　拔：600~1900 m
- 分　　布：四川、云南
- 濒危等级：LC

三花四棱草
Schnabelia terniflora(Maxim.)P. D. Cantino
- 习　　性：多年生草本
- 分　　布：甘肃、贵州、河北、河南、湖北、江西、山西、陕西、四川、云南
- 濒危等级：LC

四齿四棱草
Schnabelia tetrodonta(Y. Z. Sun)C. Y. Wu et C. Chen
- 习　　性：多年生草本
- 海　　拔：500~1800 m
- 分　　布：贵州、四川
- 濒危等级：LC

黄芩属 Scutellaria L.

腺毛黄芩
Scutellaria adenotricha X. H. Guo et S. B. Zhou
- 习　　性：多年生草本
- 海　　拔：200~300 m
- 分　　布：福建
- 濒危等级：DD

阿尔泰黄芩
Scutellaria altaica Fisch. ex Sweet
- 习　　性：亚灌木
- 海　　拔：1600~2500 m
- 分　　布：新疆
- 濒危等级：LC

滇黄芩
Scutellaria amoena C. H. Wright

滇黄芩（原变种）
Scutellaria amoena var. **amoena**
- 习　　性：多年生草本
- 海　　拔：1300~3000 m
- 分　　布：贵州、四川、云南
- 濒危等级：LC
- 资源利用：药用（中草药）；原料（精油）

灰毛滇黄芩
Scutellaria amoena var. **cinerea** Hand.-Mazz.

习　　性：多年生草本
海　　拔：1300~2700 m
分　　布：四川、云南
濒危等级：LC

安徽黄芩
Scutellaria anhweiensis C. Y. Wu
习　　性：多年生草本
海　　拔：约 900 m
分　　布：安徽
濒危等级：LC

南台湾黄芩
Scutellaria austrotaiwanensis C. X. Xie et T. C. Huang
习　　性：多年生草本
分　　布：台湾
濒危等级：VU D1+2

腋花黄芩
Scutellaria axilliflora Hand. -Mazz.

腋花黄芩（原变种）
Scutellaria axilliflora var. **axilliflora**
习　　性：多年生草本
海　　拔：约 900 m
分　　布：福建
濒危等级：LC

大花腋花黄芩
Scutellaria axilliflora var. **medullifera** (Y. Z. Sun) C. Y. Wu et H. W. Li
习　　性：多年生草本
海　　拔：约 900 m
分　　布：浙江
濒危等级：DD

黄芩
Scutellaria baicalensis Georgi
习　　性：多年生草本
海　　拔：100~2000 m
国内分布：甘肃、河北、河南、黑龙江、湖北、江苏、辽宁、内蒙古、山东、山西、陕西
国外分布：朝鲜、俄罗斯、蒙古、日本
濒危等级：LC
资源利用：药用（中草药）；原料（精油）；农药

竹林黄芩
Scutellaria bambusetorum C. Y. Wu
习　　性：多年生草本
海　　拔：约 2000 m
分　　布：云南
濒危等级：LC

半枝莲
Scutellaria barbata D. Don
习　　性：多年生草本
海　　拔：0~2000 m
国内分布：福建、广东、广西、贵州、河北、河南、湖北、湖南、江苏、江西、山东、陕西、四川、台湾、云南、浙江

国外分布：朝鲜、老挝、缅甸、尼泊尔、日本、泰国、印度、越南
濒危等级：LC
资源利用：药用（中草药）

囊距黄芩
Scutellaria calcarata C. Y. Wu et H. W. Li
习　　性：多年生草本
海　　拔：约 2700 m
分　　布：云南
濒危等级：NT B1ab（iii，iv）

莸状黄芩
Scutellaria caryopteroides Hand. -Mazz.
习　　性：多年生草本
海　　拔：800~1500 m
分　　布：河南、湖北、陕西
濒危等级：LC

尾叶黄芩
Scutellaria caudifolia Y. Z. Sun

尾叶黄芩（原变种）
Scutellaria caudifolia var. **caudifolia**
习　　性：多年生草本
海　　拔：900~1700 m
分　　布：贵州、四川
濒危等级：LC

斜叶尾叶黄芩
Scutellaria caudifolia var. **obliquifolia** C. Y. Wu et S. Chow
习　　性：多年生草本
海　　拔：约 1300 m
分　　布：四川
濒危等级：NT B1ab（iii，iv）
资源利用：药用（中草药）

浙江黄芩
Scutellaria chekiangensis C. Y. Wu
习　　性：多年生草本
分　　布：四川、浙江
濒危等级：LC

赤水黄芩
Scutellaria chihshuiensis C. Y. Wu et H. W. Li
习　　性：多年生草本
分　　布：贵州
濒危等级：NT C1

祁门黄芩
Scutellaria chimenensis C. Y. Wu
习　　性：多年生草本
海　　拔：约 100 m
分　　布：安徽
濒危等级：LC

中甸黄芩
Scutellaria chungtienensis C. Y. Wu
习　　性：多年生草本
海　　拔：3000~3300 m

分　　布：云南

濒危等级：LC

方枝黄芩
Scutellaria delavayi H. Lév.
- 习　　性：多年生草本
- 海　　拔：1000~1600 m
- 分　　布：湖南、四川、云南
- 濒危等级：LC

纤弱黄芩
Scutellaria dependens Maxim.
- 习　　性：多年生草本
- 海　　拔：0~300 m
- 国内分布：黑龙江、吉林、内蒙古、山东
- 国外分布：不丹、朝鲜、俄罗斯、日本
- 濒危等级：LC

异色黄芩
Scutellaria discolor Wall. ex Benth.

异色黄芩（原变种）
Scutellaria discolor var. **discolor**
- 习　　性：多年生草本
- 海　　拔：0~1800 m
- 国内分布：广西、贵州、云南
- 国外分布：柬埔寨、老挝、马来西亚、缅甸、尼泊尔、泰国、印度、印度尼西亚、越南
- 濒危等级：LC

地盆草
Scutellaria discolor var. **hirta** Hand.-Mazz.
- 习　　性：多年生草本
- 海　　拔：约2000 m
- 分　　布：四川、云南
- 濒危等级：LC

蓝花黄芩
Scutellaria formosana N. E. Br.

蓝花黄芩（原变种）
Scutellaria formosana var. **formosana**
- 习　　性：多年生草本
- 海　　拔：500~900 m
- 分　　布：福建、广东、海南、江西、云南
- 濒危等级：LC

多毛蓝花黄芩
Scutellaria formosana var. **pubescens** C. Y. Wu et H. W. Li
- 习　　性：多年生草本
- 分　　布：广西、海南
- 濒危等级：LC

灰岩黄芩
Scutellaria forrestii Diels
- 习　　性：多年生草本
- 海　　拔：2100~3400 m
- 分　　布：四川、云南
- 濒危等级：LC

岩霍黄芩
Scutellaria franchetiana H. Lév.
- 习　　性：多年生草本
- 海　　拔：800~2300 m
- 分　　布：贵州、湖北、陕西、四川
- 濒危等级：LC

盔状黄芩
Scutellaria galericulata L.
- 习　　性：多年生草本
- 海　　拔：400~1100 m
- 国内分布：内蒙古、陕西、新疆
- 国外分布：俄罗斯、哈萨克斯坦、吉尔吉斯斯坦、蒙古、日本、塔吉克斯坦、土库曼斯坦、乌兹别克斯坦
- 濒危等级：LC

粗齿黄芩
Scutellaria grossecrenata Merr. et Chun ex H. W. Li
- 习　　性：多年生草本
- 海　　拔：约700 m
- 分　　布：广东
- 濒危等级：LC

连钱黄芩
Scutellaria guilielmii A. Gray
- 习　　性：多年生草本
- 海　　拔：200~1700 m
- 国内分布：湖南、陕西、浙江
- 国外分布：日本
- 濒危等级：LC

海南黄芩
Scutellaria hainanensis C. Y. Wu
- 习　　性：多年生草本
- 海　　拔：约700 m
- 分　　布：海南
- 濒危等级：VU C2a（i）

河南黄芩
Scutellaria honanensis C. Y. Wu et H. W. Li
- 习　　性：多年生草本
- 海　　拔：约500 m
- 分　　布：河南、湖北
- 濒危等级：LC

湖南黄芩
Scutellaria hunanensis C. Y. Wu
- 习　　性：草本
- 分　　布：湖南
- 濒危等级：LC

连翘叶黄芩
Scutellaria hypericifolia H. Lév.

连翘叶黄芩（原变种）
Scutellaria hypericifolia var. **hypericifolia**
- 习　　性：多年生草本
- 海　　拔：900~4000 m
- 分　　布：四川

濒危等级：LC
资源利用：药用（中草药）；原料（精油）

多毛连翘叶黄芩
Scutellaria hypericifolia var. **pilosa** C. Y. Wu
习　　性：多年生草本
海　　拔：900 ~ 4000 m
分　　布：四川
濒危等级：LC

裂叶黄芩
Scutellaria incisa Y. Z. Sun
习　　性：草本
海　　拔：约 600 m
分　　布：江西、浙江
濒危等级：LC

韩信草
Scutellaria indica L.

韩信草（原变种）
Scutellaria indica var. **indica**
习　　性：灌木或草本
海　　拔：0 ~ 1500 m
国内分布：安徽、福建、广东、广西、贵州、河南、湖北、湖南、江苏、江西、陕西、四川、台湾、云南、浙江
国外分布：柬埔寨、老挝、马来西亚、缅甸、日本、泰国、印度、印度尼西亚、越南
濒危等级：LC
资源利用：药用（中草药）

长毛韩信草
Scutellaria indica var. **elliptica** Y. Z. Sun ex C. H. Hu
习　　性：灌木或草本
海　　拔：0 ~ 900 m
分　　布：安徽、福建、广东、广西、贵州、湖北、湖南、江西、四川、浙江
濒危等级：LC

小叶韩信草
Scutellaria indica var. **parvifolia** Makino
习　　性：灌木或草本
海　　拔：700 ~ 1900 m
国内分布：安徽、广东、广西、湖南、台湾、云南
国外分布：日本
濒危等级：LC

缩茎韩信草
Scutellaria indica var. **subacaulis**（Y. Z. Sun）C. Y. Wu et C. Chen
习　　性：灌木或草本
海　　拔：0 ~ 1500 m
国内分布：福建、广东、河南、湖南、江苏、江西、云南、浙江
国外分布：日本
濒危等级：LC

永泰黄芩
Scutellaria inghokensis F. P. Metcalf
习　　性：多年生草本
海　　拔：约 500 m
分　　布：福建
濒危等级：LC

爪哇黄芩
Scutellaria javanica Jungh.
习　　性：多年生草本
海　　拔：1200 m
国内分布：海南
国外分布：菲律宾、印度尼西亚
濒危等级：LC

藏黄芩
Scutellaria kingiana Prain
习　　性：多年生草本
海　　拔：约 4600 m
分　　布：西藏
濒危等级：LC

光紫黄芩
Scutellaria laeteviolacea Koidz.
习　　性：多年生草本
海　　拔：约 1100 m
国内分布：安徽、江苏
国外分布：日本
濒危等级：LC

散黄芩
Scutellaria laxa Dunn
习　　性：多年生草本
海　　拔：2000 ~ 2600 m
分　　布：云南
濒危等级：LC

丽江黄芩
Scutellaria likiangensis Diels
习　　性：多年生草本
海　　拔：2500 ~ 3100 m
分　　布：云南
濒危等级：LC
资源利用：药用（中草药）

长叶并头草
Scutellaria linarioides C. Y. Wu
习　　性：多年生草本
海　　拔：约 1200 m
分　　布：四川、云南
濒危等级：LC

罗甸黄芩
Scutellaria lotienensis C. Y. Wu et S. Chow
习　　性：匍匐草本
海　　拔：400 ~ 800 m
分　　布：贵州
濒危等级：LC

淡黄黄芩
Scutellaria lutescens C. Y. Wu

习　　性：多年生草本
海　　拔：约 2700 m
分　　布：云南

乐东黄芩
Scutellaria luzonica C. Y. Wu et C. Chen
习　　性：多年生草本
分　　布：海南
濒危等级：DD

大齿黄芩
Scutellaria macrodonta Hand.-Mazz.
习　　性：多年生草本
海　　拔：400~1200 m
分　　布：河北、河南
濒危等级：LC

长管黄芩
Scutellaria macrosiphon C. Y. Wu
习　　性：多年生草本
海　　拔：1800~2200 m
分　　布：云南
濒危等级：LC

毛茎黄芩
Scutellaria mairei H. Lév.
习　　性：多年生草本
海　　拔：约 2600 m
分　　布：云南
濒危等级：LC

龙头黄芩
Scutellaria meehanioides C. Y. Wu

龙头黄芩（原变种）
Scutellaria meehanioides var. **meehanioides**
习　　性：多年生草本
海　　拔：500~1200 m
分　　布：湖北、陕西
濒危等级：LC

少齿龙头黄芩
Scutellaria meehanioides var. **paucidentata** C. Y. Wu et H. W. Li
习　　性：多年生草本
海　　拔：约 1500 m
分　　布：甘肃
濒危等级：LC

大叶黄芩
Scutellaria megaphylla C. Y. Wu et H. W. Li
习　　性：一年生草本
分　　布：山东
濒危等级：NT D1

小紫黄芩
Scutellaria microviolacea C. Y. Wu
习　　性：草本
海　　拔：1400~1500 m
分　　布：云南
濒危等级：LC

毛叶黄芩
Scutellaria mollifolia C. Y. Wu et H. W. Li
习　　性：多年生草本
海　　拔：约 1200 m
分　　布：四川
濒危等级：DD

念珠根茎黄芩
Scutellaria moniliorrhiza Kom.
习　　性：多年生草本
海　　拔：约 1000 m
国内分布：吉林
国外分布：朝鲜、俄罗斯
濒危等级：LC

变黑黄芩
Scutellaria nigricans C. Y. Wu
习　　性：多年生草本
海　　拔：约 700 m
分　　布：四川
濒危等级：LC

黑心黄芩
Scutellaria nigrocardia C. Y. Wu et H. W. Li
习　　性：多年生草本
分　　布：广东
濒危等级：VU A2c+3c；D2

钝叶黄芩
Scutellaria obtusifolia Hemsl.

钝叶黄芩（原变种）
Scutellaria obtusifolia var. **obtusifolia**
习　　性：多年生草本
海　　拔：600~2500 m
分　　布：贵州、湖北、四川
濒危等级：LC
资源利用：药用（中草药）

三脉钝叶黄芩
Scutellaria obtusifolia var. **trinervata** (Vaniot) C. Y. Wu et H. W. Li
习　　性：多年生草本
海　　拔：600~2500 m
分　　布：广西、贵州
濒危等级：LC

少齿黄芩
Scutellaria oligodonta Juz.
习　　性：亚灌木
海　　拔：2500~2600 m
国内分布：新疆
国外分布：吉尔吉斯斯坦
濒危等级：LC

少脉黄芩
Scutellaria oligophlebia Merr. et Chun ex H. W. Li
习　　性：多年生草本
分　　布：广东
濒危等级：LC

峨眉黄芩
Scutellaria omeiensis C. Y. Wu

峨眉黄芩（原变种）
Scutellaria omeiensis var. **omeiensis**
- 习　　性：多年生草本
- 海　　拔：1600~3000 m
- 分　　布：四川
- 濒危等级：LC
- 资源利用：药用（中草药）

锯叶峨眉黄芩
Scutellaria omeiensis var. **serratifolia** C. Y. Wu et S. Chow
- 习　　性：多年生草本
- 海　　拔：1500~2500 m
- 分　　布：贵州、湖北、四川
- 濒危等级：LC

直萼黄芩
Scutellaria orthocalyx Hand.-Mazz.
- 习　　性：多年生草本
- 海　　拔：1200~3300 m
- 分　　布：四川、云南
- 濒危等级：LC
- 资源利用：药用（中草药）

展毛黄芩
Scutellaria orthotricha C. Y. Wu et H. W. Li
- 习　　性：亚灌木
- 海　　拔：1200~1300 m
- 分　　布：新疆
- 濒危等级：LC

京黄芩
Scutellaria pekinensis Maxim.

京黄芩（原变种）
Scutellaria pekinensis var. **pekinensis**
- 习　　性：一年生草本
- 海　　拔：600~1800 m
- 分　　布：河北、河南、吉林、山东、陕西、浙江
- 濒危等级：LC

大花京黄芩
Scutellaria pekinensis var. **grandiflora** C. Y. Wu et H. W. Li
- 习　　性：一年生草本
- 海　　拔：约 2600 m
- 分　　布：四川
- 濒危等级：LC

紫茎京黄芩
Scutellaria pekinensis var. **purpureicaulis**(Migo)C. Y. Wu et H. W. Li
- 习　　性：一年生草本
- 海　　拔：200~2200 m
- 分　　布：安徽、福建、湖北、江苏、山东、浙江
- 濒危等级：LC

短促京黄芩
Scutellaria pekinensis var. **transitra**(Makino)H. Hara ex H. W. Li
- 习　　性：一年生草本
- 海　　拔：100~1300 m
- 国内分布：安徽、福建、湖南、江苏、江西、浙江
- 国外分布：朝鲜、日本
- 濒危等级：LC

黑龙江京黄芩
Scutellaria pekinensis var. **ussuriensis**(Regel)Hand.-Mazz.
- 习　　性：一年生草本
- 海　　拔：500~1500 m
- 国内分布：黑龙江、吉林、内蒙古
- 国外分布：朝鲜、俄罗斯、日本
- 濒危等级：LC

屏边黄芩
Scutellaria pingbienensis C. Y. Wu et H. W. Li
- 习　　性：多年生草本
- 海　　拔：700~1400 m
- 分　　布：云南
- 濒危等级：DD

伏黄芩
Scutellaria playfairii Kudô

伏黄芩（原变种）
Scutellaria playfairii var. **playfairii**
- 习　　性：多年生草本
- 分　　布：台湾
- 濒危等级：LC

少毛伏黄芩
Scutellaria playfairii var. **procumbens**(Ohwi)C. Y. Wu et H. W. Li
- 习　　性：多年生草本
- 分　　布：台湾
- 濒危等级：LC

平卧黄芩
Scutellaria prostrata Jacquem. ex Benth.
- 习　　性：多年生草本
- 海　　拔：1700~3300 m
- 国内分布：新疆
- 国外分布：印度
- 濒危等级：LC

深裂黄芩
Scutellaria przewalskii Juz.
- 习　　性：亚灌木
- 海　　拔：900~2300 m
- 国内分布：甘肃、新疆
- 国外分布：吉尔吉斯斯坦
- 濒危等级：LC

假韧黄芩
Scutellaria pseudotenax C. Y. Wu
- 习　　性：多年生草本
- 海　　拔：1600~1900 m
- 分　　布：云南
- 濒危等级：LC

紫心黄芩
Scutellaria purpureocardia C. Y. Wu

习　　性：多年生草本
海　　拔：600~2100 m
分　　布：云南
濒危等级：LC

四裂花黄芩
Scutellaria quadrilobulata Y. Z. Sun

四裂花黄芩（原变种）
Scutellaria quadrilobulata var. **quadrilobulata**
习　　性：多年生草本
海　　拔：2000~3000 m
分　　布：湖北、四川、云南
濒危等级：LC

四裂花黄芩（硬毛变种）
Scutellaria quadrilobulata var. **pilosa** C. Y. Wu et S. Chow
习　　性：多年生草本
海　　拔：约2000 m
分　　布：贵州、云南
濒危等级：LC

狭叶黄芩
Scutellaria regeliana Nakai

狭叶黄芩（原变种）
Scutellaria regeliana var. **regeliana**
习　　性：多年生草本
海　　拔：500~1000 m
国内分布：河北、黑龙江、吉林、内蒙古
国外分布：朝鲜、俄罗斯、蒙古
濒危等级：LC

塔头狭叶黄芩
Scutellaria regeliana var. **ikonnikovii**（Juz.）C. Y. Wu et H. W. Li
习　　性：多年生草本
海　　拔：约500 m
国内分布：黑龙江、吉林、内蒙古
国外分布：俄罗斯、蒙古
濒危等级：LC

甘肃黄芩
Scutellaria rehderiana Diels
习　　性：多年生草本
海　　拔：1300~3200 m
分　　布：甘肃、山西、陕西
濒危等级：LC
资源利用：原料（精油）

显脉黄芩
Scutellaria reticulata C. Y. Wu et W. T. Wang
习　　性：亚灌木
分　　布：广西
濒危等级：LC

棱茎黄芩
Scutellaria scandens Buch.-Ham. ex D. Don
习　　性：草本
海　　拔：约2300 m
国内分布：西藏
国外分布：尼泊尔
濒危等级：LC

喜荫黄芩
Scutellaria sciaphila S. Moore
习　　性：多年生草本
分　　布：江苏、江西、山东
濒危等级：LC

并头黄芩
Scutellaria scordifolia Fisch. ex Schrank

并头黄芩（原变种）
Scutellaria scordifolia var. **scordifolia**
习　　性：多年生草本
海　　拔：0~2100 m
国内分布：河北、黑龙江、内蒙古、青海、山西
国外分布：俄罗斯、蒙古、日本
濒危等级：LC
资源利用：药用（中草药）

喜沙并头黄芩
Scutellaria scordifolia var. **ammophila**（Kitag.）C. Y. Wu et W. T. Wang
习　　性：多年生草本
海　　拔：约1400 m
分　　布：河北、黑龙江、辽宁、内蒙古、陕西
濒危等级：LC

微柔毛并头黄芩
Scutellaria scordifolia var. **puberula** Regel ex Kom.
习　　性：多年生草本
海　　拔：0~1400 m
分　　布：河北、黑龙江、内蒙古、山西
濒危等级：LC

多毛并头黄芩
Scutellaria scordifolia var. **villosissima** C. Y. Wu et W. T. Wang
习　　性：多年生草本
海　　拔：1500~1900 m
分　　布：甘肃、河南、青海、山西、陕西
濒危等级：LC

雾灵山并头黄芩
Scutellaria scordifolia var. **wulingshanensis**（Nakai et Kitag.）C. Y. Wu et W. T. Wang
习　　性：多年生草本
海　　拔：1500~1700 m
分　　布：河北、山西
濒危等级：LC

石蚕叶草
Scutellaria sessilifolia Hemsl.
习　　性：多年生草本
海　　拔：800~2600 m
分　　布：四川
濒危等级：LC
资源利用：药用（中草药）

山西黄芩
Scutellaria shansiensis C. Y. Wu et H. W. Li
习　　性：多年生草本
海　　拔：约1500 m
分　　布：山西
濒危等级：EN A2c；B1ab（i, ii, iii）；C1

瑞丽黄芩
Scutellaria shweliensis W. W. Sm.
　　习　　性：亚灌木
　　海　　拔：600~1600 m
　　分　　布：云南
　　濒危等级：DD

西畴黄芩
Scutellaria sichourensis C. Y. Wu et H. W. Li
　　习　　性：多年生草本
　　海　　拔：1400~1700 m
　　分　　布：云南
　　濒危等级：LC

宽苞黄芩
Scutellaria sieversii Bunge
　　习　　性：亚灌木
　　海　　拔：700~1000 m
　　国内分布：新疆
　　国外分布：俄罗斯、哈萨克斯坦
　　濒危等级：LC

白花黄芩
Scutellaria spectabilis Pax et K. Hoffm. ex Limpr.
　　习　　性：草本
　　海　　拔：约800 m
　　分　　布：四川
　　濒危等级：CR C1

狭管黄芩
Scutellaria stenosiphon Hemsl.
　　习　　性：多年生草本
　　分　　布：广东
　　濒危等级：LC

沙滩黄芩
Scutellaria strigillosa Hemsl.
　　习　　性：多年生草本
　　海　　拔：约100 m
　　国内分布：河北、江苏、辽宁、山东、浙江
　　国外分布：朝鲜、俄罗斯、日本
　　濒危等级：LC

两广黄芩
Scutellaria subintegra C. Y. Wu et H. W. Li
　　习　　性：多年生草本
　　分　　布：广东、广西
　　濒危等级：LC

仰卧黄芩
Scutellaria supina L.
　　习　　性：亚灌木
　　海　　拔：1900 m
　　国内分布：新疆
　　国外分布：俄罗斯、哈萨克斯坦、蒙古
　　濒危等级：LC

台北黄芩
Scutellaria taipeiensis T. C. Huang, A. Hsiao et M. J. Wu
　　习　　性：多年生草本
　　海　　拔：约200 m
　　分　　布：台湾
　　濒危等级：LC

台湾黄芩
Scutellaria taiwanensis C. Y. Wu
　　习　　性：多年生草本
　　分　　布：台湾
　　濒危等级：VU D1+2

大坪子黄芩
Scutellaria tapintzensis C. Y. Wu et H. W. Li
　　习　　性：多年生草本
　　海　　拔：约2500 m
　　分　　布：云南
　　濒危等级：VU A2c；B1ab（iii，iv）

太鲁阁黄芩
Scutellaria tarokoensis T. Yamaz.
　　习　　性：多年生草本
　　分　　布：台湾
　　濒危等级：LC

海安山黄芩
Scutellaria tashiroi T. Yamaz.
　　习　　性：多年生草本
　　分　　布：台湾
　　濒危等级：LC

偏花黄芩
Scutellaria tayloriana Dunn
　　习　　性：多年生草本
　　海　　拔：约1800 m
　　分　　布：广东、广西、贵州、湖南
　　濒危等级：LC
　　资源利用：药用（中草药）

韧黄芩
Scutellaria tenax W. W. Sm.

韧黄芩（原变种）
Scutellaria tenax var. **tenax**
　　习　　性：多年生草本
　　海　　拔：1500~2600 m
　　分　　布：四川、云南
　　濒危等级：LC

展毛韧黄芩
Scutellaria tenax var. **patentipilosa**(Hand.-Mazz.)C. Y. Wu
　　习　　性：多年生草本
　　海　　拔：约1600 m
　　分　　布：四川、云南
　　濒危等级：VU B1ab（iii，iv）

柔弱黄芩
Scutellaria tenera C. Y. Wu et H. W. Li
　　习　　性：多年生草本
　　海　　拔：约300 m
　　分　　布：湖南、江西、浙江
　　濒危等级：LC

大姚黄芩
Scutellaria teniana Hand.-Mazz.
　　习　　性：多年生草本
　　海　　拔：2000~2100 m

分　　布：云南
濒危等级：LC

细花黄芩
Scutellaria tenuiflora C. Y. Wu
　　习　　性：多年生草本
　　海　　拔：约 1500 m
　　分　　布：陕西
　　濒危等级：LC

天全黄芩
Scutellaria tienchuanensis C. Y. Wu et C. Chen
　　习　　性：多年生草本
　　海　　拔：1700~2800 m
　　分　　布：四川
　　濒危等级：EN B1ab（iii，iv）

缙云黄芩
Scutellaria tsinyunensis C. Y. Wu et S. Chow
　　习　　性：多年生草本
　　海　　拔：700~800 m
　　分　　布：四川
　　濒危等级：LC

假活血草
Scutellaria tuberifera C. Y. Wu et C. Chen
　　习　　性：草本
　　海　　拔：100~1550 m
　　分　　布：安徽、江苏、云南、浙江
　　濒危等级：LC

图们黄芩
Scutellaria tuminensis Nakai
　　习　　性：多年生草本
　　海　　拔：0~600 m
　　国内分布：吉林
　　国外分布：俄罗斯
　　濒危等级：LC

紫苏叶黄芩
Scutellaria violacea Hook. f.
　　习　　性：多年生草本
　　海　　拔：1900~3200 m
　　国内分布：四川、云南
　　国外分布：印度
　　濒危等级：LC

黏毛黄芩
Scutellaria viscidula Bunge
　　习　　性：多年生草本
　　海　　拔：700~1400 m
　　分　　布：河北、内蒙古、山东、山西
　　濒危等级：LC
　　资源利用：原料（精油）

巍山黄芩
Scutellaria weishanensis C. Y. Wu et H. W. Li
　　习　　性：多年生草本
　　海　　拔：2000~2200 m
　　分　　布：云南
　　濒危等级：LC

文山黄芩
Scutellaria wenshanensis C. Y. Wu et H. W. Li
　　习　　性：多年生草本
　　海　　拔：约 1900 m
　　分　　布：云南
　　濒危等级：NT B1ab（iii，iv）

南粤黄芩
Scutellaria wongkei Dunn
　　习　　性：多年生草本
　　分　　布：广东
　　濒危等级：NT B1ab（iii，iv）

荨麻叶黄芩
Scutellaria yangbiensis H. W. Li
　　习　　性：多年生草本
　　海　　拔：1100~2100 m
　　分　　布：云南
　　濒危等级：LC

英德黄芩
Scutellaria yingtakensis Y. Z. Sun
　　习　　性：多年生草本
　　海　　拔：500~2200 m
　　分　　布：福建、广东、广西、贵州、湖南、江西、四川
　　濒危等级：LC

红茎黄芩
Scutellaria yunnanensis H. Lév.

红茎黄芩（原变种）
Scutellaria yunnanensis var. **yunnanensis**
　　习　　性：多年生草本
　　海　　拔：900~1200 m
　　分　　布：四川、云南
　　濒危等级：LC
　　资源利用：药用（中草药）

楔叶红茎黄芩
Scutellaria yunnanensis var. **cuneata** C. Y. Wu et W. T. Wang
　　习　　性：多年生草本
　　海　　拔：约 1000 m
　　分　　布：云南
　　濒危等级：DD

柳叶红茎黄芩
Scutellaria yunnanensis var. **salicifolia** Y. Z. Sun
　　习　　性：多年生草本
　　海　　拔：500~1600 m
　　分　　布：贵州、四川
　　濒危等级：LC
　　资源利用：药用（中草药）

毒马草属 Sideritis L.

紫花毒马草
Sideritis balansae Boiss.
　　习　　性：一年生草本
　　国内分布：新疆
　　国外分布：俄罗斯、亚洲西南部
　　濒危等级：LC

毒马草
Sideritis montana L.
习　　性：一年生草本
海　　拔：1200～1400 m
国内分布：新疆
国外分布：俄罗斯、土库曼斯坦
濒危等级：LC

筒冠花属 Siphocranion Kudô

筒冠花
Siphocranion macranthum(Hook. f.) C. Y. Wu
习　　性：多年生草本
海　　拔：1300～3200 m
国内分布：广西、贵州、四川、西藏、云南
国外分布：缅甸、印度、越南
濒危等级：LC
资源利用：药用（中草药）

光柄筒冠花
Siphocranion nudipes(Hemsl.) Kudô
习　　性：多年生草本
海　　拔：1000～2100 m
分　　布：福建、广东、贵州、湖北、江西、四川、云南
濒危等级：LC

楔翅藤属 Sphenodesme Jack

多花楔翅藤
Sphenodesme floribunda Chun et F. G. Hoow
习　　性：攀援灌木
海　　拔：300～700 m
分　　布：海南
濒危等级：LC

爪楔翅藤
Sphenodesme involucrata(C. Presl) B. L. Rob.
习　　性：攀援灌木
海　　拔：500～700 m
国内分布：广东、海南、台湾
国外分布：马来西亚、印度
濒危等级：LC

毛楔翅藤
Sphenodesme mollis Craib
习　　性：攀援藤本
海　　拔：600～1500 m
国内分布：云南
国外分布：泰国、越南
濒危等级：LC

山白藤
Sphenodesme pentandra(Schauer) Munir
习　　性：攀援藤本
海　　拔：500～700 m
国内分布：广东、海南、云南
国外分布：柬埔寨、老挝、马来西亚、孟加拉国、缅甸、泰国、印度、越南
濒危等级：LC

假水苏属 Stachyopsis Popov et Vved.

心叶假水苏
Stachyopsis lamiiflora(Rupr.) Popov et Vved.
习　　性：多年生草本
海　　拔：2400 m
国内分布：新疆
国外分布：哈萨克斯坦、吉尔吉斯斯坦
濒危等级：LC

多毛假水苏
Stachyopsis marrubioides(Regel) Ikonn. -Gal.
习　　性：多年生草本
海　　拔：1800～2200 m
国内分布：新疆
国外分布：哈萨克斯坦
濒危等级：LC

假水苏
Stachyopsis oblongata(Schrenk ex Fisch. et C. A. Mey.) Popov et Vved.
习　　性：多年生草本
海　　拔：2000～2300 m
国内分布：新疆
国外分布：哈萨克斯坦、吉尔吉斯斯坦、塔吉克斯坦
濒危等级：LC

水苏属 Stachys L.

少毛甘露子
Stachys adulterina Hemsl.
习　　性：多年生草本
海　　拔：约1800 m
分　　布：湖北、四川
濒危等级：LC

蜗儿菜
Stachys arrecta L. H. Bailey
习　　性：多年生草本
海　　拔：1500～2000 m
分　　布：安徽、河北、湖北、湖南、江苏、山西、陕西、浙江
濒危等级：LC

田野水苏
Stachys arvensis L.
习　　性：一年生草本
国内分布：福建、广东、广西、台湾
国外分布：俄罗斯；北美洲、南美洲、欧洲
濒危等级：LC

毛水苏
Stachys baicalensis Fisch. ex Benth.

毛水苏（原变种）
Stachys baicalensis var. **baicalensis**
习　　性：多年生草本
海　　拔：400～1700 m
国内分布：黑龙江、吉林、辽宁、内蒙古、山东、山西、陕西

国外分布：俄罗斯
濒危等级：LC
资源利用：药用（中草药）

狭叶毛水苏
Stachys baicalensis var. **angustifolia** Honda
习　　性：多年生草本
海　　拔：约600 m
国内分布：吉林
国外分布：朝鲜、俄罗斯、日本
濒危等级：LC

小刚毛毛水苏
Stachys baicalensis var. **hispidula**(Regel)Nakai
习　　性：多年生草本
海　　拔：200~700 m
国内分布：河北、吉林、辽宁、内蒙古
国外分布：朝鲜、俄罗斯、日本
濒危等级：LC

华水苏
Stachys chinensis Bunge ex Benth.
习　　性：多年生草本
海　　拔：0~1000 m
国内分布：甘肃、河北、黑龙江、吉林、辽宁、内蒙古、山西、陕西
国外分布：俄罗斯
濒危等级：LC

地蚕
Stachys geobombycis C. Y. Wu

地蚕（原变种）
Stachys geobombycis var. **geobombycis**
习　　性：多年生草本
海　　拔：200~700 m
分　　布：福建、广东、广西、湖北、湖南、江西、浙江
濒危等级：LC
资源利用：药用（中草药）；食品（蔬菜）

白花地蚕
Stachys geobombycis var. **alba** C. Y. Wu et H. W. Li
习　　性：多年生草本
海　　拔：约600 m
分　　布：广东、广西、湖南
濒危等级：LC

西南水苏
Stachys kouyangensis(Vaniot)Dunn

西南水苏（原变种）
Stachys kouyangensis var. **kouyangensis**
习　　性：多年生草本
海　　拔：900~2800 m
分　　布：贵州、湖北、四川、云南
濒危等级：LC
资源利用：药用（中草药）

粗齿西南水苏
Stachys kouyangensis var. **franchetiana**(H. Lév.)C. Y. Wu
习　　性：多年生草本
海　　拔：2400~3800 m
分　　布：四川、西藏、云南
濒危等级：LC

细齿西南水苏
Stachys kouyangensis var. **leptodon**(Dunn)C. Y. Wu
习　　性：多年生草本
海　　拔：1200~2600 m
分　　布：贵州、云南
濒危等级：LC

具瘤西南水苏
Stachys kouyangensis var. **tuberculata**(Hand.-Mazz.)C. Y. Wu
习　　性：多年生草本
海　　拔：1600~3200 m
分　　布：云南
濒危等级：LC

柔毛西南水苏
Stachys kouyangensis var. **villosissima** C. Y. Wu
习　　性：多年生草本
海　　拔：1200~1900 m
分　　布：云南
濒危等级：LC

绵毛水苏
Stachys lanata Jacq.
习　　性：多年生草本
国内分布：中国栽培
国外分布：欧洲、西南亚

多枝水苏
Stachys melissifolia Benth.
习　　性：多年生草本
海　　拔：约3100 m
国内分布：西藏
国外分布：尼泊尔、印度
濒危等级：LC

针筒菜
Stachys oblongifolia Wall. ex Benth.

针筒菜（原变种）
Stachys oblongifolia var. **oblongifolia**
习　　性：多年生草本
海　　拔：200~1900 m
国内分布：安徽、广东、广西、贵州、河南、湖北、湖南、江苏、江西、四川、台湾、云南
国外分布：印度
濒危等级：LC
资源利用：药用（中草药）；动物饲料（饲料）

细柄针筒菜
Stachys oblongifolia var. **leptopoda**(Hayata)C. Y. Wu
习　　性：多年生草本
海　　拔：0~500 m
国内分布：福建、广东、广西、四川、台湾、云南
国外分布：越南
濒危等级：LC

沼生水苏
Stachys palustris L.

习　　性：多年生草本
海　　拔：500 m
国内分布：新疆
国外分布：俄罗斯、哈萨克斯坦、吉尔吉斯斯坦、蒙古、塔吉克斯坦、西南亚、印度
濒危等级：LC

狭齿水苏
Stachys pseudophlomis C. Y. Wu
习　　性：多年生草本
海　　拔：约 800 m
分　　布：湖北、四川
濒危等级：LC

甘露子
Stachys sieboldii Miq.

甘露子（原变种）
Stachys sieboldii var. **sieboldii**
习　　性：多年生草本
海　　拔：0~3200 m
国内分布：甘肃、河北、内蒙古、宁夏、青海、山东、山西、陕西、新疆
国外分布：日本；北美洲、欧洲
濒危等级：LC
资源利用：药用（中草药）；原料（纤维）；食品（蔬菜）

近无毛甘露子
Stachys sieboldii var. **glabrescens** C. Y. Wu
习　　性：多年生草本
海　　拔：约 2400 m
分　　布：湖北、四川
濒危等级：LC

软毛甘露子
Stachys sieboldii var. **malacotricha** Hand.-Mazz.
习　　性：多年生草本
海　　拔：800~1600 m
分　　布：山西、陕西
濒危等级：LC

直花水苏
Stachys strictiflora C. Y. Wu

直花水苏（原变种）
Stachys strictiflora var. **strictiflora**
习　　性：多年生草本
海　　拔：约 2100 m
分　　布：云南
濒危等级：LC

宽齿直花水苏
Stachys strictiflora var. **latidens** C. Y. Wu et H. W. Li
习　　性：多年生草本
海　　拔：2500~3400 m
分　　布：云南
濒危等级：LC

林地水苏
Stachys sylvatica L.
习　　性：多年生草本

海　　拔：1700 m
国内分布：新疆
国外分布：俄罗斯、哈萨克斯坦、吉尔吉斯斯坦
濒危等级：LC

大理水苏
Stachys taliensis C. Y. Wu
习　　性：多年生草本
海　　拔：约 2000 m
分　　布：云南
濒危等级：NT B1ab（iii，iv）

黄花地钮菜
Stachys xanthantha C. Y. Wu
习　　性：多年生草本
海　　拔：1900~2300 m
分　　布：四川
濒危等级：LC

台钱草属 Suzukia Kudô

齿唇台钱草
Suzukia luchuensis Kudô
习　　性：草本
国内分布：台湾
国外分布：日本
濒危等级：LC

台钱草
Suzukia shikikunensis Kudô
习　　性：草本
分　　布：台湾
濒危等级：LC

六苞藤属 Symphorema Roxb.

六苞藤
Symphorema involucratum Roxb.
习　　性：攀援灌木
海　　拔：500~800 m
国内分布：云南
国外分布：缅甸、斯里兰卡、泰国、印度
濒危等级：NT

柚木属 Tectona L. f.

柚木
Tectona grandis L. f.
习　　性：乔木
海　　拔：900 m 以下
国内分布：福建、广东、广西、云南
国外分布：原产缅甸、印度、印度尼西亚
资源利用：原料（木材）

香科科属 Teucrium L.

安龙香科科
Teucrium anlungense C. Y. Wu et S. Chow
习　　性：多年生草本
海　　拔：600~1500 m
分　　布：贵州、云南

濒危等级：LC
资源利用：药用（中草药）

二齿香科科
Teucrium bidentatum Hemsl.
习　　性：多年生草本
海　　拔：1000~1300 m
国内分布：广西、贵州、湖北、四川、台湾、云南
国外分布：越南
濒危等级：LC
资源利用：药用（中草药）

大花香科科
Teucrium grandifolium R. A. Clement
习　　性：多年生草本
国内分布：西藏
国外分布：不丹
濒危等级：LC

全叶香科科
Teucrium integrifolium C. Y. Wu et S. Chow
习　　性：多年生草本
海　　拔：约 1000 m
分　　布：贵州
濒危等级：VU A2c；C1

穗花香科科
Teucrium japonicum Houtt.

穗花香科科（原变种）
Teucrium japonicum var. **japonicum**
习　　性：多年生草本
海　　拔：500~1100 m
国内分布：广东、贵州、湖南、江苏、江西、四川、浙江
国外分布：朝鲜、日本
濒危等级：LC
资源利用：药用（中草药）

小叶穗花香科科
Teucrium japonicum var. **microphyllum** C. Y. Wu et S. Chow
习　　性：多年生草本
海　　拔：500~1200 m
分　　布：甘肃、河北、河南
濒危等级：LC

崇明穗花香科科
Teucrium japonicum var. **tsungmingense** C. Y. Wu et S. Chow
习　　性：多年生草本
分　　布：江苏、浙江
濒危等级：LC

大唇香科科
Teucrium labiosum C. Y. Wu et S. Chow
习　　性：多年生草本
海　　拔：约 1200 m
分　　布：贵州、四川、云南
濒危等级：LC

巍山香科科
Teucrium manghuaense Y. Z. Sun

巍山香科科（原变种）
Teucrium manghuaense var. **manghuaense**
习　　性：草本或亚灌木
海　　拔：约 2800 m
分　　布：云南
濒危等级：LC

狭苞巍山香科科
Teucrium manghuaense var. **angustum** C. Y. Wu et S. Chow
习　　性：草本或亚灌木
海　　拔：2000 m 以下
分　　布：云南
濒危等级：LC

矮生香科科
Teucrium nanum C. Y. Wu et S. Chow
习　　性：多年生草本
海　　拔：约 1700 m
分　　布：四川、云南
濒危等级：LC

峨眉香科科
Teucrium omeiense Y. Z. Sun ex S. Chow

峨眉香科科（原变种）
Teucrium omeiense var. **omeiense**
习　　性：多年生草本
海　　拔：1200~2000 m
分　　布：四川
濒危等级：LC

蓝叶峨眉香科科
Teucrium omeiense var. **cyanophyllum** C. Y. Wu et S. Chow
习　　性：多年生草本
海　　拔：2300~2600 m
分　　布：云南
濒危等级：LC

庐山香科科
Teucrium pernyi Franch.
习　　性：多年生草本
海　　拔：200~1100 m
分　　布：安徽、福建、广东、广西、河南、湖北、湖南、江苏、江西、浙江
濒危等级：LC

长毛香科科
Teucrium pilosum(Pamp.)C. Y. Wu et S. Chow
习　　性：多年生草本
海　　拔：300~2500 m
分　　布：广西、贵州、湖北、湖南、江西、四川、浙江
濒危等级：LC
资源利用：药用（中草药）

铁轴草
Teucrium quadrifarium Buch. -Ham. ex D. Don
习　　性：亚灌木
海　　拔：400~2400 m
国内分布：福建、广东、贵州、湖南、江西、云南
国外分布：缅甸、尼泊尔、印度、印度尼西亚
濒危等级：LC

沼泽香科科
Teucrium scordioides Schreb.

习　　性：多年生草本
国内分布：新疆
国外分布：俄罗斯、哈萨克斯坦、吉尔吉斯斯坦、塔吉克斯坦、土库曼斯坦
濒危等级：LC
资源利用：药用（中草药）；食品添加剂（调味剂）

蒜味香科科
Teucrium scordium L.
习　　性：多年生草本
海　　拔：约 1000 m
国内分布：甘肃、西藏
国外分布：俄罗斯、欧洲
濒危等级：LC
资源利用：药用（中草药）；原料（单宁，精油）

香科科
Teucrium simplex Vaniot
习　　性：草本
海　　拔：约 2000 m
分　　布：贵州、云南
濒危等级：LC

台湾香科科
Teucrium taiwanianum T. H. Hsieh et T. C. Huang
习　　性：草本或亚灌木
分　　布：台湾
濒危等级：VU D1

秦岭香科科
Teucrium tsinlingense C. Y. Wu et S. Chow

秦岭香科科（原变种）
Teucrium tsinlingense var. **tsinlingense**
习　　性：草本或亚灌木
海　　拔：约 1200 m
分　　布：陕西
濒危等级：LC

紫萼秦岭香科科
Teucrium tsinlingense var. **porphyreum** C. Y. Wu et S. Chow
习　　性：草本或亚灌木
海　　拔：约 1800 m
分　　布：甘肃
濒危等级：NT B1；D

黑龙江香科科
Teucrium ussuriense Kom.
习　　性：多年生草本
海　　拔：约 500 m
国内分布：河北、辽宁、山西
国外分布：俄罗斯
濒危等级：LC

裂苞香科科
Teucrium veronicoides Maxim.
习　　性：多年生草本
海　　拔：1800 ~ 2500 m
国内分布：安徽、湖南、辽宁、四川、云南
国外分布：朝鲜、日本
濒危等级：LC

血见愁
Teucrium viscidum Blume

血见愁（原变种）
Teucrium viscidum var. **viscidum**
习　　性：多年生草本
海　　拔：100 ~ 1500 m
国内分布：福建、广东、广西、湖南、江苏、江西、四川、台湾、西藏、云南、浙江
国外分布：朝鲜、菲律宾、缅甸、日本、印度、印度尼西亚
濒危等级：LC
资源利用：药用（中草药）

光萼血见愁
Teucrium viscidum var. **leiocalyx** C. Y. Wu et S. Chow
习　　性：多年生草本
海　　拔：约 1700 m
分　　布：甘肃、湖北、陕西、四川
濒危等级：LC

长苞血见愁
Teucrium viscidum var. **longibracteatum** C. Y. Wu et S. Chow
习　　性：多年生草本
分　　布：湖南
濒危等级：LC

大唇血见愁
Teucrium viscidum var. **macrostephanum** C. Y. Wu et S. Chow
习　　性：多年生草本
分　　布：广西、贵州、云南
濒危等级：LC

微毛血见愁
Teucrium viscidum var. **nepetoides** (H. Lév.) C. Y. Wu et S. Chow
习　　性：多年生草本
海　　拔：700 ~ 2000 m
分　　布：安徽、贵州、湖北、江西、陕西、四川、浙江
濒危等级：LC

百里香属 Thymus L.

阿尔泰百里香
Thymus altaicus Klokov et Des.-Shost.
习　　性：亚灌木
海　　拔：1100 ~ 1400 m
国内分布：新疆
国外分布：俄罗斯
濒危等级：LC

黑龙江百里香
Thymus amurensis Klokov
习　　性：多年生草本
国内分布：黑龙江
国外分布：俄罗斯
濒危等级：LC

短毛百里香
Thymus curtus Klokov
习　　性：多年生草本
国内分布：黑龙江
国外分布：俄罗斯

濒危等级：LC

长齿百里香
Thymus disjunctus Klokov
习　　性：多年生草本
国内分布：黑龙江、吉林、辽宁
国外分布：俄罗斯
濒危等级：LC

斜叶百里香
Thymus inaequalis Klokov
习　　性：多年生草本
海　　拔：300~800 m
国内分布：黑龙江、内蒙古
国外分布：俄罗斯
濒危等级：LC

短节百里香
Thymus mandschuricus Ronning
习　　性：灌木
分　　布：黑龙江
濒危等级：LC

异株百里香
Thymus marschallianus Willd.
习　　性：亚灌木
海　　拔：1000~2500 m
国内分布：新疆
国外分布：俄罗斯、哈萨克斯坦、吉尔吉斯斯坦
濒危等级：LC

百里香
Thymus mongolicus（Ronniger）Ronniger.
习　　性：亚灌木
海　　拔：1100~3600 m
分　　布：甘肃、河北、内蒙古、青海、山西、陕西
濒危等级：LC
资源利用：环境利用（观赏）；药用（中草药）

显脉百里香
Thymus nervulosus Klokov
习　　性：亚灌木
国内分布：黑龙江
国外分布：俄罗斯
濒危等级：LC

拟百里香
Thymus proximus Serg.
习　　性：亚灌木
海　　拔：2000~2100 m
国内分布：新疆
国外分布：俄罗斯、哈萨克斯坦
濒危等级：LC

地椒
Thymus quinquecostatus Čelak.

地椒（原变种）
Thymus quinquecostatus var. **quinquecostatus**
习　　性：亚灌木
海　　拔：0~900 m
国内分布：河北、河南、辽宁、山东、陕西
国外分布：朝鲜、日本
濒危等级：LC

亚洲地椒
Thymus quinquecostatus var. **asiaticus**（Kitag.）C. Y. Wu et Y. C. Huang
习　　性：亚灌木
海　　拔：约600 m
分　　布：内蒙古
濒危等级：LC

展毛地椒
Thymus quinquecostatus var. **przewalskii**（Kom.）Ronniger
习　　性：亚灌木
海　　拔：600~3500 m
国内分布：甘肃、河北、河南、黑龙江、吉林、辽宁、内蒙古、山西、陕西
国外分布：朝鲜、俄罗斯
濒危等级：LC

叉枝莸属 Tripora P. D. Cantino（新拟）

叉枝莸
Tripora divaricata（Maxim.）P. D. Cantino
习　　性：多年生草本
国内分布：甘肃、河南、湖北、江西、山西、陕西、四川、云南
国外分布：朝鲜、日本
濒危等级：LC

假紫珠属 Tsoongia Merr.

假紫珠
Tsoongia axillariflora Merr.
习　　性：灌木或小乔木
海　　拔：900~1000 m
国内分布：广东、广西、海南、云南
国外分布：缅甸、越南
濒危等级：LC

牡荆属 Vitex L.

穗花牡荆
Vitex agnus-castus L.
习　　性：灌木
分　　布：江苏、上海
濒危等级：LC

长叶荆
Vitex burmensis Moldenke
习　　性：灌木或乔木
海　　拔：1300~2400 m
国内分布：广西、贵州、西藏、云南
国外分布：缅甸
濒危等级：LC

灰毛牡荆
Vitex canescens Kurz
习　　性：乔木

海　　拔：200～1600 m
国内分布：广东、广西、贵州、海南、湖北、湖南、江西、四川、西藏、云南
国外分布：柬埔寨、老挝、马来西亚、缅甸、泰国、印度、越南
濒危等级：LC
资源利用：原料（木材）

金沙荆
Vitex duclouxii P. Dop
习　　性：灌木或乔木
海　　拔：1000～2300 m
分　　布：四川、西藏、云南
濒危等级：LC

广西牡荆
Vitex kwangsiensis C. P'ei
习　　性：乔木
海　　拔：300～600 m
分　　布：广西
濒危等级：LC

黄荆
Vitex negundo L.

黄荆（原变种）
Vitex negundo var. **negundo**
习　　性：灌木或小乔木
海　　拔：200～1400 m
国内分布：安徽、福建、广东、广西、贵州、海南、河南、湖北、湖南、江苏、江西、青海、陕西、四川、台湾、西藏、云南、浙江
国外分布：日本
濒危等级：LC
资源利用：药用（中草药）；原料（精油，纤维）；环境利用（观赏）

牡荆
Vitex negundo var. **cannabifolia**（Siebold et Zucc.）Hand. -Mazz.
习　　性：灌木或小乔木
海　　拔：100～1100 m
国内分布：广东、广西、贵州、河北、河南、湖南、四川
国外分布：尼泊尔、印度；东南亚
濒危等级：LC
资源利用：药用（中草药）

荆条
Vitex negundo var. **heterophylla**（Franch.）Rehder
习　　性：灌木或小乔木
海　　拔：200～1800 m
国内分布：安徽、甘肃、贵州、河北、河南、湖南、江苏、江西、内蒙古、宁夏、山东、山西、陕西、四川
国外分布：东南亚；印度
濒危等级：LC
资源利用：药用（中草药）

小叶荆
Vitex negundo var. **microphylla** Hand. -Mazz.
习　　性：灌木或小乔木
海　　拔：1200～3200 m
分　　布：四川、西藏、云南
濒危等级：LC

四川黄荆
Vitex negundo var. **sichuanensis** J. L. Liu
习　　性：灌木或小乔木
分　　布：四川
濒危等级：LC

单叶黄荆
Vitex negundo var. **simplicifolia**（B. N. Lin et S. W. Wang）D. K. Zang et J. W. Sun
习　　性：灌木或小乔木
分　　布：山东
濒危等级：LC

拟黄荆
Vitex negundo var. **thyrsoides** C. P'ei et S. L. Liou
习　　性：灌木或小乔木
海　　拔：300～2100 m
分　　布：广东、四川
濒危等级：DD

长序荆
Vitex peduncularis Wall. ex Schauer
习　　性：乔木
海　　拔：600～1200 m
国内分布：云南
国外分布：柬埔寨、老挝、孟加拉国、缅甸、尼泊尔、泰国、印度、越南
濒危等级：LC
资源利用：原料（木材）；食品（蔬菜，水果）

莺哥木
Vitex pierreana Dop
习　　性：乔木
海　　拔：300～500 m
国内分布：海南
国外分布：老挝、越南
濒危等级：VU B1ab（iii，v）
资源利用：原料（木材）

山牡荆
Vitex quinata（Lour.）F. W. Williams

山牡荆（原变种）
Vitex quinata var. **quinata**
习　　性：乔木
海　　拔：200～1200 m
国内分布：福建、广东、广西、湖南、江西、台湾、浙江
国外分布：菲律宾、马来西亚、日本、印度
濒危等级：LC
资源利用：原料（木材）

微毛布惊
Vitex quinata var. **puberula**（H. J. Lam）Moldenke
习　　性：乔木
海　　拔：700～1700 m
国内分布：广西、贵州、海南、台湾、西藏、云南
国外分布：菲律宾、泰国
濒危等级：LC

单叶蔓荆
Vitex rotundifolia L. f.
- 习　　性：灌木
- 海　　拔：海平面至 200 m
- 国内分布：安徽、福建、广东、河北、江苏、江西、辽宁、山东、台湾、浙江
- 国外分布：马来西亚、缅甸、日本、泰国、印度、越南
- 濒危等级：LC
- 资源利用：药用（中草药）；原料（纤维）

广东牡荆
Vitex sampsonii Hance
- 习　　性：灌木
- 海　　拔：400~600 m
- 分　　布：广东、广西、湖南、江西
- 濒危等级：LC

蔓荆
Vitex trifolia L.

蔓荆（原变种）
Vitex trifolia var. **trifolia**
- 习　　性：灌木或小乔木
- 海　　拔：100~400 m
- 国内分布：福建、广东、广西、台湾、云南
- 国外分布：澳大利亚、东南亚、太平洋岛屿
- 濒危等级：LC
- 资源利用：药用（中草药）；原料（精油）

异叶蔓荆
Vitex trifolia var. **subtrisecta**(Kuntze)Moldenke
- 习　　性：灌木或小乔木
- 海　　拔：300~1700 m
- 国内分布：广东、云南
- 国外分布：澳大利亚、菲律宾、缅甸、日本、泰国、印度尼西亚
- 濒危等级：LC

太行荆
Vitex trifolia var. **taihangensis**(L. B. Guo et S. Q. Zhou)S. L. Chen
- 习　　性：灌木或小乔木
- 海　　拔：1400 m
- 分　　布：山西
- 濒危等级：LC

越南牡荆
Vitex tripinnata(Lour.)Merr.
- 习　　性：灌木或乔木
- 海　　拔：300~600 m
- 国内分布：海南
- 国外分布：柬埔寨、越南
- 濒危等级：LC
- 资源利用：原料（木材）

黄毛牡荆
Vitex vestita Wall. ex Schauer

黄毛牡荆（原变种）
Vitex vestita var. **vestita**
- 习　　性：灌木或小乔木
- 海　　拔：800~1800 m
- 国内分布：云南
- 国外分布：东南亚
- 濒危等级：LC

短管黄毛牡荆
Vitex vestita var. **brevituba** Z. Y. Huang et S. Y. Liu
- 习　　性：灌木或小乔木
- 分　　布：广西
- 濒危等级：LC

滇牡荆
Vitex yunnanensis W. W. Sm.
- 习　　性：灌木或小乔木
- 海　　拔：1800~3500 m
- 分　　布：四川、云南
- 濒危等级：LC

保亭花属 Wenchengia C. Y. Wu et S. Chow

保亭花
Wenchengia alternifolia C. Y. Wu et S. Chow
- 习　　性：灌木
- 海　　拔：约 400 m
- 分　　布：海南
- 濒危等级：CR A2c；B1ab (i, ii, iii, v)；C1；D
- 国家保护：Ⅱ级

新塔花属 Ziziphora L.

新塔花
Ziziphora bungeana Juz.
- 习　　性：亚灌木
- 海　　拔：700~1100 m
- 国内分布：新疆
- 国外分布：俄罗斯、哈萨克斯坦、吉尔吉斯斯坦、蒙古、塔吉克斯坦、土库曼斯坦、乌兹别克斯坦
- 濒危等级：LC

南疆新塔花
Ziziphora pamiroalaica Juz. ex Nevski
- 习　　性：亚灌木
- 海　　拔：2700~3400 m
- 国内分布：新疆
- 国外分布：塔吉克斯坦
- 濒危等级：LC

小新塔花
Ziziphora tenuior L.
- 习　　性：一年生草本
- 海　　拔：700~1200 m
- 国内分布：新疆
- 国外分布：俄罗斯、哈萨克斯坦、吉尔吉斯斯坦、塔吉克斯坦、土库曼斯坦、乌兹别克斯坦
- 濒危等级：LC

天山新塔花
Ziziphora tomentosa Juz.
- 习　　性：亚灌木
- 海　　拔：300~2100 m
- 国内分布：新疆
- 国外分布：吉尔吉斯斯坦
- 濒危等级：LC